CATALOGUE OFFICIEL

TOME III

CATALOGUE GÉNÉRAL

OFFICIEL

TOME TROISIÈME.

GROUPE III.

MOBILIER ET ACCESSOIRES.

CLASSES 17 à 29.

LILLE
IMPRIMERIE L. DANEL
M DCCC LXXXIX

Papiers de AUMIGEON, CHAMBARD et JOSSERAND, à Paris.

———

Encres de Ch. LORILLEUX ET Cie, à Paris.

CLASSIFICATION GÉNÉRALE

43. Produits de la chasse. Produits, engins et instruments de la
pêche et des cueillettes.
44. Produits agricoles non alimentaires.
45. Produits chimiques et pharmaceutiques.
46. Procédés chimiques de blanchiment, de teinture, d'impression
et d'apprêt.
47. Cuirs et peaux.

TOME SIXIÈME.

GROUPE VI. — **Outillage et procédés des industries
mécaniques. — Électricité.**

48. Matériel et procédés de l'exploitation des mines et de la
métallurgie.
49. Matériel et procédés des exploitations rurales et forestières ([1]).
50. Matériel et procédés des usines agricoles et des industries
alimentaires.
51. Matériel des arts chimiques, de la pharmacie et de la tannerie.
52. Machines et appareils de la mécanique générale.
53. Machines-outils.
54. Matériel et procédés de la filature et de la corderie.
55. Matériel et procédés du tissage.
56. Matériel et procédés de la couture et de la confection des
vêtements.
57. Matériel et procédés de la confection des objets de mobilier
et d'habitation.
58. Matériel et procédés de la papeterie, des teintures et des
impressions.
59. Machines, instruments et procédés usités dans divers travaux.
60. Carrosserie et charronnage, bourrellerie et sellerie.
61. Matériel des chemins de fer.
62. Électricité.
63. Matériel et procédés du génie civil, des travaux publics et
de l'architecture.
64. Hygiène et assistance publique.
65. Matériel de la navigation et du sauvetage.
66. Matériel et procédés de l'art militaire.

([1]) La classe 49 est cataloguée avec le Groupe VIII (agriculture, viticulture et
pisciculture) et le Groupe IX (horticulture) formant le VIIIᵉ volume.

GROUPE III.

MOBILIER ET ACCESSOIRES.

CLASSE 17.

Meubles à bon marché et meubles de luxe.

FRANCE.

1. **ABADIE (Joseph)**, à Paris, rue Oberkampf, 75. — Billards. (PALAIS.)

2. **ALIX (Georges F.)**, à Paris, rue Richard-Lenoir, 6 bis. — Sculpture, bronze, marqueterie, vernis Martin. (PALAIS.)

3. **ALLEZ Frères** (Maison), **ALLEZ (C. Adrien)**, successeur, à Paris, rue Saint-Martin, 1. — Meubles à bon marché. (PALAIS.)

   Maison fondée en 1815.
   Meubles de cuisine, armoires, tables, buffets, garde-manger, coffres à bois, porte-manteaux, glacières portatives, toilettes et lavabos. Coffres-forts incombustibles.

4. **BAILLY, THÉROUX et WARTH**, à Tours (Indre-et-Loire), rue d'Amboise, 27. — Ameublement pour installation de salon, petits meubles de fantaisie, panneaux. (PALAIS.)

5. **BALNY (Camille)**, à Paris, rue du Faubourg-Saint-Antoine, 40. — Meubles divers. (PALAIS.)

   Maison fondée en 1815 par Balny jeune.
   Fabrique d'ébénisterie, siéges et tapisseries.
   Récompenses :
   Londres 1851, bronze et mention honorable.
   Paris 1855, 1re classe ; 1878, argent.
   Anvers 1885, or.
   Nouvelle table brevetée S. G. D. G. France et Étranger, se repliant et pouvant se placer dans un angle de 45° ou formant un guéridon rond avec dessus de marbre de 0,70, et ouverte, une table carrée de 0,90 de largeur, ou s'allongeant pour table de 12 personnes.

6. **BANCILHON (Louis J. B.)** à Paris, rue Sedaine, 42 bis. — Nouvelle bande américaine en caoutchouc, bande franco-américaine en caoutchouc, bandes métalliques. (PALAIS.)

7. **BARBE (Joseph)**, à Paris, rue de la Roquette, 58. — Sieges en cuir de cordoue. (PALAIS.)

8. **BARBIER Fils (Stanislas G.)** à Paris, rue Borda, 3. — Billard. Bandes de billards, Quéues et accessoires de billards. (PALAIS.)

9. BAUR, GASS & SCHAMBER, à Paris, rue du Faubourg-St-Antoine, 75. — Meubles riches de style. Vernis Martin, marqueterie.   (PALAIS.)

10. BERTRAND (Édouard), à Paris, rue St-Sabin, 68. — Meubles d'art et bronzes.   (PALAIS.)

11. BEURDELEY (Alfred), à Paris, rue Louis-le-Grand, 32. — Meubles d'art, styles des XVII° et XVIII° siècles garnis ou non de bronzes.   (PALAIS.)

12. BLANQUI (Achille), à Marseille (Bouches-du-Rhône), rue Cherchell, 8. — Meubles, siéges, tentures.   (PALAIS.)

13. BLONDY (Vve Eugénie), à Paris, rue Keller, 30. — Roulettes et bagues pour meubles et siéges.   (PALAIS.)

14. BOIROT (Eugéne), à Paris, rue du Chemin-Vert, 67. — Perchoirs à perroquets.   (PALAIS.)

Perchoirs perfectionnés avec vis en fer (modèle déposé).
Nids, bûches assorties.

15. BOISON (Jules), à Paris, rue de Charenton, 49 bis. — Meubles de style.   (PALAIS.)

16. BOREL (Joseph), à Yssingeaux (Haute-Loire). — Crédence Henri II.   (PALAIS.)

17. BOURDOT & BOURGEOIS, à Paris, rue Charlot, 3. — Pendules, vernis Martin, marqueterie, cadres sculptés, style Henri II, réparation de marqueteries.   (PALAIS.)

18. BROSSIER (Victor), à Paris, rue du Faubourg-St-Honoré, 83. — Meubles et siéges de style. Cheminée. Boiseries.   (PALAIS.)

19. CHAMBRY (Édouard), à Paris, rue du Faubourg-St-Antoine, 99. — Meubles.   (PALAIS.)

20. CHAUFRAY (Eugène H.) à Paris, rue Volta, 7. — Procédés et craie pour billards, craie pour écoles et pour tailleurs. Rondelles pour coller les procédés et accessoires pour billard.   (PALAIS.)

21. CHENU (Charles A.), à Étampes (Seine-et-Oise), rue St-Jacques, 72. — Tabourets de piano, système héliçoïde.   (PALAIS.)

22. CHEVREL (Georges), à Paris, rue de la Cerisaie, 11. — Découpures et marqueterie pour ébénisterie et ameublements.   (PALAIS.)

Usine à vapeur. Maison fondée en 1880. — Marqueterie de tous styles. Médaille d'argent, Exposition universelle 1878. Médaille d'or, Anvers 1885.

23. CHEVRIE (Auguste E.), à Paris, rue de Braque, 7. — Meubles d'art.   (PALAIS.)

Officier d'Académie (Beaux-Arts), Chevalier de l'Ordre de Léopold.
Médaille de bronze, Paris 1878.
Médaille d'argent, Barcelone 1888.
Membre du Jury, hors concours à Bruxelles 1888.

24. CLERMONT (François), à Paris, rue Saint-Antoine, 250. — Pivots pour meubles.   (PALAIS.)

25. COURTOIS (P.-S.), à Paris, rue Dareau, 93. — Strapontin pour théâtre, concert, lycée, magasin, etc.   (PALAIS.)

26. CRUYEN (Mathieu J.), à Paris, rue de la Roquette, 2. — Meubles de salle à manger, chambre à coucher, bureau, etc.   (PALAIS.)

Bureau, chambre à coucher, antichambre, cheminée et boiserie. — Spécialité de salles à manger en noyer de styles.

27. DAMON (A.) & Cie, (ancienne Maison **Krieger**), à Paris, rue du Faubourg-St-Antoine, 74 et 76. — Vestibule et escalier Renaissance, tenture, décoration et meubles divers.   **(PALAIS.)**

Maison fondée en 1840. Même maison à Paris, 13 et 15, boulevard de la Madeleine ; 8, rue Chanoinesse.
A Cambrai, 26, avenue de la Gare.
Ameublements complets, ébénisterie, menuiserie, siéges, tapisserie, décoration générale peinture, sculpture et architecture.
Récompenses : Londres, 1851. — Paris, 1855, méd. d'or. — Paris, 1867, méd. d'or. — Vienne, 1873, méd. mérite et bon goût. — Paris 1878, H. C. Membre du Jury. — Sydney 1879-1880, 1re médaille. — Melbourne 1880-1881, Grand diplôme d'honneur. — Légion d'honneur. — Amsterdam 1883, 2 diplômes d'honneur. — Barcelone 1888, H. C. Membre du jury. Membre des comités d'admission, d'installation des classes 17 et 57 à l'Exposition universelle de 1889.

28. DAMON & Cie (A.), ancienne Maison **Krieger**, à Paris, rue du Faubourg-St-Antoine, 74. — Travail de menuiserie et siéges.   **(E. C.) (PALAIS.)**

29. DANGEREUX (J.-Alexandre), à Paris, rue de l'Entrepôt, 28. — Casiers pour musique à tiroirs avec fermoirs.   **(PALAIS.)**

30. DASSON (Henry) et Cie, à Paris, rue Vieille-du-Temple, 106. — Bronzes et meubles de styles divers, matières dures, marbres montés en bronze, groupes et statuettes en marbre blanc.   **(PALAIS.)**

Chevalier de la Légion d'honneur. Membre, aux diverses Expositions, des comités d'admission, d'installation et du jury. Médaille d'or, Exposition universelle, Paris, 1878. — Diplôme d'honneur, Exposition universelle d'Amsterdam, 1883.

31. DAX (Victor-S.) et Fils, à Versailles (Seine-et-Oise), rue de Jouvencel, 11. — Buffet, étagère, petits meubles.   **(PALAIS.)**

32. DECRETTE (Célestin), à Paris, rue Saint-Sabin, 66. — Compteurs pour billards et jeux divers.   **(PALAIS.)**

33. DIENST (Eugène), a Paris, rue du Faubourg-Saint-Antoine, 86. — Meubles et tapisseries d'art.   **(PALAIS.)**

34. DIENST (Eugène), à Paris, Faubourg-St-Antoine, 86. — Siéges, consoles.   **(E. C.) (PALAIS.)**

35. DRAPIER (Alfred), à Paris, rue du Faubourg-Saint-Antoine, 21. — Meubles.   **(PALAIS.)**

36. DROUARD, à Paris, rue de Lyon, 16. — Cheminées, bahuts, buffets crédences, consoles, tables, siéges, tentures.   **(PALAIS.)**,

37. DROUARD, à Paris, rue de Lyon, 16. — Siéges.   **(E. C.) (PALAIS.)**

38. DUCLOS (Georges), à Paris, rue Saint-Bernard, 41. — Marqueterie pour meubles.   **(PALAIS.)**

39. DUCLOS (Georges), à Paris, boulevard Voltaire, 153. — Travaux de marqueterie.   **(PALAIS.)**

40. DUGAST (Léon), à Paris, rue Amelot, 70. — Siéges.   **(E. C.) (PALAIS.)**

41. DURAND (Gervais M. E.), à Paris, rue Beautreillis, 23. — Meubles genre ancien, marqueterie et bronzes, reproduction de meubles anciens.   **(PALAIS.)**

42. DUROTOY (C. A. Théodule), à Paris, rue du Rendez-Vous, 35. — Meubles en mosaïque.   **(PALAIS.)**

43. FAESSEL (Jean), à Paris, rue du Faubourg-Saint-Antoine, 94. — Bureau et bibliothèque.   **(PALAIS.)**

44. FICHET (Charlier et Guénot, Successeurs), à **Paris,** rue Richelieu, 43. — Coffres-forts incombustibles et serrures de sûreté.   **(PALAIS.)**

Maison fondée en 1825. — Coffres-Forts Incombustibles en tous genres, tout en Acier, sans joints aux angles, fermés par Serrures de Sûreté à Rondelles Mobiles ; Combinaisons Invisibles portes sans entailles, Feuillures Croisées. Coffres-Forts forme Meubles tout en fer, Coffrets. Coffres-Forts Blindés d'Acier trempé. Chambres fortes et caveaux blindés. Serres de Titres. Serrures de Sûreté et de Précision en tous genres. Roues et numéros pour Loteries et Emprunts. — Récompenses: Paris 1855 ; Londres 1862 ; Paris 1867 ; Vienne 1873 ; 1re Médaille d'Or, Paris 1878 ; deux Diplômes d'Honneur, Anvers 1885.

Succursales : Lyon, Marseille, Lille, Bordeaux. — Dépôts : Beachez à Arras ; Chartier à Leval ; Lejus à Nantes ; Kuntz à Nancy ; Messonnier à Nice ; Berbezier à Nîmes ; Bétin Frères à Rennes ; Lazard à Alger ; Baartmans à Anvers ; Chapon à Buenos-Ayres.

45. FLACHAT (J.-B.) COCHET (J.-M.) & Cie, à Lyon (Rhône) quai de la Guillotière, 10. — Meubles simples et riches, sièges et tentures, sculpture, décoration miroiterie, vitrines.   **(PALAIS.)**

46. FRAGER (Eugène), Ancienne Maison **Meynard,** à Paris, rue du Faubourg-Saint-Antoine, 50). — Sièges artistiques.   **(E. O.) (PALAIS.)**

47. FREY (E.), à Paris, avenue Philippe-Auguste, 5.— Nouveau pliant universel, pied articulé, siége canné.   **(PALAIS.)**

48. GALLÉ (Émile), à Nancy (Meurthe-et-Moselle), Usine Garenne, 2, 27. — Petits meubles, marqueteries.   **(PALAIS.)**

Faïencerie de Nancy (Meurthe-et-Moselle). — Dépôt, 10 et 12, rue Richer, Paris. —.Céramique d'art fantaisie, service de table, supplément dans la grande galerie. Exposant cl. 19. et 20.

49. GARMS (Jean), à Paris, rue Traversière, 34. — Tables étagères, ébénisterie d'art et genre ancien.   **(PALAIS.)**

50. GAUTIER (Isidore-H.), à Paris, rue de la Roquette, 53. — Billard surprise pour salles à manger, d'études et de jeu.   **(PALAIS.)**

51. GAY, à Paris, rue Tiquetonne, 62. — Table à transformations, dite « table soleil ».   **(PALAIS.)**

Magasin à l'entresol, escalier F. — Pupitres articulés et tables à transformations. « Table Soleil » Brevetée S. G. D. G. Propriété exclusive.

52. GAY (M.-Alexandre), à Dun-sur-Auron (Cher). — Tables et siéges.   **(PALAIS.)**

53. GERDERÈS, à Paris, rue Fontaine-au-Roi, 47. — Billards.   **(PALAIS.)**

54. GERVAIS, ancienne Maison **Gervais & Jacob,** à Paris, rue de Charenton, 24. — Lits et berceaux.   **(PALAIS.)**

55. GRAGNIC (Julien), à la Plaine-Saint-Denis (Seine), avenue de Paris, 118.— Lits en fer et sommiers élastiques.   **(PALAIS.)**

56. GUÉRET (Ernest), ancienne Maison Blanchet, à Paris, rue de Lancry, 53. — Billards et billards-tables pour salle à manger.   **(PALAIS.)**

Maison fondée en 1816. — Médaille d'argent, Exposition universelle de Paris, 1867 et Médaille d'or en 1878. Fournisseur du Président de la République, de Sa Majesté le Roi d'Espagne, du Garde-Meuble, et des principaux Cercles.

57. GUILLEUX (Ernest), à Angers (Maine-et-Loire) rue d'Anjou. — Meubles d'art et petits meubles fantaisie.   **(PALAIS.)**

58. GUILLOT (Hyacinthe), à Paris, rue de Charonne, 180. — Baromètre sculpté.   **(PALAIS.)**

59. HAFFNER (Pierre), à Paris, passage Jouffroy, 12. — Coffres-forts tout en fer, coffres-forts meubles, coffrets polis et serrurerie.   **(PALAIS.)**

Première médaille d'or à l'Exposition universelle de 1878.

60. HÉBERT (P.-Alphonse), à Paris, rue Desrenaudes, 34. — Lits en fer, en fonte, en cuivre ; sommiers.   **(PALAIS.)**

61. HERGOTT (J.-Pierre), à Montreuil (Seine), rue de Paris, 91.— Chambre à coucher en palissandre composée de : un lit, une armoire, et une table de nuit chiffonnier.   **(PALAIS.)**

62. HERTENSTEIN Fils (C.- Arthur-H.), à Paris, rue de Charonne, 10. — Meubles, siéges, tentures.   **(PALAIS.)**

63. HUGNET (E.-Alexandre), à Paris, Faubourg-St-Antoine, 99. — Meubles, tentures, siéges.   **(PALAIS.)**

64. HUNSINGER (Charles), à Paris, rue Sedaine, 13. — Meubles marquetés et sculptés.   **(PALAIS.)**
Ameublements, marqueterie en bois naturel et ivoire. Médailles : Expositions universelles de Paris 1867 ; Vienne 1873, médaille de progrès ; Paris 1878.

65. JEANSELME (Ch.) et Cie, à Paris, rue des Arquebusiers, 7. — Meubles en ébénisterie, siéges et tentures, balustrades et lambris.   **(PALAIS.)**

66. JULIEN (René), à Paris, rue Blanche, 94. — Meubles artistiques.   **(PALAIS.)**

67. JUNG (Jacques), (Maison), à Paris, rue Saint-Nicolas, 20. — Ameublement de chambre à coucher Louis XV, bois d'acajou sculpté.   **(PALAIS.)**
Ateliers et magasins 20, rue St-Nicolas (faubg. St-Antoine) , au fond de la cour, au premier.

68. KOHL (François), à Paris, rue Traversière, 55. — Chambre à coucher, salle à manger.   **(PALAIS.)**

69. KREINS (Edmond), à Paris, rue de Bercy, 248. — Marqueteries.   **(PALAIS.)**

70. KULA (J.-Charles), à Paris, rue de Maubeuge, 27. — Toilettes, lavabos, salles de bains.   **(PALAIS.)**

71. LAFFON et Cie, à Paris, rue du Château-d'Eau, 55. — Billards.   **(PALAIS.)**

72. LAMPRE (Antony), à Paris, rue Amelot, 40. — Tables à jeu (dites enveloppes). Tables, bureaux, vitrines, meubles ornés de bronzes dorés.   **(PALAIS.)**
Cette table est d'un carré parfait; fermée, elle mesure 0,58 c., elle peut servir de table à ouvrage ; pour l'ouvrir, on fait tourner le plateau sur la gauche d'un demi-quart de cercle, puis, faisant pression sur les bords des volets, on les déploie et ils viennent porter sur les tôles des pieds, ce qui donne un carré de 0,80 c., les pieds étant distancés régulièrement, quatre personnes y sont bien placées. Tables piquet. Vitrines. Tables bureaux de salon. Reproduction exacte de meubles et bronzes anciens ; Médaille de Bronze, Exposition universelle 1878.

73. LEBOIS (Gustave), à St-Symphorien (Indre-et-Loire) — Meubles en marqueterie.   **(PALAIS.)**

74. LEBRUN (Henri-A.), à Paris, Faubourg-St-Antoine, 13. — Siéges de styles.
(E. C.) **(PALAIS.)**

75. LEBRUN (Vve et Fils), à Saint-Loup-sur-Semouse (Haute-Saône). — Siéges en bois courbé et de styles anciens et modernes.   **(PALAIS.)**
Manufacture de siéges en tous genres.
Siéges français en bois courbé, cannage et assemblage, brevetés S. G. D. G.
En vente dans son dépôt de : Paris, 275, Faubourg-Saint-Antoine, Cours des Arts, et chez tous les principaux marchands de meubles et tapissiers.
Exiger la marque de fabrique déposée.

76. LÉGER (Émile), à Paris, rue Amelot, 64. — Siéges sculptés.
(E. C.) **(PALAIS.)**

77. LÉGER (Émile), à Paris, rue Amelot, 64. — Meubles sculptés.   **(PALAIS.)**

78. LELOUTRE (L.-Antoine-U.), à Paris, rue de Charonne, 26. — Siéges.
(E. C.) **(PALAIS.)**

79. LEMOINE (Henri-A.), à Paris, rue des Tournelles, 17. — Meubles divers et tapisserie.   **(PALAIS.)**

80. L'ÉPINE (Louis, avenue des Ternes. — Sculptures d'art en bois.
(PALAIS.)

81. LEROUX (Maison) **Royer** Successeur, à Paris, rue de Naples, 14. — Ameublements, boiseries d'art, cheminées, bahuts de tous styles. Meubles de salon. **(PALAIS.)**

82. LEVASSEUR (Alfred), à Paris, rue de Charonne, 23. — Incrutations en tous genres.   **(PALAIS.)**

83. LEXCELLENT (G.-Edouard-R.), à Paris, rue Bréguet, 8. — Ébénisterie, sièges, sculptures.   **(PALAIS.)**

84. L'HOSTE Frères, à Paris, passage Saint-Pierre-Amelot, 98 bis. — Siéges Louis XIV, Louis XV et Louis XVI.   **(E. C.) (PALAIS.)**

Fabrique d'ameublement ; tapisserie, siéges ; menuiserie d'art et décorative. Usine à vapeur. Récompenses : 1855 et 1867, Paris.

85. LION CHRISTOPHE, à Rehon (Meurthe-et-Moselle). — Ébénisterie.
                                                                                                  (PALAIS.)

86. LOIDRAULT (Alphonse) et Fils, à Paris, rue Sedaine, 20. — Siéges, tables, consoles, écrans.   **(E. C.) (PALAIS.)**

87. LOIDRAULT & Fils, (Alphonse-E.), à Paris, rue Sedaine, 20. — Siéges, consoles, cadres, écrans.   **(PALAIS.)**

88. LOUAULT (Joseph), à Paris, rue de la Roquette, 56. — Ameublements de style. Menuiserie d'art, sculpture.   **(PALAIS.)**

89. LOUVEAU (Auguste-F.), à Paris, rue Castex, 3. — Ébénisterie, sièges, et tentures.   **(PALAIS.)**

90. MABILLE (L.-Ernest), à Paris, rue de Nice, 2. — Siéges de styles anciens et modernes, écrans, paravents, fantaisies.   **(E. C.) (PALAIS.)**

91. MAECHLING (Théodore-F.), à Paris, rue Keller, 24. — Meubles d'art et sculpture.   **(PALAIS.)**

92. MAJORELLE (Louis), à Nancy (Meurthe-et-Moselle), rue Girardet, 3. — Meubles de styles Louis XIV et Louis XVI, vernis Martin, meubles de fantaisie, style moderne.   **(PALAIS.)**

Maison fondée en 1851, par M. Majorelle père, prédécesseur.
Usine et fabrique à Nancy. Maison de vente à Paris, 56, rue de Paradis.
Spécialité de meubles vernis Martin et sculptés, styles Louis XIV, Louis XV et Louis XVI.
Invention décorative, appliquée aux meubles, créée par la maison.
Originalité moderne, d'un style particulier.
Procédé de décoration breveté, applicable aux meubles, faïences, cristaux et sur tous les métaux.
Meubles genre japonais, créés exclusivement avec des éléments français.
Récompenses :
Paris 1878, médaille d'argent ; Amsterdam 1883, médaille d'argent.

93. MALARD (Edmond), (ancienne Maison **A. Bague**), à Paris, rue de la Pompe, 168. — Chambre à coucher du XIIIe siècle.   **(PALAIS.)**

94. MARJLLIER Frères (Charles & Ernest), à Paris, boulevard Saint-Martin, 45. — Queues de billards.   **(PALAIS.)**

Ancienne maison Hiolle, fondée en 1820.
Usine à Maranville (Haute-Marne).
Fabrique spéciale de queues de billard.
Procédés mobiles (breveté S. G. D. G.), permettant de les changer instantanément.

95. MARTIN (Louis), à Paris, rue des Taillandiers, 22. — Meubles de luxe.
                                                                                                  (PALAIS.)

96. MARTIN (J.-Eugène), à Paris, rue Sedaine, 56. — Marqueteries pour meubles et incrustations de porcelaines tendres dans les bois et le velours.   **(PALAIS.)**

97. MATHEY (Auguste), Ancienne Maison **Hirtzberger et Mathey,** à Paris, rue Amelot, 70. — Bois recouvert, siéges divers.   **(E. C.) (PALAIS.)**

Maison fondée en 1847. — Spécialité de bois recouverts.

98. MAUCLAIR (Mme Louise), à Paris, rue Keller, 30. — Panneau en marqueterie. **(PALAIS.)**

99. MERCIER (Henri), à Paris, rue Saint-Martin, 168. — Toilettes en fer. **(PALAIS.)**

100. MICHEL (Augustin), à Tainrux (Vosges). — Buffet-bureau en vieux chêne naturel avec marqueterie, comptoir en cônes de pins et bois ronds, suspension, pots à tabac. **(PALAIS.)**

101. MOISSERON & ANDRÉ, à Angers, quai des Carmes, 8. — Chaire à prêcher. **(PALAIS.)**

102. MORIN (Alphonse), à Paris, rue du Faubourg-St-Antoine, 56. — Tables pour salles à manger, salons, cabinets et antichambres. **(PALAIS.)**

103. MOUSSIER (Édouard), à Paris, rue de la Ferronnerie, 11. — Queues de billard. **(PALAIS.)**

104. MULLER & Fils, à Paris, rue de Châteaudun, 58. — Mobiliers d'administration et de bureaux. **(PALAIS.)**

105. NAULOT-RIBALIER, à Paris, rue Amelot, 74. — Buffet, meubles en noyer sculpté. **(PALAIS.)**

106. NIEDERKORN (J. P.), à Paris, rue des Immeubles-Industriels, 14. — Étagère japonaise. **(PALAIS.)**

107. NOUWEL (Jules), à Paris, rue de Charonne, 37. — Roulettes pour meubles. **(PALAIS.)**

108. NOYON Frères, (Maison) **J. Noyon** Successeur, à Cherbourg (Manche), rue de la Paix, 20. — Produits de l'École professionnelle d'apprentissage. **(PALAIS.)**

109. PALISSON (Ernest), à Paris, passage St-Pierre-Amelot, 11. — Billards. **(PALAIS.)**

110. PARIS (Exposition Collective des Fabricants de siéges de la Ville de), à Paris. — Siéges. **(PALAIS.)**

Boison (J.).	Frager (E.).	Loidrault (A.) & Fils.
Damon (A.) & Cie.	Lebrun (H).	Mabille (E.).
Dienst (E.).	Léger (E.).	Mathey (A.).
Drouard	Lelouire (A.).	Quignon (G.).
Dugast (L.).	L'hoste Frères.	Rey (G.).

111. PASSERAT (Georges et Émile), à Paris, passage Raoul, 13. — Pendules, marqueterie et ébénisterie, styles Louis XIII, Louis XIV, Louis XV, Louis XVI, restauration d'objets anciens. **(PALAIS.)**

 Gaines, candélabres, cartels. Restauration de pendules et objets anciens.
 Voir classe 25 et Pavillon de la Presse.

112. Patronage Industriel des Enfants de l'Ébénisterie, à Paris, rue de Charenton, 49 bis. — Meubles, dessins et modèles. **(PALAIS.)**

113. PELLAIN (Pierre), à Paris, rue du Faubourg-St-Denis, 92. — Ébénisterie. **(PALAIS.)**

114. PEROL Frères, à Paris, rue du Faubourg-Saint-Antoine, 4. — Ameublement de salle à manger Louis XV, meubles de fantaisie. **(PALAIS.)**

115. PERRAULT (Alphonse), à Paris, rue Keller, 1. — Siéges garnis en cuir de Cordoue. **(PALAIS.)**

 Tentures Cordoue, imperméables, brevetées S. G. D. G.
 Médaille unique, Amsterdam 1898.

116. PERRENOUD (Louis), à Paris, rue de Bondy, 70. — Petits meubles de fantaisie en tous genres et pieds de cache-pots. **(PALAIS.)**

117. PERRET et Fils et VIBERT, à Paris, rue du Quatre-Septembre, 33. — Meubles et siéges en bambou naturel. Fantaisies nouvelles, genre japonais et chinois.
(PALAIS.)

Fabricants de meubles et siéges en bambou naturel, en jonc, en natte de Chine. — Installation de chambres, salons, serres et fumoirs en styles japonais, chinois et mauresque. — Spécialité de petits meubles et de créations nouvelles, haute fantaisie. — Commission, exportation.

118. PERSONNE (Édouard J.), à Paris, rue Royale, 8. — Toilette Victoria et toilette marine.
(PALAIS.)

119. PHILIPPE (Jules), à Paris, rue des Bons-Enfants, 29. — Petite ébénisterie de luxe.
(PALAIS.)

120. PICARD (Léon), à Paris, rue Saint-Roch, 57. — Box-table (table à jeux universelle). Ébénisterie photographique, chambres noires et fournitures diverses.
(PALAIS.)

121. PORTÉ-SECRETAIN, à Paris, rue de Thorel, 4. Menuiserie d'art.
(PALAIS.)

122. POTHEAU Frères, Successeurs de **Cphe Charmois et Lemarinier**, à Paris, rue du Faubourg-Saint-Antoine, 21. — Meubles.
(PALAIS.)

Récompenses: Argent, Paris, 1855; Londres, 1862; Paris, 1867; Vienne, 1876; or, Paris, 1878.

123. POULAIN (Louis), à Paris, rue Amelot, 72. — Billards de luxe à bandes américaines et françaises. Billard-table.
(PALAIS.)

124. POUYFERRÉ (Théodore-L.), à Tarbes (Hautes-Pyrénées), rue de Gonnès, 4. — Table en noyer sculpté à rallonges dissimulées; reproduction d'une vieille table restaurée.
(PALAIS.)

125. GUIGNON (Gustave), à Paris, rue Saint-Sabin, 38. — Meubles siéges, sculptures.
(H. C.) (PALAIS.)

Paris 1855, médaille bronze ; Londres 1862, Prize medal ; Paris 1857, m. argent ; Paris 1878, m. or ; Barcelone 1888, Membre du jury, hors concours. Maison fondée en 1842.

126. RABINEL (Henri), à Paris, rue de Maubeuge, 18. — Panneaux-frises-moulures, applications à tous objets comportant l'emploi du bois sculpté.
(PALAIS.)

127. RAINFRAY J. (Gendre et Successeur de **E. Mutet**), à Paris, rue Pavée-aux-Marais, 24. — Meubles en rotin et en bambou pour jardins, serres, vérandahs et bains de mer.
(PALAIS.)

128. RAISON-RENOUVIN (E.-X.), à Paris, rue Bonaparte, 7. — Ameublement. Tapisserie. Décoration.
(PALAIS.)

129. RAULIN (Victor), à Paris, rue Vieille-du-Temple, 110 — Meubles et bronzes d'art.
(PALAIS.)

130. REBEYROTTE (Casimir), à Paris, rue du Chemin-Vert, 44. — Siéges et meubles.
(PALAIS.)

Maison fondée en 1845, par M. Rebeyrotte père. — Siéges et meubles de tous styles. Chaises légères. Chambres à coucher laquées (dorure au four, mate et brunie).
Récompenses :
Londres 1862, Mention honorable ; Paris 1867, Mention honorable ; Paris 1878, Méd. d'arg.

131. REY (Georges), à Paris, rue de Charenton, 44. — Siéges de tous styles.
(PALAIS.)

132. REY (Georges), à Paris, rue de Charenton, 44. — Siéges. **(H. C.) (PALAIS.)**

133. RIEHL (Georges), à Paris, rue du Faubourg-St-Antoine, 56. — Meubles de styles.
(PALAIS.)

134. RICHSTAEDT Aîné (Ancienne Maison) **Achille Pignet**, Successeur, à Paris, rue Sedaine, 13. — Tapisserie, ébénisterie, siéges, sculpture.
(PALAIS.)

135. RIVOIRE, à Paris, rue Pasteur, 19. — Compteurs et bandes de billard.
(PALAIS.)

136. ROBOIS (Gustave), à Paris, rue du Faubourg-Saint-Antoine, 75.— Cadres, consoles, paravents, écrans.
(PALAIS.)

137. ROGUE (A.-Charles-F.), à Paris, rue Moreau, 10. — Porte-manteaux, porte-fusils, porte-parapluies. Métiers à broder. Séchoirs. Jardinières. Pliants. Façon bambou, vieux bois.
(PALAIS.)

138. ROLL (Maison) **L. Müller, Audoynaud aîné et Cie,** Successeurs, à Paris, rue du Faubourg-St-Antoine, 42. — Meubles et tapisseries. Ameublements divers.
(PALAIS.)

139. ROLLAND, à Paris, boulevard Saint-Martin, 17. — Chaises modernes spéciales pour salles à manger, cafés, restaurants, etc.
(PALAIS.)

140. ROULET (Lucien), à Fontainebleau (Seine-et-Marne), Grande-Rue, 113. — Lit, genre Louis XVI.
(PALAIS.)

141. ROULLIER Fils & MESNARD, (L.) à Paris, boulevard Voltaire, 228. — Tapis-décrottoir en cuir, articulés.
(PALAIS.)

142. ROUTCHINE (A.-Marcus), à Paris, rue de Citeaux, 41. — Petits meubles de fantaisie.
(PALAIS.)

143. ROUX & BRUNET, à Paris, rue de la Perle, 20. — Meubles et bronzes d'art.
(PALAIS.)

Fabrique d'ébénisterie de luxe. Meubles anciens et modernes. Récompenses : Expositions universelles de Londres 1851-1862 ; Paris (A) 1855, (O) 1867 ; Barcelone (O) 1888.

144. RUFFIER-des-AIMES (Cyrille) et Cie, à Paris, passage Rauch, 1. — Ameublements japonais.
(PALAIS.)

Meubles japonais et fantaisie.
Médaille de bronze. Paris 1878.

145. SAINT-MARTIN (William), Albert Sénéchal, Successeur, à Paris, rue de Bondy, 80.—Billards de précision, bandes américaines, billards-tables de précision pour salle à manger.
(PALAIS.)

146. SCHERF (L. Théodore), à Paris, rue des Acacias, 30. — Rayons pour magasins et bibliothèques à tablettes mobiles, étagères, comptoirs, escabeaux, échelles.
(PALAIS.)

Fabricant de rayons mobiles à montants en fer et à tablettes mobiles, brevetés S. G. D. G. Bibliothèque à tablettes mobiles et complètement démontable. Étagères, comptoirs à roulettes, escabeaux, échelles, le tout è montants en fer. Fournisseur des grands Magasins de Nouveautés soieries, draperies, porcelaines, etc. — Récompense : Médaille, Bruxelles 1888.

147. SCHMIT (J-.J.-Frédéric), à Paris, rue de Charonne, 22 — Meubles et tapisseries.
(PALAIS.)

148. SCHNEIDER (Henry) Fils, Successeur de **Charles Schneider et Fils,** à Paris, rue du Faubourg-Saint-Antoine, 97.—Lit, armoire, buffet, siéges, tables.
(PALAIS.)

Ameublements complets de tous styles, salles à manger, chambre à coucher, siéges, tentures.
Médaille de bronze à l'Exposition universelle de Paris, 1878.

149. SOUÉDET (E.-F.), à Paris, rue Amelot, 70. — Chaises laquées et dorées. Meubles gravés, décorés et vernis Martin. Siéges pliants. Vannerie garnie. **(PALAIS.)**

150. STRICHEN, à Paris, rue du Faubourg-Saint-Antoine, 56.— Meubles de salle à manger.
(PALAIS.)

151. SURGET (Camille-T.), à Paris, boulevard Beaumarchais, 60.— Toilettes. Lavabos.
(PALAIS.)

152. TERQUEM (Émile), à Paris, rue Scribe, 19. — Bibliothèques tournantes.
(PALAIS.)

153. TIXIER (Jean), à Paris, rue Moreau, 11. — Chaises, fauteuils, canapés, escabeaux, tables d'antichambres Louis XII et Louis XV recouverts en cuirs de Cordoue.
(PALAIS.)

154. TRAVÈRE (Émile T.), à Paris, boulevard Richard-Lenoir, 43. — Meubles fantaisie en cuivre et marbre onyx.
(PALAIS.)

155. VALIN (François), à Paris, rue Popincourt, 11 — Table de billard : Système Valin (ardoise et pierre). Porte-queues et accessoires de billards. (PALAIS.)

Fabrique spéciale de tables de billards en pierre de Tonnerre, doublées et perfectionnées, système Valin, breveté S. G. D. G. Dépôt d'ardoisières anglaises. Fabrique de queues de billard. Agrandissement avec machine à vapeur. Exposition universelle 1878 ; médailles de bronze.

156. VALLET Frères, (Hubert et Louis), à Marseille (Bouches-du-Rhône), rue Mongrand, 18. — Buffet style gothique Byzantin, cheminée Louis XIII, armoire à glace à trois portes François 1er, crédence Louis XV, tenture moderne. (PALAIS.)

Ameublements de tous styles.
Maison fondée en 1830 par M. Vallet jeune, Vallet frères, successeurs.
Manufacture d'ameublements. Usine à Marseille.
Antichambres, salles à manger, salons, boudoirs, chêne, poirier, noyer ; styles François 1er, Henri II, Louis XIII.
Buffets, bibliothèques, armoires, cheminées, crédences, glaces, meubles de fantaisie.
Tentures de tous styles, dipositions et tissus variés. Rideaux, portières, tentures de murs.
Canapés, divans, fauteuils, chaises-longues, chaises, etc.
Manufacture avec outillage perfectionné occupant 450 ouvriers. — Exportation.
Récompense : Médaille de bronze, Exposition de Paris 1878.

157. VAN DEN KERCKHOVE (J.-L.), à Paris, rue des Tournelles, 33. — Bureau Louis XV, genre ancien et vide-poches Louis XV, ornés de bronzes. (PALAIS.)

158. VEKENS et FOURNIER, à Paris, rue Godefroy-Cavaignac, 11. — Billards.
(PALAIS.)

159. VERIÈRE Frères, à Paris, boulevard Richard-Lenoir, 2. — Comptoirs en étain, billards, meubles d'office, ustensiles de limonadiers, de marchands de vins et restaurants, cercles, pensions, maisons bourgeoises ; miroiterie. (PALAIS.)

160. VEROT (Jean), à Paris, boulevard Richard-Lenoir, 3. — Salle à manger et chambre à coucher. (PALAIS.)

161. VIARDOT (Gabriel) et Cie, à Paris, rue Amelot, 36. — Meubles.
(PALAIS.)

162. VIOLLET (Fils) et BELLE, à Paris, rue du Faubourg-St-Antoine, 199. — Sièges en tous genres. (PALAIS.)

Manufacture de chaises et siéges de tous styles. Usine hydraulique et à vapeur à Bézu-St-Eloi (Eure). Spécialité de chaises cannées pour salles à manger, cafés, administrations, etc. Fournisseurs de l'Assistance Publique. R. Paris 1867, 1872, 1878.

163. VOGEL (G.-Charles), à Paris, rue du Faubourg-Saint-Antoine, 56. — Meubles de salon. Vitrines Louis XV et Louis XVI. Bibliothèques. Tables à jeux. Gigognes et liseuses. Tables à thé, Buffets et consoles. (PALAIS.)

164. WAARER (C.-A.), à Paris, rue Championnet, 215. — Décoration en treillages, bois découpés, réductions de menuiseries décoratives, balcons, vérandahs, escaliers. (PALAIS.)

165. WAILLE, à Paris, rue Damrémont, 5. — Petits meubles de style. (PALAIS.)

166. WELFRINGER (Jules), à Paris, rue Godefroy-Cavaignac, 7 bis. — Billard se transformant en table de salle à manger. (PALAIS.)

167. WESSBECKER, (E.), à Paris, rue Grange-aux-Belles, 61. — Lavabos, tables de nuit en fer.   (PALAIS.)

Fabrique de meubles de jardins en fer, chaises en fer et bois, pliantes, brev. S. G. D. G. Lavabos, toilettes de tous genres en fer, dessous tôle et dessus marbre. — Tables de cafés, dessus marbre. — Garde-feux en fer et en cuivre, chenets et laviers en fer forgé, lanternes fer forgé, Échelle, marchepieds, porte-bouteilles, articles de caves, brevetés.

168. ZWIENER (Emmanuel), à Paris, rue de la Roquette, 2. — Commode Louis XIV. Meubles Louis XV et Louis XVI, grand bureau du Louvre (Riesner).
                    (PALAIS.)

COLONIES.

ALGÉRIE.

1. ABDERRAHMAN ben el Bonlabi, à Constantine, rue Vieux, 24. — Meubles en menuiserie indigène.   (ESPLANADE.)

2. ARNAUD (P.), à Bône (Constantine). — Meubles en bois indigène, divers petits objets d'ameublement.   (ESPLANADE.)

3. BOUSAADA (l'administrateur de la Commune indigène de), à Bousâada (Alger). — Cuillers en bois, mortier avec pilon, verres en bois.   (ESPLANADE.)

4. BOYOUD (Célestin), à Alger, rue Dumont-d'Urville.— Meuble bois algérien, vitrine en bois algérien.   (ESPLANADE.)

5. DUPRAT & BERTRAND, à Lambèse (Constantine). — Meubles en bois de cèdre.   (ESPLANADE.)

6. GUINET (Émile), à Oran, place Kléber. — Meubles, siéges.   (ESPLANADE.)

7. IBRAHIM ben Ali ben Saïd, à Alger, passage Sarlande. — Étagères arabes et autres boiseries de luxe.   (ESPLANADE.)

8. MACDONEL (Alfred), à Alger, rue Mogador, 5.— Meubles, style mauresque.   (ESPLANADE.)

9. MEUSER Fils, à Constantine. — Salle à manger en cèdre de Batna.   (ESPLANADE.)

10 ORFILA (Antoine), à Alger, rue de Constantine, 13. — Sommier métallique.   (ESPLANADE.)

11. PINCEMY (V. C.) à Oran, boulevard National. — Buffet de salon en mosaïque. (Placage).   (ESPLANADE.)

12. SOLAL (Léon), à Alger, place Malakoff, 6.— Étagères mauresques, sculptées et peintes, meubles indigènes incrustés de nacre, glaces mauresques.   (ESPLANADE.)

13. TABET (Moïse), à Oran, rue Philippe, 83.— Mobilier indigène.   (ESPLANADE.)

14. ZARAGOZA (Innocent), à Oran, rue des Casernes. — Bureau de dame.   (ESPLANADE.)

COCHINCHINE.

1. BEER (Paul), à Saïgon. — Lit de camp pour fumerie d'opium.   (ESPLANADE.)

2. BRIÈRE, à Binh Thuan. — Bahut en bois de Zhanh-hoa, table en bois de Câm-laï.   (ESPLANADE.)

3. LÊ VAN HUÊ, à Binh-hoà. — Table annamite en bois de Gô.   (ESPLANADE.)

4. MARQUIS (M. G.), à Giadinh. — Tréteaux en bois de Cam-xe pour lit de camp. Table ovale en bois de Gô.   (ESPLANADE.)

5. MONTAIGNAC de CHAUVANCE (Gaspard de), à Giadinh. — Meubles indigènes.   (ESPLANADE.)

6. Prison Centrale, à Saïgon. — Chaise-fauteuil et chaise longue en rotin.   (ESPLANADE.)

7. Service local, à Saïgon. — Meubles indigènes.   (ESPLANADE.)

8. SMITH (George), à Saïgon. — Lit cambodgien.   (ESPLANADE.)

COTE OCCIDENTALE D'AFRIQUE.

1. Exposition permanente des Colonies, à Paris. — Meubles indigènes.   (ESPLANADE.)

GABON-CONGO.

1. AVINENC, au Gabon. — Tabouret de la région de Loango, du Como et du Rhamboë.   (ESPLANADE.)

2. LE BERRE (Évêque des deux Guinées), au Gabon. — Table de salon en bois du pays. Travail des apprentis de la Mission.   (ESPLANADE.)

3. PECQUEUR (Léona), au Gabon. — Chaise de grand chef.   (ESPLANADE.)

4. SCHLUSSEL (Laurent), à Libreville (Gabon). — Siége gabonais.   (ESPLANADE.)

GUADELOUPE.

1. Sous-Comité de Marie-Galante, à Grand-Bourg (Marie-Galante). — Chaises et tabourets.   (ESPLANADE.)

GUYANE FRANÇAISE.

1. Administration Pénitencière, à la Guyane. — Meubles divers : Bibliothèque, canapé, cartonnier, commode, consoles, armoire, guéridon, tables, etc.   (ESPLANADE.)

2. Exposition permanente des Colonies, à Paris. — Meubles indigènes.   (ESPLANADE.)

INDE FRANÇAISE.

1. ARONNASSALA-ASSARY, Inde. — Meubles en bois de bith sculpté, (Dalbergia Sissoo).   (ESPLANADE.)

2. CAZES, Inde. — Meubles en bois de bith sculpté.   (ESPLANADE.)

3. CORNET (Ernest), Inde. — Bibliothèques en bois de bith sculpté.   (ESPLANADE.)

4. Exposition permanente des Colonies, à Paris. — Table et fauteuil sculptés en bois de percher.   (ESPLANADE.)

5. MARTINET, Inde. — Armoires en bois de bith sculpté. **(ESPLANADE.)**

6. MATHIVET, Inde. — Buffets en bois de bith sculpté. **(ESPLANADE.)**

MARTINIQUE.

1. BALTHAZAR (Ch. J. O.), à la Rivière-Salée, habitation Dufresne. — Buffets en laurier. **(ESPLANADE.)**

MAYOTTE ET COMORES.

1. Service local de Mayotte. — Kibani, bureau et étagères, buffet avec étagères. **(ESPLANADE.)**

NOUVELLE-CALÉDONIE.

1. HAYÈS & JEANNENEY, à Fonwhary. — Secrétaire en bois divers (vernis). **(ESPLANADE.)**

2. Pénitencier de l'Ile Ducos. — Secrétaire (petit modèle). **(ESPLANADE.)**

3. Pénitencier de l'Ile de Nou. — Chiffonnière et meuble en bois divers. **(ESPLANADE.)**

4. Pénitencier de l'Ile des Pins. —Table de toilette, table de nuit et buffet en bois divers. **(ESPLANADE.)**

5. VÉDEL, Commandant, à Bouloupari. — Tables en marbre. **(ESPLANADE.)**

RÉUNION.

1. Comité central d'Exposition, à Saint-Denis. — Chaises foncées en paille. **(ESPLANADE.)**

2. GUÉTRIN (Cupidon), à Saint-Denis. — Cadres en bois vernis de la Réunion. **(ESPLANADE.)**

SÉNÉGAL.

1. DIMBA WAR, Président des chefs du **Cayor**, (protectorat du Cayor). — Bois de lit, traverses de lit. **(ESPLANADE.)**

2. Exposition permanente des Colonies, à Paris. — Meubles indigènes. **(ESPLANADE.)**

3. IBRAHIMA N'DRAGE, Chef du **N'Diambour**, (protectorat du N'Diambour). — Lit onolof cayor. **(ESPLANADE.)**

4. SAMBA DIAKATÉ, à Saint-Louis. — Coffre en bois. **(ESPLANADE.)**

TAHITI.

1. POROI (Adolphe), à Papeete. — Queues de billard en bois de cocotier rose et roux. **(ESPLANADE.)**

2. Service local, à Papeete. — Lit de chef. (Purahiraa tuata). **(ESPLANADE.)**

PAYS DE PROTECTORAT.

ANNAM-TONKIN.

1. BORGAARD, Commis de Résidence, à Hué. — Meuble incrusté et sculpté.
(ESPLANADE.)

2. DUMOUTIER. — Bibliothèques laquées.   (ESPLANADE.)

3. Protectorat de l'Annam et du Tonkin, vice-résidence de Hung-Yen. —
Lit annamite sculpté (bois de fer).   (ESPLANADE.)

4. Province de Hanoi. — Meuble annamite sculpté, laqué, doré.   (ESPLANADE.)

5. THUREAU, Vice-Résident, à Haiphong. — Bahut incrusté.   (ESPLANADE.)

CAMBODGE.

1. Ministre de la Justice, à Pnom-Penh. — Fauteuil de cérémonie en bronze
cambodgien avec coussin et coussinet, pupitre en bronze cambodgien.   (ESPLANADE.)

INDO-CHINE.

1. Exposition permanente des Colonies, à Paris. — Incrustations,
meubles laqués et incrustés.   (ESPLANADE.)

TUNISIE.

1. ABIT (François), à Tunis. — Meubles incrustés.   (ESPLANADE.)

2. AHMED ben ABDER-RAHMAN el KESSOURI, à Tunis. —
Meubles indigènes.   (ESPLANADE.)

3. AHMED bou DIDAH, à Tunis. — Mobilier indigène.   (ESPLANADE.)

4. AHMED el GHERBI, à Tunis. — Meubles indigènes.   (ESPLANADE.)

5. ALI el ABASSI, à Tunis. — Meubles indigènes.   (ESPLANADE)

6. ALI GOURDAH, à Tunis. — Meubles indigènes.   (ESPLANADE.)

7. CHEDLI ben KHEMIS, à Tunis. — Meubles indigènes.   (ESPLANADE.)

8. Comité tunisien (Président: **Mohamed Djellouli**), à Tunis. — Meubles.   (ESPLANADE.)

9. El HADJ ISMAIN el FELLAH, à Tunis. — Mobilier indigène.
(ESPLANADE.)

10. HADJ ALI es SEMOUSSI, à Tunis. — Meubles indigènes. (ESPLANADE.)

11. HADJ ALI SOUISSI, à Tunis. — Meubles indigènes.   (ESPLANADE.)

12. MOHAMED ben MERZOUK, à Tunis. — Mobilier indigène.
(ESPLANADE.)

13. MOHAMED el LEBBANE, à Tunis. — Meubles indigènes.
(ESPLANADE.)

14. MOKTAR en NILD, à Tunis. — Mobilier indigène.   (ESPLANADE.)

15. MUSTAPHA ez ZEHILI, à Tunis. — Meubles indigènes.   (ESPLANADE.)

16. SALAH LEBBANE, à Tunis. — Mobilier indigène.   (ESPLANADE.)

17. TAIEB el MESTAOUI, à Tunis. — Meubles indigènes.   (ESPLANADE.)

PAYS ÉTRANGERS.

RÉPUBLIQUE ARGENTINE.

1. **ARMENTANO (Vincent)**, à Buenos-Ayres. — Bureau à secret. (PARC.)
2. **CARDINI (Eugène)**, à Buenos-Ayres. — Lits. (PARC.)
3. **CASTRO (Vincent)**, à Buenos-Ayres. — Persienne en bois du pays. (PARC.)
4. **CHANGEA (Charles)**, à Buenos-Ayres. — Bureau, bibliothèque. (PARC.)
5. **Commission auxiliaire**, Pampa Centrale. — Bureau. (PARC.)
6. **Commission auxiliaire**, à Tucuman. — Bureau et bibliothèque. (PARC.)
7. **COPULA Frères**, à Buenos-Ayres. — Meubles. (PARC.)
8. **FIDIRIANIA (A.) & Cie**, à Buenos-Ayres. — Armoire. (PARC.)
9. **LANZANI (Louis)**, à Buenos-Ayres. — Chaises fantaisie (PARC.)
10. **MARTINI (C.)**, à Buenos-Ayres. — Armoire en bois de la région. (PARC.)
11. **MUSOLINO (Salvador)**, à Buenos-Ayres. — Console, table. (PARC.)
12. **PEREZ (Antoine)**, à Buenos-Ayres. — Porte de rue. (PARC.)
13. **PERLOTTI (Santiago)**, à Buenos-Ayres. — Porte-manteaux en bois du pays. (PARC.)
14. **SORDELLI (Antoine)**, à San-Lorenzo (Santa-Fé). — Chaise d'un seul morceau. (PARC.)

AUTRICHE-HONGRIE.

1. **BAMBERGER Frère & Fils**, à Budapest, Franz Josefsplatz, 8. — Buffet. (PALAIS.)
2. **COLLI Frères**, à Inspruck (Tyrol). — Bibliothèque. (PALAIS.)
3. **Fabrique de meubles (Ferdinand Féry, Directeur)** à Fiume (Croatie). — Meubles en bois courbé. (PALAIS.)
4. **KNOBLOCH (Les successeurs de Auguste)**, à Vienne, VII. Breitigasse, 10. — Ameublement de chambre à coucher en véritable palissandre. (PALAIS.)
   La fabrique emploie 400 ouvriers ; les produits de la fabrication sont vendus en Allemagne, en Amérique et aux Colonies, Brésil et Mexico. — Récompenses : 1873 Vienne, médaille de progrès ; 1878 Paris, diplôme ; 1889 Amsterdam, médaille de 1re classe.
5. **KRON (Ignace)**, à Vienne, Lugeck, 2. — Chambre à coucher. (PALAIS.)
6. **SCHLOSSER (H. M.)** à Drholetz (Moravie). — Fauteuil de sûreté pour théâtres, etc.

BELGIQUE.

1. ABERLÉ (G.), à Bruxelles, rue Léopold, 15. — Garnitures de salon, fauteuils, sièges de fantaisie, etc.   **(PALAIS.)**
Tapisseries, ameublements, garnitures de salons et sièges de fantaisie
Récompenses aux Expositions d'Anvers et de Bruxelles.

2. ARENS (Arnold), à Anvers, rue des Nerviens, 19. — Meubles pour salle à manger.   **(PALAIS.)**

3. BRAUBURGER (J.), à Bruxelles, rue de Suède, 53. — Pendules et coupes en marbre, style Renaissance, gothique, oriental, etc.   **(PALAIS.)**

4. BRIOTS (F.), à Bruxelles, rue Neuve, 7. — Ameublements divers.   **(PALAIS.)**
Manufacture de glaces et dorures. Tapis. Salle à manger Renaissance flamande. Portière Henri II, brodée. Salon Louis XV.

5. BURTON (Charles), à Bruxelles, boulevard du Nord, 71. — Objets mobiliers en joncs, etc.   **(PALAIS.)**

6. DAMMAN & WASHER, à Bruxelles, rue de la Clinique, 75. — Parquets en bois naturels, menuiserie fine, lambris, etc.   **(PALAIS.)**

7. DENIS (Victor), à Bruxelles, boulevard Bischoffsheim, 40. — Cheminées en marbre style Louis XIV, noir et Levanto.   **(PALAIS.)**
Usine à vapeur. — Médaille d'or : Anvers 1885. — Médaille d'or : Paris 1885. — 1er Prix avec Médaille d'or au Concours général, Bruxelles 1888. — Médaille d'or : Barcelone 1888.

8. DEVILLERS & Cie, à Bruxelles, boulevard d'Anderlecht, 63. — Cheminées riches et ordinaires   **(PALAIS.)**

9. DE WAELE (Louis), à Molenbeek-Saint-Jean, rue de l'Intendant, 35. — Menuiseries et parquets riches et ordinaires.   **(PALAIS.)**

10. EVRARD (Léonce), à Bruxelles, chaussée d'Anvers, 179. — Cheminées artistiques, fontaines, socles, colonnes, statues de marbre.   **(PALAIS.)**

11. FUMIÈRE (Armand), à Bruxelles, rue de Verviers, 20.— Projets composés et exécutés pour l'ameublement, la ferronnerie artistique, la marbrerie, le bronze, etc.   **(PALAIS.)**

12. GOYERS Frères, à Louvain, boulevard de la Station. — Autel monumental, chaire, cabinet Henri II, meubles Louis XIV et Louis XV, crédence gothique.   **(PALAIS.)**

13. MALINES (Exposition collective malinoise). Broers, Président : — Meubles.   **(PALAIS.)**

14. MIGNOT DELSTANCHE (A.), à Bruxelles, rue du Châtelain (avenue Louise), 40. — Cheminées en marbre.   **(PALAIS.)**

15. NEUVILLE (Victor), à Liége, rue Basse-Sauvenière, 8. — Billard, style Louis XV, en noyer d'Italie ciré avec accessoires. Bande éclair. Billard bois noir.   **(PALAIS.)**

Fabrique de billards, billards Louis XV, vieux noyer sculpté dans la masse sans appliques, bande « éclair » (déposée), billard Louis XVI bois noir bande « éclair ». — Bruxelles 1888, Grand Concours, prix de progrès : Exposition, Médaille d'argent.

16. ROSEL (François), à Bruxelles, rue Neuve, 16. — Mobilier.   **(PALAIS.)**

17. STOCKMANN-WUILBERT (E. J.), à Basècles. — Cheminée en marbre noir.   **(PALAIS.)**

18. TEUGELS-SCHIPPERS (E.), à Malines, rue Notre-Dame , 100. — Meubles en chêne et noyer sculptés. Lambris.   **(PALAIS.)**

19. TOULET (Charles), à Bruxelles, rue de Laeken, 140. — Billards de divers styles.   **(PALAIS.)**

20. VAN INTHOUDT-HUUGHE (François), à Malines, coin Longue-Rue-des-Bateaux, 90. — Meubles en chêne et noyer sculptés.   **(PALAIS.)**

21. VERHEYDEN (Jean), à Bruxelles, rue du Houblon, 2. A.— Salon japonais avec mobilier.   **(PALAIS.)**

22. VERSTRAETE (Arthur), à Gand, rue de Flandre, 37. — Meubles en chêne ; siéges garnis en tapis moquette, rideaux.   **(PALAIS.)**

BRESIL.

(Voir son Catalogue spécial.)

CHINE.

1. LI-SEN-LIE & Cie, à Neuilly (Seine), avenue de Neuilly, 56.— Meubles.   **(PARC)**

2. YANG-HING & Cie, à Canton. — Meubles en bois sculpté, objets de collection, produits de Chine.   **(PARC.)**

DANEMARK.

1. JENSEN (Séverin et Andréas), à Copenhague. — Meubles de luxe.   **(PALAIS.)**

2. OXELBERG (F.), à Copenhague. — Porte de chêne incrustée.   **(PALAIS.)**

3. TOPP (W. & C.), à Copenhague. — Meubles de luxe.   **(PALAIS.)**

RÉPUBLIQUE DOMINICAINE.

1. Commission Provinciale de Santiago. — Siéges acajou.   **(PARC.)**

ÉGYPTE.

1. GUILIANA, au Caire. — Meubles arabes.   **(PALAIS.)**

ESPAGNE.

1. CAMINS, à Barcelone. — Lits en fer.   **(PALAIS.)**

2. CLEMENT (Francisco), à Alicante. — Sommier.   **(PALAIS.)**

3. GILABERT Y ROMERO, à Valence. — Billard, meuble pour bijoux, siéges, portes et tables.   **(PALAIS.)**

Classe 7.   2

4. **GISBER (Julio)**, à Madrid. — Porte pour salon, imitation de bois fins. (**PALAIS.**)

5. **GOMEZ & Fils**, à Valence. — Pianos.   (**PALAIS.**)

6. **LAUDA Y CORUADO (Adel)**, à Zamora. — Commode, lit.   (**PALAIS.**)

7. **LOPEZ & Fils, (Eugenio)**, à Saragosse. — Meubles.   (**PALAIS.**)

8. **MARTIN (Francisco de A.)**, à Valls (Barcelone). — Meubles.   (**PALAIS.**)

9. **MORATILLA (Vicente A.)**, à Valladolid. — Meuble et table.   (**PALAIS.**)

10. **PLANES MARTINEZ (José)**, à Murcie. — Chaises, canapé et fauteuil.
(**PALAIS.**)

11. **ROSENDE ANTELO (Miguel)**, à Grenade. — Table Renaissance.
(**PALAIS.**)

12. **SOLER & Fils (Miguel)**, à Saragosse. — Piano.   (**PALAIS.**)

13. **TORRES (Ricardo)**, à Grenade. — Meubles Renaissance et arabe. (**PALAIS.**)

14. **URGNIZA Frères**, à Séville. — Lit en fer doux.   (**PALAIS.**)

15. **VONOLLOSA (Ramon)**, à Madrid. — Fauteuils, chaises et outils pour la
construction des chaises.   (**PALAIS.**)

ÉTATS-UNIS.

1. **ARMINGER (R.) & Son**, à Baltimore, Md., 7, East-Lombard street. —
Glacières de modèles différents.   (**PALAIS.**)

2. **Brunswick, Balke, Collender Co, (H. W. Collender**, Président), à
New-York, 860, Broadway. — Billards, billes et autres articles se rapportant au jeu
de billard.   (**PALAIS.**)

3. **Cortland Desk Co**, à New-York, N. Y., 306 & 308, Broadway. — Meubles
de bureau.   (**PALAIS.**)

4. **CUTLER (A.) & Son**, à Buffalo, N. Y., 266-172, Pearl street. — Bureaux,
chaises, table octogone, table, porte-feuille, secrétaire, etc.   (**PALAIS.**)

5. **Derby & Kilmer Desk Co**, à Somerville, Mass. — Bureaux, chaises, supports pour copie-lettres.   (**PALAIS.**)

6. **HEYWOOD Bros & Co**, à New-York, N. Y., 297-303, Cherry street. —
Chaises, meubles en rotin, voitures d'enfants.   (**PALAIS.**)

7. **Jervett (The John C.), Manufacturing Co**, à Buffalo, N. Y., 51, North
Division street. — Glacière. Appareil à rafraîchir l'eau.   (**PALAIS.**)

8. **LAMBIE (R. M.)**, à New-York, N. Y., 39, East 19th street. — Support ou
pupitre pour dictionnaire.   (**PALAIS.**)

9. **Manhattan Reclining Chair Co** à New-York, 207, Canal street.— Chaises
longues avec accessoires pour reposers les pieds.   (**PALAIS.**)

10. **MERKLEN Brother**, à New-York, N. Y. 390, East 3rd street. — Meubles à
spirales.   (**PALAIS.**)

11. **PIKE (W. H.)**, à New-York, 206, Broadway. — Pupitre à musique. (**PALAIS.**)

GRANDE-BRETAGNE.

1. **ARDESHIR & BYRAMJI**, Hummum street, 10, Fort Bombay (Indes). —
Meubles.   (**PALAIS.**)

2. CHUBB & Sons, Lock & Safe Co, (Limited), à Londres, Queen Victoria street, 128, et à Liverpool, Manchester, etc. — Objets d'alarme.

3. EDWARDS & ROBERTS, à Londres, Wardour street, 146 à 160. — Mobilier.   (PALAIS.)

4. GALE (George) & Sons, à Leeds, Upper Mill street, 17. — « Dominion » sommier élastique, sommier et lit combinés, canapé-lit.   (PALAIS.)

5. GILES (Frank) & Co, à Londres, Kensington High street, 50.— Meubles.   (PALAIS.)

6. GRAHAM & BIDDLE, à Londres, Graham House, Oxford street, 463. — Mobilier et accessoires.   (PALAIS.)

7. Imperial Ball Bearing Castor & Co, à Leicester.— Roulettes de toutes espèces.   (PALAIS.)

Maison, 35, rue du Caire, Paris.

Castors pour fourniture de toutes espèces de formes, s'adaptant aux canapés, garde-robes, bois de lit, buffets, bibliothèques, coffres-forts, etc.

Fournisseur de Sa Majesté la Reine d'Angleterre.

8. JENNINGS (George), à Londres, Palace Wharf, Stangate. — Ameublement de salles de bain, bains, lavanderies renfermées dans des cabinets de fantaisie.   (PALAIS.)

9. PEYTON & PEYTON, à Birmingham, Bordesley works et à Paris, rue Béranger, 19. — Lits métalliques et sommiers élastiques.   (PALAIS.)

10. PROCTOR & Co, (The Indian Art Gallery), à Londres, Oxford street, 428. — Meubles, sculpture indienne.   (PALAIS.)

11. WILSON (Lawrence), à Manchester, Cheetham.— Parqueterie pour escaliers, décorations murales.   (PALAIS.)

GUATEMALA.

1. CARAVANTÈS (Francisco), à Guatemala. — Bahut avec incrustations.   (PARC.)

2. FERNANDEZ (José M.), à Antigua. — Œuvres d'ébénisterie.   (PARC.)

3. Gouvernement de Guatemala, à Guatemala. — Assortiments de meubles fabriqués avec les bois du pays.   (PARC.)

4. MENENDEZ (J.), à Guatemala. — Meubles.   (PARC.)

5. MONTEALEGRE (Fernando), à Alta-Verapaz. — Table en mosaïque de bois.   (PARC.)

6. MORALES (Manuel-G.), à Guatemala. — Un cercueil de luxe.   (PARC.)

7. Municipalité de San Andrès de Itzapa, département de Chimaltenango. Meubles.   (PARC.)

ITALIE.

1. REDENDO (Joseph) & Fils, à Venise. — Berceaux sculptés avec sirènes et figures d'enfants.   (PALAIS.)

2. BESAREL-PAUCIERA Frères, à Venise, San-Barnaba. — Meubles de luxe, figurines, groupes sculptés en bois.   (PALAIS.)

3. BRASCHI (Fortuné), à Chiavari. — Chaises fines et ordinaires.   (PALAIS.)

4. CANDIANI (Napoléon), à Venise. — Meubles sculptés, sculptures en bois, statues en bois doré et décoré, verroteries artistiques, lustres, miroirs, mosaïques, etc.   (PALAIS.)

5. CAUGUILLO (Janvier), à Naples, largo Garofolo-Chigia. — Meubles artistiques de dessins ancien et moderne. Spécialité de meubles Louis XVI et des dernières nouveautés italiennes. Ouvrages en gravure sur bois. **(PALAIS.)**

6. FLAIBANI (Antoine), à Venise. — Statues et sculptures en bois. **(PALAIS.)**

7. GAJANI (Egiste), à Florence. — Bas-relief, sculptures sur bois. **(PALAIS.)**

8. GARINO (Joseph), à Paris, avenue de Clichy, 147. — Meubles sculptés. **(PALAIS.)**

9. GELLI (Gustave), à Paris, rue du Faubourg-Montmartre, 38. — Miroirs avec cadres sculptés imitant l'ivoire. **(PALAIS.)**

10. GUETTA (Joseph), à Venise. — Meubles sculptés. Statuettes en bois. **(PALAIS.)**

11. GUGGENHEIM (Michel-Ange), à Venise. — Meubles de luxe en bois de noyer sculptés et ornés. **(PALAIS.)**

12. MORA Frères, à Milan, via Solferino, 35. — Chambre en style vénitien du XVIIIe siècle avec boiserie sculptée et dorée, fonds en cristaux et meubles analogues. **(PALAIS.)**

13. PETRALLI Frères, à Florence, 12, lungarno Vespucci. — Meubles de luxe sculptés, coffres, cadres. **(PALAIS.)**

14. QUARTARA (Joseph), à Turin. — Assortiment de meubles de luxe, chaises, fauteuils, guéridons, tables, sofas. **(PALAIS.)**

15. ROSSI (Joseph) & Fils, à Venise, palais Gritti. — Ameublement complet pour antichambre, salle à manger, divers fauteuils, corniches, groupes et tables de styles différents. **(PALAIS.)**

16. ROVERE (Andrea) & Fils, à Gênes. — Vitrine en bois sculpté. **(PALAIS.)**

17. SALVIATI (Antoine), à Venise. — Mobilier. **(PALAIS.)**

18. SARFATTI & Cie, à Venise. — Meubles en bois sculpté, dorés, décorés. **(PALAIS.)**

19. TESTOLINI (M.-Q.), à Venise, Saint-Marc, 76. — Meubles artistiques, ancien style. **(PALAIS.)**

20. TOSO (François), à Venise, calle lungo San-Barnaba, 2829. — Meubles de divers styles, statues, groupes, porte-vases, guéridons et objets artistiques destinés à l'ameublement des palais, villas, etc. **(PALAIS.)**

21. VALDINOCI (Ange), à Florence, via dei Fossi, 3. — Cheminées et consoles avec glace, jardinières, étagères, vitrines, cadres et corniches de toutes formes, meubles de toute espèce. **(PALAIS.)**

22. ZANETTI (Antoine), à Vicence. — Meubles d'art, imitation de l'ancienne sculpture sur noyer. **(PALAIS.)**

JAPON.

1. ISOGAYA (Kotaro), Shidzuoka-Ken, Shidzuoka. — Étagères en laque pour service à thé, tables, étagères en laque pour livres. **(PALAIS.)**

2. ISOGAYA (Risoji), Shidzuoka-Ken, Shidzuoka. — Étagères, paravents, porte-brûle-parfums. Porte-cann   à laque. **(PALAIS.)**

3. KOBAYASHI (Kojiro), Tokio-fu, Kiobashi-Ku. — Paravents en laque. **(PALAIS.)**

4. MICHIYA (Tashichi), Kanagawa-Ken, Yokohama-Ku. — Bronze, candélabres, vases à fleurs, corbeilles. **(PALAIS.)**

5. NAKAMURA (Zenjiro), Kioto-fu, Kamikio-Ku. — Paravents en bois peint et en bois sculpté. **(PALAIS.)**

6. SATO (Kichiyemon), Shidzuoka-Ken, Shidzuoka. — Étagères en marqueterie, tables rondes en laque, tables en bronze laqué. **(PALAIS.)**

7. YAMAMOTO (Yasubei), Shidzuoka-Ken, Shidzuoka. — Étagères à livres en laque et en marqueterie. **(PALAIS.)**

GRAND-DUCHÉ DE LUXEMBOURG.

1. CHAMPAGNE Frères, à Luxembourg. — Mobilier de chambre à coucher. **(PALAIS.)**

2. PEPING (Jean), à Paris. — Horloge et crucifix en bois sculpté. **(PALAIS.)**

NORVÈGE.

1. MICHELSEN (J.), à Christiania. — Canapé. **(PALAIS.)**

PAYS-BAS.

1. REYENGA (Wybe), à Amsterdam. — Meubles laqués, style japonais. **(PALAIS.)**

PORTUGAL.

1. NASCIMENTO (Venancio do) & Ca. — Meubles. **(QUAI.)**

ROUMANIE.

1. BRUND (Angel), à Bucharest, strada Carol I, 19. — Canapé. **(PALAIS.)**

2. CONSTANTINESCO (Stelian), à Bucharest, strada Drepta. — Piédestal et siége de bois. **(PALAIS.)**

3. CUTARIDA (Juan), à Morteni (Dimbovitya). — Siége de bois sculpté. **(PALAIS.)**

4. « Fortuna » première fabrique roumaine de meubles et parquets (Tiktin, Inkelstein et Cie), à Iassy, strada Pavolor, 6. — Chaises en bois. **(PALAIS.)**

5. GOROVEANU (Juliu J.), à Ploesti. — Meubles sculptés. **(PALAIS.)**

6. GRIGORESCO (Ghitza), à Bucharest, calea Dorobantilor, 15. — Canapé en S. **(PALAIS.)**

7. KNITTEL (Carol), à Iassy. — Cadre de bois sculpté. **(PALAIS.)**

RUSSIE.

1. BARILOUSSOFF (Jacob), à St-Petersbourg. — Meubles, style caucasien. **(PALAIS.)**

2. CHOUBERSKY (Ch.), à Moscou. — Meubles pour wagons-lits. **(PALAIS.)**

3. DMITRIEFF (P.), à Moscou.— Modèles des vitrines de Mme Ali et Dolgoff.
(PALAIS.)

4. GÉCÈLE (A. A.), à Saint-Pétersbourg. — Cadres et meubles dorés.   (PALAIS.)
Récompense : Diplôme d'honneur, Bruxelles 1888.

5. GRUNWALDT (P.), à Saint-Pétersbourg. — Meubles de chasse.   (PALAIS.)
Meubles de chasse en fourrures et en cuir de Russie.
Récompenses : Paris 1878 ; Anvers 1885 ; Bruxelles 1888, Diplôme d'honneur. Méd. d'or.

6. LOVITON, à Saint-Pétersbourg. — Meubles sculptés.   (PALAIS.)

7. Société Wojciechow, à Varsovie. — Meubles pliants.   (PALAIS.)
Société par actions des meubles en bois courbés.
Fondés en 1871, à Wojciechow, gouvernement de Lublin (Pologne).
Fabriques à Varsovie et à Pragues, faubourg de Varsovie.
Pièces diverses de meubles en bois courbé.
Comptoir et dépôt général à Varsovie, maison de l'hôtel de l'Europe.

8. SVIMSKY (N.), à Saint-Pétersbourg. — Meubles d'art.   (PALAIS.)

GRAND-DUCHÉ DE FINLANDE.

1. Menuiserie de K. K. Sylvander, à Helsingfors. — Berceuse vieux modèle.
(PARC.)

2. Menuiseries mécaniques de N. Boman, à Abo. — Meubles.   (PARC.)

3. Scieries et Menuiseries mécaniques de Knut Bœrtzell, à Hangoe.
— Porte d'église, vieux style et trône d'Odir, dieu des anciens Scandinaves.   (PARC.)

SALVADOR.

1. CAMPOS (Juan), à Chinameca. — Meuble.   (PARC.)

2. CORNEJO (S.), à San-Salvador. — Meubles.   (PARC.)

3. MOLINA (Cézares), à San-Vicente. — Meuble.   (PARC.)

4. PERLA (Raimundo), à Luchitoto. — Meuble.   (PARC.)

SERBIE.

1. Établissement pénitencier, à Belgrade. — Meubles.   (PALAIS.)

2. Établissement pénitencier, à Nisch. — Meubles.   (PALAIS.)

RÉPUBLIQUE SUD-AFRICAINE.

1. Gouvernement de la République (Le), à Pretoria.— Meubles fabriqués
par les indigènes.   (ESPLANADE.)

SUISSE.

1. BAUMANN (Émile), à Horgen (Zurich).— Chaise escalier, chaises démontables pour enfants.   (PALAIS.)

2. **BERNARD (P. L.)**, à Rianfond (Berne). — Buffet en frêne massif, avec filets de cuivre et autres.   **(PALAIS.)**

3. **BUTTIKER (Victor)**, à Flumenthal (Soleure). — Banc de jardin, table, chaises, petites chaises d'enfants, jardinières.   **(PALAIS.)**

4. **ETERNOD (Auguste, C. F.)**, à Genève, rue des Grands-Philosophes, 6. — Meuble sculpté de style.   **(PALAIS.)**

5. **GRASER-SCHWEITER (B.)**, à Rheinau (Zurich). — Rampes d'escaliers et meubles, ferronnerie et serrurerie d'art.   **(PALAIS.)**

6. **HEER-CRAMER (Henri)**, à Lausanne. — Siéges de fantaisie. — Divers pavillons pour les exposants.   **(PALAIS.)**

7. **KELLER (J.)**, à Oberaach (Thurgovie). — Armoire en bois d'ébène.   **(PALAIS.)**

> Maison fondée en 1840.
> Spécialité de meubles de luxe en tous genres.
> Usine à vapeur, force motrice de cinquante chevaux, pour la fabrication de montures.
> Catalogue illustré à la disposition du public.
> Récompenses diverses.

8. **KIEFER (Georges)**, à Bâle. — Meubles en jonc.   **(PALAIS.)**

9. **MAUCHAIN (Armand F.)**, à Genève, Grand Quai, 28. — Sculptures suisses, tables à transformations multiples, pupitres hygiéniques « Excelsior », cadres extensibles.   **(PALAIS.)**

10. **Menuiserie et sculpture de Balen, (Graven** : directeur), à Sion. — Armoires sculptées, représentant une cathédrale et un palais gothiques.   **(PALAIS.)**

11. **MORGENTHALER (Frédéric)**, à Berne. — Billard avec accessoires.
                                                                     (PALAIS.)

12. **PERRENOUD (Jules) & Cie**, à Cernier (Neuchâtel). — Buffet de salle à manger, table à manger.   **(PALAIS.)**

> Maison fondée en 1867.
> Usine à vapeur.
> Machines-outils perfectionnées.
> Meubles Renaissance, Henri II et modernes.
> Buffet et table de salle à manger (style Renaissance).

13. **PLANCHAMP (Séraphin)**, à Vouvry (Valais). — Chaise pliante, dite chaise longue.   **(PALAIS.)**

14. **RIEBEN (Samuel & Louis)**, à Berne, Murtenstrasse-Laenggass, 4. — Bureau Renaissance, petite table Louis XV.   **(PALAIS.)**

15. **SCHINDLER (O.)**, à Ragaz, Saint-Gall. — Ardoises en dalles polies pour billards, tables de jardin, urinoirs, dessus et dessous de fourneaux, polis en noir brillant, avec incrustations.   **(PALAIS.)**

VÉNÉZUÉLA.

1. **NUNEZ (José)**. — Colonne de bois de vera, de Maracaïbo.   **(PALAIS.)**

GROUPE III.

MOBILIER ET ACCESSOIRES.

CLASSE 18.

Ouvrages du tapissier et du décorateur.

FRANCE.

1. **ALEXANDRE Jeune** (Maison), **Léon Valin et Goré**, Successeurs, à Paris, rue du Faubourg-Saint-Antoine, 93. — Glace de style, consoles, miroirs Venise et de tous genres. **(PALAIS.)**

   Médaille d'argent, Paris 1867, Vienne 1873.
   Médaille d'argent, Paris 1878.

2. **ANTIGNIAT (Vve Louis)**, à Paris, rue des Récollets, 13. — Cadres, consoles, bordures, en blanc et doré, rosace, motifs carton-pierre. **(PALAIS.)**

3. **ANTOINE**, à Paris, rue des Poissonniers, 139. — Phare ornementé de pierres fines et de minéraux divers. **(PALAIS.)**

4. **ARGAND (P.), BARADUC & Cie, « à la Place Clichy »**, à Paris, rue d'Amsterdam, 99. — Ameublement. **(PALAIS.)**

5. **ARGONGUE (D. Joseph)**, à Paris, rue Surcouf, 29. — Meuble, décoration. **(PALAIS.)**

   Meuble Louis XVI sculpté, doré, à la détrempe et décoré par un procédé nouveau (Stoffane)

6. **AUBRUN (Pierre)**, à Paris, boulevard du Montparnasse, 62. — Peintures de décors pour bâtiments. **(PALAIS.)**

   Récompenses aux Expositions universelles :
   Deux Médailles d'argent, Anvers, 1885.
   Médaille d'or, Barcelone, 1888.
   Travaux du Gouvernement.
   Succursale à Clamart, rue de Paris, 6.
   Exposition universelle de Barcelone 1888, Médaille d'or.

7. **BADAN (J. B.)**, à Pierres-Maintenon (Eure-et-Loir). — Église en papier roulé carton, aigle défendant son nid repoussé au marteau. **(PALAIS.)**

8. **RANCILHON (Louis)**, à Paris, boulevard Beaumarchais, 2. — Projets d'architecture et de décorations intérieures. **(PALAIS.)**

9. **GARREAU (Michel)**, à Paris, rue Saint-Thomas-d'Aquin, 2. — Sculpture. **(PALAIS.)**

10. **BRAUD (Joseph)**, à Paris, rue Garancière, 1. — Objets religieux. **(PALAIS.)**

11.   BAY (J. G.), à Paris, cour des Petites-Ecuries, 16. — Nouveaux systèmes de miroirs de toilette, à trois faces.   **(PALAIS.)**

Maison à New-York, 444, Broomé street, Brevets en France et à l'Etranger ; 2me Médaille à l'Exposition de Melbourne 1888.

12.   BECQUEMIE (E.), au Raincy (Seine-et-Oise), boulevard du Nord, 27. — Décorations artistiques.   **(PALAIS.)**

13.   BEER (M.), à Paris, rue Saint-Sulpice, 34. — Ameublements et bronzes pour églises.   **(PALAIS.)**

14.   BELLOT (Pierre), à Paris, rue du Faubourg-Saint-Antoine, 95. — Siéges en cuir de Cordoue et en cuir de Venise, meubles et siéges, meubles d'antichambre. **(PALAIS.)**

15.   BENDA (Arthur), à Paris, rue des Archives, 10. — Glaces, miroiterie, dorure, pour la commission et l'exportation.   **(PALAIS.)**

16.   BÉNEZECH (Henri), à Paris, rue Martel, 10. — Travaux d'art, cheminées, escaliers, carrelages, etc.   **(PALAIS.)**

17.   BENOOT (Victor), à Paris, Boulevard Voltaire 18. — Elastiques pour sièges.   **(PALAIS.)**

18.   BERC (Paulin A.), à Paris, rue du Faubourg-du-Temple, 31. — Miroirs genres Louis XIII, Renaissance, etc. Articles de fantaisie, cuivre et fer repoussé et ciselé.   **(PALAIS.)**

19.   BERTIN & FONCHER, à Courbevoie (Seine), rue Louis-Blanc, 32. — Installation architecturale, échantillons pour salles de bain et vestibules. Encadrements pour glaces et tableaux : vases et statuettes.   **(PALAIS.)**

Fabrique d'émaux sur matières plastiques à Courbevoie, rue Louis Blanc, 82.
Maison à Paris, 12, rue Etienne Marcel.
Voir à la porte centrale de la Galerie des machines, avenue de la Bourdonnais. Encadrements.

20.   BIAIS Ainé & Cie, à Paris, rue Bonaparte, 74. — Objets religieux.   **(PALAIS.)**

Biais aîné et Cie, fabrique d'ornements d'église. Fournisseurs de N. S. P. le Pape. Maison fondée en 1782, par M. J. N. Biais, aïeul des chefs actuels. Cheva-lier de la Légion d'honneur, commandeur des ordres de St-Grégoire-le-Grand, de l'Ordre du St-Sépulcre, etc. Ameublement, décoration, bronze et orfévrerie pour églises. Principaux objets exposés : 1° Autel XIIIe siècle, marbres de couleurs et bronze doré ; 2° Garniture d'autel, chandeliers et croix, bronze, style XIIIe siècle ; 3° Stalles curiales XIIIe siècle, bois sculpté ; 4° Station chemin de Croix, avec cadre XIIIe siècle, bois sculpté, etc. Récompenses : Paris 1855, médaille 1re classe ; Paris 1867 et 1878, hors concours, membres du jury, médailles d'or, d'argent et diverses, aux collaborateurs et chefs d'ateliers ; Amsterdam 1883, Barcelone 1888, hors concours, membres du jury.

21.   BON MARCHÉ (Au) Maison **Aristide Boucicaut**, à Paris, rue de Sèvres, 18. — Siéges, tentures, étoffes pour ameublements, tapis, meubles, literie, couvertures, rideaux blancs.   **(PALAIS.)**

Nouveautés en soieries, lainages, draperies, rouenneries, costumes pour dames, hommes et enfants ; toiles, trousseaux, dentelles, gants, rubans, ombrelles, chapeaux, mercerie, articles de Paris, bonneterie, chaussures, etc.

22.   BOSMAN (François), à Paris, avenue de St-Ouen, 90. — Meuble religieux gothique style XIIIe siècle, porte-manteau gothique et antique.   **(PALAIS.)**

23.   BOUASSE Jeune (Emile), à Paris, rue Bonaparte, 61. — Objets religieux.   **(PALAIS.)**

Imagorie religieuse, spécialité et chromo-lithographie. Statues, statuettes, chemins de croix, objets religieux, chasublerie, bronzes, ameublement d'église.

24.   BOUCHER (Henri), à Paris, boulevard de Sébastopol, 108. — Glaces, miroirs, consoles, écrans, vitrines, meubles dorés.   **(PALAIS.)**

25.   BOUDIER (Emile), à Bais (Mayenne). — Jardinière de salon vieux-chêne et or, tables d'un morceau.   **(PALAIS.)**

26. BOUGAREL (Marien G.), à Paris, rue Dombasle, 26. — Décoration artistique en mosaïque de bois inaltérable.   **(PALAIS.)**

> Application sur mur : Ornements, cartouches, blasons, châteaux historiques, etc. ou toute décoration spéciale, d'après maquettes de Messieurs les architectes. Application sur menuiserie : Panneaux décoratifs pour portes, lambris, trumeaux, etc. Application sur meubles et petite ébénisterie : Sujets variés de tous genres et tous styles. Reproduction de tableaux anciens et modernes : Sujets religieux et autres.

27. BOVERIE (E. J.), à Paris, rue du Faubourg-Saint-Antoine, 115. — Meubles et tentures.   **(PALAIS.)**

28. BRÉMARD (Albert), à Paris, rue de la Roquette, 76. — Glaces taillées, émaillées et gravées.   **(PALAIS.)**

29. BROCHWICZ (Mme Spéranza de), à Versailles, boulevard de la Reine, 85. — Peinture décorative.   **(PALAIS.)**

30. BROT (Léopold) & Fils, à Paris, rue du Faubourg-Saint-Denis, 89. — Miroiterie.   **(PALAIS.)**

31. BRUNOT & BRACONY (L. L.), à Paris, rue Toricelli prolongée, 6. — Statuettes, bustes, marbre et terre cuite. Originaux de Bracony.   **(PALAIS.)**

32. BUSNEL (Ernest A.), à Paris, rue Sainte-Anne, 34. — Tables de style, cheminées, écrans, paravents, socles, cadres. Peinture décorative sur étoffes et cuirs, s'appliquant à l'ameublement.   **(PALAIS.)**

33. CANTINI (Jules), à Marseille (Bouches-du-Rhône), avenue du Prado, 135. — Travaux de marbrerie artistique.   **(PALAIS.)**

> Statues, colonnes, vases, cheminées. — M. Cantini est Chevalier de la Légion d'honneur et Commandeur de la couronne d'Italie. — Médaille d'or, Paris, 1878. Voir cl. 68.

34. CASCIANI (Raphaël), à Paris, rue Bonaparte, 70 bis.—Statues religieuses **(PALAIS)**

35. CAUSSINUS (Louis), **de la Drôme**, à Paris, boulevard Saint-Germain, 228. — Sujets en plâtre, imitation bronze, fer, argent, étain, marbre, bois et ivoire etc.   **(PALAIS.)**

> Métallisation du plâtre. — Maison fondée en 1863.
> Caussinus (de la Drôme), inventeur des imitations sur plâtre, membre du Comité d'admission Exp. univ. 1889 ; mention honorable, Exp. univ. 1867 ; médaille de bronze, Exp. univ. 1878.

36. Chambre syndicale des doreurs sur bois et ornemanistes (Exposition collective de la), à Paris, rue de Lancry, 10. — Cadres et meubles dorés.   **(E. C.) (PALAIS.)**

Carpentier.	Haguenauer Jeune.	Tardif.
Couturier & Cie.	Hombert.	

37. CHARRIER & Cie, à Vendôme (Loir-et-Cher). — Cadres, lambris, plafond, portes, baguettes unies, et sculptées pour encadrements, tentures.   **(PALAIS.)**

38. CHOVET (L.), à Paris, rue du Vieux-Colombier, 12. — Chemins de croix en peinture, en émail et en sculpture (bas et hauts reliefs).   **(PALAIS.)**

39. CLADY (Pancrace), à Tours (Indre-et-Loire), rue Cholmel, 31.— Laques et décorations.   **(PALAIS.)**

40. CLAIR-LEPROUST (J. M. Maxime), à Paris, faubourg Poissonnière, 146. — Petits meubles de fantaisie.   **(PALAIS.)**

> Meubles pour chambres à coucher. Consoles, bureaux, tables gigognes, petits meubles gravés, laqués, décor vernis-Martin et autres genres ; meubles et siéges fantaisie garnis peluche.
> — Voir Classes 21, 26 et 29 annexe.

41. CONCHOU (Claude), à Fontaine-Saint-Martin (Rhône) — Sculpture, encadrements.   **(PALAIS.)**

42. DANIEL (E. G. Jules), à Paris, rue Bonaparte, 76. — Statues religieuses et meubles d'église.   (PALAIS)

43. DANIELLI Jeune (Jean M.), à Paris, boulevard Saint-Germain, 108. — Reproductions artistiques imitées de l'antique, de la Renaissance et modernes. (PALAIS.)

44. DAREY (Louis), à Royan-Pontailhac (Charente-Inférieure). — Panneaux décoratifs Louis XVI et Renaissance.   (PALAIS.)

45. DAVE Vve Pauline de), à Paris, quai du Louvre, 26. — Bourrelets en coton pour calfeutrage des portes et fenêtres, plinthes mobiles et à coulisses. (PALAIS.)

46. DECAM (Paul), à Paris, rue Royale, 23. — Métallisation du plâtre. (PALAIS.)
Reproduction en « Géolithe » d'un seul ton ou polychromée.
Ateliers « Villa Medius » à Asnières-sur-Seine.
Répétition des Antiques et œuvres modernes ; La Soubrette rieuse. — Le Pierrot chanteur. — Les Lilas et les Roses. — Andromède. — Pierrot et Arlequin (appliques). — La Marchande de pommes. — Bacchante. — Tête de rieuse au coussin etc. etc.

47. DELORME (Raymond), à Tarbes (Hautes-Pyrénées), rue du Portail-d'Avant, 4. — Mosaïques marbre encadrées.   (PALAIS.)

48. DENIÈRE, à Paris, rue Vivienne, 15. — Bronzes d'ameublement et d'éclairage. Décoration en tous styles. Cheminées marbre et bronze.   (PALAIS.)

49. DESGRANGES (Eugène), à Paris, rue Bleue, 38. — Encadrements, glaces encadrées.   (PALAIS.)

50. DESMAREST (Charles C.), à Paris, rue des Arquebusiers, 11. — Chandeliers, croix, lustres, lampes, couronnes.   (PALAIS.)

51. DORÉ (Prosper C. M.), à Paris, boulevard St-Michel, 30. — Panneau décoratif pour plafond de fumoir.   (PALAIS.)
Peinture, imitation de bois incrustés.

52. DOUMAUX (L), à Paris, rue de Chabanais, 9. — Tringles pour tapis d'escaliers, tableaux et cuisines.   (PALAIS.)
Médaille d'Argent, Barcelone 1888. — Médaille d'Or, Bruxelles 1888.

53. DREYFUS (Georges), à Paris, rue de Paradis, 32. — Miroiterie.   (PALAIS.)

54. DROUET-LANGLOIS (Emile R.), à Paris, rue de la Folie-Méricourt, 24. — Cheminée en marbres de couleur, colonnes et gaînes en marbre.   (PALAIS.)

55. ERDMANN (Henri L.), à Paris, rue de l'Université, 67. — Meubles et sièges de style, sculptures et meubles décoratifs, figures et ornements, meubles fantaisies, étoffes anciennes.   (PALAIS.)

56. ETTLINGER Frères (L. & S.), à Paris, rue du Temple, 114. — Objets de fantaisie et religieux, bronze, imitation et ivoire.   (PALAIS.)

57. FAVRE (Eugène), à Paris, rue Saint-Martin, 236. — Ornements pour tapisseries, pour bannières et drapeaux.   (PALAIS.)

58. FLECK Frères (Emile et Alphonse), à Paris, rue du Château-d'Eau, 54. — Ameublements.   (PALAIS.)

59. FORGUES (Mlle Mathilde), à Paris, rue d'Odessa, 3. — Statuette plâtre décorée, genre Munich.   (PALAIS.)

60. FRAISSARD (Antoine), à Paris, rue Amelot, 40. — Table de jeu et-guéridon en mosaïque, service à café et à liqueurs en onyx.   (PALAIS.)

61. GALLAIS (A.) & WELTER (J.), à Paris, boulevard Richard-Lenoir, 79. — Clous d'ameublement dorés et autres.   (PALAIS.)

62. GAUTHIER (L. N.), à Molinges (Jura). — Cheminées et toilettes en marbre.   (PALAIS.)

63. GLEYZES (Paul), à Toulouse (Haute-Garonne), rue St-Etienne, 13.— Glace encadrée. **(PALAIS.)**
Maison de fabrication de dorure.
Biseautage et argenture de glaces.

64. GODON (Julien), à Paris, rue Rochechouart, 70. — Panneaux et maquettes de peinture décorative. Tentures murales et plafonds. **(PALAIS.) (PARC.)**

65. GŒURY (Léon), à Clamart (Seine), rue Denis-Gogué, 11. — Crèches en bois, se démontant. Niches en bois sculpté. **(PALAIS.)**

66. GOSSE (Célestin F. L.), Plan Champigny (Seine), impasse Saint Amman, 4. — Décorations ameublements, dessin. **(PALAIS.)**

67. GRASSAUD (U. F.), à Angoulème (Charente), rampe d'Aguesseau, 10. — Sommiers métalliques cadre en fer et cadre en bois, se démontant de toutes pièces.
(PALAIS.)

68. GRENEU (Théodore J.), à Paris, boulevard du Montparnasse, 144. — Écran Louis XIII, gaînes Renaissance, bois sculpté, projets en plâtre, cadre Louis XIII. Tables Henri II. **(PALAIS.)**

69. GRUOT (L. Henri), à Paris, rue du Chemin-Vert, 9. — Cheminée marbre rouge antique de Grèce. Renaissance. Cheminée marbre Saraucolin-Beyrède, des Pyrénées, Louis XV. Cheminée marbre bleu turquin, Louis XVI. **(PALAIS.)**
Gravure à la roue, sur cristaux.
Travaux artistiques et ordinaires.

70. GUENNE & GILQUIN, à Paris, rue d'Hauteville, 72. — Glaces, miroirs et consoles. **(PALAIS.)**
Fabricants de miroiterie et dorure. Succursale, 66, Faubourg St-Antoine. — Miroiterie pour bâtiments et magasins. — Glaces brutes pour toitures, dalles et verres à reliefs.
Cadres ornés de tous styles. — Vitraux et gravure. Dorure pour appartements et pour meubles.

71. GUÉRIN Frères, à Paris, rue Washington, 36. — Tapisseries. **(PALAIS.)**

72. GUILLON-BAINVILLE (Aimé J. F.), à Bar-le-Duc (Meuse). — Sommiers-lits, métalliques, démontables en toutes leurs parties. **(PALAIS.)**

73. HAAS (Joseph de), à Paris, rue de Sévigné, 40. — Baguettes en tous genres pour encadrements et tentures. **(PALAIS.)**

74. HALLÉ (Charles), à Paris, rue Boulard, 7. — Décoration en relief, accessoires de théâtre. **(PALAIS.)**

75. HEILBRONNER (G.), **Madame C. Lescurd**, Successeur, à Paris, rue des Petits-Champs, 36. — Tapisseries, broderies pour ameublement. **(PALAIS.)**

76. HÉRON (Alphonse d'), à Paris, rue de la Roquette, 169. — Marbres.
(PALAIS.)

77. HERVEUX (Constant), à Paris, rue de Belleville, 151. — Sommiers.
(PALAIS.)

78. HUBERT, à Paris, rue du Chemin-Vert, 47. — Peinture sur verre. **(PALAIS.)**

79. HUBERT (Albert), à Paris, rue Notre-Dame-des-Champs, 56. — Glace, cadre, torchère, console et siège en bois sculpté, doré, de différents styles.
(PALAIS.)

80. ITASSE (Adolphe), à Paris, rue du Faubourg-St-Honoré, 233. — Statues bas-reliefs et groupes décoratifs, marbre, bronze, ivoire, bois et terre cuite. Buste, portrait, porchères en marbre. **(PALAIS.)**

81. JACCOUX (A. J. Henri), à Paris, rue de l'Echiquier, 37. — Bourrelets invisibles et autres, plinthes mécaniques automobiles pour bas de portes. **(PALAIS.)**
Mention honorable, Exposition universelle de Paris 1878.

82. **JACQUIER (Francis & Aimé)**, à Caen (Calvados), rue Desmoueux. — Autel en pierre, statues bas-relief, bibliothèque, divers. **(PALAIS.)**

83. **JANSEN**, à Paris, rue Royale, 9. — Chambre à coucher, style Louis XVI. **(PALAIS.)**

84. **JOBARD (E.) & Cie**, à Paris, rue Popincourt, 16. — Glaces, biseaux par système mécanique. **(PALAIS.)**

85. **KAEPPELIN (J. Paul)**, successeur de **Ch. Bucquet**, à Paris, rue de Buci, 15. — Glaces, miroirs, vitraux, consoles. **(PALAIS.)**

86. **LAMEIRE (Charles J.)**, à Paris, avenue Duquenne, 52. — Maquettes et peintures décoratives. **(PALAIS.)**

87. **LAMOTTE (J. C. Fernand)**, à Paris, rue Bourd.loue, 9. — Dessins et décorations d'ameublement. **(PALAIS.)**

88. **LE BEL-DELALANDE (Charles)**, à Paris, rue St-Honoré, 348. — Meubles et broderies artistiques. **(PALAIS.)**

89. **LÉEMANS (ErnestM.)**, à Clichy-la-Garenne (Seine), boulevard National, 100. — Statuettes, bustes et bas-reliefs en plâtre durci et métallisé imitant : le bronze, l'ivoire, le bois, l'argent et le fer. **(PALAIS.)**

90. **LEFRANC (Mlle Marie)**, à Paris, rue de Boulainvilliers, 13. — Portraits, panneaux, meubles, ouvrages. **(PALAIS.)**

91. **LEGRAIN (Eugène)**, à Paris, rue Guy-de-Labrosse, 2. — La ville de Paris encourageant et protégeant les arts et les sciences. Modèle d'une cheminée monumentale. **(PALAIS.)**

92. **LEMAIGRE (Gustave N.)**, à Paris, rue de Birague. — Tentures et siéges mécaniques. Canapé formant lit. Fauteuils articulés. Meubles pour chemins de fer. **(PALAIS.)**

93. **LENOIR (F.-G.)**, à Paris, rue Madame, 52. — Dessins industriels. Compositions pour décorations intérieures et ameublements. **(PALAIS.)**
Dessins originaux et reproductions des ouvrages. Décors de tous styles : décoration des appartements, Traité théorique et pratique du Tapissier.

94. **LEPROVOST (Pierre)**, à Paris, rue Haxo, 85. — Marbre imitation. **(PALAIS.)**

95. **LEROUX & FISCHBACH**, à Paris, rue de l'Abbé-Groult, 105. — Peintures murales mobiles cuites au four à bases métalliques inaltérables. Panneaux, toiles peintes, genre tapisserie. Siéges divers. **(PALAIS.)**
Peintres décorateurs, tapissiers, brevetés S. G. D. G.
Entreprise générale de peinture décorative mobile et fixe contre l'humidité.
Ameublements et tapisseries de la Maison Fischbach, 266, boulevard Saint-Germain, Paris.

96. **LESOURD (Mlle C.)**, à Paris, rue des Petits-Champs, 36. — Tapisseries. **(PALAIS.)**

97. **LÉVY (Gabriel)**, à Paris, rue du Chemin-Vert, 67. — Objets et ouvrages en bois tourné. **(PALAIS.)**

98. **LOICHEMOLLE et Fils**, à Paris, rue Amelot, 60. — Marbres. **(PALAIS.)**
Usine à vapeur. Cheminées, colonnes, gaînes, vases, carrelages.
Récompenses obtenues aux Expositions, Paris 1867, Vienne 1873.

99. **LOREMY (E.) & DUBOSSON (Jules)**, à Paris, boulevard Richard-Lenoir, 53. — Miroiterie. **(PALAIS.)**

100. **LOUVRE (Grands Magasins du), Rousseau & Cie**, à Paris, rue Marengo, 1. — Objets de literie, siéges garnis, baldaquins, rideaux, tentures d'étoffes et de tapisseries. **(PALAIS.)**

101. MAGNINY (Louis), à Paris, passage des Petites-Ecuries, 16. — Meubles, glaces, cadres, porte de salon ornementée de reliefs en métal.   (PALAIS.)

102. MALARD (Louis), à Paris, rue de Maubeuge, 9 bis. — Tapisseries.
(PALAIS.)

103. MANGIN (Charles), à Paris, rue Cadet, 3. — Tringles chemin de fer.
(PALAIS.)

104. MARCOTTE (L.) et Cie, à Paris, rue Scribe, 4. — Ameublements et broderies d'art.   (PALAIS.)
Médaille d'or, Paris 1878. Diplôme d'honneur, Bruxelles 1888.

105. MARGOTIN (Antoine), à Paris, rue Leclerc, 1. — Cheminée monumentale en pierre artificielle.   (PALAIS.)

106. MARTIN (Arthur), à Paris, rue des Petites-Écuries, 11. — Dessins industriels.   (PALAIS.)

107. MARTIN (L. Jules) Successeur de **L. Villeminot**, à Paris, rue Notre-Dame-des-Champs, 83. — *Grand vase modèle plâtre composé pour être reproduit en bronze.*   (PALAIS.)

108. MASSON (G. A.), à Paris, rue d'Armaillé, 9. — Cadres dorés.   (PALAIS.)

109. MERCIER Frères, à Paris, rue du Faubourg-Saint-Antoine, 100. — Tentures et siéges.   (PALAIS.)

110. MICHEL (Albert H.), à Paris, boulevard Beaumarchais, 99. — Siéges Seymour.   (PALAIS.)

111. MINIÉ (H.-A.), à Paris, rue de Grenelle, 61. — Tapisseries.   (PALAIS.)

112. MOREAU (Alexis), à Paris, rue Titon, 6. — Moulures dorées pour cadres et tentures.   (PALAIS.)

113. NEITER (J.), à Paris, quai de Valmy, 95. — Miroiterie.   (PALAIS.)

114. ODIAUX (L. Félix), à St-Quentin (Aisne). — Échantillons de moulures dorées.   (PALAIS.)

115. OLIVIER (Charles), à Paris, cité du Trône, 9. — Meubles, paravent, bureau, etc.   (PALAIS.)

116. OURI (Alphonse), à Paris, rue Lemercier, 53. — Cadres renfermant des peintures et dessins de plafonds, dessus de portes, etc.   (PALAIS.)

117. PARENT (A. Frédéric), à Paris, rue des Pyramides, 20. — Salon exotique décoré en bibelots et en plantes des tropiques, sèches et conservées.   (PALAIS.)

118. PARFONRY & HUVÉ Frères, à Paris, rue Saint-Sabin, 62. — Vase décoratif et cheminée Louis XIV, marbre des Pyrénées. Fantaisie jardinière pour éclairage, marbre d'Algérie.   (PALAIS.)
Anciennes Maisons : Dupuy et Parfonry : Parfonry et Lemaire ; Parfonry.
Marbrerie-Sculpture, Scierie et tours mécaniques, Cheminées de tous styles. Artistiques et commerciales.
Marbres pour meubles, Escaliers, Carrelages, Autels et Tombeaux.
Eviers, Mangeoires, Revêtements et devanture, Gravures pour enseignes et tableaux.
Cheminée Louis XVI marbre blanc statuaire ; Dressoir marbre des Pyrénées.
Vases Labrador avec bronzes ; Colonne marbre cipolin vert antique etc.
Récompenses : 1867 Paris, Médaille d'or ;
~~1875 Vienne; 1876 Philadelphie; 1878 Paris, Médaille d'or; 1881 Australie, Légion d'honneur;~~
1888 Bruxelles, Diplôme d'honneur et Médaille d'or.

119. PERROT (E.) & E. TEXIER, à Paris, rue Véron, 32. — Panneaux décoratifs peints sur tôle et plâtre, pour intérieurs d'appartements.   (PALAIS.)

120. POIRET (Henri), atelier Froc-Robert, à Paris, rue Bonaparte, 38. — Autel, statues religieuses, bas-relief. **(PALAIS.)**

121. QUARRÉ (G.), à Paris, rue d'Aboukir, 143. — Clous dorés. **(PALAIS.)**

122. QUÉTIN (Léon V.), à Paris, rue du Faubourg-Saint-Antoine, 121. **(PALAIS.)**

123. QUINET (Eugène C.), à Paris, rue Domat, 20. — Plâtres métallisés, statuettes d'art. **(PALAIS.)**

124. RAYGASES & MARGRY, à Paris, rue Montmartre, 80. — Canapés. Lits. Meubles mécaniques. **(PALAIS.)**

Fabrique de meubles mécaniques.
Nouveaux brevets.
Canapés, divans et chaises-longues, lits, fauteuils de malade, fauteuil chaise-longue.
Meubles spéciaux pour médecins.

125. REMLINGER & VINET, à Paris, rue de Charonne, 26. — Glaces et miroirs en tous genres. **(PALAIS.)**

126. RÉMON (M. C. George), successeur de **E. Prignot & G. Rémon** à Paris, boulevard Malesherbes, 112. — Dessins et aquarelles d'ameublement. **(PALAIS.)**

127. RIELLE Fréres, à Saint-Dié (Vosges). — Dorure et encadrements. **(PALAIS.)**

128. ROSENWALD (Edmond S.), à Paris, rue de Bretagne, 55. — Objets de religion, œuvres d'art, ivoire, bronze, galvanos, zinc d'art et plastiques. **(PALAIS.)**

Ancienne Maison J. Bloch et Rosenwald.
Fabrique spéciale de Christs Ivoire. — Objets religieux.
Editeur d'œuvre d'art, Plastiques, Bronze, Ivoire, Zinc d'art.
Tryptiques en Galvano. — Fantaisies en petits bronzes.
Cadres et Bois sculptés, Antiquités. — Restauration. — Dorure inaltérable.

129. ROUSSET (Mlle Louise), à Paris, rue Fontaine, 31. — Tapisseries. **(PALAIS.)**

130. SCHOFS (Charles), à Paris, rue Delambre, 30. — Imitation de tapisserie (Brocard) pour tenture de salons, salles à manger, etc. **(PALAIS.)**

131. SCHWARZ (Emile), à Lyon (Rhône), quai Claude-Bernard, 1. — Glace avec lettres et armoiries en or brillant et mat, exécutées à l'envers. **(PALAIS.)**

132. SÉVALLÉE (Eugene), à Paris, place de Vaugirard, 16. — Fleurs et fruits, panneaux décoratifs. **(PALAIS.)**

133. SIMONET (Edouard), à Paris, avenue de Breteuil, 60. — Confessionnal destiné à l'église St-François-Xavier, à Paris, en chêne sculpté, d'après les dessins de M. Uchard, architecte de la vill . **(PALAIS.)**

134. THIÉBAULT (Alfred), à Paris-Auteuil, avenue de Versailles, 73. — Cheminée et décoration de salon Louis XVI. **(PALAIS.)**

135. VALIN (L.) & GORÉ, à Paris, rue du Faubourg-Saint-Antoine, 93. — Miroiterie. **(PALAIS.)**

136. VAN-POECKE-RENAULT (Maurice), à Paris, rue Caumartin, 18. — Meuble Louis XV, noyer sculpté. Chaise-longue Louis XV, bois doré. Fauteuil Louis XVI, copié sur le musée de Fontainebleau, etc. **(PALAIS.)**

Modèles exclusifs : fauteuil Louis XVI, copie d'après l'ancien ; fauteuil Louis XIV. Fauteuil Renaissance, fauteuil garni fantaisie ; Décorations fenêtres Louis XV et Louis XVI.
Etoffes, propriétés de la maison.

137. VARANGOZ (Charles M.), à Paris, rue de Turenne, 91. — Objets d'art en matières dures ; Mosaïque et cristaux de roche. **(PALAIS.)**

138. VERREBOUT (Auguste L. L.), à Paris, rue Bonaparte, 64. — Statues.
Autel.   **(PALAIS.)**

> Sculpture religieuse, décoration, marbrerie et ameublement d'église. Statues fonte de fer, bronze.
> Paris 1867. — Philadelphie, 1re classe, 1876. — Argent, Exposition universelle, Paris 1878. —
> Diplôme d'honneur Exposition universelle, Anvers 1885.
> Cinq médailles coopératives (Exposition d'Anvers).
> Membre du Comité d'Initiative et du Jury.
> Hors concours, Barcelone 1888.
> Chevalier de l'Ordre de Saint-Sylvestre.
> Officier du Nicham-Iftikar.
> Commandeur de l'Ordre de Saint-Grégoire-le-Grand.
> Membre du Comité d'Admission et d'Installation, Exposition universelle, Paris 1889.

139. VIENNEZ (J.-B.), à Paris, passage Delessert, 5. — Miroir triple sur tige,
espagnolettes, psyché avec monture en métal.   **(PALAIS.)**

140. VILLAIN & Cie (Maison du **Petit Saint-Thomas**), à Paris, rue du
Bac, 27. — Ameublement et tapisserie.   **(PALAIS.)**

141. YAUX (Léopold), à Paris, rue Aumont-Thiéville, 2. — Peintures décoratives
sur tissus.   **(PALAIS.)**

COLONIES.

ALGÉRIE.

1. AISSA ben Sliman, aux Ouled Ferah, Commune mixte d'Aumale (Alger).
— Coussin.   **(ESPLANADE.)**

2. ALI ben bel Abbès, à l'Oued Maamora, Commune mixte d'Aumale (Alger). —
Coussin arabe.   **(ESPLANADE.)**

3. BACRI, à Paris, rue de Richelieu. — Tentures arabes.   **(ESPLANADE.)**

4. BANOS (Pedro), à Bel Abbès (Alger). — Marquise mécanique (système
Baüot).   **(ESPLANADE.)**

5. BOUGHAROUET LAKDAR ben Belkacem, au Béni Sbih (Constan-
tine). — Oussadas (oreillers) en laine du pays.   **(ESPLANADE.)**

6. CAMILLERIE (François), à Bône (Constantine). — Encadrement genre
Algérien.   **(ESPLANADE.)**

7. COUZARD (Augustine), à Alger-Agha, boulevard Bon-Accueil, 11. — Garniture de lit en cordonnet fait au crochet.   **(ESPLANADE.)**

8. EL HADJ ben Ahmed, à Soud Djouab, Commune mixte d'Aumale (Alger). —
Rideau en laine.   **(ESPLANADE.)**

9. GAVAZZA (Jean), à Alger, rue de la Liberté. — Encadrements divers.
                                                                         (ESPLANADE.)

10. HACINE BEN AMED BEN NACEUR, à Khanga sidi Nadji, cercle
de Kheuchela (Constantine). — Oreiller arabe.   **(ESPLANADE.)**

11. IBRAHIM ben Ali ben Saïd, à Alger, passage Sarlande. — Tentures arabes. **(ESPLANADE.)**

12. JANIN (Victor), à Kheuchela (Constantine). — Oreiller arabe. **(ESPLANADE.)**

13. LAKHDAR ben Ahmed, à Sidi Aissa, Commune indigène de Boussââda. (Alger). — Oussada (coussin) avec dessus de couleur. **(ESPLANADE)**

14. LAZZERINI (Paul), à Alger, rue Waisse. — Cheminée mauresque. **(ESPLANADE.)**

15. LEBRETON, à Oran, boulevard Malakoff. — Rideaux en tapisserie. **(ESPLANADE.)**

16. MEQUESSE (Louis), à Barika (Constantine). — Oussadas, enveloppes de coussins. **(ESPLANADE.)**

17. MOHAMED ben Saïdan, aux Ouled Salem, Commune mixte d'Aumale (Alger). — Matelas arabe. **(ESPLANADE.)**

18. MOULOUD ben Si Saïd, à Guettara (Constantine). — Oussada (oreiller) en laine du pays. **(ESPLANADE.)**

19. SALEM ben Mohamed, à Sidi-Aïssa, Commune indigène de Bousââda (Alger). — Oussadas (coussins) avec dessins de couleur. **(ESPLANADE.)**

20. SI MOHAMMED ould el haldj Mohammed el Mazouni, à Tleracen (Oran). — Cadre peint avec versets du Coran. **(ESPLANADE.)**

21. SLIMAN ben Maklouf, aux Ouled Théroin, Commune mixte d'Aumale (Alger). — Coussin en tissu arabe. **(ESPLANADE.)**

COCHINCHINE.

1. BEER (Paul), à Saïgou. — Oreiller annamite. **(ESPLANADE.)**

2. MONTAIGNAC de CHAUVANCE (Gaspard de), à Giadinh. — Stores, planches et panneaux à lettres. **(ESPLANADE.)**

3. Service local, à Saïgon. — Panneaux sculptés en bois de Huynh-duong ; panneaux incrustés et à lettres. **(ESPLANADE.)**

INDE FRANÇAISE.

1. Comité d'Exposition de l'Inde. — Tentures en soie et coton. Panneaux en bois sculpté. **(ESPLANADE.)**

MAYOTTE ET COMORES.

1. Service local de Mayotte. — Traversins, matelas. **(ESPLANADE.)**

SÉNÉGAL.

1. AMAR SALEUM, Roi des Maures Trarza. — Natte (berceau d'enfant). **(ESPLANADE.)**

TAHITI.

1. VIENOT (Carlès), à Papeete. — Cadres en bois d'oranger brut. **(ESPLANADE.)**

PAYS DE PROTECTORAT.

ANNAM-TONKIN.

1. **Protectorat de l'Annam et du Tonkin,** vice-résidence de Hung-Yen. — Emblèmes, portants pour enseignes, enseignes de pagode.   (ESPLANADE.)

2. **Province de Hanoï.** — Accoudoirs, glands en soie pour ornement, stores points, traversins (corne et soie), bande brodée, devant de table, fruits symboliques, etc.   (ESPLANADE.)

3. **Province Muong.** — Coussins ou oreillers muongs ou kiem-mao.
        (ESPLANADE.)

4. **Province de Sontay.** — Objets du culte en bois (réduction).   (ESPLANADE.)

INDO-CHINE.

1. **Exposition permanente des Colonies,** à Paris. — Tentures et devant d'autel pour services religieux.   (ESPLANADE.)

TUNISIE.

1. **AHMED bou DIDAH.** — Tapisserie, décorations, arabesques.
        (ESPLANADE.)

2. **ALI ben MUSTAPHA el SEKKA,** à Tunis. — Panneaux d'arabesques.   (ESPLANADE.)

3. **ALI GOURDAH.** — Tapisseries décorations, arabesques.   (ESPLANADE.)

4. **ALI SEKKA,** à Tunis. — Panneaux d'arabesques.   (ESPLANADE.)

5. **BISMUT (S. de M.),** à Tunis. — Rideaux, etc.   (ESPLANADE.)

6. **Comité de l'Exposition tunisienne.** — Tapisseries, décorations, arabesques.   (ESPLANADE.)

7. **HADJ MOHAMED el SEKKA,** à Tunis. — Panneaux d'arabesques.
        (ESPLANADE.)

8. **HAMID el ANDOULSI.** — Tapisseries, décorations, arabesques.
        (ESPLANADE.)

9. **KHAIAT (J. de M.).** — Tapisseries, décorations, arabesques.   (ESPLANADE.)

10. **MAATOUG,** à Tunis. — Panneaux d'arabesques.   (ESPLANADE.)

11. **MOHAMED ben MERZOUK.** — Tapisseries, décorations, arabesques.
        (ESPLANADE.)

12. **MOHAMED ben ZACCOUR.** — Tapisseries, décorations, arabesques.
        (ESPLANADE.)

13. **MOHAMED TERJMAN,** à Tunis. — Panneaux d'arabesques.
        (ESPLANADE.)

14. **MUSTAPHA el SEKKA,** à Tunis. — Panneaux d'arabesques.
        (ESPLANADE.)

15. **MUSTAPHA TERDJMAN,** à Tunis. — Arabesques, ciselures sur plâtre.   (ESPLANADE.)

16. **YOUSSEF DJERBI,** à Tunis. — Rideaux, etc.   (ESPLANADE.)

PAYS ÉTRANGERS.

AUTRICHE-HONGRIE.

1. PFEFFERMANN (Eméric), à Budapest, IV, Bécsi-Utcza, 10. — Couvertures. *(PALAIS.)*

BELGIQUE.

1. ABERLÉ (J.), à Bruxelles, rue Léopold, 15. — Garnitures de salon, fauteuils, sièges de fantaisie, tentures. *(PALAIS.)*

2. BAES (Henri), à Bruxelles, rue Bréderode, 23. — Panneaux décoratifs en peinture et maquettes d'ensemble de décoration. *(PALAIS.)*

3. BOUSSARD DELHAYE (Emile), à Mons, rue de Nimy, 3. — Jalousies, parquets en bois, claies pour serres et vérandas. *(PALAIS.)*

4. BRIOTS (F.), à Bruxelles, rue Neuve, 7. — Ameublements divers. *(PALAIS.)*

Ameublement. Tapisserie. Décoration. Manufactures de glaces et dorures. Tapis. Salle à manger. Renaissance flamande. Portière Henri II, brodée. Salon Louis XV.

5. CARDON (C. Léon), à Bruxelles, Quai au Bois à Brûler, 57. — Maquettes de travaux de peinture décorative. *(PALAIS.)*

6. CLOETENS (Pierre), à Cureghem, rue de la Tête de Mouton, 49. — Tables consoles en différents styles, moulures or fin et dorure chimique pour cadres. *(PALAIS.)*

7. CŒCKELBERGH-VAN-HOEY (Alphonse), à Bruxelles, rue de Berlaimont, 8. — Franges pour stores. *(PALAIS.)*

8. DE LA MONTAGNE (Léopold E.), à Gargan-Livry, près Paris (Seine), Avenue Mongolfier. — Peintures imitation Gobelins. Le siège de Douai. Le grand Condé. Suite du Maréchal de Turenne. *(PALAIS.)*

9. DE WITTE (Charles), à Bruxelles, rue de Joncker, 31. — Peintures décoratives, imitation de tentures, maquettes et croquis d'ensemble. *(PALAIS.)*

Tenture pour murs. Cuir martelé: Tryptique représentant Anvers à travers les âges. Gothique, XVIᵉ siècle et moderne. Panneaux décoratifs : La Musique, l'Agriculture.

10. DIEUDONNÉ (Edmond), à Bruxelles, rue Neuve, 95. — Frontons mobiles pour cadres de glaces. *(PALAIS.)*

11. JANLET (Gustave), à Bruxelles, place de l'Industrie, 11. — Face du salon avec portière et tenture brodées. Tapis de table et chaise brodées, peintures décoratives. *(PALAIS.)*

12. LANNEAU (G. A.), à Bruxelles, rue Rogier, 279. — Panneau décoratif. *(PALAIS.)*

13. MANTEAU (Charles), à Bruxelles, rue Royale, 172. — Lit, tables de nuit et meubles, style Renaissance. *(PALAIS.)*

14. PETTEL (A.), & Cie à Bruxelles, rue de l'Hôpital, 37. — Or en feuilles. *(PALAIS.)*

15. POSSCHELLE-DELALOU (A. J.), à Bruxelles, rue du Marché-aux-Poulets, 44. — Stores de luxe, stores à bon marché.   **(PALAIS.)**

16. ROSEL (François), à Bruxelles, rue Neuve, 16. — Mobilier.   **(PALAIS.)**

DANEMARK.

1. BOYTLER, à Copenhague. — Portières en tapisserie.   **(PALAIS.)**

ÉGYPTE.

1. GHANAGÉ & BÉDAOUI, à Damas. — Meubles incrustés, bronzes incrustés.   **(PARC.)**

2. YANSOUNI, JABALI & Cie, à Damas. — Faïences, nacres et mosaïques, armes anciennes.   **(PARC.)**

ESPAGNE.

1. GAZA (Alfredo), à Areyns-de-Mar (Barcelone). — Décorations.   **(PALAIS.)**

2. LLOBET & RENART, à Barcelone. — Images pour le culte.   **(PALAIS.)**

3. RICHOU (Matéo), à Barcelone. — Moulures dorées.   **(PALAIS.)**

ÉTATS-UNIS.

1. American Braided Wire Co (Président : **Joseph L. Wells**), à Philadelphie, Pa., 1017, Chestnut street. — Matelas, oreillers en fil métallique tressé, ressorts pour tapissiers. Tournures pour dames.   **(PALAIS.)**

2. EVANHOE (Frank N.), à New-York, N. Y., 300, Mulberry street. — Dessin emblématique fait avec des scies de couleurs diverses.   **(PALAIS.)**

3. Hartford Woven Wire Mattress Co, à Hartford, Conn, 6¼d, Capitol avenue. — Matelas en fil métallique. Lits de fer.   **(PALAIS.)**

4. Knitted Mattress Co, à Canton, Mass. — Objets de literie, matelas tricotés.   **(PALAIS.)**

5. VIZET (V.), à New-Rochelle, N. Y. — Chevalets et porte-assiettes métalliques.   **(PALAIS.)**

GRANDE-BRETAGNE.

1. CAUTY (Lottie), à St. John's Hill, near Wandsworth, Vardens road, 43. — Travaux artistiques à l'aiguille pour décorations murales, paravents, panneaux, etc.   **(PALAIS.)**

2. EDWARDS & ROBERTS, à Londres, Wardour street, 146 à 160. — Ouvrages de tapissier et de décorateur. — Ornements.   **(PALAIS.)**

Maison établie depuis près de cent ans.
Ameublements antique et moderne. Pendules à carillon et autres.
Ouvrages d'art décoratifs.
Ameublement en bois de chêne sculpté, vieux Chippendale Shereton. Marqueterie hollandaise.
Porcelaines de Chine, anglaises et étrangères.

3. JACKSON (Geo.) & Sons, à Londres, 49, Rathbone place. — Carton pierre, papier mâché, etc.   **(PALAIS.)**

4. JONES (Walter), à Londres, Sloane street, 196. — Paravents, ornements pour poêles, cadres et paravents pour photographies, dessus de cheminée.   **(PALAIS.)**

5. LIBERTY & Co, à Londres, Regent street. — Tissus artistiques pour meubles.   **(PALAIS.)**

6. NIELSON, SHAW & MAC GREGOR, à Glasgow, Buchanan street, 44. — Rideaux, etc.   **(PALAIS.)**

7. PROCTOR & Co, (The Indian Art Gallery), à Londres, Oxford street, 428. — Tentures.   **(PALAIS.)**

8. VICARS & POIRSON, à Londres, Newgate street, 104. — Peintures sur velours anglais et articles pour décoration.   **(PALAIS.)**

GRÈCE.

1. ABADIE & Fils, à Athènes. — Imitation marbres pour décoration.   **(PALAIS.)**

2. NICCLAPOULO, à Athènes. — Panneaux décoratifs.   **(PALAIS.)**

HAWAI.

1. Gouvernement Hawaïen, à Hawaï. — Baldaquin en satin brodé.   **(PARC.)**

ITALIE.

1. QUARTARA (Joseph), à Turin. — Ameublements, tentures et décorations de salons, salles à manger, chambres à coucher, cabinets, boudoirs, etc.   **(PALAIS.)**

JAPON.

1. AMANO (Torataro), Aichi-Ken, Nagoya-Ku. — Émaux cloisonnés sur bronzes. Vases à fleurs. Boîtes à parfums.   **(PALAIS.)**

2. HASHIMOTO (Dembei), Kioto-fu, Kamikio-Ku. — Satin pour paravents.   **(PALAIS.)**

3. HATTORI (Kichibei), Aichi-Ken, Kaito-Kori. — Émaux cloisonnés sur bronze, vases à fleurs.   **(PALAIS.)**

4. HATTORI (Rokuzayemon), Aichi-Ken, Kaito-Kori. — Émaux cloisonnés sur bronze, vases à fleurs.   **(PALAIS.)**

5. HAYASHI (Chiushiro), Aichi-Ken, Kaito-Kori. — Émaux cloisonnés sur bronze. Plats.   **(PALAIS.)**

6. HAYASHI (Daisaku), Aichi-Ken, Kaito-Kori. — Émaux cloisonnés sur bronze, vases à fleurs.   **(PALAIS.)**

7. HAYASHI (Hirosuke), Aichi-Ken, Kaito-Kori. — Émaux cloisonnés sur bronze.   **(PALAIS.)**

8. HAYASHI (Jiuroyemon), Aichi-Ken, Kaito-Kori. — Émaux cloisonnés sur bronze, vases à fleurs, plats.   **(PALAIS.)**

9. HAYASHI (Jozayemon), Aichi-Ken, Kaito-Kori. — Émaux cloisonnés sur bronze, vases à fleurs, plats. **(PALAIS.)**

10. HAYASHI (Kitsujiro), Aichi-Ken, Kaito-Kori. — Émaux cloisonnés sur bronze, plats. **(PALAIS.)**

11. HAYASHI (Kodenji), Aichi-Ken, Kaito-Kori. — Émaux cloisonnés sur bronze, vases à fleurs, panneaux, plats. **(PALAIS.)**

12. HAYASHI (Naoyemon), Aichi-Ken, Kaito-Kori. — Émaux cloisonnés sur bronze, vases à fleurs, plats. **(PALAIS.)**

13. HAYASHI (Yonejiro), Aichi-Ken, Kaito-Kori. — Émaux cloisonnés sur bronze, vases à fleurs, plats. **(PALAIS.)**

14. HONDA (Yosaburo), Aichi-Ken, Nagoya-Ku. — Émaux cloisonnés sur bronze, vases, porte-bouquets, panneaux, garniture de salon, ronds de serviette, plats, mitsugusoku. **(PALAIS.)**

15. IIDA (Shinshichi), Kioto-fu, Shimokio-Ku. — Tableaux et rideaux en étoffes brodées, paravent en laque et en étoffe brodée, tapis de table en soie. **(PALAIS.)**

16. IKUTA (Masakiyo), Tottori-Ken, Ase-iri-Kori. — Panneaux en bois avec incrustations. **(PALAIS.)**

17. ITO (Tsunesaburo), Aichi-Ken, Kaito-Kori. — Émaux cloisonnés sur bronze, vases à fleurs. **(PALAIS.)**

18. KATO (Tamejiro), Aichi-Ken, Kaito-Kori. — Émaux cloisonnés sur bronze, étagère pour services à thé, plats. **(PALAIS.)**

19. KAWABATA (Matayemon), Kioto-fu, Shimokio-Ku. — Tapis de table en soie, dite « Tsudzureno-Nishiki ». **(PALAIS.)**

20. KAWADE (Shibataro), Aichi-Ken, Nagoya-Ku. — Émaux cloisonnés sur métaux et sur verre, panneaux, vases à fleurs. **(PALAIS.)**

21. KAWADZU (Tozayemon), Aichi-Ken, Kaito-Kori. — Émaux cloisonnés sur bronze, panneaux, plats. **(PALAIS.)**

22. KAWAGUCHI (Bunzayemon), Aichi-Ken, Nagoya-Ku. — Émaux cloisonnés sur bronze, vases à fleurs, paravents, plats, pots, corps de lampe, mitsugusoku. **(PALAIS.)**

23. KAWASHIMA (Zinbei), Kioto-fu, Shimokio-Ku. — Étoffes de soie brodées ; objets de décoration, couvre-lits. **(PALAIS.)**

24. KOBAYASHI (Ayazo), Tokio-fu, Nihonbashi-Ku. — Rideaux de fenêtre en soie, tapis de table en soie. **(PALAIS.)**

25. KODAMA (Seisaburo), Aichi-Ken, Nagoya-Ku. — Émaux cloisonnés, vases à fleurs, plats, porte-cigares, paravents. **(PALAIS.)**

26. KOJIMA (Sadashichi), Kioto-fu, Shimokio-Ku. — Tapis de table. **(PALAIS.)**

27. KOTSUKA (Kingo), Aichi-Ken, Nagoya-Ku. — Émaux cloisonnés sur bronze, paravents, vases à fleurs, boîte à parfums, chaufferettes, bols, Mitsugusoku. **(PALAIS.)**

28. KUMENO (Chiuzaburo), Aichi-Ken, Kaito-Kori. — Émaux cloisonnés sur bronze, plats. **(PALAIS.)**

29. KUMENO (Shimetaro), Aichi-Ken, Nagoya-Ku. — Émaux cloisonnés sur bronze, vases à fleurs. **(PALAIS.)**

30. MIKOSHI (Tokuyemon), Tokio-fu, Nihonbashi-Ku. — Rideaux de fenêtre en soie brodée. **(PALAIS.)**

31. Ministère de l'Agriculture et du Commerce (Direction de l'Industrie), à Tokio. — Rideaux de fenêtres en bambou. **(PALAIS.)**

32. NISHIMURA (Sozayemon), Kioto-fu, Shimokio-Ku. — Tapis de table, couvre-lits, paravents. (PALAIS.)

33. OTA (Jinnoyei), Aichi-Ken, Nagoya-Ku. — Émaux cloisonnés sur bronze, vases à fleurs. (PALAIS.)

34. OTA (Kichisaburo), Aichi-Ken, Kaito-Kori. — Émaux cloisonnés sur bronze, plats. (PALAIS.)

35. OTA (Tatsujiro), Aichi-Ken, Kaito-Kori. — Émaux cloisonnés sur bronze, vases à fleurs, plats. (PALAIS.)

36. OTA (Tomoyemon), Aichi-Ken, Kaito-Kori. — Émaux cloisonnés sur bronze, panneau, plats. (PALAIS.)

37. SAITO (Masakichi), Tokio-fu, Kiobashi-Ku. — Bonbonnières en métal, en bois, en bambou et en courge ; divers objets de décoration. (PALAIS.)

38. SUGIMOTO (Kichimatsu), Osaka-fu, Nishinari-Kori. — Paravents, panneaux en bois de sapin, en papier et en plumes. (PALAIS.)

39. SUZUKI (Yaroku), Aichi-Ken, Nogoya-Ku. — Émaux cloisonnés sur bronze, vases, assiettes, mappemondes, plats, boîtes en laque, ronds de serviette, Mitsugusoku. (PALAIS.)

40. TAKAHATA (Kenjiuro), Aichi-Ken, Kaito-Kori. — Émaux cloisonnés sur bronze, plats en forme de fleurs. (PALAIS.)

41. TAKEDA (Genjiuro), Aichi-Ken, Kaito-Kori. — Émaux cloisonnés sur bronze, plats. (PALAIS.)

42. TAKENOWUCHI (Chiubei), Aichi-Ken, Nagoya-Ku. — Objets en émail, vases, assiettes, bols, pots à thé, chopes. (PALAIS.)

43. TANAKA (Rishichi), Kioto-fu, Shimokio-Ku. — Paravents et écrans en étoffe brodée, housses de siéges, tapis de table, couvre-lits. (PALAIS.)

44. TSUKAMOTO (Zinpei), Aichi-Ken, Nagoya-Ku. — Émaux cloisonnés sur bronze, vases à fleurs. (PALAIS.)

45. TSUGANE (Samakichi), Aichi-Ken, Nagoya-Ku. — Émaux cloisonnés sur bronze, vases à fleurs. (PALAIS.)

46. TSUKAMOTO (Masubei), Aichi-Ken, Nagoya-Ku. — Émaux cloisonnés sur bronze, vases à fleurs. (PALAIS.)

NORVÈGE.

1 LUNDE Jeune (Carl), à Christiania. — Objets peints et vernis. (PALAIS.)

PORTUGAL.

1. GONÇALVES (André Domingues). — Objets d'ameublements. (QUAI.)

2. SILVA ROCHA (Francisco José da). — Objets d'ameublemonts. (QUAI.)

ROUMANIE.

1. FUCHER (Aloïs), à Bucharest, rue Victoriei, 87. — Jalousies, stores, chaises. (PALAIS.)

2. LUCESCU (Ecaterine), à Pitesti. — Garnitures de fenêtres, paravent de cheminée, couverture de table et de lit, coussins. (PALAIS.)

3. NUSEN et S. LOBEL, à Iassy. — Fauteuils, chaise, tabouret. (PALAIS.)

RUSSIE.

GRAND-DUCHÉ DE FINLANDE.

1. Amis du travail manuel, à Helsingfors. — Tissus et broderies en style finnois (PARC.)

SALVADOR.

1. GONZALEZ (Juan M.) à San-Salvador. — Objets en plâtre. (PARC.)

SERBIE.

1. BOUKARITCH (Mme Petra J.), à Kroupagne (dép¹ de Podrine). — Couvertures de lit. (PALAIS.)

2. Direction des Prisons, à Pojarevatz. — Rideaux. (PALAIS.)

3. DJOUKNITCH (Mme ? arinka), à Tchatchak. — Couvertures de lit fines en coton et soie. (PALAIS.)

4. ILITCH (Mme Roksandra P.), à Tchoupria. — Rideaux. (PALAIS.)

5. KOVATCHEVITCH (Mme Draga R.), à Paratchine. — Couverture de lit. (PALAIS.)

6. LOPOVITCH (Mme Maga), à Zounisch (dép¹ de Kgnajevatz). — Couvertures de lit rouges brique, grise et verte. (PALAIS.)

7. MARKOVITCH (Mme Anna), à Belgrade. — Couvertures en tissu fin. (PALAIS.)

8. MARKOVITCH (Mme Anna A.), à Bagna (dép¹ d'Alexinatz). — Couverture de lit. (PALAIS.)

9. MILENOVITCH (Vladimir), à Loukobo (dép¹ de Zrna-Reka). — Couverture de lit. (PALAIS.)

10. Ministére de l'Agriculture, du Commerce et de l'Industrie, à Belgrade. — Tapis de table, couvertures de lit brodées de soie. (PALAIS.)

11. MYOVITCH (Mme Nasta), à Svilayenatz. — Couverture de lit. (PALAIS.)

12. NIKOLITCH (Mme Saveta G.), à Vlasolinsi (dép¹ de Nisch). — Couverture de lit. (PALAIS.)

13. PETROVITCH (Mme Mileva S.), à Svilayenatz. — Couverture de lit. (PALAIS.)

14. RADENKOVITCH (Mme Stanka M.), à Kragouyevatz. — Couverture de lit soie et coton. (PALAIS.)

15. RADONYOVITCH (Jean), à Kralyevo. — Couvre-pieds (PALAIS.)

16. RANTCHICHT (Mme Persa D.), à Svilayenatz. — Couvertures de lit. (PALAIS.)

17. STOYANOVITCH (Mme Lyoubitza J.), à Svilayenatz. — Rideaux. (PALAIS.)

18. TCHOURITCH (Mlle Angelique Th.), à Kroupagne (dép¹ de Podrine). — Couvertures de lit, serviette brodée. (PALAIS.)

19. YAKCHITCH (Mme Anna M.), à Valievo. — Rideaux.   (**PALAIS.**)

20. YLITCH (Mme Roksandra), à Tchoupria. — Couverture de lit. (**PALAIS.**)

21. YOVANOVITCH (Mme Persida S.), à Bagna (dép^t d'Alexinatz). — Coussins, couverture de lit.   (**PALAIS.**)

22. ZELOVITCH (Stevan), à Zayetchar. — Couvertures de lit.   (**PALAIS.**)

23. ZINKOVITCH (Mlle Bosanka Z.), à Yelachnitza (dép^t de Vragna). — Coussin.   (**PALAIS.**)

SUISSE.

1. BENZIGER (Adelrich) et Cie, à Einsiedeln. — Objets de chasublerie.
(**PALAIS.**)

2. BERBIG (Friedrich), à Enge (Zurich). — Grande peinture sur verre à 4 baies, exécutée pour la cathédrale de Romont (Fribourg).   (**PALAIS.**)

Une grande peinture sur verre à 4 baies, avec 6 représentations sur la vie de la sainte Vierge Marie ; exécutée pour le grand vitrail du chœur de la cathédrale de Romont, canton de Fribourg (Suisse).

Fabrication de toutes sortes de peintures sur verre d'exécution artistique. Spécialité de vitraux d'église, vitraux peints pour des salons, salles à manger avec des peintures figurales et armes de famille. Abat-jours et vitraux d'escaliers montants. Restauration et imitation d'anciennes peintures sur verre.

3. BÖHME SCHWARZER & Cie, à Altstetten (Zurich). — Baguettes dorées et en imitation de bois, bronzes etc., unies et ornées.   (**PALAIS.**)

Moulures ornées pour encadrements riches, dorés et en couleurs de bois. Incrustations à la mécanique. Cadres pour glaces en tous genres.
Usine à vapeur.

4. CLEIS & JEZLER, au Grand-Montrouge (France, Seine), rue Raymond, 18. — Peinture, broderie, application, métallisation spéciale sur étoffes diverses. (**PALAIS.**)

5. FORNI (Mme Rosine), à Bellinzona (Tessin). — Tableau brodé sur soie, représentant l'Helvétie.   (**PALAIS.**)

6. HEER CRAMER (Henri), à Lausanne. — Siéges de fantaisie.   (**PALAIS.**)

7. HUBER-MEYENBERGER (Joseph), à Kirchberg (Saint-Gall). — Ornement d'Église complet, brodé en or et soie, chape, dalmatiques, chasuble, voile de bénédiction et bannières.   (**PALAIS.**)

8. KELLER (Jacques), à Oberaach (Thurgovie). — Buffet de luxe en bois d'ébène.   (**PALAIS.**)

9. KNECHT-AMAN (Mme Ida), à Glaris. — Coussin de sofa, brodé en or et soie.   (**PALAIS.**)

10. KREUZER (Adolf), à Zurich. — Fenêtre d'église en style gothique, avec médaillons, peintures héraldiques suisses.   (**PALAIS.**)

11. MULLER Frères, à Wyl (Saint-Gall). — Moulures en dorure chimique noire, et faux bois pour cadres.   (**PALAIS.**)

12. ZOPPINO Frères, à Genève. — Porte Louis XVI, sculptures, dorures, peintures, imitations de faux bois et de faux marbre, table en scagliola (stuc).   (**PALAIS.**)

13. ZWINGGI (François), à Rieshach (Zurich). — Pièce d'art, travail repoussé.
(**PALAIS.**)

GROUPE III.

MOBILIER ET ACCESSOIRES.

Classe 19.

Cristaux, verrerie et vitraux.

FRANCE.

1. **ANGLADE (J. B.)**, à Paris, boulevard Montparnasse, 55. — Vitraux peints.
(PALAIS.)

2. **APPERT Frères (Adrien A. et Léon A.)**, à Clichy (Seine), rue des Chasses, 34. — Vitrail, blasons des nations en collaboration avec M. Neret. (PALAIS.)
Verres, émaux, cristaux, couleurs vitrifiables.
Récompenses :
Vienne 1873, Médaille Mérite ; Médaille d'or et Croix de Chevalier de la Légion d'honneur, Paris 1878 ; Médaille d'or, Amsterdam 1888.
Croix d'Officier de la Légion d'honneur en 1885.

3. **AVENET (Léon)**, à Paris, rue Denfert Rochereau, 40. — Vitraux peints.
(PALAIS.)

4. **BABONEAU (Henri)**, à Paris, rue des Abbesses, 13. — Vitraux peints.
(PALAIS.)

5. **BEAUJON (Auguste R.)**, à Vincennes (Seine), rue de l'Egalité. 12. — Vitraux peints.
(PALAIS.)

6. **BECKER (N. V.)**, à Pantin (Seine), rue Victor Hugo, 8. — Cristaux, gravure artistique à la roue.
(PALAIS.)
Gravure à la roue, sur cristaux.
Travaux artistiques et ordinaires.
Médaille d'argent, Paris 1878.

7. **BÉGULE (Lucien)**, à Lyon (Rhône), montée de Choulans, 86. — Vitraux peints.
(PALAIS.)

8. **BERNARD (C.) & Cie**, à Bagneaux, près Nemours (Seine-et-Marne). — Verres blancs et de couleurs pour la vitrerie, la miroiterie et la photographie.
(PALAIS.)

9. **BITTERLIN Fils (Paul)**, à Paris, rue de l'Université, 127. — Vitraux peints.
(PALAIS.)

10. BOIRRE Aîné (Pierre), à Paris, passage Vaucouleurs, 8. — Cristaux et verreries en tous genres, glaces et miroirs argentés. *(PALAIS.)*

11. BONNOT (Albert L.), à Paris, rue de Vaugirard, 152. — Vitraux peints. *(PALAIS.)*

12. BOURGEOIS (Emile), à Paris, rue Drouot, 21. — Cristaux pour service de table, coupes, corbeilles, candélabres. *(PALAIS.)*

Porcelaines, faïences et cristaux pour services de table et dessert, garnitures de toilette, articles de fantaisie, vases, jardinières. Cache-pots, surtouts de table, etc. Médaille d'argent à l'Exposition universelle d'Anvers en 1885.

13. BOURGEOIS (Gustave), à Paris, rue de la Barouillère, 8. — Vitraux peints. *(PARC.)*

14. BOUVAIS (Emile), à Paris, rue des Petits-Champs, 13. — Nouvelles lettres-type, en relief, en bois et en xylocristal. *(PALAIS.)*

Unique médaille d'argent en 1878. La plus haute récompense décernée à l'enseignement d'art.

15. BROCARD (Edouard), à Bar-sur-Seine (Aube). — Services de table unis, taillés, gravés. Articles de fantaisie. *(PALAIS.)*

16. BROCCARD (P. Joseph), à Paris, rue Bertrand, 23. — Verrerie émaillée, vases de forme et vitraux d'appartements, émaux et ors translucides. *(PALAIS.)*

17. BRUGNON (Alfred N.) & Fils, à Paris, rue de l'Ermitage, 7. — Vitraux peints. *(PALAIS.)*

18. BRUIN (A.), à Paris, rue Chevert, 12. — Vitraux peints. *(PALAIS.)*

19. BUGLET (Pierre J.), à Paris, rue Saint-Maur, 212. — Vitraux peints. *(PALAIS.)*

20. CAROT (Henri A.), à Paris, rue Denfert-Rochereau, 41. — Vitraux peints. *(PALAIS.)*

21. CHABIN (Henri), à Paris, boulevard Raspail, 230. — Vitraux peints. *(PALAIS.)*

22. CHAMPIGNEULLE (Veuve Ch. & E.) & FRITEL (P.), à Bar-le-Duc (Meuse). — Vitraux peints. *(PALAIS.)*

Ancienne maison *Maréchal et Champigneulle*, de *Metz*. — *Charles Champigneulle*. — *Veuve Charles et Emmanuel Champigneulle*, seuls successeurs, *Bar-le-Duc* : *Paris*, rue de Rennes, 74; *New-York*, 857, Broadway, et *Pierre Fritel*, peintre d'histoire, 63, rue Mouton-Duvernet, Paris. Verrières historiques de la bataille de *Bouvines*. (Galerie des machines, pignon Suffren). — Vitraux du pavillon de la *Presse*, du pavillon de *San-Salvador*. (Champ-de-Mars). Vitraux du Restaurant de *France* (Trocadéro), etc., etc. Voir le *notice* au *catologue* officiel des *Beaux-Arts* — Groupe I.

23. CHAMPIGNEULLE (Ch.), Fils de Paris & Cie, à Paris, rue Notre-Dame des-Champs, 96. — Vitraux peints. *(PALAIS.)*

24. COULIER (Henri), à Paris, rue des Plantes, 74. — Vitraux peints. *(PALAIS.)*

25. CUCHELET (H.) & Cie, à Claivey, par Darney (Vosges). — Cristal uni, taillé, gravé, pour services de table, hôtels, limonadiers, etc. *(PALAIS.)*

Fondée en 1855. Médaille d'argent, Paris 1878.

26. DELAUNAY (Ch.), à Paris, rue Péclet, 3. — Tubes en verre de 2 et 3 mètres de long, verrerie de chimie. *(PALAIS.)*

27. DELILLE, MARC & Cie, à Aniche (Nord). — Verres à vitres. *(PALAIS.)*

28. DÉPINOIX (Constant J. D.), ancienne maison Coenen, à Paris, rue de la Perle, 7. — Verrerie pour le commerce et l'industrie. *(PALAIS.)*

Bocaux et flacons avec bouchage hermétique à vis intérieure, verre sur verre, pour conserves alimentaires, breveté S. G. D. G. Pots à miel de toutes formes, verrerie pour parfumerie, distillerie, droguerie, confiserie, épicerie, etc.

29. DEVIOLAINE & Cie, à Vauxrot, près Soissons, (Aisne). — Bouteilles pour vins mousseux de Champagne, Bouteilles diverses.   **(PALAIS.)**

Bouteilles de différentes formes et contenances, recuites au bois, notamment bouteilles dites Champenoises pour le vin mousseux.
Fours à gaz perfectionnés à fusion continue.

30. DIVE & SCHMALZER, à Paris, rue Pergolèse, 45. — Vitraux peints.
(PALAIS.)

31. DUPIN (Gustave), à Versailles, rue de l'Orangerie, 31. — Vitraux peints.
(PALAIS.)

32. ENGELMANN & Amand DURAND, à Paris, boulevard Saint-Germain, 122. — Vitraux et vitrerie d'art.   **(PALAIS.)**

Ateliers, 16, rue Nansouty. — Hyalochromie. — Décoration du verre par un nouveau procédé d'application et de cuisson des couleurs vitrifiables. Breveté en France et à l'étranger.
Motifs spéciaux pour la décoration de la mise en plomb : carrés, fleurons, emblèmes, bordures, etc.
Ornementations variées et ensembles décoratifs sur grandes feuilles de verres.
Cuisson à façon. — Méthode perfectionnée de cuisson des grisailles et émaux.

33. FASSI (Joseph), à Nice, ruelle des Prés. — Vitraux peints.   **(PALAIS.)**

34. GABREAU (E. Paul), à Paris, rue de Paradis, 50. — Bobêches et lustres.
(PALAIS.)

Mention honorable, Paris 1878 ; Médaille de bronze, Anvers 1885.

35. GALLÉ (Émile), à Nancy (Meurthe-et-Moselle). — Cristallerie d'art. Pièces de curiosité incrustées, flambées, églomisées, entailles, émaux, camées, services de table.   **(PALAIS.)**

Usine Gareune 27.

Dépôt, 10 et 12, rue Richer, Paris. Supplément dans la Grande-Galerie. Exposants, classes 17 et 20.

36. GUENNE & GILQUIN, à Paris, rue d'Hauteville, 72. — Vitraux peints.
(PALAIS.)

37. GSELL-LAURENT, à Paris, rue du Montparnasse, 23. — Vitraux peints.
(PALAIS.)

38. HAILLARD (Ernest), à Paris, rue Ganneron, 12. — Vitraux peints.
(PALAIS.)

39. HAUSSAIRE (François), à Reims (Marne), rue Lesage, 22 bis. — Vitraux peints.   **(PALAIS.)**

40. HAYEZ (Paul), à Aniche (Nord). — Verres à vitres.   **(PALAIS.)**

Verres à vitres de toutes espèces et dimensions.
Verres cannelés et dépolis.
Verres triples et verres pour photographes.
Verres pour étamage.
Verres pour encadrements, etc. etc.
Fabrication totale des verres à vitres du Palais de l'Exposition universelle de 1889.
Dépôts :
Quai de Valmy, 150, Paris.
Rue Arago, 2, Alger.

41. HÉBERT (Eugène, Georges et Edouard), à Paris, rue de la Paix, 3. — Cristaux riches, taillés, gravés, et montés argent.   **(PALAIS.)**

42. HERLIDO (Jacques M.), à Guingamp (Côtes-du-Nord), rue Saint-Yves, 29. — Vitraux peints.   **(PALAIS.)**

43. HIRSCH (Emile), à Paris, rue Gauthey, 26. — Vitraux peints.   **(PALAIS.)**

44. HOUTART (Vve Firmin et Fils), à Denain (Nord). — Bouteilles dames-jeannes, barils en verre, bocaux, machines à jauger les bouteilles. **(PALAIS.)**

Verreries de Denain (Nord), Veuve Firmin-Houtart et Fils, propriétaires. — Touries pour acides, barils. Exportation. — Récompense : Diplôme d'honneur, Bruxelles, 1888.

45. HUBERT (Vve), à Paris, rue du Chemin-Vert, 47. — Vitraux peints.
(PALAIS.)

46. IMBERTON (J. Philippe), à Paris, rue Rochechouart, 19. — Verroterie émaillée. Reproduction ancienne. Vitraux émaillés. **(PALAIS.)**

Médailles : Paris 1878, Amsterdam 1883, médaille d'or ; Bruxelles 1888, diplôme d'honneur ; Barcelone 1888, médaille d'or.

47. LANDIER (Alfred M.) & HOUDAILLE (Charles M.), Cristalleries de Sèvres et Clichy réunies, à Paris, rue de Paradis, 24. — Candélabres, lustres, services de table et de toilette, services mousseline, gravés, guillochés, décorés. **(PALAIS.)**

Récompenses obtenues par les cristalleries de Sèvres et Clichy réunies : Grande médaille, Londres 1851 ; méd. d'honneur, Paris 1855 ; Hors concours, Paris 1867 ; Hors concours, Paris 1878 ; médaille d'argent, Paris 1878 ; 2 médailles, Melbourne 1880 ; Diplôme d'honneur, Amsterdam 1883 ; Grand diplôme d'honneur, Anvers 1885.

48. LATTEUX-BAZIN (Ludovic), au Mesnil-Saint-Firmin (Oise). — Vitraux peints. **(PALAIS.)**

49. LAUMONNERIE (Théophile), à Paris, rue Tourlaque, 32. — Vitraux peints. **(PALAIS.)**

50. LEGRAS & Cie, à Saint-Denis (Seine), avenue de Paris, 85.— Verrerie pour pharmacie, physique, services de table en tous genres, etc. **(PALAIS.)**

51. LELEU Fils, à Lille, boulevard de la Liberté, 114. — Porte monumentale contenant plusieurs panneaux en glace gravée à l'acide fluorhydrique. **(PALAIS.)**

Maison fondée en 1864.
Ateliers : rue Solférino, 318, et à Thumesnil-lez-Lille.
Récompense : Anvers 1885.

52. LÉMAL & RAQUET, à Paris, rue du Faubourg-Saint-Denis, 130. — Verres à vitres, gravés, émaillés, peints ; verres mousseline. **(PALAIS.)**

53. LENGELÉ (A.) & Cie, à Paris, rue Notre-Dame-de-Nazareth, 31. — Cylindres en verre. **(PALAIS.)**

Usine à St-Denis. — Récompenses : Paris 1855, argent ; Philadelphie 1876, Amsterdam 1883, bronze.

54. LEPRÉVOST (Charles), à Paris, rue des Fourneaux, 32. — Vitraux peints.
(PALAIS.)

55. LEVEILLÉ (Ernest), à Paris, boulevard Haussmann, 74. — Verreries et cristalleries de luxe pour fantaisie et service de table. **(PALAIS.)**

56. LORIN (Vve), à Chartres (Eure-et-Loir), rue de la Tannerie. — Vitraux peints. **(PALAIS.)**

57. MANTOIS (Édouard), successeur de **Ch. Feil**, à Paris, rue Lebrun, 30. — Verres d'optique, flint et crown-glass, strass. **(PALAIS.)**

Disques des plus grandes dimensions pour objectifs d'astronomie. Strass, imitation de pierres précieuses. Reproduction artificielle des minéraux. Cristallisations.
Récompenses décernées à la maison : Méd. d'or, Paris 1887 ; Dipl. d'hon., Vienne 1873 ; Amsterdam 1883 ; gr. méd., Philadelphie 1876 ; Melbourne 1881 ; Paris 1878, gr. prix ; chev. de la lég. d'hon. 1879 ; croix du mérite d'Autriche 1874 ; Off. de la lég. d'hon. 1878.

58. Manufacture Française de Recquignies, Glaces de La Chapelle (Directeur : **Emile Vanthier**), à Recquignies (Nord). — Glaces pour vitrage et brutes, dalles en tous genres. **(PALAIS.)**

59. Manufacture Française des glaces et verres spéciaux de Jeumont, à Jeumont (Nord). — Glaces polies blanches et argentées, verres spéciaux bruts pour toitures et pavements. (**PALAIS**.)

60. MARTIN (Auguste), à Saint-Denis (Seine), rue Genin, 7. — Émaux en baguettes et en tubes, cristaux colorés, masses pour lapidaires, etc. Émaux pour mosaïques, ors, tubes, verres et cristal. etc. (**PALAIS**.)

61. MATHIEU (Henri), à Paris, rue du Chemin-Vert, 104. — Vitraux peints. (**PALAIS**.)

62. MAUMEJEAN (Jules P.), à Pau (Basses-Pyrénées), côte du Lycée. — Vitraux peints. (**PALAIS**.)

63. MÉGNEN, CLAMENS & BORDEREAU, à Angers (Maine-et-Loire), boulevard du Roi-René, 1. — Vitraux peints. (**PALAIS**.)

64. MELLERIO Frères, à Paris, rue Martel, 12. — Verre et cristal. (**PALAIS**.)
Verreries et Cristalleries d'Aubervilliers et Verrerie Parisienne (réunies).
Verreries et cristaux d'éclairage en tous genres, pour huile, pétrole, gaz et électricité.
Articles de fantaisie de couleurs, unis et décorés. — Grand choix de modèles nouveaux.
Services de table, à vins fins, à liqueurs, à bière, verres d'eau, etc. — Fantaisie couleurs.
Articles de pharmacie, droguerie, chimie et confiserie.
Carafes, bouteilles et bocaux pour liquoristes et distillateurs.
Spécialité de siphons et appareils pour eaux gazeuses résistant aux plus hautes pressions.

65. MILVILLE, à Paris, rue du Faubourg-Saint-Martin, 46. — Glaces cintrées, étamées, verres de toutes formes. (**PALAIS**.)

66. MIQUET (Th.), PETITJEAN & Cie, à La Neuvillette-lez-Reims (Marne). — Bouteilles, dites champenoises, pour vin de Champagne et boissons gazeuses. (**PALAIS**.)

67. NICOD (Paul), à Paris, rue de Rennes, 90. — Vitraux peints. (**PALAIS**.)

68. NOEL, ALCESTE & LAFOND (Mmes), à Paris, avenue des Gobelins, 15. — Vitraux peints. (**PALAIS**.)

69. OUDINOT (Eugène S.), à Paris, rue de la Grande-Chaumière, 6. — Vitraux peints. (**PALAIS**.)

70. PASQUIER (Emile), à Paris, rue Jaronte, 6. — Vitraux peints. (**PALAIS**.)

71. PELLETIER (G. & P.), à Paris, boulevard Saint-Germain, 176. — Verre à vitres. (**PALAIS**.)

72. PERTHUIS (Charles), à Paris, rue du Faubourg-Saint-Denis, 12. — Cristaux, services de table et toilette. Reproductions de cristaux. Réassortiment de tous cristaux. (**PALAIS**.)

73. PICARD & Cie, à Paris, quai Jemmapes, 88. — Vitraux peints. (**PALAIS**.)

74. PICARD Frères à Lunéville (Meurthe-et-Moselle). — Verres de montres (**PALAIS**.)

Fabrique fondée en 1849, à Sarrebourg (Lorraine), transportée à Lunéville après l'annexion en 1872.

75. PONSIN (J. A.), à Paris, rue Fortuny, 42. — Vitraux peints. (**PALAIS**.)

76. RENARD Père, Fils & Cie, à Fresnes (Nord). — Verres à vitres et bouteilles. (**PALAIS**.)

77. RESSÉGUIER (Eugène), à Toulouse (Haute-Garonne), allée Lafayette, 15. — Groupe de bouteilles et bonbonnes nues et clissées. (**PALAIS**.)

~~**78. REVERDY (L. F.)**, à Paris, rue Blomet, 45. — Vitraux peints. (**PALAIS**.)~~

79. REYEN (A. G.), à Paris, rue de Mulhouse, 13. — Vases et vitraux, camées sur émail gravés à la roue. (**PALAIS**.)

80. REYGEAL & MICHON, à Paris, rue d'Allemagne, 127. — Verres décorés, mousselinés, gravés, vitraux peints. **(PALAIS.)**

Fabrique de verres décorés, vitraux d'église et d'appartements, grisailles, gravures sur verres et glaces ; dépolissage par procédé mécanique, verres mousselinés. Bombage de verres et glaces.

81. RICHARME Frères, à Rive-de-Gier (Loire). — Bouteilles et bonbonnes de toutes nuances et de toutes formes. **(PALAIS.)**

82. ROZ (E.), à Paris, rue du Faubourg-Saint-Martin, 205. — Bocaux, flacons, carafes et divers pour la conservation des fruits et légumes, etc. **(PALAIS.)**

83. SAUVAGEOT & Cie, à Paris, rue du Faubourg-Poissonnière, 54. — Verrerie taillée et moulée en couleurs. Appareils divers, siphons et autres objets divers en verres. **(PALAIS.)**

84. Société anonyme des Verreries de Carmaux, à Toulouse (Haute-Garonne), allée Lafayette, 15. — Groupe de bouteilles et bonbonnes nues ou clissées **(PALAIS.)**

85. Société anonyme des Verreries et Manufactures de Glaces d'Aniche (Directeur-Gérant : **H. Desmaisons**), à Aniche (Nord). — Verres à vitres en feuilles, grandes mesures en feuilles et en manchons, cannelés dépolis. **(PALAIS.)**

Maison fondée en 1823. — Glaces polies, argentées, étamées, dalles brutes et polies. — Produits chimiques. — Médaille d'or, Exposition de Paris 1878. — Diplôme d'honneur, Amsterdam 1883.

86. Société des Émaux Aubriot (Directeur : **Aubriot**), à Paris, rue de la Chapelle. — Émaux artistiques. **(PALAIS.)**

87. Société des Manufactures de glaces et produits chimiques de St-Gobain, Chauny et Cirey, à Paris, rue Sainte-Cécile, 9. — Glaces, dalles et verres bruts, polis et pièces moulées de phares et d'optique. **(PALAIS.)**

Produits exposés :
Glaces polies en blanc de toutes dimensions, pour miroiterie courante et pour vitrage.
Glaces de premier choix et à répétition. Glaces biseautées. Glaces argentées et étamées.
Glaces minces en blanc et argentées. Dalles polies de toutes épaisseurs. Hublots polis.
Glaces brutes de toutes dimensions pour vitrage et revêtements.
Dalles brutes unies de toutes épaisseurs. Verres bruts, minces, unis et à reliefs, matés ou non, pour toitures et vitrage. Dalles à reliefs pour planchers et plafonds.
Pavés en verre. Hublots.
Pièces moulées pour le bâtiment. Tuiles en verres.
Pièces de phares. Crown-glass pour l'optique.

88. TABUTEAU (E. G.), à Paris, boulevard Haussmann, 62. — Cristaux trempés et assiette agatine. **(PALAIS.)**

89. TAMONI (Marius), à Paris, rue du Cherche-Midi, 86. — Vitraux peints. **(PALAIS.)**

90. TIERCELIN (Grégoire E.), à Paris, rue Pernetty, 22. — Vitraux peints. **(PALAIS.)**

91. TOURNEL (Léon P.) & ses Fils, à Paris, rue Lecourbe, 63. — Vitraux peints. **(PALAIS.)**

92. VANTILLARD (J.), à Paris, rue Daubigny, 4. — Vitraux peints. **(PALAIS.)**

93. Verreries de Lourches, à Lourches (Nord) Directeur : **Pailly (Augustin)**. — Bouteilles en tous genres, barils en verres divers, bonbonnes, dames-jeannes diverses. **(PALAIS.)**

Société anonyme.
Mention honorable et Médaille d'argent aux Expositions universelles, Paris 1855 et Paris 1878.
Bouteilles moulées tournées de toutes espèces, d'où régularité de formes et de contenances.
Barils en verre de 2, 5, 10, 20, 25 et 50 litres ; bonbonnes pour acides; dames-jeannes clissées ; bocaux et bouteilles à fruits.
Spécialité de bouteilles à bouchons mécaniques pour bières, cidres, limonades, etc.

Production de toutes teintes de verre, extra-claire cognac foncée ordinaire champenoise olive bourgogne kummel bleue et toutes nuances rouges.

94. VIDIÉ (James) & Fils, à Pantin (Seine), route de Flandre, 56. — Verrerie de fantaisie et gobletterie. **(PALAIS.)**

95. VINCENT (Julien), à Paris, avenue du Maine, 6. — Vitraux peints. **(PALAIS.)**

96. VOLNY-CHATETEAU à Paris, rue de Vaugirard, 113. — Vitraux peints. **(PALAIS.)**

97. WAGRET (Adolphe) & Cie, à Escaupont, canton de Condé (Nord). — Bouteilles, verres à vitres, spécimens de fabrication des bouteilles et des verres à vitres. **(PALAIS.)**

COLONIES.

ALGÉRIE.

1. IBRAHIM ben Ali ben Saïd, à Alger, passage Sariande. — Glaces arabes. **(ESPLANADE.)**

2. ROUSSIN (Charles), à Bône (Constantine). — Vitraux dépolis. **(ESPLANADE.)**

INDE FRANÇAISE.

1. Comité d'Exposition de l'Inde. — Verres à boire. **(ESPLANADE.)**

NOUVELLE-CALÉDONIE.

1. Pénitencier de Bouloupari. — Vitraux peints. **(ESPLANADE.)**

PAYS DE PROTECTORAT.

ANNAM-TONKIN

1. Province de Hanoi. — Glace. **(ESPLANADE.)**

PAYS ÉTRANGERS.

RÉPUBLIQUE ARGENTINE.

1. GAMBA (Hyacinthe), à Buenos-Ayres — Cristaux taillés. *(PARC.)*

2. MARY & Cie, à Buenos-Ayres. — Cristaux taillés. *(PARC.)*

3. RIGOLLEAU (Léon), à Buenos-Ayres. — Verres et cristaux *(PARC.)*

AUTRICHE-HONGRIE.

1. FEIGL (Gustave), à Gablonz (Bohême). — Articles de Gablonz. *(PALAIS.)*

2. FEIX Frères, à Albrechtsdorf (Bohême). — Application d'émaux par la galvano-plastie. *(PALAIS.)*
Seul dépôt à Paris, L. Boutigny, passage des Princes.

3. GEYLING (Les héritiers de Carl), à Vienne. — Peinture sur verre. *(PALAIS.)*
La fabrique de vitraux peints a été fondée en 1841.
Récompenses obtenues par la maison :
1851 Londres ; 1867 Paris ; 1873 Vienne ; 1878 Paris.
Grande médaille d'argent, 1885 Anvers.

4 GIERGL (Henrik), à Budapest, Vaczi-Utza, 17. — Cristallerie et verrerie. *(PALAIS.)*
Spécialités de gravure et de peinture sur verre.

5. HARRACH (Comte), à Neuwelt (Bohême). — Cristaux décorés et fantaisies de luxe. *(PALAIS)*
Cristalleries fondées en 1630.
Récompenses : Médailles en or et diplômes d'honneur :
Vienne ; Paris ; Londres ; Anvers ; Barcelone ; Philadelphie ; Melbourne ; Sydney.
Représenté à l'Exposition par L. Boutigny, passage des Princes, à Paris, et pour l'Exportation par Vander Borght, 82, rue de Paradis.

6. HEGENBARTH (Les héritiers de A.), à Haida (Bohême). — Cristaux. *(PALAIS.)*

7. HORN (Adolf), à Steinschonau (Bohême). — Peinture artistique sur cristallerie et porcelaines. *(PALAIS.)*

8. KISS (Nicolaus de Nemesker), au Domaine Veghles (Hongrie). — Cristallerie. *(PALAIS.)*

9. LÖTZ (Vve Joh.), à Klostermühle (Bohême). — Nouveautés en cristal : Victoria. Intarsia, Carnéol, exécution artistique. *(PALAIS.)*
Manufacture impériale et royale privilégiée, fondée en 1840.
Hautes récompenses à Londres, Vienne, Bruxelles 1888, médaille d'or et prix du progrès.
Dépôt à Paris, L. Boutigny, passage des Princes, et pour l'exportation, S. Dispeaker, 8, rue des Petites-Écuries.

10. MOSER (Ludwig), à Carlsbad (Bohême). — Cristallerie de Bohême décorée et gravée. *(PALAIS.)*

11. MULLER (Hermann), à Ulrichsthal (Bohême). — Cristaux gravés, dorés
et émaillés.   **(PALAIS.)**

12. PALLME (Édouard), à Meistersdorf (Bohême). — Peinture artistique sur
cristaux.   **(PALAIS.)**

13. RASCH (Clément) & Fils, à Ulrichsthal (Bohême). — Cristallerie ordinaire
et de luxe.   **(PALAIS.)**

Membre du jury à l'Exposition universelle de Paris, 1867.
Médailles aux Expositions de Paris 1867 et 1878, Vienne 1873, Philadelphie 1876.

14. ROSENTHAL (C. M.) & Cie, à Vienne, V. Fichrichgasse, 10. — Verre de
la Bohême et porcelaine, dés en ivoire.   **(PALAIS.)**

15. SPITZER (Carl), à Gablonz (Bohême). — Cristaux et verreries taillés et
décorés, vases, encriers, flacons de tous genres, etc.   **(PALAIS.)**

16. TSCHERNICH & Cie, à Haida (Bohême). — Cristaux de Bohême, articles
décorés et fantaisies de luxe.   **(PALAIS.)**

17. ULLRICH (Georges), à Wilhelmsthal (Moravie). — Services de table, cristallerie de luxe.   **(PALAIS.)**

18. VEIT & Cie, à Gablonz (Bohême). — Cristallerie, flacons, encriers, prismes,
etc.   **(PALAIS.)**

Médaille d'argent, mention honorable, Paris 1878. Maisons à Paris, 9, rue Saint-Apoline ;
Lyon, 14, rue Dubois ; Londres, 37, Noble street: Annaberg (Saxe) ; New-York, 92, Spring
street ; Rio-de-Janeiro, 21, rua de Candolaria.

19. WAGNER (Frantz), à Ulrichsthal (Bohême). — Articles de fantaisie en
verres décorés et colorés de Bohême montés sur bronzes dorés, etc. **(PALAIS.)**

20. ZASCHE (Mme Jos), à Vienne, I. Karnthnerring, 3-15. — Peintures sur
porcelaine, faïence, émail et ivoire. Porcelaine de Vienne, vieille et moderne.
                                                                 (PALAIS.)

21. ZEKERT (Johann) & Fils, à Meïsterdorf (Bohême). — Articles de bronze
et raffinerie de verre.   **(PALAIS.)**

BELGIQUE.

1. BAUDOUX (Eugène), à Jumet. — Feuilles de verres à vitres blancs et colo
rés, manchons blancs et colorés.   **(PALAIS.)**

2. BIVORT (Joseph), à Jumet. — Verres à vitres.   **(PALAIS.)**

3. BOUGARD (A.) & Cie, à Roux-lez-Charleroi. — Verres à vitres en toutes
dimensions. Verres extra-blancs pour argenture, pour encadrements et plaques
photographiques.   **(PALAIS.)**

4. CAPRONNIER (J.-B.), à Schaerbeck, rue Rogier, 251. — Vitraux peints.
                                                                 (PALAIS.)

5. COMÈRE (F.), à Bruxelles, rue de la Braie, 20 A. — Vitrail. Glace gravée et
argentée.   **(PALAIS.)**

6. Compagnie de Floreffe et de Jeumont (M. C. Henroz, administrateur), à Floreffe. — Glace polie sans train. Glace polie argentée. **(PALAIS.)**

7. DANDOY & Cie, à Lodelinsart. — Verres à vitres.   **(PALAIS.)**

8. DE KEGHEL (Antoine J.), à Bruxelles. — Vitraux peints.   **(PALAIS.)**

9. DORLODOT (L. de) & Cie, à Lodelinsart. — Verres à vitres blancs simple,
demi-double et double, verres mats, mousselinés et cannelés.   **(PALAIS.)**

10. DRIESEN (T. G.), à Bruxelles, chaussée de Gand, 145. — Vitraux peints.
(**PALAIS.**)

11. FONTANA (Charles), à Bruxelles, rue Verbeeckhaven, 33. — Vitrail peint.
(**PALAIS.**)

12. LAMBERT (L.) & Cie, verreries des Hamendes, à Jumet. — Verres à vitres de grandes dimensions. Verres pour l'argenture et la photographie. Verres de couleur, verre opale douce pour la photographie. (**PALAIS.**)

13. LEGROS Fils (J. F.), à Jumet. — Pannes en verre, pannes plates et croisées mécaniques, tuiles brésiliennes, verres bombés, verres à vitres rosaces, vitraux.
(**PALAIS.**)

14. MASQUELIER (Emile), à Lodelinsart. — Verres à vitres en feuilles, ouvragés, etc. (**PALAIS.**)

15. MONDRON (Léon), à Lodelinsart.— Verres à vitres, blancs, colorés, gravés, givrés, mousselinés, mats, etc. (**PALAIS.**)
Récompenses :
Médaille de 1re classe obtenue aux Expositions universelles de Londres 1862 ; Paris 1867 et 1878 ; Sydney 1879 et Melbourne 1880. Hors concours, Vienne 1873 ; Philadelphie 1876. Exposition universelle d'Anvers 1885, deux médailles d'or ; Exposition internationale de Bruxelles 1888, diplôme d'honneur, Exposition universelle de Barcelone 1888, médaille d'or.

16. PLUYS (Léopold), à Malines, rue de Beffer, 33. — Vitrail, style XVIe siècle, représentant Philippe le Bon, duc de Bourgogne. (**PALAIS.**)

17. SCHMIDT-DEVILLEZ & Cie, à Dampremy. — Verres à vitres.
(**PALAIS.**)

18. SCHMIDT Frères et Sœurs, à Lodelinsart. — Verres à vitres. (**PALAIS.**)
Méd. Vienne 1873. ; Philadelphie 1876. ; Paris 1878. ; Amsterdam 1883.— Anvers 1885.

19. Société anonyme de Courcelles pour la fabrication des glaces (A. de Boischevalier, directeur), à Courcelles. — Grande glace en blanc. Dalle polie. Glace argentée. Table en glace et objets divers. (**PALAIS.**)

20. Société anonyme des glaces de Moustier-sur-Sambre (A. Robert, administrateur), à Moustier-sur-Sambre. — Glace blanche rectangulaire. Glace ovale, argentée, biseautée et gravée.
(**PALAIS.**)

21. Société anonyme de glaces et verreries du Hainaut (directeur : **Monseu**), à Roux. — Glaces polies, doucies, brutes, étamées, argentées, etc.
(**PALAIS.**)

22. Société anonyme des Manufactures de Glaces, (directeur : **Marteau**), à Bruxelles, rue Jéricho, 7. — Feuilles de verre, verres cannelés, dépolis, etc. (**PALAIS.**)

23. Société anonyme des Verreries de Gosselies à Gosselies-Courcelles. — Verres à vitres. (**PALAIS.**)

24. Société anonyme des Verreries de Jemmapes, à Jemmapes, près Mons, (Belgique). — Verres à vitres de toutes dimensions, verres pour photographie et argentures. (**PALAIS.**)
Médaille bronze : Paris 1878. — Médailles argent : Amsterdam 1883. — Anvers 1885. — Médaille d'or : Bruxelles 1888.

(**PALAIS.**)
25. Société anonyme des Verreries de Jumet (L. Monnoyer, administrateur), à Jumet. — Verres à vitres blancs, colorés, mats, mousselinés, cannelés, etc. Verres à vitres en manchons et en feuilles.

26. Société anonyme des Verreries de Mariemont (Directeur : **Marteau**), à Haine-Saint-Pierre. — Feuilles de verres en diverses épaisseurs et dimensions, cannelé, dépoli, etc. (**PALAIS.**)

27. Société anonyme des Verreries Nationales (directeur, **Sadin**), à Jumet-Brûlotte. — Verres à vitres.   (**PALAIS.**)

28. Société des Manufactures de Glaces de Sainte-Marie-d'Oignies, près Aiseau, à Bruxelles, rue Jéricho, 7. — Glace en blanc et argentée.
(**PALAIS.**)

29. WILLOCX (Constant), à Malines, rue des Béguines, 7. — Vitraux peints au moyen d'un nouveau procédé transparent.   (**PALAIS.**)

BRÉSIL.

(Voir son Catalogue spécial.)

CHILI.

1. MORANDÉ (Julio A.), à Santiago. — Gravure sur verre.   (**PARC.**)

ÉGYPTE.

1. GIROLAMI, au Caire. — Vitraux arabes en plâtre découpé.   (**PALAIS.**)

ESPAGNE.

1. AMOR MOZO (Gerardo), à Valladolid. — Bouteilles, flacons, etc.   (**PALAIS.**)

2. BASTERRA & Fils, à La Rauri (Biscaye). — Meuble avec bouteilles.
(**PALAIS.**)

3. RINCON GOMEZ (Maximino), à Bilbao. — Bouteilles.   (**PALAIS.**)

4. VINCENS (Rodolfo), à Barcelone. — Cristaux gravés.   (**PALAIS.**)

ÉTATS-UNIS.

1. Buffalo Stained Glass Works, à Buffalo, N. Y., 29, Pearl street.—Spécimens de vitraux artistiques d'églises et autres.   (**PALAIS.**)

2. COLLAMORE (Davis) & Co (Limited), à New-York, N. Y. 924, Broadway. — Faïences et cristaux.   (**PALAIS.**)

3. FROMENT (Henri), à New-Orléans, — Assortiment de cristaux taillés et gravés. Procédés employés pour tailler et graver les cristaux.   (**PALAIS.**)

4. GREENOUGH (Walter C.), à Brooklyn, N. Y. 65, Morton street. — Fenêtre en vitraux, morceaux de verre opalisé peint.   (**PALAIS.**)

5. HAWKS (Davis Collamore & Co, Agents), à Corning, N. Y. — Cristaux taillés.   (**PALAIS.**)

6. HENRY (U. Edward), Howard Co, à Hokomo, Indiana. — Verre opalescent en plaques de toutes couleurs.   (**PALAIS.**)

7. LA FARGE (John), à New-York, N. Y. 57, West 10th street. — Vitraux artistiques.   (**PALAIS.**)

8. MACBETH (George A.) & Co, à Pittsburgh, Pa. — Verres de lampes,
globes de lanternes, blancs et de couleurs.   (PALAIS.)

9. Pacific Art Glass Works (John Mallon), à San Francisco, Cal. 1211
and 1213, Howard street. — Vitrail artistique, le sujet « The Graduate » d'après nature.
                                                               (PALAIS.)

10. Western Glass Sign Works (Geo. M. Bailey, agent), à Buffalo,
N. Y. 309, Michigan street. — Spécimens d'enseignes en cristal et de décorations
artistiques sur verre.   (PALAIS.)

GRANDE-BRETAGNE.

1. Bratby & Hinchliffe, à Manchester, Sandford street, Ancoats, et à Londres,
Minories, 14 . — Bouteilles.   (PALAIS.)

2. CLAYTON (John-R.) & BELL (Alfred), à Londres, Regent street,
311. — Vitraux peints.   (PALAIS.)

3. FARMILOE (George) & Sons, à Londres, Saint-John street, 34, West-
Smithfield. — Verrerie.   (PALAIS.)

4. Glass Decoration Co. (Limited), à Londres, Hatton garden, 62. — Glaces
dorées, peintes, repoussées et décorées.   (PALAIS.)

5. Paris Earthenware, Crystal and Hardware Co. (Limited), à
Paris, Faubourg-Saint-Denis, 76, et à Londres, Cheapside, King street, 28. — Faïences,
porcelaines, verreries anglaises.   (PALAIS.)

6. ROBINSON, SKINNER & Co. (Limited), à Warrington, Mersey, Flint
Glass works. — Verrerie d'utilité et d'ornement.   (PALAIS.)

7. WEBB (Thos.) & Sons, (Limited), à Stourbridge. — Verres de table de
cristal blanc et de couleur, verres travaillés, lustres, lampes. (PALAIS.)

GUATEMALA.

1. Santos Toruño, à Guatemala. — Boîte à ouvrage en mosaïque représentant le
théâtre de Guatemala.   (PALAIS.)

ITALIE.

1. CANDIANI (Napoleon) & Cie, à Venise. — Verreries de Venise.
                                                      (PALAIS.) (QUAI)

2. Compagnia di Venezia Murano, à Venise.—Verreries soufflées, émaillées,
lustres, miroirs, etc.   (PALAIS.)

3. FERRO (François) & Fils, à Murano (Venise). — Objets de fantaisie en
verre.   (PALAIS.)

4. GUETTA (Joseph), à Venise. — Verreries.   (PALAIS.)

5. MACCHI (Antoine), à Londres, 23, Stadium street. — Objets d'art en cristal,
en verre, en verre filé, gravures sur verre.   (PALAIS.)

6. NOGARA (Isaïe), à Venise, calle dell'Aseo-Anconetta. — Verrerie, lustres.
                                                               (PALAIS.)

7. ROSSI (Joseph) & Fils, à Venise. — Articles en verre soufflé, candélabres,
lustres, etc.   (PALAIS.)

8. SALVIATI (Dʳ **Antonio**), à Venise. — Verreries. (PALAIS.)

9. SARFATTI & Cie, à Venise. — Verreries. (PALAIS.)

10. SEGUSO (Donato), à Venise. — Verreries. (PALAIS.)

11. TENCA & Cie, à Milan, via Tortona, 154. — Miroirs, cristaux et glaces. (PALAIS.)

PAYS-BAS.

1. BOUVY (J. J. B. J.), à Dordrecht. — Glaces bombées, glaces gravées. (PALAIS.)

2. JECKEL & Cie, à Amsterdam. — Bouteilles pour vins, bières et spiritueux, pour fruits conservés, vinaigres et conserves alimentaires. (PALAIS.)

3. REYENGA (Wybe), à Amsterdam. — Peinture sur verre. (PALAIS.)

4. Société Anonyme Flesschenfabrick Delft (Ancienne Maison **Boers & Cie**), à Delft. — Bouteilles pour bières, vins, liqueurs, eaux gazeuses, fermeture en porcelaine, bocaux. (PALAIS.)

ROUMANIE.

1. Première Fabrique de Verrerie de Moldavie (Weïsengrün Frères), à Bogdanesti. — Verrerie. (PALAIS.)

RUSSIE.

1. DUTFOY (A. F.), à Moscou. — Verrerie. (PALAIS.)
Maison fondée en 1865.

SERBIE.

1. LÉOVITCH (Adam), à Belgrade. — Carafe gravée, verres gravés. (PALAIS.)

SUISSE.

1. HOSCH (Edouard), à Mousquines (Lausanne). — Vitraux peints artistiques. (PALAIS.)

2. WEHRLI (Karl A.), à Aussersihl (Zurich). — Vitraux coloriés, style gothique moderne et primaire, style roman, vitrail moderne pour maison particulière. (PALAIS.)

3. WINTER (Adolphe), à Zurich. — Glaces, miroirs. (PALAIS.)

GROUPE III.

MOBILIER ET ACCESSOIRES.

Classe 20.

Céramique.

FRANCE.

1. ALLIX (Mlle Bathilde), à Paris, rue Bayard, 5. — Émaux, faïences et porcelaines. **(PALAIS.)**

2. AMELINE (Victor-J.-B.), à Vichy, (Allier). — Services de table et articles de fantaisie en faïence et porcelaine. **(PALAIS.)**

3. APPERT Frères & COIGNET (Edmond) & Cie, à Clichy (Seine), rue des Chasses, 34. — Panneaux décoratifs en mosaïque d'émail. **(PARC.)**

4. Anciennes tuilerie et briqueterie mécaniques BORIE - CHA-NAL, Directeur : **CHANAL (C.-Joseph)**, à Toulouse (Haute-Garonne), chemin de Périole. — Tuiles divers modèles, briques pleines et creuses, etc. **(PALAIS.)**

5. AUBRY (Jules-N.), à Bellevue-lez-Toul (Meurthe-et-Moselle). — Faïence décorative, vases, jardinières, cachepots. **(PALAIS.)**

6. AUTRAN (Eugène), à Paris, rue Thiboumery, 15. — Émaux. **(PALAIS.)**

7. AU VASE ÉTRUSQUE, Louis DAMON, à Paris, boulevard Malesherbes, 20. — Faïences artistiques, services de table, grandes pièces en faïences. **(PALAIS.)**

8. AVEZ (Mme Julie), à Paris, rue Damrémont, 8. — Peinture et décor sur aïence sous émail et sur glaçure, faïence crue, porcelaine dure et tendre, émaux. **(PALAIS.)**

9. BADIN (Armand), à Salins (Seine-et-Marne). — Briques, tuiles plates, carreaux, terres réfractaires et pièces réfractaires. **(E. C.) (PARC.)**

10. BAPTEROSSES & Cie, à Briare (Loiret). — Boutons, flans, mosaïques et autres objets en pâte céramique. **(PALAIS.)**
Grand-Prix, Paris 1878. — Gérants : Loreau (Alfred), Bacot (Raymond), Yver (Paul).

11. BARROT (Mlle Laurence), à Paris, rue Berton, 17. — Peintures sur porcelaine, grisailles ; Jeanne d'Arc, d'après Chapu et d'après Ingres. La Renommée, d'après Mercier. **(PALAIS.)**

12. BARBOIS (Charles), à Limoges (Haute-Vienne), rue Pont-Hérisson, 11. — Porcelaines décorées. **(E. C.) (PALAIS.)**

13. HATBEDAT (Mme Louise), à Paris, rue du Bac, 30. — Assiettes et compositions en porcelaine peinte. **(PALAIS.)**

14. BAUDIN (Ernest), à Paris, rue de la Quintinie, 24. — Faïence d'art. **(PALAIS.)**

15. BAUMY (M.-J.) à Limoges (Haute-Vienne), allée des Bénédictins. — Porcelaines décorées. **(E. C.) (PALAIS.)**

16. BAYLAC Fils, à Limoges (Haute-Vienne), rue Bernard-Palissy. — Porcelaines décorées. **(E. C.) (PALAIS.)**

17. BEAUBELIQUE (Joseph V.), à Limoges (Haute-Vienne) rue de la Gare, 6. — Plateaux, coupes, plaque rectangulaire. **(PALAIS.)**

18. BEAUVAIS (J.-B.), à Paris, rue de Vaugirard, 103. — Terres cuites d'art. **(PALAIS.)**

19. BEDIER (François), à Sèvres (Seine-et-Oise), Grande-Rue. — Émaux grand feu sur or fin et sur tous métaux. **(PALAIS.)**

20. BÉZIAT (Henri), à Paris, rue de Paradis, 54. — Faïences et porcelaines. **(PALAIS.)**

21. BICHI (Henri), à Paris, avenue de Clichy, 54. — Mosaïques d'émail et en céramique. **(PALAIS.)**

22. BIED (J.) & Cie, à Creil, rue du Mont-Thabor, (Seine-et-Oise). — Briques réfractaires et de silice pure. Cornues à gaz. **(PALAIS.)**

23. BIGOT & BOUZOU (E.-J.-M.), à Paris, rue Oberkampf, 10. — Porcelaines d'art montées bronze et non montées. **(PALAIS.)**

24. BILLONNAUD (Alfred-J.-B.), à Limoges (Haute-Vienne), ancienne route d'Aix, 41. — Plaque. Coupes. **(E. C.) (PALAIS.)**

25. BLANCHER (J.-Ernest), (successeur de F. Lot, à Limoges (Haute-Vienne), rue Pétiniaud-Beaupeyrat, 29. — Plateaux, plaques, portraits sur émail, coupes, coffrets, reliquaires et autres objets en émail. **(PALAIS.)**

26. BOCH Frères, à Louvroil-lez-Maubeuge. (Nord). — Carreaux en grès cérame pour pavements et revêtements, carreau de Maubeuge. **(PALAIS.)**

27. BOHN (L.), à Paris, rue Bouret, 13 bis. — Terres cuites artistiques, polychromées. **(PALAIS.)**
   Croix de bustes d'expressions pour la décoration des salons, etc.
   Alsace. — Bretonne. — Derviche. — Fellah.
   Indien. — Jeune Kabyle. — Marabout, etc.
   Portraits d'après nature en bustes et médaillons.
   Leçons de modelage.

28. BOINE (Léonard), à Limoges (Haute-Vienne). — Porcelaines décorées. **(E. C.) (PALAIS.)**

29. BOISSIMON (Charles-M.-R. de), à Langrais, (Indre-et-Loire). — Faïences et poteries fines artistiques et communes. Briques, carreaux et pièces réfractaires. **(PALAIS.)**

30. BONNEFILLE (Frédéric-A.-J.), à Massy (Seine-et-Oise). — Carreaux rouges de terre cuite, carreaux de grès cérame, de ciment, et de mosaïques ; briques, tuiles, poteries. **(E. C.) (PARC.)**

31. BONVALLET, à Paris, rue Bourg-Tibourg, 26. — Divers produits céramiques. **(E. C.) (PARC.)**

32. BONZEL (Charles), à Haubourdin, près Lille (Nord). — Tuiles à coulisses, briques et tuiles vernissées, boisseaux, pots de cheminée, produits en terre réfractaire. **(E. C.) (PARC.)**

33. BONZEL (Charles), à Haubourdin (Nord). — Tuiles et briques vernissées, boisseaux, produits réfractaires. **(PALAIS.)**
   Les tuiles Bonzel ont été employées pour la couverture de la partie centrale du pavillon spécial de l'Union Céramique.

34. BOSSOT (Jean), à Ciry-le-Noble (Saône-et-Loire). — Briques, tuiles, canaux en grès, bouteilles, cruchons, etc., en grès.   (**PALAIS.**)

35. BOUCHOT (Mme Claire), à Paris, rue Bonaparte, 47. — Émaux, faïences et porcelaines peintes.   (**PALAIS.**)

36. BOÜEZ (Mme F.), à Paris, rue de Fleurus, 25. — Porcelaines et faïences peintes.   (**PALAIS.**) ,

Le Messager d'après Cabanel, porcelaine Devine d'après Tony-Faivre. Porcelaine 2 chasses sujets Louis XV ; faïences, 6 miniatures portraits. Deux petites filles en prière d'après Munier. Porcelaine petit paravent sujets Louis XV.

37. BOUGAULT (Jules), à Avallon (Yonne). — Divers produits céramiques.   (**E. C.**) (**PARC.**)

38. BOUISSEREN (Henri), à Paris, rue du Chemin de Vert, 86. — Terres cuites d'art.   (**PALAIS.**)

39. BOULENGER (Hippolyte-A.-C.), à Choisy-le-Roi (Seine). — Faïences blanches peintes et imprimées. Services de table et toilette. Faïences sanitaires et artistiques. Émaux majoliques. Revêtements.   (**PALAIS.**)

Hippolyte Boulenger et Cie. — Faïencerie de Choisy-le-Roi (Seine).
Dépôt à Paris, 18, rue de Paradis.
Faïences blanches, peintes et imprimées. Services de table et toilette. Faïences sanitaires.
Faïences artistiques. Émaux majolique.
Revêtements céramiques de toutes sortes.
Agence à Lyon, 10, rue Jean-de-Tournes.
Agence à Marseille, 7, rue Papère.
Agence à Bordeaux, 38, rue Émile Fourcand.
Récompenses: — Paris 1878, médaille d'or et ✱.
Amsterdam 1883, diplôme d'honneur.

40. BOULET & BOULANGER, à Nemours (Seine-et-Marne). — Produits céramiques ordinaires et émaillés.   (**E. C.**) (**PARC.**)

41. BOULET & Cie, à Paris, rue des Écluses-Saint-Martin, 28. — Divers produits céramiques.   (**E. C.**) (**PARC.**)

Spécialité de machines pour la fabrication de tous les produits céramiques du bâtiment. (Tuiles, briques, etc.) Voir aux annonces. Récompenses : Médailles d'or aux Expositions universelles de Paris 1878, Anvers, 1885, Barcelone 1888.

42. BOURDERY (Louis-M.-G.), à Limoges (Haute-Vienne), rue Petiniaud-Beaupayrat. — Émaux. Pièce centrale : La Mission de St-Martial, grand ensemble de vingt plaques, sujets variés.   (**PALAIS.**)

43. BOURGEOIS (Émile), à Paris, rue Drouot, 21. — Porcelaines françaises décorées pour service de table ; ses modèles.   (**PALAIS.**)

Faïences et cristaux pour services de table et dessert. Garnitures de toilette. Articles de fantaisie. Vases, vases cache-pots, etc.
Médaille d'argent à l'Exposition universelle d'Anvers en 1885.

44. BOURGEOIS Ainé (F.-A.-Joseph), à Paris, rue du Caire, 31. — Couleurs vitrifiables pour porcelaine, faïence, verre et cristal, émaux et oxydes.   (**PALAIS.**)

Couleurs, prêtes à l'emploi, en tubes, godets, étuis. Boîtes garnies. Usine, 22, passage Tocanier.

45. BOURRY (Emile-C.), à Paris, rue Taitbout, 30. — Fours divers pour industrie céramique, plans modèles et photographies   (**E. C.**) (**PARC.**)

Médaille de bronze, Exposition universelle 1878. (Voir classes 48, 51 et 64).

46. BOUSSARD (Dominique), à Paris, rue de Paradis, 21. — Glaces, couronnes, bouquets, branches, vannerie, articles pour confiseurs.   (**PALAIS.**)

47. BOUTET (Eugène), à Limoges (Haute-Vienne), boulevard Gambetta. — Porcelaines décorées.   (**E. C.**) (**PALAIS.**)

48. BOUTIN (Mme Albertine), à Paris, rue de Hambourg, 18. — Faïences décorées.   (**PALAIS.**)

49. BOUTY (Léonard), à Limoges (Haute-Vienne), faubourg de Paris. — Tableaux en terre cuite, plat porcelaine. (Peinture sous émail). **(E. C.) (PALAIS.)**

50. BRAULT Fils (Alfred), à Choisy-le-Roi (Seine). — Produits céramiques appliqués à la décoration architecturale. **(PALAIS.)**

Dépôt à Paris, 30, rue Jacob (Anciennement, 31, rue Bonaparte).

Anciennes maisons Garnaud et de Bay réunies, fondées en 1838.

Terre-cuite blanche, rouge, polychrome. Émaux grand feu. Faïences décoratives. Grandes cheminées de styles divers. Lucarnes. Balustrades. Chapiteaux. Métopes. Consoles. Frises. Poteries diverses. Caissons de plafonds. Faces de chéneaux. Fenêtres ogivales. Autels. Clochetons. Piédestaux. Vases et statues de jardins.

Fournisseur de l'État et de la Ville de Paris.

Chargé de la décoration céramique des porches centraux et des Pavillons d'angle des Palais des Arts à l'Exposition universelle de 1889.

Récompenses : Paris 1855 ; Paris 1867 ; Paris 1878, médaille d'argent.

51. Briqueterie des Planches, La Proste (Camille), à Mont-Saint-Sulpice (Yonne). — Briques de pavement, grésées, de construction. **(PALAIS.)**

52. BROCARD (Léon), à Paris, boulevard Richard-Lenoir, 44 bis. — Poêles en faïence. Panneaux en faïence pour revêtements et décorations, accessoires pour la fumisterie. **(PALAIS.)**

53. BROSSER (Charles), à Rolampont (Haute-Marne). — Tuiles, briques et divers produits céramiques. **(E. C.) (PARC.)**

54. BRUYN (Gustave de), à Fives-Lille (Nord), rue de l'Espérance, 22. — Faïence fine, majolique, barbotine. Poteries culinaires. **(PALAIS.)**

Faïence artistique blanche ou colorée, décorations multiples, genres nombreux ; garnitures métalliques. — Vases. Cache-pots. Jardinières. Coupes. Urnes. Colonnes. Socles. Appliques. Porte-parapluies, Suspensions. — Objets de tous styles pour décoration de meubles, appartements, vestibules, vérandahs, jardins. — Services de fantaisie pour fumeur, fruits, dessert, asperges, artichauts, huîtres, escargots, etc. — Faïence japonaise nouvelle ; fleurs relief, creux, grenité ; genres hongrois, anglais, belge, suisse. — Grès fin japonais, grès pour conserves, essences, liquides corrosifs, etc. — Articles pour chimistes, distillateurs, liquoristes, photographes, pharmaciens, etc. — Poterie allant au feu à émail hygiénique sans oxyde de plomb, breveté s. g. d. g.

Photographie sur porcelaine. — Reproduction de portraits sur vases, coupes, tasses, médaillons. Cabinet d'échantillons, rue de Paradis 40, Paris. — Représentant : M. Seigneur.

55. BURKE & Cie, à Paris, rue Saint-Luc, 14. — Décoration en mosaïque d'émail et de marbre pour carrelage et revêtement. **(PALAIS.)**

56. BUSS (Albert), à Paris, rue de l'Université, 195. — Tuiles à onglets parallèles. **(E. C.) (PARC.)**

57. BUTET (Baron de), à Paris, rue Eugène-Flachat, 8. — Émaux. **(PALAIS.)**

58. CENSURIE (Mlle Elise), à Paris, rue Desaix, 36. — Émaux. **(PALAIS.)**

59. CHABRIER (J.-B.) à Limoges (Haute-Vienne), rue Magnine. — Porcelaines décorées. **(E. C.) (PALAIS.)**

60. CHALARD (Frédéric), à Limoges (Haute-Vienne), rue Neuve-des-Carmes, 11. — Porcelaines décorées. **(E. C.) (PALAIS.)**

61. CHAMPEIN (Mme Amélie), à Paris, avenue Kléber, 80. — Faïences peintes sur émail cru. **(PALAIS.)**

62. CHAMPION (François), à Château-Renault (Indre-et-Loire). — Terre cuite pour le bâtiment, émaux. **(E. C.) (PARC.)**

63. CHANAL, à Toulouse (Haute-Garonne), chemin de Périole. — Produits céramiques. **(E. C.) (PARC.)**

64. CHAPLET (Ernest), à Choisy-le-Roi (Seine), rue St-Placide, 18. — Porcelaines flambées et autres, porcelaines mates colorées, faïences stannifères. **(PALAIS.)**

65. CHARLES (Laurent-C.), à Limoges (Haute-Vienne), rue Saint-Esprit, 11. — Coupes. Cadres. **(PALAIS.)**

66. CHARNOZ (P.) et Cie, à Paray-le-Monial (Saône-et-Loire). — Carrelages mosaïques en grès cérame pour le sol et revêtements ; rosace. **(PALAIS.)**

67. CHARTRAIN Fils (Jules), à Paris, rue de Turenne, 114. — Porcelaines dures et tendres décorées. Porcelaines de Sèvres. **(PALAIS.)**

68. CHAUMEIL (A.), à Paris, avenue de Choisy, 172. — Terres cuites de fantaisie habillées. **(PALAIS.)**

69. CHEIPPE (Léonard), à Limoges (Haute-Vienne), rue des Suisses, 7. — Porcelaines décorées. **(E. C.) (PALAIS.)**

70. CHÈZE Fils, à Montet (Saône-et-Loire). — Divers produits de grès. **(E. C.) (PARC.)**

71. CHINEAU (George-F.-L.), à Paris, boulevard Poissonnière, 10. — Terres cuites d'art originales polychromes, reproductions. **(PALAIS.)**

72. CLAIN (Albert), à Paris, rue du Bac, 54. — Faïences artistiques de Blois, services de table et de toilette, objets de fantaisie. **(PALAIS.)**

73. COBLENTZ (Lévy), à Paris, rue des Lilas-Belleville, 11. — Émaux artistiques. **(PALAIS.)**

74. COLIN-MULLER, à Auneuil (Oise). — Tuiles, briques et carreaux. **(E. C.) (PARC.)**

75. COLLE (Lazare) & Fils, à Salernes (Var). — Tomettes et mosaïques. **(PALAIS.)**

76. COLLOT (A.-J.), à Villenauxe, (Aube). — Terres cuites polychromes, statuettes, cadres, appliques, coquillages, etc. **(PALAIS.)**

77. COLOZIER (Octave), à Saint-Just-des-Marais, (Oise). — Carreaux de Beauvais, carreaux blancs et rouges en grès cérame de la vallée de Bray. **(PALAIS.)**

78. Compagnie Franco-Anglaise, (Directeur : Sordoillet Victor), à Paris, rue Turbigo, 78. — Services de table en faïence et porcelaine, garnitures de toilettes. **(PALAIS.)**

79. Compagnie Générale des Poteries de Paris, à Paris-Vaugirard, chemin des Périchaux, 22. — Poteries de cuisine en terre et grès ; différents vernis et poteries d'ornement. **(PALAIS.)**

80. COOL (Mme Delphine de), à Paris, rue de Rennes, 97. — Émaux de Limoges, céramique. **(PALAIS.)**

81. CORPLET (A.) Père, à Paris, rue Drouot, 8. — Céramiques et réparations d'objets d'art. **(PALAIS.)**

82. COTTE (Mlle Anna), à Levallois-Perret (Seine), rue Fromont, 4. — Imitation de faïence ancienne, faïence d'art, porcelaine. **(PALAIS.)**

83. COUTAN (J.-George), à Paris, impasse Gaudelet, 3, rue Oberkampf, 114. — Terres cuites d'art. **(PALAIS.)**

84. DAMMOUSE (Albert-L.), à Sèvres (Seine-et-Oise), rue des Fontaines, 12 bis. — Porcelaines décorées au grand feu. **(PALAIS.)**

85. DARTOUT (P.), à Paris, rue de Paradis, 28. — Fleurs en porcelaines. **(PALAIS.)**

86. DEBAECKER (Léonce), à Paris, passage Charles-Dallery, 30. — Faïence appliquée au chauffage et à la décoration monumentale. **(PALAIS.)**

87. DECK (Théodore), à Paris, rue de Vaugirard, 271, passage des Favorites, 20. — Faïences et porcelaines d'art, vases décoratifs, jardinières, panneaux, carreaux de revêtement, plats à fonds d'or sous couverte et à émaux cloisonnés. **(PALAIS.)**

Magasin, rue Halévy, 10. Maison fondée en 1858. — Porcelaines dures, décorées et gravées, rouges flammés au grand feu, céladons, etc.

Récompenses : Prize medal, Londres 1862 ; Paris 1867 (A) ; Vienne 1873, Diplôme d'honneur, 10 médailles de coopérateurs, chevalier de la Légion d'honneur. Paris 1878, Grand prix, 4 médailles d'or aux artistes collaborateurs, officier de la Légion d'honneur.

88. DELAGNEAU (Marc), à Paris, rue des Prairies, 38. — Bouquets, cadres, croix, couronnes et objets de fantaisie en fleurs, en porcelaine. **(PALAIS.)**

89. DELAGNIER (L. E.), à Limoges (Haute-Vienne), faubourg Mont-Jovis, 48 bis. — Vases et tête-à-tête en plâtre. **(E. C.) (PALAIS.)**

90. DELAHERCHE (Auguste), à Paris, rue Blomet, 153. — Grès mats émaillés et flambés. **(PALAIS.)**

91. DELAHERCHE-GODIN, Ancienne Société **Jules Godin et Delaherche**, à La Chapelle-aux-Pots (Oise). — Appareils en grès pour la fabrication des produits chimiques, tuyaux et siphons en grès vernissé. **(PALAIS.)**

92. DELINIÈRES & Cie, à Limoges (Haute-Vienne). — Porcelaines blanches et décorées. **(PALAIS.)**

93. DELVAUX (Georges), (Successeur de **Jean**), à Montigny-sur-Loing (Seine-et-Marne). — Faïences d'art. **(PALAIS.)**

94. DEMARTIAL (G.) & Cie, à Limoges (Haute-Vienne), rue Ventenat, 5. — Porcelaines blanches et décorées, services de tables, services à toilettes, cachepots, vases. **(PALAIS.)**

95. DEMILLY (Pierre), à Sèvres (Seine-et-Oise), Grande-Rue, 15. — Terres cuites, céramiques d'après l'antique, peintures et décors sur et sous couvertes. **(PALAIS.)**

96. DENIS, au Petit-Fresne (Seine). — Tuiles, briques, etc. **(E. C.) (PARC.)**

97. DEPIN, à Montluçon (Allier). — Produits céramiques. **(E. C.) (PARC.)**

98. DEPLANCK-LAVOISIER, Successeur de **E. Boulanger**, Ancienne Maison **Guyonnet-Colville**, à Paris, rue des Vinaigriers, 34. — Fournitures générales pour la céramique. Fabricant de couleurs vitrifiables. **(PALAIS.)**

Échantillons et applications de couleurs vitrifiables et d'émaux de tous genres. — Maison fondée en 1829.

Récompenses : Prize medal Londres, 1851. — Mention honorable, Paris, 1867.

99. DESCHAMPS & FAUH (G.), à Issy (Seine), route des Moulineaux, 23. — Chaux hydrauliques des Moulineaux et Portland du bassin de Paris des Moulineaux. **(E. C.) (PARC.)**

100. DOAT (Taxile), à Paris, rue de Rennes, 146. — Porcelaine pâtes rapportées, émaux de Limoges. **(PALAIS.)**

101. DOULIOT (Mlle Marie-A.), à Paris, rue Gavarni, 11. — Émaux. **(PALAIS.)**

102. DREYFUS (Georges), à Paris, rue de Paradis, 32. — Faïences, porcelaines, terres cuites, verreries, articles de fantaisie. **(PALAIS.)**

103. DUCHESNE (Mlle Berthe), à Paris, rue Barbet-de-Jouy, 35. — Plat en faïence. **(PALAIS.)**

104. DUCHESNE (Mlle Marie-Gabrielle), à Paris, rue Barbet-de-Jouy, 35. — Vase en porcelaine peinte. **(PALAIS.)**

105. DUFÉTEL, à Glatigny (Seine-et-Oise). — Tuiles et briques. **(E. C.) (PARC.)**

106. DUMARCET, à Avallon (Yonne). — Produits céramiques. **(E. C.) (PARC.)**

107. DUMAS (Emile), à Limoges (Haute-Vienne), avenue de Turenne. — Porcelaines décorées. **(E. C.) (PALAIS.)**

108. DUMONT (E.), au Parc d'Aulnay-sous-Bois (Seine-et-Oise). — Tuiles, briques, etc. **(E. C.) (PARC.)**

109. DUMONTET (Charles), à Limoges (Haute-Vienne), cours Gay-Lussac, 2. — Porcelaines décorées. **(E. C.) (PALAIS.)**

110. DUMOULIN (Léonard), à Limoges (Haute-Vienne), rue Neuve-Chinchauvaud, 25. — Porcelaine décorée au grand feu (Barbotine). Portraits d'après nature, dame et enfant. **(E. C.) (PALAIS.)**

111. DUNOIS, à Paris, rue des Amandiers, 23. — Tableaux d'art vitrifiés et enseignes commerciales, émaux pour l'industrie. **(PALAIS.)**

112. DUPARC, à Sarcelles (Seine-et-Oise). — Tuiles, briques, etc. **(E. C.) (PARC.)**

113. DUPLAIS (Ernest), à Paris, rue Cacheux, 5. — Statuettes, panneaux, nouvelle composition de céramique inédite, sujets artistiques. **(PALAIS.)**

114. DUPONT (Mathieu), à Paris, rue du Faubourg-du-Temple, 92. — Or brillant français, produits chimiques, couleurs vitrifiables. **(PALAIS.)**

115. DUTHU (Mlle Anna), à Neuilly-sur-Seine (Seine), avenue de Neuilly, 145. — Terres cuites d'art. **(PALAIS.)**

116. DUTHU (Mlle Marie), à Neuilly-sur-Seine (Seine), avenue de Neuilly, 145. — Terres cuites d'art. **(PALAIS.)**

117. ERNIE, à Paris, rue de Paradis, 20. — Produits céramiques artistiques. **(PALAIS.)**

118. ETIENNE (Victor), ÉTIENNE (Jules) Fils, Successeur, à Paris, rue de Paradis, 29. — Porcelaines et faïences décorées. **(PALAIS.)**

119. FACCHINA (J. D.), à Paris, rue Cardinet, 47. — Mosaïques décoratives en émaux et or pour parties verticales et plafonds, mosaïques en marbre pour pavements. **(PALAIS.)**

Mosaïque byzantine, mosaïque romaine.
Cubes de marbre réguliers, dessins riches.
Dallages mosaïque vénitienne en semis de marbres multicolores.
Médaille d'or, Paris 1878.
Deux diplômes d'honneur, Amsterdam, 1883.
Médaille d'or, Anvers 1885.
Décoré de la Légion d'honneur et de la couronne d'Italie, pour les travaux du nouvel Opéra.

120. Faïencerie de Gien, à Gien (Loiret). — Faïences artistiques. Services de table. **(PALAIS.)**

121. FALERI (Antonio), à Limoges (Haute-Vienne), avenue de Toulouse, 4. — Service de dessert renaissance. Cadre renaissance. **(E. C.) (PALAIS.)**

122. FARGUE (Léon), à Paris, rue du Faubourg-Saint-Martin, 152. — Revêtements céramiques. Objets d'art. **(PALAIS.)**

123. FAUGERON (François-Henri), à Paris, rue Dumeril, 15. — Porcelaines et faïences décorées. **(PALAIS.)**

124. FAUVAGE (Mlle Blanche), à Paris, rue des Fourneaux, 55. — Émaux. **(PALAIS.)**

125. FERRAND (Anatole), à Paris, boulevard de Strasbourg, 19. — Produits céramiques. **(E. C.) (PARC.)**

126. FONCIN-SCHRAINER, à Paris, rue de Paradis, 40. — Terre cuite, faïence, biscuits d'art, statuettes, sujets, groupes. **(PALAIS.)**

Fabrique de terre cuite, faïence, biscuit.

127. FONTAINE (Théophile), à Neuilly-en-Thelle (Oise). — Carreaux céramiques rouges.   **(PALAIS.)**

128. FOUREAU (Mlle Marie-Alice), au Bussier-Poitevin (Haute-Vienne). — Bouquets de fleurs en porcelaine.   **(PALAIS.)**

129. FOURMAINTRAUX (F.-Jules-H.), à Desvres (Pas-de-Calais), rue des Potiers. — Faïences artistiques décoratives. Carrelages.   **(PALAIS.)**

130. FOURMAINTRAUX-COURQUIN (François), à Desvres (Pas-de-Calais). — Carreaux de faïences. Faïences artistiques. Panneaux et carreaux décorés pour revêtements de luxe.   **(PALAIS.)**

  Exportation. — Médaille bronze, Paris 1878. — Médaille argent, Anvers 1885.

131. FOURNIER (A.-George), Ancienne Maison **Laurin**, à Bourg-la-Reine (Seine), Grande-Rue, 17. — Vases, services de table, carreaux de revêtement. **(PALAIS.)**

  Médailles aux Expositions universelles, Paris, 1867, 1878 ; Vienne 1873.

132. FROIDEFOND (Joseph), à Limoges (Haute-Vienne), avenue du Pont-Neuf, 73. — Porcelaines décorées.   **(E. C.) (PALAIS.)**

133. FURLAUD (Etienne), à Limoges (Haute-Vienne), rue des Tanneries, 13. — Tête-à-tête, coupes, assiettes, plat ovale, vases, tableau porcelaine. Plaques faïence et plateaux.   **(E. C.) (PALAIS.)**

134. GALILÉ (Mlle Charlotte), à Paris, rue des Écluses-Saint-Martin, 4. — Porcelaines peintes.   **(PALAIS.)**

135. GALILÉ (Mlle Jeanne), à Paris, rue des Écluses-Saint-Martin, 4. — Porcelaine peinte.   **(PALAIS.)**

136. GALLÉ (Émile), Faïencerie de Nancy, à Nancy-Garenne (Meurthe-et-Moselle). — Céramiques d'art. Fantaisies, services de table.   **(PALAIS.)**

  Dépôt, 10 et 12, rue Richer, Paris. Supplément dans la Grande-Galerie. Exposant cl. 17 et 19.

137. GALLÉE (Émile), à Paris, rue Bonaparte, 43. — Faïences imprimées pour services de table.   **(PALAIS.)**

138. GARNIER (Alfred), à Paris, rue Coucsnou, 19. — Émaux de Limoges.
                                                          (PALAIS.)

139. GASMANN (Mlle Alma), a Paris, rue du faubourg-Saint-Honoré, 52. — Émaux de Limoges   **(PALAIS.)**

140. GASMANN (Mlle Marianne), à Paris, rue du faubourg-St-Honoré, 52. — Émaux de Limoges.   **(PALAIS.)**

141. GASTELLIER (C.-A.), à Montanglaust, par Coulommiers (Seine-et-Marne) — Tuiles, briques, carreaux, drains, produits émaillés, pavés céramiques, etc.
                                                      (E. C.) (PARC.)

142. GAUMONDI (Léonard), à Limoges (Haute-Vienne), rue des Petites-Maisons, 15. — Porcelaines décorées.   **(E. C.) (PALAIS.)**

143. GÉRARD (A.), à Paris, avenue Matignon, 11. — Tuiles, briques, etc.
                                                      (E. C.) (PARC.)

144. GERMINET (Louis), à Limoges (Haute-Vienne), Grangé Garat. — Assiette peinture bleu de four. Plaque peinture raisins. fond bleu de four. **(E. C.) (PALAIS.)**

145. GIBRELLE (Louis), à Port-Dessous (Cher). — Terres émaillées dites : Majoliques polychromes.   **(PALAIS.)**

146. GILARDONI Frères, à Pagny-sur-Saulx (Marne). — Produits céramiques.   **(E. C.) (PARC.)**

  Médaille de 1re classe, Paris 1855.
  Médaille d'argent, Paris 1867.

147. GILLET (François), à Paris, rue Fénelon, 9. — Décorations céramiques, architecturales en lave émaillée et en lave reconstituée. **(PALAIS.)**

Lave émaillée, lave reconstituée, brevetée S. G. D. G. Céramique d'art pour décoration architecturale. Revêtements de tous styles. Reproductions de pièces décoratives anciennes, de céramique Persane, Chinoise, Arabe, Mauresque, Italienne, Française, Flamande. Peinture murale brillante et mate. — Londres 1871, médaille de bronze ; Paris 1878, médaille d'or ; Anvers 1885, diplôme d'honneur. Voir classe 63, applications industrielles.

148. GIRAULT-DEMAY & VIGNOLET, à Bruère-Allichamps (Cher).— Porcelaine pour bâtiment, boutons de porte, balustres, poignées pour robinetterie, articles pour monteurs de bronze, fleurs porcelaine. **(PALAIS.)**

149. GOSSART Fils, à Paris, rue Chapon, 14. — Émaux montés. **(PALAIS.)**

150. Grande Briqueterie et Tuileries mécaniques de Courbeton, à Paris, rue Caumartin, 39. — Briques. Tuiles. Poteries de bâtiment. **(E. C.) (PARC.)**

Société anonyme au capital de 275,000 francs. Siège social, 39, rue Caumartin. Paris. Usines a Courbeton près Montereau (Seine-et-Marne). Production journalière de 100,000 kilos de produits cuits, pour maçonnerie, couvertures et canalisations. La Société de Courbeton est seule concessionnaire en France des poteries de bâtiment à cloisonnement, à joints coupés et à double liaisonnement système V. Duprat. Voir classe 63. Galerie des machines.

151. GRANDHOMME (Paul), à Paris, rue de l'Abbé-Grégoire, 37. — Émaux peints. **(PALAIS.)**

152. GRAWITZ, à Marseille (Bouches-du-Rhône), rue du Dragon, 48. — Tuiles, briques. **(PALAIS.)**

153. GRÉBER Frères, à Beauvais (Oise), rue de Calais, 53. — Grès fins et poteries émaillées. **(PALAIS.)**

154. GRENOT (Jean), à Paris, rue des Trois-Bornes, 3. — Porcelaines montées, faïences d'art. **(PALAIS.)**

Récompenses : Bruxelles 1888, médaille d'or et deux médailles d'argent.

155. GRUCHY (Mme Alice M.-O.-B. de), à Paris, rue du Bac, 87. — Céramiques artistiques, peintures sur porcelaine, faïence. **(PALAIS.)**

Mention honorable. Paris, 1878. Médaille d'argent et médaille de bronze. Bruxelles 1888.

156. GUÉRILLON, successeur de **Briens & Cie**, à Paris, rue des Petites-Écuries, 29. — Statuettes en terre cuite, porcelaines et faïences décorées. **(PALAIS.)**

157. GUÉRIN (W.) & Cie, à Limoges (Haute-Vienne). — Porcelaines. **(PALAIS.)**

Ateliers de décor, Limoges, Paris.
Maison de vente : Rue de Paradis, 36 et rue d'Hauteville, 68, à Paris.
Usine pour la préparation des pâtes et émaux : à Villebois-sur-Vienne.
Carrières de kaolin : à Coussac-Bonneval (Haute-Vienne), aux Eyzies (Dordogne).
Spécialité de couleurs de grand feu, sans émail.
Bleu de Sèvres et émaux translucides.
Porcelaines allant au feu.
Articles limonadiers et pharmaceutiques.
Isolateurs pour télégraphie et téléphonie.
Services riches et marchandises d'exportation.

158. GUÉRY (Mlle Julie), à Paris, boulevard Saint-Michel, 54. — Émaux. **(PALAIS.)**

159. GUILBERT-MARTIN (A.-M.), à Saint-Denis (Seine), rue Génin, 20. — Mosaïques artistiques en émail et en marbre. Fontaine monumentale. **(PALAIS.)**

160. HACHE, JULLIEN et Cie, à Vierzon (Cher). — Porcelaines blanches et décorées. Décorations au grand feu de four, services de table et garnitures de toilette. **(PALAIS.)**

161. HAMEL (Mme Marie), à Paris, boulevard Saint-Germain, 48. — Émaux. **(PALAIS.)**

162. HAVILAND & Cie, à Limoges (Haute-Vienne). — Porcelaines.
(PALAIS.)

Dépôt : Faubourg Poissonnière, à Paris.

163. HÉBERT Frères, Anciennes Maisons **Jacquel Boyer** et **P. Blot**, réunies, à Paris, rue de la Paix, 3. — Porcelaines peintes, décors riches.   (PALAIS.)

164. HÉCLER (Eugène), à Ferney-Voltaire (Ain). — Vases, jardinières, plats et panneaux décoratifs.   (PALAIS.)

165. HIGNETTE, à Paris, boulevard Voltaire. 162. — Briques, pierres unies et moulurées en silice, produits réfractaires, carreaux, plaques filtrantes.
(E. C.) (PARC.)

166. HOOPER & Cie, à Montreuil-sous-Bois (Seine), rue Victor-Hugo, 81. — Fleurs et couronnes en porcelaine.   (PALAIS.)

167. HORNEZ (Désiré), à Bourlon (Pas-de-Calais). — Tuiles et faîtières de diverses formes, poteries pour bâtiment et conduites d'eau.   (E. C.) (PARC.)

168. HORNEZ-COUSIN (Turiat), à Bohain (Aisne). — Tuiles, tuyaux de drainages, briques réfractaires, briques blanches, pavés céramiques.   (E. C.) (PARC.)

169. HOUBÉ (Eugène), à Montcerf (Seine-et-Marne) — Produits céramiques.
(E. C.) (PARC.)

170. HOURY (Jules), à Paris, rue du Faubourg-Poissonnière, 50. — Faïences artistiques.   (PALAIS.)

171. JACOBBER (Mme Emma), à Paris, rue de Rocroy, 21. — Tableaux sur porcelaine et faïence, émaux pour la bijouterie, objets divers en porcelaine et faïence décorées.   (PALAIS.)

172. JACOB Frères, à Navilly (Saône-et-Loire). — Grès et produits céramiques.
(E. C.) (PARC.)

173. JEAN (Charles), à Paris, rue du Cygne, 17. — Objets en émail de Limoges sur métal.   (PALAIS.)

174. JOACHIM, à Paris, rue Meynadier, 14. — Terres cuites.   (E. C.) (PARC.)

175. JOUBERT (Adrien), à Limoges (Haute-Vienne), faubourg Montjovis, 31 bis. — Porcelaines décorées.   (E. C.) (PALAIS.)

176. JOUBERT (Albert), à Limoges (Haute-Vienne), avenue Garibaldi, 63. — Porcelaines décorées.   (E. C.) (PALAIS.)

177. JOUNEAU (Prosper), à Parthenay (Deux-Sèvres). — Plafond renaissance et différentes pièces en faïence émaillée.   (PALAIS.)

178. JOUVE (Auguste), à Paris, rue Denfert-Rochereau, 38. — Émaux sur lave grand feu et fresques céramiques.   (PALAIS.)

179. JOVENET, à Suresnes (Seine). — Tuiles, briques et divers produits céramiques.   (E. C.) (PARC.)

180. KLOTZ (Joseph), à Paris, rue de Paradis, 22. — Services de table et fantaisie.
(PALAIS.)

181. KNŒPLIN (Edouard), à Limoges (Haute-Vienne). — Porcelaines décorées.   (E. C.) (PALAIS.)

182. KONOW (J.-Wilhelm-W.), à Paris, rue Baudin, 32. — Matières pour la céramique pulvérisées impalpables par le procédé Alsing.   (PALAIS.)

183. LABRETOIGNE du MAZEL (Mlle Louise de), à Paris, rue Castiglione, 14. — Plaques porcelaines.   (PALAIS.)

184. LACHATRE (P.-Fénelon), à Saint-Yrieix (Haute-Vienne). — Blocs-briques ornementés pour ouvertures.   (E. C.) (PARC.)

185. LACHENAL (Edmond), à Châtillon, près Paris (Seine). — Vases, panneaux.   (PALAIS.)

186. LACROIX (A.), à Paris, avenue Parmentier, 186.—Couleurs vitrifiables pour la décoration de la céramique, de la verrerie, de la tôle émaillée, des vitraux, etc. (**PALAIS.**)

Établissement créé en 1855 par l'Exposant.

Palettes spéciales pour impressions en taille-douce et en chromo-lithographie. Couleurs vitrifiables en poudres et en tubes. Crayons vitrifiables pour verre dépoli et biscuit céramique. Pyro-fixateur, appareil breveté S. G. D. G. pour la cuisson automatique des couleurs vitrifiables.

Récompenses : 1855, 1867, Paris ; 1876, Philadelphie ; 1878, Paris, 1880, Sydney ; 1885, Melbourne ; 8 médailles d'or : Amsterdam, 1883, Barcelone, 1888.

187. LADREYT (Eugène), à Paris, boulevard Voltaire, 292.—Statuettes, terres cuites polychromes.   (**PALAIS.**)

Groupes, types, figurines, originaux.
Reproductions ;
Composition au gré de l'amateur.
Mention honorable, Paris 1878.
Médaille d'argent, Exposition universelle d'Anvers 1885.

188. LANÇON (Pierre), à Saint-Henri-Marseille, (Bouches-du-Rhône). — Carreaux rouges.   (**E. C.**) (**PARC.**)

189. LANDRY (Félix), à Paris, rue du Buisson-Saint-Louis, 12. — Faïences d'art, statuettes, fantaisies et terres cuites.   (**PALAIS.**)

190. LANGERON (Paul), à Pont-des-Vernes (Saône-et-Loire). — Cruchons et flacons en grès pour distillateurs et pour fabricants de produits chimiques ; bocaux, pots à extraits pour industries diverses.   (**PALAIS.**)

191. LANQUETIN-HUTAN, (Aimé), aux Fontainettes, (Oise).—Carrelages en carreaux de Beauvais rouges, blancs, noirs.   (**PALAIS.**)

192. LANSBERG (Mlle Mina), à Paris, rue du Commerce, 143. — Émaux.
(**PALAIS.**)

193. LAPORTE (Raymond), à Limoges (Haute-Vienne), faubourg de Paris, 52. — Cabarets de luxe, tête-à-tête, vases grand feu de four, bustes, statuettes, services à déjeuner.   (**PALAIS.**)

194. LA PROSTE (Camille), à Mont-Saint-Sulpice (Yonne) — Briques, carreaux, etc.   (**E. C.**) (**PARC.**)

195. LE CHEVALIER (Alexandre), à Cabourg (Calvados). — Poteries, faïences, barbotines peintes et vernissées, terres cuites.   (**PALAIS.**)

196. LEFORT des YLOUSES (H. Arthur), à Neuilly (Seine), avenue de Madrid, 13. — Laves émaillées, décorées au grand feu. Plaques décoratives pour frises, cheminées, meubles, etc.   (**PALAIS.**)

197. LEGRAS (Alfred), à Paris, rue de Bondy, 66.— Terres cuites artistiques.
(**PALAIS.**)

198. LEJAR (Georges), à Limoges (Haute-Vienne), rue Thérèse. — Porcelaines décorées.   (**E. C.**) (**PALAIS.**)

199. LEMASSON (Joseph), à Limoges (Haute-Vienne), chemin de la Borie, 11. — Porcelaines décorées.   (**E. C.**) (**PALAIS.**)

200. LEROSEY (Charles), à Paris, rue de la Paix, 11. — Surtout pâte tendre fond turquoise et peinture décor Louis XV monture bronze doré.   (**PALAIS**)

Porcelaines et cristaux.
Spécialité de services de table de dessert et cristaux.
Grand choix de modèles les plus nouveaux, variés, des plus simples aux plus richement décorés.
Peintures des premiers artistes.
Ateliers de peinture et décor.

201. LESUEUR (L.-Charles), à Vitry, (Seine), avenue du Chemin de fer, 27.— Modèle poêle terre cuite. Groupe et bas-reliefs.   (**PALAIS.**)

202. LÉVEILLÉ (Ernest-B.), à Paris, boulevard Hausmann, 74. — Services de porcelaine et faïence sous couvertes d'après les dessins de Bracquemond, Lefebvre-Déumier, Le Pic.   (**PALAIS.**)

203. LEVY (Émile), à Paris, rue Vieille-du-Temple, 128. — Faïence, porcelaines pâte tendre et pâte dure montées en bronze.   **(PALAIS.)**

204. LÉVY (Henri), à Charenton (Seine), rue Jean-Pigeon, 6. — Porcelaines décorées.   **(PALAIS.)**

205. LHÉRITIER (Mlle Alice), à Paris, rue Cerisoles, 1. — Porcelaine et faïences peintes.   **(PALAIS.)**

206. LIMOGES (Exposition collective des ouvriers Chambrelans de la ville de) à Limoges (Haute-Vienne). — Porcelaines.   **(PALAIS.)**

Barbois (Ch.).	Dumoulin (L.).	Moreau.
Baumy (M.).	Faleri (A.).	Patillaud (H.).
Baylac Fils.	Froidefond (J.)	Pauliat.
Beaubelique (J.).	Furlaud (E.).	Piquet (P.).
Billonnad (A.).	Gaumondi (L.).	Planchat (J.-B.).
Boine (L.).	Germinot (L.).	Roché (Mme A.).
Boutet (E.).	Joubert (A.).	Roché (J.-B.).
Boutty (L.).	Joubert (Albert).	Rougerie (H.).
Chabrier (J.-B.).	Knœplin (Ed.).	Saquet (G.)
Chalard (F.)	Lejar (G.).	Saquet (L.).
Charles (L.).	Lemasson (J.).	Senamaud (P.).
Cheippe (L.).	Mallebay (E.).	Thamin (G.).
Delagnier (L.).	Marsaudon (P.).	Touzé (F.).
Dumas (E.).	Mazabraud (P.).	Valéry (A.).
Dumontet (Ch.).	Monnerie (L.).	Zyzniewski (P.).

207. LŒBNITZ (Jules-P.) à Paris, rue Pierre-Levée, 4. — Faïences et terres cuites pour les appareils de chauffage et de décoration monumentale.
                    (E. C.) (PARC.) (PALAIS.)

208. LOMBARD Père et Fils, à Montiéramey (Aube). — Produits céramiques.
                    (E. C.) (PARC.)

209. LOUVET (Mlle Marguerite-Marie), à Paris, villa du Bel-Air, 8. — Émaux.   **(PALAIS.)**

210. MACÉ (Veuve et Fils), à Paris, rue Boileau, 45. — Porcelaines et faïences décorées. Services de table.   **(PALAIS.)**

211. MALLEBAY (Eugène), à Limoges (Haute-Vienne), rue du Temple, 26.— — Porcelaines décorées.   **(E. C.) (PALAIS.)**

212. MANSARD (George), à Paris, rue de Paradis, 34. — Services de table en porcelaine.   **(PALAIS.)**

213. Manufacture de Faïences et Porcelaines, (Directeur : Lebacqz) à Saint-Amand-les-Eaux, (Nord). — Faïences courantes et de fantaisie, pièces artistiques.   **(PALAIS.)**

214. Manufacture de la Grande Maison, (Propriétaire : **Mme Alix de la Hubaudière**), à Loc-Maria, Quimper, (Finistère). — Faïences artistiques, grès fins, et poteries genre ancien.   **(PALAIS.)**

   Faïencerie bretonne. — Poterie fondée en 1420, faïence depuis 1652. — Faïences, Rouen, Moustier, Delft, Marseille, Strasbourg. Grès, poterie artistique. Spécialité pour chimiste. Terre spéciale pour grès. Maisons de vente, 16, rue des Pyramides, Paris ; Avranches (Manche) ; St-Malo (Ille-et-Vilaine) ; Brest (Finistère) ; Nantes (Loire-Inférieure) ; Lorient (Morbihan) ; Alger.

215. Manufacture Nationale de Mosaïque — Administrateur : **Gerspach**, à Paris, avenue des Gobelins. — Porte monumentale, colonne.   **(PALAIS.)**

216. Manufacture Nationale de porcelaine de Sèvres, à Sèvres (Seine-et-Oise). — Collection de produits de la manufacture.   **(PALAIS.)**

217. MAREST (A.-A.), à Montreuil-sous-Bois, (Seine). — Potiches et faïences.   **(PALAIS.)**

218. MARSAUDON (Paul), à Limoges (Haute-Vienne), faubourg des Arènes, 23.—Coupes grecques, arrangement décoratif sur porcelaine « l'Idéal »(**E. C.**)(**PALAIS.**)

219. MASSE (Charles), à Paris, rue de la Fidélité, 5.— Terres cuites décoratives imitations bronzes, ivoire, etc. (**PALAIS.**)

220. MASSIER (P.-Clément), au Golfe-Juan, (Alpes-Maritimes). — Faïences unies et décorées. Faïences à reflets métalliques. Socles, vases, consoles, balustres et ornements d'architecture (terre cuite et émaillée). (**PALAIS.**)

221. MASSON-CHEVALLIER, à Montreuil-sous-Bois (Seine), rue de Vincennes, 33. — Porte-bougies, porcelaines et faïences. (**PALAIS.**)

222. MAUGER Fils & PEZÉ, à Paris, rue de Paradis, 15. — Porcelaines et terres cuites d'art. (**PALAIS.**)

223. MAURICE (François), à Paris, rue des Rasselins, 20. — Poterie d'art. (**PALAIS.**)

224. MAYET (Louis), à Paris, rue du Faubourg-Saint-Denis, 162. — Faïences et porcelaines décorées. (**PALAIS.**)

225. MAYET (Mlle Louise), à Paris, rue du Faubourg-Saint-Denis, 162 — Faïences et porcelaines décorées. (**PALAIS.**)

226. MAZABRAUD (Eugène), à Limoges (Haute-Vienne), avenue Garibaldi, 64. — Porcelaines dorées. (**E. C.**)(**PALAIS.**)

227. MAZABRAUD (Pierre), à Limoges (Haute-Vienne), vieille route d'Aix, 35. — Porcelaines décorées. (**E. C.**)(**PALAIS.**)

228. MENON (Mlle Marie-E.-J.), à Levallois-Perret (Seine), rue Fromont, 4. — Dessin et peinture décorative, faïence d'art, porcelaine. Émaux. (**PALAIS.**)
Internat et ouvroir. Voir association polytechnique.

229. MERCIER FOUILLOT, aux Verreries de la Rochère (Haute-Saône). — Produits céramiques. (**E. C.**)(**PARC.**)

230. METZ (Arthur), à Paris, rue de Strasbourg, 14. — Produits céramiques, briques spéciales. (**E. C.**)(**PARC.**)

231. MEUGER & DUPUIS, à Venarey, par les Laumes (Côte-d'Or). — Divers produits céramiques. (**E. C.**)(**PARC.**)

232. MEYER (Alfred), à Nogent-sur-Marne (Seine), rue des Hautes-Marnes. — Émaux genre Limoges. (**PALAIS.**)

233. MILET (F.-Optat), à Paris, avenue de l'Opéra, 36. — Faïences d'art. (**PALAIS.**)

234. MILLOT & Cie, à l'Isle-sur-Serein (Yonne) ; à Paris, avenue Daumesnil, 136. — Produits céramiques divers. (**E. C.**)(**PARC.**)

235. MONNERIE (Léon), à Limoges (Haute-Vienne), faubourg Montjovis. — Porcelaines décorées. (**E. C.**)(**PALAIS.**)

236. MONTAGNON (A.), à Nevers (Nièvre). — Vases divers, jardinières, cachepots, grands plats, plaques décoratives, grande cheminée. (**PALAIS.**)
Reproductions de vieilles faïences de Nevers, Rouen, Moustier, etc. Plats décoratifs, aiguières, jardinières, objets de fantaisie. Spécialité de vases décorés pour serres et jardins. Récompenses : Prize medal, Philadelphie 1876 ; Médaille d'or, Exp. universelle Paris 1878.

237. MOREAU, à Limoges (Haute-Vienne), rue des Arènes, 10. — Porcelaines décorées. (**E. C.**)(**PALAIS.**)

238. MORLENT Frères, à Bayeux (Calvados). — Porcelaine dure allant au feu. (**PALAIS.**)

239. MORTREUX (Georges), à Paris, boulevard Jourdan, 2 bis. (Parc Montsouris). — Faïences architecturales, potiches, vases, groupes, laves, etc. **(PALAIS.)**

Décors de tous styles pour l'architecture. Armoiries et portraits grand feu. Fresques.

Panneaux de revêtement pour salles à manger, salles de bain, vestibules, vérandahs, meubles, etc. Cheminées décoratives. Applications brevetées S. G. D. G. de lave émaillée grand feu et faïence bas-relief. Monuments funèbres (lave et faïence). Couronnes et croix, modèles déposés. Cariatides, piédestaux, fontaines, vases et jardinières de toutes dimensions et styles suivant ameublement. Plats décoratifs, porte-bouquets, coupes, potiches, lampes, coffrets, pendules, etc.

Principaux travaux dans l'Exposition : Panneaux allégoriques et décoration intérieure du Pavillon de la Presse, Frontispice du Palais des Machines, Statues et Frises bas-relief de l'entrée monumentale de la Céramique, Revêtements intérieurs de l'exposition collective du gaz, etc.

240. MOUROUX (Mme Emma), à Paris, rue des Charbonniers, 2.— Peintures sur porcelaines. **(PALAIS.)**

241. MOUTON (Henri), à Chartres (Eure-et-Loir). — Briques, tuiles, etc. **(E. C.) (PARC.)**

242. MULLER (Émile) et Cie, à Ivry-Port, près Paris (Seine).— Tuiles, briques, décorations architecturales émaillées et ordinaires, tuyaux en grès cérame et accessoires, produits pour industrie. **(PALAIS.)**

243. NUGENT (Mme Marie de), à Paris, rue de la Victoire, 34. — Émaux. **(PALAIS.)**

244. OLLENDON (Mme Caroline d'), à Paris, rue de Grenelle, 3.— Émaux. **(PALAIS.)**

245. OLIVIER (Prosper), à Lusancy (Seine-et-Marne). — Produits céramiques. **(E. C.) (PARC.)**

246. ORGEVAL SABATIER D'ESPEYRAN (Mme Clarie d'), à Paris, Rond-Point des Champs-Elysées. — Porcelaines peintes. **(PALAIS.)**

247. OUSTAU & Cie, à Tarbes (Hautes-Pyrénées). — Produits céramiques. **(E. C.) (PARC.)**

248. PAGE & RIGAL, à Salins (Jura). — Services imprimés pour table et toilette. Majolique, corps de lampes. **(PALAIS.)**

249. PARANT (Veuve N.) et Fils et LEFRANÇOIS, à Saumont-la-Poterie (Seine-Inférieure). — Briques et briquettes réfractaires, sommiers à bouilleurs, pièces réfractaires de toutes formes et dimensions. **(PALAIS.)**

250. PARISON (Mlle Marguerite), à Paris, rue de Vaugirard, 60. — Émaux. **(PALAIS.)**

251. PARMENTIER (Paul), à Sannois (Seine-et-Oise). — Produits céramiques. **(E. C.) (PARC.)**

252. PARVILLÉE Frères, à Paris, rue Caulaincourt, 46. — Produits céramiques et émaux. **(E. C.) (PARC.) (PALAIS.)**

253. PATILLAUD (Henri), à Limoges (Haute-Vienne), avenue Garibaldi, 60.— Porcelaines décorées. **(E. C.) (PALAIS.)**

254. PAULLAT, à Limoges (Haute-Vienne), rue des Combes, 3. — Porcelaines décorées. **(E. C.) (PALAIS.)**

255. PÊCHE (Alexandre), à Paris, avenue du Maine, 174. — Terres cuites. Céramiques diverses. Vases et panneaux décoratifs. **(PALAIS.)**

256. PERDREAU (Mlle Hélène), à Paris, rue d'Alésia, 143. — Émaux. **(PALAIS.)**

257. PERRICHON (Mlle Marie), à Paris, rue des Bourdonnais, 47. — Persée allant combattre les Gorgones, plaques émail cru grand feu, portrait miniature, coupé porcelaine. **(PALAIS.)**

258. PEULLIER (Veuve Camille-L.) à Paris, rue de Paradis, 19. — Porcelaines blanches et décorées, terres cuites artistiques, groupes et statuettes. **(PALAIS.)**

259. PEYRUSSON (A.-Édouard), à Limoges (Haute-Vienne), chemin du Petit-Tour, 7. — Couleurs céramiques au feu de four de porcelaine dure. Émaux transparents au feu de moufle. Porcelaine décorée. **(PALAIS.)**

260. PICARD (Mathurin), à Paris, rue de Belleville, 51. — Porcelaines et faïences peintes, miniatures sur porcelaine, émail et ivoire. **(PALAIS.)**

261. PICQUEFEU (L.-Georges), à Paris, rue Saint-Ambroise, 35. — Faïences décoratives pour poêles, cheminées, revêtements et architecture. **(PALAIS.)**

262. PILLARD-SOULAIN (Alfred), à Breteuil-sur-Iton (Eure). — Briques, produits réfractaires, poteries, kaolins. **(PALAIS.)**

263. PILLIVUYT & Cie, à Paris, rue de Paradis, 46. — Porcelaines blanches et décorées. **(PALAIS.)**

 Fabriques à Mehun (Cher) et à Nevers.
 Services de table.
 Cabarets.
 Garnitures de toilette.
 Fournitures de paquebots et hôtels.
 Télégraphie.
 Porcelaine allant au feu.
 Lampes, etc.
 Pour water-closet, porcelaine et grès sanitaire. Voir classe 63.
 Médailles : Paris 1855, 1867, 1878 ; Londres 1862. Diplôme d'honneur, Amsterdam 1883.

264. PINEAU (Marcel), à Angoulême (Charente) , rue de Paris, 161. — Faïences d'art et faïences ordinaires. **(PALAIS.)**

265. PIQUET (Paul), à Limoges (Haute-Vienne), rue Portail-Imbert, 1. — Porcelaines décorées. **(E. C.) (PALAIS.)**

266. PLANCHAT (J.-B.) à Limoges (Haute-Vienne), faubourg Montmailler, 79. — Porcelaines décorées. **(E. C.) (PALAIS.)**

267. POIRET (Uldaric), à Paris, passage Duranton, 28. — Émaux limousin, céramiques d'art. **(PALAIS.)**

 Dessins pour illustrations et manuscrits. Éventails. Médaille de bronze, 1878.

268. POLAKOWSKI & Cie, à Roumazières (Charente). — Céramiques de bâtiments, services, statues. **(E. C.) (PARC.)**

269. POLIET, BAILLOT & VILLEVIEILLE, à Paris, quai de Valmy, 131. — Produits céramiques. **(E. C.) (PARC.)**

270. PONTILLE Fils & ESCOFFIER, à Digoin, (Saône-et-Loire). — Grès et poteries de ménage en tous genres, tuyaux en grès vitrifié et en poterie, articles de chimie et de pharmacie en grès vitrifié. **(PALAIS.)**

271. PORNET (E.), à Villequier (Seine-Inférieure). — Produits céramiques. **(E. C.) (PARC.)**

272. POSTELLE (Mlle Marie), à Vanves (Seine). — Émaux. **(PALAIS.)**

273. PULL Père et Fils, à Paris, rue Blomet, 122. — Cheminée, vases, plats et jardinière, etc. **(PALAIS.)**

274. PRÉVOST (Joseph), à Avallon (Yonne). — Produits céramiques divers. **(E. C.) (PARC.)**

275. RADOT, à Essonnes (Seine-et-Oise). — Produits céramiques. **(E. C.) (PARC.)**

276. RAFIN (J.) & AMEUILLE (E.), à Saint-Paul, près Beauvais (Oise). — Produits céramiques, pièces décoratives en grès cérame de la vallée de Bray, carrelages céramiques, briques réfractaires. **(PALAIS.)**

277. RAYNAUD (Mlle Sophie), à Paris, rue Fontaine-au-Roi, 5 bis. — Tableau, peinture sur porcelaine. **(PALAIS.)**

278. RÉAL-MICHEL (Auguste-J.-B), à Origny-en-Thiérache (Aisne). — Briques en tous genres. Carreaux et pavés pour appartement.   **(E. O.) (PARC.)**

Briques spéciales de pavement contre l'humidité. Plinthes et carreaux de revêtements. Carreaux et pavés, rouges et blancs, pour appartements, cours, trottoirs, usines, écuries. Tuiles et faîtières perfectionnées. Tuyaux de drainages et autres, boisseaux, mitres et mitrons. Balustres, galeries, faîtage, chéneaux et rives, couvertures de murs et bordures de jardins.

279. REDON (Martial), à Limoges (Haute-Vienne), faubourg des Casseaux, 7. — Porcelaines blanches et décorées. Services de table et à toilette ; fantaisies, vases et statuettes.   **(PALAIS.)**

280. RENOLEAU, à Mansle (Charente) — Divers produits céramiques.   **(E. O.) (PARC.)**

281. RICHARD (Mlle Henriette), à Paris, rue Fabert, 58. — Émaux.   **(PALAIS.)**

282. RICHARD (Mlle Marie), à Paris, rue Fabert, 58. — Émaux.   **(PALAIS.)**

283. RICHARD (Mme Hortense), à Paris, rue Bara, 6. — Miniatures sur porcelaine.   **(PALAIS.)**

284. RIFFART (Albert), à Paris, rue Olivier-de-Serres, 6. — Terres cuites, bustes et statues.   **(PALAIS.)**

285. ROCHÉ (Mme Anna), à Limoges (Haute-Vienne), faubourg de Paris, 80. — Porcelaines décorées.   **(E. O.) (PALAIS.)**

286. ROCHÉ (J.-B.) à Limoges (Haute-Vienne), faubourg de Paris, 80. — Porcelaines décorées.   **(E. O.) (PALAIS.)**

287. ROSTAING (Raymond) & GARCHER, à Choisy-le-Roi, (Seine). Produits céramiques.   **(E. O.) (PARC.)**

288. ROUGFAULT & Cie, à Sannois (Seine-et-Oise). — Tuiles, briques et divers produits céramiques.   **(E. O.) (PARC.)**

289. ROUGERIE (Henri), à Limoges (Haute-Vienne). rue des Tanneries, 17. — Porcelaines décorées.   **(E. O.) (PALAIS.)**

290. ROUXEVILLE (Emile), à Paris, rue Villehardouin, 40. — Vases, coupes, pendules, candélabres, en porcelaine et faïence décorées genre Sèvres, et montées sur bronzes de style Louis XV, Louis XVI, japonais, chinois.   **(PALAIS.)**

291. ROY (Gustave-P.), à Paris, passage Saint-Sébastien, 17. — Poêles et objets divers en faïence et terre cuite. Pièces d'architecture.   **(PALAIS.)**

292. SACHOT (George), à Montereau-Faut-Yonne (Seine-et-Marne) — Briques, tuiles, carreaux, tuyaux, etc.   **(E. O.) (PARC.)**

293. SAINTE-ANNE (Mme de), à Paris, rue Richepanse, 9. — Émaux.   **(PALAIS.)**

294. SAMSON Fils Aîné, à Paris, rue Béranger, 7. — Reproduction par imitation des anciennes porcelaines et faïences, et de pièces avec ou sans montures en bronze.   **(PALAIS.)**

Spécialité pour la fabrication de pièces de grandes dimensions, dans les genres vieux Chine, Japon, Saxe, Sèvres, etc. reproduction d'œuvres anciennes, provenant des musées du Louvre, de Cluny, de Sèvres, de Rouen, de Nevers, de South-Kensington, de Dresde, etc. et de collections particulières. consistant : Pour le genre Saxe, en groupes et figurines, pendules, vases, services, boîtes et objets de fantaisie, jardinières, etc; Pour le genre Sèvres, vases, jardinières, cabarets, pendules, lampes, etc. montés en bronze; Pour le genre Chine et Japon, vasques jusqu'à 65 c. de diamètre, plats, assiettes, etc. etc.

Pour les faïences, grandes variétés de toutes formes, en Marseille. Moustiers, Strasbourg, Rouen. Lille, Nevers, Delft, Sincéy, Lorraine, garnitures pour vitrines de salon, meubles de salle à manger, vestibules, jardins, etc.

295. SAND & Cie, à Feignies, près Maubeuge (Nord). — Carreaux mosaïques en grès cérame pour pavement et revêtements de murs. Carreaux en grès cérame biseautés pour revêtements de façades, etc.   **(PALAIS.)**

296. SANEJOUAND (Jules) & GRAVES (Léon), à Clairefontaine, (Haute-Saône). — Services de table et toilette, imprimés et décorés majoliques. Fantaisies.
(PALAIS.)

297. SAQUET (Gustave), à Limoges (Haute-Vienne), rue des Anglais. — Porcelaines décorées.
(E. C.) (PALAIS.)

298. SAQUET (Léon), à Limoges (Haute-Vienne), avenue de Turenne, 1. — Porcelaines décorées.
(E. C.) (PALAIS.)

299. SAUVART-MARTIN, à La Guerche (Cher). — Briques, tuiles, etc.
(E. C.) (PARC.)

300. SAZERAC (H), et Cie, à Peruzet, près Larochefoucault (Charente). — Tuiles mécaniques, briques, carreaux, ornements en terre cuite, pour constructions, produits pâte-ardoises produits réfractaires.
(E. C.) (PARC.)

301. SCHNEIDER & Cie (Usine du Creuzot), à Paris, rue de Provence, 56. — Briques et produits réfractaires pour la métallurgie et la construction.
(PALAIS.)

302. SEGOND (L.-Jules), à Luhière, par Vergongheon (Haute-Loire). — Tuiles, briques, poterie de bâtiment. Objets d'art céramique, carrelages mosaïques.
(E. C.) (PARC.)

303. SEMÉRY (Mme Blanche), à Paris, rue Saint-Honoré, 185. — Porcelaines peintes.
(PALAIS.)

304. SENAMAUD (P.) à Limoges (Haute-Vienne), chemin de la Borie, 11. — Porcelaines décorées.
(E. C.) (PALAIS.)

305. SIGURET (Vve) & GUICHARD, à Saint-Vallier (Drôme). — Poterie de grès. Porcelaines à feu.
(PALAIS.)

306. SIMON (Adolphe), à Enghien (Seine-et-Oise). — Produits céramiques.
(E. C.) (PARC.)

Fours Simon (Brevetés S. G. D. G.) pour la cuisson des produits céramiques, chaux, ciments, plâtre ; chauffage à la houille et au gaz ; à feu continu ou intermittent, enfumage préalable perfectionné : chambres d'enfournement extensibles, économies considérables d'emplacements, d'installation et de cuisson. Sur demande, notice détaillée et visite de four en activité en France et à l'Etranger. — Médaille d'argent, Paris 1878. — Diplôme d'honneur, Paris 1855.

307. SIMONS & Cie, au Cateau (Nord). — Carreaux unis et incrustés en grès pour carrelages et revêtements, mosaïques romaines en grès.
(PALAIS.)

Maison fondée en 1868.
Médaille à l'Exposition de Philadelphie 1876. Médaille d'argent à l'Exposition de Paris 1878.

308. SMET (Léon de) & Cie, à Canteleu-Lille (Nord). — Carreaux en grès cérame fins à dessins. Carreaux en grès céramique ordinaire.
(PALAIS.)

Représentant, Paris : A. Piquet, avenue de Saint-Ouen, 140 bis. Prospectus sur demande. Exportation.

309. Société anonyme de la Grande Tuilerie de Bourgogne (Ancien établissement Ch. Avril), à Montchanin-les-Mines (Saône-et-Loire). — Produits en terre cuite de toutes natures.
(PALAIS.)

310. Société anonyme des anciennes tuileries Martin Frères, à Marseille (Bouches-du-Rhône). — Produits céramiques.
(PALAIS.)

311. SOLLIER (E.) & Cie à Neufchâtel (Pas-de-Calais). — Ciments Portland.
(E. C.) (PARC.)

312. SOYER (Mlle Amélie), à Paris, rue Saint-Sauveur, 4 bis. — Émaux.
(PALAIS.)

313. SOYER (D.-C.-Georges), à Paris, rue de la Villette, 24. — Émaux pour émailleurs en tous genres et masses pour imitations de pierres fines.
(PALAIS.)

314. SOYER-DEJOUX (Mme Lucie), à Courbevoie (Seine), rue Saint-Denis 150. — Émaux.
(PALAIS.)

Classe 20.   2

315. SOYER (Théophile), à Courbevoie (Seine), rue Saint-Denis, 150. — Émaux.
(PALAIS.)

316. SOYER (E. Paul), à Paris, rue Saint-Sauveur, 4 bis. — Émaux d'art.
(PALAIS.)

Décorations pour ameublements, Bronzes et Bijouterie.
Médaille de bronze 1867, Paris. — Grande Médaille 1876, Philadelphie. — Médaille d'or 1878, Paris. — Grande Médaille 1880-81, Sydney, Melbourne. — Diplômes d'honneur 1883, Amsterdam, 1885 Anvers. — Membre du Jury, hors concours 1888, Barcelone.

317. TAUSIN (Henri), à Saint-Quentin (Aisne). — Carreaux mosaïques en ciment comprimé. (E. C.) (PARC.)

318. THAMIN (Gabriel), à Limoges (Haute-Vienne), rue Villaris. — Grands panneaux avec peinture sous émail. (E. C.) (PALAIS.)

319. THIBAULT (Adrien), à La-Chaussée-Saint-Victor, près de Blois. (Loir-et-Cher). — Faïences artistiques. (PALAIS.)

320. THIERRY (Gustave), à Paris, rue de Paradis, 32. — Porcelaines et faïences décorées pour services de table. (PALAIS.)

321. THOMAS (A.) & GIRAULT (L.), à Choisy-le-Roi (Seine). — Porcelaine pâte tendre, faïence d'art, émaux pour la décoration céramique. (PALAIS.)

322. TOPART (Antoine), à Paris, boulevard Magenta, 47. — Émaux. (PALAIS.)

323. TOPART (Antonin), à Paris, boulevard Magenta, 47. — Émaux. (PALAIS.)

324. TORTAT (Josaphat), à Blois (Loir-et-Cher), rue Chambourdin, 2. — Faïences artistiques. (PALAIS.)

325. TOUZÉ (F.), à Limoges (Haute-Vienne), faubourg de Paris, 82. — Porcelaines décorées. (E. C.) (PALAIS.)

326. TROUILLARD, à Gentilly (Seine), rue de la Glacière, 17. — Terres cuites, céramique nouvelle et émaux sur biscuits de porcelaine. (PALAIS.)

327. TROUSSEAU & Cie, à Nevers (Nièvre) — Faïence d'art. (PALAIS.)
Grande spécialité de vases pour jardins, garantis contre la gelée.

328. VALÉRY (Alphonse), à Limoges (Haute-Vienne), rue de l'École-de-Médecine, 11. — Porcelaines décorées. (E. C.) (PALAIS.)

329. UNION CÉRAMIQUE & CHAUFOURNIÈRE de France (Exposition collective de l'). — Produits céramiques. (PALAIS.)

Badin (A.).	Ferrand.	Mulot & Cie.
Bonneville (F.).	Gastellier (C.-A.).	Mouton (H.).
Bonvallet.	Gérard (A.).	Olivier.
Benzel (Ch.).	Gilardoni Frères.	Gustau & Cie.
Bougault.	Grande Briqueterie &	Parmentier (P.).
Boulet & Boulanger.	Tuilerie mécanique de	Parvillée Frères.
Boulet & Cie.	Courbeton.	Polakowski & Cie.
Bourry (V.).	Hignette.	Pollet, Baillot & Ville-
Brosser (Ch.).	Hornez (D.).	vieille.
Brault.	Hornez-Cousin (T.).	Pornet.
Russ (A.).	Houbé (E.).	Radot.
Chèze Fils.	Jacob Frères.	Réal-Mesnil (A.).
Colin-Muller.	Joachim.	Renoleau.
Champion (F.).	Jovenet.	Rostaing (R.) & Garcher.
Chanal.	Lachatre (F.).	Rougeault & Cie.
Denis.	Lançon.	Sachot (G.).
Lebrun.	La Proste (C.).	Sauvaget-Martin.
Deschamps & Fauh (G.).	Lœbnitz (J.).	Sazerac & Cie.
Dufetel.	Lombard Père & Fils.	Segond (J.).
Dumargee.	Mercier-Pouillot.	Simon.
Dumont (E.).	Metz.	Sollier (E.) & Cie.
Duparc	Meuger & Dupuis.	Tausin (H.).

330. VAUX BIDON (Mme Amélie de), à Paris, place de Rennes, 6. — Tableaux et objets divers, porcelaines et émaux. **(PALAIS.)**

331. VIDAL (Léon), à Paris, rue Scheffer, 7. — Application de la photographie à la décoration céramique. **(PALAIS.)**

332. VISSEAUX (Jules-C.), (Ancienne Maison **Gossin**), à Paris, rue de la Roquette, 43. — Groupes, statues et ornements en terre cuite pour jardins et bâtiments **(PALAIS.)**

333. ZAMBON (Vincent), à Paris, rue Émériau, 60. — Tableaux, mosaïque. **(PALAIS.)**

334. ZANUSSI, (ancienne maison **Mazzioli del Turco**), à Paris, rue de Grenelle. 151. — Mosaïques vénitiennes et romaines pour dallage, mosaïques décoratives pour revêtement de murs et plafonds. **(PALAIS.)**

335. ZYZNIEWSKI (Paul), à Limoges (Haute-Vienne), rue Bernard-Palissy, 5. — Coupes de fleurs. **(E. C.) (PALAIS.)**

COLONIES.

ALGÉRIE.

1. ABDEL-KADER ould Mouley Aïssa, à Tlemcen (Oran). — Chandeliers, plats avec pied en terre pour table à manger, fourneaux, carafe (en terre cuite). **(ESPLANADE.)**

2. AISSA bent Arab ou Djebara, aux Beni-Aïssi (Alger), Commune mixte de Fort-National. — Abouski, el mesbah, takboucht, taksoult. **(ESPLANADE.)**

3. ALFAIRAC (Frédéric), à Alger. — Produits céramiques, tuiles, briques pleines et creuses, tuyaux de drainage, poterie. **(ESPLANADE.)**

4. BACRI (Mardochée, Cohen), à Alger, rue Doria, 12. — Porcelaine kabyle. **(ESPLANADE.)**

5. BOU MÉDIENNE ben Zerrouki, à Tlemcen (Oran). — Plats coloriés en terre cuite, gargoulette. **(ESPLANADE.)**

6. DJURDJURA (Commune mixte du), à Michelet (Alger). — Poteries indigènes. **(ESPLANADE.)**

7. FADHMA NAIT CHAALAL, au douar Beni-Aïssi, commune mixte de Fort-National (Alger). — Cruches, tasses, taboukalts. **(ESPLANADE.)**

8. FATMA bent Belkacem Naït ou Arab, au douar Beni-Aïssi, Commune mixte de Fort-National (Alger). — Cruches, tasse, taboukalt, methred, tabakit, abousseki, el mesbah, takboucht, takassoult. **(ESPLANADE.)**

9. [illegible] (Paul), à Oran, boulevard Malakoff. — Produits céramiques, briques diverses, etc. **(ESPLANADE.)**

10. KADDOUR ben Mohammed, aux Beni bou Khannous, Commune mixte de l'Ouarsenis (Alger). — Service à couscous (11 pièces). **(ESPLANADE.)**

11. MAAMAR ben Mohamed, aux Oulad M'Sillem, Commune mixte d'Aumale. (Alger). — Entonnoir, vase et coupe. **(ESPLANADE.)**

12. MARTIN (Victor), à Constantine. — Briques pressées, tuiles plates, nouveau système. **(ESPLANADE.)**

13. MICOUT (Charles), à Constantine, route Bienfait. — Carreaux en ciment de différentes grandeurs et différentes couleurs. **(ESPLANADE.)**

14. MILANO (J. R.), à Sétif (Constantine). — Carrelages et dalles en ciment comprimé. **(ESPLANADE.)**

15. MOHAMED TALEB ould el Mokhtar, à Nédroma (Oran), quartier El Kherba. — Poterie commune en terre poreuse non vernie. **(ESPLANADE.)**

16. ORGEVAL (d'), à Paris, rue Daubigny, 10. — Lar̃ e kabyle à deux étages et à deux pieds, urnes kabyles. **(ESPLANADE.)**

17. RAYNAUD (Vve) & Cie, à Alger, faubourg Bab-el-Oued. — Carrelages, mosaïques en ciment comprimé. **(ESPLANADE.)**

18. REY, Frères & MOUREN, à Bône (Constantine). — Carreaux genre mosaïque de dessins divers. **(ESPLANADE.)**

19. ROBERT (Auguste), à Bordj bou Arréridj (Constantine). — Briques. **(ESPLANADE.)**

20. SEGADE (Léon), à Bougie (Constantine). — Carreaux mosaïques et ouvrages d'art en ciment comprimé. **(ESPLANADE.)**

21. SÉRAIGNE (Jean), à El Affroun (Alger). — Briques à cuves, silos, etc. **(ESPLANADE.)**

22. SERMINI (Jean), à Bougie (Constantine). — Produits céramiques divers. (briqueterie). **(ESPLANADE.)**

23. SMINA ben Mohamed Naït Chââlal, aux Beni-Aïssi, Commune mixte de Fort-National (Alger). — Cruches, taboukalts, methreds, tabakits, abouski. **(ESPLANADE.)**

24. SOLAL (Léon), à Alger, place Malakoff, 6. — Objets kabyles en terre. **(ESPLANADE.)**

25. SRIR ben Amar, à Taourit Naït Gana, Commune mixte de Oued-Soummam (Constantine). — Gargoulettes arabes. **(ESPLANADE.)**

26. TASSAADIT ben hider, aux Beni-Aïssi, Commune mixte de Fort-National (Alger). — Cruches, taboukalts, methreds, takakit, aboussekis. **(ESPLANADE.)**

27. TASSADID NAIT SAID, au douar Beni-Aïssi, commune mixte de Fort-National (Alger). — Cruches, gargoulettes, tasse, taboukalt, methred, tabakit, abousseki, el mesbah, takboucht. **(ESPLANADE.)**

28. VAQUÉ (Joseph), à Constantine, boulevard Victor Hugo. — Céramiques arabes ; panneaux découverts dans une ancienne dépendance du palais de Salah-Bey. **(ESPLANADE.)**

COCHINCHINE.

1. BEER (Paul), à Saïgon. — Vases à fleurs en terre cuite. **(ESPLANADE.)**

2. Exposition permanente des Colonies, à Paris. — Balustres, carreaux, terres cuites, tuiles antefixes (Cochinchine). **(ESPLANADE.)**

3. MARQUIS (M. G.), à Giadinh. — Faïences, porcelaines, terres cuites. **(ESPLANADE.)**

4. MONTAGNAC de CHAUVANCE (Gaspard de), à Giadinh. — Faïences, porcelaines et terres cuites. **(ESPLANADE.)**

5. NGUYÊN-XUAN-DUANG, à Sadec. — Soupières en porcelaine ayant appartenu au grand Mandarin Quon-cong-nhon de la Cour d'Annam (1830). **(ESPLANADE.)**

6. Service local à Saïgon. — Faïences, poteries, porcelaines, terres cuites. **(ESPLANADE.)**

GABON-CONGO.

1. AVINENC, au Gabon.— Assiette bacougui de la région de Loango, jarres, plats, marmites. **(ESPLANADE.)**

2. Exposition permanente des Colonies, à Paris. — Poteries anciennes rapportées par M. de Brazza. Poteries noires de la rivière de Gonaibiri, vase en terre cuite du cap Esterias. **(ESPLANADE.)**

3. PECQUEUR (Léona), au Gabon. — Assiettes pahouines, gargoulette, vases de terre. **(ESPLANADE.)**

4. SCHLUSSEL (Laurent), à Libreville (Gabon). — Poteries de Loango. **(ESPLANADE.)**

GUADELOUPE.

1. Exposition permanente des Colonies, à Paris. — Poteries de Saint-Martin. **(ESPLANADE.)**

2. Sous Comité d'Exposition, à la Pointe-à-Pitre. — Double monkey, jarres de Saint-Martin, pots à fleurs, potiches. **(ESPLANADE.)**

GUYANE-FRANÇAISE.

1. Exposition permanente des Colonies, à Paris. — Ecuelles, gargoulettes, jarres, poteries indiennes, potiches. **(ESPLANADE.)**

INDE FRANÇAISE.

1. Comité d'Exposition de l'Inde. — Vases pour la pâte de santal, Vases, statues, statuettes, assiettes en terre cuite. **(ESPLANADE.)**

2. TANDOU SOUPROYAPOUILLÉ, Inde. — Plateau en terre cuite pour bonbons, bétel et pâtisseries. **(ESPLANADE.)**

MARTINIQUE.

1. Exposition permanente des Colonies, à Paris. — Poteries en terre blanche et rouge. **(ESPLANADE.)**

2. Fabrique du Chaxel. — Alcarazas. **(ESPLANADE.)**

MAYOTTE ET COMORES.

1. Exposition permanente des Colonies, à Paris. — Sadjoas des Comores. **(ESPLANADE.)**

2. Service local de Mayotte. — Marmites en terre du pays, sadjoas. **(ESPLANADE.)**

NOUVELLE-CALÉDONIE.

1. BEAUMONT (Lucien), à Moindou. — Briquettes ouvrières.   (ESPLANADE.)

2. DRAGHICHEWITZ (Gérohina), à Mont-d'Or. — Briques. (ESPLANADE.)

3. Exposition permanente des Colonies, à Paris. — Poteries canaques.
  (ESPLANADE.)

4. HOFF, à Dumbéa. — Pipes en terre, terre cymolithe et réfractaire, assiettes et œufs en porcelaine, creusets, pots, cruches, etc.   (ESPLANADE.)

5. VENTZEL, à Nouméa. — Briques, gargoulettes et pot à tabac.   (ESPLANADE.)

RÉUNION.

1. CHATEL (F. Remy), à Saint-Denis. — Fruits moulés et peints de l'Ile de la Réunion.   (ESPLANADE.)

2. Exposition permanente des Colonies, à Paris. — Alcaraza.
  (ESPLANADE.)

SANE ESPIRITU-SANTO.

1. Exposition permanente des Colonies, à Paris. — Vases en terre noire.   (ESPLANADE.)

SÉNÉGAL.

1. Exposition permanente des Colonies, à Paris. — Fourneaux, gargoulettes de Dagana, pipes, vases à fleurs, grandes jarres (Porto-Novo).   (ESPLANADE.)

2. NIEPPE M'BAYE GRIOTTE, à Podor. — Cloches pour foyer, gargouilles, écuelles, canari à cousscouss, encrier en terre, grand canari, grande gargoulette en terre, etc.   (ESPLANADE.)

3. NOIROT (Ernest), Administrateur colonial, au Sénégal. — Briques sèches (en terre de Dagana), pipes en terre du Cayor.   (ESPLANADE.)

PAYS DE PROTECTORAT.

ANNAM-TONKIN.

1. BORGAARD, Commis de Résidence, à Hué. — Vase à fleurs bleues.
  (ESPLANADE.)

2. Protectorat de l'Annam et du Tonkin. — Grands supports de vases, vases à fleurs, vases bruts.   (ESPLANADE.)

CAMBODGE.

1. Exposition permanente des Colonies, à Paris. — Balustres, carreaux, terres cuites, tuiles antéfixes.   (ESPLANADE.)

2. PLANTÉ, à Phnom-Penh. — Cruche, lampe, marmite, fourneau, jarre en terre cuite.   (ESPLANADE.)

TUNISIE.

1. **Comité Tunisien** (Président : **Mohamed Djellouli**), à Tunis. — Vases.
(**ESPLANADE.**)

2. **SALAK LEBLANC.** — Poteries et carreaux céramiques.   (**ESPLANADE.**)

3. **SION HAGGIAG**, à Tunis. — Poterie de Nabeul et autres, peintes et non
peintes, vernies et non vernies.   (**ESPLANADE.**)

PAYS ÉTRANGERS.

RÉPUBLIQUE ARGENTINE.

1. **BOSISIO (N.),** à Sainte-Lucie (Corrientes). — Tuiles françaises. (PARC.)

2. **Commission auxiliaire,** à Chuquina (Jujuy). — Vase en terre. (PARC.)

3. **Commission auxiliaire,** Misiones. —Briques, carreaux. (PARC.)

4. **Commission auxiliaire,** à Tucuman. — Briques et tuiles. (PARC.)

5. **Entreprise de la Compagnie Aquino,** à la Colonie Aquino (Formosa.) — Briques. (PARC.)

AUTRICHE-HONGRIE.

1. **BOSSEK(Charles) et Cie,** à Haida (Bohême).— Porcelaine décorée. (PALAIS.)

2. **FISCHER (Ignatz),** à Budapest (Hongrie), Wienerstrasse, 3. — Vaisselle, cache-pots, jardinières, corbeilles, bonbonnières, cruches, vases et articles d'art et de décoration en émail, etc. (PALAIS.)

3. **FISCHER Fils (Maurice de),** à Tata (Hongrie). — Porcelaine fine, reproduction de genres anciens. (PALAIS.)

4. **GOLDSCHEIDER (Frédéric),** à Vienne. — Reproduction de statuettes, bustes, groupes, plaques, vases, etc, en terre cuite et majolique. (PALAIS.)

5. **GROSSBAUM (B.), & Fils,** à Vienne, Wimmergasse, 11. — Porcelaines fines, objets d'art. (PALAIS.)

6. **STELLMACHER (Alfred),** à Téplitz (Bohême). — Porcelaine d'ivoire et décorée. Articles de ménage et de fantaisie. (PALAIS.)

7. **TESTORY (A.),** à Budapest. — Faïences fines et porcelaines, objets d'art. (PALAIS.)

8. **URBACH Frères (A. & O.),** à Téplitz (Bohême). — Articles en terre cuite et majolique. (PALAIS.)

9. **WAHLISS (Ernest),** à Vienne I, Karnthnerstrasse, 17. — Porcelaines. (PALAIS.)

10. **WEISER & LÖWINGER,** à Iglo (Hongrie). — Majoliques artistiques. (PALAIS.)

Maison à Paris, 84, rue d'Hauteville. — Portraits de Sa Majesté l'empereur d'Autriche, de l'archiduc Rodolphe, de Sadi Carnot, Président de la République, et du grand Carnot (Lazare).

11. **ZSOBOKER MARMORFABRIK,** (Propriétaire : **Ludwig von Szepessy),** à Klausenburg (Transylvanie). — Articles de fantaisie en marbre. (PALAIS.)

BELGIQUE.

1. BELVAL (Mlle Alice), à Bruxelles, rue de Trèves, 72. — Peinture céramique
sur plaques et objets.   **(PALAIS.)**

2. BOCH Frères, à Keramis-la-Louvière. — Faïences fines, blanches, imprimées et
décorées. Faïences de fantaisie : majoliques, harbotines, émaux de grand feu. Faïences
stannifères. Delft et Rouen.   **(PALAIS.)**

   Faïences siliceuses, faïences persanes et artistiques.
   Grès fins. — Carreaux en revêtements divers et de luxe ; panneaux décoratifs.
   Médaille de 1re classe, Paris 1855 ; Médaille, Londres 1862 ; Médaille argent, Paris 1867 ;
   Médaille d'or, Paris 1878 ; Deux diplômes d'honneur, Anvers 1885.

3. DAVIGNON (Mme Noëmi), née **Henrard**, à Verviers. — Faïences et
porcelaines peintes.   **(PALAIS.)**

4. DE GROOTE (Gustave), à Melle. — Terres cuites.   **(PALAIS.)**

5. DESMEDT (Josse), à Cureghem, rue Brogniez, 92. — Assiettes, plats et
plaques décorés.   **(PALAIS.)**

6. ESCOYEZ (Louis), à Tertre (Hainaut), rue de Chièvres. — Produits réfractaires
et carreaux céramiques.   **(PALAIS.)**

   Maison fondée en 1842. — Exportation.
   Médailles d'or et d'argent à Anvers 1885, pour exposition partielle et première des produits.
   Briques et pièces pour fours de verreries à bassin et à pots. Usines à gaz. Forges. Aciéries.
   Hauts-fourneaux, etc. Briques siliceuses (Dinas). Alumineuses. — Carreaux céramiques de plu-
   sieurs teintes. Dalles spéciales pour usines. Briques d'ornement, etc Exploitations de terres,
   sables, silex.
   Bureaux et usines à Tertre.

7. GASPAROLI (Mlle Mary), à Bruxelles, rue Van Maerlant. — Faïences
peintes.   **(PALAIS)**

8. HARTOG (Sarah), à Bruxelles, rue de Brabant, 140. — Porcelaines et faïences.
                                                                         (PALAIS.)

9. HENNETON-HORNEZ, à Callenelle (Hainaut). — Produits céramiques.
                                                                         (PALAIS.)

10. HERMAN (Jean), à Liége, rue Dartois, 18. — Carreaux céramiques pour
décoration des contre-cœurs de cheminées d'appartements.   **(PALAIS.)**

11. MOMMAERTS (Alexandre), à Meirelbeke-lez-Gand. — Vases artistiques, pots à fleurs, vases de jardin, etc.   **(PALAIS.)**

12. MOUZIN (Auguste) & Cie, à Quaregnon-Wasmuël. — Cache-pots,
jardinières, vases, etc. décorés. Majoliques rockingham et ordinaires.   **(PALAIS.)**

13. ROQUEPLO (Mlle Aimée), à Bruxelles, rue Rogier, 262.— Assiettes Louis
XIV. Coupe montée sur bronze. Appliques montées. Style Renaissance. Éventails. Plats
en terra cotta.   **(PALAIS.)**

**14. Société anonyme des produits réfractaires et terres plas-
tiques de Seilles-lez-Andenne et de Bouffioulx**, (Directeur : **De
Lattre**), à Seilles. — Carreaux céramiques.   **(PALAIS.)**

   Breveté pour la fabrication mécanique des cornues à gaz, etc, briques pour fours à bassin
   pour la métallurgie et tous les usages industriels en général.
   Appareils en grès pour les produits chimiques.
   Médailles : bronze, Paris 1867. — Mérite, Vienne 1873. — Philadelphie 1876. — Argent,
   Paris 1878. — Or, Amsterdam 1883. — Anvers 1885. — Barcelone 1888. — Diplôme d'hon
   neur, Anvers 1885. — Bruxelles 1888.

RÉPUBLIQUE DE BOLIVIE.

1. CAHEN (Lazare), à Paris, rue Saint-Georges, 5. — Poteries Inca. **(PALAIS.)**

2. DELISLE (Paul), à Paris, boulevard Montmartre, 19. — Huaco, céramique des Incas. **(PALAIS.)**

3. DROUILLON (Mlle Constance), à Asnières (Seine), rue Saint-Denis, 1. — Céramiques et curiosités antéhistoriques. **(PALAIS.)**

BRÉSIL.

(Voir son Catalogue spécial).

CHINE.

1. LI-SEN-LIE & Cie, à Neuilly (Seine), avenue de Neuilly, 56. — Porcelaines anciennes et modernes, cloisonnées. **(PARC.)**

2. YEE-KING-FONG, à Paris, rue de Lille, 37. — Porcelaines anciennes. **(PARC.)**

3. TENG-TCHIO-YUNG, à Canton. — Porcelaines. **(PARC.)**

DANEMARK.

1. BING & GROENDAHL, à Copenhague. — Collection de porcelaines d'art. **(PALAIS.)**

2. BOJESEN (Ernest) & JOERGENSEN (L. P.), à Copenhague. — Collection de terres cuites d'art. **(PALAIS.)**

3. BUDDE-LUND (Carl.), à Copenhague. — Terres cuites d'art. **(PALAIS.)**

4. Fabrique Royale de Porcelaine (Directeur : **Ph. Schou**), à Copenhague. — Collection de porcelaines. **(PALAIS.)**

5. JPSEN (Mme P.), à Copenhague. — Terres cuites d'art. **(PALAIS.)**

6. JENSEN (H. Tauber), Directeur de la fabrique de terres cuites de Copenhague, à Copenhague. — Terres cuites. **(PALAIS.)**

7 KÆHLER (Herman A.), à Naestved.— Poëles, vases et objets de faïence. **(PALAIS.)**

ESPAGNE.

1. ANCHEN (Angel), à Areyns-de-Mar (Barcelone). — Mosaïques. **(PALAIS.)**

2. ESCOSET FORTUNY, à Tarrasa (Barcelone). — Mosaïques. **(PALAIS.)**

3. GIMENEZ YZGNIERDO (José), à Séville. — Céramiques. (PALAIS.)

4. PIKMAN & Cie, à Séville. — Céramiques. **(PALAIS.)**

5. SOLA; SOLA & Cie, à Barcelone. — Mosaïques. **(PALAIS.)**

6. VALDECABRES (Onofre), Cnart de Poblat (Valence). — Céramiques. **(PALAIS.)**

ÉTATS-UNIS.

1. **LOW (J.G. & J.F.)**, à Chelsea, Mass. — Carreaux artistiques.   **(PALAIS.)**

2. **Menlo Park Ceramic Works (Chas. Volkmar**, supt.), à Menlo Park N. J. — Carreaux artistiques. Céramique pour décoration de murs.   **(PALAIS.)**

3. **Rookwood Pottery**, à Cincinnati.O, 207, Eastern avenue. — Faïences artistiques.   **(PALAIS.)**

GRANDE-BRETAGNE.

1. **ADDERLEY (Wm. A.), & Co.** à Longton, Staffordshire, Daisy Bank works. — Porcelaines et faïences. Services de table, services à thé, garnitures de toilettes.   **(PALAIS.)**

2. **ARUP Brothers**, à Londres, New Bond street, 120. — Statues et vases en terre cuite, bronze, majolique, etc.   **(PALAIS.)**

3. **BROWNFIELD (William) & Sons**, à Cobridge, Staffordshire. — Vase artistique en porcelaine.   **(PALAIS.)**
> Fabrique de poteries à Cobridge Staffordshire.
> Porcelaines artistiques.
> Pièce en porcelaine, en pâte tendre de diverses teintes.
> Services de table, services à thé, de dessert et de toilette.
> Services en tous genres en porcelaine et en faïence.
> Récompenses obtenues par la maison pour ses productions :
> Prize médal, Londres 1862.
> Médaille d'argent, Paris 1867.
> Médaille internationale, Philadelphie 1876.

4. **BROWN-WESTHEAD, MOORE & Co. (T. C.)**, à Cauldon Place, Staffordshire. — Porcelaines et terres cuites.   **(PALAIS.)**

5. **BHUMGARA FRAMJEE PESTONJEE**, à Bombay, Kalhaderie road, 5, et à Madras Mount road, 5, (Indes). — Faïences.   **(PALAIS.)**

6. **COPELAND (W. G.) & Sons**, à Stoke-upon-Trent, Staffordshire. — Poterie.   **(PALAIS.)**

7. **DANIELL (A. B.) & Sons**, à Londres, Wimore street, 42. — Porcelaines, faïences et verrerie.   **(PALAIS.)**

8. **DOULTON & Co**, à Londres, Lambeth. — Poteries de grès vernies, Impast et Lambeth, faïence, panneaux en terre cuite.   **(PALAIS.)**

9. **FORESTER (Thos.) & Sons**, à Longton, Phœnix works, Stafforshire. — Majolique et objets de fantaisie en faïence.   **(PALAIS.)**

10. **GOODE (Thomas) & Co**, à Londres, South Audley street, 17. — Porcelaines et poteries, majolique, pâte sur pâte, etc.   **(PALAIS.)**

11. **MACINTYRE (James) & Co**, à Burslem, Staffordshire. — Poterie.   **(PALAIS.)**

12. **MAW & Co, (Limited)**, à Jackfield, Shropshire, Benthall works. — Carrelages unis et décorés, mosaïques pour planchers, murs, cheminées, poterie, majolique, lustre de Perse.   **(PALAIS.)**

13. **Paris Earthenware Crystal & Hardware Co (Limited)**, à Paris, faubourg Saint-Denis, 76, et à Londres, Cheapside King street, 28. — Faïences, porcelaines.   **(PALAIS.)**

14. POWELL, BISHOP & STONIER, à Hanley, Staffordshire. — Porcelaines et faïences avec impressions et décoration.   **(PALAIS.)**

Fabricants de porcelaine et de faïence.
Fabrication de porcelaine et de faïence pour les marchés anglais, continentaux et coloniaux ; articles spéciaux pour les États-Unis.
Maison tout particulièrement réputée pour la qualité supérieure de sa porcelaine teintée céladon et ivoire et faïence ivoire.
Représentés :
A Paris par la maison Henri Béziat, rue de Paradis, 54.
Récompenses :
Londres 1862.
Melbourne 1881.

15. PROCTOR & Co, (The Indian Art Gallery), à Londres, Oxford street, 428. — Poterie décorative.   **(PALAIS.)**

16. TOOTH & Co, (Brethy Art Pottery), à Woodville, près Burton-on-Trent. — Poterie artistique de tous genres.   **(PALAIS.)**

GUATEMALA.

1. AGUILAR (E.), à Totonicapan. — Faïences et porcelaines.   **(PARC.)**

2. CARRANZA (Leandro), à Totonicapan. — Objets en porcelaine.   **(PARC.)**

3. MARROQUIN (Andrés), à Amatitlan. — Faïences et porcelaines.   **(PARC.)**

4. MONTENEGRO (Juana), à Jalapa. — Faïences et porcelaines.   **(PARC.)**

5. Municipalité de Lanquin, département d'Alta-Verapaz. — Objets en terre cuite.   **(PARC.)**

6. Municipalité de Palencia, département de Guatemala. — Faïences.
                                                                    (PARC.)

7. Municipalité de Rabinal, département de Baja Verapaz. — Poterie en terre cuite.   **(PARC.)**

8. Municipalité de San-Juan-de-Sacatepequez, département de Guatemala. — Poteries, terres cuites.   **(PARC.)**

9. Municipalité de San-Miguel-de-Petapa, département d'Amatitlan. — Objets de faïence et de terre cuite.   **(PARC.)**

10. Municipalité de San Raymundo, département de Guatemala.— Faïences.
                                                                    (PARC.)

11. Municipalité de Sansaria, département de Jalapa. — Objets en terre cuite.   **(PARC.)**

12. Municipalité de Santa Maria de Chiquimula, département de Totonicapan. — Objets en terre cuite.   **(PARC.)**

13. Municipalité del Téjar, département de Chimaltenango. — Briqueterie.
                                                                    (PARC.)

HAWAÏ.

1. Gouvernement Hawaïen, à Hawaï. — Echantillons de poteries.   **(PARC.)**

ITALIE.

1. **AMATO (Edouard)**, à Naples, 134, Marina nuova. — Céramiques artistiques imitation vieux Abruzze. **(PALAIS.)**

2. **ANTONIBOU (Pascal) & Fils**, à Nove (Vicence). — Céramiques artistiques, styles ancien et moderne. **(PALAIS.)**

3. **ANDREONI (Horace)**, à Rome, vico Borghetto. — Figures en marbre de Castellina et de Carrare. **(PALAIS.)**

4. **BATTAGLIA (Caietan)**, à Naples. — Céramique et faïence artistique.
(PALAIS.)

5. **BAZZAUTI (Pierre) & Fils**, à Florence, 12, lungarno Cortini. — Sculptures, statues en marbre de Carrare, albâtre, etc. **(PALAIS.)**

6. **CACCIAPUOTI (César)**, à Naples, Monte alla Maddalena. — Majoliques, terres cuites. **(PALAIS.)**

7. **CACCIAPUOTI (Hector & Guillaume)**, à Naples (Pausilippe, villa Guida). — Echantillons de céramiques, émail sous vernis et terres cuites. **(PALAIS.)**

8. **CANTAGALLI (Fils de Joseph)**, à Florence, Porta Romana. — Céramiques à émail stannyfère (majoliques peintes à cru et cuites à grand feu), urnes, amphores, coupes, tasses, plats, etc. **(PALAIS.)**

9. **FRILLI (Antoine)**, à Florence, via dei Fossi, 4. — Sculptures et statuettes en marbre, albâtre et serpentine. **(PALAIS.)**

10. **GABANINI (Elio) & GHILONI (Pierre)**, à Pise, 4, via del Risorgimento. — Terres cuites, bustes, figurines, bas-reliefs, etc. **(PALAIS.)**

11. **GAJ (César) & Cie**, à Pesaro. — Objets divers en céramique artistique. Vases, amphores, plats, etc. **(PALAIS.)**

12. **LAPINI Frères (Henri & César)**, à Florence, 2, place Manin. — Œuvres de sculpture en marbre, vert de Prato, albâtre, statues, statuettes, groupes, bustes, etc. **(PALAIS.)**

13. **MELILLO (Albert)**, à Naples, Riviera de Chiaia, 263. — Céramiques artistiques. **(PALAIS.)**

14 **MERLINI (Italiano)**, à Florence, via dei Fossi, 2. — Tableaux, tables, coffres, glaces, cadres, presse-papiers, objets d'orfèvrerie et de bijouterie. **(PALAIS.)**

15. **MOLARONI (V.) & Cie**, à Pesaro. — Collections de majoliques d'art.
(PALAIS.)

16. **NORCHI (E.)**, à Londres, 7, Lancaster road. — Statues et vases en marbre et en albâtre. **(PALAIS.)**

17. **PASSARINI (Antoine)**, à Bassano. — Céramique (imitation de l'ancien).
(PALAIS.)

18. **ROMANELLI Frères & E. MERLINI**, à Florence, lungarno Acciaioli, 22. — Statuettes et groupes en albâtre et serpentin, originaux et copies de l'ancien temps, urnes, colonnes, animaux, objets de fantaisie. **(PALAIS.)**

19. **SALVIATI (Antoine)**, à Venise. — Mosaïque byzantin moderne pour décoration, émaux, céramiques. **(PALAIS.)**

20. **SCHEGGI (César) & Frères**, à Settiguano (Florence). — Bustes, groupes et statues en marbre et albâtre. **(PALAIS.)**

21. **SEGUTO (Donato)**, à Murano (Venise). — Mosaïques. **(PALAIS.)**

22. TADOLINI (D.) & Cie, à Florence.— Céramiques et terres cuites. (**PALAIS.**)

23. TORELLI-JANET, à Florence. — Céramique. (**PALAIS.**)

24. UGOLINI (Jean), à Florence, via dei Fossi, 11. — Tables et mosaïques en pierres dures de Florence. (**PALAIS.**)

25. VICHI (Ferdinand), à Florence, Borgognissanti, 11. — Mosaïques de Florence, sculptures sur marbre et sur albâtre, sac. (**PALAIS.**)

JAPON.

1. HIOCHIYEN, Tokio-fu, Honjo-Ku. — Vases à fleurs, assiettes à bonbons en faïence. (**PALAIS.**)

2. HORI (Tomonao), Miye-Ken, Miye-Kori. — Vases, pots, brûle-parfums, services à café et à fumeurs, porte-cigares, bouillottes, théières en grès. (**PALAIS.**)

3. ICHISHIN (Yosomatsu), Ishikawa-Ken, Nomi-Kori. — Peinture sur faïence, brûle-parfums, vases à fleurs, bols avec couvercles, plats. (**PALAIS.**)

4. IKUKAWA (Zensaku), Miye-Ken, Miye-Kori. — Bouillottes, services à café, théières, vases à fleurs, corps de lampe en grès. (**PALAIS.**)

5. IMURA (Hikojiro), Kanagawa-Ken, Yokohama-Ku. — Tableaux, peintures sur porcelaine, tasses à thé et tasses à café. (**PALAIS.**)

6. ISHIDA (Heizo), Ishikawa-Ken, Nomi-Kori. — Peinture sur faïence, plats, vases, bouteilles, corps de lampe, garniture de salon, assiettes, cuvette, pots. (**PALAIS.**)

7. ITO (Tozan), Kioto-fu, Shimokio-Ku. — Vases à fleurs, plats, bonbonnières, pots en porcelaine. (**PALAIS.**)

8. KATO (Kanesuke), Aichi-Ken, Higachi-Kasugai-Kori. — Pots à thé, bouillottes, vases à fleurs en faïence. (**PALAIS.**)

9. KATO (Kashichi), Aichi-Ken, Higashi-Kasugai-Kori. — Vases à fleurs, boîtes à cigares, services de fumeurs, services à thé en faïence. (**PALAIS.**)

10. KATO (Kengo), Kanagawa-Ken, Yokohama-Ku. — Services à thé en faïence. (**PALAIS.**)

11. KATO (Mokuzayemon), Aichi-Ken, Higashi-Kasugai-Kori. — Lanternes, pots à fleurs en porcelaine. (**PALAIS.**)

12. KATO (Tamatoro), Tokio-fu, Nihonbashi-Ku. — Vases à fleurs, écrans, tasses à café en faïence. (**PALAIS.**)

13. KAWAMOTO (Hideo), Tokio-fu, Kiobashi-Ku. — Cuvettes, services à café et à thé, cendriers, pots et vases à fleurs, coupes en faïence. (**PALAIS.**)

14. KAWAMURA (Matasuke), Miye-Ken, Miye-Kori. — Vases, brûle-parfums, garniture de salon, pots, bols, bouillottes, cendriers, théières, plats en porcelaine. (**PALAIS.**)

15. KIMURA (Yashiro), Ishikawa-Ken, Nomi-Kori. — Peinture sur faïence, plats, vases à fleurs. (**PALAIS.**)

16. KINKOZAN (Sobei), Kioto-fu, Shimokio-Ku. — Vases à fleurs, pots, plats, cache-pots en porcelaine. (**PALAIS.**)

17. KIYOKAZE (Yohei), Kioto-fu, Shimokio-Ku. — Vases à fleurs, pots, plateaux, bols, théières, tasses à thé en faïence. (**PALAIS.**)

18. KIYOMIDZU (Rokubei), Kioto-fu, Shimokio-Ku. — Vases à fleurs, théières, pots, bols, garnitures de salon, plats en porcelaine et faïence. (**PALAIS.**)

19. KORANSHA, Saga-Ken, Nishimatsura-Kori, Arita-Sarayama. — Vases, pots, plats, cache-pots, brûle-parfums, tasses, bols en porcelaine.   (PALAIS.)

20. KUSUBE (Sennosuke), Kioto-fu, Shimokio-Ku. — Vases à fleurs, plats en porcelaine.   (PALAIS.)

21. MATSUMOTO (Sahei), Ishikawa-Ken, Nomi-Kori. — Peinture sur faïence, vases, mitsumono, bols, brûle-parfums, plats et divers objets.   (PALAIS.)

22. MICHIYA (Tashichi), Kanagawa-Ken, Yokohama-Ku. — Vases, tasses, brûle-parfums, panneaux, plateaux, services à café et à thé en porcelaine et faïence.   (PALAIS.)

23. Ministère de l'Agriculture et du Commerce (Direction de l'Industrie), à Tokio. — Bols, vases, plateaux, corbeilles, candélabres, pots, services à café et à thé, tasses, brûle-parfums, coupes en porcelaine, vases à fleurs en faïence.   (PALAIS.)

24. MITSUI (Denshiro), Ishikawa-Ken, Nomi-Kori. — Peintures sur faïence, vases à fleurs, pots, bouteilles en forme de gourde, cruches, bols superposés.   (PALAIS.)

25. MIYAKAWA (Kôzan), Kanagawa-Ken, Kuraki-Kori. — Vases à fleurs, brûle-parfums, garnitures de salon, pots, candélabres en faïence.   (PALAIS.)

26. MORI (Kintaro), Miye-Ken, Miye-Kori. — Vases à fleurs, bouillottes, théières en grès.   (PALAIS.)

27. NIKAIDO (Keisho), Tokio-fu, Hongo-Ku. — Vases à fleurs en faïence.   (PALAIS.)

28. NISHIWURA (N'saburo), Aichi-Ken, Nagoya-Ku. — Panneaux décoratifs, vases à fleurs, services à thé en faïence.   (PALAIS.)

29. NISHIWURA (Yenji), Gifu-Ken, Toki-Kori. — Services à thé, vases à fleurs, tête-à-tête en faïence.   (PALAIS.)

30. NISHIWURA (Yenji), Kanagawa-Ken, Yokohama-Ku. — Vases à fleurs, pots, coupes, services à thé, bouillottes en faïence, pots en émail cloisonné.   (PALAIS.)

31. NOGUCHI (Seizro), Ishikawa-Ken, Yenuma-Kori. — Vases à fleurs, bouteilles en forme de gourdes, plats en faïence.   (PALAIS.)

32. OBIYAMA (Yohei), Kioto-fu, Shimokio-Ku. — Vases à fleurs, pots, assiettes en porcelaine.   (PALAIS.)

33. OKUMURA (Yasutaro), Kioto-fu, Shimokio-Ku. — Pots à thé, assiettes en porcelaine.   (PALAIS.)

34. ONO (Gishin), Tokio-fu, Kitatoshima-Kori. — Vases à fleurs, garnitures de salon en porcelaine.   (PALAIS.)

35. SAWAMURA (Tosa), Kioto-fu, Shimokio-Ku. — Vases à fleurs, garnitures de salon, plats en porcelaine.   (PALAIS.)

36. Seizi-Kaisha, Saga-Ken, Nishimatsura-Kori, Arita-Sarayama. — Vases, brûle-parfums, mizugusaku, plats, bols en porcelaine.   (PALAIS.)

37. SHIMADA (Sobei), Tokio-fu, Asakusa-Ku. — Vases à fleurs, services à café à 6 tasses en faïence.   (PALAIS.)

38. TAKAHASHI (Dohachi), Kioto-fu, Shimokio-Ku. — Vases à fleurs, services à thé, brûle-parfums, plateaux, cendriers, tabourets, cruches en porcelaine et faïence.   (PALAIS.)

39. TANAKA (Riyemon), Hioko-Ken, Arima-Kori. — Vases à fleurs, brûle-parfums, lanternes, cages, garnitures de salon en faïence.   (PALAIS.)

40. NAMIKAWA (Sosuke), Tokio-fu, Nihonbashi-Ku. — Vases à fleurs, panneaux, plaques, plats, tasses à café et à thé en faïence.   (PALAIS.)

41. WAKAI (Kanesaburo), Tokio-fu, Kiobashi-Ku. — Terres cuites, garnitures de salon en forme d'oiseaux.   (PALAIS.)

42. WATANO (Kichiji), Kanagawa-Ken, Yokohama-Ku. — Vases à fleurs services à café, tasses à thé, bols en faïence.   (PALAIS.)

43. YABU (Masachichi), Osaka-fu, Kita-Ku. — Tasses à thé, vases à fleurs en porcelaine.   (PALAIS.)

44. YASUDA (Genhichi), Kioto-fu, Shimokio-Ku — Pots, vases à fleurs, brûle-parfums, brasero en porcelaine.   (PALAIS.)

PRINCIPAUTÉ DE MONACO.

1. Société Industrielle et artistique de Monaco (Représentant: **Janty**), à Monte-Carlo. — Vases, coupes, jardinières, corbeilles, plats, carreaux de revêtement.
(PARC.)

PARAGUAY.

1. BUGETA (Ant.), à Assomption. — Briques diverses.   (PARC.)

2. COLOMBO, à Assomption. — Carreaux pour mosaïque, carreaux octogones de différentes couleurs, carreaux carrés blancs, noirs et rouges. Échantillons de poterie indigène d'Ita.   (PARC.)

3. Gouvernement de la République du Paraguay, à Assomption. — Poteries d'Ita.   (PARC.)

4. GUANES (I.), à Assomption. — Briques diverses (dans le chaco).   (PARC.)

5. LAPIERRE & LADOUCE, à Assomption. — Briques diverses.   (PARC.)

PAYS-BAS.

1. JOOST THOOFT & LABOUCHERE, à Delft. — Faïence de Delft.
(PALAIS.)

PORTUGAL.

1. ALMEIDA YUNQA (J. J. d'). — Faïences.   (QUAI.)

2. BAUDOUIN (José Gregorio). — Faïences.   (QUAI.)

3. Companhia da Fabrica de Vista Alegre, à Linbonne. — Porcelaines.
(QUAI.)

4. Companhia de Faianças das Caldas. — Céramique.   (QUAI.)

5. Empreza Ceramica de Lisboa, à Lisbonne. — Faïences.   (QUAI.)

6. Fabrica da Fonte Nova. — Faïences.   (QUAI.)

7. Fabrica de Faianças das Caldas da Rainha, (Directeur : **Bordallo Pinheiro**), à Lisbonne. — Faïences, terres cuites, décoration en couleurs. (QUAI.)

8. FONSECA (Joao Carlos da). — Faïences.   (QUAI.)

9. **GOARMON & Cᵉ.** — Faïences. (QUAI.)

10. **LE RETORD (José Antonio).** — Faïences. (QUAI.)

11. **LOPES & Ca.** — Faïences. (QUAI.)

12. **MOREIRA (João).** — Faïences. (QUAI.)

13. **PEREIRA (Manoel Leite).** — Faïences. (QUAI.)

14. **Real Fabrica de louça de Sacaveni.** — Faïences. (QUAI.)

15. **SILVA (José Arcadio da).** — Faïences. (QUAI.)

COLONIES PORTUGAISES.

1. **Association industrielle portugaise,** à Lisbonne. —Produits céramiques de l'île de Santiago, Cap-Vert, et de la province de Guinée. (PALAIS.)

2. **Banque coloniale portugaise,** à Lourenço Marques. — Collection de produits céramiques de Lourenço Marques (Mozambique) (PALAIS.)

3. **Musée des colonies,** à Lisbonne. — Collection de produits céramiques des colonies portugaises. (PALAIS.)

ROUMANIE.

1. **BOLBOIU (Nita),** à Cosetu, (District de Muscel). — Pot de terre verni, cruche de terre, petit baril. (PALAIS.)

2. **MILLER (Nitza),** à Campu-Lung. — Poterie de ménage. (PALAIS.)

3. **OLARU (Ion Lica),** à Golesco (District de Muscel). — Pot de terre verni, cruche, petit baril, gourde, buste d'homme. (PALAIS.)

4. **Première fabrique de Céramique Bradi** (Propriétaire : **Puscariu, Jon et Iose**), à Bucharest, calea Grivitza, 65. — Vases, poêles, tubes, terre cuite, etc., vases de luxe. (PALAIS.)

5. **Société anonyme de Basalte artificiel et de Céramique (Cotroceni),** Soseca, Pandurilor, Bucuresci à Cotroceni. — Céramique et basalte artificiel (PALAIS.)

RUSSIE.

1. **KORNILOFF Frères,** à Saint-Pétersbourg. — Porcelaines. (PALAIS.)

2. **KOUZNETZOFF (J. E.),** Station Wolkovo (Gouvernement de Novogorod). — Porcelaines. (PALAIS.)

3. **KOUZNETZOFF (M. C.),** à Moscou. — Porcelaines fabriquées dans les gouvernements de Wladimir, de Tver et à Riga. (PALAIS.)

RÉPUBLIQUE DE SAINT-MARIN.

1. **FRANCINI, Frères (Pietro et Marino),** à Saint-Marin. — Spécialités d'argiles travaillées, vases pour fleurs, coupes, etc. (PALAIS.)

2. **FRANCINI (Vincenzo),** à Saint-Marin. — Vases en terre cuite. (PALAIS.)

SALVADOR.

1. **AMAYA (Juan)**, à Ilobasco. — Objets en terre cuite.   (PARC.)

2. **Département de San-Salvador.** — Técomates en terre. Indiens, cruches
et técomates en faïence.   (PARC.)

3. **Département de Santa-Ana.** — Collection complète en terre des costumes
indiens. Femmes mengalas en costume de gala.   (PARC.)

4. **HERNANDEZ (Daniel)**, à Santa-Tecla. — Briques et terres cuites.   (PARC.)

5. **RENDEROS (Manuel).** — Chargeurs indiens en faïence.   (PARC.)

6. **RENDON (Manuel)**, à Suchitoto. — Vases en terres cuites.   (PARC.)

SERBIE.

1. **Corporation des Potiers**, à Pirot. — Cruchon, cruche blanche, bidon, pot,
assiettes, brûloir d'encens, bougeoir, salière, burette, sifflets et autres objets de
poterie.   (PALAIS.)

2. **GEORGEVITCH (Givko)**, à Négotine. — Cruche.   (PALAIS.)

3. **GIWOVITCH (Stoïan)**, à Kgnajevatz. — Cruches.   (PALAIS.)

4. **LADRAVKOVITCH (Vassilié)**, à Kronschévatz. — Cruchons, cruches,
assiettes, plats, bidon.   (PALAIS.)

5. **MIHAILOVITCH (Nikola)**, à Kronschévatz. — Bougeoirs, bidons, pots,
cruche, assiettes, cruchon.   (PALAIS.)

6. **SLAVKOVITCH (Dragontine)**, à Yagodina. — Chien en grès, cruche,
cerf en grès.   (PALAIS.)

7. **TEHIRISCH (Yovan)**, à Kragouyévatz. — Cruchons, cruche, pots, bidon.
          (PALAIS.)

8. **YAUKOVITCH (Stavia)**, à Négotine (dép‹ de Krayina). — Bougeoir en
grès, pot, cruchon, bidon et autres objets de poterie.   (PALAIS.)

9. **YOVANOVITCH (Anta)**, à Ragna (dép‹ d'Alexinatz). — Cruchon, bidon et
autres objets de poterie.   (PALAIS.)

10. **YOVANOVITCH (Mihaïlo)**, à Bagna. — Cruche, bidon, encrier, vases et
autres objets de poterie.   (PALAIS.)

RÉPUBLIQUE SUD-AFRICAINE.

1. **GOUVERNEMENT (Le)**, à Pretoria. — Poteries en terre, indigènes.
          (ESPLANADE.)

SUISSE.

1. **École de dessin** (Professeur : **Rolli**), à Heimberg (Berne). — Poterie ordinaire.   (PALAIS.)

2. **FLER (Christian)**, à Heimberg (Berne). — Majoliques.   (PALAIS.)

3. **ESTOPPEY (Léonie)**, à Lausanne. — Assiettes, coupes et plaques en faïence
peinte.   (PALAIS.)

4. HANNI (Friederich), à Heimberg (Berne). — Majoliques. (PALAIS.)

5. HAUETER (Gottlieb), à Heimberg (Berne). — Majoliques. (PALAIS.)

6. MADERNI & Cie, à Boscherina (Tessin). — Objets en terre cuite. (PALAIS.)

7. MICHEL (Christian), à Heimberg (Berne). — Majoliques. (PALAIS.)

8. SCHENK (Johann), à Heimberg (Berne). — Majoliques. (PALAIS.)

9. SULZER (Hans) & Cie, à Winterthur (Zurich). — Buffet avec mosaïques dans les bordures, différents objets en mosaïque, écuelles et coupes en agate. (PALAIS.)

10. TSCHANZ (Chrétien), à Heimberg (Berne). — Majoliques. (PALAIS.)

11. WANZENRIED (Jean), à Thoune (Berne). — Poteries suisses, majoliques de Thoune, vases, plats, services, objets d'art et d'usage, décorations pour chambres, jardins, architecture, etc. (PALAIS.)

URUGUAY.

1. OSSOLA (Francisco), à Montevideo. — Tuyaux et briques en terre. (PARC.)

2. TORNARE (Agustin), à Salto. — Céramique (PARC.)

GROUPE III.

MOBILIER ET ACCESSOIRES.

Classe 21.

Tapis, tapisserie et autres tissus d'ameublement.

FRANCE.

1. **Association Ouvrière et Artistique pour la décoration des tissus**, à Suresnes (Seine), rue du Chalet, 4. — Tissus teints, imprimés et brodés. Tentures artistiques. (PALAIS.)

   Usine et bureaux, 4, rue du Chalet (Suresnes).
   Manufacture d'impressions sur tissus de tous genres en soie, laine, jute et coton, velours lin et velours jute.
   Nouveautés pour ameublements.
   Tapisseries, panneaux décoratifs et tentures murales.
   Tapis de table.
   Portières, coussins.
   Broderie mécanique pour ameublements.
   Récompense :
   Médaille d'or, Amsterdam 1883.

2. **BERCHOUD (Léon)**, à Paris, rue de Belleville, 253. — Étoffes décoratives pour meubles et tentures. (PALAIS.)

3. **BERGER (Charles)**, à Paris, rue du Conservatoire, 11. — Tissus imprimés et brodés pour ameublements, portières, rideaux, tapis de table, tentures murales. Impressions d'étoffes pour ameublements sur tous textiles.

   Usine au Vcoq (Seine-et-Oise).

4. **BERNAUX (Édouard-L.)**, à Aubusson (Creuse). — Panneaux, tentures et sièges en tapisserie d'Aubusson. (PALAIS.)

5. **BLONDET (Louis)**, à Paris, rue du Sentier, 20. — Étoffes, panneaux décoratifs, portières, tapis de table. (PALAIS.)

6. **BOURGEOIS Frères**, à Paris, rue d'Aboukir, 53.—Tissus pour ameublements. (PALAIS.)

7. **BOYER et Cie**, à Paris, rue de Richelieu, 71. — Tissus imprimés pour ameublements. (PALAIS.)

8. **BRAQUENIE et Cie**, à Aubusson (Creuse). — Tapisseries pour panneaux, meubles, etc. (PALAIS.)

9. CATTEAU (G.-Adolphe), à Paris, rue du Sentier, 37. — Tissus pour ameublements, broderies.   **(PALAIS.)**

10. CERF (Arthur), à Paris, boulevard Sébastopol, 106. — Produits se rattachant à l'industrie de la toile cirée.   **(PALAIS.)**

11. CHAMAGNE et Cie (Tentures artistiques de Clichy), à Paris, rue de Richelieu, 82. — Tissus peints.   **(PALAIS.)**

12. CHANÉE (Léon) et Cie, à Paris, rue de Cléry, 25. — Velours d'Utrecht, velours de lin, peluches de soie.   **(PALAIS.)**

Succursales à Lyon, Bordeaux, Marseille, Toulouse. Agences à Londres, Bruxelles, Amsterdam, Turin, Madrid, Vienne (Autriche).

13. CHAPMAN (George), aux Préaux, près Pont-Audemer (Eure). — Toiles-cuir et parquets pour voitures, toiles-cuir noires et de couleur pour ameublements, articles de bureau.   **(PALAIS.)**

14. CHEDIN et Cie, à Bourges (Cher). — Toiles cirées, imitation de linge, dites nappes de famille, imitation de bois et imprimés pour tables, tapis souples, dits « Afghans. »   **(PALAIS.)**

Médaille de bronze, Exposition universelle Paris 1878. Président de l'Exposition Industrielle du Centre en 1886. Usine à vapeur pour la fabrication générale des toiles cirées et particulièrement de celles imitation de linge.

15. Compagnie française du Linoleum, à Paris, boulevard Haussmann, 21. — Tapis et tentures en linoleum.   **(PALAIS.)**

Seule fabrication française. Maison de vente à Paris, 21, boulevard Haussmann. Usine à Orly (Seine). — Expositions universelles d'Amsterdam 1883 et d'Anvers 1885, méd. d'or.

16. Compagnie Lincrusta Walton, à Pierrefitte (Seine). — Tentures artistiques et imperméables à reliefs pleins, lambris, frises, bordures, panneaux.   **(PALAIS.)**

Magasins : 17, rue Lafayette, Paris. Usine et ateliers de décoration à Pierrefitte (Seine).
Médaille et récompenses à l'Exposition de 1878.
Fournit plusieurs cours étrangères, ministères, grandes administrations et compagnies de Chemins de fer.
Tentures, genre cuir, et décorations riches. Lambris sculptés. Faïences, frises, panneaux, etc., pour hôtels, villas, établissements publics, wagons, bateaux. Décorations d'intérieur de tout genre et tout style. — Imperméabilité. — Durée.

17. CROC Père et Fils & JORRAND, à Aubusson (Creuse). — Tapis et panneaux, tapisserie.   **(PALAIS.)**

Fabrique de tapis et tapisseries.
Maison à Paris, rue de Cléry, 12.

18. DAVOUST & Cie, à Paris, rue de la Tombe-Issoire, 25. — Toiles cirées, toiles-cuir, linoléum, tissus unis, rideaux blancs de guipure,   **(PALAIS.)**

19. DEFRENNES-DUPLOUY Frères, à Lannoy (Nord). — Couvre-lits fantaisie et piqués.   **(PALAIS.)**

Étoffes pour ameublements. Portières, tapis de table, couvre-lits riches en soie et fantaisies, couvre-pieds et édredons, haute nouveauté, tissus chenille, breveté.
Tentures artistiques. Lino-tissus pour décoration murale, breveté. (Voir classe 30).

20. DELTENRE (Edmond J.-L.), à Paris, rue d'Aboukir, 49. — Rideaux guipure d'art, Cluny, renaissance, vitrages, couvre-lits et garnitures. Dentelles pour ameublements.   **(PALAIS.)**

21. DUCHÉ (Paul), à Paris, rue des Petits-Pères, 1. — Soieries et tapisseries pour meubles, tentures murales, rideaux, portières, tapis, bordures décoratives.   **(PALAIS.)**

Fabrique de tissus artistiques en tous styles.
Médailles Expositions universelles : or, Paris 1855, 1878. Anvers 1885. Prize medal, Londres, et décorations de la Légion d'honneur, 1851-1862.

22. DULUD (Maison), **Quenardel et Cie** Successeurs, à Paris, rue de Richelieu, 66. — Panneaux de tentures, paravents, siéges. **(PALAIS.)**

23. DUVAL (Paul-M.), à Paris, rue du Château-d'Eau, 60. — Toiles cirées en tous genres **(PALAIS.)**

24. GACHE (E.) et Cie, à Paris, rue Richelieu, 83. — Tapis, genre Gobelins. **(PALAIS.)**

25. GARNIER (Arthur-J.), Successeur de **Ch. Le Crosnier,** à Paris, rue du Caire, 15. — Toiles cirées en tous genres. **(PALAIS.)**

26. GENTE Frères (Louis et Albert), à Paris, rue Paul-Lelong, 15. — Tissus unis et brochés pour ameublements, wagons, bateaux et confection. **(PALAIS.)**

Tissage de crins. Tissus unis et brochés, noirs et couleurs, pour chemins de fer, administrations, bateaux et ameublements.

Tissus crins pour tailleurs, couturières, chapeaux, bottines, tournures, corsets et tissus tampicos toutes nuances.

Récompenses : Paris, Expos. univ. 1878, arg. ; Melbourne 1880, Expos. internationale.

27. GODET (J.-Jules-E.), à Paris, rue de Palestro, 9. — Tissus en crin pour ameublements et en fibres végétales pour stores, tissus en crin pour tailleurs et couturières. **(PALAIS.)**

28. HAMOT (G. et R.), à Paris, rue Richelieu, 75. — Tapis et tapisseries d'Aubusson, tapis de la Savonnerie, broderies d'Aubusson, tapis moquette, soieries, étoffes. **(PALAIS.)**

Diplômes d'honneur :
Amsterdam 1883. — Anvers 1885.
Philadelphie, 1876. — Paris, 1878, Médaille d'or.
Sydney, 1880. — Melbourne, 1881, Médaille d'or.

29. HORDÉ et SIMON, à Paris, rue du Mail, 13. — Étoffes pour ameublement, tapisseries au point, soieries, panneaux décoratifs, rideaux, tapis de table. **(PALAIS.)**

30. LAURENT-BANGET (J.), à Cours (Rhône). — Rideaux et portières en grosse laine. **(PALAIS.)**

Représentation et dépôt à Paris, chez M. E. Chicot, 27, rue d'Aboukir. Pour l'exportation, chez M. J. Masset, 24, rue du Faubourg-Poissonnière.

31. LEBORGNE (Ferdinand), à Lannoy (Nord). — Tapis moquette et tous genres, étoffes pour ameublement. **(PALAIS.)**

Maisons à Paris, 28, rue du Sentier, et à New-York, 86, Green street. Méd. d'or 1878.

32. LEGENDRE (L.), MAHIEUX et HENNEQUIN, à Paris, rue d'Uzès, 11. — Rideaux et ameublements en guipures d'art, en guipures de France et en brochés couleur. **(PALAIS.)**

33. LEGRAND Frères (neveux et successeurs de **A. Herbet),** à Paris, rue Sainte-Foy, 8. — Tissus unis et imprimés, tapis de table, tentures décoratives, velours florentin. **(PALAIS.)**

34. LEMAIRE Fils et DUMONT, à Dammartin (Seine-et-Oise). — Portières, rideaux, tapis, brosses, tissus, hamacs, en fibres d'aloès ou de coco, chaussures, etc. **(PALAIS.)**

35. LOUCHET-BERNAUD (C.-Gaston), ancienne Maison **Bernaud-Laurent et Gendre,** à Amiens (Somme), rue Saint-Jacques, 98. — Tapis moquette, velours de coton d'Utrecht et en ramie, peluches de soie. **(PALAIS.)**

Maison fondée en 1800.
Récompenses aux Expositions de 1855 et 1867.
M. Henry Laurent, prédécesseur immédiat a été décoré de la Légion d'honneur.
Tissages mécaniques et apprêts.
Grande affaire de peluches soie montée en concurrence avec l'Angleterre.
Les divers tissus peluche, tapis et velours s'exportent dans le monde entier.

36. LOUILLAT (Théophile), à Aubusson (Creuse) — Tapis point noué, genre Orient. — Tapis haute laine, tapis Oursin. **(PALAIS.)**

37. Manufacture nationale de Beauvais, à Beauvais, rue de la Manufacture Nationale. — Tapisseries, panneaux, meubles montés sur bois, canapés, fauteuils, écrans. **(PALAIS.)**

38. Manufacture nationale des Gobelins, à Paris. — Tapisseries de haute lisse, tentures au point de la Savonnerie, travaux successifs des élèves de l'école de tapisserie, reproductions d'anciennes tapisseries. **(PALAIS.)**

39. MARIE-LÉVY et LAUER, à Puteaux (Seine), rue de Paris, 5 bis, et à Paris, rue d'Uzès, 8. — Tissus d'ameublement en tous genres, soiries brochées et impressions sur velours. **(PALAIS.)**
Officier d'Académie, 1887.

40. MASURE Fils, à Tourcoing (Nord). — Tissage et tapis moquette. **(PALAIS.)**

41. MELLÉRIO, FOSSÉ et TÉTARD, à Persan (Seine-et-Oise). — Tapis moquette et haute laine. **(PALAIS.)**

42. MOULIN-PIPART (J.-B.), à Tourcoing (Nord). — Tapis moquette, carpettes, foyers, daghestans, point noué, genres Smyrne et Aubusson. **(PALAIS.)**

43. PACON (Albert), à Paris, passage Saulnier, 3. — Tenture murale, impression sur treillis, broderie XVIe siècle, impression sur satin. **(PALAIS.)**

44. PARENT (H. A.) & Cie, à Tourcoing. — Tissage mécanique de tapis, moquettes, carpettes, foyers, bissacs, tissus d'ameublement, tapis de table, portières.
Maison à Paris, rue du Sentier, 12. — Médaille d'argent, Paris 1878.

45. PICHERAL (Alfred) et Cie, à Nîmes (Gard). — Tapis velours Picheral, tapis broderie point tapisserie. **(PALAIS.)**

46. PIQUÉE (F.) et Gendres, à Paris, rue de Rivoli, 122. — Velours d'Utrecht pour meubles, velours uni, velours gaufré de style, velours cati, dit de Naples et Maté. **(PALAIS.)**
Velours uni, haute et basse laine, grande et petite largeur.
Velours d'Utrecht façonné à la Jacquart.
Maison fondée en 1758.
Fabrique à Amiens, rue du Lycée, 45.
Récompenses : Diplôme de mérite, Vienne 1873.
Première médaille, Philadelphie 1876.
Médaille d'argent, Exposition universelle, Paris 1878.
Médaille d'argent, Amsterdam 1883.

47. POULET (C.), (Vve) et Poulet Fils, Successeurs, à Paris, rue de Turenne, 130. — Tissus de toutes couleurs. **(PALAIS.)**

48. ROMBEAU (J.) et MONNIER (L.), à Tourcoing (Nord), rue Nationale, 133. — Tapis, foyers, carpettes, tapis, genres Smyrne, persan et indien. Savonnerie point noué Turcoman, Agra et Lahore. **(PALAIS.)**

49. SALLANDROUZE Frères, à Aubusson (Creuse). — Moquette Jacquart, moquettes et carpettes : velouté d'Aubusson. Grands tapis encadrés, point d'Orient. **(PALAIS.)**

50. SAUREL Frères (Manufacture de Lampèze), à Nîmes (Gard). — Soieries et tapisseries, étoffes pour ameublements. **(PALAIS.)**
Imitation brevetée S. G. D. G. des points de tapisseries Gobelins et Beauvais.
Maison à Paris, 27, rue du Mail.

51. TORRILHON et Cie, à Paris, rue d'Enghien, 25. — Caoutchouc lisse, maroquiné pour carrosserie, cuir « Torrilhon » pour banquettes de chemins de fer, bateaux, tapis en caoutchouc. **(PALAIS.)**

52. TRICOT (Pierre), à Aubusson (Creuse). — Tapisseries. « Le départ du mousse », panneau et tableau, cadre à personnage d'après Watteau, fauteuil. **(PALAIS.)**

53. VANOUTRYVE (F.) et Cie, à Paris, rue du Sentier, 32. — Fabrique de tissus en tous genres pour ameublement. **(PALAIS.)**
Fabrique à Roubaix (Nord) et à Mouscron (Belgique). — Médaille d'or, Paris 1878.

54. WALLET (H.-S.), à Neuilly (Seine), rue de l'Ouest, 5. — Tapisseries de sièges et tentures. **(PALAIS.)**

55. WARÉE (A.), à Paris, rue de Cléry, 19. — Grands rideaux blancs, artistiques. **(PALAIS.)**

COLONIES.

ALGÉRIE.

1. ABDEL KADER ben Derouïche, à Kalaâ (Oran). — Tapis de laine. **(ESPLANADE.)**

2. ABDESSELAM ben el Hafoi, aux Bracha, Cercle de Tébessa (Constantine). Tapis de diverses espèces. **(ESPLANADE.)**

3. AHMED ben Chachouch Caid, au Cercle de Géryville (Oran). — Tapis à longue laine de fabrication indigène. **(ESPLANADE.)**

4. AHMED ben Fana, à El Haoucta, Cercle de Laghouat (Alger). — Pièce étoffe en poils de chameau. **(ESPLANADE.)**

5. BACRI, à Paris, rue Richelieu, 1. — Tapis arabes. **(ESPLANADE.)**

6. BARBER ANDREW (Th), à Oran. — Sparterie d'alfa. **(ESPLANADE.)**

7. BARKAT ben bou Khalkhal, aux Ouled Salah, Cercle de Laghouat (Alger). — Hamel rouge, tellis sac ordinaire. **(ESPLANADE.)**

8. BEL ABED OULD AMAR, à Kerarma, Télagh (Oran). — Tapis algérien, dit thag. **(ESPLANADE.)**

9. BELGACEM BEN AHMED CHAOUCH, à Zoui, cercle de Khenchela (Constantine). — Tapis arabe. **(ESPLANADE.)**

10. BELIN, à Biskra (Constantine). — Tapis grands et petits. **(ESPLANADE.)**

11. BEN MANSOUR el Hadj Hessaïn, à Tlemcen (Oran). — Tapis. **(ESPLANADE.)**

12. BOGHAR, (Commune mixte indigène de), à Boghar (Alger). — Hamels. Oussaadas. **(ESPLANADE.)**

13. BOU AMERAN OULD ALI, à Kalaâ (Oran). — Tapis de laine. **(ESPLANADE.)**

14. BOUSAADA (Administrateur de la Commune de) à Bousââda (Alger). — Enveloppes de traversins à dessins. Fils tordus en laine et poils de chèvre. Tapis. **(ESPLANADE.)**

15. BRAHIM ben Neçib, aux Allaouna, Cercle de Tébessa (Constantine). — Tapis indigènes. **(ESPLANADE.)**

16. BRAHIM ben Smail, à El Haouïta, Cercle de Laghouat. — Tapis, couververjures (Djerbes) en laine. **(ESPLANADE.)**

17. CAID NONI ben Guendouz, à Souk-Ahras (Constantine). — Nattes en alfa. **(ESPLANADE.)**

18. CHARDON (Eva), à Alger-Agha, rue Constantine, 45. — Tapis de table, style maure. **(ESPLANADE.)**

19. CHEIKH TELILI ben Salem, à Souk-Ahras (Constantine). — Tapis arabe.   **(ESPLANADE.)**

20. CHELLALA (Annexe de), au Cercle de Boghar (Alger). — Tapis haute laine.
(ESPLANADE.)

21. CHELLALI bel Hadj, à l'Oued Ridane, Commune mixte d'Aumale (Alger). — Tapis.   **(ESPLANADE.)**

22. CHERIF ben Halla, à El Main, Commune mixte du Bibau (Constantine). — Tapis.   **(ESPLANADE.)**

23. COSTE (Mme Vve Charles), à Alger, rue du Marché, 7. — Tapis de table brodé laine et soie.   **(ESPLANADE.)**

24. DESBORDES (François), à Alger, boulevard Gambetta, 16. — Tapis de jeu. (Modèle inédit).   **(ESPLANADE.)**

25. DJILALI bel Kheir, à Frendah (Oran). — Tapis de laine, fabrication indigène.   **(ESPLANADE.)**

26. EL HADJ ABDERRAHMAN, aux Ouled Ziau, Cercle de Laghouat (Alger). — Hamel rouge. Tellis (sac) ordinaire.   **(ESPLANADE.)**

27. EL HADJ AHMET ben Djelloul (Caïd), Cercle de Géryville (Oran). — Tapis à longue laine de fabrication indigène.   **(ESPLANADE.)**

28. EL HADJ AISSA ben Kouïder, aux Ouled Sidi Atallah, Cercle de Laghouat (Alger). — Hamel rouge. Tellis (sac) ordinaire.   **(ESPLANADE.)**

29. EL HADJ KADDOUR ben Saharaovi, à Chellala (Alger). — Tapis arabes. Hamels pour mulet.   **(ESPLANADE.)**

30. EL HADJ MOUAZ ben Mohammed, Caïd, à Taouila, annexe d'Aflou (Oran). — Tapis de fabrication arabe.   **(ESPLANADE.)**

31. EL KHATIR ben Belkassem, Caïd, aux Oulad ben Nacour, annexe d'Aflou (Oran). — Tapis de fabrication arabe.   **(ESPLANADE.)**

32. FATHMA OULD ALI, aux Beni Sedka Chenacha, Commune mixte de Fort National (Alger). — Tapis.   **(ESPLANADE.)**

33. FAYAUD (François), à Bel Abbès, banlieue, (Oran). — Cadre présentant du crin blond et noir.   **(ESPLANADE.)**

34. GHEZAL ben Ahmed, aux Ouled ben Chaa, Cercle de Laghouat (Alger). — Hamel rouge. Tellis (sac) ordinaire.   **(ESPLANADE.)**

35. HASSEIN ben Saïdi, aux Ouled Slama, Commune mixte d'Aumale (Alger). — Tapis arabe.   **(ESPLANADE.)**

36. HELIMA NAIT ou Ali, aux Beni Sedka Chenacha, Commune mixte de Fort National (Alger). — Tapis.   **(ESPLANADE.)**

37. IBRAHIM ben Ali ben Saïd, à Alger, passage Sarlande. — Tapis arabes.
(ESPLANADE.)

38. JANIN (Victor), à Khenchela (Constantine). — Tapis arabes.   **(ESPLANADE.)**

39. JEMMAPES (L'administrateur de la Commune mixte de), à Jemmapes (Constantine). — Nattes en palmier nain.   **(ESPLANADE.)**

40. KADA OULD MOSTEFA, à Ziaina (Oran). — Tapis algériens, dits thag.   **(ESPLANADE.)**

41. LAJONKAIRE (de), à Oran. — Sparterie en alfa.   **(ESPLANADE.)**

42. LAKHDAR ben Ahmed, à Sidi Aïssa, Commune indigène de Bousâada (Alger). — Tapis indigènes.   **(ESPLANADE.)**

43. LARADJ ben Ali, à Kalàa (Oran). — Tapis de laine.   **(ESPLANADE.)**

44. LOUMIS ben Saïd, aux Béni Ouglis, Commune mixte de l'Oued Soumam (Constantine). — Nattes kabyles.   **(ESPLANADE.)**

45. MAAMAR ben Lofrani, aux Maamra, Cercle de Laghouat (Alger). — Hamel rouge. Tellis (sac).   **(ESPLANADE.)**

46. MAAMAR ben Taïeb, à El Assafia, Cercle de Laghouat (Alger). — Tapis couvertures en laine.   **(ESPLANADE.)**

47. MALKDIR NAIT Ali ou Amar, aux Beni Sedka, Commune de Fort National (Alger). — Tapis.   **(ESPLANADE.)**

48. MARÉCHAL (Justin), à Bel Abbès (Oran). — Produits ouvrés en alfa. (Nattes, etc.)   **(ESPLANADE.)**

49. MÉQUESSE (Louis), à Barika (Constantine). — Tapis arabe et nattes en alfa.   **(ESPLANADE.)**

50. MESGUICHE, à Paris, boulevard Poissonnière, 14. — Tapis arabe.   **(ESPLANADE.)**

51. MESSAOUD ben Gueman, aux Lofran, Cercle de Laghouat (Alger). — Hamel rouge. Tellis (sac) ordinaire.   **(ESPLANADE.)**

52. MOHAMED ben Ali, à Laghouat (Alger). — Tapis en laine.   **(ESPLANADE.)**

53. MOHAMED ben Atallah, des Ababda, Cercle de Laghouat (Alger). — Hamel rouge. Tellis (sac) ordinaire.   **(ESPLANADE.)**

54. MOHAMED ben el hadj Bouchana, à Aïn Madhi, Cercle de Laghouat (Alger). — Tapis couvertures (djerbès) en laine.   **(ESPLANADE.)**

55. MOHAMED ben Maïza, aux Ouled Ali ben Naccur, Commune mixte des Eulmas (Constantine). — Tapis arabe.   **(ESPLANADE.)**

56. MOHAMED ben Mouaz, Caïd, annexe d'Aflou (Oran). — Tapis de fabrication arabe.   **(ESPLANADE.)**

57. MOHAMED ben Saïdan, aux Ouled Saiem, Commune mixte d'Aumale (Alger). — Natte de six mètres.   **(ESPLANADE.)**

58. MOLINÉ (Simon), à Mustapha, rue Saint-Jean, (Alger). — Tapis drap, genre arabe.   **(ESPLANADE.)**

59. MOUSSA ben Maache, aux Hadjadja, Cercle de Laghouat (Alger). — Hamel rouge. Tellis (sac) ordinaire.   **(ESPLANADE.)**

60. PITCAIRN, à Oran. — Sparterie d'alfa.   **(ESPLANADE.)**

61. SAID ben Abdellah ben Rabah, à Tamendjis, Commune mixte d'El Milia (Constantine). — Natte en diss.   **(ESPLANADE.)**

62. SALAH LOGHRESSI, aux Beni Salah (Constantine). — Tapis arabe.   **(ESPLANADE.)**

63. SEDDIK ben Ali, à Oued Ladien, Commune mixte de Sedrata (Constantine). — Tapis en laine haute.   **(ESPLANADE.)**

64. SELAMI ben Kouïder, aux Ouled Sidi Slimau, Cercle de Laghouat (Alger). — Hamel rouge. Tellis (sac) ordinaire.   **(ESPLANADE.)**

65. SI AHMED ben Saïd, aux Oulad Slama, Commune mixte d'Aumale (Alger). — Tapis en laine.   **(ESPLANADE.)**

66. SI AHMED ben Amar Caïd, à Sidi Yacoub, Mékerra (Oran). — Cribles pour passer le cousscouss, fabriqués avec de l'alfa, du diss et du palmier nain.   **(ESPLANADE.)**

67. SI AHMED ould si Mohammed ben Rerrass, à Remchi (Oran). — Coussins en palmier nain, petite natte en palmier, forme ovale.   (ESPLANADE.)

68. SI EL HADJ bou Hassein ben Mansour ben Abid, à Zemora, Commune mixte des Bibans (Constantine). — Tapis arabe.   (ESPLANADE.)

69. SI MOHAMED ben Lassen, à Tlemcen (Oran). — Nattes en alfa et laine rouge.   (ESPLANADE.)

70. SI MOHAMED ben Snoussi, à Messââd, Cercle de Djelfa (Alger). — Tissu de laine et poils de chameau pour vêtement.   (ESPLANADE.)

71. SI SAID ben Abdesselam, aux Ouled Chenata, Cercle de Djelfa (Alger). — Tissu en poils de chameau pour sacs. Tissu de laine pour sacs.   (ESPLANADE.)

72. SI SALAH ben Ali ben Belkassem, à Aïn Snab, Commune de Sedratà (Constantine). — Tapis en laine haute.   (ESPLANADE.)

73. SLIMAN ben el Hadj, aux Zcharka, Cercle de Laghouat (Alger). — Hamel rouge. Tellis (sac) ordinaire.   (ESPLANADE.)

74. SOLAL (Léon), à Alger, place Malakoff, 6. — Fréchias de Tlemcen, gros tapis d'Algérie.   (ESPLANADE.)

75. TAIEB ben Taïeb, à Frendah (Oran). — Tapis laine.   (ESPLANADE.)

76. YAHIA ben Ata Allah à Charef (Alger). — Tissus de laine pour vestibule et escaliers.   (ESPLANADE.)

COCHINCHINE.

1. Arrondissement de Longxuyen. — Nattes en jonc à dessins variés.   (ESPLANADE.)

2. BEER (Paul), à Saïgon. — Natte en jonc de Baria.   (ESPLANADE.)

3. BOS, à Baria. — Nattes blanches pour voile.   (ESPLANADE.)

4. Établissement de la Sainte-Enfance, à Saïgon. — Nattes.   (ESPLANADE.)

5. Prison Centrale, à Saïgon. — Nattes et stores en rotin.   (ESPLANADE.)

6. Service local, à Saïgon. — Stores et nattes.   (ESPLANADE.)

GABON CONGO.

1. AVINENC, au Gabon. — Nattes de la région de Loango.   (ESPLANADE.)

2. PECQUEUR (Léona), au Gabon. — Nattes et tapis.   (ESPLANADE.)

GUADELOUPE.

1. BÉNY (J.-B.), à Saint-Barthélemy. — Natte.   (ESPLANADE.)

2. Sous Comité d'Exposition, à la Pointe-à-Pitre. — Natte en latanier et paillassons.   (ESPLANADE.)

INDE FRANÇAISE.

1. Comité d'Exposition de l'Inde. — Tapis en laine d'Yanaon, nattes, tattys en vétiver.   (ESPLANADE.)

MAYOTTE ET COMORES.

1. Service local, de Mayotte. — Nattes.   (ESPLANADE.)

NOUVELLE-CALÉDONIE.

1. **Affaires indigènes (Service des)**, à Nouméa. — Nattes.　　(ESPLANADE.)
2. **NOUET**, à la Nouvelle-Calédonie. — Natte des Wallis.　　(ESPLANADE.)

RÉUNION.

1. **DESVENTES (Mme Alexandre)**, à Saint-André. — Tapis mosaïque de soie, composée de 3,000 mosaïques.　　(ESPLANADE.)
2. **GENÉVE (Vve Auguste)**, à Saint-Denis. — Tapis mendiant.　　(ESPLANADE.)
3. **ROUSTANG (Antoine)**, à Saint-Denis. — Tapis mendiant.　　(ESPLANADE.)

SÉNÉGAL.

1. **AMADIJ NATAGO Lam Toro**, Chef du Toro, (protectorat du Toro). — Nattes peulh, natte maure.　　(ESPLANADE.)
2. **AMAR SALEUM**, Roi des Maures Trarza. — Grande natte.　　(ESPLANADE.)
3. **NOIROT (Ernest)**, Administrateur colonial, délégué du Sénégal, au Sénégal. — Petite natte pour salam.　　(ESPLANADE.)
4. **SIDI ELTÉ**, Roi des Maures Brakna. — Nattes décorées.　　(ESPLANADE.)

PAYS DE PROTECTORAT.

ANNAM-TONKIN.

1. **Protectorat de l'Annam et du Tonkin**, province de Quang-Yen. — Nattes blanches et rouges.　　(ESPLANADE.)
2. **Province de Hanoï.** — Nattes en bambou.　　(ESPLANADE.)

CAMBODGE.

1. **PLANTÉ**, à Phnon-Penh. — Nattes de différentes grandeurs.　　(ESPLANADE.)

TUNISIE.

1. **ACHEM ZARROUK**, à Tunis. — Couvertures et tissus d'ameublement.　　(ESPLANADE.)
2. **AHMED bou DIDAH.** — Tapis, tentures, etc.　　(ESPLANADE.)
3. **BARBOUCHI.** — Tapis, tentures, etc.　　(ESPLANADE.)
4. **BISMUT (S. de M.).** — Tapis, tentures, etc.　　(ESPLANADE.)

5. **Comité tunisien** (Président : **Mohamed Djellouli**), à Tunis. — Tapisseries, tentures, étoffes.   (ESPLANADE.)

6. **DAVID ben RUBEN**. — Tentures en toile appliquée.   (ESPLANADE.)

7. **KHALAT (I. de M.)**. — Tapis, tentures, etc.   (ESPLANADE.)

8. **MOHAMED & ALI BARBOUCHI**, à Tunis, rue des Étoffes. —
Étoffes, tapis, meubles peints, bibelots divers.   (ESPLANADE.)

9. **MOHAMED ben MIRZOUK**. — Tapis, tentures, etc.   (ESPLANADE.)

10. **MOHAMED ben ZACCOUR**, à Tunis. — Tapisseries et accessoires.
                                                                   (ESPLANADE.)

11. **SALAH MOUY**. — Tapis, tentures, etc.   (ESPLANADE.)

12. **YOUSSEF DJERBI**. — Tapis, tentures, etc.   (ESPLANADE.)

PAYS ÉTRANGERS.

RÉPUBLIQUE ARGENTINE.

1. **Commission auxiliaire**, à Córdoba (Tulumba). — Grand tapis. (PARC.)
2. **Commission auxiliaire**, à Salta. — Tapis. (PARC.)
3. **Commission auxiliaire**, à Tucuman. — Tapis en plumes. (PARC.)

AUTRICHE-HONGRIE.

1. **ARNHEIM (Heinrich)**, à Troppau. — Broderies soutachées. (PALAIS.)
2. **GINZKEY (Ignace)**, à Maffersdorf (Bohême). — Tapis et couvertures. (PALAIS.)
3. **POLLAK (Frédéric)**, à Vienne VI, Schmalzhofgasse, 4. — Tapis et rideaux en chenille. (PALAIS.)

BELGIQUE.

1. **BRAQUENIÉ & Cie**, à Malines, rue de Strassart, 20. — Tapisseries artistiques. (PALAIS.)
2. **DRATZ (Henri) & Cie**, à Ixelles, rue Wiertz, 30 A. — Tapisseries, tentures, étoffes d'ameublement, etc. par application de la tinctographie à l'industrie textile. (PALAIS.)
3. **GOVAERT Frères**, à Alost. — Tapis. (PALAIS.)
4. **LAVALETTE (Adolphe) & Cie**, à Bruxelles, rue des Paroissiens, 14. — Broderies pour ameublement. (PALAIS.)
5. **VAN NUFFEL Frères**, à Berchem-lez-Anvers, rue Stuyvenberg. — Tapis cirés et autres, impression mécanique. Tapis carrossiers, tapis de table, toile cirée. (PALAIS.)
6. **VAN OYE (Albert) & Cie**, à Bruxelles, rue Coenraets, 75. — Nattes, paillassons tissés d'écorces de rotins, carpettes et tapis. (PALAIS.)
7. **WYCKHUYSE (Henri)**, à Roulers. — Nouvelle toile d'ameublement. (PALAIS.)

BRÉSIL.

(Voir son Catalogue spécial).

ÉGYPTE.

1. **DALSÈME**, à Paris, rue Saint-Marc, 21. — Tapis d'Orient, Perse, Daghestan, Asie Mineure, Asie. (PALAIS.)

ÉQUATEUR.

1. **Commission coopérative**, à Quito. — Tapis de coco. (PARC.)

2. **Commission coopérative d'Ambato**, à Ambato. — Tapis de chanvre faits à la main. (PARC.)

3. **FLORES (Antonio)**, à Quito. — Tapis de laine. (PARC.)

4. **LARREA (Jenaro)**, à Quito. — Tapis de laine. (PARC.)

5. **SALVADOR (Mme Adélaïda)**, à Quito. — Tapis de laine. (PARC.)

ESPAGNE.

1. **PEREZ (José) & Fils**, à Barcelone. — Sparterie. (PALAIS.)

ÉTATS-UNIS.

1. **Hartmann Manuf. Co**, à Beaver Falls, Pa., & à New-York, N. Y. 105, Chambers street. — Nattes et paillassons en fil d'acier et en cuivre. (PALAIS.)

2. **HEALD (Alfred)**, à Germantown, Pa., 54, Johnston street. — Tapis divers. (PALAIS.)

GRANDE-BRETAGNE.

1. **ARDESHIR & BYRAMJI**, Hummum street, 18, Fort Bombay, (Indes). — Tapis. (PALAIS.)

2. **BARRY (John) OSTLERE & Co. (Limited)**, à Kirkcaldy, Écosse. — Toiles pour planchers, toiles cirées et linoleums. (PALAIS.)

3. **BHUMGARA FRAMJEE PESTONJEE**, à Bombay, Kualhadevie road, 5, et à Madras, Mount road, 5. — Tapis. (PALAIS.)

4. **BIGEX E., SRINUEGUR**, à Cashmere et à Londres, New Street, 15, Bishopsgate street. — Tapis. (PALAIS.)

5. **Corticine Floor Covering Co. (Limited)**, à Londres, Queen Victoria street, 114, et à Paris, rue Etienne-Marcel, 52. — Corticine, toile pour tapis, tapis de liége. (PALAIS.)

6. **CROSSLEY (John), & Sons, (Limited)**, à Halifax, Dean Clough mills. — Carpettes et foyers au jacquart et à l'impression. Marchandises en pièces soit au jacquart ou à l'impression. Marchandises pour meubles, sacs arabes, etc. (PALAIS.)

   15, Silver street, London E. C.
   57, Portland street, Manchester.
   109-111 Worth street, New-York.
   J. Redlich, rue d'Hauteville, 84, Paris, pour l'exportation seulement.

7. **Donegal Industrial Fund**, à Londres, Wigmore street, 43. — Tapis, tapisseries et autres tissus d'ameublement. (PALAIS.)

8. **Mitcham Linoleum and Floor Cloth Co. (Limited)**, à Londres, Red Lion Court, Cannon street, 8. — Linoleums, tapis de liége, toiles pour planchers. (PALAIS.)

9. NAIRN (Michael) & Co., à Kirkcaldy, Écosse. — Linoleums.   (PALAIS.)

10. NICHOLSON (J. O.), à Macclesfield, Hope mills. — Damas uni et broché pour tapissiers.   (PALAIS.)

11. NIELSON, SHAW & MAC GREGOR, à Glasgow, Buchanan street, 44. — Tapis, moquettes, etc.   (PALAIS.)

12. PROCTOR & Co. (The Indian Art Gallery), à Londres, Oxford street, 428. — Tapis et moquettes.   (PALAIS.)

13. RYLANDS & Sons (Limited), à Manchester et a Londres. — Toiles cirées.   (PALAIS.)
Filateurs, Fabricants.
Blanchisseurs et Teinturiers. Calicots Écrus, Lavés, Blancs et Teints, Damas en Coton, Blancs et Teints ; Brocart, Façonnés, Fichus et Châles, Satinés, Couvre-toilettes, Linges ouvrés, Damas imprimés, Coutils, Regattas, Oxfords, Harvards, Flanelles, Chemises, Cotons à coudre, Rubans, Passementerie, Cordonnets, Mouchoirs, Toiles cirées.
Usines : Manchester, Gorton, Wigan, Bolton, Swinton, Crewe. Blanchisserie. Heapey.
Fabrique à Toiles cirées : Chorley.
Récompenses : Paris 1878, Diplôme, médaille d'Argent ; Bruxelles 1888, Prix d'Honneur, Médaille d'or, Diplôme d'honneur, Médaille d'argent pour divers articles de leur fabrication. Melbourne 1888. Premier ordre de mérite.

14. TRELOAR & Sons, à Londres, Ludgate hill, 70. — Paillassons de cocoa.   (PALAIS.)

GRÈCE.

1. ACRIDOULI (Evangelie), à Lamie (Phtiotide et Phocide). — Tapis.   (PALAIS.)

2. ADAMOPOULO (A.), à Pharsala (Larisse). — Tapis.   (PALAIS.)

3. ADAMOPOULOS (Jean), à Pharsala (Larisse). — Tapis.   (PALAIS.)

4. ANDRIANOPOULO (Theophanie), à Tripoli (Arcadie). — Tapis.   (PALAIS.)

5. ARGYROPOULO (Marie), à Scyathos (Eubée). — Tapis.   (PALAIS.)

6. ATHANASSIOU (Evangelie), à Scyathos (Eubée). — Tapis.   (PALAIS.)

7. ATHANASSOPOULO (Elisabeth), à Tripoli (Arcadie). — Tapis.   (PALAIS.)

8. BASTA (Baptiste), à Cythnos (Cyclades). — Tapis.   (PALAIS.)

9. BÊTSICOURA Sœurs, à Athènes. — Tissus d'ameublement.   (PALAIS.)

10. BOUKOJEAN (Cyriacoula), à Agrinion (Étolie et Acarnanie). — Tapis.   (PALAIS.)

11. BOUROUNI (Eurydice), à Tripoli (Arcadie). — Tapis.   (PALAIS.)

12. BOUROUNI (Panagiota), à Tripoli (Arcadie). — Tapis.   (PALAIS.)

13. BOUTZOUVI (Sarantena), à Tripoli (Arcadie). — Tapis.   (PALAIS.)

14. CAPETANIOU (Athina), à Salamis (Attique et Béotie). — Tapis.   (PALAIS.)

15. CARAMANOS (S.), à Poros (Argolide et Corinthie). — Tapis.   (PALAIS.)

16. CHRISTOS (George), à Xirochori (Eubée). — Tapis.   (PALAIS.)

17. COMMATA (Georgitsa), à Tripoli (Arcadie). — Tapis.   (PALAIS.)

18. Commission des Olympies, à Athènes. — Tapis.   (PALAIS.)

19. CONSTANTOULAKIS (D.), à Hydra (Argolide et Corinthie). — Tissus d'ameublement.
(PALAIS.)

20. CREMYDA (Anastasie), à Tripoli (Arcadie). — Tapis.
(PALAIS.)

21. DIAMANTATSIKOU (Alexandre), à Tripoli (Arcadie). — Tapis.
(PALAIS.)

22. DOUNIA (Polyxène), à Léonidiou (Laconie). — Tapis.
(PALAIS.)

23. GOULÉ (Eugéniki), à Tripoli (Arcadie). — Tapis.
(PALAIS.)

24. LAMBOPOULO (Panagiota), à Tripoli (Arcadie). — Tapis.
(PALAIS.)

25. LAZARI (Eumorphoula), à Xirochori (Eubée). — Tapis.
(PALAIS.)

26. LIOULIS (Panagiotis), à Salamis (Attique et Béotie). — Tapis.
(PALAIS.)

27. LOUCA (Catherine), à Salamis (Attique et Béotie). — Tapis.
(PALAIS.)

28. LOUCAITI (Constantia), à Tripoli (Arcadie). — Tapis.
(PALAIS.)

29. MITAKOS (C.), à Tyrnavos (Larisse). — Tissus d'ameublement.
(PALAIS.)

30. MORAITOPOULOS (G.), à Macrinitsa (Volo-Larisse). — Tapis.
(PALAIS.)

31. MOURGELA (Marie), à Tripoli (Arcadie). — Tapis.
(PALAIS.)

32. MOUZAS (Emmanuel), à Tyrnavos (Larisse). — Tissus d'ameublement.
(PALAIS.)

33. NICOLOPOULO (Liatifi-Anastasie), à Tripoli (Arcadie). — Tapis.
(PALAIS.)

34. Ouvroir d'Athènes, à Athènes. — Tapis.
(PALAIS.)

35. Ouvroir de Poros, à Poros (Argolide et Corinthie). — Tapis.
(PALAIS.)

36. PANAS (Jean), à Volo (Larisse). — Tapis.
(PALAIS.)

37. PAPACHRISTO (Zoé & Marie), à Xirochori (Eubée). — Tapis.
(PALAIS.)

38. PAPAGEORGES (Pénélope), à Géronthron (Laconie). — Tapis. (PALAIS.)

39. PAPAGIANOPOULO (Pigi & Catigho, Sœurs), à Tripoli (Arcadie). — Tapis.
(PALAIS.)

40. PAPANASTASSIOU (Panagiotis), à Caryste (Eubée). — Tapis.
(PALAIS.)

41. PAPANICOLAOS (George), à Sparte (Laconie). — Tapis.
(PALAIS.)

42. PAPASTHATOPOULOS (L.), à Arachova (Attique et Béotie). — Tapis.
(PALAIS.)

43. PARASKEVOPOULO (Anastasie), à Tripoli (Arcadie). — Tapis.
(PALAIS.)

44. PHLOCOS (George), à Limni (Eubée). — Tapis.
(PALAIS.)

45. PRASSAS (Pascal), à Tyrnavos (Larisse). — Tissus d'ameublement.
(PALAIS.)

46. PROVAKI (Basilique), à Tripoli (Arcadie). — Tapis.
(PALAIS.)

47. RIGHA (Hélène), à Pramanta (Arta). — Tapis.
(PALAIS.)

48. SAINIS (Demetrius), à Tyrnavos (Larisse). — Tissus d'ameublement.
(PALAIS.)

49. SARIGIANNI (Hélène), à Tripoli (Arcadie). — Tapis. (PALAIS.)

50. SCRETIS (Agathangelus), à Calambaka (Triccala). — Tapis. (PALAIS.)

51. SOPHRA (Orsa), à Salamis (Attique et Béotie). — Tapis. (PALAIS.)

52. THANO (Athina Doula), à Carvassaras (Étolie et Acarnanie). — Tapis. (PALAIS.)

53. THÉODOROU (Marie), à Scopelos (Eubée). — Tapis. (PALAIS.)

54. TSANGOURI (Demitro), à Tripoli (Arcadie). — Tapis. (PALAIS.)

55. TSIMBLOULIS (Basile), à Tyrnavos (Larisse). — Tissus d'ameublement. (PALAIS.)

56. TSONGAS (George), à Volo (Larisse). — Tapis. (PALAIS.)

57. VASSILIKI (Panagiou), à Salamis (Attique et Béotie). — Tapis. (PALAIS.)

58. VASSOCOSTA (Hélène), à Sparte (Laconie). — Tapis. (PALAIS.)

59. ZANTSOU Sœurs, à Volo (Larisse). — Tapis. (PALAIS.)

60. ZERVOPOULO (Elisabeth), à Tripoli (Arcadie). — Tapis. (PALAIS.)

JAPON.

1. AKAGAWA (Kiubei), Osaka-fu, Nishi-Ku. — Nattes, paillassons. (PALAIS.)

2. FUJIMOTO (Shotaro), Osaka-fu, Sakai-Ku. — Tapis de coton et de chanvre. (PALAIS.)

3. HORI (Sadaichi), Oita-Ken, Hayami-Kori. — Nattes. (PALAIS.)

4. KOJIMA (Matsunosuke), Hiogo-Ken, Ako-Kori. — Tapis de coton. (PALAIS.)

5. KOJIMA (Sadashichi), Kioto-fu, Shimokio-Ku. — Tapis de coton, tapis de soie. (PALAIS.)

6. Ministère de l'Agriculture & du Commerce (Direction de l'Industrie), à Tokio. — Nattes. (PALAIS.)

7. MITANI (Asa), Osaka-fu, Higashi-Ku. — Tapis de coton et de soie. (PALAIS.)

8. NOGUCHI (Kakubei), Kioto-fu, Shimokio-Ku. — Tapis de tricot en soie, en chanvre et en coton. (PALAIS.)

PARAGUAY.

1. Gouvernement de la République du Paraguay, à Assomption. — Cuirs d'ameublements. (PARC.)

PAYS-BAS.

1. Manufacture royale de Tapis de Deventer (Directeur : **M. W. F. Kronenberg**), à Deventer. — Tapis. (PALAIS.)

2. STEVENS (W), à Krallngen-lez-Rotterdam. — Tapis de Smyrne. (PALAIS.)

PORTUGAL.

1. FERREIRA (Antonio Augusto). — Nattes.   (QUAI.)

2. OLIVEIRA & Ca. — Tissus d'ameublements.   (QUAI.)

3. SILVA (Bruno da). — Nattes.   (QUAI.)

COLONIES PORTUGAISES.

1. Banque Coloniale Portugaise, à Lourenço Marques. — Natte de Maputa, Lourenço Marques Mozambique.   (PALAIS.)

2. Musée des Colonies, à Lisbonne. -- Collection de nattes des provinces de Cap Vert, St-Thomas et Prince, Angola, Mozambique et Inde Portugaise.   (PALAIS.)

ROUMANIE.

1. BADESCO (Nitza P.), à Boteni (District de Muscel). — Tapis en laine fait à la main.   (PALAIS.)

2. BAICANOIU (Zoé), à Slatina (Oltu). — Tissu de laine rouge. Ruban noir et coloré pour garniture de meubles.   (PALAIS.)

3. BERDANU (Nathalie N.) à Coroesti (Berlad). -- Tapis de laine, simple et de plusieurs couleurs.   (PALAIS.)

4. BUNESCO (Sevastita), à Argesch. — Tapis.   (PALAIS.)

5. BUNESCO (S. M.), à Rucar. -- Tapis, tapis étroits et longs, noirs et blancs, pièces d'étoffe rouge pour meubles, pièces d'étoffe lilas pour meubles.   (PALAIS.)

6. CANANO (Grégoire B.), en gare de Veresti, pour Hancea. — Draperies.   (PALAIS.)

7. CIOBANU (Catrina V.) à Grôjdeni (Berlad). — Tapis ou dessus de lit en laine et coton de plusieurs nuances.   (PALAIS.)

8. CIOBANU (Jonitz), à Grôjdeni (Berlad). — Dessus de lit ou tapis de laine. Tapis de chanvre de plusieurs nuances.   (PALAIS.)

9. CIOBANU (Toderu), à Fruntiseni (Berlad). — Tapis en laine de plusieurs nuances.   (PALAIS.)

10. COSTICA (Ion Gh.), à Fruntiseni (Berlad). — Tapis de laine de plusieurs nuances.   (PALAIS.)

11. COSTICA (Maranda V.), à Fruntiseni (Berlad). — Tapis de laine.   (PALAIS.)

12. COSTICA (Vasile Gh.), à Fruntiseni (Berlad). — Tapis de laine.   (PALAIS.)

13. CRETZULESCO (Mme M.), à Miclasani (district de Muscel). — Dessus de lit en laine.   (PALAIS.)

14. DIMITRESCA (Maica Domnica), au couvent de Namaesci (Muscel). — Etoffes pour meubles.   (PALAIS.)

15. DOBROVICI (Constantin), à Berlad. — Tapis de laine avec dessins variés de plusieurs nuances.   (PALAIS.)

16. DRAGU (Iconom C.) à Coroesti (Berlad). — Tapis en coton de plusieurs nuances.   (PALAIS.)

17. FLOROIU (Safta Gh.) à Fruntiseni. — Tapis roumain de laine de plusieurs nuances.   (PALAIS.)

18. GEORGIADI (Elena), à Bucharest, rue Stavropoléos, 13. — Couvertures de lit en gaze brodée.   (PALAIS.)

19. GHENEA (Nicolae), à Berlad. — Tissu de laine et coton pour ameublement. Tissu rouge.   (PALAIS.)

20. GHEORGHIU (Catinôa D.), à Grôjdeni (Berlad). — Toile de lin, soie et coton de plusieurs nuances pour meubles.   (PALAIS.)

21. HERESCU (Irina C.), à Ràmnicu-Valcea. — Tapis.   (PALAIS.)

22. ILIESCO (Ecaterina R. J,), à Racovitza (District Muscel).— Tapis roumain.   (PALAIS.)

23. ISTRAILU (Gheorghe S.), à Fruntiseni (Berlad). — Tapis de laine.
                                                                                (PALAIS.)

24. ISTRAILU (Ion), à Fruntiseni (Berlad).—Tapis en laine de plusieurs nuances.
                                                                                (PALAIS.)

25. LAZARESCO (Démètre), à Bucharest, strada Apolodor, 19. — Tapis faits à la main.   (PALAIS.)

26. LUPU (Tanasie Panaite), à Fruntiseni (Berlad). — Tapis de laine.
                                                                                (PALAIS.)

27. MARINESCO (Ana), à Gorgani (Muscel). — Peluche de laine pour meubles ; dessous de table en chanvre ; rideaux.   (PALAIS.)

28. MIHAILESCO (Théodora), à Campu-Lung. — Tapis de laine, dessus de table de toile blanche avec laine et fils d'or.   (PALAIS.)

29. MIHALAKE (Leftera), à Frunsiteni (Berlad). — Tapis de laine de diverses nuances.   (PALAIS.)

30. NISTOR (Dumitra V.) à Grôjdeni (Berlad). — Tapis en coton de plusieurs nuances.   (PALAIS.)

31. ONELU (Niculae), à Fruntiseni (Berlad). — Tapis en laine et chanvre. Tapis de laine.   (PALAIS.)

32. ONISOR (Gavril), à Berlad. — Tapis de laine.   (PALAIS.)

33. PARAIANO (Alina Andréi), à Crayova. — Tapis de laine doublé de drap rouge.   (PALAIS.)

34. PETCO (Adam), à Grôjdeni (Berlad). — Dessus de lit ou tapis de coton et fleurs de laine de plusieurs couleurs.   (PALAIS.)

35. PETCO (Soltana G.), à Grôjdeni (Berlad). — Étoffe de chanvre, laine et coton de plusieurs nuances.   (PALAIS.)

36. POENAREANU (Mme Grigore), à Pœnari (Muscel). — Rideaux, transparent, serviette, taies d'oreiller, dessus de table, tapis, couvertures en poils de chèvre.
                                                                                (PALAIS.)

37. POENARU (Ecaterina Grigorie), à Pœnari (Muscel).— Draperie pour rideaux avec transparent, en poils de chèvre.   (PALAIS.)

38. POPA (Jancu), à Fruntiseni (Berlad). — Tapis de laine.   (PALAIS.)

39. POPA (Vasile-Janca), à Fruntiseni (Berlad). — Tapis ou dessus de lit en laine et coton.   (PALAIS.)

40. POPESCO (Maritza N.), à Valea Mare (District Muscel). — Tapis, taie d'oreiller en soie brodée à la main.   (PALAIS.)

41. POPOVICI (Eugenia), à Dorohoiu. — Tapis.   (PALAIS.)

42. PREOT (Maria Berdanu), à Cocoesti (Berlad). — Tapis de plusieurs nuances et dessins.   (PALAIS.)

43. PUSCASU (Gheorghe), à Fruntiseni (Berlad). — Tapis de laine. **(PALAIS.)**

44. PUSCASU (Vasil), à Fruntiseni (Berlad). — Tapis de laine de plusieurs nuances. **(PALAIS.)**

45. ROTARU (Dumitra Iftemie), à Berlad. — Tapis ou dessus de lit en laine et coton. **(PALAIS.)**

46. ROTTARU (Maria C.), à Grôjdeni (Berlad). — Dessus de lit en laine de plusieurs nuances. **(PALAIS.)**

47. ROTARU (Vasilia J. T.), à Grôjdeni. — Dessus de lit en laine. **(PALAIS.)**

48. SAVULESCO (Bucura G.), à Voinesti (Muscel). — Dessus de lit en tapis blanc. **(PALAIS.)**

49. SIMION (Ana Iosif), à Voinesti (Muscel). — Tapis. **(PALAIS.)**

50. SOFRONIE (Mlle Profira C.), à Cursesci (Vaslui). — Tapis. **(PALAIS.)**

51. STEOPOE (Mme Maria), à Bucharest, rue Victoriei, 204. — Couverture de lit, travaux de fantaisie en soie. **(PALAIS.)**

52. STRIKIDI (T. M.), à Vaslui. — Grands tapis. **(PALAIS.)**

53. SVERLEFUSU (Elena Itemi), à Fruntiseni (Berlad). — Tapis ou dessus de lit en laine et coton de plusieurs nuances. **(PALAIS.)**

54. SVERLESCO (Maria Ph.) à Grôjdeni (Berlad). — Tapis en chanvre de plusieurs nuances. **(PALAIS.)**

55. TETOIANU (Zoé), à Bacau. — Tapis. **(PALAIS.)**

56. VISHOIU (Nitza G.), à Jugura. — Dessus de lit de laine. **(PALAIS.)**

RUSSIE.

1. BARILOUSSOFF (Jacob), à St-Pétersbourg. — Tapis. **(PALAIS.)**

GRAND-DUCHÉ DE FINLANDE.

1. Amis du travail manuel, à Helsingfors. — Tissus et broderies en style finnois. **(PARC.)**

SALVADOR.

1. Département de Sonsonate. — Natte de salon avec garnitures, petites nattes pour lit. **(PARC.)**

2. SALAZAR (Mlle Dolores), à Atmachapan. — Tapis en plumes. **(PARC.)**

3. Village de Zaragoza. — Matates fins en pite. **(PARC.)**

SERBIE.

1. ANDJELKOVITCH (Mme Persa V.), à Bagna (dépt d'Alexinatz). — Tapis. **(PALAIS.)**

2. ARSENIÉVITCH (Mme Draga), à Tchoupnia. — Tapis de table, tissus de soie et coton. **(PALAIS.)**

3. ARSENYEVITCH (Mme Stanka S.), à Radouyevatz. — Tissu pour meubles. **(PALAIS.)**

4. ATHANSASYEVITCH (Mlle Draga M.), à Pojega (dép¹ d'Oujitze). — Tapis. **(PALAIS.)**

5. BOGDANOVITCH (Marko), à Alexandrovatz (dép¹ de Krouchevatz). — Tapis. **(PALAIS.)**

6. BOUKARITCH (Mme Pétra J.), à Kroupagne (dép¹ de Podrine). — Tapis. **(PALAIS.)**

7. BOYEVITCH (Mme Pétria J.), à G. Kognoucha (dép¹ de Toplitze). — Tapis. **(PALAIS.)**

8. DANITCH (Mme Stanya J.), à Thopola (dép¹ de Kragouyevatz). — Tapis. **(PALAIS.)**

9. DIMITRYEVITCH (Mme Perka S.), à Grabovatz (dép¹ de Kragouyevatz). — Tapis. **(PALAIS.)**

10. Direction des prisons, à Pojarevatz. — Tapis. **(PALAIS.)**

11. DJOKITCH (Radisar), à Alexandrovatz (dép¹ de Krouchevatz). — Tapis, coussins. **(PALAIS.)**

12. GAVRILOVITCH (Mme Christine D.), à G. Toplitza (dép¹ de Valievo). — Tapis. **(PALAIS.)**

13. GAVRILOVITCH (Mlle Darinka D.), à Saranovo (dép¹ de Kragouyevatz). — Tapis. **(PALAIS.)**

14. GEORGEVITCH (Mme Gvosdenya J.), à Badgnevatz (dép¹ de Kragouyevatz). — Tapis. **(PALAIS.)**

15. GEORGEVITCH (Mme Vasilia M.), à Badgnevatz (dép¹ de Kragouyevatz). — Tapis. **(PALAIS.)**

16. GIVOTITCH (Mme Persa), à Srédgnévo (dép¹ de Pojarévatz). — Tissu de laine pour meubles. **(PALAIS.)**

17. GOLOUBOVITCH (Mme Dimitra M.), à Brestov (dép¹ de Pirot). — Tissus pour meubles. **(PALAIS.)**

18. IGNATOVITCH (Mlle Catherine J.), à Yagodine. — Tapis, coussin. **(PALAIS.)**

19. ISAKOVITCH (Mme Catherine M.), à Svilayenatz. — Tapis. **(PALAIS.)**

20. JIKITCH (Radoyko), à Périche (dép¹ de Kgnajevatz). — Tissus pour meubles. **(PALAIS.)**

21. JIVANOVITCH (Mme Pétrya N.), à Koumodrage (dép¹ de Belgrade). — Tissus pour meubles. **(PALAIS.)**

22. KALENTCHITCH (Mme Krounya-S.), à Svilayenatz. — Tissus brodés pour meubles, tapis. **(PALAIS.)**

23. KOUJELKA (Mme Mileva), à Tchatchak — Tapis, tissus pour meubles. **(PALAIS.)**

24. KRAYNTCHANINE (Mme Stanka), à Vlasotinze (dép¹ de Nisch). — Tissus pour meubles. **(PALAIS.)**

25. LOUKITCH (Mme Stana M.), à Jeleznik (dép¹ de Belgrade). — Tissus pour meubles. **(PALAIS.)**

26. MAKSIMOVITCH (Bojidar), à Alexandrovatz (dép¹ de Krouchevatz). — Coussin. **(PALAIS.)**

27. MANOYLOVITCH (Sreta), à Négotine. — Tapis. **(PALAIS.)**

28. MARKOVITCH (Costantin), à Yelachitze (dép¹ de Nisch). — Tissus pour meubles. **(PALAIS.)**

29. MARKOVITCH (Miloch), à Brestovatz (dép¹ de Nisch). — Tissus pour meubles. **(PALAIS.)**

30. MAXIMOVITCH (Mme Nevena), à Knitch (dép¹ de Kragouyevatz). — Coussins, tapis. **(PALAIS.)**

31. MIHAYLOVITCH (Radoul), à Alexandrovatz (dép¹ de Krouchevatz). — Tapis. **(PALAIS.)**

32. MIKITCH (Mme Catherine A.), à Vragna. — Tissus brodés pour meubles. **(PALAIS.)**

33. MIKITCH (Miladine), à Alexandrovatz (dép¹ de Krouchevatz). — Tapis. **(PALAIS.)**

34. MIKITCH (Mme Stanka), à Procouplie (dép¹ d'Alexinatz). — Tissus d'ameublement. **(PALAIS.)**

35. MILADINODITCH (Mme Lvéta M.), à Dessina (dép¹ de Pojarévatz). — Tissus de laine pour meubles. **(PALAIS.)**

36. MILANOVITCH (George), à Belgrade. — Tapis divers. Tissus pour meubles. **(PALAIS.)**

37. MILENOVITCH (Vladimir), à Loukobo (dép¹ de Zrna Reka). — Tapis. **(PALAIS.)**

38. MILITCH (Mme Milka M.), à Tekerache (dép¹ de Podrine). — Tapis. **(PALAIS.)**

39. MILLAKOVITCH (Bojidar), à Alexandrovatz (dép de Krouchevatz). — Tapis de table, nappe. **(PALAIS.)**

40. MILOCHEVITCH (Mme Bosylka M.), à Knejevatz (dép¹ de Roudnik). — Tapis. **(PALAIS.)**

41. MILOCHEVITCH (Mlle Bosylka), à Schtitine (dép¹ de Kgnajevatz). — Tissus pour meubles. **(PALAIS.)**

42. MILOSALIEVITCH (Yanko), à Yasenitza (dép¹ d'Alexinatz). — Tissus pour meubles. **(PALAIS.)**

43. MILOVANOVITCH (Ilya), à Dougo-Polie (dép¹ d'Alexinatz). — Tissus pour meubles. **(PALAIS.)**

44. Municipalité (La), à Vragna. — Coussins, tapis, tissus divers en coton et soie. **(PALAIS.)**

45. NECHITCH (Mme Ivana P.), à Jelznik (dép¹ de Belgrade). — Coussin. **(PALAIS.)**

46. NICOLITCH (Yanitchié), à Alexandrovatz (dép¹ de Krouchevatz). — Tapis. **(PALAIS.)**

47. NICOLITCH (Mme Zaya J.), à Valievo. — Tissus divers pour meubles, tapis. **(PALAIS.)**

48. NINKOVITCI (Mme Stana), à Sikoula (dép¹ de Podrine). — Tapis. **(PALAIS.)**

49. NOVAKOVITCH (Mme Zveta), à Svilayenatz. — Tapis. **(PALAIS.)**

50. OBRADOVITCH (Mme Martha M.), à Medjouloujye (dép¹ de Belgrade). — Tapis. **(PALAIS.)**

51. PACHITCH (Mme Persa), à Koratchitza (dép¹ de Belgrade). — Portières, coussins, tapis. **(QUAI.)**

52. PAYOVITCH (Mme Angélique J.), à Tchatchak. — Tapis.   (PALAIS.)

53. PELIVANOVITCH (Mme Ristasia), à Tchoupria. — Tapis. Tissus brodés pour meubles.   (PALAIS.)

54. PERITCH (Mme Dostana), à Predgnévo (dép¹ de Pojarévatz). — Tissus de laine pour meubles.   (PALAIS.)

55. PETKOVITCH (David), à Paratchine (dép¹ de Tchoupria). — Couverture de lit en coton. Tissu brodé.   (PALAIS.)

56. PETROVITCH (Mme Leposava), à Koutlova (dép¹ de Kragouyévatz). — Tapis.   (PALAIS.)

57. PETROVITCH (Mme Marina S.), à Radouyevatz (dép¹ de Krayne). — Tissus pour meubles.   (PALAIS.)

58. PETROVITCH (Mme Stanka M.), à Zayetchar. — Tapis.   (PALAIS.)

59. PETROVITCH (Stoyan), à Zayetchar. — Tapis.   (PALAIS.)

60. POPOVITCH (Mme Catherine N.), à Svilayonatz. — Tapis.   (PALAIS.)

61. POPOVITCH (Gerasim), à Alexandrovatz (dép¹ de Krouchevatz). — Tapis.   (PALAIS.)

62. POPOVITCH (Mme Mileva), à Bela-Zrkva, (dép¹ de Podrigné). — Tapis. Tissus avec broderie fine.   (PALAIS.)

63. POPOVITCH (Svetozar), à Alexandrovatz (dép¹ d'Krouchevatz). — Coussins. Tapis.   (PALAIS.)

64. POPOVITCH (Mme Yela V.), à Zablatch (dép¹ de Tchatchak). — Tapis.   (PALAIS.)

65. POPOVITCH (Mme Yelisaveta), à Bela-Zrkva (dép¹ de Podrigné). — Tapis.   (PALAIS.)

66. RADITCH (Mlle Zarka), à Semendria. — Tissus, broderie fine, tissus pour meubles.   (PALAIS.)

67. RADOSAVLIEVITCH (Mme Stoyana S.), à Beli Potok (dép¹ de Belgrade). — Tapis.   (PALAIS.)

68. RADOSAVLIEVITCH (Mme Yelitza R.), à Bagna (dép¹ d'Alexinatz). — Tapis.   (PALAIS.)

69. RADOYTCHITCH (Stevan), à Trnavzi (dép¹ de Krouchevatz). — Tapis.   (PALAIS.)

70. RANTCHITCH (Mme Persa D.), à Svilayonatz. — Tissus d'ameublement coton et soie.   (PALAIS.)

71. RAYDJITCH (Stevan), à Tchouchitza (dép¹ de Belgrade). — Tapis.   (PALAIS.)

72. RAYKOVITCH (Vve Krouna), à Balonga (dép¹ de Roudnik). — Tapis.   (PALAIS.)

73. RESAVATZ (Mme Stanka), à Svilayonatz. — Tapis   (PALAIS.)

74. RISTITCH (Mlle Persa), à Bolevatz (dép¹ de Zrna Reka). — Tapis, couverture.   (PALAIS.)

75. RISTITCH (Vlayko), à Despotovatz (dép¹ de Tchoupria). — Coussins et tapis.   (PALAIS.)

76. SOLDATOVITCH (Mme Savka), à Kroupagne (dép* de Podrigné). — Tissu de coton pour coussins, nappe.   **(PALAIS.)**

77. Sous-Comité (Le), à Pirot. — Tissus pour meubles.   **(PALAIS.)**

78. SPASOYEVITCH (Mme Pavlya D.), à Slavkovitza (dép* de Valievo). — Tapis.   **(PALAIS.)**

79. SPASTOYEVITCH (Mlle Spassenia), à Babayitch (dép* de Valievo). — Coussin.   **(PALAIS.)**

80. SRETITCH (Mme), à Ripagne (dép* de Belgrade). — Tissus d'ameublement.   **(PALAIS.)**

81. STANIMIROVITCH (Mme Aniza), à Kroupag*o (dép de Podrigné). — Tissus pour meubles.   **(PALAIS.)**

82. STEVANOVITCH (Mme Draga L.), à Boliendja (dép* de Valievo). — Tapis.   **(PALAIS.)**

83. STOCHITCH (Mme Yordana G.), à Sourdcultiza (dép* de Vragna). — Tissus pour meubles et autres tissus brodés.   **(PALAIS.)**

84. STOYANOVITCH (Mme Lyoubitza J.), à Svilayenatz. — Tapis. Tapis de table.   **(PALAIS.)**

85. STOYKOVITCH (Mme Jeannette L.), à Kragouyevatz. — Tapis.   **(PALAIS.)**

86. Syndicat de marchands de tapis, à Pirot. — Tapis divers.   **(PALAIS.)**

87. TCHOULITCH (Milorad), à Ratina (dép* de Tchatchak). — Coussin.   **(PALAIS.)**

88. THOCHITCH (Vasilye), à Pirot. — Tissus divers pour meubles.   **(PALAIS.)**

89. THODOROVITCH (Mme Hélène), à Semendria. — Tapis.   **(PALAIS.)**

90. VELIMIROVITCH (Vve Stana), à Nathalinzi (dép* de Kragouyevatz) — Tapis.   **(PALAIS.)**

91. VESSITCH (Pavlo), à Miriévo (dép* de Belgrade). — Tapis. Tissus de laine pour meubles.   **(PALAIS.)**

92. YAKOVLIEVITCH (Mme Yelisaveta), à D. Kamenitza (dép* de Kgnajevatz). — Tapis.   **(PALAIS.)**

93. YEREMITCH (Mme Stoyanka), à Procouplié (dép* de Toplitza). — Tapis, coussins.   **(PALAIS.)**

94. YEVTITCH (Michel), à Kloka (dép* de Kragouyevatz). — Tapis.   **(PALAIS.)**

95. YOVITCH (Mme Soultana Z.), à Prokouplié. — Coussins.   **(PALAIS.)**

96. ZINKOVITCH (Mme Anitza K.), à Yelachitza (dép* de Vragna). — Coussin.   **(PALAIS.)**

RÉPUBLIQUE SUD-AFRICAINE.

1. Gouvernement de la République (Le), à Prétoria. — Nattes.   **(ESPLANADE.)**

SUISSE.

1. **RIETER, ZIEGLER & Cie**, à Zurich. — Étoffes imprimées pour ameublement. **(PALAIS.)**

2. **TROTTMANN (H.)**, à Rottenschwyl (Argovie). — Tapis mosaïque de chiffons. **(PALAIS.)**

3. **WILLI VON BERGEN (Barbe)**, à Hohfluh (Berne). — Grands et petits tapis. **(PALAIS.)**

TURQUIE.

1. **DREYFUS (Th.) & VANDRISSE (A.)**, à Paris, rue Taitbout, 24. — Tapis d'Orient. **(PALAIS.)**

GROUPE III.

MOBILIER ET ACCESSOIRES.

Classe 22.

Papiers peints.

FRANCE.

1. **BASSAN et Cie**, à Paris, rue du Faubourg-Saint-Denis, 99. — Stores transparents. (PALAIS.)

2. **BELLAN (Eugène)**, à Paris, rue Saint-Antoine, 96. — Stores transparents artistiques et en tous genres. (PALAIS.)

3. **BREMOND**, à Paris, rue des Gravilliers, 24. — Stores transparents. (PALAIS.)

4. **CADOT Jeune (Eugène-F.)**, à Paris, rue de Rambouillet, 29. — Papiers peints. Veloutés mats, cheviotte, unis et frappés. (PALAIS.)

5. **CHAGNIAT-AUFRÈRE**, à Paris, rue Étienne-Marcel, 25. — Papiers de fantaisie. (PALAIS.)

6. **DEWEZ** (Maison), **Darras (Albert)**, Successeur, à Paris, rue St-Denis, 210. — Stores peints et transparents pour intérieur. (PALAIS.)

7. **FOLLOT (Félix)**, à Paris, boulevard Diderot. 43. — Papiers peints. (PALAIS.)

   Usine à vapeur, 8 et 10 rue Boubazia, 1, et 3 rue de Citeaux. Manufacture spéciale de papier peint uni de toutes dimensions, soit en mat, soit en glacé ou velouté. Reps, points divers et teintes soie, veloutés, lustrés et gaufrés. Imitations des étoffes de velours et soie. Inventeur du velours cheviotte et de la cheviottine. Récompenses : Expositions universelles de Paris 1867, Vienne 1873, Paris 1876, Sydney 1879 et Melbourne 1881 Croix de Chevalier de la Légion d'honneur. Membre du Jury aux Expositions universelles d'Amsterdam, d'Anvers et de Barcelone.

8. **GILLOU & Fils**, à Paris, passage Charles-Dallery, 7. — Papiers peints. (PALAIS.)

   Papiers peints en tous genres, à la planche et à la machine.
   Imitation de bois et marbres.
   Spécialités de papiers peints hygiéniques, pouvant se laver sans altération.
   Récompenses :
   Paris 1867 Médaille d'or, Croix de Chevalier de la Légion d'Honneur.
   Paris 1878, Médaille d'or, Croix d'Officier de la Légion d'Honneur.
   Amsterdam 1883, Diplôme d'honneur.

9. GRANTIL, Jeune & Cie, à Châlons-sur-Marne (Marne). — Papiers peints.
(PALAIS.)

Fabrique de papiers peints à Châlons-sur-Marne, dépôt à Paris, 11, rue Castex (près la Bastille).
Maison fondée à Metz en 1857, transférée à Châlons-sur-Marne en 1871.
Papiers peints en tous genres, à la machine et à la planche.
Papiers ordinaires, depuis les prix les plus bas.
Articles courants et riches.
Création. — Production industrielle de dessins de hautes nouveautés et de style.
Priorité reconnue pour les coloris.
Articles spéciaux pour l'exportation.
Récompense, Paris 1878.

10. GRILLET (Alphée), à Paris, rue Cafarelli, 6. — Papiers couchés pour la chromo-lithographie.
(PALAIS.)

11. HOOCK Frères (Jacques et Charles), à Paris, rue de Charenton, 167-169. — Papiers peints.
(PALAIS)

Médaille d'or, Exposition universelle de Paris 1867.
Médaille de progrès, Exposition universelle de Vienne 1873.
Médaille d'or, Exposition universelle de Paris 1878.
Agence à Londres.
Agence à New-York.

12. JOUANNY (Georges), à Paris, rue du Faubourg-du-Temple, 70. — Papiers peints.
(PALAIS.)

Impressions à la planche.
Textures de style et soieries.
Récompense :
Amsterdam, 1883, Médaille d'or.

13. LACOSTE et Cie, à Labrugère, près Thiviers (Dordogne) — Papiers marbrés, glacés et indiennés, tarots pour cartes à jouer.
(PALAIS.)

14. LEROY (Ch.), à Paris, rue du Faubourg-St-Martin, 3. — Stores transparents.
(PALAIS.)

15. LEROY (Isidore) & ses Fils, à Paris, rue de Château-Landon, 11. — Papiers peints.
(PALAIS.)

Paris 1855, Mention Honorable. — Londres 1862, Médaille unique.
Paris 1867, Croix de Chevalier de la Légion d'Honneur, médailles or et argent. — Vienne 1873, Médaille de progrès. — Paris 1878, Hors Concours en qualité de membre du Jury. Officier de la Légion d'Honneur. — Melbourne 1880, Médaille de mérite. — Amsterdam 1883, Diplôme d'Honneur. — Anvers 1885, Diplôme d'Honneur et Croix de l'Ordre de Léopold; Barcelone 1888, médaille d'or.
Manufacture de Papiers Peints. Impressions à la Machine. Usine à vapeur.

16. PACON (Victor), à Paris, passage Saulnier, 3. — Papiers peints. Matériaux et documents anciens.
(PALAIS.)

17. PETITJEAN (Joseph-T.), à Paris, rue Saint-Bernard, 26. — Papiers peints, dessins de deux mètres de haut, fabriqués à la machine.
(PALAIS.)

18. PUTOIS (G.) & PARIS (P.), successeurs de **Vve Chagniat**, à Paris, rue de Turbigo, 3. — Papiers et toiles pour la reliure, la gaînerie, les cartonnages, papiers couchés pour impressions, papiers étain et à couleurs végétales.
(PALAIS.)

Maison fondée en 1836. Usine à vapeur à Montrouge (Seine). — Fabrication mécanique de papiers en tous genres, fournisseurs des Manufactures nationales des tabacs, Imprimerie nationale, Ministères, Banque de France, etc. — B. Paris, 1867 ; Paris, 1878. — Téléphone.
Usine à vapeur à Fontenay-sur-Loing (Loiret). — Fabrication spéciale des papiers cirés imperméables noir et couleurs pour emballage.

19. REYDET (Vincent), à Paris, rue Saint-Martin, 148. — Papiers or et argent à l'usage des cartonniers, imprimeurs, fabricants d'éventails, étiquettes pharmaceutiques.
(PALAIS.)

20. ROMAIN (Marius-B.), à Paris, rue Saint-Bernard, 12. — Papiers peints imitation de drap d'or et autres genres.   **(PALAIS.)**

21. RUELLE (J.-B.-Paul), à Paris, rue des Petits-Champs, 53. — Stores peints transparents.   **(PALAIS.)**

22. SALORNE (Charles-A.), à Paris, rue Chapon, 13. — Papiers dorés et argentés, fins et faux, unis et gaufrés, papier fantaisie imprimé, brocart or et couleur.   **(PALAIS.)**

23. SCHMITT et RÉGNIER, à Paris, cité Prost, 8, rue Titon. — Papiers peints, décorations à la main.   **(PALAIS.)**

24. VACQUEREL (Eugène), à Paris, rue Réaumur, 41. — Papiers de fantaisie de toutes sortes fabriqués mécaniquement.   **(PALAIS.)**

PAYS DE PROTECTORAT.

TUNISIE.

1. HAMID el ENDOULSI, à Tunis. — Peinture sur papier.   **(ESPLANADE.)**

PAYS ÉTRANGERS.

ESPAGNE.

1. **ROCA Francisco) Fils**, à Palma (Baléares). — Papier à cigarettes. **(PALAIS.)**
2. **VILASECA**, à Barcelone. — Papier. **(PALAIS.)**

ÉTATS-UNIS.

1. **HARTSHORN (Stewart)**, à East Newark, N. J. — Rouleaux de stores auto-moteurs. **(PALAIS.)**
2. **WARREN, LANGE & Co**, à New-York, 129, East 42nd street, — Papiers peints. **(PALAIS.)**
3. **WEMPLE (Jay Co (Alonzo E. Wemple**, Président), à New-York, 537, Broadway. — Stores de luxe pour fenêtres. **(PALAIS.)** .

GRANDE-BRETAGNE.

1. **Anaglypta Company**, à Lancaster, Queen's mill et à Londres, Great Russel street, 92. — Matériel décoratif pour murs, plafonds et autres usages. **(PALAIS.)**
2. **Fishers Patent Wall Hangings Syndicate**, à Londres, Saint-Helen's place 158, Bishop'sgate, et Southampton street, 33, Strand. — Décorations imperméables pour murs à l'huile sur papier, toile et tapisserie repoussée. **(PALAIS.)**
3. **JEFFREY & Co**, à Londres, Essex road, 64, Islington. — Papier de cuir et papiers artistiques imprimés à la main et à la machine; papier de cuir et imitation de cuir repoussé, le tout sans arsenic. **(PALAIS.)**
4. **WOOLLAMS (Wm.) & Co**, à Londres, High Street, 110 (near Manchester square). — Papiers peints sans arsenic, imprimés à la planche. Tentures de luxe. Dessins damas et perses, sur fonds satinés ou micacés. **(PALAIS.)**

    Papiers peints à colorants, exempts d'arsenic, imprimés à la planche.
    . Laines en relief pour être peintes.
    Laines en relief modelées (brevetées S. G. D. G.), finies en couleurs, sans peinture « Coriacène » ,une nouvelle imitation de cuir repoussé, dont le dessin bombé est endurci par un procédé spécial, de sorte qu'il résiste à l'action émolliente de la colle.
    Décors à lambris.
    Dessins de grands formats pour plafonds.
    Pilastres, bordures, frises.
    Récompenses :
    1867 Paris ; 1878 Paris, médaille d'argent.

5. **WYLIE & LOCKHEAD (Limited)**, à Glasgow, Buchanan street, 45 et à Londres, Upper Thames street, 191. — Papiers hygiéniques à la main et à la machine, pouvant se nettoyer. **(PALAIS.)**

GRECE.

1. **PROCOPIDÈS (George)**, à Athènes. — Dessins pour tissus imprimés. **(PALAIS.)**

JAPON.

1. HORIKI (Chiutaro), Miye-Ken, Taki-Kori. — Papiers dits « tsuboyagami ».
(PALAIS.)

2. Ministère de l'Agriculture & du Commerce (Direction de l'Industrie),
à Tokio. — Echantillons de papiers imitant le bois, papiers laqués.   (PALAIS.)

3. YAMADA (Jirobei), Tokio-fu, Asakusa-Ku. — Échantillons de papiers de
tenture.   (PALAIS)

PORTUGAL.

1. CALLADO & Ca. — Papiers peints.   (QUAI.)

2. ROCHA (Antonio Cardoso da). -- Papiers peints.   (QUAI.)

3. VARGAS J. & Irmao. — Cartonnages.   (QUAI.)

COLONIES PORTUGAISES.

1. Musée des colonies, à Lisbonne. — Collection de papiers peints de l'Inde
portugaise.   (PALAIS.)

GROUPE III.

MOBILIER ET ACCESSOIRES.

CLASSE 23.

Coutellerie.

FRANCE.

1. **ARBENZ (Adolphe)**, Successeur de **J. Loresch**, à Métabief (Doubs). — Rasoirs à lames de rechange. (PALAIS.)

2. **ARDOUIN (C.-H.)**, à Paris, boulevard Péreire, 176. — Ciseaux, couteaux nouveaux. (PALAIS.)

3. **BAIN (Auguste)**, a Paris, rue Taithout, 2. — Rasoirs mécaniques à cylindres, tondeuses humaines à régulateur, cuirs à rasoirs mexicains. (PALAIS.)

4. **BALLÉE (Henri)**, à Paris, rue Vauvilliers, 9. — Coutellerie pour boucherie, charcuterie, cuisiniers, restaurants, hôtels. (PALAIS.)

5. **BARIQUAND et Fils**, à Paris, rue Oberkampf, 127. — Tondeuses pour hommes, chevaux, moutons et chiens. (PALAIS.)

6. **BRIGAUD-GADET**, à Thiers (Puy-de-Dôme), rue de Tanne. — Coutellerie (PALAIS.)

7. **CARDEILHAC (A.-Ernest)**, à Paris, rue de Rivoli, 91. — Services de table et d'office, couteaux de poche, ciseaux riches. (PALAIS.)

8. **CHAMARANDE (Alfred)**, à Nogent (Haute-Marne). — Coutellerie. (PALAIS.)

9. **COQUERET et HUBLOT**, à Paris, rue Vieille-du-Temple, 50. — Coutellerie, cuirs à rasoirs. (PALAIS.)

10. **DIDIER-CHARBONNÉ (J.-Arsène)**, à Nogent (Haute-Marne). — Ciseaux pour tous les usages, coupe-fleurs et coupe-raisins, ciseaux se démontant et se serrant sans l'emploi d'un tourne-vis. (PALAIS.)

11. **DUCHER Jeune (J.-Auguste)**, à Paris, rue Réaumur, 11. — Coutellerie de table, riche, en nacre, ivoire, corne et ébène, et petite orfévrerie argent. (PALAIS.)

12. **ESPINASSE (Cosme-A.)**, Maison **Vve Drouet**, à Paris, rue Saint-Martin, 213. — Couteaux de peintres, coutellerie de cuisine et tous articles s'y rapportant. (PALAIS.)

13. **GRAILLOT (Léon)**, à Paris, boulevard Saint-Martin, 4. — Coutellerie fine. (PALAIS.)

14. GUÉNOT (Alphonse-A.), à Paris, rue de Rambuteau, 22. — Coutellerie et outils de boucherie, de table, de cuisine, gaînes. **(PALAIS.)**

15. HAMON, à Paris, rue de Cléry, 52. — Coutellerie. **(PALAIS.)**

Rasoirs et ciseaux pour coiffeurs. — Méd. de bronze, Paris 1855. — Mentions honorables aux Expositions universelles internationales de Paris 1867 et 1878.

16. LANGUEDOCQ (Jules-J.), à Paris, rue du Quatre Septembre, 20. — Coutellerie de table, coutellerie fermante, cisellerie, rasoirs, orfévrerie de table. **(PALAIS.)**

Ancienne Maison Gavet, rue St-Honoré, 138.
Médaille bronze, Exposition 1855. — Médaille argent, Expositions 1867, 1878.
Couteaux manches argent, modèles anciens.
Coutellerie en tous genres. Orfévrerie de table et de fantaisie, pièces détachées.

17. LARIVIÈRE, à Paris, rue des Canettes, 7. — Coutellerie. **(PALAIS.)**

18. LEPAGE (Jules), Maison **Grange,** à Paris, rue Michel-le-Comte, 17. — Couteaux de table et de cuisine, couteaux fermants, ciseaux. **(PALAIS.)**

Usines et Maisons à Thiers (Puy-de-Dôme), Nogent (Haute-Marne), Bordeaux (Gironde). — Huit brevets. — Barcelone 1888, la plus haute récompense. — Concours international de Bruxelles, prix d'honneur. — Coutellerie fermante, coutellerie de table. — Spécialités pour l'exportation.

19. LEROY (Louis) et Cie, Maison **Jules Piault,** à Paris, rue Turbigo, 68. — Coutellerie de table et argenterie de style, marque : « La Jarretière. » **(PALAIS.)**

20. LOUIS (A.), ancienne Maison **Leboullenger,** à Paris, rue Michel-le-Comte. — Tire-bouchons, acier poli. **(PALAIS.)**

21. MARMUSE (C.-Gustave), à Paris, rue du Bac, 26. — Couteaux de table et à dessert, ciseaux divers, couteaux fermants, petite orfévrerie de table, etc. **(PALAIS.)**

22. MARSEILLE (Charles), à Paris, rue Saint-Maur, 170. — Coutellerie riche, argent et acier, petite orfévrerie, lames argent, modèles nouveaux, nacre, ivoire, buffle. **(PALAIS.)**

23. MERMILLIOD (M. & E.) & JOUET (E.), au Prieuré-de-Cenon, par Châtellerault (Vienne). — Coutellerie de table, rasoirs, couteaux de cuisine et de bouchers, saladeros. **(PALAIS.)**

Ancienne maison Mermilliod frères. — Récompenses obtenues : Paris 1855, médailles d'argent ; Londres 1862, médaille d'honneur ; Paris 1867, médaille d'or ; Paris 1878, rappel de médaille d'or.

24. ORADOUR (A.-Jules), à Paris, rue des Blancs-Manteaux, 40. — Coutellerie, outils tranchants pour tous corps d'état. **(PALAIS.)**

25. Ouvriers couteliers de Thiers (Puy-de-Dôme), **(Exposition collective des).** — Coutellerie en tous genres. **(PALAIS.)**

26. PÉRILLE (Jacques), à Paris, rue Legendre, 136. — Tire-bouchons et divers objets en acier poli nickelé. **(PALAIS.)**

27. PETER (G.-Émile), ancienne Maison **Levrechon,** à Paris, rue Fléchier, 4. — Ciseaux pour tailleurs, couturières. Coutellerie fine en tous genres, instruments pour pédicures. **(PALAIS.)**

28. PICARD (Léopold), à Paris, rue de Rivoli, 68. — Coutellerie et petite orfévrerie. **(PALAIS.)**

Maison de la « Glace Brisée », fondée en 1827.
Marque de fabrique, déposée aux armes de la ville de Paris.
Coutellerie et petite orfévrerie. Services de table, modèles déposés.
Ongliers, couteaux de poche et de chasse, poignards.
Ciseaux de poche et de travail, étagères de luxe. Sécateurs, serpettes, greffoirs et jardinières, rasoirs et cuirs. Nouveaux couteaux de poche à tire-bouchons, s'ouvrant par simple pression, et couteaux de voyage, modèles déposés. Maisons de vente passage des Panoramas, galerie Montmartre, 9, 11 et 13 et rue de Rivoli, 68.

29. RAMEAU (Eugène), à Sens (Yonne). — Rasoirs de tous genres et ciseaux pour coiffeurs.   **(PALAIS.)**

Maison fondée en 1851 ; inventeur du rasoir à baguette, lame mince, marque de fabrique : « La Colombe ».

30. RENAUD (Adrien-P.-S.), à Lyon (Rhône), rue de Constantine, 14. — Machine à greffer, greffoirs, sécateurs, sondes à fromages, sondes à grains.   **(PALAIS.)**

31. SCHWOB (Fernand), — Maison **Vitry Frères**, — à Paris, boulevard Sébastopol, 106. — Coutellerie. — Instruments de chirurgie.   **(PALAIS.)**

Médailles d'argent et de bronze, Paris 1855 ; Médaille d'argent, Paris 1867 ; Médaille d'argent, Paris 1878 ; Médaille d'argent, Melbourne 1881 ; Prize medal, Londres 1862. Usines à Nogent.

32. Syndicat des ouvriers couteliers de la Haute-Marne (Exposition collective du). — Coutellerie en tous genres.   **(PALAIS.)**

33. THINET, à Paris, rue Grenier-Saint-Lazare, 28. — Coutellerie fine et ordinaire.   **(PALAIS.)**

Breveté S. G. D. G. (T.D.), marque déposée. — Fabriques 17, rue Nationale, à Thiers (Puy-de-Dôme); 7, Grand-Rue, à Nogent (Hte-Marne). Nouveau brevet d'invention, le fixateur pouvant s'adapter à toute coutellerie fermante et permettant d'arrêter la lame ouverte ou fermée.

34. THOMACHOT-THUILLIER (Claude), à Nogent (Haute-Marne). — Grands ciseaux, cisailles et sécateurs. Marque de fabrique n° 30.   **(PALAIS.)**

35. VITAL-HYGONNET, à Thiers (Puy-de-Dôme). — Coutellerie de table, de cuisine, de bouchers, couteaux de poche, ciseaux et rasoirs pour l'exportation.
                                                                                                                 (PALAIS.)

COLONIES.

ALGÉRIE.

1. ALI ben Mohamed Saïd, à Taourirt-Mimoun, Commune mixte de Fort-National (Alger). — Couteaux divers.   **(ESPLANADE.)**

2. ALI OU RAMDAN ben Maâmar, à Taourirt-Mimoun, Commune mixte de Fort-National (Alger). — Couteaux recourbés, couteaux divers.   **(ESPLANADE.)**

3. AMAR ben M'Hamed Saïd, à Taourirt-Mimoun, Commune mixte de Fort-National (Alger). — Couteaux recourbés, petits couteaux.   **(ESPLANADE.)**

4. BAHLOULI ben Aïssa, à Bousââda (Alger). — Couteaux de Bousââda, de divers modèles.   **(ESPLANADE.)**

5. DEMARCHI (Nicolas), à St-Eugène (Alger). — Poignards arabes.
                                                                                                                 (ESPLANADE.)

6. EL HADH MOHAMED ou Salem Naït Ali, à Aït Larbââ, Commune mixte de Fort-National (Alger).— Couteaux recourbés, couteaux divers. **(ESPLANADE.)**

7. LARBI ou El Hadj Naït Ali, à Aït Larbââ, Commune mixte de Fort-National (Alger). — Petits couteaux.   **(ESPLANADE.)**

8. MAAMAR ben Maâmar, à Taourirt-Mimoun, commune mixte de Fort-National (Alger). — Petits couteaux, couteaux à papier, couteaux recourbés, couteaux divers.   **(ESPLANADE.)**

9. M'HAMED EL HAOUSSIN ben Mââmar, à Taourirt-Mimoun, Commune de Fort-National (Alger). — Couteaux recourbés, couteaux divers.
(ESPLANADE.)

10. M'HAMED NAÏT M'HAMED SAÏD, à Taourirt-Mimoun, Commune mixte de Fort-National (Alger). — Couteaux divers. (ESPLANADE.)

11. MOHAMED ou Ali ben M'hamed Saïd, à Taourirt-Mimoun, Commune mixte de Fort-National (Alger). — Couteaux divers. (ESPLANADE.)

12. MOHAMED ou Chaâban Naït Thiffellah, à Aït Larbâa, Commune mixte de Fort-National (Alger). — Couteaux divers. (ESPLANADE.)

13. SAID ben Mohamed Saïd, à Taourirt-Mimoun, Commune mixte de Fort-National (Alger). — Grands couteaux, couteaux recourbés. (ESPLANADE.)-

14. SALEM ben Areski ben Mohamed Arab, à Taourirt-Mimoun, Commune mixte de Fort-National (Alger). — Couteaux recourbés, petits couteaux.
(ESPLANADE.)

15. TEUFEL (Alexandre), à Oran. — Articles de coutellerie. (ESPLANADE.)

GABON CONGO.

1. AVINENC, au Gabon. — Couteaux, rasoirs. (ESPLANADE.)

2. PECQUEUR (Léona), au Gabon. — Couteaux pahouins. (ESPLANADE.)

3. SCHLUSSEL (Laurent), à Libreville (Gabon). — Couteaux. (ESPLANADE.)

MAYOTTE ET COMORES.

1. Service local de Mayotte. — Couteau ordinaire, couteau en gaîne, rasoir chambos. (ESPLANADE.)

SÉNÉGAL.

1. MOKTHAR, forgeron trarza, attaché à la maison du marabout Baba Ould Amdi, au Sénégal. — Couteaux. (ESPLANADE.)

2. NOIROT, administrateur colonial, au Sénégal. — Couteaux fabriqués par Mokthar, forgeron du marabout Baba Ould Amdi. (ESPLANADE.)

PAYS DE PROTECTORAT.

ANNAM-TONKIN.

1. Protectorat de l'Annam et du Tonkin. — Ciseaux. (ESPLANADE.)

CAMBODGE.

1. PLANTE, à Phnom-Penh. — Coupe-coupe cambodgien, coupe-coupe mois, manche en bambou, couteau monture en corde, fourreau en bois. (ESPLANADE.)

PAYS ÉTRANGERS.

BELGIQUE.

1. BOLAND (Joseph), à Namur, rue de Fer, 41. — Coutellerie de table, fine et ordinaire. Couteaux de chasse, poignards, stylets, canifs, grattoirs, serpettes, greffoirs, rasoirs. (PALAIS.)

2. DESCROIX (G.), à Bruxelles, galerie du Roi, 5. — Coutellerie fine. (PALAIS.)

3. GILMONT-WYVEKENS, à Tubize, rue de Mons, 15. — Pierres à aiguiser, à polir et autres. (PALAIS.)

4. JACQUES (G.) & Cie, à Vielsalm. — Pierres à aiguiser. (PALAIS.)

5. LEMIÈRE (J.-B.), à Bruxelles, rue de l'Étuve, 70. — Couteaux et ciseaux. (PALAIS.)

6 OTTE (Léopold). à Cierreux-Vielsalm. — Pierres à aiguiser. (PALAIS.)

BRÉSIL.

(Voir son Catalogue spécial.)

ESPAGNE.

1. GARCIA (Manuel), à Manille (Philippines). — Armes et couteaux. (PALAIS.)

ÉTATS-UNIS.

1. BERNALES (de & Co), à New-York, N. Y., 67, New street. — Coutellerie de ménage nickelée. (PALAIS.)

2. Philadelphia Novelty Manuf. Co, à Philadelphie, Pa. —Couteaux et produits divers. (PALAIS.)

3. TIFFANY & Co, à New-York, Union square. — Couteaux de table, et de toilette avec monture d'ivoire et d'argent. (PALAIS.)

Récompenses aux collaborateurs :
1 médaille d'or, 1 médaille d'argent, 2 médailles de bronze, 2 mentions honorables.

GRANDE-BRETAGNE.

1. MALEHAM & YEOMANS, à Sheffield, Bowden street. — Coutellerie. (PALAIS.)

2. MORTON (J.), à Londres, Cheapside, 39. — Coutellerie fine. (PALAIS.)

JAPON.

1. **KURODA (Mansuke)**, Osaka-fu, Nishi-Ku. — Ciseaux, couteaux, canifs.
(PALAIS.)

2. **SAKAI (Isami)**, Osaka-fu, Sakaï-Ku. — Ciseaux, couteaux, canifs. (PALAIS.)

3. **YOSHIDA (Shinshichi)**, Osaka-fu, Nishi-Ku.— Couteaux, rasoirs, ciseaux.
(PALAIS.)

NORVEGE.

1. **HUNDSTAD (C. O. et A. J.)**, à Hole, Ringerike. — Couteaux à gaîne norvégiens. (PALAIS.)

2. **ROSING (Ulrik)**, à Christiania. — Canifs à découdre. (PALAIS.)

RUSSIE.

1. **KONDRATOFF (D. D.)**, à Vacha (Gouvernement de Wladimir) et à Worsma
(G¹ de Nijni-Novogorod). — Coutellerie. (PALAIS.)
Fabrique fondée en 1838.
Récompenses : 1867, Paris, Diplôme ; 1873, Médaille de bronze ; 1876, Philadelphie ; 1878,
Paris, Médaille de bronze.

2. **PERVOFF Frères**, à Pavlovo (Nijni-Novogorod). — Couteaux, ciseaux,
haches. (PALAIS.)

SERBIE.

1. **BÉGTCHITCH (Nikola)**, à Alexandrovatz (dép¹ de Kronschévatz.` — Séca-
teur. (PALAIS.)

2. **Établissement pénitencier**, à Belgrade. — Coutellerie. (PALAIS.)

3. **MARKOVITCH (Nikolas)**, à Kamenitza (dép¹ de Kgnajévatz.) — Canif à
deux lames. (PALAIS.)

4. **MILENKOVITCK (Pétar)**, à Kragouyévatz. — Couteau à manche noir,
couteau à manche blanc. (PALAIS.)

5. **PÉTROVITCH (Girota)**, à Smédérévo. — Couteaux à fourreau d'étain, couteaux ordinaires. (PALAIS.)

6. **SIMONOVITCH (Mirtcha)**, à Nisch. — Marteau de charpentier. (PALAIS.)

7. **Sous-Comité de l'arrondissement de Zlatibar**, à Fchalétina (dép¹ d'Ou-
jitza).— Canifs. (PALAIS.)

8. **STANOYÉVITCH (Tassa)**, à Kronschévatz. — Couteaux. (PALAIS.)

9. **YLITCH (Nikola)**, à Négotine. — Couteau à fourreau d'étain, couteau de
boucher. (PALAIS.)

10. **ZVETKOVITCH (Georges)**, à Kronschévatz. — Grands couteaux à fourreau d'étain, canif. (PALAIS.)

RÉPUBLIQUE SUD-AFRICAINE.

1. **GOUVERNEMENT (Le)**, à Prétoria. — Coutellerie fabriquée par les indigènes. (ESPLANADE.)

SUÈDE.

1. Eskilstuna Jernmanufaktur Aktie Bolag, à Eskilstuna. — Coutellerie. **(PALAIS.)**

SUISSE.

1. ISLER (Joseph), à Winterthür. — Fusets de bouchers. **(PALAIS.)**

2. LECOULTRE (Jacques), à Sentier (Vaud). — Rasoirs divers et cuirs à rasoirs. **(PALAIS.)**

GROUPE III.

MOBILIER ET ACCESSOIRES.

Classe 24.

Orfévrerie.

FRANCE.

1. **ARMAND-CALLIAT (Th.-Joseph)**, à Lyon (Rhône), montée du Gourguillon, 18. — Ostensoir, calices, ciboires, burettes, encensoirs, reliquaires, châsses, crosses, aiguières, croix, chandeliers, fragments d'autels, etc. **(PALAIS.)**

    Récomp. : Londres 1862, Méd. d'excel. Paris 1867, Méd. d'or ; Paris 1878, 1re Méd. d'or.

2. **AUCOC (André)**, à Paris, rue de la Paix, 6. — Orfévrerie de table et de toilette, nécessaires, bijouterie, joaillerie. **(PALAIS.)**

3. **BACHELET (Georges)**, à Paris, place du Pont-Neuf, 13. — Orfévrerie de table, couverts, coutellerie riche. **(PALAIS.)**

4. **BAPST & FALIZE** (ancienne Maison **Bapst**), à Paris, rue d'Antin, 6. — Orfévrerie, ciselure, émaux. **(PALAIS.)**

    Anciens joailliers de la couronne. Grand Prix, 1878.

5. **BOIN-TABURET (Georges)**, à Paris, rue Pasquier, 3. — Orfévrerie de table et objets d'art. **(PALAIS.)**

6. **BOIVIN (Victor)**, à Paris, rue de Montmorency, 5. — Orfévrerie de table, couverts, coutellerie, cristaux montés. **(PALAIS.)**

7. **BOUCHERON (Frédéric)**, à Paris, Palais-Royal, 151. — Orfévrerie d'art. **(PALAIS.)**

8. **BOULENGER (A.-L.-Chr.)**, à Paris, rue de Vert-Bois, 4. — Orfévrerie et couverts argentés et dorés, services et surtouts de table, services à thé et à café, de toilette, objets d'art. **(PALAIS.)**

9. **BRATEAU (Jules P.)**, à Paris, rue Condorcet, 47. — Objets repoussés et ciselés, orfévrerie décorative en étain. **(PALAIS.)**

10. **BRUNET (Paul)**, à Paris, rue de Grenelle-Saint-Germain, 13. — Bronze et orfévrerie pour églises. **(PALAIS.)**

11. CAILAR (N.), BAYARD & Cie, à Paris, rue Grange-aux-Belles, 37 et 39.
Couverts, orfévrerie, services de table, surtouts, candélabres.   (**PALAIS.**)

> Couverts et orfévrerie d'argent et métal blanc-argenté.-
> Couverts en métal blanc dit « Métallonide » (alliage nickel) titre 90 grammes.
> Orfévrerie, services de table, surtouts, candélabres, milieux de table.
> Services à thé et à café, pièces montées, coupes, corbeilles, jardinières.
> Plateaux, plats, légumiers, huiliers, salières, coutellerie, service toilette.
> Pièces fantaisie, styles Louis XIV, Louis XV, Louis XVI, Renaissance, moderne.
> Pièces d'art, prix de tir, de courses et de concours.
> Orfévrerie d'argent massif dans tous les styles.
> Dépôt à Paris, 26, rue Vivienne. Maison de vente à Paris, 26, rue Vivienne, 26.
> Récompenses : Paris 1855, 1867, 1878. — Médailles d'or : Anvers 1885, Barcelone 1888.

12. CAMUS (M.-G.-Émile), à Paris, rue Godot-de-Mauroy, 34. — Orfévrerie
de bronze et d'argent, porcelaines modelées.   (**PALAIS.**)

13. CARDEILHAC (Ernest), à Paris, rue de Rivoli, 91. — Service de table,
orfévrerie.   (**PALAIS.**)

14. CHRISTOFLE & Cie, à Paris, rue de Bondy, 56. — Orfévrerie argentée
dorée, bronzes et surtouts de table, pièces d'art, émaux, damasquine, etc.   (**PALAIS.**)

15. COLLIOT (Jules F.), à Paris, rue de Vaugirard, 197. — Cadre Renaissance
fleurs et fruits en fer repoussé, bouquet de fleurs en fonte ciselé.   (**PALAIS.**)

16. DÉBAIN (Alphonse-E.), à Paris, rue du Temple, 79. — Orfévrerie et couverts d'argent, coutellerie riche de table et fantaisie artistique.   (**PALAIS.**)

> Toutes les pièces exposées sont la fabrication exclusive de la maison A. Debain, 79, rue du Temple.
> Les modèles sont sa propriété.

17. DUFRESNE DE SAINT-LÉON (Henry), à Paris, rue Pierre-Charron, 61. — Sculpture, damasquinure, émaux, objets d'art.   (**PALAIS.**)

18. FANNIÉRE Frères (Auguste & Joseph), à Paris, rue de Vaugirard,
53. — Sculpteurs ciseleurs. — Orfévrerie, bijouterie, objets d'art.   (**PALAIS.**)

> 2 médailles de 1re classe, Exposition universelle Paris 1855 ; 1 médaille, Exposition universelle Londres 1862 ; Médaille d'honneur, Exposition universelle Paris 1867; Grand prix, Exposition universelle 1878.

19. FRAY (Philis), à Paris, rue Pastourelle, 32. — Service de table en argent.
                    (**PALAIS.**)

20. FRÉNAIS (Armand), à Paris, boulevard Richard-Lenoir, 65. — Couverts
d'orfévrerie.   (**PALAIS.**)

21. FROMENT-MEURICE (P.-H.-Émile), à Paris, rue Saint-Honoré, 372.
— Orfévrerie et joaillerie.   (**PALAIS.**)

22. GAVARD (Pierre), à Paris, rue Meslay, 49. — Couverts, timbales, tasses
à café, déjeûners, services à liqueur et de table, garnitures de toilette.   (**PALAIS.**)

23. GUERCHET (Vve Gustave), ancienne Maison **Roussel**, à Paris, rue
des Orfévres, 62. — Orfévrerie de table et d'art.   (**PALAIS.**)

24. HENRY (A.-H.), à Paris, rue Brantôme, 5. — Aiguière, pièce au marteau,
carafe monture, service cabaret, service couvert, cafetières, miniature.   (**PALAIS.**)

25. JORET Fils (Eugène), à Paris, rue du Cardinal-Lemoine, 68.— Surtout de
table en argent, coupes, plateaux, flambeaux et divers objets.   (**PALAIS.**)

26. KELLER (Gustave), KELLER Frères, successeurs, à Paris, rue de
Turbigo, 65. — Garnitures de toilette, orfévrerie de fantaisie.   (**PALAIS.**)

> Fournisseurs brevetés de la cour d'Espagne. Pièces de commande. Médaille d'argent, Exposition universelle de Paris 1867 ; Médaille d'or, Exposition universelle de Paris 1878.

27. LAFORGE (Paul) & Cie, à Paris, rue d'Angoulême, 72 bis, passage de la
Fonderie, 1 — Orfévrerie argentée, services de table en tous genres.   (**PALAIS.**)

28. LAMBERT (Léon), à Paris, rue du Temple, 187. — Articles de service de table et de fantaisie argent. Coutellerie riche, nacre et ivoire.   **(PALAIS.)**

Ancienne maison Lambert-Jozan, fondée en 1830.

29. L'ÉPINE & Cie, à Paris, rue de Turenne, 64. — Tôles et fils, nickel pur malléable.   **(PALAIS.)**

30. LEROY (Louis) & Cie, (Maison **Jules Piault**), à Paris, rue de Turbigo, 68. — Couverts d'argent, argenterie de style.   **(PALAIS.)**

31. MAISON (Léon), à Paris, rue Mozart, 55. — Palais de la Bourse, or et argent, réduit 330 fois, reposant sur un pied allégorique   **(PALAIS.)**

32. MÉRITE (Charles), à Paris, rue du Quatre-Septembre, 3. — Orfévrerie d'art au marteau : coutellerie fine.   **(PALAIS.)**

Fabrique d'orfévrerie de table; ateliers dans la maison, pièces d'art sur commande, dessinateurs et sculpteurs attachés à l'établissement. Coutellerie en tous genres.
Médaille, Exposition universelle de 1878.

33. MERLE (Charles), à Paris, rue Charlot, 7. — Objets en vannerie métallique corbeilles à pain et jardinières à fleurs et fruits.   **(PALAIS.)**

34. MICHAUT (Eugène), à Paris, rue de Braque, 2. — Orfévrerie de table, pièce d'art, ciselure artistique, coupe, glace, etc.   **(PALAIS.)**

35. ODIOT (C.-Gustave-E.), à Paris, rue Basse-du-Rempart, 72. — Orfévrerie de table, toilettes, services à thé, pièces d'art.   **(PALAIS.)**

36. POUSSIELGUE-RUSAND (Placide) & Fils, à Paris, rue Cassette, 3. — Objets d'art religieux, émaux, orfévrerie pour églises, autels en bronze.   **(PALAIS.)**

Orfévrerie, bronzes d'église, bas-reliefs, calices. ciboires, ostensoirs, aiguières, crosses, reliquaires, autels, candélabres. Autel de Saint-Ouen de Rouen ; autel destiné au pélerinage de Rocamadour, ostensoirs pour le sanctuaire de N.-D. des Brebières, à Albert (Nord). Calice en or, ciselure repoussée. Crosse, XVe siècle, pour le Mexique. — Fauteuil archiépiscopal de Sens, d'après Viollet-le-Duc. — Botte de Chapelle en or et diamants. — Couverture de livre de mariage, ciselure repoussée en argent. — Officier de la Légion d'honneur. — Grand diplôme d'honneur et médaille d'or. — Vienne 1873. — Paris 1878. (Voir cl. 25, gr. III, et 62, gr. VI.)

37. SAGLIER (E.-Victor), à Paris, rue d'Enghien, 12. — Articles de fantaisie ou d'usage en cuivre argenté ou doré.   **(PALAIS.)**

38. TALLOIS (A.) & MAYENCE, à Paris, boulevard de Strasbourg, 19. — Couverts et orfévrerie de table, coutellerie riche, objets d'art, pièces fantaisie.
                                                                          (PALAIS.)

39. TESTEVUIDE (Victor), à Paris, boulevard Poissonnière, 21. — Bronze d'aluminium, aluminium et leurs applications, objets fabriqués.   **(PALAIS.)**

40. TÉTARD (Edmond), à Paris, rue Béranger, 4. — Orfévrerie argent.
                                                                          (PALAIS.)

Successeur de E. Hugo. Médaille de bronze 1re classe, 1867. Services de table, vaisselle plate unie et riche. Thés complets, dans les formes les plus variées. Spécialité pour les objets de fantaisie, encriers, pots-à-eau, services de toilette, candélabres, corbeilles.

41. TRIOULLIER Frères, à Paris, rue de Grenelle, 24. — Orfévrerie religieuse.
                                                                          (PALAIS.)

Trioullier ✠ frères, Maison fondée en 1680. — Manufacture d'orfévrerie et bronze d'église. — Travaux d'art pour la décoration, l'ameublement et l'éclairage des églises et des édifices publics. Médaille 1re classe, Paris 1855 et 1867. — Londres 1862, Prize medal.

42. USELDINGER (George), à Paris, rue de Montmorency, 4. — Pièces artistiques d'orfévrerie en métal.   **(PALAIS.)**

43. VERNAZ (Charles) & Mme VERNAZ-VECHTE (Héloïse), à Dieppe (Seine-Inférieure) rue Gambetta, 61. — Objets repoussés.   **(PALAIS.)**

COLONIES.

ALGÉRIE.

1. DEMARCHI (Fils), à Saint-Eugène (Alger). — Suspension indigène.
(ESPLANADE.)

2. HACÈNE BEN AHMED BEN NACEUR, à Khonga sidi Nadji, cercle de Kheuchela (Constantine). — Tabatière en argent.   (ESPLANADE.)

3. IBRAHIM ben Ali ben Saïd, à Alger, passage Sarlande. — Argenterie.
(ESPLANADE.)

4. MOHAMED OU RAMDAM NAIT OUKEBOUBÈCHE, à Taourirt El Hadjadj, Commune mixte de Fort-National. — Encriers avec porte-plumes, couteau à papier.   (ESPLANADE.)

5. MOHAMED SAID NAIT OUKEBOUBÈCHE, à Taourirt El Hadjadj, Commune mixte de Fort-National. — Encriers avec porte-plumes et couteau à papier.
(ESPLANADE.)

INDE FRANÇAISE.

1. Comité d'Exposition de l'Inde. — Pommes de cannes en argent (grandes et petites), plaques, plateaux, médailles, or et argent.   (ESPLANADE.)

PAYS DE PROTECTORAT.

ANNAM-TONKIN.

1. Protectorat de l'Annam et du Tonkin, vice-résidence de Hung-Yen. — Coupes rondes argent, couverts argent, cuillers, soucoupes, tasses, gobelets, vases, plateaux, porte-allumettes, théières en argent   (ESPLANADE.)

2. Province de Hanoï. — Boîte à tabac (argent), porte-chaux (argent).
(ESPLANADE.)

CAMBODGE.

1. PLANTÉ, à Phnom-Penh. — Bouddhas, argent repoussé.   (ESPLANADE.)

TUNISIE.

1. ACHEM ZARROUK. — Orfèvrerie.   (ESPLANADE.)

2. Comité tunisien (Président : **Mohamed Djellouli**), à Tunis. — Orfèvrerie ; métaux repoussés.   (ESPLANADE.)

3. SAIDOU CATTAN, à Tunis. — Orfèvrerie.   (ESPLANADE.)

PAYS ÉTRANGERS.

AUTRICHE-HONGRIE.

1. GLUCKLICH (Jacob), à Pribram (Bohême). — Couronnes funéraires et bijouterie religieuse. **(PALAIS.)**

2. HARTMANN (Maurice), à Pribram (Bohême). — Couronnes funéraires. **(PALAIS.)**

3. LINK (P. Étienne), à Budapest, Magyar-Utcza, 29. — Orfévrerie religieuse, bijouterie, spécialité nationale, émaux. **(PALAIS.)**

BELGIQUE.

1. WILMOTTE Fils (J.), à Liége, boulevard de la Sauvenière, 112. — Orfévrerie, émaux, nielles, filigranes. Châsses, reliquaires, chandeliers, candélabres, autels, vases sacrés. **(PALAIS.)**

RÉPUBLIQUE DE BOLIVIE

1. DIAZ (Pedro Antonio), à Paris, rue Lafayette, 56. — Orfévrerie indigène. Tasses montées en argent. **(PARC.)**

2. PERO (Mme Delfina), à Paris, rue de la Bienfaisance, 19. — Orfévrerie indigène. **(PARC.)**

3. RODRIGUEZ (Mlle Adela), à Paris, avenue des Champs-Élysées, 44. — Couvert et tasse à maté en or. **(PARC.)**

CHINE.

1. TENG-TCHIO-YUNG, à Canton. — Argenterie. **(PARC.)**

DANEMARK.

1. CHRISTESEN (V.), à Copenhague. — Ouvrages d'or et d'argent. **(PALAIS.)**

2. HERTZ (Bernhard), à Copenhague. — Ouvrages d'or et d'argent. **(PALAIS.)**

3. HERTZ (Péter), à Copenhague. — Ouvrages d'or et d'argent. **(PALAIS.)**

ÉGYPTE.

1. ISAAC & MOISE, à Stamboul, rue Tchechmé, 25. — Argenterie. **(PALAIS.)**

ÉQUATEUR.

1. Commission coopérative, à Quito. — Dé d'or. **(PARC.)**

ESPAGNE.

1. **GARCIA (Vve et Fils de Fernando)**, à Salamanque. — Objets d'orfévrerie.   (**PALAIS**.)

2. **VAQUES (T.)** à Sabadell (Barcelone). — Objets religieux.   (**PALAIS**.)

ÉTATS-UNIS.

1. **FAIRCHILD (Leroy U.) & Co**, à New-York. N. Y. 189, Broadway. —
Plumes diverses, boîtes à allumettes, Étuis à cigarettes. Flacons, canifs, sifflets,
coupe-cigares, porte-plumes de fantaisie, or et argent.   (**PALAIS**.)

2. **FRADLEY (J. F.) & Co**, à New-York, N. Y, 23, John street. — Têtes de
cannes en or.   (**PALAIS**.)

3. **Gorham Manuf. Co. (Edward Holbrook,** treasurer), à New-York, N. Y.
Broadway & 19th street. — Argenterie massive.   (**PALAIS**.)

4. **Meriden Britannia & Co**, à Meriden, Conn. — Collection complète d'articles
d'argenterie plaquée, couverts et couteaux d'argenterie plaquée.   (**PALAIS**.)

5. **TIFFANY & Co**, à New-York, Union square. — Argenterie de ménage, de
table, de toilette et d'ornement, ciselée, gravée, nickelée, émaillée, ornée de pierres et
incrustée de métaux,   (**PALAIS**.)
  Fabrique d'argenterie : 49, 51, 53, 55, Prince street, New-York.
  Fabrique d'orfévrerie plaquée à Newark, N. J.
  Fabrique de joaillerie, bijouterie, maroquinerie, papeterie, horlogerie et taillerie de
  diamants : Union square, New-York.
  Récompenses :
  Exposition universelle, Paris 1878. Grand prix, médaille d'or.
  Aux collaborateurs :
  1 médaille d'or, une médaille d'argent, deux médailles de bronze, deux mentions honorables.

GRANDE-BRETAGNE.

1. **ARDESHIR & BYRAMJI,** Hummum street, 10, Fort Bombay (Indes). —
Orfévrerie.   (**PALAIS**.)

2. **BHUMGARA FRAMJEE PESTONJEE,** à Bombay, Kalhaderie road, 5,
. . et à Madras, Mount road, 5, (Indes). — Orfévrerie.   (**PALAIS**.)

3. **DIXON (James) & Sons**, à Sheffield, Cornish place. — Objets en ruolz.
                                                                        (**PALAIS**.)

4. **FIDLER (Frank),** à Sheffield, Randal street, 124, Bramhall lane. — Orfévrerie
de table.   (**PALAIS**.)

5. **Goldsmiths Alliance**, à Londres, Cornhill, 11. — Argenterie, cuillères, fourchettes.   (**PALAIS**.)

6. **Goldsmiths & Silversmiths Co**, à Londres, Regent street, 112 —
Orfévrerie, parures en diamants et en pierres fines.   (**PALAIS**.)

GRÈCE.

1. **COUSSOURELIS (Nicolas)**, à Athènes. — Orfévrerie religieuse. (**PALAIS**.)

2. LIACOPOULOS (C.), à Lamia (Phtiotide et Phocide). — Orfévrerie religieuse.
(PALAIS.)

ITALIE.

1. ACCARISI (Joseph) & Neveu, à Florence, via Tornaboni, 1. — Argenterie et orfévrerie.
(PALAIS.)

2. BERNASCONI (Louis), à Milan, via Marco d'Oggiono, 5. — Objets en argent niellé, avec ou sans incrustations en or.
(PALAIS.)

3. VILLA (Benvenuto), à Milan, via Maurillio, 20. — Pièces d'orfévrerie.
(PALAIS.)

JAPON.

1. Kiriukosho-Kaisha, Tokio-fu, Kiobashi-Ku. — Brûle-parfums en argent, service à thé en argent.
(PALAIS.)

2. SAITO (Masakichi), Tokio-fu, Kiobashi-Ku. — Boîtes à parfums en bois avec incrustations d'or et de bronze.
(PALAIS.)

3. WAKAI (Kanesaburo), Tokio-fu, Kiobashi-Ku. — Garnitures de salon en argent, en or et en bronze.
(PALAIS.)

NORVÈGE.

1. HAMMER (Marius), à Bergen. — Surtouts en argent, pots à vin et à bière, ouvrages en filigrane, émaux, antiquités en argent.
(PALAIS.)

2. OLSEN (Theodor), à Bergen. — Ouvrages d'orfévrerie en filigrane.
(PALAIS.)

3. TOSTRUP (Jacob), à Christiania. — Ouvrages d'orfévrerie.
(PALAIS.)

PAYS-BAS.

1. BOAS Frères, à Amsterdam. — Taillerie de diamants.
(PALAIS.)

Maison à Paris, 14, rue Lafayette. Récompenses obtenues : seule Médaille d'or à l'Exposition universelle d'Amsterdam 1883, Diplôme d'honneur collectif à la même Exposition. Hors concours.

PORTUGAL.

1. MOUTINHO (Luiz Pinto). — Orfévrerie.
(QUAI.)

ROUMANIE.

1. ROPALA (Georges), à Iassy, rue Vechie, 46. — Évangile relié en argent doré, peinture (icoana), encadré d'argent doré, chandelier et coupe en argent.
(PALAIS.)

2. SOFRONIE (Sultana D. Lazu, Vve), à Cursesci (Vaslui). — Tableau religieux, brodé sur toile, en soie, fils d'or.
(PALAIS.)

RUSSIE.

1. BARILOUSSOFF (Jacob), à St-Pétersbourg. — Objets en argent, genre caucasien.
(PALAIS.)

FRAGET (J.), à Varsovie. — Argenterie, plaqueterie. **(PALAIS.)**

Fabrique fondée en 1824.
Argent plaqué.
Usine à vapeur.
Fonderie et laminage des couverts.
Laboratoire galvanique.

KHLEBNIKOFF (J. P.) Fils & Cie, à Moscou.— Orfévrerie; or, argent, émail et niellé. **(PALAIS.)**

Articles d'argenterie, d'or et d'argent. Bijouterie. Magasins à Saint-Pétersbourg et à Moscou. Service de toilette et de table en argent et or. Bijouterie et orfévrerie, style byzantin. Garnitures de bureau. Images d'église et religieuses. Articles pour cadeaux, or et argent.
Récompenses : Médaille d'or, Paris 1878, et Aigle noir russe.

4. OVTSCHINNIKOFF (P.) Fils, à Moscou. — Orfévrerie; or, argent, émail et niellé. **(PALAIS.)**

Récompenses :
1867, Paris, Médaille d'or ; 1873, Vienne, Médaille d'or ; 1876, Philadelphie, Médaille d'or et Diplôme d'honneur ; 1878, Paris, grande Médaille d'or ; 1888, Barcelone, Médaille d'or.

SALVADOR.

1. AVILA (Daniel), à San-Miguel. — Pot à fleurs en argent. **(PARC.)**

2. Département de La-Union. — Croix or et bois blanc (travail original). **(PARC.)**

3. Département de Morazan. — Grandes cruches de différentes formes. **(PARC.)**

SERBIE.

1. MILOCHEVITCH (Paya O.), à Mionitza (Dépᵗ de Valiévo). — Compotier à couvercle d'argent, fourreau d'argent. **(PALAIS.)**

2. MLADÉNOVITCH (Yovan), à Négotine. — Broché, boucles d'oreilles, chaînettes, fume-cigarettes en argent. **(PALAIS.)**

3. VEILLKOVITCH (Prvan), à Négotine. — Bagues et boucles d'oreilles en argent. **(PALAIS.)**

SUISSE.

1. BOSSARD (Jean), à Lucerne, place du Cerf. — Orfévrerie religieuse, orfévrerie artistique et de table. **(PALAIS.)**

2. BUCHER (Andreas), à Genève, route de Carouge, 5. — Album en maroquin à deux fermoirs, orné d'appliques argent et acier ciselées, cachet argent, plat encadré, en acier repoussé et ciselé. **(PALAIS.)**

3. PHILIPP (Ferdinand) & Cie, à Riesbach (Zurich). — Décoration sur métal par incrustation de couleurs, au feu. **(PALAIS.)**

Spécialité de décoration d'objets en or ou argent, par incrustation de toutes couleurs, par procédé spécial, au feu.
Décoration de tout objet en bronze, cuivre, etc. etc., par le même procédé.
Peinture de sujets nouveaux et reproductions de sujets antiques.
Les couleurs résistent aux effets du temps.

GROUPE III.

MOBILIER ET ACCESSOIRES.

CLASSE 25.

Bronzes d'art, fontes d'art diverses, ferronneries d'art, métaux repoussés.

FRANCE.

1. **ACOLET, TOGNI et TRÉSALLET Frères**, à Paris, boulevard Richard-Lenoir, 83. — Pendules, candélabres, statuettes, bustes, groupes, buires, vases, tableaux, jardinières, panneaux. (PALAIS.)

2. **AMYOT (L. Alfred L. d')**, à Paris, rue du Faubourg-Poissonnière, 80. — Pendules, garnitures de cheminées, lustres, statues, groupes, bustes, bronzes et fantaisie. (PALAIS.)

   Exposition d'Anvers 1885, médaille de bronze.
   Barcelone 1888, médaille d'argent ; Bruxelles 1888, médaille d'or.

3. **ARNAULT (A.)**, à Paris, rue Amelot, 74-76. — Bronzes d'art, garnitures de cheminées et de bureaux, lampes, écritoires, veilleuses, flambeaux. (PALAIS.)

   Bougeoirs, porte-Cartes, Miroirs et Cadres pour photographies, grand choix de Coffrets et Bonbonnières, Jardinières, Services de fumeurs, Classeurs, Vases à fleurs, Objets de fantaisie, Émaux cloisonnés, style oriental et autres. Réparation de Bronzes anciens et modernes.

4. **AUBIN, ANNONIER et LEROUX**, à Paris, rue Charlot, 5. — Bronzes d'art. Garnitures de bureaux. Encriers. Flambeaux. Coupes. Vases à fleurs. Statuettes. Guéridons. (PALAIS.)

   Pendules, jardinières, bonbonnières, montures de porcelaines et faïences. — Service pour fumeurs.

5. **AUGOYAT (Jean)**, à Paris, boulevard Voltaire, 196. — Serrurerie d'art. (PALAIS.)

6. **BAGUÈS (Eugène)**, à Paris, rue des Francs-Bourgeois, 31. — Bronzes d'art, d'ameublement et d'éclairage. (PALAIS.)

   Atelier de dessin et de sculpture pour les demandes spéciales.

7. **BARBEDIENNE (Ferdinand)**, à Paris, boulevard Poissonnière, 30. — Bronzes d'art, marbrerie, émaillerie, fontes d'art, réductions mathématiques Achille Colas, horloge monumentale. (PALAIS.)

8. **BARBEQUOT**, à Lyon, rue-Sala, 12. — Bronzes d'église. (PALAIS.)

9. BASSET (Antoine-E.), à Paris, rue Turenne, 113. — Bronzes d'art et d'ameublement, groupes, statuettes, ornements.   **(PALAIS.)**

Antoine Basset, Chevalier de la Légion d'Honn. M. d'arg, Exposition universelle, Paris, 1878.
Médaille d'or, Exposition universelle, Anvers, 1885.
Médaille d'or, Exposition universelle, Barcelone, 1888.

10. BAUDEST (Alfred), à Paris, rue de la Folie-Méricourt, 74. — Bronzes d'art.   **(PALAIS.)**

11. BAUDRIT (Léon-V.-A.), à Paris, rue Michel-Bizot, 78. — Fers forgés, grilles de vestibule Louis XV avec imposte et lanterne, balcon mirador fer et mosaïque, landiers. Portes, trois grilles sont exposées dans le Parc.   **(PALAIS.)**

Maison fondée en 1773. — Fers forgés, grilles, balcons de tous styles, balcons jardinières, balcons mirador, rampes, marquises, serres, vérandahs, jardins d'hiver, kiosques, candélabres, lanternes, suspensions, chenets, pelles et pincettes, boutons de portes à secret et bornes tournantes, breveté S. G. D. G. — Récompenses : 1ʳᵉˢ médailles aux exp. univ. de Londres, Paris, Vienne. — Médaille d'or, Paris, exp. univ. 1878, Architectes 1879. Hors concours exp. du Métal 1880.

12. BEAU (H.) & BERTRAND-TAILLET, à Paris, rue Saint-Denis, 226. — Lustres, appareils, lanternes, suspensions bronze et fer forgé.   **(PALAIS.)**

13. BERGER (H.), à Paris, rue Oberkampf, 90. — Jardinières, plateaux décoratifs, classeurs à papiers, encriers, glaces de tous styles.   **(PALAIS.)**

Spécialité de jardinières, cache-pots, potiches, glaces, plateaux, appliques, classeurs, encriers, etc. Récompense : Anvers 1885.

14. BERNOUX (Joseph-F.), à Paris, rue des Filles-du-Calvaire, 2. — Bronzes d'art et d'ameublement, coupes, flambeaux, cartels, lustres.   **(PALAIS.)**

Fabrique de bronzes d'art, 4, rue Froissart. — Breveté S. G. D. G. Médailles à Paris, 1878. Bronzes de tous styles, groupes, statuaire moderne, reproduction de la statuaire antique, restauration de bronzes et marbres anciens et modernes.

15. BERTRAND (A.), BERTRAND Fils Successeur, à Paris, rue des Archives, 3. — Galvanoplastie, bronzes.   **(PALAIS.)**

16. BERTRAND (Henri P.-F.), à Paris, rue de Châteaudun, 10 — Enduits métalliques sur toute espèce de fonte de fer.   **(PALAIS.)**

17. BLANCHET (E.-J.), à Pombreton-de-Nersac (Charente). — Chaudronnerie en cuivre, objets repoussés au marteau, petit récipient avec tuyaux, petit verre à pied, petite bouteille avec entonnoir, etc.   **(PALAIS.)**

18. BLOT Fils (Eugène), à Paris, rue des Archives, 28. — Groupes, statuettes pour salon.   **(PALAIS.)**

Édit. de sculp. d'art, bronze et imitation. Fontes d'art div. polychromées (œuvres du Salon). Récomp. Exp. univ. Vienne 1873, 2ᵉ méd. Progrès or. — Exp. univ. Paris 1878, Méd. d'or.

19. BORGEST (P.), à Paris, 7, rue Charlot. — Lanternes et bronzes, bronze orientale.   **(PALAIS.)**

Bronze oriental, articles algériens, lanternes en bronze repercé.
Genre persan, lanternes d'antichambre, veilleuses et globes à bougies, garnis de cabochons.
Services à café, pipes turques, porte-cigares, colliers et bracelets.
Médaille de bronze, Paris 1878.
Diplôme d'honneur, Melbourne 1881.

20. BORIUS (Alexandre-J.), à Paris, place de Thorigny, 4. — Horlogerie et pendules mécaniques reproduisant des machines à vapeur, bateaux-phares, et garnitures fantaisie et de style, lustres, chenets, statuettes.   **(PALAIS.)**

21. BOSSARD, à Paris, rue des Pyrénées, 229. — Objets montés en bronze.   **(PALAIS.)**

22. BOUCHÉ Fils (Adrien-N.), à Paris, rue de Turenne, 125. — Bronzes d'art et d'ameublement, d'éclairage, de fantaisie, lampes et émaux cloisonnés. **(PALAIS.)**

Seul fournisseur au Ministère de la Guerre (quartiers généraux).
Médaille d'argent à l'Exposition universelle, Paris, 1878.

23. BOUHON & Cie, (ancienne Maison **Clavier**), à Paris, rue Debelleyme, 12. — Devants de foyers, chenets et écrans, fer forgé artistique.
(PALAIS.)

Fournisseurs du Garde Meuble.
Reproduction des plus belles œuvres des Palais et Musées Nationaux.
Premières récompenses aux Expositions de Paris 1855, 1867. 1878. — Londres 1862. — Vienne 1873. — Atelier de Sculpture.

24. BOYER Fils Frères, à Paris, rue de Saintonge, 64. — Bronzes d'art, bronzes d'ameublement, lustrerie, garnitures de cheminées, œuvres des statuaires modernes.
(PALAIS.)

Bronzes artistiques des statuaires E. Picault, L. Grégoire, G. Leroux, J. Sanson, etc. Objets décoratifs, Pendules de style par Tessier. Trois Récompenses : Londres, 1851, Prize medal ; Vienne 1873, médaille de mérite ; Paris 1878, médaille d'or.

25. LRAVE (Eugène), à Paris, rue Vieille-du-Temple, 128. — Pendules, candélabros, vases, flambeaux, groupes, statuettes. (PALAIS.)

26. BRETON et AUFRAY (L.), à Paris impasse St-Sébastien. 1. — Bronzes et zinc d'art, pendules, candélabres, groupes, statuettes, buires. (PALAIS.)

27. BRETON (Gabriel), à Paris, avenue Parmentier, 107. — Bronzes Louis XVI, genre ancien. Pendules, candélabres, flambeaux, brûle-parfums. (PALAIS.)

Bronzes d'art et d'ameublement. — Reproduction de bronzes anciens. — Exécution sur dessin. — Réparation.

28. BREUILLARD (Eugène), à Paris, rue Amelot, 64. — Pendules, jardinières faïences montées, articles religieux. (PARC.)

29. BRICARD Frères, Successeurs de **Sterlin**, à Paris, rue de Richelieu, 39. — Serrures et espagnolettes en bronze artistique. (PALAIS.)

30. BRUN COTTAN Frères (Ancienne Maison **R. Garnier**), à Paris, boulevard Contrescarpe, 30. — Crémones, serrures, cuivrerie et bronze d'art pour bâtiments. (PALAIS.)

31. CANA (L.-Emile), à Paris, rue Vieille-du-Temple, 119. — Garnitures de cheminées en marbre et bronzes, objets d'art. (PALAIS.)

32. CARRÉ (D.-Adolphe), à Paris, boulevard Richard-Lenoir, 120. — Garnitures de cheminées, flambeaux, encriers, appliques, plats et jardinières. (PALAIS.)

33. CASSE (Eugène M.-J.), à Paris, rue Godot-de-Mauroy, 6. — Fabrique de bronzes d'art et d'ameublement. (PALAIS.)

34. CAUX (Eugène Edouard), à Paris, rue Debelleyme, 3. — Objets d'art, de fantaisie, articles de bureau, cachets, encriers. · (PALAIS.)

Coupes, vases, flambeaux, bouts de tables, appliques, bras, services à fumeurs, objets d'étagère

35. CHACHOIN Fils (Paul), à Paris, rue St-Gilles, 12. — Chenets, feux, galeries, écrans, éventails, etc. (PALAIS.)

Fabricant de bronzes, g^{res} de Foyers, Pincettes, Porte-pincettes, Pinceaux et Glands pour ameublements, fer forgé. — Médaille bronze, Paris 1878.

36. CHAPUIS (Denis), à Echevranne, canton de Nuits (Côte-d'Or). — Édifice religieux en fer et zinc. (PALAIS.)

37. CHENNEVIERE (L.) et Fils, à Paris, rue de la Folie-Regnault, 22. — Ornements en zinc, cuivre et plomb, pour l'architecture et le bâtiment. (PALAIS.)

Épis, crêtes et motifs divers dont beaucoup décorent les bâtiments de l'Exposition.

38. CHEVALIER Jeune (F.-Gustave), à Paris, rue Charlot, 48. — Bronzes d'art de fantaisie. (PALAIS.)

39. COLIN (Émile) et Cie, Ancienne Maison **G. J. Lévy** à Paris, rue de Sévigné, 29. — Horloge de style Louis XVI en marbre et bronze ; statuaire moderne, œuvres de Carpeaux, pendules, candélabres.   **(PALAIS.)**

Succursale, 5, boulevard Montmartre.

Jardinières, vases, lampes. Torchères, colonnes, émaux d'art, appareils d'éclairage pour bougie, gaz, électricité.

Récompenses obtenues aux Expositions universelles :

Londres 1862, Médaille de bronze ; Paris 1867, Médaille de bronze , Vienne 1873, Médaille de mérite ; Paris 1878, Médaille d'or ; Amsterdam 1883, Médaille d'or.

40. COLLIOT (Jules-F.), à Paris, rue de Vaugirard, 197. — Cadre Renaissance en fer repoussé, bouquet de fleurs fondu et ciselé.   **(PALAIS.)**

41. COSSÉ V.) & LE BOURG (Ch.), à Nantes (Loire-Inférieure), rue Dobrié. — Bronzes d'art, fonte d'un seul jet.   **(PALAIS.)**

42. COTTIN (R.) Ancienne maison **Marlin et Cottin**, à Paris, rue Amelot, 26. — Bronzes d'art et d'ameublement, garnitures de styles, statues, groupes, lustres, suspensions, garnitures de foyers, ferronnerie.   **(PALAIS.)**

43. COUPIER Fils et DROUART, à Paris, rue Amelot, 100. — Objets d'art, groupes, statuettes, garnitures de cheminées, pièces de milieu.   **(PALAIS.)**

Maison Coupier, fondée en 1885. Coupier Fils et Drouart, successeurs, fabricants de bronzes, composition artistique.

Éditions d'œuvres du Salon, grands choix de garnitures de cheminées modernes Louis XVI. Articles fantaisie, porte-cartes, spécialité de cartels Louis XIV, Louis XV et Louis XVI.

(La Maison n'a jamais exposé qu'en collectivité).

44. COUTELIER (E.), à Paris, boulevard Richard-Lenoir, 52. — Ornements en plomb, zinc, cuivre repoussé et estampé.   **(PALAIS.)**

Principaux travaux exécutés par la maison Coutelier :

Statue en cuivre repoussé, de 6 m. de hauteur, pour la cathédrale de Châteauroux.

Grand portique en zinc composé, exécuté pour l'exposition de la société de la Vieille-Montagne, en 1878. Pavillon en zinc, exécuté d'après les dessins de M. Courtois-Suffit, pour la Chambre syndicale de la couverture et plomberie de Paris. (Exposition d'Anvers). Médaille d'or de collaborateur. Membre du jury à l'Exposition de Barcelone 1888, (hors concours).

Exécution de la décoration de la toiture de la galerie des machines, à l'Exposition universelle de 1889, et d'une statue de 9 m. en zinc repoussé, couronnant le dôme principal à l'Exposition.

45. CREUSY (Édouard), à Paris, rue des Coutures-St-Gervais, 22. — Bronzes d'art et d'ameublement.   **(PALAIS.)**

46. DALIFOL et Cie, à Paris, quai de Jemmapes, 172. — Reproduction en acier moulé d'une cheminée de Germain Pilon, articles de bureau, coupes petits bronzes.

(PALAIS.)

47. DAVID (Pierre Maurice), à Paris, rue Amelot, 136. — Bronzes d'art.

(PALAIS.)

Groupes, animaux, statuettes, petit bronze fantaisie, marbres, terres cuites, garnitures de cheminées de style. Récompenses : Paris 1878. — Amsterdam 1883.

48. DECHELETTE (Pierre-M.), à Paris, avenue du Maine, 21. — Candélabres en fer forgé et garde clés.   **(PALAIS.)**

49. DELAFONTAINE (H.-M.), à Paris, rue de l'Université, 10. — Figures modernes, reproductions d'antiques, pendules et candélabres, lustres.   **(PALAIS.)**

50. DELARUE (Ferdinand-S.), à Paris, rue Commines, 2. — Statuettes, pendules, cartels, jardinières, coupes, encriers, fantaisies.   **(PALAIS.)**

51. DELETTREZ (Louis), à Paris, rue de Saintonge, 51. — Garnitures de style, groupes, lustres, bras, girandoles, flambeaux, cartels, statuettes, genre ancien.

(PALAIS.)

Garnitures de style, Cartels, Groupes, Statuettes, Lustres, Bras, Girandoles, Candélabres, Flambeaux, Foyers, Vases, Bouts de table, Assiettes. Médaille d'argent, Paris 1878.

52. DELPY (A.), à Paris, rue Debelleyme, 7. — Bronzes d'art et d'ameublement, éclairage. **(PALAIS.)**

> Œuvres de la statuaire antique et moderne, statues, statuettes, groupes, bustes, bas-reliefs, médaillons, garnitures de cheminées ; pendules, candélabres, flambeaux, cartels, baromètres, vases, jardinières, trépieds. Collection variée de petits bronzes. Montures de tous styles. Éclairage en tous genres : suspensions, lampes, appareils de billards, lanternes, lustres, appliques, torchères. Portfolios pour conserver les gravures, etc. Grand choix d'objets pour cadeaux.
> Médaille d'argent, Exposition universelle, Paris, 1878.

53. DELTON (E.), à Paris, rue des Arquebusiers, 10. — Bronzes d'imitation. **(PALAIS.)**

54. DEMÉE (A.-G.), à Paris, rue de la Folie-Méricourt, 4. — Fontes d'art en bronze et nickel, statuettes. **(PALAIS.)**

55. DENIÈRE (G.), à Paris, rue Vivienne, 15. — Sculptures, bronzes artistiques, grande décoration, orfèvrerie, reproduction d'objets d'art anciens. **(PALAIS.)**

> Magasins, 15, rue Vivienne.
> Ateliers, 7, rue Charlot.
> Travaux artistiques et décoratifs, d'après plans et dessins.
> Cheminées marbres et bronze.
> Bronzes d'ameublement et d'éclairage.
> Statues, groupes, bustes, etc., en marbre statuaire.
> Service de table — Argent — Métaux précieux.
> Reproductions des principaux modèles des palais et des musées.
> Récompenses : Chevalier de la Légion d'honneur. Médailles d'honneur, Paris 1855 ; Londres 1862. Hors concours : Paris 1867 ; Vienne 1873 ; Paris 1878. Diplôme d'honneur, Anvers, 1885.

56. DENONVILLIERS (Maurice), à Paris, rue Lafayette, 174. — Colonne commémorative de la Révolution. Statues et groupes en bronze et en fonte de fer. **(PALAIS.)**

> Haut-fourneau, fonderies et ateliers de construction à Sermaize-sur-Saulx (Marne).

57 DESMAREST (Charles-C.), à Paris, rue des Arquebusiers, 11. — Bronze de foyers, lustres, appliques en bronze et à cristaux. **(PALAIS.)**

58. DESOUCHES (Charles), à Paris, rue Geoffroy-l'Asnier, 30. — Bronzes d'art. **(PALAIS.)**

59. DEVAUX (Charles), à Paris, rue des Écoles, 36. — Petit buffet Louis XIII et cadre contenant son dessin. **(PALAIS.)**

60. DISCLYN (Désiré) et FOUCHÉE (E.-Antony), à Paris, rue de Rocroy, 14. — Lustres, lanternes en fer forgé. Appliques, torchères, suspensions, candélabres, flambeaux, pendules. **(PALAIS.)**

> Ancienne Maison Bodart, fondée en 1857. Fer forgé pour ameublements.
> Lanternes, Chenets, Lampadaires, etc. et tous objets en fer forgé.
> Reproduction ancienne.
> Copies de musées et châteaux historiques. Ferronneries d'art en tous genres.
> Médaille d'argent, 1867, 1878.

61. DROUARD Frères, à Paris, Boulevard Beaumarchais, 96. — Garnitures de cheminées, groupes, statuettes, torchères à gaz, petits bronzes. **(PALAIS.)**

> Imitation d'ivoire en métal.
> Métallo-céramique artistique.
> Édition en métal polychrôme des œuvres humoristiques de Lafon, Mollo, Gueyton, etc.
> Exposition d'Amsterdam 1888. Médaille d'argent.

62. DUBOIS (Pierre), à Paris, rue Franche-Comté, 6. — Bronzes d'art, groupes, statuettes. **(PALAIS.)**

63. DUBUISSON (H.-Désiré-L.), à Paris, rue des Filles-du-Calvaire, 23. — Bronzes d'art et d'ameublement, groupes et statuettes, pendules, candélabres, lustres, suspensions, chenets. **(PALAIS.)**

> Exposition Générale d'ameublements, groupes et luminaires, bronzes fantaisie, pendules, candélabres, suspensions.

64. DUMAS (A.-F.), à Paris, impasse St-Claude, 1. — Bronzes d'art et d'ameublement. **(PALAIS.)**

65. DUQUESNOIS (C. F.), à Levallois-Perret (Seine), route de la Révolte, 188. — Petits bronzes d'art, fantaisies artistiques. **(PALAIS.)**

66. DURENNE (Antoine), à Paris, rue du Faubourg-Poissonnière, 26. — Groupes divers en fonte de fer, statues, candélabres fantaisies, lampadaires. **(PALAIS.)**

Hauts-Fourneaux et Fonderies à Sommevoire (Haute-Marne), pour la spécialité des fontes d'ornement, fontes d'art et pièces mécaniques.

Usine à Bar-le-Duc, pour la fabrication de tuyaux de conduite, système Lavril et autres.

Usine électro-métallurgique d'Auteuil, à Paris, pour le cuivrage de la fonte de fer à toute épaisseur par procédé Oudry.

Spécimens de fonte cuivrée, par le procédé Oudry, seul adopté par le service municipal de Paris.

Fournisseur de la Ville de Paris.

Récompenses obtenues aux Expositions :

Médaille d'or, Paris 1867. Grand diplôme d'honneur, Vienne, 1873. Grand prix, Paris 1878. Grand diplôme d'honneur, Amsterdam 1883, etc. Officier de la Légion d'honneur.

67. DUVAL (Adrien), à Paris, rue Vieille-du-Temple, 132. — Bronzes d'art et d'ameublement, groupes, statues, animaux. **(PALAIS.)**

68. ESPIÉ (Adolphe), à Paris, passage St-Pierre-Amelot, 9. — Statuettes, presse-papiers, cartel, pendule. **(PALAIS.)**

Pièce unique sur commande en tous métaux, statuettes, groupes, petits bronzes d'art fantaisies, pendules, etc.

Reproduction en bronze, argon., des œuvres des artistes sculpteurs.

Fonte et ciselure artistique

Genre ancien et moderne. Travail à façon. Réparations en tous genres.

69. ESPIÉ (A.-A.), à Paris, passage St-Pierre-Amelot, 9. — Ciselure en bronze. **(PALAIS.)**

70. FAVIER (Raphaël-L.-A.), à Paris, rue de la Paix, 17. — Landiers, lustres, lanternes, chenets, grilles, pendules et candélabres, jardinières, appliques, cadres de glace, flambeaux. **(PALAIS.)**

71. FAVRE (Maurice), à Paris, rue Amelot, 74. — Pendules, candélabres, bustes, groupes, statuettes, jardinières, buires, vases, coupes, panneaux, natures mortes. **(PALAIS.)**

Fabrique de bronze imitation.

Porte-réveils, flambeaux, encriers, porte-allumettes.

Spécialité de groupes équestres.

Maison fondée en 1875, par MM. Villibord et Maurice Favre.

72. FORIN et RIEDMANN, à Paris, rue Saint-Sébastien, 39. — Bronzes d'art et imitation, pendules Louis XVI porcelaine, statuettes, groupes, garnitures cuivre poli. **(PALAIS.)**

73. FOUCHER, à Paris, rue Notre-Dame-de-Nazareth, 46. — Bronzes d'église. **(PALAIS.)**

74 FOURNIER (G.-V.-Henri), Découpeur ornemaniste, à Paris, rue Popincourt, 12. — Ferrures d'art pour meubles de style, entrées, poignées, pentures, targettes, coins. **(PALAIS.)**

Appliques en tous métaux pour l'ameublement, la fine serrurerie d'art, etc.

75. FREMIET (E.), à Paris, rue de la Tour, 70. — Œuvres en bronze. **(PALAIS.)**

Médaille d'or, 1867, Paris, Officier de la Légion d'Honneur. More, éditeur rue Béranger, 7.

76. FROMENTIN, à Paris, allée Verte, 18, boulevard Richard-Lenoir. — Serrurerie et crémones. **(PALAIS.)**

Maison fondée en 1853.

Marque des produits : « T. F. »

77. GAGET-GAUTHIER et Cie, à Paris, rue de Chazelles, 25. — Statues, groupes et ornements en plomb et en cuivre, fontaine monumentale. **(PALAIS.)**

78. GAGNEAU, à Paris, rue Lafayette, 115. — Lampes et bronzes d'éclairage.
(PALAIS.)

Gagneau, Chevalier de la Légion d'Honneur. Maison fondée en 1800.
Fabrique de Lampes et Bronzes d'Éclairage.
Spécialité de Lampes mécaniques, modérateurs et au pétrole.
Éclairages de Salles à manger, Salons, Salles de billard, Galeries de tableaux, etc., à l'huile, au gaz, et à l'électricité.
Lustres à cristaux, Suspensions, Lampadaires, Lanternes, Candélabres, Torchères, etc.
Prize Medal, Londres 1851-1862. Argent, Paris 1855. Or, 1867.
Grande Médaille de Progrès, Vienne 1873.
Hors Concours, 1878, Membre du Jury.

79. GASNE (A.-Louis), à Tusey (Meuse). — Fontes d'art et de constructions.
Statues, Groupes, Fontaines monumentales, Candélabres, Balcons, Grilles, Rampes,
Mécanique, Chauffage, Statues religieuses, Appuis de communion, etc. **(PALAIS.)**

Maison à Paris, 88, faubourg du Temple.

80. GERVAIS (Fernand), à Paris, rue des Filles-du-Calvaire, 12. — Pendules,
candélabres, girandoles, groupes, marbre et bronze. Cartels, lustres, torchères, lampes
appliques, chenets, etc. **(PALAIS)**

Fabrication de bronzes d'art et marbres artistiques.
Bronzes, genre ancien, marbre statuaire, grande pureté de style, finesse d'exécution.
Successeur de Ernest Royer.
Paris 1367, argent; Vienne 1873, mérite : médaille d'or, Exposition universelle de Paris 1878.

81. GIRARDIN (E.) et PIOCHE (J.), à Paris, rue du Temple, 83. — Lampes,
jardinières en bronze repoussé. **(PALAIS.)**

82. GODEAU (E.) et LAPOINTE (A.), a Paris, rue Amelot, 100. — Bronzes,
marbres, statuaires, œuvres de Mathurin Moreau, groupes et statuettes bronze,
garnitures de cheminées de tous styles. **(PALAIS.)**

Manufacture de bronzes d'art et d'ameublements. Horlogerie, marbres, statuaires.
Grand choix de garnitures marbre et bronze, candélabres, lustres, bras, suspensions, lampes,
vases, flambeaux, etc. Terre cuite.
Fonderie de bronzes d'art, 40, rue St-Maur. Ateliers de marbrerie à Beaumont (Belgique).

83. GONON (Eugène), à Paris, rue Pérignon, 18. — Bronzes d'art modelés et
fondus d'un seul jet, œuvres diverses. **(PALAIS.)**

84. GORGES (Aymard C.), à Paris, rue Pastourelle, 11. — Bronzes d'art et
de fantaisie, groupes, statues, écritoires, jardinières, etc. **(PALAIS.)**

85. GOSSET (Louis F.), à Paris, rue Beaubourg, 12. — Cadres de glaces, coupe,
coffrets, travaux de ciselure en relief de tous styles. **(PALAIS.)**

Récompenses : Paris 1878, médaille de bronze.

86. GOUGE (Auguste), à Paris, rue Vieille-du-Temple, 124. — Bronzes d'art et
terres cuites d'art. **(PALAIS.)**

Maison J. Moigniez, fondée en 1856. Groupes, Statuettes, Animaux. Groupes de chasse et
agricoles. — Collection de Bronzes d'animaux, la plus importante de Paris. — Spécialité d'objets
d'art pour prix de Concours Agricoles, Horticoles, de Tir, de Gymnastique, Régates, Courses,
Expositions Canines, Hippiques, etc. — Fournisseur des principales Sociétés Françaises et
Étrangères. — Médailles aux Expositions de : Londres 1862, Paris 1867, Paris 1878.
Voir les Bronzes exposés par la maison au Pavillon de la Presse et à l'Exposition de la Société
des anciens élèves des Écoles nationales d'Arts et Métiers (Palais des Arts Libéraux).

87. GRAVELIN (P.), à Paris, rue Charlot, 8. — Bronzes d'art et d'ameublement.
(PALAIS.)

Pendules et Candélabres de tous styles — Groupes et Statuettes.
Lustres et Appliques.
Appareils d'Éclairage a la Bougie, à l'Huile, au Gaz et à l'Électricité.
Récompenses : 1867, Paris, Médaille d'argent. — 1878, Paris, Médaille d'or.

88. GRINAND (Amédée-M.), à Paris, rue de Turenne, 51. — Garnitures de cheminée, bronze doré, architecture, marbre styles Louis XIII à Louis XVI, genre ancien. **(PALAIS.)**

89. GUILLEMIN (Émile), à Paris, quai Jemmapes, 6. — Bronzes, bustes, statuettes, jardinières, fantaisies. **(PALAIS.)**

90. HOTTOT (Louis) et CHARPENTIER (Alexandre-R.), à Paris, rue des Petites-Ecuries, 48. — Bronze et terre cuite, bustes, statuettes, jardinières, panneaux décoratifs. **(PALAIS.)**

Édition de sculpture d'art, métal polychrome, art arabe, oriental, moderne.
Médailles à diverses Expositions : bronze, Londres, 1862. — Bronze, Paris, 1867. — Argent, Paris, 1878. — Or, Melbourne, 1880.
Diplôme d'honneur, Chevalier de la Légion d'honneur, Anvers, 1885.
Hors concours, membre du Jury, Barcelone, 1888.

91. HOUDEBINE (Henri) Père et Fils, à Paris, rue de Turenne, 64. — Garnitures de cheminées, styles anciens et modernes, statuaire, luminaire, jardinières, vases et colonnes. **(PALAIS.)**

Récompenses. — 1855, Paris. — 1862, Londres, Prize medal. — 1867, Paris, méd. d'argent. — 1873, Vienne, dipl. de mérite. — 1878, Paris, méd. d'or. — 1883, Amsterdam, dipl. d'honneur.

92. JOURDAN (A.), à Paris, rue de Crussol, 13. — Statues et torchères à gaz, groupes, statuettes, pendules, candélabres, vases gaines et colonnes, bronze polychrome. **(PALAIS.)**

93. JULLIEN (J.-V.-Ernest), à Paris, rue Pasquier, 12. — Petits bronzes d'art, pendules mignonnettes. **(PALAIS.)**

94. KICKEN (C.), à Paris, rue St-Sabin, 64. — Cuivrerie décorative faite au marteau, vases, jardinières, lampes, bougeoirs, encriers avec appliques, relief en bronze. **(PALAIS.)**

95. LACARRIÈRE Frères et DELATOUR, à Paris, rue de l'Entrepôt, 16. — Bronzes, lustres, appliques disposés pour gaz, électricité et bougie de cire. **(PALAIS.)**

96. LANGUEREAU (J.), à Paris, boulevard Beaumarchais, 23. — Bronzes d'ameublement et d'éclairage. **(PALAIS.)**

97. LEBRUN-TARDIEU (Georges), à Paris, rue des Gravilliers, 20. — Suspensions, lanternes, lustres, veilleuses, lampes, (huile, gaz, électricité). **(PALAIS.)**

Foyers, Fabrique de bronze d'éclairage et fer forgé, réflecteurs. — Trois médailles de mérite : Vienne 1873, Exposition collective avec celle de M. Delarue.

98. LECERF (Emile-L.), à Paris, rue de Turenne, 72. — Garnitures de bureaux et de fumeurs, glaces, vases à fleurs, jardinières, lustres, lanternes, croix, bénitiers. **(PALAIS.)**

99. LEGRAND (Louis-G.), à Paris, rue Ste-Anne, 73. — Suspensions, lustres, lanternes, bras, lampes, appareils de billard, torchères. **(PALAIS.)**

100. LEROLLE Frères, à Paris, rue du Foin, 1. — Bronzes d'art. **(PALAIS.)**
Médailles d'or en 1867 et 1878.

101. LESURE (Albert-L.), à Paris, rue St-Anastase, 9. — Encriers, statuettes, coupes, flambeaux, bustes, thermomètres en bronze imitation. **(PALAIS.)**

102. LEVASSORT (Charles-E.), à Paris, rue de Thorigny, 6. — Bronzes, pendules et horloges bois, genre ancien. **(PALAIS.)**

103. LÉVESQUE (Émile-A.), à Paris, rue des Gravilliers, 71. — Bronzes, monuments de Paris. **(PALAIS.)**

104. LÉVY (A.) à Paris, rue Turenne, 108. — Bronzes d'art et d'ameublement, statuettes, porcelaines montées, reproduction de styles anciens, pendules, candélabres, vases. **(PALAIS.)**

105. LYON (Bernard), à Paris, rue des Archives 13. — Bronzes, groupes et statuettes, garnitures de cheminées, marbre et bronze.   **(PALAIS.)**

Bronzes d'art et d'ameublement. — Garnitures fantaisie et de style. — Pendules, candélabres, statuettes militaires patriotiques.

106. MAES Aîné, à Paris, rue St-Gilles, 17. — Bronzes d'éclairage à l'huile, au gaz et à l'électricité.   **(PALAIS.)**

On trouve dans cette maison un assortiment très complet de Suspensions, Lustres, Jardinières, Lanternes, Appareils pour Billards, Torchères, Lampes, Bronzes, Chine, Japon et Faïence.

Ayant un atelier de dessin et sculpture attaché à la maison, ce qui lui permet d'offrir à sa clientèle tous travaux sur dessins et devis faits à l'avance.

107. MAICHE, à Paris, rue Louis-le-Grand, 3. — Bronzes d'art, de fonte et de zinc.   **(PALAIS.)**

108. MAITRE (Alphonse H.), à Paris, rue Amelot, 74 et 76. — Groupes, statuettes, porte-réveils.   **(PALAIS.)**

109. MARCHAND (L.), à Paris, rue des Archives, 10. — Bronzes et meubles artistiques.   **(PALAIS.)**

Chevalier de la Légion d'honneur. Trois croix étrangères.

110. MARROU (Ferdinand), à Rouen (Seine-Inférieure), rue St-Nicolas, 50. — Fontaine en fer forgé, bouquet de pavots en plomb, cadre de glace en fer, garnitures de cheminées, chenets, pare-étincelles.   **(PALAIS.)**

Pelles, pincettes, appliques, lustres en fer, chimères et pyramides en cuivre.

Travaux d'art en métaux forgés et repoussés au marteau.

Médaille d'argent, Paris, 1878. — Diplôme d'honneur, médaille d'or, Amsterdam, 1883. — Diplôme d'honneur, Anvers, 1885. — Chevalier de la Légion d'honneur 1885.

111. MARTIN (Louis), à Paris, rue de Saintonge, 9. — Marbres, bronzes d'art achevés et fondus d'un seul jet.   **(PALAIS.)**

Récomp. : Méd. de mérite Vienne, 1873; Philadelphie 1876, méd. unique. Paris 1878. méd. or. 1

112. MERCERY (Henry) et Cie, à Paris, rue du Parc-Royal, 12. — Pendules, genres Louis XIV, Louis XV, Louis XVI, porcelaines et faïences décorées, pâte tendre, émaux cloisonnés, groupes et jardinières, garnitures cuivre poli et doré.   **(PALAIS.)**

113. MILLET Père & Fils, à Paris, rue Saint-Sabin, 50. — Bronzes et meubles de luxe artistiques en styles anciens.   **(PALAIS.)**

La maison possédant des ateliers spéciaux pour ce genre de travail est à même d'exécuter toutes commandes concernant l'ameublement artistique de haut luxe et se recommande par la parfaite exécution de son travail, le tout essentiellement de sa fabrication.

On trouvera en magasin :

Un grand choix de bronzes et meubles imitant les originaux.

114. MINGUET (Eugène J.-B.), à Paris, rue des Filles-du-Calvaire, 7. — Pendules, candélabres, bronzes, vernis Martin et marqueterie.   **(PALAIS.)**

115. MONDUIT Fils (P.), à Paris, rue Poncelet, 31. — Modèles de plomb, cuivrerie d'art, métaux repoussés.   **(PALAIS.)**

Monuments historiques, édifices diocésains, bâtiments civils, palais nationaux du Sénat et de la Chambre des députés. Principaux travaux : Hôtel-de-Ville de Paris ; Lion de Belfort, place Denfert-Rochereau ; Comptoir d'Escompte de Paris ; Nouvelle gare St-Lazare ; Hôtel Terminus. Cathédrales : Amiens, Langres, Laon, Moulins, Paris, Reims, Soissons, Toul et Troyes. Églises : Chablis, Chambon, Marle, Poissy, Preuilly, Vailly, Sceiles,(Cher), St-Hilaire et Ste-Radegonde de Poitiers, St-Benoist-sur-Loire, Ste-Catherine d'Honfleur, Ste-Mémie, à Châlons-sur-Marne, St-Nicolas, à Blois, St-Remy et St-Martin, à Troyes, Mont St-Michel ; Théâtre des Célestins, à Lyon ; Nouveau Palais de Justice de Bruxelles. Exposition universelle de 1889 : Palais beaux arts et arts libéraux, etc. etc. Récompenses : Méd., de bronze, Sydney 1880; Diplômes d'honneur, Amsterdam 1883 ; Anvers 1885. Chevalier de l'Ordre Léopold, 1886.

116. MORISOT (Charles), à Paris, rue de Turenne, 76. — Bronzes, ferronnerie d'art, spécialité de garnitures de foyers et d'intérieurs de cheminée.   **(PALAIS.)**

Atelier de sculpture.

Médaille d'or, exposition 1878.

117. MOTTHEAU (Ernest), à Paris, rue du Perche, 7 bis. — Bronzes d'éclairage. **(PALAIS.)**

118. NOBLET (Charles), à Paris, rue Ménilmontant, 158. — Pendule en bronze doré et marbre rouge antique, flambeaux, bronze genre ferrure, reposant sur une gaine en bois. **(PALAIS.)**

119. PASSERAT (Georges et Emile), à Paris, passage Raoul, 13. -- Gaînes, candélabres, cartels bronze. **(PALAIS.)**

Pendules marqueterie Louis XIII, Louis XIV, Louis XV, Louis XVI.
Restauration de pendules et objets anciens.
Voir classe 17, et Pavillon de la Presse.

120. PELLETIER (Georges-N.), à Paris, rue Bailly, 5. Arts et Métiers. — Encriers bronze et imitation, flambeaux, bougeoirs, presse-papiers, timbres et sonnettes. **(PALAIS.)**

121. PEYROL (F.-Hippolyte), à Paris, rue Crussol, 14. — Bronzes d'art. **(PALAIS.)**

122. PINÉDO (Émile), à Paris, boulevard du Temple, 40. — Groupes, statuettes, bustes, candélabres, vases, spécialité d'écritoires artistiques, reproductions d'objets de musées. **(PALAIS.)**

Statuaire, Arbitre, Expert, Médaille à l'Exposition internationale 1878.
Maison fondée en 1842.
Fabrication Artistique de Bronzes d'Art.
Groupes de Figures, Statuettes. Bustes. Candélabres Coupes, Coffrets, etc. Reproductions des œuvres du Salon des Beaux Arts. Spécialité d'Ecritoires de Style. Hautes fantaisies Artistiques pour cadeaux. Prix de courses, réductions, augmentations contre-partie. Gaînes et colonnes de ľarbres.
41 Boul'v rd du Templ» Pa is

123. PLANCHON (Mathieu), à Paris, palais Royal, 66, 67. — Reproduction horloges et pendules anciennes, d'après documents. **(PALAIS.)**

124. POCCARD et RICHERMOZ, à Paris, rue St-Sébastien, 17. — Pendules et candélabres, groupes, statuettes, cavaliers, jardinières, buires et cache-pots, porcelaines montées. **(PALAIS.)**

125. POUSSIELGUE RUSAND & Fils, à Paris, rue Cassette, 3. — Autel monumental en orfévrerie pour Saint-Ouen de Rouen, autels, émaux, statues en bronze. **(PALAIS.)**

Autels, statues, candélabres, lustres, chandeliers. Reliquaires, croix. Autel du sanctuaire de Rocamadour. Fauteuil- archiépiscopal, d'après Viollet-le-Duc. Objets d'art, émaux, bas-reliefs. Officier de la Légion d'honneur. Grand diplôme d'honneur et Médaille d'or, Vienne 1873 et Paris 1878. Voir classe 24, gr. III et classe 62 gr. VI.

126. PUGNANT, Maison **Feraflat (Hermés Julien)**, à Paris, passage de la Forge- Royale, 19. — Lampes, veilleuses, christs, candélabres et flambeaux pour églises et pour appartements. **(PALAIS.)**

127. QUESTCHER, à Paris, rue Vieille-du-Temple, 128. — Bronzes d'ameublement. **(PALAIS.)**

128. RAINGO Frères, à Paris, rue Vieille-du-Temple, 102. — Bronzes d'art et d'ameublement. **(PALAIS.)**

Reproductions d'Ancien.
Eclairages électriques, genre riche, modèles de style.
Ateliers de dessin et sculpture permettant à MM. les architectes et tapissiers, la surveillance des travaux entrepris sous leur direction.
Médaille d'or 1867. — Médaille d'or 1878.

129. RANVIER (Jules), à Paris, rue de Turenne, 116. — Bronze imitation, statues, statuettes, groupes, vases faïence avec montures, lampes, articles pour le gaz et l'électricité. **(PALAIS.)**

130. RAPIN (Alexis), à Paris, rue Grange-aux-Belles, 45. — Cadres Louis XVI, pendule Louis XVI, genre Clodion. **(PALAIS.)**

131. RENARD (C.-Camille), à Paris, rue Demours, 41. — Suspensions de salle à manger, lustres, candélabres, chenets, lanternes, appliques. **(PALAIS.)**

132. RENON (Victor), à Paris, rue Payenne, 13. — Bronzes d'éclairage, lustres, suspensions, torchères, candélabres, lampes, lanternes, etc. Électricité.

133. RINGEL D'ILLZACH, à Paris, rue du Point-du-Jour, 97. — Vase en bronze. **(PALAIS.)**

134. ROBICHON (Charles), à Paris, rue des Partants, 79. — Bronzes d'art. **(PALAIS.)**

135. SCHMOLL (Émile), à Paris, rue de Turenne, 80. — Garnitures de cheminées, bronzes d'art, bronzes d'éclairage. . **(PALAIS.)**

136 SERVAT (Albert-G.), à Paris, boulevard Barbès, 10. — Lustres en fer forgé, vide-poches, bougeoirs, encriers, presse-papier, appliques en fer, en bronze. **(PALAIS.)**

137. SILVIN et Cie, à Paris, rue de Turenne, 112.—Pendules, statuettes, groupes et candélabres. **(PALAIS.)**

138. Société Anonyme des Hauts-Fourneaux et Fonderies du Vrl-d'Osne, à Paris, boulevard Voltaire, 58. — Fonte de fer moulée. **(PALAIS.)**

Anciennes maisons J. P. V. André et J. J. Ducel et Fils, créateurs de l'industrie de la fonte d'art.

139. SOLEAU (Eugène), Successeur de **L. Kley**, à Paris, rue de Turenne, 38. — Statuettes, encriers, coupes, objets décoratifs en marbre et bronze, tels que cheminées, gaînes, colonnes, jardinières, tables. **(PALAIS.)**

Récompenses : Paris 1878. — Barcelone 1888.

140. SOULAGES (Alexis) et ALLIOT (Napoléon-H.-V.), à Paris, rue d'Angoulême, 70. — Bronze imitation, petits groupes et statuettes métal décoré. **(PALAIS.)**

141. SUSSE Frères (Albert et Léon), à Paris, place de la Bourse, 31. — Bronzes d'art, groupes et statuettes. — Téléphone. **(PALAIS.)**

Maison fondée en 1800. — Fabrique de bronzes d'art et d'ameublement. Éditeurs de groupes et statuettes par nos grands artistes modernes. Réduction des chefs-d'œuvre de l'antique. Garnitures de cheminées. Lustres et Suspensions. Papeterie de luxe. Maroquinerie fine, fantaisies en tous genres pour cadeaux. — Récompenses : Médailles aux Expositions universelles de Paris, Londres, Vienne, Philadelphie, *Membre du Comité de l'installation, Exposition universelle* 1889.

142. TASSEL (E.), à Paris, rue Aumaire, 25. — Bronzes d'art. **(PALAIS.)**

143. THIÉBAUT Frères, à Paris, rue Guersant, 32. — Statues monumentales, statuettes en bronze. **(PALAIS.)**

144. THIRIOT (L.-F.-E.), à Paris, rue Amelot, 92. — Statues de jardin, statues lampadaires, jardinières, vases, rampes, balcons, socles, candélabres, bras à gaz. **(PALAIS.)**

Coupes et vases de jardin, bronzés ou émaillés, statues pour décoration de parcs. jardins, vestibules, pour gaz, électricité ; candélabres de refuges, de ville, de vestibule; consoles à gaz ; bras et crosses pour gaz et électricité ; fontaines, jets d'eau, bornes-fontaines, siphons hygiéniques pour cours, égoûts, etc. ; colonnes unies et ornées ; tuyaux unis et ornés ; balcons, rampes, balustrades ; escaliers sur commande, s'adaptant à tous emplacements. Fontes d'art et d'ornement.

145. TISSIER (D.-E.), à Paris, rue Saint-Sabin, 56. — Bougeoirs pneumatiques, système hélicoïdal. **(PALAIS.)**

146. TRANCHAUD (Alexandre), à La Rochelle (Charente-Inférieure), rue Thiers, 32. — Fleurs, fers forgés. **(PALAIS.)**

147. TRIOULLIER Frères, à Paris, rue de Grenelle–Saint-Germain, 24. — Maîtres-autels monumentaux en bronze, candélabres, chandeliers, lustres, châsses, etc. **(PALAIS.)**

Maison fondée en 1680. Manufacture de Bronze. Travaux d'art pour la décoration, l'ameublement et l'éclairage des églises et édifices publics. Médailles : Paris, 1re classe 1855 et 1867. Londres, Prize medal 1862.

148. TURIN (Jules), à Paris, rue Oberkampf, 24. — Bronzes d'art et d'ameublement. **(PALAIS.)**

149. VABRE (Pierre), à Marseille (Bouches-du-Rhône), boulevard Rougier, 26. — Buste en métal repoussé. **(PALAIS.)**

150. VARLET, à Paris, rue Béranger, 8. — Bronzes d'art. **(PALAIS.)**

151. VIAN (Henri), à Paris, rue de Turenne, 75. — Bronzes et ferronnerie d'art. Lustres, lanternes, suspensions, appliques. **(PALAIS.)**

152. VIDIE (J.) et Fils, à Pantin (Seine), route de Flandre, 56. — Cristaux montés. **(PALAIS.)**

153. VINCENT (Joseph), à Paris, rue Amelot, 78. — Pendules, candélabres, groupes, statuettes, tableaux en relief. **(PALAIS.)**

Pendules de style Louis XVI et Renaissance : marbres et bronzes.
Garnitures de cheminées ; Porte-Bouquets ; Groupes ; Statuettes.
Surtouts de tables ; Jardinières faïence, montée riche.
Tableaux en relief, cadre chêne et peluche ; Cartels , Bustes.
Spécialité de groupes cavalerie.
Pendules de style en faïence.
Spécialité de groupes, décor polychrôme.
Reproduction d'œuvres des grands artistes.
Tous les modèles sont la propriété exclusive de la maison. Récompenses : Expositions de Melbourne et d'Amsterdam, (en collectivité), Mention honorable.

COLONIES.

ALGÉRIE.

1. IBRAHIM ben Ali ben Saïd, à Alger, passage Sarlande. — Suspensions, lustres, cuivreries, brûle-parfums. **(ESPLANADE.)**

2. MARLIER, à Alger, rue Jénina, 5. — Cadre cuivre avec glace, cadre gravé en relief, service comprenant un plateau, cafetière et tasses, plateau persan, cuivre gravé. **(ESPLANADE.)**

3. SOLAL (Léon), à Alger, place Malakof, 6. — Objets en cuivre repoussé, gravé ou ciselé. **(ESPLANADE.)**

COCHINCHINE.

1. Exposition permanente des Colonies, à Paris. — Statues et statuettes en cuivre (Cochinchine). **(ESPLANADE.)**

2. MARQUIS (M.-G.), à Giadinh. — Brûle-parfum et statuette en bronze. **(ESPLANADE.)**

3. MONTAIGNAC de CHAUVANCE (Gaspard de), à Giadinh. — Objets en bronze et en cuivre. **(ESPLANADE.)**

4. Service local, à Saïgon. — Objets en bronze et en cuivre. **(ESPLANADE.)**

INDE FRANÇAISE.

1. Comité d'Exposition de l'Inde. — Peraumal en bronze (divinité hindoue), cuillère, plaque, gobelet, plateaux en cuivre rouge et repoussé. **(ESPLANADE.)**

2. DELAFAN, Inde. — Objets en bronze (vieux). **(ESPLANADE.)**

MAYOTTE ET COMORES.

1. Service local de Mayotte. — Tabatière en cuivre. **(ESPLANADE.)**

NOUVELLE-CALÉDONIE.

1. Pénitencier de l'Ile Nou. — Bronze. **(ESPLANADE.)**

PAYS DE PROTECTORAT

ANNAM-TONKIN.

1. BEAUQUESNE (Commandant de). — Brûle-parfum en fonte. **(ESPLANADE.)**

2. BORGAARD, Commis de Résidence, à Hué. — Plateau cuivre gravé. **(ESPLANADE.)**

3. Exposition permanente des Colonies, à Paris. — Bouddhas et statues. **(ESPLANADE.)**

4. Protectorat de l'Annam et du Tonkin. — Crachoirs en cuivre. **(ESPLANADE.)**

5. Province de Hanoï. — Bronzes (animaux), brûle-parfums (forme fruit), éléphants en cuivre, flambeaux. **(ESPLANADE.)**

CAMBODGE.

1. Exposition permanente des Colonies, à Paris. — Statues et statuettes en cuivre. **(ESPLANADE.)**

2. PLANTÉ, à Phnom-Penh. — Bouddhas (cuivre fondu). **(E°PLANADE.)**

TUNISIE.

1. ABDER-RAHMAN el **FENNAIRI.** — Métaux repoussés, etc. **(ESPLANADE.)**

2. Comité de l'Exposition tunisienne. — Métaux repoussés, etc. **(ESPLANADE.)**

PAYS ÉTRANGERS.

RÉPUBLIQUE ARGENTINE.

1. FIORDA Frères, à Buenos-Ayres. — Fenêtre en zinc. **(PARC.)**

BELGIQUE.

1. ARENS (Arnold), à Anvers. rue des Nerviens, 19. — Piédestaux, bronzes d'art et métaux ciselés. **(PALAIS.)**

Ameublements d'art et autres en tous genres, de bronzes et métaux ciselés et repoussés.

2. DESMEDT (Pierre), à Bruxelles, rue Thérésienne, 8. — Ferronnerie d'art. **(PALAIS.)**

3. DRYEPONDT-BRANS (Edouard), à Bruges, rue des Pierres, 24. — Plat en cuivre fondu, ciselé et repoussé. Le Génie civilisateur, style Renaissance. Modèles de médailles XIV° siècle. **(PALAIS.)**

Méd. de bronze, Paris, 1867 ; Méd. arg., Paris, 1878 ; Méd. d'or, Anvers. 1885; Méd. d'or, Barcelone, 1888.

4. GIGNEZ (Jean), à Bruxelles, rue de l'Ermitage, 79. — Lustre, girandole ; chenets et garnitures, chandeliers en fer forgé. **(PALAIS.)**

5. LUPPENS (H.) & Cie, à Bruxelles, boulevard Anspach, 48. — Bustes, statuettes, statues, appareils d'éclairage divers. **(PALAIS.)**

6. PERSOONS (A.), à Anvers, place de Meir. — Vase en bronze, lustre. **(PALAIS.)**

7. PILATE (Paul), à Bruxelles, rue du Marché, 17 — Lustres et suspensions pour électricité, gaz, bougies ou pétrole. Bustes. Faïences montées. Lampes, etc. **(PALAIS.)**

Maison fondée en 1852.
Récompenses : Paris 1867; Amsterdam 1883; Anvers 1885; Bruxelles 1888, prix de progrès.
Voir lustres pour électricité, groupe VI, classe 62.

8. SCHRYVERS (Prosper), à Bruxelles, rue du Métal, 28. — Ferronnerie d'art. **(PALAIS.)**

9. Société anonyme pour la fabrication d'appareils d'éclairage, à Liège, rue Saint-Léonard, 416. — Lustres, suspensions au gaz et au pétrole, etc. **(PALAIS.)**

10. TOUSSAINT (Alfred), à Bruxelles, rue de la Science, 17. — Ferronnerie d'art : Écrans, lanternes, potences, chevets, etc. **(PALAIS.)**

Paris 1878, deux médailles d'argent ; Amsterdam 1888, médaille d'or ; Anvers 1885, deux médailles d'or ; chevalier de l'Ordre Léopold.

11. VOLANT (Joseph), à Bruxelles, rue du Gentilhomme, 6. — Lustre, chenets, garnitures de foyers, style renaissance flamande. **(PALAIS.)**

12. WILMOTTE Fils (J.), à Liège, boulevard de la Sauvenière, 112. — Appareils pour l'éclairage au gaz et au pétrole. **(PALAIS.)**

CHINE.

1. **LI-SEN-LIE & Cie,** à Neuilly (Seine), avenue de Neuilly, 56. — Bronze.
   (PARC.)

2. **TENG-TCHIO-YUNG,** à Canton. — Bronze. **(PARC.)**

ÉGYPTE.

1. **HASSAN el AGAMI,** au Caire. — Cuivres ciselés en argent, cuivres pavés, cuivres repoussés. **(PALAIS.)**

ESPAGNE.

1. **CONTRERAS (Rafael) & Fils,** à Grenade. — Objets de bois, bronze et pâte. **(PALAIS.)**

2. **GARCIA (Eugenio),** à Madrid. — Serrure en fer forgé. **(PALAIS.)**

3. **GURUCETA PARAMA & Cie,** à Eivar. — Bijouterie en fer. **(PALAIS.)**

4. **PERISTANY (Manuel),** à Barcelone. — Acier repoussé. **(PALAIS.)**

5. **PRIETO (Matias),** à Barcelone. — Objets d'art. **(PALAIS.)**

6. **YBARZARBAT (Teodoro),** à Eivar. — Objets en fer ciselé et de Damas en or et argent. **(PALAIS.)**

7. **ZULNAGA (Placido),** à Eivar. — Objets d'art et fer ciselé. **(PALAIS.)**

ÉTATS-UNIS.

1. **Crane (The Frederich) Chemical Co,** à Short-Hills. N. J. — Bronzes d'art. **(PALAIS.)**

GRANDE-BRETAGNE.

1. **ARDESHIR & BYRAMJI,** Hummum street, 18, Fort Bombay (Indes). — Repoussés en cuivre, etc. **(PALAIS.)**

2. **BHUMGARA FRAMJEE PESTONJEE,** à Bombay, Kalhaderie road, 5, et Madras, Mount road, 5, (Indes). — Repoussés en cuivre, etc. **(PALAIS.)**

3. **BIGEX E. SRINURGUR,** à Cashmere et à Londres, New Street, 15, Bishopsgate street. — Cuivre ouvré. **(PALAIS.)**

4. **PROCTOR & Co, (The Indian Art Gallery),** à Londres, Oxford street, 428. — Métaux travaillés. **(PALAIS.)**

5. **GARDINER (Starkie) & Co,** à Londres, Albert embankment, 29. — Fers forgés et ouvragés. **(PALAIS.)**

ITALIE.

1. **ANGELIS (Sébastien de)**, à Naples, galleria Principe. — Bronzes d'art.
(PALAIS.)

2. **BASTANZETTI (Donato)**, à Udine. — Cloches et sonnettes artistiques en bronze.
(PALAIS.)

3. **DE POLI (François)**, à Vittorio (Vénétie). — Cloches en bronze avec bas-reliefs.
(PALAIS.)

4. **ERRICO (Sauveur)**, à Naples, strada Capodimonte, 75 — Bronzes d'art.
(PALAIS.)

5. **LOMAZZI (G.)**, à Milan. — Jardinière en bronze.
(PALAIS.)

6. **NOGARA. (Isaie)**, à Venise, calle dell' Asao all' Anconetta. — Lustres en fer forgé.
(PALAIS.)

7. **PANDIANI (Antoine)**, à Milan, via Disciplini, 15. — Statuettes, bustes, candélabres, lampes.
(PALAIS.)

8. **PIN Frères & Cie**, à Venise. — Cloches en bronze ornées en reliefs. (PALAIS.)

9. **TANZINI (Adam)**, à Sienne. — Bronzes d'art.
(PALAIS.)

10. **Usine coopérative « Archimède »**, à Milan, via Crocifisso, 15.—Travaux en fer forgé et autres métaux.
(PALAIS.)

JAPON.

1. **DOKI-KKAISHA**, Ishikawa-Ken, Kanazawa-Ku. — Vases à fleurs, panneaux décoraratifs, garnitures de salon en bronze.
(PALAIS.)

2. **HAYASHI (Thiuchiro)**, Aichi-Ken, Kaito-Kori. — Boîtes à cigare en émail cloisonné sur bronze.
(PALAIS.)

3. **INOUYE (Kichifei)**, Kioto-fu, Shimokio-Ku. — Vases à fleurs, petites boîtes, porte-cigares en forme de cloche en bronze.
(PALAIS.)

4. **KANAYA. (Gorosaburo)**, Kioto-fu, Shimokio-Ku. — Vases et plateaux avec incrustations de métaux, brûle-parfums, clochettes en bronze
(PALAIS.)

5. **KIRIUKOSHO-KAISHA**, Tokio-fu, Kiobashi-Ku. — Objets d'art et articles en métaux.
(PALAIS.)

6. **KOKUMA (Michio)**, Niigata Kan, Kariha-Kori. — Vases à fleurs en bronze.
(PALAIS.)

7. **KUMAGAYA (Kotaro)**, Kioto-fu, Shimokio-Ku. — Assiettes, brûle-parfums, bouilloire en bronze.
(PALAIS.)

8. **KUROYA (Tsuyemon)**, Toyama-Ken, Imidzu-Kori. — Vases à fleurs, brûle-parfums en bronze et zinc.
(PALAIS.)

9. **MICHIYA (Tashichi)**, Kanagawa-Ken, Yokohama-Ku. — Vases à fleurs en bronze.
(PALAIS.)

10. **Ministère de l'Agriculture et du Commerce**, (Direction de l'Industrie), à Tokio. — Boîtes, vases, plateaux, candélabres, sacoches, bols, socles, porte-cigares bonbonnières en bronze, cuivre jaune, émail cloisonné, fer.
(PALAIS.)

11. **MIYABE (Usisaburo)**, Kioto-fu, Kamikio-Ku. — Brûle-parfums, vases à fleurs, plats à bonbons en bronze.
(PALAIS.)

12. **NAKAMURA (Hanbei)**, Osaka-fu, Higashi-Ku. — Pots à thé en étain.
(PALAIS.)

13. NAMIKAWA (Seishi), Kioto-fu, Shimokio-Ku. — Objets en émail cloisonné sur divers métaux.   **(PALAIS.)**

14. NAMIKAWA (Sosuke), Tokio-fu, Nihombashi-Ku. — Émaux cloisonnés, panneaux, pots, vases à fleurs.   **(PALAIS.)**

15. NODA (Ichibei), Kanagawa-Ken, Yokohama-Ku. — Vases à fleurs, pots, flacons à odeurs, panneau décoratif en bronze travaillé.   **(PALAIS.)**

16. SEKIZAWA (Uichi), Toyomo-Ken, Imidzu-Kori. — Vases à fleurs en bronze.   **(PALAIS.)**

17. SHIMA (Sahei), Osaka-fu, Nishi-Ku. — Brûle-parfums, vases à fleurs, encriers, presse-papiers, porte-pinceaux en bronze et en zinc.   **(PALAIS.)**

18. SHIMOSEKI (Kahei), Tokio-fu, Asakusa-Ku. — Vases à fleurs, brûle-parfums, assiettes, garniture de salon en métal ciselé.   **(PALAIS.)**

19. SHOBI (Yeiyu), Kioto-fu, Shimokio-Ku. — Objets d'art en métaux avec et sans incrustations d'or et argent.   **(PALAIS.)**

20. SUGIYAMA (Kintaro), Tokio-fu, Koishikawa-Ku. — Vases à fleurs, pots à fleurs en bronze ciselé et incrusté.   **(PALAIS.)**

21. TOKIO-CHOKOKAI, Tokio-fu, Asakusa-Ku — Gardes de sabre, garnitures de salon et couvertures de livres en métaux ciselés.   **(PALAIS.)**

22. TSUKAMOTO (Zinyemon), Aichi-Ken, Nagaya-Ku. — Vases à fleurs en émail cloisonné sur bronze.   **(PALAIS.)**

23. UYENO (Uyemon), Shiga-Ken, Shiga-Kori. — Brûle-parfums, petit brasero, petite casserole en bronze.   **(PALAIS.)**

24. WAKAI (Kanesaburo), Tokio-fu, Kiobashi-Ku. — Garniture de salon en bronze incrusté.   **(PALAIS.)**

25. YAMADA (Chosaburo), Ishikawa-Ken, Yenuma-Ku. — Brûle-parfums, plateau avec incrustations en bronze.   **(PALAIS.)**

26. YOSHIDA (Yosubei), Kioto-fu, Shimokio-Ku. — Vases à fleurs brûle-parfums en bronze.   **(PALAIS.)**

PAYS-BAS.

1. Scholtès Metaalwarenfabrick, à Amsterdam. — Bacs à charbons, bacs à bois, garde-feu en cuivre et en fer ouvré, laqué, nickelé et décoré.   **(PALAIS.)**

RUSSIE.

1. CHOPIN (F.), à Saint-Pétersbourg. — Bronzes d'art.   **(PALAIS.)**

2. WOERFEL (K. T.), à Saint-Pétersbourg. — Bronzes, malachites et pierres dures de Sibérie.   **(PALAIS.)**

Récompenses : Londres 1851 ; Paris 1867 ; Vienne 1873 ; Philadelphie 1876 ; Paris 1878 ; Amsterdam 1883 ; Anvers 1885 ; Bruxelles 1888 ; Barcelone 1888.

SERBIE.

1. MILLEKOVITCH (Stavra), à Nisch. — Clochettes, bracelets, boucles de ceinture.   **(PALAIS.)**

2. NAOUMOVITCH (Dimitrié), à Belgrade. — Alambic, chaudron, pot et cuvette en cuivre.   **(PALAIS.)**

3. NIKOLITCH (George), à Semendria. — Alambic.   (PALAIS.)

4. PETROVITCH (Pierre-J.), à Belgrade. — Suspension en fer forgé.
                                                          (PALAIS.)

5. POPOVITCH (Gligorié), à Semendria. — Chaudrons.   (PALAIS.)

SUISSE.

1. HEINZ (Jacob), à Bâle, Sant-Johannringweg, 130. — Lustre en fer forgé poli,
petite serrurerie artistique.   (PALAIS.)

2. WOLKE (Michaël), à Riesbach (Zurich), Wiesenstrasse, 6. — Cage d'horloge
en bronze ciselé.   (PALAIS.)

GROUPE III.

MOBILIER ET ACCESSOIRES.

CLASSE 26.

Horlogerie.

FRANCE.

1. **ACIER (Emile A.)**, à Paris, impasse Froissard, 9. — Garnitures bronze et faïence décorées ; régulateurs à 4 glaces, pendules de voyage. **(PALAIS.)**

2. **ALLIX (Armand)**, à St-Nicolas-d'Aliermont (Seine-Inférieure). — Ressorts pour pendules, diamètre 45 cent. et au dessous, montés sur leurs supports, ressorts pour pièces de voyage, diamètre 35 m/m. et au dessous. **(PALAIS.)**

3. **AMÉAUME (Auguste)**, à Paris, rue Turenne, 50. — Horlogerie. Pendules. **(PALAIS.)**

   Maison fondée en 1805. — Fabrique spéciale de gros.

4. **ANQUETIN (Georges)**, à Paris, rue d'Aboukir, 77. — Horlogerie simple et compliquée, horlogerie d'amateurs, montres à cadrans d'ivoire. Montres de voyage, donnant l'heure de toutes les villes du monde. **(PALAIS.)**

5. **ANTOINE Frères**, à Besançon (Doubs), rue Charles Nodier, 126. — Montres simples et compliquées de haute précision sur calibres spéciaux. **(PALAIS.)**

6. **ANTOINE Frères**, à Besançon (Doubs), rue Charles Nodier, 126 — Montres. **(E. C.) (PALAIS.)**

7. **Araches (Exposition collective ouvrière d')**, à Araches (Haute-Savoie). — Mouvements et fournitures d'horlogerie. **(PALAIS.)**

8. **BALANCHE** (ancienne Maison), **Mory (Eugène)** Successeur, à Besançon (Doubs), rue Gambetta, 19. — Aiguilles de montres. **(PALAIS.)**

9. **BASELY (Louis)**, à Corbeil (Seine-et-Oise), rue de la Poterie, 29. — Aiguilles pour l'horlogerie. **(PALAIS.)**

   Maison fondée à Paris, en 1839. — Aiguilles pour l'horlogerie.
   Médaille de 2e classe, Paris 1855. — Propriétaire et constructeur du chronographe Rieussec.
   Agent en Angleterre, A. Edwards, 88 et 89, Craven St., Coventry.
   Dépôt à Paris, Désiré Fiévet, 55, rue de Saintonge.

10. **BAYEUX (Alfred, L.)**, à Saint-Nicolas-d'Aliermont (Seine-Inférieure). — Pièces détachées, roulants de pendules de voyage, pendules de voyage. **(PALAIS.)**

11. BAVEREL (Emile), à Morteau (Doubs). — Montres or, argent et métal ; remontoirs argent et métal.   **(PALAIS.)**

12. BEAUDROIT (Alphonse), à Seloncourt (Doubs). — Montres et mouvements de montres.   **(PALAIS.)**

13. BEILLARD (Alfred. E.), École d'Horlogerie d'Anet, à Anet (Eure-et-Loir). — Travaux des élèves et travaux personnels : Régulateurs, mouvements de montres et de chronomètres ; Modèles d'échappements ; Études.   **(PALAIS.)**

Pièces d'horlogerie de précision. Pendules à secondes. — Méd. Paris 1878. ; et Bruxelles, 1888.

14. BERGIER (F. Auguste), à Besançon (Doubs), Grande-Rue, 79. — Montres de précision, thermomètres chronographes, secondes indépendantes, répétitions et quantièmes.   **(PALAIS.)**

15. BERGIER (A.), à Besançon (Doubs), Grande-Rue, 79. — Montres.
(E. C.) (PALAIS.)

16. BERNHEIM (Léopold) & Cie, à Paris, rue de Turenne, 48. — Montres de poche.   **(PALAIS.)**

17. BERNOUX (Joseph. L.), à Paris, rue Froissart, 4. — Régulateurs et horloges électriques.   **(PALAIS.)**

18. BERTHOUD (A. L.), à Argenteuil (Seine-et-Oise), rue d'Enghien, 9. — Régulateurs et chronomètres spiraux.   **(PALAIS.)**

19. BESANÇON (Auguste), à la Butte, Besançon (Doubs). — Aiguilles pour montres et pendules.   **(PALAIS.)**

20. BESANÇON (Exposition collective des Fabricants d'horlogerie, organisée par la Commission municipale d'horlogerie de la ville de), à Besançon (Doubs).   **(PALAIS.)**

Antoine Frères.	Fernier (L.) & Frères.	Matile Frères.
Bergier (A.).	Gondy (J.-C.-A.).	Mory (E.).
Biétry Frères.	Graa, Dufour & Neyret	Perdrizet & Bourquin.
Bloch (L.).	Frères.	Picard (A.).
Blum (L.).	Grisot-Saillard.	Picard Jeune (R.) & Lévy
Boillot Neveu (V.).	Grisot Fils (Th.)	(P.).
Bornet (Ch.).	Hagueneau (H.).	Robert (E.).
Brisebard (C.).	Haldy (E.-A.).	Seigneur.
Bronnes.	Hattencerg (E.).	Serf (Vᵉ R.) & Fils.
Calame (P.).	Huclard.	Société anonyme coopérative.
Carry (Cl.).	Jacob Frères.	Société générale des Monteurs de boîtes d'or.
Cattin & Heiniger.	Jacot (L.).	Thievant (J.).
Cercleuk & Montaudon	Jaillon & Gein.	Vivis (E.).
Clemençon (G.).	Kaeselberg (O.).	Weber (F.)
Diacon (F.).	Lambert (L.).	
Dupont (J.).	Lefebvre (A.).	
Félix (J).	Letondor & Verney.	

21. BESANÇON-PILLODS (P. Frédéric), à Brognard, près Montbéliard (Doubs). — Porte-échappements à ancres pour pendules de voyage.   **(PALAIS.)**

22. BIÉTRY Frères, à Besançon (Doubs), rue de l'Arsenal, 15. — Boîtiers de montres, argent, or et métal.   **(E. C.) (PALAIS.)**

23. BLOCH (Léopold), à Besançon (Doubs), rue de la Bouteille, 9. — Montres.
(E. C.) (PALAIS.)

24. BLOCH (Léopold), à Besançon (Doubs), rue de la Bouteille, 9. — Montres or et argent variées.   **(PALAIS.)**

25. BLUM (L.), à Besançon (Doubs), Grande-Rue, 17. — Montres.
(E. C.) (PALAIS.)

26. BLUM (Louis), à Besançon (Doubs), Grande-Rue, 17. — Montres argent et métal.   **(PALAIS.)**

27. BOICHARD (Emile), à Morteau (Doubs). — Montres.   **(PALAIS.)**

28. BOILLOT Neveu (Victor), à Besançon (Doubs), rue Proudhon, 2. — Graveurs pour horlogerie.   **(E. C.) (PALAIS.)**

29. BONAME (Louis), à Seloncourt (Doubs). — Horlogerie, montres métal bon marché pour l'exportation.   **(PALAIS.)**

30. BONTEMS (J. Charles), à Paris, rue de Cléry, 72. — Pendules et cages à oiseaux mécaniques.   **(PALAIS.)**

31. BORIS-FAINGOLD, à Paris, rue de Paradis, 8. — Pendule se remontant elle-même.   **(PALAIS.)**

32. BORNET (Ch.), à Besançon (Doubs), rue de Lorraine, 9. — Boîtiers gravés.   **(E. C.) (PALAIS.)**

33. BORREL (George-A.), Successeur de **J. Wagner,** à Paris, rue des Petits-Champs, 47. — Régulateur astronomique. Horloges électriques. Appareils électriques pour la remise à l'heure des horloges.   **(PALAIS.)**
Horloge de luxe pour Hôtel de Ville, Contrôleurs de rondes. Compteurs, etc.

34. BOURDON (Charles A.), à Paris, boulevard Magenta, 26.—Horloges pneumatiques, pendule régulatrice avec moteur à tube flexible actionnant et réglant plusieurs cadrans.   **(PALAIS.)**

35. BOURGEOIS (Jules), à Damprichard (Doubs). — Boîtes de montres.   **(PALAIS.)**

36. BOUYSSON (Jules), à Cahors (Lot), boulevard Gambetta. — Horlogerie.   **(PALAIS.)**

37. BRÉGUET, Brown (Ed.), successeur, à Paris, rue de la Paix, 12. — Montres, chronomètres, pendules, portatives, régulateurs.   **(PALAIS.)**

38. BRETTON (Louis), à Cluses (Haute-Savoie). — Fraises de diverses formes et fournitures pour l'horlogerie.   **(PALAIS.)**

39. BRISEBARD (C.), à Besançon (Doubs), Grande-Rue, 34. — Montres.   **(E. C.) (PALAIS.)**

40. BRONNER (C. H. G. Auguste), à Besançon (Doubs), Grande-Rue, 17. — Sujets et chiffres pour décoration de boîtes de montres.   **(PALAIS.)**

41. BRONNES, à Besançon (Doubs), Grande-Rue, 17. — Boîtiers gravés.   **(E. C.) (PALAIS.)**

42. BROWN (Edouard), à Paris, rue de la Paix, 12. — Montres, chronomètres, régulateurs astronomiques.   **(PALAIS.)**

43. BRUNELOT (Jules), à Paris, rue Oberkampf, 10. — Pendules de voyage et régulateurs.   **(PALAIS.)**

44. CALAME (Paul), à Besançon (Doubs), rue Battant, 7. — Montres.   **(E. C.) (PALAIS.)**

45. CALLIER (Bernard A.) Successeur de **Winnerl,** à Paris, boulevard de Port-Royal, 50. — Chronomètres de marine et pendules, montres géographiques, donnant les longitudes, latitudes et heures du globe.   **(PALAIS.)**

46. CARIZET (Jean-Baptiste), à Cluses (Haute-Savoie). — Mouvements de montres de 6 à 20 lignes à divers degrés d'avancement et de perfectionnement.   **(PALAIS.)**

47. CARPANO (Louis), à Cluses (Haute-Savoie). — Fraises, machines à arrondir et roues pour horlogerie de petit volume.   **(PALAIS.)**

48. CARRY (Clément), à Besançon (Doubs), rue Bersot, 48. — Aiguilles de montres en or et composition, dorées, genres Louis XV, Louis XVI et autres, avec pierres ou fausse joaillerie. **(PALAIS.)**

Aiguilles à 1 pierre et 3 pierres de 5 à 22 lignes ; fantaisies or 1, 2, 3 roses, de 5 à 20 lignes, et beaucoup d'autres genres et dessins. — Médaille bronze 1878.

49. CARRY (Cl.), à Besançon (Doubs), rue Bersot, 48. — Aiguilles de montres. **(E. C.) (PALAIS.)**

50. CARTIER (Michel), à Araches (Haute-Savoie). — Mouvements et fournitures d'horlogerie. **(PALAIS.)**

51. CATTIN & HEINIGER, à Besançon (Doubs), rue Saint-Paul, 57.— Plaques diverses, or et argent, pour montres. **(PALAIS.)**

52. CATTIN & HEINIGER, à Besançon (Doubs), rue Bersot, 57. — Boîtiers gravés. **(E. C.) (PALAIS.)**

53. CAULLIRAUX & Fils, au Mont-Saxonnex (Haute-Savoie). — Pièces détachées pour montres. **(PALAIS.)**

54. CERCLEUX & MONTANDON, à Besançon (Doubs), rue Morand, 8. — Montres remontoir et autres à ancre et à cylindre, or et argent. Pièces compliquées et avec bulletins d'observatoire, joailleries, décors artistiques. **(PALAIS.)**

55. CERCLEUX & MONTAUDON, à Besançon (Doubs), rue Morand, 6. — Montres. **(E. C.) (PALAIS.)**

56. CHALONGE (de), à Paray-le-Monial (Saône-et-Loire). — Horloge à sonnerie. **(PALAIS.)**

57. Chambre Syndicale de l'Horlogerie de Paris (Président : **Rodanet**), à Paris, rue Manin, 30. — Travaux d'horlogerie, montres, pendules. **(PALAIS.)**

58. CHAMPION (Emile), à Paris, rue des Bons-Enfants, 23. — Pendules de voyage, montres, breloquets, gravures diverses, ivoire. **(PALAIS.)**

59. CHAPPART (L. Albert), à Paris, rue Chapon, 43. — Ressorts pour barillet de montres françaises et américaines tous systèmes, chronomètres de marine, pendules et réveils. **(PALAIS.)**

Mentions Honorables aux Expositions universelles de Paris, 1855, 1878.

60. CHATEAU Père et Fils, à Paris, rue Montmartre, 118. — Horloges publiques, régulateurs de précision, contrôleurs divers. **(PALAIS.)**

Ancienne Maison Collin, successeur de Wagner.
Horlogerie, précision, électricité, téléphonie.
14 Médailles à l'Exposition universelle de 1878.

61. CHATELAIN (Arsène), à Charquemont (Doubs). — Cylindres, roues de cylindres, ancres et verges en tous genres pour rhabillage, établissage. **(PALAIS.)**

62. CLÉMENÇON (G.), à Besançon (Doubs), rue des Granges, 9. — Montres. **(E. C.) (PALAIS.)**

63. CLÉMENÇON (P. Emile), à Besançon (Doubs), rue des Granges, 9. — Remontoirs plaqué or supérieur. Lépines, savonnettes, remontoirs, boîtes acier, niellés nickel, celluloïd et argent. **(PALAIS.)**

64. COFFINEAU (Emile), à Paris, rue Saint-Anastase, 3. — Pendules, marbres et bronzes. **(PALAIS.)**

65. COLIN (Adolphe), à Paris, rue des Gravilliers, 69. — Horloges publiques pour clochers, mairies, écoles, châteaux, usines, chemins de fer, régulateurs de tous genres, tournebroches. **(PALAIS.)**

Spécialité d'Horloges du Jura dites Comtoises.
Mécaniques de toutes sortes.

66. COQUELLE (Joseph), à Paris, rue Saint-Anastase, 13. — Cadrans émail, verre, glace, albâtre, etc. Spécialité pour pièces de voyage. **(PALAIS.)**

67. COUDRAY (François), à Magland (Haute-Savoie). — Mouvements de 4 à 30 lignes, les uns avec le plantage de l'échappement fait, et les autres non fait. **(PALAIS.)**

68. COULAUD (J. Adolphe), à Besançon (Doubs), rue du Château, 16. — Montres diverses. **(PALAIS.)**

69. COULON (L. Georges) et MOLITOR (E. Hippolyte J.), à Hérimoncourt (Doubs). — Porte-échappement à balancier circulaire pour pendules de voyage, marines. **(PALAIS.)**

70. COURMONT (P. C.), à Paris, rue du Cherche-Midi, 35. — Pendules parlantes et chantantes. **(PALAIS.)**

71. CROUZET (Hildebrand), à Paris, rue de Sambre-et-Meuse, 13. — Cloches pour horloges. **(PALAIS.)**

72. COURTY (J.-B.), à Paris, rue du Temple, 175. — Montres. **(PALAIS.)**

73. CROUTTE (Arthur), à Saint-Nicolas-d'Aliermont (Seine-Inférieure). — Pignons pour horlogerie. **(PALAIS.)**

74. CUNGÉ (Henri), à Paris, rue Richer, 23. — Pendules mystérieuses. **(PALAIS.)**

75. DALDRIEN Frères & GUYARD, à Sermaize (Marne). — Ressorts de montres, réveils, pendules et mécaniques. **(PALAIS.)**

76. DANCET (J. Louis) et Cie, à Maruaz (Haute-Savoie). — Horlogerie, grande moyenne, petite moyenne. Champs, minuteries, chaussés, échappements. **(PALAIS.)**

77. DANCET (Lambert) & Fils, à Cluses (Haute-Savoie). — Pignons, arbres, vis, balanciers, fournitures, pour remontoirs. **(PALAIS.)**

78. DEFRANCE (Louis B.), à St-Nicolas d'Aliermont (Seine-Inférieure). — Pièces mécaniques pour horlogerie. **(PALAIS.)**

79. DELAGRAVE (Charles), à Paris, rue Soufflot, 15. — Montres et pendules géographiques. **(PALAIS.)**
　　Horlogerie.
　　Appareils de Cosmographie.

80. DELALANDE (Joseph), au Mans (Sarthe), rue Gambetta, 15. — Montres remontoirs avec bélière goupillée. **(PALAIS.)**

81. DELEPINE (Émile), à Saint-Nicolas d'Aliermont (Seine-Inférieure). — Chronomètres et compteurs de marine. Régulateurs astronomiques. **(PALAIS.)**

82. DÉPÉRY-CARLY Frères, à Scionzier (Haute-Savoie). — Pièces d'ébauches de montres, arbres, barillets, vis. **(PALAIS.)**

83. DÉPÉRY (François), à Scionzier (Haute-Savoie). — Pignons pour montres. **(PALAIS.)**

84. DÉRIAUD (M. Joseph P.), successeur de **Chateau**, à Paris, rue du Pont-aux-Choux, 17. — Papiers, bois et toiles émerisés spéciaux pour horlogerie et bijouterie. **(PALAIS.)**

85. DESBROSSES (L. P. Fernand), à Nogent-sur-Seine (Aube). — Pendules régulateurs à demi-seconde, pendules électriques. (Unification de l'heure). **(PALAIS.)**

86. DESPLANCHES-VASSY, à Saint-Nicolas-d'Aliermont(Seine-Inférieure). — Pendules de voyage. **(PALAIS.)**

87. DESSIAUX (Vve E.) & Fils, à Saint-Nicolas-d'Aliermont(Seine-Inférieure) — Pendules diverses, réveils, pièces détachées. **(PALAIS.)**

88. DESTAPE (Maison), P. Leborgne, successeur, à Paris, rue de Richelieu, 48. — Dessins et décorations d'horlogerie. **(PALAIS.)**

89. DIACON (Fritz), à Saint-Claude, Besançon (Doubs), Chemin Français. — Mouvements, montres métal, montres d'argent et montres d'or. **(PALAIS.)**

90. DIACON (Fritz), à Saint-Claude (Doubs). — Montres. **(E. C.) (PALAIS.)**

91. DIETTE Fils & HOUR, à Paris, rue Saint-Anastase, 7. — Horlogerie et pendules en tous genres. **(PALAIS.)**

Argent, Paris 1878. — Melbourne, diplôme de mérite 1881. — Or, Amsterdam 1883. — Melbourne 1ᵉʳ Ordre de Mérite 1888.

92. DORIAN & MÉGNIN, à Abbévillers, par Hérimoncourt (Doubs). — Ébauches, finissages, échappements, montres. **(PALAIS.)**

93. DORIZON Père et Fils, à Paris, rue Saint-Sabin, 58.—Pièces détachées pour horlogerie, pièces tournées et décolletées, vis cylindriques et filetage sur tous métaux. **(PALAIS.)**

Récompense : Exposition universelle, Paris 1878.

94. DROCOURT (Alfred), à Saint-Nicolas-d'Aliermont (Seine-Inférieure). — Pendules de voyage. **(PALAIS.)**

95. DROCOURT (A.), à Paris, rue Debelleyme, 28. — Pendules de voyage. **(PALAIS.)**

96. DROGUERY (Charles), à Morteau (Doubs). — Montres. **(PALAIS.)**

97. DUCOMMUN (Arthur), à Paris, rue de la Verrerie, 65. — Ressorts pour montres et pendules. **(PALAIS.)**

98. DUMONT (C. L.), à Scionzier (Haute-Savoie). — Assortiment de pièces de mécanismes, remontoirs pour montres, fournitures d'horlogerie. **(PALAIS.)**

99. DUMONT (François) à Scionzier (Haute-Savoie). — Pièces diverses pour horlogerie, ébauches d'arbres de barillets, taillages et pivotage de renvois, vis et décolletages. **(PALAIS.)**

100. DUPONT (J.), à Besançon (Doubs), square St-Amour, 7. — Boîtiers gravés. **(E. C.) (PALAIS.)**

101. DUPONT (Joseph A.), à Besançon (Doubs), square Saint-Amour, 7. — Plaques cuivre gravées en taille-douce, argent avec figure or ciselée rapportée. Boîte or avec ciselure et motifs genre Renaissance, etc. **(PALAIS.)**

102. DURAND (P. Albert, F.), à Paris, rue Charlot, 27. — Boîtes à musique petit et grand format. **(PALAIS.)**

103. ECALLE (Auguste), à Paris, Palais-Royal, 93. — Montres, chronomètres, régulateurs, pendules de voyage, fantaisies artistiques, joaillerie, etc. **(PALAIS.)**

104. École d'Horlogerie de Paris (Président-Directeur : **A. H. Rodanet**), à Paris, rue Manin, 30. — Travaux des élèves : outillage, régulateurs, chronomètres de marine, montres à cylindre et à ancre, répétitions, chronographes. **(PALAIS.)**

105. École Municipale d'Horlogerie de Besançon, à Besançon (Doubs). — Montres, pièces et dessins de montres, objets d'enseignement. **(PALAIS.)**

Récompenses obtenues antérieurement :
Deux médailles aux Expositions de Paris 1867 et 1878. — Diplôme de Mérite à Melbourne 1881. — Diplôme d'honneur à Anvers 1885.

106. ERBEAU (Louis), à Paris, boulevard de Sébastopol, 100.—Montres de précision, échappements de pendules de voyage, mignonnettes. **(PALAIS.)**

107. FABRIQUE DE GENÈVE, Maupomé (L. Victor), à Paris, boulevard de Sébastopol, 137.—Montres de précision, chronomètres, répétition, montres, fantaisie avec diamant. **(PALAIS.)**

108. FALK (Rodolphe E.), à Champey (Haute-Saône). — Échappements Falk, nouveau système d'échappement pour réveils et pendules. **(PALAIS.)**

109. FÉLIX (Julien, G. H.), à Besançon (Doubs), rue Ronchaux, 12.—Montres à ancre et à cylindre, chronomètres de poche avec ou sans bulletin d'observatoire. Montres pour dames. **(PALAIS.)**

Maison fondée en 1856.
Fantaisies riches. Articles d'Exportation. — Maison récompensée à l'Exposition d'Anvers en 1885. — Succursale à Bruxelles, 14, rue Vanderlinden.

110. FÉLIX (Julien), à Besançon (Doubs), rue Ronchaux, 12. — Montres. **(E. C.) (PALAIS.)**

111. FÉNON (Auguste), à Paris, avenue de Châtillon, 36. — Horlogerie de haute précision, chronomètres de poche, pendules et chronographes électriques, compteurs, enregistreurs, plumes inscrivantes. **(PALAIS.)**

112. FERNIER (L.) & Frères, à Besançon (Doubs), rue Ronchaux, 3. — Montres. **(E. C.) (PALAIS.)**

113. FERNIER (Louis) et Frères, à Besançon (Doubs), rue Ronchaux, 3. — Montres or et argent à remontoir et à clef avec échappements à cylindre, à ancre et à bascule. Chronographes. **(PALAIS.)**

Secondes Indépendantes, Répétitions, Quantièmes.
Paris, 1855, Médaille d'argent.
Paris, 1878, Médaille d'or.

114. FOUCHER Fils (J. Léon), à Paris, rue Saint-Sébastien, 19.— Compte-secondes chronographes : simple, avec mise à zéro. Compte-secondes : simple, avec mise à zéro, et pour usines à gaz. **(PALAIS.)**

115. FOURNIER (Joseph), à Damiatte (Tarn). — Montres solaires. **(PALAIS.)**

116. FRAINIER (Pierre E.), à Morteau (Doubs). — Boîtes de montres en métal et acier et fantaisie. **(PALAIS.)**

117. FRENNELET (Edouard), à Paris, rue des Arquebusiers, 4.— Mouvements à échappement graham, à cheville, régulateur de précision, quantièmes perpétuels différents. **(PALAIS.)**

118. FRITZ MARTI (Jean-Frédéric), à Vieux-Charmont (Doubs). — Mouvements de pendules à tous les degrés d'avancement, mouvements spéciaux, pièces détachées. **(PALAIS.)**

119. GARNIER (Paul), à Paris, rue Taitbout, 6. — Horlogerie pour gares, régulateurs ; horlogerie monumentale et électrique, contrôleurs de rondes, compteurs ; pendules de voyage. **(PALAIS.)**

120. GAUBERT (Raphaël. J.B.), à Toulouse (Haute-Garonne), rue de la Pomme, 42. — Travaux d'horlogerie. **(PALAIS.)**

121. GAUCHER (Florent), à Elbeuf (Seine-Inférieure), rue Cousin-Corblin, 15. — Montres remontoir et à clé. **(PALAIS.)**

122. GELIN (Constant), à Montbéliard (Doubs). — Porte-échappements à ancres et à cylindres pour pendules de voyage. **(PALAIS.)**

123. GILBERT (Gaspard), à Montbéliard (Doubs), rue Basse, 7. — Boîtes de montres métal. **(PALAIS.)**

Méd. de br. Exp. univ. de Paris 1878. Usine hydraulique, Bourg Vauthier, Montbéliard.

124. GILLET DE CHALONGE (G. Z. Gaston), à Paray-le-Monial (Saône-et-Loire). — Horloge monumentale avec échappement à remontoir à force constante ; et sonnerie à répétition d'heure à demie. **(PALAIS.)**

125. GIRARDET (Constantin), aux Verrières de Joux (Doubs). — Echappements à cylindre petites pièces, et raquettes à coulisses. **(PALAIS.)**

126. GIROD (P. Léon), à Morlier (Jura). — Régulateur électrique. Appareil cosmographique **(PALAIS.)**

127. GLIÈRE (Robert), à Vougy (Haute-Savoie). — Pignons, roues et pivotage pour fabrication de la montre. **(PALAIS.)**

128. GONDY (J. C. A.), à Besançon (Doubs), rue des Vieilles-Perrières. — Montres civiles et chronomètres de poche. **(E. C.) (PALAIS.)**

129. GONDY (J. Claudius A.), anciennement **J. B. Gondy et Cie**, Alliance horlogère, à Besançon (Doubs). — Montres civiles et chronomètres de poche avec bulletins de l'Observatoire. **(PALAIS.)**

Manufacture fondée en 1865. — Médaille d'argent à l'Exposition universelle de Paris 1878. — Diplôme de mérite à Vienne 1873. — Médailles à Philadelphie 1876.

130. GONDY (Junius), à Pontarlier (Doubs). — Montres à ancre et à cylindres. **(PALAIS.)**

Maison fondée en 1868.
Dip. de mérite, Vienne, 1873. Méd. unique, Philadelphie, 1876. Médaille de bronze, Paris, 1878

131. GRAA, DUFOUR & NEYRET Frères, à Besançon (Doubs), square Saint-Amour, 7. — Montres. **(E. C.) (PALAIS.)**

132. GRISOT Fils (Th.), à Besançon (Doubs), rue de Vignier, 3. — Ressorts de montres. **(E. C.) (PALAIS.)**

Ressorts pour montres françaises, anglaises et américaines.
Médaillé à l'Exposition universelle de Paris, 1878.

133. GRISOT-SAILLARD, à Besançon (Doubs), rue de Chartres, 5. — Ressorts de montres. **(E. C.) (PALAIS.)**

134. GRUMBACH (Adolphe) & Cie, à Paris, rue d'Enghien, 27. — Montres métal perfectionnées et à seconde, mouvement inoxydable, mise à l'heure mécanique. « La Centenaire », Montre métal. **(PALAIS.)**

135. GUFFOND (Ferdinand), à Mont-Saxonnex (Haute-Savoie). — Pignons pour montres. **(PALAIS.)**

136. GUIBAUDET (Gustave E.), **Successeur de A. Brocot et Fils**, à Paris, rue du Parc-Royal, 16. — Pendules en bronze doré et en marbre onyx et cachemire, pendules de voyage grande sonnerie, quantièmes perpétuels et carillons. **(PALAIS.)**

Récompenses : 1851 Londres ; 1855 Paris ; 1862 Londres ; 1867 Paris ; 1878 Paris ; 1881 Melbourne ; 1883 Amsterdam, médaille d'or.

137. GUIGNON (Julien, L.) à Saint-Nicolas-d'Aliermont (Seine-Inférieure). — Réveille-matin, pièces de voyage de marine. **(PALAIS.)**

138. HAAS Jeune (Maison B.), directeur : **B. Haas Jeune**, à Paris, boulevard de Sébastopol, 104. — Montres de divers systèmes. **(PALAIS.)**

Maison brevetée pour la montre à remontoir perpétuel.
Maison à Besançon, 68, rue des Granges.
Récompenses : Médaille d'argent, Paris 1867 ; Hors concours, membre du jury, Vienne 1873 et croix du Mérite en or ; Chevalier de la Légion d'honneur, hors concours, Philadelphie 1876   Hors concours, Paris 1878 ; Membre du jury, Amsterdam 1883 ; Hors concours, Anvers 1885 ; Membre du jury, Barcelone 1888.

139. HAQUENEAU (Henri), à Besançon (Doubs), square Saint-Amour, 3. — Montres. **(E. C.) (PALAIS.)**

140. HALDY (Alexandre), à Besançon (Doubs). — Montres en or, en argent et en métal. **(PALAIS.)**

141. HALDY (E. Alex.), à Besançon (Doubs), rue Saint-Jean, 3. — Montres. **(E. C.) (PALAIS.)**

142. HANGARD (Joseph), à Paris, rue Coquillière, 36. — Ressorts de montres et de chronomètres de marine. **(PALAIS.)**

143. HARROTT (J. E.), à Paris, rue de Turenne, 75. — Aiguilles et cadrans pour pendules. **(PALAIS.)**

144. HATTENBERG (E.), à Fontaine-Écu, banlieue de Besançon (Doubs). — Montres.   **(E. C.) (PALAIS.)**

145. HENRY-LEPAUTE, à Paris, rue Lafayette, 6.—Horlogerie monumentale et de précision.   **(PALAIS.)**

146. HUBLARD, à Besançon (Doubs), rue Battant, 102. — Montres.
(E. C.) (PALAIS.)

147. HUBLARD (F. X.), à Besançon (Doubs), rue Battant, 11. — Montres en or et en argent.   **(PALAIS.)**

148. HUGARD (François), à Scionzier (Haute-Savoie). — Pièces diverses, vis, arbres et barillets pour montres.   **(PALAIS.)**

149. HUGON (Antoine), à Paris, rue de Turenne, 110.—Montres à remontoir, et outils.   **(PALAIS.)**

150. ILINE-BERLINE (S.), à Paris, rue Réaumur, 5. — Horlogerie électrique et à cadrans lumineux.   **(PALAIS.)**

151. JACOMIN (Joseph), à Lyon (Rhône), rue de l'Hôtel-de-Ville, 37. — Horlogerie électrique et outillage pour horlogerie.   **(PALAIS.)**

152. JACOT Frères, à Besançon (Doubs), quai Vieil-Picard, 33. — Montres.
(E. C.) (PALAIS.)

153. JACOT (Henri), à Paris, rue de Montmorency, 31. — Pendules de voyage.
(PALAIS.)

154. JACOT (Léon), à Besançon (Doubs), rue Bersot, 31. — Montres.
(E. C.) (PALAIS.)

155. JACOUTOT (Auguste), à Morteau (Doubs). — Montres en argent, acier et nickel.   **(PALAIS.)**

156. JAILLON & GÉIN, à Besançon (Doubs), rue Gambetta, 5. — Montres.
(E. C.) (PALAIS.)

157. JAILLON (Irénée), à Besançon (Doubs), rue Gambetta, 1. — Montres or, argent et métal.   **(PALAIS.)**

158. JAPY Frères et Cie, à Beaucourt (Territoire de Belfort). — Horlogerie. Pendules. Réveils. Montres. Mouvements de pendules et de montres.   **(PALAIS.)**

Maison fondée en 1770.
Horlogerie. Pendules. Réveils. Montres. Mouvements de pendules et de montres.
Récompenses :
Londres 1851 ; Paris 1855 ; Paris 1867 ; Vienne 1873 ; Paris 1878.
Amsterdam 1883.

159. JARDIN (V. M.), à Paris, rue Croix-Nivert, 90.— Compas de précision pour la pose du cylindre dans les montres.   **(PALAIS.)**

160. JOLIVET-DEBALME (Joseph), à Scionzier (Haute-Savoie). — Pignons d'échappements pour montres.   **(PALAIS.)**

161. JOLIVET (François), à Scionzier (Haute-Savoie). — Petits pignons d'échappement et fraises à pignons pour montres.   **(PALAIS.)**

162. JOSEPH (Charles P. H.), à Paris, rue Amelot, 114.— Pendules de voyage régulateur de cheminée, divers genres de pendules.   **(PALAIS.)**

163. JULIARD (P. Émile), à Paris, rue de la Roquette, 56. — Montures et encadrements en zinc pour petite et grosse horlogerie.   **(PALAIS.)**

164. KAESELBERG (Otto), à Besançon (Doubs), place Saint-Pierre, 14. — Montres.   **(E. C.) (PALAIS.)**

165. KREMER (Adam), à Paris, rue Debelleyme, 14. — Boîtes pour pendules de voyage et régulateurs avec glaces. **(PALAIS.)**

166. LACROIX-FAVRE (J.), à Scionzier (Haute-Savoie). — Assortiments de pignons pour la montre. **(PALAIS.)**

167. LACROIX Frères, à Scionzier (Haute-Savoie). — Pignons pour montres et pour le rhabillage. Pignons et axes pour baromètres. **(PALAIS.)**

168. LAMBERT (Louis), à Champ-Fougeron, banlieue de Besançon (Doubs). — Montres. **(E. C.) (PALAIS.)**

169. LEBORGNE (Paul), à Paris, rue de Richelieu, 48. — Gravure et décoration d'horlogerie. **(PALAIS.)**

170. LECULLIER (Louis), à Bernay, par Loulay (Charente-Inférieure). — Cadran universel, fidèle révélateur, anti-voleur ou cadran-caisse. **(PALAIS.)**

171. LEFEBVRE (A.), à Besançon (Doubs), rue des Chaprais, 33. — Cadrans. **(E. C.) (PALAIS.)**

172. LEFÈVRE (Edmond), successeur de **Gabriel (H)**, Maison **Chaudé**, à Paris, galerie Montpensier, 34. — Montres simples et compliquées. Chronomètres de marine. **(PALAIS.)**

173. L'ÉPÉE (Auguste) & Cie, à Sainte-Suzanne (Doubs). — Boîtes à musique en tous genres. **(PALAIS.)**

174. LERIS (Arthur), à Cos, par Montauban (Tarn-et-Garonne). — Tableau mécanique. **(PALAIS.)**

175. LEROY (L.) & Cie, ancienne Maison **Le Roy & Fils**, à Paris, galerie Montpensier, 13, Palais-Royal. — Montres de précision et de style, régulateurs de cheminée, pendules de voyage artistiques. **(PALAIS.)**

176. LEROY (Théodore), à Paris, rue de Varennes, 88. — Chronomètres et compteurs de marine. **(PALAIS.)**

177. LETONDOR & VERNEY, à Besançon (Doubs), Grande-Rue, 91. — Graveurs pour horlogerie. **(E. C.) (PALAIS.)**

178. LÉVY (Hector), à Paris, boulevard de Sébastopol, 139. — Montres et pendules fantaisies. **(PALAIS.)**

179. LÉVY (Léon), à Montbéliard (Doubs). — Montres or, argent et métal. Ébauches, finissages et échappements en tous genres, fournitures. **(PALAIS.)**

180. LOISEL (A. E.), à Neuilly (Seine), rue de Sablonville, 42. — Régulateur demi-seconde à force constante, avec distribution d'heure électrique unifiant l'heure, outillage d'horlogerie. Brillant de Paris. **(PALAIS.)**

181. LYON-ALEMAND (Comptoir), à Paris, rue de Montmorency, 13. — Métaux préparés pour les boîtes de montres. **(PALAIS.)**

182. MARCHAL (Adolphe), à Charleville (Ardennes). — Horlogerie. **(PALAIS.)**

183. MARGAINE (F. Arsène), à Paris, rue Béranger, 22. — Pendules de voyage, régulateur astronomique. **(PALAIS.)**

184. MARIN-CUDRAZ (F. A.) à Paris, rue des Halles, 5. — Petit jeu de flûte mécanique. Mouvements de montres et de pendules. **(PALAIS.)**

185. MARNIER (Victor), à Fontainebleau (Seine-et-Marne), Grande-Rue, 35. — Montres or, argent, métal, montre dite pendant-remontoir. **(PALAIS.)**

186. MARTI (Fritz), à Vieux-Charmont (Doubs). — Mouvement de pendules, pièces détachées. **(PALAIS.)**

187. MARTI (S.) & Cie, à Montbéliard (Doubs), rue d'Héricourt. — Mouvements d'horlogerie, pièces détachées pour horlogerie. **(PALAIS.)**

188. MASURE (Félix), à Puteaux (Seine), avenue Cartault, 24.— Huile Jouvin et tous produits chimiques pour l'horlogerie et la bijouterie.   **(PALAIS.)**

Professeur de chimie à l'Ecole d'horlogerie de Paris.

189. MATILE Frères, à Besançon (Doubs). — Montres or.   **(PALAIS.)**

190. MATILE Frères, a Besançon (Doubs), rue Saint-Pierre, 9. — Montres.
(E. C.) (PALAIS.)

191. MAURICE & Cie, à Paris, rue Charlot, 75.— Pendules de voyage, pendules de cheminée.   **(PALAIS.)**

192. MAUVAIS (Marius), à Morteau (Doubs). — Montres, remontoirs, métal chasse, fantaisie.   **(PALAIS.)**

193. MAYERMARIX, MORHANGE (L.), Gendre et successeur, à Paris, passage des Panoramas, 48. — Boîtes et fantaisies à musique.   **(PALAIS.)**

194. MÉGNIN (George), à Seloncourt (Doubs). — Pendules avec quantième perpétuel, mouvements de pendule et réveils.   **(PALAIS.)**

195. MERCIER (C. J.), à Morteau (Doubs).— Montres métal et argent.   **(PALAIS.)**

196. MÉTAIS (Charles) et MÉTAIS Fils (Maurice), à Bayeux (Calvados). — Récepteurs électriques, pendules réveils électriques.   **(PALAIS.)**

197. METAYER (C. M. Gustave), à Poitiers (Vienne), rue du Marché, 15. — Marteaux électriques à chute libre : modèle dit parallèle ; pour les espaces étroits ; à électros multiples pour bourdons.   **(PALAIS.)**

198. MICHEL (Charles), aux Verrières-de-Joux (Doubs).— Montres.   **(PALAIS.)**

199. MOAT (Jules Ch. V.), à Revigny (Meuse). — Ressorts d'horlogerie. Montures de pendules.   **(PALAIS.)**

200. MOIREAU (C. M. Alexandre), à Dijon (Côte-d'Or), rue Saint-Lazare, 19. — Métronomes à régulateurs.   **(PALAIS.)**

201. MOREL (Armand), à Morlier (Jura). — Horloge.   **(PALAIS.)**

202. MORY (E.), à Besançon (Doubs), rue Gambetta, 17. — Aiguilles de montres.
(E. C.) (PALAIS.)

203. MOUGIN (Adolphe), à Héricourt (Haute-Saône).—Horlogerie, mouvements divers, réveille-matin, pièces diverses pour horlogerie gros volume. Télégraphie. Electricité.   **(PALAIS.)**

204. MOUILLERAC (Jean), à Moissac (Tarn-et-Garonne), rue de la Poterie. — Montre se remontant automatiquement.   **(PALAIS.)**

205. MOYNET & Cie, à Paris, rue des Haudriettes, 6. — Fournitures et outils d'horlogerie.   **(PALAIS.)**

206. Ouvriers horlogers, à Saint-Pierre-de-Rumilly (Haute-Savoie).— Pignons, remontoirs pour montres.   **(PALAIS.)**

207. PAIGNARD (Théophile), à Paris, rue du Pont-aux-Choux, 4. — Ressorts pour horlogerie, télégraphie, industries diverses. Lames d'acier trempé de tous calibre   **(PALAIS.)**

208. PAILLARD (Charles A.), à Ferney (Ain). — Spiraux et balanciers compensateurs inoxydables et non magnétiques pour chronomètres de marine et horlogerie civile.   **(PALAIS.)**

Fournisseur de la Non-Magnetic Watch Cᵒ (Genève et New-York).
Diplôme de mérite, Vienne 1873. — Médaille de bronze, Paris 1878.

209. PARHENIN (H.) et MARGUET, à Villers-le-Lac (Doubs). — Horlogerie, ébauches, finissages, remontoirs au pendant, échappements en blanc à ancre.
(PALAIS.)

210. PASSY (Jean), à Thones (Haute-Savoie). — Horlogerie, pièces diverses pour montres.
(PALAIS.)

Professeur-directeur de l'Ecole d'horlogerie.

Pièces détachées pour la fabrication et le rhabillage de tous les genres de montres, fraises de tous genres pour tailler et arrondir, vis de toutes formes pour horlogerie ou mécanismes divers.

Raquettes polies ou adoucies avec coquerets ajustés et vis.

Pièces remontoirs de tous genres, tous modèles et tous calibres, ressorts de tous les genres. Barillets, arbres, croix, doigts, pignons ou tous genres.

Roues de laiton pour finissage aux fabriques d'ébauches.

Médailles d'argent à l'Exposition universelle de Paris, 1878.

211. PELLIER-MERMIN (Marie), à Cluses (Haute-Savoie). — Fournitures d'horlogerie.
(PALAIS.)

212. PERDRIZET & BOURQUIN, à Besançon (Doubs), rue Charles Nodier, 38 bis. — Montres à clefs, à remontoirs. Chronomètres de poche.
(PALAIS.)

Horlogerie. — Montres cylindre & ancre. Systèmes brevetés S. G. D. G. Montres breloques déposées. Souvenir de l'Exposition 1889.

Médaille de bronze à l'Exposition universelle de Paris 1867.

213. PERDRIZET & BOURQUIN, à Besançon (Doubs), place du Transmarchement. — Montres.
(E. C.) (PALAIS.)

214. PETIT (Charles), à Bourges (Cher), rue Coursarlon, 37. — Montres, dites Isochronomètres à bonde mobile marchant huit jours sans être remontées.
(PALAIS.)

215. PICARD (Albert), à Besançon (Doubs), Grande-Rue, 14. — Montres.
(E. C.) (PALAIS.)

216. PICARD Jeune (R.) & LÉVY (Paul), à Besançon (Doubs), rue Gambetta, 5. — Montres.
(E. C.) (PALAIS.)

217. PICARD Jeune (René) et LÉVY (Paul), à Besançon (Doubs), rue Gambetta, 5. — Montres.
(PALAIS.)

Fabricants d'horlogerie en gros, grande spécialité de montres fantaisies or et argent depuis 7 lignes à 25 lignes ; Maison spéciale pour l'Exportation.

Mention honorable 1878. Dépôt de la fabrique à Paris, rue de l'Echiquier, 41.

218. PLANCHON (Mathieu), à Paris, Palais-Royal, 66, 67. — Reproductions d'horloges et pendules anciennes, d'après documents.
(PALAIS.)

219. POUILLOT (Henry), à Bourges (Cher), rue des Arènes, 13. — Cartel XV" siècle d'après une des tours de l'hôtel de Cujas, monument historique.
(PALAIS.)

220. QUIBEL (E. H.), à Saint-Nicolas d'Aliermont (Seine-Inférieure). — Vis en tous genres.
(PALAIS.)

221. RANNAZ (Alfred), à Cluses (Haute-Savoie). — Montres or et argent, ébauches et fournitures d'horlogerie, montres compliquées, cylindre et ancre avec bulletins d'observatoire.
(PALAIS.)

222. RAPHAEL SERF (Vve) & Fils, à Besançon (Doubs), place Saint-Amour, 14. — Montres d'or.
(PALAIS.)

223. RATEL (H. P.), à Paris, rue Monsieur-le-Prince, 53. — Montres, pendules.
(PALAIS.)

Montre de précision, à seconde indépendante (système simplifié, breveté S. G. D. G.) Exposition universelle 1878, mention honorable, palmes d'officier d'académie.

224. RAVINET (Joseph), à Mont-Saxonnex (Haute-Savoie). — Pignons pour montres et bijouterie.
(PALAIS.)

225. RAYMOND (G. A.), à Achères (Seine-et-Oise). — Nouveau balancier compensé, appliqué à un régulateur. **(PALAIS.)**

226. RECLUS (P. Victor), à Paris, rue de Turenne, 114. — Horlogerie électrique petits moteurs, compteurs, etc. **(PALAIS.)**

227. REQUIER (Charles L. M.), à Paris, rue Debelleyme, 5. — Pendules civiles, régulateur de cheminée, régulateur astronomique et pendules de voyage. **(PALAIS.)**

228. REUILLE et ANGUENOT, à Viller-le-Lac (Doubs). — Mouvements plantés à ancre, levée visible, levée couverte et double plateau en blanc. **(PALAIS.)**

229. RICHARD (C. A.) et Cie, à Paris, rue de Bondy, 32. — Pièces d'horlogerie diverses et pendules de voyage. **(PALAIS.)**

230. RICHARD (M. Louis), à Nantes (Loire-Inférieure), rue Contrescarpe, 13. — Échappements de précision pour chronomètres de marine et pour l'usage ordinaire. **(PALAIS.)**

231. RICHOMME-DEPARIS (Louis), à Paris, rue des Gravilliers, 72. — Cadrans en verre émaillé à heures vitrifiées inaltérables. **(PALAIS.)**

232. ROBERT (Ed.), à Besançon (Doubs), rue Proudhon, 16. — Aiguilles de montres. **(E. C.) (PALAIS.)**

233. ROBERT (Edmond), à Besançon, rue Proudhon, 16. — Couronnes de montres, anneaux, pendants et aiguilles. **(PALAIS.)**

234. ROCH (Louis A.), à Vitry-sur-Seine (Seine), route de Saquet, 11. — Fournitures diverses d'horlogerie. **(PALAIS.)**

235. RODANET (Auguste H.), à Paris, rue Vivienne, 36. — Chronomètres de marine, montres de précision, régulateurs. **(PALAIS.)**

236. ROULET (Ami), à Besançon (Doubs), Grande-Rue, 66. — Mouvements d'horlogerie et pièces détachées. **(PALAIS.)**

237. ROUSSIALLE (Denis J.), à Lyon (Rhône), rue de la République, 58. — Pendules de voyage, réveils sonnant les heures. **(PALAIS.)**

238. ROY (C. Louis), à Besançon (Doubs), rue Morand, 9. — Montres. **(PALAIS.)**

239. RUAULT (Louis), à Paris, rue Montmartre, 78. — Montres, boîtes de montres, objets divers avec montres. **(PALAIS.)**

240. Saint-Nicolas-d'Aliermont (Exposition collective ouvrière de), à Saint-Nicolas-d'Aliermont (Seine-Inférieure). — Horlogeries diverses. **(PALAIS.)**

241. SANDOZ (Gustave), à Paris, Palais-Royal, 147-148. — Montres de précision, pendules et chronomètres. **(PALAIS.)**

Exposition d'Amsterdam, médaille d'or, chevalier de la Légion d'honneur. Exposition de Barcelone, hors concours, président du jury, officier de la Légion d'honneur.

242. SAUNIER (Claudius), à Paris, rue Saint-Honoré, 154. — Pièces d'horlogerie, appareils de démonstration, publications techniques et théoriques. **(PALAIS.)**

243. SAVOYE Frères et Cie, Graa, Dufour et Neyret Frères, successeurs, à Paris, 6, boulevard de Sébastopol. — Montres chronomètres. **(PALAIS.)**

Manufacture à Besançon. — Montres de précision, bulletins d'observatoire, chronographe breveté, répétitions, montres de dames, ors ciselés, peinture, joaillerie de tous styles. — Hors concours Exposition 1878, croix de la Légion d'honneur ; Prize-medal, Londres 1862, Melbourne 1880.

244. SCHAEFFER (Emile P. J.), à Besançon (Doubs), place Saint-Amour, 2. — Montres or et argent. **(PALAIS.)**

245. SCHAEFFER et Cie, à Besançon (Doubs), rue Morand, 26. — Montres. **(PALAIS.)**

Montres or et argent. Horlogerie. Mention honorable, Exposition universelle de Paris 1878.

246. SCHIRER (Armand), à Besançon (Doubs), rue de Glères, 6. — Aiguilles de montres. **(PALAIS.)**

247. SCHMIDT (C. Wilhelm), à Paris, place Vendôme, 4. — Chronomètres, montres, outils, dessins. **(PALAIS.)**

248. SCHWITZGABEL (Jean), à Paris, rue du Théâtre, 133. — Montres et pendules. **(PALAIS.)**

249. SCHWOB (A.) & Frère, à Paris, boulevard Bonne-Nouvelle, 19. — Montres de poche et de précision. **(PALAIS.)**
Fabrique à la Chaux-de-Fonds (Suisse), 14, rue Léopold-Robert.
Montres or, argent et métal en tous genres et pour tous pays.
Montres de précision, chronomètres, tourbillons, chronographes simples et doubles. Répétitions, quantièmes, etc. etc. Inventeurs de la montre dite mystérieuse.
Récompense : Barcelone 1888.

250. SEIGNEUR, à Besançon (Doubs), rue de Vignier, 2 bis. — Boîtiers dorés, etc. **(E. C.) (PALAIS.)**

251. SERF (Vve R.) & Fils, à Besançon (Doubs), square Saint-Amour, 14. — Montres. **(E. C.) (PALAIS.)**

252. SERIN (Edouard M. S.), à Paris, rue Pastourelle, 8. — Horlogerie, cartels, garnitures de cheminées. **(PALAIS.)**

253. SILVANT (Victor F.), à Besançon (Doubs), place Saint-Pierre, 17. — Montres. **(PALAIS.)**

254. SIVAN (Casimir), à Cluses et à Genève (Suisse), au Creux-de-Saint-Jean, 6. — Fournitures d'horlogerie pour gros et petit volume par procédés automatiques. **(PALAIS.)**

255. Société anonyme coopérative, (boites en tous métaux), à Besançon (Doubs), rue de Glères, 23. — Boîtiers de montres, argent, or et métal. **(E. C.) (PALAIS.)**

256. Société anonyme coopérative de Dégrossissage, à Besançon (Doubs), rue de Glères, 26. — Dégrossissage or, fabrication de boîtes en argent, acier et nickel. Pièces diverses et boîtes de montres. **(PALAIS.)**

257. Société générale des monteurs de boites, à Besançon (Doubs). — Boîtes de montres. **(PALAIS.)**

258. Société générale des monteurs de boites d'or, à Besançon (Doubs), rue Gambetta, 17. — Boîtiers de montres, or, argent et métal. **(E. C.) (PALAIS.)**

259. Société des ouvriers horlogers, Directeur : **Weber (Henri),** à Paris, rue Charlot, 35. — Mouvements de pendules et pendules diverses. **(PALAIS.)**

260. SONGEON (Just.) à Besançon (Doubs), rue Saint-Pierre, 26. — Remontoirs fantaisie. **(PALAIS.)**

261. STÉGHENS (Eugène), Maison du « Nègre », à Paris, boulevard Saint-Denis, 19 — Pendule statue-nègre. **(PALAIS.)**
Horlogerie de précision. Pendules. Montres. Diamants. Bijouterie fantaisie or.

262. STOFFEL (Fernand A.), à Paris, rue du Faubourg-Saint-Honoré, 24. — Pendules de voyage et montres à cadrature différentielle. **(PALAIS.)**

263. STREIFF (Christophe), à Jarny (Meurthe-et-Moselle). — Horloge monumentale pour église sonnant les quarts, l'heure et la répétition. **(PALAIS.)**

264. SYLVAIN (André), à Morteau (Doubs). — Montres. **(PALAIS.)**

265. THIÈBLE (Vve A.) et ses Fils, à Paris, rue Commines, 1. — Fournitures d'horlogerie pour la pendule, décolletage en tous genres. **(PALAIS.)**
Fournitures d'horlogerie pour pendules, décolletage en tous genres. Usine à vapeur à Rujaulcourt (Pas-de-Calais).

266. THIEVANT (J.), à Besançon (Doubs), rue de l'Arsenal, 7. — Montres.
(E. C.) (PALAIS.)

267. THOMAS (A. Joachim) & Cie, à Paris, rue Albouy, 24. — Régulateur automatique à quarts et à répétition, avec transmission de sonnerie. Mignonnette distribuant l'heure à des récepteurs. **(PALAIS.)**

268. THOUVENIN (Arsène), Capitaine d'Artillerie à Vincennes (Seine). — Photonolémètre pour la mesure instantanée des distances. **(PALAIS.)**

269. TIRAVI (Paul), à Dinan (Côtes du Nord). — Montres cylindre, minuterie, pivoterie avec pont et trous en pierre. **(PALAIS.)**

270. TOURNIER (Joseph), à Besançon (Doubs), Grande-Rue, 31. — Montres. **(PALAIS.)**

271. ULMANN Frères, à Montbéliard (Doubs). — Montres or, argent et métal **(PALAIS.)**

272. ULMANN (Les fils de Mathias) (Lazare et Elias) à Montbéliard (Doubs). — Finissages, échappements, montres à clef et remontoirs. **(PALAIS.)**

273. UNGERER Frères, Successeurs de Schwilgué, à Nomeny (Meurthe-et-Moselle). — Horloge d'église et téléchronomètre. **(PALAIS.)**

274. VILLON (Albert), à Saint-Nicolas-d'Aliermont (Seine-Inférieure). — Pendules de voyage, réveils. **(PALAIS.)**

275. VIOLLAND (Aimé) & Fils, à Scionzier (Haute-Savoie). — Mécanismes remontoirs pour montres. **(PALAIS.)**

276. VIVIS (E.), à Besançon (Doubs), place Victor Hugo, 3. — Montres. **(E. C.) (PALAIS.)**

277. WANDENBERG (Henri C.), à Paris, rue des Trois Bornes, 39. — Pendules, cartels, garnitures de cheminées, appliques, faiences, bronze, composition. **(PALAIS.)**

Horlogerie en tous genres. Mouvements à jour avec ou sans sonnerie. Échappements visibles. Pièces à cylindre. Veilleuses. Escarpolettes. Pendules à marche silencieuse. Pendules et cartels cuivre. Faïence. Bronze. Marbre. Composition. Pièces électriques. Maison fondée en 1853 par E. Farcot. Récompenses : Londres 1862 ; méd. argent, Paris 1867, 1878.

278. WEBER (F.), à Besançon (Doubs), Grande-Rue, 17. — Montres. **(E. C.) (PALAIS.)**

279. WETZEL (Charles), à Morteau (Doubs). — Montres argent, acier et métal. **(PALAIS.)**

280. WITTMER, HEBMANN & ROY, à Hérimoncourt (Doubs). — Ebauches, finissages et échappements de montres, pignons pour montres, pendules, réveils et pour pièces à musique, fraises pour horlogerie. **(PALAIS.)**

COLONIES.

ALGÉRIE.

1. LEVASSEUR (Jules), à Miliana (Alger). — Divers systèmes de montres. Pièces d'horlogerie. **(ESPLANADE.)**

PAYS ÉTRANGERS.

RÉPUBLIQUE ARGENTINE.

1. FERRETTI (Joseph), à Buenos-Ayres. — Pendule. **(PARC.)**

2. ZIMMERMANN (Emile), à Rosario (Santa-Fé). — Pendule de table.
(PARC.)

AUTRICHE-HONGRIE.

1. BAUMANN (Friedrich), (Ancienne maison **Schoendorfer**), à Vienne,
Graben, 7. — Pendules. **(PALAIS.)**
Méd. d'argent. Paris 1878. — Mouvements munis de levées d'ancre mobiles contre rous
de montage et pignons d'acier trempé. — Horloger de la cour Impériale et Royale de Vienne.

2. WINBAUER (A.) & DANGEL (K.), à Baden, près Vienne. — Pendules
électriques, régulateur. **(PALAIS.)**

BELGIQUE.

1. ADRIEN (Emile), à Bruxelles, galerie du Roi, 3. — Outillage pour le rhabillage
des montres. **(PALAIS.)**

2. BRAUBURGER (J.) à Bruxelles, rue de Suède, 53. — Pendules en marbre.
(PALAIS.)

3. ISTA (Florent), à Bruxelles, rue des Riches-Claires, 48. — Régulateur à échappement libre. Constateur, contrôleur automatique ; modèles d'outils pour horlogers.
(PALAIS.)

4. MULLER (Charles), à Liége, rue de la Régence, 13 bis. — Montre à répétition de minutes. Montres or à ancre. Chronomètre. Régulateur astronomique. **(PALAIS.)**

5. TORDOIR (Ernest) à Laeken, rue de Molenbeck, 52. — Pièces détachées
d'horlogerie. Pièces diverses pour l'horlogerie électrique. **(PALAIS.)**

6. VAN DER PLANCKE Frères, à Courtrai, rue de Tournai, 71. — Régulateurs. **(PALAIS.)**

7. WEHRLÉ (E. O.), à Bruxelles, place du Petit-Sablon, 2. — Pièces d'horlogerie.
(PALAIS.)

ESPAGNE.

1. FAUSSE (Teofilo), à Saint-Sébastien. — Montres. **(PALAIS.)**

2. TRILLA (Jaime), à Riereta (Barcelone). — Horloges et montres. **(PALAIS.)**

ÉTATS-UNIS.

1. HEINRICH (H. H.), à New-York, N, Y, 14, John street. — Chronomètres.
(PALAIS.)

Les trois chronomètres exposés contiennent chacun une invention de M. Heinrich.
1° Une application simplifiée de poids pour la compensation en température ordinaire de 4
à 35 degrés Celsius.
2° Un balancier à compensation auxiliaire pour les extrêmes de température.
3° Un nouveau système pour régler l'isochronisme et pour le réglage en positions.

2. KAHENN (A.) & Co., à Saint-Louis, Mo. — Horlogerie.   (PALAIS.)

3. TIFFANY & Co., à New-York. N. Y. Union square. — Horloges de vestibule.
(PALAIS.)

Récompenses :
Exposition universelle de Paris 1878, médaille d'or.
Aux collaborateurs en 1878 ; 1 médaille d'or, 1 médaille d'argent, 2 médailles de bronze,
2 mentions honorables.

4. Trenton Watch Co. (The), à New-York, N. Y., 177, Broadway. — Montres
en or, en argent et en nickel.   (PALAIS.)

5. Waterbury Watch (Sales) Co. (Limited), à Paris (France). — Montres
« Waterbury. »   (PALAIS.)

GRANDE-BRETAGNE.

1. British Horological Institute, à Londres, Northampton square, Cler-
kenwell. — Articles d'horlogerie.   (PALAIS.)

2. British united Clock Co. (Limited), à Londres, Farringdon road, 34, et à
Birmingham. — Pendules avec échappements à ressort.   (PALAIS.)

3. EDWARDS & ROBERTS, à Londres, Wardour street, 146 à 160. —
Pendules.   (PALAIS.)

4. GILLETT & JOHNSTON, à Croydon, Surrey. — Modèles pour pendules.
(PALAIS.)

5. Goldsmiths & Silversmiths Co., à Londres, Regent street, 112. —
Montres et chronomètres en argent et électro-galvanisés.   (PALAIS.)

6. GRIMSHAW & BAXTER, à Londres, Goswell road, 33. — Huiles non
corrosives pour montres, chronomètres, pendules et mécanisme d'horlogerie. (PALAIS.)

7. KULBERG (Victor), à Londres, Liverpool road, 105. — Chronomètres de
toutes espèces, montres « lever », suspension électrique pour chronomètres.
(PALAIS.)

8. PARKINSON & FRODSHAM, à Londres, Change Alley Cornhill, 4. —
Montres, pendules, régulateurs, chronomètres pour la marine.   (PALAIS.)

9. ROTHERHAM & Sons, à Coventry. — Montres en or et en argent.
(PALAIS.)

10. TRIPPLIN (J.), à Londres, Bartlett's buildings, Holborn circus. — Livres
d'horlogerie.   (PALAIS.)

11. WALKER (John), à Londres, Cornhill, 77, et Regent street, 230. — Chronomètres et montres de fabrication anglaise.   (PALAIS.)

12. WEBSTER (R. G.), à Londres, E. C., Queen Victoria street, 5. — Montres
non magnétiques, chronomètres, pendules « lever ».   (PALAIS.)

Classe 26.   2

13. WEILL & HARBURG, à Londres, Holborn circus, 3. — Montres en bracelets d'or et d'argent, et articles de fantaisie avec montres.   **(PALAIS.)**

ITALIE.

1. CAMPI (Comte Joseph), à Lastra-a-signa, près Florence. — Horloge astronomique avec échappement indépendant de la force motrice.   **(PALAIS.)**

JAPON.

1. Tokio-Choko-Kai, Tokio-fu, Asakusa-Ku. — Boîtiers de montres en cuivre ciselé.   **(PALAIS.)**

NORVÈGE.

1. IVERSEN et Cie, à Bergen. — Chronomètre de bord, régulateur avec pendule à mercure.   **(PALAIS.)**

2. MICHELET (Fredrik), à Christiania. — Chronomètre marin inventé et construit par l'exposant.   **(PALAIS.)**

3. PEDERSEN (G.), à Paris. — Chronomètre de poche, en or, remontoir. **(PALAIS.)**

ROUMANIE.

1. KANDEL (M.), à Bucharest, rue St-Vineri, 29.— Montre perfectionnée.   **(PALAIS.)**

SUISSE.

1. AEGLER (Jean), à Bienne (Berne). — Montres argent à ancre et cylindre.   **(PALAIS.)**

2. AGASSIZ Fils, à Saint-Imier (Berne). — Montres d'or, mouvements de montres simples et compliquées. Pièces détachées.   **(PALAIS.)**
1° Mouvements 12, 13, 15, 17, 18, 19 lignes à ponts et de calibres spéciaux, pour montres civiles, avec bulletins d'observatoire.
2° Mouvements 19 lignes des mêmes calibres, avec bulletins d'observatoire, des classes A. et B., pour montres de précision.
3° Mouvements 19 lignes de pièces compliquées. Chronographes, Rattrapantes, avec ou sans compteur de minutes. 4° Mouvements 19 lignes, anti-magnétiques.
5° Montres d'or de tous les genres, pour hommes et pour dames.
6° Pièces détachées montrant le système et la régularité de la fabrication

3. ANEX Fils (S. Auguste), à Ollon (Vaud). — Pendule à marche permanente automatique, se renouvelant par son propre mouvement.   **(PALAIS.)**

4. Association ouvrière, au Locle (Neuchâtel), rue du Collège, 300. — Chronomètres de poche.   **(PALAIS.)**

5. AUBRY GRAIZELY et GODAT, à la Ferrière (Berne). — Montres marchant huit jours, et montres bijoux depuis huit lignes, à ancre balancier et visibles.   **(PALAIS.)**

6. AUDEMARS-PIGUET & Cie, au Brassus. — Horlogerie de haute précision. Montres simples et compliquées en tous genres, spécialité de montres très compliquées, livrées avec bulletins d'observatoire   **(PALAIS.)**

7. BACHSCHMID (Ferdinand), à Bienne (Berne). — Montres or, argent, acier et métal.   **(PALAIS.)**

8. BAEHNI et Cie, à Bienne (Berne). — Spiraux inoxydables, anti-magnétiques et autres.   **(PALAIS.)**
Maison fondée en 1863. Production annuelle : six millions de spirales.

9. BADOLLET (J.) et Cie, à Genève, place de la Poste, 14. — Montres et mouvements de montres.   **(PALAIS.)**

10. BARBEZAT-BAILLOT (Charles), au Locle (Neuchâtel), rue de la Côte, 222. — Montres-chronomètres sans complication ou avec complication, telles que quantièmes, répétitions automates, chronographes-compteurs.   **(PALAIS.)**

11. BERGEON Frères, au Locle (Neuchâtel). — Montres de poche, horlogerie de précision et montres civiles.   **(PALAIS.)**

12. BERLIE (Édouard), à Genève, Grand-Pré, 61. — Ressorts de montres, aciers pour suspensions de pendules et outils pour lithographes.   **(PALAIS.)**

13. BEYELER-FAVRE (Albert), à la Chaux-de-Fonds (Neuchâtel), rue Demoiselle, 112. — Cadrans d'émail pour montres de précision et montres civiles.   **(PALAIS.)**

14. BILLON-CALAME (Jules), à la Chaux-de-Fonds (Neuchâtel). — Montres or.   **(PALAIS.)**

15. BITTERLIN-SCHMIDT (J.-B.), à Genève. — Pierres en tous genres, châtons hauts et châtons anglais, diamants.   **(PALAIS.)**

16. BLUM et Frères MEYER, à la Chaux-de-Fonds (Neuchâtel). — Montres de poche.   **(PALAIS.)**

17. BLUM et GROSJEAN, à la Chaux-de-Fonds (Neufchâtel), rue Daniel Jeanrichard, 16. — Montres civiles pour dames, mouvements fabriqués mécaniquement.   **(PALAIS.)**

18. BOBILLIER-BESSON (H.-Joseph), à Bienne (Berne). — Montres, calibres simples et compliqués.   **(PALAIS.)**

19. BONNET (John), à Genève, rue du Mont-Blanc, 4. — Plaques échantillons de gravure, ciselure, émail et peinture.   **(PALAIS.)**

20. BORGEL (François), à Saint-Jean (Genève). — Boîtes de montres et bijoux, boîtes et bijoux acier et argent avec décoration or, niellées, émaillées, taille-douce, ciselure   **(PALAIS.)**

21. BORNAUD-BERTHE (H.-Eugène), à Sainte-Croix (Vaud). — Montres simples et compliquées, spécialité de petites montres.   **(PALAIS.)**

22. BOVY (Édouard), à la Chaux-de-Fonds (Neuchâtel). — Médaillons mécaniques et pièces pour horlogerie.   **(PALAIS.)**

23. BRANDT (Louis) et Fils, à Bienne (Berne). — Horlogerie de poche, civile et courante.   **(PALAIS.)**

24. BRETING (Auguste) et Cie, au Locle (Neuchâtel). — Montres en or, compliquées et de précision, civiles.   **(PALAIS)**

25. BUHRE (Paul-L.), au Locle (Neuchâtel). — Montres de poche en or et argent.   **(PALAIS.)**
Fabrique d'horlogerie, comptoir de fabrication au Locle. Maisons à Saint-Pétersbourg et à Moscou. Fournisseur de la Cour Impériale de Russie.

26. Bureau du contrôle facultatif des montres de Genève, à Genève, rue du Mont-Blanc, 10. — Montres civiles, compliquées et fantaisie.   **(PALAIS.)**

27. CALAME-ROBERT (Jules), à la Chaux-de-Fonds (Neuchâtel). — Horlogerie de précision et montre civile, mouvements et montres chronomètres de poche, à ancre. **(PALAIS.)**

28. CALLMANN LEWIE et Frères, à la Chaux-de-Fonds (Neuchâtel). — Montres. **(PALAIS.)**

29. CAVIN (Fritz) et Fils, à Couvet (Neuchâtel). — Fraises à tailler dans tous les genres, pour montre et pendule. **(PALAIS.)**

30. CHATELAIN (Fritz), à Neuchâtel. — Chronographes, compteurs à minutes, secondes fixes, 1/5 de seconde et 1/18 de seconde, pédomètres, baromètre avec pédomètre. **(PALAIS.)**

31. CHATELAIN-PERRET (Julien), à la Chaux-de-Fonds (Neuchâtel). — Grandes et petites montres or, 18 carats, remontoirs. **(PALAIS.)**

32. CLÉMENCE Frères (Eugène et Auguste), à la Chaux-de-Fonds (Neuchâtel), rue de la Promenade, 11. — Montres or et argent, de précision, civiles et courantes, avec pièces détachées. **(PALAIS.)**

Fabrique d'horlogerie, fondée en 1860. Commission. Exportation.
Bureaux à Londres, 11, Southampton-Row W. C. — Guayaquil (Répub. Équateur, Amérique du Sud). — Fabriques de boîtes de montres or et argent, aux Bois (Suisse).
Chronomètres brevetés pour réglages de précision. — Chronographes brevetés, avec ou sans compteurs à 30 ou 60 minutes. — Quantièmes-memento brevetés. — Montres-réveils sonores brevetés. — Montres-albums avec plusieurs couverts superposés. — Montres-bijoux en tous genres. — Montres civiles.
Horlogerie de précision. — Montres compliquées en tous genres.

33. Compagnie industrielle, à Fribourg. — Limes et burins pour bijoutiers, horlogers, graveurs ; spécialité de limes fines, échoppes, rifloirs, burins. **(PALAIS.)**

34. COULERU-MEURI (Charles), à la Chaux-de-Fonds (Neuchâtel). — Montres de poche. **(PALAIS.)**

35. COULLERY Frères, à Fontenais (Berne). — Montres argent et métal, cylindres et ancres. **(PALAIS.)**

36. COURVOISIER et Cie, à la Chaux-de-Fonds (Neuchâtel). — Montres or. **(PALAIS.)**

37. DECKELMANN (Charles), à la Chaux-de-Fonds (Neuchâtel). — Montres civiles, or et argent, pour hommes et pour dames, genres variés. **(PALAIS.)**

38. DIDISHEIM - GOLDSCHMIDT (Jacques), à la Chaux-de-Fonds (Neuchâtel). — Montres de poche. **(PALAIS.)**

39. DITISHEIM (Maurice), successeur de **Ditisheim Frères**, à la Chaux-de-Fonds (Neuchâtel), rue Léopold-Robert, 16. — Montres argent et métal simples, montres or simples et compliquées. **(PALAIS.)**

40. DROZ et Cie, à Saint-Imier (Berne). — Montres simples et compliquées et pièces détachées. **(PALAIS.)**

Remontoir au pendant or, argent et métal ; chronographes à comptour, quantièmes, tachymètres. — Médailles aux Expositions : Paris, 1878 ; Melbourne, 1880 ; Amsterdam, 1883 Anvers, 1885.

41. DUBAIL, MONNIN, FROSSARD et Cie, à Porrentruy (Berne). — Pièces détachées, boîtes de montres, mouvements bruts et terminés, montres finies. **(PALAIS.)**

Dépôts pour la vente en gros :
Paris, 14, rue des Petites-Ecuries.
Besançon, 103, Grande-Rue.

42. DUBOIS STUDLER (Charles), à la Chaux-de-Fonds (Neuchâtel), rue du Grenier, 22. — Montres argent et or. **(PALAIS.)**

43. DUCOMMUN (Paul) et Cie, à Travers (Neuchâtel). — Mouvements de montres, ébauches et finissages, pendules de voyage, assortiments à ancre, balanciers, aciers laminés, métaux laminés et forgés.　　**(PALAIS.)**

44. DUFOUR (J.-E.) et Cie, à Genève. — Horlogerie de précision, chronomètres de poche, montres compliquées, bijoux, montres de formes et décorations variées, peintures sur émail.　　**(PALAIS.)**

Maison à Paris, 1, rue Baillif (Palais-Royal).
Récompenses à Vienne 1873, Paris 1878 et Melbourne 1881.

45. DUNAND Père et Fils, à Carouge (Genève). — Fusain pour adoucir et polir les métaux précieux et pour horlogerie, bijouterie, orfévrerie.　　**(PALAIS.)**

46. École d'horlogerie (Directeur : **J. Reymond**), à Saint-Imier (Berne). — Huile Eurêka pour montres, chronomètres et machines de précision.　　**(PALAIS.)**

47. École d'Horlogerie et de Mécanique (Directeur : **E. James**), à Bienne (Berne). — Travaux des élèves.　　**(PALAIS.)**

48. FAURE (Édouard), à Cortaillod (Neuchâtel). — Outils à l'usage des horlogers.　　**(PALAIS.)**

49. FAVRE (Dalphon) et Fils, à Boveresse (Neuchâtel). — Fraises pour l'horlogerie.　　**(PALAIS.)**

50. FAVRE Frères, à Cormoret et Neuveville (Berne).— Mouvements et montres or, argent, acier et métal, ancre et cylindre.　　**(PALAIS.)**

51. FAVRE-JACOT (Georges-E.), au Locle (Neuchâtel). — Montres civiles, fabriquées par procédés mécaniques perfectionnés.　　**(PALAIS.)**

Outillage mécanique complet et spécial.
Fabrication d'horlogerie pour tous pays. Usine à vapeur. Procédés mécaniques, systèmes interchangeables pour tous genres de calibres. Les boîtes ainsi que les mouvements et toutes les parties accessoires de la montre sortent directement de la fabrique. Montre Sentinelle. sans barillet, avec force centrifuge, actionnant directement la roue de grande moyenne. Montre Marguerite, nouvelle boîte de montre, décorée au moyen d'appliques en cuivre émaillé et pailleté sous fondant. Montre Pilote à porte-finissage avec échappement, ancre au cylindre, à ponts, à pont double et à grand pont, s'adaptant au même mécanisme de remontoir pour pièces lépines ou savonnettes. Systèmes brevetés, inventeur : Georges Favre-Jacot.

52. FONTANNAZ (François), à Bex (Vaud).— Régulateur à secondes. **(PALAIS.)**

53. FRANCILLON (Ernest) et Cie, à Saint-Imier (Berne). — Montres de poche.　　**(PALAIS.)**

Production annuelle 50,000 montres. — Médaille : bronze, Paris, 1867 ; mérite, Vienne, 1873 ; award, Philadelphie, 1876 ; or, Paris, 1878 ; or, Amsterdam, 1883 ; Diplôme d'honneur, Anvers, 1885. — J. Olivier, 41, rue Richelieu, Paris, concessionnaire pour le marché français.

54. JANDER (Émile), à la Chaux-de-Fonds (Neuchâtel), rue du Manège, 2. — Montres or, 10 lignes et 13 lignes, remontoirs cylindres.　　**(PALAIS.)**

55. GIRARD PERREGAUX & Cie, à la Chaux-de-Fonds (Neuchâtel). — Chronomètres de poche.　　**(PALAIS.)**

56. GLARDON-PAILLARD (Antoine), à Vallorbes (Vaud). — Limes et burins d'horlogerie, échoppes pour graveurs, brunissoirs, grattoirs, riffloirs, fraises, etc.　　**(PALAIS.)**

57. GLUCK (Émile-H.), à Neuchâtel. — Cadrans émail paillonnés sous fondant.　　**(PALAIS.)**

58. GOLAY (François) et Fils, au Brassus (Vaud). — Pièces détachées pour horlogerie.　　**(PALAIS.)**

59. GOLAY-LERESCHE (A.) et Fils, à Genève, quai des Bergères, 31. — Horlogerie de précision, montres compliquées, chronomètres de poche, montres de fantaisie, bijoux-montres.　　**(PALAIS.)**

60. GOSCHLER et Cie (Ancienne maison **Goschler Frères**), à Bienne (Berne). — Montres de poche. (PALAIS.)

61. GRANDJEAN (Henry) et Cie, au Locle (Neuchâtel). — Horlogerie de précision, chronomètres de marine. (PALAIS.)

62. GROBET (F.-L.), à Vallorbes (Vaud). — Limes, burins, échoppes, brunissoirs, rifloirs, pour horlogerie et bijouterie. (PALAIS.)

63. GROSCLAUDE (Adolphe), au Locle (Neuchâtel). — Étuis pour montres de différentes grandeurs, bracelets porte-montres. (PALAIS.)

64. GROSJEAN (Alfred), à la Chaux-de-Fonds (Neuchâtel). — Horlogerie argent et métal, montres colosses avec ou sans quantièmes et phases lunaires, chronographes compteurs, montre dite universelle, 12 et 24 heures. (PALAIS.)

65. GROSJEAN REDARD (Paul-N.), à la Chaux-de-Fonds (Neuchâtel). — Machine à régler les montres et outil à mettre les balanciers d'inertie, niveau constant. (PALAIS.)

66. GUICHOUD (Marc-B.), à Commugny (Vaud). — Outil aux dilatations donnant le 1/1200 de ligne, outil compas d'épaisseur donnant le 1/360 de ligne, appareil de chauffage. (PALAIS.)

67. GUILLOD et SCHUMACHER, à Chez-le-Bart (Neuchâtel). — Collection de fraises en tous genres. (PALAIS.)

68. GUYOT (J.-Alfred), à Genève, rue des Alpes, 3. — Calendrier automatique dit : auto-éphéméride. (PALAIS.)

69. HAAS Jeune (Benjamin), à Genève, quai du Mont-Blanc, 5. — Horlogerie, montres. (PALAIS.)

70. HEGER (Rodolphe), à la Chaux-de-Fonds (Neuchâtel). — Montres de poche en or, argent et métal. (PALAIS.)

71. HEUER (Édouard), à Bienne (Berne). — Montres à répétition et grande sonnerie, montres chronographes. (PALAIS.)

72. HIRSCH (A.-S.) et Cie, à la Chaux-de-Fonds (Neuchâtel). — Montres métal jaune. (PALAIS.)

73. HUGUENIN (Arnold), à la Chaux-de-Fonds (Neuchâtel). — Horlogerie compliquée. (PALAIS.)

74. HUGUENIN (C.-L.), au Locle (Neuchâtel). — Assortiments à ancre en tous genres, découpages et fraisages de pièces pour fourniture d'assortiments, échappements démonstratifs. (PALAIS.)

75. HUMBERT Fils (Charles), Successeur de **Humbert-Ramuz et Cie**, à la Chaux-de-Fonds (Neuchâtel). — Montres soignées. (PALAIS.)

Maison fondée en 1842 par U. Humbert-Ramuz. Horlogerie de précision, montres compliquées de tous genres et montres civiles. Récompense : Paris 1867, Médaille d'argent.

76. JACOT-BURMANN (H.), à Bienne (Berne). — Montres à calendriers, répétitions, avertisseurs et réveils électriques, chronographes simples et compteurs à minutes. (PALAIS.)

77. JAQUET (James), à Cortébert (Berne).—Montres et échappements, système Kaiser. (PALAIS.)

78. JEANNERET (Albert) et Frères (Successeurs de **Jeanneret et Fils**), à Saint-Imier (Berne). — Montres métal, argent, acier et or. (PALAIS.)

Usine du Parc — Remontoirs à ancre, 13 à 24 lignes. Marques Colombe et Diana déposées. Or. Horlogerie garantie, établie par des procédés mécaniques. Chronographes compteurs. — Récompense : Anvers, 1885, médaille d'argent.

79. JEANNERET (James-A.), à la Chaux-de-Fonds (Neuchâtel). — Montres. (PALAIS.)

80. Journal suisse d'Horlogerie, à Genève. — Collection du journal et publications techniques éditées par son administration.   **(PALAIS.)**

81. JUNKER (N.), à Montier. — Machines, outils pour tailler les roues, faire les vis, etc.   **(PALAIS.)**

82. JUNOD (L.-E.), à Lucens (Vaud). — Joyaux pour l'horlogerie, casiers assortis, poudre et gravier en diamant, loupes, filières diverses, distributeurs d'eau en agate.   **(PALAIS.)**

83. JURGENSEN (Jules), au Locle (Neuchâtel). — Pièces prêtes, divers objets ayant trait à l'art chronométrique.   **(PALAIS.)**

84. KAISER (Alexandre), à Fribourg. — Montres avec échappement, système Kaiser et modèles relatifs, montres à chiffres mobiles.   **(PALAIS.)**

85. KAPPELER (C.) & Cie, à Bienne (Berne). — Montres en or.   **(PALAIS.)**

86. KAUFMANN (Jean), à Fleurier (Neuchâtel). — Aiguilles de montres en tous genres pour l'établissage et l'exportation.   **(PALAIS.)**

87. KOBEL (Frédéric), à Genève, rue du Mont-Blanc, 10. — Horlogerie de précision.   **(PALAIS.)**

88. LAMBERT & MARET, à Chez-le-Bart (Neuchâtel). — Fournitures d'horlogerie et bijouterie, taillages, décolletages, découpages, etc.   **(PALAIS.)**

89. LARDET (Charles-E.), à Fleurier (Neuchâtel). — Montres compliquées de luxe ou de fantaisie, montres civiles en tous genres.   **(PALAIS.)**

90. LE COULTRE & Cie., au Sentier (Vaud). — Mouvements à remontoir, simples et compliqués, accompagnés de pièces de rechange interchangeables.   **(PALAIS.)**

91. LECOULTRE (Marius), à Genève, rue Bouivard, 8. — Montres simples et compliquées.   **(PALAIS.)**

92. LEISENHEIMER (Valentin) et Fils, à Genève, rue de Lyon, 45. — Aiguilles de montres.   **(PALAIS.)**

93. LEUBA (Adolphe), à la Chaux-de-Fonds (Neuchâtel). — Montre décimale.   **(PALAIS.)**

94. LUGRIN (Alfred), à l'Orient-de-l'Orbe (Vaud). — Mouvements et mécanismes fabriqués par procédés mécaniques, pour montres compliquées, répétitions, chronographes, compteurs, etc.   **(PALAIS.)**

95. MATHEY (Arnold), à la Chaux-de-Fonds (Neuchâtel). — Montres or.   **(PALAIS.)**

96. MATHEY Fils (Auguste), à la Jaluse (Neuchâtel). — Aciers et métaux préparés pour horlogerie, aciers pour petits ressorts de montres, ressorts de pendules et réveils.   **(PALAIS.)**

97. MORÉ & MÉROZ, à Genève, rue de Chantepoulet, 11. — Cadrans d'émail pour montres.   **(PALAIS.)**

98. MOSER (Édouard), à Neuveville (Berne). — Montres finies, mouvements démontés, découpages   **(PALAIS.)**

99. MOSIMANN (U.) & Fils, à la Chaux-de-Fonds (Neuchâtel). — Montres.   **(PALAIS.)**

100. NARDIN (Paul-D.), Successeur de **Ulysse Nardin**, au Locle (Neuchâtel). — Chronomètres de marine, chronomètres enregistreurs électriques, chronomètres artistiques, chronomètres tourbillon.   **(PALAIS.)**

101. Non Magnetic Watch Co., à Genève, quai du Mont-Blanc, 5. — Balanciers compensés et spiraux inaimantables, en alliage de palladium, montres et mouvements de montres.   **(PALAIS.)**

102. PATEK, PHILIPPE & Cie, à Genève. — Chronomètrés, montres simples et compliquées, montres de fantaisie, etc.   **(PALAIS.)**

Manufacture d'horlogerie, fondée en 1837.
Montres simples et compliquées de tous genres, construites sur des mesures rigoureusement uniformes (interchangeabilité).
Chronomètres de poche avec bulletins de l'Observatoire Astronomique.
Montres artistiques, bijoux-montres, etc.
Mouvements à divers points de fabrication, depuis le métal brut jusqu'à l'achèvement complet. Plusieurs brevets d'invention. — Représentants, agents et correspondants dans tous les pays.
Récompenses aux Expositions universelles : Paris, 1855, 1867, 1878 ; Londres, 1851 ; Vienne, 1873 ; Philadelphie, 1876 ; Melbourne, 1881 ; Amsterdam, 1883. (Médailles d'or, d'argent, diplômes d'honneur, médailles de collaborateur, etc.)

103. PERRENOUD (Z.) & Fils, à la Chaux-de-Fonds (Neuchâtel). — Montres or, spécialité genre anglais.   **(PALAIS.)**

104. PERRET (Paul), à la Chaux-de-Fonds (Neuchâtel). — Montres non magnétiques et magnétiques, balanciers, spiraux, couronnes, parties détachées du mouvement.   **(PALAIS.)**

105. PERRET Fils (D.), à Neuchâtel. — Montres bon marché.   **(PALAIS.)**

106. PERRET (Ulysse), à Renan (Berne). — Ressorts de montres.   **(PALAIS.)**

107. PERRUDET (H.) & Fils, à Neuchâtel. — Assortiments pour échappements à ancre et levées pour échappements à ressorts, levées visibles et couvertes, pièces sur filière.   **(PALAIS.)**

108. PICARD & Cie, Successeurs de **Picard Père et Fils**, à la Chaux-de-Fonds (Neuchâtel). — Montres or et argent.   **(PALAIS.)**

109. PICARD & HERMANN Frères, à la Chaux-de-Fonds (Suisse).   **(PALAIS.)**

Fabrique de montres remontoirs or en tous genres pour dames et hommes, tous les titres et pour tous les pays. — Chronographes, répétitions, chronomètres.

110. PIGUET (L.-Alfred), à Brassus (Vaud). — Fraises Ingold pour rectifier les dentures des roues de montres et chronomètres.   **(PALAIS.)**

111. REDARD (H.) & Fils, à Genève, rue du Mont-Blanc, 12. — Chronomètres de poche, montres diverses, simples et compliquées.   **(PALAIS.)**

112. REUCHE (Léon), à la Chaux-de-Fonds (Neuchâtel). — Montres or et argent.   **(PALAIS.)**

113. Réunion collective des mécaniciens, à Couvet (Neuchâtel). — Outillage pour l'horloger et fournitures d'horlogerie.   **(PALAIS.)**

114. REYMOND (James), à Saint-Imier (Berne). — Huile pour montres et chronomètres.   **(PALAIS.)**

115. RICHARDET (H.-Arthur), à la Chaux-de-Fonds (Neuchâtel). — Aiguilles de montres.   **(PALAIS.)**

116. ROBERT (Charles), à Villeret (Berne). — Montres de poche or et argent et métal, et pièces d'horlogerie.   **(PALAIS.)**

117. ROBERT (Henri) & Fils, à la Chaux-de-Fonds (Neuchâtel). — Montres de poche.   **(PALAIS.)**

118. ROCHAT (Armand), à Mathod (Vaud). — Montres à remontoirs ancre 20 m/m., montres remontoir cylindre 18 m/m. boîtes métal et argent.   **(PALAIS.)**

119. ROLLOT (F.-Raphaël), à Marin (Neuchâtel). — Rouge en boules, en poudre et en pains pour polir l'or, l'argent, l'acier, le métal blanc, etc.   **(PALAIS.)**

120. ROZAT (Louis), à la Chaux-de-Fonds (Neuchâtel). — Montres de réglage variées avec bulletins d'observation de réglage.   **(PALAIS.)**

121. RUEFF Frères, à la Chaux-de-Fonds (Neuchâtel). — Montres.   **(PALAIS.)**

122. RUEFLI-FLURY (C.), à Bienne (Berne). — Montres de dames, argent. **(PALAIS.)**

123. SAGNE (F.-J.), à Neuveville (Berne). — Montres en or, répétitions à minutes, avec et sans chronographe et compteur de minutes. **(PALAIS.)**

124. SCHAEDELI (Théodore), à la Chaux-de-Fonds (Neuchâtel). — Montres bon courant. **(PALAIS.)**

125. SCHMID (Vve C.-Léon) et Cie, à la Chaux-de-Fonds (Neuchâtel). — Montres Roskopf, boîtes or, argent, acier et métal. **(PALAIS.)**

126. SCHOECHLIN (William), Successeur de **Piquet et Cie**, à Bienne (Berne). — Montres en or, chronomètres, répétitions, quantièmes, etc. **(PALAIS.)**

127. SCHWAB (Alfred), à la Chaux-de-Fonds (Neuchâtel). — Ressorts de montres, ressorts de musique, de réveils, de pendules, et ressorts fantaisie. **(PALAIS.)**

128. SCHWOB Frères, à la Chaux-de-Fonds (Neuchâtel). — Montres en or, argent et métal. **(PALAIS.)**

129. SERVET (J.-Marc), à Genève. — Limes et burins pour horlogers. **(PALAIS.)**

130. Société suisse d'Horlogerie, à Montilier (Fribourg). — Montres en métaux divers, à clefs et remontoirs. **(PALAIS.)**

131. STAUB (Jacob), à Fleurier (Neuchâtel). — Écrin contenant 5 pièces (dorages). **(PALAIS.)**

132. THALMANN (Henri), à Bienne (Berne). — Montres remontoirs, ancre et cylindre, de 7 à 14 lignes. **(PALAIS.)**

Marque déposée « à la Colombe », montres soignées pour dames, cylindres de 7 à 13 m/m, ancre de 10 à 14 m/m, Médaille Anvers 1885, Boîtes variées et fantaisies. Maison fondée en 1876.

133. THOMMEN (J.), à Waldenburg (Bâle). — Montres à clef et à remontoir, cylindre et ancre, montres sans aiguilles, mouvements, pièces de rechange. **(PALAIS.)**

134. TIETZE (Otto), à Bienne (Berne). — Étuis pour montres. **(PALAIS.)**

135. TISSOT (C.-F.) & Fils, au Locle (Neuchâtel). — Horlogerie de précision et montres compliquées. **(PALAIS.)**

136. TRIPET (Numa), à la Chaux-de-Fonds (Neuchâtel, rue du Parc, 85. — Sujets estampés pour boîtes de montres, grand sujet garni sur acier : « effet de nuit. »

137. UHLMANN (Rodolphe), à la Chaux-de-Fonds (Neuchâtel). — Montres à ancre réglées en cinq positions et aux températures extrêmes. **(PALAIS.)**

138. Usine genevoise de dégrossissage d'or, à Genève. — Balanciers compensés et spirales anti-magnétiques pour montres. **(PALAIS.)**

139. VAUTIER (Samuel) et Fils, à Carouge (Genève). — Limes pour l'horlogerie et la bijouterie, burins, échoppes, aiguisoirs pour couteaux et pour faux. **(PALAIS.)**

140. VUILLE (Albert), à la Chaux-de-Fonds (Neuchâtel). — Mouvements et montres. **(PALAIS.)**

141. WAGNON Frères, à Genève, rue des Voirons, 11. — Aiguilles de montres, heures et minutes acier et or, poires, bréguet, dessins divers et Louis XV ciselées, or et acier. **(PALAIS.)**

142. WILLE Frères, Successeurs de Roskopf, à la Chaux-de-Fonds (Neuchâtel). — Montres Roskopf, métal et argent. **(PALAIS.)**

143. WUILLEUMIER (F.), à Renan (Berne). — Montres dites : perpétuelles, podomètres, vélocimètres.
(PALAIS.)

144. WOOG (Maurice) & GRUMBACH, à la Chaux-de-Fonds (Neuchâtel). — Montres de poche avec bulletins de marche, montres civiles en tous genres.
(PALAIS.)

145. YERSIN (E.), Successeur de **H. C. Courvoisier**, à Fleurier (Neuchâtel). Porte-échappements pour pendules de voyage, petite pendule de voyage, mouvement terminé.
(PALAIS.)

146. ZENTLER Frères, à Genève, place Longemalle, 2. — Chronomètres de poche réglés avec bulletins de l'observatoire de Genève, montres soignées et compliquées.
(PALAIS.)

147. ZIVY (César), à la Chaux-de-Fonds (Neuchâtel). — Montres courantes et compliquées.
(PALAIS.)

GROUPE III.

MOBILIER ET ACCESSOIRES.

CLASSE 27.

Appareils et procédés de chauffage. — Appareils et procédés d'éclairage non électrique.

FRANCE.

1. **ALLEZ (Frères)**, à Paris, rue Saint-Martin, 1. — Fourneaux et appareils de chauffage, baignoires avec chauffage. (**PALAIS.**)

   Maison fondée en 1815.
   Construction de fourneaux de cuisine en tôle et fonte; fourneaux avec grille de rôtissoire brevetés S. G. D. G. Modèles avec bouilleur pour distribution d'eau chaude. Fourneaux spéciaux pour restaurants, lycées, fermes et communautés religieuses. Buanderies et lessiveuses, appareils de chauffage; calorifères de cave, poêles mobiles, cheminées roulantes. Baignoires avec chauffage. Appareils d'hydrothérapie. Installations complètes de salles de bains.

2. **AMBROSINI (Georges)**, à Blois (Loir-et-Cher), rue des Orfèvres, 28. — Fourneau modèle pour un service de douze cents personnes, modèle de thermosiphon. (**PALAIS.**)

3. **ANCEAU (Georges L.)**, à Paris, rue Salneuve, 15. — Poêles, calorifères, tuyaux de chauffage à eau et à vapeur. (**PALAIS.**)

   Médailles d'or, Paris 1867 et 1878.

4. **ANCELIN & GILLET**, à Paris, boulevard Henri IV, 32. — Chaufferettes hygiéniques à l'acétate de soude. (**PALAIS.**)

5. **ARNOULD et GARIOT**, à Paris, rue des Récollets, 11. — Fourneaux de cuisine, rôtisserie parisienne, poêle régulateur français. (**PALAIS.**)

   Spécialité de fourneaux pour restaurants, hôtels, pensions. Fournisseurs de l'Assistance publique et des Lycées de Paris. Rôtisserie portative et poêle, breveté s. g. d. g.

6. **ASTORGIS (Charles)**, à Paris, rue du Pont-aux-Choux, 13. — Devanture de cheminée en cuivre ciselé. Appareils de ventilation. (**PALAIS.**)

7. **AUBERT (Louis-J.)**, à Paris, faubourg St-Martin, 75. — Appareils de chauffage, calorières fixes et mobiles, châssis. (**PALAIS.**)

8. **BABLON (J.-N.-Victor)**, à Paris, rue Boulard, 42. — Régulateur à gaz, réproducteur du gaz. (**PARC.**)

9. BARDOT (Pierre), à Lyon (Rhône), rue Duhamel, 8. — Lustres, suspensions, girandoles, lanternes, suspensions (Schülke, dit bec parisien). **(PALAIS.)**

Maison fondée en 1834. — Construction d'usines à gaz.
Usines à gaz à St-Vallier, Chagny, Gray, Salins. Entreprise de l'éclairage de la ville du Creusot. — P. Bardot. Fabricant spécial du bec Schülke dit bec parisien. Concessionnaire de la ville de Lyon. Fournisseur des Cies de chemins de fer, Cies de gaz, etc.

10. BAYLAC (Jean), à Paris, rue de l'Université, 235. — Poêle calorifère hygiénique mobile, à feu visible et continu, circulation de flamme, fumivore. **(PALAIS.)**

11. BAYLE (Paul, A.) & Cie, à Paris, rue de Trévise, 13. — Verres Bayle. Lampes à pétrole brûlant les huiles lourdes de pétrole, sans odeur, ininflammables, au dessous de 130. **(PALAIS & QUAI.)**

12. BEAU et BERTRAND-TAILLET, à Paris, rue Saint-Denis, 226. — Bronzes et ferronnerie d'art pour l'éclairage, gaz et électricité. **(PALAIS.)**

13. BEAUFILS (Nicolas), à Paris, place du Marché-Sainte-Catherine, 2. — Lampes à pétrole, bougeoirs de poches, bougies essences. **(QUAI.)**

14. BECKER (Charles), à Beaumont (Seine-et-Oise). — Têtes tournantes à souffleur pour cheminées et ventillation. **(PALAIS.)**

15. BENARD HUBERTS & Cie, à Paris, rue Lafayette, 154. — Appareils d'éclairage au gaz dit : Albo Carbon. **(PARC.)**

16. BENDER (Xavier) & Cie, à Paris, boulevard Beaumarchais, 13. — Lampes pneumatiques au pétrole pour éclairage de fabriques, mines, villes et communes.
(QUAI.)

17. BENGEL Frères, (A.-Joaquin et J.-Edouard), à Paris, avenue Parmentier, 64. — Lustres, lanternes pour le gaz et l'électricité, fourneaux de cuisine, calorifères et chauffe-bains pour le gaz. **(PALAIS & PARC.)**

18. BERNIER (Victor), à Paris, passage Saint-Sébastien, 15. — Cheminées en marbre, devantures de cheminées en cuivre ciselé, châssis à rideau, bouches de chaleur. Exécutions sur plans et dessins. **(PALAIS.)**

Étuves en cuivre et en fonte pour poêles en faïence ; cheminées mobiles, poêles roulants ; appareils inodores, tôlerie, cuivrerie et fournitures spéciales pour la fumisterie, calorifères américains, appareils de chauffage, système anglais.

19. BESNARD (Frédéric E.), à Paris, rue Geoffroy-Lasnier, 28. — Lampes à huile et essence de pétrole, lampes phare à disque acier, lanternes de ville et réflecteurs.
(PALAIS & QUAI.)

Suspensions. Lampadaires. Bras d'applique. Fourneaux et calorifères à pétrole. Lampes globes d'illumination. (Palais et annexe du pétrole. Pavillon du Pont d'Iéna.)
Médaille d'argent à l'Exposition universelle de 1878.

20. BESSEYRAS (Pierre), à Toulouse (Haute-Garonne), chemin de la Gloire, 8. — Cheminées métalliques, système Besseyras. **(PALAIS.)**

21. BESSON & Cie (Auguste), à Paris, boulevard des Capucines, 35. — Chauffage par circulation d'air. **(PALAIS.)**

22. BLANC & DEVRAUX, à Paris, boulevard Richard-Lenoir, 92. — Appareils d'éclairage par le gaz et l'électricité, lustres, suspensions de salle à manger, appareils de billard, etc. **(PALAIS.)**

Bras, girandoles et divers.

23. BLANCHE (A.) & TARDU.(F), à Paris, impasse Froissart, 7. — Lampes, suspensions de salle à manger, appareils de billard. **(PALAIS)**

24. BIZOT et AKAR, à Paris, rue Mazarine, 42. — Appareils pour l'éclairage par le gaz. **(PALAIS.)**

25. BODEVIN Aîné (Alexis P.), à Paris, rue Réaumur, 54. — Soufflets, balais d'âtre et manches à balais. **(PALAIS.)**
Médaille de bronze à l'Exposition universelle de 1878.

26. BODIN (Alfred D. A.), à Paris, boulevard Sébastopol, 8. — Torches résineuses pour éclairage. **(QUAI.)**
Torches résineuses pour travaux de nuit. Fournisseur des chemins de fer français et étrangers et des principaux entrepreneurs. — Fabrique : 20, route de Choisy, à Ivry-sur-Seine (Voir classe 54).

27. BOISSON et Cie, à Paris, rue de la Folie-Regnault, 70. — Lampes et suspensions, fourneaux à pétrole. **(PALAIS.)**
Manufacture d'appareils et articles d'éclairage par les huiles minérales et végétales.

28. BONNARD (Francisque), à Bourgoin (Isère). — Appareils de chauffage. **(PALAIS.)**

29. BONNET (Prosper), à Paris, rue de Saintonge, 7. — Suspensions, lampes, bras, appliques, appareils de billards à bougies et à gaz, candélabres, jardinières, lustres, coupes, flambeaux, bougeoirs, encriers. **(PALAIS.)**

30. BONPAIN Frères (Henri-P. et Charles-M.-L.), à Lille (Nord), rue Jacquemars-Giélée, 42. — Tôlerie, coudes plissés ronds, coudes plissés ovales. **(PALAIS.)**

31. BOSSELUT Fils, (Alfred) à Paris, quai de Valmy, 9 bis. — Lampes, suspensions, appareils de billards, lustres, appliques, candélabres, gaz, modérateur carcel et pétrole. **(PALAIS.)**

32. BOUCHER (E.) et Cie, à Fumay (Ardennes). — Articles de chauffage et articles de ménage. **(PALAIS.)**

33. BOUDVILLAIN (Just), à Paris, rue Saint-Martin, 207. — Lanternes, ballons, écussons, drapeaux. **(PALAIS.)**

34. BOURDIN (Charles-L.), à Paris, avenue de la République, 13. — Cheminée poêle mobile. **(PALAIS.)**

35. BOURDON (Charles-A.), à Paris, boulevard Magenta, 55. — Appareils de chauffage perfectionnés, calorifère et poêle à jeu continu, intérieur de cheminée à grande surface de chauffe. **(PALAIS.)**

36. BOURDONNEAU (Emile), à Paris, quai Jemmapes, 138. — Poêles, calorifères, chauffe-bains, appareils divers. **(PALAIS.)**

37. BOURREY (Ludovic), à Paris, quai Bourbon, 41. — Becs récupérateurs à gaz, régulateurs à gaz, fourneaux à gaz. **(PARC.)**

38. BRANCA Aîné (Pierre), à Paris, rue des Écoles, 2 bis. — Une construction de calorifère en céramique, appareils en métaux, fourneaux. **(PALAIS.)**

39. BRENOT (Vve), Ancienne Maison **Vinaugé**, à Paris, rue des Gravilliers, 22. — Garnitures pour lampes, bouchons à vis, lampes et bougeoirs. **(PALAIS.)**
Tourneur en cuivre. Médaille de bronze, Paris 1878.

40. BRETON (P.) et Cie, à Paris, quai de la Râpée, 58. — Appareils de chauffage, poêles mobiles. (Système Cadé). **(PALAIS & PARC.)**
Médaille d'argent, Exposition internationale de Barcelone, 1888.

41. BUFFANDEAU (Mathieu-Jean) Frères, à La Bastide-de-Castelamouroux (Lot-et-Garonne). — Paires de chenets. **(PALAIS.)**

42. BULLOT (E. B.), à Paris, boulevard Beaumarchais, 44. — Mèches pour lampes, réchauds, briquets, cotons à lampes, veilleuses en tous genres. **(PALAIS.)**

43. CARDE (Émile), à Bordeaux (Gironde), place Fondandège, 16. — Appareils de chauffe-bains et de chauffage de serres, fourneaux de cuisine pour hôtels à bouilleurs intérieurs chauffant.   **(PARC.)**

44. CAUMERS (Paul, A.), à Paris, rue de Turenne, 93. — Lanternes, lustres, suspensions, lampes, veilleuses.   **(PALAIS.)**

45. CAZES (Antoine V.), à Millau (Aveyron), place de l'Hôtel-de-Ville, — Appareil fumivore perfectionné. Poële portatif. Cheminée, calorifère. Plaque mobile pour cheminée.   **(PALAIS.)**

46. CELLIER (C. Jean) & SIMONET (C. Victor), à Paris, impasse Froissart, 7. — Suspensions de salle à manger et lampes.   **(PALAIS.)**

47. CHABOCHE (Edmond), à Paris, rue Rodier, 33. — Appareils de chauffage et bains.   **(PALAIS.)**

48. CHABRIÉ et JEAN, à Paris, rue des Martyrs, 52 bis. — Bronzes d'éclairage, composés de lustres, torchères, lanternes.   **(PALAIS.)**

49. CHABRIER Jeune (François), à Paris, rue de Maubeuge, 63. — Bronzes d'éclairage au gaz.   **(PALAIS & PARC.)**

50. CHANUT (Joseph), à Paris, rue Keller, 36.—Lampes, dites papillon, réchauds flamme forcée et lampes à jet de flammes, veilleuse, allume-pipes et autres à l'essence minérale.   **(QUAI.)**

51. CHAPÉE (Henri), à Paris, rue des Trois-Bornes, 9. — Réchaud à alcool à flamme réglée et articles s'y rattachant.   **(PARC.)**

52. CHAPSAL (Pierre), à Paris, passage des Deux-Nèthes, 12 bis. — Poële cheminée mobile à feu visible dit l'Indispensable, système Chapsal se chargeant matin et soir.   **(PALAIS.)**

53. CHAPUIS, à Paris, rue de Lourmel, 10. — Divers appareils d'éclairage.   **(PALAIS.)**

54. CHAUVEAU (Édouard), à Paris, rue Lacharrière, 2. — Appareils de chauffages, thermo-bains.   **(PALAIS.)**

55. CHEVALIER (Pierre), à Montpellier (Hérault), boulevard du Jeu-de-Paume, 19. — Fourneau de cuisine petit modèle, calorifère mobile.   **(PALAIS.)**

56. CHIBOUT (Ulysse), à Paris, rue Notre-Dame-des-Champs, 36. — Nouveau système de chauffage à l'eau, dit « à pompe » thermomètre électrique à un seul fil donnant la température à toute distance.   **(PALAIS.)**

Inventions récemment brevetées : 1° Système de chauffage à l'eau à grande vitesse de circulation dit « à Pompe » permettant le chauffage à 500 mètres de distance du foyer et plus, ce résultat obtenu sans l'intervention d'organes mécaniques de propulsion. La distribution extrêmement rapide de l'eau, à une haute température, permet de chauffer des espaces très étendus avec un seul foyer central, qui peut sans inconvénient être installé hors du bâtiment à chauffer permet en outre le chauffage d'eau pour le service de bains, postes d'eaux, laverie etc. à de grandes distances et avec le minimum de dépenses. Outre les avantages ci-dessus signalés, l'emploi de ce mode de chauffage permet une économie d'installation allant jusqu'à 40 $\%$ sur les anciens systèmes. 2° Thermomètre électrique nouveau transmettant à toutes distances par un seul fil les variations de températures de localités inaccessibles.

57. CHOQUET-GODDIER (Cyrille), à Paris, rue Meslay, 59. — Articles en mica pour l'éclairage, chauffage et l'électricité.   **(PALAIS.)**

58. CLANCHET (Edmond), à Paris, rue des Boulets, 96. — Lanternes en fer rivé pour voitures ; lanternes marines à pinces et à bonnettes démontables.   **(PALAIS.)**

59. COHIN (Alfred) et RENAULT (Eugène), à Paris, rue Sainte-Apoline, 7. — Lanternes-marine, flambeaux, photophores, bougeoirs, veilleuses orientales, bronzes ciselés.   **(PALAIS.)**

60. COIFFARD Aîné, à Paris, rue Bolivar, 27. — Appareils d'éclairage à la bougie.   **(PALAIS.)**

61. Compagnie des Forges et Fonderies de Sougland, Fourmies, Pas-Bayard et Hirson, à Paris, rue Amelot, 88. — Cuisinières en fonte, fourneaux, poêles, réchauds, grilles, cheminées, etc.   **(PALAIS.)**

62. Compagnie française de lampes à gaz à récupération, à Rouen (Seine-Inférieure), rue de la Glacière, 11. — Lampes à gaz à récupération.
(PALAIS.)

63. Compagnie générale des Allumettes chimiques pour la France et l'étranger, (administrateur délégué : **A. Monchicourt**), à Paris, rue de la Chaussée-d'Antin, 66 — Allumettes chimiques et matériel pour leur fabrication.   **(PALAIS.)**

Matériel spécial à la fabrication des allumettes.
Appareil à fabriquer en vases clos les pâtes chimiques.
Machine à gratiner les portefeuilles en carton ou en bois.
Machine à faire les portefeuilles. Echantillons de bois et de cartonnage.

64. Compagnie de l'Horme, à Lyon, rue Victor-Hugo, 8.—Appareils de chauffage, Chantiers de la Buire, — l'Horme, — le Pouzin, — Voyras.   **(PALAIS.)**

Constructeurs exclusifs, pour la France, du Générateur à vapeur instantané, système Serpolet (breveté S. G. D. G.).
Chauffage au charbon.
Chauffage au pétrole.
Chauffage des appartements et des trains de chemins de fer, par le procédé Serpollet (breveté S. G. D. G.).
Chaudières multitubulaires et appareils de chauffage (modèles) de M. Lencauchez (brevetés S. G. D. G.

65. COSSET-DUBRULLE Fils (Édouard A.-C.), à Lille (Nord), rue de Toul, 3. — Lampes de sûreté pour mines et usage domestique.   **(PALAIS.)**

Médailles à toutes les Expositions. Accessoires pour éclairage des mines, mèches, verres, tissus métalliques, fournitures pour tous systèmes de lampes.

66. COURTINE (Jean), à Paris, rue d'Aboukir, 102. — Fourneau à l'usage des charcuteries avec ventilateurs hygiéniques.   **(PALAIS.)**

67. COURTOT Aîné (Vve), à Dôle (Jura). — Calorifères hygiéniques à circulation d'air.   **(PALAIS.)**

68. CRIBIER (Charles), à Paris, rue Vieille-du-Temple, 106. — Suspensions de salle à manger. Lustres et appliques. Huiles, gaz, bougies.   **(PALAIS.)**

Fabrique spéciale d'articles d'éclairage.

69. CUAU Aîné et Cie, à Paris, rue Championnet, 234. — Calorifères, fourneaux, poêle à vapeur, à eau chaude, tuyaux. Propulseurs pour chauffage à eau. Ventilateurs. Dessins.   **(PALAIS.)**

Calorifère de cave à ailettes creuses. Calorifères portatifs à ailettes creuses. Tuyaux à lames mobiles pour chauffage à vapeur et à eau chaude. — Fourneau de cuisine avec service d'eau chaude par déplacement pour lycées, collèges, hospices, hôtels, etc. — Poêle à vapeur à ailettes creuses. — Hydrocalorifère. — Appareils de ventilation.

70. CUBAIN (Jules L. V.), ancienne Maison **Baudon et Fils,** à Paris, rue du Faubourg-Saint-Martin, 49. — Fourneaux et appareils spéciaux pour les cuisines.
(PALAIS.)

Fournisseur de L. L. M. M. Le Roi des Belges, — Le Roi d'Italie, — Le Roi d'Espagne, — Le Roi de Roumanie, — Le Vice-Roi d'Egypte, — Le Vice-Roi des Indes, — L. L. A. A. Le Prince de Monaco, — Le Prince de Metternich, — Le Comte de Flandre, — Le Grand Duc Michel, — Le Grand Duc de Sutherland. — Hôtel de Ville de Paris, — Jockey-Club, -- Grand Hôtel du Louvre, — Hôtel Continental, — Grand Hôtel. — Hospice de La Salpêtrière, de St-Germain en Laye, de Bucharest, etc. — Lazaret de Lisbonne, — Séminaires St-Sulpice, Coutances, etc. — Asile d'aliénés Lafond à la Rochelle. — Maisons Centrales de Melun, Clairvaux, Gaillon, Rennes, etc. — Maison de répression de Nanterre, — Restaurants Bignon, Maire, etc. — Lycées : Voir exposition spéciale, Groupe II, Classe 7, Ministère de l'Instruction publique.

71. DANGIEN (Isidore), à Paris, rue Pierre-Levée, 15. — Pièces fonte et cuivre pour la construction des appareils de chauffage, bouches de calorifères et intérieurs de cheminées. **(PALAIS.)**

72. DANICHEVSKI (J.), à Paris, faubourg Poissonnière, 116. — Lampes Danichevski à récupération d'air entièrement chaud. **(PALAIS.)**

73. DAVAL (Henri), à Paris, rue Rochechouart, 48. — Appareils de chauffage au pétrole et à l'essence minérale, éclairage à l'essence minérale. **(QUAI.)**

74. DAVIDSON (Édouard), à Paris, impasse du Puits, 11. — Allumoirs de tous systèmes pour gaz, bougies et lampes. **(PALAIS.)**

75. DECOUDUN (Jules), à Paris, rue Saint-Quentin, 8. — Lampes à huile. Appareils pour projection de la lumière. **(QUAI.)**

76. DEFAUCHEUX (Ulysse-G.), à Paris, rue Muller, 1. — Abat-jour « Le Scintillant » à rosaces multicolores animées par l'air chaud de la lampe. **(QUAI.)**

77. DEFOSSÉ Fils, à Rouen (Seine-Inférieure), rue du Barnage, 4. — Calorifère. **(PALAIS.)**

78. DELAFOLLIE, BASTIDE, CASTOUL Aîné & Cie, à Paris, rue Martel, 6. — Appareils d'éclairage et de chauffage pour le gaz. **(PALAIS.)**

Paris 1878, médaille d'argent.
Melbourne 1881, médaille d'or.

79. DELRUE & Fils, à Paris, rue de la Folie-Méricourt, 80. — Appareils de chauffage, fourneaux et calorifères fixes et mobiles. **(PALAIS.)**

80. DENOYELLE M⁰ⁿ, BUREAU (Allyre E.) Successeur, à Paris, rue du Faubourg St-Denis, 126. — Calorifères portatifs. Appareils de cuisine pour grands restaurants, hôtels, cafés, limonadiers et maisons bourgeoises. **(PALAIS.)**

Chauffage. Ventilation. Calorifères. Fourneaux. — Appareils avec et sans Bouilleurs pour grands Restaurants, Hôtels, Cafés, Limonadiers, Maisons bourgeoises, Pensions, Hôpitaux, Prisons. — Calorifères portatifs, Système nouveau d'une grande puissance. Batterie de cuisine au marteau et accessoires de cuisine. Chaudronnerie. Circulation et distribution d'eau chaude.

81. DESELLE (Charles-L.-F.), à Paris, rue des Petites-Écuries, 7. — Becs à gaz à récupération. **(PALAIS.)**

82. DESMARAIS Frères, à Paris, rue de Londres, 29. — Baignoires et lampes au gaz de pétrole selon les procédés Chandor, de New-York. **(QUAI.)**

Industrie des produits et appareils d'éclairage (Voir cl. 44-45).

83. DONDEL (Henri), à Paris, rue Saint-Maur, 99. — Garde-feu, écrans, seaux à charbon, chauffrettes. **(PALAIS.)**

Maison fondée en 1856. Garde-feu. Choix nombreux de modèles riches et ordinaires en tous genres et de tous styles, en fer bronzé, décoré, peintures, relief, tapisserie. Garde-feu cuivre tous styles, polis, dorés, etc., avec toiles fantaisie, brochée, jacquart, etc. Ecrans fantaisie, seaux à charbon et chaufferettes riches et ordinaires. Tous autres objets toile métallique (voir cl. 41, groupe V). Récompenses : Paris 1867, médaille et mention ; Philadelphie 1876 ; Paris 1878, deux médailles.

84. DREYFUS & CHARPENTIER, à Paris, rue de l'Hôpital-Saint-Louis, 1 bis. — Lampes à pétrole, suspensions. **(QUAI.)**

85. DREYFUS (George), à Paris, rue de Paradis, 32. — « L'Instantané. » réchaud à l'alcool. **(PALAIS.)**

86. DRIANCOURT (Jules), à Paris, rue Charlot, 24. — Suspensions, lustres, appareils de billards, (huile, pétrole, gaz), réflecteurs en plaqué pour lampes, gaz et électricité. **(PALAIS.)**

87. DUCORNOT (Auguste), à Gignac (Hérault). — Appareils de chauffage et appareils fumivores et de ventilation.   (PARC.)

88. DURIEZ (Jules), à Paris, rue de Béthune, 22.   (PALAIS.)

89. EGROT, à Paris, rue Mathis, 23. — Appareils de cuisine à vapeur.   (PALAIS.)

90. ENFER & ses Fils, à Paris, rue de Rambouillet, 10. Forges portatives, forges à plateau tournant, soufflets, pompe à air, etc.   (PALAIS.)

Soufflets de forges. Forges à plateau tournant, avec chalumeau pour souder au gaz.
Pompe à air pour l'essai des canalisations.
Médailles aux Expositions françaises et étrangères : Londres 1851 ; Paris 1855, 1867, 1878, médailles d'argent ; Vienne, 1873, médaille de progrès ; Barcelone 1888, médaille d'or.

91. FAURE Père et Fils, à Revin (Ardennes). — Appareils de chauffage, cuisinières, fourneaux tôle et fonte, cheminées, calorifères, poêles, buanderies, réchauds, fontes moulées brutes, émaillées ou nickelées.   (PALAIS.)

Émaux céramiques brevetés. Fourneaux de cuisine en fonte et en tôle et fonte. Calorifères brevetés S. G. D. G. Articles de ménage.
Usines, succursales à Leifour et à la Petite-Commune. Bureau d'échantillons, boulevard Voltaire, 26, Paris.

92. FÉZARD (Louis), à Paris, rue de Fécamp, 47. — Torches résineuses pour éclairage.   (PALAIS.)

Fabrique de Torches résineuses pour travaux de nuit, sapeurs-pompiers et retraites aux flambeaux. Maison fondée en 1850, Ancienne Maison P. Séjat ; L. Fézard successeur. Fournisseur de la ville de Paris, des chemins de fer de l'État et de la navigation, des principales lignes de chemins de fer français et étrangers et des principaux artificiers.
47, rue de Fécamp, 250, avenue Daumesnil.

93. FLICOTTEAUX (Achille), à Paris, rue du Bac, 83. — Calorifères et chauffe-bains au gaz « Le Rapide ». Appareils, accessoires, dessins.   (PARC.)

94. Forges et Fonderies de Sougland, Fourmies, Pas-Bayard et Hirson, à Sougland, par St-Michel (Aisne) et à Paris, rue Amelot, 88. — Appareils de chauffage et ustensiles de ménage.   (PALAIS.)

Appareils de chauffage en fonte ordinaire et émaillée. — Cuisinières. — Calorifères. — Cheminées. — Poêles. — Foyers d'intérieur. — Fourneaux, grilles, etc., etc.
Fontes moulées.
Poterie brute, émaillée et étamée. — Tôles.
Médaille d'argent, Exposition Universelle, Paris, 1878.

95. FORTEL (Louis), à Paris, rue Ballu, 6. — Appareil Fortel garantissant le tirage à toutes cheminées.   (PALAIS.)

96. FOUCHÉ (Frédéric), à Paris, rue des Écluses Saint-Martin, 38. — Appareil de chauffage et de ventilation fournissant gratuitement de la force motrice.   (PALAIS.)

97. FOUGERON Fils (A.-P.), à Paris, rue de la Bûcherie, 37.   (PALAIS.)

98. GAMBIER & BUSSEUIL, à Paris, rue du Louvre, 1.   (PALAIS.)

99. GANDILLOT (Charles), à Paris, rue Antoinette, 16. — Calorifères à eau chaude à petits tuyaux en fer.   (PALAIS.)

100. GASNIER & BRUNI, à Paris, rue du Jour, 10. — Fourneaux, charcuteries, hôtels, boucheries et restaurants.   (PALAIS.)

Usine à vapeur, rue Chanudet, 20, Paris, Montrouge. Maison de vente, 10, rue du Jour. Étuve à grillade et à choucroûte. Boîte à porter en ville. Rend-monnaie (en nickel pur laminé et poli). Moules à gelée et à pâte. Fumoirs à la sciure se réglant à volonté.

101. GENESTE HERSCHER & Cie, à Paris, rue du Chemin-Vert, 42. — Appareils de chauffage et de ventilation. Pavillon d'hygiène.   (ESPLANADE & PALAIS.)

Installations spéciales réalisées dans les diverses sortes d'établissements publics et particuliers: écoles, lycées, laboratoires, amphithéâtres, salles d'assemblées, théâtres, hôpitaux, asiles, casernes, prisons, églises, musées, grandes serres, halls, administrations, ateliers, etc. — Étuves et séchoirs spéciaux.
Procédés spéciaux. — Études. — Expériences. — Appareils divers.
Voir Pavillon particulier et appareils en fonctionnement à l'Esplanade des Invalides.

102. GILLET (Stanislas D.), à Paris, boulevard Henri IV, 32. — Éclairages colza, pétrole. Travaux de précision , appareils perfectionnés et nouveaux.
(PALAIS & QUAI.)

103. GIRARDIN (E.) et PIOCHE (J.), à Paris, rue du Temple, 83. —Lampes, lanternes, articles repoussés pour l'éclairage. **(PALAIS.)**

104. GIROT Frères (Adrien A. et Auguste L.), à Paris, quai de la Mégisserie. — Fourneaux de cuisine, calorifères, batterie de cuisine. **(PALAIS.)**

105. GLAIVE, à Paris, rue du Parc-Royal, 4. — Appareils d'éclairage par le gaz ; lustres appliqués ; suspensions de salle à manger, boules, lanternes, billards. **(PALAIS.)**

106. GODEFROY (Alphonse H.), à Versailles (Seine-et-Oise), rue de la Paroisse, 10. — Calorifère mobile avec prise d'air dans la cheminée. **(PALAIS.)**

107. GODILLOT (ALEXIS), a Paris, rue d'Anjou, 50. — Foyers utilisant les mauvais combustibles. **(PALAIS.)**

Fondation : 1884. Utilisation des mauvais combustibles. Installation de foyers réalisant la combustion méthodique, brûlant combustibles ligneux ou minéraux ténus, pauvres, humides, matières encombrantes, résidus fabrication. Chargement mécanique du combustible sur la grille. — Avantages : économie, sécurité, fumivorité.

Applications : houille, coke, anthracite, lignite, tourbe, même à l'état de poussière, résidus, lavage (40 0/0 de cendres), tannée humide, copeaux, fabriques, extraits (64 0/0 humidité), sciure, bois humide, copeaux, ateliers, menuiserie, déchets teillage, lin, chanvre, ramie, résidus de fabrication de sucre de canne: bagasse, cossettes, résidus décortication riz, résidus fabrique sulfate quinine, etc. etc.

Récompenses : Médailles d'or , 1885 Anvers ; 1888 Barcelone.

108. GOSTEAU Fils (A.), à Paris, rue de l'Entrepôt, 28. — Foyers de cheminée, grilles à houille, chauffe-assiettes, grils et rôtissoires Gosteau. **(PALAIS.)**

Exposition universelle, Paris 1878, médaille de bronze et deux Mentions honorables.

109. GRANDJEAN, à Paris, rue de Châteaudun, 10. — Bec carbonivore pour éclairage au gaz. **(QUAI.)**

110. GRANDY Fils, à Nouzon (Ardennes). — Pelles, pinces, porte-pelle cuivre, galerie de cheminée, chenets, éventails, etc. **(PALAIS.)**

111. GRENIER (Alphonse), à Paris, faubourg Montmartre, 15. — Compteurs secs instantanés, manomètres, becs à gaz et à régulateurs divers, accessoires.
(PALAIS & PARC.)

112. GRIMMEISEN (Louis D.), à Paris, passage Fiver. 3.— Lanternes et réflecteurs pour l'éclairage au gaz, huile de pétrole. **(PALAIS.)**

113. GROSSOT (F.-V.), à Paris, rue du Faubourg-du-Temple, 43.—Calorifères de cave. Calorifères fixes portatifs. Poêles, cheminées mobiles, ventilateurs grilles à bas-bascule. **(PALAIS & PARC.)**

114. GROUVELLE (Ph.-Jules), à Paris, rue du Moulin-Vert, 71. — Appareils de chauffage par la vapeur, l'eau chaude, l'air chaud. Régulateurs de pression. Régulateurs de chauffage. Appareils de séchage. **(PALAIS.)**

Appareils de Chauffage. Ventilation et séchage. — Edifices publics et privés. — Industrie.

Par la vapeur : système spécial de distribution, breveté S. G. D. G., assurant l'alimentation régulière de tous les appareils d'un édifice, et permettant le réglage de la température.

Par l'eau chaude à basse pression, et par petits tuyaux à moyenne et haute pression. Chaudières spéciales multitubulaires, brevetées S. G. D. G.

Par l'air chaud, foyers spéciaux à combustion lente et pour combustibles pauvres.

Régulateurs de pression. — Régulateurs de chauffage, brevetés S. G. D. G., permettant d'entretenir automatiquement, dans un nombre quelconque de locaux, une température constante. Applicables à tous les modes de chauffage. Récompenses : 1855 ; 1re classe, 1867 1re classe, 1878, or ; Anvers 1885, Diplôme d'honneur.

115. GUILLON (Charles) Fils et Cie, à Levallois-Perret (Seine), rue de Carmeille, 55. — Veilleuses pour églises, veilleuses tubulaires à amorce durant dix jours.
(PALAIS.)

116. HENRY, « A la P asée », à Paris, Faubourg-Saint-Honoré, 5.   **(PALAIS.)**

117. HENRY-LEPAUTE Fils, à Paris, rue Lafayette, 6. — Lampes et becs pour phares.   **(PALAIS.)**

118. HERMAND (Félicien), à Paris, rue Christiani, 5.—Appareil de chauffage pour teilleurs, blanchisseurs, teinturiers et chapeliers.   **(PALAIS.)**

119. HERVET (Henri), à Paris, boulevard du Temple, 2 bis. — Calorifères et cheminées.   **(PALAIS.)**

120. HIVET (L.), à Paris, boulevard de la Villette, 11. — Lanternes tournantes. Appareils à gaz.   **(PARC.)**

> Appareils à gaz de tous genres et de tous styles.
> Lustres, girandoles, lampes de salle à manger, suspensions.
> Appareils de billard. Exécution d'après dessin.
> Lanternes tournantes, brevetées en France et à l'étranger, pour réclames, fonctionnant automatiquement par l'effet de la lumière. Robinetterie, cuivrerie, 11, boul. de la Villette, Paris.

121. JOACHIM (Ernest), à Paris, rue Meynadier, 14. — Appareils de chauffage, poêles, type de cheminée d'usine.   **(PALAIS.)**

122. KAHN (Gustave), à Paris, rue Pigalle, 39.— Allume-feux «Le Télépire» et autres combustibles.   **(PALAIS.)**

> Machines à vapeur.
> Calorifères d'hôtels, églises, etc. Fournisseur des principales administrations de la ville et de l'Etat. Aetharine, bois, charbons de terre, cokes, briquettes, boulets Bernot.

123. KAMIONER frère, TRÉVES (J.Édouard), à Paris, rue Amelot, 64.— Suspensions à huile, au gaz, à l'électricité, lanternes, veilleuses, jardinières, flambeaux.   **(PALAIS.)**

> Appareils d'éclairage et ferronnerie d'art.
> Spécialité de veilleuses orientales.

124. LACARRIÈRE Frères et DELATOUR, à Paris, rue de l'Entrepôt, 16 — Candélabres, lanternes, bras, lustres en bronze pour gaz, électricité et bougie de cire.   **(PALAIS.)**

125. LACOMME (J.-M. Auguste) & CUROT (Félix), à Paris, rue de Dunkerque, 57. — Accumulateur calorifique à circulation continue.   **(PARC.)**

126. LACROIX et FERRARY, à La Maladrerie, près Caen (Calvados). — Becs pour lampes à pétrole et autres brûleurs, etc.   **(PALAIS.)**

127. LAJOURDIE (A). & NICOLAS (C.), à Paris, boulevard Richard-Lenoir, 89. — Cheminées roulantes à feu con..n et tirage direct.   **(PALAIS.)**

128. LALOU (Auguste), à Levallois-Perret (Seine), rue Fouquet, 43. — Calorifères roulants et cheminées roulantes à feu visible et continu.   **(PALAIS.)**

129. LAMY (C.), à Paris, boulevard Poissonnière, 28.— Bougie à l'essence minérale, lanternes pour intérieur des voitures, flambeaux passe-partout.   **(QUAI.)**

130. LANDEMARE (Maurice), à Paris, faubourg du Temple, 64.— Barreaux de grilles à 5 lames, 4 lumières et ouverts aux deux extrémités. Chauffage de toute espèce de marchandise.   **(PALAIS.)**

131. LASNIER (Arthur), à Paris, boulevard Richard-Lenoir, 116.— Lustres, lampes, suspensions, girandoles, appliques, torcheries et appareils de tous styles.   **(PALAIS.)**

132. LAURENT-PETIT, à Paris, avenue de Clichy. 13.   **(PALAIS.)**

133. LEBAS (Edmond), à Paris, rue Fontaine-au-Roi, 21.— Mèches pour lampes de toutes sortes, mèches pour briquets, veilleuses. **(PALAIS)**

Maison fondée en 1808.

Fabrique de mèches pour lampes Modérateur, Carcel, Schiste, Pétrole, becs plats et becs ronds, pour lampes américaines et belges. Mèches pour phares, fanaux et tous appareils de la marine. Mèches pour briquets, veilleuses. Fournisseur d'un grand nombre de chemins de fer français et étrangers. Tissage par machine à vapeur. Méd. de bronze, Paris 1878.

134. LEBŒUF (L. Paul), à Paris, rue Vesale, 7. — Appareils pour le chauffage à l'eau. **(PALAIS.)**

135. LEBRUN (Eugène), à Andelot (Haute-Marne). — Appareil de chauffage mobile à air chaud. **(PALAIS.)**

136. LECLERQ, BAILLY, FONTENEAU et Cie, à Paris, rue du faubourg St-Denis, 137. — Chauffage au gaz, réchauds de cuisine, fourneaux complets, chauffe-bains instantanés et à trois corps, baignoires, calorifères. **(PALAIS.)**

137. LECOMTE (Vve) & Fils, à Paris, rue de la Roquette, 51. — Fourneaux économiques pour constructions ouvrières. **(PALAIS.)**

138. LEFÈVRE (Vve), à Paris, rue de la Folie-Méricourt, 49. — Fourneau à esprit de vin sans mèche inversable, se modérant à volonté (allumoir métallique, dit fourneau parisien). **(QUAI.)**

139. LEFRANC (Jules), à Paris, boulevard du Temple 23. — Chaufferettes, briquettes et divers. **(PALAIS.)**

140. LEGRAND (X. César) & Cie, à Paris, rue de la Folie-Méricourt, 38. — Lampes, suspensions, appareils de billards, bronzes divers. **(PALAIS.) (QUAI.)**

141. LEMOINE (Eugène), à St-James (Manche).— Lanternes et ballons vénitiens de diverses formes. **(PALAIS.)**

142. LÉOTARD (Auguste), à Paris, rue Saint-Sébastien, 39. — Lampes et divers objets repoussés pour toutes industries ; pièces rondes et ovales. **(PALAIS.)**

143. LIOTARD (Vve), à Paris, rue de Lorraine, 22. — Appareils d'éclairage et de chauffage par le gaz. **(PARC.)**

144. LOEBNITZ (Jules), à Paris, rue Pierre Levée, 4. — Panneaux de faïence blancs ou décorés. Pièces céramiques pour la décoration. **(PALAIS.)**

145. LUCHAIRE (Léon H. V.), à Paris, rue Érard, 27.— Appareils d'éclairage pour phares, chemins de fer, marine, guerre, éclairages de villes et usines, éclairage industriel. **(PALAIS.)**

146. LUSSEAU (Pascal), à Bourg-la-Reine (Seine), Grande-Rue, 57. — Chauffage à air chaud et au thermo-siphon pour habitations civiles, hôpitaux, etc. **(PALAIS & TROCADERO.)**

147. MAGNIN (Philibert), à Paris, rue du faubourg St-Honoré, 23.—Boîte universelle ménagère pour passer sans poussière rebus, cendres et résidus d'appareils de chauffage, graines, cafés verts et brulés. **(PALAIS.)**

148. Maison CHEVALIER, GRODET (Émile) Successeur, à Paris, rue de Dunkerque, 8. — Fourneaux de cuisine, calorifères, chauffe-assiettes, cheminées, fours à pâtisserie, etc. **(PALAIS.)**

Récompenses : Paris 1855 ; Paris 1867 ; Paris 1878, médailles bronze, argent, or.

149. MALEN (Louis), à Paris, rue Oberkampf, 10.—Cafetières de table, appareils culinaires portatifs, cafetières, percolateurs à simple et à double circulation, nouveau fourneau-réchaud à combustions diverses. **(PALAIS.)**

Ateliers et usines à vapeur, passage Saint-Sébastien, 11. Fournisseur de la Marine et de l'Armée. Appareils culinaires économiques fixes ou portatifs et à repas variés, brevetés S. G. D. G. en France et à l'Etranger. Nouvelle Cafetière à circulation ininterrompue à double direction, dite—

Cafetière à double circulation, brevetée S. G. D. G. en France et à l'Étranger, Percolateur
modèle 1888. Appareils spéciaux brevetés (Cafetières, Cuisines) pour tous grands Etablissements : Pensions, Hôpitaux, Prisons, G^des Industries, G^ds Magasins, Communautés, Restaurants, Limonadiers, Cercles, etc.—Nouveau Fourneau-Réchaud, dit le Pratique breveté S.G.D.G.
au charbon, au pétrole ou à l'alcool, cafetières en tous genres, chocolatières, réchauds régulateurs.
voir Exposition Militaire, Classe 66, groupe 6 et Quincaillerie, classe 41, groupe 5.

150. MANG (Gérard), à Paris, rue Blondel, 15. — Supports et carcasses d'abat
jour, abat-jour, éteignoirs, allumoirs, lanternes tournantes. **(PALAIS.)**

151. MARTIN (Henri), à Saint-Quentin (Aisne). — Poëles mobiles, système :
« Le Rationnel ». **(PALAIS.)**

Fonderie, tôlerie et fabrique d'appareils de chauffage.
Fournisseur de la Cie des Chemins de Fer du Nord et de plusieurs grandes Administrations.
Fourneaux de cuisine, tôle et fonte. Nouveau système pour maisons bourgeoises, hôtels,
restaurants, etc.
Torréfacteurs Martin, à boule, brevetés S. G. D. G.
Calorifères de cave perfectionnés.
Fonte brute sur modèles et plans.
Fumisterie et petite chaudronnerie en fer.

152. MATHELIN & GARNIER, à Paris, rue Boursault, 26. — Tuyaux de
chauffage à ailettes en tôle. **(PALAIS.)**

Voir Exposition principale, cl. 68.

153. MAUGIN (T.) & AUBRY (A.), à Paris, rue Basfroi, 30. — Articles
de chauffage en tôle et fonte brute et émaillée, cheminées portatives, tôle et marbre,
poêles et calorifères. **(PALAIS.)**

Réflecteurs émaillés pour chemins de fer et sociétés d'éclairage (Voir cl. 41 et 51.).

154. MAUREY (Eugène-E.), à Paris, rue Montorgueil, 32. — Appareils d'é-
clairage par le gaz. **(PALAIS.)**

155. MÉAILLE (Jean), à Neuilly (Seine), rue du Marché, 20. — Calorifères avec
intérieur, foyer et appareil calorique garni en produits réfractaires. Poële cheminée
fonte, ornée style Renaissance. **(PALAIS.)**

156. MENEVEAU et Cie, à Paris, rue des Trois-Bornes, 15. — Compteurs et
lanternes pour le gaz, réflecteurs, ornements, zinc. **(PALAIS.)**

157. MERLONNE (Godance), à St-Étienne (Loire), boulevard Jules Janin. —
Service de cuisine démontable, cuisson du pain et de la pâtisserie. **(PALAIS.)**

158. MICHAUX et LEFEBVRE, Lefebvre (Louis) Successeur, au
Pré-St-Gervais (Seine). — Appareils à gaz. **(PALAIS.)**

159. MILHOMME (Maison), à Paris, rue de Sèvres, 74. — Appareil de calorifère
économique à air chaud. **(PALAIS.)**

Breveté S. G. D. G. Médaille de bronze, Exposition universelle de 1878, Paris.

160. MOLINARI (Antoine), à Paris, impasse de l'Orillon.—Appareils de chauffage céramiques à feu continu, calorifères de cave, poêles portatifs. Ventilateurs.
(PALAIS.)

161. MONNOT (Étienne), à Paris, rue de Saintonge, 20. — Lustres, appliques,
suspensions de salle à manger, candélabres, lampes et chaînes. **(PALAIS.)**

162. MOREAU (Félix), à Paris, Faubourg-du-Temple, 24. **(PALAIS.)**

163. MOTET (L.) et THOMAS (A.), à Paris, rue Pastourelle, 11. — Suspensions, lustres, bras pour le gaz et l'électricité. **(PALAIS.)**

164. LIOULINAIS (H.), à Paris, rue Sainte-Croix-de-la-Bretonnerie, 7. **(PALAIS.)**
Veilleuses Françaises de la Gare. — Veilleuses du Sanctuaire. (Déposées).

165. MOUSSY & ROUZÉE, à Paris, rue des Trois Bornes, 3. — Flambeaux à
pétrole, dits « appareils vitesse ». Fers et lampes à souder aux hydrocarbures. Burettes
à graisse.   (QUAI.)

163. MULLER (Émile) et Cie, à Ivry-Port, près Paris (Seine). — Matériaux de
construction pour appareils de chauffage.   (PALAIS.)

167. NADAL (Jean), à Paris, rue de Bondy, 54. — Appareil pour supprimer les
contre-poids dans les suspensions.   (PALAIS.)

168. NAVEAU & Cie, à Paris, rue Dussoubs, 22. — Boîtes de veilleuses de
toutes sortes.   (PALAIS.)

169. NICORA (Eugène), à Paris, rue Saint-Sabin, 9. — Appareils de chauffage à
air chaud.   (PALAIS.)

Appareils à air chaud, brevetés S. G. D. G. et ventilation.
Récompenses : Amsterdam 1883, Médaille de bronze.

170. OCTRUE (F.), à Paris, passage Charles-Dallery, 11. — Appareils de chauffage
et d'éclairage par le gaz.   (PARC.)

171. ODELIN Frères, à Paris, rue Saint-Germain-l'Auxerrois, 6. — Poëles et
cheminées mobiles.   (PALAIS.)

172. OLIVIER (Marius A.), à Paris, place d'Iéna, 7. — Modèles et dessins d'appareils de chauffage.   (PALAIS.)

Concessionnaire des brevets Michel Perret. Utilisation complète des combustibles pulvérulents et pauvres. Chauffages industriels et domestiques économiques et souvent gratuits.
Grilles pour combustibles pulvérulents à tirage naturel ou forcé, pour foyers de navires ou
foyers industriels. Foyers à dalles, pleines, à prismes, à dalles perforées pour habitations ou
industrie. Appareil en fonction. (Exposition Michel Perret).
Récompenses obtenues par les appareils Michel Perret : Paris 1878, Légion d'honneur,
Grand Prix, Médaille d'or. — Anvers 1885, Médaille d'or.

173. PARANT (Vve N.) et Fils et LEFRANÇOIS, à Saumont-la-
Poterie, près Forges-les-Eaux (Seine-Inférieure). — Briques, dalles, carreaux réfractaires de toutes formes et dimensions, terres, réfractaires.   (PALAIS.)

174. PARVILLERS (Théophile), à Paris, rue de Turenne, 80. — Suspensions, lampes, lanternes, lustres, etc.   (PALAIS.)

Fabrique de Bronzes. — Médaille d'argent à l'Exposition Universelle de 1878.
Spécialité d'éclairage, huile, gaz et électricité.
Bronzes d'éclairage de luxe, appliques, appareils pour billards, lanternes veilleuses, etc.

175. PAURIS (H.) & Cie, à Paris, rue du Faubourg-Poissonnière, 183 bis. —
— Appareils pour chauffer les fers pour tailleurs, teinturiers, chapeliers, blanchisseurs, etc.   (PALAIS.)

Récompenses : Trois médailles, Paris 1867.
Médailles d'argent, Amsterdam 1883 ; Anvers 1885.

176. PEIGNET CHANGEUR, à Paris, boulevard Magenta, 3. — Lampes à
pétrole auto-motrices.   (QUAI.)

177. PÉRIGNON (Nicolas), à Paris, rue Fontaine-au-Roi. — Flambeaux de jardin, d'appartements et veilleuses.   (PALAIS.)

178. PERRET (Michel), à Paris, place d'Iéna, 7. — Poële cheminée, brûlant à
feu découvert tous les combustibles.   (PALAIS.)

179. PERRIN (Charles), à Paris, rue du Faubourg-du-Temple, 48. — Appareils
d'éclairage.   (PALAIS.)

180. PERRISSIN (Alexandre E.-F.), à Paris, rue Grange-Batelière, 15. —
Appareils de chauffage et fumisterie.   (PALAIS.)

181. PERROLLAZ Aîné (Philippe C.-R.), à Paris, rue Saint-Martin, 314.
— Abat-jour en papier, en toile, en étoffes diverses, abat-jour plissé.   (PALAIS.)

182. PETITPERRIN (J.-E. Edmond), à Paris, passage de l'Industrie, 5. — Boîtes de veilleuses, mèches, porte-mèches porcelaine, lampes pour veilleuses.
(PALAIS.)

Fournisseur de la marine, des compagnies de navigation, des hôpitaux, des communautés, lycées, etc. — Récompenses : Paris 1878, mention honorable.

183. PEYRE-GOUGH (Arthur), à Paris, rue de Rivoli, 250. — Calorifères-Phénix fonte et tôle et cuivre.
(PALAIS.)

184. PICQUEFEU (L. Georges), à Paris, rue Saint-Ambroise, 35. — Panneaux et carreaux pour cheminées et revêtements. Poêles en faïence fixes et mobiles.
(PALAIS.)

185. PIET (Jules) & Cie, à Paris, rue de Chabrol, 33. — Étuves à air chaud à vapeur, à eau, au gaz. Chauffage d'eau, au charbon, au coke et au gaz. Cuisine à vapeur. Calorifère.
(PALAIS.)

186. PIGEON (Charles J.), à Paris, rue de Rennes, 54. — Lampes-Pigeon inexplosibles dites Lampes-Merveilleuses-Pigeon à l'essence minérale.
(PALAIS & QUAI.)

187. PIGEONNAT (Nicolas E.), à Paris, rue Bezout, 19. — Calorifère à feu continu avec bouilleur, calorifère tubulaire.
(PALAIS.)

188. PINÇON & DUVAL, à Paris, rue du Faubourg-Poissonnière, 191. — Appareils de chauffage et de cuisine au gaz.
(PARC.)

189. POMMIER (Jean), à Marseille (Bouches-du-Rhône), rue Sainte, 29. — Appareil pour le chauffage des vins.
(PALAIS.)

190. POTAIN (Edouard J.), à Paris, boulevard Voltaire, 5. — Poêle à gaz hygiénique, sans communication avec l'intérieur de la pièce à chauffer.
(PALAIS & PARC.)

Sans aucune odeur ni danger d'asphyxie. Ventilation par l'air échauffé. Breveté S. G. D. G en France et à l'étranger. Marque et modèles déposés. (Voir à l'annexe.)

191. POTRON (Eugène, J.), à Paris, rue Oberkampf, 10. — Appareils d'éclairage pour le gaz et l'électricité.
(PALAIS.)

192. POULLAIN (Antony), à Paris, rue des Archives, 35. — Bronzes, suspensions, lustres, lampes, etc.
(PALAIS & QUAI.)

193. RAKOWSKY (Casimir), à Paris, place du Marché-Saint-Honoré, 18. — Bougie économique à l'essence minérale en cuivre nickelé, émaillé de toutes couleurs.
(QUAI.)

194. RÉVEILHAC (J. Auguste), à Paris avenue de la République. 3. — Fourneaux de construction, calorifères de caves, poêles au gaz ; poêles fixes ou mobiles à combustion lente.
(PALAIS.)

Intérieur de cheminées, cheminées complètes. — Médaille de Mérite, Vienne 1873,

195. RÉVEILLAC (P.), à Paris, rue de Charonne, 77.
(PALAIS.)

196. RIBOULET (Antoine), à Paris, cité Pelleport, 12. — Le fagot diabolique.
(PALAIS.)

Usine à Paris, 4. 6, 8, 10, 12 et 14, cité Pelleport. — Magasin 54, rue du Faubourg St-Honoré. Adopté par les Ministères de la Guerre, de la Marine et des Colonies, de l'Intérieur, de l'Instruction publique, de l'Agriculture, par les grands hôtels et les grandes administrations.

197. RICHARD (Louis), à Paris, rue d'Allemagne, 115. — Poêles de tôles en fonte.
(PALAIS.)

198. RISTELHUEBER (Joseph), à Paris, rue du Chemin-Vert, 27.—Lampes, suspensions, lustres, girandoles, bras d'appliques, appareils de billards, lanternes d'antichambre, jardinières, réchauds pétrole, bec rond parisien. **(PALAIS.)**

Fabricant de lampes à pétrole, modérateur, schiste et essence, de suspensions, lustres, girandoles, bras d'applique, appareils de billards, lanternes d'antichambre, jardinières. — Réchauds pétrole à bec rond. Inventeur de la Lampe Universelle à double courant d'air brevetée S.G.D.G. Seul fabricant du Bec Rond Parisien de qualité supérieure et du même prix que le Bec Allemand dit Kossmos-Brenner — Marque de Fabrique « J. R. Paris ». Récompense : Paris, 1878.

199. ROBERT (E.-Alexis), ancienne Maison **CLERT**, à Paris, rue Drouot, 25. — Lampes, fourneaux à pétrole, réverbères pour éclairage de villes. suspensions. **(PALAIS.)**

Entreprise générale d'éclairage des villes par les huiles minérales : Paris 1878, médaille de bronze. Lampes colonnes Corinthiennes récipients, cristal taillé, bec à doubles mèches.

200. ROBIN & KNOBLOCH, à Paris, rue de Bondy, 68. **(PALAIS.)**

Appareils de douches sans accipient litigeux à simple jeu de robinets.
Appareils de vidange, de baignoire à trop plein invisible.

201. ROSSIGNOL (Pierre), à Paris, rue de Bondy, 70. — « Le Flamboyant » Poêle mobile avec clef de sécurité. « Le Poêle Fourneau-Calorifère ». **(PALAIS.)**

202. ROUSSEAU (Marie), à Paris, boulevard Beaumarchais, 35. — Poêles mobiles et fixes, cheminées roulantes. **(PALAIS.)**

Poêles mobiles ou fixes et cheminées roulantes. — Tôles et fontes de toutes dimensions.

203. SCHLOSSMACHER (A.-R.) et FERREUX (J.), à Paris, rue Béranger, 19. — Appareils d'éclairage à l'huile de colza, etc. **(PALAIS & QUAI.)**

Éclairage à l'huile, au gaz, au pétrole. Lampes au pétrole, nouveau bec intensif indépendant du corps de lampe, breveté S. G. D. G. Éclairage au pétrole par canalisation.
Médailles obtenues : Paris 1855, bronze ; Londres 1862, Prize medal ; Paris 1867, or ; Vienne 1873, Progrès ; Paris 1878, or.

204. SEILER Frères, à Paris, rue Martel, 17. — Appareils d'éclairage et de chauffage par le gaz. **(PALAIS & PARC.)**

205. SEVIN (Joseph), à Paris, rue Oberkampf, 14.—Appareils à gaz et d'électricité. **(PALAIS.)**

206. SIMPSON (Lewis), à Paris, rue Bacon, 12. — Poêle universel. **(PALAIS.)**

Appareil à corps articulé, se transformant en rôtissoire qui ne répand aucune odeur, nouveau système breveté s. g. d. g., sans pression à l'intérieur ; à petit orifice d'admission et à grand tuyau d'échappement sans clef ; réglage automatique et à la main ; couvercle automatique.
Tuyaux à fumée garnis à l'intérieur.
(Voir l'annexe du chauffage).

207. Société anonyme des Ateliers de Neuilly (Directeur : **O. André**), à Neuilly (Seine), rue de Sablonville, 9. — Régulateur automatique pour chauffage de serres. **(PALAIS.)**

208. Société du Choubersky, à Paris, boulevard Montmartre, 20.— Poêles mobiles et batteries de poêles pour chauffage de grands espaces. **(PALAIS.)**

Types divers de poêles mobiles ; modèle perfectionné avec couvercles, chauffe-plats, bouillotte et chauffe-assiettes, coquille empêchant les cendres de tomber sur le parquet lorsqu'on retire le cendrier.
Batteries de poêles accouplés à 6 ou à 8 pour le chauffage des grands espaces ou pour remplacer les calorifères de caves. Seaux chargeurs de divers systèmes, brevetés, évitant l'odeur de charbon et la poussière au moment du chargement. Plaques extensibles s'adaptant à toutes les cheminées, avec régulateur de tirage automatique. Armoire-lavabo ; appareil d'hygiène et d'hydrothérapie permettant de faire sa toilette, de prendre un bain ou une douche avec de l'eau chaude ou froide à volonté, remplaçant avantageusement toilette, lavabos, bains de pieds, bidets, baignoires, appareils à douches. Médaille de bronze, Paris, 1878. Méd. d'or, Barcelone, 1888.

209. Société des Perfectionnements de l'Éclairage, (Président: **Dufay Samal,** à Paris. rue Marsollier, 9. — Lanternes et suspensions pourvues d'appareils à gaz à récupération de divers systèmes. **(PALAIS & PARC.)**

210. Société du Chauffage rationnel, à Paris, rue Lafayette, 36.— Appareils de chauffage et poëles fixes et mobiles. **(PALAIS.)**

211. Société du Familistère de Guise, Dequenne et Cie, Ancienne Maison **Godin,** à Guise (Aisne). — Cuisinières, poêles, cheminées, foyers, calorifères, suspensions, etc. **(PALAIS & PARC.)**

212. Société Générale d'Éclairage des villes et communes, (administrateur : **Dolléans),** à Paris, **rue** Riboutté, 1. — Candélabres, consoles, lanternes de villes. **(PALAIS QUAI.)**

Appliques, réflecteurs. Lampes de tous systèmes pour éclairage à l'huile minérale et végétale. Éclairage des voies publiques, de villes, de communes, de chantiers de construction de maisons particulières, etc. Concessionnaire de l'éclairage et fournisseur de la Ville de Paris et du ministère de la guerre. Breveté S. G. D. G.

213. SOMMAIRE (Léopold), à Paris, rue Oberkampf, 95. **(PALAIS.)**

214. SPENLÉ (J.-H.), a Paris, boulevard de Courcelles, 25. -- Brûleurs à flammes conjuguées avec régulateur de pression. **(PARC.)**

215. STERNÉ (Théodore), à Paris, rue Rameau, 4. — Appareils de ventilation automatiques et chauffage à l'eau chaude en colonnes (système Sterné). **(PARC.)**

216. THEURIN (Léon), à Paris, rue des Vinaigriers, 34. — Becs, lanternes et ustensiles de lampiste. **(PALAIS.)**

217. THOUILLY (Antoine), à Neuilly-sur-Seine (Seine), rue du Marché, 27.— Grilles, foyers de cheminés en terre réfractaire. **(PALAIS.)**

218. TOUSSAINT (Adolphe-N.), à Paris, rue de Poitou, 28. — Abat-jour carte, soie, satin et toiles de toutes couleurs et formes diverses. Ecran pour pianos. **(PALAIS.)**

219. VALDO (Jean), à Paris, rue du Chemin-Vert, 129. — Cheminées, calorifères, devantures et châssis pour cheminées et tous les accessoires pour la poëlerie et la fumisterie. **(PALAIS.)**

Usine à vapeur. Fonderie et manufactures de cuivrerie, bronze et tôlerie (Voyez cl 62 et 64).

220. VERVIN (Auguste), à Bourges (Cher). — Nouveaux fumivores à gaz et lampes. Nouvelles cheminées pour gaz. **(PALAIS.)**

Médaille d'argent. Bruxelles 1889 ; Médaille de bronze, Barcelone 1888.

221. VIELLIARD & Cie, à Paris, rue Lafayette, 211. — Appareils de chauffage, de cuisine et de bains par le gaz. **(PARC.)**

222. VIVILLE (J.-A.), à Paris, avenue Parmentier, 16. — Poêles hydrauliques. Cheminées roulantes. **(PALAIS.)**

223. WARMÉ, à Paris, rue Gaston-de-Saint-Paul. — Section du gaz. **(PALAIS.)**

224. Wenham Company Limited (The), à Paris, rue La Rochefoucault, 58. — Lampes à récupération, gaz. **(PARC.)**

225. ZANI (Charles) Aîné, à St-Germain-en-Laye (Seine-et-Oise), rue Grande-Fontaine, 32. — Calorifères, chauffage à eau chaude, tuyaux, chaudières. **(PALAIS.)**

COLONIES.

INDE FRANÇAISE.

1. Comité d'Exposition de l'Inde.— Lampe à 5 mèches, lampes portatives et diverses, porte-lampes, bâtonnets.   **(ESPLANADE.)**

PAYS DE PROTECTORAT.

ANNAM-TONKIN.

1. Protectorat de l'Annam et du Tonkin. — Chandeliers, lampes et suspensions.   **(ESPLANADE.)**

TUNISIE.

1. ABDER RAHMAN el FENAIRI, à Tunis. — Métaux repoussés, lanternes.   **(ESPLANADE.)**

2. HAIM TOUIL, à Tunis. — Lanternes.   **(ESPLANADE.)**

PAYS ÉTRANGERS.

BELGIQUE.

1. **BRUERS DUBOSCQ (Louis)**, à Bruxelles, avenue de la porte de Hal, 17. — Lampes à gaz, à récupérateur. Lanternes pour éclairage public. Lampes à pétrole, dites universelles. Poêle au pétrole. (**PALAIS.**)

2. **DE LAIRESSE (Charles)** à Liége, rue des Clarisses, 37 bis. — Foyers artistiques en cuivre martelé et bronze, style Louis XVI. Poêles et foyers, style renaissance et fer forgé (**PALAIS.**)

3. **DEMEYER-SAUCEZ (J. B.)**, à Saint-Ghislain, rue du Port, 53. — Cuisinières en tôle. (**PALAIS.**)

4. **DERY (Jules)**, à Bruxelles, rue du Marteau, 28. — Lanterne de ville et lanterne pour voitures de chemin de fer, au gaz courant carburé par la naphtaline. (**PALAIS.**)

5. **EMMERECHTS (Guillaume)**, à Bruxelles, rue Van-Artevelde, 19. — Calorifère chauffant au coke. (**PALAIS.**)

6. **FORESTIER (G.)**, à Bruxelles, chaussée de Mons, 55. — Réchaud à gaz à récupération de chaleur. Chauffe-bains au gaz. (**PALAIS.**)

7. **GAUCHET (A.)**, à Haine-Saint-Pierre. — Cuisinières, poêles, calorifères, etc. (**PALAIS.**)

8. **GILLES (Jean)**, à Liége, rue Henri-de-Dinant, 2. — Réverbère avec lampe, lampes de table, lampes pour suspension. (**PALAIS.**)

9. **HENDRICKX & ROELANTS**, à Bruxelles, rue de Spa, 7. — Foyers de luxe. (**PALAIS.**)

10. **JANSY (Th.)**, à Liége, 126, rue Saint-Gilles.— Modèles de foyers. (**PALAIS.**)

11. **LEGROS (E.)** à Bruxelles, rue de la Limite, 70.— Cuisinière à 4 fours à cuire le pain. Fourneau de cuisine. (**PALAIS.**)

12. **MALLIEUX (Victor)**, à Liége, rue de la Cathédrale. 3.— Poêles pour trains, tramways et habitations. (**PALAIS.**)

13. **MOULY (François-V.)**, à Bruxelles, rue Marie-Thérèse, 56. — Appareils de chauffage et de ventilation. (**PALAIS.**)

14. **NAVARRE (Lambert)**, à Pont-à-Celles. — Allume-feux. (**PALAIS.**)

15. **RENARD (Alfred)**, à Couvin.— Allumettes chimiques en bois, en boîtes de formes diverses. (**PALAIS.**)

16. **REY (Henri)**, à Anderlecht, rue Veeweyde.— Lampes, verres, lustres, consoles, becs, etc. (**PALAIS.**)

17. **SAX (Félix)**, à Laeken, rue du Palais, 404. — Appareils d'éclairage. (**PALAIS.**)

18. SCHAEFFER (Florent), à Anvers, place de Meir, 54. — Plans d'appareils de chauffage et de ventilation. Plan d'un appareil de chauffage à haute pression. Modèles d'appareils de chauffage. **(PALAIS.)**

19. SEGHERS-CASTELLE (G.), à Bruxelles, Marché-au-Bois, 11. — Foyers de luxe. **(PALAIS.)**

20. Société anonyme de chauffage et ventilation combinés, à Liége. — Calorifère ventilateur à air chaud; poêle à ventilation continue, etc. **(PALAIS.)**

21. Société anonyme pour la fabrication d'appareils d'éclairage, à Liége, rue Saint-Léonard, 416. — Lustres, suspensions au gaz et au pétrole, électricité. **(PALAIS.)**

Mention honorable et médaille de bronze, Amsterdam 1883 ; médaille d'argent et médaille de bronze, Anvers 1885 , médaille d'argent, Bruxelles 1888 médaille d'or, Barcelone 1888.

22. Société anonyme des poêleries belges, à Haine-Saint-Pierre

(A. Gauchet, directeur). — Cuisinières, poêles, calorifères, etc. **(PALAIS.)**

23. SORION-RENARD (César), à Cuesmes. — Plan d'un chauffage de serres et d'appartements. Plan d'une étuve calorifère pour maison d'ouvriers. **(PALAIS.)**

24. VAN CUTSEM (Pierre), chaussée de Tervueren, à Etterbeck. — Modèles réduits de poêles. **(PALAIS.)**

25. WILMOTTE (J.) Fils, à Liége, boulevard de la Sauvenière, 112. — Appareils pour l'éclairage au gaz et au pétrole. **(PALAIS.)**

26. WIBAUW (Joseph), à Bruxelles, rue des Fabriques, 45. — Foyer à gaz pour intérieur de cheminée et devant de cheminée. **(PALAIS.)**

BRÉSIL.

(Voir son Catalogue spécial.)

DANEMARK.

1. RASMUSSEN (Lauritz), à Copenhague. — Lustre en cuivre jaune. **(PALAIS.)**

ÉGYPTE.

1. SUZZARINI (Toussaint), à Alexandrie. — Allumettes. **(PALAIS.)**

ESPAGNE.

1. ANGLADA (Francisco), à Barcelone. — Objets de cuisine. **(PALAIS.)**

2. EUGENIO CHOSSI ER (Carlos), à Barcelone. — Sacs de gazoline. **(PALAIS.)**

ÉTATS-UNIS.

1. BERNALES (De) & Co, à New-York, N. Y., 67, New street. — Lampes de tous genres, en papier. Réflecteurs en papier. **(PALAIS.)**

2. DOPP (H. Wm.) & Son, à Buffalo, N. Y. Ellicott street. — Appareils de de cuisine. **(PALAIS.)**

3. FRANK (F. A.), à New-York, N. Y. — Appareils de chauffage. **(PALAIS.)**

4. LORD (J. E.), à North Berwick, Maine. — Appareils pour chauffage et cuisine au gaz. **(PALAIS.)**

5. Michigan Radiator & Iron Manuf. Co, à Detroit, Mich. — Fourneaux, et appareils pour le chauffage au gaz. **(PALAIS.)**

6. NUTRIZIO (Henry), à New-York, N. Y. Beckmann & William street. — Cafetières. **(PALAIS.)**

7. OPPENHEIM (Edward C.), à New-York, N. Y. 52, Thomas street. — Accessoires de l'éclairage au gaz. **(PALAIS.)**

8. Philadelphia Novelty Manuf. Co, à Philadelphie, Pa. — Becs à gaz, appareils et procédés d'éclairage. **(PALAIS.)**

9. PIKE (W. H.), à New-York, N. Y, 206, Broadway. — Nouvelle théière, becs de gaz « Duplex » et ordinaire, fourneaux et poêles à gaz. **(PALAIS.)**

10. REIA (Adam), à Buffalo, N. Y. 119, Main street. — Cuisinière portative en acier. **(PALAIS.)**

11. ROCHESTER LAMP Co, à New-York, N. Y. 25, Warren street. — Lampes et accessoires de l'éclairage au gaz. **(PALAIS.)**

12. SHEPARD (Sidney) & Co, à Buffalo. N. Y., 145. Seneca street. — Clef pour tuyaux de poêle, tamis à farine, appareils pour cuire les œufs pochés. Couteau à éplucher. **(PALAIS.)**

GRANDE-BRETAGNE.

1. CLARKE (Samuel), à Londres, Pyramid & Fairy Light works, Childs Hill. — « Fairy » lampes et lumières. **(PALAIS.)**

2. DOULTON & Co, à Londres, Lambeth. — Poterie pour appareils de chauffage **(PALAIS.)**

3. FLETCHER (Thomas) & Co, à Warrington, Thynne street, et à Londres, Queen Victoria street, 77. — Appareils pour le chauffage et la cuisine au gaz. **(PALAIS.)**

4. Gaseous & Liquid Fuel Supply Co. (Limited), à Liverpool, Victoria street, 37, et à Manchester, B. H. Thwaites, C. E., Market street, 25. — Lumières à l'huile. **(PALAIS.)**

5. GUÉRET (L. & H.), à Londres, Great Saint-Helens, 30, et à Paris, rue de Turin, 8. — Poêles Choubersky. **(PALAIS.)**

6. HAYNES (George), à Stockport, Hampstead mills. — Mèches pour bougies et lampes. **(PALAIS.)**

7. HINKS (James) & Sons, (Limited), à Birmingham. — Mouvement de sûreté, applicable aux lampes Duplex. **(PALAIS.)**

8. KIRKALDY John, (Limited), à Londres, West India Dock road, 40, Lime House. — Matériel pour chauffage d'eau et pour distillation. **(PALAIS.)**

9. LEEDS L. W. Patent Floor Warming Stove Co. (Limited), à Londres, Old Jewry, 33, et Queen Victoria street, 51. — Poêles à gaz et à l'huile, nouveau système. **(PALAIS.)**

10. Lucigen Light Co. (Limited), à Londres, Page street works, Westminster, et à Paris, boulevard Voltaire, 137. — Appareil et accessoires pour l'éclairage Lucigen. **(PALAIS.)**

11. MUSGRAVE & Co. (Limited), à Londres, New Bond street, 97, et à Paris, rue de Rivoli, 240. — Poêles « Ulster », à ventilation et à combustion lente. **(PALAIS.)**

> 40, Deansgate, Manchester et Belfast, Irlande.
> Poêles et calorifères brevetés à combustion lente dits : « Ulster ».
> Appareils d'écuries et vacheries, etc.
> Médailles d'honneur : Londres 1862 ; Paris 1867, Paris 1878 , Sydney 1879 ; Melbourne, 1881 ; Amsterdam, 1883.

12. Paris Eartheware Crystal & Hardware Co (Limited), à Paris, faubourg Saint-Denis, 76, et à Londres, Cheapside, King street, 28. — Lustres en cristal et bronze. **(PALAIS.)**

13. Ridsdale Railway Lamp & Lighting Co. (Limited), à Londres, The Minories, 55 & 56. — Lampes. **(PALAIS.)**

14. SUGG (William) & Co. (Limited), à Londres, Vincent works, Regency square. — Appareils d'éclairage, de ventilation et de cuisine au gaz. **(PALAIS.)**

15. Vulcan Fire Brick Co. (Limited), à Londres, Gresham buildings et à Redruth, Cornwall. — Briques réfractaires, tuiles et autres objets pour résister au feu. **(PALAIS.)**

16. WEBB (Thos.) & Sons, Stourbridge. — Lampes et lustres. **(PALAIS.)**

17. WILSON (Chas.) & Son, à Leeds, Carlton works. — Poêles et fourneaux à gaz et autres appareils à gaz pour l'éclairage et chauffage. **(PALAIS.)**

18. YATES HAYWOOD & Co, & The Rotherham Poundry Co. (Limited), à Londres, Upper Thames street, 95, et à Rotherham. — Poêles et cheminées. **(PALAIS.)**

GRÈCE.

1. MITROPOULOS (Spiridion), à Athènes. — Brazeros (mangals). **(PALAIS.)**

2. MORAITÈS (George), à Athènes. — Brazeros (mangals). **(PALAIS.)**

GUATEMALA.

1. NOVELLA (Julio), à Guatemala. — Appareils d'éclairage. **(PARC.)**

JAPON.

1. AITA (Takijiro), Tokio-fu, Nihonbashi-Ku. — Lanternes.   (PALAIS.)

2. ITO (Seiyemon), Osaka-fu, Minami-Ku. — Chaufferettes et briquettes pour chaufferettes.   (PALAIS.)

3. OYAMA (Tamotsu), Tokio-fu, Nihonbashi-Ku. — Lanternes.   (PALAIS.)

4. SUZUKI (Kichigoro), Tokio-fu, Nihonbashi-Ku. — Bougeoirs.   (PALAIS.)

NORVÈGE.

1. Fabrique d'allumettes de H. Joelsen, à Christiania. — Allumettes et matériaux employés pour la fabrication des allumettes.   (PALAIS.)

PAYS-BAS.

1. DEGON (G. Alfred F.), à Leyde. — Cuisinières et appareils de chauffage.   (PALAIS.)

2. Reyenga (Wybe), à Amsterdam. — Cheminée avec foyer, style japonais (nouveau système).   (PALAIS.)

3. Scholte's Metaalwarenfabrick, à Amsterdam. — Articles d'éclairage, lampe simplex, foyers, etc.   (PALAIS.)

4. STELLING (J. C.), à Amsterdam. — Lampes et lanternes.   (PALAIS.)

PORTUGAL.

1. LOPES & Irmao. — Allumettes.   (QUAI.)

ROUMANIE.

1. CODRESCO (D. C.), à Barlad. — Calorifère en miniature.   (PALAIS.)

2. Compagnie anonyme du Gaz de Bucharest, à Philarète (Bucharest). — Appareils, fourneaux, robinets de cuivre, robinets de sûreté, dessin de fours pour la distillation du gaz avec générateurs.   (PALAIS.)

3. POPESCO (Joan), à Berlad. — Calorifère.   (PALAIS.)

4. SALOMON (Adolf), à Bucharest, rue Doamnéï, 14 bis. — Machines pour cuisine, poêle pour cuisine, poêle Meidinger.   (PALAIS.)

RUSSIE.

1. IGNATOFF (A. J.), Gouvernement de Tauride. — Appareils d'éclairage.   (PALAIS.)

GRAND-DUCHÉ DE FINLANDE.

1. Fabrique d'allumettes de Tammerfors, à Tammerfors. — Allumettes
suédoises et bois d'allumettes.   **(PARC.)**

SUISSE.

1. KEISER (Joseph), à Zug. — Poêles et cheminées de style en faïence, décoration, peinture à la main.   **(PALAIS.)**

2. LINKE Frères, à Zurich. — Poêles de circulation permanente, appareils de
chauffage et manteaux.   **(PALAIS.)**

> Ateliers de constructions, bureaux et magasins Sellergraben, 57, 59. Maison fondée en
> 1879. Poêle mobile , régulateur à feu visible, système américain à combustion continue muni
> d'un ventilateur. Poêles mobiles de différentes grandeurs, Calorifères en faïence à feu visible
> combustion continue avec ventilateur avec ou sans accessoires pour faire la cuisine. Articles en
> faïence de toutes grandeurs pour modérer la chaleur. Diplôme à l'Exposition universelle de 1889

3. PLANCHAMP (Séraphin), à Vouvry (Valais). — Boîte allume-feu en bois
gras naturel.   **(ESPLANADE.)**

4. POUILLE Fils Aîné, à Genève, rue des Pâquis, 25. — Calorifère de cave,
à air chaud, à transmission mixte et progression inverse, calorifères frigidérivores,
Poêles frigidérivores.   **(PALAIS.)**

5. SULZER Frères, à Winterthür (Zurich). — Chauffage à vapeur à basse pression. — Chaudières avec réglage automatique de la pression. Diverses formes de corps
de chauffe.   **(PALAIS.)**

> Récompenses : 1867, Paris, deux Médailles d'or ; 1873, Vienne, Grand Diplôme d'honneur ;
> 1878, Paris, Grand prix.

Voir classes 50 et 52.

6. WANNENMACHER-CHOPOT (Fritz), à Bienne (Berne). — Poêles
en faïence réfractaire de différents systèmes et styles.   **(PALAIS.)**

7. WEBER-LANDOLT (Charles), à Menzikon (Argovie). — Ventilateur
d'air atmosphérique et d'hydrogène carboné, appareil à produire du gaz pour éclairage
et chauffage instantanément à froid.   **(PALAIS.)**

GROUPE III.

MOBILIER ET ACCESSOIRES.

CLASSE 28.

Parfumerie.

FRANCE.

1. **ACHARD (C.-Victor)**, à Paris, passage des Petites-Écuries, 18. — Dentifrices. (PALAIS.)

2. **AGNEL et Cie**, à Paris, avenue de l'Opéra, 16. — Essences diverses, parfums. Eaux de toilettes diverses. Savons, poudres, pâtes, cosmétiques. (PALAIS.)

3. **APARD (J.-E.-Edmond)**, à Bourges (Cher). — Élixir, pâte et poudre dentifrices, un Tosao. (PALAIS.)

4. **AUBOUR (Alphonse-D.)**, à Louviers (Eure), rue du Neubourg, 101. — Extrait de cresson iodé (dentifrice). (PALAIS.)

5. **AUGIER (L.) & Cie**, à Paris, rue Notre-Dame-de-Nazareth, 52. — Essences, diverses, parfums et drogueries exotiques. (PALAIS.)

Essences distillées à leur usine de la Villette. Essences de provenances étrangères. Essence de roses de Bulgarie, marque Botu Pappazoglou et Cie. Essences de zestes de Félice Lacaria de Reggio. Drogueries et parfums d'importation française.

6. **BERMOND (Auguste)**, à Nice (Alpes-Maritimes), boulevard du Pont-Vieux, 18. — Matières premières de parfumerie. (PALAIS.)

7. **BERTHUIN (Vve)**, à Lyon (Rhône), rue Boissac, 7. — Parfumerie. (PALAIS.)

8. **BERTRAND**, à Paris, rue Clapeyron, 9. — Élixir végétal et eau de Cologne des frères Dauphiners. (PALAIS.)

9. **BING Fils (Léopold) et GANS**, à Paris, rue d'Hauteville, 74. — Musc, civette, essences de rose, girofle, géranium. PALAIS.)

10. BLANC (Ch.), succ' de **Delettrez**, à Paris, rue d'Enghien, 15. (Parfumerie du Monde Élégant). — Savons, eaux de toilette, essences, poudres, produits spéciaux à l'osmhédia et au lait de cacao.

(PALAIS.)

Fabrique de savons de toilette. Eau de Cologne du grand Cordon. Eaux de toilette. Essences et extraits pour le mouchoir. Poudres de riz. Huiles parfumées. Pommades. Essence Sampaguita. Essence Céleste. Agua Mirifica. Agua Céleste. Rocio Céleste. Agua Benéficn.
Parfumerie à l'Héliotrope blanc. Parfumerie aux fleurs de France. Lait de cacao.
Comptoir d'échantillons pour l'exportation, à Paris, rue d'Enghien, 15.
Usine à vapeur, avenue du Roule, 33, à Neuilly-sur-Seine.
Fabrique pour le travail des fleurs, à Vence, près Grasse (Alpes-Maritimes).
Récompenses :
Paris 1855, Paris 1867, Vienne 1873, Paris 1878, grande médaille d'argent.
Melbourne 1881, médaille d'or.

11. BLOCH (Isidore), à Paris, rue Richer, 43. — Eau des Fées, Eau de Toilette des Fées, Crême des Fées, Poudre des Fées, Pommade des Fées. **(PALAIS.)**

Parfumerie des Fées. — Régénérateur pour la jeunesse perpétuelle des cheveux et de la barbe. — Maison créée en 1865 par Madame Sarah Félix, 43, rue Richer à Paris, où elle se trouve encore actuellement.
Grand Diplôme de mérite à Vienne (Autriche) 1873.

12. BONNARIC (Eugène), à Lyon (Rhône), rue de la République, 7. — Eau, pâte et poudres dentifrices. **(PALAIS.)**

13. BOSSARI-LEMAIRE (Émile), a Paris, rue Cochin, 3. — Extraits d'odeurs, essences, eaux de toilette, poudres pour sachets et poudres de riz. **(PALAIS.)**

14. BOSSE (Vve) & Cie, à Paris, rue Mandar, 7. — Savons laits, bains savonneux à l'extrait de son, eau de toilette, parfums, eau de Cologne, poudre, crèmes, pâtes, etc. **(PALAIS.)**

Fournisseurs brevetés de l'Assistance publique et des Hôpitaux de Paris. — Récompense : Paris 1878. — Usine au Pré-Saint-Gervais.

15. BOUCHARD (Ernest), à Paris, rue de la Chaussée-d'Antin, 2. — Teintures pour cheveux et parfumerie. **(PALAIS.)**

16. BOUCHER (C.-Émile), à Paris, rue Vivienne, 19. — Parfumerie. **(PALAIS.)**

17. BOUJU (Victor), à Paris, rue Royale, 18. — Eau et pommade anti-pelliculaire, dite « eau et pommade V. Bouju », teinture progressive pour toute nuance. **(PALAIS.)**

18. BROUX (Alfred), à Paris, boulevard Malesherbes, 22. — Mixture vénitienne, eau vénitienne, fards, crème et poudre veloutée d'Orient, lacétine rouge. **(PALAIS.)**

19. BRUNAT (Eugène-E.), à Paris, rue Mazagran, 13. — Eau instantanée et inoffensive du Dᵣ A. Richard pour la récoloration des cheveux et de la barbe, crème et poudre épilatoires inoffensives. **(PALAIS.)**

20. CHARDIN, Successeur **Pinta**, à Paris, avenue de l'Opéra, 7. — Essences pour le mouchoir, eaux de toilette, lotions et fards pour le teint, sachets et savons fins. **(PALAIS.)**

21. CHARPY (A.) & Fils, à Montreuil-sous-Bois (Seine), rue de l'Église, 28. — Savonnerie, parfumerie, extrait blanc de violettes. **(PALAIS.)**

Maison de vente et magasin d'échantillons, 8, rue Étienne-Marcel, Paris.

22. CHARRAS & Cie, à Nyons (Drôme). — Essences pour la parfumerie, la droguerie et la savonnerie. **(PALAIS.)**

Essences pour la parfumerie, la droguerie et la savonnerie.
Aspic, lavande, fenouil, romarin, thym rouge et blanc, menthe, etc.
Agent à Paris : Henri Ruelle, 38, rue de Sévigné.

23. CHIRIS (Antoine), à Grasse (Alpes-Maritimes). — Matières premières de parfumerie. (PALAIS.)

Maison fondée en 1768. Usines à vapeur à Grasse (Alpes-Maritimes) et à Boufarik (Algérie). Expositions universelles : Paris 1855, médaille 1re classe ; Paris 1867, médaille d'or ; Vienne 1873, hors concours, membre du jury ; Philadelphie 1876, hors concours ; Paris 1878, hors concours, membre du jury.

24. CHOQUET-RAFIN (J.-Charles), à Paris, avenue Victoria, 5. — Parfumerie. (PALAIS.)

Crème Rafin savonneuse. Glycérine et Guimauve. Médaille d'argent, Exposition universelle d'Anvers 1885.

25. CHOUET (A.) & Cie, (Maison du Dr **Pierre**), à Paris, place de l'Opéra, 8. — Eau, poudres et pâtes dentifrices et produits hygiéniques du docteur Pierre. (PALAIS.)

Principales Récompenses. — Expositions universelles :
Paris, 1867, Médaille de bronze.
Vienne 1873, Médaille de mérite, bronze.
Paris 1878, Médaille de bronze.
Melbourne 1881, Médaille de bronze.
Amsterdam 1883, Hors Concours, Membre du Jury.
Anvers 1885, Médaille d'or.
Maison à Londres, 39, old Bond Street.

26. CHOUTEAU (J.-B.), à Paris, rue Vivienne, 21. — Pommade spéciale E. Mainnier, crème spéciale à base de vaseline, « la cyclamen », poudre de riz spéciale. (PALAIS.)

27. COTTAN et Cie, à Paris, rue de Rivoli, 55. — Parfumerie et savonnerie. (PALAIS.)

28. COTTANCE, BAGOT et Cie, à Paris, boulevard de Sébastopol, 38 — Parfumerie et savonnerie. (PALAIS.)

Pommades et huiles parfumées pour la chevelure ; Eaux de Toilette, de Lavande, de Quinine ; Extraits et parfums pour le mouchoir ; Eaux et Poudres dentifrices ; Crèmes, Pâtes d'amandes, Cosmétiques, Poudres de Savons, Poudres de Riz; Eaux de fleurs d'orangers, Sachets et Coffrets de parfumerie. — Usine et administration générale, 117 et 119, rue de Paris, à Pantin (Seine). Récompenses aux Expositions d'Anvers 1885, médaille d'or ; Barcelone 1888, médaille d'or ; Melbourne 1881, etc.

29. COUDRAY (C.) et Cie, à Paris, rue d'Enghien, 13. — Tous produits de parfumerie. (PALAIS.)

30. CRISTA-FILLIOL (Émile-C.), à Paris, rue Lafayette, 53. — Pommade tannique rosée pour la récoloration des cheveux, pommade au goudron et au quinquina, teinture unique instantanée, teinture silicique instantanée. (PALAIS.)

31. DACQUET, à Paris, rue Montmartre, 119 — Élixir dentifrice au cresson. (PALAIS.)

32. DANTHON (C.-G.-F.-Alexandre), à Paris, avenue de l'Opéra, 9. — Crème et velvétine Alexandre et autres produits. (PALAIS.)

33. DARRASSE Frères & LANDRIN, à Paris, rue Simon-le-Franc, 21. — Matières premières pour la parfumerie. (PALAIS.)

34. DICQUEMARE, à Rouen (Seine-Inférieure), place de l'Hôtel-de-Ville, 47. — Le « Ménaïogène » teinture pour les cheveux et la barbe. (PALAIS.)

35. DORIN (Maison), H. Jonin & G. Pinaud, successeurs, à Paris, rue du Grenier Saint-Lazare, 27. — Fards pour la ville et le théâtre. (PALAIS.)

36. DUMONT (Léon), à Paris, boulevard Pereire, 195. — Alcool de menthe, pastilles et savons du Val-Suzon. (PALAIS.)

37. Entrepôt de l'Eau de Botot, Directeur : **M. Souillard**, à Paris, rue Saint-Honoré, 29. — Eau et poudre dentifrices de Botot, vinaigre de toilette. (PALAIS.)

38. FARGEIX (Jean), à Paris, rue Lafayette, 43. — Élixir et poudre dentifrices « au Souak ». (PALAIS.)

39. FARTHOUAT (Jean), à Saint-Malo (Ille-et-Vilaine), rue Porcon-de-la Barbinais. — Eau Malouine pour combattre la chute des cheveux. (PALAIS.)

40. FAY (Ch.) & SAINTE (P.), à Paris, rue de la Paix, 9. — Veloutine, poudres de toilette. (PALAIS.)

Maison fondée, en 1781, par Rémond, boulevard St-Martin.
Membres du Comité d'installation pour l'Exposition de 1889.
Fabrique spéciale de poudres de toilette.
Inventeurs de la Veloutine. Poudre de riz, préparée au Bismuth.
Veloutine sans Bismuth.
Poudres de riz en tous genres.
Poudres blonde et blanche pour cheveux.
Fards de toilette pour Ville et Théâtre, en poudre, en pâte et en liqueur.
Crayons pour les yeux et pour les lèvres.

41. FÉRAUD (V.-M.), à Paris, avenue d'Orléans, 102. — Produits de parfumerie hygiéniques. (PALAIS.)

1° Élixir et poudre-pâte dentifrices.
2° Alcool sani-balsamique de toilette.
3° Glycéroléide hygi-capillaire pour les soins de la tête.
4° Alba dulcis, poudre de riz pour les soins de la peau.
5° Essences et parfums extraits des fleurs.

42. FRANK (J.-A.), à Bagnolet (Seine), rue de Paris, 54. — Savons à la glycérine et à la vaseline, savons médicinaux, savon blanc, ne subissant aucune transformation chimique. (PALAIS.)

43. FUMOUZE Frères, à Paris, rue du Faubourg Saint-Denis, 78. — Sirop de dentition Delabarre, dentifrice des enfants, parfumerie dentaire. (PALAIS.)

Parfumerie hygiénique du docteur Delabarre.
Dentifrices Delabarre ; trousses dentaires ; brosses-à-dents hygiéniques ; ciment Delabarre, etc.

44. GARAND Frères, à Paris, rue Tronchet, 37 — Parfumeries diverses et à la framboise, teinture progressive et instantanée. (PALAIS.)

45. GAYDOU, à Paris, rue Mogador, 3. — Parfumerie. (PALAIS.)

46. GIRARD (B.-Antoine), à Paris, boulevard Saint-Germain, 142. — Produits dentifrices antiseptiques de la Croix de Genève, élixir, poudre, pâte dentifrices, bâton dentifrice des collèges ; trousse dentaire de poche. (PALAIS.)

47. GIRAUD Fils, à Grasse (Alpes-Maritimes). — Parfumerie (extraits divers). (PALAIS.)

Parfumerie aux violettes de Nice et aux violettes de Grasse, parfumerie fine confectionnée pour l'Exportation — Médaille de premier ordre de mérite avec mention spéciale du Jury à l'Exposition internationale de Melbourne 1888.

48. GODEMENT & Cie, (Société du Thymol-Doré), rue Richer, 34. — Thymol-Doré, eau de toilette antiseptique, savon, bain, alcool thymique, eau dentifrice au Thymol-Doré, etc. (PALAIS.)

Emploi : Soins du corps, bains, lotions, toilette intime, assainissement, désinfection, médecine domestique, épidémies, etc. : Hygiène de la personne, Salubrité de la maison.
Autres produits : Savon, bain, alcool thymique, eau dentifrice, etc.

49. GUERLAIN, à Paris, rue de la Paix, 15. — Produits de la parfumerie. (PALAIS.)

Usine et laboratoires à Colombes (Seine). — Hors concours, à Paris 1878, à Anvers 1885, — Récompenses : Londres 1862. — Paris 1867. — Vienne 1873. — Sydney 1880. — Melbourne 1881. — Membre du Jury à Paris 1878, à Anvers 1885, à Barcelone 1888.

50. GUESQUIN (Eugène), à Paris, rue du Cherche-Midi, 112. — Eau des Sirènes (teinture pour les cheveux). Extrait des Sirènes (teinture instantanée pour les cheveux et la barbe). Dépilatoire. Parfumerie fine. (PALAIS.)

Teintures pour rendre aux personnes blondes ayant des cheveux blancs ou gris leur nuance blonde.
Lait de la Rose, pour enlever les taches de rousseur. Poudres de riz.

51. HUGUES Aîné **(J.-Joseph)**, à Grasse (Alpes-Maritimes). — Articles de parfumerie.   **(PALAIS.)**

Maison fondée en 1877. Usine à vapeur; spécialité de l'extrait aux fleurs. Exposition de Paris 1878, Médaille d'argent, la plus haute récompense à la parfumerie de Grasse.

52. ISNARD-MAUBERT (S. Geoffroy, successeur), à Grasse (Alpes-Maritimes). — Eaux distillées et essences diverses, huiles.   **(PALAIS.)**

Récompenses : Londres 1862, Paris 1867, 1878.

53. JEANCARD (Léon) & GAZAN (Joseph), Ancienne Maison **Jeancard Fils**, à Cannes (Alpes-Maritimes). — Parfums, essences, pommades, extraits.
(PALAIS.)

54. JONES (J.), à Paris, boulevard des Capucines, 23. — Parfumerie (extraits divers).   **(PALAIS.)**

55. JOUANNE (C.-Eugène), à Levallois-Perret (Seine), rue de Cormeille, 111. — Dentifrice myrrha, eau d'Absalon, parfums blancs.   **(PALAIS.)**

56. JUNK DE TRÈVES (Mme), à Paris, rue Saint-Lazare, 100. — Eau Amaspélide contre les taches du visage, essence capillarine contre la chute des cheveux.   **(PALAIS.)**

57. KLOTZ (Victor), à Paris, boulevard de Strasbourg, 37. — Parfumerie et savonnerie.   **(PALAIS.)**

58. LADVOCAT-VANEL, à Paris, rue des Pavillons, 14. — Poudre de ri.., douceline, favorite, fleur de riz superfine, fards blancs, rouges et noirs, crayons et raisins.   **(PALAIS.)**

59. LAUTIER Fils (M.-V.-J.-B.), à Grasse (Alpes-Maritimes). — Matières premières de parfumerie.   **(PALAIS.)**

60. LECARON-GELLÉ (J.-E.), à Paris, avenue de l'Opéra, 6 — Extraits, eaux de toilette, dentifrices, poudres à sachets, poudres et pâtes pour le teint, teintures et fards.   **(PALAIS.)**

61. LEGRAND (L.), Raynaud (Antonin) Successeur, (Parfumerie **Oriza**), à Paris, rue Saint-Honoré, 207. — Parfumerie à base d'Oriza, parfums solidifiés dits concrets, savons à base d'Oriza.   **(PALAIS.)**

62. LEGUEY, à Paris, rue Auber, 5 bis. — Parfumerie Viard, Veloutine Viard, Eau de Ninon Viard.   **(PALAIS.)**

Mention honorable, Exposition universelle de 1878.

63. LEMERCIER (A.-Anatole), directeur de la maison **Jean Vincent BULLY**, à Paris, rue Montorgueil, 67. — Vinaigre de Toilette de Jean Vincent Bully.
(PALAIS.)

Récompenses et Médailles aux Expositions universelles internationales de Londres en 1851, de Londres en 1862, de Paris en 1867 et de Paris en 1878.

64. LHERMINE, à Nice (Alpes-Maritimes), rue Victor, 33. — Matières premières pour la parfumerie.   **(PALAIS.)**

65. LOUAT (F.-V.), à Paris, rue de Paradis, 21. — Dentifrices du docteur Clarkson.
(PALAIS.)

66. LUNEL (Pierre), à Paris, boulevard Sébastopol, 21. — Eau du Caire, contre la chute des cheveux.   **(PALAIS.)**

67. MARCHANDISE (Léon), Savonnerie du **Cosmydor**, à Paris, boulevard Sébastopol, 53. — Savons de toilette, Cosmydor, savon Cosmydor, eau de toilette sans acide ni vinaigre.   **(PALAIS.)**

68. MARQUIS Fils, à Paris, rue Bergère, 34. — Parfumerie et teinture.
(PALAIS.)

69. MARQUIS Fils (Paul-L.), à Paris, rue Lafayette, 1. — Eau végétale pour teindre les cheveux, crème spéciale pour la peau, lotion et pommade. **(PALAIS.)**

70. MARTIAL, DACQUET (Alfred) successeur, à Paris, rue Montmartre, 119. — Dentifrice au Cresson Martial et parfumeries diverses. **(PALAIS.)**

71. MEILLANT, à Paris, boulevard de Magenta, 87. — Eau Charbonnier, Tinctorial végétal. Pommade tonique à base de ricin. **(PALAIS.)**

72. MÉRO (J.) & BOYVEAU, à Grasse (Alpes-Maritimes). — Matières premières pour la parfumerie.

Médailles de bronze, Londres 1851, 1862 ; Médailles d'argent. Paris 1855, 1878 ; Hors concours, Paris 1867.

73. MÉSTRE (J.-B.-Gabriel), à Marseille (Bouches-du Rhône), rue de Rome, 178. — Pommade hygiénique. **(PALAIS.)**

Pommade hygiénique à base de Goudron arrête la chute des cheveux et en active la repousse, guérit les dartres et les boutons pelliculeux Gabriel Mestre, inventeur.

74. MILLET (Antoine) & Cie, à Lyon (Rhône) rue de Vendôme, 97. — Eau de Cologne, eau de fleurs d'oranger, alcool de menthe Mitcham. **(PALAIS.)**

75. MILLOT (Vve Félix), à Paris, boulevard Sébastopol, 98. — Parfumerie superfine et savons de toilette. **(PALAIS.)**

76. MOLLET (Mme), à Paris, rue Clapeyron, 9. — Élixir végétal, eau de Cologne. **(PALAIS.)**

77. MONIN (H.) & PINAUD (G.), à Paris, rue Grenier-Saint-Lazare, 27. — Fards pour la ville et le théâtre. **(PALAIS.)**

Maison fondée en 1780. Fards rouge et blanc sur plaques. Produits spéciaux Daniel: Bâton Dorin pour artistes (grimes).
Fard Delaunay, pour artistes. Crayons de toutes nuances. Blanc gras et blanc liquide toutes nuances. Fards spéciaux, bleu, blanc, rouge pour emploi à la lumière électrique. Rouge et blanc onctueux. Dorine poudre de riz compacte.

78. MONNET (L.-Joseph), à Beaurepaire (Isère). — La Jouventine, recoloration naturelle et inaltérable de la barbe et des cheveux. **(PALAIS.)**

79. MOTHIRON (Wiggishoff-J.-C.), Successeur, à Paris, rue du Faubourg-Poissonnière, 67 — Parfumeries en tous genres. Fards de théâtre et de ville. **(PALAIS.)**

80. MOUSSERON (Édouard), à Paris, rue Baudin, 27. — Eau sérieuse pour rendre aux cheveux gris leur couleur primitive. **(PALAIS.)**

81. MOUSSIER (P.-E.), à Paris, rue de la Ferronnerie, 11. — Parfumerie à base d'arnica. **(PALAIS.)**

82. MURAOUR Frères, à Grasse (Alpes-Maritimes). — Matières premières pour la parfumerie. **(PALAIS.)**

83. MURAOUR (Honoré) & Cie, Maison **Laferrière,** à Asnières (Seine), rue du Congrès, 1. — Produits Laferrière, eaux de toilette, poudre de riz. **(PALAIS.)**

84. NOIR (Louis), à Paris, rue de Castiglione, 14. — Parfumerie de la maison Léopold. **(PALAIS.)**

85. PANAFIEU (Louis), à Paris, rue Rochechouart, 70. — Huile de quinquina, blanc des Grâces, fards. **(PALAIS.)**

Pommade mousquetaire Mascaro. Poudre chinoise Tyen-Hya, crayons pour les yeux. Teinture blonde pour la barbe, peigne mousquetaire. Mention honorable, Paris 1878.

86. PAOLETTI (D.-Jacques), à Paris, passage des Panoramas, galerie Montmartre, 18. — Pommade et eau anticalvities, élixir, pâte et poudre dentifrices de Cyrnos. **(PALAIS.)**

Extirpe-cors de Cyrnos. Eaux de Siragusa odontalgique et dentifrice.
Poudre dentifrice et bonbons des Chanteurs de Siragusa, etc., etc.

87. Parfumerie centrale (Cottance, Bagot et Cie), à Paris, boulevard de Sébastopol, 38. — Pommades, savons de toilette, extraits et parfums pour le mouchoir ; huiles parfumées. **(PALAIS.)**

88. PATRELLE (Marie), aux Lilas (Seine). — Parfumerie Delabrierre; Crème de Lys ; Savon crème de Lys ; Savon Zéa à la glycérine et au suc, extrait des jeunes tiges du maïs. **(PALAIS.)**

Récompenses : Paris 1867, Médaille de bronze. — Paris 1878 rappel de Médaille.

89. PHILIPPEAU (Louis), à Paris, passage Saulnier, 22. — Eau américaine contre les pellicules et les démangeaisons, eau suprême pour l'arrêt de la chute et la repousse des cheveux. **(PALAIS.)**

90. PILLET (F.-Marcelin), à Paris, rue du Faubourg-Montmartre, 57. — Teinture instantanée, noir, brun, châtain, blond, élixir français dentifrice, poudre dentifrice, lotion Egyptienne pour la tête. **(PALAIS.)**

91. PINAUD (Ed.), Klotz Successeur, à Paris, boulevard de Strasbourg, 37. — Parfumerie et savonnerie. **(PALAIS.)**

« A la Corbeille fleurie. »
Usine pour la savonnerie et la distillerie : 81, rue de Paris, à Pantin.
Parfumerie à l'Ixora. — Parfumerie aux Violettes de Parme.
Parfumerie Brisas de las Pampas. — Parfumerie Brisas del Monte.
Parfumerie Théodora.
Parfumerie de la Noblesse.
Londres 1862, Prize medal, médaille unique ; Paris 1855, médaille de bronze ; 1867, argent ; Vienne 1873, médaille de progrès ; Amsterdam 1883, membre du jury, hors concours.

92. PINTA, à Paris, avenue de l'Opéra, 7 — Parfumerie et savonnerie. **(PALAIS.)**

93. PIVER (L.-T.) et Cie, à Paris, boulevard de Strasbourg, 10. — Produits fabriqués à Grasse : huiles et pommades parfumées, essences, eaux distillées, etc. **(PALAIS.)**

94. PLANTIER, à Paris, rue Gounod, 11. — Eau péruvienne et poudre de riz. **(PALAIS.)**

95. PONSOT, à Paris, rue d'Enghien, 30. — Papier hygiénique odorant et combustible. **(PALAIS.)**

96. POTIN (Vve Félix), à Paris, boulevard Sébastopol, 101 et 103. — Parfumerie et eaux parfumées. **(PALAIS.)**

Maison de vente : 101 et 103, boulevard Sébastopol, Paris. — Gros : 25, rue de Palestro. — Exportation : 29, rue de Palestro. — Usine à vapeur : 83 à 89, rue de l'Ourcq. — Distillerie et entrepôt à Pantin.

97. RAPHEL-CARBONEL (P.-Claudius), à Valiauris (Alpes-Maritimes). — Essences et eaux parfumées. **(PALAIS.)**

Fabrique de matières premières pour parfumeurs, distillateurs et droguistes. Essences pures du pays, néroli, petit-grain, roses, lavande, géranium, myrte, etc. Eaux distillées de fleurs d'orangers, de roses, de marasque, laurier-cerise, framboises etc. Usine à vapeur.
Spécialité d'essence de menthe rectifiée. Pour la fabrication de ce produit, usine à Montauroux (Var). Narcisse Lévêque représentant, 24, Petites-Ecuries, Paris.

98. RASPAIL, à Paris, rue du Temple, 14. — Eau de toilette, eau dentifrice hygiénique. **(PALAIS.)**

99. RAYNAUD, à Paris, rue Saint-Honoré, 207. — Parfumerie Oriza, essences Oriza solidifiées. **(PALAIS.)**

100. RAYNAUD (Claude) et Cie, à Grasse (Alpes-Maritimes). — Pommades et huiles parfumées aux fleurs. Eaux distillées diverses, essences de toute nature. **(PALAIS.)**

101. REEB (Henri), à Neuilly (Seine), avenue de Neuilly, 58. — Dentifrices (extraits divers).   **(PALAIS.)**

102. REHNS (A.-M.) & Cie, successeurs de **Violet,** à Paris, boulevard des Italiens, 29. — Parfums et savon de toilette.   **(PALAIS.)**

103. REVERCHON (Alphonse), à Paris, rue Bergère, 26. — La Diaphane, poudre de riz Sarah Bernhardt, parfumerie, savons, extraits, eau de toilette Fédora, dentifrice.   **(PALAIS.)**

104. RICQLÈS (E. de) et Cie, à Lyon (Rhône), cours d'Herbouville, 9. — Alcool de menthe.   **(PALAIS.)**

105. RIET (Alexandre) & GRAY (Henri), à Paris, rue Caumartin, 43. — Eau de Fleurs de Lys Planchais-Riet, poudre Gray dentifrice.   **(PALAIS.)**

106. RIGAUDIAS & ALCAN, à Saint-Ouen (Seine), avenue des Batignolles, 116. — Savons, huiles, pommades, poudre de riz, spiritueux en général.   **(PALAIS.)**

107. RIMMEL (E.), à Neuilly (Seine), rue de l'Est, 2. — Parfumerie et savonnerie.   **(PALAIS.)**

108. ROBERTET (P.) & Cie, à Paris, rue des Petites-Écuries, 46 et à Grasse. — Essences, pommades, huiles, extraits et matières premières pour la parfumerie.   **(PALAIS.)**

Brevetés s. g. d. g. Usines à vapeur à Paris, 46, rue des Petites-Écuries, et à Grasse, avenue des Capucins. — Médaille de bronze, Paris, 1878 ; argent, Amsterdam, 1883.

109. ROBINET (J.-B.), à Paris, rue de Trévise, 39.— Le « Rénovateur », à base de quinine, recoloration instantanée des cheveux ou de la barbe.   **(PALAIS.)**

Fleur de Bégonia ; Poudre de riz.

110. ROGER et GALLET, à Paris, rue Hauteville, 38. — Parfumerie. **(PALAIS.)**

111. ROQUEBLAVE, à Paris, place Bréda, 12. — Eau parisienne hygiénique Roqueblave, élixir dentifrice , pommade parisienne hygiénique , huile aromatique hygiénique, pommade parisienne hygiénique.   **(PALAIS.)**

112. ROTHE (Hugo-E.) à Paris, boulevard des Italiens, 11. — Parfumerie, extrait japonais, peau japonaise.   **(PALAIS.)**

Eau pour faire croître les cheveux. Parfums exquis. — Méd. aux grandes Exp. Paris, Bruxelles.

113. ROUME, à Paris, rue des Petits-Champs. 4 — Parfumerie.   **(PALAIS.)**

Fabrique de parfumeries superfines.
Fabrique des parfums russes (Essences nouvelles).
Maison à Saint-Pétersbourg, 16, grande Morskaïa.
Maison, dépôt général, à New-York, Willy Wallach, 231, Broadway.
Médaille d'argent, Anvers, 1885.

114. ROURE-BERTRAND Fils, à Grasse (Alpes-Maritimes). — Produits pour parfumeurs, essences diverses, huiles et pommades aux fleurs, eaux distillées de fleurs, etc.   **(PALAIS.)**

115. ROUSSEL (Clément-J.-B.), à Meaux (Seine-et-Marne), rue Saint-Nicolas, 62. — Eau Gorliez, poudre de riz « la Favorite ».   **(PALAIS.)**

116. SAINT-GENOIS (Hippolyte-A. de), à Paris, rue Richer, 48. — Eau de Cologne, marque d'Or.   **(PALAIS.)**

117. SAINT-GERMAIN (Paul), à Paris, rue Barbette, 2.— Essence de roses.   **(PALAIS.)**

118. SAVIGNY DE MONCORPS (Vicomtesse de), à Seillans (Var). — Matières premières pour parfumerie.   **(PALAIS.)**

119. « Savonnerie Continentale » Propriétaire : **Benois (Édouard-J.-J.)**, à Levallois-Perret, rue des Arts, 56. — Savons de toilette.   **(PALAIS.)**

Ancienne maison Simon, fondée en 1832.
Médaille d'honneur à l'Exposition universelle de Paris en 1867.
Elle produit annuellement deux millions cinq cent mille pains de savons de toilette parfumés.
Elle est depuis deux ans éclairée à l'électricité : ses machines spéciales, broyeuses, pelotteuses, mélangeurs, tamisseuses, sa pilerie à poudres parfumées sont actionnées par un moteur à vapeur de 15 chevaux et un générateur à vapeur de 20 chevaux.
Elle possède 3 chaudières à savon d'une contenance totale de vingt-mille litres.
Elle occupe un personnel sédentaire de 40 à 50 personnes.
L'usine est construite sur un terrain d'une superficie de 1500 mètres dont elle est propriétaire. — Ses ventes se font en France, Suisse, Belgique, Amérique.

120. SCHWARTZ (J.-Émile), à Nîmes (Gard), place de la Salamandre, 6.—Eau et poudre dentifrices.   **(PALAIS.)**

121. SEGUIN (Albert), à Bordeaux (Gironde), rue Croix-de-Seguey, 106.—Élixir, poudre et pâte dentifrice des RR. PP. Bénédictins de l'Abbaye de Soulac.   **(PALAIS.)**

122. SERGENT, à Paris, rue de Buci, 17. — Parfumerie.   **(PALAIS.)**

123. SIMON (J.), à Paris, rue de Provence, 36. — Crème Simon, nouveau cold-cream pour les soins de la peau. Poudre de riz Simon, fleur de riz sans bismuth. Savon à la crème Simon.   **(PALAIS.)**

Usine à Lyon, rue de Béarn, 41.
Mention honorable, Paris 1878 ; Médaille d'argent, Barcelone 1888.

124. Société anonyme des parfums naturels de Cannes, à Paris, rue Chauveau-Lagarde, 14. — Parfums naturels. Huiles essentielles et pommades.
                (PALAIS.)

125. Société européenne, Maison Charbonnier (Adrien Meillant Successeur), à Paris, boulevard Magenta, 87. — Eau Charbonnier. Tinctorial végétal. Pommade tonique à base de ricin. Eau Véronique aux fleurs d'arnica.   **(PALAIS.)**

126. Société hygiénique (Cottan et Cie), à Paris, rue de Rivoli, 55.— Parfumerie, savonnerie.   **(PALAIS.)**

127. SOUILLARD, à Paris, rue Saint-Honoré, 229. — Dentifrice de Botot. « Le Sublimé » pour les soins de la tête. Vinaigre de toilette.   **(PALAIS.)**

128. TAYAC (David-A.), à Paris, carrefour de la Croix-Rouge, 2. — Produits dentaires pour l'hygiène de la bouche et des dents.   **(PALAIS.)**

129. THÉBAULT (A.-L.), à Levallois-Perret (Seine), rue Chevallier, 15.—Parfumerie.   **(PALAIS.)**

130. THOREL, Sergent (Charles-E.) Successeur, à Paris, rue de Buci, 17. — Eau fortifiante Thorel-Yonthis des Indes, Héliotrope Blanc, Violette de Parme, Parfumerie Florisma.   **(PALAIS.)**

Fabrique de parfumerie extra-fine.
Spécialités de la Maison :
« Yanthis des Indes », parfum nouveau.
Produits spéciaux aux « Violettes de Parme ».
« Daphnéine », la reine des poudres de riz.
Parfumerie extra-fine « Florisma ».
Médailles aux Expositions universelles.
Paris 1867.
Vienne 1873.
Paris 1878.

131. VACHON-BAVOUX et Cie, à Lyon (Rhône), place de la Charité, 3. — Savon et vinaigre lactescents.   **(PALAIS.)**

132. VALENTIN (Émile), à Marvejols (Lozère). — Nouveau produit servant à composer deux poudres impalpables, hygiéniques : « l'Amiantine » et « l'Humanitaire. »
                (PALAIS.)

133. VARALDI (F.), à Cannes (Alpes-Maritimes). — Pommades et huiles parfumées, extraits, essences, huile d'amandes douces.　　　　　**(PALAIS.)**

134. VENE Frères (Parfumerie de **Paphos**), à Bordeaux (Gironde), rue Sainte-Catherine, 15. — Parfumerie.　　　　　**(PALAIS.)**

135. VIAL (Félix), à Cannes (Alpes-Maritimes).— Essences et parfums. **(PALAIS.)**

136. VIARD (Parfumerie), LEGUEY (Georges-E.-F.), à Paris, rue Auber, 5 bis. — Veloutine Viard. Eau de Ninon Viard. Eau gauloise.　　　　　**(PALAIS.)**

137. VIBERT (Léon G.-A.), à Paris, boulevard Sébastopol, 28. — Pommades et huiles parfumées. Articles de parfumerie.　　　　　**(PALAIS.)**

138. WIGGISHOFF (J.-C.), à Paris, rue Marcadet, 153. — Parfums et cosmétiques. Fards.　　　　　**(PALAIS.)**

COLONIES.

ALGÉRIE.

1. BONNARDIN (Pierre), à Mustapha (Alger), rue de Constantine, 5. — Pommade pour enlever les pellicules, eau de toilette, eau dentifrice.　　**(ESPLANADE.)**

2. BOUTY (Vve), à Relizane (Oran). — Essences de fenouil et de menthe.　　　　　**(ESPLANADE.)**

3. CHARDON (Vve), à Alger-Agha, rue de Constantine, 41. — Parfumerie, cold-cream, poudre, etc.　　　　　**(ESPLANADE.)**

4. CHIRIS (Antoine), à Boufarik (Alger). — Huiles essentielles de géranium, néroli, petit grain, eucalyptus, absinthe, bigarade, Pommades et huiles parfumées, cassie, orange, etc.　　　　　**(ESPLANADE.)**

5. COUDERC (Jean), à Philippeville (Constantine). — Esprit d'oranges et citrons concentrés. Essence d'oranges et de citrons rectifiée. Essence de mandarine rectifiée.　　　　　**(ESPLANADE.)**

6. DONAT (Sainte-Marie), à Relizane (Oran). — Pot de pommade dite « Résurrection des cheveux. »　　　　　**(ESPLANADE.)**

7. GALLIN-MARTEL (Désiré), à Damrémont (Constantine). — Essence de géranium, de myrte, etc.　　　　　**(ESPLANADE.)**

8. LABORDE (Antoine), à Valée (Constantine). — Essence de géranium.　　　　　**(ESPLANADE.)**

9. LEBLANC & RANÇON, à Randon (Constantine). — Essence de géranium.　　　　　**(ESPLANADE.)**

10. LEROY (Charles), à Castiglione (Alger). — Essences diverses : géranium, citronnelle, thym, lavande, romarin.　　　　　**(ESPLANADE.)**

11. NICOLAS (Charles), à Duvivier (Constantine). — Matières premières de la parfumerie.　　　　　**(ESPLANADE.)**

12. — OLIVIER (Henri), à Alger, rue Bab-Azor, 27. — Teintures pour cheveux et eau de Sozicome pour les soins de la tête.　　　　　**(ESPLANADE.)**

INDE FRANÇAISE.

1. Comité d'Exposition de l'Inde. — Essences.　　　　(**ESPLANADE.**)

NOUVELLE-CALÉDONIE.

1. CAILLET, à la Foa. — Essence de citronnelle.　　　　(**ESPLANADE.**)

2. GRESLAN (de), à Dumbéa. — Racines de vétiver.　　　　(**ESPLANADE.**)

3. HAYÈS & JEANNENEY, à Fonwhary.— Eau double de Niaouli, racines de
vétiver, essence de santal musqué, de citronnelle et autres ; alcoolats.　(**ESPLANADE.**)

4. KÉRANVAL, à Koë. — Essence de citronnelle.　　　　(**ESPLANADE.**)

RÉUNION.

1. BARBOT (Vve), à Saint-Louis. — Huile essentielle de géranium.
　　　　(**ESPLANADE.**)

2. CABANE DE LAPRADE (Étienne), à Saint-Paul. — Huile essentielle
de vétiver et de géranium.　　　　(**ESPLANADE.**)

3. DÉFAUT (Jules), à Entre-Deux. — Patchouly. Racine de vétiver.
　　　　(**ESPLANADE.**)

4. DEGUIGNÉ, à Saint-Benoît. — Huile essentielle de patchouly. Huile de
citronnelle.　　　　(**ESPLANADE.**)

5. DOLABARATZ (A), Directeur de l'agence du Crédit Foncier Colonial, à Saint-
Denis. — Géranium rosat, janicum altissicum.　　　　(**ESPLANADE.**)

6. FOURNIÉ (Paul), à Saint-Louis.—Huile essentielle de géranium et patchouly.
　　　　(**ESPLANADE.**)

7. ISAUTIER (Vve) & Fils, à Saint-Pierre. — Huile essentielle de géranium et de vétiver.　　　　(**ESPLANADE.**)

8. LE COAT DE KEVEGUEN, duc de Trévise, à Saint-Pierre. — Huile
essentielle de géranium, factaque malgache.　　　　(**ESPLANADE.**)

9. MORANGE (Camille), à Saint-Renaît. — Huile essentielle de géranium.
　　　　(**ESPLANADE.**)

10. PÉVÉRELHY, à Saint-Denis. — Échantillons d'essences diverses.
　　　　(**ESPLANADE.**)

11. POURQUIER Frères & DE BOIS VILLIERS, à Saint-Denis. —
Eau de Cologne.　　　　(**ESPLANADE.**)

12. REYMOND (Eugène), à Saint-Pierre. — Géranium rosat. Vétiver. Essence
de géranium. Huile essentielle de patchouly.　　　　(**ESPLANADE.**)

TAHITI.

1. GIBSON (Mme Élisa), à Papeete. — Huile de coco parfumée (monoï).
　　　　(**ESPLANADE.**)

PAYS DE PROTECTORAT.

ANNAM-TONKIN.

1. Protectorat de l'Annam et du Tonkin. — Essence de citronnelle.
(**ESPLANADE.**)

TUNISIE.

1. SALAH ez ZMIRLI, à Tunis. — Parfumerie.   (**ESPLANADE.**)

2. SITRONK & Cie, à Tunis. — Essences de parfums.   (**ESPLANADE.**)

PAYS ÉTRANGERS.

RÉPUBLIQUE ARGENTINE.

1. MORELLI (Philippe), à Rosario (Santa-Fè). — Essence d'odeur. « Flores Argentina ». **(PARC.)**

AUTRICHE-HONGRIE.

1. ADAMEK (Ant.), à Vienne. VI, Webgasse, 12. — Savons en formes de fruits. **(PALAIS.)**

2. WIEDENHOFER (Jean), à Anger (Styrie). — Suif pulvérisé, poudre de savon. **(PALAIS.)**

BELGIQUE.

1. COOSEMANS (Charles), Fils et Cie, à Berchem-lez-Anvers, rue du Robinet, 12. — Huiles et essences. **(PALAIS.)**

2. DE MARBAIX (Auguste), à Eeckeren-lez-Anvers. — Eau d'Anvers. **(PALAIS.)**

3. EECKELAERS (Louis), à Bruxelles, rue Gillon, 43. — Savons et vinaigre de toilette ; extraits pour le mouchoir, eau dentifrice, poudre de riz. **(PALAIS.)**

4. LEMESRE Frères et Cie, à Saint-Gilles, rue Coenraets, 84. — Savons de ménage, médicinaux et de toilette ; extraits, vinaigres et eaux de toilette. Poudres de riz et dentifrices ; huiles, pommades et cosmétiques. **(PALAIS.)**

5. THOMAS (Émile), à Waterloo. — Savons de toilette. **(PALAIS.)**

CHILI.

1. BEAUMÉ (H.), à Valparaiso. — Parfumerie. **(PARC.)**

2. CHANFREAU (Bernardo), à Valparaiso. — Lotion Chanfreau. **(PARC.)**

3. GENTILLON (Mario), à Valparaiso. — Parfumerie. **(PARC.)**

4. PENSON (Edgardo), à Valparaiso. — Eau de quinine. **(PARC.)**

5. PUYO (Augusto), à Santiago. — Savons. **(PARC.)**

6. RÉYES (Isidoro), à Santiago. — Savons, bougies. **(PARC.)**

7. WIEDERHOLD (H.), à Osorno. — Savons. **(PARC.)**

CHINE.

1. YEE-KING-FOND, à Paris, rue de Lille, 37. — Essences de rose, de violette et de santal, poudre dentifrice composée de végétaux. **(PARC.)**

RÉPUBLIQUE DOMINICAINE.

1. **DIEZ (Marano)**, à Santo-Domingo. — Poudres dentifrices. **(PARC.)**
2. **LECHUGO (Francisco A.)**, à Santo-Domingo. — Huile régénératrice. **(PARC.)**

ÉGYPTE.

1. **LOVE**, à Alexandrie. — Élixir et poudre. **(PALAIS.)**
2. **MOHAMMED AMIVE**, au Caire. — Parfums. **(PALAIS.)**
3. **MUSTAPHA el DIB el MAVVARDI**, au Caire. — Parfums d'Égypte. **(PALAIS.)**

ESPAGNE.

1. **BALTASAR (Pedro)**, à Barcelone. — Coiffure et parfumerie. **(PALAIS.)**
2. **BELRIERCE Y OLIETE (Ramon)**, à Saragosse. — Essences ou extraits. **(PALAIS.)**
3. **CASANOVAS (Joaquin)**, à Séville. — Eaux de fleurs d'oranger. **(PALAIS.)**
4. **CORNELIO DE TORUACO (Carlos)**, à Barcelone. — Articles de toilette. **(PALAIS.)**
5. **CRISTINI (Daniel)**, à Manille (Philippines). — Essence d'ylang-ylang. **(PALAIS.)**
6. **ELENAT BECOT (Luisa)**, à Barcelone. — Eaux dentifrices. **(PALAIS.)**
7. **FERRARI (Agustina)**, à Paris, avenue de Wagram, 53. — Flacons de kiom-kon. **(PALAIS.)**
8. **FOSET (José)**, à Sabadell (Barcelone). — Parfumerie. **(PALAIS.)**
9. **GERMAIN (Renaud)**, à Barcelone. — Parfumerie. **(PALAIS.)**
10. **GIRAU (Antonio)**, à Barcelone. — Articles de parfumerie. **(PALAIS.)**
11. **LAJABONERA**, à Manille (Philippines). — Savons. **(PALAIS.)**
12. **SANZ (Salvador)**, à Paris. — Parfumerie. **(PALAIS.)**
13. **WITTE & Cie**, à Manille (Philippines). — Essence d'ylang-ylang en flacons. **(PALAIS.)**

ÉTATS-UNIS.

1. **COLGATE & Co**, à New-York, N. Y., 55, John street. — Savons de toilette. Parfumerie, articles de toilette, poudres, essences. **(PALAIS.)**
2. **Doussan French Perfumery Co. (Chas K. Hale**, Président), à New-Orléans. — Extraits pour le mouchoir, eaux de toilette, eau de Cologne, poudres pour le visage, savons. **(PALAIS.)**
3. **HASTRICK (Ed.)**, à San-Francisco, Cal. — Parfums, savons de toilette, eaux de toilette de Californie. **(PALAIS.)**

4. **HOUGHTON (W. V.) & Co**, à Cleveland, O., 1664, Lamont street. — Savons de toilette. **(PALAIS.)**

5. **LADD & COFFIN**, à New-York, N. Y., 24, Barclay street. — Assortiment de parfumerie. **(PALAIS.)**

6. **LORENZ (George)**, à Toledo, O., 122, Sinclair street. — Parfumerie et articles de toilette. **(PALAIS.)**

7. **MANN (C. A.) & Co**, à New-York, N. Y., 48, Murray street. — Parfumerie et articles de toilette. **(PALAIS.)**

8. **RICKSECKER (Theo)**, à New-York, N. Y., 146, William street. — Parfumerie et articles de toilette. **(PALAIS.)**

9. **ROTTENSTEIN (Dr J. B.) & FARLEY (William)**, à Paris, rue Royale, 25. — Dentifrices. **(PALAIS.)**

10. **SHEFFIELD (L. I.)**, à New-York, N. Y., 26, West 32nd street. — Crème dentifrice, baume, élixir. **(PALAIS.)**

GRANDE-BRETAGNE.

1. **ATKINSON (J. & E.)**, à Londres, Old Bond street, 24. — Articles de parfumerie et de toilette. **(PALAIS.)**

2. **BORROUGHS WELLCOME & Co.**, à Londres, Snow Hill buildings. — Parfumerie et savons de toilette. **(PALAIS.)**

3. **COOK (Edward) & Co**, à Londres, Bow. — Savons de toilette et savons ordinaires. **(PALAIS.)**

4. **Crown Perfumery Co**, à Londres, New Bond street, 177. — Parfumerie fine anglaise et savons de toilette. **(PALAIS.)**

5. **GOSNELL (John) & Co**, à Londres, Upper Thames street, 93. — Parfum « Cherry Blossom », articles de toilette. **(PALAIS.)**

6. **PEARS (A. & F.)**, à Londres, New Oxford street, 71. — Savon transparent. **(PALAIS.)**

7. **Self Opening Tin Box Co**, à Londres, Albion works, York road, King's cross. — Boîtes en or, argent, nickel, cuivre et autres métaux pour la parfumerie. **(PALAIS.)**

8. **ZENO & Co**, à Londres, Sun street 3, Finsbury square. — Parfumerie. **(PALAIS.)**

Extraits pour le mouchoir : brisas argentinas, portena, rosarina, opoponax, white rose, millefleurs, stephanotes, etc.

Extrait Hyscenia.

Eau de toilette « au Chamily », poudre de toilette « au Chamily ». Lotion « au Chamily » pour les cheveux.

Vinaigre de toilette, eau de lavande, eau de quinine.

Lotions végétales pour la chevelure.

Poudres de toilette « à l'Héliotrope », « à la Maréchale », Cold-cream, etc.

Eaux de Cologne, eaux et pâtes dentifrices.

Sels aromatiques, etc., etc.

GRECE.

1. **ARAVANTINOS (Spiridion)**, à Lixouri (Céphalonie). — Extraits. **(PALAIS.)**

2. **BISRALLI (Mme)**, à Zante. — Poudres. **(PALAIS.)**

3. **CACALINI (Costa)**, à Sparte (Laconie). — Eau de senteur.   (PALAIS.)

4. **CANTSICHI (Georges)**, à Athènes. — Eau de Cologne.   (PALAIS.)

5. **CARAGEANOPOULOS (Jean)**, à Athènes. — Savons.   (PALAIS.)

6. **CAZILARIS (Jean)**, à Athènes. — Eau de Cologne.   (PALAIS.)

7. **GEORGANTAS (Matheos Ph.)**, à Athènes.— Parfums, savons, etc.   (PALAIS.)

8. **PITSIDIS (Georges)**, à Sparte (Laconie). — Eau de senteur.   (PALAIS.)

9. **SYRACOS**, à Athènes. — Eau de Cologne.   (PALAIS.)

10. **TRYPHON (Phane)**, à Sparte (Laconie). — Eau de senteur.   (PALAIS.)

GUATEMALA.

1. **ESTRADA O. (Eduardo)**, à Guatemala.— Savons de diverses qualités. (PARC.)

ITALIE.

1. **GENOVESE LABOCHITTA**, à Paris, rue d'Hauteville, 61. — Essences d'oranges, citrons, bergamottes, mandarins, etc.   (PALAIS.)

2. **MERLINO (Pierre)**, à Paris, rue d'Hauteville, 67. — Essences de bergamottes, mandarines, cèdres, citrons, oranges, etc.   (PALAIS.)

3. **RIZZUTO (Chevalier Carmel)**, à Reggio de Calabre. — Essences extraites des écorces d'oranges, citrons, etc.   (PALAIS.)

JAPON.

1. **HARUMOTO (Jiusuke)**, Osaka-fu, Higashi-Ku. — Savons de toilette et de blanchissage.   (PALAIS.)

2. **ITO (Seiyemon)**, Osaka-fu, Minami-Ku. — Parfums à brûler, sachets d'odeurs.   (PALAIS.)

3. **OZAKI (Seisaburo)**, Osaka-fu. Minami-Ku. — Savons de toilette.   (PALAIS.)

4. **TERADA (Tohachi)**, Osaka-fu, Higashi-Ku. — Parfums à brûler.   (PALAIS.)

5. **YANAGIWARA (Shozayemon)**, Osaka-fu, Nishi-Ku. — Poudre dentifrice.   (PALAIS.)

PRINCIPAUTÉ DE MONACO.

1. **MOEHR (Nestor)**, à Monte-Carlo. — Eau de toilette et extraits aux violettes de Monte-Carlo, muguet de mai et divers parfums.   (PARC.)

2. **PETOLON (Joanni)**, à Monaco, rue Condamine. — Bouquet Monte-Carlo, violettes Monaco.   (PARC.)

3. **PILLET (Célestin)**, à Monte-Carlo, galerie Charles III. — Eaux de toilette, Eau brésilienne.   (PARC.)

4. **Société Industrielle et Artistique** (Laboratoire de Monte-Carlo), à Monaco, boulevard de la Condamine, 1. — Parfums et eaux de toilette.   (PARC.)

PARAGUAY.

1. Gouvernement de la République du Paraguay, à Assomption. — Parfumeries.   **(PARC.)**

2. MONDIOUDOU (E.), à Assomption. — Savons : blanc de coco à froid (huile et soude caustique) blanc veiné de bleu sur lessive (huile et carbonate de soude), jaune sur lessive (mélanges de résines).   **(PARC.)**

PAYS-BAS.

1. BOLDOOT (J. C.), à Amsterdam. — Eau de Cologne et autres eaux de senteur.   **(PALAIS.)**

ROUMANIE.

1. Association Vinicole à Marmora, Propriétaires : **Singer, Theiler et Finkelstein**), à Bahotin (Falciu). — Eau de Cologne.   **(PALAIS.)**

2. LINDE (Vladimir), à Rimnic-Serat. — Pâte de glycérine pour les dents, crème dermo-comestique pour la peau, eau de quinine pour les cheveux, poudre blanche et rose.   **(PALAIS.)**

RUSSIE.

1. BROCARD (H.) & Cie, à Moscou. — Savons de toilette et eau de Cologne aux fleurs.   **(PALAIS.)**

Récompenses principales :
1876, Philadelphie, diplôme d'honneur.
1878, Paris, Médaille de bronze.
1885, Anvers, Médaille d'or.
1888, Bruxelles, Médaille d'or.
1888, Barcelone, Médaille d'or.

2. EICHLER (E.), à Miedzyrzec (Gouvernement de Siedlce). — Eau de Cologne.   **(PALAIS.)**

3. Laboratoire chimique de Saint-Pétersbourg, Directeur : **Gibert**, à Saint-Pétersbourg. — Eaux et poudres de toilette ; dentifrices, pommades, parfums.   **(PALAIS.)**

4. RALLET (A.) & Cie, à Moscou. — Parfumerie, savons, pommades. **(PALAIS.)**

Armand Dutfoy, à Moscou. Maison fondée en 1844.
Récompenses : 1867, Paris, Grande Médaille d'argent. 1878, Paris, Hors Concours.
1883, Amsterdam, grande Médaille d'or.
Trois Aigles de l'Empire russe.

5. ROUME, à Saint-Pétersbourg. — Parfumerie du grand monde.   **(PALAIS.)**

6. SIOU (A.) & Cie, à Moscou. — Parfumerie.   **(PALAIS.)**
Maison fondée en 1860.

7. TSCHEPELEVEZKY (C. G.), à Moscou. — Savons   **(PALAIS.)**

RÉPUBLIQUE DE SAINT-MARIN.

1. Commission du Gouvernement. — Racines pulvérisées d'iris.
(**PALAIS.**)

SUISSE.

1. STOLL (J.-Maurice-F.), à Lucerne. — Fards gras, poudre et eau dentifrice.
(**PALAIS.**)

VÉNÉZUÉLA.

1. COOK Y Hijos (G.) à Maracaïbo. — Extraits divers. Huiles parfumées.
(**ESPLANADE.**)

GROUPE III.

MOBILIER ET ACCESSOIRES.

Classe 29.

Maroquinerie, tabletterie, vannerie et brosserie

FRANCE.

1. ADAM (Lucien) Successeur de **Adam Blaise Frères**, à Charleville (Ardennes). — Brosserie et pinceaux. **(PALAIS.)**

2. ADT Frères, à Pont-à-Mousson (Meurthe-et-Moselle). — Tabletterie, articles de bureau, services de table, plateaux, coffrets, petits meubles, cuvettes, articles de chirurgie, panneaux, bobines, poulies, roues de wagon, haraquements. **(PALAIS.)**

3. AMSON Frères, à Paris, rue de la Folie-Méricourt, 68. — Porte-monnaie, porte-cartes, portefeuilles, porte-cigares, buvards, cadres photographiques, sacs de fantaisie, sacs de voyage, nécessaires. **(PALAIS.)**

Maison fondée en 1841.
Fabrique de maroquinerie et de peausserie.
Bourses, porte-monnaie à cadres, porte-monnaie américains, trousses de poche, blagues à tabac, porte-cigarettes, porte-cigares.
Serviettes, porte-musique, bloc-notes, liseuses, sacs pour dames, aumônières pour dames, gibecières pour hommes, albums, ceintures pour dames, papeteries, paniers à ouvrage.
Boîtes à gants, à mouchoirs et à bijoux, garnitures riches, appliques argent en écrins, petits meubles riches et haute fantaisie.
Etuis chapelet, couvertures de livres fantaisie, gibecières pour dames.
Exposition de Barcelone 1888, Hors Concours, Membre du Jury.

4. APFLER (Antoine), à Paris, rue Pastourelle, 25. — Gaînier pour pipes. **(PALAIS.)**

5. AUGÉ (François), à Paris, boulevard Rochechouart, 68. — Objets tournés. **(PALAIS.)**

6. BARBIER Fils (Stanislas-G.), à Paris, rue Borda, 3. — Billes et divers accessoires de billards. **(PALAIS.)**

7. BARTHÉLEMY (Jean), à Paris, rue Michel-le-Comte, 25. — Étuis à cigares et cigarettes, porte-monnaie, porte-cartes, articles de bureaux, livres de messe, albums et boutons. **(PALAIS.)**

8. BAUDRY (J.) BAUDRY Fils (Henri-A.) Successeur, à Paris, rue Grenéta, 11. — Plumeaux fabriqués et plumes brutes. **(PALAIS.)**

Fabrique spéciale de plumeaux en tous genres, en plumes d'autruche d'Amérique, (dit « Vautour », d'autruche d'Afrique, de dindon sauvage et de coq.
Modèles et marques déposés. Plumes brutes pour parures.
Commission, exportation. Fabrique, 43, rue Grenéta.
Exposition universelle 1878, Médaille unique pour la fabrication des plumeaux.

9. BÉNARD (Edmond), à Paris, rue de Saint-Maur, 111. — Articles de bureaux et pour fumeurs. **(PALAIS.)**

10. BENOIST (Louis,) à Béthisy-Saint-Pierre (Oise). — Balais en soie, chiendent, et coco ; brosse à chevaux, à eau, à lustre, à meuble, à sculpture ; vergettes à habit, à chaussures, etc. **(PALAIS.)**

11. BERTIN (Léon), à Paris, rue Pastourelle, 15. — Bourses, blagues, porte-monnaie, porte-cigares, porte-cigarettes et maroquinerie. **(PALAIS.)**

12. BERTON-GILLÉE Fils et Cie, à Paris, rue Barbette, 11 bis. — Usine à vapeur. — Écrins pour bijoux. Boîtes pour orfèvres, bronzes, armes, coffres en ébénisterie. **(PALAIS.)**

Récomp. Paris 1855, Londres 1862, Paris 1867, méd. d'or ; Paris 1878, méd. d'argent.

13. BEZ Père & Fils, à Labastide-sur-l'Hers, (Ariège). — Peignes en cornes de bœuf, bélier, imitation buffle et écaille. Peignes en buis et en bois. **(PALAIS.)**

14. BINNECHÈRE (Edmond-E.-J.) et PROFFIT (Émile-E.-G.), à Paris, rue des Francs-Bourgeois, 48. — Cadres, articles de religion, nécessaires, boîtes à gants, à mouchoirs, petits meubles et coffrets. **(PALAIS.)**

15. BLAISE (Léon) & Cie, à Charleville (Ardennes). - - Brosserie, pinceaux.
(PALAIS.)

16. BLÉMONT (François), à Paris, rue Portefoin, 14. — Petits bronzes.
(PALAIS.)

17. BLETON C. & Cie, à Paris, rue Anthony, 10. — Encriers et fantaisies
(PALAIS.)

Anc¹. 39, faubourg du Temple. Maison fondée en 1840, par M. Piron. Encriers de poche, voyage, bureau et fantaisie. Étuis pour flacons de voyage, boîtes, cadres, etc. Réc. 1867-1878.

18. BOISSEAU (Alexandre-F.), à Châlons-sur-Marne (Marne), rue Grande-Étape, 30. — Pipes en racine de bruyère unies et sculptées. Blagues au crochet en fil et en soie. **(PALAIS.)**

Maison fondée à Metz en 1897. — Fabrication supérieure de pipes en racine de bruyère unies et sculp. Innovateur breveté des pipes à double perçage à retour de fumée purifiée et adoucie, marquées A. Boisseau, Châlons-sur-Marne. Fabrication de tabatières écorce de cerisier et bouleau. Fabrique de blagues au crochet en fil et en soie, genres spéciaux p. C¹⁰⁵, maisons de gros, bazars. — Maison à Paris, 23, rue Beaurepaire.

19. BONAZ (Ferdinand), à Oyonnax (Ain). — Peignes, fantaisies corne et celluloïd. **(PALAIS.)**

20. BONNET Ainé (Joseph), à Sainte-Colombe-sur-l'Hers (Aude). — Peignes buis, façon buis ordinaires, fins, surfins, extra-fins. **(PALAIS.)**

Fabrique de peignes, articles bon marché pour l'Exportation. Représenté par M. A. Rethaller, à Paris, boulevard de Strasbourg, 13.

21. BORGEST (Pierre), à Paris, rue Charlot, 7. — Lanternes de vestibules et suspension, en cuivre repercé, genre persan, veilleuses et globes à bougies, pipes orientales et services à café. **(PALAIS.)**

22. BOUCHÉ (Eugène-G.-H.), à Paris, rue Amelot, 74. — Stéréoscopes et petite ébénisterie. **(PALAIS.)**

23. BOUDINET (Théodore), à Paris, rue du Château-d'Eau, 5. — Vannerie fine et artistique. **(PALAIS.)**

24. BOYER, à Paris, rue du Temple, 112. — Tabletterie os.   **(PALAIS.)**
Fabrique de tabletterie os et ivoire, couverts, cuillères, porte-crochets, hochets, dés, os, porte-plumes fantaisies, bains de mer et pélerinages, christs.

25. BRECHET (F.-E), à Paris, rue du Temple, 152. — Écrins pour bijoux, boîtes pour orfévrerie, coffres pour services, argenterie, fantaisies diverses.   **(PALAIS.)**

26. BRIY Frères (Nicolas et Constant), à Paris, rue Chapon, 33. — Nécessaires, pupitres, caves à liqueurs ; boîtes à gants, à mouchoirs, à cigares, articles en bois variés.   **(PALAIS.)**

27. BROCHARD (Edmond-E.-G.), ancienne Maison **Midocq & Gaillard,** à Paris, rue du Temple, 151. — Maroquineries fines. Trousses, sacs de voyage et valises garnis. Boîtes à bijoux, à ouvrage, à ongles. etc. Porte-cartes et buvards.
                    (PALAIS.)
Médaille d'or Paris 1867 ; hors concours et membre du jury 1878 ; médaille "or Barcelone 1888.

28. CAHEN (A.), à Paris, boulevard Saint-Denis, 15 bis.—Albums de photographie, buvards. Porte-cartes et porte-feuilles. Sachets parfumés.   **(PALAIS.)**

29. CAHEN Frères, à Paris, boulevard Magenta, 162. — Brosserie en tous genres.
                    (PALAIS.)
Médailles, Paris 1867-1878. Voir classes 60 et 66 et aux annonces.

30. CARGNE-DROUET, à Andeville (Oise). — Couverts à salade, en nacre, ivoire, buffle et buis, manches pour coutellerie.   **(PALAIS.)**

31. CARON (Pascal), à Paris, rue Aumaire, 30. — Médaillons ivoire, objets de toilette.   **(PALAIS.)**

32. CARRIÈRE (E), à Paris, boulevard Richard-Lenoir, 115. — Cadres pour photographies en cuivre verni, doré et nickelé. Petits miroirs avec encadrements cuivre et zinc estampés.   **(PALAIS.)**
Miroirs avec cadres en cuivre estampé. Miroirs avec peluches, velours. Miroirs avec cadres en zinc nickelé etc. — Cadres pour photographies, en tous métaux spécialement pour bazars et l'exportation. Médaille de bronze à l'Exposition universelle de Paris 1878.

33. Chambre Syndicale ouvrière de la Tabletterie en peignes d'écaille, à Paris, rue Notre-Dame-de-Nazareth, 69. — Peignes, éventails, garnitures.   **(PALAIS.)**

34. CHEVILLE (A.) et Fils, à Paris, rue des Francs-Bourgeois, 22. — Brosserie.   **(PALAIS.)**
Ancienne Maison Cheville Jeune et Cheville-Loddé, fondée en 1817. — Manufacture de brosserie (Marque du Phénix). Fournisseur des Ministères de la Marine, de la Guerre, des Cies de Chemin de fer, des Hôpitaux et de la Ville de Paris. Récompenses, Paris 1855-1867-1878.

35. CHOLLETON (C.), à Paris, rue du Faubourg-Saint-Martin, 36. — Essuie-rasoirs, garnitures de toilette et vaporisateurs.   **(PALAIS.)**

36. CLÉMENT L'HERMEROUT, à Ezy (Eure). — Peignes en corne.
                    (E. C.) (PALAIS.)

37. CLÉRAY (Vve), à Paris, rue du Temple, 191. — Tabletterie d'écaille.
                    (PALAIS.)

38. COLIGNON-PETITCOLLIN (Exposition collective de). — Peignes en corne.   **(PALAIS.)**

Clément-L'Hermerout.	Delaunay-Leroy H)	Petit (A.).
Colignon-Petitcollin.	Miro Frères	Quidet Père et Fils.

39. COLIGNON-PETITCOLLIN, (Édouard), à Paris, boulevard Saint-Denis, 9. — Peignes et fantaisies en corne et en celluloïd.   **(PALAIS.)**

40. Compagnie française du Celluloïd, à Paris, rue Bailly, 11. — Peignes, bijouterie, tabletterie.   **(PALAIS.)**

Propriétaire de la marque Celluloïd, désignant les composés plastiques à base de pyroxyle.

Celluloïd, tabletterie, bijouterie, peignes et épingles et toutes fantaisies pour coiffures, brosserie. Articles de fumeurs, blagues, bouts de pipes et de cigare.

Porte-monnaie, articles de maroquinerie, manches de couteaux ; fleurs et feuillages artificiels; claviers de pianos, poignées de cannes et de parapluies ; baleines ; articles de bureaux ; palettes ; montures de lunetterie ; crochets et aiguilles à tricoter ; bouchons à capsules ; articles de chirurgie, de pyrotechnie, applications à l'électricité ; tissus et linge américain pour cravates, cols et manchettes ; cuirs à chapeaux ; ébénisterie.

Maisons à St-Claude, Oyonnax, Cologne, Londres, Vienne, Milan, Barcelone, Varsovie, Buenos-Ayres. — Récompenses : 1878, Paris ; 1883, Amsterdam.

41. Compagnie générale de Chromolithie, à Paris, rue Bailly, 11.— Billes de billard normal.   **(PALAIS.)**

Ivoire chromolithe.
Billes de billard, marque « Eureka ».
Dés à jouer et articles de jeux de toutes espèces.
Boutons de manchettes, d'habits, unis et incrustés.
Usine à Argenteuil (Seine-et-Oise).

42. CORNON, REY & Cie, à Paris, rue de Chaillot, 23. — Vannerie parisienne en tous genres.   **(PALAIS.)**

43. CORREAUX (Vve), à Paris, passage des Princes, 6. — Objets en ivoire.   **(PALAIS.)**

Médaille bronze, Paris 1855 ; médaille argent, Paris 1867 ; médaille or, Paris 1878.

44. COSTE-FOLCHER, à Paris, rue du Faubourg-Saint-Denis, 87. — Articles de vannerie.   **(PALAIS.)**

45. COURTEILLE (Victor), à Couterne (Orne). — Coquillages de menuiserie formant une croix encadrée.   **(PALAIS.)**

46. CRETZSCHMAR-FILLIOLLE (J.-François), Fabrique de maroquinerie fine, à Paris, rue Pastourelle, 6. — Buvards, portefeuilles, porte-cigares, porte-monnaies, articles de bureau.   **(PALAIS.)**

Récompenses : Paris 1855, Paris 1867, médaille de bronze ; Paris 1878, médaille d'argent.

47. DAGONET (Ernest), à Paris, rue Notre-Dame-des-Champs, 85. — Buste ivoire, portrait de Mme J.; médaillon ivoire, Mlle S. P.   **(E. C.) (PALAIS.)**

48. DAMOUR (Césaire), à Ivry-la-Bataille (Eure). — Peignes à retaper, lisser et décrasser en, corne de buffle et d'Irlande.   **(E. C.) (PALAIS.)**

49. DEBRYE (Clovis-A.), à Paris, rue Michel-le-Comte, 19. — Brosses à dents, à ongles, à tête, à habits, à peignes, à barbe.   **(PALAIS.)**

50. DEGOUY (Alexandre), à Paris, rue du Faubourg-du-Temple, 133. — Articles de bureau, d'étagères, de bains de mer et de cercles.   **(PALAIS.)**

51. DEKÉMEL (Numa) & Neveu, à Villers-sous-Saint-Leu (Oise). — Étuis à lunettes, étuis pour allumettes, encriers de poche.   **(PALAIS.)**

52. DELACOUR (Clovis), à Paris, boulevard Saint-Germain, 56. — Statuettes ivoire, Coquetterie, Amour vainqueur, bas-relief, Printemps, Psyché abandonnée, portrait de Mme T.   **(E. C.) (PALAIS.)**

53. DELATTRE Frères, à Paris, rue du Temple, 103. — Vannerie artistique, corbeilles à pain et à fruits, cabarets à bière et à liqueurs.   **(PALAIS.)**

54. DELAUNAY-LEROY (Hippolyte), à l'Habit, près Saint-André (Eure). — Peignes en corne.   **(E. C.) (PALAIS.)**

55. DELFOLIE (François), à Paris, rue Barbette, 9. — Cuivrerie, cafetières russes en tout métal, moulins à poivre, ronds de serviettes extensibles, dessous de plats cuivre et zinc, réchauds.   **(PALAIS.)**

56. DELPORTE (Alphonse), à Paris, rue Chapon, 5. — Porte-monnaie, porte-cigares et cigarettes, porte-cartes, livres de messe, en écaille, nacre, ivoire, etc.
(PALAIS.)

Spécialités de plaques pour éditeurs et intérieurs pour plaques.
Bois d'olivier et autres.

57. DEMORGNY, à Paris, rue du Temple, 142, — Petits bronzes.   **(PALAIS.)**

58. DESCLOIX Frères, ancienne Maison **Bourgade**, à Paris, rue Vieille-du-Temple, 74. — Brosses en tous genres : Queue de morue pour équipages, marque « Gérard », brosse virole cuivre, recouverte, sertie.   **(PALAIS.)**

59. DESMAREST, à Paris, Cour des Petites-Écuries, 9. — Pulvérisateurs, vaporisateurs.   **(PALAIS.)**

60. DESPRATS (Charles), à Cahors (Lot). — Balais munis de la monture genouillère.   **(PALAIS.)**

61. DESQUESNES (C.-Félix), à Paris, rue St-Denis, 219. — Articles de religion, de bureau, de fumeurs et de toilette, en ivoire et en écaille.   **(PALAIS.)**

62. DIDOUT Fils (Hippolyte), à Paris, rue du Buisson-Saint-Louis, 28. — Fermoirs pour bourses, blagues, porte-monnaie, porte-cigares, porte-cigarettes et sacs pour dames.   **(PALAIS.)**

63. DIEM, à Paris, rue de Chabrol, 34. — Articles pour fumeurs, cigare-pipe. **(PALAIS.)**

64. DOISY (Édouard-Charles), à Paris, rue de Turenne, 117. — Meubles, marquetterie de nacre, nécessaires, boîtes et fantaisies.   **(PALAIS.)**

65. DOMETTE (G.) et GUTH (P.), à Paris, rue de Bondy, 54. — Bronzes fantaisie, objets religieux, émaux.   **(PALAIS.)**

Maison fondée en 1872 par Ravenet. — Récompense : Médaille de bronze, Paris 1878.

66. DOSSCHE (A. et G.) Successeurs de **J. Dossche**, à Lille, (Nord) rue de la Plaine, 84. — Peignes en tous genres en métal nickelé pour coiffure.   **(PALAIS.)**

67. DUHAUT (Alphonse), à Paris, boulevard de Sébastopol, 84. — Peignes et épingles celluloïd, corne, écaille ; modèles, pour la commission et l'exportation. Tabletterie, manches d'ombrelles, articles pour fumeurs.   **(PALAIS.)**

Maison fondée en 1864.
Fabrique de peignes.
Grande usine à vapeur à Oyonnax (Ain).
(Voir les médailles au Botin).

68. DUBOIS (Adrien), à Paris, boulevard de Strasbourg, 7. — La Pince Universelle Dubois pour Étalages de Pipes et la Pince-Preneuse.   **(PALAIS.)**

Inventeur-Fabricant de la Pince Dubois pour Étalages de Pipes, Fleurs, Plumes, etc. dite Pince Universelle, brevets France, Belgique, Angleterre, Allemagne. La Preneuse saisit au loin les objets. La Cueilleuse coupe et apporte la fleur dans la main. (Voir horticulture.)

69. DUFOUR & Cie, (Maison) **T. Deserces** successeur, à Paris, rue du Faubourg-Saint-Denis, 48. — Vaporisateurs pour parfums.   **(PALAIS.)**

70. DUFRENEY (Henri), à Paris, rue Saint-Denis, 50. — Brosserie.
(PALAIS.)

Médailles aux Expositions Universelles de Paris 1855 et 1867.
Hors concours en 1878.

71. DUMAS-GARDEUX (Antoine), à Paris, rue Geoffroy-Langevin, 17. — Brosses pour la toilette et pour le ménage.   **(PALAIS.)**

72. DUPONT (A.) & Cie, à Beauvais (Oise). — Brosserie fine pour toilette tabletterie.   **(PALAIS.)**

Maison fondée en 1845. — Brosserie fine, Boutons, Tabletterie, Soies de porcs préparées. Marques de fabrique : qualité supérieure, un Éléphant ; qualité extra fine, un Lion ; qualité fine. Arts utiles. Manufacture à Beauvais (Oise). — Maison de vente à Paris, 44, rue de Turbigo. — Maisons à Londres, 54, Aldermanbury, E. C. ; à New-York, 80, Chambers Street.

73. DURUP (J.-E), Successeur de **P. Leullier & Cie,** à Paris, rue Vieille-du-Temple, 15. — Plumeaux en tous genres. Plumes brutes.   **(PALAIS.)**
Mention honorable à l'Exposition Universelle de 1878.

74. EMERY, à Paris, rue Dupetit-Thouars, 18. — Petits bronzes.   **(PALAIS.)**

75. FAVIER-BOURGUIGNON, à Paris, rue du Faubourg-St-Martin. 74. — Vannerie de fantaisie.   **(PALAIS.)**
Vannerie en gros, articles d'utilité et de luxe, pour voyages, confiseurs et bains de mer. Médaille à l'Exposition universelle 1878.

76. FAUVEL-DELEBARRE, (Cormier (C.) Successeur), à Paris, boulevard Bonne-Nouvelle, 10. — Peignes, brosses et éventails en écaille, corne et celluloïd.   **(PALAIS.)**
Marque : Porte Saint-Denis et Saint-Martin.
Récompenses : London 1851, Prize medal. — Paris 1855, médaille de 1re classe. — London 1862, Prize medal. — Paris 1867 et 1878, médailles d'argent.

77. FEX (Jules-A.) Aîné et PARDOUX (Victor-J.), à Paris, rue des Quatre-Fils, 22. — Pipes et articles pour fumeurs.   **(PALAIS.)**

78. GABET (Justin), à Mostiébard, commune de Saint-Aulde, Canton de la Ferté-sous-Jouarre (Seine-et-Marne).—Coffret céramique, fleurs. Christs genre rustique, nids genre terre cuite, cadre vert antique, objets pour confiseurs et parfumeurs. **(PALAIS)**

79. GAUCHOT (L.-Léonard), à Paris, rue St-Martin, 223. — Brosses. miroirs pièces creusées en ivoire.   **(PALAIS.)**

80. GÉRIN (Henri), à Paris, boulevard Magenta, 3. — Pipes en écume et bruyère, porte-cigares et cigarettes ambre et écume.   **(PALAIS.)**

81. GIRARD (B.-D.-Eugéne), à Lagny (Seine-et-Marne). — Brosses à tableaux et tileurs à la règle.   **(PALAIS.)**

82. GIRAUDET (J.-Auguste-D.), à Paris, rue de Tracy, 14. — Petits bronzes articles pour parfumeurs, confiseurs et garniture de bureau.   **(PALAIS.)**

83. GIRAUDON (S.-A.), à Paris, rue Thérèse, 1. — Maroquinerie de luxe, coffres à bijoux, cadres, albums, porte-cartes, porte-monnaie, buvards.   **(PALAIS.)**
Paris 1878, médaille d'argent. — Anvers 1885, diplôme d'honneur et médaille d'or. — Bruxelles 1888, deux diplômes d'honneur. — Croix de la Légion d'honneur.

84. GOETSCH (Louis), à Paris, passage des Panoramas, 14. — Pipes, écume de mer et ambre.   **(PALAIS.)**

85. GOUVERNEUR (Achille), à Paris, quai de l'Horloge, 37. — Coffres et gaînes pour orfévrerie, porcelaine, armes, objets d'art, garniture de meubles et vitrines pour orfévrerie, écrins.   **(PALAIS.)**

86. HALBOISTER Fréres, à Paris, rue des Haudriettes, 5. — Cadres et albums.   **(PALAIS.)**
Cadres de toutes grandeurs en bronze, velours, cuir. Peluche et bois doré pour photographie. Peinture. Émaux. Miniatures etc. Album spécial pour cartes émaillées et autres. Médailliers complets, reproduction des médailles d'Expositions françaises et étrangères. Colonnes tournantes pour photographes, de toutes grandeurs, bronze ou bois. Écrins et paravents. Gaînerie et maroquinerie fine. Installation complète de vitrines cuivre, ou bois sculpté pour photographies. Garniture de meubles et de nécessaire. Médailles de bronze, Paris 1878.

87. HANDRICH(Arnold-Ch), à Paris, rue St-Denis, 168 (anciennement,rue de Bondy, 13). — Bonbonnières en corne, ivoire, écaille, etc. Articles de bureaux et de fumeurs. Fantaisies corne montées petit bronze. Chausse-pieds.   **(PALAIS.)**
Spécialité de bonbonnières en corne, écaille, ivoire, poudre Écaille.
Boîtes à houppe et à bijoux, or et ivoire, chausse-pieds.

88. HARLEUX (Alphonse-J.), à Paris, rue des Gravilliers, 31. — Manches pour écrans, pour cachets, manches et anses pour orfévrerie. .   **(PALAIS.)**

89. HAULET (Émile), à Paris, faubourg du Temple, 25. — Tabletterie, ivoire, écaille et nacre.   **(PALAIS.)**

90. HÉNIN (F. V.), à Paris, cité Dupetit-Thouars, 8. — Billes de billard en ivoire, coulants de serviettes et articles d'ivoire. Boutons de porte et poignées en buffle.   **(PALAIS.)**

Récompenses : Mention honorable, Paris, 1878.

91. HENNEGUY (Louis), à Paris, rue de l'Échiquier, 4. — Bas-relief ivoire, Nymphe marine, statuette, Amour aveugle, camée nacre, Diane au bain, Berger et Sylvain.   **(E. O.) (PALAIS.)**

Voir Exposition d'éventails, classe 35.

92. HENRY (L.), à Paris, rue Notre-Dame-de-Nazareth, 30. — Petit bronze, porcelaines et cristaux montés, genre Sèvres, boîtes et vases Saxe. Coffrets, toilettes, etc.   **(PALAIS.)**

93. HERBILLON (C.), à Charleville (Ardennes). — Brosserie, pinceaux.   **(PALAIS.)**

94. HOULET (Eugène), à Paris, boulevard Saint-Martin, 29. — Petits bronzes fantaisie, faïences montées, cristaux, onyx.   **(PALAIS.)**

95. HUCHEZ (Jules), à Paris, rue Montgolfier, 16. — Peignes, épingles de coiffures, montures d'éventails, articles de bureau, poignées de cannes et d'ombrelles.   **(PALAIS.)**

96. IVRY-LA-BATAILLE (Eure), (Exposition collective d').   **(PALAIS.)**

Damour (C.).   Lefaucheux (N.).   Martel (H.).

97. JEANDEL-BRIQUET (C.-V.), à Toul (Meurthe-et-Moselle), rue du Change, 16. — Pipes en racine de bruyère unies et sculptées.   **(PALAIS.)**

98. JEANNIN (Jules), à St-Claude (Jura). — Tabatières et autres objets en corne, ivoire, celluloïd, écaille.   **(PALAIS.)**

99. JEANTET-DAVID, à Saint-Claude (Jura). — Pipes en bruyère et articles de Saint-Claude.   **(PALAIS.)**

Maison fondée en 1816. Prize medal, Londres 1862. — Médaille de Jury, Paris 1867. — Médaille d'argent, Paris 1878.

100. JEENER (G.), à Paris, rue du Faubourg-Saint-Martin, 76.—Albums et livres nesse.   **(PALAIS.)**

Albums pour photographies et livres de messe en reliure de luxe. Tabletterie nacre, ivoire, etc. Éditeur en français, espagnol et portugais. 2 méd. de bronze et mention hon., Paris 1878.

101. JOANNOT Fils (Émile), à Paris, rue de Turbigo, 52. — Peigne, corne, écaille, etc.   **(PALAIS.)**

102. JOSEPH, à Paris, rue des Poitevins, 7. — Pipes et narguilés.   **(PALAIS.)**

103. JOUBERT (A.), à Paris, rue Notre-Dame-de-Nazareth, 41. — Maroquinerie fantaisie.   **(PALAIS.)**

104. KELLER (Félix), à Paris, rue Pastourelle, 27.—Christs, bénitiers, médaillons, statuettes.   **(PALAIS.)**

105. KELLER (Gustave), (Keller frères Successeurs), à Paris, rue de Turbigo, 65. — Sacs-nécessaires. Maroquinerie. Orfévrerie.   **(PALAIS.)**

Fournisseurs brevetés de la Cour d'Espagne. — Pièces de Commande.
Médaille d'argent, Exposition universelle de Paris 1867; Médaille d'or, Exposition universelle de Paris 1878. — TÉLÉPHONE.

106. KOHLER (Émile-J.), à Paris, rue du Moulin-des-Prés, 38. — Chapelles, croix, bénitiers, miroirs, cadres pour photographies, glaces à main, émaux cloisonnés, psyché.   **(PALAIS.)**

107. KORNER Guillaume, (Au Shah de Perse), à Paris, boulevard St-Germain, 12. — Porte-cigares et cigarettes, pipes en écume de mer et ambre, sculptures et armoiries, articles pour fumeurs.   **(PALAIS.)**
Maison fondée en 1865.
Commission. — Exportation.

108. LAPALME, à Paris, rue Chapon, 6. — Crochets pour la broderie. Dés à coudre, poinçons, couteaux à papier, anneaux, hochets, porte-plumes, lorgnettes.
(PALAIS.)

109. LABOURÉ (Émile-H.), à Paris, rue du Temple, 71.— Articles pour confiseurs, chocolatiers et parfumeurs, coffrets riches, boîtes à gants, bijoux et mouchoirs.
Maison fondée en 1846.   **(PALAIS.)**

110. LEDOUBLE (Mme Jules), à Paris, galerie d'Orléans, 27, Palais-Royal. — Harnachements et vêtements pour chiens.   **(PALAIS.)**

111. LEFAUCHEUX (Napoléon), à Garennes (Eure). — Peignes en corne.
(E. C.) (PALAIS.)

112. LEFORT Frères, à Paris, rue de Turbigo, 57.— Tabletterie ivoire, écaille, nacre, etc.   **(PALAIS.)**

113. LEGAVRE Fils (Jules-E.), à Paris, boulevard de Sébastopol, 60,— Peignes. épingles et fantaisies en écaille, corne, celluloïd et doré, brosses, éventails et tabletterie en écaille.   **(PALAIS.)**

114. LEGRAIN (D.-L.-Émile), à Paris, rue du Temple, 162. — Christs et statuettes en ivoire.   **(PALAIS.)**
Mention honorable à l'Exposition universelle de Paris 1878.

115. LELOIR, Frères, (Manufacture parisienne de brosses et pinceaux, à Paris, rue Comminos, 14. — Brosses et pinceaux.   **(PALAIS.)**

116. LENÉGRE (J.), à Paris, rue Béranger, 7. — Porte-cartes, porte-monnaies, buvards, papeterie, garnitures de bureaux, albums et articles pour photographies.
(PALAIS.)

117. LENOIR (Émile), à Paris, rue du Temple, 162. — Bourses, porte-monnaie, articles de fumeurs.   **(PALAIS.)**

118. LERUTH (Paul), à Paris, rue de Bondy, 32.— Nécessaires de couture et de voyage, petits meubles.   **(PALAIS.)**

119. LEVRIER (Louis), à Oyonnax (Ain). — Peignes et épingles, fantaisie en corne et celluloïd.   **(E. C.) (PALAIS.)**

120. LHOEST Ainé (Émile-V.), à Paris, avenue d'Antin, 49 bis. — Peignes, éventails, brosses, glaces, crochets pour tapisseries, boîtes, cannes et manches d'ombrelles, coupe-papier, liseuse. Corbeilles de mariage.   **(PALAIS.)**

121. LOUBET (Guillaume), à Paris, rue Vandrezanne, 4. — Objets en corne incrustée.   **(PALAIS.)**

122. LOUCHART (Jules), à Paris, rue Étienne-Marcel, 3. — Peigne et tabletterie en écaille, ivoire, corne, celluloïd, etc.   **(PALAIS.)**

123. LUCAS Fils (Nicolas), à Paris, rue du Temple, 83. — Porte-monnaie, bourses, blagues, sacs de dames, portefeuilles, porte-cartes, trousses de travail et de toilette, porte-cigares, porte-cigarettes.   **(PALAIS.)**

124. MAIRE (Eugène), à Paris, rue Notre-Dame-de-Nazareth, 64. — Porcelaines et cristaux montés. Bronze imitation, genre Viennois.   **(PALAIS.)**
Caves à Liqueurs, Toilettes, Glaces, Porte-Flacons, Boîtes à houppes, Coffrets à Bijoux, Vases et Cornets à fleurs, Jardinières, Porte-Cartes, Vide-Poches, Porte-Montres, Épingliers, Porte-Dés et Aiguilles, Encriers, Garnitures de Bureaux, Presse-Papiers, Animaux, Timbres.

125. MARÉCHAL (A.), RUCHON et Cie, à Paris, rue de la Verrerie, 38. — Pipes et articles pour fumeurs. **(PALAIS.)**

126. MARTEL (Henri-L.), à Ivry-la-Bataille (Eure). — Billes de billard. **(PALAIS.)**

127. MASSON (L.-Auguste), à Paris, rue Notre-Dame-de-Nazareth, 69. — Peignes, éventails, garnitures de toilette et de bureau et fantaisie en écaille. **(PALAIS.)**

128. MATHIEU (Maurice), à Paris, rue de Saintonge, 43 — Petite ébénisterie, nécessaires, coffrets à bijoux, etc. **(PALAIS.)**

129. MAUREY-DESCHAMPS, à Paris, rue de Turbigo, 65. — Brosserie fine pour toilette en écaille, ivoire, buffle, os et bois. **(PALAIS.)**

130. MEINVIELLE (Successeur de **A. Laedlein et Simonot, «Au Mètre Balai»**), à Paris, rue St-Denis, 30. — Balais à douille cuivre, brosserie d'appartements, brosses pour selliers et carrossiers, appareils de frottage. **(PALAIS.)**

131. MESLANT (Alfred-A.-J.), à Paris, rue Notre-Dame-de-Nazareth, 13. — Fabrique de maroquinerie en tous genres, portefeuilles, porte-cartes, porte-cigares, porte-cigarettes, porte-monnaie, porte-monnaie d'officier, trousses de poche, etc. **(PALAIS.)**

Récompense : Paris 1878, médaille d'argent.

132. MEYER (Guillaume), à Paris, rue des Archives, 17. — Grands et petits portefeuilles, porte-monnaie, porte-cartes, nécessaires, sacs de dames, articles pour fumeurs, garnitures de bureau et pour mariage. **(PALAIS.)**

133. MICHELIN (Victor) (Successeur de **A. Conin**), à Paris, boulevard de Sébastopol, 60. — Bijouterie religieuse, or et argent. **(PALAIS.)**

Fabrique de christs et statuettes en bronze et ivoire. — Brevet pour la chaîne de chapelets AC. indécrochable dite, bicrochet. — Bénitiers en tous genres. — Deux médailles argent et bronze Exposition 1878.

134. MIFÉ Jenne (Augustin), à Paris, rue Alibert, 8. — Fermoirs de porte-monnaie. **(PALAIS.)**

Breveté S. G. D. G. Usines à vapeur. Articles d'acier poli, fabrique de fermoirs de porte-monnaie, sacs de dames, bourses, blagues, etc. Commission, exportation.

135. MIRC Frères, à Léran (Ariège). — Peignes en corne. **(E. C.) (PALAIS.)**

136. Monville Phibrolithoïd Co., Limited (The), à Paris, rue du Château-d'Eau, 8. — Peignes, brosserie, bouts de pipes, bijouterie, tabletterie, articles de fumeurs en phibrolithoïd. **(PALAIS.)**

137. MOREAU-VAUTHIER (Exposition collective de Augustin J.). — Sculpture en ivoire. **(PALAIS.)**

DAGONET (E.).   HENNEGUY (L.).   SCAILLET (E.).
DELACOUR (C.).   MOREAU-VAUTIER (A.).

138. MOREAU-VAUTHIER (Augustin), à Paris, rue Notre-Dame-des-Champs, 70 bis. — Statuette ivoire, Fortune, la Peinture, Néréide, Ste-Geneviève, buste ivoire. **(E. C.) (PALAIS.)**

139. MOUTIÉ (H.-Émile), à Paris, rue de Saint-Denis, 232. — Houppes en cygne, houppes en laine, dites houppes-brosses, ou houppes velours. Boîtes à houppes de poche. **(PALAIS.)**

140. MUSSEL (Henry), à Paris, rue du Temple, 71. — Petits bronzes et vannerie artistique en métal. **(PALAIS.)**

141. NAUDIN (J.-Auguste-N.), à Paris, rue Lafayette, 239 bis. — Statuettes, bas-reliefs, portraits, éventails, objets de religion. **(PALAIS.)**

142. NERSON (Alex.) & Fils, à Paris, rue des Francs-Bourgeois, 43. — Gaînerie, écrins de bijoux, etc. **(PALAIS.)**

143. NOEL Frères, à Lyon-Vaise (Rhône), rue de la Pyramide, 10. — Pipes en terre de bruyère à systèmes. **(PALAIS.)**

144. NOTTON (Sébastien) & Cie, à Saint-Claude (Jura).— Pipes en bruyère.
(PALAIS.)
Fabrique de pipes de bruyère.
Maison à Londres, 5, Fell street, Wood street (Angleterre).

145. OLLIVON (Henry), à Paris, rue du Temple,59. — Manufacture de plumeaux.
(PALAIS.)
Récompenses : Barcelone 1888, médaille d'argent.

146. OYONNAX (Exposition collective de la Ville d'),Maire : **L. Verdet**, à Oyonnax (Ain). — Peignes en corne, en ergot, en celluloïd, etc.
(PALAIS.)

BONAZ (F.).   LEVRIER (L.).   VERDET (L.).

147. PASTÉYER (Joseph-M.), à Paris, rue du Faubourg-Saint-Denis, 142.—
Briquets mécaniques et timbres de table (l'Electric-Répétition).   **(PALAIS.)**

148. PATILLON (Ferdinand) & ses Fils, à Ravilloles, canton de Saint-Claude (Jura). — Bimbeloterie, corne, or, corozo, bois et buis.   **(PALAIS.)**
Représenté par M. Dollfus, rue de la Douane, à Paris.

149. PÉAN (Jules), à Paris, rue Réaumur, 46. — Petits bronzes fantaisie. Montures artistiques de faïences.   **(PALAIS.)**

150. PECQUET (Désiré), à Paris, rue Bichat, 16. — Montures pour éventails.
(PALAIS.)
Éventails en écaille blonde et brune.
Montures pour plumes d'autruche et marabouts, pouvant servir en même temps pour les feuilles de dentelles.

151. PERDRIX (Ambroise-P.), au Mans (Sarthe), rue de l'Hôpital, 90. —
Blagues à tabac au filet.   **(PALAIS.)**

152. PETIT (Auguste), à Ivry-la-Bataille (Eure). — Peignes en corne,
(E. C.) (PALAIS.)

153. PETIT (L.), à Paris, rue Montorgueuil, 71.—Articles de poche en petite orfèvrerie, maroquinerie, tabletterie et objets artistiques.   **(PALAIS.)**
Garnitures de bureaux. Objets d'étagères. Fantaisies pour fumeurs, en ivoire, écaille, bois des îles, requin de Chine, galuchat argent et or, émail, aluminium et acier noir.

154. PETITCOLLIN (Nicolas), à Paris,boulevard de Sébastopol,125.—Peignes fantaisie en corne et celluloïd.   **(PALAIS.)**

155. PIERRAT, à Paris, rue de Rambuteau, 71. — Peignes en tous genres.
(PALAIS.)

156. PINSON-FOUCARD (Jules),(Successeur de **Foucard**),à Paris, boulevard Saint-Martin, 13. — Plaques et objets divers en imitation ininflammable et inodore de nacre, écaille, ivoire et marbre. Usine à Bourg-la-Reine.   **(PALAIS.)**
Médailles d'argent en 1878, 1867, 1855.

157. PITET Aîné (C.-A.), à Paris, rue du Faubourg St-Denis, 24. — Pinceaux, brosses et outils pour la peinture en tous genres, fabrique spéciale de brosses à bâtiments, à Saint-Brieuc (Côtes-du-Nord).   **(PALAIS.)**
Maison fondée en 1831. — Récompenses : Paris, 1878, 2 médailles d'or. Philadelphie, 1876, 1re médaille. Anvers, 1885, médaille d'or.

158. PLESSARD (Louis-V.) à Paris, rue Fontaine-au-Roi, 21. — Maroquinerie, porte-monnaie, etc.   **(PALAIS.)**

159. PRANGEY (Auguste), à Paris, rue de Jarente, 6.—Cadres en métal pour photographies, miroirs et autres. Bustes, petits bronzes.   **(PALAIS.)**

160. PRÉVEL (R.), à Paris, rue Beaubourg, 41. — Peignes, brosserie, éventails, et toute fantaisie écaille.   **(PALAIS.)**

161. QUIDET Père & Fils, à Ivry-la-Bataille (Eure). — Peignes en ivoire,
(**E. C.**) (**PALAIS.**)

162. QUITTE (P.-Alexis), à Paris, rue Notre-Dame-de-Nazareth, 27.—Articles
de fantaisie en métal.   (**PALAIS.**)

163. QUITTET (Édouard H. E.), à Paris, rue Bausset, 16. —Peignes démontables en métal.   (**PALAIS.**)

164. RAGAREUX (Eugène), à Paris, rue du Vert-Bois, 35. — Cadres pour
photographies.   (**PALAIS.**)

165. RAINFRAY (J.), (gendre et successeur de **E. Mutet**), à Paris, rue Pavée-au-Marais, 24. — Vannerie de Paris, haute-nouveauté pour confiseurs.   (**PALAIS.**)

166. RAVET (Paulin-M.), à Paris, rue de Vaugirard, 338. — Porte-monnaie,
porte-cigares, porte-cigarettes, blagues et trousses.   (**PALAIS.**)

167. REINIER (Arthur), (Successeur de **Hoffman**), à Paris, rue de Turenne,
82. — Gants et lanières en crin pour frictions, brosses en crin et en flanelle. (**PALAIS.**)

168. RENAULT (Vve Alfred), à Paris, rue Malher, 12. — Brosses et pinceaux pour la peinture. Articles pour l'exportation.   (**PALAIS.**)

169. ROBERT (Émile), à Méru (Oise). — Brosses os et bois; dièses en ébène
pour pianos ; touches en os et divers articles de tabletterie.   (**PALAIS.**)

170. ROGER (Charles-E.), à Paris, rue de Domrémy, 56. — Objets divers en
ivorine imitant l'ivoire, le marbre et le bois.   (**PALAIS.**)

171. ROQUET (F.) & PAPIN (J.), à Rouen (Seine-Inférieure), rue de la
Vicomté, 34. — Brosserie en tous genres par procédés mécaniques et à la main.
(**PALAIS.**)

172. ROUX (Afred), à Paris, rue Étienne-Marcel, 2. — Balais, brosserie en tous
genres.   (**PALAIS.**)

173. SARRE (Alphonse-F.), à Châlons (Marne), rue Saint-Jacques, 68.—Balais
d'appartement, balais de cantonniers, balais d'âtre. Brosses à frotter les parquets,
brosses à chaussures, brosserie militaire, d'écurie, pour lavoirs.   (**PALAIS.**)

174. SAUTET (Alfred-J.), à Paris, rue Réaumur, 29. — Peignes et épingles en
celluloïd.   (**PALAIS.**)

Médailles de bronze aux Expositions : Liverpool 1886 ; le Havre 1887, Barcelone 1888.

175. SAVOIE (Charles), à Paris, rue Claude-Pouillet, 3. — Grosse brosserie.
(**PALA'S.**)

176. SCAILLIET (Émile-P.), à Paris, rue Notre-Dame-des-Champs, 34. —
Statuette argent, or et ivoire. Statuette, buste, médaillons en ivoire. (**E. C.**) (**PALAIS.**)

177. SCHMAND (Guillaume), à Paris, rue de Poitou, 43.—Maroquinerie fantaisie.   (**PALAIS.**)

178. SOMMER (Jean-F.), à Paris, passage des Princes, 11. — Pipes, écume et
bruyère.   (**PALAIS.**)

Maison fondée en 1855. — Commission. Exportation. — Médaille d'or, Paris 1878.

179. SORMANI (Paul), à Paris, rue Charlot, 10.—Maroquinerie, sacs de voyage,
petits meubles de fantaisie.   (**PALAIS.**)

Fabrique de nécessaires, trousses, sacs et mallettes de voyage vides et garnis, maroquinerie
fine, boîtes à bijoux, ongliers, etc.
Orfèvrerie de toilette. — Spécialité d'articles pour corbeilles de mariage.
Envoi franco du Catalogue illustré.
Ameublements artistiques, reproduction de meubles et bronzes anciens, Louis XIV,
Louis XV, Louis XVI. — Médailles : argent, Paris 1855 ; argent, Paris 1867 ; or, Paris 1878 ;
diplôme d'honneur, Amsterdam 1883.

180. SYMON (Maximilien), à Paris, rue Portefoin, 12. — Tabletterie ivoire,
nacre et écaille.   **(PALAIS.)**

181. TALET (Jules), à Bordeaux (Gironde), rue Dubourdieu, 103. — Balais en
sorgho, balais de luxe.   **(PALAIS.)**

182. TESSON (Vve), à Paris, rue Notre-Dame-de-Nazareth, 17. — Brosses à
barbe.   **(PALAIS.)**

Brosses à barbe, blaireaux en soie et imitation.

183. THIBAULT (Léon), à Paris, boulevard Saint-Martin, 3. — Paroissiens,
albums, buvards, classe-valeurs, portefeuilles, papeteries, porte-cartes, rouleaux et
porte-musique, serviettes, sous-mains, sacs de cours.   **(PALAIS.)**

184. THOMAIN (Emmanuel-T.), à Paris, rue Notre-Dame-de-Nazareth, 9.—
Tabletterie de Méru, aiguilles et crochets tunisiens et triboulets, os, ivoire, nacre,
acier et buis. Etuis os et palissandre de toutes sortes.   **(PALAIS.)**

Porte-crochets en tous genres. Tire-boutons, chausse-pieds, fiches et jetons. Marques de jeux,
dominos. Usine à Méru (Oise).

185. THOMAS (L.-F.), à Paris, rue St-Martin, 257.— Brosserie fine pour toilette.
                                                                               (PALAIS.)

186. TIROT (A.), à Origny-en-Thiérache (Aisne).— Vannerie fantaisie et modèle.
                                                                               (PALAIS.)

Médaille d'or, Bruxelles 1888. Médaille d'argent à Barcelone 1888.

187. TISSIER (Louis), à Paris, rue Saint-Sabin, 56. — Systèmes différents de
moules à cigarettes   **(PALAIS.)**

Le Rapide, l'Express, l'Express perfectionné, l'Électrique, le Subtil automatique, le Veloce,
l'Éclair, le Moule à rouleaux, l'Universel, brevetés S. G. D. G. — Commission. Exportation.

188. TURBOT & MAYER, à Paris, boulevard Richard-Lenoir, 83. — Bronze
fantaisie artistique.   **(PALAIS.)**

189. VAN BALTHOVEN (L.-Pierre) & GILLOT (T.-Alphonse), à
Paris, rue Pastourelle, 8. — Etuis pour lunettes et pince-nez.   **(PALAIS.)**

190. VAN MINDEN (Philippe), à Paris, rue Charlot, 15. — Encadrements,
photo-peinture et articles religieux.   **(PALAIS.)**

191. VANY Frères, à Charleville (Ardennes). — Balais, brosses et pinceaux.
                                                                               (PALAIS.)

Spécialité de brosses à habits et d'articles pour sellerie. Balais d'appartements à emmanchage
métallique, breveté s. g. d. g. balais, brosses à parquets, brosses à meubles, etc., garniture
feutre, brevetés, s. g. d. g. préservant de toute détérioration les meubles et lambris.

192. VAUDAINE (L.), à Paris, rue du Faubourg-Saint-Denis, 18. — Briquets et
articles pour fumeurs.   **(PALAIS.)**

193. VERDET (Lucien), maire d'Oyonnax (Ain). — Peignes à retaper, à décrasser, à chignon, épingles, barrettes, catogan, fantaisies pour coiffures, en corne,
ergot, celluloïd.   **(E. C.) (PALAIS.)**

194. WILLARD-GRUNBAUM (George), à Paris, boulevard Poisson-
nière, 14. — Nécessaires à ouvrage, à toilette, à brosse, boîtes bijoux, caves à odeur,
ongliers, buvards, petits meubles.   **(PALAIS.)**

COLONIES.

——

ALGÉRIE.

1. ALI ben Touati, à Bou Sââda (Alger). — Sacoche (djebira), porte-monnaie, bourse de femme, miroir.   (ESPLANADE.)

2. AMAR ben Ali, à Constantine, rue Sidi-Bou-Maza, 10. — Volière.   (ESPLANADE.)

3. AMAR ben M'hamed Saïd, à Taourirt-Mimoun, Commune mixte de Fort National (Alger). — Pupitres.   (ESPLANADE.)

4. AMOR ben Bisker, à Bousââda (Alger). — Service à café en alfa.   (ESPLANADE.)

5. ARFSKI ben Mohamed Arab, à Taourirt Mimoun, Commune mixte de Fort National (Alger). — Porte-montre et pupitres.   (ESPLANADE.)

6. BACRI (Mardochée-Cahen), à Alger, rue Doria, 12. — Porte-monnaie, djebiras, paniers, corbeilles.   (ESPLANADE.)

7. BELKACEM ben Taïeb, au Douar-Meid (Constantine). — Cuillers en bois et cuiller à pot.   (ESPLANADE.)

8. BOGHAR (Commune indigène de), à Boghar (Alger). — Corbeilles et objets divers en alfa.   (ESPLANADE.)

9. BOUSAADA (L'Administrateur de la Commune indigène), à Bousââda (Alger).— Service à café en bois incrusté de métal, couvert, tête de gazelle. Armes indigènes, cadre pour photographie.   (ESPLANADE.)

10. CANQUOIN, au Jardin d'Essai (Alger).— Objets en découpure, bois exotiques et du pays.   (ESPLANADE.)

11. CAYROL (maire de Dellys), à Dellys (Alger).— Ustensiles de ménage indigènes.   (ESPLANADE.)

12. CHELLALA (Annexe de), Cercle de Boghar (Alger).— Objets divers en alfa.   (ESPLANADE.)

13. DEBARD (Marie), à l'Arba (Alger). — Raquette de cactus pour petits ouvrages de fantaisie pour salon.   (ESPLANADE.)

14. DEMARCHI (Fils), à Saint-Eugène (Alger). — Coffret, encrier et service à café.   (ESPLANADE.)

15. FERHAT ben Saïd ben Ahsen, à Taourirt-Mimoun, Commune mixte de Fort National (Alger). — Pupitres.   (ESPLANADE.)

16. HADJ ben Lakhdar, aux Ouled bou Arif, Commune mixte d'Aumale (Alger). — Plateau et tasses en alfa.   (ESPLANADE.)

17. LAKDAR ben Ahmed, à Sidi-Aïssa, Commune indigène de Bousââda (Alger). — Plateaux à pain en alfa.   (ESPLANADE.)

18. LARBI ou el Hadj Naït Ali, à Aït-Larbaa, Commune mixte de Fort National (Alger). — Pipes.   (ESPLANADE.)

19. MAAMAR ben Mâamar, à Taourirt-Mimoun, Commune mixte de Fort National (Alger). — Pupitres.   (ESPLANADE.)

20. MAAMAR ben Mohamed, aux Ouled M'Sellem, Commune mixte d'Aumale (Alger). — Natte, panier et panier double pour bât.   (ESPLANADE.)

21. M'HAMED NAIT M'HAMED SAID, à Taourirt-Mimoun, Commune mixte de Fort National (Alger). — Pupitres. (ESPLANADE.)

22. MOHAMED ou Ali ben M'hamed Said, à Taourirt-Mimoun, Commune mixte de Fort National (Alger). — Pupitres. (ESPLANADE.)

23. MOHAMED ou Ali Naït Thiffellah, à Aït Larbaa, Commune mixte de Fort National (Alger). — Pupitres. (ESPLANADE.)

24. MOHAMED ou Châban Naït Thiffellah, à Aït Larbaa, Commune mixte de Fort National (Alger). — Pupitres. (ESPLANADE.)

25. MOHAMED ou Salem Naït El Houssin, à Aït Larbaa, Commune mixte de Fort National (Alger). — Pupitre. (ESPLANADE.)

26. OULED SIDI AISSA el ADHAB (Tribu des), Cercle de Boghar (Alger). — Objets divers en alfa. (ESPLANADE.)

27. SAHARI OULED BRAHIM (Tribu des), Cercle de Boghar (Alger). — Objets divers en alfa. (ESPLANADE.)

28. SAID ben Mohamed Arab, à Taourirt-Mimoun, Commune mixte de Fort National (Alger). — Porte-montre et pupitres. (ESPLANADE.)

29. SAID NAIT KADI, à Aït Lhassa, Commune mixte de Fort National (Alger). — Pupitres. (ESPLANADE.)

30. SALEM ben Areski ben Mohamed Arab, à Taourirt-Mimoun, Commune mixte de Fort National (Alger). — Presse-papiers, pupitres. (ESPLANADE.)

31. SOLAL (Léon), à Alger, place Malakoff, 6. — Porte-monnaie brodés. (ESPLANADE.)

32. THOMÉ & Cie, à Paris, rue Chapon, 18. — Coffret à bijoux, boîte à cigares, caves à liqueurs et autres objets en bois de thuya de provenance algérienne. (ESPLANADE.)

COCHINCHINE.

1. BEER (Paul), à Saïgon. — Service complet pour fumerie d'opium. (ESPLANADE.)

2. Exposition permanente des Colonies, à Paris. — Boîtes à bétel, boîtes à thé, paniers à provisions, pipes (Cochinchine et Cambodge). (ESPLANADE.)

3. HO VAN LY, à Hatien. — Objets en écaille. (ESPLANADE.)

4. HUYNH VAN LOI, à Thûdaûmôt. — Boîte en bois de trac. (ESPLANADE.)

5. JACQUEMIN, à Saïgon. — Objets en écaille fabriqués à Hatien. (ESPLANADE.)

6. LAM TAM DA, à Travinh. — Planchette sculptée en bois de huynh-duong. (ESPLANADE.)

7. LUCCIANA, à Baria. — Sacs fabriqués chez les Moïs. (ESPLANADE.)

8. MONTAIGNAC de CHAUVANCE (Gaspard de), à Giadinh. — Boîtes, panneaux, statuettes, etc., en bois. (ESPLANADE.)

9. NGUYÊN VAN KÊ, à Thûdaûmôt. — Panier à bétel en bambou tressé. (ESPLANADE.)

10. NG VAN LA, à Thûdaûmôt. — Boîte en bois de trac. (ESPLANADE.)

11. NG VAN ME, à Thûdaûmôt. — Gobelets en bois de trac. (ESPLANADE.)

12. NG VAN QUAN, à Thûdaûmôt. — Plateau en bois de câm-lai. (ESPLANADE.)

13. NG VAN THU, à Thûdaûmôt. — Boîtes diverses en bois de trac. (ESPLANADE.)

14. NG XUAN PHONG, à Giadinh. — Chandeliers en bois de cam-lai.
(ESPLANADE.)

15. Prison centrale, à Saïgon. — Divers objets en rotin et autres bois.
(ESPLANADE.)

16. Service local, à Saïgon. — Objets en bois divers, en écaille et en ivoire.
(ESPLANADE.)

17. SON DIEP, à Soctrang. — Boîtes à riz en bois doré.   (ESPLANADE.)

18. TRAN KHAE CAN, à Baria. — Paniers en bambou tressé.   (ESPLANADE.)

19. TRAN KHAT CAN, à Baria. — Boîte à bétel en bois de trac.
(ESPLANADE.)

20. TRAN TRUNG THANH, à Sadec. — Petite boîte à pharmacie en bois de
trac incrusté.   (ESPLANADE.)

21. TRAN VAN DIEU, à Thûdaûmôt. — Boîte en bois de trac.   (ESPLANADE.)

22. TRAN VAN THUAN, à Thûdaûmôt. — Coquetiers en bois et carafes en
bois de trac.   (ESPLANADE.)

GABON CONGO.

1. AVINENC, au Gabon. — Boîtes en écorce, bouteilles, fioles, calebasses, clochettes,
fourchettes, cuillers, pipes, etc.   (ESPLANADE.)

2. CONQUY Aîné, à Paris, rue Lafayette, 66. — Collection d'ivoire du Congo.
(ESPLANADE.)

3. PECQUEUR (Léona), au Gabon. — Bouteilles, calebasses, clochettes, cuillers, dessous de plats, fourchettes, gourdes, pipes.   (ESPLANADE.)

4. SCHLUSSEL (Laurent), à Libreville (Gabon). — Calebasses, cuillers, pipes.
(ESPLANADE.)

GUADELOUPE.

1. ALMÉIDA (Sidonie), à Saint-Barthélemy. — Cabas en paille.   (ESPLANADE.)

2. BÉNY (V.-Julia), à Saint-Barthélemy. — Paniers en graines de réglisse.
(ESPLANADE.)

3. BERNIER (Marie), à Saint-Barthélemy. — Paniers en graines de réglisse et
en paille.   (ESPLANADE.)

4. BUNEL (Mme), à Saint-Barthélemy. — Coqs.   (ESPLANADE.)

5. CORBIÈRES (Maria), à Saint-Barthélemy. — Bracelets, paniers, collier en
graines.   (ESPLANADE.)

6. DÉRAVIN (C.), à Saint-Barthélemy. — Porte-montre, ouvrages en coquilles,
panier graine.   (ESPLANADE.)

7. DÉRAVIN (Léonie), à Saint-Barthélemy. — Corbeille en paille, dessous de
lampe.   (ESPLANADE.)

8. DEREVÈRE (Mlle Caroline), à Saint-Barthélemy. — Bouquets en écailles
de poisson.   (ESPLANADE.)

9. DINZEY (Mlle Maria), à Saint-Barthélemy. — Bourse en graines.
(ESPLANADE.)

10. Exposition permanente des Colonies, à Paris. — Calebasses gravées,
calebasses ou conis de crescentia cujete.   (ESPLANADE.)

11. FICHU (A.), à Saint-Barthélemy. — Panier en paille.   (ESPLANADE.)

12. HASSELL (Charles), à Saint-Barthélemy. — Corbeille et porte-montre en fibres de yucca et pelotte en paille de cuba. **(ESPLANADE.)**

13. HODGE (Mlle Louisa), à Saint-Barthélemy. — Porte-montre et ornement en coquilles, pot-à-fleurs. **(ESPLANADE.)**

14. LAURENT (E.), à Saint-Barthélemy. — Porte-montre en coquilles, cassette en paille. **(ESPLANADE.)**

15. MAGRAS (A.-L.), à Saint-Barthélemy. — Maison en coquilles. Paniers en graines de réglisse. **(ESPLANADE.)**

16. RIDDERHJERTA (Mlle), à Saint-Barthélemy.— Corbeille de fleurs en écailles de poisson, croix en coquilles. **(ESPLANADE.)**

17. Sous-Comité d'Exposition, à Grand-Bourg (Marie-Galante). — Boîtes à gants. **(ESPLANADE.)**

18. Sous-Comité d'Exposition, à la Basse-Terre. — Vases en fougère. **(ESPLANADE.)**

19. Sous-Comité d'Exposition, à la Pointe-à-Pitre. — Bailles à farine de manioc pour la table, calebasses, paniers caraïbes, balais en latanier. **(ESPLANADE.)**

20. VLAUN (P.-S.), à Saint-Barthélemy. — Boîte à ouvrage en bois de mahogani, cabarets. **(ESPLANADE.)**

GUYANE FRANÇAISE.

1. Administration pénitentiaire, à la Guyane. — Paniers en arouma. **(ESPLANADE.)**

2. Exposition permanente des Colonies, à Paris. — Calebasses ou couis, cuillers en bois des Indiens, manarets ou tamis à fécule, paraojas en paille d'arouma. **(ESPLANADE.)**

INDE FRANÇAISE.

1. Comité d'Exposition de l'Inde. — Boîtes de cigares d'Yanaon, boîtes en santal, bracelets en laque incrustée, éventail en feuilles de palmiers, plateaux à bétel en rotin. **(ESPLANADE.)**

2. Exposition permanente des Colonies, à Paris. — Boîtes à gants. Boîtes de bith et de santal sculpté. **(ESPLANADE.)**

MARTINIQUE.

1. Exposition permanente des Colonies, à Paris. — Boîtes en palmier épineux, calebasses de crescentia cujete, suspensions et vases en racines de fougères sculptées. **(ESPLANADE.)**

2. Service local de la Martinique. — Corbeille en torchon, panier en bambou, balais en bambou et en latanier. **(ESPLANADE.)**

MAYOTTE ET COMORES.

1. Exposition permanente des Colonies, à Paris. — Tentes en paille de riz. **(ESPLANADE.)**

2. Service local de Mayotte. — Rape à coco, blague à bétel, tamis en bambou, plats en bois. **(ESPLANADE.)**

NOUVELLE-CALÉDONIE.

1. Affaires indigènes (Service des), à Nouméa. — Bambous gravés. Bâton de chef en os d'oiseau de mer ; peignes en bambou, tabou en fougère, couteaux en nacre. Panier et plats en jonc. **(ESPLANADE.)**

2. Compagnie des Nouvelles-Hébrides, à Nouméa. — Tabou en fougère (Idole). **(ESPLANADE.)**

3. Exposition permanente des Colonies, à Paris. — Peignes indiens. **(ESPLANADE.)**

4. HAYÈS & JEANNENEY, à Fonwhary. — Pots à tabac en fougère, cabas en fibres d'agave, jeux, presse-papier, paniers en cocotier et lianes, etc. **(ESPLANADE.)**

5. HOFF, à Dumbéa. — Pipes. **(ESPLANADE.)**

6. HOUETTE, à Prony. — Boîte à châles et à ouvrage. **(ESPLANADE.)**

7. Pénitencier de l'Ile Nou. — Tableau en paille, tabatière incrustée. **(ESPLANADE.)**

8. SAINT-YVES, à La Foa. — Bois découpé. **(ESPLANADE.)**

9. TOURNAIRE, à l'Ile Nou. — Coquilles gravées, le Génie des Arts et la République, Vercingétorix et la République, etc. **(ESPLANADE.)**

10. VEDEL, à Bouloupari. — Marbre taillé en presse-papier. **(ESPLANADE.)**

RÉUNION.

1. AAKIT, à Saint-Louis. — Objets religieux sculptés. **(ESPLANADE.)**

2. BLANC (Antoine), à Saint-Denis. — Corbeille de fleurs en coquilles du pays. **(ESPLANADE.)**

3. Exposition permanente des Colonies, à Paris. — Corbeilles en bambou et en paille de « carludovica palmata » et de « latania torbouica », objets en bois tourné, tentes en paille de latania. **(ESPLANADE.)**

4. GENÉVE (Vve Aug.), à Saint-Denis — Sablière. **(ESPLANADE.)**

5. GRONDIN (Téran), à Saint-Pierre. — Tonnelet. **(ESPLANADE.)**

6. GUÉTRIN (Cupidon), à Saint-Denis. — Colonne en bois sculpté. **(ESPLANADE.)**

7. HOARAU (Fortuné), à Entre-Deux. — Cuiller. **(ESPLANADE.)**

SÉNÉGAL,

1. AMADY NATAGO Lam Toro, Chef du **Toro**, (protectorat du Toro). — Couvercles de calebasses, cuillers en bois et calebasses. **(ESPLANADE.)**

2. AMAR SALEUM, Roi des **Maures Trarza**, aux Maures Trarza. — Étui à tabac, pipe maure. **(ESPLANADE.)**

3. DIMBA WAR, Président des chefs du **Cayor**, (protectorat du Cayor). — Naffa (porte-monnaie), portefeuilles, calebasses. **(ESPLANADE.)**

4. Exposition permanente des Colonies, à Paris. — Calebasses, grigris incrustées. **(ESPLANADE.)**

5. IBRAHIMA N'DIAGE, Chef du **N'Diambour**, (protectorat du N'Diambour. — Portefeuilles, pipes en terre. **(ESPLANADE.)**

6. MADIOR THIORO, Chef du **N'Guick Mérina,** (protectorat du N'Guick
Mérina). — Portefeuilles.   (ESPLANADE.)

7. NOIROT (Ernest), administrateur colonial, au Sénégal — Calebasses (fandou
Bolon), pipes maures, en fer, en terre et en os.   (ESPLANADE.)

TAHITI.

1. Exposition permanente des Colonies, à Paris. — Ornements en pia,
ouvrages de vannerie.   (ESPLANADE.)

2. GIBSON (Mme Élisa), à Papeete. — Couronne en canne à sucre, couronne
en pia (tacca pinnatefida).   (ESPLANADE.)

3. LABBEYI, à Papeete. — Outils à tatouer (Marquises). Coupe de chef (crâne
humain). Tasse de chef.   (ESPLANADE.)

4. SALMON (Tuti), à Papara. — Diverses tresses de cannes à sucre pour chapeaux.
                                                                 (ESPLANADE.)

5. Service local, à Papeete. — Paniers.   (ESPLANADE.)

6. VAN DER VIENE (Vve), à Papeete. — Couronne en pacedanus, couronne et suspension en pia (tocca pinnatefida).   (ESPLANADE.)

7. VIENOT (Charlès), à Papeete. — Paniers rigides et tressés, calebasses.
                                                                 (ESPLANADE.)

PAYS DE PROTECTORAT.

ANNAM-TONKIN.

1. BORGAARD, à Hué. — Boîte en bois sculpté, plateaux incrustés, pipes annamites en bois.   (ESPLANADE.)

2. CAHEN, à Paris, rue du Faubourg-Saint-Martin, 33. — Objets de curiosité.
                                                                 (ESPLANADE.)

3. Protectorat de l'Annam et du Tonkin. — Boîtes à anse, à cachet, à riz,
à bétel, à pipes, et pour offrandes, vases à baguettes, boîtes à compartiments, bout de
lampes, cuvettes, plateaux, oreillers et malles laqués, vases à encens, boîtes d'offrandes.
                                                                 (ESPLANADE.)

4. Protectorat de l'Annam et du Tonkin, vice-résidence de Hung-Yen. —
Boîte ronde, bâton de commandement, anneaux en bambou.   (ESPLANADE.)

5. Province de Hanoï. — Vide-poche incrusté; vide-poche incrusté carré; cam ou
autel des ancêtres, laqué rouge et or; boîte à bétel, laquée, dorée; boîte incrustée; boîte
de mandarin laquee noire; boule en bois tourné; panneaux incrustés, laqués; panneau
laqué doré; plateaux incrustés ovales; soucoupe et tasse en écaille; tableaux sculptés
et peints; animaux en paille, emblème des trois; boîte de mandarin, bambou tressé.
                                                                 (ESPLANADE.)

6. Province de Phu-Yen. — Modèle de tableau en bambou tressé. (ESPLANADE.)

7. Province de Sontay.— Meubles en bois annamites (réduction), plateaux en bois, soucoupe et gobelet pour jouer aux dés, boîte à bétel laquée, boîte à cachets laquée, boîte laquée contenant les produits de la laque, petits plateaux laqués, panier à remùer la laque. **(ESPLANADE.)**

8. Société française des Laques du Tonkin, à Paris, rue de Passy, 47. — Collections des laques, objets servant à cette industrie. **(ESPLANADE.)**

CAMBODGE.

1. Exposition permanente des Colonies, à Paris. — Boîtes à bétel, à thé, paniers à provisions, pipes. **(ESPLANADE.)**

2. PLANTÉ, à Phnom-Penh. — Boîte à bétel, pipes en bambou, corbeilles en rotin et en bambou, couvre-mets. **(ESPLANADE.)**

TUNISIE.

1. PRINGAULT, à Tunis. — Ouvrages en bois découpé. **(ESPLANADE.)**

PAYS ÉTRANGERS.

RÉPUBLIQUE ARGENTINE.

1. ASSEIER (Jean), à Rosario (Santa-Fé). — Brosses et pinceaux. **(PARC.)**

2. Commission auxiliaire, à Catamarca. — Petites et grandes cuillères en corne de vache. **(PARC.)**

3. Commission auxiliaire, à Formosa. — Plumeau fait par les sauvages, avec plumes d'autruche. **(PARC.)**

4. GASCARD & Cie (Jules F.), à Rosario (Santa-Fé). — Plumeaux et balais. **(PARC.)**

5. LANZETTI (Charles), à Tucuman. — Paniers et plumeaux. **(PARC.)**

6. LARGHERO (B.), à Rosario (Santa-Fé). — Brosses et pinceaux. **(PARC.)**

7. PIARD (Auguste), à Buenos-Ayres. — Balais en crin et piazaba. **(PARC.)**

8. QUEÑEGUIL (Mme Marie), à Général Acha (Pampa Centrale). — Plumeau fait avec des plumes teintes d'autruche. **(PARC.)**

AUTRICHE-HONGRIE.

1. BACHINGER (Émérich), à Vienne, VII, Zollergasse, 6. — Articles de maroquinerie. **(PALAIS.)**

2. BREDEN (A.), à Unter St Veit, près Vienne. — Articles en nickel. Batterie de cuisine. **(PALAIS.)**

3. COLLI Frères, à Insbruck (Tyrol). — Boîte à bijoux. **(PALAIS.)**

4. FISCHL (Moritz), à Vienne, VI, Mariahilferstrasse, 115. — Tapisseries, sachets, broderies, articles de luxe. **(PALAIS.)**

Lambrequins, chaises-longues, tapis de table et couvertures de lit, nouveautés, couvertures pour pianos, divans, coussins et dessous de lampes, sachets d'odeur. — Récompenses : 1878 Vienne, médaille d'argent ; 1888 Bruxelles, grande médaille d'argent.

5. GRUNWALD (B.), à Vienne, VI, Gumpendorferstrasse, 77. — Sachets et autres articles de fantaisie en soie, machine à broder en activité. **(PALAIS.)**

6. GUTTMANN (L.), à Vienne I, Lugeck, 2. — Couvercles hygiéniques fermant hermétiquement. **(PALAIS.)**

7. HRAD (Jacob), à Vienne, VI, Dürergasse, 27. — Pipes et porte-cigares en bois, tuyaux de pipes. **(PALAIS.)**

8. JACOBSOHN (S. L), à Cracovie. — Articles en ivoire et nacre. **(PALAIS.)**

9. JISCHA (Wenzel), à Zbirow (Bohême). — Articles pour fumeurs en véritable merisier et autres sortes de bois. **(PALAIS.)**

10. KLEIN (Maurice), à Vienne, I, Graben, 28. — Maroquinerie, objets en bronze et en bois. **(PALAIS.)**

11. KOHN (Charles L.), à Vienne, II, Grossemohrengasse, 29. — Maroquinerie, métal et bijouterie. **(PALAIS.)**

12. KUCHTA (Daniel), à Tiszolcoz (Hongrie).— Objets fins en bois pour le ménage. **(PALAIS.)**

13. KUHE (H.), à Trieste. — Maroquinerie. **(PALAIS.)**

14. LICHTBLAU (Adolphe), à Vienne, VI, Kopernikusgasse, 10. — Pipes et porte-cigares en écume de mer et ambre. **(PALAIS.)**

15. LICHTBLAU (Rodolphe), à Vienne, VI, Kopernikusgasse, 8. — Pipes et porte-cigares en écume de mer. **(PALAIS.)**

16. RINDSKOPF (J.) & ULMANN (A.), à Vienne, VII, Siebensterngasse, 1. — Articles en ambre et ambrine. **(PALAIS.)**

17. SINGER (Maurice), à Vienne, II, Blumauergasse, 25. — Articles de Vienne, articles de luxe. **(PALAIS.)**

18. SPILLER (Frères), à Vienne, VI, Laimgrubengasse, 19. — Articles en véritable ambre. **(PALAIS.)**

19. TAUBER (Joh. & Fils), à Vienne, Fünfhaus. — Brosses à peindre. **(PALAIS.)**

20. ULLRICH (L.) et Cie, à Vienne, I, Johannesgasse, 19. — Maroquinerie, spécialités de Vienne. **(PALAIS.)**

21. WALTER (F.), à Vienne, I, Kaerntnerstrasse, 14. — Maroquinerie, spécialités de Vienne. **(PALAIS.)**

22. WEINERT (John), à Vienne, Arbeitergasse, 38. — Dés mécaniques. **(PALAIS.)**

23. WEISS (Samuel), à Vienne, VI, Bürgerspitalgasse, 26. — Éventails en tous genres. **(PALAIS.)**

BELGIQUE.

1. BURTON (Charles), à Bruxelles, boulevard du Nord, 71. — Cages et pieds de cages en jonc et fil de fer. Vannerie. **(PALAIS.)**

2. DENONNE (François), à Bruxelles, Marché-au-Bois, 19. — Porte-monnaie; portefeuilles, carnets, étuis à cigares, etc. **(PALAIS.)**

3. FONTAINE-OLINGER (Adolphe), à Bruxelles, rue du Midi, 149. — Maroquinerie. **(PALAIS.)**

4. GERARD (Pauline), à Anvers, rue Saint-Norbert, 22. — Objets divers en maroquinerie et bijouterie. **(PALAIS.)**

5. GRANDPERRET (Louis), et Vve GAUTHIER, à Bruxelles, rue de la Fontaine, 17. — Pipes en racines de bruyère. **(PALAIS.)**

6. HORSTER (Louis), à Bruxelles, rue du Progrès, 86. — Brosses et crins filés. **(PALAIS.)**

7. LEROY (Albert), à Bruxelles, rue de la Madeleine, 5 bis. — Articles en ivoire pour toilettes, etc. **(PALAIS.)**

8. PAVOUX (Eugène) & Cie, rue Delaunoy, à Bruxelles. — Petits meubles en caoutchouc durci. Peignes, etc. **(PALAIS.)**

9. RYCKÈRE (Edouard de) Ainé, à Iseghem. — Brosses t pinceaux, soies indigènes préparées. **(PALAIS.)**

10. VAN OYE (Albert) et Cie, à Bruxelles, rue Coenraets, 75. — Objets divers en rotin, corbeilles, paniers et vannerie fine. **(PALAIS.)**

11. WILLEMS (Denis), à Maldeghem (Flandre Occidentale). — Objets de vannerie. **(PALAIS.)**

BOLIVIE.

1. **BASABÉ (Federico)**, à Paris, rue Saint-Georges, 10. — Canne et bourse.
(PALAIS.)

CHILI.

1. **LEE (Carlos H.)**, à Quillota. — Balais.   (PARC.)

2. **MARTINEZ (José Domingo)**, à Santiago. — Ornements cuir.   (PARC.)

3. **OYARZUN (Justo)**, à Castro. — Corbeilles.   (PARC.)

4. **PALMA (Liborio)**, à Valparaiso. — Plumeaux.   (PARC.)

5. **PENALOZA (Ceferina G. V. de)**, à Valparaiso. — Plumeaux.   (PARC.)

6. **PEREIRA (Narciso)**, a Valparaiso. — Plumeaux.   (PARC.)

7. **PIZARRO (Jules R.)**, à Ancud. — Corbeilles.   (PARC.)

8. **PLESSING (Carlos)**, à Santiago. — Brosserie.   (PARC.)

9. **VEIL (Otto)**, à Valparaiso. — Brosserie.   (PARC.)

10. **VILLOROEL (Félipe)**, à Calbuco. — Corbeilles.   (PARC.)

11. **WAHL (Fernando)**, à Collipulli. — Ornement cuir.   (PARC.)

CHINE.

1. **LI-SEN-LIE & Cie**, à Neuilly (Seine), avenue de Neuilly. 56. — Ivoires et laques.
(PARC.)

2. **TENG-TCHIO-YUNG**, à Canton. — Ivoire et laque.   (PARC.)

DANEMARK.

1. **MEYER (F.)**, à Copenhague. — Écran en laque incrusté d'ornements en nacre.
(PALAIS.)

RÉPUBLIQUE DOMINICAINE.

1. **BENGO (Altagracia)**, à Santo-Domingo. — Corbeilles, éventails, coussins.
(PARC.)

2. **Commission provinciale de Santo-Domingo.** — Corbeilles de paille de palmier.
(PARC.)

3. **Commission provinciale de Seïbo.** — Végétaux filamenteux.   (PARC.)

4. **Commission provinciale de la Vega.** — Travaux en latanier, paniers.
(PARC.)

5. **OLIVIER MULLER & Cie**, à Paris, rue de Rambuteau. — Nattes en latanier, chapeaux.
(PARC.)

ÉGYPTE.

1. **ABDALLAH (Michel)**, à Jaffa. — Tabletterie, nacre et bois d'olivier de Palestine.
(PALAIS.)

2. **AINADJOGLOU SEMTOR COHEN & Cie**, à Constantinople, Tchohadjiham. 12. — Curiosités orientales.
(PARC.)

3. **HELVVEH (Bautras)**, à Damas. — Travaux de marqueterie.   (PALAIS.)

ÉQUATEUR.

1. **CASTILLO (Camilo G. Del)**, à Quito. — Vase à fleurs. (PARC.)
2. **Commission coopérative**, à Quito. — Tabletterie. (PARC.)
3. **Commission coopérative d'Ambato**, à Ambato. — Ustensiles de bois. (PARC.)
4. **DIAZ (Francisco)**, à Ambato. — Coffret en mosaïque de bois. (PARC.)
5. **LARREA (Manuel)**, à Quito. — Cadres sculptés. (PARC.)

ESPAGNE.

1. **CARRERAS (José)**, à Tarrasa (Barcelone). — Peignes. (PALAIS.)
2. **CARRERAS (Vve et Fils de)**, à Tro (Barcelone). — Peignes. (PALAIS.)
3. **FRIAS Y BOUVIER (Carmen)**, à Madrid. — Croix doublée en peluche grenat. (PALAIS.)
4. **GIRONA & Cie**, à Barcelone. — Brosses. (PALAIS.)
5. **LA PETAQUERA**, à Manille (Philippines). — Porte-cigares. (PALAIS.)
6. **LLEGET (A.)**, à Barcelone. — Objets de fantaisie. (PALAIS.)
7. **SALVI (Antonio)**, à Barcelone. — Peignes. (PALAIS.)
8. **SERRA (Ignacio)**, à Barcelone. — Billes de billard. (PALAIS.)
9. **VILCHER & Cie (Federico)**, à Malaga. — Étuis et boîtes. (PALAIS.)

ÉTATS-UNIS.

1. **ABRAHAM (L. C.), Brothers & Co**, à Cleveland, O., Canal street, 106. — Brosses et balais en fil d'acier. (PALAIS.)
2. **AUGANES (Hans. A.)**, à Chicago, Ill. Seminay avenue, 440. — Boîtes à gants et articles divers en bois sculpté. (PALAIS.)
3. **BAILEY (J. C.) & Co.**, à Boston, Mass. Pearl street, 232. — Brosses en caoutchouc pour le bain et les dents, gommes à effacer. (PALAIS.)
4. **Bistell Carpet Sweeper Co., (F. H. Williams**, Manager), à Grand Rapids, Mich., et à New-York, N. Y. Chambers street, 103. — Balais pour tapis. Balais pour balayer toutes sortes de planchers, recouverts ou nus. (PALAIS.)
5. **DEMUTH (Wm) & Co.**, à New-York, Broadway, 507. — Échantillon d'écume de mer travaillée, pipes en écume de mer et en églantier. (PALAIS.)
6. **ESTES (E. B.) & Sons**, à New-York, N. Y., Pearl street, 254. — Articles de toute sorte en bois tourné. (PALAIS.)
7. **FISCHEL (Isaac)**, à Saint-Louis, Mo., North 6th street, 502, 508. — Curiosités de la Floride : Dents de crocodiles montées, objets en coquillages. (PALAIS.)
8. **HICKOK (Dervey K.)**, à Morrisvile, Ut. — Séchoirs articulés. (PALAIS.)
9. **Horsey Manuf. Co.**, à New-York, N. Y., Utica. — Brosses en feutre pour polir les dents. (PALAIS.)
10. **HOUGHTON (H.) & Co.**, à Palmetto, Fla. — Articles de fantaisie. (PALAIS.)
11. **HOWARD STROP Co**, à Charlestown, Mass. — Cuirs à rasoirs. (PALAIS.)
12. **LOWENHEIM (Léopold L.)**, à New-York, N. Y., East-Houston street, 259. — Objets en bois et en cuir. Objets en perles. Albums, cartes, etc. (PALAIS.)

13. Richemond Cedar Works (Limited.), à Richmond, Virginia. — Seaux et récipients à divers usages. Barattes, baquets, cuves, récipients à cercles élastiques.
(**PALAIS.**)

14. SCHRAMM (Henry), GOTTFRIED, à Camden, N. J., North 2nd street, 521. — Articles à l'usage des fumeurs et pour les fumigations.
(**PALAIS.**)

15. TIFFANY & Co., à New-York. Union square.— Objets en cuir fins, porte-monnaie, bourses, carnets, porte-cartes, porte-feuilles, porte-cigares, étuis à cigarettes, buvards et articles divers.
(**PALAIS.**)

Récompenses :
Paris 1878, médaille d'or.
Objets d'ivoire pour la toilette et pour tables de bibliothèque richement sculptés et montés en or et en argent ciselés, gravés, émaillés, montés et incrustés.

GRANDE-BRETAGNE.

1. ARDESHIR & BYRAMJI, Hummum street, 10, Fort Bombay, (Indes). — Objets guillochés, gravés, sculptés.
(**PALAIS.**)

2. ARUP Brothers, à Londres, New Bond street, 120. — Ornements décoratifs et articles de fantaisie.
(**PALAIS.**)

3. BHUMGARA FRAMJEE PESTONJEE, à Bombay, Kalhaderie road, 5. et à Madras, Mount road, 5, (Indes). — Objets guillochés, gravés, sculptés.
(**PALAIS.**)

4. BIGEX E. SRINURGUR, à Cashmere et à Londres, New Street, 15, Bishopsgate street. — Objets sculptés, ciselés.
(**PALAIS.**)

5. HINDE & Son, à Birmingham, London & Vienna works, Oxford street.— Objets de brosserie.
(**PALAIS.**)

6. HUNT (W. F.) & Co., à Londres, Lexington street, 6. — Application du papier aux capsules pour bouteilles.
(**PALAIS.**)

7. KENT (G. B.) & Sons, à Londres, W., Great Marlborough street, 11. — Brosserie en tous genres.
(**PALAIS.**)

Usines à vapeur : Bonner road, Victoria Park.
Succursale à Dublin, 63, William st.
Agences à Paris, M. Pitot aîné, 24, rue du Faubourg-St-Denis, et M. Alfred E. Johnson. 16, rue Etienne-Marcel.— Agence à Bruxelles, 57, rue Fosse-aux-Loups. Maison fondée en 1777, par William Kent, et transmise de père en fils, jusqu'à la quatrième génération.
Brosserie en tous genres : Brosserie fine en ivoire, os et bois des îles. Brosserie de toilette, de ménage et d'écurie. Fabricants de pinceaux, de balais en piassava, sorgho, etc. etc. Préparations de soies pour brosserie et cordonnerie. Importation et préparation des éponges. Seuls propriétaires de la marque « John Gosnell et Cie », pour la brosserie. Médailles, Londres 1862 ; Vienne 1873 ; Philadelphie 1876 ; Paris 1878 ; Sydney 1880 ; Melbourne 1881.

8. Oriental Leather & Leatherette Co. (Limited), à Londres, Clapham Park road.— « Leatherette », papier de cuir oriental, drap de cuir, imitations de cuirs.
(**PALAIS.**)

9. PROCTOR & Co., (**The Indian Art Gallery**), à Londres, Oxford street, 428. — Objets sculptés, gravés, etc.
(**PALAIS.**)

10. SCOTT (G.W.) & Sons, à Londres, Old Compton street, 43, Soho.— Paniers pour lunchs, paniers « Riviera », paniers à liqueurs.
(**PALAIS.**)

11. SCOTT, James & John G., (**Limited**), à Glasgow, Crown Colour works. — Brosses à peindre.
(**PALAIS.**)

12. STEWART (S. R.) & Co., à Aberdeen. — Peignes en tous genres et objets en corne.
(**PALAIS.**)

GRÈCE.

1. XANTHAKIS (Em.), à Athènes. — Brosses diverses.
(**PALAIS.**)

GUATEMALA.

1. **BASCONES (N.)**, à Guatemala. — Sculpture sur cannes, bois, etc.   **(PARC.)**

2. **CRISTALES (Rafael)**, à Solola. — Paniers en feuilles de palmiers.   **(PARC.)**

3. **GAMBOA (Bernardo)**, à Isabal. — Objets en jonc.   **(PARC.)**

4. **GAMBOA (Bernardo)**, à Livingston. — Paniers d'osier.   **(PARC.)**

5. **HORNE (Mme F. G.)**, à Mita. — Bibelots du pays.   **(PARC.)**

6. **MAINGONNAT (Anatole)**, à Guatemala. — Sculptures d'animaux.   **(PARC.)**

7. **MATHEU (A.)**, à Guatemala. — Produits indigènes, etc.   **(PARC.)**

8. **MATHEU (Pedro)**, à Champerico. — Écailles, etc.   **(PARC.)**

9. **MOLINA (Trinidad)**, à Amatitlan. — Canne avec sculpture.   **(PARC.)**

10. **Municipalité de Huitan**, département de Quezaltenango. — Sculpture sur pierre et sur bois   **(PARC.)**

11. **Municipalité de Palmar**, département de Quezaltenango.— Paniers.   **(PARC.)**

12. **Municipalité de San-Juan-de-Sacatepequez**, département de Guatemala. — Paniers en osier.   **(PARC.)**

13. **Municipalité de Tecpam-Guatemala**, département de Chimaltenango. — Peignes de bois.   **(PARC.)**

14. **NUÑEZ (Florencio)**, à Livingston. — Objets en osier.   **(PARC.)**

15. **RUBIO (Cresencio)**, à Isabal. — Objets en osier.   **(PARC.)**

16. **SANCHE (Cayclano)**, à Isabal. — Paniers en osier.   **(PARC.)**

17. **VARGAS (Casimiro)**, à Jotonicapan. — Paniers en osier.   **(PARC.)**

HAWAI.

1. **Gouvernement Hawaïen**, à Hawaï. — Bracelet en agate, colliers de coquillages, colliers Samoan, colliers en coquillages de niéhau, colliers de noix de kukui.   **(PARC.)**

ITALIE.

1. **CARROZZI (Tébald)**, à Novare, via San-Nicola, 1. — Bois sculptés et percés à jour.   **(PALAIS.)**

2. **FAGIOLI (Jean)**, à Florence, Borgognissanti, 108. — Travaux de tout genre en paille, paniers, bourses, boîtes, éventails.   **(PALAIS.)**

3. **MARCHINI (César)**, à Fiesole (Florence). — Paniers, éventails, boîtes, parasols et autres objets faits en paille.   **(PALAIS.)**

4. **SCATTOLIN (Victoria)**, à Veniso, calle Orli, 5208. — Fleurs artificielles, couronnes, paniers, etc.   **(PALAIS.)**

5. **TERZI (Jules)**, à Modène. — Paniers en paille, en jonc, en corde, etc.   **(PALAIS.)**

6. **TERZI (Pierre)**, à Villa Rotta.— Presse-papiers ; paniers et autres ouvrages en paille.   **(PALAIS.)**

JAPON.

1. **AKAGAWA (Kiubei)**, Osaka-fu, Kishi-Ku. — Balais. (PALAIS.)

2. **GOTO (Kamataro)**, Kanagawa-Ken, Kamakura-Kori. — Objets sculptés en forme de masques, plateaux en laque. (PALAIS.)

3. **GOTO (Kitaro)**, Kanagawa-Ken, Kamakura-Kori. — Masques de danse, plateaux en laque. (PALAIS.)

4. **HANDO (Itsuga)**, Niigata-Ken, Naka-Wuonuma-Kori. — Plateaux en bois sculpté et laqué. (PALAIS.)

5. **HAYASHI (Daisaku)**, Aichi-Ken, Kaito-Kori. — Brûle-parfums en émail cloisonné. (PALAIS.)

6. **HAYASHI (Jiuroyemon)**, Aichi-Ken, Kaito-Kori. — Pots à thé en émail cloisonné sur bronze. (PALAIS.)

7. **HORIKI (Chiutaro)**, Miye-Ken, Taki-Kori. — Étuis, porte-cigares en papier laqué. (PALAIS.)

8. **HOTTA (Kojiro)**, Wakayama-Ken, Nakusa-Kori. — Plateaux, étagères en laque. (PALAIS.)

9. **ISHIOKA (Shojuro)**, Akita-Ken, Yamamoto-Kori. — Étagères, tables, socles pour vases à fleurs, bouteilles, coupe, bonbonnières en laque. (PALAIS.)

10. **ISOGAYA (Kotaro)**, Shidzuoka-Ken, Abe-Kori. — Étagères et boîtes en laque. (PALAIS.)

11. **ISOGAYA (Risoji)**, Shidzuoka-Ken, Abe-Kori. — Plateaux, corbeilles à pain en laque. (PALAIS.)

12. **IWAI (Jiro)**, Iwade-Ken, Nishi hei-Kori. — Petites boîtes en écorce d'arbre. (PALAIS.)

13. **KATO (Kikumatsu)**, Tokio-fu, Nihonbashi-Ku. — Cassolettes en écaille incrustée. Boîtes à parfums, peignes, épingles à cheveux en laque. (PALAIS.)

14. **KATO (Toyoshichi)**, Tokio-fu, Nihonbashi-Ku. — Ivoire sculpté. (PALAIS.)

15. **KIRIUKOSHO-KAISHA**, Tokio-fu, Kiobashi-Ku. — Étagères à livres, commodes, boîtes, plateaux en laque, papier laqué. (PALAIS.)

16. **KOBAYASHI (Kojiro)**, Tokio-fu, Kiobashi-Ku. — Vases à fleurs, brûle-parfums en laque, ivoire sculpté. (PALAIS.)

17. **KOJIMA (Sadashichi)**, Kioto-fu, Shimokio-Ku. — Porte-cigares en laque. (PALAIS.)

18. **KURODA (Mosuke)**, Aichi-Ken, Nagoya-Ku. — Boîtes, commodes, vases, plateaux, bonbonnières, porte-cigares, panneaux, pots, corps de lampe en faïence laquée. (PALAIS.)

19. **KUTSUTANI (Takijiro)**, Tokio-fu, Shitaya-Ku. — Porte-cigares, porte-cartes, sacoches, plateaux, boîtes à parfums. (PALAIS.)

20. **MANBA (Kamakichi)**, Tokio-fu, Asakusa-Ku. — Plateaux pour cartes de visite, panneau en laque. (PALAIS.)

21. **MICHIYA (Tashichi)**, Kanagawa-Ken, Yokohama-Ku. — Vases à fleurs, panneaux décoratifs en faïence laquée. (PALAIS.)

22. **Ministère de l'Agriculture et du Commerce** (Direction de l'Industrie), à Tokio : — Étagères, panneaux, plateaux, tableaux en laque, bambou et osier ; tableaux de laque colorée, vases, paniers, pipes, sacoches, boîtes, moule à cigarettes en bambou. (PALAIS.)

23. **MITANI (Denjiro)**, Ishikawa-Ken, Yenuma-Kori. — Boîtes à miroirs, coupes, boîtes superposées, plateaux, bonbonnières, paniers en fleurs en laque. (PALAIS.)

24. MURATA (Kichigoro), Tokio-fu, Asakusa-Ku. — Boîte à gants en ivoire.
(PALAIS.)

25. NAGAO (Shingo), Hiogo-Ken, Ako-Kori. — Boîtes à cigares en laque.
(PALAIS.)

26. NAKAMURA (Zenjiro), Kioto-fu, Kamikio-Ku. — Écritoires, boîtes à pinceaux, à bonbons et à parfums, étagères en laque. **(PALAIS.)**

27. NARITA (Asajiro), Tokio-fu, Nihonbashi-Ku.— Papier laqué, tasses à café, plateaux pour cartes de visites. **(PALAIS.)**

28. NISHIWURA (Nisaburo), Bichi-Ken, Nagoya-Ku. — Vases à fleurs en laque imitant l'émail cloisonné. **(PALAIS.)**

29. NODA (Ichibei), Kanagawa-Gen, Yokohama-Ku. — Cadres de photographie en faïence. **(PALAIS.)**

30. OKADA (Chojiro), Tokio-fu, Nihonbashi-Ku. — Porte-cigares. boîtes, sacoche en ivoire, pipes japonaises, épingles à cheveux, porte-feuille en amiante.
(PALAIS.)

31. OKUBO (Yasutaro), Akita-Ken, Yamamoto-Kori. — Étagères, table, porte-bouquets, petites tables, tablette pour vases à fleurs, coupes, porte-chapeaux en laque.
(PALAIS.)

32. OTA (Harujiro), Aichi-Ken, Kaito-Kori. — Boîtes à parfum, bonbonnières en émail cloisonné sur bronze. **(PALAIS.)**

33. OTA (Kichisaburo), Aichi-Ken, Kaito-Kori. — Boîtes à tabac, petits écrans, en émail cloisonné en bronze. **(PALAIS.)**

34. SATO (Kichiyemon), Shidzuoka-Ken, Abe-Kori. — Étagères, commodes, bonbonnières, porte-cigares en laque. **(PALAIS.)**

35. SHINJO (Inokichi), Fukushima-Ken, Kita-Kidzu-Kori. — Porte-cigares avec plateaux, plateaux, boîte à lettres, porte-chapeaux en laque. **(PALAIS.)**

36. SHOAMI (Katsuyoshi), Okayama-Ken, Okayama-Ku. — Plats en bronze pour cartes de visite, boîte à thé en shibuichi. **(PALAIS.)**

37. SUGIMOTO (Kichamatsu), Oseka-fu, Nishinari-Kori. — Plumeaux, balais, en plumes. **(PALAIS.)**

38. SUZUKI (Kichigoro), Tokio-fu, Nihonbashi-Ku. — Brûle-parfums en fer, vases à fleurs, cendriers, albums de photographies, pots à thé, plateaux, boîtes en métal laqué. **(PALAIS.**

39. TAMENAGA (Kiichiro), Tokio-fu, Nihonbashi-Ku. — Écritoires, porte-montres, pipes, porte-cigares, ouvertures de livres, étagères, supports de lampe en laque. **(PALAIS.)**

40. TOKIO CHOKO-KAI, Tokio-fu, Asakusa-Ku. — Objets d'ivoire, de corne, de bois et de métaux pour décoration. **(PALAIS.)**

41. TSUKAMOTO (Zinbei), Aichi-Ken, Nagoya-Ku. — Boutons de manchette en émail cloisonné sur bronze. **(PALAIS.)**

42. UYEDA (Sokuro), Ishikawa-Ken, Yenuma-Kori. — Soucoupes, plateaux, boîtes à thé, boîtes à miroirs, bonbonnières, porte-bouquets en laque. **(PALAIS.)**

43. WADA (Ichimatsu), Osaka-fu, Sumiyoshi-Kori. — Paniers de toute nature en bambou. **(PALAIS.)**

44. WAKAI (Kanesaburo), Tokio-fu, Kiobashi-Ru. — Bois ouvrés et laques, garnitures de salon. **(PALAIS.)**

45. YAMAMOTO (Yasubei), Shidzuoka-Ken, Udo-Kori.—Porte-cigares, boîtes, plateaux en laque. **(PALAIS.)**

46. YAMAOKA (Rihachi), Ishikawa-Ken, Yenuma-Kori. — Petites assiettes, plateaux, boîtes, pots à thé en laque. **(PALAIS.)**

47. YAMATO (Sukezo), Ishikawa-Ken, Yecuma-Kori. — Coupes, soucoupes, plateaux, bonbonnières en laque.   **(PALAIS.)**

48. YANAKITA (Gisaburo), Hokkaido-Cho, Hakodate-Ku. — Objets en laque, services de table, plateaux.

PRINCIPAUTÉ DE MONACO.

1. FARALDO (François) & Cie, à Monte-Carlo, avenue de la Costa. — Petits meubles de fantaisie, coffrets, boîtes à gants.   **(PARC.)**

NORVÈGE.

1. Association norvégienne de l'Industrie domestique (Norske Husflids-bolag), à Christiania. — Sculptures en bois.   **(PALAIS.)**

2. BORGERSEN (Borger), à Gjœrpen, près Porsgrund. — Sculptures en bois.   **(PALAIS.)**

3. DAGESTAD (Magnus M.), à Voss. — Sculptures en bois.   **(PALAIS.)**

4. Fabrique norvégienne de brosses et pinceaux, à Christiania. — Brosses et pinceaux.   **(PALAIS.)**

5. HŒGH (C. F.), à Bergen. — Sculptures en bois.   **(PALAIS.)**

6. JAKOBSEN (Edvard), à Lesjeskogen. — Sculptures en bois.   **(PALAIS.)**

7. JOEDDINGSLID (Nils G.), à Stordalen, près Aalesund. — Sculptures en bois.   **(PALAIS.)**

8. JOTEN (Syver J.), à Vaage, Gudbrandsdalen. — Sculptures en bois.   **(PALAIS.)**

9 KINSERVIK (Lars), à Grimo, Hardanger. — Sculptures en bois.   **(PALAIS.)**

10. LARSEN (M. Augustinius), à Lillehammer. — Articles de fumeurs, en écume de mer et en ambre.   **(PALAIS.)**

11. ODDE (Johannes Joergensen), à Lillehammer. — Sculptures en bois.   **(PALAIS.)**

12. ODSEN (Sjur), à Utne, Hardanger. — Sculptures en bois.   **(PALAIS.)**

13. ROENNINGEN (Marit Throndsdatter), à Oejer, Gudbrandsdalen. — Ouvrages de vannerie.   **(PALAIS.)**

14. ROSING (Ulrik), à Christiania. — Coffrets à toilette.   **(PALAIS.)**

15. STAFSLIEN (Maren Johannesdatter), à Troetten, Gudbrandsdalen. — Ouvrages de vannerie.   **(PALAIS.)**

PARAGUAY.

1. GILL (Mmes Elvira et Concepcion), à Assomption. — Tapis pour lampes.   **(PARC.)**

2. Gouvernement de la République du Paraguay, à Assomption. — Objets en bois tournés. Plumeaux de plumes d'autruche de Nandú, matés gravés.   **(PARC.)**

PAYS-BAS.

1. **OVERES (A. G.)**, à Bois-le-Duc. — Articles sculptés d'ivoire.   (**PALAIS.**)

2. **REYENGA (Wibe)**, à Amsterdam. — Quincaillerie.   (**PALAIS.**)

3. **SCHUSTEROWITZ (Jacob)**, à Rotterdam. — Articles de luxe et de ménage en bois russe.   (**PALAIS.**)

PORTUGAL.

1. **CARVALHO (Vve de Antonio Raymundo de)**. — Brosserie.   (**QUAI.**)

2. **CHAMPLON (Joao Baptista)**. — Brosserie.   (**QUAI.**)

3. **LACERDA (Alberto de)**. — Objets d'ivoire.   (**QUAI.**)

4. **NUNES CORREIA (José Branco)**. — Objets d'ivoire.   (**QUAI.**)

5. **PAIVA (Joaquim Pedro Godinho)**. — Objets d'ivoire.   (**QUAI.**)

COLONIES PORTUGAISES.

1. **Association industrielle portugaise**, à Lisbonne. — Porte-cigares, (île Brava Cap-Vert), tabatières (île de Santiago, Cap-Vert.)   (**PALAIS.**)

2. **Musée des colonies**, à Lisbonne. — Coffrets et boîtes à gants en bois de santal sculpté. Porte-cigares en paille. Objets tournés et sculptés sur bois, sur ivoire et sur pierre. Objets en laque, corbeilles et paniers, brosses et pinceaux. (Province d'Angola et Inde portugaise.)   (**PALAIS.**)

3. **REIS Junior (M. dos)**, à l'île de Santiago, Cap-Vert. — Tabatières.   (**PALAIS.**)

4. **SERRA (J. C.)**, à l'île de Santiago (Cap-Vert). — Porte-cigarettes (île Brava, Cap-Vert.)   (**PALAIS.**)

ROUMANIE.

1. **GOLDENTHAL (Samoïl)**, à Iassy et Bucharest.— Boîtes pour pharmaciens, Cassettes pour gants, mouchoirs, bijouterie, nécessaires, boîtes pour bonbons. (**PALAIS.**)

2. **PARAIANU (V.)**, à Campu-Lung. — Corbeilles.   (**PALAIS.**)

3. **SEGALLER (M.)**, à Piatra (District de Neamtzo). — Différents échantillons de bois pour allumettes.   (**PALAIS.**)

4. **SMEU (Mme Lucretia)**, à Bucharest, rue Boteanu, 2.— Objets cousus en écailles de poisson.   (**PALAIS.**)

5. **SOFRONIE (Sultana. D. Lazu Vve)** à Cursesci (Vaslui). — — Cadres pour portrait, porte-cartes, reproduction d'animaux, calendriers en écorce de cerisier bordée de soie et de mousse.   (**PALAIS.**)

6. **THORNBURG (Cléopatra et Lucia)**, à Iassy, strada Arcu, 13. — Porte-cigarettes en ambre.   (**PALAIS.**)

7. **VEDELESCU (George D.)**, à Bucharest, rue Scaunele, 33. — La tour Eiffel, travaillée avec des coquillages.   (**PALAIS.**)

RUSSIE.

1. BERNSTEIN Frères, à Varsovie. — Articles en ambre. **(PALAIS.)**

2. BOLDEREFF (Jean), à Troïtz (Gouvernement de Moscou). — Peintures sur bois, laque et ivoire, sculptures sur bois. **(E. C.) (PARC.)**

3. BOUROFF (V. B.), à Moscou. — Objets tournés, porte-cigares et pipes. **(PALAIS.)**

4. Fabrique de produits en corne, à Varsovie. — Produits en corne. **(PALAIS.)**

5. KOSTILKOW (J.), à Plustchevo (Gouvernement de Vologda). — Objets tournés en corne et en ivoire. **(PALAIS.)**

6. KOULEBIAKINE (I. S.), à Iaroslav. — Articles en bois. **(PALAIS.)**

7. KROUSTATCHEFF (Jean), à Troïtz (Gouvernement de Moscou). — Peintures sur bois, laque et ivoire. Sculptures sur bois. **(E. C.) (PARC.)**

8. MAKEEF (Alexis), à Troïtz (Gouvernement de Moscou). — Peintures sur bois, laque et ivoire, sculpture sur bois. **(E. C.) (PARC.)**

9. POPOFF (P. A.), à Mosdok. — Vaisselle en bois. **(PALAIS.)**

10. RIJOFF (Jean), à Troïtz (Gouvernement de Moscou). — Peintures sur bois, laque et ivoire, sculpture sur bois. **(E. C.) (PARC.)**

11. TOKAREFF (Pierre), à Troïtz (Gouvernement de Moscou). — Peintures sur bois, laque et ivoire, sculptures sur bois. **(E. C.) (PARC.)**

12. TROFIMOFF-TOKAREFF (Jean), à Troïtz (Gouvernement de Moscou). — Peintures sur bois, laque et ivoire, sculptures sur bois. **(E. C.) (PARC.)**

13. TROITZ (Exposition collective des Industriels du Bourg de), (Gouvernement de Moscou). — Peintures sur bois, laque et ivoire, sculptures sur bois. **(PARC.)**

Boldereff (Jean).	Rijoff (Jean).	Tséroulnikoff (Jean).
Kroustatcheff (Jean).	Tokareff (Pierre).	Wolkoff (Jean).
Makeeff (Alexis).	Trofimoff-Tokareff (J.).	

14. TSÉROULNIKOFF (Jean), à Troïtz (Gouvernement de Moscou). — Peintures sur bois, laque et ivoire, sculptures sur bois. **(E. C.) (PARC.)**

15. WOLKOFF (Jean), à Troïtz (Gouvernement de Moscou) — Peintures sur bois, laque et ivoire, sculptures sur bois. **(E. C.) (PARC.)**

GRAND-DUCHÉ DE FINLANDE.

1. UNO A. MUSTONEN & Cie, à Nurmis-Vibourg. — Manufacture de bois. **(PARC.)**

SALVADOR.

1. AVILA (Andrès), à La-Union. — Objets en écaille et or. **(PARC.)**

2. CAMPOS (Mlles Juana et Josefa de), à Sonsonate. — Ouvrages en coquillages. **(PARC.)**

3. Département de Sonsonate. — Huacales travaillées avec des filets d'argent. Jicaras travaillées avec des filets d'argent. **(PARC.)**

4. Pénitencier de San-Salvador. — Petits paniers de palmier. Corbeilles de palmier. Porte-cigares de jonc. Paniers de palmier. **(PARC.)**

5. Ville de Gotera. — Paniers en jonc. **(PARC.)**

SERBIE.

1. **Département de Nisch (Le Sous-Comité du)**, à Pirot. — Objets tournés. **(PALAIS.)**

2. **Département de Stoudenitza (Le Préfet du)**, à Rasehka. — Objets tournés. **(PALAIS.)**

3. **Établissement pénitencier**, à Belgrade. — Objets tournés. **(PALAIS.)**

4. **IBROVATZ (Milan)**, à Podounivzi (dépᵗ de Tchatchak). — Vannerie. **(PALAIS.)**

5. **Manufacture royale d'armes et fonderie de canons**, à Kragouyevatz. — Brosses diverses à l'usage de l'armée et du commerce. **(PALAIS.)**

6. **Municipalité**, à Lescovatz (dépᵗ de Nisch). — Peignes. **(PALAIS.)**

7. **OBRADOVITCH (Milovan)**, à Kragouyóvatz. — Ceinture de cuir, sacoche, sacs de cuir, sandales en cuir. **(PALAIS.)**

8. **ODAVITCH (Lonka) & AVRAMOVITCH (K.)**, à Belgrade. — Sandales en cuir, sacs de cuir noir et jaune etc. **(PALAIS.)**

9. **SCHOLAITCH (Radoyitza)**, à Belgrade. — Ceinture de cuir rouge brodée d'or. **(PALAIS.)**

10. **STANKOVITCH (Mme Marthe J.)**, à Beli Potok (dépᵗ de Belgrade). — Sacoche. **(PALAIS.)**

11. **STAYKOVITCH (Milenko)**, à Grotchatz (dépᵗ de Tchatchak). — Objets tournés. **(PALAIS.)**

12. **THOCHITCH (Mme Yvonne S.)**, à Godetchevo (dépᵗ d'Oujitze). — Objets tournés. **(PALAIS.)**

13. **VIDANOVITCH (Andreas)**, à Krouchevatz. — Objets tournés. **(PALAIS.)**

REPUBLIQUE SUD-AFRICAINE.

1. **GOUVERNEMENT (Le)**, à Pretoria. — Petits meubles tournés en pierre et paniers de fantaisie faits par des Boers, petits meubles de fantaisie, objets tournés, sculptés, guillochés, statuettes, fétiches, tabatières, pipes, etc., fabriqués par les indigènes. **(ESPLANADE.)**

SUISSE.

1. **BARBEZAT (Edmond)**, à Genève, rue du Marché, 18. — Fournitures en relief pour bijouterie. **(PALAIS.)**

2. **BLUM (G. J.)**, à Obereudingen (Argovie). — Voitures d'enfant, ressorts, roues, spécialité en bois courbé pour voitures et traîneaux. **(PALAIS.)**

3. **BOURGUET Fils (J. E.)**, à Aury (Fribourg). — Pièces de paille tressées, genre Fribourg, blanches et de couleurs diverses. **(PALAIS.)**

4. **Compagnie industrielle**, à Fribourg. — Vanneries, paniers, ouvrages sur bois. **(PALAIS.)**

5. **FLAECHER (J. Jacques)**, à Genève, rue Winkelriod, 6. — Brosses. **(PALAIS.)**

6. FORRER (J. Wald), Zurich. — Pipes, porte-cigares et tabatières. **(PALAIS.)**

7. GEISSMANN (Pierre), à Wohlen (Argovie) — Tresses, bordures, fantaisies, *etc.* **(PALAIS.)**

8. ISLER, ALOYSE et Cie, à Wildegg. — Fantaisies suisses, tresses de chanvre, de crin, de coton, de Fribourg, blanchissage, peinture. **(PALAIS.)**

9. JSLER (Jacques) & Cie, à Wohlen (Argovie). — Tresses de paille, chanvre, crin, matières végétales et fibres ; bordures en paille, chanvre et crin. **(PALAIS.)**

10. KILCHMANN & Cie, à Wohlen (Argovie). — Paniers, bordures, grelots, etc. **(PALAIS.)**

11. Société industrielle, à Fribourg.— Tables, fauteuils, jardinières, paniers en osier et paille fribourgeoise. **(PALAIS.)**

12. WEGMANN (Mme Anna), à Zurich. — Table fantaisie, chaises, porte-photographies en broderie. **(PALAIS.)**

Broderies soie et or, styles ancien et moderne, broderie héraldique.

URUGUAY.

1. Commission de l'Exposition, à Montevideo. — Collection de brosses. **(PARC.)**

2. LARGHERO (B. A.), à Montevideo. — Brosses. **(PARC.)**

3. MOSCA (Rafael), à Montevideo. — Mosaïques en bois : « La hutte au désert », « Village sur la côte. » **(PARC.)**

VÉNÉZUÉLA.

1. ALVARADO (Manuel M.), à Paris, boulevard Haussmann, 21 — Calebasses gravées et peintes. Porte-montre orné de fleurs, en cuir. **(PARC.)**

FAÏENCERIE DE CHOISY-LE-ROI (Seine)

H^te BOULENGER & Cie

Dépôt à PARIS, 18, rue de Paradis.

La faïencerie de Choisy-le-Roi a été créée en 1804.

Située à 100 mètres de la station de Choisy-le-Roi (ligne d'Orléans) et à 150 mètres de la Seine, l'établissement occupe une superficie de 4 hectares, dont plus de la moitié est couverte par les divers bâtiments servant à l'exploitation de la faïencerie.

MATÉRIEL D'EXPLOITATION. — Les broyeurs, concasseurs, malaxeurs, mélangeurs, presses et pompes servant à la préparation des pâtes, des émaux, et suffisant pour une production de 30 tonnes par jour ouvrier, les tours et engins de toutes sortes, les ateliers de mécanique, réparations, scierie, etc, sont actionnés par deux machines à vapeur de la force totale de 160 chevaux, qu'alimentent cinq chaudières formant ensemble plus de 280 chevaux.

NATURE DE LA FABRICATION. — La fabrication courante comprend les articles de ménage, de table, de toilette, usuels, en blanc, décor et impression; pâtes et émaux de couleurs, chromolithographie.

La faïencerie, dite artistique, produit les majoliques, les décors sur et sous émail et les objets divers d'étagères ou de services, en terre, émaux et pâtes de couleurs.

Revêtements céramiques et pièces architecturales de toutes sortes.

Faïences sanitaires, cuvettes inodores à siphon, tables de toilette.

Poteries poreuses brevetées pour filtres Chamberland-Pasteur, et pour vases poreux donnant le maximum de rendement sous le plus petit volume.

POPULATION OUVRIÈRE. — La population ouvrière attachée à l'usine et occupée d'une façon continue, s'élève à 900 ouvriers environ.

INSTITUTIONS MORALES ET DE PRÉVOYANCE. — Une école où tous les enfants travaillant à l'usine peuvent se perfectionner dans les connaissances primaires.

Un cours de gymnastique, qui a lieu deux fois par semaine.

Une crèche pour 18 enfants de 2 mois à 3 ans et un asile pour 45 enfants de 3 à 12 ans (date de création, 1867).

Une école d'apprentissage (Internat), créée en 1883 et recevant les orphelins des ouvriers de l'usine et des enfants moralement abandonnés (Assistance publique).

Une caisse d'épargne scolaire (1375).

Une fanfare (1877) comptant 35 exécutants.

Une société de secours mutuels (hommes) reconstituée en 1872 et comptant plus de 450 membres.

Une société de secours mutuels (femmes) créée en 1876 et comprenant plus de 250 membres.

Un conseil de famille (1876) composé des commissaires des diverses sociétés et statuant, d'accord avec M. H^te Boulanger et les principaux employés de l'usine, sur les besoins de chacun, les avances à accorder, les secours temporaires ou viagers à fournir.

RÉCOMPENSES OBTENUES AUX EXPOSITIONS :

A Amsterdam (1868). Diplôme d'honneur.

A Lyon (1872). Médaille d'Or.

En 1878, à l'Exposition Universelle de Paris :

Médaille d'Or,

La Croix de Chevalier de la Légion d'Honneur,

La Croix de Commandeur ordinaire d'Isabelle-la-Catholique,

Une Médaille d'honneur, décernée par la Société Nationale d'Encouragement au bien;

Un Diplôme d'honneur du Ministère de l'Intérieur (Crèche et Asile).

En 1883, Exposition d'Amsterdam :

Diplôme d'honneur.

Aidés par la mode et ses tendances archaïques des dernières années, nos peintres verriers aussi bien que nos architectes et nos tapissiers ont dû, pour répondre aux besoins du jour, donner de l'extension à leur production. Tous ont concouru au développement de ce mouvement ; mais, parmi ceux dont l'action a été la plus efficace dans ce sens, nous devons citer M. Ch. Champigneulle fils de Paris. Depuis 1881, époque où il a pris en main la direction de l'atelier de M. Coffetier qui l'avait fondé en 1846 et dirigé depuis ce moment, la personnalité de M. Champigneulle a été constamment en vue. Ancien élève des Beaux-Arts, membre de la Société des Artistes Français, il s'est initié à son art par de sérieuses études préparatoires. La maison dont il prit la direction, reçut une excellente impulsion. Son personnel qui se composait, au début, de deux ou trois peintres verriers s'est considérablement augmenté en même temps que ses ateliers se sont développés, aujourd'hui les ateliers dont la superficie n'est pas inférieure de 2,500 à 3,000 mètres occupent 80 personnes chiffre unique dans cette industrie.

Un aperçu des travaux accomplis démontrera mieux que tout, l'activité de production artistique qui règne dans cette maison. Ses principaux travaux sont la décoration des cathédrales de Notre-Dame de Paris, de Chartres, Le Mans, Bourges, Reims, etc., des églises Saint-Eustache, Saint-Médard, Saint-Nicolas-des-Champs, du Sacré-Cœur, Saint-Etienne-du-Mont à Paris, Saint-Nicolas-du-Chardonnet, Saint-Augustin.

Le Conservatoire des Arts et Métiers de Paris, les Musées de Genève, Amsterdam, Haarlem, Delft, l'Hôtel-de-Ville de Vannes ; l'Eden théâtre, l'Hôtel Continental, l'Hôtel du *Figaro*, les hôtels de Mme Judic, de *Paris illustré*, Albert Millaud, Mac-Kay, etc., lui doivent leur décoration de ses vitraux.

Ces travaux présentés à diverses Expositions ont valu à leur auteur de nombreuses récompenses. Appelé à faire partie de l'Académie nationale, membre de la Chambre Syndicale de la Céramique et de la Verrerie, de la Chambre Syndicale des Industries diverses, nommé secrétaire de la Commission des Expositions, etc., etc., il obtenait une médaille d'or à Amsterdam (1883), une médaille d'or et le prix de concours aux Arts décoratifs, Paris (1884), un premier prix aux Arts décoratifs, Delft (1883) ; il était nommé membre du Jury à l'Exposition du Travail, Paris (1885) ; il obtenait deux premiers prix à la Nouvelle-Orléans (1886) ; il faisait partie du jury à l'Exposition du Havre (1887) ; remportait une grande médaille d'honneur en Hollande. Enfin, en 1888, il était nommé membre du jury à l'Exposition du Palais de l'Industrie et il obtenait une médaille d'or de première classe décernée par l'Académie nationale. En 1887, Chevalier de la Légion d'honneur.

A l'Exposition M. Champigneulle occupe la place d'honneur dans le salon d'entrée du Palais des Machines.

Un plafond lumineux très réussi et six grandes figures le décorent.

A droite et à gauche de ce salon, il expose en outre dans deux galeries particulières ses œuvres anciennes et ses œuvres nouvelles parmi lesquelles : l'Education de Saint-Louis pour l'église Saint-Eustache ; le baptême de Saint-Etienne premier roi de Hongrie pour la cathédrale de Budapest, et la suite des verrières destinées à la coupole de Saint-Augustin, l'œuvre la plus considérable en peinture sur verre de notre époque.

De plus il est l'auteur des vitraux qui ornent la tour Eiffel ; le pavillon du Brésil, celui de Saint-Marin, etc, etc.

Société de Saint-Gobain, Chauny & Cirey

9, rue Sainte-Cécile, PARIS.

GLACES & VERRES BRUTS.

HISTORIQUE. — La Société des glaces de St-Gobain, l'une des plus anciennes qui existent, fut autorisée en *octobre 1665*, par lettres patentes de Louis XIV, sur le rapport de Colbert.

Elle fabriqua les glaces par le procédé vénitien du soufflage à Tourlaville et à Paris jusqu'en 1691, date à laquelle Lucas de Nehou inventa la méthode du coulage, et installa la manufacture dans le château de St-Gobain, qui est encore le principal centre de production de la Cie.

La fabrication des glaces coulées est donc une industrie essentiellement française, et la Société de St-Gobain, à mesure qu'elle s'est transformée et développée par la création ou l'absorption de nouvelles usines, a tenu à honneur de justifier toujours, par des progrès incessants et par une fabrication très soignée, la réputation universelle dont jouissent ses produits.

PRODUCTION. — La Société de St-Gobain possède actuellement **6 manufactures de glaces**, situées à **St-Gobain, Chauny, Cirey, Montluçon, Mannheim** et **Stolberg**, occupant ensemble 3,200 ouvriers, avec 16 fours de fusion de tous systèmes, et utilisant une force hydraulique ou à vapeur de 7.300 chevaux. La production annuelle s'élève à **20 millions de kilos** de glaces polies et de verres bruts. Elle n'était que de **10 millions** en 1878.

PROGRÈS. — La Cie utilise les procédés les plus perfectionnés de la verrerie, sans compter les méthodes qui lui sont propres. Elle a été la première à employer les procédés de chauffage au gaz de Siemens, les fours à bassins, les machines Corliss, l'électricité comme éclairage et transport de la force, etc. La puissance de son outillage lui permet de faire face sans peine aux applications les plus importantes et les plus difficiles. Nous citerons à Paris seulement, pour les glaces polies : le **Grand Opéra**, l'**Hôtel de Ville**, l'**Éden-Théâtre**, le **Grand Hôtel**, l'**Hôtel Continental**, le **Grand Hôtel du Louvre**, etc. Pour les glaces, verres bruts et dalles, le **palais de l'Exposition**, les gares d'Orléans, **St.-Lazare**, du **Nord** et de l'**Est**, l'**Hippodrome**, le **Trocadéro**, l'**Hôtel de Ville**, l'**Hôtel des Postes**, le **Crédit Lyonnais**, les **magasins** du **Printemps**, du **Louvre**, du **Bon Marché**, de M. **Neveu, rue d'Uzès**, de MM. **Mignon-Rouart**, etc.

DÉBOUCHÉS. — Les ventes de la Société embrassent tous les pays du globe. Elle a des dépôts ou des agences dans les principales villes de tous les pays.

INSTITUTIONS DE PRÉVOYANCE. — Grâce à son organisation et aux institutions de prévoyance de toute sorte, qu'elle met à la disposition de son personnel et qu'elle subventionne largement : écoles, asiles, ouvroirs, cercles, secours médicaux, caisse de retraites, logements, sociétés coopératives de consommation, sociétés de gymnastique, de tir et de musique, grâce aussi aux sacrifices qu'elle a su s'imposer dans les périodes les plus difficiles, pour écarter ou réduire les chômages, la Société n'a eu depuis son origine aucune difficulté avec ses ouvriers, éminemment stables et animés du meilleur esprit.

PRIX. — Quelques chiffres montreront le chemin parcouru par l'industrie des glaces coulées depuis son origine. En **1702**, une glace de **4 mètres carrés**, dimension exceptionnelle pour l'époque, coûtait 2.750 livres, soit **687 1/2 livres par mètre carré**. En **1889**, la même glace coûte 129 fr., soit **32 fr. 25 par mètre carré**.

Une glace de **15 mètres carrés** vitrage, dimension courante, en **1889**, ne coûte plus que 900 fr., soit **60 fr. par mètre carré**.

La Cie a constamment obtenu **les plus hautes récompenses** accordées à son industrie, **dans toutes les expositions où elle a figuré**.

Les produits qu'elle expose dans la classe 19, à l'exception de la grande glace polie en blanc placée dans l'axe de la salle, **sont tous des produits industriels absolument courants, et représentant sa fabrication moyenne.**

GRAND DÉPOT DE CÉRAMIQUE
21 et 23, rue Drouot, PARIS.

En 1862, Monsieur Emile Bourgeois créait, à l'angle de la rue Drouot et de la rue de Provence, un établissement destiné à la centralisation et à la vulgarisation des beaux produits de la céramique. C'est le principe des expositions permanentes appliqué dans d'autres conditions. Pour réaliser son idée, M. Bourgeois n'entreprit pas une fabrication particulière qui lui eut imposé l'écoulement d'articles plus ou moins bien venus, et eut créé un embarras. Il s'adressa à l'industrie générale, et lui demanda, d'où qu'ils vinssent, des pièces de céramique d'une fabrication irréprochable, et d'un goût artistique parfait. Maître de son choix, il put à son gré repousser tout ce qui ne lui donnait pas une entière satisfaction, et se restreindre dans son principe sans céder à aucune sollicitation.

La haute réputation acquise par cette maison n'a pas d'autre source que cette persévérance à se maintenir dans sa voie artistique et au choix heureux et continu des œuvres exposées.

Aujourd'hui, les magasins du Grand Dépôt sont devenus les plus importants de l'Europe, et l'impression qu'on ressent en visitant leurs galeries merveilleuses reste innoffaçable.

Elles ont été aménagées avec ce goût parisien qui régente le monde, et l'aspect qu'elles présentent est d'autant plus éblouissant que les industries qu'il centralise empruntent à l'art seul leur charme et leur splendeur.

Magasins, annexes et dépendances, tout est à visiter, si l'on veut se rendre compte de l'incomparable organisation du Grand Dépôt.

En dehors des créations qu'il expose aux regards éblouis, et dont les Expositions internationales ont sanctionné la valeur artistique, le Grand Dépôt se distingue de toutes les maisons qui représentent la même industrie par le plus merveilleux assortiment qu'on puisse rêver.

Ce qu'il y a de belles choses accumulée dans ce Musée de la Céramique moderne est au-dessus de toute expression.

C'est dans ce prodigieux approvisionnement que réside l'une des principales supériorités de cette administration prévoyante. En effet, en parcourant ces magnifiques salons tout ruisselants de l'éclat des porcelaines, de la splendeur des faïences et de l'étincellement des cristaux, le plus difficile des visiteurs fait son choix, convaincu par les meilleurs des arguments, le prix et la perfection de toutes les pièces.

La céramique et la verrerie sont les seules spécialités du Grand Dépôt. Depuis plus de vingt ans, son administration s'est attachée à développer le goût et à vulgariser le Beau.

Initiée à toutes les difficultés de la fabrication, et guidée par une clientèle d'élite qui suit son programme, comme parfois elle sait le dicter, elle a obtenu des résultats irréfutablement concluants. Des agrandissements continuels s'en sont suivis ; et ses salons regorgent de chefs-d'œuvre énumérés dans le catalogue.

Puisque nous parlons du catalogue, nous ne saurions trop recommander le splendide *Album*, édité par le Grand Dépôt, pour la plus grande gloire de la céramique moderne.

C'est un véritable monument élevé à cette industrie d'art, et il reproduit avec une incomparable richesse toutes les pièces offertes au public, pour ajouter au confortable ou pour assurer l'ornementation de chez soi.

Ce précieux Album est expédié pour le prix de 10 francs, remboursables à tout acheteur d'une commande dépassant la somme de 100 francs.

Il serait trop long d'énumérer ici toutes les merveilles du Grand Dépôt. Si l'on s'arrête inconsciemment devant les étincelantes vitrines des magasins de la rue Drouot, on se surprend à rêver devant les formes gracieuses et les nuances délicates reproduites dans l'Album-Catalogue, et l'on ne peut se défendre de faire un choix, surtout lorsqu'on a la conviction d'être rapidement servi.

La note caractéristique du Grand-Dépôt, c'est la vulgarisation des chefs-d'œuvre de la céramique. La place nous manque pour multiplier les exemples : contentons-nous de dire qu'il offre, au prix inespéré de 32 francs, des services de table de douze couverts, d'un style aussi remarquable que le bon marché.

Le Grand-Dépôt ne se contente pas de livrer sans retard, il réassortit dans les mêmes conditions, et c'est pour cela que la possession d'un Catalogue-Album est nécessaire dans toute maison bien ordonnée.

La Céramique, en effet, sert tous les besoins comme elle satisfait à toutes les fantaisies.

Elle a gravi les plus hautes sphères de l'art, et puis, sans déchoir, elle s'est faite la servante du foyer, en lui fournissant tout ce qui le rend agréable et tout ce qui le fait chérir.

Le Grand-Dépôt est enfin plus que le musée brillant et unique, c'est aussi le quartier général des produits de près de cent fabriques, dont le nom fait autorité dans le monde industriel, et qui lui ont laissé le monopole de leurs chefs-d'œuvre.

Administré avec une grande hauteur de vues, il est devenu l'un des établissements parisiens les plus courus et son succès est d'autant plus louable qu'il a toujours été basé sur le constant respect du public.

N. B. — Le GRAND DÉPOT n'a pas de succursale à Paris.

MANUFACTURE DE PORCELAINES.

PILLIWUYT & CIE

47, rue de Paradis-Poissonnière,

PARIS.

HISTORIQUE. — L'établissement de Mehen. a été créé le 21 mai 1853, par une Compagnie dont la raison sociale était **Pilliwuyt, Dupuis et Cie**, du nom de ses fondateurs, MM. Charles Pilliwuyt et Philibert Dupuis.

Cette Société a exploité les usines de Mehem, jusqu'à l'époque où elle a été transformée en la Société actuelle dont la raison sociale est Pilliwuyt et Cie et qui a pour gérants MM. Louis Pilliwuyt, fils de M. Charles Pilliwuyt, M. Léon Pilliwuyt, neveu du même M. Charles Pilliwuyt, et M. Jules Dupuis, fils de M. Philibert Dupuis.

Pendant le cours de la première Société, qui d'ailleurs n'avait présenté sous le point de vue historique, de sérieuses modifications, MM. Thévenin et Grundeler aient pris part à son administration en qualité de gérants : ils sont morts tous deux pendant le cours de leur gestion.

La maison, dans ces deux grandes périodes, s'est toujours maintenue à la tête des progrès réalisés par l'industrie céramique en générale, et la fabrication des faïences et porcelaines, tant par l'introduction des machines usitées dans le façonnage que par ses procédés spéciaux de cuisson, adoptés aujourd'hui par la plupart des fabricants en raison de l'économie qu'ils produisent. C'est dans une des usines de la Société qu'ont été faits les premiers essais de ce procédé nouveau de cuisson.

Les établissements de Mehem se sont aussi faits remarquer par les procédés de décoration avec des couleurs au grand feu.

Les établissements de Mehem sont représentés à Paris par leur maison de vente, située 47, rue de Paradis-Poissonnière, et qui est aussi le siège social de la Compagnie.

Elle a d'ailleurs des débouchés en Suisse, en Belgique, en Italie, etc., et elle envoie des représentants dans toutes les directions.

RÉCOMPENSES. — En raison de l'excellence de ses produits et des progrès qu'elle a réalisés par les études de ses directeurs, des chimistes attachés à la maison, comme aussi par les primes et les gratifications qu'elle accorde dans une mesure très large à ses contre-maîtres et ouvriers en cas de succès, la Société Pilliwuyt et Cie a toujours obtenu dans les diverses expositions auxquelles elle a pris part les plus hautes récompenses. — Nous citerons en particulier les médailles d'or obtenues aux Expositions Universelles de Londres (1862) et de Paris (1867 et 1878) ; — ainsi que le diplôme d'honneur qui lui a été décerné en 1883 à l'Exposition d'Amsterdam.

Nous rappellerons enfin qu'à la suite de l'Exposition de 1867, M. Charles Pilliwuyt avait été récompensé par la Croix de Chevalier de la Légion d'honneur, de ses travaux et des progrès qu'il avait fait faire à son industrie depuis la fondation de la maison en 1853 ; il en était alors l'un des gérants, la Société a eu la douleur de le perdre en 1872.

Enfin, à la suite de l'Exposition Universelle de 1878, M. Eugène Halet, collaborateur de la maison Pilliwuyt et Cie a été également récompensé par la Croix de la Légion d'honneur de ses beaux travaux, des progrès qu'il avait réalisés dans l'industrie céramique et particulièrement pour la palette des couleurs à grand feu.

VERRERIE Eugène BAUDOUX

A JUMET.

FONDATION. — Cette verrerie est de fondation récente. M. Eugène Baudoux, son créateur, la fit construire après mille efforts. Ses débuts, très modestes, se passèrent dans les verreries de son oncle, M. D. Jonet et Cie, à Charleroi, où il passa huit années en qualité d'ingénieur. C'est en 1872, à la mort de M. Jonet, qu'il songea à s'établir.

Au premier abord, il disposait de ressources très restreintes. Possesseur d'une somme à peine suffisante pour une installation rudimentaire, il n'en résolut pas moins de commencer la fabrication pour son compte.

L'association momentanée de son oncle, M. Jonet, qui seul peut-être avait eu confiance en son avenir, lui permit d'entreprendre l'exploitation d'une misérable verrerie abandonnée à Lodelinsart : c'est là qu'un travail persévérant de neuf années le mit en possession d'un capital suffisant pour créer son installation définitive.

En 1881, il acquit à Jumet le vaste terrain sur lequel devait se développer toute son activité industrielle. Son premier soin fut d'y construire les appareils nécessaires à la fabrication des *verres colorés*, spécialité à laquelle il devait sa première fortune, et ce n'est qu'à la fin de 1883 qu'il put songer à ses grands travaux. Nous précisons les dates pour mieux montrer combien a été rapide le développement de l'usine actuellement en pleine activité.

PROGRÈS RÉALISÉS. — A cette époque, on parlait beaucoup de substituer aux *fours à pots*, dans la fabrication du verre, les *fours à bassins*, auxquels M. Baudoux a, en quelque sorte, attaché son nom dans le pays de Charleroi.

On discutait ce dernier système.

Les fours à bassin avaient trois défauts réels :

D'abord, ils marchaient peu de temps sans exiger une réparation des parties les plus exposées à l'usure, ce qui, dans leur forme primitive, nécessitait l'extinction du four et une reconstruction complète. Cette opération très coûteuse, fréquemment renouvelée, supprimait, en grande partie, les avantages économiques du système.

Les verres qu'ils produisaient variaient souvent de nature en passant de l'état granuleux à l'état strieux ; même en bonne allure, ils étaient très peu homogènes, d'un aspect onduleux augmentant considérablement ce désagréable effet de miroitage que présente le verre soufflé, et qui est la seule cause de son infériorité sur les glaces coulées.

Outre que les fours à bassin duraient peu, ils ne donnaient leurs meilleurs résultats que pendant une période plus courte encore. Cela provenait de ce que les parties les plus exposées à l'usure, bien avant d'être entièrement hors de service, étaient déjà suffisamment usées pour ne plus se trouver en état de remplir convenablement leur office. Et comme l'extinction, seul remède, était une extrémité à laquelle on se résignait difficilement, on prolongeait autant qu'on le pouvait la durée du four malgré sa marche défectueuse. M. Eugène Baudoux doit son complet succès à un ensemble de nouvelles dispositions pratiques dont l'application fait disparaître ces nombreux inconvénients.

Pour combattre le premier défaut que nous avons signalé, il fallait disposer l'appareil de façon à permettre des réparations partielles plus fréquentes et moins onéreuses. A cet effet, M. Baudoux appliqua à ses fours une voûte entièrement suspendue par une construction en fer, à laquelle se trouvent également attachés les bas murs descendant jusqu'au niveau du verre en fusion, ainsi que les conduites de gaz et d'air. L'appareil essentiel de la combustion constitue ainsi un ensemble indépendant, laissant entièrement libre le bassin proprement dit, dont les parois, continuellement refroidies par l'air extérieur sont moins exposées à la corrosion intérieure. De plus, ces parois étant toujours facilement accessibles, peuvent être réparées sans nécessiter d'autre démolition que celle des parties à remplacer, et sans exiger l'extinction du four. Les premières réparations peuvent même s'effectuer sans arrêt du travail. Grâce à cette construction, que l'on juge très hardie si l'on considère les dimensions des fours Baudoux, qui ont vingt-cinq mètres de longueur sur sept mètres, on peut dès lors affirmer que les fours à bassin ainsi établis auront une durée indéfinie. Au moins cette durée sera-t-elle aussi longue que celle des parties les moins exposées, ce qui est une limite naturelle à l'existence de tout système.

Dès 1880, M. Eugène Baudoux avait pris un brevet pour ces dispositions spéciales, dont il fit l'application, dans l'intervalle, à plusieurs petits fours à bassin. Plusieurs industriels anglais se guidèrent sur les données de cette demande de brevet primitif pour construire, en 1881-82, quelques fours sur le même type, que l'inventeur dut sensiblement modifier dans ses constructions définitives.

Le second défaut que nous avons mentionné (la variation de la nature du verre) était le plus redoutable, car il pourrait être inhérent au système même des fours à bassin. On l'attribuait au mouvement continuel du verre qui, dans les fours de ce genre, coule du point de renfournement au lieu du travail. En tous cas, si cela pouvait être évité, on ne devait arriver à y porter remède qu'en augmentant la profondeur du bain de verre. D'après l'hypothèse dans laquelle on se plaçait, il fallait attribuer ce défaut au mélange du verre froid des couches inférieures avec le verre chaud des couches supérieures, et à coup sûr l'inconvénient devait diminuer à mesure qu'on éloignait les deux points extrêmes. C'est ainsi que M. Baudoux fut conduit à porter cette profondeur du bain à 1m50, alors que les premiers essais avaient été faits sur 0m60 centimètres, et qu'au moment de l'installation de M. Baudoux, on n'avait pas atteint un mètre.

Enfin pour combattre le troisième défaut, il ne suffisait pas de dégager le bassin, afin d'en rendre plus facile la réfection. Bien avant que les briques soient hors d'usage, elles se détériorent partiellement et la partie corrodée laisse aux matières non fondues un passage que les barrages intérieurs flottant sur le bain de verre ne peuvent plus fermer. Les parties non fondues, venant trop tôt dans le compartiment de soufflage, altèrent la qualité des produits avant l'usure complète du bassin. Les barrages flottants était précédemment maintenus par des arrêts fixes ou saillies faisant corps avec le mur du bassin. M. Baudoux trouva le moyen de les maintenir par des obstacles libres, également flottants, et qui, placés à la suite l'un de l'autre tout le long des murs, forment un véritable revêtement intérieur avec saillies, contre lequel viennent se fixer les barrages. En même temps que ceux-ci se trouvent fixés transversalement dans une position donnée au four, de façon à en déterminer les compartiments intérieurs, ils maintiennent à leur tour les arrêts contre les murs. Ces pièces flottantes forment un véritable bassin mobile profond de cinquante centimètres, toujours renouvelable sans perte de temps, et partant toujours neuf.

C'est par ces trois modifications essentielles, ainsi que par les grandes dimensions données à ses fours, que M. Baudoux assura le succès définitif des nouveaux appareils.

La grande publicité donnée aux tristes évènements de mars 1886, en attirant l'attention des industriels du monde entier sur l'usine Baudoux, sur les moyens employés et sur les résultats obtenus, a fait le reste pour résoudre définitivement une question que vingt années de tâtonnements avaient pour ainsi dire laissé au point de départ.

Préparé par les études qui lui avaient inspiré les modifications précédemment décrites, M. Baudoux commença en août 1884 la construction de son premier four à bassin, dont les dimensions énormes, qui paraissaient insensées aux yeux des hommes techniques, firent pousser des clameurs dans le monde verrier. Les résultats furent des plus brillants, et l'inventeur, désormais sûr de la réussite, encouragé par ce premier succès, aidé des bénéfices presque invraisemblables qu'il avait réalisés en quelques mois, entreprit la création

d'un second four à bassin qui fut prêt à marcher en septembre 1885. De sorte qu'en moins de dix mois, l'habile industriel avait mis en pleine activité un vaste établissement, construit sur des bases entièrement nouvelles, et dont la production représente la dixième partie de la fabrication totale de la Belgique. Ce tour de force industriel était compliqué d'un tour de force financier, car M. Baudoux avait dépensé plus d'un million en constructions.

Sur ces entrefaites survint la terrible grève de Lodelinsart. Pendant trois jours, les grévistes s'acharnèrent sur la verrerie de M. Baudoux et la dévastèrent de fond en comble. C'eût été un désastre irréparable si le gouvernement belge n'avait mis un million à la disposition de l'ingénieur-verrier. Avec cette somme, il put reconstruire sa verrerie en quelques mois et la remettre en activité à la grande confusion de ses adversaires, qui avaient espéré l'anéantir et le réduire à la misère.

RECONSTRUCTION. — Aujourd'hui, grâce aux excellents résultats de plus d'une année de fabrication, M. Baudoux et son établissement se retrouvent en pleine prospérité, attendant l'issue du procès en dommages-intérêts intenté à la commune, laquelle est rendue responsable du désastre, par suite de l'absence ou de l'insuffisance des mesures de protection. Ce procès civil doit remettre M. Baudoux en possession du capital qu'il a perdu et qui peut être évalué à 1,400,000 francs.

L'usine est donc actuellement reconstruite telle qu'elle existait avant l'incendie ; elle comprend une superficie de cinq hectares et demie, dont deux et demi sont couverts par les bâtiments.

IMPORTANCE. — La verrerie possède deux grands fours à creusets occupant trente-deux souffleurs, deux fours à bassin faisant travailler cent huit souffleurs et seize étenderies à double effet, chauffées au gaz.

L'un des fours à bassin peut contenir 350.000 k. de matière en fusion et assurer la fabrication d'un million de pieds de verre par mois.

Actuellement, la production mensuelle est de 250,000 mètres carrés de verre en feuilles. La verrerie et ses dépendances occupent un millier d'ouvriers, dont un cinquième d'enfants et d'adolescents. Les salaires payés chaque mois dépassent 120,000 francs, ce qui représente, pour les travailleurs adultes, un gain très rémunérateur.

Ces renseignements succincts suffisent, croyons-nous, à donner une idée de l'importance de cette vaste usine, qui tient en Belgique le premier rang dans la verrerie, et dont l'installation nous offre le plus bel exemple des perfectionnements réalisés dans la fabrication du verre, grâce à l'initiative et à l'intelligence de M. Eugène Baudoux. Les remarquables résultats que nous venons d'exposer nous sont un sûr garant du brillant avenir qui est réservé à cette puissante entreprise, sous une direction aussi éclairée et aussi compétente.

ÉBÉNISTERIE ARTISTIQUE ZWIENER

2, RUE DE LA ROQUETTE, 2,

PARIS

La Maison qu'exploite M' Zwiener, pour n'être pas d'une date très ancienne, n'en a pas moins parcouru une carrière assez remarquable. Depuis quatorze ans, c'est-à-dire depuis 1875, elle a produit sans relâche, en s'étendant graduellement jusqu'au point où nous la trouvons aujourd'hui. Le succès obtenu dès les premières apparitions des produits de M' Zwiener s'est constamment maintenu ou s'accentuant, et actuellement la réputation de cette maison est solidement établie.

Dans le développement qu'a pris notre art industriel, elle a marché aussi rapidement et par les mêmes moyens que les autres industries et suivi le mouvement artistique devenu universel. Les sources qui s'indiquaient d'elles-mêmes pour alimenter ce mouvement, encore à son début, ont fourni à l'art du meuble une matière où il pouvait puiser largement. Les époques passées avec leurs styles divers, caractérisés et bien définis, ont été l'objet de ses explorations, et ce n'est pas trop affirmer de dire qu'il s'est en quelque sorte installé a demeure dans ce passé et ne paraît pas vouloir en sortir. En somme, quels chefs-d'œuvre en rapporte-t-il ?

En ce qui concerne M' Zwiener et les œuvres d'art qui sortent de sa fabrique, la réponse à cette question est plus que satisfaisante. Les divers styles qu'il reproduit ou sous l'inspiration desquels il compose sont représentés dans ses magasins par des spécimens d'une haute allure. Le style Louis XIV, imposant et grand, possède tout son caractère dans les pièces fabriquées par ses ateliers.

Avec les époques de Louis XV et de Louis XVI, où le dessin du meuble se dégage complètement de la ligne architecturale pour affecter les gracieux caprices de la courbure des lignes, supprimer les angles et ramasser délicatement les motifs de fleurs et de lacs repoussés par les styles précédents, M' Zwiener a su établir des modèles d'une grâce et d'une élégance achevées, sans sacrifier la séduction à l'ampleur du style. Le caractère éclatant n'a pas été davantage négligé, et la peinture vernis Martin complète heureusement l'aspect d'ensemble de ces styles.

Mais les œuvres qui résultent de cette étude des styles ne sont que rarement des reproductions. Le grand intérêt était d'obtenir des créations qui fussent un renouvellement, une renaissance de ces styles. Aussi le morceau capital de son exposition est-il une création. C'est un coffre à bijoux qui réalise, dans ce qu'il a de plus large et de plus châtié, le beau style Louis XV, mais sans s'attacher à la reproduction d'un morceau quelconque. Il n'en est pas moins vrai que le corps de ce coffre, encadré dans un motif de bronze d'une allure hardie et charmante de légèreté, est d'une pureté de conception irréprochable. Dans le couronnement qui le surmonte se nouent toutes les lignes de cadre, et le motif qu'elles supportent est un morceau exquis. À côté, c'est une bibliothèque, un chef-d'œuvre de légèreté, un rêve de cristal et de bronze, fleuri, éblouissant de reflets, une pièce d'un goût très fin appartenant au même style. Puis c'est une reproduction d'un des plus beaux meubles historiques, du Bureau du Louvre, un travail d'une fidélité artistique parfaite.

Nous devons citer également le lit Louis XV que M' Zwiener a exécuté pour le défunt roi Louis II de Bavière, avec une ampleur de style digne des plus beaux modèles du temps. Tout récemment S. A. I. le grand-duc Alexis recevait de la même maison une crédence qui n'a rien à envier, en richesse et en grâce sévère, aux plus beaux morceaux connus.

Toutes ces pièces comportent un ensemble de décoration où le bronze entre pour une bonne part, ainsi que la marqueterie et la peinture vernis Martin. Toutefois M' Zwiener n'abandonne à aucune maison étrangère le soin de fabriquer un morceau faisant partie de sa composition. Tout se fabrique sous ses yeux, l'ébénisterie comme la ciselure des bronzes, la monture comme le vernis Martin.

Nous pouvons dire que dans cette fabrication il réunit les qualités les plus hautes des styles anciens, et en s'accommodant aux besoins de notre goût, leur donne une signification entièrement nouvelle.

Les récompenses qu'il a obtenues sont : une médaille d'or à l'Exposition des Arts décoratifs, Paris, 1882 ; une médaille d'or à Liverpool, 1886 ; une médaille d'or au Havre, 1887, un diplôme d'honneur à Toulouse, 1887 et une médaille d'Or à Barcelone 1888.

BAUDRIT, Léon — FERS FORGÉS.

78, rue Michel-Bigot, PARIS.

La maison Baudrit, fondée en 1773, par Jean Baudrit, est restée depuis cette époque entre les mains de ses descendants. Il la dirigea jusqu'en 1815; puis il fut remplacé par M. Auguste Baudrit de 1815 à 1853, par M. Auguste Baudrit, deuxième du nom, de 1853 à 1887 et depuis cette époque par M. Léon Baudrit, le directeur actuel.

Dans une succession transmise de la sorte, les traditions de la maison devaient se conserver intactes avec leur haut sentiment artistique. Chacun des directeurs s'attacha à accentuer le caractère ornemental des produits de la maison, et à se maintenir à la hauteur des branches les plus favorisées de notre art décoratif. De là vient que depuis un siècle à côté des noms de nos grands architectes, nous trouvons ce nom de Baudrit presque à chaque page de notre art monumental.

Jusqu'en 1873 la Préfecture de la Seine ne connut pas d'autre fournisseur de serrurerie. C'est un Baudrit qui, lors de la réunion des Tuileries au Louvre créa, sous les ordres de Visconti et Lefuël, cette admirable décoration en fer qui contribue pour une belle part à l'élégance du pavillon de Rohan. Les combles et les escaliers de la cour de Louis XIV à l'ancien hôtel de ville, sortaient de la même maison, et c'est encore à elle que M. Ballu,

l'architecte du nouvel hôtel de ville, demanda les grilles des guichets, qui constituent une des grandes richesses du monument.

Il serait trop long d'énumérer toutes les œuvres d'art que nous devons à la maison Baudrit. Nous signalerons seulement le Casino de Vichy, les halles de Grenoble et de Fontainebleau, la cathédrale de Valence, et dans l'ordre privé les hôtels Demidoff, du marquis de Lau, de M. Grévy. Les marquises des maisons du Gagne-Petit, avenue de l'Opéra, et Chevreux-Aubertot, boulevard Poissonnière, etc.; les grilles du parvis de l'hôtel de ville et les grilles du Palais des Beaux-Arts à l'Exposition (entrée Rapp). Les dernières œuvres sorties de cette maison, qui s'occupe toujours et exclusivement de serrurie d'art.

Il reste acquis que l'art de la ferronnerie, presque disparu dans la période de 1825 à 1850, dut son relèvement aux efforts de M. Auguste Baudrit, ainsi que la place importante qu'il a prise dans l'art décoratif moderne. Ces efforts ont valu à la maison les premières médailles aux expositions universelles de Londres, Paris et Vienne, la médaille d'or à Paris 1878, de nouvelles distinctions à la Société des Architectes en 1879 et la mise hors concours à l'exposition du métal 1880.

Box-Table

Breveté s. g. d. g. en France et à l'Étranger

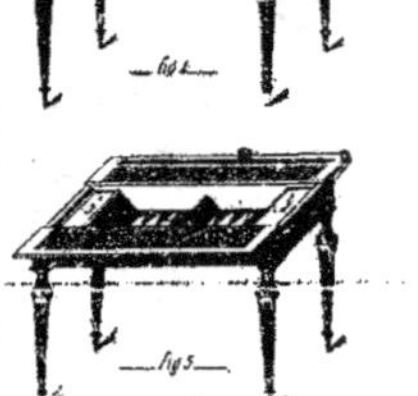

Box-Table inventée par **M. PICARD**, Directeur du Comptoir général de Photographie, 57, rue Saint-Roch, PARIS. — Est fabriquée dans les Ateliers de cette Maison.

moyenne obtenus aux concours officiels de réglage de **l'observatoire astronomique** témoignent des progrès constants réalisés dans cette branche si importante
de la fabrication. (Au concours de 1888-89 les montres de cette maison ont obtenu
15 récompenses sur 44.)

L'aspect extérieur des montres Patek, Philippe et C⁰ est en rapport avec les excellentes qualités des mouvements. C'est-à-dire que les boîtes de ces montres se distinguent par leur solidité et leur élégance.

D'après ce qui précède, on voit que l'objet des efforts constants de cette maison est
de produire des montres bonnes, solides et élégantes et d'un prix modéré, car fabriquant par grandes quantités et par les procédés les plus perfectionnés, elle est à
même de fournir à des prix plus avantageux que qui que ce soit, à qualité égale bien
entendu. C'est ce qui explique la faveur toujours croissante dont jouit cette marque
auprès des principaux horlogers de tous les pays et par conséquent auprès du public,
faveur qui a excité malheureusement l'envie de certains industriels et les a engagés à
produire de nombreuses contrefaçons. Pour tourner la loi, ils estropient plus ou moins
la raison sociale de cette maison en écrivant sur leurs imitations frauduleuses, tantôt
Pateck et C⁰, tantôt **Pateck Genève**, tantôt **Phillpp Pateck**, etc., etc.

Afin de se prémunir contre ces manœuvres déloyales, le public doit exiger avec
chaque montre vendue comme sortant de la maison Patek, Philippe et C⁰, un certificat
d'origine et de garantie portant la signature (à la main) de cette célèbre fabrique.

BALANCIERS & SPIRAUX ANTI-MAGNÉTIQUES
USINE GÉNEVOISE DE DÉGROSSISSAGE D'OR
A GENÈVE.

Chargée par les principales Fabriques Suisses d'horlogerie de rechercher des métaux non aimantables pour la fabrication des balanciers et des spiraux, l'**Usine
Genevoise de Dégrossissage d'Or** à **Genève** a réussi, après de longues et
minutieuses recherches, à composer des alliages non magnétiques, qui donnent des
résultats très satisfaisants, ces résultats ont été consacrés par l'obtention à l'Observatoire astronomique de Genève de bulletins de chronomètres de la première classe.

Les alliages que l'Usine de Dégrossissage d'or a découverts ont été du reste adoptés
par un syndicat des 27 plus grandes fabriques Suisses.

Des brevets accordés dans les principaux pays de consommation et notamment en
Suisse, aux États-Unis, dans l'Amérique du Sud, en Angleterre, France, Allemagne,
Espagne, Italie, etc. etc.. assurent à l'Usine de Dégrossissage la propriété de ses
découvertes et leur sauvegarde.

Le capital de l'Usine de Dégrossissage est de 1.000.000, sa réserve de 200.000 est
presque complète.

Cet établissement livre aux fabriques d'Horlogerie et de Bijouterie de l'or, de l'argent, du platine, du plaqué et du nickel spécialement dégrossi et apprêté à leur usage.

Le chiffre total de ses affaires en 1888 a été de 17.000.000.

MAISON GROUVELLE

Bureaux et Usine, 71, rue du Moulin-Vert
PARIS.

APPLICATIONS GÉNÉRALES DE LA CHALEUR

A L'Industrie et aux Édifices.

CHAUFFAGE ET VENTILATION.

Séchage. — Assainissement.

FONDATION DE LA MAISON. — Maison fondée en 1829 par Ph. Grouvelle. — Dirigée par lui seul, jusqu'en 1861. — A partir de 1861, associé à son fils M. Jules Grouvelle jusqu'en 1866. — A partir de 1866 — la maison a été dirigée exclusivement par M. Jules Grouvelle, ingénieur, — ancien élève de l'école Centrale.

PROGRÈS INDUSTRIELS. — De 1829 à 1889, la maison s'est attaché, à perfectionner et à rendre pratiques les grands appareils de chauffage.

C'est à Ph. Grouvelle, fondateur de la maison, qu'est due l'invention du chauffage par l'eau et la vapeur combinées, appliqué à l'installation classique de la prison Mazas et dans un grand nombre d'autres édifices.

Dans ces dernières années M. Jules Grouvelle a, par des procédés nouveaux, qui sont sa propriété, apporté de remarquables perfectionnements aux appareils de chauffage.

1° Par la création de la fabrication des tuyaux en fer munis de lames ou ailettes en fonte.

2° Par l'invention des appareils de chauffage à vapeur à alimentation variable. — Seul système réglable suivant les variations de la température extérieure.

3° Par l'invention des régulateurs automatiques de chauffage, agissant à distance.

4° Par la création des chauffages à eau basse, moyenne et haute pression, fonctionnant par branchements — avec chaudières multitubulaires.

5° Création de l'usine du Moulin vert — avec laboratoire, organisé spécialement en vue des expériences sur les applications de la chaleur.

IMPORTANCE. — La maison s'occupe particulièrement de toutes les applications de la chaleur, à l'industrie et aux édifices.

Elle construit chaque année un grand nombre d'appareils, de chauffage et de séchage.

Parmi les installations faites récemment, il faut citer: Palais de Justice (Cour d'appel) à Paris. — Caisse des dépôts et consignations à Paris. — Lycée Molière à Paris. — Ecole normale d'instituteurs à Paris. — Ecole Alsacienne à Paris. — Lycée de Grenoble. — Lycée de jeunes filles à Montauban. — Ecoles normales du Pas-de-Calais. — Préfecture du Rhône. — Ateliers de peinture de la Cie de l'Ouest à Levallois. — Grands magasins du Louvre. — Hôtel du Louvre. — Ateliers des grands magasins du Bon Marché. — Prison de la Santé à Paris. — Prisons de Besançon, Bourges, Chaumont, Tours, etc.

RÉCOMPENSES.

Par Ph. Grouvelle, fondateur de la maison: Exposition 1844, médaille d'argent; exposition universelle 1855, médaille d'argent.

Par M. Jules Grouvelle: Exposition universelle 1867, Paris, 1re médaille d'argent; 1878, Paris, médaille d'or; 1885, Anvers, diplôme d'honneur; 1887, Le Havre, membre du jury, hors concours.

LA DIAPHANE
POUDRE DE RIZ
SARAH BERNHARDT
MAGASIN, 26 RUE BERGÈRE, PARIS

LA DIAPHANE
poudre de Riz
SARAH BERNHARDT
PARFUMEUR REVERCHON MÉDAILLE d'OR
MAGASIN, 26, RUE BERGÉRE, PARIS

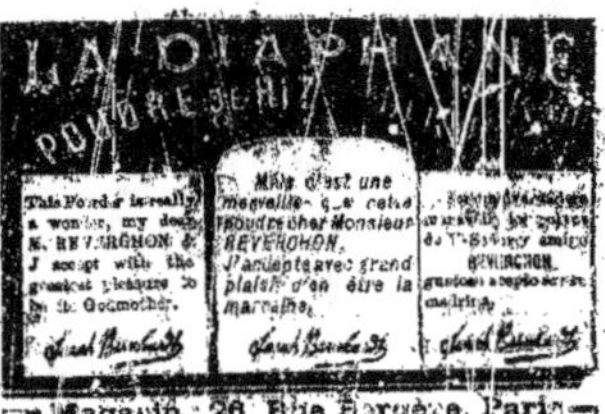

LA DIAPHANE
POUDRE DE RIZ
Magasin, 26, Rue Bergère, Paris

VEILLEUSES FRANÇAISES
FABRIQUE A LA GARE.
Dépôt : Rue Saint-Merry, 24, PARIS.
Maison JEUNET
fondée en 1830.
JEUNET FILS
Successeur
DE SON PÈRE.
MARQUE DE FABRIQUE
DÉPOSÉE.
SE DEFIER
DES CONTREFAÇONS.
TOUTES NOS BOITES
portant
EN TIMBRE SEC
JEUNET
Inventeur.

PARIS
FABRIQUE LA GARE
S'ADRESSER AUX COMMISSIONNAIRES
Et dans les Magasins d'Epicerie et autres tenant l'article Veilleuses.

ALCOOL DE MENTHE DE RICQLÈS
Classe 28 — Groupe III.
POUR LA SANTÉ
LA TÊTE
L'ESTOMAC ET LE SANG
POUR LA TOILETTE
LA BOUCHE
LES DENTS ET LA PEAU
Demi-siècle de succès
CORDIAL
Confortatif et Stomachique
FORMANT UNE
BOISSON D'AGRÉMENT
D'UNE SAVEUR
ET
D'UN GOUT EXQUIS.
MARQUE
DE FABRIQUE
CINQUANTE RÉCOMPENSES
DONT
15 Diplômes d'honneur
et
14 Médailles d'Or.
PRÉPARATION
Essentiellement Hygiénique.
EXCELLENT
PRÉSERVATIF
EN
TEMPS D'ÉPIDÉMIES.
Fabrique à LYON,
9, cours d'Herbouville.
Maison à PARIS,
41, rue Richer.
Se méfier des imitations et exiger le nom DE RICQLÈS, dont l'Alcool de Menthe
est le seul véritable.

DENTIFRICES
DU
DOCTEUR PIERRE
PARIS
8, Place de l'Opéra.
LONDRES
39b, Old Bond Street.
SE VEND PARTOUT.

SERVICES DE TABLE

TERRE DE FER

COMPAGNIE FRANCO-ANGLAISE

PARIS, 78, Rue Turbigo, 78, PARIS.

La Compagnie Franco-Anglaise, dont la réputation est universelle, et qui a su conquérir le premier rang dans l'art de la céramique n'a pu, à son grand regret, et malgré l'étendue de l'emplacement que lui a attribué le Comité général de l'Exposition, présenter aux visiteurs qu'un très faible aperçu de ses produits.

Néanmoins, visiteurs et amateurs trouveront, dans les vastes galeries des grands magasins de la Compagnie, 78, rue Turbigo, tout ce que la céramique, la faïence en terre de fer et la cristallerie ont produit jusqu'à ce jour de plus gracieux, de plus élégant, de plus commode et de plus utile.

Ses immenses comptoirs et galeries d'exposition permanente de collections variées à l'infini, de services de table en terre de fer, porcelaines, cristaux, Services à café et à thé, Tête à tête, Cabarets et Caves à liqueurs, comtes à fumeurs, Vases Cachepots, Jardinières montées bronze, Pendules garantie pendant 3 ans, Surtouts de table, Suspensions bronze avec lampes à huile suspendue pour salle à manger et antichambre, etc.

Envoi gratis et franco du magnifique Album colorié, Édition 1889.

1.500 MODÈLES A CHOISIR.

CUIRS DE CORDOUE
Repoussés et autres. — Nature et Décorés.
SIÈGES D'ART DE TOUS STYLES
ÉPOQUES
Louis XII, François Iᵉʳ, Henri II, Henri III, Louis XIV.
SPÉCIALITÉ DE SIÈGES DÉMONTABLES
POUR L'EXPORTATION.
J. TIXIER
11, rue Moreau
(XIᵉ ARRONDISSEMENT)
PARIS.
GARNITURES DE SIÈGES
à façon.
SIÈGES ENTIERS
PARAVENTS
COFFRES À BOIS
USINE A REPOUSSER LES CUIRS
TOUS NOS ARTICLES SE FABRIQUENT
DANS NOS ATELIERS.

PLUS DE MAUX DE DENTS!

PAR L'EMPLOI DE

L'ÉLIXIR DENTIFRICE

DES

RR. PP. BÉNÉDICTINS

de l'Abbaye de SOULAC (Gironde)

DOM MAGUELONNE (Prieur)

Le Meilleur Curatif
ET LE
seul Préservatif
DES
Affections dentaires.

INVENTÉ en l'AN
1373
PAR
LE PRIEUR
Pierre BOURSAUD.

EXTRAIT DE LA NOTICE.

La formule de **PIERRE BOURSAUD** et ses procédés primitifs sont scrupuleusement respectés. Cet Élixir de nos Pères jouit des plus précieuses propriétés. Il prévient la carie des dents, qu'il blanchit et consolide. Il chasse le sang des gencives, qu'il tonifie et raffermit, et en dissipe ainsi tout gonflement. Il purifie l'haleine et assainit parfaitement la bouche, à laquelle il laisse une délicieuse et durable fraîcheur. Il prévient et guérit les maux de gorge, les enrouements, les inflammations, les aphtes et irritations de toutes sortes. En un mot, l'usage journalier de l'Élixir des **RR. PP.** Bénédictins assure la santé perpétuelle de la Gorge et de la Bouche. Comme on le voit, le spécifique cinq fois séculaire de nos Révérends Pères n'a rien de commun avec les produits seulement agréables répandus dans le commerce ; il s'en distingue autant par ses vertus préventives que par son action curative, énergique, rapide et sûre.

VU ET APPROUVÉ :

Le Prieur,

Signé : DOM MAGUELONNE

Ben. Clér.

Élixir : 2, 4 et 8 fr. — Poudre : 1 fr. 25, 2 et 3 fr. — Pâte : 1 fr. 25, 2 fr.

AGENT GÉNÉRAL : SEGUIN, BORDEAUX.

SECRET DE FAUST

Teinture progressive garantie

NUANCES NATURELLES ET BEAUTÉ DE LA CHÉVELURE.

EAU D'OR DU SÉRAIL

POUR BLONDIR & DORER LES CHEVEUX

Inoffensive — Garantie

CRÉME IDÉALE DES HOURIS

pour satiner la peau

BEAUTÉ ET FRAÎCHEUR DU TEINT

Souveraine contre les gerçures, les engelures et le hâle.

F. MONSEU, CHIMISTE

60, Rue Taitbout, PARIS.

FER FORGÉ

FERRONNERIE D'ART POUR AMEUBLEMENT

Lustres, lanternes, suspensions, candélabres, chenets, pendules etc., et tous objets en fer forgé.

REPRODUCTION DES MUSÉES ET CHATEAUX HISTORIQUES.

DISCLYN & FOUCHÉE

Ancienne Maison BODART

14, rue de Rocroy, et 17, boulevard de la Madeleine.

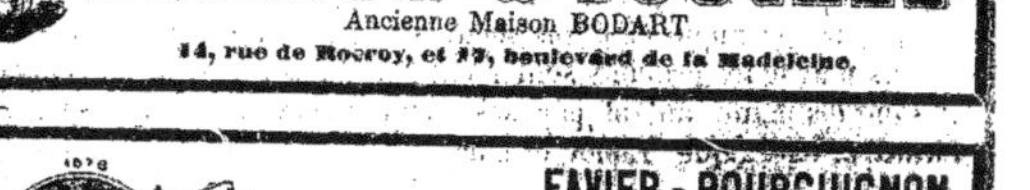

FAVIER - BOURGUIGNON

74, Faubourg St-Martin, 74.

VANNERIE EN GROS

Articles d'emballage en tous genres. — Valises et paniers garnis cuir pour dames. — Articles pour villes d'eau et bains de mer. — Vannerie de luxe artistique pour connaisseurs et fleuristes. — Fantaisies garnies satin, peluche, etc. — Tables, vide-poches, nécessaires, etc.

EAU DE COLOGNE

DU PLUS ANCIEN DISTILLATEUR

JEAN MARIE FARINA

VIS-A-VIS LA PLACE JULIERS, A COLOGNE.

(gegenüber dem Jülichs-Platz).

SEUL DESCENDANT DE L'INVENTEUR.

MAISON FONDÉE EN 1709.

Représentée à Paris sans intervalle depuis 1740, fait reconnu par arrêt de la Cour impériale de Paris du 28 mai 1853.

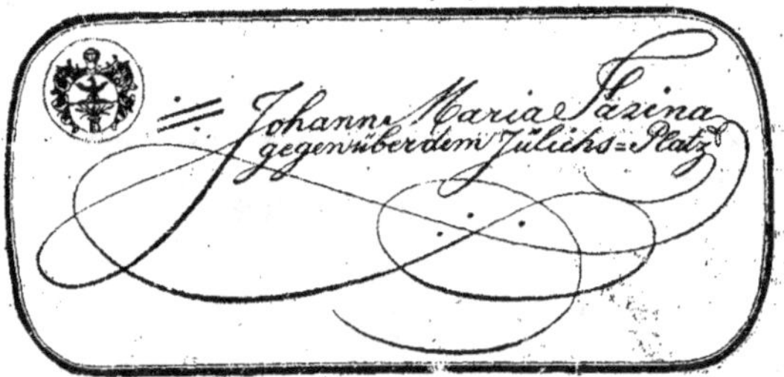

FOURNISSEUR BREVETÉ DE LEURS MAJESTÉS :

Empereur d'Allemagne et Roi de Prusse, Empereur de toutes les Russies, Empereur d'Autriche, Reine d'Angleterre, Roi de Bavière, Roi de Saxe, Roi du Wurtemberg, Roi du Danemarck, Roi de Suède, Roi des Belges, Roi des Pays-Bas, Roi de Portugal, etc., etc.

RÉCOMPENSES :

Prix-Médailles aux Expositions de Londres 1851 et 1862, de Paris 1855 et 1867, de Porto 1863, de Vienne 1873.

DÉPOT pour LA VENTE EN GROS chez :

F. SPANDOW, 64, Rue d'Hauteville, PARIS.

SONNERIES A AIR — Système breveté s. g. d. g.

Geoffroy SCHNITZSPAN & Cie, 54, rue Amelot, PARIS

COMMISSION · 1889 · EXPORTATION

Sonnerie composée de........ { 1 appareil.................. } prête
{ 1 bouton d'appel............ } à poser
{ 10 mètres de tubes, accessoires } 18 fr. 50

La même sonnerie avec une poire grappée laine de toutes nuances et un cordon de 1 mètre de longueur en remplacement du bouton d'appel .... 21 fr. 50

Avantages de la sonnerie à air. — La sonnerie à air n'exige aucun entretien et son fonctionnement ne présente aucun des inconvénients de l'emploi de la sonnerie électrique. Les appareils ne sont pas influencés par les variations de l'état atmosphérique, et les signaux sont toujours transmis sans aucune interruption. De plus, les tubes conducteurs et les appareils de la sonnerie se posent très facilement, et le mécanisme, par sa simplicité, permet de se rendre compte immédiatement du fonctionnement du système.

TENTURES ARTISTIQUES DE CLICHY

brevetées s. g. d. g.

CHAMAGNE & Cie

Ateliers — Salons d'Exposition

Château de Clichy. — 82, Rue Richelieu.

DÉCORATION SUR TOUS TISSUS LAINE ET SOIE

MÉDAILLES or et argent aux Expositions antérieures. Décorations de l'Hôtel de-Ville de Paris, Hôtel Continental, Grand Hôtel, etc., etc.

PARFUMERIE DES DEUX-MONDES
CACHET GARANTI

J. VALDO

Paris — 129, Rue du Chemin-Vert, 129 — *Paris*

Appareils de gardes-robes inodores de tous systèmes. Robinetterie pour eaux, vapeur, gaz, vins, alcools et huiles. Pompes et accessoires. Pompes à bière et tout ce qui concerne leur installation. Bornes-Fontaines, Bouches, Lances et Tuyaux pour l'arrosage. Jets d'eau. Baignoires en cuivre, zinc et en fonte émaillée de tous modèles. Chauffages pour baignoires. Appareils pour l'hydrothérapie. Lavabos de collèges. Urinoirs porcelaine et en fonte émaillée. Syphons et tout ce qui concerne les articles de plomberie. Appareils de chauffage. Cheminées, Calorifères, Châssis à rideaux. Bouches à chaleur. Panneaux et Carreaux faïence et toutes les fournitures pour la Poterie et la Fumisterie.

L'ESCARGOT RÉMOIS

Calorifère mobile, Breveté, S. G. D. G.

HYGIÈNE, ÉCONOMIE, PROPRETÉ

G. DUHAYON, Concessionnaire

7, Rue des Petits-Hôtels, PARIS

MEUBLEZ-VOUS ENTIÈREMENT CHEZ
OETZMANN & C°
67, 69, 71, 73, 75, 77 et 79
HAMPSTEAD ROAD, LONDRES, ANGLETERRE.
TAPIS, MEUBLES, LITERIE, TOILES, RIDEAUX, &ᵃ
Quincaillerie pour Ameublement, Porcelaine, Verrerie, etc., etc.

SERVICE DE TOILETTE À DEUX ANSES,
breveté, de Oetzmann.
Versant de chaque côté. Peut être soulevé
des deux mains. Casse rendue presque im-
possible. — Modèle N° 72. En rose et bleu
Cambridge sur ivoire.
Service simple, 10 fr. 90.
Autres couleurs et dessins, depuis 11 fr. 85
jusqu'à 105 fr. le service.

Bouilloire plaqué argent
et son support.
Modèle Reine-Anne, 42 fr. 15.
Dessins similaires, richement
ciselés, 48 fr. 10.

PORCELAINE DE MINTON
« The VICTORIA. »
Dessin enregistré d'Oetzmann et Cie.
Service à thé, 28 pièces...... 35 fr. 60
Service à déjeuner, 28 pièces. 52   50
En brun gr., bleu foncé, bleu clair, vert
ou rouge égyptien, avec bordures et
filets à l'or bronzé.

SALLE À MANGER, complètement meublée, artistiquement et solidement, pour 27 guinées (709 fr.)
Composé d'une chaise-longue, confortable, deux fauteuils et six chaises, bien rembourrés et recouverts en cuir de
première qualité, un buffet élégant avec armoires et petit cellier, glace biseautée et tablettes au fond ; une table à
rallonge à vis brevetée ; magnifique dessus de cheminée avec glace biseautée de 4 pieds 5 pouces de largeur sur
4 pieds de hauteur ; tapis de Bruxelles parfaitement bordé, de 10 pieds 6 pouces sur 9 pieds ; devant de feu indien,
riche ; bâton de rideaux en cuivre, avec boules, anneaux et supports complets ; une paire de rideaux superbes en
tapisserie avec Dado et bordure, 3 mètres 1/2 de long sur 60 pouces de large, chaque rideau ; un garde-feu verni et
cuivre ; une paire de solides pelles et pincettes, et un seau à charbon avec double fond mobile, pour 27 guinées (709 fr.)

Adresse télégraphique enregistrée : « Oetzmann Londres »
Les ordres pour l'Étranger et les Colonies sont exécutés très soigneusement et promptement.
Les Personnes résidant à l'Étranger trouveront un grand avantage à se fournir directement à notre Maison.
Envoi franco du Catalogue illustré, le meilleur pour l'ameublement.

IMPRIMERIE L. DANEL

à LILLE (Nord).

Travaux de Typographie, de Lithographie, de Chromotypographie & de Photogravure.

SPÉCIALITÉ D'ÉTIQUETTES

REPRODUCTIONS ARTISTIQUES

Concessionnaire du Catalogue officiel de l'Exposition Universelle de 1889.

Concessionnaire du Catalogue illustré décennal officiel.

Concessionnaire du Plan officiel de l'Exposition.

Éditeur du Guide illustré.

MÉDAILLE D'OR A L'EXPOSITION UNIVERSELLE DE PARIS 1878.

HORS CONCOURS ET MEMBRE DU JURY A L'EXPOSITION UNIVERSELLE D'AMSTERDAM 1883.

Grand Savon   Anglais de Santé

FOURNISSEURS   BREVETÉS
DE S. A. R.   LE PRINCE DE GALLES.

Établis depuis près de 100 ans.   15 récompenses internationales.

SAVON DE
PEARS

BEAU TEINT—MAINS DOUCES ET BLANCHES—

Empêche les rougeurs, les rugosités et les gerçures.

RIEN n'ajoute aux attractions personnelles comme un teint clair et une peau douce. Sans ces avantages, les traits les plus beaux et les plus réguliers n'impressionnent que froidement, tandis qu'avec eux les traits les plus ordinaires attirent naturellement, et il n'est rien de plus facile à acquérir. L'emploi régulier d'un savon convenablement préparé est l'un des principaux moyens ; mais, en général, le public est si peu au courant des qualités des savons de toilette, qu'il fait ses choix à l'aveugle, et c'est ainsi que, la plupart du temps inconsciemment, on gâte (au lieu de lui donner tout son éclat,) un des plus grands charmes personnels.

Les excellentes qualités du SAVON DE PEARS ont décidé les plus éminents médecins et pharmaciens à le recommander d'une manière spéciale, et l'une des plus grandes autorités pour les affections de la peau,

le Président de l'Association des Chirurgiens d'Angleterre,
le Professeur SIR ERASMUS WILSON, F.R.S.,

écrit : " L'emploi d'un bon savon est certainement de nature à conserver l'hygiène de la peau, à maintenir sa constitution et à empêcher qu'elle ne se ride . . . PEARS est un nom gravé dans la mémoire des plus âgés parmi nous ; et le SAVON DE PEARS est un article beau et soigné, le meilleur et le plus agréable des baumes pour la peau."

LE SAVON DE PEARS est absolument pur, exempt d'excès alcalin (soude) et de matière colorante artificielle, délicieusement parfumé, d'une durée remarquable, réputé excellent depuis près d'un siècle, et honoré de 15 récompenses internationales.

Le SAVON DE PEARS est inestimable pour les personnes qui ont la peau généralement irritable ou sujette à souffrir du temps : en raison de son caractère émollient et non-irritant, il évite les rougeurs, rugosités et gerçures, et donne à la peau une apparence claire et saine, une douceur veloutée accompagnée d'un teint délicat et splendide. Son parfum agréable et fixe, sa belle apparence et ses propriétés adoucissantes le recommandent comme le plus grand luxe et le plus élégant auxiliaire de la toilette.

La signature bien connue ci-dessous est prise au milieu d'un grand nombre.

J'AI trouvé le SAVON DE PEARS incomparable pour les mains et le teint.

LE SAVON DE PEARS se trouve chez tous les Pharmaciens
et Droguistes.

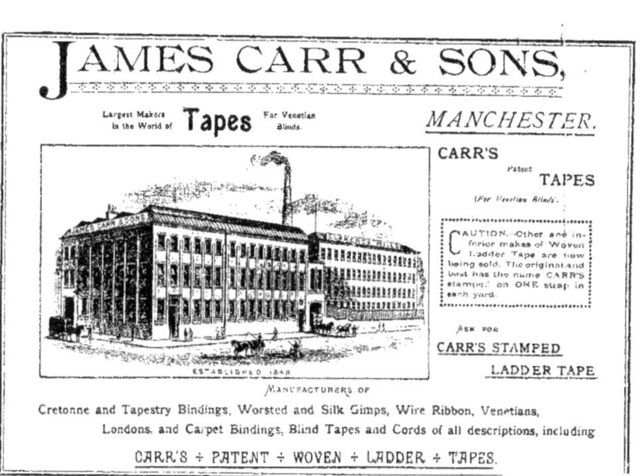

JAMES CARR & SONS,
Largest Makers in the World of Tapes For Venetian Blinds.
MANCHESTER.
CARR'S Patent TAPES
(For Venetian Blinds).
CAUTION.—Other and inferior makes of Woven Ladder Tape are now being sold. The original and best has the name CARR'S stamped on ONE strap in each yard.
ASK FOR
CARR'S STAMPED
LADDER TAPE
ESTABLISHED 1848.
MANUFACTURERS OF
Cretonne and Tapestry Bindings, Worsted and Silk Gimps, Wire Ribbon, Venetians, Londons, and Carpet Bindings, Blind Tapes and Cords of all descriptions, including
CARR'S ÷ PATENT ÷ WOVEN ÷ LADDER ÷ TAPES.

CATALOGUE OFFICIEL

TOME IV

A PARIS

CATALOGUE GÉNÉRAL
OFFICIEL

TOME QUATRIÈME.

GROUPE IV.

TISSUS, VÊTEMENTS ET ACCESSOIRES.

CLASSES 30 à 40.

LILLE
IMPRIMERIE L. DANEL

M DCCC LXXXIX

Papiers de Alamigeon, Chambard et Josserand, à Paris.

Encres de Ch. Lorilleux et Cie, à Paris.

CLASSIFICATION GÉNÉRALE

TOME PREMIER.

Groupe I. — Œuvres d'art.

TOME SECOND.

Groupe II. — Éducation et Enseignement. Matériel et procédés des Arts libéraux.

TOME TROISIÈME.

Groupe III. — Mobilier et Accessoires.

TOME QUATRIÈME.

GROUPE IV. — **Tissus, vêtements et accessoires.**

TOME CINQUIÈME.

GROUPE V. — **Industries extractives. Produits bruts
et ouvrés.**

43. Produits de la chasse. Produits, engins et instruments de la
    pêche et des cueillettes.
44. Produits agricoles non alimentaires.
45. Produits chimiques et pharmaceutiques.
46. Procédés chimiques de blanchiment, de teinture, d'impression
    et d'apprêt.
47. Cuirs et peaux.

TOME SIXIÈME.

Groupe VI. — **Outillage et procédés des industries
mécaniques. — Électricité.**

48. Matériel et procédés de l'exploitation des mines et de la
    métallurgie.
49. Matériel et procédés des exploitations rurales et forestières (¹).
50. Matériel et procédés des usines agricoles et des industries
    alimentaires.
51. Matériel des arts chimiques, de la pharmacie et de la tannerie.
52. Machines et appareils de la mécanique générale.
53. Machines-outils.
54. Matériel et procédés de la filature et de la corderie.
55. Matériel et procédés du tissage.
56. Matériel et procédés de la couture et de la confection des
    vêtements.
57. Matériel et procédés de la confection des objets de mobilier
    et d'habitation.
58. Matériel et procédés de la papeterie, des teintures et des
    impressions.
59. Machines, instruments et procédés usités dans divers travaux.
60. Carrosserie et charronnage, bourrelerie et sellerie.
61. Matériel des chemins de fer.
62. Électricité.
63. Matériel et procédés du génie civil, des travaux publics et
    de l'architecture.
64. Hygiène et assistance publique.
65. Matériel de la navigation et du sauvetage.
66. Matériel et procédés de l'art militaire.

---

(1) La classe 49 est cataloguée avec le Groupe VIII (agriculture, viticulture et
pisciculture) et le Groupe IX (horticulture) formant le VIIe volume.

GROUPE IV.

TISSUS, VÊTEMENTS ET ACCESSOIRES.

Classe 30.

Fils et tissus de coton.

FRANCE.

1. ALEXANDRE & SCHWARTZ Frères, à Remiremont (Vosges). — Cotons filés. **(E. C.) (PALAIS.)**

Médaille d'argent, à l'Exposition universelle de Paris 1878.

2. ANDRIEU, MONTERET & GOUJON, à Roanne (Loire). — Tissus de coton en tous genres. **(E. C.) (PALAIS.)**

3. ANDRIEU, MONTERET & GOUJON, à Roanne (Loire). — Articles de coton. **(PALAIS.)**

4. ANTHONI, MOEBS & Cie, à Remiremont (Vosges). — Cotons teints et blanchis à l'état de préparation, chaînes et trames en couleurs unies mélangées et jaspées, couleurs de grand teint. **(PALAIS.)**

5. BALNY (Georges), à Pantin (Seine), rue Lapérouse, 17. — Cotons. **(PALAIS.)**

Câblés pour machines à coudre, Américain Delavallée, Souverain à la Comète, au Diable, au Croissant, Peloton dévidé au Vaisseau, Retors Géorgien et à l'Eperon, pour machines à coudre. Fil d'Irlande au Vaisseau. Cordonnet à la Licorne pour crochet et filet.

Cotons à coudre à l'Epée, Joinville, au Vaisseau, au Breton, au Nez, à la Feuille, à la Comète, à la Colonne, à l'Obélisque, au Croissant, au Conteau, au Tailleur, au Verre, à l'Epingle, à la Sonnerie.

Cotons à broder au Panache, crochet au Verre, tricoter au Tricot. Mouliné doublé au Couteau et au Verre. Coton rouge à marquer à la Comète sur peloton, mouliné doublé à l'Eperon à peloton. — Récompenses : Expositions universelles de Paris 1855, mention honorable ; 1867 médaille de bronze ; 1878, médaille d'argent.

6. BARROIS (Théodore U.), à Fives-Lille (Nord), rue de Lannoy, 61. — Cotons filés simples, retors et câblés. Fils à coudre et au crochet. **(PALAIS.)**

Écrus et Teints, pour tissage, bonneterie.

Cordonnets à coudre. Glacés, ganterie.

Noir indégorgeable. Grand teint.

Membre du Jury, Paris 1867.

Médailles d'or, Paris 1878, Amsterdam 1883.

7. BAUDOT (Jules) & Cie, à Bar-le-Duc (Meuse). — Flanelles et cretonnes nouveautés, toiles et draps de chasse, ménages, cotonnades, coutils, toiles à matelas, vichy, zéphirs. **(PALAIS.)**

Tissage mécanique. — Inventeur de la flanelle de coton adoptée par les Ministères de la Guerre de la Marine et par les Colonies.

8. BAUDOUIN-RISLER et Cie, à St-Sauveur-les-Luxeuil (Haute-Saône). — Filés en coton peigné. **(PALAIS.)**

9. BÉGUIN (Veuve Paul), à Éloyes (Vosges). — Tissus de coton écru. **(E. C.) (PALAIS.)**

Médaille d'argent à l'Exposition universelle de Paris 1878.

10. BELUZE Frères & Cie, à Roanne (Loire). — Tissus de coton en tous genres. **(E. C.) (PALAIS.)**

11. BELUZE, Frères & Cie, à Roanne (Loire). — Cotonnades, hautes nouveautés et classiques. **(PALAIS.)**

12. BERGER (Casimir), à Rouen (Seine-Inférieure), rue Méridienne, 11. — Filés et tissus de coton. **(PALAIS.)**

13. BERGER (Casimir) et Cie, à Rouen (Seine-Inférieure), rue d'Elbeuf, 80. — Filés de coton. **(PALAIS.)**

14. BERTRAND (G. E.), à Roanne (Loire). — Cotonnades, chemises, oxfords, flanelles, tartan coton, zéphirs. **(PALAIS.)**

15. BERTRAND (G. E.), ancienne Maison **L. Chanteloube,** à Roanne (Loire). — Articles pour chemises, robes et doublures. **(E. C.) (PALAIS.)**

16. BERTRAND, DELHARPE Fils & LAMURE, à Roanne (Loire), rue de la Sous-Préfecture, 15. — Tissus coton. **(E. C.) (PALAIS.)**

17. BESSELIÈVRE Fils, à Rouen (Seine-Inférieure). — Indiennes. **(E. C.) (PALAIS.)**

18. BEZANÇON (P. & C.), à Breuches (Haute-Saône). — Tissus de coton, calicots, renforcés, cretonnes, croisés et satinettes. **(PALAIS.)**

19. BEZANÇON (Paul & Charles), à Breuches (Haute-Saône). — Tissus de coton, calicots, renforcés, cretonnes, croisés et satinettes. **(E. C.) (PALAIS.)**

20. BINDER (G.) et JALLA Jeune, à Paris, rue d'Uzès, 7. — Tissus éponges haute nouveauté. **(PALAIS.)**

Maison fondée en 1872. — Serviettes et tissus éponges, peignoirs et draps de bain; gants et mules; peignoirs, robes de chambre en coton, laine, laine et soie, flanelle et molleton; tissu pour tentures. — Usines à Régny (Loire). — Tissage, parage, broderie, blanchisserie et apprêts.

21. Blanchisserie & Teinturerie de Thaon (Directeur : **Lederlin**), à Thaon (Vosges). — Tissus de coton, blanchis, teints, imprimés en tous genres d'apprêts et de finissages. **(E. C.) (PALAIS.)**

22. BLAUDELZ & MILLEROT, à Raon-Casse, commune de Raon-aux-Bois (Vosges). — Filés de coton. **(PALAIS.)**

23. BLAUDELZ & MILLEROT, à Raon-Basse, par Arches (Vosges). — Filés de coton. **(E. C.) (PALAIS.)**

24. BLUCHE (E.) & Cie, au Thillot (Vosges). — Percale fine, jaconas, rideaux. **(PALAIS.)**

25. BLUCHE (E.) & Cie, au Thillot (Vosges). — Jaconas, percale fine, rideaux **(E. C.) (PALAIS.)**

26. BOIGEOL Frères et WARNOD, à Giromagny (Territoire de Belfort). —
Filés de cotons Jumel, Amérique et Déchets, N° 3 à N° 40, tissus en toutes laizes, calicots légers et renforcés, percales, cretonnes, croisés, satins, velours et façon.   **(PALAIS.)**

Maison fondée en 1806 par le grand-père des propriétaires actuels, et qui a porté successivement les noms de Boigeol frères en 1806, Boigeol frères et Macler 1820, Boigeol et Heur 1825, Boigeol-Japy 1833, Boigeol-Japy et Cie 1867, Boigeol frères et Warnod 1877. A cette dernière date, deux des héritiers se sont séparés sous le nom de Boigeol-Japy et Cie pour l'exploitation des établissements de Lepuix, créés plus nouvellement par M. Boigeol-Japy père, en 1845, 1854 et 1856. Ces maisons ont obtenu diverses récompenses aux précédentes expositions universelles et la maison Boigeol frères et Warnod a eu la médaille d'or à l'Exposition universelle de 1878.

27. BONNEL (P. Gustave), à Orbec-en-Auge (Calvados). — Rubans de Normandie pur fil, fil et coton, retors métrique, ruche, sergés, ceinture.   **(PALAIS.)**

28. BOUCART Fils & Cie, à Montbéliard (Doubs). — Filés de coton peigné d'Egypte et des îles Tahiti ou longue soie d'Amérique.   **(E. C.) (PALAIS.)**

Récompenses obtenues :
Médaille d'argent, Exposition de Paris 1855. — Médaille d'or, Exposition de Paris 1867 et rappel de médaille d'or à l'Exposition de Paris en 1878.

29. BOUTRY-DROULERS, à Fives-Lille (Nord). — Cotons à coudre en tous genres, câblé (au Bébé) pour machines.   **(PALAIS.)**

30. BRÉCHARD (Antoine), à Roanne (Loire). — Cotonnades en tous genres.   **(PALAIS.)**

31. BRÉCHARD (Antoine), à Roanne (Loire), rue Brison. — Cotonnades en tous genres.   **(E. C.) (PALAIS.)**

32. BRESSON (Édouard), à Monthureux-sur-Saône (Vosges). — Cotons filés.   **(E. C.) (PALAIS.)**

33. CARTIER-BRESSON (Les Fils de), à Paris, boulevard de Sébastopol, 86. — Fils de coton retors en tous genres.   **(PALAIS.)**

Retordage, blanchiment, teinture, apprêt et glaçage du coton.
Dépôts directs : à Marseille, 86, rue Longue-des-Capucins ; à Bordeaux, 46, rue Porte-Dijeaux.
Cotons retors en tous genres, en blanc, noir, couleurs, grand teint et petit teint, pour coudre à la machine et à la main ; pour broder, marquer, tricoter, repriser, cordonnet 6 fils et coton pour ouvrages au crochet.
Lacets de coton pliés sur cartons.
Marques : Coton à la Croix, à la Lyre, à l'Étoile, à la Main, au Dé, au Pied, au Gland, au Fouet, à la Harpe, au Crochet, au Soleil, au Cœur, au Pantin, à la Blague, au Gant, au Bas. Coton Algérien, fil C. B., à la Croix, fil d'Alger et fil d'Ecosse, Lacets à la Croix et au Gland, Médailles d'argent et d'or aux expositions de Paris, Londres, Vienne, Philadelphie et Anvers.

34. CATTEAU (Louis), HASSEBROUCQ Fils, à Comines (Nord). — Rubans de coton, sergés divers, articles pour corsetiers, festons tirants pour chaussures, jaconas, bolducs et percalines, chevillères et padoux.   **(PALAIS.)**

Fabrique de rubans de cotons et autres genres. Fabrication pour corsetiers. Sergés toutes qualités, festons, broderies pour garnitures.
Articles pour chaussures : tirants lin, coton, bords fonds, double face et avec inscription.
Ceintures, cache-baleine, ruban tubulaire pour couturières. Jaconas pour lingerie et ganterie.
Bolducs glacés coton toutes nuances. Percales rayées et carreaux. Sangles, gris croisés, sergés écrus pour équipement militaire. Marque de fabrique I. C. H.

35. CHAGUE (Maurice) & Cie, à Cornimont (Vosges). — Fils et tissus de coton.   **(PALAIS.)**

36. CHAMPALLE (Gustave) Fils, à Thizy (Rhône). — Cotonnades en tous genres, flanelle, coton et péruvienne.   **(E. C.) (PALAIS.)**

37. CHARPENTIER (Amédée), & REMY, à Paris, boulevard Sébastopol 76. — Filés de coton.   **(PALAIS.)**

Cotons retors et câblés, en écheveaux ou bobines. Articles spéciaux pour lingerie, chemises, corsets, chaussures, tailleurs. Médailles bronze, Paris 1867, 1878.

38. CHATELARD Père et Fils, à Tarare (Rhône). — Mousselines, tarlatanes, soieries et tissus mélangés. **(PALAIS.)**

39. CHAUVIN (Baptiste), à Laval (Mayenne), quai Paul Boudet. — Coutils, nouveautés diverses. **(PALAIS.)**

40. CLAUDE-GÉHIN (Veuve), à Saulxures-sur-Moselotte (Vosges). — Filés écrus en cannettes, tissus de coton écrus, calicots ordinaires, calicots renforcés, tissus façonnés et brillantés. **(E. C.) (PALAIS.)**

Médaille d'argent, Exposition universelle, Paris 1878.

41. COCQUEL (Adéodat) et Cie, à Amiens (Somme). — Velours écrus, teints et imprimés, unis et à côtes. **(PALAIS.)**

Tissage mécanique de velours, de coton, duvetage et coupe, petite rue des Augustins et rue de Corbie.
Maison de vente, 40, 42, 44, rue des Sergents et 1, place St-Remi.
Médailles d'argent, Paris 1878 ; Amsterdam 1883. Médailles d'or et d'argent, Anvers 1885.

42. COLLETTE, Fils & MOUQUET, (R.), à Paris, rue Saint-Denis, 52. — Cotons pour mercerie, à coudre, à repriser, à border, etc. Câblés pour machine. **(PALAIS.)**

43. COULERU, CHATEL & Cie, à Épinal (Vosges). — Tissus de coton écrus, percales, renforcés, satinettes et croisés. **(E. C.) (PALAIS.)**

Mention honorable à l'Exposition universelle de 1878.

44. COULOMBES Frères & TAUTIN, à Flers (Orne). — Tissus de coton. **(PALAIS.)**

45. DAUVERGNE (Vincent), à Roanne (Loire), boulevard des Tanneries, 1. — Cotonnades au régulateur, flanelles et oxfords. **(PALAIS.)**

46. DAUVERGNE (Vincent), à Roanne (Loire). — Cotonnades au régulateur. **(E. C.) (PALAIS.)**

47. DEBIÈVE (Anatole), à Marly-Valenciennes (Nord) — Flanelles de coton. **(PALAIS.)**

Manufacture de flanelles de coton imprimées. Moleskines et doublures, tissage et impression sur tissus.
Récompenses obtenues aux différentes Expositions :
Paris 1878, médaille de bronze.
Amsterdam 1883, médaille d'argent.

48. DÉCAUDIN-BÉGUIN, à St-Quentin (Aisne). — Rideaux et piqués en tous genres. **(PALAIS.)**

49. DÉCHELETTE-DESPIERRES & CHAMUSSY, à Roanne (Loire). — Fantaisies en tous genres, zéphirs haute nouveauté, bleus et blancs classiques et noirs indestructibles. **(PALAIS.)**

Tissage mécanique à Amplepuis (Rhône).
Foulards coton, Calcutta et Madras. Articles d'exportation.
Représentés à Paris, par M. J. D. Delahaye, 8, rue Saint-Martin.

50. DEFFRENNES-DUPLOUY Frères, à Lannoy (Nord). — Tentures artistiques. Portières, tapis de table et lino-tissus. **(PALAIS.)**

Étoffes pour ameublements. Portières, tapis de tables. Couvre-lits riches en soie et fantaisies, couvre-pieds et édredons, haute nouveauté, tissus chenille breveté.
Tentures artistiques. Lino-tissus pour décoration murale, breveté.

51. DENIS (Gustave), à Fontaine-Daniel, près Mayenne (Mayenne). — Fils et tissus de coton écrus, blancs et de couleur. **(PALAIS.)**

52. DESCAT (Achille) et Cie, à Amiens (Somme). — Velours de coton coupés, préparés et teints. **(PALAIS.)**

53. DESGENÉTAIS Frères, à Bolbec (Seine-Inférieure). — Cotons filés
Tissus de coton blancs, écrus et de couleurs.   (PALAIS.)

54. DEVEAUX & Cie, à Roanne (Loire). — Tissus pour chemises et flanelles
coton.   (PALAIS.)

55. DEVEAUX & Cie, à Roanne (Loire), rue Nationale. — Chemises.
                                                        (E. C.) (PALAIS.)

56. DOLLFUS-MIEG et Cie, à Belfort. — Fils d'Alsace, cotons à coudre et à
broder.   (PALAIS.)

   Maison à Paris, 11, rue Saint-Fiacre. — Usines à Belfort et à Mulhouse (Alsace).
   Filatures. Tissages. Retorderies. Blanchisseries. Teintureries.
   Fils d'Alsace D M C. Fils et cotons à coudre D M C. Cotons à broder D M C. Cordonnets
   D M C. Cotons pour crochets D M C. Cotons à tricoter D M C. Fils pour machines à coudre,
   lacets, galons, soutaches etc. etc.
   Composition de la Société Dollfus-Mieg et Cⁱᵉ : M. Gustave Dollfus ; M. F. Engel-Gros ;
   M. Alfred Engel.
   Représentants en France : M. A. Joly, 52, boulevard de Sébastopol, Paris. — M. P.
   Brazis, 27, rue Ferrandière, Lyon. — M. E. Montès, 20, rue St-Antoine du T., Toulouse.
   — M. J.B. Soula, 13, rue l'Hôte, Bordeaux.

57. DUMORTIER-CUIGNET (Victor), à Roubaix (Nord), rue du Pays, 14.
— Drap, doublure, pantalon en coton, satin de Chine nouveauté, noir et couleur en
coton, flanelle coton pour chemises.   (PALAIS.)

   Tissage et retordage de Tourcoing, manufacture de draperies, jacquettes et pantalons haute
   nouveauté, draps, confection pour dames, tartons pure laine et laine et coton pour doublures,
   satins de chine uni et nouveauté. Récompenses aux Expositions : 1876, Philadelphie, méd.
   de bronze; 1878. Paris; 2 méd. d'argent ; 1873, Vienne (Autriche), méd. de mérite; 1876,
   Philadelphie, méd. unique.

58. DUPUIS (F.), MERLE & Cie, à Thizy (Rhône). — Cotonnades, cretonnes et croisés, chemises, flanelles de coton satin, coton noir indestructible, finettes,
clairvaux et doublures.   (E. C.) (PALAIS.)

59. ERHARD (Victor), à Rougemont-le-Château (Territoire de Belfort). — Calicots, croisés, chaînes simples et doubles, satinettes et satins unis et façonnés, serges
et fougères de 80 à 180 cm. de large.   (PALAIS.)

60. FAISANT (Stéphane), à Roanne (Loire), rue Brison, 11. — Cotonnades.
                                                        (E. C.) (PALAIS.)

61. FAUQUET-LEMAITRE (J. Alfred), à Bolbec (Seine-Inférieure). —
Filés de coton et tissus de coton écru blanc et de couleur.   (PALAIS.)

62. FAURE-BEAULIEU, à Paris, rue de Tanger. — Ouates.   (PALAIS.)

63. FESSEL & MILLIAT, à Amplepuis (Rhône). — Couvertures en coton et
en laine.   (PALAIS.)

64. FILATURE D'OISSEL, **Société Anonyme**, à Oissel-sur-Seine
(Seine-Inférieure). — Cotons filés.   (PALAIS.)

65. FLERS (La ville de), à Flers (Orne). — Tissus de coton. (PALAIS.)

66. FLEUROT (L.) & Cie, aux Chênes-Val-d'Ajol (Vosges). — Calicot, cretonne,
madapolam, percale, croisé.   (E. C.) (PALAIS.)

   Médaille de bronze à l'Exposition universelle de 1878.

67. FORAY (Veuve) & GIRIN, à Thizy (Rhône). — Cotonnades pour la
France et pour l'exportation, flanelles coton et péruviennes.   (E. C.) (PALAIS.)

68. FOREST & DESCHAMPS, à Roanne (Loire), rue Saint-Alban. — Tissus
pour exportation.   (PALAIS.)

69. FOREST & DESCHAMPS, à Roanne (Loire), rue Saint-Alban. — Tissus
spéciaux pour exportation.   (E. C.) (PALAIS.)

70. FOURNIER & BURDIN, à Roanne (Loire). — Cotonné en tous genres
(**PALAIS.**)

71. FOURNIER & BURDIN, à Roanne (Loire). — Tissus de coton en tous genres. (**E. C.**) (**PALAIS.**)

72. GALLAND (Gustave), à Remiremont (Vosges). — Tissus divers écrus.
(**E. C.**) (**PALAIS.**)

73. GEISTODT-KIENER & Cie, à Epinal (Vosges). — Tissus de coton écrus et blancs, serviettes, peignoirs, nappages, façonnés divers et tissés couleurs.
(**E. C.**) (**PALAIS.**)

Mention honorable, à l'Exposition universelle, Paris 1878.

74. GÉLIOT (Henry, N.), à Remiremont (Vosges). — Tissus écrus et couleurs de coton. (**PALAIS.**)

75. GÉLIOT (Henry N.), à Remiremont (Vosges) — Tissus écrus et teints.
(**E. C.**) (**PALAIS.**)

76. GÉLIOT (N.) & Fils, à Plainfaing (Vosges). — Cotons filés, retors, tissus unis, façonnés, moleskines, velours. (**PALAIS.**)

77. GÉLIOT (N.) & Fils, à Plainfaing, par Fraize (Vosges). —Tissus écrus, unis et façonnés, velours écrus, moleskines, fils de coton, fils retors. (**E. C.**) (**PALAIS.**)

78. GEORGES (Édouard), au Val-d'Ajol (Vosges). — Cretonnes, calicots, mouchoirs avec vignettes tissées en couleurs et serviettes damassées. (**PALAIS.**)

79. GEORGES (Édouard), au Val-d'Ajol (Vosges). — Cretonnes, calicots, mouchoirs avec vignettes tissées en couleurs et serviettes damassées. (**E. C.**) (**PALAIS.**)

80. GERMAIN (Jules), à Condé-sur-Noireau (Calvados). — Tissus de coton grand teint pour tabliers, blouses, chemises, robes, châles, jupons et pantalons.
(**PALAIS.**)

81. GIRARD & Cie, à Rouen (Seine-Inférieure). — Impression sur soie, laine, coton, articles d'ameublement, robes, chemises, cravates, mouchoirs.(**E. C.**) (**PALAIS.**)

82. GIRAUD (Antoine), à Roanne (Loire), rue du Rivage.— Cotonnades bleues et nouveautés en tous genres. (**PALAIS.**)

83. GIRAUD (Antoine), à Roanne (Loire), rue du Rivage. — Cotonnades bleues et nouveautés en tous genres. (**E. C.**) (**PALAIS.**)

84. GODDE (Albert), à Tarare (Rhône). — Mousselines, tarlatanes, mousselines de soie, fantaisies soie et coton. (**PALAIS.**)

85. GRESLAND (Constantin), à Paris, place d'Aligre, 2. — Filés de coton pour tissage ; mèches tressées pour bougies. (**PALAIS.**)

Usines à Bondeville-lez-Rouen. — 2 Médailles d'argent, Paris 1878. — Médaille d'or, Anvers 1885.

86. GROS, ROMAN & Cie, au Thillot (Vosges). — Tissus de coton.
(**PALAIS.**)

Maison à Paris, 6, rue d'Uzès.
Fondée en 1760 à Genève, et transférée à Paris en 1790, sous la raison sociale Gros, Davillier et Cie.
Filature de 32,000 broches, pour filer le coton.
Tissages de 1,600 métiers.
Blanchisserie et fabrique d'impressions, situés à Wesserling (Alsace), et tissage au Thillot, Vosges.
Grande médaille d'honneur en 1855.
Médaille d'or en 1867 et 1878.
Ont été les principaux créateurs de la blanchisserie de Thaon, Vosges.

87. GROSSE (Émile), à Roanne (Loire) — Articles de coton. (**E. C.**) (**PALAIS.**)

88. GUERRY & DUPÉRAY, à Roanne (Loire). — Tissus de cotons teints, zéphyrs légers, vichy nouveauté, articles pour jupons, pour vêtements d'hommes, tissus pour chemises, flanelles de coton.   **(PALAIS.)**
Articles spéciaux pour l'Exportation. — Médaille, Paris, 1878.

89. GUERRY & DUPÉRAY, à Roanne (Loire). — Tissus de coton.
(E. C.) (PALAIS.)

90. GUILLOUD-CHALAND, à Roanne (Loire). — Cotonnades nouveautés.
(PALAIS.)

91. GUILLOUD-CHALAND, à Roanne (Loire). — Tissus de coton teints.
(E. C.) (PALAIS.)

92. HALBOUT (L.) & Cie, à Flers-de-l'Orne (Orne). — Tissages mécaniques et à la main, teinturerie, blanchisserie, coutils pour pantalons et literie, tissus pour corsets et chaussures, drap de coton, chemises.   **(PALAIS.)**

93. HANTZ-NASS (Eugène A.), à Rechésy, territoire de Belfort. — Fils moulinés, dits périmèche, pour tricotage à la main ou au métier.   **(PALAIS.)**
Médaille de bronze, Paris 1878.

94. HAREL, Frères, à Rouen (Seine-Inférieure), rue de Crosne, 38. — Couvre-pieds, courtes-pointes, édredons américains et capitonnés.   **(PALAIS.)**

95. HARTMANN et fils, à Paris, rue du Sentier, 32. — Tissus de coton écrus et blancs, unis et façonnés.   **(PALAIS.)**
Maison fondée en 1770.
Filatures, tissages mécaniques, blanchîment et apprêt à Munster (Alsace).
Tissage mécanique à Bougegoutte, près Belfort (France).
Récompenses :
Médaille d'or, 1861 Londres ; 1855 Paris, médaille d'honneur ; 1878 Paris, médaille d'or ; 1883 Amsterdam, médaille d'or ; 1885 Anvers, diplôme d'honneur.

96. ISAY, BECHMANN, ZELLER et Cie, à Blâmont (Meurthe-et-Moselle). — Cotons filés, tissus de cotons unis et façonnés, rideaux étamine, velours façon soie toutes nuances.   **(PALAIS.)**

97. JOLY Frères, JOURDAIN et Cie, à St-Quentin (Aisne). — Fils de coton écrus, blanchis et teints. simples et retors.   **(PALAIS.)**
Maison antérieure à 1716. Filatures de coton et retorderies à Saint-Quentin et à la Bussière (Aisne). Teinturerie et blanchisserie de cotons et de laines, bruts et filés à St-Quentin. Fils de coton de couleur en mélangés à la carde pour bonneterie et flanelles coton et en numéros fins peignés. Fils de coton purs ou mélangés de laine.
Teinture avant la carde pour draperies et robes, en nuances résistant au foulon et en noir indestructible.
Fils fins retors gazés et laminés pour soieries et fils persés pour bonneterie.
Teinture par procédés spéciaux des cotons bruts et filés en nuances résistant au foulon et en noir indestructible pouvant se travailler à la carde.
Médaille d'or en 1878.

98. JUILLARD & MÉGNIN, à Epinal (Vosges). — Tissus de coton pur écrus et tissus fabriqués avec des fils teints.   **(E. C.) (PALAIS.)**

99. KAHN (A. et N.), LANG et Cie, à Paris, rue Poissonnière, 33. — Tissus écrus et blancs, fils de coton.   **(PALAIS.)**

100. KETTINGER & Fils, à Rouen (Seine-Inférieure). — Indiennes.
(E. C.) (PALAIS.)

101. KŒCHLIN (Fritz) et Cie, les Successeurs de, à Paris, rue de Mulhouse, 2. — Tissus de coton écrus.   **(PALAIS.)**
Tissages mécaniques à Remanvillers (Vosges).
Diplôme d'honneur, Paris 1878 (Ministère de l'Intérieur).
Médaille d'argent, Anvers 1885.

102. KŒCHLIN (Georges) & Cie, à Belfort (Territoire de Belfort). — Filés de coton peigné.   **(PALAIS.)**

103. KŒCHLIN (Georges) & Cie, à Belfort (Territoire de Belfort). — Jumel peigné blanc écru, peigné blanchi, peigné beurré et peigné teint. **(E. C.) (PALAIS.)**

104. KŒHL (E.) & Cie, à Anjoutey, près Belfort (Territoire de Belfort). — Tissus de coton. **(PALAIS.)**

105. LÆDERICH (Charles) Fils & Cie, à Epinal (Vosges). — Tissus de coton écrus. **(E. C.) (PALAIS.)**

106. LANG (Les Fils d'Emmanuel), à Nancy (Meurthe-et-Moselle). — Filés et tissus de coton. **(PALAIS.)**

107. LAPOIRE, CHERPIN & DESTRE, à Roanne (Loire). — Articles de coton, dits toiles de Vichy. **(E. C.) (PALAIS.)**

108. LAVALLART et Cie, à Amiens (Somme). — Velours de coton. **(PALAIS.)**

109. LECOMTE (Nicolas), à Romilly-s.-Andelle (Eure). — Cotons peignés et cardés, teints, écrus et blanchis avant filature. **(PALAIS.)**

110. LECOMTE (Ch.) & DUCHEMIN, Père & Fils, à Laval (Mayenne). — Coutils unis et façonnés grand teint pour vêtements d'hommes, teinture et impression grand teint sur filés, cotons moulinés. **(PALAIS.)**

111. LEDUC & REMY (Veuve), à la Bresse (Vosges). — Tissus écrus de coton. **(E. C.) (PALAIS.)**

112. LEHUJEUR (J. Jules), à Condé-sur-Noireau (Calvados). — Tissus de coton en tous genres. **(PALAIS.)**

113. LEMAISTRE Frères, à Lillebonne (Seine-Inférieure). — Cotons écrus tissés blancs et teints, cretonnes civiles et militaires, croisés, velours, molletons, satins. **(PALAIS.)**

Filature et tissage. Maison fondée en 1827, par M. Lemaistre père.
Filature de coton de 12,000 broches.
Tissage de 540 métiers.
Occupant ensemble un personnel de 650 ouvriers.
Cretonnes blanches, écrues et militaires, croisés, velours, molleton, etc.
Institutions de bienfaisance. Fourneau économique, réfectoire, caisse de secours pour les malades.
Médaille d'argent grand module, Exposition universelle de Paris 1878.
Exploitation agricole. Fabrication du beurre par écrémage instantané ; élevage de chevaux et bestiaux, plantation de pommiers et aménagement de fermiers.

114. LEMAITRE, LAVOTTE et Cie, à Bolbec (Seine-Inférieure). — Tissus écrus et carreaux en tous genres. **(PALAIS.)**

115. LEMAITRE, LAVOTTE & Cie, à Rouen (Seine-Inférieure). — Tissus écrus et carreaux en tous genres. **(E. C.) (PALAIS.)**

116. LENORMAND (G.), à Rouen (Seine-Inférieure), boulevard Cauchoise, 16. — Tissus de coton. **(PALAIS.)**

117. LEVERDIER (Georges), à Oissel (Seine-Inférieure). — Filés de coton. **(PALAIS.)**

118. LOYAND (Auguste), à Laval (Mayenne). — Tissus de coton. **(PALAIS.)**

119. LUNG (J. Albert), à Moussey (Vosges). — Calicots écrus, croisés écrus. **(E. C.) (PALAIS.)**

Ancien associé et successeur de la maison Lung frères.
Médaille de bronze à l'Exposition universelle de 1878.

120. MAGAT, Frères, à Tarare (Rhône), rue Désirée. — Plumetis et festons nouveautés soie et coton, crêpes lisses brodés, articles du Levant. **(PALAIS.)**

Articles façonnés en tous genres.
Médaille d'or collective Paris, 1867 ; Médaille de progrès, Vienne 1873.

121. MANCHON (Albert) LEMAITRE et Cie, à Bolbec (Seine-Inférieure). — Filés, chaînes et trames, tissus de coton écrus et de couleur, unis, rayés et à carreaux, tissus Jacquart, coutils. **(PALAIS.)**

Filature et Tissage mécanique à Bolbec.
Maison de vente à Rouen.
Filés, chaînes et trames, n°s 10 à 80.
Tissus de coton écrus et de couleur, unis, rayés, carreaux et Jacquart.
Tissus pour chemises, robes, pantalons et ameublements.

122. MANCHON (Ernest) & Frères, à Rouen (Seine-Inférieure), boulevard Cauchoise, 34. — Tissus de coton. **(PALAIS.)**

Maison fondée en 1864 sous la raison sociale E. Lecœur & Manchon, continuée en 1872, par M. Ern. Manchon, après le décès de son associé et à partir de 1883 par la société formée entre M. Ern. Manchon, et ses deux frères. L'établissement compte 820 métiers à tisser, 50 machines diverses pour la préparation des chaînes et des trames. Il occupe 375 ouvriers. — Force motrice 80 chevaux. — Production annuelle, environ trois millions de mètres. Le matériel a été successivement renouvelé au fur et à mesure des progrès accomplis. La fabrication consiste en tissus coton pur, laine et coton, écrus teints ou imprimés, unis, façonnés, rayés et carreaux, armurés, jacquart, articles d'exportation pour le Congo, Madagascar, et l'Indo-Chine. Son caractère principal est la création de tissus coton fantaisie s'inspirant des nouveautés de soieries et lainages. Médaille de bronze, Paris, 1867. Médaille d'argent, Paris 1878.

123. MANUEL, Frères, à Toulouse (Haute-Garonne). — Cotons filés simples et retors, moulinés écrus et teints, tissus de bonneterie et articles de bonneterie confectionnés. **(PALAIS.)**

124. MAURICE, CHAGUÉ & Cie, à Corniment (Vosges). — Fils et tissus de coton écrus. **(E. C.) (PALAIS.)**

125. MÉQUILLET, NOBLOT et Cie, à Héricourt (Haute-Saône). — Filés tissus unis et façonnés, écrus, blancs et imprimés. **(PALAIS.)**

126. MERCIER & Cie, à Ourscamp (Oise). — Cotons filés, cotons retors, velours de coton écrus et teints. **(PALAIS.)**

127. MEUNIER & Cie, à Paris, boulevard des Capucines, 6. — Rideaux brodés, à bances brodées, dentelle, guipure, panneaux brodés pour teintures, tapisserie. **(PALAIS.)**

128. MICHALON (J.), Père & Fils & BOUTRY, à Roanne (Loire). — Cotonnades Roanne classiques et nouveautés. **(PALAIS.)**

129. MICHELEZ Fils Aîné et PLESSIER, à Paris, rue de Sèvres, 159. — Cotons à coudre et à broder. **(PALAIS.)**

130. MIEG (Ch.) & Cie, à Luxeuil (Haute-Saône). — Tissus de coton. **(PALAIS.)**

131. MILLET (J. Victor), à Paris, rue des Panoyaux, 38. — Ouates et cotons cardés. **(PALAIS.)**

132. MORCEL, LEPETIT et Cie, à Flers (Orne). — Coutils stores fil et coton et tout coton. Nouveautés pour ameublement, chemises et robes, doublures de voitures, literie. **(PALAIS.)**

133. MOURET-DEMONCHEAUX (L. Octave), à Amiens, rue Flatters, 4. — Velours coton, écrus, teints et apprêtés. **(PALAIS.)**

Ancienne maison Mouret-Alexandre, fondée en 1849.
Maison livrant les velours exclusifs de sa fabrication, complètement manufacturés, teints et apprêtés dans ses usines.
Tissage mécanique : 325 métiers. Teinturerie et apprêts : 90 métiers.
Spécialité de nuances bon teint.

134. NATON-DEMONCEAU, à Thizy (Rhône) — Couvertures coton, laine et coton, poils cabris et coton, coton et soie, molletons coton, molletons coton et laine. **(E. C.) (PALAIS.)**

135. PAILLAS (Antoine), à Thizy (Rhône). — Peignés de déchets de soie, fils de bourrettes simples et retors, cordonnets. **(E. C.) (PALAIS.)**

136. FAILLAC Frères (Onésime & Léon), à Thizy (Rhône). — Teinture, impression et apprêts d'étoffes, dorures, lames et filés or et argent, faux, mi-fin.
(E. C.)(PALAIS.)

137. PAIRE & GUYONNET, à Roanne (Loire). — Articles de coton.
(E. C.)(PALAIS.)

138. PARAF Frères, à Paris, rue des Jeûneurs, 8.— Tissus lourds de coton.
(PALAIS.)

Usines, 16, rue de la Voûte, Paris, et à Armentières.
Membre du jury des récompenses à l'Exposition d'Anvers.
Membre des comités d'admission et d'installation de la classe 30, à l'Exposition universelle de 1889.
Tissage mécanique, tissage à bras, retordage, tissus lourds de coton pour caoutchouc, tissus spéciaux pour courroies de transmissions, toiles à voiles de coton, croisés forts, pour filtrer le sucre, le vin, etc.
Toiles à voiles et croisés pour chaussures, toiles-cuirs.

139. PARIOT & RAY, à Lille (Nord), rue des Rogations, 123. — Rideaux guipure, tulles unis en bandes et en laizes.
(PALAIS.)

140. PERRET (Antoine), à Paris, rue du Phénix, 27. — Couvertures pour lits, chevaux et voyage.
(PALAIS.)

141. PERRIN, Fils (J.), & Cie, à la Bresse (Vosges). — Tissus de coton unis écrus.
(PALAIS.)

142. PERRIN (J.) Fils & Cie, à la Bresse (Vosges). — Tissus de coton écrus.
(E. C.)(PALAIS.)

143. PETERS (J. Victor), à Nomexy-Châtel (Vosges). — Fils de coton. **(PALAIS.)**

144. POIRET frères & neveu, à Paris, boulevard Sébastopol, 27.—Cotons filés et tissus de coton.
(PALAIS.)

Peignages, filatures de cotons à Amiens (Somme) et à St-Germain (Seine-et-Oise), cotons simples et retors, écrus et teints, pour tissage, bonneterie, pour tricoter, repriser, coudre, broder, et pour crochet.
Teinture, blanchîment, tissage mécanique à St-Epin (Oise).
Fabrication de canevas, fil uni, 2 fils (Pénélope), Java perfectionné, balle à café (Java en jute), toutes couleurs, pour tentures, ameublements, tissus de fantaisie pour la broderie, en lin, en Ramie, en soie ou mélangés. Récompenses : Croix de la légion d'honneur, 1855 Paris ; 1862 Londres ; 1867 Paris, médaille d'argent : 1878 Paris, deux médailles d'or ; Amsterdam 1883, diplôme d'honneur ; Anvers 1885, grand prix, diplôme d'honneur, deux médailles d'or ; Barcelone 1888, médaille d'or. (Voir cl. 32, 34 et 46).

145. POIZAT-COQUARD, à Bourg-de-Thizy (Rhône). — Cotonnades, doublures, tissus de laine, tissus de bourre de soie, filatures de coton, laine et déchets de soie.
(E. C.)(PALAIS.)

146. POIZAT Frères, à Cours (Rhône). — Couvertures et molletons en tous genres, tissus d'ameublement, portières et rideaux façonnés.
(PALAIS.)

147. RAFFIN Frères & DUMAREST, à Roanne (Loire). — Tissus coton dits cotonnades.
(E. C.)(PALAIS.)

148. RÉMY-YON (Ernest), à Lille (Nord). — Câblés. Cotons et retors en tous genres.
(PALAIS.)

149. REQUEBŒUF (Constant), à Amiens (Somme). — Velours unis, lisses, et croisés, velvets et velveteens.
(PALAIS.)

Usine, rue de la Prairie, 20 ; Maison de vente, rue des Sergents, 22.

150. RIGAUT (Ad. et E.), à Fives-Lille (Nord). — Cotons retors et moulinés pour tissus, tulles, passementerie, broderie de Saint-Quentin et Tarare. **(PALAIS.)**

Câblés pour fils à coudre, lissures, remises, soieries, étamines et filets.
Médaille Exposition, Paris 1878.

151. RIVIÈRE & Cie, à Rouen (Seine-Inférieure), rue de Sotteville. — Drap de Rouen en coton. **(PALAIS.)**

152. ROANNE (Exposition collective des Fabricants de coton de la Ville de), à Roanne (Loire). — Tissus de coton. **(PALAIS.)**

ANDRIEU, MONTERET & GOUJON.
BELUZE Frères & Cie.
BERTAUD, DELHARPE Fils & LAMURE.
BERTRAND (G.).
BRÉCHARD (A.).
DAUVERGNE (V.).

DEVEAUX & Cie.
FAISANT (S.).
FOREST & DESCHAMPS.
FOURNIER & BURDIN.
GIRAUD (A.)
GROSSE (E.).
GUERRY & DUPÉRAY.
GUILLOUD-CHALAND.

LAPOIRE, CHERPIN & DES- TRE.
PAIRE & GUYONNET.
RAFFIN Frères & DUMA- REST.
SÉROL (G.) & GUITTON.
VEILLAS & CHAMUSSY.
VINDRIER Frères.

153. RONDEAUX (Henri), au Houlme (Seine-Inférieure). — Indiennes. **(E. C.) (PALAIS.)**

Récompenses aux Expositions universelles : Paris 1855, 1867 ; Melbourne 1881, Médaille d'or ; Paris 1878, Diplôme d'honneur, Anvers 1885.
Dépôt : A Rouen, boulevard Cauchoise, 53.

154. ROSSIGNOL (de) et HAMELIN, à St-Quentin (Aisne). — Guipures pour ameublements, mousseline et gaze brochée et brodée, application de tulle et fantaisie, articles pour ornements d'église, piqués et nansoucks. **(PALAIS.)**

155. ROUEN (Exposition collective des fabricants d'indiennes de la Ville de), Représentant : **Ch. Besselièvre**, à Rouen (Seine-Inférieure). — Indiennes. **(PALAIS.)**

BESSELIÈVRE Fils.
GIRARD & Cie.

KEITTINGER & Fils.
LEMAÎTRE, LAVOTTE & Cie.

RONDEAUX (H.).
STŒCKLER (H.).

156. SAINT Frères, à Rouen (Seine-Inférieure), rue de la Vicomté, 70. — Filés de coton. **(PALAIS.)**

157. SAPIN Fils (Gustave), à Lille-Canteleu (Nord). — Filés de coton. **(PALAIS.)**

Filatures de coton. Nos 12 à 120, simples; retors, câblés, écrus, gazés, blancs, teints, etc.
Médaille d'argent à l'Exposition universelle de 1878.

158. SCHLUMBERGER-STEINER & Cie, au Val-d'Ajol (Vosges). — Cotons filés. **(E. C.) (PALAIS.)**

159. SCHWOB Frères, à Héricourt (Haute-Saône). — Cotons filés, écrus et teints. Toiles de coton écrues, tissus couleurs pour chemises, flanelles de coton. **(PALAIS.)**

160. SÉROL (G.) & GUITTON, à Roanne (Loire). — Cotonnades, nouveautés en tous genres. **(E. C.) (PALAIS.)**

161. Société Anonyme des Filatures de Laval, à Laval (Mayenne). — Filés de coton écrus et teints, moulinés couleurs. **(PALAIS.)**

162. Société Anonyme des Filatures et Tissages, Pouyer-Quertier, au Petit-Quevilly-lez-Rouen (Seine-Inférieure). — Tissus de coton. **(PALAIS.)**

Administration et bureaux : 35, rue de Fontenelle, à Rouen.
Filatures de coton au Petit-Quevilly, (la Foudre), à Perruel-sur-Andelle et à Vascœuil-sur-Andelle, (Eure).
Ensemble 80.000 broches.
Tissages de coton au Petit-Quevilly, (la Foudre) et à Perruel-sur-Andelle, (Isle-Dieu).
Ensemble 630 métiers à tisser.
Filés, chaînes et trames, en dévidé, en bobines et en canettes du n° 12 au n° 40.
Tissus, cretonnes et longottes écrues en tous genres jusqu'à cent-vingt centimètres de largeur.
Articles spéciaux pour l'Algérie et les Colonies.

163. Société Cotonnière de Saint-Étienne-du-Rouvray (Anonyme), (Directeur-Gérant : **M. De Moor (Georges)**, à Rouen, (Seine-Inférieure), rue Cauchoise, 88. — Fils et tissus de cotons.   (PALAIS.)

Filature de 80,000 broches.
Tissage de 600 métiers.
Cotons filés écrus, en bobines, canettes et dévidés du N° 3 au N° 42.
Tissus écrus :
Cretonnes, longottes, calicots, croisés Algérie.
Tissus blanchis :
Oreillers renforcés.
Spécialité de toiles du Rouvray.
Finas, Nattés teints pour l'Exportation.

164. Société d'Ourscamp, MERCIER & Cie, à Ourscamp, par Carlepont (Oise). — Cotons filés, cotons retors, velours de coton écrus.   (PALAIS.)

165. STÆCKLER (H.), à Rouen (Seine-Inférieure). — Indiennes.
                                                              (**E. C.**) (PALAIS.)

166. SUZOR (Ferdinand), à Paris, rue Turbigo, 21. — Cotons Pernolet.
                                                                      (PALAIS.)

Cotons Pernolet pour coudre à la main et à la machine, à repriser, à broder, à marquer, à tricoter et pour crochet. Manufacture, 5 et 7, rue Lemaignan, Paris.

167. SYNDICAT COTONNIER DE L'EST (Exposition collective du), à Épinal (Vosges), — Cotons filés.   (PALAIS.)

ALEXANDRE & SCHWARTZ Frères.	CLAUDE-GÉHIN (Vᵉ).	LAEDERICH (C.) Fils & Cⁱᵉ.
BÉGUIN (Vᵉ P.).	COULERU, CHATEL & Cⁱᵉ.	LEDUC & REMY (Vᵉ).
BEZANÇON (P. & C.).	FLEUROT (L.) & Cⁱᵉ.	LUNG (J.-A.).
BLANCHISSERIE & TEINTU- RERIE DE THAON.	GALLAND (G.).	MAURICE, CHAGUÉ & Cⁱᵉ.
BLAUDELZ & MILLEROT.	GEISTODT-KIENER & Cⁱᵉ.	PERRIN Fils (J.) & Cⁱᵉ.
BLUCHE (E.) & Cⁱᵉ.	GÉLIOT (H.).	SCHLUMBERGER - STEINER & Cⁱᵉ.
BOUCART Fils & Cⁱᵉ.	GÉLIOT (N.) & Fils.	WALTER-SEITZ (D.).
BRESSON (E.).	GEORGES (E.).	WITZ & ESSLINGER (Ch.).
	JUILLARD & MÉGNIN.	
	KŒCHLIN (G.) & Cⁱᵉ.	

168. THIZY (Exposition collective des Fabricants de cotonnades de la ville de), à Thizy (Rhône). — Cotonnades.   (PALAIS.)

CHAMPAILLE (G.) Fils.	NATON-DEMONCEAU.	POIZAT-COQUAD.
DUPUIS (F.), MERLE & Cⁱᵉ.	PAILLAC (A.).	
FORAY (Vᵉ) & GIRIN.	PAILLAC Frères.	

169. THUILLIER-DESMAREST (Alfred), à Vignacourt (Somme). — Filets de pêche en coton pour le hareng et le maquereau en blanc cachouté et coaltaré, fils câblés.   (PALAIS.)

170. TOFFLIN (Louis) & Cie, à Caudry (Nord). — Rideaux, guipures pour ameublement, vitrages, couvre-lits, édredons, etc.   (PALAIS.)
Médailles aux Expositions universelles 1855, 1867, 1878. — Blanchisserie et apprêts.

171. TOURON (E.) & Cie, à Saint-Quentin (Aisne), rue Saint-Thomas, 74 bis. — Fils de coton, simples et retors, fils d'Écosse pour bonneterie.   (PALAIS.)

172. VEILLAS & CHAMUSSY, à Roanne (Loire). — Tissus coton haute nouveauté.   (PALAIS.)

173. VEILLAS & CHAMUSSY, à Roanne (Loire). — Tissus de coton pour robes et chemises.   (**E. C.**) (PALAIS.)

174. VIARMÉ (L.) FRINGS & Cie, à Paris, rue Saint-Denis, 106. — Cotons à coudre, broder, marquer, tricoter, etc. Câblés et cordonnets pour crochet, en pelotes, en écheveaux et en bobines.   **(PALAIS.)**

Fabrique rue Vitruve, 32, à Paris. Filature-retorderie à la Madeleine-lez-Lille (Nord).
Manufacture de cotons à coudre, bâtir, broder, marquer, tricoter, repriser, pour crochet et filet.
Cotons et câblés 2 à 6 bouts pour toutes machines à coudre. Gauses assorties de grosseurs,
Tous ces articles en écheveaux, en pelotes et sur bobines.
Double carte « Au Marteau » brevetée V. F. pour coudre à la main et à la machine.
Assortiment *considérable* de nuances nouvelles et classiques en coton à coudre et câblés.
Marques de fabrique L. V. déposées en France et à l'étranger :
*Parisien, Plume, Clé, Palmier, Marteau, Indien, Pique, Trèfle, Ombrelle, Dahlia, Chien,
Agrafe, Bougeoir, Pierrot, Figaro, Fileuse, Fourchette, Brosse, Troupier, Incroyable, Cerise,
Panache, Aigle, Poule et Hirondelle.*

175. VINCENT, PONNIER & Cie, à Senones (Vosges). — Fils et tissus de coton, blanchiment et apprêts.   **(PALAIS.)**

Maison fondée en 1810 par la société Marmod et Cie.
Manufactures Saint-Maurice, de Senones (Vosges).
Filatures de coton (50,000 broches), à Senones.
Tissages mécaniques (1,000 métiers), à Moussey, la Petite-Raon, et Moyenmoutier (Vosges).
Blanchisserie et apprêts à Moyenmoutier.
Tissus unis et façonnés, articles d'Exportation.
Récompenses :
Hors concours : Expositions universelles de Paris 1855 et 1867.
Médaille d'or à l'Exposition universelle de Paris 1878.

176. VINDRIER Frères, à Roanne (Loire). — Cotonnade.   **(E. C.) (PALAIS.)**

177. VOIGT (Ém.), à Wasquehal (Nord). — Fils cardés et demi peignés, coton pur et coton mélangé de laine, couleur et écru.   **(PALAIS.)**

Filature de coton cardé, et de coton mélangé de laine (dit vigogne), pour bonneterie et
tissage, en écru, mélanges et couleurs.
Spécialités d'un nouveau genre 1/2 peigné en laine et cotons mélangés, filé à sec, pour gilets
de chasse, jupons, bas, chaussettes, caleçons et tout autre genre de bonneterie. Fils fantaisie
en coton, laine et soie. Teinturerie de coton brut, nuances grand teint.

178. WADDINGTON, Fils & Cie, à St-Rémy-sur-Avre (Eure-et-Loir). — Coton, filés de coton et tissus de coton.   **(PALAIS.)**

179. WALLAERT Frères, à Lille (Nord), rue de Fontenoy, 75. — Fils simples et fils retors. Câblés et cotons divers pour mercerie.   **(PALAIS.)**

Filatures (filant du N° 12 au N° 250) et Retorderie, à Lille. — Fabrique de Coton à coudre,
Blanchisserie, Teinturerie, Cartonnage à Santes (Nord). — Cotons simples pour tissage. —
Retors en tous genres, écrus ou teints. — Spécialité de cotons pour tulle et bonneterie — Fils
Perses — Câblés — Fils pour lisses et rémisses — Câblés spéciaux pour machines à coudre et
Cotons en tous genres pour mercerie (W. F. marque déposée).
Articles principaux : Louis d'Or, Ballon, Charrue, Poisson.
Récompenses : Paris 1867, médaille d'or. — Paris 1878, Rappel de médaille d'or. — Amsterdam, 1883, médaille d'or.   Voir à la classe 31 l'Industrie du Lin.
Dépôt à Paris, boulevard Sébastopol, 78.

180. WALTER-SEITZ (Didier), à Granges (Vosges). — Tissus de coton de toutes largeurs, unis, croisés et façonnés divers.   **(E. C.) (PALAIS.)**

Ancien associé et successeur de Seitz et Walter, puis de Seitz et Cie.
Médaille de bronze, à l'Exposition universelle, Paris, 1867 et Médaille d'argent à l'Exposition universelle de Paris 1878.

181. WESTPHALEN-LEMAITRE (L. Édouard), à Lillebonne (Seine-Inférieure). — Cretonnes écrues, blanches, et de couleurs, flanelles de coton couleurs, longottes, cretonnes rayures et carreaux, toile à voile et filés de coton.   **(PALAIS.)**

Maison fondée en 1793, par MM. Jacques Lemaitre et Fils, bisaïeul et aïeul de Madame
Westphalen-Lemaitre.
Cette Maison a eu pour successeurs : M. Gustave Lemaitre, Gustave-Lemaitre et Fils, puis,
enfin M. Westphalen-Lemaitre (Ed.) qui exploite actuellement.
Ces établissements à usage de filatures et tissages de coton, occupent 520 ouvriers dont
certains sont depuis 50 ans dans la maison.

182. WITZ & ESSLINGER (Ch.), à Epinal (Vosges). — Calicots blancs et écrus, cretonnes blanches et écrues, mouchoirs blancs et à vignettes couleurs, services de table blancs et écrus.　　(H. C.) (PALAIS.)

COLONIES.

ALGÉRIE.

1. PELLEGRIN (Mme M. L.), à Bône (Constantine). — Couverture en percale blanche emboutée.　　(ESPLANADE.)

GUADELOUPE.

1. FRENCH (Mlle), au Marigot (Saint-Martin). — Coton soie.　　(ESPLANADE.)

GUYANE FRANÇAISE.

1. Exposition permanente des Colonies, à Paris. — Cotons préparés et filés par les Indiens Olyampis.　　(ESPLANADE.)

INDE FRANÇAISE.

1. DJÉGONADIN, Inde. — Toile bleue, teinte à Pondichéry.　　(ESPLANADE.)

2. Exposition permanente des Colonies, à Paris. — Châles indiens, fils et filés de coton, mousseline, pagnes, pièces de guinée.　　(ESPLANADE.)

RÉUNION.

1. POTIER (Julien), Directeur du Jardin botanique colonial, à Saint-Louis. — Ouate.　　(ESPLANADE.)

2. ROUSSEL (G.), à Saint-Pierre. — Ouate.　　(ESPLANADE.)

SÉNÉGAL.

1. AMADY NATAGO, Lam Toro, Chef du **Toro,** (protectorat du Toro). — Mousseline indigène, bande de coton.　　(ESPLANADE.)

2. Exposition permanente des Colonies, à Paris. — Bandes pour pagnes, pagnes de galam, etc.　　(ESPLANADE.)

PAYS DE PROTECTORAT.

ANNAM-TONKIN.

1. Province de Hanoï. — Coton préparé pour couverture et pour vêtements.　　(ESPLANADE.)

2. **Province de Sontay.** — Coton.   (ESPLANADE.)

3. **Province Muong.** — Étoffes muongs (cotonnades).   (ESPLANADE.)

CAMBODGE.

1. **PLANTÉ,** à Phnom-Penh. — Coton filé avec cadre.   (ESPLANADE.)

2. **REVON,** à Roanne (Loire). — Cotons tissés, filés et teincs ; faïences, produits d'exportation et d'importation du Cambodge.   (ESPLANADE.)

INDO-CHINE.

1. **RAFFIN Frères & DUMAREST,** à Roanne (Loire). — Faïences, toiles tissus de coton, cire, soie, etc. ; produits d'exportation et d'importation de l'Indo-Chine.   (ESPLANADE.)

PAYS ÉTRANGERS.

RÉPUBLIQUE ARGENTINE.

1. Commission auxiliaire, à Catamarca. — Nappe et couverture. (PARC.)

2. Commission auxiliaire, à Corrientes. — Coton filé. (PARC.)

3. Commission auxiliaire, à Santiago del Estero. -- Couvertures en coton du pays. (PARC.)

AUTRICHE-HONGRIE.

1. FASHOLD (Franz), à Vienne, VII, Schottenfeldgasse, 87. — Rubans de laine, coton et toile, tresses. (PALAIS.)

Fabrique en Silésie.
Rubans de coton et de laine.
Usine à vapeur de 35 chevaux, Exportation.

2. SCHICK & OESTREICHER, à Vienne, I, Börsegasse, 6. — Tissage mécanique d'articles en laine et coton. (PALAIS.)

Représentant à l'Exposition et pour l'Exportation : L. Weiser, à Paris, rue d'Hauteville, 84.

BELGIQUE.

1. BEERNAERTS (Félix), à Gand, rue Traversière, 16. — Toiles mixtes, calicots unis et façonnés. (PALAIS.)

2. BOSSUT, ROUSSEL & Cie, à Tournai. — Cotons écrus, mélangés et nuances unies, nouveautés pour bonneterie, chaîne simple et retors écrus, chaîne mélange et jaspé retors. (PALAIS.)

3. DIERMAN (J. J.) Fils & Cie, à Gand, rue du Jambon, 84. — Filés et tissus de coton. (PALAIS.)

4. ELOY (J.) & Cie, à Bruxelles, rue Fossés-aux-Loups, 47. — Tissus de coton imprimés et tissés. (PALAIS.)

Médaille or, Amsterdam 1883 ; diplôme d'honneur, Anvers 1885.

5. GÉRARD (Hilaire), à Bruxelles, avenue du Midi, 96. — Tissus de coton et laine et coton. (PALAIS.)

6. GHILAIN Frères, à Bruxelles, rue des Hirondelles, 12. — Fils de coton simples et retors. (PALAIS.)

Jaspés de toutes nuances grand teint et teint ordinaire en écheveaux ou chaînes ourdies.
Médaille d'argent à Amsterdam 1883.

7. HEMPTINNE (Jules de), à Gand, boulevard de Plaisance. — Fils de coton. **(PALAIS.)**

8. HEYGERE (Camille d') & Cie, à Gand, boulevard du Château, 26. — Tissus de coton teints et écrus, unis et façonnés. **(PALAIS.)**

9. MONCKARNIE (Ph.), à Gand, rue d'Or, 3. — Tissus de coton et de lin purs et mélangés, unis, ouvrés et jacquarts. **(PALAIS.)**
Méd. d'arg., Amsterdam 1883. — Méd. d'or, Anvers 1885. — Prix d'honn., Bruxelles 1888.

10. PARMENTIER VAN HOEGAERDEN & Cie, à Gand, boulevard de l'Industrie, 9. — Fils et tissus de coton. **(PALAIS.)**

11. Société anonyme Filature et Filteries réunies, à Alost. — Fils de coton simple, pour tissage et bonneterie. **(PALAIS.)**

12. Société anonyme « La Florida », à Gand, rue des Meuniers, 52. — Fils et tissus, coton. **(PALAIS.)**

13. Société « la Dendre », à Termonde. — Fils et tissus de coton. **(PALAIS.)**

14. VAN DEN BEMDEN (J. B.), à Bruxelles, chaussée de Ninove, 102. — Mèches tressées pour bougies et cierges. **(PALAIS.)**

15. VANDERSMISSEN Frères, à Alost. — Cotons manufacturés en tous genres. **(PALAIS.)**

16. VINCENT (Ad.) & AUGER-VINCENT, à Gand, Grand-Toquet, 37 — Tissus de coton en tous genres. **(PALAIS.)**

17. WILD (Nicolas) & Frères, à Gand, quai du Grand-Marais, 223. — Couvertures de coton rayées, japonaises, jaspées, etc. **(PALAIS.)**

RÉPUBLIQUE DE BOLIVIE.

1. ORTIZ (Nicolas), à Paris, avenue Carnot, 21. — Vêtements des indiens tobas et mojos. **(PARC.)**

2. QUEREJAZU (Casiuto), à Paris, boulevard Malesherbes, 26. — Tissus de coton des indiens mojos. **(PARC.)**

3. RODRIGUEZ (Mme Candelaria), à Paris, avenue des Champs-Elysées, 44. — Tissus indigènes. **(PARC.)**

4. SALINAS-VEGA (Louis), à Paris, rue de Berri, 8. — Tissus des indiens mojos. **(PARC.)**

BRÉSIL.

(Voir son Catalogue spécial.)

CHILI.

1. KLEIN (Carlos), à Santiago. — Doublures ouatées, coton. **(PARC.)**

ÉQUATEUR.

1. **Commission coopérative**, à Quito. — Calicot façonné, cretonne, coton filé.
(PARC.)

2. **MADRID (Carlos F.)**, à Quito. — Coton filé. (PARC.)

3. **REYRE Frères & Cie**, à Guayaquil et à Paris, rue de Châteaudun, 34. — Tissus de coton. (PARC.)

ESPAGNE.

1. **ARAN Y SERRA (Buenaventura)**, à Palma (Baléares). — Étoffes de fil et de coton. (PALAIS.)

2. **ARANO CLAUDIS (Vve)**, à Jungueras (Barcelone). — Tissus. (PALAIS.)

3. **BAREERAN (Miguel)**, à Tarrasa (Barcelone). — Tissus. (PALAIS.)

4. **España industrial (La)**, à Rieveta (Barcelone). — Tissus de coton (PALAIS.)

5. **Fabrica de panuelos de Filipinas**, à Manille (Philippines). — Tissus et mouchoirs. (PALAIS.)

6. **GATUELLAS Y PATUET**, à Sabadell (Barcelone). — Tissus. (PALAIS.)

7. **GUIBOUT (Eugenio)**, à Barcelone. — Couvertures anti-contagieuses. (PALAIS.)

8. **SALA Frères**, à Tarrasa (Barcelone). — Tissus. (PALAIS.)

9. **SERRA (Luciano)**, à Barcelone. — Tissus. (PALAIS.)

ÉTATS-UNIS.

1. **Arlington Mills**, à Lawrence, Mass. — Illustration des procédés de fabrication dans la manufacture de coton filé. (PALAIS.)

2. **Atlantic Mills**, à Lawrence, Mass. — Séries de coton brut et préparé, montrant les divers procédés pour la fabrication des articles blancs et des toiles. (PALAIS.)

3. **BAXTER (Richard)**, à Paris, Hôtel Bellevue, avenue de l'Opéra, 39. — Tissus de coton imprégnés de produits chimiques, préservant des mites « Mothaline. » (PALAIS.)

4. **GARNER & Co**, à New-York, N. Y., 2, Worth street. — Cotons imprimés. (PALAIS.)

5. **HAWKINS (W. B.)**, à Lexington, Ky. — Graines de chanvre, bottes de chanvre, chanvre nettoyé et déchets. (PALAIS.)

6. **Lane Mills**, à New-Orléans. — Cotons, coton propre à l'emballage et ficelle. (PALAIS.)

7. **Willimantic Linen Co**, à Willimantic, Conn. — Série complète des différentes phases de fabrication du fil de coton depuis le coton brut jusqu'à sa mise en bobines. (PALAIS.)

GRANDE-BRETAGNE.

1. BARLOW & JONES (Limited), à Manchester, Portland street, 2, et à Paris, rue d'Uzès, 10. — Tissus de coton préparés et filés. **(PALAIS.)**

Fabricants des articles suivants : Couvre-lits et couvre-toilettes en piqué, en tricot, en satin imprimé, brodé, etc. Serviettes-éponges, nid d'abeille et fantaisies, piqués, reps et coutils pour gilets de tissu pour la broderie, finettes, reps et piqués peluchés, draps, tissus pour draps, couvertures de coton. Couvre-pieds et couvre-toilettes «Satin», «Cameo», «Osman» et «Ferry» (articles brevetés). Serviettes-éponges et draps-éponges « Osman » (marque déposée). Maisons : Paris, 10, rue d'Uzès ; Londres, 10, Aldermanbury ; New-York, 48-50, White street ; Glasgow, Dublin, Liverpool, Birmingham.
Filatures et tissages à Bolton (Albert Cobden Prospect & Egyptian mills).
Récompenses : Londres 1862 ; Paris 1867. Philadelphie 1876 ; Paris 1878.

2. DEWHURST (John) & Son, à Skipton. — Cotons préparés et à chaque degré de la fabrication, pour la couture, le crochet, la broderie. **(PALAIS.)**

3. HAYNES (George), à Stockport, Hampstead mills. — Mèches pour bougies et lampes, ouate, coton, etc. **(PALAIS.)**

4. HOLLINS (William) & Co, (Limited), à Nottingham. — Coton, couleur écrue, tissus mélangés coton, soie et laine, fils pour bonneterie. **(PALAIS.)**

5. JOHNSON (Jabez), Son, ALLSOP & Co à Manchester, Spring gardens, 44. — Tissus de coton préparés et filés. **(PALAIS.)**

6. Lee Spinning Co, (Tootal Broadhurst Lee Co, Limited), à Atherton, Lancashire ; Dan Lane mills, à Manchester, Charlotte street, 2 — Modèle en coton pour couture. **(PALAIS.)**

7. LIBERTY & Co, à Londres, Regent street. — Tissus de coton. **(PALAIS.)**

8. PROCTOR & Co (The Indian Art Gallery), à Londres, Oxford street, 428. — Tissus de coton. **(PALAIS.)**

9. RYLANDS & Sons (Limited), à Manchester et à Londres. — Cotons et tissus de coton en tous genres, bonneterie, toiles cirées. **(PALAIS.)**

Filateurs, Fabricants, Blanchisseurs et Teinturiers. Calicots écrus, lavés, blancs et teints, Damas en Coton, blancs et teints ; Brocarts façonnés, Fichus et Châles, Satines, Couvre-toilettes. Linge ouvré, Damas imprimés, Coutils, Regatias, Oxfords, Harvards, Flanelles, Chemises, Cotons à coudre, Rubans, Passementerie, Cordonnets, Mouchoirs, Toiles cirées.
Usines : Manchester, Gorton, Wigan, Bolton, Swinton, Crowe. Blanchisserie à Heapey.
Fabrique de Toiles cirées : Chorley.
Récompenses : Paris 1878. Diplôme ; Médaille d'argent.
Bruxelles 1888. Prix d'honneur ; Médaille d'or, Diplôme d'honneur, Médaille d'argent, pour divers articles de leur fabrication.
Melbourne 1888. Premier ordre de mérite.

10. SALT (Sir Titus), Bart & Sons, (Limited), à Saltaire, Yorkshire. — Alpaga, velours anglais. **(PALAIS.)**

11. SWAINSON BIRLEY & Co, Fishwick mills Preston, Lancashire, Glasgow, Manchester, Londres. — Tissus de coton. **(PALAIS.)**

12. York street Flax Spinning Co, à Belfast (Irlande). — Tissus de coton blancs et de couleur à la pièce ou confectionnés. **(PALAIS.)**

Filateurs de lin et d'étoupe.
Tisseurs à la mécanique et à la main. — Blanchisseurs et apprêteurs.
Succursales : Paris, 88, rue des Jeûneurs ; London, 8, Milk street Buildings ; Manchester, 75, Piccadilly ; Berlin, 18, Kommandantür strasse ; New-York, 120, Franklin street ; Melbourne, 21, Flinders Lane.
Fils de lin et d'étoupe. Toile blanche, légère, demi-forte et forte ; Diplôme, toiles et batistes imprimées. Toile à drap sans couture. Toiles damassées, stuckabacks et serviettes à frange ; coutils écrus et blancs. Mouchoirs de toile et de batiste en tous genres. Toiles écrues et blanches, crudas ; brabants ; crequolas ; breas ; platillas ; silesias ; bretanas ; irlandas ; grano de oro ; tela de rosa et autres articles.

GRÈCE.

1. **AGATHOCLIS (C. P.) & Cie**, à Stylis (Phtiotide et Phocide). — Cotons filés. (PALAIS.)

2. **ANTONOPOULO (Jean)**, à Arta. — Tissus coton. (PALAIS.)

3. **ARGYROPOULO (Marie)**, à Scyathos (Eubée). — Tissus de coton. (PALAIS.)

4. **ARGYROPOULO (Vasilique)**, à Scyathos (Eubée). — Tissus de coton. (PALAIS.)

5. **ARTINO (Stavriani)**, à Calamata (Messénie). — Tissus de coton. (PALAIS.)

6. **BELTRAMI (Eugénie)**, à Missolonghi (Étolie et Acarnanie). — Tissus de coton. (PALAIS.)

7. **CALOGEROPOULO (P.)** à Levadie (Attique et Béotie). — Cotons filés. (PALAIS.)

8. **CARAMANOS (S.)** à Poxos (Achaïe et Élide). — Tissus de coton. (PALAIS.)

9. **CARAMOUZA (Irène)**, à Aetolico (Étolie et Acarnanie). — Tissus de coton. (PALAIS.)

10. **CARANTZIS (D.)**, à Zante. — Tissus de coton. (PALAIS.)

11. **CARASTAMATI (Sparte)**, au Pirée (Attique et Béotie). — Tissus de coton. (PALAIS.)

12. **CANTZOUROU (Athena)**, à Aetolico (Étolie et Acarnanie). — Tissus de coton. (PALAIS.)

13. **COCA (Panagiou)**, à Xirochori (Eubée). — Tissus de coton. (PALAIS.)

14. **CONSTANTINIDI (Phylios)**, à Kymi (Eubée). — Tissus de coton. (PALAIS.)

15. **COURTELIS (Constantin)**, à Egée (Attique et Béotie). — Tissus de coton. (PALAIS.)

16. **CYRIAZOPOULO (Charilaos)**, à Sparte (Laconie). — Tissus de coton. (PALAIS.)

17. **DAOUSSI (Theodora)**, à Aetolico (Étolie et Acarnanie). — Tissus de coton. (PALAIS.)

18. **EUGENOULA**, à Missolonghi (Étolie et Acarnanie). — Tissus de coton. (PALAIS.)

19. **C/BORTZI (Constantina)**, à Aetolico (Étolie et Acarnanie). — Tissus de coton. (PALAIS.)

20. **IOANNIDOU (Sophie)**, à Aetolico (Étolie et Acarnanie). — Tissus de coton. (PALAIS.)

21. **IOANNIDES (Emm.)**, à Amorgos (Cyclades). — Tissus de coton. (PALAIS.)

22. **LEVADIE (Commune de)** (Attique et Béotie). — Tissus de coton. (PALAIS.)

23. **LYCOUDI-RIPHIOTOU (Régine)**, à Lixouri (Céphalonie). — Tissus de coton. (PALAIS.)

24. MAGLIVERA (Georgette), à Aetolico (Étolie et Acarnanie). — Tissus de coton. *(PALAIS.)*

25. MITSENA, à Missolonghi (Étolie et Acarnanie). — Tissus de coton. *(PALAIS.)*

26. MORAITI, à Aetolico. — Tissus de coton. *(PALAIS.)*

27. NOSTRAKIS, DAROPOULOS & PIERRAKOS, à Syra (Cyclades). — Cotons filés. *(PALAIS.)*

28. Ouvroir d'Athènes. — Tissus de coton. *(PALAIS.)*

29. Ouvroir de Poros, à Poros (Argolide et Corinthie). — Tissus de coton. *(PALAIS.)*

30. PAPADOJEAN (Panagiota), au Pirée (Attique). — Tissus de coton. *(PALAIS.)*

31. PAPAGIANOPOULOU (Stavroula), à Calamata (Messénie). Tissus de coton. *(PALAIS.)*

32. PARISSIS (Aristodème), à Lixouri (Céphalonie). — Tissus de coton. *(PALAIS.)*

33. PARTIDOS (Photios), à Lixouri (Céphalonie). — Tissus de coton. *(PALAIS.)*

34. PATAKIOU (Marie D.), à Naxos (Cyclades). — Tissus de coton. *(PALAIS.)*

35. PHARCADON (Commune de), à Triccala (Thessalie). — Tissus de coton. *(PALAIS.)*

36. PHILIPPAKIS (Grégoire), à Santorin (Cyclades). — Cotons filés. *(PALAIS.)*

37. PHLOCOS (Georges), à Limni (Eubée). — Tissus de coton. *(PALAIS.)*

38. PHLOUNDRA (Paraskevi), à Aetolico (Étolie et Acarnanie). — Tissus de coton. *(PALAIS.)*

39. PROTONOTARIO (Sophie), à Naxos (Cyclades). — Tissus de coton. *(PALAIS.)*

40. PROTOPAPA (Coconia), à Naxos (Cyclades). — Tissus de coton. *(PALAIS.)*

41. PROTOPAPADACHI (Dou iou), à Naxos (Cyclades). — Tissus de coton. *(PALAIS.)*

42. RETZINA Frères, au Pirée (Attique et Béotie). — Tissus de coton et cotons filés. *(PALAIS.)*

43. SACCA (Irène), à Aetolico (Étolie et Acarnanie). — Tissus de coton. *(PALAIS.)*

44. SARLI (Théodora), à Aetolico (Étolie et Acarnanie). — Tissus de coton. *(PALAIS.)*

45. SEREMETIS (Denys), à Lixouri (Céphalonie). — Tissus de coton. *(PALAIS.)*

46. STEFANOULA, à Missolonghi (Étolie et Acarnanie). — Tissus de coton. *(PALAIS.)*

47. THEOPHILOPOULO (Demetrius), à Volna (Arcadie). — Tissus de coton. *(PALAIS.)*

48. TRAVLO (Argyro N.) à Naxos (Cyclades). — Tissus de coton. (PALAIS.)

49. TRIANTI Fils, à Patras (Achaïe et Élide). — Cotons filés. (PALAIS.)

50. VENTOURA (Angèlique), à Lixouri (Céphalonie). — Tissus de coton. (PALAIS.)

51. VLOCHAITOPOULO & DOULIS, à Missolonghi (Étolie et Acarnanie). — Tissus de coton. (PALAIS.)

52. ZEVGOLI (Dialecti), à Naxos (Cyclades). — Tissus de coton. (PALAIS.)

53. ZEVGOLI (Marie D.), à Naxos (Cyclades). — Tissus de coton. (PALAIS.)

GUATEMALA.

1. GODINES (José), à Chimaltenanzo. — Moleton. (PARC.)

2. GUZMAN (Dr Gustave E.), à Guatemala. — Tissus de coton. (PARC.)

3. Municipalité de Cuyotenango, département de Suchitepequez. — Tissus en coton. (PARC.)

4. Municipalité de Rabinal, département de Baja-Verapaz. — Tissus en coton. (PARC.)

5. Municipalité de San Felipe, département de Retalhuleu. — Tissus coton. Rubans. (PARC.)

6. Municipalité de Sansaria, département de Jalapa. — Tissus en coton et soie. (PARC.)

7. Municipalité de Santo Domingo Xenacoj, département de Sacatepequez. — Tissus en fil et coton. (PARC.)

8. NAJERA (José), à Guatemala. — Tissus en coton fabriqués à la main. (PARC.)

9. NAJÉRA (Juana), à Jalapa. — Tissus en coton. (PARC.)

10. PLEYTES (Julian), à Iotonicapan. — Tissus en coton. (PARC.)

11. Préfet de Chimaltenango, à Chimaltenango. — Tissus en coton. (PARC.)

12. PUAC (Juana), à Sololá. — Tissus en coton. (PARC.)

13. SANCHEZ (Guillermo), à Quezaltenango. — Tissus en fil et coton, etc. (PARC.)

JAPON.

1. KUWADA (Katsuhei), Tottori-Ken, Kume-Kori. — Tissus de coton façonnés. (PALAIS.)

2. Ministère de l'Agriculture et du Commerce (Direction de l'Industrie), à Tokio. — Imitations de flanelle, étoffes pour mouchoirs, échantillons de cotons filés faisant voir les différentes phases du filage. (PALAIS.)

3. MILOTA (Manjiro), Tokio-fu, Fukagawa-Ku. — Tissus de coton façonnés. (PALAIS.)

4. OKADA (Jiutaro), Tokio-fu, Honjo-Ku. — Tissus de coton façonnés. (PALAIS.)

5. SAWAI (Katsujiro), Tokio-fu, Kiobashi-Ku. — Tissus de coton façonnés. (PALAIS.)

6. TOKUHARA (Satero), Tokio-fu, Honjo-Ku. — Tissus de coton façonnés. (PALAIS.)

PARAGUAY.

Gouvernement de la République du Paraguay, à Assomption. — Fils et tissus de coton. (PARG.)

PORTUGAL.

1. **Associaçao Fraternal.** — Tissus de coton. (QUAI.)

2. **BAHIA & GENRO.** — Tissus de coton. (QUAI.)

3. **Companhia da Fabrica d'Algodoes de Xabregas.** — Fils et tissus de coton. (QUAI.)

4. **Companhia da Real fabrica de flaçao de Thomar.** — Fils et tissus de coton. (QUAI.)

5. **Companhia de Fiaçao e Tecidos Lisbonense,** à Lisbonne. — Fils et tissus de coton. (QUAI.)

6. **Companhia de Fiaçao Portuense,** à Porto. — Fils de coton. (QUAI.)

7. **Companhia Fabril de Salgueiros.** — Fils et tissus de coton. (QUAI.)

8. **Companhia manufactora de artefactos de Malha.** — Tissus de coton. (QUAI.)

9. **FERREIRA (Carlos da Silva).** — Tissus de coton. (QUAI.)

10. **GUEDES & Ca.** — Tissus de coton. (QUAI.)

11. **MARIANI (José).** — Tissus de coton. (QUAI.)

COLONIES PORTUGAISES

1. **Association Industrielle Portugaise,** à Lisbonne. — Couverture de lit en coton et laine (Ile Brava, Cap Vert). Tissus de coton (Ile do Fogo, Cap Vert); Tissus de coton (Ile de Santiago, Cap Vert). (QUAI.)

2. **BARBOSA (C.-G.),** à l'Ile do Fogo (Cap-Vert). — Tissu de coton, courte-pointe. (QUAI.)

3. **Musée des Colonies,** à Lisbonne. — Collection de fils et tissus de coton des provinces de Cap-Vert, Angola, Saint-Thomas et Prince, Mozambique, Macao et Timor, Inde Portugaise, etc. (QUAI.)

ROUMANIE.

1. **ACHIM (Utza Vasile),** à Golesci (Podgoria, Muscel). — Échantillons de rideaux, étoffes pour robes. (PALAIS.)

2. **BERDAM (Natalie N.),** à Corcesci (Berlad). — Essuie-mains de coton. (PALAIS.)

3. **CIAUSESCU (Sultana Stefan),** à Golesci (District Muscel). — [illegible] (PALAIS.)

4. DIACONESCO (Joana Gheorghe), à Baïlesci (District de Muscel). — Essuie-mains. (PALAIS.)

5. GHENEA (Nicolae), à Berlad. — Toile de coton et chanvre. (PALAIS.)

6. GIUGLANESCO (Elisaveta Toma), à Pukeni (District de Muscel). — Toile coton, toile fine pour rideaux. (PALAIS.)

7. MARINESCO (Ana N.), à Gorgani (District de Muscel). — Toile de lin, dessus de table en toile de chanvre avec broderies, serviettes à thé, rideaux en coton rayés et brodés de soie de plusieurs couleurs. (PALAIS.)

8. NICOLAESCO (Floarea C.), à Racovita (District de Muscel). — Essuie-mains. (PALAIS.)

9. NOVAC (Maria), à Berlad. — Toile de coton. (PALAIS.)

10. PAÏSU (Mme Marie) à Campu-Lung. — Toile de lin, toile de coton. (PALAIS.)

11. POPESCO (H. D.) à Mioveni (District de Muscel). — Serviette en coton faite à la main. (PALAIS.)

12. RUSSO (Mlle Zoé), à Breaza-de-Sus (Prahova). — Étoffes pour robes. (PALAIS.)

13. VARLAM (Dr), à Vaslui. — Toile. (PALAIS.)

RUSSIE.

1. ALEXANDROFF Frères, à Moscou. — Châles imprimés. (PALAIS.)

2. BARANOFF (Asaph), Compagnie de la manufacture de Sokoloffsk, (Gouvernement de Wladimir). — Andrinople uni et imprimé, velours et coton. (PALAIS.)

3. BARANOFFS, Compagnie de la manufacture de Baranoffs, à Carabanowo (Gouvernement de Wladimir). — Cotonnades teintes et rouge d'Andrinople, indiennes et velours de coton. (PALAIS.)

4. Compagnie de la manufacture de Bogorodsko-Gloukhoffsk, (Zahar Morosoff Fils), à Gloukhowo et Zouewo, (Gouvernement de Moscou). — Cotonnades, cretonnes, satins, tissus mixtes, moleskines, velours de coton et imprimés. (PALAIS.)

5. DERBENEFF (P. T.), à Ivanovo-Woznesensk, (Gouvernement de Wladimir). — Indiennes et tissus coton teint. (PALAIS.)

6. DERBENEFF Fils (N.), à Ivanovo-Woznesensk (Gouvernement de Wladimir). — Indiennes. (PALAIS.)

7. FOKINE (N. N.), Ivanovo-Woznesensk (Gouvernement de Wladimir). — Indiennes et châles imprimés. (PALAIS.)

8. JOUKOFF (A. A.), à Saint-Pétersbourg. — Coton préparé et filé. (PALAIS.)

9. KARETNIKOFF Fils (A.), à Teikovo, (Gouvernement de Wladimir). — Coton, calicots et indiennes. (PALAIS.)

10. KARLAKINA (Les héritiers de E. T.), à Rastrine-Maslov (Gouvernement de Toula). — Tissus de coton. (PALAIS.)

11. KONCHINE (N. N.), à Serpoukhoff. — Coton brut, fils et tissus de coton, indiennes. (PALAIS.)

12. [illegible], (Gouvernement de Moscou). — Calicos imprimés. (PALAIS.)

13. **NOVIKOFF (A. K.)**, à Ivanovo-Woznesensk (Gouvernement de Wladimir)
— Indiennes.   (PALAIS.)

14. **PAWLOFF (S. P.)**, à Pereslow (Gouvernement de Wladimir). — Rouges
d'Andrinople.   (PALAIS.)

15. **Société Derbeneva (N.) & Fils**, à Ivanovo-Woznesensk (Gouvernement
de Wladimir). — Indiennes.   (PALAIS.)

16. **Société de la Manufacture d'Indiennes Kouvaeff**, à Ivanovo-
Woznesensk (Gouvernement de Wladimir). — Indiennes et rouge cardinal. (PALAIS.)

17. **Société de la Manufacture Prascovia Wittova & Fils**, à Ivanovo-
Woznesensk (Gouvernement de Wladimir). — Indiennes.   (PALAIS.)

18. **Société des Manufactures de Iasouninskich (V. E. A.)**, à
Kohma (Gouvernement de Wladimir). — Cotonnades et indiennes.   (PALAIS.)

SALVADOR.

1. **Département de San-Salvador.** — Mouchoirs indigènes assortis. Serviettes communes.   (PARC.)

2. **Département de San-Vicente.** — Reformas, tissus de coton pour hommes.
                                                                (PARC.)

3. **AZUCENA (Pedro)**, à San-Salvador. — Tissus de coton.   (PARC.)

SERBIE.

1. **BOJITCH (Mme Stanitza B.)**, à Badgnevatz (Dép¹ de Kragouyevatz). —
Tissus en coton.   (PALAIS.)

2. **Direction des prisons**, à Pojarevatz. — Tissus de coton et de soie. (PALAIS.)

3. **GEORGEVITCH (Mme Goosdenya (J.)**, à Badgnevatz (Dép¹ de Kragouyevatz). — Tissus coton.   (PALAIS.)

4. **IGNATOVITCH (Mme Nastasya K.)**, à Tchatchak. — Tissus divers en
cóton.   (PALAIS.)

5. **KRISTITCH (Mme Stana)**, à Vragna. — Tissus divers en coton. (PALAIS.)

6. **MARTKOVITCH (Mme Yooka N.)**, à Kourchoumlya. — Tissu de coton.
                                                                (PALAIS.)

7. **MILOSAVLIEVITCH (Mme Milka G.)**, à Bojevatz (Dép¹ de Pojarevatz).
— Tissu de coton.   (PALAIS.)

8. **Municipalité (La) de Leskovatz.** — Tissus divers en coton. — Tissus soie et
coton. — Tissus laine et coton.   (PALAIS.)

9. **Municipalité (La) de Vragna.** — Tissus divers en coton et soie. (PALAIS.)

10. **PÉTROVITCH (Mme Draga)**, à Tchoupria. — Tissus en coton. (PALAIS.)

11. **PRVANOVITCH (Milan)**, à Paratching. — Tissus de coton. Serviettes
coton et soie.   (PALAIS.)

12. **RADOSAVLIEVITCH (Mme Yelitza R.)**, à Bagna (Dép¹ d'Alexinatz).
                                                                (PALAIS.)

13. **RADOSAVLIEVITCH (Mme Stoyana)**, à Bolt-Poula (Dép¹ de
Belgrade). — Tissus en coton.   (PALAIS.)

14. STOYANOVITCH (Mme Lyoubitza), à Svilayenatz. — Tissus de coton.
(PALAIS.)

15. Syndicat des tisseurs, à Pirot. — Tissus divers et coton. (PALAIS.)

16. TADITCH (Mme Anna M.), à Schabatz. — Tissus de coton divers.
(PALAIS.)

SUISSE.

1. KUNZ (Henri), à Zurich. — Filés et retors de coton, écheveaux, bobines et cannettes, genres variés.
(PALAIS.)

Filés et retors de coton en numéros métriques 8 à 152.

2. STRICKER et DIEM, à Schwellbrunn (Appenzell). — Dés h jour pour broderies en tous genres.
(PALAIS.)

VENÉZUÉLA.

1. Commission de l'État des Andes. — Hamacs. (PARC.)

GROUPE IV.

TISSUS, VÊTEMENTS ET ACCESSOIRES.

Classe 34.

Fils et tissus de lin, de chanvre, etc.

FRANCE.

1. **BERTRAND (Edmond)**, à Cambrai (Nord). — Toiles, batiste, linons et mouchoirs en tous genres. **(PALAIS.)**

2. **BONNASSIEUX Fils (J. Louis)**, à Panissières (Loire). — Serviettes et nappes avec inscriptions d'établissements, armoiries et initiales. **(PALAIS.)**

3. **BRÉMOND Fils**, à Cholet (Maine-et-Loire). — Toiles, serviettes et mouchoirs blancs, couleurs, demi-blanc, lessivés et crêmés. **(PALAIS.)**

4. **BRICQUT-MOLET, & Fils**, à Cambrai (Nord). — Batistes, linons unis et mouchoirs riches en tout fil à la main. Toiles, batistes, linons, mouchoirs, blancs et imprimés, brodés et fantaisie. **(PALAIS.)**

   Maison à Paris, 10, rue du Sentier. — Paris 1855, méd. de collectivité ; Paris 1867, méd. d'argent ; Vienne 1873, méd. de progrès et de coopération ; Paris 1878, méd. d'or.

5. **CARMICHAEL Frères & Cie**, à Paris, rue de la Monnaie, 16. — Fils, toiles et sacs de jute et autres textiles. **(PALAIS.)**

   Filature et tissage à Rilly-sur-Somme. Fils, toiles et sacs de jute et autres textiles. Médaille d'or, Paris 1878, Membres du Jury.

6. **CASSE (J.) & Fils**, à Fives-Lille (Nord). — Linge de table, rideaux, guipure, velours de lin et de jute. **(PALAIS.)**

7. **CAUVIN-YVOSE (E.) Petit-Fils** et successeur de **Yvose-Laurent**, à Paris, rue de Lyon, 55. — Toiles imperméables pour bâches. Toiles peintes pour stores, bannes, etc. **(PALAIS.)**

   Fournisseur des Compagnies de chemin de fer et du Ministère de la guerre. Diplôme d'honneur à l'Exposition d'Anvers 1885. Médaille d'or (la plus haute récompense) à l'exposition de Barcelone 1888. Tissage, filature et corderie, à Saleux-Salouel (Somme). Usine à Ampreville-la-Mivoie (Seine-Inférieure). Toiles imperméables pour bâches de voitures, de bateaux, de quais, etc., etc. Toiles peintes pour stores, bâches, etc. Toiles transparentes pour serres ; Toiles à sacs et d'emballage, etc., etc. Vente et location.

8. **CHAMBRE DE COMMERCE d'Armentières (Exposition collective anonyme des Fabricants de Toiles de la circonscription de la)**, à Armentières (Nord). — Toiles et tissus divers. **(PALAIS.)**

9. CHAPLET Fils & PIVERT (Jules), à Laval (Mayenne), rue d'Anvers, 2. — Filés, tissus, papier, cartons, produits divers en amiante, Coutils, nouveauté pour pantalons. (PALAIS.)

10. CHAPON Frères, à Paris, rue du Temple, 13. — Toiles à bâches, à tentes et à stores. (PALAIS.)

Bâches histasapes, caoutchoutées et goudronnées pour voitures, wagons, bateaux, etc. Vente et location. Tissage mécanique et apprêts à Courbevoie (Seine). Médailles, Expositions universelles Paris 1878 ; Barcelone 1888.

11. Comité linier du Nord, à Lille, square Rameau, 13. — Lins en tiges, en fils et en tissus. (PALAIS.)

12. Comptoir de l'Industrie linière, (Magnier, Duplay, Fleury & Cie), à Paris, rue d'Uzès, 9. — Fils, toiles et linges de table. (E. C.) (PALAIS)

13. COUSIN Frères, à Comines (Nord). — Fils pour arcades de métiers Jacquart en lin et en simili-soie, lacets et ficelles en lin et en coton pour l'enlaçage des cartons Jacquart, fils retors. (PALAIS.)

14. CRÉPY Fils & Cie, à Lille (Nord), rue de Canteleu.— Fils de lin et d'étoupes, simples et retors. (E. C.) (PALAIS.)

Lin et étoupes filés au mouillé et au sec ; fils de lin au mouillé du n° 5 au 100 et au sec du n° 10 au 25 ; fils d'étoupes au mouillé du n° 5 au 40 et au sec du n° 8 au 20. — Spécialité de fils jaunes de toutes qualités ; fils simples et retors écrus, teints et blanchis, pour toiles et tissus ; fils pour rubannerie, tresses et passementerie.

15. CRESPEL & DESCAMPS, à Lille (Nord), rue des Fleurs, 16. — Fils de lin à coudre, en écheveaux, en pelotes, en cartes et sur bobines, fils pour guipures et dentelles, fils à broder, fils moulinés à repriser. (PALAIS.)

Fabricants du Fil en capsule DA°, 55 mètres en toutes couleurs. Marques « au Conscrit » et « aux Armes ». — Médaille de progrès, Vienne 1873, médaille d'or, Paris 1878.

16. CRESPEL (Vve C.) & Fils, à Lille (Nord), rue des Jardins, 18. — Fils de lin à coudre, fils pour dentelles et guipures, fils à broder et à tricoter, moulinés à repriser. (PALAIS.)

Marque de fabrique au Paon C. F. — Médaille de progrès, Exposition universelle, Vienne 1873. Médaille d'argent, Paris 1878.

17. DARRAS Frères, à Paris, rue aux Ours, 23. — Toiles pour tapisseries, emballeurs, tailleurs, confections, etc. (PALAIS.)

18. DEBLOCK (D.), à Lille (Nord). — Toiles en tous genres, coutils divers. (PALAIS.)

19. DÉLÉCAILLE (D.), à Frelinghien-sur-Lys (Nord). — Lins en paille et bruts, fils et toiles de lin. (PALAIS.)

20. DENEUX Frères & Cie, à Amiens (Somme). — Linge de table, linge de toilette, ouvrés et damassés, tissus de fantaisie et d'ameublements. (PALAIS.)

21. DESMAZIÈRES (Louis), à Seclin (Nord). — Fils de lin et d'étoupe filés au mouillé. E. C.) (PALAIS.)

22. DEVOS Frères, à Comines (Nord). — Fils de lin en tous genres. (PALAIS.)

23. DICKSON & Cie, à Dunkerque (Nord). — Toiles à voiles, fils à voiles, bâches, ficelles, fils et filets de pêche. (PALAIS.)

24. DRIEUX (V.) et Cie, à Lille (Nord), rue de Fontenoy, 9. — Fils divers. (PALAIS.)

Médaille d'argent, Exposition 1878.

25. DROULERS-VERNIER (P. Charles. F.), à Lille (Nord), rue du Croquet, 5. — Fils de lin simples, retors, câblés pour la cordonnerie, la sellerie et les machines à piquer et à coudre. (PALAIS.)

26. DUHAMEL (Léon), à Merville (Nord). — Toiles et linges de table. (PALAIS.)

27. FAUCHEUR Frères, à Lille (Nord), rue des Stations, 84. — Fils de lin et d'étoupe au sec et au mouillé. **(E. C.) (PALAIS.)**

28. Filature de lin, à Essonnes (Seine-et-Oise). — Fils de lin, fils d'étoupes. **(PALAIS.)**

29. GARNIER THIÉBAUT Frères, à Gérardmer (Vosges). — Toiles unies, mouchoirs, linge de table et de toilette en ouvré et damassé. **(PALAIS.)**

30. GAVELLE-BRIERRE (Ch. A. Émile), à Lille (Nord). — Filasse de ramie, ramie peignée. Fil et tissus de ramie. **(E. C.) (PALAIS.)**

31. GAVELLE (Henry) HALL & Cie, à Abbeville (Somme). — Fils à tisser, fils retors, fils pour corderie, ficelles. Fils pour fournitures de la guerre et de la marine. Ficelles d'Abbeville et ficelles françaises. **(PALAIS.)**

Société en commandite par actions au capital de 450,000 fr. Filature et corderie.
Fils à tisser en lin, chanvre, étoupes et jute.
Fils pour corderie.
Fils retors.
Ficelles et cordages.
Spécialités : Fils pour toiles à voiles et pour fournitures de la guerre et de la marine.
Ficelles d'Abbeville.
Ficelles Françaises.
Lins et chanvres en paille, teillés, peignés et en étoupes.
Exposition universelle de Paris 1878. Médaille de bronze.

32. GRATRY (Jules) & Cie, à Lille (Nord). — Coutils pour literies. **(PALAIS.)**

33. GUILLEMAUD Aîné, à Seclin (Nord). — Fils de lin et d'étoupes. **(E. C.) (PALAIS.)**

34. HASSEBROUCQ Frères, à Comines (Nord). Usines succursales à Comines (Belgique) et à Stettin (Allemagne). — Fils de lin retors en tous genres. **(PALAIS.)**

Maison fondée en 1829, par le père et l'oncle des associés actuels.
Récompenses aux principales expositions internationales : Médaille unique à Philadelphie 1876 ; Médaille d'or, Paris 1878 ; Premier ordre de mérite, Melbourne 1881 ; Médaille d'or, Amsterdam 1883 ; Médaille d'or et croix de Léopold, Anvers 1885.

35. HEUZÉ, GOURY & LE ROUX (Société linière du Finistère), à Landerneau (Finistère). — Fils de lin et étoupes à sec écrus et blanchis, toiles à voiles, toiles de ménage, etc. **(PALAIS.)**

Rappels médailles d'or, Paris 1867 et 1878. Médaille d'honneur, Londres 1862. Dépôt à Paris, 11, rue du Sentier ; Jules Rousseau, représentant.

36. HURET-LAGACHE & Cie, à Pont-de-Briques, près Boulogne-sur-Mer (Pas-de-Calais). — Toiles à voiles, à bâches, à tentes, etc, toiles imperméables. **(PALAIS.)**

37. JANVIER Père & Fils & Cie, au Mans (Sarthe). — Fils et toiles de chanvre. **(PALAIS.)**

38. KYD Frères & Cie, à Dunkerque (Nord). — Fils de jute cardés et peignés, simples et retors. **(PALAIS.)**

39. LAMBIN (Ignace), à Comines (Nord). — Fil « à la Louve ». **(PALAIS.)**

Médaille d'argent, Paris 1878. — Dépôt, J. Regniault et ses fils ; Regniault frères, successeurs, seuls dépositaires de la marque de fil « à la Louve ». — A Paris, rue Turbigo, 17.

40. LANES (J. Edmond), à Agen (Lot-et-Garonne). — Tissage mécanique de toiles et cotonnades. **(PALAIS.)**

41. LANIEL Père & Fils, à Vimoutiers (Orne). — Fils écrus et crémés, toiles écrues et blanches. **(PALAIS.)**

42. LE BLAN (Paul) & Fils, à Lille (Nord), rue de Trévise. — Fils de lin et d'étoupes. **(E. C.) (PALAIS.)**

43. LEFEBVRE (Alexandre), à Seclin (Nord). — Fils de lin et d'étoupes et leurs dérivés.   (**E. C.**) (**PALAIS.**)

44. LÉVI FARINAUX & Cie, à Lille (Nord) — Textiles (lins, chanvres, étoupes).   (**PALAIS.**)

45. LHEUREUX Fils (Eugène), à Longpré-les-Corps-Saints (Somme). — Tapis, velours de jute et de lin en simple et double face, unis, gaufrés et imprimés. Toiles à sac, bâches et emballages.   (**PALAIS.**)

46. MAGNIER, DUPLAY, FLEURY & Cie. (Comptoir de l'industrie linière), à Paris, rue d'Uzès, 9. — Fils de lin, tissus de lin ou de chanvre, linges de toile ouvrés et damassés.   (**PALAIS.**)

47. MAHIEU (Auguste), à Armentières (Nord) — Fils et toiles de lin.   (**PALAIS.**)

48. MAQUET (Ernest) & Cie, à Lille (Nord), rue des Buisses, 15. — Lins teillés de provenances diverses. Lins bruts en tige.   (**E. C.**) (**PALAIS.**)

49. MAX-FICHARD, SÉGRIS, BORDEAUX & Cie, à Angers (Maine-et-Loire). — Toiles à voiles, à prélarts, à tentes, à sacs. Fils pour cordonnerie, ficelle, cordes.   (**PALAIS.**)

Londres 1851, prize medal ; Paris 1855, médaille d'argent ; Paris 1867, médaille d'or ; croix de Chevalier de la Légion d'Honneur ; Vienne 1873, médaille de progrès ; 1878, hors concours et croix d'Officier de la Légion d'Honneur.

50. MÉNARD (Antoine), à Paris, rue du Sentier, 23. — Batistes, linons. Toiles blanches écrues, crémées. Tissus fantaisie.   (**PALAIS.**)

Maison fondée en 1705. Tissages mécanique et à la main, à Solesmes (Nord). Médaille d'or, Paris 1878.

51. MEUNIER & Cie, à Paris, boulevard des Capucines, 8. — Linges de table damassés, brodés, serviettes et nappes avec guipures et points de Venise.   (**PALAIS.**)

52. MIGEON Jeune (P. Lucien), à La Rochefoucault (Charente). — Toiles chanvre écrues et blanches, toiles à bâches écrues et hystasapées.   (**PALAIS.**)

53. NICOLLE-VERSTRAETE (Ernest-L.-A.), à Lomme (Nord). — Fils de lin et d'étoupes.   (**E. C.**) (**PALAIS.**)

54. NIQUET (Isaïe), à Mérélessart (Somme). — Toiles à voiles, en lin. (**PALAIS.**)

55. NORD DE LA FRANCE (Exposition collective du Comité Linier du), Président : **E. Faucheur**, à Lille (Nord), square Rameau, 13.

Comptoir de l'Industrie Linière.
Crépy Fils & Cie.
Desmazières (L.).
Faucheur (Frères).
Gavelle-Brierre (C.A.E.)
Guillemaud Aîné.
Le Blan (P.) & Fils.
Lefebvre (A.).
Maquet (E.). & Cie.
Nicolle-Verstraete (E. L. A.).
Saint-Léger (V.).
Société Anonyme de Pérenchies.
Union Linière du Nord.

56. OUVRARD (Calixte), à Cholet (Maine-et-Loire). — Mouchoirs et toiles.   (**PALAIS.**)

57. PASCAL VALLUIT et Cie, à Vienne (Isère). — Draps imprimés pour vêtements.   (**PALAIS.**)

58. PIETTE (Rodolphe), à Dompierre (Nord). — Graine de lin, lin en tige, roui, au couteau, filé, brossé, préparation d'ourdissage, fil ourdi préparé au tissage, toile fine et extra-fine.   (**PALAIS.**)

59. POUCHAIN (Victor-A.), à Armentières (Nord). — Toiles de lin et fils de lin.   (**PALAIS.**)

Médaille de 2e classe, Exposition universelle de Paris 1855.
Mention honorable, Exposition de Londres 1862.
Médaille d'argent, Exposition universelle de Paris 1867.
Médaille d'or, Exposition universelle de Paris 1878.

60. Ramie Française (La), Directeur **Favier P.-A.**, à Paris, rue Saint-Fiacre, 14. — Fils de ramie pour l'industrie et produits fabriqués en ramie.

(PALAIS.)

61. RAVINET (A.) GRYSEZ (E.) & Cie, à Dunkerque (Nord). — Fils de jute cardés et peignés, simples et retors. Semelles d'espadrilles cousues mécaniquement.

(PALAIS.)

Médaille d'argent, Anvers 1895.

62. SAINT Frères, à Paris, rue du Pont-Neuf, 4. — Toiles, sacs, bâches, tissus d'ameublement.   **(PALAIS.)**

63. SAINT-LÉGER (Victor), à Lille (Nord), rue des Tours. — Fils de lin en tous genres. Fils à poisser. Cotons retors et câblés.   **(E. C.) (PALAIS.)**

64. SAMSON (Jean), à Lisieux (Calvados). — Toiles crémées et blanches.

(PALAIS.)

65. SCHIVE Frères, à Lille (Nord), façade de l'Esplanade 23 ter. — Fil de lin à coudre et à dentelle.   **(PALAIS.)**

66. SIMONNET (Camille-P.), à Warmeriville (Marne). — Ramie peignée, fils, tissus écrus et teints en ramie, fils et tissus de soie-ramie. — Tissus coton et ramie.   **(PALAIS.)**

Tissages mécaniques, Filatures de laines peignées. Mérinos, Cachemires, Lainages, Nouveautés, Spécialité de tissus laine et soie. Usine et Maison à Reims. Bureaux à Paris, 2, rue du Faubourg-Poissonnière.

67. SIMONNOT, GODARD & Fils, à Paris, rue du Sentier, 38. — Batistes, toiles, linons écrus blancs et imprimés, mouchoirs, tissus nouveautés pour robes d'été.

(PALAIS.)

68. Société anonyme de Pérenchies (Anciens établissements **Agache Fils**), à Lille (Nord). — Fils de lin, toiles et tissus d'ameublement.

(E. C.) (PALAIS.)

69. Société anonyme de Pérenchies (Établis. **Agache Fils**), à Lille (Nord), r. du Vieux-Faubourg, 12 et r. des Buisses, 7. — Filat. et Tiss. mécan, à Pérenchies, Lille et la Madeleine. — Fils de lin et d'étoupes. Toiles écrues, crémées et blanches.   **(PALAIS.)**

Médaille d'or et diplôme d'honneur, Paris 1878.
Filatures de lin et d'étoupes, à sec et au mouillé, comprenant 24.000 broches.
Fils ordinaires et supérieurs dans tous les numéros.
Spécialité de fils en lins de pays pour toiles à blanchir, et de fils pour peluches d'ameublement.
Maison de vente : à Lille, rue du Vieux-Faubourg, 12.
Tissages mécaniques, comprenant 870 métiers.
Toiles écrues, jaunes, crémées et blanches, en toutes largeurs, serviettes à liteaux, linge de table et de toilette. — Spécialité de toiles doubles laizes de 1m 50 à 3m 50.
Peluches de lin pour ameublement en toutes nuances.
Maison de vente : A Lille, rue des Buisses, 7.

70. Société générale de la Ramie, à Paris, rue de Londres, 7. — Fils et tissus en ramie.   **(PALAIS.)**

71. TURPAULT (A.), à Cholet (Maine-et-Loire). — Mouchoirs divers, toiles, serviettes, torchons.   **(PALAIS.)**

Maison, à Paris, 35, rue du Sentier.
Tissage mécanique et blanchisserie à Fleuriais (Vendée).
Tissage à la main et blanchisserie à Cholet.

72. Union linière du Nord (Société anonyme), à Lille (Nord), rue de Wazemmes, 27. — Échantillons de fils de lin et d'étoupes.   **(PALAIS.)**

73. Union linière du Nord, à Lille (Nord), rue de Wazemmes, 27. — Fils de lin et d'étoupes.   **(E. C.) (PALAIS.)**

74. VANCAUWENBERGHE (A.), SEYS (E.) SNOWDEN (W.), à Dunkerque (Nord). — Fils et toiles de jute.   **(PALAIS.)**

75. VANCAUWENBERGHE (C.) DAVENPORT (S.) & Cie, à Saint-Pol-lez-Dunkerque (Nord). — Fils de jute cardés et peignés, simples et retors. (**PALAIS.**)

76. VILLARD, CASTELBON & A. VIAL, à Armentières (Nord). — Toiles et fils. (**PALAIS.**)

77. WALLAERT Frères, à Lille (Nord), rue de Fontenoy, 75. — Toiles blanches, bleues, crémées, jaunes. — Toiles ouvrées. — Serviettes et draps confectionnés. (**PALAIS.**)

Tissage mécanique et à la main à Lille.
Crémage de fils et Blanchisserie de toiles à Santes (Nord).
Récompenses : Paris 1867, médaille d'or. — Paris 1878, rappel de médaille d'or.

COLONIES.

COCHINCHINE.

1. Exposition permanente des Colonies, à Paris. — Ramie, fils de diverses préparations ; façon laine, façon soie, fils teints, tissus de ramie, ramie et coton, ramie et soie, linge de table (Cochinchine et Sainte-la-Ramie). (**ESPLANADE.**)

GABON CONGO.

1. PECQUEUR (Léona), au Gabon. — Fil indigène d'ananas. (**ESPLANADE.**)

2. SCHLUSSEL, à Libreville (Gabon). — Fil indigène de bananier. (**ESPLANADE.**)

GUYANE FRANÇAISE.

1. Exposition permanente des Colonies, à Paris. — Serviettes en fibres de bananier. (**ESPLANADE.**)

INDE FRANÇAISE.

1. SERAT, Inde. — Échantillons de fibres et tissus de bananier. (**ESPLANADE.**)

MAYOTTE ET COMORES.

1. Exposition permanente des Colonies, à Paris. — Cabanes en paille de raphia. (**ESPLANADE.**)

NOUVELLE-CALÉDONIE.

1. BALLANDE & Fils, à Nouméa. — Fibres triées, cocos et coudes, coprah. (**ESPLANADE.**)

2. BOUGIER, à l'Ile Nou. — Fibres et étoupes yucca. (**ESPLANADE.**)

3. Exposition permanente des Colonies, à Paris. — Tapas en étoffe de ficus. (**ESPLANADE.**)

4. HAYES & JEANNENEY, à Fonwhary. — Étoupes d'agave, de bourao, de yucca, d'aloès, du gommier, d'amante, etc. Fibres de bananier, dessus de guéridon en agave.   (ESPLANADE.)

5. LAURIE, à Canala. — Fibres d'agave.   (ESPLANADE.)

6. VACHER (Émile), à La For — Fibres d'agave (foureroya gigantea).   (ESPLANADE.)

RÉUNION.

1. BARBOT (Vve), à Saint-Louis. — Fibres d'aloès.   (ESPLANADE.)

2. BEAUGENDRE (Mlle Louisa), à Saint-Leu. — Chapeaux, corbeilles, porte-manteau en paille de maïs.   (ESPLANADE.)

3. BŒUF (Mme Étienne), à Salazie. — Travaux paille chouchou.   (ESPLANADE.)

4. LECOUARRET, à Saint-André. — Fils d'aloès.   (ESPLANADE.)

SÉNÉGAL (PORTO-NOVO).

1. Exposition permanente des Colonies, à Paris. — Etoffe de paille de mandine et de coton.   (ESPLANADE.)

TAHITI.

1. Exposition permanente des Colonies, à Paris. — Fil de piripiri, tapas ou étoffes en écorce d'arbres.   (ESPLANADE.)

PAYS DE PROTECTORAT.

CAMBODGE.

1. Exposition permanente des Colonies, à Paris. — Ramie, fils de diverses préparations, façon laine, façon soie, fils teints, tissus de ramie, et divers, linge de table.   (ESPLANADE.)

2. PLANTÉ, à Phnom-Penh. — Chanvre du Cambodge et du Laos, fil et filin sur navette.   (ESPLANADE.)

TUNISIE.

1. MOHAMED ben Anior. — Objets en poils de chèvre.   (ESPLANADE.)

PAYS ÉTRANGERS.

RÉPUBLIQUE ARGENTINE.

1. **Commission auxiliaire**, à Formosa. — Sacs de chasse faits par les sauvages avec de l'ivira et du caraguata (plantes textiles). (PARC.)

2. **Commission auxiliaire**, à Jujuy. — Sac en chaguar. (PARC.)

3. **Commission auxiliaire**, à Jujuy. — Filet en chaguar. (PARC.)

4. **Commission auxiliaire**, à Tartagal (Salta). — Sacs en chaguar. (PARC.)

5. **RIARD (Auguste)**, à Buenos-Ayres. -- Tissu. (PARC.)

AUTRICHE-HONGRIE.

1. **GÉRENDY (Mme de, née de Tolnay)**, à Sovenfalva (Poste Marton, Transylvanie).— Toiles, travaux de l'industrie à domicile en Transylvanie. (PALAIS.)

2. **OBERLAENDER (F. M.)**, à Eipel (Bohême). — Toile, tissage mécanique. (PALAIS.)

BELGIQUE.

1. **Association linière (l')**, (administrateur : **L. de Breyne**), à Gand, rue Neuve-St-Pierre, 3. — Fils de lin et d'étoupes écrus, blanchis et teints. (PALAIS.)

2. **BECK Père & Fils**, à Courtrai. — Pièces de toile. (PALAIS.)

3. **BENOIT (Albert)**, à Courtrai, rue de Grooninghe. — Toiles et coutils; tissus fil et mélangés de coton. (PALAIS.)

4. **DE BOUTTE Frères**, à Ingelmunster. — Toiles blanches fines. (PALAIS.)

5. **DE KIEN (Léonard)**, à Courtrai. — Toiles, fils et lins. (PALAIS.)

6. **DESMET & DHANIS**, à Gand, rue aux Laines, 105. — Fils de lin et d'étoupes en écru, blanchi et teint. (PALAIS.)

7. **DIERCKENS-VERSCHOORE (O.)**, à Courtrai. — Toiles, batistes et mouchoirs. (PALAIS.)

8. **DUERMAN (J. J.) Fils & Cie**, à Gand, rue du Jambon, 84. — Toiles. (PALAIS.)

9. **ELXAERT-COOLS**, à Alost. — Fils de lin retors pour tailleurs et cordonniers, ficelles de chanvre, etc. (PALAIS.)

   Maison fondée en 1822. — Premières médailles, à Londres 1851 ; Philadelphie 1876 ; Médaille d'or, à Paris 1878 ; Sydney 1879 ; Melbourne 1880 ; Amsterdam 1883 ; Hors Concours, jury, Anvers 1885 et Bruxelles 1888.

10. **GOVAERT Frères**, à Alost. — Toiles à voiles, à sacs, à ombres, coutils, bâches, imperméables, caparaçons, musettes; toiles à matelas, tapis, etc. (PALAIS.)

    Médailles : Vienne 1873 ; Philadelphie 1876 ; Paris 1878 ; Anvers 1885.

11. **ISABEY (F.) & Cie**, à Lokeren. — Coutils et satin coton pour corsets, coutils pour matelas, tentes et vêtements. (PALAIS.)

12. MOREL & VERBEKE, à Gand. — Fils de lin jaunes de Courtrai, et gris des Flandres, en chaînes, écrus et blanchis. Fils de jute, chaînes et trames, écrus blanchis et teints. (PALAIS.)

13. OOSTERLYNCK-SERVAIS (Ad.), à Courtrai, rue des Sables, 22. — Toiles blanchies, batiste, linon, en pièces. Mouchoirs toile batiste, ourlets à jour, broderies à la main. (PALAIS.)

14. PARMENTIER (P.) & Cie, (A. Venet-Parmentier), à Bruxelles, rue de Laeken, 76. — Tissus de lin. (PALAIS.)

15. RAES (J.), LA FLANDRE, à Sweveghem-lez-Courtrai. — Tissus pour vêtements en pur fil et fil et coton, unis et façonnés. Coutils pour stores et matelas; russias, etc. (PALAIS.)

16. REY Aîné (H.), à Bruxelles, rue Fossé-aux-Loups, 24. — Toile blanche, bleue pour blouses, toiles grises et autres pour tailleurs; toiles Dowlas et russias, toile mixte. Linge de table damassé et ouvragé. Linge de toilette, mouchoirs et coutils. (PALAIS.)

Maison fondée en 1806.
Tissages à Gand, Bruges, Moorseele-lez-Courtrai, Ruysbroeck-lez-Bruxelles.
Blanchiment sur pré, Ruysbroeck-lez-Bruxelles.
Récompenses : Londres 1851, Prize Medal ; Paris 1855, Médaille de 1re classe.
Paris 1867, Médaille d'or ; Wien 1873, Ehren Diplom ; Philadelphie 1876, Certificate of award.
Paris 1878, Médaille d'or ; Sydney 1879, Certificate of award.
Amsterdam 1883, Diplôme d'honneur ; Anvers 1885, Diplôme d'honneur.

17. Société anonyme de la Lys (directeur : **H. Morel**), à Gand. — Fils de lin d'étoupes et de jute, simples, écrus, blanchis et teints. (PALAIS.)

18. Société anonyme Filature et Filteries réunies, à Alost. — Fils de lin retors. (PALAIS.)

19. Société anonyme «La Liève», à Gand, quai de l'Industrie. — Fils de lin et d'étoupes simples, écrus et blanchis. (PALAIS.)

20. Société anonyme la «Linière Alostoise», à Alost. — Fils de lin et étoupes. (PALAIS.)

21. Société anonyme Linière de Courtrai (administrateur : **Albéric Goethals**), à Courtrai, chaussée d'Harlebeke — Fils de lin et d'étoupes écrus et blanchis. (PALAIS.)

22. Société anonyme Linière de Saint-Léonard, à Liége. — Fils de lin et d'étoupes, écrus et blanchis. (PALAIS.)

Paris, médaille d'or, d'honneur 1855 ; Vienne 1873.
Amsterdam, médaille d'or, 1883 ; Barcelone 1888.

23. Société anonyme Linière Saint-Sauveur (administrateur : **Victor Casier**), à Gand, rue de l'Ancienne-Porte-du-Sas, 76. — Fils de lin et d'étoupes. (PALAIS.)

24. Société Linière Gantoise, à Gand. — Fils d'étoupes et de lin, simples écrus, lessivés, écrémés, etc. (PALAIS.)

25. VAN GHELUWE-LEFÈVRE, à Roulers. — Toiles écrues, canevas, crémées, blanches, bleues ardoise et toiles mixtes. Spécialité de toiles larges pour draps de lit. (PALAIS.)

26. WAUTERS, DESCAMPS, RIXTER & Cie (société linière Athoise), à Ath. — Fils écrus, blanchis, teints et apprêtés. (PALAIS.)

27. WITTE-LOUSBERGS (I. de), à Malines, rue Melane, 4. — Toiles damassées, linges de table et de toilette. (PALAIS.)

BRÉSIL.

(Voir son Catalogue spécial.)

CHILI.

1. Commissariat de l'Exposition du Chili, à Santiago. — Cordages, ficelles en chanvre. (PARC.)

ÉQUATEUR.

1. ARCOS (Dario), à Guayaquil. — Bourse de chanvre. (PARC.)

2. Commission Coopérative d'Ambato, à Ambato. — Corde et fil de chanvre. (PARC.)

3. Commission coopérative, à Quito. — Chanvre filé, chanvre, laine végétale, toile de fil. (PARC.)

4. FLORES (Antonio), à Quito. — Chanvre. (PARC.)

ESPAGNE.

1. ALIER (Pedro), à Barcelone. — Filets économiques. (PALAIS.)

2. CASALS (J.), à Tarrasa (Barcelone). — Services damassés. (PALAIS.)

3. CAZAL (Marques) & Cie, à Barcelone. — Chanvre. (PALAIS.)

4. GIRONELLA & MASRIERA, à Cortès (Barcelone). — Services damassés. (PALAIS.)

5. SERVIAT (Brunet), à Barcelone. — Étoffes de fil. (PALAIS.)

6. VALENZUELA (Pedro), à Manille (Philippines). — Cordes d'abaca. (PALAIS.)

ÉTATS-UNIS.

1. Acme Manuf. Co, (The), à Wilmington, South Carolina. — Spécimens montrant la préparation et la fabrication des toiles d'emballage avec des fibres du pin. (PALAIS.)

2. Hart Company (A. H.), à New-York, N. Y., 90, White street. — Série démontrant la fabrication des ficelles de chanvre et de lin. (PALAIS.)

3. Kentucky River Mills, à Frankfort, Ky. — Série montrant la fabrication de ficelles de chanvre tordu. (PALAIS.)

4. Sparks (F. R.), Hemp Co, à Lexington, Ky. — Collection de chanvre et filasse apprêtés, nettoyés et doublement apprêtés. (PALAIS.)

GRANDE-BRETAGNE.

1. Belfast Ropework Company (Limited), à Belfast (Irlande). — Cordages, lignes, cordes et ficelles. (PALAIS.)

2. Donegal Industrial Fund. — Fils et tissus de lin, de chanvre, etc. (PALAIS.)

3. RENSHAW & Co. (Limited), Brougton Flax mills, à Manchester. — Lin et ramie sous toutes leurs formes, fils de lin, fils de ramie, lin et ramie filés.
(PALAIS.)

4. ROBINSON & CLEAVER, à Belfast (Irlande). — Tissus de lin confectionnés, unis et brodés : batistes, poplins, couvertures. **(PALAIS.)** .

5. York street Flax Spinning Co (Limited), à Belfast et à Muckomore (Irlande). — Tissus de lin, de chanvre, etc., en blanc et de couleur. **(PALAIS.)**

Succursales : Paris, 38 rue des Jeûneurs; London, 3 Milk Street Buildings; Manchester, 75, Piccadilly; Berlin, 18 Kommandan'en strasse; New-York, 120 Franklin Street; Melbourne, 21 Flinders Lane.
Fils de lin et d'étoupe ; Toile blanche, légère, demi-forte et forte ;
Triplures ; Toiles et batistes imprimées ;
Toiles à drap sans couture; Toiles Damassées Stuckabacks et serviettes à frange ;
Coutils écrus et blancs ; Mouchoirs de toile et de batiste en tous genres ,
Toiles écrues ; Holandas Crudas ;
Brabants ; Crequelas ; Brens ; Platillas ; Silesias ; Bretanas : Irlandas ;
Grano de Oro ; Tela de Rosa et autres articles.

GRÈCE.

1. IGGLESI (Margentine), à Céphalonie. — Tissus de fil végétal. **(PALAIS.)**

2. MÉTAXA (Aphrodide), à Céphalonie. — Tissus de fil végétal. **(PALAIS.)**

3. MÉTAXA (Artemisie), à Céphalonie. — Tissus de fil végétal. **(PALAIS.)**

4. MÉTAXA (Calomire), à Céphalonie. — Tissus de fil végétal. **(PALAIS.)**

5. MÉTAXA (Chryssoula), à Céphalonie. — Tissus de fil végétal. **(PALAIS.)**

6. MÉTAXA (Irène), à Céphalonie. — Tissus de fil végétal. **(PALAIS.)**

7. MÉTAXA (Stamatoula), à Céphalonie. — Tissus de fil végétal. **(PALAIS.)**

GUATEMALA.

1. ACATAN (Miguel), à Alta-Verapaz. — Tissus de fil. **(QUAI.)**

2. BERTRAND (Mme), à Guatemala. — Tissus de fil et de soie. **(QUAI.)**

3. CUEL (Candelaria), à Coban. — Tissus de fil. **(QUAI.)**

4. LOPEZ (Gabriela), à Zacatepeques. — Tissus de fil. **(QUAI.)**

5. LOPEZ (Julian), à Zacatepeques. — Tissus de fil. **(QUAI.)**

6. PASCUAL (Catarina), à Alta-Verapaz. — Tissus de fil. **(QUAI.)**

7. SANCHES (Guillermo), à Quezaltenango. — Bobines de fils. **(QUAI.)**

8. VILLATORO (Pascual), à Aguacatan-Chiquimula. — Tissus de fils. **(QUAI.)**

ITALIE.

1. CAVALIERI (Pacific), à Ferrare. — Cordes, filés et tissus de chanvres.
(PALAIS.)

2. Linificio e Canapificio Nazionale, à Milan. — Files et tissus de lin et de chanvre. **(PALAIS.)**

JAPON.

1. Ministère de l'Agriculture et du Commerce (Direction de l'Industrie), à Tokio. — Echantillons de chanvres représentant les phases du filage, étoffe de chanvre, dite Etigothidimi, étoffe de chanvre, dite Nara-Sarashi. **(PALAIS.)**

PARAGUAY.

1. SOLALINDE (Dona Rosario), à Assomption. — Toile de lin du Paraguay. **(PARC.)**

PAYS-BAS.

1. PLANTEYAT (S.), à Krommenie. — Toiles à voile, bâches, etc. **(PALAIS.)**

PORTUGAL.

1. ANTUNES (Francisco Eduardo) & MARTINS. — Tissus de lin. **(QUAI.)**

2. Companhia de Fiacao e Tecidos de F. novas. — Fils et tissus de lin. **(QUAI.)**

3. COSTA GUIMARAES (Antonio da) Fos. & Ca. — Tissus de lin. **(QUAI.)**

4. OLIVEIRA COSTA (Joaquim Martins d'). — Tissus de lin. **(QUAI.)**

ROUMANIE.

1. BREAZU (Ghita Grig), à Giulnitza (Muscel). — Fils de chanvre. **(PALAIS.)**

2. CIOBANU (Catrina V.) à Grôdjeni (Berlad). — Toile de chanvre. **(PALAIS.)**

3. CIOBANU (Jonityo), à Grôjdeni (Berlad). — Tissu de chanvre pour sacs. **(PALAIS.)**

4. COSTICA (Ion Gh.) à Fruntiseni (Berlad). — Toile de lin. **(PALAIS.)**

5. DIMITRESCA (Maïca Domnica), au couvent de Namaesci (Muscel). — Serviettes en toile. **(PALAIS.)**

6. GHEORGHIU (Catinca D.), à Grôjdeni (Berlad). — Toile de chanvre. **(PALAIS.)**

7. GHERGHINOIOU (Maria Toma Ene), à Cotesti (Muscel). — Toile de chanvre. Echeveaux de chanvre. **(PALAIS.)**

8. ISTRAILU (Gheorghe S.), à Fruntiseni (Berlad). — Écheveaux de lin. **(PALAIS.)**

9. IORDARE (Ivanciu), à Berlad. — Bissac et musette en poils de chèvre. **(PALAIS.)**

10. MARINESCO (Ans.), à Gorgani (Muscel). — Toile de lin. **(PALAIS.)**

11. NOVAC (Maria), à Berlad. — Serviettes de lin. **(PALAIS.)**

12. PALADI (Elena), à Berlad. — Fils de lin. **(PALAIS.)**

13. POENAREANU (E. G.) à Poenari (Muscel). — Industrie domestique, essuie-mains, bissac en crin. **(PALAIS.)**

14. ROTARU (Maria C.) à Grôjdeni (Berlad). — Toile de chanvre. **(PALAIS.)**

RUSSIE.

1. **ALAFOUSOFF, (Jean J.)** à Kazan et à Saint-Pétersbourg, canal Catherine, 103. — Fils de lin. **(PALAIS.)**
   Filature et tissage mécaniques, à Kazan, avec une section pour la fabrication des toiles imperméables, bâches, sacs et autres objets pour l'armée. Récompenses : Aigle de l'Empire Russe, Médailles aux Expositions ; Londres 1862. — Vienne 1873. — Philadelphie 1876. — Paris 1878. — Amsterdam 1883. — Anvers 1885.

2. **DEMIDOFF (V. F.)**, à Viazniki (Gouvernement de Wladimir). — Toiles et fils de lin. **(PALAIS.)**

3. **IVANOFF (S. S.)**, Gouvernement de Smolensk. — Lin. **(PALAIS.)**

4. **RINDINE (J.)**, à Krolevetz (Gouvernement de Tchernigoff). — Tissus petits russiens. **(PALAIS.)**

5. **Société de la Manufacture linière Sidoroff (S.)**, à Jakovlev (Gouvernement de Kostroma). — Toiles. **(PALAIS.)**
   Fabrique fondée en 1845.

SAINT-MARIN.

1. **Commission du Gouvernement.** — Spécimens de toiles tissées à la main. **(PALAIS.)**

SALVADOR.

1. **PENA (Mme Teresa J. de)**, à San-Salvador. — Tissus de fil à la main. **(PARC.)**

SERBIE.

1. **BEGTCHUTCH (Nikola)**, à Alexandrovatz (dépᵗ de Krouschevatz). — Toile de chanvre. **(PALAIS.)**

2. **ITYTCH (Mme Marie N.)**, à Nisch. — Tissus divers ordinaires et à broderies fines. **(PALAIS.)**

3. **MARKOVITCH (Mme Stoyanka)**, à Belischevo (dépᵗ de Vragna). — Toile de chanvre. **(PALAIS.)**

4. **MILENKOVITCH (Mme Yovanka)**, à Tchatchak. — Tissu blanc brodé. **(PALAIS.)**

5. **MITITCH (Mme Stana N.)**, à Gortchinzi (dépᵗ de Pirot). — Toiles. **(PALAIS.)**

6. **SIMANOVITCH (Mme Katarina)**, à Smédérévo. — Pièce de toile et coton. **(PALAIS.)**

7. **STAMENKOVITCH (Stanoyko)**, à Zlatokop (dépᵗ de Pirot). — Toiles. **(PALAIS.)**

8. **SUBBTCH (Mme Vassilia)**, à Tchoupria. — Pièce de toile. **(PALAIS.)**

9. TCHEUMITCH (Mme Rosa A.), à Tchayetine (dép' d'Oujitze). — Toiles.
(PALAIS.)

10. TCHOUMITCH (Mme Pauline J.), à Tcheyetina (dép' d'Oujitze). — Toile.
(PALAIS.)

11. YÉRÉMITCH (Mme Oumiliana M.), à Tchayetina (dép' d'Oujitze). — Toiles.
(PALAIS.)

VÉNÉZUELA.

1. Commission de l'État des Andes. — Hamacs.
(PARC.)

GROUPE IV.

TISSUS, VÊTEMENTS ET ACCESSOIRES.

CLASSE 32.

Fils et tissus de laine peignée. Fils et tissus de laine cardée.

FRANCE.

1. **ADELIN NEVEU (Eugène)**, à Lisieux (Calvados). — Nouveauté tissée et imprimée. Draps et feutres blancs, dits Mulhouse. Cuir noir pour habillements.
(PALAIS.)

2. **ALBA LA SOURCE (Édouard) et PUECH (Armand)**, à Mazamet (Tarn). — Draperies, nouveautés pour hommes. (PALAIS.)

Récompenses : Exposition universelle de Paris 1878, Médaille d'or. — Exposition univer-selle internationale d'Amsterdam, 1888, Hors concours.

3. **ALLARD (Léon) & Cie, (Compagnie générale des Industries Textiles)**, à Roubaix (Nord), Grande Rue, 154. — Laines peignées. (PALAIS.)

4. **AMOS Frères et Cie**, à La Neuveville-lez-Raon (Vosges). — Chaussons et brodequins, dits de Strasbourg. Chaussons et brodequins fourrés et non fourrés. Arti-cles spéciaux pour fabricants de chaussures. (PALAIS.)

5. **ANTOINE (H. Charles A.)**, à Sedan (Ardennes). — Coupes de draperies diverses des articles pour hommes et pour dames ; tissus en laine cardée ; tissus pour confections pour hommes et enfants. (PALAIS.)

6. **BALSAN & Cie**, à Paris. — Tissus de laine cardée. (Draps militaires et autres). (PALAIS.)

7. **BARTHE (J. L. Eugène)**, à La Bastide-Rouairoux (Tarn). — Draperie nou-veauté. (PALAIS.)

8. **BELIN (Charles) et Cie**, à Fourmies (Nord). — Spécialité de fils et tissus mélangés, unis et fantaisies, teinture de laine peignée en bobines. (PALAIS.)

9. **BELLEST (E.) & Cie**, à Elbeuf (Seine-Inférieure). — Draps noirs et de cou-leur façonnés en toutes nuances, taupelines et zéphirs, uniformes pour officiers, cuirs pour livrées. (PALAIS.)

10. **BENOIST & Cie**, à Reims (Marne), rue Saint-Symphorien, 16. — Mérinos, tissus doublures, nouveautés pour robes. (PALAIS.)

11. BERJONNEAU-DEMAR., à Elbeuf (Seine-Inférieure). — Paletots et nouveautés.   **(PALAIS.)**

12. BERNE (Joseph M.), à Paris, rue de Cléry, 10. — Tissus nouveaux pour robes, modes et confections.   **(PALAIS.)**

Manufacture à Bohain (Picardie). Ancienne maison Wilmart. Médaille de bronze, Paris 1878.

13. BERNIER (Léon) & Cie, à Fourmies (Nord.)— Fils pour bonneterie et draperie, fil voile, fils mélangés laine, soie, coton, ramie, etc., fils floches pour laine à tricoter.   **(PALAIS.)**

14. BISSON SAVREUX & FROMONT, à Elbeuf (Seine-Inférieure). — Draps et nouveautés, pantalons et vêtements, cardés et peignés. Articles pour livrées, etc.   **(PALAIS.)**

15. BLAIS-MOUSSERON (Jean A.), à Paris, rue Croix-des-Petits-Champs, 50. — Tissus jerseys.   **(PALAIS.)**

16. BLAZY Frères, à Paris, rue Turbigo, 15. — Laines filées, écrues et teintes, Canevas. Tapisseries. Bonneterie de fantaisie.   **(PALAIS.)**

Filature. Teinture de laine et tissage de canevas à Yerres (S.-et-O.) Laines pour tapisseries, tricot, crochet, passementerie et fleurs. Angora. Mohair. Chenille. Principales marques déposées : Ste-Geneviève, Ste-Marthe, Henri II, Gobelins, Canadienne. Edredon BZ. F. Palmo, Siamoise Hygiénique. Soies. Canevas. Tapisseries de style (Voir classe 84). — Réc.: Méd. d'or, Paris 1878 ; Melbourne 1881 et 1888 ; Anvers 1885 ; H. C., membre du jury, Barcelone 1888.

17. BLIN & BLIN, à Elbeuf (Seine-Inférieure). — Draps unis et mélangés en tous genres pour civils, militaires, administrations, voitures, livrées, ameublements, robes et manteaux.   **(PALAIS.)**

Tissus peignés et cheviots.
Titulaires du gouvernement français pour l'habillement des troupes.
Récompenses :
Paris 1855, 1867 ; Londres 1862 ; Vienne 1873.
Exposition Paris 1878. Hors concours, membre du jury.

18. BLOCH (Justin), à Sedan (Ardennes). — Fils de laine, lisières, cachemire, vigogne, alpagas, poils de lapin, mohair, angora.   **(PALAIS.)**

19. BONNIER Jeune et Fils, à Vienne (Isère). — Draps imprimés, haute nouveauté, pour la confection des vêtements à bon marché.   **(PALAIS.)**

20. BOSSUAT & GAUDET, à Paris, rue du Sentier, 6. — Tissus laine et laine et soie.   **(PALAIS)**

Médaille d'argent, Paris 1867 ; Médaille de mérite, Vienne 1873 ; médaille d'or, Paris 1878.

21. BOUDIER (S.) & PÉTREQUIN, à Sainte-Colombe-lez-Vienne (Rhône). — Fils de laine cardée pour bonneterie, tissus et ameublements.   **(PALAIS.)**

22. BOUDOU Jeune, à Mazamet (Tarn). — Molletons, flanelles, saxonnes, langes, hermines, pilotes, etc. Blanc, couleur, mélangé et fantaisie.   **(PALAIS.)**

Hivonnait, représentant à St-Mandé, près Paris, avenue Quihou, 82.

23. BOULET (G.) & LECERF (H.), à Elbeuf (Seine-Inférieure). — Draperies nouveautés.   **(PALAIS.)**

24. BOURGEOIS Frères, à Paris, rue d'Aboukir, 53. — Châles brochés et nouveautés,.   **(PALAIS.)**

25. BOUSSUS (François J.), à Wignehies (Nord). — Mérinos, cachemire, châles armures, nouveautés, draperie et confections.   **(PALAIS.)**

Maison de vente : Paris, 3, rue d'Uzès ; Roubaix, 27, rue du Pays.
Récompenses obtenues :
Exposition universelle, Paris 1878, Médailles de bronze, d'argent, d'or et fait Chevalier de la Légion d'Honneur.
Exposition d'Amsterdam 1883, Médaille d'or.

26. BOUTEILLE (Jules), à Sedan (Ardennes). — Draperies et nouveautés.
(H. C.) (PALAIS.)

27. BOYARD (Charles), à Orléans (Loiret), rue des Onze-Curling, 36. — Couvertures de laine. Langes et molletons.
(H. C.) (PALAIS.)

28. BRÉANT (Eugène), à Paris, rue d'Aboukir, 60. — Châles brochés.
(PALAIS.)

29. BRÉGI-LABAUCHE & Fils, à Sedan (Ardennes). — Draps écarlates pour uniformes, livrées et pianos.
(PALAIS.)

30. BRETON (L.) & Fils, à Louviers (Eure), rue du Quai. — Draps et nouveautés en tous genres en laines fines et cheviottes cardées, pour pantalons et costumes complets.
(PALAIS.)

31. BROSSEL (Jean), à Vienne (Isère). — Laines effilochées lavées ; soies artificielles en bourre ou filée ; teinture et épaillage chimique.
(PALAIS.)

32. BUIRETTE-GAULARD (Eugène), à Suippes (Marne). — Laine peignée pour bonneterie et tissus. Teinture, blanchiment.
(PALAIS.)

33. BURDY (Jean), à Vienne (Isère), rue St-Martin, 10. — Fils de laine cardée.
(PALAIS.)

34. CANTHELOU (Albert), à Elbeuf (Seine-Inférieure). — Paletots et pardessus en tous genres, vêtements complets et pantalons au cardé, peigné et cheviotte.
(PALAIS.)

35. CARISSIMO (Florent et Henri), à Roubaix (Nord), rue Nain, 19. — Tissus lainages pour robes. Draperies confections. Tissus mélangés laine et soie.
(PALAIS.)

36. Chambre de Commerce de Roubaix, à Roubaix (Nord). — Tissus de tous genres et laines peignées et filées des industriels de Roubaix.
(PALAIS.)

37. Chambre de Commerce de Tourcoing, à Tourcoing (Nord). — Fils et tissus de laine peignée et cardée.
(PALAIS.)

38. CHEDVILLE (Désiré), à Saint-Pierre-lez-Elbeuf (Seine-Inférieure). — Fils de laine cardée, retors fantaisie soie et laine.
(PALAIS.)

39. CHEDVILLE & Cie, à Elbeuf (Seine-Inférieure). — Fils de laine peignée, retors et moulinés fantaisie.
(PALAIS.)

40. CLARENSON & LEBRUN, à Elbeuf (Seine-Inférieure), rue Saint-Jean, 63. — Draps, nouveautés, été, demi-saison, hiver.
(PALAIS.)

41. COINTEPAS-LANGLOIS & Fils, à Orléans (Loiret), rue Porte-Madeleine, 54. — Couvertures de laine, langes et molletons.
(H. C.) (PALAIS.)

42. COLLETTE Fils & MOUQUET (R.), à Paris, rue Saint-Denis, 52. — Laines filées en tout genre écrues et teintes. Laine pour mercerie, canevas.
(PALAIS.)

43. COLLIARD (Charles), à Paris, rue Martel, 6. — Mérinos, cachemire d'écosse, armures, fantaisie mousseline, barèges, grèges. Nouveautés et confections pour hommes et femmes.
(PALAIS.)

44. COMMUNEAU (Joseph) et DRIARD, à Beauvais (Oise). — Couvertures et molleton en laine.
(PALAIS.)

45. COIFFERANT (Albert), à Elbeuf (Seine-Inférieure). — Draps fins pour uniformes, billards et livrées.
(PALAIS.)

46. COUCHOT Jeune (Vve) et Fils, à Bar-le-Duc (Meuse). — Flanelles de santé irrétrécissables et tissus soie et laine, fantaisie pour chemiserie, lingerie, trousseaux, robes et costumes.
(PALAIS.)
Tissage mécanique et à la main, irrétrécissabilité garantie, brevet d'invention S. G. D. G.

47. CREPLET (E.), Jeune & JALOUX (J.), à Sedan (Ardennes), rue
Rovigo. — Draperie unie noire.   **(E. O.) (PALAIS.)**

48. CROS Frères, à Mazamet (Tarn). — Molletons et flanelles.
(E. O.) (PALAIS.)

49. DAUPHINOT Père et Fils, à Reims (Marne). — Tissus de laine unis et
fantaisie.   **(PALAIS.)**

> Maison fondée en 1810.
> Usine et maison de vente à Reims, (Marne).
> Agent à Paris M. A. Billot, 21, rue Bergère.
> Agents à New-York : MM. Russmann et Galland, 464, Broome street.
> Tissus de laine et de laine et soie haute nouveauté.
> Fantaisie pour robes et confections. Armurés blancs.
> Draps amazone. Draperies. Cachemires et Mérinos.
> Flanelles blanches et couleurs. Bolivards et Cretonnes etc.
> Récompenses aux Expositions universelles : Paris, 1855-1867. Londres,1862. Melbourne, 1880.
> Hors concours, membre du Jury aux Expositions universelles, Vienne, 1873. Paris, 1878.

50. DAVID et HUOT, à Paris, rue d'Aboukir, 14. — Fils et tissus de cachemire
pur ; fils de laine peignée écrus et teints.   **(PALAIS.)**

> Filature, retorderie et teinturerie de laines peignées, à Amiens, (Somme).
> Fils écrus et mélangés pour draperie et bonneterie, haute nouveauté.
> Retors laine, chaîne laine et soie.
> Fils cachemire de l'Inde. Vigogne et Chameau.

51. DAVID (Les Fils de), LABBEZ & Cie, à Saint-Gobert (Aisne). —
Fils de laine peignée, écrus et teints. Tissus mérinos, cachemires, châles, nouveautés.
(PALAIS.)

52. DECOT, BESTEL & BLANCHARD, à Sedan (Ardennes). — Draperie
fine.   **(PALAIS.)**

53. DEHAN & GRUBBEN, à Elbeuf (Seine-Inférieure), quai de Paris. — Déchets de laine et effilochages.   **(PALAIS.)**

54. DELAHAYE (Jules), à Wignehies (Nord). — Draperies et nouveautés en
tissus de laines peignées.   **(PALAIS.)**

55. DELOS Fils (Jules), à Lille (Nord), rue de Douai, 108. — Tissus industriels.
(PALAIS.)

> Tissus en général pour huileries et stéarineries, malfils, scourtins, étreindelles, serviettes
> algériennes, etc. Tissus en laine et coton pour sucreries et distilleries. Tissages, teintureries et
> apprêts, fils en laine, poils de chameaux, poils de chèvres, crin, etc, pour raccommodage.

56. DEMACHY (R.) & SEILLIÈRE, à Paris, rue de Provence, 58. — Draps
pour l'habillement des troupes françaises, et draps pour le commerce ; draps pour
armées étrangères.   **(PALAIS.)**

57. DESSE (L.), JONCQUOY & Cie, à Paris, rue de Cléry, 14. — Gazes,
grenadines, velours, damassés, voiles, lainages et tissus, hautes nouveautés.
(PALAIS.)

> Fabrique à Bohain (Aisne).
> Médaille d'argent à l'Exposition universelle de Paris 1878.

58. DIETSCH Frères, à Liepvre (Alsace). — Draperie, doublures, robes, tissus
pour manteaux de dames, tissus éponges.   **(PALAIS.)**

**59. DRAPERIE VIENNOISE (Exposition collective anonyme
de la),** à Vienne (Isère). — Etoffes en laine cardée et peignée pour vêtements
d'homme et de femme.   **(PALAIS.)**

> Collectivité des fabricants de Vienne (Isère), composée de MM. Blanc Aîné et Cie, Bonvier
> Frères, Brocard et Cie, J. Burle, F. Chuillat et Cie, Dumas et Cie, V. Dumas, Durieux Fils,
> Journet Jeune, L. Noir, L. Revol et Fils, Reymond Frères, Fils et Cie, M. Rivoire, J. B.
> Rousset, Seguin Aîné, Vaganay Frères.

60. DUCHÉ (Gabriel) & Cie, à Paris, rue du Sentier, 26. — Tissus haute nouveauté, laine, laine et soie. Gazes, grenadines, draperies pour confections. Vigogne, cachemire de l'Inde. **(PALAIS.)**

Fabriques à Ligny (Nord), et à Nurlu (Somme).

61. DUMORTIER-CUIGNET (Victor), à Roubaix (Nord), rue du Pays, 14. — Draperie haute nouveauté noir et couleur pour jaquettes. Confections de dames, satin de Chine nouveauté uni noir et couleur, tartan pour doublure. **(PALAIS.)**

Tissage et retordage de Tourcoing, manufacture de draperies, jacquettes et pantalous haute nouveauté, drap, confection pour dames, tartans pure laine et laines et coton pour doublures, satins de Chine unis et nouveauté. Récompenses aux Expositions : 1876, Philadelphie, méd. bronze. 1878. Paris, 2 méd. d'argent 1873, Vienne (Autriche) méd. de mérite. 1876, Philadelphie, méd. unique.

62. ELIE, FRANCHET & Cie, à Elbeuf (Seine-Inférieure), rue de Caudebec, 50. — Nouveautés fines. **(PALAIS.)**

Exposition universelle, Paris 1878, Médaille d'argent.

63. ESTRABAUD Fils (Jean), à Mazamet (Tarn). — Molletons et flanelles. **(E. C.) (PALAIS.)**

64. FLAMENT & Fils, à Fourmies (Nord). — Mérinos, cachemires, armures, nouveautés, fils en tous genres. **(PALAIS.)**

Ancienne Maison Flament et fils, fondée en 1844.
Récompenses : Médailles, 1867 Paris, 1878 Paris, 1883 Amsterdam.

65. FLAMENT (Charles) & Cie, à Fourmies. (Nord). — Mérinos, cachemires, armures, nouveautés. **(PALAIS.)**

Ancienne Maison Flament et Fils fondée en 1844.
Récompenses : Médailles, 1867 Paris ; 1878 Paris ; 1883 Amsterdam.

66. FLORIN (Auguste L.), à Roubaix (Nord), rue de la Fosse-aux-Chênes, 25. — Lainages écrus, mélangés et nouveautés pour robes et confections. **(PALAIS.)**

Médaille d'argent à l'Exposition universelle de 1878.

67. FORTIN (Eugène C.) à Clermont (Oise). — Feutres en tous genres. **(PALAIS.)**

Récompenses obtenues aux Expositions universelles internationales :
Londres 1851, Prize medal ; Vienne 1873, médaille de progrès ; Philadelphie 1876, trois médailles ; Paris 1878, médailles d'argent et de bronze.
Anvers 1885, médailles d'or et d'argent. Bruxelles 1888, diplôme d'honneur.

68. FRAENCKEL-BLIN, à Elbeuf (Seine-Inférieure), rue Camille-Raudoing. — Draperie. **(PALAIS.)**

69. FRANQUIN (Eugène), à Sedan (Ardennes). — Draps noirs et couleurs. Nouveautés. **(E. C.) (PALAIS.)**

70. FREDET-MAGNIN, à Gif (Seine-et-Oise). — Effilochages de laines, lavées et sans huile. **(PALAIS.)**

71. GALIBERT-MARTRAT (Frédéric), à Mazamet (Tarn). — Molletons et flanelles. **(PALAIS.)**

72. GALIBERT-MARTRAT (Frédéric), à Mazamet (Tarn). — Molletons et flanelles. **(E. C.) (PALAIS.)**

73. GAMOUNET-DEHOLLANDE fils (Léon), à Amiens (Somme), rue de la Vallée, 51. — Serge de Berri, satin de laine, turc, français. Lasting pour chaussures, corsets et équipements militaires. **(PALAIS.)**

Dépôt à Paris, 32, rue d'Aboukir.
Tissage mécanique, Serge de Berri, fabrication française, satin de laine, satin turc, satin français l'uxor, lasting, satin coton, etc. pour chaussures, corsets, équipements militaires.
Maison fondée en 1800. Premières Médailles aux Expositions universelles de Londres, Paris et Vienne.

74. GASSE Frères, à Elbeuf (Seine-Inférieure), rue du Cours, 64. — Nouveautés, paletots, draps pour uniformes, administrations et livrées. **(PALAIS.)**

75. GAU (J.) Fils Frères, à Mazamet (Tarn). — Molletons et flanelles.
(**E. C.**) (**PALAIS.**)

76. GAUCHE (Léon), à Lille (Nord), rue de Paris, 153. — Ouvrages concernant l'exportation et l'importation des fils de laine peignée ou cardée. (**PALAIS.**)

77. GAUCHERON à Orléans (Loiret). — Couvertures de laine, langes et molletons. (**PALAIS.**)

78. GAUCHERON-GREFFIER & Cie, à Orléans (Loiret), faubourg Madeleine. — Couvertures de laine, blanches, vertes et rouges. (**E. C.**) (**PALAIS.**)

79. GEOFFROY, CASTANET & Cie, à Elbeuf (Seine-Inférieure), rue du Cours, 43. — Nouveautés pour pantalons et vêtements complets. (**PALAIS.**)

80. GILBERT (T.), & PERRAULT Jeune, à Orléans (Loiret), faubourg Bannier, 18. — Couvertures de laine blanches et de couleur, langes et molletons.
(**E. C.**) (**PALAIS.**)

81. GODET Fils (J. B. Jules), à Sedan (Ardennes), rue St-Michel, 10. — Draperies et flanelles. (**E. C.**) (**PALAIS.**)

82. GOUJON & BOURGEOIS, à Elbeuf (Seine-Inférieure), rue de Caudebec, 35. — Draperies pour hommes et pour dames. (**PALAIS.**)

83. GRANDJEAN (A.) et Cie, à Reims (Marne), rue Ponsardin, 7. — Tissus peignés, draperies, flanelles, châles, mérinos, cachemires, fils de laine peignée.
(**PALAIS.**)

Ancienne Maison Croutelle, Rogelet, Gend et Grandjean, Maison fondée en 1852.
Bureau et Maison de Vente : 7, rue Ponsardin, Reims. Paris : Bureaux, 28, rue du Sentier.
Tissus Peignés : Cachemires, Mérinos, Châles et fantaisie pour Robes ,
Tissus Cardés : Bolivard, Flanelles blanches et Couleurs, Flanelles Jerseys, etc.
Draperies et Nouveautés en tous genres, Jerseys pour confections.
Articles pure laine, laine et soie, laine et coton, etc.
Filature et Tissages mécaniques à Saint-Souplet (Nord).
Récompenses obtenues depuis 1871 aux Expositions universelles :
Vienne, 1873 : Médaille de mérite.
Paris, 1878 : Médaille d'or. — Anvers, 1885 : Médaille d'or.

84. GREFFIER, à Orléans (Loiret). — Couvertures de laine, langes et molletons
(**PALAIS.**)

85. GRISAY (Adolphe), à Elbeuf (Seine-Inférieure). — Draps nouveautés, demi-saison et hiver, Elbeuf. (**PALAIS.**)

Fabrique de draps, nouveautés. Spécialité pour Exportation au Mexique et autres pays.

86. GRUBBEN (Guillaume) & Cie, à Paris, boulevard Saint-Martin, 17. — Cloches feutres, laine pour chapellerie. Tissage. (**PALAIS.**)

87. HAMELLE-DAVID (Néhémie J.) et Cie, à St-Quentin (Aisne). — Tissus divers et lainages fantaisie pour robe. (**PALAIS.**)

Filature et Tissage mécanique.
Récompenses aux Expositions universelles de Paris en 1867 et 1878.
Mention honorable en 1867.
Médaille d'argent en 1878.

88. HÉLOIN (Henri), à Paris, rue du Sentier, 34. — Tissus haute nouveauté pour robes et manteaux. (**PALAIS.**)

89. HÉRAIL Fils Jeune, à Mazamet (Tarn). — Molletons et flanelles.
(**E. C.**) (**PALAIS.**)

90. HIROUX (Jules) & DUPONT (Albert), à Avins-du-Nord (Nord). — Laines peignées et filées écrues et teintes, fils pour bonneterie, tissus, lainages, draperies fantaisie, cheviotte, limousine. (**PALAIS.**)

91. HOLDEN (Isaac) & Fils, à Croix, près Roubaix. — Laines peignées.
(PALAIS.)
Amsterdam 1883, Médaille d'or.

92. HOLDEN (Jonathan), à Reims (Marne). — Laines brutes et peignées, déchets. Modèle de carde avec application de l'appareil à échardonner. Système Harmel et Holden. (PALAIS.)

M. Jonathan Holden, Chevalier de la Légion d'Honneur. Maison à Bradford (Angleterre) où la raison sociale est Holden, Burnley et Cie.

93. HUBINET (Louis), à Glageon (Nord). — Fils de laine peignée. — (PALAIS.)

94. HUSSENOT Frères & CAEN (S.), à Paris, rue du Mail, 10. — Châles, fichus et tissus nouveautés. (PALAIS.)

Fabrique à Maretz (Nord) et Seloncourt (Aisne). — Médailles d'argent, Paris 1867, 1878. — Or, Amsterdam 1883. — Barcelone 1888.

95. IZART (Jean), à Mazamet (Tarn). — Molletons et flanelles. (E. C.) (PALAIS.)

96. KLEIN Fils aîné, à Sedan (Ardennes). — Draps, articles unis, noirs et couleurs, façonnés, peignés et cardés pour hommes et pour dames. (E. C.) (PALAIS.)

97. LARBEZ (Le Fils de David) & Cie, à Saint-Gobert (Aisne). — Tissus mérinos, cachemires et autres en laine peignée, armures, draperie légère pour dames, etc. (PALAIS.)

98. LAGACHE (Julien P. J.), à Roubaix (Nord), rue Pellart, 27. — Draperies pour hommes, gilets, confections pour dames, hautes nouveautés. (PALAIS.)

Maison fondée en 1830.
Récompenses obtenues aux Expositions :
1855 Paris, Médaille de 1re classe.
1862 Londres, Légion d'honneur.
1867 Paris, Médaille d'argent.
1878 Paris, Médaille d'or.
1883 Amsterdam, Médaille d'or.

99. LANGLOIS, à Orléans (Loiret). — Couvertures de laine, langes et molletons.
(PALAIS.)

100. LECALLIER (Vve) & Fils, à Elbeuf (Seine-Inférieure), rue de Caudebec, 17. — Draps fins pour officiers, pour uniformes, administrations, lycées, billards, draps pour chemins de fer. (PALAIS.)

101. LECLERCQ-DUPIRE à Roubaix (Nord). — Noirs, satins de Chine, béatrix, pachas, draps et lainages. (PALAIS.)

Maison fondée en 1848.
Tissages mécaniques, filatures continues, filature Mull-Jenny et teinturerie, à Wattrelos.
Spécialité de tissus pour doublures, satins de Chine noirs, couleurs et fantaisie, béatrix noires et fantaisie, draperie.
Robes, pachas noirs et couleurs, reps, cretonnes, anacostes, lainages unis et fantaisie, confections de dames.
Récompenses :
1867, Paris, Médaille d'argent.
1878, Paris, Médaille d'or.
1883, Amsterdam, Médaille d'or.

102. LECOMTE (Alfred) et Cie, à Sedan (Ardennes). — Draperies. (PALAIS.)

103. LECORNEUR & OLIVIER, à Elbeuf (Seine-Inférieure). — Draperies pour uniformes des armées de terre et de mer et administrations, draps pour billards.
(PALAIS.)

104. LEFEBVRE (Aimé) et Cie, à Elbeuf (Seine-Inférieure). — Draperies pour voitures, wagons, billards, administrations et toutes couleurs pour l'Algérie.
(PALAIS.)

105. LEGENDRE (L.), MAHIEUX et HENNEQUIN, à Paris, rue d'Uzès, 11. — Tissus pour robes et tissus jersey fantaisies. **(PALAIS.)**

106. LEGRIX Père et Fils et MAUREL, à Elbeuf (Seine-Inférieure), rue du Cours, 10. — Fils de laine cardée. **(PALAIS.)**

107. LEMAIRE & MENTION, à Paris, rue du Sentier, 8. — Tissus, haute nouveauté, pour robes, châles et confections fantaisies pour bals, châles et écharpes. **(PALAIS.)**

108. LEPAGE (Alfred), à Sedan (Ardennes), Faubourg de la Cassine, 4. — Draps et tauplines noirs. **(PALAIS.)**

109. LEPAGE (Alfred), à Sedan (Ardennes), faubourg de la Cassine, 4. — Draps et tauplines noirs. **(E. C.) (PALAIS.)**

110. LEPESQUÉUR (Samson), à Elbeuf (Seine-Inférieure), rue de la Barrière, 23. — Nouveauté 1/2 saison et hiver. **(PALAIS.)**

111. LESSER (S.) et GARNIER, à Bohain (Aisne). — Astrakans, peluches unies et façonnées en laine. **(PALAIS.)**

Imitation de fourrures. — Industrie étrangère introduite nouvellement en France par les exposants, seuls fabricants.

112. LEVENT, FRÉNOY, LUDWIG et Cie, à Paris, rue du Sentier, 6. — Châles brochés, tartans ; châles noirs unis et brodés ; fichus brodés ; tissus pour robes. **(PALAIS.)**

Successeurs des Maisons Bricout-Levent et Cie, Robert et Gosselin fils, H. Soyer et Cie.
Maison fondée en 1836 par Gosselin et Dumur. Manufactures à Origny Sainte-Benoîte (Aisne), à Maurois (Nord) et à St-Mihiel (Meuse). — Récompenses : 1855, Paris ; 1862, Londres ; 1867, Paris ; 1878, Paris, Médaille d'argent ; 1885, Anvers, deux Médailles d'or.

113. LEVENT (Camille), DEFLANDRE & CORTAILLOD, à Paris, rue du Sentier, 13. — Châles, écharpes, ceintures haute nouveauté, tissus de robes. Gaze pour modes et robes de bal. **(PALAIS.)**

Ancienne maison Théodore Lemaire, fabrique à Bohain (Aisne). Méd. de bronze, Paris 1878.

114. LONGEON-MUTEL, à Lisieux (Calvados). — Draperies, nouveautés, tissées et imprimées, draperies unies toutes nuances, bleu pur indigo. **(PALAIS.)**

Fournitures pour Administrations Civiles et Militaires.
Fournitures pour Lycées et Collèges, Chemins de Fer.
Draps noirs, Molletons en tous genres, Ratinés, Frisés, Ondulés.
Bureaux de Représentation à Paris.
Nouveautés tissées et imprimées. — Nouveautés tissées et unies.
Monsieur Suzanne, 109, boulevard Beaumarchais.
Monsieur Maisis, 8, rue de Lille.
Exportation.
Monsieur Lebourg, 26, rue Meslay.
Monsieur Schwob, 70, rue Montmartre.

115. LUDET (Henry N.), à Sedan (Ardennes), rue de Rovigo, 26. — Draps et nouveautés. **(PALAIS.)**

116. LUDET (Henry N.), à Sedan (Ardennes), rue de Rovigo, 26. — Draps et nouveautés. **(E. C.) (PALAIS.)**

117. MAISTRE (J. J. P. Jules), à Villeneuvette (Hérault). — Draps de troupe, d'exportation et d'intérieur, draps pour administration, flanelles et couvertures, draps imperméabilisés. **(PALAIS.)**

Manufacture fondée par Colbert en 1666.
Fournisseurs des administrations de la Guerre, de la Marine, de la Banque de France, et autres.
Draps, Flanelles, Molletons et couvertures pour l'intérieur et l'exportation. Imperméabilisation, procédé breveté s. g. d. g.

118. Manufacture de la Roche Sous-Montigny, Directeur : **Godchaux,** à Paris, rue de Provence, 58. — Draperies, nouveautés et molletons.

119. MARCILLET (L. Georges), à Sedan (Ardennes). — Draps. **(PALAIS.)**

120. MARCILLET (L. Georges), à Sedan (Ardennes). — Draps. **(E. C.) (PALAIS.)**

121. MARÉCHALLAT & MERCIER à Cours (Rhône). — Couvertures et molletons, déchets de laine et coton, imprimées algériennes et voyage. **(PALAIS.)**
Représentant : G. Morin, 10, rue Boucher, à Paris.
Exportation A. Poncelet, 20, passage des Petites-Ecuries.

122. MARTEAU Frères et Cie, à Reims (Marne), rue des Romains, 153. — Filature et retordage de laine peignée. **(PALAIS.)**
Maison fondée en 1873.
Fils de laine peignée en tous genres pour mérinos.
Cachemires, draperie, haute nouveauté.
Bonneterie.
Fils simples et retors, écrus, mélangés et fantaisie.
Dépôt à Paris :
Poiré, 68, rue d'Aboukir.
Récompenses :
Médaille d'argent : Paris 1878.
Médaille d'or : Anvers, 1885.

123. MARTINEL Frères, à Mazamet (Tarn). — Draperies, nouveautés. **(PALAIS.)**

124. MASSE (Paul), à Corbie (Somme). — Fils simples et retors en laine, cachemire, mohair, etc, fils mélangés et fantaisie pour tissus haute nouveauté. **(PALAIS.)**
Fils pour bonneterie en tous genres.
Spécialité de chaîne, laine et soie et de fils gazés fins.
Prize medal, Londres 1862.
Médaille d'argent, Paris 1867 ; Médaille d'or, Anvers 1885.

125. MASUREL Frères (François), à Tourcoing (Nord). — Laine peignée, spécialité de retors. **(PALAIS.)**

126. MAZAMET (Exposition collective des Fabricants de la Ville de), à Mazamet. — Molletons et flanelles. **(PALAIS.)**

Cros Frères.	Gau Fils Frères (J.).	Prat (F.).
Estrabaud Fils.	Hérail Fils Jeune.	Rives Fils.
Galibert-Martrat (F.).	Izart (J.).	

127. MÉLY Père & Fils, à Mende (Lozère). — Serges, oscots, anacostes, mérinos, casimirs lisses et croisés, burats, nouveautés peignées, cheviotes unies et fantaisies cheviotes imperméables pour chasse, flanelles irrétrécissables, laines filées. **(PALAIS.)**
Dégraissage de laine cardée mixte, système breveté S. G. D. G., en France et à l'Etranger.
Dégraissage à fond, fixage et lissage d'étoffes système brev. S.G.D.G. en France et à l'Etranger.
Décortissage d'étoffes par un nouveau système breveté S. G. D. G. en France et à l'étranger.
Exposition universelle de Paris 1867, Mention honorable et Médaille de bronze.
Maison fondée en 1794.
Dépôt à Paris, 20, passage Colbert et à Lyon, 11, rue Lainerie.
Comptoir Amérique du Nord.

128. MEYER (Emile), à Sedan (Ardennes). — Tissus, draperie en tous genres. **(E. C.) (PALAIS.)**

129. MICHAU (Th.) & Cie, à Paris, rue du faubourg Poissonnière, 9. — Tissus de laine en tous genres. **(PALAIS.)**
Peignage, filature et tissage mécanique, à Beauvais (Nord).

130. MICHEL & BUREAU Fils, à Paris, rue de Cléry, 42. — Tissus, haute nouveauté en laine, laine et soie, gazes grenadines, crêpes, étamines, voiles, etc.
(**PALAIS.**)

Maison fondée en 1857.
Récompenses :
Médaille de bronze, Exposition Paris 1867.
Médaille d'or, Exposition Paris 1878.
Haute fantaisie pour robes et confections.
Fabrique à Oigny-Ste-Benoîte (Aisne).
    »   à Maretz (Nord).
    »   à Transloy (Pas-de-Calais).

131. MOMMERS (Chrétien) & Cie, à Lisieux (Calvados). — Nouveautés genre Elbeuf.
(**PALAIS.**)

Nouveautés, genre Elbœuf. — Récompenses aux Expositions universelles. — Paris 1878, Médaille d'argent. — Amsterdam 1883, Diplôme d'honneur.

132. MONTAGNAC (E. de) et Fils (Directeur propriétaire : **Lucien de Montagnac**), à Sedan (Ardennes). — Draperies, hautes nouveautés, pour hommes et dames, velours dit : velours Montagnac.
(**PALAIS.**)

Médaille d'honneur, Paris 1855.
Prize medal, Londres 1862.
Hors concours, Paris 1867. Hors concours, Exposition universelle, Paris 1878
Médaille d'or, Exposition d'Anvers 1885.
Etoffes velours, apprêts de velours, brevetés.

133. MOTTE (Alfred) et Cie, à Roubaix (Nord), rue d'Avelghem, 60. — Laines peignées en bobine, laines brutes en suint, blousses provenant de ces laines. (**PALAIS.**)

134. MOUSSET (Alexandre), à Sedan (Ardennes). — Tissus en laine peignée.
(**E. C.**) (**PALAIS.**)

135. NAUDE (J. Dominique), à Paris, rue des Jeûneurs, 23. — Tissus fantaisies nouveautés, tissus lainages, mérinos, cachemire d'Ecosse.
(**PALAIS.**)

Tissage mécanique à Reims ; Médaille argent, Paris 1878 ; Médaille or, Amsterdam 1883.

136. NIQUET (Ernest), à Reims (Marne). — Spécialité de fils fins.
(**PALAIS.**)

137. NIVERT (E.) & BOULET (E.), à Elbeuf (Seine-Inférieure). — Nouveautés en tous genres. Draps unis pour Administrations, Pensions, Livrées, etc.
(**PALAIS.**)

Fournisseurs des Administrations des Douanes, des Forêts (France et Algérie), des Chemins de Fer de l'Etat etc. — Usines à vapeur : Teinture, Filature, Tissage Mécanique, Foulons et Apprêts. — Agence à Londres. — Récompenses aux Expositions universelles : Paris 1867, Médaille de bronze. — Vienne (Autriche) 1873, Diplôme d'Honneur (Exp. coll.). — Paris, 1878, Méd. d'arg. — Amsterdam 1883, Méd. d'or. — Anvers 1885, Diplôme d'honneur (exp. coll.).

138. NOIROT JANSON et Cie, Ancienne Maison **F. Lelarge,** à Reims (Marne). — Tissus peignés et cardés.
(**PALAIS.**)

Agent à Paris : M. Wartel, boul⁴ Magenta, 151. — Filature et tissage mécaniques à Reims et Boult s/-Suippe. — Flanelles croisées blanches et couleur. — Spécialité de flanelles pour impression et pour l'exportation. — Flanelles castres et flanelles à poils pour chaussures. — Flanelles lisses en tous genres. — Bolivards blancs et bolivards toile. Bolivards de Dames, Crétonnes, Moletons renforcés. Mousselines, Oxfords et flanelles fantaisie. Hautes nouveautés pour confections et costumes. — Peaux d'agneau unies et fantaisie. Armurés blancs. Armurés laine et soie. Vigognes. Robes de chambre. Velours. Molletons blancs, unis et fantaisie. — Tartans et doublures. Gaufrés. — Couvertures extra, blanches et fantaisie. — Tissus jersey.
Récompenses : Paris 1855, Médaille de 1re classe ; Paris 1867, Médaille d'or ; Vienne 1873, Médaille de progrès et Croix de la Légion d'honneur ; Paris 1878, rappel rappel de médaille d'or.

139. NOUVION-JACQUET (Auguste L. C.), à Reims (Marne) rue des Cordeliers, 30. — Flanelles couleurs, blanches, ceintures, molletons, cachemire, mérinos, draps, cheviotte, brésiliennes, satin de Chine. Flanelle électrique brevetée.   **(PALAIS.)**

Anciennes maisons Daniel Louis et Nouvion (fondée en 1833). — J. Jacquet (fondée en 1848). Mention honorable à l'Exposition universelle de 1855. (Participation aux Expos. collectives). Établissement Mécanique à Pontfaverger (Marne). Spécialité de flanelles couleurs pour l'exportation, flanelles blanches, satins de Chine, robes, anacostes, mérinos, cachemires, draps pour confection, doublures, draperies religieuses.
Tissage à Solesmes (Nord).
Tissus fantaisie, spécialité d'oxford laine pour chemise. — Tissage à Reims (Marne).
Nouveautés en tous genres.
Tissage à Sedan (Ardennes). — Taupeline et satin noir.

140. OLIVIER (Philogène), à Elbeuf (Seine-Inférieure), rue Robert, 2. — Articles été, demi-saison et hiver pour pantalons et complets.   **(PALAIS.)**

141. OLOMBEL (P. Philippe), à Mazamet (Tarn). — Draperies et lainages.   **(PALAIS.)**

Prize-medel Londres 1862. — Médaille d'or, Paris 1878.
Maison à Buenos-Ayres, pour l'achat des laines.

142. ORLÉANS (Exposition collective des Fabricants de couvertures de la Ville d'), à Orléans (Loiret).   **(PALAIS.)**

Boyard (C.).	Gilbert (T.) & Perrault Jeune.	Proust & Bertrand.
Cointepas - Langlois & Fils.	Pepin-Veillard & Perrin.	Rime & Renard.
Gaucheron - Greffier & Cⁱᵉ.	Pesle & Ponroy Frères.	

143. PASCAL-VALLUIT & Cie, à Vienne (Isère). — Draps imprimés hiver, hiver léger, mi-saison.   **(PALAIS.)**

Maison fondée en 1856.
Spécialité d'articles fond noir, dits Bulgares ou non-pareils. Draps fantaisie, Burels, Waters noirs, bleus, etc.
Deux établissements occupant plus de vingt mille mètres carrés, actionnés par deux machines à vapeur de la force de 350 chevaux.
Vastes ateliers d'effilochage, de cardage, de filature par métiers renvideurs, de tissage (composés de cent dix métiers mécaniques à grande vitesse pour l'uni et la nouveauté), de foulonnage de teinture, d'impressions et gravure, de séchage par rameuses à vapeur, d'apprêts avec tondeuses doubles et presses hydrauliques, laboratoire de chimie.
Outillage entièrement mécanique.

144. PATÉ Frères, à Neuflize (Ardennes). — Mérinos fins et extra-fins.   **(PALAIS.)**

145. PEPIN-VEILLARD (Alfred) & PERRIN (Edmond), à Orléans (Loiret), faubourg Madeleine, 4. — Couvertures de laine pour lits.   **(E. C.) (PALAIS.)**

148. PECQUIN (Léon), à Hucheloup (Vendée). — Laine filées en gras, renaissances filées en gras, laines filées à sec, renaissances filées à sec.   **(PALAIS.)**

147. PESLE & PONROY Frères, à Orléans (Loiret), rue du faubourg-Madeleine. — Couvertures de laine, blanches, vertes, rouges, molletons, langes.   **.(PALAIS.)**

148. PESLE & PONROY Frères, à Orléans (Loiret), Belle-Rue-St-Laurent. — Couvertures de laine, blanches, vertes et rouges. Molletons, langes.   **(E. C.) (PALAIS.)**

149. PINON & GUÉRIN, à Reims (Marne). — Draperie de la fabrique de Reims.   **(PALAIS.)**

Maisons de vente à Paris, 18, rue Vivienne et à Londres, 17, Wattingt street E. C. Maison fondée en 1857. Manufacture de draperie, haute nouveauté pour hommes et pour dames. Tissage mécanique. Récompenses : Médailles or collective et bronze. Exposition 1867 ; Progrès Vienne 1873 ; or, Philadelphie 1876 ; or, Paris 1878 ; or, Sydney 1879 ; or, et diplôme d'honneur. Melbourne 1880 ; or, Amsterdam 1883.

150. POIRET Frères et Neveu, à Paris, boulevard Sébastopol, 27. — Laines peignées et laines filées.
(PALAIS.)

Peignages et filatures de laines, à St-Epin (Oise), et à Saleux (Somme).
Laines écrues et teintes pour bonneterie de fantaisie, broderies, tapisseries, pour tricoter et pour crochet.
Récompenses : croix de la légion d'honneur.
1855 Paris ; 1862 Londres.
1867 Paris, médaille d'argent.
1878 Paris, 2 médailles d'or.
Amsterdam 1882, diplôme d'honneur.
Anvers 1885, grand prix, diplôme d'honneur, deux médailles d'or. Barcelone 1888, médaille d'or.
Voir classes 30, 34, 46.

151. POLLET (César et Joseph), à Roubaix (Nord). — Lainages unis et fantaisie, nouveautés, beiges et couleurs mélangées pour robes. Draperies pour hommes et dames.
(PALAIS.)

Médailles. Argent, Paris 1867. — Mérite, Vienne 1873. Or, Paris 1878.

152. POUILLOT (Jules), à Reims (Marne). — Laines peignées, flanelles croisées et lisses, blanches et couleurs, mousselines, bolivards cretonnes, oxfords et flanelles fantaisie. Tartans.
(PALAIS.)

Peignage et filature de laines peignées.
Tissage mécanique.
Flanelles blanches et couleurs.
Bolivards cretonne.
Bolivards blancs et couleurs.
Mousseline.
Oxfords et flanelle fantaisie.
Molletons unis et fantaisie. Peignoirs, tartans et doublures. Lainages divers.
Mérinos et cachemire d'Ecosse.
Serges, escots et autres tissus en laine peignée, ou en laine cardée pour communautés.

153. PRAT (Frédéric), à Mazamet (Tarn). — Molletons et flanelles.
(E. C.) (PALAIS.)

154. PRINVAULT Frères (Ancienne Maison) **Prinvault Reynal**, successeur, à Elbœuf (Seine-Inférieure). — Draperie haute nouveauté.
(PALAIS.)

Exposition universelle de 1878 ; Médaille d'or.

155. PROUST & BERTRAND, à Orléans (Loiret). — Couvertures de laine et molletons
(PALAIS.)

156. PROUST & BERTRAND, à Orléans (Loiret). — Couvertures de laine et molletons.
(E. C.) (PALAIS.)

157. REYREL (J. Ernest) et Cie, à Paris, rue du Sentier, 35. — Velours Jacquard, grenadines et tissus de haute nouveauté.
(PALAIS.)

Manufacturiers à Paris, 10, rue St-Fiacre, et Fabrique à Elincourt (Nord).
Médailles : Expositions Paris 1867. — Vienne 1873.
Médaille d'or, Paris 1878.

158. RICHARD (Jules), à Elbeuf (Seine-Inférieure). — Nouveautés hiver, demi-saison et été.
(PALAIS.)

159. RIME & RENARD, à Orléans (Loiret), faubourg de la Madeleine. — Couvertures de laine, langes molletons et sous-nappes.
(PALAIS.)

160. RIME & RENARD, à Orléans (Loiret), faubourg de la Madeleine, 2. — Couvertures de laine, langes et molletons.
(E. C.) (PALAIS.)

161. RIVES Fils (Jacques), à Mazamet (Tarn). — Molletons et flanelles.
(E. C.) (PALAIS.)

162. RIVES Fils (J. Charles), à Mazamet (Tarn). — Flanelle.
(PALAIS.)

163¶ ROBERT (Auguste) & Fils, à Sedan (Ardennes). — Manufacture de draps fins, unis et façonnés.   **(PALAIS.)**

Récompenses : Médailles 1re classe 1855, 1867, or 1878, or Amsterdam 1883. Diplôme d'honneur. Anvers 1885. Hors concours, Barcelone. Membre du Jury, Amsterdam et Barcelone

164. ROUBAIX (Exposition collective anonyme de la Ville de), à Roubaix (Nord). — Tissus.   **(PALAIS.)**

165. ROUSSEAU (Jules), à Sedan (Ardennes). — Draps de dames, amazones, zibelines, moscowas, draps, fourrures.   **(PALAIS.)**

166. ROUSSEL (P. François J.) Père et fils, à Roubaix (Nord), rue Nain, 32. — Tissus nouveautés, lainages et fantaisies pour robes.   **(PALAIS.)**

Maison fondée en 1847. — Médaille de bronze à l'Exposition universelle de Paris 1855; Médaille d'argent, Paris 1867 et Paris 1878.

167. SAVOY (J.) et Cie, à Paris, rue du Cirque, 4. — Fils de laine cardée en bobines et en écheveaux.   **(PALAIS.)**

168. SCHWARTZ et Cie, à Valdoie, (Territoire de Belfort). — Laines cardées, peignées, fils de laine cardée et peignée.   **(PALAIS.)**

169. SEDAN (Exposition collective des Fabricants de draps de la Ville de), à Sedan (Ardennes). — Draperie noire et de couleur.   **(PALAIS.)**

BOUTEILLIÉ (J.).	FRANQUIN (E.).	MEYER (E.).
BRÉGI-LABAUCHE & Fils.	GODET Fils (J.).	MOUSSET (A.)
CREPLET (E.) Jeune & JALOUX (J.).	KLEIN Fils Aîné.	
DECOT, BESTEL & BLAN- CHARD.	LEPAGE (A.).	
	LUDET (H.).	
	MARCILLET (G.).	

170. SEYDOUX, SIEBER et Cie, à Paris, rue de Paradis, 23. — Tissus pour robes, flanelles, tissus pour confection, draperie, satin de Chine, châles et nouveautés.   **(PALAIS.)**

Peignage, filature et retordage de laine peignée.
Tissages mécaniqus et à bras d'articles de laine peignée, laine cardée, mélangés, draperies, nouveautés.
Récompenses : Londres, 1851, médaille du Concile.
Paris, 1855, grande médaille d'honneur.
Londres, 1862, seule grande médaille. — Paris, 1867, hors concours (M. Charles Seydoux, membre du Jury). — Philadelphie, 1876, diplôme et médaille.
Paris, 1878, seule grande médaille d'honneur.
Melbourne, 1880, diplôme de premier ordre.
Amsterdam, 1883, diplôme d'honneur.

171. Société anonyme des tissus de laine des Vosges, Administrateur : **Marteau,** au Thillot (Vosges). — Tissus de laine peignée et cardée pour robes, draperies.   **(PALAIS.)**

172. Société du Commerce et de l'Industrie lainière de la région de Fourmies, à Fourmies (Nord). — Fils et tissus de laine peignée.   **(PALAIS.)**

Nouveautés, documents, statistiques, travaux des ouvriers. Élèves de l'Ecole de peignage, filature, tissage et dessin.
Récompenses : Diplôme d'honneur, Exposition 1878. Déclarée d'utilité publique par décret du 2 juillet 1886.

173. STACKLER (Ch. L. Joseph), à Sedan (Ardennes). — Draperie en tous genres.   **(PALAIS.)**

Paris 1878, argent. — Anvers 1885, Membre du Jury. — Barcelone 1888, C. or.

174. STAVAUX (Clovis), à Sains-du-Nord (Nord). — Laines brutes, peignées et filées, tissus en tous genres.   **(PALAIS.)**

Maisons de vente ; à Paris, 1, rue d'Hauteville, à Roubaix (Nord), et à Buenos-Ayres.
Médailles : argent, Paris 1878, Mention, Melbourne 1880, or, Amsterdam 1883, or, Anvers, 1885.

175. TABOURIER, BISSON & Cie, à Paris, rue d'Aboukir, 6. — Tissus de pure laine, laine et soie, coton et soie. **(PALAIS.)**

176. TANQUART, DUGUÉ, PÉNICAUD et Cie, à Paris, rue d'Uzès, 19. — Tissus, hautes nouveautés, pour robes, lainages écrus et châles. **(PALAIS.)**

177. TERNYNCK Frères, à Roubaix (Nord). — Draperie peignée, cheviotte satin de Chine noir, couleur, armures pour vêtements ecclésiastiques, lainage robe unie, armure et fantaisie. **(PALAIS.)**

Filature de laine peignée et Tissage Mécanique, Roubaix, 74, rue Fosse-aux-Chênes; Établissements, rue du Nouveau-Monde, rue du Collège et rue du Fontenoy.

Maison fondée en 1835.

Médaille d'argent, Paris 1855 (Il n'a pas été donné de Médaille d'or). Méd. d'or, Paris 1867.

10128 Broches à filer, self acting. — 1600 Broches continues à retordre. — 530 Métiers à tisser, Mécaniques.

Draperie peignée pour Hommes et Dames. — Articles pour Confections.

Spécialité de Cheviotte. — Satin de Chine noir et couleur.

Armure pour Vêtements Ecclésiastiques. — Lainage robe uni, armure et fantaisie.

Foulés, peignés en tous genres. — Lainage mélangé et teint en pièces.

178. TOURCOING (Exposition collective anonyme de la Ville de), à Tourcoing (Nord). — Tissus. **(PALAIS.)**

179. TOURNIER (Jules) et Fils, à Mazamet (Tarn). — Molleton de laine, filature et tissage mécanique. **(PALAIS.)**

Médaille d'argent, Paris 1878.

Médaille d'or collective, Amsterdam 1883.

180. TROTRY & TROTRY-LATOUCHE Fils (E.), à Paris, rue Turbigo, 3. — Feutres en tous genres. Applications diverses. **(PALAIS.)**

Etoffes feutrées tout laine, pour chemins de fer, tramways, chaussures, flanelles, doublures, semelles, confections, ameublements, literie, etc. etc. Spécialité de feutre blanc.

Fabrique à Rueil (Seine-et-Oise).

Médailles de bronze et d'argent aux Expositions universelles de Paris 1855, 1867, 1878.

181. VAILLANT & Vve PRUVOT, à Cambrai (Nord). — Mousselines, crépons, serges, cachemires, batistes de laine et tous tissus lainages légers, tissus imprimés, tissus laine et soie, laine et coton. **(PALAIS.)**

Paris, 6, rue des Jeûneurs. — Roubaix, 9, rue du Grand Chemin.

Exposition universelle de Melbourne 1881, Médaille d'or. — Exposition universelle d'Anvers 1885, Médaille d'or et Médaille d'argent.

182. VALENTIN (C.), GOULLEY & SPÉMENT, à Paris, rue du Canal-Saint-Martin, 20. — Déchets de laines, bruts et travaillés, effilochages de laine. **(PALAIS.)**

183. VILOQ (Auguste) & Fils, à Louviers (Eure). — Draperie, peigné et cardé. **(PALAIS.)**

184. VITALIS Frères à Lodève (Hérault). — Draps pour les troupes de terre et de mer, molletons, couvertures de harnachement. **(PALAIS.)**

Fournisseurs de l'Armée et de la Marine. — Médailles de bronze, Paris 1855. — Médaille bronze E. C., Paris 1867.

185. VOISIN (Jules), à Elbeuf (Seine-Inférieure). — Déchets de laines, laines artificielles, effilochages de laines. **(PALAIS.)**

186. VOIGT (Em.), à Wasquehal (Nord). — Fils cardés et demi-peignés, laine pure, et mélangés de coton, couleur et écru. **(PALAIS.)**

Filature de cardé et de demi-peigné.

Teinturerie.

Spécialité d'un nouveau genre demi-peigné en pure laine et laine et coton en écru, mélangés et unis pour bonneterie et tissage.

Fils cardés, filés à sec et en gras en laine « *laine normale de santé, genre Jæger* » et en laine et coton, vigogne et mérinos anglais.

Fils fantaisie en laine, soie et coton.

Teinturerie en laine brute nuancés grand teint.

187. VOOS (J. J.), à Paris, rue de Turenne, 39. — Etoffes de feutre pour vêtements et chaussures, feutres pour les sciences et l'industrie. **(PALAIS.)**

Récompense: Amsterdam 1883.

188. WALBAUM (A.) Père & Fils & DESMAREST (C.), à Reims,
(Marne). — Draps, confections, robes et flanelles. **(PALAIS.)**

189. ZIMMERMANN & BERGER, à Vire (Calvados). — Tissus de laine
cardée. **(PALAIS.)**

COLONIES.

ALGÉRIE.

1. ABDELKADER OULD ABDICH CAID, au Douar Oulad Daoud-
Taouma (Oran). — Sac tapis algérien. **(ESPLANADE.)**

2. AHMED ben Dris, à Tlemcen, Sidi El Halom (Oran).— Couvertures de laine.
 (ESPLANADE.)

3. BONAND (Adolphe de), à Oued El Aleug (Alger). — Tissus indigènes de
laine de métis shrosphire. **(ESPLANADE.)**

4. BOUSAADA (L'Administrateur de la Commune indigène de) , à Bousââda
(Alger). — Tissu de laine et poil de chèvre pour tentes et sacs. **(ESPLANADE.)**

5. CAYROL, à Dellys (Alger). — Tissus indigènes. **(ESPLANADE.)**

6. CHÉRIF ben Halla, à El Maïn, Commune mixte du Biban (Constantine). —
Couverture. **(ESPLANADE.)**

7. EL HADJ BOUDYA, à Tlemcen, quartier Bab et Djeied. — Couverture de
cheval, dite Djellel. **(ESPLANADE.)**

8. EL HADJ ZIGHEM ben Ahmed, à Zenima, Cercle de Djelfa (Alger). —
Couverture de cheval. **(ESPLANADE.)**

9. MÉQUESSE (Louis), à Barika (Constantine). — Couverture de cheval.
 (ESPLANADE.)

10. MAGNE (Emile), à Oran, rue Haute-d'Orléans. — Couvertures de Tlemcen.
 (ESPLANADE.)

11. MANSOUR ben Abdelkader, aux Ouled-Bessem, Commune de l'Ouarsenis (Alger). — Couverture de cheval. **(ESPLANADE.)**

12 LGRIFA ben Mohamed, aux Beni Salah (Constantine). — Laine cardée.
 (ESPLANADE.)

13. MESGUICHE, à Paris boulevard Poissonnière, 14. — Tissus de laine.
 (ESPLANADE.)

14. MOHAMED ben Taieb ben Kouïder, à Bousââda (Alger).— Laine filée
et teinte par les procédés du pays. **(ESPLANADE.)**

15. MUSTAPHA DJEBBAR KHODJA, à Palikao (Oran). — Couverture
arabe de la fabrication de Tlemcen. **(ESPLANADE.)**

16. SI EL HADJ BOU HAFS ben Mansour ben Abid, à Zémora
(Constantine), Commune mixte de Bibans. — Couverture arabe. **(ESPLANADE.)**

17. SLIMAN ben Amar, aux Ouled Barka (Alger), Commune mixte d'Aumale — Couverture de cheval. . . . . (ESPLANADE.)

18. ZAROUK MOHAMED CHÉRIF, à Batna (Constantine).— Couverture arabe en laine. (ESPLANADE.)

NOUVELLE CALÉDONIE.

1. BALLANDE & Fils (L.), à Nouméa. — Laine. (ESPLANADE.)

RÉUNION.

1. DÉFAUT (Jules), à Entre-Deux. — Laine. (ESPLANADE.)

SÉNÉGAL.

1. AMAR SOLEUM, Roi des **Maures Trarza.** — Pelottes en poil de mouton filé. (ESPLANADE.)

2. Exposition permanente des Colonies, à Paris. — Tapis maures en laine. (ESPLANADE.)

PAYS DE PROTECTORAT:

TUNISIE.

1. Comité de l'Exposition tunisienne. — Couvertures de laine. (ESPLANADE.)

PAYS ÉTRANGERS.

RÉPUBLIQUE ARGENTINE.

1. **CARDOZO (L.)**, à Salta. — Poncho en laine. (PARC.)

2. **Commission auxiliaire**, à Catamarca. — Couverture, dessus de lit, châles, etc. (PARC.)

3. **Commission auxiliaire**, à Cordoba (Tuluniba Saint-Alberto). — Tissus en laine. (PARC.)

4. **Commission auxiliaire**, à Corrientes. — Couverture en laine. (PARC.)

5. **Commission auxiliaire**, à Formosa. — Laine filée par les sauvages. (PARC.)

6. **Commission auxiliaire**, à Rosario-de-Lerma (Salta). — Couvertures. Bobine de fils de laine, corde de laine., (PARC.)

7. **Commission auxiliaire**, à Salta. — Couverture, dessus de lit en vigogne. (PARC.)

8. **Commission auxiliaire**, à San-Carlos (Salta). — Couvertures, drap tissé. (PARC.)

9. **Commission auxiliaire**, à San-Rafael (Mendoza). — Fils de laine de Guanaco. (PARC.)

10. **Commission auxiliaire**, à Santiago-del-Estero. — Couvertures en laine, laine pour tissage, tissus en laine. (PARC.)

11. **Commission auxiliaire**, à Jujuy. — Tissus en laine. (PARC.)

12. **Commission auxiliaire**, à Tucuman. — Poncho de vigogne. (PARC.)

13. **CORNEJO (Pierre M.)**, à Molinos (Salta). — Poncho en vigogne. (PARC.)

14. **DIEZ & QUEVEDO**, à Salta. — Poncho. (PARC.)

15. **ESPINOZA (I)**, à Salta. — Poncho. (PARC.)

16. **FERNANDEZ (Mme Clothilde)**, à Goya (Corrientes). — Drap. (PARC.)

17. **FERRUERA (Jeanne)**, à Empedrado (Corrientes). — C.. isc (PARC.)

18. **GRAILADA (Joseph)**, à Formosa. — Poncho et ceintures de laine. (PARC.)

19. **ISAMUNDI (Richard)**, à Salta. — Poncho en vigogne. (PARC.)

20. **LUCA (Mme Rose)**, à Général-Acha (Pampa Centrale). — Tissus en laine. (PARC.)

21. **MALBRAN (Manuel)**, à Andalgala (Catamarca). — Châle de vigogne. (PARC.)

22. **MIRELLI (Mme G.)**, à San-Roque (Corrientes). — Draps. (PARC.)

23. **MONTELLANES (J. I.)**, à Salta. — Poncho en vigogne. (PARC.)

24. **MORJONI (Henri)**, à Salta. — Poncho en vigogne. (PARC.)

25. **PEREIRA (Mme Victoire)**, à San-Cosme (Corrientes). — Essuie-mains. (PARC.)

26. **PICHIHUINCA (Mme Rose)**, à Général-Acha (Pampa Centrale). — Poncho en laine de Guanaco (Anchenia lama Illig, va. Guanaco). (PARC.)

27. **PRAT (Adrien)**, à Buenos-Ayres. — Draps et couvertures en laine. (PARC.)

28. **QUECHUVIL (Mme Marie)**, à Général-Acha (Pampa Centrale). — Poncho en laine de mouton. Tissus en laine. (PARC.)

29. **RODRIGUEZ (Margherite)**, à Jujuy — Châle brodé. (PARC.)

30. **SALAS (Marcele)**, à Salta. — Cache-nez en laine de vigogne. (PARC.)

31. **SOLANO (Mme Remigia)**, à Général-Acha (Pampa Centrale). — Couverture en laine. Tissus en laine. (PARC.)

32. **URO (Rosaire)**, à Jujuy. — Porte-papier. (PARC.)

33. **VILLANUEVA (M. O. de)**, à Punin (Mendoza). — Couverture en laine. (PARC.)

AUTRICHE-HONGRIE.

1. **BRUCK (Heinrich) & ENGELMANN (Gustave)**, à Brünn (Moravie). — Nouveautés en laine peignée. (PALAIS.)

2. **DEMUTH (Anton) et Fils**, à Reichenberg (Bohême). — Draps d'Orient, croisés et satins. Nouveautés en étoffes pour paletots, tissus de laine. (PALAIS.)

3. **POLLAK (Frédéric)**, à Vienne, Schmalzhofgasse, 4. — Châles fantaisie. (PALAIS.)

4. **SALOMON (J. L.)**, à Reichenberg, (Bohême). — Draps fins. (PALAIS.)

BELGIQUE.

1. **AUBIN SAUVAGE et Cie**, à Ensival. — Étoffes nouveautés pour hommes, en peigné et cardé. (PALAIS.)

2. **BERTOUILLE-HERBELINCK**, à Tournai, rue Beysert, 41. — Tissus laine, laine et coton pour confections. (PALAIS.)

3. **BIOLLEY Frères**, à Verviers. — Étoffes de laine. (PALAIS.)

Médaille de mérite, Vienne 1873. Philadelphie 1976, Médaille excellence. 1878 Paris, Médaille d'or. Sydney 1880, Médaille 1er degré, prix spécial. Melbourne 1881, Médaille d'or. Amsterdam 1883, Médaille d'or. Anvers 1885, Diplôme d'honneur et Médaille d'or.

4. **BONVOISIN (M.) Fils**, à Pepinster. — Fils de laine cardée écrus, teints mélangés, doublés, boutonnés, etc., en laine et coton, laine, soie et cachemire, fil coton pour bonneterie, etc. (PALAIS.)

Maison fondée en 1835. Méd. d'argent, Paris 1867 et 1878. Méd. d'or, Anvers 1885. 400 types différents de fils pure laine, laine et coton, pure laine et coton cardés, dits Vigogne de Saxe. Laine et soie, cheviot, cachemire, poils de chameau, etc.
Ecrus blanchis, mélangés, unis, retordus, flammés, boutonnés, etc, pour étoffes, flanelles, châles, tricots, bonneterie, ganterie, etc.

5. **CHATTEN et BLANJEAN**, à Dison. — Draps et étoffes de laine. (PALAIS.)

6. DARIMONT et Frères, (L. et H.), à Verviers, rue David, 72 — Tissus de laine.   **(PALAIS.)**

    Fabrique d'étoffes nouveautés pour hommes. Maison fondée en 1881.
    Médaille d'argent, Anvers 1885.

7. DELHEZ (J.) et DAVID Fils, à Dison. — Coupes d'étoffes fantaisie et peignés noirs.   **(PALAIS.)**

8. DUESBERG et Cie, à Verviers, rue Coronmeuse, 60. — Draps.   **(PALAIS.)**

    Spécialité de draps militaires et d'administration. Médaille, Paris 1878.
    Maison fondée en 1873.

9. DUEZ (C.) et Fils, à Péruwelz. — Laines peignées.   **(PALAIS.)**

10. FAUCHAMPS (Pierre), à Verviers. — Draps et filés.   **(PALAIS.)**

    Manufacture de draps et d'étoffes en laine.
    Médailles d'or et d'argent Anvers, 1885.

11. GAROT (L. et J.), à Verviers. — Draps et filés.   **(PALAIS.)**

    Draperies nouveautés.
    Manufacture d'étoffes de laine, jersey, etc.
    Or, argent, Paris 1867.
    1er prix, Sydney 1880.
    Or, Paris 1878.
    Or, Melbourne 1881.
    Médaille d'or. Ordre de Léopold, Amsterdam 1888.

12. HENRION (J.-J.), à Verviers. — Draps et étoffes de laine.   **(PALAIS.)**

13. LEJEUNE (Léon), à Verviers. — Filatures, mélanges.   **(PALAIS.)**

    Médaille d'argent, Paris 1878.

14. LEJEUNE-VINCENT (H.-J.), à Dison.—Étoffes de laine cardée et peignée.
                                                                     (PALAIS.)

15. LEROY Frères & Cie, à Beaumont.— Baies, flanelles, dourets et molletons.
                                                                     (PALAIS.)

16. LIEUTENANT (Henri), à Pepinster. — Fils de laine cardée et peignée. Tissus de laine.   **(PALAIS.)**

17. MOUMAL (Jean), à Dison, près Verviers. — Draps et étoffes de laine.
                                                                     (PALAIS.)

    Médaille de mérite, Vienne 1873. Médaille d'argent, Paris 1878.

18. OUDIN (Albert) & Cie, à Dinant. — Laines peignées et cardées, mérinos et cachemires ordinaires, simples, doubles et riches, mérinos et cachemires extra pour châles, draps amazones, etc.   **(PALAIS.)**

    Maison fondée en 1872.
    Médaille d'or de 1re classe, Amsterdam 1883.
    Médaille d'or de 1re classe, Anvers 1885.
    Médaille d'argent de 1re classe, Anvers, 1885 (Exportation).
    Médaille d'or de 1re classe, Bruxelles 1888.
    Diplôme d'honn., grand concours international des sciences et de l'industrie. Bruxelles 1888.
    Médaille d'or, même exposition, section d'exportation.

19. PELTZER & Fils, à Verviers. — Nouveautés en cardé et en peigné. Draps, satins, flanelles, draps de dames, draps de billard. Fils de laine cardée et peignée.
                                                                     (PALAIS.)

    Successeurs de la maison fondée en 1790, par M. H. Peltzer.
    Fabrique de draps, satins et nouveautés en cardé et peigné. — Filature de laine peignée et cardée en blanc et couleurs, à Verviers (Belgique).
    Filature de laine peignée en blanc, mélangée et teinte à Czenstochowa (Pologne russe).
    Récompenses : Médaille d'argent, Paris 1867. — Médaille de progrès, Vienne 1873. — Médaille d'or, Paris 1878. — Diplôme de mérite, Sydney 1880. — Diplôme d'honneur, Amsterdam 1883. — Diplôme d'honneur, Anvers 1885.

20. PETIT & FOLLET, à Verviers, rue des Convalles. — Tableau donnant tous les numéros des fils écrus, teints et mêlés pour tissus-nouveautés grand teint. (**PALAIS.**)

Maison fondée en 1881. Teinturiers et filateurs de laine peignée. Exposent un tableau de filature représentant tous les numéros, en fils écrus de toutes natures et qualités de laine, ainsi qu'en toutes nuances et mélanges pour tissus-nouveautés, grand teint.

Récompenses : Médaille d'or, Anvers 1885. — Médaille d'or, Barcelone, 1888. — Diplôme d'honneur, Bruxelles, 1888.

21. ROESTENBERG (P.), à Malines, place Ragheno, 17. — Bales, frises, flanelles, dourets, couvertures et couvre-lits en laine. (**PALAIS.**)

22. SAGEHOMME-DEBAAR (A.), à Dison. — Draps et étoffes de laine. (**PALAIS.**)

23. SAGEHOMME Fils (L.-D.), à Dison. — Draps et étoffes. (**PALAIS.**)

24. SAUVAGE (A.-J.), à Francomont. — Draps et étoffes de laine. (**PALAIS.**)

25. SERWIR-BYRON & Cie, à Verviers. — Fils de laine. (**PALAIS.**)

26. SIMONIS (Iwan), à Verviers. — Draps lisses et croisés, satins, draps de billards, étoffes en laine peignée et cardée. (**PALAIS.**)

Médaille, Paris 1855 et 1867 ; Prize medal, Londres 1862.
Médailles d'or : Paris 1878 ; Melbourne 1880-1881 ; Amsterdam 1883.
Diplômes d'honneur et d'excellence : Vienne 1873 ; Philadelphie 1876 ; Sydney 1879 ; Anvers 1885 et Bruxelles 1888.

27. Société anonyme de Loth, (Directeur, **Duchêne**), à Loth. — Mérinos, cachemire, serges, foulés en tous genres, draperie confection et fantaisies, zanellas, lastings, laines à tricoter. (**PALAIS.**)

Récompenses :
Diplôme d'honneur, Amsterdam 1883.
Médaille d'or, first degree of merito, Melbourne 1888.
Médailles Paris, 1878 ; Vienne 1876

28. TASTÉ (Jean), à Verviers. — Tissus de laine. (**PALAIS.**)

Maison fondée en 1860. Bureau et magasins à Paris, cité Trévise, 6. — Manufacture de draps et nouveautés. Spécialité de tissus pour dames. Tissage mécanique et filature de laine cardée. — Paris 1867, Médaille de bronze. — Vienne 1873, Médaille de bronze. — Phil. delphie 1876, mérite, 1er degré. — Paris 1878, Médaille d'argent. — Sydney 1879, mérite, 1er degré. — Melbourne 1880, mérite, 1er degré. — Amsterdam 1888, Méd. d'or. Anvers 1885, Méd. d'or.

29. VOOS (F. & G.), à Verviers. — Fils de laine cardée. (**PALAIS.**)

Successeurs de François Voos. — Maison fondée en 1858. — Fils écrus. — Spécialité de mélanges en laine pure et en laine et coton. — Fils pour tricotage. — Médaille d'or à l'Exposition d'Anvers, 1885, où la Maison a concouru pour la première fois. — Lavage et épaillage de laines. — Explication du tableau figurant à l'Exposition. Ce tableau est composé de trois cadres : celui de gauche contient trois panneaux de fils de laine pure, le cadre du centre contient les fils pour tricotage dans le panneau du milieu, et le cadre de droite contient des fils mélangés de laine et coton : panneau supérieur les 50/50, panneau central les 60/40, à gauche et 10/10 à droite et panneau inférieur les 70/30.

RÉPUBLIQUE DE BOLIVIE.

1. ARGANDONA (Manuel), à Paris, avenue des Champs-Élysées, 44. — Tissus de laine indigène. (**PARC.**)

2. BOREL (Mme Blanche), à Paris, boulevard Montmartre, 49. — Tissus de laine de vigogne. (Poncho national). (**PARC.**)

3. COHRN (Lazare), à Paris, rue Saint-George, 5. — Poncho national. (**PARC.**)

4. CASO (Joaquin), à Paris, boulevard Haussmann, 154. — Tissus de laine de vigogne. (**PARC.**)

5. **DAZA (Mme Benita)**, à Paris, boulevard Haussmann, 63. — Tissus indigènes (laines). **(PARC.)**

6. **DIAZ (Pedro Antonio)**, à Paris, rue Lafayette, 56. — Poncho, tissus de laine. **(PARC.)**

7. **FARFAN (Mme Cristina)**, à Paris, rue de Phalsbourg, 13. — Poncho en laine de vigogne (tissus). **(PARC.)**

8. **RODRIGUEZ (Mlle Isabelle)**, à Paris, rue de l'Échiquier, 27. — Tissus de laine, jarretière, gants de vigogne, mante de vigogne. **(PARC.)**

9. **JANREQUI ROSQUELLAS (Eduardo)**, à Sucre. — Tissus de laine de vigogne. **(PARC.)**

10. **PERO (Mme Jacoba)**, à Paris, rue de la Bienfaisance, 19. — Tissus de laine de vigogne. **(PARC.)**

11. **ROJAS ESTENSSORO (Nector)**, à Paris, rue de Berri, 8. — Tissus de laine indigène. **(PARC.)**

COLONIE DU CAP.

1. **Gouvernement du Cap de Bonne-Espérance**, à Cape-Town. — Mohairs, poils de chèvre. **(PARC.)**

CHILI.

1. **ESCARAY (Segundina et Paulina)**, à Antofagasta. — Mantes de vigogne. **(PARC.)**

2. **Fabrique de tissus de laine**, à Santiago. — Draps et tissus de laine. **(PARC.)**

3. **GALLEGUILLOS Frères**, à Victoria. — Mantes de laine. **(PARC.)**

4. **HERNANDEZ (Juana de)** à Victoria. — Mantes de laine. **(PARC.)**

ÉQUATEUR.

1. **Commission Coopérative d'Ambato**, à Ambato. — Couvertures de laine. **(PARC.)**

2. **Commission coopérative**, à Quito. — Ponchos. Molleton. **(PARC.)**

3. **JIJON (Manuel)**, à Quito. — Casimir. **(PARC.)**

4. **PALACIOS (Manuel)**, à Quito. — Casimir. Couverture. **(PARC.)**

5. **SALVADOR (Léopoldo)**, à Quito. — Molleton. Couverture de laine. **(PARC.)**

ESPAGNE.

1. **ALEN AGULLO & Cie**, à Tarrasa (Barcelone). — Étoffes de laine. **(PALAIS.)**

2. **ALEGRY & Cie**, à Tarrasa (Barcelone). — Étoffes de laine. **(PALAIS.)**

3. **ARGEMI (Le Successeur de Narciso)**, à Tarrasa (Barcelone). — Étoffes de laine. **(PALAIS.)**

4. ASSOCIATION DES FABRICANTS DE SABADELL (Exposition collective de l'), à Sabadell (Barcelone). — Tissus de laine.
(E. C.) (PALAIS.)

Brujas (Matteo).
Campany & Cie (les Successeurs de):
Casanovas (Joaquin).
Comerma Farré (José).
Corominas Salas & Cie.
Duran (Ve de J.) & Fils.

Folch (Juan).
Gari Montllort (Manuel).
Gorchès Capella (& V^e)
Gorina & Cie.
Gorina & Griera.
Llanès Comadran & Cie.
Molins (Jaime) Fils et Frère.

Planos Fils.
Sallaxès (Juan).
Selvuch et Frères.
Turull & Cie.
Viloca (Pedro).
Volta & Duran.

5. BADRINAS SELLERIT & Cie, à Tarrasa (Barcelone). — Étoffes de laine.
(PALAIS.)

6. BAUVER & Cie, à Tarrasa (Barcelone). — Étoffes de laine.
(PALAIS.)

7. BOSCH GARCIA, à Tarrasa (Barcelone). — Étoffes de laine.
(PALAIS.)

8. BRUJAS (Mateo), à Sabadell (Barcelone). — Tissus de laine. Draperie.
(E. C.) (PALAIS.)

9. CAMPANY & Cie (Les successeurs de), à Sabadell (Barcelone). — Tissus de laine.
(E. C.) (PALAIS.)

10. CASABO & Cie, à Olot (Gerona). — Étoffes.
(PALAIS.)

11. CASANOVAS (Joaquin), à Sabadell (Barcelone). — Tissus de laine.
(E. C.) (PALAIS.)

12. CODES & COLOMEAS, à Tarrasa (Barcelone). — Étoffes de laine et d'estame.
(PALAIS.)

13. COMERMA FARRÉ (José), à Sabadell (Barcelone). — Tissus de laine.
(E. C.) (PALAIS.)

14. COROMINAS SALAS & Cie, à Sabadell (Barcelone). — Tissus de laine.
(E. C.) (PALAIS.)

15. DUFFOUR & Cie, à Tarrasa (Barcelone). — Étoffes de laine.
(PALAIS.)

16. DURAN (Vve de J.) & Fils, à Sabadell (Barcelone) — Tissus de laine.
(E. C.) (PALAIS.)

17. ESCUDER Y GIBERT, à Tarrasa (Barcelone). — Étoffes de laine.
(PALAIS.)

18. FOLCH (Juan), à Sabadell (Barcelone). — Tissus de laine. (E. C.) (PALAIS.)

19. FONTANALS ARMENGOL Y JOVER, à Tarrasa (Barcelone). — Draperie.
(PALAIS.)

20. FORNELLS & Cie, à Sabadell (Barcelone). — Tissus.
(PALAIS.)

21. GARI MONTLLORT (Manuel), à Sabadell (Barcelone). — Tissus de laine.
(E. C.) (PALAIS.)

22. GORCHÈS & CAPELLA (Vve), Sabadell (Barcelone). — Tissus de laine.
(E. C.) (PALAIS.)

23. GORINA (Jaime) & Cie, à Sabadell (Barcelone). — Tissus de laine.
(E. C.) (PALAIS.)

24. GORINA & GRIERA, à Sabadell (Barcelone). — Tissus de laine.
(E. C.) (PALAIS.)

25. GRENNO DE FABRICANTES, à Sabadell (Barcelone). — Draps.
(PALAIS.)

26. LLANÈS COMADRAN & Cie, à Sabadell (Barcelone). — Tissus de laine.
(E. C.) (PALAIS.)

27. **LOPEZ R. (José)**, à Cordoue. — Couvertures et capotes de toutes espèces.
(**PALAIS.**)

28. **MARTINEZ MATEO (Gregorio)**, à Ezcaray. — Étamines et draps.
(**PALAIS.**)

29. **MARUT (Miguès)**, à Tarrasa (Barcelone). — Étoffes de laine.   (**PALAIS.**)

30. **MOLINS (Jaime) Fils & Frère**, à Sabadell (Barcelone). — Tissus de laine.
(**E. C.**) (**PALAIS.**)

31. **OLIN (Vicente) & Cie**, à Tarrasa (Barcelone). — Étoffes de laine.
(**PALAIS.**)

32. **PLANAS (Diuarez) & Cie**, à Tarrasa (Barcelone). — Étoffes de laine.
(**PALAIS.**)

33. **PLANOS Fils**, à Sabadell (Barcelone). — Tissus de laine.   (**E. C.**) (**PALAIS.**)

34. **PRATS J. & Fils**, à Tarrasa (Barcelone). — Draperie.   (**PALAIS**)

35. **RODRIGUEZ & Frères**, à Beejar. — Draps pour l'armée, la marine et le
commerce.   (**PALAIS.**)

36. **RODRIGUEZ (Ulpiano)**, à Madrid. — Flanelle métallisée.
(**E. C.**) (**PALAIS.**)

37. **SALLAXÈS (Juan)**, à Sabadell (Barcelone). — Tissus de laine.
(**E. C.**) (**PALAIS.**)

38. **SALVANS Frères & BUSQUETS**, à Tarrasa (Barcelone). — Draperie.   (**PALAIS.**)

39. **SALVATOR (Miguel)**, à Barcelone. — Étoffes de laine.   (**PALAIS.**)

40. **SELVUCH (Juan) & Frères**, à Sabadell (Barcelone). — Tissus de laine.
(**E. C.**) (**PALAIS.**)

41. **TORRAS & VIEDO**, à Tarrasa (Barcelone). — Étoffes de laine.   (**PALAIS.**)

42. **TURULL & Cie**, à Sabadell (Barcelone). — Tissus de laine.
(**E. C.**) (**PALAIS.**)

43. **UBACH (Cots) & Cie**, à Tarrasa (Barcelone) — Étoffes de laine.
(**PALAIS.**)

44. **VALLIUNAS & Cie**, à Tarrasa (Barcelone). — Étoffes de laine.
(**PALAIS.**)

45. **VIELA & Cie**, (Les Successeurs de), à Tarrasa (Barcelone). — Étoffes de
laine.   (**PALAIS.**)

46. **VILOCA (Pedro)**, à Sabadell (Barcelone). — Tissus de laine.
(**E. C.**) (**PALAIS.**)

47. **VOLTA & DURAN**, à Sabadell (Barcelone). — Tissus de laine.
(**E. C.**) (**PALAIS.**)

ÉTATS-UNIS.

1. **Arlington Mills (The)**, à Lawrence, Mass. — Série montrant la fabrication
des étoffes pour robes en laine peignée.   (**PALAIS.**)

2. **BROWN'S (Walter) Son & Co**, à Boston, Mass., 29, High street. —
Séries de laines pour vêtements et de laines peignées indiquant les différents degrés
reconnus par le commerce.   (**PALAIS.**)

3. JUSTICE, BATEMAN & Co, à Philadelphie, Pa., 122 S. Front street. — Séries de laines pour vêtements et de laines peignées indiquant les différents degrés reconnus par le commerce. (**PALAIS.**)

4. LYNCH (James), à New-York, N. Y., 194, Church street. — Laine pour tapis ; laines fines et grossières pour vêtements. (**PALAIS.**)

5. MAC NAUGHNON'S (Wm.), Sons, à New-York, N. Y., 170 S., 5th avenue. — Série de mohair et autres laines indiquant les différents degrés reconnus par le commerce. (**PALAIS.**)

6. Middlesex Mills (The), à Lowell, Mass. — Série montrant la fabrication des vêtements de laine. (**PALAIS.**)

7. United States Bunting Co (The), à Lowell, Mass. — Série montrant la fabrication d'étamines de laines estames. (**PALAIS.**)

GRANDE-BRETAGNE.

1. APPERLY, CURTIS & Co, à Stroud, Gloucestershire, Dudbii mills. — Tissus de laine et de laine filée pour vêtements. (**US.**)

2. ARDESHIR & BYRAMJI, à Fort Bombay, Hummum street, 10 (Indes). — Châles. (**PALAIS.**)

3. ARMITAGE Brothers, à Huddersfield, New Street, 55. — Tissus de laine et de laine filée, unis et fantaisie pour vêtements. (**PALAIS.**)

Manufacture à Milnsbridge, près Huddersfield.
Maison fondée en 1820.
Fabricants d'étoffes pour vêtements en laine et laine filée, étoffes pour pardessus, pour pantalons, serges en tous genres et qualités.
Agent à Londres M. A. C. Bartrum, 14, Ironmonger lane, E. C.
Médailles obtenues : Expositions de Londres 1851 et 1868.
Exposition de Paris 1878.
Exposition de Sydney 1880.
Exposition de Bruxelles 1888.
Exposition de Melbourne, 1888, 1re médaille de mérite, avec mention spéciale.

4. BICKNELL (Arthur C.), à Londres, Pelham street, 42, South Kensington. — Tissus de laine, filés, unis et façonnés pour vêtements, (**PALAIS.**)

5. BIGEX (E.), SRINURGUE, à Cashmere et à Londres, 15, New Street, Bishopsgate street. — Châles. (**PALAIS.**)

6. CARTER (John) & Co, à Halifax, Royal Mills, Mail street; à Huddersfield, Brigg mills Meltham; à Londres, 24, Warwick street, Regent street; à Paris, 21, rue du Château-d'Eau. — Tissus de laine filée et tissus façonnés pour habillement. (**PALAIS.**)

Bureaux à Londres, 24, Warwick street, Regent street W.
Agent à Paris : Gustave Held Ce, 2, rue du Château-d'Eau.

7. Donegal Industrial Fund. — Fils et tissus de laine. (**PALAIS.**)

8. GARVIE & DEAS, à Perth (Écosse). — Châles de laine, tartans écossais, cheviotte de Vienne et fantaisies. (**PALAIS.**)

9. HOLLINS (William) & Co. (Limited), à Nottingham. — Fils écrus, blanchis et teints et en nuances naturelles pour bonneterie. Mérinos ou vigogne, fil mélangé, laine et coton. (**PALAIS.**)

10. HUNT & WINTERBOTHAM (Limited), à Dursley. — Gloucestershire, Cam-mills. Draps, peaux de daims, serges, flanelles. Tapis de billards et de tables à jeu. (**PALAIS.**)

11. LIBERTY & Co, à Londres, Regent street. — Tissus de laine. (**PALAIS.**)

12. **MARLING & Co (Limited)**, à Stroud. — Draps en laine et laine filée, beavers, cachemires, meltons, peaux de daim, échantillons de laines autrichienne, allemande, coloniale.   (PALAIS.)

13. **NICHOLSON (D.) & Co**, à Londres, Saint Pauls Churchyard, 54, Factories Paternoster row, 67. — Tissus de laine.   (PALAIS.)

14. **NIELSON, SHAW & MAC GREGOR**, à Glasgow, Buchanan street, 44. — Tissus tartans en laine, soie filée pour modes, uniformes, habillements et couvertures.   (PALAIS.)

15. **PORTER (H. G.) & Co**, à Londres, Bow lane, 41 et 43 et à Paris, rue de Grammont, 17. — Tissus pour robes, costumes genre tailleur et manteaux, tweeds, homespuns, plaids et couvertures de voyage.   (PALAIS.)
New-York, 66, West 23rd street. — Fabrique, Abercorn Mills, à Paisley (Écosse).
La seule médaille pour homespuns, Exposition de Paris 1878.

16. **PROCTOR & Co (The Indian Art Gallery)**, à Londres Oxford street, 428. — Tissus de laine.   (PALAIS.)

17. **ROBINSON & CLAVER**, à Belfast (Irlande). — Tweeds.   (PALAIS.)

18. **SALT (Sir Titus) BART & Sons, (Limited)**, à Saltaire, Yorkshire; — Tissus de velours, velours anglais, mohair.   (PALAIS.)

19. **THORP (Jonathan), & Sons**, à Huddersfield, Estate buildings, 6. — Tissus de laine et de laine filée et de stockingette unie et façonnée pour manteaux.   (PALAIS.)

20. **TYLER & Co**, à Llandyssil, South Wales, Maesllyn mills. — Draps anglais, draps serges, flanelles, jerseys, lainages, bonneterie.   (PALAIS.)

GRÈCE.

1. **ARGYROPOULO (Marie P.)**, à Scyathos (Eubée). — Couvertures de laine.   (PALAIS.)

2. **BASTA (Batiste)**, à Cythnos (Cyclades). — Couvertures de laine.   (PALAIS.)

3. **BENETSANI (Angélique)**, à Salamis (Attique). — Couvertures de laine.   (PALAIS.)

4. **CARAMANOS (S.)**, à Poros (Argolide et Corinthie). — Couvertures de laine.   (PALAIS.)

5. **COCA (Panagiou)**, à Xirochori (Eubée). — Couvertures de laine.   (PALAIS.)

6. **COLOVOTAS (N.)**, à Tricala. — Tissus de laine.   (PALAIS.)

7. **Commission des Olympies**, à Athènes. — Couvertures de laine.   (PALAIS.)

8. **LAZARI (Evmorphoula)**, à Xirochori (Eubée). — Couvertures de laine.   (PALAIS.)

9. **LOUCA (Catherine)**, à Salamis (Attique). — Couvertures de laine.   (PALAIS.)

10. **MARGARITTI (Hélène)**, à Naxos (Cyclades). — Couvertures de laine.   (PALAIS.)

11. **MARGARITTI (Irène)**, à Naxos (Cyclades). — Couvertures de laine.   (PALAIS.)

12. **Ouvroir de Poros**, à Poros (Argolide et Corinthie). — Couvertures de laine.   (PALAIS.)

13. PANAGOPOULO (Anagnoste), à Pharsala (Larisse). — Tissus de laine.
(PALAIS.)

14. PANAGOPOULO (Jean), à Pharsala (Larisse). — Tissus de laine.
(PALAIS.)

15. PHLOCOS (Georges), à Limni (Eubée). — Couvertures de laine.
(PALAIS.)

16. ZEVGOLI (Irène), à Naxos (Cyclades). — Couvertures de laine. (PALAIS.)

17. ZEVGOLI (Maroudia), à Naxos (Cyclades). — Couvertures de laine.
(PALAIS.)

GUATEMALA.

1. ERCHILA (Catarino), à Quezaltenango. — Tissus de laine et de soie.
(PARC.)

2. ESTENA (Andres), à Quiché. — Chapeaux de paille. (PARC.)

3. GUZMAN (Dr Gustave E.), à Guatemala. — Tissus de laine. (PARC.)

4. IBARRA (Mariano), à Quesaltenango. — Couvertures en laine. (PARC.)

5. MACHAIN (Eusebio), à Guatemala. — Tissus en laine. (PARC.)

6. Municipalité de Lanquin, département d'Alta-Verapaz. — Tissu de laine.
(PARC.)

7. Municipalité de Lemoa, département de Quiché. — Tissus en laine et coton.
(PARC.)

8. Municipalité del Palmar, département de Quezaltenango. — Tissus laine et
coton. (PARC.)

9. Municipalité del Téjar, département de Chimaltenango. — Tissus de laine.
(PARC.)

10. Municipalité de San-Raymundo, département de Guatemala. — Tissus laine
et coton. (PARC.)

11. Municipalité de Santa-Lucia-Cotzumalguapa, département d'Es-
cuintla. — Tissus de laine. (PARC.)

12. Municipalité de Santa-Maria-de-Cauqué, département de Sacatépe-
quez. — Tissu en laine et coton. (PARC.)

13. Municipalité de Santa-Maria-de-Chiquimula, département de Totonicapan. — Tissus en laine et coton. (PARC.)

14. Municipalité de Tecpam Guatemala, département de Chimaltenango.
— Tissus fins en laine. (PARC.)

15. Municipalité de Todos Santos, département d'Huehuetenango. — Tissus
en laine et coton. (PARC.)

16. PEÑA (Rafael), à Totonicapan. — Manteau en laine. (PARC.)

17. PERES (Mateo), à Baja-Verapaz. — Chapeaux de paille. (PARC.)

18. Préfet de Baja-Verapaz, à Salama. — Tissus de laine, soie et coton.
(PARC.)

19. Préfet de Huehuetenango, à Huehuetenango. — Tissus de laine, soie et
coton. (PARC.)

20. Préfet de San-Marcos, à San Marcos. — Tissus de laine, soie et coton.
(PARC.)

21. Préfet de Totonicapan, à Tonicapan. — Tissus de laine, soie et coton. (PARC.)

22. ROSADO (Maria), à Salama. — Tricots en laine. (PARC.)

JAPON.

1. Ministère de la Guerre (Fabrique de draps de Sandjon de l'État), à Tokio. — Draps, flanelles. (PALAIS.)

GRAND-DUCHÉ DE LUXEMBOURG.

1. Société Anonyme des Draperies Luxembourgeoises, Anciennes Maisons **Godchaux**, à Schleifmühl-lez-Luxembourg. — Draperies unies et nouveautés. (PALAIS.)

Lavage et épaillage des laines, teinture, filature, tissage et apprêts de draperies unies et nouveautés pour hommes, dames et enfants. — Flanelles et molletous.
Médaille d'argent, Londres 1851, et médaille d'argent et Légion d'honneur, Paris 1855.
Médaille d'or à l'Exposition universelle de 1878 et Légion d'honneur.

PORTUGAL.

1. ALÇADA & MOUZACO. — Tissus de laine. (PALAIS.)

2. ALMEIDA (Francisco Luiz d'). — Tissus de laine. (PALAIS.)

3. BALTHAZAR (Gregorio). — Tissus de laine. (PALAIS.)

4. Companhia de Lanificios d'Alemquer. — Tissus de laine. (PALAIS.)

5. Companhia de Lanificios d'Arentella. — Tissus de laine. (PALAIS.)

6. Companhia de Lanificios d'Arroios. — Tissus de laine. (PALAIS.)

7. Companhia de Lanificios do Campo-Grande, à Lisbonne. — Tissus de laine. (PALAIS.)

8. Companhia manufactora de artefactos de malha. — Tissus de laine. (PALAIS.)

9. COSTA (Antonio Augusto Lopes da). — Tissus de laine. (PALAIS.)

10. DAUPIAS (Bernardo) & Co, à Lisbonne. — Fils et tissus de laine. (PALAIS.)

11. LOPES (Francisco José). — Tissus de laine. (PALAIS.)

12. MELLO (Campos) & Irmão. — Tissus de laine. (PALAIS.)

13. RAMITO & MESQUITA. — Tissus de laine. (PALAIS.)

14. ROGEIRO (José Rodrigues). — Tissus de laine. (PALAIS.)

15. VEIGA (José Mendes). — Tissus de laine. (PALAIS.)

COLONIES PORTUGAISES.

1. Association industrielle Portugaise, à Lisbonne. — Couverture de lit en coton (île de Santiago, Cap Vert). Courte pointe (île Brava, Cap Vert). (PALAIS.)

2. SERRA (J.-C.), à l'île de Santiago (Cap Vert). — Couverture de lit en coton et laine (île Brava, Cap-Vert). (PALAIS.)

ROUMANIE.

1. ALDOIN (Maria-Josif), à Voinesti (Muscel). — Étoffe de laine, drap, couverture de laine. **(PALAIS.)**

2. BADESCO (M. D. A.), à Botani (Muscel). — Étoffe en laine rouge pour taies d'oreillers, essuie-mains. **(PALAIS.)**

3. BADESCO (Hélène V.), à Boteni (District de Muscel). — Jupe en laine, travaillée à la main. **(PALAIS.)**

4. BEREVOESCO (S. N.), à Berevoesti (Muscel).— Drap blanc (bure). **(PALAIS.)**

5. BREAZU (G. G.), à Ciulnitya (Muscel).— Cravate en soie. Écheveaux de chanvre. **(PALAIS.)**

6. BUNESCO (Mme Josif), à Rucar (District de Muscel). — Étoffe en laine pour dessus de lit. Taies d'oreiller en laine. **(PALAIS.)**

7. CALANESCO (Mme Hélène Jon), à Bâlilesti, (District de Muscel). — Jupe en laine et un tablier brodé d'or. **(PALAIS.)**

8. CIAUSESCO (S. S.), à Golesci (Muscel).— Étoffe pour dessus de lit. Tissus de laine. **(PALAIS.)**

9. CIOBANU (Toderu), à Fruntiseni. — Étoffe de laine et coton, flanelle pour jupes. **(PALAIS.)**

10. CONDILA (E. N.), à Colibasi (Muscel). — Dessus de lit, en laine et coton; coloré. **(PALAIS.)**

11. CONSTANTINESCO (Andrei), à Pamênteni (Muscel). — Bure noire pour habits. **(PALAIS.)**

12. DECULESCU (E. J.), à Valeni (Muscel). — Chemise brodée de fil d'or et de laine ; jupe. **(PALAIS.)**

13. DIMITRESCA (Maïca Domnica), au couvent de Namaesci (Muscel). — Drap, laine et soie pour vêtements d'hommes, gros drap pour vêtements d'hiver, ceinture en laine et fils d'or. **(PALAIS.)**

14. DORCIAMAN (Iona Ion N.), à Cotesti (Muscel). — Couverture de poils de chèvre. **(PALAIS.)**

15. DUCULESCO (Eléna, N.), à Mioveni (Muscel).— Dessus de lit en laine et coton coloré. **(PALAIS.)**

16. FASOLE (Tudosie C.), à Corbesti (Berlad). — Drap rouge foncé. **(PALAIS.)**

17. GHENEA (Nicolae), à Berlad. — Drap pour vêtements. **(PALAIS.)**

18. GHERGHINOIU (Maria Toma Ene), à Cotesti (Muscel). — Couverture de poils de chèvre. **(PALAIS.)**

19. GHERGHINOIU (T. E.), à Cotesci, arrondissement de Nucsora (Muscel). — Couverture en poils de chèvre. **(PALAIS.)**

20. GROSS (Manase), à Bacau — Drap. **(PALAIS.)**

21. GULIE (Anna, femme de Nicolas B.), à Domnesti (Muscel).— Jupe roumaine en laine brodée de fils d'or. **(PALAIS.)**

22. ISCOVESCU (ha Sœur Panfilia), à Berlad. — Draps. **(PALAIS.)**

23. JUSTER (Avram Lippe), à Piatra (Neamtz). — Draps, étoffes de laine. **(PALAIS.)**

24. MANO (ha Sœur Xenia), à Adam (Berlad). — Tissu de laine blanche.
Tissus laine et coton. **(PALAIS.)**

25. MARINESCO (Ana), à Gorgani (Muscel). — Étoffe de laine. **(PALAIS.)**

26. MARINESCO (Anne V,) à Gorgani (Muscel). — Drap pour vêtement
d'hommes, étoffe légère de soie et laine pour costume de dame, laine rouge et blanche
pour couvertures, peluche. **(PALAIS.)**

27. MARINESCO (Élisabeth J.), à Dirmanesti (Muscel). — Drap noir. **(PALAIS.)**

28. NÉGRI (Eugénia), Supérieure au Monastère Veratecul. — Drap marron
pour vêtements. Étoffe de laine pour robe, galon en crin tressé. **(PALAIS.)**

29. ONIZOR (Gavril), à Berlad. — Étoffes de laine. **(PALAIS.)**

30. PARASCHIVESCU (P. B.), à Domnesti (Muscel). — Pièce de drap. Étoffe
en laine pour un dessus de lit. Étoffe légère en laine pour costume d'été, drap gris
pour habillements d'hiver. **(PALAIS.)**

31. PAISU (Mme Marie), à Câmpu-Lung. — Étoffes en laine et soie. Étoffe pour
rideaux. **(PALAIS.)**

32. POENAREANU (E. G.), à Poenari (District de Muscel). — Taies d'oreiller
brodées or et de laine, dessus de table. **(PALAIS.)**

33. POPESCO (Emilia Stroc), à Bucharest, strada Justitiei, 23.— Couverture. **(PALAIS.)**

34. POPP (Ilie, M.), à Bucharest, strada Stirbei Voda, 4.— Costume, étoffe nationale. **(PALAIS.)**

35. POPPESCO (Florea Prêtre Mih), Berivoesti (District de Muscel).— Chemise brodée de fils d'or, et de laine. **(PALAIS.)**

36. PREDESCO (Utza D.), à Dobresti (District de Muscel).—Jupe de laine brodée
de fils d'or. **(PALAIS.)**

37. SIMEN (Ana Jesif), à Voinesti (Muscel). — Étoffe de laine. **(PALAIS.)**

38. VARLAM (D⁰), à Vaslui. — Étoffes; draps. **(PALAIS.)**

39. VENTU (Nastasia), à Berlad. — Tissu de laine de plusieurs nuances. **(PALAIS.)**

40. VISHOIU (Nitza, G.), à Jugura (District de Muscel).— Dessus de lit en laine
de plusieurs couleurs, drap noir, large. Drap pour vêtements d'hommes. **(PALAIS.)**

41. VERATICU (Maria Starita), à Iassy. — Tissus. **(PALAIS.)**

42. VOICILA (Jon), à Dragoslavele (Muscel). — Drap noir large de 2 mains. Jupe
en laine rouge, toile de chanvre, couverture de cheval. **(PALAIS.)**

43. VRABIE (ha Sœur Natalia), à Adam (Berlad). — Drap blanc laine et
soie. Draps blanc et marron; laine et soie. Laine. **(PALAIS.)**

RUSSIE.

1. ANDREEFF (Les héritiers de J.), à Ekaterinbourg. — Draps de laine
cardée. **(PALAIS.)**

2. BOUTUGINE (K. J.), à Moscou. — Tissus de laine et mélangés. **(PALAIS.)**
Récompense : 1867 Paris, médaille d'argent.

3. EGOROFF (P. St.), à Moscou. — Lainages et tissus mélangés. **(PALAIS.)**

4. FALTZ-FEIN (E.), à Kakhovka (Gouvernement de Tauride). — Toisons de mérinos lavées à dos et non lavées.   (PALAIS.)

Madame Sophie Faltz-Fein, successeur de M. Edouard Faltz-Fein.
Domaines dans les Gouvernements de Tauride et de Kherson.
Propriétés de Eschassli, Dornbourg, Auspienka, Iwenovska, etc.
Production de Laine à peigne fine.
Directeur des études d'amélioration : M. Bernard Bajohr.
Récompense :
Exposition universelle de Paris, 1878, Médaille d'argent.

5. KLEIBER (L.), à Saint-Pétersbourg. — Laines artificielles.   (PALAIS.)

Récompenses : 1878 Paris, grande médaille d'argent et diplôme d'honneur ; 1885 Anvers, diplôme d'honneur et médaille d'argent.

6. KRETOVA (D. I.), à Moscou. — Mouchoirs d'Orenbourg.   (PALAIS.)

7. MACHKOVSKY (I.) & Fils, à Klintzi (Gouvernement de Tchernigoff). — Draps.   (PALAIS.)

8. MATVEEFF Fils (I.) & Cie, à Moscou. — Mouchoirs et châles de laine.   (PALAIS.)

9. MIKHAILOFF (F.) et Fils, à Moscou. — Tissus de laine et mélangés.   (PALAIS.)

Mécanique de la laine. — Maison fondée en 1845, à Moscou.
Récompenses : 1873 Vienne, Médaille ; 1876 Philadelphie. Médaille ; 1878 Paris, Médaille d'argent.

10. PANTCHENKOFF (M. A.), à Bakino (Gouvernement de Vladimir). — Tissus de laine.   (PALAIS.)

11. SAFONOFF Fils (Nicolas), à Moscou. — Draps.   (PALAIS.)

12. SAPOJKOFF (K. N.), à Klintsi (Gouvernement de Tchernigoff). — Draps.   (PALAIS.)

13. Société de la Manufacture V. J. Beloff, à Moscou. — Tissus d'ameublements.   (PALAIS.)

La Société a été créée en 1814.

14. Société de la Fabrique de Bogorodsko (Frodor Elagine Fils). — à Moscou. — Tissus de laine et mélangés.   (PALAIS.)

15. ZAHAROFF (V. S.), à Moscou — Châles de laine, et de laine et coton.   (PALAIS.)

SERBIE.

1. ANDJELKOVITCH (Mme Persa V.), à Bagna (dép¹ d'Alexinatz). — Tissus de feutre.   (PALAIS.)

2. ANTONIYEVITCH (Velimir), à Manoylitza (dép¹ de Kgnajevatz). — Laine peignée.   (PALAIS.)

3. ARCHIMANDRIT (R. P. Cyrille), au Couvent de Manassia (dép¹ de Tchoupriya). — Laine blanche et noire. Poils de chèvre.   (PALAIS.)

4. BLAJITCH (Radoytza), à Rogatcha (dép¹ de Belgrade). — Laine peignée.   (PALAIS.)

5. Corporation des Teinturiers, à Pirot. — Laine filée en écheveau et en bobine (couleurs différentes).   (PALAIS.)

6. COSTANTINOVITCH (Gabriel), à V. Ivantcha (dép¹ de Belgrade). — Laine peignée.   (PALAIS.)

7. Direction de l'Établissement agricole, à Toptchider (près Belgrade). —
Laines de diverses qualités.   (PALAIS.)

8. DOUTGNICH (Stevan), à M. Vrbitza (dép¹ de Belgrade). — Laine ordinaire.
                                                               (PALAIS.)

9. DREJEVITCH (Milentige), à Knitch (dép¹ de Kragouyevatz). — Laine peignée.   (PALAIS.)

10. GEORGEVITCH (Marko), à Bolyevatz (dép¹ de Zrna Reka). — Laine peignée.   (PALAIS.)

11. GEORGEVITCH (Nedeillko), à Vragna. — Tapis en poils de chèvre pour
escalier et pour chambre.   (PALAIS.)

12. GIVKOVITCH (Atanasse), à Krivi Vir (dép¹ de Zrna Reka). — Laine peignée et ordinaire.   (PALAIS.)

13. GOLOUBOVITCH (Simoune), à Mozgovo (dép¹ d'Alexinatz). — Laine
lavée.   (PALAIS.)

14. GOUZONYITCH (Givan), à Badovinatz (dép¹ de Schabatz). — Laine peignée.   (PALAIS.)

15. IGNATOVITCH (Stoytcha), à Blasina (dép¹ de Vragna). — Poils de
chèvre.   (PALAIS.)

16. ILITCHA (Mme Mileva), à Kourchomliya. — Laine peignée.   (PALAIS.)

17. IRITCH (Milovan), à Valievo. — Laine lavée.   (PALAIS.)

18. IKITCH (Radoyko), à Péricha (dép¹ de Kgnajevatz). — Laine peignée.
                                                               (PALAIS.)

19. JIVANOVITCH (Gabriel), à Nathalinzi (dép¹ de Kragouyevatz). — Laine
peignée blanche, teinte.   (PALAIS.)

20. KRAYTCHITCH (Theodosiye), à Valievo. — Laine lavée.   (PALAIS.)

21. KRSTITCH (Zeka), à Pirot. — Tissus en feutre.   (PALAIS.)

22. MANOVITCH (Lazar), à Novi-Han (dép¹ de Kgnajevatz). — Tissus laine.
                                                               (PALAIS.)

23. MARINKOVITCH (Milosch), à Négotine. — Tapis en poils de chèvre.
                                                               (PALAIS.)

24. MARINKOVITCH (Trifoun), à Bolievatz (dép¹ de Zrna-Reka). — Tissus
de laine.   (PALAIS.)

25. MICHITCH (Milovan), à G. Krlyina (dép¹ de Pirot). — Poils de chèvre. Laine
lavée.   (PALAIS.)

26. MICHITCH (Mylko), à Stanatz (dép¹ d'Alexinatz). — Laine ordinaire. (PALAIS.)

27. MIHAYLOVITCH (Thomo), à Vlasina (dép¹ de Vragna). — Laine ordinaire.   (PALAIS.)

28. MIKOVITCH (Pana), à Zedane (dép¹ de Zrna Reka). — Tissus en feutre.
                                                               (PALAIS.)

29. MILENOVITCH (Vladimir), à Loukovo (dép¹ de Zrna Reka.) — Laine
peignée mérinos.   (PALAIS.)

30. MILETITCH (Stoyan), à Kgnajevatz. — Laine teinte.   (PALAIS.)

31. MILOSAVLYEVITCH (Jean), à B. Potok (dép¹ de Kgnajevatz). — Laine
ordinaire.   (PALAIS.)

32. MLADENOVITCH (Mme Ziata J.), à Srematz (dép¹ de Pirot). — Laine
peignée.   (PALAIS.)

33. Municipalité de Gorgnac, à Krayna. — Laine lavée et non lavée.
(PALAIS.)

34. Municipalité de la Ville, à Kgnajevatz. — Laine filée teinte, tissus rayés.
(PALAIS.)

35. Municipalité (La) à Vlasotinatz, (dép¹ de Nisch). — Tissus divers en laine et coton.
(PALAIS.)

36. MYLKOVITCH (Stoyadine), à Vladimiratz (dép¹ de Schabatz). — Laine ordinaire.
(PALAIS.)

37. NICOLITCH (Pierre), à Sikoulia (dép¹ de Podriné). — Tissus, laines.
(PALAIS.)

38. Ougrinovitch (Milan), à Bogoutovatz (dép¹ de Tchatchak). — Poils de chèvre.
(PALAIS.)

39. OUROCHEVITCH (Petar), à Pavatchine. — Laine (mérinos). (PALAIS.)

40. OUZANA (Mme Rada, M.), à Glogovatz (dép¹ de Zraygné). — Tissus de feutre.
(PALAIS.)

41. PAVLOVITCH (Mme Simon), à Bolyevatz (dép¹ de Zrna Reka). — Drap.
(PALAIS.)

42. PETROVITCH (Stanko), à D. Souhotina (dép¹ d'Alexinatz). — Laine lavée.
(PALAIS.)

43. PETROVITCH (Stoyan), à Bagna (dép¹ d'Alexinatz). — Tapis en poils de chèvre.
(PALAIS.)

44. PHILIPOVITCH (Jean), à Vlakogna (dép¹ de Zran Reka). — Tissus en feutre.
(PALAIS.)

45. POPOVITCH (Paoun), à Koutchane (dép¹ d'Oujitze). — Laine lavée, laine ordinaire.
(PALAIS.)

46. POPOVITCH (Mme Petrya), à Gorgni Milanovatz. — Laine peignée.
(PALAIS.)

47. POPOVITCH (Mme Stanka N.), à V. Bolynzi (dép¹ de Pirot). — Tissus en feutre.
(PALAIS.)

48. POPOVITCH (Stevan), à G. Milanovatz. — Laine peignée et ordinaire.
(PALAIS.)

49. RADOVANOVITCH (Michel), à Nichevatz (dép¹ de Kgnajevatz). — Laine peignée.
(PALAIS.)

50. RAYCOVITCH (Aleksa), à Isvor (dép¹ de Kgnajevatz). — Laine peignée.
(PALAIS.)

51. RISTITCH (YEVTA), à Kourschoumlia (dép¹ de Toplitza). — Sac en poils de chèvre.
(PALAIS.)

52. ROUJITCH (Petar), à Paratchine. — Laine ordinaire.
(PALAIS.)

53. SAVITCH (Thocka), à Jarovo (dép¹ de Krouchevatz). — Laine peignée.
(PALAIS.)

54. SIMONOVITCH (Yovan), à Alexinatz. — Tapis et sacs en poils de chèvre.
(PALAIS.)

55. Société de Dames, à Svilayenatz. — Tissus de laine.
(PALAIS.)

56. Sous-Comité (Le), à Bela Palanka. — Laine peignée, poils de chèvre.
(PALAIS.)

57. STANOYEVITCH (Todor), à Strelatz (dép¹ de Pirot). — Sacoche en poils de chèvre.
(PALAIS.)

58. STOYANOVITCH (Mme Marie), à Prokouplié. — Tissus en feutre.
(PALAIS.)

59. STOYKOVITCH (Iliya), à Dobrouyevatz. — Laine lavée. (PALAIS.)

30. Syndicat de Marchands, à Pirot. — Poils de chèvre. (PALAIS.)

61. Syndicat de Teinturiers, à Krouchevätz. — Laines peignées, teintes de diverses nuances. (PALAIS.)

62. TASITCH (George), à Krouchovatz. — Poils de chèvre, laine peignée.
(PALAIS.)

63. TCHOULITCH (Simeon), à Tchayetina (dép¹ de Oujitze). — Laine lavée.
(PALAIS.)

64. THODOROVITCH (Aksent), à Ko..tzi (dép¹ d'Alexinatz). — Laine peignée
(PALAIS.)

65. TROUYKITCH (Nicolas), à Glovatz (dépt de Krayne). — Tissus de feutre.
(PALAIS.)

68. VELITCHKOVITCH (Milosav), à Grtchaka (dép¹ de Kourchoumliya). — Poils de chèvre. (PALAIS.)

67. VLAYTCH (Costantin), à Jurkovo (dép¹ de Belgrade). — Laine peignée.
(PALAIS.)

68. VOUKETITCH (Louka), à Zarojiye (dép¹ d'Oujtze). — Laine peignée.
(PALAIS.)

69. YAGODITCH (Jean), à Zarojiye (dépt d'Oujitze). — Laine peignée.
(PALAIS.)

70. YANITCH (Kosta), à Koprivnitza (dép¹ d'Alexinatz). — Poils de chèvre.
(PALAIS.)

71. YELISAVLYEVITCH (Voutcheta), à Zaovina (dép¹ d'Oujitze). — Laine ordinaire. (PALAIS.)

72. YOKSIMOVITCH (Miloutine), à Yablanzi (dép¹ de Zrna Reka). — Laine.
(PALAIS.)

73. YOVANOVITCH (Petar), à Yagochnitza (dép¹ d'Oujitze). — Poils de chèvre.
(PALAIS.)

74. YOVANOVITCH (Pota), à Pirot. — Tissus en feutre. (PALAIS.)

75. YOVANOVITCH (Yanoch), à Douslotchina (dép¹ de Krayna). — Tissus de feutre. (PALAIS.)

76. YOVITCH (Joseph), à Pirot. — Tissus en feutre. (PALAIS.)

77. YOZITCH (Mladen), à Kamenitza (dép¹ de Nisch). — Tissus laine.
(PALAIS.)

SUISSE.

1. SCHNYDER (Jean), à Waedenswell (Zurich). — Crins frisés pour matelas et meubles, crins bruts, crins cuprés pour tresses et tissus. (PALAIS.)

GROUPE IV.

TISSUS, VÊTEMENTS ET ACCESSOIRES.

Classe 33.

Soies et tissus de soie.

FRANCE.

1. **ALAMAGNY & ORIOL**, à Saint-Chamond (Loire). — Tresses, lacets, sou taches, ganses, galons, tissus pour boutons. **(E. C.) (PALAIS.)**

2. **ANTOINE (Alfred) & Cie**, à Alais et à Mialet (Gard). — Soies grèges. **(E. C.) (PALAIS.)**

3. **ARAUD (Neveu) et EYRAUD (C.)**, à Lyon (Rhône), rue Saint-Polycarpe, 12. — Soieries, nouveautés pour parapluies et ombrelles. **(E. C.) (PALAIS.)**
Récompenses :
Médailles d'argent : Londres 1862 ; Paris 1867 et 1878.

4. **ARMANDY & Cie**, à Lyon (Rhône), quai de Retz, 2. — Soies ouvrées. **(E. C.) (PALAIS.)**

5. **ARQUISCHE, VOISIN & GROSPELLIER**, à Lyon (Rhône), rue Puits-Gaillot, 2. — Soieries unies, façonnées, noires et couleurs. **(E. C.) (PALAIS.)**

6. **ATUYER, BIANCHINI & FÉRIER**, à Lyon (Rhône), place Tolozan, 22. — Soieries. **(E. C.) (PALAIS.)**

7. **AUDIBERT (L.) & Cie**, à Lyon (Rhône), Grande Rue des Feuillants, 1 — Soieries unies et façonnées, noires et couleurs, armures et nouveautés, velours unis, noirs et couleurs. **(E. C.) (PALAIS.)**

8. **AURELLE Frères**, à Loriot (Drôme). — Soies ouvrées. **(E. C.) (PALAIS.)**

9. **BALAS Frères**, à Izieux (Loire). — Tresses, lacets, galons et passementeries. **(E. C.) (PALAIS.)**

10. **ALAY (G.) & VARAGNAT**, à Saint-Étienne (Loire), rue Gérentet, 2 — Rubans façonnés haute nouveauté, velours, spécialité de galons nouveauté. **(E. C.) (PALAIS.)**

11. **BARBIER Fils (Charles)**, à Paris, rue du Caire, 33. — Soies. **(PALAIS.)**
Classe 33.

12. BARDON, RITTON, & MAYEN, à Lyon (Rhône). — Soieries unies,
et façonnées, armures et nouveautés pour robes, modes et confections, velours noirs et
couleurs.   **(E. C.) (PALAIS.)**

Maison fondée en 1844. — Récompenses : Médailles, Londres 1862, Paris 1867 ; Médaille
de progrès, Vienne 1873 ; Grande Médaille, Philadelphie 1876 ; Médaille d'or, Paris 1878
et Amsterdam 1883 ; Diplôme d'honneur, et croix de la Légion d'honneur, à Anvers 1885.

13. BARLET (Justin), à Saint-Étienne (Loire), place Marengo, 8. — Passemen
teries.   **(E. C.) (PALAIS.)**

14. BARRAL CHANAY & Cie, à Lyon (Rhône), place du Griffon, 3. —
Soieries unies et nouveautés.   **(E. C.) (PALAIS.)**

Soieries unies, façonnées et imprimées pour modes, robes, confections et cols.
Spécialité pour éventails.
Récompenses :
Médailles, Paris 1855 ; Paris 1867 ; Vienne 1873 ; Philadelphie 1876 ; Paris 1878.

15. BARRALLON (Pierre), à Saint-Étienne (Loire), place Paul-Bert, 17. —
Galons extra pour chapellerie, ceintures régence.   **(E. C.) (PALAIS.)**

16. BARRÈS Frères, à Saint-Julien-en-Saint-Alban (Ardèche). — Cocons, soies
grèges, soies ouvrées, ouvraison.   **(E. C.) (PALAIS.)**

Maison fondée en 1810. 18 types, 2 en cocons, 7 en ancienne fabrication, 9 en nouvelle fabrication. Médailles internationales ; Prix Londres 1851 ; Argent, Paris 1855 ; Honneur, Londres 1862 ; Argent, Paris 1867 ; Mérite, Vienne 1873 ; Or, Paris 1878.

17. BASTIDE (A.-A.), à Vinézac, par Largentière (Ardèche). — Organsins et
soies grèges.   **(E. C.) (PALAIS.)**

18. BEAUVILLAIN (Alphonse), à Paris, rue Saint-Denis, 101. — Soies à
coudre et à broder.   **(PALAIS.)**

Marque de fabrique « au Phénix ».
Maison à Lyon, place des Cordeliers, 6.
Fabrique à Chambly (Oise).

19. BÉRARD (Jérémie), à Châteauneuf-de-Mazenc (Drôme). — Soies grèges et
soies ouvrées.   **(E. C.) (PALAIS.)**

20. BÉRARD & FERRAND, à Lyon (Rhône), quai de Retz, 2. —Soieries unies
et grands façonnés, armures pour robes et confections, velours façonnés.
                                                            (E. C.) (PALAIS.)

21. BÉRAUD (J.) & Cie, à Lyon (Rhône), place Tolozan, 18. — Soieries haute
nouveauté, façonnées et unies pour robes et confections.   **(E. C.) (PALAIS.)**

Récompenses :
Médaille d'or, Expositions universelles de Paris 1878, Melbourne 1880, Amsterdam 1883.

22. BERGER (Charles), à Paris, rue du Caire, 23. — Rubans de soie pour décorations.   **(PALAIS.)**

23. BERNARD (Louis), à Mirmande (Drôme).— Soies ouvrées de diverses provenances.   **(E. C.) (PALAIS.)**

24. BIANCHINI, BERNARD & Cie, à Lyon (Rhône), place Croix-Paquet, 3.
— Soieries, crêpes de Chine, nouveautés et velours façonnés. **(E. C.) (PALAIS.)**

Successeurs de Chenevier, Duressy et Cie.
Maison Deveaux frères, fondée en 1828.
Fabrique de soieries, crêpes de Chine.
Nouveautés et velours façonnés.
Brevet d'invention pour velours façonnés.

25. BICKERT & BESSON, à Lyon (Rhône), rue Désirée, 16. — Velours mécaniques, brochés et unis; châles et tissus pour l'Algérie, le Maroc et les Indes.
                                                            (E. C.) (PALAIS.)

26. BLANCHON (Vve Blaizac) & Fils, à Flaviac. (Ardèche). — Soies
grèges et ouvrées.   **(E. C.) (PALAIS.)**

27. BLANCHON (Louis), à Saint-Julien-en-Saint-Alban (Ardèche). — Soies
grèges et ouvrées.   **(E. C.) (PALAIS.)**

28. BONNET (J.-B.), à Lyon, rue de l'Arbre-Sec, 9. — Grenadines, crêpes de
Chine, gazes, nouveautés pour modes, robes et confections.   **(E. C.) (PALAIS.)**

29. BONNET & Cie (Les Petits-Fils de C. J.), Successeurs de **Bonnet
(Claude-Joseph), et Cie,** à Lyon (Rhône). — Soieries noires, nouveautés et
couleurs.   **(E. C.) (PALAIS.)**

Filature, moulinage et tissage à Jujurieux (Ain).
Prize medal : Londres 1851 ; Médaille d'or, Paris 1855 ; Médailles, Londres 1862,
Paris 1867 ;
Diplôme d'honneur : Vienne (Autriche) 1873 ; Philadelphie 1876 ; Grand prix, diplôme d'hon-
neur et croix de la Légion d'honneur, Paris 1878 ; Premières récompenses : Sydney 1880,
Melbourne 1881, Amsterdam 1883, Anvers 1885.

30. BONNET, RAMEL, SAVIGNY, GIRAUD & Cie, aux Charpen-
nes-Lyon (Rhône), route de Vaulx, 15. — Teinture en flottes des soies, tussah, laine et
coton, etc.   **(E. C.) (PALAIS.)**

31. BONNETAIN (E.), BAYLE & Cie, à Lyon (Rhône), place Croix-Paquet, 11. — Soieries, nouveautés et rubans.   **(E. C.) (PALAIS.)**

32. BOUCHARLAT Frères & PELLET, à Lyon (Rhône), rue du Griffon.
— Etoffes de soie unies, façonnées et armures.   **(E. C.) (PALAIS.)**

33. BOUDAREL Fils & CHAVANON, à Saint-Étienne (Loire), place de
l'Hôtel-de-Ville, 3. — Rubans, velours, cravates pour hommes.   **(E. C.) (PALAIS.)**

34. BOUDON (Louis) & Cie, à Saint-Jean-du-Gard (Gard). — Soies grèges.
                                                                (E. C.) (PALAIS.)

35. BOUVARD (Eugène) & MATHERON Fils (Henry), à Lyon
(Rhône), place Tolozan, 26. — Etoffes pour ameublements, étoffes façonnées pour robes,
articles de dorure.   **(E. C.) (PALAIS.)**

Représentés à Paris, par G. Bockairy, 21, rue du Bouloi, successeur de Matheron et
Bouvard.
Maison fondée en 1802.
Médailles d'or à toutes les Expositions de Londres et de Paris ; Légion d'honneur en 1867 ;
Couronne de fer, à Vienne 1873 ; Hors concours, jury, Paris 1878.

36. BOUVIER (Marius), à Die (Drôme). — Soies ouvrées diverses, organsins et
trames ordinaires et à tours comptés, grenadines.   **(E. C.) (PALAIS.)**

Expositions universelles internationales : 1873 Vienne, Diplôme de mérite ; 1878 Paris,
Médaille d'argent.

37. BOYRIVEN Frères, à Lyon (Rhône), rue Lanterne, 1. — Satins, dam :. reps,
soie.   **(E. C.) (PALAIS.)**

38. BRESSON, AGNÈS & Cie, à Lyon (Rhône), rue de la République, 1. —
Soieries, nouveauté.   **(E. C.) (PALAIS.)**

39. BROSSET-HECKEL & Cie, à Lyon (Rhône). — Satins, soieries, armures.
                                                                (E. C.) (PALAIS.)

Satins, armures ; hautes récompenses aux principales expositions.

40. BRUNET-LECOMTE, MOISE & Cie, à Lyon (Rhône), place Tolozan
24. — Soieries unies et façonnées, soieries imprimées, gazes nouveautés.
                                                                (E. C.) (PALAIS.)

Impressions et nouveautés.
Maison fondée par R. Brunet-Lecomte, le 1er Mai 1844.

41. BRUNSCHWIG (Émile), à Aulas (Gard). — Peignés de déchets de soie,
nappes ou en loquettes pour la filature de schappes.   **(E. C.) (PALAIS.)**

42. BUREL, BURTIN & DÉCHANDON, à La Digonnière-Saint-Étienne (Loire). — Soies teintes en tous genres, schappes et cotons.   **(E. C.) (PALAIS.)**

43. CARRIÈRE (Émile & Paul), à Ganges (Hérault). — Soies grèges, organsins et trames pour fabrications de Lyon, grèges spéciales et grenadines pour fabriques de Saint-Etienne.   **(E. C.) (PALAIS.)**

44. CARTON (Alexandre), à Paris, rue du Caire, 10. — Soies écrues et teintes pour mercerie, machines à coudre, ganterie, broderie et passementerie.   **(PALAIS.)**

45. CHABERT (J.) & Cie, à Chomérac (Ardèche). — Soies grèges.   **(E. C.) (PALAIS.)**

Maison fondée en 1835. Filature et moulinage de soies grèges et ouvrées.

Directeur pour la partie industrielle de la Société anonyme pour l'exploitation en France des filatures Serrel, productions vendues sous marque J. Chabert et Cie.

Production en soies moulinées, organsins, trames, tours comptés et tours non comptés; ouvraisons spéciales, ditrs anglaises, grenadines, crêpes, ondées, etc. Soies européennes et asiatiques.

Diverses filatures situées dans l'Ardèche et dans la Drôme.

Divers moulinages : Ardèche, Drôme, Gard, Vaucluse, Loire.

Récompenses : Paris 1867, Méd. d'argent; Vienne 1873, Méd. de progrès ; Philadelphie 1876, Méd. et décoration ; Paris 1878, Méd. d'or ; Anvers 1885, Diplôme d'honneur, Grande Méd. d'or.

46. CHAIX & Cie, à Lyon (Rhône), rue de l'Arbre-Sec, 26. — Soies grèges et ouvrées de France, douppions et fils mélangés.   **(E. C.) (PALAIS.)**

Soies grèges et ouvrées. Système de filature breveté. Grèges titres spéciaux et extra fermes 100 deniers et au-dessus. Organsins de France filature et ouvraison, extra, 1er, 2e et 3e ordre , 3 bouts ; apprêts spéciaux, velours, etc. Trames de France. Fils mélangés, soie-coton, soie-laine, etc. Douppions, grèges et trames de tous titres.

47. CHAIZE Frères, à Saint-Étienne (Loire), rue d'Annonay, 118. — Lisses sans nœuds ni coudage de fil au maillon, fixes et mobiles ; remisses à cristelles fixes et mobiles, spécialité pour tissus divers.   **(E. C.) (PALAIS)**

48. Chambre de Commerce de Lyon, à Lyon (Rhône). — Exposition de ses services généraux dans l'intérêt de l'industrie de la soie.   **(E. C.) (PALAIS.)**

49. CHAMBRE DE COMMERCE de Lyon (Exposition collective de soies écrues et teintes et d'étoffes de soie). Délégués : Natalis Rondot & S. Lilienthal, à Lyon (Rhône).   **(PALAIS.)**

Antoine (A.) et Cie.
Araud Neveu et Eyraud (C.).
Armandy et Cie.
Arquische, Voisin et Grospellier.
Atuyer, Bianchini et Férier.
Audifert (L.) et Cie.
Aurelle Frères.
Bardon, Ritton et Mayen.
Barral, Chanay et Cie.
Barrès Frères.
Bastide (A.).
Bérard (J.).
Bérard et Férand.
Béraud (J.) et Cie.
Bernard (L.).
Bianchini, Bernard et Cie.
Beckert et Besson.
Blanchon (Ve B.) et Fils.
Blanchon (L.).
Bonnet (les Petits-Fils de C.-J.) et Cie.
Bonnet (J.-B.).

Bonnet, Ramel, Savigny, Giraud et Cie.
Bonnetain (E.), Bayle et Cie.
Boucharlat Frères et Pellet.
Boudon (L.) et Cie.
Bouvard (E.) et Matheron (H.) Fils.
Bouvier (M.).
Boyriven Frères.
Bresson, Agnès et Cie.
Brosset-Heckel et Cie.
Brunet, Lecomte, Moïse et Cie.
Brunschwig (E.).
Carrière (E. et P.).
Chabert (J.) et Cie.
Chaix et Cie.
Chambre de Commerce de Lyon.
Champagne, Range et Vernay.
Champestève (E.).
Guimard (E.).

Charmyre (V.).
Chatel et Tassinari (V.).
Clayette et Mantelier Jeune.
Combier Frères.
Coren (J.).
Corron (J.) et Baudouin.
Courthial (P.) et Giraud (L.).
Cuchet Père et Fils et Cie.
Dadre (E.).
Denis et Cie.
Devaux et Bachelard.
Dognin et Cie.
Duchamp (E.).
Ducoté, Caquet-Vauzelle et Côte.
Dumas (O.).
Durand Frères.
Dussol (E.).
École municipale de Tissage.
Embry (L. et A.).
Escoffier, Gaizal (J.-M.)
Fayol (H.).

FOUGEIROL (A.).
FOUGEIROL (A.) et GARNIER (E.).
FRANQUEBALME (A.) et Fils.
GALLE, CHABOUD et FAYE.
GANTILLON et Cⁱᵉ.
GAUTIER, BELLON et Cⁱᵉ.
GERVAIS (C.).
GILLET et ses Fils.
GINDRE et Cⁱᵉ.
GLAIZAL (F.) et Fils.
GONINDARD (L.), JANCE (L.) et Cⁱᵉ.
GONSALVO (Ange de).
GOURD (A.) et Cⁱᵉ.
GRANT (James M.).
GUIGOU (C.).
GUIVET (J.) et DELAROCHE.
GUSTELLE et PONSON.
HENRY (J.-A.).
JABOULAY, BURIN et DOREL.
JAILLET, LEPLATTENIER et Cⁱᵉ.
JAUSSEN (A.).
JOURNET (A.).
LACHARD Frères et Cⁱᵉ.
LAMY (A.) et GIRAUD (A.).
LAVAL (J.) et TRONEL (F.).
LEMAÎTRE et Cⁱᵉ.
LUTHRINGER (T.).

MALLEVAL, MASSON et Cⁱᵉ.
MARCY (A.).
MARION (H.) et COLLON (A.).
MARION (J.) Aîné et Fils.
MARQUE MUNICIPALE DES SOIERIES TISSÉES A LYON.
MARTIN (J.-B.).
MARTIN (L.) et Cⁱᵉ.
MICOUD (J.) et RIGOLLIER (J.).
MOLLE (E.).
MONTESSUY (A.) et CHOMER (A.).
MORAND (M.).
MURAOUR et PELLERIN.
OGIER (V.), DUPLAN (L.) et Cⁱᵉ.
PALLUAT (H.) et TESTE-NOIRE.
PERMEZEL (L.) et Cⁱᵉ.
PERVILHAC (H.).
PIOTET (M.) et ROQUE (J.).
PONCET Père et Fils.
PRAVAZ (H.) et BOUFFIER.
PRUD'HON (E.).
RENARD, VILLET et BUNAND.
REYRE-LOUVIER (E.).
ROCHE et Cⁱᵉ.

RONDOT (N.).
ROSSET (A.).
ROUX Père et Fils
SCHULZ, GOURDON et Cⁱᵉ.
SERRELL (Filatures).
SIMON (Mᵐᵉ), née PERRIER.
STROHL (A.)
TABARD (B.) et Cⁱᵉ.
TABOURIER, BISSON et Cⁱᵉ.
TAPISSIER Frères.
TEISSIER DU CROS (E.).
THOMAS Frères.
THOMASSET, CAPONY et GERIN.
TRAPADOUX (A.-L.) Frères et Cⁱᵉ.
TRAPIER Frères (R. et C.).
TRESCA Frères, SICARD et Cⁱᵉ.
TROMPARENT (A.).
TURGE (N.).
VERMOREL (S.) et Cⁱᵉ.
VERTUPIER-COLOMBIER (L.).
VIALLAR, GUÉNEAU et CHARTRON.
VOLAND (F.).

50. CHAMBRE DE COMMERCE de Saint-Étienne (Exposition collective de rubans, velours, passementerie et soies teintes). Délégué : **Antoine Gauthier**, à Saint-Étienne (Loire).   (PALAIS.)

ALAMAGNY & ORIOL.
BALAS Frères,
BALAY (G.) & VARAGNAT.
BARLET (J.).
BARRALLON (P.).
BOUDAREL Fils & CHAVANON.
BUREL, BURTIN & DÉCHANDON.
CHAIZE Frères.
CHOREL-ESCORDIA (E.).
COLCOMBET (F.) & Cⁱᵉ.
COSTE (J.).

DÉCOT (G.).
DÉCOUSUS & JOURNOUD.
DUMAS (J. B.).
DUNÈS (E.).
DUREL & GUICHARD.
FESSY (E.).
FOREST (J. & Cⁱᵉ.
FORISSIER (A.).
FRAISSE, MERLEY Fils & Cⁱᵉ.
GARAND, PASCAL & Cⁱᵉ.
GAUTHIER (A.).
GERIN (J.) & Cⁱᵉ.

GIRON Frères.
MARCOUX & CHATEAUNEUF.
MEYRET (J. & P.).
PINATELLE & BROSSY.
REBOUR (Ch.).
SARDA (A.).
SCHOELER (J.) & BRUNON (P.).
STARON Jeune (P.) & Cⁱᵉ.
TROYET (P.) & Cⁱᵉ.
VALLAT & DEVILLE.

51. CHAMPAGNE, RANGE & VERNAY, à Lyon (Rhône), Grande-Rue des-Feuillants, 6. — Soieries unies et façonnées.   (E. O.) (PALAIS.)

Nouveautés couleurs et noir.

52. CHAMPESTÈVE (Émile), à Montélimar (Drôme). — Organsins, Canton filature, Japon grappes, Syrie, petite filature de joyeuse.   (E. C.) (PALAIS.)

53. CHARBIN (Étienne), à Lyon (Rhône), Petite-Rue-des-Feuillants, 9. — Velours, peluches pour modes et gaînerie, soieries unies.   (E. O.) (PALAIS.)

Maisons à Paris, 40, rue d'Hauteville et à Londres, 1, Fountain Court, Aldermanbury E. C.
Soieries unies, popeline, sicilienne, gros grains, cachemire, failles, armures, etc. Spécialité de velours et peluches en soie, lin, ramie et jute en toutes largeurs, jusqu'à 140 centimètres, pour Ameublement, Tenture et Gaînerie.
Rayon spécial de satins unis, crêpe de Chine et nouveautés.
Usines à Lyon, cité Lafayette et Saint-Nazaire-en-Royans (Drôme).
Récompenses : Paris 1855 ; Londres 1862 ; Paris 1867 ; Vienne 1873 ; Paris 1878 ; Melbourne 1881 ; Amsterdam 1883 ; Anvers 1885.

54. CHARDIN (Ernest) & Cie, à Paris, rue Étienne-Marcel, 14. — Soies teintes et écrues pour couture, broderie, tapisserie, ganterie, corsets, soies pour machines, soies sur cartes. **(PALAIS.)**

    Usine à Persan (Seine-et-Oise).
    Dévidage, Moulinage et Teinture de soies. Exportation.

55. CHAREYRE (Virgile), à Saint-Fortunat (Ardèche). — Soies grèges et ouvrées. **(E. C.) (PALAIS.)**

56. CHARPENTIER (Amédée) & REMY, à Paris, boulevard Sébastopol, 76. — Soies à coudre. **(PALAIS.)**

    Fabrique à Neuilly-en-Thelle (Oise). Soies teintes et écrues. Articles spéciaux pour chaussures, corsets, tailleurs, couturières. Médailles bronze, Paris 1867, 1878.

57. CHATEL & TASSINARI (V.), à Lyon (Rhône, place Croix-Paquet, 11. — Etoffes de soie pour ameublements, nouveautés pour robes, ornements d'église. **(E. C.) (PALAIS.)**

    Maison fondée en 1762, par Camille Pernon.
    Médailles or, Londres 1851 ; Paris 1855 ; Londres 1862 ; Paris 1867 ; Vienne 1873 ; Philadelphie 1876, Hors Concours jury ; Paris 1878.

58. CHOREL-ESCORBIA (Éloi), à Saint-Étienne (Loire), place Marengo, 5. — Rubans et velours. **(E. C.) (PALAIS.)**

    Fabrique de rubans unis et façonnés, velours, satins et unis noir et couleurs, usines et tissage mécanique, à Saint-Étienne, l'une place de Tardy, 25.

59. CLAYETTE & MANTELIER Jeune, à Lyon (Rhône), place Tolozan, 18. — Velours unis noirs et couleurs, nouveautés pour modes. **(E. C.) (PALAIS.)**

60. COLCOMBET (F.) & Cie, à Saint-Étienne (Loire), rue de la République, 5. — Rubans unis et façonnés haute nouveauté, velours. **(E. C.) (PALAIS.)**

61. COLOMBIER Père & Fils (ancienne maison), à Crest (Drôme). **VERTUPIER-COLOMBIER, Successeur.**
    Grèges et organsins de France, grèges et trames Japon Kakéda. **(E. C.) (PALAIS.)**

    Maison fondée en 1798.
    Usine à Chauméane (canton de Crest). — Filature et ouvraison de soies de France.
    Usine aux Porterons (canton de Crest).
    Ouvraison de grèges Japon Kakéda, en trames à tours comptés.

62. COMBIER Frères, à Livron (Drôme). — Soies grèges et ouvrées. **(E. C.) (PALAIS.)**

63. COREN (Joseph), à Salon (Bouches-du-Rhône). — Soies grèges et ouvrées. **(É. C.) (PALAIS.)**

64. CORRON (J.) & BAUDOUIN, à Lyon (Rhône), rue Godefroy, 27. — Soies cuites, soies souples, toutes couleurs, laines et cotons couleurs et noirs. **(E. C.) (PALAIS.)**

65. COSTE (Joannès), (anciennement **J. Coste, Lavocat et Cie**, à Saint-Étienne (Loire), rue Brossart, 9. — Festons et broderies pour garnitures de corsets. **(E. C.) (PALAIS.)**

66. COURTHIAL (P.) & GIRAUD (L.), à Valence (Drôme). — Soies grèges et ouvrées de France. **(E. C.) (PALAIS.)**

67. CUCHET Père & Fils & Cie, à Aubenas (Ardèche). — Soies grèges et ouvrées. **(E. C.) (PALAIS.)**

    Maison fondée en 1832, médaille d'argent à l'Exposition universelle de 1878.

68. DADRE (H.-M.-Ernest) Successeur de **Ruas & Cie**, à Alais (Gard). — Soies grèges et cocons. **(E. C.) (PALAIS.)**

69. DÉCOT (Guillaume), à Saint-Étienne (Loire), place Marengo, 13. — Rubans, cravates, nouveautés. **(E. C.) (PALAIS.)**

70. DÉCOUSUS & JOURNOUD, à Saint-Étienne (Loire), rue de Roanne, 3.
— Rubans nouveautés, unis et façonnés, cravates pour dames, passementeries.
(E. C.) (PALAIS.)

71. DELAUNEY (Jean-Baptiste) & PINGAULT (Paul), à Paris, rue
du Sentier, 9. — Gazes, châles, soieries et lainages.   **(PALAIS.)**

72. DENIS & Cie, à Fismes (Marne). — Cordonnets pour couture et passementerie, spécialité de schappes pour tulles et dentelles.   **(E. C.) (PALAIS.)**

73. DEVAUX & BACHELARD, à Lyon (Rhône), rue Royale, 23. — Soieries unies, nouveautés et velours.   **(E. C.) (PALAIS.)**

Successeurs de J. P. Million et Servier. Maison fondée en 1813, par J. P. Million. Fabrique
de soieries unies, nouveautés et velours pour robes et confections. Récompenses : Paris 1855,
Médaille d'or ; Londres 1862, Grande Médaille, croix de la Légion d'honneur ; Paris 1867,
Grande Médaille ; Vienne 1873, Grande Médaille ; Philadelphie 1876, Grande Médaille ;
Paris 1878, Médaille d'or ; Melbourne 1880, Grande Médaille ; Amsterdam 1883, Méd. d'or.

74. DOGNIN & Cie, à Lyon (Rhône), rue Puits-Gaillot, 1. — Tulles de soies, dentelles et broderies mécaniques.   **(E. C.) (PALAIS.)**

75. DUCHAMP (E.), petit-fils de C.-J. BONNET, successeur de **J. PHI-
LIPON & Cie**, à Lyon (Rhône), rue Royale, 31. — Soieries unies, noires et couleurs, soieries façonnées noires et couleurs.   **(E. C.) (PALAIS.)**

76. DUCOTÉ, CAQUET-VAUZELLE & COTE, à Lyon (Rhône), Grande-Rue-des-Feuillants, 6. — Unis couleurs et noirs nouveautés pour robes et confections.   **(E. C.) (PALAIS.)**

Londres 1851, Médaille bronze ; Paris 1855, Médaille d'honneur or ; Londres 1862, Médaille
bronze ; décoration Légion d'honneur ; Paris 1867, Médaille d'argent ; Vienne 1873, progrès ;
Paris 1878, Médaille or ; Amsterdam 1883, Médaille or ; Anvers 1885, Diplôme d'honneur.

77. DUMAS (J.-B.), à Saint-Étienne (Loire), rue Tréfilerie, 15. — Tissus pour
chaussures, ceintures et jarretières.   **(E. C.) (PALAIS.)**

Dépôt : à Paris, rue du Caire, 28.

78. DUMAS (J.-B.-Odilon), à Saint-André-de-Cruzières (Ardèche), par Saint-
Ambroix (Gard). — Soies grèges filées à des titres différents.   **(E. C.) (PALAIS.)**

79 DUNÈS (Ernest), à Saint-Étienne (Loire), rue Gambetta, 16. — Passementeries, galons, franges, marabouts, parures, etc.   **(E. C.) (PALAIS.)**

80. DURAND Frères, à Lyon (Rhône), rue de l'Arbre-Sec, 19. — Crêpes et soieries.   **(E. C.) (PALAIS.)**

81. DUREL & GUICHARD, à Saint-Étienne (Loire), rue de la Bourse, 3. —
Rubans unis et façonnés noirs et couleurs.   **(E. C.) (PALAIS.)**

82. DUSSOL (Léon), à Sumène (Gard). — Soies grèges et ouvrées.
(E. C.) (PALAIS.)

83. École Municipale de Tissage, à Lyon (Rhône), place de Belfort, 2. —
Tableaux tissés, théorie des principaux tissus (unis et armures), portrait de Jacquart.
(E. C.) (PALAIS.)

84. EMERY (Léon & Adrien), à Lyon (Rhône), rue du Bât-d'Argent, 10. —
Étoffes de soie.   **(E. C.) (PALAIS.)**

Étoffes pour ameublements.
Articles du Levant.
Nouveautés pour robes.
Ornements d'église.
Reproduction d'étoffes anciennes et artistiques.
Récompenses :
Médailles d'or et diplômes d'honneur à Londres 1851.
Paris 1855. — Paris 1867.
Vienne 1873. — Paris 1878.
Melbourne 1880. — Anvers 1885.

85. ESCOFFIER-GLAIZAL (Jean-Marie-L.), à Vanosc (Ardèche). — Soies grèges et ouvrées. **(E. C.) (PALAIS.)**

86. FAYOL (Régis), à Charmes (Ardèche). — Soies grèges et ouvrées. **(E. C.) (PALAIS.)**

87. FESSY (J.-B.-Ennemond), à Saint-Étienne, la Vallette (Loire). — Soies teintes. **(E. C.) (PALAIS.)**
Récompenses : Médaille d'argent, à l'Exposition d'Anvers 1885.

88. FOREST (J.) & Cie, à Saint-Étienne (Loire), rue Mi-Carême, 4. — Rubans, étoffes de soie et velours. **(E. C.) (PALAIS.)**
Manufacture de Rubans unis et façonnés disponibles, Rubans velours unis et nouveautés.
Tissage mécanique de Peluches et Velours en pièces, Rubans unis et Velours, à Saint-Étienne, avenue Denfert-Rochereau, 12.
Satins teints en pièces, étoffes fantaisie pour modes et confection, doublures.
Médailles aux Expositions universelles de Paris 1878 et Barcelone 1888.

89. FORISSIER (André), à Saint-Étienne (Loire), place Saint-Charles, 9. — Rubans façonnés et unis, haute nouveauté. (E. C.) (PALAIS.)

90. FOUGEIROL (A.), aux Ollières (Ardèche). — Soies grèges et ouvrées de France, organsins et trames Bengale, Chine et Japon, trames Tussah. Tissus, chaîne soie, trame coton. **(E. C.) (PALAIS.)**
Médaille d'argent 1re classe, Paris 1855 et 1867 ; Médaille d'or 1re classe, Paris 1878 ; Médaille d'or 1re classe, Anvers 1885.

91. FOUGEIROL (A.) & GARNIER (Édouard), à Trans (Var). — Soies grèges et ouvrées, cocons de soie et déchets en provenant. **(E. C.) (PALAIS.)**

92. FRAISSE, MERLEY Fils & Cie, à Saint-Étienne (Loire), place Marengo, 5. — Rubans. **(E. C.) (PALAIS.)**

93. FRANQUEBALME (A.) & Fils, à Avignon (Vaucluse). — Soies grèges et ouvrées. **(E. C.) (PALAIS.)**

94. GALLE, CHABOUD & FAYE, à Lyon (Rhône), Grande-Rue-des-Feuillants, 3. — Soieries unies et façonnées pour robes et confections. **(E. C.) (PALAIS.)**
Successeurs de Aimé Galle et Cie.

95. GANTILLON & Cie, à Lyon (Rhône), place Tolozan, 24. — Tissus teints, apprêtés et moirés. **(E. C.) (PALAIS.)**
Cette maison dont la fondation remonte à 1846, a obtenu en 1862, pour ses apprêts de foulards, ses moires antiques, une médaille de 1re classe, à l'Exposition Internationale de Londres, en même temps que M. D. Gantillon, était élevé à la dignité de Chevalier de la Légion d'honneur.
En 1867, Médaille d'or, à l'Exposition universelle de Paris.
En 1873, Médaille de mérite, à l'Exposition universelle de Vienne.
En 1878, Médaille d'argent, à l'Exposition universelle de Paris.

96. GARAND, PASCAL & Cie, à Saint-Étienne (Loire), place Jacquart, 20. — Rubans unis et façonnés. **(E. C.) (PALAIS.)**
Représentés à Paris par M. Boavry, 127, boulevard Sébastopol, et par MM. Giraudot et Loisellier, 10, rue d'Hauteville, pour l'Exportation.

97. GAUTHIER (Antoine), à Saint-Étienne (Loire), Grande-Rue-Mi-Carême, 10. — Rubans et rubans de velours unis et nouveauté. **(E. C.) (PALAIS.)**
Récompenses :
Médaille, Londres 1862 ; Médaille d'argent, Paris 1867.
Médaille d'or, Paris 1878.

98. GAUTIER, BELLON & Cie, à Lyon (Rhône), place Tolozan, 27. — Velours unis noirs et couleurs. **(E. C.) (PALAIS.)**

99. GERIN (Jules) & Cie, à Saint-Étienne (Loire), place Mi-Carême, 5. — Rubans unis et haute nouveauté. **(E. C.) (PALAIS.)**

100. GERVAIS (F.-César), à Anduze (Gard). — Soies grèges des Cévennes.
(E. C.) (PALAIS.)

101. GILLET & Fils, à Lyon (Rhône), quai de Serin. — Soies teintes en noir cuit et en noir souple, cordonnets, teinture et apprêt du tissu crêpe en noir et en couleurs.
(E. C.) (PALAIS.)

102. GINDRE & Cie, à Lyon (Rhône), rue Puits-Gaillot, 2. — Satins couleurs et noirs en tous genres.
(E. C.) (PALAIS.)

Maison fondée en 1828.
Médailles : Londres 1851, bronze ; Paris 1855, argent ; Londres 1862, bronze ; Paris 1867, argent ; Vienne 1873, progrès ; Paris 1878, or.

103. GIRON Frères (Maison), **GIRON (Marcellin)**, à Saint-Étienne (Loire). — Rubans-velours, rubans, velours, peluches, soieries noires et couleurs, unis et façonnés.
(E. C.) (PALAIS.)

Comptoirs et tissage mécanique, à Chantegrillet (Saint-Étienne).
Distinctions :
Paris 1855, Médaille 1re classe.
Londres 1862, Médaille 1re classe.
Paris 1867, Médaille 1re classe et croix de la Légion d'honneur.
Vienne 1873, Médaille de progrès.
Philadelphie 1876, Médaille 1re classe.
Paris 1878, Médaille d'or.

104. GLAIZAL (Ferdinand) & Fils, à Quintenas (Ardèche). — Organsins, trames, bobines et tissus soie écrue.
(E. C.) (PALAIS.)

105. GONINDARD (L.), JANCE (L.) & Cie, à Lyon (Rhône), place Croix-Paquet, 11. — Foulards nouveautés, cache-nez, pochettes, impressions, tissus pour cols, cravates et modes.
(E. C.) (PALAIS.)

106. GONSALVO (P. B.-Ange de), à Estagel (Pyrénées-Orientales). — Graines de vers à soie, papillons, cocons, soies grèges.
(E. C.) (PALAIS.)

107. GOURD (A.) & Cie, à Lyon (Rhône), quai de Retz, 1. — Étoffes unies, façonnées et de nouveauté, en noir et en couleurs.
(E. C) (PALAIS.)

Maison fondée en 1812. — Manufactures à Lyon et à Faverges (Haute-Savoie), a pris part aux Expositions universelles et a obtenu les récompenses suivantes :
Paris 1849, médaille d'or ; Paris 1855, médaille d'honneur ; Londres 1862, médaille d'honneur ; Paris 1867, méd. 1re d'argent (première médaille) ; Vienne 1873, médaille de progrès ; Philadelphie 1876, médaille 1re or ; Paris 1878, médaille d'or : Amsterdam 1883, Anvers 1885, diplôme d'honneur.

108. GRANT (James-M.), à Lyon (Rhône), chez MM. Chabrières, Morel et Cie. — Flottes de soie ouvrée et d'autres fils, crues et teintes.
(E. C.) (PALAIS.)

109. GROUT, à Paris, rue Saint-Denis, 240. — Rubans de soie pour ordres, etc.
(PALAIS.)

Rubans d'ordres français et étrangers. Rosettes sans coutures. Médailles, Paris 1re classe 1855 ; Londres 1862 ; Bronze 1867 ; Bronze, rappel, 1878.

110. GUIGOU (Camille), à Lyon (Rhône), Grande-Rue-des-Feuillants, 1. — Étoffes unies noires et couleurs, armures nouveautés, velours unis noirs.
(E. C.) (PALAIS.)

111. GUIVET (J.) & DELAROCHE, à Lyon (Rhône), place Croix-Paquet, 3. — Soieries.
(E. C.) (PALAIS.)

112. GUSTELLE & PONSON, à Lyon (Rhône), rue d'Alsace, 21. — Étoffes riches en nouveautés, en uni, armures et velours, poults de soie, moires, bengalines, satins-duchesse.
(E. C.) (PALAIS.)

Velours sans charge en uni noir et couleurs.
Maison fondée en 1829, par M. Ponson père.
Récompenses :
Médaille d'or, Expositions universelles de : Londres 1851 ; Paris 1855 ; Londres 1862 ; Paris 1867 ; Vienne 1873 ; Paris 1878.

113. HAMELIN (Émile), & Cie, à Paris, rue St-Denis, 144. — Douppions,
soies grèges et ouvrées, soies écrues et teintes.   (PALAIS.)

Filatures de douppions, à Bagnols-sur-Cèze (Gard), et à Codolet. Manufacture aux Andelys
(Eure). Marques de fabrique « au Mûrier », « au Palmier » Médailles d'argent, Exposition
universelle Paris 1855, 1867 ; Prize Medals, Londres 1862 ; Philadelphie 1876 ; Médaille d'or,
Paris 1867, 1878 ; Amsterdam 1883 ; Diplôme d'honneur, Anvers 1885.

114. HENRY (J.-A.), à Lyon (Rhône), quai de Retz, 2. — Étoffes, broderies soie
et or, pour ornements d'église et ameublements.   (E. C.) (PALAIS.)

115. HUBER (Émile) & Cie, à Paris, rue Rambuteau, 20. — Peluches pour
chapeaux d'hommes, peluches et velours pour modes.   (PALAIS.)

Médaille de prix, Londres 1851 ; Médailles de 1re classe, Paris 1855, 1867.
Médailles de prix, Philadelphie 1876.
Vienne 1873.
Diplôme d'honneur, à Anvers 1885. Médaille d'or et croix de la Légion d'honneur, Paris
1878. First order of merits, Melbourne 1888.

116. JABOULAY, BURIN & DOREL, à Lyon (Rhône), rue Coustou, 4.—
Tissus nouveautés pour cols, cravates.   (E. C.) (PALAIS.)

117. JAILLET, LEPLATTENIER & Cie, à Lyon (Rhône), rue Royale, 33.
— Surahs unis et rayés, taffetas rayés et quadrillés, armures diverses unies.
                        (E. C.) (PALAIS.)

118. JAUSSEN (Auguste), à Vals-les-Bains (Ardèche). — Soies ouvrées,
organsins et trames.   (E. C.) (PALAIS.)

119. JOURNET (Alfred), à Sumène (Gard). — Cocons et soies.
                        (E. C.) (PALAIS.)

120. LACHARD Frères & Cie, à Lyon (Rhône), rue d'Alsace, 7. —Soieries,
doublures pour tailleurs.   (E. C.) (PALAIS.)

121. LAMY (A.) & GIRAUD (A.), à Lyon (Rhône), quai de Retz, 3. —
Soieries, haute nouveauté, pour robes et pour ameublements, foulards impression.
                        (E. C.) (PALAIS.)

Médailles, Londres 1862 ; Paris 1867 ; Médaille de progrès, Vienne 1873 ; Grand Prix,
Paris 1878. Maison à Paris, 66, rue Richelieu; entrée: 11, rue des Filles St-Thomas.

122. LAPLACE (Aimé), à Chambéry (Savoie), rue Sainte-Barbe, 13. — Gazes
et foulards.   (PALAIS.)

123. LAVAL (J.) & TRONEL (F.), à Lyon (Rhône), rue du Griffon, 5. —
Crêpes, tulles et dentelles.   (E. C.) (PALAIS.)

124. LAVILLE (Pierre) & CARON (Léopold), à Paris, rue Étienne-
Marcel, 4. — Soies écrues et teintes pour mercerie, broderie, tapisserie, dentelles,
filets, soies et alger sur cartes.   (PALAIS.)

Spécialités pour corsets, chaussures, chapellerie, boutons, broderies bretonnes.
Soies spéciales pour machines Caumont et Brosser, pour le métier Suisse à broder et à
fil continu, pour machines à coudre de tous systèmes.
Marques déposées :
« A la Bruyère » ; « à la Magicienne » ; « au Tonkinois » ; « à la Bretonne ».

125. LEMAITRE (Frédéric) & Cie, à Lyon (Rhône), place Tolozan, 24. —
Velours et nouveautés.   (E. C.) (PALAIS.)

126. LUTHRINGER (Thiébaud), à Lyon (Rhône), rue Moncey, 149. —
Apprêts du crêpe lisse, impressions sur crêpes lisses, grenadines, crêpes français,
crêpes anglais.   (E. C.) (PALAIS.)

127. MALLEVAL, MASSON & Cie, à Lyon (Rhône), rue Lafont, 8. —
Nouveautés pour modes et robes, grenadines, gazes, crêpes de Chine, gilots, soierie
pour doublure.   (E. C.) (PALAIS.)

128. MARCOUX & CHATEAUNEUF (ancienne Maison **Bret & Marcoux**), à Saint-Etienne (Loire), rue de la République, 13. — Rubans unis et façonnés, haute nouveauté, ceintures, cravates, galons et passementeries. (**E. C.**) (**PALAIS.**)

129. MARCY (Albin), à Grasse (Alpes-Maritimes). — Papillons, graines, cocons et soie grège de différentes races de vers à soie. (**E. C.**) (**PALAIS.**)

130. MARION (Henri) & COLLON (A.), à Lyon (Rhône), place Croix-Paquet, 1. — Dentelles, fichus, écharpes, laine et soie, peluche (**E. C.**) (**PALAIS.**)
Usines :
A Saint-Clair et à Andance (Ardèche).
Dépôt : A Paris, 17, rue du Sentier.

131. MARION (Jean) Aîné & Fils, à Lyon (Rhône), place Tolozan, 26. — Tulles et dentelles. (**E. C.**) (**PALAIS.**)
Maisons :
A Paris, 26, rue du Sentier.
A Londres, St-Matthew's Building, Friday street, E. C.
Maison fondée en 1814, se continuant de père en fils.
Fabrique de tulles soie.
Alençon, Chantilly, Malines, Armures, Illusion, Bobin, Brussels net.
Tulle pour voilettes.
Nouveautés tulle en tous genres.
Dentelles Spanish, Chantilly, Escuriale.

132. Marque municipale des soieries tissées à Lyon (Commission de la), à Lyon (Rhône), Palais de la Bourse. — Echantillons de soieries portant la marque municipale lyonnaise. (**E. C.**) (**PALAIS.**)

133. MARTIN (J.-B.), à Tarare (Rhône). — Peluches, velours, soies moulinées, soies teintes en noir. (**E. C.**) (**PALAIS.**)

134. MARTIN (Louis) & Cie, à Laselle (Gard). — Soies grèges. (**E. C.**) (**PALAIS.**)

135. MASSING Frères & Cie, à Paris, rue Béranger, 20. — Peluches et velours. (**PALAIS.**)

136. MICOUD (Joseph), & RIGOLLIER (Jules), à Lyon (Rhône), rue de la République, 4. — Fichus, écharpes, mantilles, robes et nouveautés en dentelle blonde espagnole et Chantilly. (**E. C.**) (**PALAIS.**)

137. MOLLE (Eugène), à Aubenas (Ardèche). — Soies grèges et ouvrées. (**E. C.**) (**PALAIS.**)

138. MONTESSUY (A.) & CHOMER (A.), à Lyon (Rhône), place de la Comédie, 25. — Crêpes crêpés, crêpes lisses, crêpes français, crêpes anglais, mousselines soie. (**E. C.**) (**PALAIS.**)
Manufacture de crêpes en tous genres. Crêpes crêpés, lisses, crêpes anglais, nouveautés.
Usine de 500 métiers mécaniques, moulinages, ourdissages et tissages à Renage (Isère). — Usine de teinture en noir et couleurs ; gaufrages et apprêts, 10, quai de Serin, à Lyon.
Récompenses :
Londres 1851, prize medal. — Paris 1855, médaille d'honneur. — Londres 1862, prize medal. — Décoration à M. A. Montessuy. — Paris 1867, médaille d'argent. — Vienne (Autriche) 1873, diplôme d'honneur. — Philadelphie 1876, diplôme d'honneur.
Décoration à M. A. Chomer.
Paris 1878, diplôme d'honneur. — Amsterdam 1883. Médaille de vermeil ; Anvers 1885, Diplôme d'honneur.

139. MORAND (Marius), à Lyon (Rhône), rue du Plat, 1. — Bulletin des soies et des soieries (organe international de l'industrie de la soie). Monographie de l'industrie des soies. (**E. C.**) (**PALAIS.**)

140. MURAOUR & PELLERIN, à Lyon (Rhône), rue Terme, 12. — Dorures pour tissus, broderie et passementerie. (**E. C.**) (**PALAIS.**)

141. NEYRET (Joseph & Paul), à St-Étienne (Loire). — Rubans, décorations, galons, ceintures.   **(E. C.) (PALAIS.)**

Maison fondée en 1825. Spécialités de rubans d'ordres, cordons moirés, ceintures régences, sergés, cache-baleines, pavillons nationaux, grand assortiment disponible, vignettes tissées en tous genres. Maison à Paris, 30, rue Pierre Lescot; Exportation 10, rue d'Hauteville. Représentants : MM. Giraudet et Loisellier. Médailles : Londres 1862 ; Paris 1867 ; Paris 1878.

142. OGIER (V.), DUPLAN (L.) & Cie, à Lyon (Rhône). — Soieries façonnées et imprimées, nouveautés en carrés et métrages.   **(E. C.) (PALAIS.)**

143. PALLUAT (H.) & TESTENOIRE, à Lyon (Rhône), rue du Griffon, 13 — Soies grèges et ouvrées.   **(E. C.) (PALAIS.)**

144. PERMEZEL (A.-Léon) & Cie, à Lyon (Rhône), rue de l'Arbre-Sec, 7 — Soieries unies et façonnées teintes en pièce, satins nouveautés, tissus pour modes, chapellerie, garnitures, etc.   **(E. C.) (PALAIS.)**

145. PERROT (Albert), à Paris, boulevard de Sébastopol, 97. — Soies écrues et teintes.   **(PALAIS.)**

146. PERVILHAC (Henry), à Lyon (Rhône), rue Duguesclin, 13. — Imperméabilisation hygiénique des tissus de toute nature et des vêtements confectionnés.   **(E. C.) (PALAIS.)**

147. PICQUEFEU (Les fils de Victor), à Paris, boulevard Sébastopol, 40. — Soies teintes et écrues.   **(PALAIS.)**

148. PINATELLE & BROSSY, à Saint-Étienne (Loire), rue des Jardins, 13. — Rubans unis et façonnés, velours pour modes, haute nouveauté.   **(E. C.) (PALAIS.)**

149. PIOTET (J.-M.) & ROQUE (J.), à Lyon (Rhône), Grande-Rue-des-Feuillants, 4. — Etoffes de soie pour robes et pour ameublement.   **(E. C.) (PALAIS.)**

150. PLAILLY (P.-G.), à Paris, rue de Turbigo, 18. — Soies et cotons à coudre et à broder, spécialité pour ganterie.   **(PALAIS.)**

Soies et cotons à coudre et à broder de toutes sortes, en écheveaux et sur bobines.

Spécialité, pour la ganterie, de peaux et de tissus en tous genres ; couture, broderie, piqûre à la main et à le machine.

Usine à vapeur et retorderie mécanique, rue Émériau, Paris. Fabrique à Neuilly-en-Thelle (Oise), pour les ouvraisons à la main.

Maisons à Grenoble, Millau, St-Junien, Bruxelles.

Récompenses :

Médailles 2e classe, Paris 1855.

Prize medal, Londres 1862. — Médaille d'argent, Paris 1867. — Médaille de progrès Vienne 1873. Rappel de médaille d'argent, Paris 1878.

151. POITOU (George-M.), à Paris, rue de Turbigo, 15. — Soies à coudre et à broder, teintes et écrues.   **(PALAIS.)**

Soies teintes et écrues, spécialité pour la tapisserie et la broderie.

Soies à coudre à la main et à la machine, articles spéciaux pour tailleurs et pour couturières ; marques déposées : à l'Ancre, aux Armes du Tailleur, au Jockey, au Bras de Fer, au Yucca.

Soies spéciales sur tourniquets en carton, remplaçant la bobine, article breveté S. G. D. G. allant à tous systèmes de machines à coudre.

Usine à Vauxbuin, près Soissons (Aisne).

Récompenses :

1862, Londres.

1867, Paris.

1878, Paris, Médaille d'argent.

152. PONCET Père & Fils, à Lyon (Rhône), place Tolozan, 26. — Soieries unies, pékins, quadrillés, nouveautés, façonnés riches.   **(E. C.) (PALAIS.)**

Maison créée en 1849. — Taffetas, couleurs et noirs. Failles couleurs et noires. Façonnés en tous genres. Armures nouveautés. — Récompenses : Médailles Londres 1852 ; Paris 1855 ; Paris 1867 ; Médaille de progrès, Vienne 1873 ; Philadelphie 1876 ; Médaille d'or, Paris 1878 ; Diplôme d'honneur, Anvers 1885.

153. PRAVAZ (H.) & BOUFFIER, à Lyon, rue Lafont. 16. — Crêpe crêpé, crêpe français, anglais, lisse, mousseline soie, grenadine, crêpe des deux-mondes, crêpe lyonnais, crêpe de Chine.   (E. C.) (PALAIS.)

Maison à Paris, 28, rue du Sentier, et à Londres, Friday street.
Médailles : Londres 1862. — Paris 1867.
Vienne 1873. — Paris 1878.

154. PRUD'HON (Eugène), à Lyon (Rhône), rue Pizay, 16. — Foulards divers et étoffes façonnées teintes en pièces ou en fils.   (E. C.) (PALAIS.)

Foulards façonnés pour robes, cols, cravates et lavallières.
Foulards, mouchoirs et cache-nez haute nouveauté.

155. RAFFARD, à Paris, rue Saint-Denis, 226. — Soies grèges diverses.
(PALAIS.)

156. REBOUR (Charles), à Saint-Étienne (Loire). — Rubans et passementeries.
(E. C.) (PALAIS.)

157. RENARD, VILLET & BUNAND, à Lyon-Villeurbanne (Rhône). — Grande gamme chromatique des couleurs sur soie.   (E. C.) (PALAIS.)

Grande teinturerie en tous genres, soies, schappes, tussahs, laines, cotons, etc., fondée par C. Renard en 1780. Spécialité de blancs et de nuances pour draperies résistant au foulon.
Médailles : argent, Paris 1867 ; Grande Médaille, Vienne 1873 ; or, Paris 1878 ; Grande Médaille or, Anvers 1885.

158. REYRE-LOUVIER (A.-Ernest-J.), à Lyon (Rhône), rue de la République, 4. — Soieries en tous genres, spécialité pour doublures.   (E. C.) (PALAIS.)

Soieries pour tailleurs et couturières, satins de Chine et nouveautés.
Article riche inusable dit : Noir National.
Récompenses :
Médailles Paris 1867.
Paris 1878.

159. ROCHE & Cie, à Lyon (Rhône), place Tolozan, 27. — Velours unis, noirs et couleurs.   (E. C.) (PALAIS.)

160. RONDOT (C. F. Natalis), à Paris, rue de Rivoli, 172. — Études sur les vers à soie et les soies.   (E. C.) (PALAIS.)

161. ROSSET (A.) à Lyon (Rhône), rue du Griffon, 9. — Grenadine, crêpes de Chine, unis et façonnés, gazes, tulles et tissus nouveautés.   (E. C.) (PALAIS.)

Maison fondée en 1859.
Manufacture de grenadines unies et façonnées, crêpes de Chine, gazes, tulles et tissus nouveautés.
Récompenses : Médailles Londres 1862 ; Paris 1867.
Paris 1878 ; Melbourne 1881.

162. ROUX Père & Fils, à Lyon (Rhône), place Tolozan, 21. — Soieries unies et façonnées pour robes.   (E. C.) (PALAIS.)

163. SARDA (Augustin), à St-Étienne (Loire), rue de Roanne, 23. — Rubans unis, façonnés, brochés. Velours.   (E. C.) (PALAIS.)

164. SCHOELER (Jules) & BRUNON (Pierre), à Saint-Étienne (Loire), rue de la République, 3. — Rubans unis et nouveautés, soie et mélangés.
(E. C.) (PALAIS.)

Maison fondée en 1874.
Manufacture de rubans unis et nouveautés pour modes et confections.
Récompenses :
Médaille d'argent, Exposition Paris 1878.

165. SCHULZ, GOURDON & Cie, à Lyon (Rhône), rue du Griffon, 8. — Soieries.   (E. C.) (PALAIS.)

Fabrique de soieries, hautes nouveautés riches pour robes et confections. Unis et façonnés.
Récompenses : Grandes Médailles, Paris 1855 ; Londres 1862.
—   Diplômes d'honneur : Paris 1867 ; Vienne 1873.
—   Grand Prix, Paris 1878.

166. SIMON (Mme) née Perrier, à Givors (Rhône), rue de Belfort, 2. — Soies en flottes, échantillons teints. **(E. C.) (PALAIS.)**

167. Société anonyme d'exploitation en France des filatures SERRELL, à Lyon (Rhône), rue Puits-Gaillot, 31. — Soies grèges et ouvrées. **(E. C.) (PALAIS.)**

Siège social : A Lyon, chez Vve Guérin et Fils. Président du Conseil d'administration : M. Charles Payen : Administrateur délégué : M. Ferdinand Guérin. La direction industrielle de la Société est confiée à MM. J. Chabert et Cie, de Chomérac (Ardèche). MM. L. Payen et Ciq, de Lyon et Vve Guérin et Fils. Maisons à Lyon, St-Etienne, Milan, New-York, sont chargés de la vente des soies filées dans les usines de la Société.
Filatures : Aux Vans, à Rochemaure (Ardèche), à Chabeuil (Drôme),
Production annuelle : 36000 kilogrammes.

168. STARON Jeune (P.) & Cie, à Saint-Étienne (Loire), place Mi-Carême, 1. — Rubans, nouveautés et exportation. **(E. C.) (PALAIS.)**

Fabricant depuis 1866.
Manufacture de rubans, nouveauté.
Cravates, passementeries.
Usine à vapeur à St-Etienne.
Récompense : 1878.

169. STROHL-SCHWARTZ et Cie, succ. de **Strohl (Auguste),** à la Croix-aux-Mines (Vosges). — Cordonnets en bourre de soie pour couture, passementeries et dentelles **(E. C.) (PALAIS.)**

Filature de bourre de soie.
Maison de vente : Strohl-Schwartz et Cie à Bâle (Suisse).

170. TABARD (Benoit) & Cie, à Lyon (Rhône), rue du Garet, 3. — Doublures pour tailleurs, unies et fantaisie, failles, merveilleux, surahs, moires françaises et antiques. **(E. C.) (PALAIS.)**

Tissage à la main, 2500 à 3000 métiers.
Chiffre d'affaires : huit millions de francs.
Récompenses :
Paris 1867, Médaille d'argent.
Vienne 1873, Médaille de vermeil.
Vienne 1878, Médaille de mérite.
Paris 1878, Médaille d'argent.
Philadelphie 1876, Médaille de bronze.
Anvers 1885, Médaille d'or.

171. TABOURIER, BISSON & Cie, à Lyon (Rhône), rue des Capucins, 16. — Gazes unies, façonnées, grenadines, mousselines soie teintes et imprimées, crêpes, tissus gaufrés, tulles unis, dentelles, broderies. **(E. C.) (PALAIS.)**

Surahs, foulards, tissus mélangés, teints et imprimés.
Crêpes de Chine unis, façonnés, teints et imprimés.—Expositions, Paris 1849 ; Londres 1851 ; Paris 1855 ; Londres 1862 ; Paris 1867, Médaille d'or ; Vienne 1873, Légion d'honneur ; Paris 1878, Médaille d'or.

172. TAPISSIER Frères, à Lyon (Rhône), rue Puits-Gaillot, 4. — Soieries. **(E. C.) (PALAIS.)**

173. TEISSIER DU CROS (Ernest), à Valleraugue (Gard). — Soies grèges et moulinées. **(E. C.) (PALAIS.)**

174. THOMAS Frères, à Avignon (Vaucluse). — Soies grèges du pays, organsins, filature du pays, trame de Chine à tours comptés et en raie. **(E. C.) (PALAIS.)**

175. THOMASSET, CAPONY & GERIN, à Lyon (Rhône), Grande-Rue-des-Feuillants, 8. — Lustrines, marcelines, armures en noir, en blanc et couleurs pour confections, doublures en noir dépouillé pour tailleurs. **(E. C.) (PALAIS.)**

176. TRAPADOUX Frères (Alphonse & Louis) & Cie, à Lyon (Rhône), rue du Griffon, 17. — Soieries nouveautés, noir et couleurs, gazes, tissus mélangés de soie et laine, satins et armures, etc.   **(E. C.) (PALAIS.)**

Maison fondée en 1854.

Fabrique de soieries et foulards écrus, imprimés et nouveautés pour robes, mouchoirs, cols, modes, confections, doublures, etc.

Usines à Bourgoin (Isère).

Récompenses : Londres 1862 ; Paris 1867, Médailles de 1re classe aux Expositions universelles de Vienne 1873 ; Philadelphie 1876 ; Paris 1878.

177. TRAPIER Frères (Raoul & Charles), à Chomérac (Ardèche). — Soies grèges et ouvrées.   **(E. C.) (PALAIS.)**

178. TRESCA Frères, SICARD & Cie, à Lyon (Rhône), rue du Griffon, 8. — Tissus unis, noirs et couleurs, façonnés noirs et couleurs, hautes nouveautés et velours.   **(E. C.) (PALAIS.)**

Successeurs de Jaubert, Audras et Cie.

Ancienne Maison Bellon frères et Conty. — Maison fondée en 1834 à Lyon.

Soieries noires et couleurs, unies et façonnées, velours hautes nouveautés. — Usines et tissages mécaniques à Vizille, à Voiron, à la Murette, à Ste-Eulalie, à Pont-en-Royans (Isère), à Charlieu (Loire), à l'Arbresle et à Lyon, (Rhône). ,

Récompenses : Médaille 1re classe, Paris 1855.

         »   »   Londres 1862.

         »   »   Paris 1867.

Philadelphie 1876 ; Grande Médaille, Paris 1878.

Diplôme d'honneur, Amsterdam 1883 et Anvers 1885

179. TROMPARENT (E.-Albin), à Privas (Ardèche). — Soies ouvrées.   **(E. C.) (PALAIS.)**

180. TROYET (Pierre) & Cie, à Saint-Étienne (Loire), rue de la République, 13. — Rubans unis et façonnés.   **(E. C.) (PALAIS.)**

181. TURGE (Nicolas), à Lyon (Rhône), rue Lafont, 20. — Nouveautés pour cravates et cache-nez.   **(E. C.) (PALAIS.)**

182. VALLAT & DEVILLE, à Saint-Étienne (Loire), rue de la Paix, 14. — Rubans noirs et velours.   **(E. C.) (PALAIS.)**

183. VAQUEZ-FESSART & Fils, à Paris, rue Saint-Denis, 137. — Soies écrues et teintes, soies en tous genres, apprêts, cordonnets, trames, organsins, tulles et dentelles.   **(PALAIS.)**

184. VERMOREL (S.) & Cie, à Lyon (Rhône), place Tolozan, 20. — Étoffes unies, nouveautés pour modes, velours peluches, spécialité pour corsets.   **(E. C.) (PALAIS.)**

185. VIALLAR, GUÉNEAU & CHARTRON, à Lyon (Rhône), place du Griffon, 7. — Tissus de soie unis et façonnés, surah et tussah, doublures et soieries pour parapluies.   **(E. C.) (PALAIS.)**

186. VOLAND (Francisque), à Lyon (Rhône), rue Montbernard, 37. — Tissus gaufrés, tissus gaufrés et imprimés, découpage de tissus.   **(E. C.) (PALAIS.)**

Gaufrage sur tous tissus.

Découpage de rubans.

Breveté S. G. D. G.

COLONIES.

ALGÉRIE.

1. AHMED ben Dris, à Tlemcen (Oran). — Haïcks en soie et laine.
(**ESPLANADE.**)

2. AISSA bel Azziz, à Tlemcen (Oran). — Cordonnets en soie pour coulisse de pantalon. (**ESPLANADE.**)

3. BACRI, à Paris, rue Richelieu, 1. — Soieries indigènes. (**ESPLANADE.**)

4. DJURJURA (Commune mixte du), à Michelet (Alger). — Tissus indigènes.
(**ESPLANADE.**)

5. DUPUIS DE LAVAUR (Mme Vve), à Saint-Cloud (Oran). — Soie filée.
(**ESPLANADE.**)

6. GIRARD (Simon), à Saint-Remy (Oran). — Soie en écheveau. (**ESPLANADE.**)

7. IBRAHIM ben Ali ben Saïd, à Alger, passage Sarlande. — Soieries indigènes. (**ESPLANADE.**)

8. LYON (André), à Alger, square Bresson. — Échantillons de peluches.
(**ESPLANADE.**)

9. MESGUICHE, à Paris, boulevard Poissonnière, 14. — Soieries.
(**ESPLANADE.**)

10. SOLAL (Léon), à Alger, place Malakoff, 6. — Tentures en soie et or.
(**ESPLANADE.**)

11. VIDAL (Junic), à Sétif (Constantine). — Couverture en soie piquée à la main.
(**ESPLANADE.**)

COCHINCHINE.

1. Exposition permanente des Colonies, à Paris. — Frisons et soie grège, tissus de soie (Cochinchine). (**ESPLANADE.**)

INDE FRANÇAISE.

1. Exposition permanente des Colonies, à Paris. — Étoffes de soie unies et brochées, pagnes de soie, soies grèges et moulinées. (**ESPLANADE.**)

NOUVELLE-CALÉDONIE.

1. COLLIGNON, à Koé. — Soie de 1885, 1886, 1887. (**ESPLANADE.**)

2. NOUET, à la Nouvelle-Calédonie. — Pièces d'étoffes des Wallis (enara).
(**ESPLANADE.**)

SÉNÉGAL.

1. NOIROT, Administrateur colonial, au Sénégal. — Soie de bintonier. (**ESPLANADE.**)

PAYS DE PROTECTORAT.

ANNAM-TONKIN.

1. **Exposition permanente des Colonies,** à Paris. — Doupions, frisons, soie grège, tissus de soie.　(ESPLANADE.)

2. **Province de Hanoï.** — Soie brochée pour fonds de palanquins.　(ESPLANADE.)

3. **Province Muong.** — Fils de coton de soie.　(ESPLANADE.)

4. **Province de Sontay.** — Soie teinte.　(ESPLANADE.)

5. **Protectorat du Tonkin.** — Étoffes.　(ESPLANADE.)

6. **RAFFARD,** à Paris, rue Saint-Denis, 226. — Soies du Tonkin.　(ESPLANADE.)

CAMBODGE.

1. **Exposition permanente des Colonies,** à Paris. — Frisons et soie grège, langoutis, tissus de soie, sampos.　(ESPLANADE.)

2. **PLANTÉ,** à Phnom-Penh. — Bourre de soie, doupion, soie grège filée.　(ESPLANADE.)

TUNISIE.

1. **BONAN (J. de M.) & Cie,** à Tunis. — Soieries, broderies, tissus divers.　(ESPLANADE.)

2. **Comité de l'Exposition tunisienne.** — Tissus de soie.　(ESPLANADE.)

3. **MOHAMED CHEMACH.** — Tissus de soie.　(ESPLANADE.)

4. **SADDOK TAMMAR.** — Tissus de soie.　(ESPLANADE.)

PAYS ÉTRANGERS.

RÉPUBLIQUE ARGENTINE.

1. **Commission auxiliaire**, à Entre-Rios. — Soie. (PARC.)
2. **Commission auxiliaire**, à Tucuman. — Poncho en soie. (PARC.)
3. **FRANCIA (Félix)**, à Santa-Fé. — Soie. (PARC.)

BELGIQUE.

1. **JAMME (Armand) & Cie**, à Saint-Hadelin-Nessonvaux. — Fils de bourette, écrus, simples, retors et mélange; fils pour sericino. (PALAIS.)
2. **LAGRANGE-PEETERS**, à Deynze.— Tissus de soie pure et mélangée. (PALAIS.)
3. **LAGRANGE Frères**, à Deynze.— Tissus de soie pure et mélangée. (PALAIS.)
4. **SEEUWS (Jules) & VANLANDEGHEM (F.)**, à Deynze-lez-Gand.— Soieries noires. (PALAIS.)
5. **SMITS (Adrien)**, à Alost. — Soieries. (PALAIS.)
6. **THIRY (F.-J.)**, à Verviers, rue du Marteau, 76. — Soieries. (PALAIS.)
7. **WAUTERS & COOREMANS (E.)**, à Ath. — Fils de schappe et cordonnets pour velours, soieries, passementerie, bonneterie ; cordonnets à coudre, à broder, etc. (PALAIS.)

CHINE.

1. **LI-SEN-LIE & Cie**, à Neuilly (Seine), avenue de Neuilly, 56. — Soieries. (PARC.)
2. **TENG-TCHIO-YUNG**, à Canton. — Soieries. (PARC.)

ÉGYPTE.

1. **BOULAD & Cie**, à Beyrouth. — Soieries de Damas et de Beyrouth. (PALAIS.)
2. **GHANAGÉ & BEDAOUI**, à Damas. — Tissus de soie et coton. (PALAIS.)
3. **YANSONNI, JABALÉ & Cie**, à Damas. — Tissus de soie et coton. Broderies anciennes. (PALAIS.)

ESPAGNE.

1. **BOUELLE Frères**, à Barcelone. — Soieries. (PALAIS.)
2. **FABREGAS (C.)**, à Tarrasa (Barcelone). — Soieries. (PALAIS.)

3. PARELLADA & Cie, à Barcelone. — Velours de coton.   (PALAIS.)

4. RODRIGUEZ LOPEZ (J.), à Séville. — Châsse avec diverses classes de soie.
(PALAIS.)

5. SARD (Andrés), à Barcelone. — Étoffes.   (PALAIS.)

ÉTATS-UNIS.

1. GRANT (James M.), (Chabrière-Morel & Co, agent), à Lyon (Rhône).
— Flottes de soie ouvrée.   (PALAIS.)

2. GRANT (William Henri), à Paterson N. J., 136, Broadway. — Collections
d'articles de soie fabriqués.   (PALAIS.)

GRANDE-BRETAGNE.

1. BIGEX, (E.) SRINURGUR, à Cashmere, à Londres 15, New Street
Bishopsgate street. — Soies.   (PALAIS.)

2. BRIGHT (John) & Bros, (Limited), à Rochdale. — Peluches de soie,
imitation loutre et castor.   (PALAIS.)

3. BHUMGARA FRAMJU PESTONJEE, à Bombay, Kalhaderie road, 5,
et à Madras, Mount road, 5 (Indes). — Soies et tissus de soie.   (PALAIS.)

4. DEBENHAM & FREEBODY, à Londres, Wigmore street. — Soieries, tissus pour robes, confections.   (PALAIS.)

5. GROUT & Co, à Londres, Foster lane, 12. — Crêpes de soie noirs et de couleurs, mouchoirs ariophanes.   (PALAIS.)

6. HARGREAVES & NUSSEYS, à Leeds. — Loutre élastique   (PALAIS.)

7. HINDE (Francis) & Sons, à Norwich St.-Mary's Silk mills, et à Londres,
3, Blue Boar Court, Friday street. — Crêpes de soie pour deuil.   (PALAIS.)

8. LE GROS, THOMPSON & Co, à Londres, Gutter lane, 35, Cheapside ;
et à Paris, rue Saint-Joseph, 8. — Crêpes de soie pure, crêpes imperméables.
(PALAIS.)

9. LEWIS & ALLENBY, à Londres, Regent street, 195. — Soieries de fabrication anglaise.   (PALAIS.)

10. LIBERTY & Co, à Londres, Regent street. — Tissus de soie.   (PALAIS.)

11. LISTER & Co, à Bradford, Manningham mills. — Fils de soie, filoselle, soie
à broder, à tricoter, et à coudre (à la machine et à la main).   (PALAIS.)

12. NICHOLSON (D.) & Co, à Londres, Saint Paul's Churchyard, 50, Factories
Paternoster row, 67. — Tissus de soie.   (PALAIS.)

13. NICHOLSON (J. O.), à Macclesfield, Hope mills, et à Londres, Cheapside,
41.; à Paris, place de la Bourse, 9. — Soies et tissus unis et brochés, foulards, tissus
brodés, damassés et brochés.   (PALAIS.)

14. NIELSON, SHAW & MAC GREGOR, à Glasgow, Buchanan
street, 44. — Tissus tartans en soie pour uniformes, confections et couvertures.
(PALAIS.)

15. Norwich Crape Co, (Limited), à Norwich, Saint-Augustin's factory. —
Crêpes de soie noire pour deuil.   (PALAIS.)

16. Prince of wales trading Co, (Limited), à Bombay. — Industries de
l'Empire Indien.   (PALAIS.)

17. PROCTOR & Co (The Indian Art Gallery), à Londres, Oxford street, 428. — Tissus de soie. **(PALAIS.)**

18. SALT, (Sir Titus BART) & Sons (Limited), à Saltaire, Yorkshire. — Imitation de loutre. **(PALAIS.)**

19. SUSMOODIN. (A H.), à Bombay, Khalbadero Rone à Londres, 43, London Wall, et à Paris, avenue de Suffren.

GRÈCE.

1. ALEXANDROPOULO (Anne), au Pirée. — Tissus de soie pure. **(PALAIS.)**

2. APOSTOLOS (Rizos), à Agia (Larisse). — Tissus de soie pure. **(PALAIS.)**

3. ARTINO (Stavriani), à Calamata (Messénie). — Tissus de soie pure. **(PALAIS.)**

4. ASTERI (Assinio), à Kymi (Eubée). — Tissus de soie pure. **(PALAIS.)**

5. BÉTSICOURA Sœurs, à Athènes. — Tissus de soie pure. **(PALAIS.)**

6. CARASTAMATI (Sparte), au Pirée. — Tissus de soie pure. **(PALAIS.)**

7. CATSAITIS (Jean), à Calamata (Messénie). — Tissus de soie pure. **(PALAIS.)**

8. CHARATSI (Catherine), à Kymi (Eubée). — Tissus de soie pure. **(PALAIS.)**

9. CHATSOPOULO (Panagia), à Athènes. — Tissus de soie pure. **(PALAIS.)**

10. CHAZIGEORGIO (Marie), à Athènes. — Tissus de soie pure. **(PALAIS.)**

11. CHRYSOCOMO (Marie), à Calamata (Messénie). — Tissus de soie pure. **(PALAIS.)**

12. CHRYSOMALI (Anio), à Athènes. — Tissus de soie pure. **(PALAIS.)**

13. COCOSLI (N.), à Volo (Larisse). — Soies grèges. **(PALAIS.)**

14. CONSTANTINIDI (Philio), à Kymi (Eubée). — Tissus de soie pure. **(PALAIS.)**

15. CONSTANTOPOULO (Michel), à Tripoli (Arcadie). — Tissus de soie pure. **(PALAIS.)**

16. COUTSI (Calliope), à Calamata (Messénie). — Tissus de soie pure. **(PALAIS.)**

17. CYPHIOTI, à Nauplie (Argolide et Corinthie) — Soies moulinées. **(PALAIS.)**

18. CYRIACOS (Hélène), à Calamata (Messénie), — Tissus de soie pure, **(PALAIS.)**

19. CYRIAZOPOULO (Cyriacos), à Sparte (Laconie). — Soies grèges. **(PALAIS.)**

20. DAZEA (Eugeniki), à Calamata (Messénie). — Tissus de soie pure. **(PALAIS.)**

21. DEMETRACOPOULO ou COUCOUPOULO (Hélène), à Andritseana (Messénie). — Tissus de soie pure. **(PALAIS.)**

22. DÉMÉTRAKI (Angélique), à Kymi (Eubée). — Tissus de soie pure. **(PALAIS.)**

23. DOUCAKI (Hélène), à Calamata (Messénie). — Tissus de soie pure. **(PALAIS.)**

24. **DRACOULACO (Cyriaki Vardala)**, à Calamata (Messénie). — Tissus de soie pure. (PALAIS.)

25. **FRANGOULI (Angélique)**, à Kymi (Eubée). — Tissus de soie pure. (PALAIS.)

26. **GEORGIADÈS (Marie)**, à Athènes. — Tissus de soie pure. (PALAIS.)

27. **GEORGIADÈS (Philoclès)**, à Scyathos (Eubée). — Soies grèges. (PALAIS.)

28. **JEANNACOPOULO**, à Patras (Achaie et Eolide). — Soies moulinées. (PALAIS.)

29. **JEANNACOUDAKI (Catherine)**, à Athènes. — Tissus de soie pure. (PALAIS.)

30. **LAGANAKO (Angélique)**, à Calamata (Messénie). — Tissus de soie pure. (PALAIS.)

31. **LAMBOPOULO (Marie)**, à Calamata (Messénie). — Tissus de soie pure. (PALAIS.)

32. **MARCOPOULO, (Eugénie)**, au Pirée. — Tissus de soie pure. (PALAIS.)

33. **MATZAVACO (Hélène)**, à Calamata (Messénie). — Tissus de soie pure. (PALAIS.)

34. **MENTIS (Spyridion)**, à Athènes. — Soies moulinées. (PALAIS.)

35. **MOSCHOVITI (Antonitsa)**, à Sparte (Laconie). — Tissus de soie pure. (PALAIS.)

36. **NICOLAIDÈS (Marie)**, à Kymi (Eubée). — Tissus de soie pure. (PALAIS.)

37. **Ouvroir d'Athènes**, à Athènes. — Tissus de soie pure. (PALAIS.)

38. **PANTELI (Calliope)**, à Kymi (Eubée). — Tissus de soie pure. (PALAIS.)

39. **PAPACHRISTO (Gramatiki)**, à Kymi (Eubée). — Tissus de soie pure. (PALAIS.)

40. **PAPADOJEANI (Panajiota)**, au Pirée. — Tissus de soie pure. (PALAIS.)

41. **PAPAGEANOPOULO (Stavroula)**, à Calamata (Messénie). — Tissus de soie pure. (PALAIS.)

42. **PAPANICOLAO Frères**, à Nauplie (Argolide et Corinthie). — Soies moulinées. (PALAIS.)

43. **PAPANICOLAO (Marie)**, à Kymi (Eubée). — Tissus de soie pure. (PALAIS.)

44. **PASCALIDÈS Frères**, à Volo (Larisse). — Soies grèges. (PALAIS.)

45. **PATSOPOULO (Anastasie)**, à Andriteana (Messénie). — Tissus de soie pure. (PALAIS.)

46. **PETROULIAS (Elie)**, à Agia (Larisse). — Tissus de soie pure. (PALAIS.)

47. **PIGADIOTI (Polyxène)**, à Calamata (Messénie). — Tissus de soie pure. (PALAIS.)

48. **PIRPIRI (Eustathia)**, à Calamata (Messénie). — Tissus de soie pure. (PALAIS.)

49. **RAISSIS (A.)**, à Andros (Cyclades). — Soies grèges. (PALAIS.)

50. **RHIGOPOULO Frères**, à Sparte (Laconie). — Soies grèges. (PALAIS.)

51. **ROUMELIOTI (Tzoja)**, à Calamata (Messénie). — Tissus de soie pure. (PALAIS.)

52. SCORDOULI (Anastasie), à Calamata (Messénie). — Tissus de soie pure. **(PALAIS.)**

53. TÉGÉE (Commune de), à Arcadie. — Soies grèges. **(PALAIS.)**

54. VACALOPOULO (Dimitro), à Calamata (Messénie). — Tissus de soie pure. **(PALAIS.)**

55. VÉLISSARIO (Mme Catherine), à Kymi (Eubée). — Tissus de soie pure. **(PALAIS.)**

56. VROILI (Mme Hélène), à Kymi (Eubée). — Tissus de soie pure. **(PALAIS.)**

GUATEMALA.

1. GUZMAN (Dr Gustave-E.), à Guatemala. — Tissus de soie. **(PARC.)**

2. SAMAYRA (J.-Maria), à Guatemala. — Soies. **(PARC.)**

3 SANCHEZ (Mme), à Quezaltenongo. — Tissus de soie. **(PARC.)**

ITALIE.

1. AMPHOUX & DALGAS, à Florence. — Soie grège. **(PALAIS.)**

2. BEAUX (Auguste), à Milan, via Manzoni, 10. — Soie grège de Casatisma. **(PALAIS.)**

3. BOSIO (Marie), à Milan, via Panfilo-Gastalo, 15. — Couvertures en bourre de soie et en coton. **(PALAIS.)**

4. Chambre de commerce, à Côme. — Quatre grands albums d'échantillons de tissus de soie des principales fabriques de Côme. **(PALAIS.)**

5. CRAPONNE (Septime), à Turin. — Soie grège, organsins, trames de plusieurs titres. **(PALAIS.)**

6. DE ALTERIIS (G.), à Naples, castrucci di Miracoli, 12. — Soierie nationale de San-Leucio. Dentelles et travaux en fil. Couvertures en toile et en coton et laine. **(PALAIS.)**

7. MASSA (Raphaël), à Naples, sedile di Porto, 58.—Écharpes en soie, bourses, bonnets, couvertures, etc. **(PALAIS.)**

8. MICCIO (Natal), à Sorrente, piazza Tasso. — Soieries de Sorrente. **(PALAIS.)**

9. NOLFI (Joseph), à Rome, vicolo Gaetana, 5. — Écharpes romaines en soie, Couvertures en bourre de soie. **(PALAIS.)**

10. SANTINI (Henri), à Osimo (Ancone). — Soies grèges. **(PALAIS.)**

11. SEMENZA & RAVASI, à Milan, via Brera, 16. — Filés de soie. **(PALAIS.)**

12. Société anonyme pour l'industrie de la soie, à Toresina. — Soies grèges, organsins, trames. **(PALAIS.)**

13. TARDITI (Antoine), à Brà. — Soies grèges. **(PALAIS.)**

14. TEONI (Louis) et Cie, à Castelfogognario. — Soies grèges. **(PALAIS.)**

JAPON.

1. AMEMIYA (Kihioye), Yamanashi-Ken, Nishi-Yamanashi-Kori. — Soies grèges. **(PALAIS.)**

2. AWATABE-SEISHIJO, Fukui-Ken, Imadachi-Kori. — Soies grèges.
(**PALAIS.**)

3. FURUYA (Gonyemon), Yamanashi-Ken, Higashi-Yamanashi-Kori. — Soies grèges. (**PALAIS.**)

4. GO (Sashichi), Yamanashi-Ken, Nishi-Yamanashi-Kori. — Soies grèges.
(**PALAIS.**)

5. HASEGAWA (Hanshichi), Nagano-Ken, Shimoina-Kori. — Soies grèges.
(**PALAIS.**)

6. HASHIMOTO (Denbei), Kioto-fu, Kamikio-Ku. — Satins tramés coton.
(**PALAIS.**)

7. HIROTA (Hachisuke), Kioto-fu, Shimokio-Ku. — Kanoko (tissus de soie).
(**PALAIS.**)

8. Hosoya-Seishikaisha, Aichi-Ken, Athumi-Kori. — Soies grèges. (**PALAIS.**)

9. ICHII (Tashichi), Kioto-fu, Shimokio-Ku. — Kanoko (Tissus de soie).
(**PALAIS.**)

1C. IIDA (Shinshichi), Kioto-fu, Shimokio-Ku. — Shuchin-Ori (sorte de Damas).
(**PALAIS.**)

11. ITO (Kozayemon), Miye-Ken, Miye-Kori. — Soies grèges. (**PALAIS.**)

12. IWAMOTO (Riosuke), Tochigi-Ken, Ashikaga-Kori. — Châles. (**PALAIS.**)

13. KAMEDA (Rihei), Kioto-fu, Shimokio-Ku. — Kanoko (Tissus de soie).
(**PALAIS.**)

14. Kanazawa Nenshi Kaisha, Ishikawa-Ken, Kanazawa-Ku. — Soies grèges. (**PALAIS.**)

15. Katsuyama Seishisha, Fukui-Ken, Ono-Kori. — Soies grèges. (**PALAIS.**)

16. KAWAI (Tadahisa), Akita-Ken, Minamiakita-Kori. — Étoffes de soie dites « Uneori » pour vêtements. (**PALAIS.**)

17. KAWAMOTO (Shobei), Kioto-fu, Shimokio-Ku. — Kanoko (Tissus de soie). (**PALAIS.**)

18. KAWASHIMA (Zinbei), Kioto-fu, Shimokio-Ku. — Étoffes de soie.
(**PALAIS.**)

19. KIMURA (Isaburo), Shiga-Ken, Sakata-Kori. — Crêpes de Chine, dites « Uzurathirimen ». (**PALAIS.**)

20. KOBAYASHI (Ayazo), Tokio-fu, Nihonbashi-Ku. — Étoffe de soie, dite « Karaori ». (**PALAIS.**)

21. Matsushiro Seishi Kaisha, Nagano-Ken, Hashina-Kori. — Soies grèges
(**PALAIS.**)

22. Ministère de l'Agriculture et du Commerce (Direction de l'Agriculture), à Tokio. — Soies grèges. (**PALAIS.**)

23. Ministère de l'Agriculture et du Commerce (Direction de l'Industrie), à Tokio. — Étoffes de soie pour vêtement ; crêpes de chine, diverses étoffes de soie, étoffes de soie pour mouchoirs, échantillons représentant les diverses phases du tissage. (**PALAIS.**)

24. Ministère de l'Agriculture et du Commerce (Filature Tomioka) Gunma-Ken, Kita-Kaura-Kori. — Soies grèges. (**PALAIS.**)

25. Ministère de la Guerre (Fabrique de draps de Sendjou de l'État), à Tokio. — Étoffes de soie spéciales pour cartouchières. (**PALAIS.**)

26. NAKAGAWA (Shojiro), Kioto-fu, Shimokio-Ku. — Kanoko (Tissus de soie). (**PALAIS.**)

27. NAGAI (Riosaku), Yamagata-Ken, Minami-Okitama-Kori. — Étoffe de soie blanche. (PALAIS.)

28. NAKATA (Tsunebei), Yamanashi-Ken, Nishi-Yamanashi-Kori. — Soies grèges. (PALAIS.)

29. NONAKA (Kumeyemon), Yamanashi-Ken, Nishi-Yamanashi-Kori. — Soies grèges. (PALAIS.)

30. OGAWA (Seiki), Yamanashi-Ken, Higashi-Yamanashi-Kori.— Soies grèges. (PALAIS.)

31. OKI (Zenyemon), Yamanashi-Ken, Nishi-Yamanashi-Kori. — Soies. (PALAIS.)

32. OKUWAKI (Riyemon), Yamanashi-Ken, Minami-tsuru-Kori. — Étoffe de soie dite Kaïki. (PALAIS.)

33. ONAMI (Naokichi), Gunma-Ken, Tone-Kori. — Bourre de soie. (PALAIS.)

34. OWATARI-SEISHIJO, Gunma-Ken, Minamiseta-Kori. — Soies grèges. (PALAIS.)

35. ROKKOSHA, Nagano-Ken, Hashina-Kori. — Soies grèges. (PALAIS.)

36. SATO (Shosaku), Nagano-Ken, Kaminochi-Kori. — Soies grèges. (PALAIS.)

37. SEISHIKAIRIOGENSHA SANKOSHA, Fukui-Ken, Imadachi-Kori. — Soies grèges. (PALAIS.)

38. SHOJO-KAN, Nagano-Ken, Hashina-Kori. — Soies grèges. (PALAIS.)

39. SHUNMEI-SHA, Nagano-Ken, Kamitakai-Kori. — Soies grèges. (PALAIS.)

40. TADENUMA (Keikichi), Akita-Ken, Minamiakita-Kori. — Étoffes de soies dites Uneori, étoffes de soie pour mouchoirs. (PALAIS.)

41. TAKANO (Sekisei), Yamanashi-Ken, Higashi-Yatsushiro-Kori. — Soies grèges. (PALAIS.)

42. TATEYAMA (Kurajiro), Fukushima-Ken, Date-Kori. — Soies grèges. (PALAIS.)

43. TERAMURA (Sanjiro), Kioto-fu, Shimokio-ku. — Foulsa en soie brodée d'or ou d'argent. (PALAIS.)

44. TOKO-SHA, Nagano-Ken, Kamitakaï-Kori. — Soies grèges. (PALAIS.)

45. TSUNODA (Denyemon), Chiba-Ken, Sosa-Kori. — Soies grèges, tissus de soie pour mouchoirs. (PALAIS.)

46. USHIDA (Goro), Yamanashi-Ken, Minami-tsuru-Kori. — Étoffe de soie dite Kaïki. (PALAIS.)

47. WATANABE (Sogo), Yamanashi-Ken, Minami-tsuru-Kori. — Étoffe de soie dite Kaïki. (PALAIS.)

48. WATANABE (Su), Yamanashi-Ken, Minami-tsuru-Kori. — Étoffes de soie pour parapluies. (PALAIS.)

49. WATANABE (Yasuhei), Yamanashi-Ken, Minami-tsuru-Kori. — Étoffe de soie dite Kaïki. (PALAIS.)

50. YASUDA (Riyemon), Fukushima-Ken, Date-Kori. — Étoffes de soie dites Hirakinu, habutaye et pour mouchoirs. (PALAIS.)

51. YASUDA (Tsunesaku), Fukushima-Ken, Date-Kori. — Soies grèges. (PALAIS.)

52. YOKOYAMA (Kiushiro), Gunma-Ken, Yamada-Kori. — Satin noir.
(PALAIS.)

53. YONEZAWA SEIKENJO, Yamagata-Ken, Okitama-Kori. — Étoffe de soie dite shirohabutaye.
(PALAIS.)

54. YOSHIMURA (Minosuke), Shiga-Ken, Inugami-Kori. — Étoffe de soie. dite Kinuthijimi.
(PALAIS.)

PORTUGAL.

1. CABRAL Pae (F.) & Fos. — Fils de soie.
(PALAIS.)

2. COSTA (Antonio Augusto Lopes da). — Tissus de soie.
(PALAIS.)

3. OLIVEIRA (José Joaquim d'). — Soies.
(PALAIS.)

4. RAMIRES (Francisco Antonio). — Tissus de soie.
(PALAIS.)

5. RIBAS (Simâo). — Fils de soie.
(PALAIS.)

ROUMANIE.

1. BADESCU (Nitzà P.), à Boteni (Muscel). — Voile en soie garni de fils d'or.
(PALAIS.)

2. BAICANOIU (Zoé), à Slatina (Oltu). — Tissu soie et coton.
(PALAIS.)

3. BOTEZ (A. L.), à Folticeni, rue Ospitalul. — Tapis de laine, serviette en coton.
(PALAIS.)

4. BUNESCU (Josif), à Rucàr (Muscel). — Rideaux en soie, ornés de fleurs en laine. Dessus de table en soie, voiles en soie avec fils d'or, etc.
(PALAIS.)

5. BUZDUGAN (Eleana), à Berlad. — Serviette de soie brodée de coton.
(PALAIS.)

6. CALOFETEAN (Lieutenant J.) à Rîmnicu-Sarat. — Étoffe de soie.
(PALAIS.)

7. CIOBANU (Catrina V.), à Grôjdeni (Berlad). — Tissu de soie jaune.
(PALAIS.)

8. CIOBANU (Smaranda A.), à Grôjdeni (Berlad). — Serviette de soie.
(PALAIS.)

9. CROITORULUI (Zoitza), à Solesci, Plasa Crasna (Vaslui). — Essuie-mains en toile mélangée de soie, devant de cheminée en soie.
(PALAIS.)

10. DANIEL (Zamfira D.) à Iassy, rue Goliæ, 46. — Tissus et costumes nationaux.
(PALAIS.)

11. DIACONESCO (Joana Gheorghe), à Bălilesci (Muscel). — Tissu de soie en fils d'or et coton.
(PALAIS.)

12. DIACONESCO (J. G.) à Bălilesci, (Muscel). — Étoffe en soie et or pour rideaux.
(PALAIS.)

13. DIMITRESCA (La sœur Domnica), au couvent de Namaesci (Muscel).— serviettes en soie.
(PALAIS.)

14. DOBOSHU (Tudorake), à Berlad. — Tissu de soie jaune ; essuie-mains de soie brodés ; serviettes de soie.
(PALAIS.)

15. DONICI (Mme Lucia), à Falticeni. — Industrie domestique. Essuie-mains.
(PALAIS.)

16. DRAGU (Jconom C.), à Coroesti (Berlad). — Serviette de soie.　　(**PALAIS.**)

17. GULIE (Anna, femme de Nicolas B.), à Domnesti (Muscel).— Voile de soie.　　(**PALAIS.**)

18. IFTIMIE (Maria Mateiu), à Grôjdeni (Berlad). — Tissu de soie et coton, soie jaune.　　(**PALAIS.**)

19. LEVEZIAN (Mme Marie), à Bacau, rue Foisoru. — Tapis avec fond noir, tapis avec fond blanc.　　(**PALAIS.**)

20. LUNCA (Gh. Ene), à Fruntiseni (Berlad). — Serviette en soie ; serviette soie et coton.　　(**PALAIS.**)

21. LUPU (Tanasie Panaïte), à Fruntiseni (Berlad).— Serviette soie et coton.　　(**PALAIS.**)

22. MARGPIOLA-MATEIU (Stéfan), à Grôjdeni (Berlad). — Tissu de soie jaune.　　(**PALAIS.**)

23. MARINESCO (Ana), à Gorgani (Muscel). — Tissu de soie, mouchoir de soie, écheveaux de soie.　　(**PALAIS.**)

24. MARINESCO (Ana N.), à Gorgani (Muscel). — Mouchoirs en soie, rayés sur les bords, étoffe en soie.　　(**PALAIS.**)

25. MARINESCO (Elisaveta J.), à Dômnesti (Muscel). — Voile de soie, brodé à la main, jupe en laine, chemise d'homme.　　(**PALAIS.**)

26. MERCUTZA (Rocsandra G.), à Fruntiseni (Berlad). — Serviette soie et coton.　　(**PALAIS.**)

27. MIHAILESCO (Thédora), à Campu-Lung. — Tissu de soie pour rideaux, voiles de soie.　　(**PALAIS.**)

28. NOVAC (Maria), à Berlad. — Écheveaux de soie.　　(**PALAIS.**)

29. PAISU (Mme Marie), à Câmpu-Lung. — Fleurs en soie, étoffe en soie pour robes, étoffe en soie brochée.　　(**PALAIS.**)

30. PETCO (Soltana G.), à Grôjdeni (Berlad).— Tissu de soie jaune. Écheveaux de soie jaune et blanche.　　(**PALAIS.**)

31. POPA (Jancu), à Fruntiseni (Berlad). — Essuie-mains en soie et coton.　　(**PALAIS.**)

32. POPESCO (Joan), à Berlad. — Soieries.　　(**PALAIS.**)

33. PREDESCO (U. D.), à Dobresti (Muscel). — Chemise en soie brodée et pailletée.　　(**PALAIS.**)

34. ROTARU (Vasilca J. P.), à Grôjdeni (Berlad). — Étoffe de soie, serviette de soie, serviette de soie et coton.　　(**PALAIS.**)

35. SAVULESCO (Bucura G.), à Voinesti (Muscel). — Voile de soie.　　(**PALAIS.**)

36. Société « Furnica » (Bazar de la) sous le patronage de S. M. la Reine, à Bucharest, rue Victoriei, 90. — Tissus de toutes sortes. Toile, rideaux, serviettes. voiles, costumes de paysans. Matières …

39. STANISLESCU (Paraschiva C.), à Husi (Faleiu).— Voile de soie brodé, couverture brodée, coussin brodé sur velours, échantillons de tissus.   **(PALAIS.)**

40. STATI (Sofia), à Berlad. — Fils de soie.   **(PALAIS.)**

41. SUSHNEA (Marghiola), à Berlad. — Serviette de soie.   **(PALAIS.)**

42. SVERLEFUSU (Elena Icteni), à Fruntiseni (Berlad). — Serviettes en soie et coton, soie jaune.   **(PALAIS.)**

43. SVERLEFUSU (Maria Ph.), à Grôjdeni (Berlad). — Tissu de soie blanche.   **(PALAIS.)**

44. TZIPLEA (Ion), à Berlad. — Tissu de soie jaune et blanche.   **(PALAIS.)**

45. VITLEMESCU (Mlle Sophie), à Jassy-Galata. — Cotons, soies écrues et grèges. Tissus de soie, coton et laine.   **(PALAIS.)**

RUSSIE.

1. ARSENTIEFF (J. G.), à Moscou. — Soieries façonnées, noires et en couleurs.   **(PALAIS.)**

2. GIRAUD (O.) et Cie, à Moscou. — Soieries et velours unis et façonnés noirs et en couleurs.   **(PALAIS.)**
1878, Paris, Médaille d'argent. — 1885, Anvers, Médaille d'or.

3. GOLDARBEITERL, à Saint-Pétersbourg. — Peluches soie.   **(PALAIS.)**

4. HISCHIN (O. G.), à Moscou. — Apprêts et soieries.   **(PALAIS.)**

5 KONDRACHEFF (Serge), à Moscou. — Fichus et tissus de soie.   **(PALAIS.)**

6. SAPOJNIKOFF (A. & W.), à Moscou. — Brocarts d'or et d'argent, brocatelles, velours, étoffes d'ameublement et soie.   **(PALAIS.)**
Récompenses : 1878, Médaille d'or et Légion d'honneur.

7. SIMONOD (H.) et Cie, à Moscou.— Soieries façonnées, unies, noires et en couleurs.   **(PALAIS.)**
Maison fondée en 1881.

8. Société de la Manufacture de Soieries de Moscou, (Moussy (P. A.), et héritiers de P. Goujon réunis), à Moscou. — Peluches, velours et soieries, unies et façonnées.   **(PALAIS.)**
Médaille d'argent à l'Exposition de Paris en 1878.

9. SOLOVIEFF (Ivan), à Moscou. — Velours, satins, mouchoirs de soie, brocarts or et argent, soieries pour l'Orient.   **(PALAIS.)**

10. ZAGLODIN (I. P.), à Bogorodsk, gouvernement de Moscou. — Brocarts d'or et d'argent pour l'Eglise.   **(PALAIS.)**

SALVADOR.

1. AZUCENA (Pedro), à San-Salvador. — Tissus de soie.   **(PARC)**

2. CHACON (Rito), à San-Salvador. — Tissus de soie.   **(PARC.)**

3. GUZMAN (Docteur David-J.) à San-Salvador. — Tissus fabriqués avec le combyx salva tonensis.   **(PARC.)**

SERBIE.

1. BOJITCH (Mme Persida), à Tchoupria. — Tissus soie et coton.   (PALAIS.)

2. DRACHKOZIA (Mme Vilma), à Svilayenatz. — Tissus soie et coton.
(PALAIS.)

3. GEORGEVITCH (Mme Stevana), à Badgnevatz (dép¹ de Kragouyevatz). — Soie blanche et grise en bobines. (PALAIS.)

4. GEORGEVITCH (Mme Vassilia), à Badgnevatz (dép¹ de Kragouyevatz). — Soie en bobines. (PALAIS.)

5. JIVKOVITCH (Mme Srebra A.), à Prékouplio. — Tissus coton et soie.
(PALAIS.)

6. MARKITCH (Mme Anna), à Belgrade. — Tissus soie et coton.   (PALAIS.)

7. MARKOVITCH (Mme Anna), à Belgrade. — Tissus soie et coton.
(PALAIS.)

8. Ministère de l'agriculture, du commerce et de l'industrie, à Belgrade. — Nappe soie et coton. (PALAIS.)

9. OBRADOVITCH (Mme Danitza), à Imedérevo. — Tissus brodé d'or et de soie. (PALAIS.)

10. PÉTROVITCH (Mme Hélène), à Vlasotinze (dép¹ de Nisch). — Tissu soie et coton. (PALAIS.)

11. SIMONOVITCH (Mme Katarina), à Imédérevo. — Tissus divers, broderies fines. (PALAIS.)

12. STAMENKOVITCH (Yovan), à Vragna. — Tissu soie et coton.
(PALAIS.)

13. STÉRIÉVITCH (Mme Vassilia), à Tchoupria. — Tissus brodés d'or.
(PALAIS.)

14. ZVAITCH (Milovan), à Bégaillae (dép¹ de Belgrade). — Bobine de soie filée.
(PALAIS.)

SUISSE.

1. BAUMANN Ainé et Cie, à Zurich. — Soieries unies (noir et couleurs) façonnées. Nouveautés et guzes. (PALAIS.)

2. BRUNNER (Albert), à Maennedorf (Zurich). — Foulards de soie façonnés.
(PALAIS.)

3. DOLDER (Arnold), à Meilen (Zurich). — Nouveautés en fancys et foulards divers. (PALAIS.)

4. HONNEGER Frères (Kœlliker et Cie), à Bremgarten (Argovie). — Soieries, étoffes pour confections. (PALAIS.)

5. LEUTHOLD (G.) et Fils, à Enge (Zurich). — Articles fantaisie, nouveautés, châles, écharpes, fichus, soie, tricot. (PALAIS.)

6. MAYER (S.) et Cie, à Zurich. — Foulards de soie, uni et jacquart. Étoffes de soie, uni et jacquart. (PALAIS.)

7. NOZ et DIGGELMANN, à Zurich. — Soieries nouveautés. (PALAIS.)

8. RYFFEL et Cie, à Staefa (Zurich). — Soieries en surah, satin, marceline, taffetas. **(PALAIS.)**

9. SCHWARZENBACH LANDIS, à Thalweil (Zurich). — Soieries unies et façonnées, velours, peluches. **(PALAIS.)**

10. STEHLI-HIRT, à Zurich. — Velours et peluches, soieries noires pures, non chargées, soieries couleurs unies et façonnées. **(PALAIS.)**

11. STEINER (Rodolphe), à Zurich. — Soie à coudre, articles pour passementerie. **(PALAIS.)**

12. Tissage mécaniqne de Horgen (Baumann-Streuli, Germain Thomann), à Zurich. — Soieries unies, façonnées ; nouveautés. **(PALAIS.)**

13. Tissage mécanique de soie de Ruti, à Ruti (Zurich). — Tissus peints en pièces et imprimés. **(PALAIS.)**

14. Tissage mécanique d'étoffes de soie, à Winterthür (Zurich). — Étoffes de soie. **(PALAIS.)**

15. Tissage mécanique de Zurich (ancienne maison Bodmer et Hurlimann), à Zurich. — Soieries. **(PALAIS.)**

16. WERDMULLER (Conrad) et Cie, à Kempten (Zurich). — Étoffes de soie et cache-nez. **(PALAIS.)**

. URUGUAY.

1. Association rurale, à Montevideo. — Échantillons de soie coloriée.   **(PARC.)**

2. HARRIAGUE (Pascual), à Salto. — Soie.   **(PARC.)**

3. SALGADO (Serafin), à Montevideo. — Échantillons de soie.   **(PARC.)**

4. TORRE (Luis de la), à Montevideo. — Soie écrue.   **(PARC.)**

GROUPE IV.

TISSUS, VÊTEMENTS ET ACCESSOIRES.

Classe 34.

Dentelles, tulles, broderies et passementeries.

FRANCE.

1. ACHARD (Hippolyte), au Puy (Haute-Loire).— Dentelles, haute nouveauté et articles spéciaux. **(E. C.) (PALAIS.)**

2. ALAMAGNY & ORIOL, à Saint-Chamond (Loire). — Tresses, lacets, soutaches, ganses, galons, tissus pour boutons, brosses, passementeries. **(PALAIS.)**

3. ANCELOT (Alfred Charles), à Paris, rue de Hanovre, 12. — Broderies et fantaisies, hautes nouveautés en tous genres pour robes et confections. **(PALAIS.)**
> Maison à Calais.
> Maison à Lyon, rue Royale, 13.
> Fabrique, rue Rivay, 21, à Levallois Perret.
> Tulles, crêpes, dentelles et broderies en tous genres.
> Fabricant de dentelles et broderies, transformées en fantaisies.
> Médaille d'argent à l'Exposition d'Anvers 1885.

4. ARMAND Fils, FESSEL et Cie, à Lyon (Rhône), chemin de Baraban, 3. — Passementeries pour ameublements. **(PALAIS.)**

5. ARNAUD-GRASSET (Félix), au Puy (Haute-Loire), place du Breuil, 41. — Dentelles pour ameublements, dentelles fantaisies, médicis, torchon. **(E. C.) (PALAIS.)**

6. ARNETT (Georges), à Calais (Pas-de-Calais), rue Neuve, 23. — Tulles, dentelles, nouveautés, soies et coton. **(PALAIS.)**

7. AYLÉ-IDOUX et Cie, à Paris, rue de l'Échiquier, 43. — Broderies mécaniques. **(PALAIS.)**

8. BADHUIN Frères, à Caudry (Nord), rue de Cambrai, 18. — Spanish dentelles, guipures floches, guipures au centre. **(E. C.) (PALAIS.)**

9. BALAS Frères, à Izieux (Loire). — Tresses, lacets, galons et passementeries. **(PALAIS.)**

10. BAZIN (A.) et F. FRENZER, à Angers (Maine-et-Loire). — Broderies mécaniques en coton et en soie. **(PALAIS.)**

11. BÉAL (Francisque), à Brassac-les-Mines (Puy-de-Dôme). — Passementeries cousues pour dames.   (**PALAIS.**)

12. BEAUVILLAIN-FONTAINE (Alcide), à Caudry (Nord), rue d'Al-
sace, 34. — Dentelles, laizes, fichus, mantilles, écharpes, volants. (**E. C.**) (**PALAIS.**)

13. BÉER (Myrtille), à Paris, rue Saint-Sulpice, 34. — Ornements d'églises.
                                                                          (**PALAIS.**)

14. BERNARD Fils (Louis E.), à Paris, rue du Caire, 13. — Passementeries,
broderies, galons brochés pour dames, galons pour tailleurs, tresses, lacets, ganses,
tissus pour boutons, boutons montés.   (**PALAIS.**)

Fabrique à St-Etienne (Loire), 5, rue de Roanne. Médaille d'argent, Paris 1878.

15. BIAIS Ainé & Cie, à Paris, rue Bonaparte, 74. — Ornements d'église
                                                                          (**PALAIS.**)

Biais aîné et Cie, fabrique d'ornements d'église, (chasublerie, broderie, lingerie). Fournisseurs
de N. S. P. le Pape. Maison fondée en 1782, par M. J.-N, Biais, aïeul des chefs actuels,
chevalier de la Légion d'honneur, commandeur des ordres de St-Grégoire-le-Grand, du
St-Sépulcre, etc. Principaux objets exposés : 1° Chasubles, chape et étole pastorale, brodées, or
fin, à double face ; 2° Chasuble semi moyen-âge, satin cramoisi, avec personnages brodés à
l'aiguille ; 3° Mitre style moyen-âge, avec personnages brodés à l'aiguille ; 4° Mitre romaine,
brodée couchure or fin, en relief ; 5° Etole pastorale, drap d'or, brodée or, avec rehauts de
couleurs. Récompenses: Paris 1855, méd. 1re cl. ; Paris 1867 et 1878, hors concours, membre
du jury; méd. de 1re cl., méd. d'or, d'argent et 6 méd. diverses aux collab. et chefs d'ateliers ;
Rome 1870, Amsterdam 1868, Barcelone 1888, hors conc., memb. du jury.

16. BLAZY Frères, à Paris, rue Turbigo, 15. — Tapisseries à l'aiguille sur
canevas et tous genres de tissus. Canevas. Soies. Laines Ste-Geneviève BZ. F. Bonneterie de fantaisie.   (**PALAIS.**)

Filature,Teinture de laine et tissage de canevas à Yerres (S-et-O.). Tapisseries de style échan-
tillonnées sur canevas, drap, satin, étamine, etc. Laines pour broderies, Ste-Geneviève, Ste-
Marthe, Henri II, Gobelins, Canadienne. Laines pour tricot et crochet. Edredon BZ. F. (Voir
classe 32). — Bonneterie de fantaisie, châles, coiffures, etc. Soies. Canevas. — Réc.: Méd. d'or,
Paris 1878; Melbourne 1881 et 1888 ; Anvers 1885; H. C. membre du jury, Barcelone 1888.

17. BOMY (Léc.), à Calais (Pas-de-Calais), rue des Quatre-Coins, 61. — Dentelles de Bayeux, imitation de dentelles Chantilly et Malines, fabriquées mécaniquement.   (**PALAIS.**)

Médaille de bronze, Exposition universelle de Paris 1878.
Diplôme de coopération, Exposition universelle de Barcelone 1888.

18. BONNASSIEUX-GUIDOT, à Tarare (Rhône), rue de la Gare. — Broderies nouveautés pour robes et modes.   (**PALAIS.**)

19. BRACQ-CARPENTIER (Jules), à Caudry (Nord), rue Nationale. —
Dentelles espagnoles guipures, chantilly, laizes,voilettes,volants, etc. (**E. C.**) (**PALAIS.**)

20. BRACQ-MAIRESSE (Nestor J.), à Caudry (Nord). — Dentelles, bandes
laizes, volants, etc.   (**E. C.**) (**PALAIS.**)

21. BRACQ-MAIRESSE (Nestor-J.), à Caudry (Nord). — Dentelles en
tous genres, bandes, floss, guipures, Chantilly, genres modes, laizes, fichus, volants.   (**PALAIS.**)

22. BRACQ-TOFFLIN et Cie, à Caudry (Nord) — Tulles en tous genres.
Volants Chantilly et guipures. Voilettes et dentelles.   (**PALAIS.**)

23. BRACQ, TOFFLIN & Cie, à Caudry (Nord). — Imitation valencienne,
bandes torchon,bandes spanish guipure, Chantilly, voilettes laizes, volants guipures.
                                                                  (**E. C.**) (**PALAIS.**)

24. BRICOUT Fils (J. B.), à Caudry (Nord), rue Nationale. — Dentelles, laizes
volants, fichus, mantilles et écharpes.   (**E. C.**) (**PALAIS.**)

25. CADART (A.), à Calais (Saint-Pierre) (Pas-de-Calais). — Chantilly, spanish, volants, pointes et écharpes, voilettes.   (**PALAIS.**)

26. CALAIS (Exposition collective des Fabricants de dentelles de la Ville de), (Pas-de-Calais). — Tulles et dentelles. **(PALAIS.)**

CORDIER (J.).
CORDIER-LEVRAY.
DAVENIÈRE (E.).
DELANNOY (C.).
DOGUIN & Cie & FOURNIER & Cie.
GRUEZ (L.).
HÉNON (H.).
HUYGHE.
LASSON (E.) & Cie.
LAVOINE (P.).
LEMAÎTRE (H.).
MAHIEU (A.).
MERLEN.
MIME (Ch.) & GEST (A.).
NOYON Frères.
REMBERT (H.).
SMITH Frères & Cie.
TESTELIN Aîné.
VILLARET (J.).
WEST (R.).

27. CARPENTIER (Arthur) & Cie, à Caudry (Nord), rue André, 1. — Tulle, dentelle, bandes et laizes genre Chantilly, guipure et spanish. **(E. C.) (PALAIS.)**

28. CARPENTIER-FONTAINE (Les Fils de), (J. B. & Théophile), à Caudry (Nord). — Voilettes, cravates, fichus, andalouses et voiles milanais. **(E. C.) (PALAIS.)**

29. CAUDRY (Exposition collective des Fabricants de tulles et de dentelles de la Ville de), (Nord).

BEAUVILLAIN-FONTAINE (A.).
BODHUIN Frères.
BRACQ-TOFFLIN (A.) & Cie.
BRACQ-CARPENTIER (J.).
BRACQ-MAIRESSE (N.).
BRICOUT Fils (J.-B.).
CARPENTIER (A.) & Cie.
CARPENTIER-FONTAINE (les Fils de),
COLLERY-LECLERCQ (J.-B.).
DAVAINE (H.).
FONTAINE (J.).
GABET-BRICOUT (I.).
GUENNE (E.).
HALLETTE (E.) & Cie.
HENNINOT-HENNINOT (A.-L.-E.).
JACQUEMIN-TOFFLIN (P.).
JOVENIN (A.).
LEFEBVRE-ZILLER (J.).
LEGRAND-BRICOUT (E.).
LEGRAND Frères & Cie.
MESSAGER-BAUCHARD (D.).
OBLIN-WASSON (M.).
PLAYEZ (G.).
PLEZ Fils (A.).
PLEZ & Sœur.
PLEZ-POSTRY.
PORET Fils & LEMAIRE.
POSTRY-PAYEN (A.-J.).
REY (A. & H.).
TILMANT (H.).
TOFFLIN (J.) & Cie.

30. CHENEVIÈRE (Charles), à Paris, passage du Ponceau, 42. — Passementeries pour ameublements de tous styles. **(PALAIS.)**

31. CLAIR-LEPROUST (J. M. Maxime), à Paris, rue du Faubourg-Poissonnière, 146. — Broderies pour ameublement. **(PALAIS.)**

Rideaux, portières, panneaux, tapis, coussins, écrans, etc. etc.

32. COLLERY-LECLERCQ (J. B.), à Caudry (Nord). — Dentelles espagnoles, guipures Chantilly, laizes, volants, voilettes, etc. **(E. C.) (PALAIS.)**

33. Compagnie des Indes, Martin (Georges) Directeur, à Paris, rue Richelieu, 80. — Dentelles. **(PALAIS.)**

34. CONTAMIN et ANDRÉ, à Lyon (Rhône), rue Grenette, 12. — Passementerie pour ameublements. **(PALAIS.)**

35. CORDIER (Jules), à Calais (Pas-de-Calais), place de la République. — Dentelles. **(E. C.) (PALAIS.)**

36. CORDIER-LEVRAY, à Calais (Pas-de-Calais), rue Sambir. — Dentelles. **(E. C.) (PALAIS.)**

37. CROUVEZIER et Fils, à Paris, rue du Sentier, 24. — Mouchoirs brodés et à jour, draps et taies d'oreiller brodés, dessus de lit brodé. **(PALAIS.)**

Broderies fines à la main. — Maison fondée en 1804. — Récompenses, Prize medal première classe, Londres, 1851 ; médaille d'argent 1re classe, Paris, 1855 ; médaille d'or, Paris, 1878 ; médaille d'or, Amsterdam, 1883.

38. DARQUER-BACQUET, à Calais (Pas-de-Calais). — Dentelles mécaniques en tous genres. **(PALAIS.)**

39. DAVAINE (H.), à Caudry (Nord), rue de Saint-Quentin, 38. — Dentelles en tous genres. **(PALAIS.)**

40. DAVAINE (Hyacinthe), à Caudry (Nord), rue Saint-Quentin, 38. — Tulles et dentelles.   **(E. C.) (PALAIS.)**

41. DAVENIÈRE (Emile), à Calais (Pas-de-Calais). — Dentelles et tissus.   **(PALAIS.)**

Maisons de vente : A Paris, 45, rue du Sentier ; Londres, 17, Old Change ; New-York, 51, Green street ; Berlin, 26, Jerusalemer strass.

42. DAVENIÈRE (Emile), à Calais (Pas-de-Calais). — Tulles et dentelles.   **(E. C.) (PALAIS.)**

43. DAVID Frères (A.), à Paris, rue du Sentier, 10. — Passementeries pour dames.   **(PALAIS.)**

44. DELANNOY (Constant), à Calais (Pas-de-Calais), rue de l'Hospice, 7. — Tulles et dentelles, spécialité de valenciennes pour lingerie et plissés.   **(E. C.) (PALAIS.)**

45. DELAUNAY-FOUCAULT et Cie, à Angers (Maine-et-Loire). — Bonnets, bandes, châles du pays, brodés mécaniquement. Broderie.   **(PALAIS.)**

46. DELCOURT (Achille), à Paris, rue St-Denis, 199. — Matières premières et galons en or et argent, franges, insignes, tissus or, glands, cordelières, ganses, soutaches.   **(PALAIS.)**

Traits, Lames, Filés or et argent fin, mi-fin et faux, filés couleurs et irisés, Milanaises, Cannetilles, Paillettes et Frisettes. Cordonnets et Ganses pour Cartonnages et Confiseurs, Points d'Espagne, Dentelles, Etamines or et argent pour Costumiers. Tresses, Soutaches, Ganses et Franges or et argent, Bouclettes et lames tournées or, argent et couleurs, Tricotine or, argent et couleurs. Spécialité de Nouveautés pour Ruches. Ganses fantaisie pour Passementerie et Broderie. Spécialité de filés pour Machines Bonnaz, Cornély et Métier Suisse.

Chenilles pour Fleurs. Chenilles fantaisie Soie, Mi-Soie, Tussah, Laine, Mohair, Ramie et Coton.

Tissus et Galons fantaisie pour Modes. Fils et Ganses nouveautés pour Dentelles. Cotons glacés noir et couleur. Lames coton glacé pour tissus.

47. DESCHAMPS-HAIN, à Fontenay-le-Château (Vosges). — Broderies.   **(PALAIS.)**

48. DEVIENNE (Paul), à Calais (Pas-de-Calais). — Tulles et dentelles. **(PALAIS.)**

49. DIEUTEGARD (E. et E.), à Paris, rue de la Banque, 24. — Passementeries nouveautés.   **(PALAIS.)**

50. DOGNIN & Cie, à Lyon (Rhône), rue Puits Gaillot, 1. — Tulles de soies, dentelles et broderies mécaniques.   **(PALAIS.)**

51. DOGNIN & Cie & FOURNIER & Cie, à Calais (Pas-de-Calais), rue du Vauxhall, 112. — Dentelles Chantilly, espagnoles, fichus, écharpes, mantilles, voilettes.   **(E. C.) (PALAIS.)**

52. DOUAIRET (Pierre), à Paris, rue de Cléry, 9. — Mouchoirs brodés dits Mouchoirs échelles.   **(PALAIS.)**

53. DULAC (Florimond), au Puy (Haute-Loire), rue St-Jacques, 15. — Dentelles, fils, nouveautés, fantaisie.   **(PALAIS.)**

54. DULAC (Florimond), au Puy (Haute-Loire), rue Saint-Jacques, 15. — Dentelles, fils, nouveautés, fantaisie.   **(E. C.) (PALAIS.)**

55. DUMONT (Eugène), à Paris, rue du Faubourg-Poissonnière, 33. — Guipures d'art et point de Venise, services de table, ameublements, trousseaux.   **(PALAIS.)**

56. DURIEU-ACHARD, au Puy (Haute-Loire), place du Breuil, 41. — Dentelles, passementeries et nouveautés.   **(E. C.) (PALAIS.)**

57. FALLET (Pierre), à Brassac-les-Mines (Puy-de-Dôme). — Passementeries cousues.   **(PALAIS.)**

58. FARIGOULE (P. et J.), à Paris, rue St-Fiacre, 17. — Dentelles pour modes, robes et ameublement.   **(PALAIS.)**

59. FERRY-BONNON (P.), au Puy (Haute-Loire). — Aube en fil, dentelle, passementerie, faite au carreau et articles pour modes.   **(PALAIS.)**

60. FERRY-BONNON (P.), au Puy (Haute-Loire). — Aube en fil, dentelle, passementerie faite au carreau et articles pour modes.   **(E. C.) (PALAIS.)**

61. FONTAINE (Julius), à Caudry (Nord), rue Vaucanson. — Laizes et bandes, guipure et floche, guimpe au centre.   **(E. C.) (PALAIS.)**

62. FONTAINE et RIEDER, à Calais (Pas de Calais). — Tulles et dentelles.   **(PALAIS.)**

63. FOURNIER et Cie (G.), à Calais (Pas-de-Calais), rue du Vauxhall, 112. — Tulles.   **(PALAIS.)**

64. FRANTZ (Veuve Ph.), à Brassac-les-Mines (Puy-de-Dôme). — Passementerie pour dames.   **(PALAIS.)**

65. GABET-BRICOUT (Irénée), à Caudry (Nord). — Bandes guipure Chantilly, laize Chantilly et guipures espagnoles, fichus et volants Chantilly.   **(E. C.) (PALAIS.)**

66. GAILLARD Père et Fils, à Calais (Pas-de-Calais). — Tulles et dentelles.   **(PALAIS.)**

67. GEAY (C.) et JOANNY-GUILLEMET, à Paris, rue des Jeûneurs, 33. — Tulles façonnés et dentelles imitation.   **(PALAIS.)**

68. GILLARET (Jules), à Calais (Pas-de-Calais), rue Magenta, 16. — Tulles dentelles.   **(PALAIS.)**

69. GODARD Fils, à Lyon (Rhône), cité Delassalle, 14. — Broderies (nouvelles machines à broder).   **(PALAIS.)**

70. GORSSE, à Cordes (Tarn). — Broderies mécaniques.   **(PALAIS.)**
Exposition universelle de Barcelone, 1888, médaille d'argent pour bandes, entre-deux, etc.

71. GOUJON (A.), à Paris, rue du Faubourg-Saint-Antoine, 20 et 22. — Passementerie pour ameublements, tissus, tapis.   **(PALAIS.)**

72. GRUEZ (J. Louis), à Calais (Pas-de-Calais), rue Léon-Gambetta, 40. — Tulles de coton.   **(E. C.) (PALAIS.)**

73. GUENNE (Émile), à Caudry (Nord). — Dentelles.   **(E. C.) (PALAIS.)**

74. GUÉRIN (L. J. S. A.), à Nîmes (Gard). — Lacets, tresses, cordons pour mercerie, passementerie, tailleurs, corsets, ressorts pour tournures, moulinage de soies et matières diverses.   **(PALAIS.)**
Maison créée en 1828 (Raison sociale: S. Guérin).

75. HALLETTE (Eugène V.) & Cie, à Caudry (Nord). — Dentelles, laizes, volants, fichus, etc.   **(E. C.) (PALAIS.)**

76. HENNINOT-HENNINOT (Aimé L. E.), à Caudry (Nord). — Dentelles, guipures floss et Chantilly, volants.   **(E. C.) (PALAIS.)**

77. HÉNON (Henri A.), à Calais (Pas-de-Calais), rue des Quatre-Coins, 82. — Dentelles mécaniques, Valenciennes et blondes fines, guipures et fantaisies.   **(PALAIS.)**
H. Hénon. Maison à Paris, 12, rue St-Joseph. A Londres, 69, Gresham street.
Maison fondée en 1859. Usine à vapeur, Éclairage électrique.
Récompenses : Médaille d'argent, Exposition universelle, Paris 1878. — Diplôme d'honneur, Anvers 1885. — Grand prix Médaille d'or, Barcelone 1888.
Membre du Jury d'admission de la classe 34.

78. HÉNON (Henri A.), à Calais (Pas-de-Calais), rue des Quatre-Coins, 82. — Valenciennes et blondes fines, guipures et fantaisies. **(E. C.)** **(PALAIS.)**

79. HENRY (Émile C.), à Paris, rue du Faubourg-St-Honoré, 5. — Ouvrages d'art à l'aiguille, tapisseries pour meubles et pour églises, broderies au passé, sur étamine et vénitienne. **(PALAIS.)**

> Maison fondée en 1800. — Récompensée à l'Exposition de 1867.
> Reconstitution de tous ouvrages d'art à l'aiguille.
> Tapisseries pour ameublements et pour Eglises. Tapisseries au petit point. Tapisserie au point de Hongrie. Ombrés Louis XIV pour tentures et pour sièges.
> Broderies au Passé, Broderie en Chenille, Broderie-rococo et au tambour. Broderie sur Damas avec passements. Broderies d'or et perfilages.
> Reproduction des broderies vénitiennes sur toile et sur étamine. Copie authentique des broderies italiennes du XVIe siècle.
> Reproduction des guipures antiques: point de Venise et broderie Renaissance.
> Leçons de tous ouvrages. — Métiers et fournitures.

80. HERBELOT (Henri), à Calais (Pas-de-Calais), rue des Quatre-Coins, 66. — Tulles et dentelles en tous genres, fichus, mantilles et écharpes en dentelle espagnole. **(PALAIS.)**

> Maison fondée en 1825. — Médaille argent, Paris, 1855 ; Médaille, Londres, 1862 ; Médaille de progrès, Vienne, 1873 ; Philadelphie, 1876 ; Médaille argent, 1878, Paris.

81. HUYGHE, à Calais (Pas-de-Calais). — Tulles et dentelles. **(E. C.)** **(PALAIS.)**

82. JACQUEMIN-TOFFLIN (Placide), à Caudry (Nord), rue Gambetta. — Spanish et Chantilly. **(E. C.)** **(PALAIS.)**

83. JOLIVET (F.), LASVIGNE (F.-M.) et Cie, à Paris, rue St-Denis, 163. — Passementerie, broderie, boutons et nouveautés pour dames. **(PALAIS.)**

84. JOVENIN (A.), à Caudry (Nord). — Dentelles, laizes et fichus Chantilly, spanish et guipures. **(E. C.)** **(PALAIS.)**

85. LAMPERIÈRE (François), à Paris, rue des Jeûneurs, 27. — Broderies haute nouveauté pour robes et confections, manteaux de cour et fantaisies. **(PALAIS.)**

86. LANGLOIS (Louis), à Paris, rue de Louvois, 7. — Passementeries pour dames. **(PALAIS.)**

> Paris 1878, Médaille d'argent ; Melbourne 1881, 1er ordre de mérite ; Amsterdam, 1883, Médaille d'or ; Anvers 1885, Diplôme d'honneur.

87. LASSON (E.) & Cie, à Calais (Pas-de-Calais), rue Lafayette, 8. — Tulles et dentelles. **(E. C.)** **(PALAIS.)**

88. LAVAL (J.) & TRONEL (F.), à Lyon (Rhône), rue du Griffon, 5. — Tulles et nouveautés. **(PALAIS.)**

89. LAVALLETTE (Jules), à Paris, rue Saint-Fiacre, 5. — Nouvelle dentelle de fil. **(PALAIS.)**

90. LAVOINE (Pierre), à Calais (Pas-de-Calais), rue Gambetta, 13. — Tulles, dentelles en tous genres. **(E. C.)** **(PALAIS.)**

91. LE BAS Père et Cie, à Calais (Pas-de-Calais), rue de la Tannerie, 50. — Nouveautés, guimpe centre, matelassé, Chantilly, laizes, volants, écharpes, fichus, andalouses et mantilles avec et sans couture. **(PALAIS.)**

92. LEBEE (Eug.) et Fils, à St-Quentin (Aisne). — Dentelles, tirettes, cordonnet, lacets ferrés, ruban végétal, baleines laçures. **(PALAIS.)**

93. LE BEL-DELALANDE (Charles), à Paris, rue Saint-Honoré, 348. — Meubles, broderies artistiques, tapisseries, ouvrages de dames. **(PALAIS.)**

94. LECOMTE (Ch.) et Cie, à Paris, rue d'Uzès, 5. — Tulles et dentelles. **(PALAIS.)**

95. LEFÉBURE (Ernest), à Paris, boulevard Poissonnière, 15. — Dentelles véritables, travaillées à l'aiguille et aux fuseaux. Points d'Alençon, de France et d'Argentan.   (PALAIS.)

Dentelles de fil, blondes de soie, dentelles noires de Bayeux. — Voiles de mariées, volants, écharpes, mantilles, mouchoirs, éventails, ombrelles, robes de baptême, aubes, rideaux, guipures d'ameublement, abat-jour parasol, B. S. D. G. -- Prize medal, Londres 1851 ; Méd. d'honneur, Paris 1855 ; 2 Méd. d'or 1867 : Grand prix 1878. — Lefébure père, chev. Légion d'honneur en 1849. — Ern. Lofébure, chev. Légion d'honneur en 1878.

96. LEFEBVRE-ZILLER (Jules), à Caudry (Nord), rue d'Alsace, 10. — Tulles, dentelles, laizes, volants, fichus, écharpes, mantilles.   (PALAIS.)

97. LEFEBVRE-ZILLER (Jules), à Caudry (Nord), rue d'Alsace, 10. — Dentelles, laizes, volants, fichus, mantilles, écharpes.   (E. C.) (PALAIS.)

98. LEGRAND-BRICOUT (Emile), à Caudry (Nord), rue de St-Quentin. — Dentelles à la mécanique.   (E. C.) (PALAIS.)

99. LEGRAND Frères & Cie, à Caudry (Nord), rue de Valenciennes. -- Laizes et dentelles, fichus et volants.   (E. C.) (PALAIS.)

100. LEMAITRE (Henri J.), à Calais (Pas-de-Calais), rue des Soupirants. — Tulles et dentelles mécaniques.   (E. C.) (PALAIS.)

101. LENIQUE, PIQUET et Cie, à Calais (Pas-de-Calais). — Tulles et dentelles, volants, écharpes Chantilly et Spanish.   (PALAIS.)

Dépôt général, à Paris, 4, rue de Cléry. Exposition (Galeries des machines, classe 55) d'un métier fonctionnant et produisant la dentelle.

102. LEPELTIER Frères, à Paris, rue des Jeûneurs, 31. — Dentelles mécaniques et à la main.   (PALAIS.)

103. MAHIEU (A.), à Calais (Pas-de-Calais), rue des Quatre-Coins. — Tulles et dentelles, nouveautés et fantaisies.   (E. C.) (PALAIS.)

104. MARION (H.) & COLLON (A.), à Lyon (Rhône), place Croix-Paquet, 1. — Dentelles, fichus, écharpes, laine et soie, peluche.   (PALAIS.)

105. MARION (J.) Ainé & Fils, à Lyon (Rhône), place Tolozan, 26. — Tulles et dentelles.   (PALAIS.)

106. MAUGUIÈRE (L.-Félicien), à Fontenois-la-Ville (Haute-Saône). — Guipure d'art, filet brodé en fil de lin.   (PALAIS.)

107. MÉNAGER-BAUCHARD (Désiré), à Caudry (Nord). — Dentelles, guipures floss et Chantilly, volants, laizes.   (E. C.) (PALAIS.)

108. MENGIN (A. Jules), au Puy (Haute-Loire). --- Dentelles et nouveautés.   (PALAIS.)

109. MENGIN (Jules), au Puy (Haute-Loire). — Dentelles et nouveautés.   (E. C.) (PALAIS.)

110. MERLEN, à Calais (Pas-de-Calais). -- Tulles et dentelles. (E C.) (PALAIS.)

111. MICOUD (Joseph) & RIGOLLIER (Jules), à Lyon (Rhône), rue de la République, 4. — Fichus, écharpes, mantilles, robes et nouveautés en dentelle, blonde espagnole et Chantilly.   (PALAIS.)

112. MINE (Ch.) & GEST (A.), à Calais (Pas-de-Calais), rue Lafayette, 36. -- Tulles et dentelles.   (E. C.) (PALAIS.)

113. MOISELET (Adolphe), au Puy (Haute-Loire). -- Dentelles fil blanc et fantaisies.   (E. C.) (PALAIS.)

114. MOLIER (Paul), à Paris, rue Saint-Denis, 88. — Chenilles tissées et mécaniques, ganses de fantaisie.   (PALAIS.)

Ancienne Maison Pinson, fondée en 1827.
Médaille de bronze à l'Exposition universelle d'Anvers, 1885.

115. MURAOUR et PELLERIN, à Lyon (Rhône), rue Terme, 12. — Dorures pour tissus, broderie et passementerie. (PALAIS.)

116. NEVEU (F.-E.), à Paris, rue d'Uzès, 13. — Passementeries et tissus pour voitures et wagons. (PALAIS.)

Moquettes ; draps, peluches et soieries. Médailles d'argent et or, aux Expositions de Paris, 1867, 1878 et Barcelone, 1888.

117. NOYON Frères, à Calais (Pas-de-Calais), rue de la Tannerie, 4. — Volants, barbes et dentelles Chantilly. (PALAIS.)

118. NOYON Frères, à Calais (Pas-de-Calais), rue de la Tannerie. — Tulles et dentelles. (E. C.) (PALAIS.)

119. OBLIN-WASSON (Modeste), à Caudry (Nord). — Dentelles, laizes, mantilles, écharpes, volants, fichus. (E. C.) (PALAIS.)

120. PAGNY (Veuve Albert), à Paris, rue St-Fiacre, 7. — Dentelles véritables. (PALAIS.)

Dentelles blanches et noires. Tous objets en vraie dentelle. Tulles. Imitations en tous genres. Broderies. Robes de bal. Fantaisies. Récompenses : 1851 Londres ; 1855, 1867 Paris ; 1878 Paris, médaille d'or.

121. PALLIER (Prosper), à Nimes (Gard). — Tresses, lacets et cordons en tous genres. (PALAIS.)

122. PIÉLARD (G.) et BERTIN-CONRADS, à Paris, rue Saint-Sauveur, 75. — Passementeries pour dames. (PALAIS.)

123. PITIOT (Laurent), à Lyon (Rhône), boulevard des Brotteaux, 43. — Passementerie, galons, franges, glands, et embrasses pour sièges et tentures. (PALAIS.)

124. PLAYEZ (G. Germain), à Caudry (Nord). — Dentelles soie espagnole et guipure. (E. C.) (PALAIS.)

125. PLEZ Fils (Auguste), à Caudry (Nord), place Thiers. — Dentelles laizes, fichus, mantilles, écharpes, volants. (E. C.) (PALAIS.)

126. PLEZ (François L.) & Sœur, à Caudry (Nord). — Dentelles, guipures et Chantilly, laizes, volants, etc. (E. C.) (PALAIS.)

127. PLEZ-POSTRY, à Caudry (Nord), rue de St-Quentin. — Dentelle spanish, dentelles guipure et Chantilly, volants guipure et Chantilly. (E. C.) (PALAIS.)

128. POIRET Frères & Neveu, Paris, boulevard Sébastopol, 27. — Tapisseries brodées à l'aiguille. (PALAIS.)

Broderies et tapisseries à l'aiguille, pour ameublements de tous styles.
Récompenses : croix de la Légion d'honneur, Paris 1855. — Londres 1862.
Paris 1867, Médaille d'argent. Amsterdam 1883, Diplôme d'honneur. Anvers 1885, Grand prix, Diplôme d'honneur, deux médailles d'or. Barcelone 1888, médaille d'or.

Voir classes, 80, 82, 46.

129. PONTVIANNE (J.), au Puy (Haute-Loire). — Dentelles et articles spéciaux. (E. C.) (PALAIS.)

130. PORET Fils & LEMAIRE, à Caudry (Nord). — Dentelle Chantilly, laizes et volants, etc. (E. C.) (PALAIS.)

131. PORTANIER (J.), à Brassac-les-Mines (Puy-de-Dôme). — Ganse pour passementerie, chapellerie, etc. (PALAIS.)

132. POSTRY-PAYEN, à Caudry (Nord). — Tulles et dentelles, volants Chantilly, dentelles guipures et Chantilly en tous genres. (PALAIS.)

133. POSTRY-PAYEN (Achille), à Caudry (Nord). — Tulles et dentelles. (E. C.) (PALAIS.)

134. POUTEAU (E.) FICHET et Cie, à Paris, rue de Hanovre, 16. — Broderies pour robes, confections, manteaux de cour, garnitures. (PALAIS.)

**135. PUY (Exposition collective des Fabricants de dentelles de
la Ville du), (Haute-Loire). — Dentelles.** (PALAIS.)

ACHARD (H.).	FERRY-BONNON (P.).	ROBERT (E.).
ARNAUD-GRASSET (F.).	MENGIN (J.).	TÉYSSIER-GARNIER.
DULAC (F.).	MOISELET (A.).	TOURANCHE-JOUVE.
DURIEU-ACHARD.	PONTVIANNE (J.).	VIDAL (J.).

136. REICHENBACH et Cie, à Paris, boulevard Poissonnière, 14. — Broderies en tous genres, robes mi-confectionnées. (PALAIS.)

137. REMBERT (Hippolyte J. N.), à Calais (Pas-de-Calais), rue de la Tannerie, 47. — Dentelles de soies en Chantilly et spanish, en bandes et laizes, volants Chantilly en tous genres. (E. C.) (PALAIS.)

138. REY (Alfred & Henri), à Caudry (Nord). — Chantilly guipure, laizes et volants. (E. C.) (PALAIS.)

139. RICHENET (Henri) et GOULETTE (Eugène), à Paris, rue de la Reynie, 26, et rue St-Denis, 34. — Passementeries nouveautés pour dames. (PALAIS.)

140. ROBERT (Eugène), au Puy (Haute-Loire). — Passementerie et dentelles fantaisie. (E. C.) (PALAIS.)

141. ROBERT Frères, à Courseulles-sur-Mer (Calvados). — Dentelles de Caen, Chantilly et Espagnoles. (PALAIS.)

Médailles aux Expositions universelles de Paris 1855, 1867, 1878.

142. ROCHERON (Léon), à Paris, rue du Sentier, 41. — Tissus de soie brodés à la main. (PALAIS.)

143. ROUSSEAUX (A.), Madame Désiré Janssens, à Thaon (Vosges). — Broderies blanches mi-fines et fines sur bandes, taies d'oreillers, mouchoirs, draps, etc. (PALAIS.)

144. ROUSSEL (Juste), à Paris, boulevard de Sébastopol, 81.— Passementeries, filets et spécialité de passementerie au crochet. (PALAIS.)

145. SAUNIER (Ermans E.), à Paris, rue d'Aboukir, 45. — Passementeries et broderies. (PALAIS.)

Galons et Franges fantaisie et noir.
Ornements détachés.
Garnitures pour Manteaux, Jaquettes, Corsages, Robes de ville et de soirées.
Spécialités de garnitures pour robes de bal et Manteaux de Cour.
Black and fancy galoons and fringes.
Ornaments.
Mantles, Jackets, Bodices street and evening gowns garnitures.
Speciality of garnitures for ball dresses and court mantles.

146. SCHMIDT (Mme Louise), à Paris, rue Beauregard, 11. — Broderies artistiques pour robes de ville et robes de bal, voilettes brodées, cheniliées et perlées. (PALAIS.)

Spécialité de voilettes et de broderies en tous genres.

147. SMITH Frères & Cie, à Paris, rue des Quatre-Coins, 28. — Tulles, dentelles et tissus fantaisies, dentelles fines. (E. C.) (PALAIS.)

148. TESTELIN Aîné (Gustave), à Calais (Pas-de-Calais), rue du Cosmorama, 7. — Tulles et dentelles mécaniques, bandes, laizes et volants Chantilly et spanish. (PALAIS.)

149. TESTELIN Aîné, à Calais (Pas-de-Calais), rue du Cosmorama. — Tulles et dentelles. (E. C.) (PALAIS.)

150. TEYSSIER-GARNIER, au Puy (Haute-Loire). — Dentelles diverses. (E. C.) (PALAIS.)

151. TÉZENAS DU MONTCEL (J.), à Paris, rue Montmartre, 103. — Matières premières pour broderie, modes, ruches, cartonnage et vannerie, chenilles, nouveautés pour passementerie, ganses.   **(PALAIS.)**

152. TILMANT (Henri), à Caudry (Nord), place Thiers, 3. — Dentelles, laizes, fichus, mantilles, écharpes, volants.   **(E. C¹.) (PALAIS.)**

153. TOFFLIN (Jules) et Cie, à Caudry (Nord), rue du Château, 10. — Bandes, laizes, fleurettes, spanish et guipures, volants, Chantilly, voilettes et rideaux guipure.   **(PALAIS.)**

154. TOFFLIN (Jules) & Cie, à Caudry (Nord). — Bandes et laizes spanish, guipures et Chantilly, volants, voilettes et rideaux guipure.   **(E. C.) (PALAIS.)**

155. TOURANCHE-JOUVE, au Puy (Haute-Loire). — Dentelles en tous genres, haute nouveauté, modes, confections et lingerie.   **(E. C.) (PALAIS.)**

156. TRÉVES Fils (J. Albert), à St-Quentin (Aisne), route de Cambrai. — Broderies mécaniques.   **(PALAIS.)**

Médaille de bronze 1867, Paris. Médaille d'argent 1885, Anvers.

157. VAUGEOIS et BINOT, à Paris, rue Étienne-Marcel, 15 et 17. — Passementeries, galons et broderies d'uniformes et fantaisies, or, argent et couleurs métalliques.   **(PALAIS.)**

Métal blanc, fin, mi-fin, faux. Couleurs métalliques. Tirage d'or et filature. Bannières, insignes, drapeaux riches, articles pour militaires, administrations, églises, sociétés, brodeurs, chapeliers, modistes, couturières, tapissiers, tailleurs, théâtres, fantaisie.
Succursale, 32, rue Notre-Dame-des-Victoires.
Fabrique, 16, quai de Retz, à Lyon.
Usine à vapeur à Colombes (Seine).
Médailles d'or aux Expositions universelles de Paris, 1867-1878.
Marque de fabrique : Couronne Royale.
Maison fondée en 1795 par la même famille.
France. — Exportation.

158. VIDAL (Ignace), au Puy (Haute-Loire). — Dentelles, guipures, passementeries au fuseau.   **(E. C.) (PALAIS.)**

159. VILLARET (Jules), à Calais (Pas-de-Calais), rue Magenta, 16. — Tulles, dentelles et confections.   **(E. C.) (PALAIS.)**

160. VINCENT (C.), à Lyon (Rhône), rue d'Algérie, 18. — Passementeries et étoffes. Dorures.   **(PALAIS.)**

161. WARÉE (A.), à Paris, rue de Cléry, 19. — Dentelles.   **(PALAIS.)**

162. WEBER (Veuve Camille) et Fils, à Paris, rue Poissonnière, 15. — Passementeries pour ameublement.   **(PALAIS.)**

163. WEST (Robert), à Calais (Pas-de-Calais). — Dentelles et tulles en tous genres.   **(PALAIS.)**

Médaille d'argent à l'Exposition universelle de Paris 1878. — Médaille d'or à l'Exposition universelle d'Anvers 1885.

164. WEST (Robert), à Calais (Pas-de-Calais). — Dentelles et tulles en tous genres.   **(E. C.) (PALAIS.)**

COLONIES.

ALGÉRIE.

1. BACRI, à Paris, rue Richelieu, 1. — Broderies et passementeries arabes.
(ESPLANADE.)

2. BACRI (Mardochée-Cohen), à Alger, rue Doria, 12. — Coussins brodés.
(ESPLANADE.)

3. Ben Dra ben Rahma, à Tlemcen (Oran), rue de Mascara. — Coussin rond
brodé d'or. (ESPLANADE.)

4. BÉNICHOU (Mlle Etoile), à Oran, rue de la Révolution. — Broderies à la
main et au crochet. (ESPLANADE.)

5. Ben Mansour el hadj Essaïu, à Tlemcen (Oran), rue de Mascara. —
Coussinets brodés d'or. (ESPLANADE.)

6. CHARDON (Eva), à Alger-Agha (Alger) rue de Constantine, 45. — Mouchoir
imitation toile d'araignée. (ESPLANADE.)

7. DAHMANI ben Mohamed ben Karbouche, à Bône (Constantine). —
Ceinture en velours, giberne et portefeuilles brodés or et argent. (ESPLANADE.)

8. IBRAHIM ben Ali ben Saïd, à Alger, passage Sarlande. — Broderies et
passementeries indigènes. (ESPLANADE.)

9. SOLAL (Léon), à Alger, place Malakof, 6. — Broderies algériennes, anciennes
et modernes. (ESPLANADE.)

10. TAIEB ben Zouaoui, à Sidi Aïssa (Alger), Commune indigène de Bousââda. — Coussins avec dessins de couleur. (ESPLANADE.)

11. TOUBOUL (Mlle Etoile), à Oran, rue Ratisbonne, 16. — Couvre-lit et
taies d'oreiller en satin et crochet. (ESPLANADE.)

COCHINCHINE.

1. Exposition permanente des Colonies, à Paris. — Broderies et tapisseries (Cochinchine et Cambodge). (ESPLANADE.)

GABON-CONGO.

1. Dames de l'Immaculée-Conception, au Gabon. — Broderies.
(ESPLANADE.)

GUADELOUPE.

1. BUNEL (Mme), à Saint-Barthélemy. — Dentelle au crochet. (ESPLANADE.)

2. DÉRAVIN (Léonie), à Saint-Barthélemy. — Dentelle au crochet.
(ESPLANADE.)

INDE FRANÇAISE.

1. Exposition permanente des Colonies, à Paris. — Broderies d'or, d'argent,
de soie, tapisseries. (ESPLANADE.)

SÉNÉGAL.

1. NOIROT, Administrateur colonial, au Sénégal. — Scapulaire musulman.

                                                   (ESPLANADE.)

PAYS DE PROTECTORAT.

ANNAM-TONKIN.

1. Exposition permanente des Colonies, à Paris. — Broderies et tapisseries.
                                                   (ESPLANADE.)

2. Protectorat de l'Annam et du Tonkin, vice-résidence de Hung-Yen. — Grande broderie, drapeaux.
                                                   (ESPLANADE.)

CAMBODGE.

1. Exposition permanente des Colonies, à Paris. — Broderies et tapisseries.
                                                   (ESPLANADE.)

TUNISIE.

1. KHAIAT (J. de M.), à Tunis. — Broderies.   **(ESPLANADE.)**

PAYS ÉTRANGERS.

RÉPUBLIQUE ARGENTINE.

1. **BARRIOS (Mme Carmen)**, à Bella-Vista (Corrientes).— Drap. (PARC.)

2. **BLANCO (Mme F. Louise)**, à Corrientes. -- Drap. (PARC.)

3. **CASTILLO (Telesphore)**, à Jujuy. — Drap brodé. (PARC.)

4. **Commission auxiliaire**, à Catamarca. — Draps de lits, taies d'oreiller, dentelles. (PARC.)

5. **Commission auxiliaire**, à Corrientes. — Draps, dentelles pour chemise, essuie-mains. (PARC.)

6. **Commission auxiliaire**, à Santiago-del-Estero. -- Dentelles, broderies et passementeries. (PARC.)

7. **Commission auxiliaire**, à Tucuman. — Dentelles. (PARC.)

8. **Commission de demoiselles**, à Corrientes. -- Dentelles. (PARC.)

9. **ESPINOSA (Rose)**, à Jujuy. — Paire de bas. (PARC.)

10. **FERNANDEZ (Mme Clothilde)**, à Goya (Corrientes). — Drap. (PARC.)

11. **FERREIRA (Jeanne)**, à Empedrado (Corrientes). — Chemise. (PARC.)

12. **MIEREZ (Mme C.)**, à San-Roque (Corrientes). — Draps. (PARC.)

13. **PEREIRA (Mme Victoire)**, à San-Cosme (Corrientes). -- Essuie-mains. (PARC.)

14. **RODRIGUEZ (Margherite)**, à Jujuy. — Châle brodé. (PARC.)

15. **URO (Rosaire)**, à Jujuy. — Porte-papier. (PARC.)

BELGIQUE.

1. **BEGEREM (René)**, à Ypres, rue de Lille. — Dentelles Valenciennes faites à la main. (PALAIS.)

2. **BOVAL DE BECK**, à Bruxelles, rue Royale, 74. — Dentelles. (PALAIS.)

3. **DECLERCQ-CLÉMENT**, à Iseghem. — Torchons, dentelles, tirettes de fil de lin travaillées à la main; tirettes-dentelles mécaniques, de fils de lin retors. Fils à torchons. (PALAIS.)

4. **DE GROOTE Sœurs** Maison De Groote-Vierendeel (B.), à Grammont, place de la Station, 21. — Dentelles. (PALAIS.)

5. **DE MEULENAERE (Mme)**, à Bruges, rue Nord-Sablon, 95. — Dentelles. (PALAIS.)

6. **EVERAERT-LECLERCQ (Jules)**, à Grammont. — Dentelles. (PALAIS.)

7. **FONSON (Auguste)**, à Bruxelles, rue des Fabriques, 49. — Broderies et passementeries; passementeries spéciales pour équipements militaires.   (**PALAIS.**)
(Voir page d'annonce, Groupe IV.)

8. **GILLEMON DE COCK (Alphonse)**, à Bruges, rue Sud-du-Sablon, 15. — Dentelles en tous genres faites aux fuseaux et à l'aiguille.   (**PALAIS.**)

9. **GOETGHEBEUR (Alida)**, à Ixelles, rue de l'Arbre-Bénit, 17. — Broderies.   (**PALAIS.**)

10. **KOCH (Aloys)**, à Anvers, rue Boirot, 23. — Broderies à la main et à la machine.   (**PALAIS.**)

11. **LAVA (Jules)**, à Bruxelles, rue des Cendres, 4. — Dentelles en tous genres   (**PALAIS.**)

12. **LAVALETTE (Adolphe) & Cie**, à Bruxelles, rue des Paroissiens, 14. — Dentelles et rideaux d'art.   (**PALAIS.**)

13. **MARTIN (Georges) Compagnie des Indes**, à Bruxelles, rue de la Régence, 1. -- Dentelles.   (**PALAIS.**)

14. **MINNE-DANSAERT (T.)**, à Bruxelles, boulevard du Jardin Botanique. 27. — Dentelles à l'aiguille et au fuseau.   (**PALAIS.**)

Dentelles, points de Bruxelles, d'Angleterre et de Venise, à l'aiguille et au fuseau. Garnitures, volants, mouchoirs, éventails, robes, voiles de mariées, écharpes, pointes, draps, oreillers, nappes, serviettes et fantaisies diverses. Dentelles anciennes et artistiques. Médailles d'or et diplôme d'honneur : Londres, Anvers.

15. **NOGUÈS-RICHARD**, à Bruxelles, rue du Bois-Sauvage, 10. — Passementeries pour ameublements.   (**PALAIS.**)
Paris 1878, méd. d'arg. ; Amsterdam 1868, méd. d'or ; Anvers 1885, dip. d'hon. méd. d'or.

16. **SACRÉ (Léon)**, à Bruxelles, place des Martyrs, 20. — Dentelles.   (**PALAIS.**)

17. **SMITS & Cie**, à Alost. — Tresses en tous genres et lacets ; articles spéciaux pour la chapellerie.   (**PALAIS.**)

18. **STOCQUART Sœurs**, à Grammont, Grande-Place. — Volants, ombrelles et éventails.   (**PALAIS.**)

19. **STROOBANT-BOOGAERDTS**, à Bruxelles, rue du Chêne, 14. -- Dentelles, torchons Médicis, point Renaissance, guipures d'art, etc.   (**PALAIS.**)
Dentelles véritables. -- Médailles d'or : Paris 1867 et Londres 1862.

20. **THIROUX & Fils**, à Bruxelles, rue des Boiteux, 10. — Passementeries pour vêtements de dames et enfants; boutons nouveautés.   (**PALAIS.**)

21. **TORLEY (Henri)**, à Cureghem, rue de l'Instruction, 126. — Galons, ganses, soutaches, tresses et lacets.   (**PALAIS.**)

22. **VANDERPLANCKE Sœurs**, à Courtrai. — Dentelles.   (**PALAIS.**)

23. **VANDEVELDE (Mme)**, à Bruxelles, rue de la Putterie, 57.—Voile et volant dentelle ancienne.   (**PALAIS.**)

24. **VAN HOEY** (Maison) **Coeckelbergh Alph.** Successeur, à Bruxelles, rue Berlaimont, 8. — Franges en coton pour stores.   (**PALAIS.**)

25. **VAN LIL (Mme Joseph)**, à Anvers, Marché-aux-Œufs, 7.—Bande travaillée en perles de couleur.   (**PALAIS.**)

RÉPUBLIQUE DE BOLIVIE.

1. ARGANDOÑA (Mme Amalia), à Paris, avenue des Champs-Elysées, 44.
— Broderies indigènes.   **(PARC.)**

2. ARTOLA (Comtesse Carolina de), à Paris, avenue Kléber, 34. — Broderies indigènes.   **(PARC.)**

3. DROULLION (Mlle Esther), à Asnières (Seine), rue Saint-Denis, 1. — Ouvrage de dames indigènes.   **(PARC.)**

4. QUIROZA (Serapio), à Paris, rue Soufflot, 7. — Broderies à jour. Crochets. Guato de vigognes.   **(PARC.)**

BRÉSIL.

(Voir son Catalogue spécial).

CHILI.

1. BRAVO (Margarita), à Santiago. — Broderie à la main.   **(PARC.)**

2. MALTE (Mme Mercédes), à Santiago. — Broderie à la main.   **(PARC.)**

3. MANCILLA (Mme Térésa), à Valparaiso. — Ouvrages à la main. **(PARC.)**

4. SANDOVAL I HERMANAS (Nieves), à Chillan. — Dentelles.   **(PARC.)**

5. SILVA (Alesandro), à Santiago. — Passementerie de soie.   **(PARC.)**

CHINE.

1. TENG-TCHIO-YUNG, à Canton. — Broderies.   **(PARC.)**

DANEMARK.

1. HANSEN (Mme Ida), à Copenhague. — Broderies d'art.   **(PALAIS.)**

2. NIELSEN (Mme Anna), à Copenhague. — Broderies et dentelles.
                                                                   (PALAIS.)

3. PETERSEN (Mme Julie), à Copenhague. — Broderies et modèles de broderie.   **(PALAIS.)**

4. RING (Mme Nana), à Copenhague. — Broderies.   **(PALAIS)**

5. SASSE (Mme Mathilde), à Copenhague. — Broderies d'art.   **(PALAIS.)**

6. VALLENTIN (Mme Augusta), à Copenhague. — Broderies d'art.   **(PALAIS.)**

RÉPUBLIQUE DOMINICAINE.

1. Commission Provinciale de la Véga. — Ouvrages, dentelles, broderies.
                                                                   (PARC.)

ÉGYPTE.

1. **AINADJOGLOU SEMTOR COHEN & Cie**, à Constantinople, Tchohadjiham, 12. — Broderies anciennes et modernes. **(PALAIS.)**

2. **ISAAC & MOÏSE**, à Stamboul, rue Tchechmé, 25. — Etoffes. **(PALAIS.)**

3. **NICOLAS**, au Caire. — Broderies. **(PALAIS.)**

ÉQUATEUR.

1. **Commission coopérative**, à Quito. — Dentelles et broderies indiennes. Broderies d'or. Tissus de perles de verre. **(PARC.)**

2. **DORN (Mlle Dolorès)**, à Paris, rue de Rome, 27. — Tissus, draps, jupons, essuie-mains, taies d'oreiller brodées, garniture brodée pour chemise, mouchoirs brodés, entre-deux guipure fil, dentelle guipure fil. **(PARC.)**

3. **REYRE Frères & Cie**, à Guayaquil et à Paris, rue de Châteaudun, 34. — Broderies à la main. **(PARC.)**

ESPAGNE.

1. **ALVIZO (Mme Adelaïda)**, à Pinto (Madrid). — Tableaux brodés en soie. **(PALAIS.)**

2. **BRUGUERDAS (Jaime)**, à Barcelone. — Broderies et dessins. **(PALAIS.)**

3. **CARRION LOPEZ (Carmen)**, à Huelva. — Mouchoir brodé. **(PALAIS.)**

4. **FAURTE (Ricardo)**, à Sabadell (Barcelone). — Blondes (dentelles) **(PALAIS.)**

5. **FEITER (José) Vve & Fils**, à Barcelone. — Blondes (dentelles) **(PALAIS.)**

6. **LUCAS & Cie**, à Barcelone. — Cordons. **(PALAIS.)**

7. **PARDINAS (José)**, à la Coruna. — Dentelles. **(PALAIS.)**

8. **SOTO & BRABO (Benigno)**, à Madrid, Place de Carmen, 1. — Ouvrage de passementerie. **(PALAIS.)**

ÉTATS-UNIS.

1. **Castle Braid Co**, à New-York, N. Y., 15 & 17, Mercer street. — Tresses de manufacture américaine. **(PALAIS.)**

2. **NEFF (J.)**, à New-York, N. Y. 213, Avenue C. — Broderies, mouchoirs brodés. **(PALAIS.)**

3. **VOGT (John Henry)**, à New-York, N. Y., 270, Bowery. — Garnitures pour robes, tresses, cordons et nouveautés. **(PALAIS.)**

GRANDE-BRETAGNE.

1. **ARDESHIR & BYRAMJI**, à Fort Bombay (Indes) Hummum street, 10. — Broderies. **(PALAIS.)**

2. **BHUMGARA FRANJU PASTONJEE**, à Bombay, Kalhaderie road, 5, et à Madras, Mount road, 5 (Indes). — Broderies. **(PALAIS.)**

2. **BIGEX E. SRINURGUR**, à Cashmere, à Londres, 15, New Street, Bishopgate street. — Laines.   (PALAIS.)

4. **BLACKBURN & Co**, à Londres, South Audley street, 35, Grosvenor square. — Vraie dentelle.   (PALAIS.)

5. **CASH (J. J.)**, à Coventry Hertford street, et à Paris, rue de Cléry, 12. — Etiquettes tissées pour chemisiers et tailleurs, initiales pour marquer le linge, bolduc, barrettes, bandes pour chemises de nuit, broderies, rubans, etc.   (PALAIS.)

6. **Donegal Industrial Fund**. — Dentelles tulles, broderies et passementeries.   (PALAIS.)

7. **HILL (C. G.) & Co**, à Nottingham, Plantagenet street. — Ruches en tissus de coton ou soie pour garnitures de robe.   (PALAIS.)

8. **Ladies Work Society (The)**, à Londres, S. W., Sloane street, 31. — Broderies, tapisseries et autres ouvrages à la main.   (PALAIS.)

9. **LOCKWOOD (William)**, à Nottingham. — Dentelles, soie, coton, etc. (PALAIS.)

10. **PROCTOR & Co (The Indian Art Gallery)**, à Londres Oxford street, 428. — Broderies.   (PALAIS.)

11. **ROBINSON & CLEAVER**, à Belfast (Irlande). — Dentelles.   (PALAIS.)

12. **VICARS & POIRSON**, à Londres, Newgate street, 104. — Travaux d'art à l'aiguille, nouveautés en broderie.   (PALAIS.)

13. **WHITT & BATES**, à Nottingham, St-Mary's Gate, 24. — Dentelles faites à la mécanique.   (PALAIS.)

GRÈCE.

1. **ANANIADI (Amélie)**, à Athènes. — Broderies.   (PALAIS.)

2. **ANASTASAKI (Mme Julie)**, à Volo (Larisse). — Broderies.   (PALAIS.)

3. **ANDRÉ (Jean)**, à Kymi (Eubée). — Broderies.   (PALAIS.)

4. **CARANDINO (Mme Hélène)**, à Kato-Livathous (Céphalonie). — Dentelles.   (PALAIS.)

5. **CHOUTHI (Mme Marie)**, à Poros (Argolide et Corinthie). — Broderies.   (PALAIS.)

6. **CHISTOPHORATO (Marianthe)**, à Kato-Livathous (Céphalonie). — Dentelles.   (PALAIS.)

7. **COUTSOURIDA (Mme Zoé)**, à Hydra (Argolide et Corinthie). — Broderies.   (PALAIS.)

8. **DESPOTAKI (Mme Angélique)**, à Athènes. — Broderies.   (PALAIS.)

9. **DESSYLLA (Mme Eumorphia)**, à Corfou. — Broderies   (PALAIS.)

10. **DRIVA (Condylo)**, à Hydra (Argolide et Corinthie). — Broderies.   (PALAIS.)

11. **EUSTATHIO (Michel)**, à Kymi (Eubée). — Broderies.   (PALAIS.)

12. **EUSTRATIADI (Mme Catherine)**, à Nauplie (Argolide et Corinthie) — Broderies.   (PALAIS.)

13. **GAROUPHALI (Mme Zoé)**, au Pirée (Attique et Beotie). — Broderies.
(PALAIS.)

14. **GAVALA (Marianthe)**, à Syra (Cyclades). — Broderies.   (PALAIS.)

15. **HATZIGEORGES (Mme Marie)**, à Athènes. — Broderies.   (PALAIS.)

16. **HATZOPOULO (Madeleine)**, à Chalcis (Eubée). — Broderies.   (PALAIS.)

17. **JEANNACOPOULO (Mme Hélène)**, à Syra (Cyclades). — Broderies.
(PALAIS.)

18. **JEANNAKI (Vasiliki)**, à Chalcis (Eubée). — Broderies.   (PALAIS.)

19. **KITRO (Mme Hélène)**, à Poros (Argolide et Corinthie). — Broderies.
(PALAIS.)

20. **LAMBIRI (Mme Marie)**, à Athènes. — Broderies.   (PALAIS.)

21 **LAUDRI (Zaphiro)**, à Athènes. — Broderies.   (PALAIS.)

22. **LASCARATO (Mme Anastasie)**, à Kato-Livathous (Céphalonie). — Dentelles.
(PALAIS.)

23. **LASCARATO (Evanthie)**, à Kato-Livathous (Céphalonie). — Dentelles.
(PALAIS.)

24. **LASCARATO (Mme Elisabeth)**, à Argostoli (Céphalonie). — Broderies.
(PALAIS.)

25. **LAVDA (Mme Eudoxie)**, à Athènes — Broderies.   (PALAIS.)

26. **MASTOROPOULO (Mme Hélène)**, à Athènes. — Broderies. (PALAIS.)

27. **MENTIS (Spiridion)**, à Athènes. — Passementeries.   (PALAIS.)

28. **NICOLAIDI (Irène)**, à Athènes. — Broderies.   (PALAIS.)

29. **PALAMA (Mme Marie C.)**, à Athènes. — Broderies.   (PALAIS.)

30. **PALMO (Mme Chrysoula)**, à Céphalonie. — Broderies.   (PALAIS.)

31. **PAPATHÉODORO (Condylo)**, à Poros (Argolide et Corinthie). — Broderies.
(PALAIS.)

32. **PHOCA (Mme Eutychie)**, à Kato Livathous (Céphalonie). — Dentelles.
(PALAIS.)

33. **PREVENA**, à Corfou. — Broderies.   (PALAIS.)

34. **PSATHI (Antiope)**, à Athènes. — Broderies.   (PALAIS.)

35. **REVITHI (Mme Angélique)**, à Poros (Argolide et Corinthie). — Broderies.
(PALAIS.)

36. **SAMARTZI (Mme Alexandra)**, à Corfou. — Broderies.   (PALAIS.)

37. **SCRINI (Mme Athina)**, à Athènes. — Broderies.   (PALAIS.)

38. **SCRINI (Mme Jeanne)**, à Athènes. — Broderies.   (PALAIS.)

39. **VALIANNO (Chrysoula)**, à Kato-Livathous (Céphalonie). — Dentelles.
(PALAIS.)

40. **VALVI (Mme Olga)**, à Athènes. — Broderies. (PALAIS.)

41. **VELISSARIOS (C.)**, à Scopelos (Eubée). — Broderies. (PALAIS.)

42. **VLASSOPOULO (Mme Zaphiroula)**, à Athènes. — Broderies. (PALAIS.)

43. **XENOCRATOUS (P.)**, à Athènes. — Broderies. (PALAIS.)

GUATEMALA.

1. **AMÉSQUITA (Micaela)**, à Quiché. — Broderies à la main. (PARC.)

2. **CARRERA (Mme)**, à Guatemala. — Dentelles. (PARC.)

3. **ESTRADA (Margarita)**, à Quiché. — Broderies à la main. (PARC.)

4. **GARCIA GRANADO (Mlle)**, à Guatemala. — Ouvrages de broderie, etc. (PARC.)

5. **LEHNOFF (Mme)**, à Guatemala. — Tissus et dentelles. (PARC.)

6. **LEON (Lucia de)**, à Quiché. — Broderies variées. (PARC.)

7. **MACHAIN (José Y.)**, à Guatemala. — Tissus en laine, dentelles. (PARC.)

8. **MAGEE (Mme)**, à Guatemala. — Dentelles. (PARC.)

9. **MANZANO TORRES (Teofilo)**, à Chiquimula. — Tissus du pays. (PARC.)

10. **MENDEZ (Martina)**, à Baja-Verapaz. — Tissus brodés. (PARC.)

11. **MONTIS (Mme)**, à Guatemala. — Dentelles et tissus. (PARC.)

12. **Municipalité de San Juan de Sacatepequez**, département de Guatemala. — Tissus du pays. (PARC.)

13. **Municipalité de San Miguel de Petapa**, département d'Amatitlan. — Broderies. (PARC.)

14. **Municipalité de San Pedro de Sacatepequez**, département de San-Marcos. — Tissus du pays. (PARC.)

15. **PEREZ (Juliana)**, à Quiché. — Broderies à la main. (PARC.)

16. **RAMOS (Victoriana)**, à Baja-Verapaz. — Tissus en coton brodé. (PARC.)

17. **RODAS (Josefa)**, à Quiché. — Broderies à la main variées (PARC.)

18. **ROHRMOSER (Elisa)**, à Guatemala. — Ouvrage au crochet. (PARC.)

19. **ROSEMBERG (Mlle)**, à Guatemala. — Ouvrages brodés. (PARC.)

20. **SANCHEZ (Mme)**, à Quezaltenango. — Dentelles et tissus de soie. (PARC.)

21. **TISTO (Simona)**, à Baja-Verapaz. — Tissus en coton brodés. (PARC.)

22. **URRUELA (Mme Amélia de)**, à Guatemala. — Ouvrages brodés. (PARC.)

23. **VASQUEZ (Francisca C.)**, à Baja-Verapaz. — Tissus du pays. (PARC.)

Classe. 2*

ITALIE.

1. **FRANÇOIS (Pierre)**, à Turin, al Martinetto.—Broderies en soie, laine, coton, etc.
(**PALAIS.**)

2. **GIAUDOLFI (Thérèse)**, à Naples, vico Sottomonte. 2. — Mouchoirs brodés sur batiste.
(**PALAIS.**)

3. **GIGHOLI LOVENSKIDA (Claire)**, à Gênes, via Caffaro, 3.— Tableau en broderie en laine.
(**PALAIS.**)

4. **JESURUM**, à Venise. — Dentelles et guipures (imitation des anciens).
(**PALAIS.**)

JAPON.

1. **NISHIMURA (Sozayemon)**, à Kioto-fu, Shimokio-Ku. — Fuksa brodé.
(**PALAIS.**)

2. **SHIMIDZU (Bun-Nosuké)**, à Kioto-fu, Kamikio-Ku. — Fils d'or. Fils d'or faux.
(**PALAIS.**)

GRAND DUCHÉ DE LUXEMBOURG.

1. **REULAND (Mlle Th.)**, à Luxembourg. — Croix brodée pour chasuble, orfrois pour dalmatiques, chaperon et orfrois pour chape, écharpe de bénédiction.
(**PALAIS.**)

NORVEGE.

1. **AAGETVEIT (Aasta Gunnarsdatter)**, à.Boe, Telemarken. — Produits nationaux tricotés à la main.
(**PALAIS.**)

2. **Association norvégienne de l'Industrie domestique** (Norske Husflidsbolag), à Christiania. — Ouvrages de broderie et tapis nationaux.
(**PALAIS.**)

3. **BERG (Mlle Kaja)**, à Christiania. — Divers ouvrages à la main.
(**PALAIS.**)

4. **FOYN (Mlle Cathrine)**, à Christiania. — Ouvrages de broderie à la main.
(**PALAIS.**)

5. **GRIMSGAARD (Mlle Marie)**, à Christiania. — Ouvrages de broderie à la main.
(**PALAIS.**)

6. **HOLM (Mme Lina)**, à Stavanger. — Ouvrages de broderie.
(**PALAIS.**)

7. **IVERSEN (Mme Lydia)**, à Christiania. — Divers ouvrages à la main.
(**PALAIS.**)

8. **Magasin des Amis de l'Industrie domestique en Norvège**, (Norske Husflids Venners Udsalg og Sköle) à Christiania.— Matériel et produits de l'industrie domestique.
(**PALAIS.**)

9. **SELLEVOLD (Gjertrud)**, à Alverstroemmen, près Bergen. — Ouvrages de tissage par métier à la main.
(**PALAIS.**)

10. **SOERENSEN (Mathea)**, à Elverum. — Ouvrages de tissage par métier à la main.
(**PALAIS.**)

PARAGUAY.

1. **BRUGADA (Eduardo)**, à Assomption. — Pièce de dentelles (Nanduty). (PARC.)

2. **CARTABIO (Aurélia-Machaïn de)**; à Assomption. — Mouchoir de poche brodé (Nanduty). (PARC.)

3. **CÉSPEDES (Doña Lorenza)**, à Assomption. — Dentelles pour chemises. (PARC.)

4. **Commission de l'Exposition de la République du Paraguay.** — Mouchoirs brodés (Nanduty), drap nanduti, puncho. (PARC.)

5. **GONZALEZ (Doña Rita)**, à Assomption. — Robe de chambre, brodée façon nanduty, mouchoirs brodés. (PARC.)

6. **GONZALEZ (Doña Victoria V. de)**, à Assomption. — Broderies, nappe, jupon, serviettes (linge du pays); dessus de chaises avec initiales; garniture de chemise. (PARC.)

7. **Gouvernement de la République du Paraguay**, à Assomption. — Draps nanduti, coussin brodé, courte-pointe nanduti fabriquée à l'aiguille. Dentelles. (PARC.)

8. **PEDROSO (Doña Dolorès)**, à Assomption. — Dentelles. (PARC.)

9. **RECALDE (Doña Dolorès)**, à Assomption. — Serviette de toile brodée. (PARC.)

10. **RIVAROLA (Doña Martina, C.)**, à Assomption. — Drap et dentelle à la main, (PARC.)

11. **SILVA (Doña Encarnacion)**, à Assomption. — Dentelles nanduti pour chemise, garniture, chemises brodées de toile du Paraguay. (PARC.)

12. **SALALINDE (Doña Rosario)**, à Assomption. — Mouchoirs brodés. (PARC.)

13. **TALAVELA (Doña Petrona Acosta de)**, à Assomption. — Dentelle point de filet brodée à la main. (PARC.)

14. **TRIGO (Doña Francisca)**, à Assomption — Serviette de toile du Paraguay brodée à la main. (PARC.)

15. **VILLALBA (Doña Benita)**, à Assomption. — Coussin brodé. (PARC.)

PORTUGAL.

1. **AROCHA Jor. (J. A.)** — Dentelles. (QUAI.)

2. **BELLO (Francisco Antonio Jorge)**. — Passementerie. (QUAI.)

3. **CONCEIÇAO ANDRADE (Eliza da) de Souza.** — Broderies. (QUAI.)

4. **COSTA (Cezaltina Amelia da)**. — Broderies. (QUAI.)

5. **GABIEL (X).** — Passementerie. (QUAI.)

6. **MACHADO (Julio Rodrigues)**. — Passementerie. (QUAI.)

7. **TAVARES CORREIA (Maria Candida)**. — Broderies. (QUAI.)

COLONIES PORTUGAISES.

1. **Association Industrielle Portugaise**, à Lisbonne. — Dentelles (Cap-Vert).
(PALAIS.)

ROUMANIE.

1. **BALTA (V.)**, à Botosani. — Broderies.
(PALAIS.)

2. **CHISTOFOR (Dimitrie)**, à Galatz. — Broderies.
(PALAIS.)

3. **DENDIU (Victoria)**, à Hus.. — Broderies.
(PALAIS.)

4. **HAGAU (Policsenia)**, à Bocharest, strada Gratiosa, 11. — Dessus de taie d'oreiller en velours, recouvert d'écailles de poisson.
(PALAIS.)

5. **MARINESCO (Ana)**, à Gorgani (Muscel). — Dentelles de soie. Dessus de taie d'oreiller en satin et en velours brodés, recouverts d'écailles de poisson.
(PALAIS.)

6. **NESTOR (Mme Eugénie)**, à Bucharest, strada Polonâ, 104. — Couverture pour album brodée sur velours. Dessus de taie d'oreiller brodé sur satin.
(PALAIS.)

7. **SCORTSEANU (Eva Dimitrie)**, à Vranesti (Muscel). — Chemise en toile brodée de soie et pailletée d'or.
(PALAIS.)

8. **SISU (Alexandrina)**, à Crayova. — Mouchoir et porte-mouchoirs brodés.
(PALAIS.)

9. **SOFRONIE (Sultana D. Lazu, Vve)**, à Cursesci (Vaslui). — Tableaux en poils de chameau brodés de laine blanche et verte.
(PALAIS.)

RUSSIE.

1. **BARILOUSSOFF (Jacob)**, à St-Pétersbourg. — Objets, brodés de soie, genre caucasien.
(PALAIS.)

2. **CASSE & Co**, à Moscou. — Rideaux guipures.
(PALAIS.)

3. **LŒWISSON (Wladimir)**, à Moscou. — Broderies et lingerie.
(PALAIS.)

4. **MATHIEU (M.)**, à Saint-Pétersbourg. — Dentelles. Broderies.
(PALAIS.)

5. **MILLER (A. K.)**, à Saint-Pétersbourg. — Broderies.
(PALAIS.)

6. **PHILIPPOVA (M.)**, à Saint-Pétersbourg. — Broderies.
(PALAIS.)

7. **SAVINA-SOBOLEVA**, à Moscou. — Broderies.
(PALAIS.)

SAINT-MARIN.

1. **ANGELI (Mme Esther)**, à Saint-Marin. — Travaux au crochet, broderies.
(PALAIS.)

2. **ANGELI (Mme Malvina)**, à Saint-Marin. — Broderies en perles, garniture de cheminée.
(PALAIS.)

3. **[illegible] (Mme Giuseppina)**, à Saint-Marin. — Travaux au crochet, broderies.
(PALAIS.)

4. **FRANCESCONI (Mme Théodorina)**, à Saint-Marin. — Broderies sur soie.   **(PALAIS.)**

5. **Institut de Jeunes Filles**, à Saint-Marin. — Écusson de la République, brodé or et soie, dentelles, broderies, ouvrages au crochet.   **(PALAIS.)**

SALVADOR.

1. **CACERES (Mlle Eugénia de)**, à Santa-Tecla. — Travaux à la main. **(PARC.)**

2. **Collège National de demoiselles**, à Santa-Ana. — Travaux à la main.   **(PARC.)**

3. **Département de La-Libertad.** — Dentelles assorties. Courte-pointe au crochet.   **(PARC.)**

4. **Département de San-Salvador.** — Dentelles assorties.   **(PARC.)**

5. **DIMAS (Mlle Honoria de)**, à Cuscatancingo. — Tissus de laine brodés.   **(PARC.)**

6. **GUERRERO (Mlle Clara de)**, à San-Salvador. — Travaux à la main.   **(PARC.)**

7. **Hôpital de San-Salvador**, à San-Salvador. — Broderie.   **(PARC.)**

8. **MARIANO (Mlle Virjina de)**, à Santa-Ana. — Broderies.   **(PARC.)**

9. **MARSICANE (Mlle Virginia)**, à Santa-Ana. — Coussin de soie bleu. Broderie.   **(PARC.)**

10. **MARTINEZ (Mlle Benita de)**, à Santa-Ana. — Broderies.   **(PARC.)**

11. **VILLAVICENCIO (Mlle Clementina)**, à San-Salvador. — Drapeau de Salvador avec l'écusson brodé.   **(PARC.)**

SERBIE.

1. **CHARDON (Mlle Louise) & SOKOLOVITCH (Mlle Anna)**, à Belgrade. — Broderies. Costumes de paysanne.   **(PALAIS.)**

2. **Direction des Prisons**, à Pojarevatz. — Broderies.   **(PALAIS.)**

3. **DRVAREVITCH (Pétar)**, à Vragna. — Ceinture brodée de soie et d'or. — Mouchoir brodé de soie et d'or.   **(PALAIS.)**

4. **GAGUITCH (Jean)**, à Belgrade. — Fourrure brodée. Veston brodé.   **(PALAIS.)**

5. **ILITCHP (Mme Stanka)**, à Glogovatz (dép* de Krayné). — Tissu brodé.   **(PALAIS.)**

6. **JIVANOVITCH (Miloche)**, à Schabatz. — Sandales.   **(PALAIS.)**

7. **KARATCHEVITCH (Mme Catherine N.)**, à Yélachintze (dép* de Vragna). — Coussin brodé.   **(PALAIS.)**

8. **KNEJEVITCH (Demeter)**, à Belgrade. — Gilet brodé.   **(PALAIS.)**

9. **KOSTITCH (Mme Lyoubitza N.)**, à Toumanoumya. — Tissu brodé.   **(PALAIS.)**

10. KRAYNTCHANINE (Mme Stanka), à Vlaztinze (dép' de Nisch). — Serviettes brodées.   (PALAIS.)

11. KRSTITCH (Mme Sosa M.), à Alexandrovatz (dép' de Toplitze). — Chemise broderie d'or.   (PALAIS.)

12. MARKOVITCH (Mme Anna), à Belgrade. — Tissus brodés or et soie.   (PALAIS.)

13. MATORTCHEVITCH (Padisav), à Poudarzi (dép' de Belgrade). — Tissu brodé.   (PALAIS.)

14. MAYSTOROVITCH (Mme Vinka), à Katchoulitza (dép' de Tchat-chak). — Chaussettes, ceinture.   (PALAIS.)

15. MILEKITCH (Mme Anguelina), à Tchatchak. — Ceinture de tissu léger brodé.   (PALAIS.)

16. MILOSAVILLEVITCH (Yovan), à Alexandrovatz (dép' de Krouschwatz). — Tissus brodés garnis de dentelles.   (PALAIS.)

17. MILOVANOVITCH (Georges), à Belgrade. — Vêtements pour femmes. Veston.   (PALAIS.)

18. Ministère de l'Agriculture, du Commerce et de l'Industrie, à Belgrade. — Tissu avec broderie fine.   (PALAIS.)

19. NEDELKOVITCH (Mme Catherine), à Tchatchak. — Broderies pour meubles.   (PALAIS.)

20. NICCLITCH (Mlle Stoyadinka J.), à Dechiloozi (dép' de Toplitza). — Tissu brodé.   (PALAIS.)

21. POPOVITCH (Anton), à Lescovatz. - - Tresses, broderies.   (PALAIS.)

22. POPOVITCH (S.) & PÉTROVITCH (J.), à Belgrade. — Foulards brodés.   (PALAIS.)

23. PROTITCH (Mlle Lyoubitza), à Dony-Milanovatz. — Broderies.   (PALAIS.)

24. STANKOVITCH (Mme Mara V.), à Stryevzi (dép' de Pirot). — Tissus brodés pour coussins.   (PALAIS.)

25. TCHIMANOVITCH (Mme Hanouma Ali Aga), à M. Zvornik (dép' de Podrine). — Mouchoirs brodés.   (PALAIS.)

26. TCHOURITCH (Mlle Angélique Th.), à Kroupagne (dép' de Podrine). — Serviettes fines brodées.   (PALAIS.)

27. TERSIBACHITCH (Mme Lyoubitza), à Belgrade. — Tisserie, broderie or.   (PALAIS.)

28. VELITCHKOWITCH (Stevan), à Belgrade. — Jarretières brodées.   (PALAIS.)

29. VELKOVITCH (Mme Hélène), à Belgrade. — Serviettes.   (PALAIS.)

30. YOVANOVITCH (Mlle Persida N.), à Yagodine. — Broderies diverses.   (PALAIS.)

31. YOVITCH (Mme Militza), à Schapine (dép' du Pojarevatz). — Tissu brodé.   (PALAIS.)

32. ZABLATCHENINE (Mme Mirosava N.), à Belgrade. — Serviettes brodées en soie.   (PALAIS.)

SUISSE.

1. **ALDER Frères,** à Hérisan (Appenzell). — Cachemires brodés soie.   **(PALAIS.)**

2. **BACHTOLD DIEM et LUTZ,** à Hérisan (Appenzell). — Broderies à la mécanique.   **(PALAIS.)**

3. **BENZIGER (Adelrich) et Cie,** à Einsiedeln. — Objets de chasublerie.   **(PALAIS.)**

4. **FLUMER LEEMANN et Cie,** à Saint-Gall. — Broderies à la main, à la mécanique et rideaux.   **(PALAIS.)**

5. **BRITT et BRANDLE,** à Frauenfeld (Thurgovie). — Robes.   **(PALAIS.)**

6. **Ecole de dessin Industriel,** à Saint-Gall. — Dessins et peintures d'après nature, dessins industriels, mise en cartes de dessins pour broderies à la mécanique.   **(PALAIS.)**

7. **FISCH (Théodore E.),** à Trogen (Appenzell). — Navettes pour machines à broder au fil continu.   **(PALAIS.)**

8. **FISCH Frères,** à Bühler (Saint-Gall). — Mouchoirs soie, brodés soie, mouchoirs batiste, brodés coton, garnitures.   **(PALAIS.)**

9. **GAEHWILLER (G. Alfred),** à Saint-Gall. — Rideaux brodés.   **(PALAIS.)**

10. **GRÖBLI (Isaac),** à Gossau (Saint-Gall). — Stores, couverture carrée sur tulle, couverture carrée sur velours.   **(PALAIS.)**

11. **HUMMEL et SEELIG,** à Saint-Gall. — Broderies mécaniques et à la main, blanc et fantaisies.   **(PALAIS.)**

12. **KAESER (Mlle Elise),** à Berne. — Cadre en cuir sculpté, dessins en cheveux, travail au tricot.   **(PALAIS.)**

13. **KOESER (Mlle Elisa),** à Berne. — Dessins faits avec des cheveux, travaux au tambour, ouvrages en perles, cadres en acier façonnés.   **(PALAIS.)**

14. **KURSTEINER et MEYER,** à Gais (Appenzell). — Rideaux brodés.   **(PALAIS.)**

15. **LINDER VON ALLMEN (Mme Margaritha),** à Guinmewald (Berne). — Dentelles en lin, dentelles en soie.   **(PALAIS.)**

16. **LÖPFE (T.) et Cie,** à Saint-Gall. — Robes et garnitures brodées en soie.   **(PALAIS.)**

17. **NAEF (Jacob),** à Flawyl (Saint-Gall). — Broderies pour lingerie et confection.   **(PALAIS.)**

18. **PFÄNDLER (Jean),** à Rheinock (Saint-Gall). — Dentelles imitation pour la confection, lingerie fine.   **(PALAIS.)**

19. **RITTMEYER (B.) et Cie,** à Saint-Gall. — Nouveautés et spécialités en broderie coton, soie et métal.   **(PALAIS.)**

20. **SCHELLING (Fritz),** à Saint-Gall. — Rideaux, stores et tentures brodés.   **(PALAIS.)**

21. **SCHELLING (Johannes),** à Saint-Margreten (Saint-Gall). — Rideaux, (tulle, application), dessinés à la main.   **(PALAIS.)**

22. **SCHWEIZER (Auguste) et Cie,** à Saint-Gall. — Broderies pour lingeries et costumes.   **(PALAIS.)**

23. **SEILER PREISIG et Cie,** à Saint-Gall. — Robes de bal en soie et coton, dentelles de Venise et genres similaires.   **(PALAIS.)**

24. SONDEREGGER (Tanner), à Hérisau (Appenzell). — Broderies à la main et à la mécanique. **(PALAIS.)**

25. SONDEREGGER et Cie, à Heiden (Appenzell). — Stores, rideaux, mouchoirs, dossiers, bandes et entre-deux. **(PALAIS.)**

26. Stander Zurcher & Cie, à Saint-Gall. — Broderies à la machine à fil continu. **(PALAIS.)**

27. STEIGER-WEYER, à Flawyl. — Broderies à la mécanique. **(PALAIS.)**

28. STURZENEGGER (Edouard), à Saint-Gall. — Mouchoirs brodés à la main, robes brodées, galons, bandes et entre-deux. **(PALAIS.)**

29. TOBLER (U. et A.), à Rheineck (Saint-Gall). — Articles divers fabriqués sur la machine à broder. **(PALAIS.)**

30. WEBER-BODMER (Henri), à Saint-Gall. — Mouchoirs et robes brodés soie. **(PALAIS.)**

31. WETTER et Cie, à Saint-Gall. — Parure dentelle confectionnée. **(PALAIS.)**

32. ZELLWEGER (J.-C.), à Trogen (Appenzell). — Bandes et entre-deux brodés blancs. **(PALAIS.)**

VÉNÉZUÉLA.

1. ALVARADO (Mme Luisa D.), à Paris, boulevard Haussmann, 21. — Dentelles à l'aiguille (dites soles de Maracaïbo), et dentelles à fils tirés (dites Réjillas), de sa collection. **(PARC.)**

2. DELFINO (Mlle Elvira), à Paris, boulevard Haussmann, 21. — Dentelles à fils tirés (dites Réjillas). **(PARC.)**

3. FINALY (Mme J.), à Paris, boulevard Haussmann, 171. — Dentelles à fils tirés (dites Réjillas). **(PARC.)**

4. Société « El Cojo », R. NONES & Cie, à Maracaïbo. — Dentelles à l'aiguille dites « Soles de Maracaïbo ». **(PARC.)**

GROUPE IV.

TISSUS, VÊTEMENTS ET ACCESSOIRES.

CLASSE 35.

Articles de bonneterie et de lingerie.
Objets accessoires du vêtement.

FRANCE.

1. **ADT Frères,** à Pont-à-Mousson (Meurthe-et-Moselle). — Boutons pour chaussures, pantalons, vareuses, fantaisie pour carrosserie, ameublement, etc.   **(PALAIS.)**

2. **AHRWEILER (A.),** à Paris, rue des Petites-Écuries, 55. — Éventails et ombrelles.   **(PALAIS.)**

3. **AKAR (E.) & Cie,** à Paris, rue de Cléry, 19. — Cravates, faux-cols et manchettes, foulards, mouchoirs, fantaisie et lingerie pour dames, cache-nez, laine et haute nouveauté, soie.   **(PALAIS.)**

4. **ALRIC & Fils & Cie** (Ancienne Maison L.), **Louis ALRIC Fils,** successeur, à Millau (Aveyron). — Ganterie supérieure en tous genres : mégisserie perfectionnée, tannage spécial pour gants cousus, sellier, gants cerf et cuir russe.   **(PALAIS.)**
    Alric et Fils et Cie (ancienne Maison L.), Louis Alric Fils, successeur, à Millau (Aveyron). Maison pour la fabrication du gant d'homme et du gant fourré.

5. **ANGLADE (Achille),** à Paris, rue de la Feuillade, 3. — Boutons, boucles, plaques et autres articles pour tailleurs.   **(PALAIS.)**

6. **ANTOINE (Alexandre-J.),** à Paris, galerie de Chartres, 28 et 29 (Palais-Royal). — Cannes, parapluies, fouets de chasse, articles de sport.   **(PALAIS.)**

7. **AUBE (Exposition collective de la Chambre syndicale de bonneterie de l'),** à Troyes (Aube). — Bonneterie laine et coton.   **(PALAIS.)**

BELLEMÈRE, GIROUX & Fils	DORÉ & Cie.	QUINQUARET (A.) Fils.
BEL... VAR...	GAMBEY Frères.	RABANIS & CHAMPRENAULT.
BOUDEU-DELAVILLE (A.).	HUBERT Frères.	RACOLLET (E.).
BR... Frères.	HIRIET (O.).	RAUDIN & MATHIEU.
CARRE & Fils.	HIRSCH, RÉGLEY Fils & Cie.	
DESORIEZ & R...	HUTIN-MORIAT (M.).	

8. **AUBERTIN (Isidore),** à Paris, passage du Saumon, 56. — Gants de chevreau et Suède premier qualité.   **(PALAIS.)**

9. BAC (Charles-G.), à Paris, rue Portefoin, 12. — Œillets métalliques. **(PALAIS.)**

10. BAGRIOT (Félix), à Paris, rue Saint-Denis, 168. — Boutons de livrées, de chasse, de diplomatie, d'uniformes militaires français et étrangers, de collèges et d'administrations. **(PALAIS.)**

> Récompenses : Londres 1862, médaille de bronze.
> Paris 1867, médaille d'argent.
> Vienne 1873, médaille de mérite.
> Paris 1878, médaille d'argent.

11. BAILLY (Paul), à Paris, rue Béranger, 13. — Bretelles, jarretières, bretelles à élasticité métallique inaltérable. **(PALAIS.)**

> Inventeur et seul fabricant spécial. — Récompenses : Paris 1855. — Londres 1862. — Paris 1867. — Melbourne 1881, Médaille d'argent. — Amsterdam 1883. — Anvers 1885. — Barcelone 1888. — Usine à vapeur, à Paris-Vaugirard, rue Dutot, 75.

12. BAPTEROSSES (F.) & Cie, à Briare (Loiret). — Boutons céramiques et perles. **(PALAIS.)**

> Gérants : Loreau (Alfred), Bacot (Raymond) et Yver (Paul).

13. BARBIER (L.-Théophile), à Paris, rue Saint-Denis, 185.— Garnitures pour parapluies. **(PALAIS.)**

14. BAR (E.) et LECOQ, à Paris, boulevard Sébastopol, 46. — Dessous de bras, tissus imperméables, articles de mercerie en caoutchouc, tabliers de nourrices, bavettes. **(PALAIS.)**

15. BAR-LE-DUC (Exposition collective des Fabricants de corsets de la Ville de), à Bar-le-Duc (Meuse). — Corsets. **(PALAIS.)**

Gérard - Humbert (Les Fils de). Stiegler (G.).	Stiegler Jeune & Car- gemel. Ulrich-Vivien.	Willinger (L.).

16. BARTH (Vve Frédéric), à Paris, rue de la Tombe-Issoire, 40. — Bouton national pour bottines et pantalons se plaçant et se déplaçant à volonté, sans fil ni aiguilles. **(PALAIS.)**

17. BEAUMONT Frères, à Paris, rue du Mail, 7.— Chemises et caleçons, flanelle confectionnée. **(PALAIS.)**

18. BELLANGER (Mlle M.-Blanche), à Paris, rue de Sèvres, 13.— Corsets. **(PALAIS.)**

> Maison de gros, rue d'Aboukir, 50. Marque déposée : « à la Sylphide ».

19. BELLEMÈRE-GIROUX & Fils, à Romilly-sur-Seine (Aube). — Bas et chaussettes en laine et en coton. **(E. C.) (PALAIS.)**

20. BELLEMÈRE VERGEOT (F.-P.), à Romilly-sur-Seine (Aube). — Bonneterie de laine et de coton, tissus jersey. **(E. C.) (PALAIS.)**

21. BELLEUX (J.), à Paris, rue de Castiglione, 10. — Lingerie pour hommes, costumes de chambre. **(PALAIS.)**

22. BENOIT Frères, à Millau (Aveyron). — Ganterie de peau. **(PALAIS.)**

23. BERNHEIM Frères, à Paris, boulevard Voltaire, 196. — Tissu jersey et jerseys confectionnés, cache-corsets, chemises et caleçons en tissu Guernesey. **(PALAIS.)**

> Médaille d'argent, Exposition universelle de Barcelone 1888.

24. BERRURIER (A.-Victor), à Saint-Cyr-l'École (Seine-et-Oise). — Montures, bretelles, courroies, ceintures. **(PALAIS.)**

25. BERTHE (Adolphe), WULVERYCK (Émile) & SERVAS (Henri), à Jenlain (Nord). — Boutons scie, corozo, bois et métal. Bouchage hermétique dit : Excelsior. **(PALAIS.)**

26. BERTHELIER-VERNAY (J.-B.), à Roanne (Loire), rue Gambetta, 21. — Châles et articles de fantaisie. (Laine). **(H. O.) (PALAIS.)**

27. BERTHOLET (P.-H.), à Paris, rue d'Hauteville, 82. — Chemises, caleçons, gilets de flanelle pour hommes et enfants. **(PALAIS.)**

28. BERTOUT (Adolphe), à Puteaux (Seine), rue Arago, 37-39. — Tissus-Jersey. **(PALAIS.)**

29. BLAIS-MOUSSERON (Jean-A.), à Paris, rue Croix-des-Petits-Champs, 50. —Jerseys confectionnés. **(PALAIS.)**

30. BLANCHARD (Mme E.-Henriette), à Paris, rue Gay-Lussac, 5. — Corsets de luxe en coutil et en soie. **(PALAIS.)**

31. BLANCO (A.) et Fils, à Paris, rue du Temple, 62, passage Sainte-Avoye, 4. — Buscs, œillets et agrafes métalliques pour corsets et chaussures. **(PALAIS.)**

32. BLEUSEZ Jeune (Armand-G.), à Paris, rue Halévy, 4. — Lingerie pour hommes. **(PALAIS.)**

33. BLUM (L.), GERSON & Cie, à Paris, rue de Cléry, 21.— Broderie et lingerie nouveauté pour dames et enfants. **(PALAIS.)**

34. BOILEAU (Théodore), à Paris, rue de Rivoli, 67. —Bonneterie, fil d'Écosse, coton et soie. **(PALAIS.)**

35. BON MARCHÉ (Au), Maison **Aristide Boucicaut,** à Paris, rue de Sèvres, 18. — Trousseaux, layettes, lingerie, linge confectionné, mouchoirs, chemises pour hommes et garçons. **(PALAIS.)**

Nouveautés en soieries, lainages, draperie, rouenneries. Costumes pour dames, hommes et enfants. Ameublements, toiles, dentelles, gants, rubans, ombrelles, chapeaux, mercerie, articles de Paris, bonneterie.

36. BONNEVEY (Édouard), à Paris, rue Rossini, 1. — Gants chevreau et Suède. Gants de Suède parfumés à l'extrait des bois du Liban. **(PALAIS.)**

Breveté S. G. D. G.
Mention honorable et médaille d'argent aux Expositions universelles de Paris 1878 et 1879.
Maison à Londres, J. Hervieu, 1, Hills place, Oxford circus.

37. BONNOUVRIER (Léon-D.), à Paris, rue Étienne-Marcel, 22. — Tournure parisienne, tournures et jupons, tournures; la Mystérieuse, la Surprise, la Tosca, la Silphyde. **(PALAIS.)**

38. BOUCHET-DEDIEU (Mme Irma), à Paris, boulevard Richard Lenoir, 138. — Jupons, tournures, Jarretelles, pour femmes, hommes et enfants. Jarretières, abat-jour, tour de lampes, dessus de globes. **(PALAIS.)**

39. BOUDET-DELAVELLE (E.-Albert), à Troyes (Aube). — Bas et chaussettes laine et coton. **(E. O.) (PALAIS.)**

40. BOULENGER (Charles), à Paris, rue Étienne-Marcel, 4. — Bretelles, jarretières, dessous de bras et tous tissus élastiques. **(PALAIS.),**

41. BOULY-LEPAGE, à Moreuil (Somme). — Bonneterie de coton et de laine. **(PALAIS.)**

42. BOURDELY & BANGILLON, à Roanne (Loire), aux Promenades. — Capotes, capulets, coiffures pour dames, robes et manteaux pour enfants. **(H. O.) (PALAIS.)**

43. BOURGEOIS (Bernard-J.), à Paris, rue de Cléry, 4. — Soieries, cravates foulards. **(PALAIS.)**

44. BOUSSARD et MORISSON, à Paris, boulevard de Sébastopol, 50. — Gants de peau. **(PALAIS.)**

45. BRÉDIAN (Mme Berthe) (Aux Iles Marquises), à Paris, rue des Petits-Champs, 39. — Corsets, ceintures, jupons, tournures. (PALAIS.)

46. BRETONVILLE (U), à Ganges (Hérault). — Bas et chaussettes unis et fantaisie, camisoles, caleçons, maillots et gilets. (PALAIS.)

47. BRULEY Frères, à l'Estissac (Aube). — Bonneterie à côtes en laine et en coton. (PALAIS.)

48. BRULEY Frères (Zénon & Jules), à Estissac (Aube). — Bonneterie en laine et en coton. (E. O.) (PALAIS.)

49. BRUN Fils (Louis), à Arre (Gard). — Chaussettes et bas proportionnés avec anglaisage, en coton fil perse, mi-soie, unis, rayés et à jour. Bas sans couture. (PALAIS.)

50. BUQUET (Léon), à Paris, rue des Bourdonnais, 33 — Bas et chaussettes, articles en écru, cachou, mouliné cachou. Marengo, bleu marine, loutre, rouge, noir, bleu foncé, bleuté, collège, etc. (PALAIS.)

Manufacture à Merville-au-Bois, près Ailly-sur-Noye (Somme).

51. BUSCARLET (Vve) et Fils, à Paris, rue Turbigo, 19. — Gants de peau (Chevreau, Agneau, Suède, Tanné). Peaux pour gants. (PALAIS.)

Récompenses aux Expositions universelles : Médaille d'argent, Amsterdam. — Mérite et progrès, Vienne 1873. — Philadelphie, 1878. — Médaille d'argent, Paris, 1878.

52. CALVAYRAC (J.-M.-Louis), à Paris, rue des Jeûneurs, 3. — Toilettes d'intérieur. Lingerie. (PALAIS.)

Modèles de genre en lingerie et toilettes d'intérieur.
Spécialité de jupons de soie.

53. CARCAUT (Gustave), à Paris, rue Saint-Martin, 127. — Buses pour corsets. (PALAIS.)

54. CARDINAL (E.-Paul), à Paris, rue Montgolfier, 16. — Manches bélier. (PALAIS.)

55. CARRÉ (E.) et Cie, à Paris, boulevard de Sébastopol, 102. — Chemiserie spéciale. (PALAIS.)

56. CARRÉ & Fils, à Pâlis (Aube). — Bas et chaussettes en laine et en coton. (PALAIS.)

57. CARRÉ & Fils, à Pâlis (Aube). — Bas et chaussettes en laine et en coton. (E. O.) (PALAIS.)

58. CATTAERT (Gustave), à Paris, rue Albouy, 12. — Tissus élastiques en caoutchouc pour bretelles, jarretières, ceintures, etc. (PALAIS.)

59. CAVERT (A.) & D'HANGEST, à Paris, boulevard Sébastopol, 82. — Ombrelles et parapluies de tous genres. (PALAIS.)

60. CHABAUD (Pierre), à Laigle (Orne). — Corsets cousus ; corsets spéciaux pour maisons de gros. (PALAIS.)

61. CHANTEPIE (Eugène) et Cie, à Mayenne (Mayenne). — Tissus élastiques pour chaussures. (PALAIS.)

62. CHANUDET (Émile) (Gendre et successeur de **H. Bresson**), à Paris, rue Saint-Denis, 185. — Baleines véritables pour robes, corsets et tous usages, façons bruts. (PALAIS.)

63. CHARAGEAT (E.), Charageat Frères successeurs, à Paris, boulevard Voltaire, 77. — Montures de parapluies automatiques. (PALAIS.)

Maison fondée en 1845. Médaillés de bronze aux Expositions universelles de Londres 1851 et de Paris 1855, Méd. d'argent, Paris 1867 et 1878 ; Méd. d'argent 1re cl., Amsterdam 1883.

64. CHARVET (J.-Édouard), à Paris, place Vendôme, 25. — Lingerie d'hommes.
                                                        (PALAIS.)

65. CHEVALLIER (Édouard-E.), — Aux Ciseaux d'Argent, — à Paris, boulevard Sébastopol, 4. — Chemises, caleçons, gilets de flanelle, ceintures et plastrons de flanelle.   (PALAIS.)

66. CHILLET & COLLONGE (J.), à Saint-Étienne (Loire). — Tissus élastiques pour chaussures. Bretelles, jarretières et ceintures.   (PALAIS.)

67. CHOTEAU-GUISBERT (Léon), à Paris, rue des Jeûneurs, 27. — Chemises.   (PALAIS.)

68. CLÉMENT (Ch.-Alfred), à Limoges (Haute-Vienne). — Corsets et nouveau busc, dit « Déesse », permettant le dégrafage instantané.   (PALAIS.)

69. COGNE (Édouard), à Saint-Quentin (Aisne). — Plissés, ruchés et balayeuses.
                                                        (PALAIS.)

70. COLIN (Victor), à Paris, boulevard Saint-Martin, 29. — Fermoirs de cols-cravates.   (PALAIS.)

71. COLOMBAT (Mlle Anna), à Roanne (Loire), rue Brison, 50. — Lainage fantaisie.   (E. O.) (PALAIS.)

72. COLOMBIER & Cie, successeurs de **May**, à Paris, rue d'Uzès, 21. — Chemises.   (PALAIS.)

    Lingerie, haute nouveauté, pour hommes.
    A Buenos-Ayres, agents : Gath et Chaves, 561, 565, calle Piedad.
    A Santiago (Chili), agents : Roberto Gatica et Cie, 55 Merced.

73. COMET (Pierre-V.), à Bagnères-de-Bigorre (Hautes-Pyrénées). — Châles, fichus, tissus pour confections en laine et laine et soie.   (PALAIS.)

74. Compagnie Générale de Chromolithie, à Paris, rue Bailly, 11. — Linge Universel.   (PALAIS.)

    Linge Américain Universel, imperméable, économique, supprimant le blanchissage. — Faux-cols, manchettes, plastrons, linge blanc et linge de couleur, cravates fantaisie, marque KO-LI-BRI, Maisons à Cologne, Londres, Vienne, Milan, Bâle, Barcelone, Varsovie. Usine à Stains (Seine).

75. COMPAIN (Alexandre-E.-C.), à Chartres, rue Marceau, 19 (Eure-et-Loir). — Lingerie confectionnée à la main pour femmes et enfants (Trousseaux).   (PALAIS.)

76. COT-SOYE (Joseph) & NÉGREL (Émile), à Paris, rue Meslay, 22. — Éventails sans envers.   (PALAIS.)

77. COURVOISIER, BOURGOIN & Cie, à Paris, rue Lafayette, 126. — Gants de peau.   (PALAIS.)

78. COUTIN et Fils, à Paris, boulevard Haussmann, 54. — Chemises, caleçons, gilets et crêpe, élastique de santé.   (PALAIS.)

79. COUTURAT & Cie, à Paris, rue de Rivoli, 118. — Bonneterie en tous genres.
                                                        (PALAIS.)

    Construction de machines, teinturerie, impressions.
    Médailles d'or, Paris 1867 et 1878. Diplôme d'honneur, Amsterdam 1883.
    Maisons à Troyes, Paris, New-York.

80. CREUSY (Édouard), à Paris, rue Meslay, 48. — Éventails.   (PALAIS.)

81. DACIER (Mme Narcisse), à Paris, rue du Quatre-Septembre, 8. — Corsets et ceintures.   (PALAIS.)

82. DANSETTE (Alexandre), à Lille (Nord), rue Auber, 4. — Gilets de santé, caleçons, chemises, camisoles, pantalons, jupons. **(PALAIS.)**

Filature de laine.
Bonneterie pure laine en nuance beige naturelle, sans teinture.
Confections de gilets demi-ouverts pour hommes et enfants, gilets hygiéniques avec plastron.
Caleçons, chemises de jour demi-ouvertes pour hommes, chemises avec plastron, chemises de jour, façon parisienne, chemises de nuit, chemisettes pour enfants.
Maillots, plastrons, ceintures hygiéniques.
Gilets ouverts ou camisoles à taille pour femmes et fillettes.
Cache-corsets, chemises de nuit.
Pantalons et caleçons pour femmes, jupons.
Articles en laine et coton nuances diverses.

83. DARGOUGE Frères, à Paris, rue Ménilmontant, 85. — Boutons corne, métal et fantaisie. **(PALAIS.)**

84. DAUDÉ (G.) et Cie, à Paris, rue du Temple, 79. — Œillets métalliques, crochets boutons. **(PALAIS.)**

85. DAVOULT (Henri), à Paris, rue de Cléry, 40. — Corsets français, zéphir, régente, national ; bretelles françaises hygiéniques, ceintures et corsets spéciaux. Tournures et jupons. **(PALAIS.)**

86. DEHESDIN (A) & Neveu, à Paris, rue Montmartre, 52. — Lingerie et flanelle. **(PALAIS.)**

Manufacture de lingerie. Chemises.
Articles de flanelle, caleçons.
Médaille d'or, Paris 1878.
Médaille d'or et diplôme d'honneur, Anvers 1885.

87. DENNERY (Léon), à Paris, rue de Mulhouse, 4. — Nouveautés fantaisie. mouchoirs brodés et imprimés. **(PALAIS.)**

88. DESGREZ & RUOTTE, à Troyes (Aube). — Gilets et pantalons. Cache-corsets, maille fine. (Laine et coton). **(E. C.) (PALAIS.)**

89. DESURMONT (Jules) et Fils, à Tourcoing (Nord). — Bonneterie. **(PALAIS.)**

90. DEVÈZE-VERDIER, à Sauve (Gard). — Camisoles, robettes, brassières, jupons, mitaines, bas et chaussettes. **(PALAIS.)**

91. DHEILLY-HORDÉ (Edmond), à Villers-Bretonneux (Somme). — Vestons et gilets de chasse. **(PALAIS.)**

92. DIDRON (Robert-C.), à Paris, rue Pastourelle, 27. — Boutons acier et cuivre, agrafes fantaisie pour confections. **(PALAIS.)**

93. DORÉ & Cie, à Troyes (Aube). — Bas et chaussettes en coton, laine, mérinos, fil parse et schappe. **(E. C.) (PALAIS.)**

94. DORSNER-BELLERÉE (Émile-M.), à Paris, rue de Rivoli, 144. — Bonneterie fantaisie : châles, fichus, articles d'enfants, manteaux, capelines, chaussons, lainages au tricot. **(PALAIS.)**

95. DOUCET Jeune (Eugéne-A.), à Paris, rue Halévy, 10. — Lingerie pour hommes, costumes de chambre. **(PALAIS.)**

Chemises, cravates, mouchoirs, bonneterie fine, Vêtements d'appartements. — Médaille Exposition universelle, Paris 1878. Maison à Buenos-Ayres, Santiago de Chu, à Alexandrie.

96. DOUÉ et LAMOTTE, à Troyes (Aube), faubourg Croncels, 6. — Bas et chaussettes en tous genres, coton, laine et fil. Noir indégorgeable et bleu grand teint. **(PALAIS.)**

97. DREUX (Célestin), à Paris, rue Bourg-l'Abbé, 7. — Bijoux pour cannes, parapluies et ombrelles ; fantaisies pour fumeurs, flacons, bonbonnières, boîtes à houppes. **(PALAIS.)**

Articles pour fumeurs, genre artistique or et argent. Spécialité d'argent niellé avec incrustations d'or, de couleurs, petite orfévrerie. Garnitures de bureaux, flacon à odeurs. Garnitures de cristaux etc.

98. DUC (Ladislas), à Vaucouleurs (Meuse). — Gilets, chemises, camisoles, pantalons, caleçons, jupons, ceintures, plastrons, brassières en flanelle. **(PALAIS.)**

Couture, brevetée S. G. D. G.
Maison de Vente, 85, rue des Jeûneurs à Paris.

99. DUCLOS (Édouard), à Paris, rue Grenéta, 39. — Bretelles, jarretières, ceintures en caoutchouc. **(PALAIS.)**

100. DUCREUX (Joannès), à Roanne (Loire), rue Gambetta, 34. — Fichus, châles, coiffures, capulets, bonnets, capelines, capotes, bérets, brodequins. (Laine). **(E. O.) (PALAIS.)**

101. DUFAUX, MATHIEU & ANDRÉ, à Paris, rue de la Mare, 89. — Baleine application. Busos, ressorts, laçures. **(PALAIS.)**

102. DUGUEN (Henri), à Paris, rue de Bondy, 46. — Boutons et coulants en acier poli. **(PALAIS.)**

103. DUJONCQUOY, JAQUEMET & BIGOT, à Ville-Lebrun, près Dourdan, (Seine-et-Oise). — Chaussons et brodequins de laine foulée, fourrés et semelés, gants et moufles. **(PALAIS.)**

Souliers et pantoufles cuir-semelés. Trois Médailles de 1re classe aux Expositions universelles de Paris 1855, 1867, 1878. Établissement fondé en 1766, comprenant : filature, tissage, foulage, apprêts et teintures. Dépôt à Paris, 83, rue Charlot (MM. Maurice Simon et Allain).

104. DULIEU, à Paris, passage des Petites-Écuries, 11. — Faux-cols et manchettes. **(PALAIS.)**

Médaille, Exposition universelle de Paris 1878. — Deux diplômes d'honneur, Anvers 1885.

105. DUMONT (L.-Georges), à Paris, rue des Trois-Bornes, 37. — Boucles et agrafes pour bretelles, jarretières, ceintures, pantalons. **(PALAIS.)**

106. DUSAUSSE (N.-Édouard), à Paris, rue des Jeûneurs, 30. — Corsets. **(PALAIS.)**

107. DUSSOL (Léon), à Sumène (Gard). — Bas mi-soie et soie. Ganterie. Fil d'Écosse, mi-soie et soie. Articles pour théâtre. **(PALAIS.)**

108. DUTOICT-MARLIN et Cie, à Haubourdin-lez-Lille (Nord). — Corsets cousus et matières servant à la fabrication du corset. **(PALAIS.)**

Fabrique de corsets. Maison fondée à Haubourdin (Nord), en 1880.
Dépôt à Paris, rue d'Uzès, 13. (Marque déposée P. D.).

109. DUVELLEROY (Georges), à Paris, passage des Panoramas. — Éventails, écrans. **(PALAIS.)**

110. ETTLINGER (Vve A.) & Fils, à Paris, rue du Temple, 103. — Éventails en étoffe et en plumes d'autruche. Éventails de fantaisie. **(PALAIS.)**

Fabrique d'éventails en tous genres, riches et ordinaires, fantaisies et nouveautés en peintures, dentelles, et rubans ; fabrication de montures écaille, ivoire, etc. Sachets, écrans, tabletterie. Atelier spécial pour la fabrication de l'éventail plumes d'autruche, marabout et autres plumes fantaisies. Éventails, satin, gaze, dentelles, depuis 9 francs la douzaine et en plumes d'autruche sur montures écaille, depuis 14 francs pièce. Ombrelles hautes nouveautés assorties aux éventails.
Récompenses :
1855 Paris ; 1862 Londres ; 1867, argent, Paris ; 1878, argent, Paris.

111. EVETTE (Charles-Maurice), ancienne Maison **Alexandre**, à Paris, boulevard Montmartre, 14. — Éventails artistiques. **(PALAIS.)**

112. FABRE (Jules) (À la Ville de Saint-Denis), à Paris, rue du Faubourg-Saint-Denis. — Nouveautés. **(PALAIS.)**

113. FALCIMAIGNE (Chs), à Paris, boulevard Sébastopol, 91. — Parapluies et ombrelles. **(PALAIS.)**

Maison fondée en 1848. Parapluies de luxe et bon marché, ouvrant seuls, fermant seuls et vaüct pour Brico-fantaisie. Ombrelles haute nouveauté pour exportation. Médailles : argent, Paris 1878 ; or, Melbourne 1880 ; or, Amsterdam 1883 ; médailles d'or et d'argent. — Anvers 1885 ; membre des comités d'admission et d'installation à l'Exposition de 1889. (Téléphone).

114. FAROY & OPPENHEIM, à Paris, rue des Petits-Hôtels, 13. — Corsets
cousus.   **(PALAIS.)**

Marque de fabrique déposée C. P. « à la Sirène ». — Agences à Londres, New-York et Hambourg. Récompenses : Paris 1867 ; Vienne 1872 ; Philadelphie 1876 ; Melbourne 1860 ; Sydney 1879, Paris 1878, médaille d'or. — Melbourne, 1888, diplôme et médaille de premier ordre de mérite.

115. FAYAUD (J.-Alfred), à Paris, rue Saint-Denis, 77. — Tissus élastiques,
bretelles, jarretières, ceintures.   **(PALAIS.)**

Médaille d'argent, Exposition universelle de Paris 1878 ; médaille de bronze, Exposition universelle de Melbourne 1880 ; médaille d'or, Exposition universelle d'Anvers 1885.

116. FÉDOU (Mme Thérèse), Maison **P. de Plument**, à Paris, rue
Vivienne, 33. — Corsets, jupons, tournures, corne incassable.   **(PALAIS.)**

117. FEUTRY (B. Auguste), à Paris, rue Saint-Denis, 98. — Bas, brodequins,
gants, capelines, capulets, robes et manteaux.   **(PALAIS.)**

118. FLOQUET (Clovis) et Fils, à Saint-Denis (Seine), rue de Paris, 110. —
Gants de chamois, façon castor, et castor. Ganterie militaire et civile.   **(PALAIS.)**

Peaux de porc, housses et schabraques.
Maroquins et moutons pour tapisserie, carrosserie, reliure, chaussures, etc.
Peaux et cuirs pour chapellerie. Gant de chamois.
Laines brutes et peignées. Huile, dégras, savons, cirages. Spécialité pour l'exportation.
Dépôts : à Paris, 70, rue des Gravilliers et 40, rue des Blancs-Manteaux ; à Londres,
11, Finsbury square.
Médailles d'Argent, Paris 1867 ; Diplôme d'Honneur, Anvers 1885 ; Médaille de progrès,
Vienne, 1873 ; d'Or, à Paris, 1878.

119. FONTAINE (Achille), à Paris, rue Étienne-Marcel, 42. — Ganterie de luxe.
(PALAIS.)

120. FOURNIER (Eugène-H.), à Paris, rue des Halles, 11. — Hautes nouveautés
en tricot fantaisie.   **(PALAIS.)**

121. FRANCK (Lazare), à Paris, rue de la Paix, 7. — Lingerie pour femmes et
enfants.   **(PALAIS.)**

122. FRANCOZ Fils, à Grenoble (Isère), rue Créqui, 22. — Gants de peau de
chevreau.   **(PALAIS.)**

Maison fondée en 1789 et continuée de père en fils.
Fabriquant exclusivement depuis 1852, pour MM. J. et R. Morley, de Londres.
Ayant été médaillée aux expositions de Londres 1862, Paris 1867 et Paris 1876.

123. FROMAGE (Lucien) et Cie, à Rouen (Seine-Inférieure). — Tissus élastiques.   **(PALAIS.)**

124. GADAY (Félix), à Grenoble (Isère), rue Vauban. — Gants chevreau.   **(PALAIS.)**

Spécialité de gants chevreau, Fournisseur des Grands Magasins du Bon-Marché de Paris,
Coupe spéciale pour l'Amérique du Sud. — Représentant à Paris, H. Sergent, 40, rue Paradis.

125. GAGNE-PETIT (Maison **Bouruet-Aubertot**), à Paris, 23, avenue de
l'Opéra, 135. — Lingerie, trousseaux, layettes.   **(PALAIS.)**

Grands magasins de nouveautés. — Toiles, lingeries, dentelles, chemises, rideaux, rouenneries, ameublements, literie, bonneterie, deuil, fantaisie, soieries, mercerie, etc.

126. GAMBEY Frères (Albert et Henri), à Troyes (Aube). — Bonneterie de
coton, articles petit piqué, bas sans coutures, dessins.   **(PALAIS.)**

127. GAMBEY Frères, à Troyes (Aube). — Bonneterie laine et coton articles
petit piqué, bas sans coutures, dessins.   **(E. O.) (PALAIS.)**

128. GÉRARD-HUMBERT (Les Fils de), à Bar-le-Duc (Meuse). — Corsets
sans coutures.   **(E. O.) (PALAIS.)**

129. GILBERT-BRETON (E.), à Paris, rue du Sentier, 29. — Chemises de
jour et de nuit. Camisoles. Pantalons. Jupons. Matinées.   **(PALAIS.)**

130. GÉRARD, à Paris, galerie Vivienne, 70. — Dards et épées pour cannes,
parapluies et ombrelles.   **(PALAIS.)**

131. GOURDIN (Émile) à Paris, rue Moret, 30. — Boutons de papier. Marque J. P.
(PALAIS.)

Médaille d'argent à l'Exposition universelle de 1878.

132. GRAFFHUIL (Léon), à Paris, rue Grenéta, 3. — Cannes, fouets cravaches.
(PALAIS.)

Médaille à l'Exposition de 1878.

133. GRANDJEAN (Victor), à Paris, rue du Faubourg-Saint-Denis, 14. —
Bretelles, jarretières, ceintures.
(PALAIS.)

Maison fondée en 1869, élève de la maison Heuduin.
Médaille de bronze à l'Exposition universelle de Paris 1878.

134. GRÉGOIRE (Jean), à Paris, rue de Saint-Denis, 156. — Cannes à pêche, coulants, noix, godets, bouts, plaques, bijouterie.
(PALAIS.)

Usine 213-215, même rue. Mention honorable, Paris, 1878.

135. GRELAULT-LECUYER (Célestin), à Nemours (Seine-et-Marne). —
Corsets cousus.
(PALAIS.)

136. GRENOBLE (Exposition collective de la Ganterie de la Ville de), à Grenoble (Isère). — Gants.
(PALAIS.)

BURGER, à Grenoble, boulevard de Bonne, 14. — Ganterie.
BERTHOIN (Auguste), à Grenoble, rue Vaucanson, 2. — Ganterie.
BOREL, à Grenoble, place Grenotte, 17. — Ganterie.
BUISSON, à Grenoble, rue Barnave, 20. — Ganterie.
CALVAT (Ernest) Fils, à Grenoble, rue Saint-Laurent, 40. — Ganterie.
CARTAILLER, à Grenoble, rue Malakoff, 1. — Ganterie.
CHARLON, à Grenoble, rue Bayard, 17. — Ganterie.
CHEVALIER, à Grenoble, rue de Bonne, 9. — Ganterie.
COUARD, à Grenoble, rue Malakoff, 1. — Ganterie.
DALICOUD, à Grenoble, rue Villars, 1. — Ganterie.
ESPRIT (Vve Gustave), à Grenoble, rue de France, 17. — Ganterie.
ESPRIT (Vve Jules), à Grenoble, rue de Créqui, 2. — Ganterie.
FAURE-DARNET, à Grenoble, rue Joseph-Chénier, 23. — Ganterie
GUIGNIÉ, à Grenoble, quai Mounier, 16. — Ganterie.
JACQUIER, à Grenoble, rue Saint-Joseph, 6. — Ganterie.
JOUVIN (Vve Xavier), à Grenoble, rue Saint-Laurent, 2. — Ganterie.
LANCE, à Grenoble, rue Malakoff, 11. — Ganterie.
LANDROS, à Grenoble, place des Alpes, 24. — Ganterie.
MARCADANTI, à Grenoble, rue de l'Alma, 4. — Ganterie.
RAYMOND & GUTTIN, à Grenoble. — Matériel, boutons et agrafes pour ganterie.
RIVOLLET Frères, à Grenoble, rue des Lesdiguières, 7. — Ganterie.
RONDET & VALLIER, à Grenoble, rue Très-Cloîtres, 10. — Ganterie.
ROUILLON, à Grenoble, rue des Alpes, 2. — Ganterie.
SIMARD, à Grenoble, rue Saint-Jacques, 24. — Ganterie.
TIVOLLE, CHARVET & Cie, à Grenoble, rue Villars, 8. — Ganterie.
VAUJANY, à Grenoble, rue Tourier, 10. — Ganterie.
BAYAND-Frères, à Grenoble. — Peaux teintes.
BROISE Frères, à Grenoble. — Peaux teintes.
CHARVET (Ferdinand), à Grenoble. — Peaux teintes.
DUGNY, à Grenoble. — Peaux teintes.
DAVID & VIAL, à Grenoble. — Peaux teintes.
HESSE & COMAS, à Grenoble. — Peaux teintes.
MARTINET & HUMAIN, à Grenoble. — Peaux teintes.
PERRIN (Pierre), à Grenoble. — Peaux teintes.
SAUTIER, à Grenoble. — Peaux teintes.
TÉTRA, à Grenoble. — Peaux teintes.

137. GRUT Fils et Cie, à Paris, rue Saint-Martin, 127. — Corsets. **(PALAIS.)**

138. GRUYTER (Mme Mélanie de), à Paris, rue Saint-Lazare, 76. — Corsets, jupons, jupons-tournures. **(PALAIS.)**

139. GUEUDET (Henri), à Paris, rue des Dunes, 6. — Boutons papier. **(PALAIS.)**

140. HANTZ-NASS (Eugène-A.), à Rechésy (Territoire de Belfort). — Bonneterie, genre tricot. Bas, chaussettes, camisoles, cache-corsets, genouillères et autres.

Médaille de bronze, Paris 1878. **(PALAIS.)**

141. HAYEM (S.) Aîné, (Maison du Phénix), à Paris, rue du Sentier, 38. — Cols, cravates, chemises pour hommes, lingerie pour dames, jerseys, faux-cols et manchettes, gilets et chemises de flanelle, caleçons, boutons, bretelles, mouchoirs et foulards. **(PALAIS.)**

142. HENNEGUY (L.-H.), à Paris, rue de l'Échiquier, 4. — Éventails. **(PALAIS.)**

Médaille de bronze comme collaborateur à l'Exposition universelle de Paris 1867.

143. HENRIOT (Antoine-L.), à Dijon (Côte-d'Or), rue de la Liberté, 51. — Nouveau système de chemise perfectionnée. **(PALAIS.)**

144. HERBIN Frères, à Troyes (Aube). — Gilets, camisoles, pantalons, bas-maillots, coton et laine. **(PALAIS.)**

145. HERDHEBAUT (Hubert), à Paris, rue d'Enghien, 11. — Châles et capulets tricotés, vêtements et chaussures tricotés, gants, mitaines, etc. **(PALAIS.)**

146. HERVÉ-VAISSIÈRE (L.-E.-E.), à Paris, rue d'Aboukir, 71. — Cravates blanches et fantaisies fond blanc. Brassards et sacs pour première communion. **(PALAIS.)**

147. HERVY (Eugène), ancienne Maison **Charles Enot,** à Paris, rue de Rivoli, 61. — Bonneterie tricotée à la main. **(PALAIS.)**

148. HIRLET (Oscar), à Troyes (Aube). — Articles fins coton, laine et soie. Véritable article suisse à côtes soie, coton, et laine. **(E. C.) (PALAIS.)**

149. HIRSCH, RÉGLEY Fils & Cie, à Paris, rue du Faubourg-Poissonnière, 12. — Coton, fil et laine, bas, chaussettes et gilets. **(PALAIS.)**

150. HIRSCH, RÉGLEY Fils & Cie, à Paris, faubourg Poissonnière, 12. — Gilets, pantalons, bas et chaussettes en coton, fil laine et soie. **(E. C.) (PALAIS.)**

151. HUGOT (V.) et Cie, à Paris, rue du Faubourg-Saint-Martin, 59. — Éventails. **(PALAIS.)**

152. HUTIN-MORIAT (Maxime), à Rilly-Ste-Cyre (Aube). — Bas et chaussettes, coton écru, couleurs unies et rayées. Bas et chaussettes fil, unis, rayés et brodés. **(E. C.) (PALAIS.)**

153. JACQUET (Jean-J.), à Paris, rue Saint-Martin, 150. — Busces pour corsets. **(PALAIS.)**

154. JAY, (E. & S.) à Grenoble (Isère), avenue d'Alsace-Lorraine 10. — Gants de chevreau, Suède et agneau. **(PALAIS.)**

155. JOFFROY-DAMOISEAU (Ernest), à Troyes (Aube). — Bas d'enfants à côtes, unis et rayés. Maillots de théâtre. Gilets et pantalons. Camisoles pour dames, coton, fil d'Écosse et mérinos pur. **(PALAIS.)**

156. JOSSELIN (Maison Aline), à Paris, rue Louis-le-Grand, 25. — Corsets Sylphide pour toilette de bal, corsets Médicis avec buscs mécaniques, corsets andalous, corsets de repos sans baleine. **(PALAIS.)**

157. JOSSU (Paul-J.-F.), à Paris, rue Saint-Denis, 213. — Manches de parapluies, ombrelles et cannes. **(PALAIS.)**

158. JOUATTE (Mme Laurentine), à Paris, rue de Rivoli, 160. — Corsets, ceintures, et corsets modificateurs. **(PALAIS.)**

Médaille de bronze, Paris 1878. Médaille d'argent, Amsterdam 1883.

159. **JOUVIN & Cie** (ancienne maison), **Bondat frères**, Successeurs, à Grenoble (Isère), place de Metz, 9. — Gants de peau, chevreau, chevrettes et Suède. **(PALAIS.)**

Maison fondée en 1817 par M. Claude Jouvin.
Ganterie fine et de luxe : marque Jouvin et Cie, médaille d'or.
Gants, Lavallière, Suède extra. Spécialité pour les grands magasins du Bon-Marché, maison A. Boucicaut, de Paris. Exportation.
Maisons à New-York : Chas. G. Landon et Cie, 421, Broonne-Street ; à Buenos-Ayres : J. Barille, calle del Pern, esquima Victoria ; à Montevideo : J. Leborgno, calle 25 de Mayo, 251.
Récompenses. — Médailles : Prize medal Londres 1851 ; argent, Paris 1855 ; Prize medal Londres 1862 ; or, Paris 1867 (seule médaille d'or décernée à la ganterie ; hors concours, Philadelphie 1876 ; argent 1re classe, Paris 1878.
Représentant à Paris : M. Ch. Bardoux, 25, rue d'Hauteville.

160. **KEES (Ernest)**, à Paris, rue du Quatre-Septembre, 28. — Éventails. **(PALAIS.)**

161. **KLOTZ Jeune**, à Paris, place des Victoires, 2. — Cravates, cols-cravates pour hommes et pour dames, cache-nez, foulards, bretelles soie, porte-cartes soie, etc. Fantaisies pour toilettes d'appartement, accessoires pour la fabrication des cravates. **(PALAIS.)**

Membre du Comité d'installation, Paris 1878.
Récompenses . Seule médaille d'or, Paris 1878. — Membre du Comité d'organisation, Amsterdam, 1883. Membre du Jury, exposant hors concours, Amsterdam 1883.
Membre du Comité d'organisation, Anvers 1885. Membre du Jury, exposant hors concours, Anvers 1885.

162. **LABET (Alphonse-L.)**, à Paris, rue du Faubourg-du-Temple, 92. — Boutons en tous genres. **(PALAIS.)**

163. **LABORDE (André) et Cie**, à Paris, rue du Faubourg-Poissonnière, 6. — Cravates fantaisies, haute nouveauté en tous genres ; bretelles, encolures. **(PALAIS.)**

164. **LAFLÈCHE (Jules)**, à Paris, boulevard de Sébastopol, 48. — Tissus élastiques. **(PALAIS.)**

165. **LAFON (E.)**, à Paris, rue du Faubourg-Saint-Denis, 16. — Boucles et ornements pour modes et ornements pour chaussures. **(PALAIS.)**

166. **LAFONT (François)**, à Paris, rue Saint-Honoré, 98. — Bonneterie pour théâtres. **(PALAIS.)**

167. **LANFREY (Félix)**, à Grenoble (Isère), rue Malakoff, 2. — Gants de chevreau. **(PALAIS.)**

« Le Triomphe », nouvelle coupe de gants sans couture, breveté en France et à l'étranger.

168. **LANGE-PORCHEROT**, succr de **J.-B. Porcherot**, à Paris, boulevard Sébastopol, 30. — Corsets. **(PALAIS.)**

Maison fondée en 1845. — Marque de fabrique J. B. P.
Manufacture de corsets cousus en tous genres, façon corsetière et en vraie baleine garantie.
Spécialité de corsets pour l'Amérique du Nord et l'Angleterre.

169. **LAPORTE Fils**, à Paris, rue des Archives, 6. — Gants de peau, chevreau et Suède. **(PALAIS.)**

170. **LAURENT (Edmond)**, à Paris, rue Montmartre, 126. — Jupons, haute nouveauté, articles exclusifs, jupons-tournures. **(PALAIS.)**

171. **LECOMTE et MIGNON**, à Paris, rue d'Angoulême, 66, Cité 3. — Boutons soie et métal. Spécialité de boutons pour tailleurs. Boutons, haute nouveauté, pour dames. **(PALAIS.)**

Præcelsïor, Canada. Tresses Mohair Lama et Angora. Progrès, Vienne 1873 ; argent, Paris 1878.

172. **LEGRE Frères**, à Paris, rue du Mail, 24. — Cravates. **(PALAIS.)**

173. **LEGRAIN (Philippe)**, à Paris, rue Saint-Denis, 197. — Corsets. **(PALAIS.)**

174. LEMAIRE-SEVESTRE (H.-L.), à Pussay (Seine-et-Oise). — Fabrique de chaussons et brodequins noirs et couleurs, chaussons tresse et lisière, pantoufles semelées cuir.					**(PALAIS.)**

175. LEMAIRE VALLÉ Fils, à Paris, boulevard Sébastopol, 87. — Boutons de nacre en tous genres.					**(PALAIS.)**

Boutons de nacre. Usine à vapeur au Mesnil-Théribus (Oise). Dépôt des marchandises courantes et des échantillons, 87, boulevard Sébastopol, Paris.

176. LEPAULT & DEBERGHE, à Paris, boulevard de Strasbourg, 2. — Éventails. Montures.					**(PALAIS.)**

Maison fondée en 1802.
Premières récompenses aux Expositions.
Fabrication générale d'éventails hautes nouveautés.
Fabrique à Sainte-Geneviève (Oise).
Maison de vente : 2, boulevard de Strasbourg, Paris.

177. LEPETIT-CHAROLLET, à Paris, rue du Sentier, 10. — Lingerie, trousseaux, layettes et articles fantaisie.					**(PALAIS.)**

178. LEPRÉVOST (Ch.), Her-Paquet, Successeur, à Paris, rue de Mulhouse, 2. — Cravates blanches pour soirées et livrées, aumônières et brassards pour 1re communion.					**(PALAIS.)**

Ancienne Maison Leprévost. Cravates blanches pour soirées, Aumônières. Brassards de 1re communion. — Médailles, Paris 1867, Vienne 1873.

179. LEPRINCE (Désiré), à Paris, rue du Mail, 24. — Boutons nouveautés en tous genres, pour robes et confections, boutons de fantaisie en métal, acier, ivoire et nacre décorés etc.					**(PALAIS.)**

Boutons au crochet noirs et couleurs. — Agrafes et boucles nouveautés.
Fabrique, 21, rue du Châlet.

180. LEPRINCE (Henri P.-F.), à Paris, boulevard de Sébastopol, 46. — Corsets.					**(PALAIS.)**

181. LÉVY (Adolphe) et PICARD à Paris, rue de Palestro, 15. — Corsets cousus pour femmes et enfants, corsets instantanés.					**(PALAIS.)**

Médailles, aux Expositions 1867-1878.

182. LEVY Frères (J. et S.), à Nancy (Meurthe-et-Moselle), faubourg Saint-Georges, 45. — Tricot hygiénique garanti pure laine (système du docteur Jaeger). Chemises, caleçons, gilets, jupons, cache-corsets, maillots, etc.					**(PALAIS.)**

Chemises, caleçons, gilets, jupons, cache-corsets, maillots, etc.

183. LÉVY (Les Fils de Simon), à Paris, rue du Mail, 27. — Gilets de flanelle pour hommes, camisoles pour dames, chemises de flanelle, pantalons et jupons pour dames.					**(PALAIS.)**

184. LÉVY (S.), à Paris, avenue de l'Opéra, 41. — Éventails.					**(PALAIS.)**

185. LIBRON (C.), à Paris, rue Rambuteau, 57. — Buscs et ressorts. Acier pour corsets.					**(PALAIS.)**

186. LOROUE (Abel.-A.), à Paris, avenue de l'Opéra, 49. — Lingerie pour hommes.					**(PALAIS.)**

187. LOUVET (Émile), à Paris, rue Cabanis, 28. — Devants de chemise gansés à plis et brodés, piqués par des machines spéciales.					**(PALAIS.)**

188. LUBIN (Georges), à Paris, boulevard Saint-Michel, 4. — Chemises, faux-cols, manchettes, cravates, caleçons, gilets-flanelle.					**(PALAIS.)**

189. MAILLARD (Mlle M.-A.), à Paris, rue de Choiseul, 3. — Gants Marie-Amélie.					**(PALAIS.)**

190. MALO Fils (Felix F.-L.), à Paris, rue Greneta, 43. — Gants de peau et peaux pour gants.					**(PALAIS.)**

191. MANGIN (Édouard), à Paris, rue de Turbigo, 47.—Bijouteries pour cannes, fouets, cravaches et parapluies   **(PALAIS.)**

Médaille de bronze, Exposition Paris 1878.

192. MANOURY (C.-Victor), à Paris, rue du Faubourg-du-Temple, 33. — Tissus élastiques pour corsets et ceintures.   **(PALAIS.)**

193. MARCAULT (George), à Paris, boulevard Bonne-Nouvelle, 8.—Gants de chevreau et Suède ; gants Tan Russe (cuir de Russie). Brevetés s. g. d. g.   **(PALAIS.)**

Ancienne Maison L. Sérusier. Marque déposée **L. S.** Méd. exp. univ., Paris 1878.

194. MARCHAND, BIGNON, AMMER et Cie, à Paris, boulevard Poissonnière, 14 bis. — Boutons en tous genres. Boutons et emblèmes militaires pour tous les pays.   **(PALAIS.)**

Manufacture fondée en 1814. — Anciennes maisons : Trélon, 🐝 ; Weldon et Weil, 🐝 ; Hartog, 🐝 ; Marchand et Cie.
Médailles : Prize Medal, Londres 1851. — 1re classe 1855. — 1re Médaille argent 1867. — Or, Collective 1867.— Hors Concours, Membre du Jury 1878.
(Voir Classe 66 : Exposition Militaire).

195. MARGUIN (V.) & Cie, successeurs de **G. Lamoisse et H. Tardy,** à Paris, boulevard du Port-Royal, 97. — Manches de parapluies et d'ombrelles. **(PALAIS.)**

Anciennement 80, rue de Bondy, et actuellement 95 et 97, boulevard du Port-Royal, Paris.

196. MARIN (Charles), à Marigny-le-Châtel (Aube). — Bas et chaussettes en laine et en coton, maille unie. Blanc, couleurs et rayures fantaisies.   **(PALAIS.)**

197. MARIX (Edmond), à Paris, rue d'Aboukir, 60.—Cols, cravates et faux-cols. **(PALAIS.)**

198. MASSON (A.) et Fils, à Paris, rue Réaumur, 33. — Œillets métalliques pour chaussures, corsets, bâches, voiles, crochets-boutons, boucles, boutons métal. **(PALAIS.)**

199. MASUREL (Eugène), à Tourcoing (Nord).—Tissus, jerseys, bonneterie en tous genres.   **(PALAIS.)**

200. MATHIEU (Jules-V.), à Paris, boulevard Voltaire, 71. — Montures de parapluies.   **(PALAIS.)**

Système ouvrant seul. — Système fermant seul. — Système ouvrant et fermant seul. — Système extra fin. Breveté s. g. d. g. France et Etranger. Démontages et réparations faciles.

201. MAUCHAUFFÉ (M.) et Cie, à Troyes (Aube). — Bonneterie et pantalons, camisoles, jersey.   **(PALAIS.)**

202. MENNERET (Sosthène), à Troyes (Aube), place de la Banque, 4. — Bretelles à croisements articulés, dites à Palonniers.   **(PALAIS.)**

203. MEUNIER & Cie, à Paris, boulevard des Capucines, 6. — Lingerie de trousseaux, layettes, chemises d'hommes, linge de maison, draps brodés, taies d'oreillers, mouchoirs.   **(PALAIS.)**

204. MEURGEY et Cie (Maison), Gustave Meurgey, successeur à Paris, rue Thévenot, 5.— Parapluies, encas et ombrelles.   **(PALAIS.)**

Maison fondée en 1826, par MM. Mourgues et Meurgey, Gustave Meurgey, successeur de son père et de son grand père. Parapluies riches et ordinaires, de tous genres et systèmes brevetés S. G. D. G. Encas et ombrelles haute nouveauté, pour la France et l'Exportation. — Téléphone.— La maison n'a jamais exposé.

205. MEYER (Émile), à Paris, rue de l'Échiquier, 46. — Cols-cravates. **(PALAIS.)**

206. MOLINIER (Armand), à Paris, rue des Gravilliers, 69.— Cannes pour parapluies et ombrelles.   **(PALAIS.)**

207. MORSALINE (Albert), à Paris, rue Saint-Martin, 259. — Eventails et écrans en tous genres.   **(PALAIS.)**

208. MURGUE Frères, à Roanne (Loire). — Fichus, châles, coiffures, capulets, bonnets, capelines, capotes, bérets, brodequins, robes, manteaux. **(E. C.) (PALAIS.)**

209. NAVETTE (Eugène), à Paris, rue Saint-Denis, 226. — Faux-cols et manchettes pour hommes, lingerie pour dames. Devants de chemises brodés et unis.

210. NEYRET (C.) & Cie, à Paris, rue d'Uzès, 17. — Tissus, jersey, vêtements complets des deux sexes. **(PALAIS.)**

211. NOVA (Jean-F.), à Paris, rue Auber, 4. — Ganterie de peau. **(PALAIS.)**

212. NUDRON (Mme J.), à Paris, rue Laffitte, 37. — Corsets et ceintures en tous genres. **(PALAIS.)**

213. OUDIN & MILLET, à Roanne (Loire), rue Gambetta, 27. — Fichus, châles, capulets, capelines, capotes, bérets, brodequins (laine et soie) au métier et à la main. **(E. C.) (PALAIS.)**

214. OULMAN (D.) et Fils, à Paris, boulevard de Sébastopol, 96. — Bretelles, jarretières et guêtres. **(PALAIS.)**

215. OURY (Vve Henriette-G.), à Paris, rue de Rivoli, 134. — Bretelles et jarretières pour hommes, dames et enfants. **(PALAIS.)**

216. PAISSEAU Frères, à Paris, rue de la Folie-Regnault, 66. et 68 — Baleine de corne pour corsets et robes. **(PALAIS.)**
Manufacture de baleine. — Marque de fabrique P. F. P. — Aplatissage de cornes en tous genres. — Médaille de bronze, Exposition universelle de Paris 1878. (Voir classe 43).

217. PARENT (A.) et Cie, à Paris, rue Michel-le-Comte, 27. — Boutons haute nouveauté, en tissu, au crochet, métal, corozo et corne. **(PALAIS.)**
Fabriques, rue Pierre Levée, 7 et 9, et rue de Nemours, 18. — Récompenses aux Expositions universelles. — Paris 1855. Médaille de 2e classe. — Londres 1862, Prize medal. — Paris 1867, Médaille argent. — Vienne 1878, Médaille de progrès. — Paris 1878, Médaille or.

218. PAULY-ROBELIN, à Roanne (Loire). — Bonneterie fantaisie au crochet, à la main. **(E. C.) (PALAIS.)**

219. PEIFFER (J.-Remy), à Paris, passage du Buisson-Saint-Louis, 7. — Boutons, papier. **(PALAIS.)**

220. PENET (Ferdinand), à Paris, rue d'Enghien, 12. — Chemises. **(PALAIS.)**

221. PÈRE (Félix), à Toulouse (Haute-Garonne), rue Roquelarie, 27. — Corsets cousus. **(PALAIS.)**

222. PERRIN Frères et Cie, à Grenoble (Isère). — Gants de peau en tous genres. **(PALAIS.)**
Agences : Paris, 78, boulevard Sébastopol. — London, 145, Cheapside. — New-York, 71-73, Green St. — Montréal, 1-3, Hellen St. — Australie : Melbourne, Sydney. Récompenses : Expositions de Philadelphie 1876. — Paris 1878. — Sydney 1879. — Melbourne 1880.

223. PILLET (Armand), à Paris, rue Montmartre, 155. — Chemises et faux-cols. **(PALAIS.)**

224. PILTÉ & CLAPIN, à Paris, rue St-Sauveur, 14. — Corsets pour enfants et fillettes. **(PALAIS.)**
Fabrique spéciale de Corsets pour ENFANTS et FILLETTES.
Inventeurs brevetés S. G. D. G. de la BRASSIERE PARISIENNE supprimant les lacets.
Marque de fabrique déposé P. C. « LE CORSELET »,

225. PORON Frères, Fils & MORTIER, à Troyes (Aube). — Bonneterie en tous genres. **(PALAIS.)**

226. PORTE (J.-C.-Léon), à Paris, place de l'École, 6. — Parasols de peintres et de jardins, parapluies, manches de parapluies en ivoire. **(PALAIS.)**

227. POSTEL (Auguste), à Paris, rue des Pyrénées, 68. — Baleine de corne, brute, grattée et polie pour robes et corsets. **(PALAIS.)**

228.   PRÉVOT (Émile) et LAFON (Jules), à Paris, rue Saint-Denis, 90. — Gants de peau.   **(PALAIS.)**

229.   PRUD'HON (Léon), à Paris, rue Richer, 58. — Corsets et jupons.   **(PALAIS.)**

230.   QUINQUARLET (Avit) Fils, à Aix-en-Othe (Aube). — Bas à côtes rectilignes, à dessins mécaniques et bas sans coutures.   **(E. C.) (PALAIS.)**

231.   QUINZARD (Albert), à Paris, rue Rambuteau, 65. — Boutons pour administrations, armées, collèges, livrées et boutons étrangers.   **(PALAIS.)**

232.   RABANIS & CHAMPRENAULT, à Troyes (Aube). — Bas et chaussettes coton et fil.   **(PALAIS.)**

233.   RABANIS & CHAMPRENAULT, à Troyes (Aube). — Bas et chaussettes fil et coton unis et à côtes.   **(E. C.) (PALAIS.)**

234.   RABEAU (Vve Joséphine), à Paris, boulevard Haussmann, 48. — Corsets.   **(PALAIS.)**

235.   RABY (Alfred) et Cie, à Paris, rue de l'Ourcq, 40. — Manches pour parapluies et ombrelles.   **(PALAIS.)**

236.   RACOILLET (L.-Émile), à Troyes (Aube), rue de la République, 10. — Chaussons et bottines tricotés, nattés et à côtes, fourrés, hygiéniques.   **(E. C.) (PALAIS.)**

237.   RAUDIN & MATHIEU, à Troyes (Aube). — Bonneterie de laine et de coton.   **(E. C.) (PALAIS.)**

238.   RAUX BRUNNARIUS & Cie, à Paris, rue d'Angoulême, 88 et rue des Pyrénées, 115. — Baleines de corne pour robes et corsets.   **(PALAIS.)**
Baleines polies pour mercerie, brevetées s. g. d. g.
Récompenses :
Expositions, Paris 1867, bronze ; Paris 1878, argent. (Voir Exposition, classe 48).

239.   REMY & BAULEY Ainé, à Troyes (Aube). — Bas et chaussettes, grand teint indestructible, nuances unies et fantaisies.   **(PALAIS.)**

240.   RENARD (H.) & MAHY (A.), à Paris, rue aux Ours, 26. — Jerseys et bonneterie fantaisie.   **(PALAIS.)**

241.   RENARD (P.-Émile-F.), à Paris, rue du Caire, 23. — Parapluies et ombrelles.   **(PALAIS.)**

242.   REYNAUD (J.-B.), à Paris, rue de la Paix, 22. — Confection de flanelle.   **(PALAIS.)**

243.   REYNIER (P.-Auguste-S.), à Grenoble (Isère), rue de France, 2. — Gants de peau.   **(PALAIS.)**

244.   RIEU (J.) Ainé et Fils Ainé, à Limoux (Aude). — Bonneterie.   **(PALAIS.)**

245.   RIVIÈRE & Cie, à Rouen (Seine-Inférieure), rue de Sotteville, — Bretelles, ceintures et jarretières.   **(PALAIS.)**

246.   ROANNE (Exposition collective des Fabricants de lainages de la Ville de), à Roanne (Loire), — Bonneterie fantaisie (Laines).   **(PALAIS.)**

Berthelier-Vernay (J.-B.).	Ducreux (J.).	Roche (E.).
	Murgue Frères.	Saunier-Prudon.
Bourdely & Bancillon.	Oudin & Millet.	Vimort-Dubuis (P.).
Colombat Mlle (A.).	Pauly-Robelin.	

247.   ROCHE (Eugène), à Roanne (Loire), rue du Canal, 58. — Bonneterie fantaisie.   **(E. C.) (PALAIS.)**

248. RODIEN (Adrien-J.), à Paris, rue Cambon, 48. — Éventails.   **(PALAIS.)**
Fournisseur des Cours étrangères.
Éventails artistiques. — Haute fantaisie, nouveautés.
Éventails pour corbeilles de mariage. — Collection d'anciens.
Éventails de plumes en tous genres.
Réparations.

249. ROLLIN (Vve Marguerite), à Paris, rue de Châteaudun, 27. — Corsets,
ceintures de ventre, épaulières, tournures, jupons-tournures, ceintures-juponnières.
(PALAIS.)

250. ROULINAT Frères et PRADIER, à Paris, rue Claude-Vellefaux, 16.
— Boutons métal et tissu.   **(PALAIS.)**

251. SALOMON Jeune (Adam), à Paris, avenue d'Italie, 38. — Corsets cousus.   **(PALAIS.)**

252. SAUNIER-PRUDON, à Roanne (Loire), rue Gambetta, 30. — Bonneterie
fantaisie. (Laines.)   **(E. C.) (PALAIS.)**

253. SCHMIDT-VERRIER, seule Maison à Paris, rue de la Chaussée-
d'Antin, 13. — Flanelle végétale, ouate de Pin, et tous les dérivés du Pin sylvestre.
(PALAIS.)

Gilets, caleçons, chemises, ceintures, plastrons, etc. en flanelle de Pin, ouate et huile de
Pin pour frictions. Médailles : Paris 1867, Vienne 1873.

254. SCHWOB (Maurice), Maison des 100,000 chemises, à Paris, rue
Lafayette, 69. — Chemises blanches pour hommes et enfants. Caleçons et flanelles.
(PALAIS.)

255. SOULIÉ (M.-E.), à Paris, rue du Faubourg-Saint-Honoré, 6. — Corsets
impératrice.   **(PALAIS.)**

256. SOURGET (A), à Paris, rue Saint-Denis, 151. — Ruchés, plissés et ouatages.
(PALAIS.)

257. STIEGLER (George), Successeur de **Libron et Stiegler,** à Bar-le-Duc
(Meuse). — Corsets cousus et sans coutures.   **(E. C.) (PALAIS.)**

258. STIEGLER Jeune & CARGEMEL, (ancienne Maison Robert
Werly et Cie), à Bar-le-Duc (Meuse). — Corsets sans coutures et corsets cousus.
(E. C.) (PALAIS.)

259. STOCKMAN Frères, à Paris, rue Legendre, 150. — Bustes et mannequins
avec ou sans articulations.   **(PALAIS.)**

Maison F. Stockman, fondée en 1869.
Usine à vapeur, succursale, rue du Poinçon, 27, Bruxelles. Marque de fabrique : F.-S.
Bustes et mannequins de toutes dimensions avec ou sans articulations pour tailleurs, cou-
turières, lingerie, corsets, bonneterie, jerseys, chaussures, ganterie, musées et écoles profes-
sionnelles. (Londres, Iking Street, Regent Street).
Médailles Paris 1878. — Anvers 1885.

260. SUEUR (E.) et Cie, à Paris, cour des Petites-Écuries, 7. — Chemises.
(PALAIS.)
Fabricants de chemises, caleçons et gilets de flanelle pour hommes.
Spécialité pour l'exportation.
Ateliers de fabrication : dans les départements du Nord, de l'Indre, du Cher, du Loiret, de
Meurthe-et-Moselle, de la Seine-Inférieure.
Blanchisseries dans les départements de la Seine, de Seine-et-Oise et de l'Indre.
Chemises de toile, coton, flanelle, coton soie pour hommes.
Caleçons de toile, coton, flanelle, soie.
Gilets de flanelle, toile, soie.
Récompenses : Paris 1867, médaille d'argent ; 1878, médaille d'or.
1887, Chevalier de la Légion d'honneur.

261. TENAILLON (Auguste-P.), Chemiserie du Patronomètre, à Paris, boulevard Magenta, 70. — Chemises sur mesure, gilets de flanelle et caleçons, faux-cols,
bretelles.   **(PALAIS.)**

262. TERRAY (Alphonse), CHAIX et Cie, à Grenoble (Isère). — Gants
de Suède.   **(PALAIS.)**

Manufacture spéciale de gants de Suède, mégisserie, teinture, ponçage mécanique perfectionné.

Maisons à Londres 7 et 8, Lilypot lane E. C. ; New-York.

Récompenses : Paris 1867-1878 ; Anvers 1885.

263. TESTE Fils, PICHAT, MORET et Cie, à Lyon (Rhône). — Montures
de parapluies et ombrelles.   **(PALAIS.)**

264. THAREL (L.-Léon), à Paris, rue Notre-Dame-des-Victoires, 26.—Cravates,
mouchoirs, articles fantaisie.   **(PALAIS.)**

265. THÉBAUT Fils (Anatole-L.), au Mans (Sarthe), rue du Greffier, 30. —
Chemises, pantalons, camisoles, chemises de nuit, matinées, jupons, cache-corsets,
broderies et coutures faites à la main.   **(PALAIS.)**

266. THOMAS (Gustave), à Paris, rue de Tracy, 5. — Chemises en gros pour
hommes et enfants ; gilets de flanelle, caleçons.   **(PALAIS.)**

267. THUBERT (Paul), à Vitré (Ille-et-Vilaine). — Bonneterie de laine et de
soie tricotée à la main et à la machine.   **(PALAIS.)**

Médaille de bronze, Paris 1878. — Dépôt à Paris, 59, rue de Rivoli.

268. TILLIER (Émile-J.-L.), à Paris, boulevard de Sébastopol, 28 bis.—Boutons
haute nouveauté, boucles pour ceintures, agrafes pour garnitures de confections.
                                                            (PALAIS.)

269. TONNEL (Alphonse), à Paris, rue de Rivoli, 130. — Bas et chaussettes
laine et mérinos, bas à côtes pour enfants.   **(PALAIS.)**

270. TRÉFOUSSE et Cie, à Chaumont (Haute-Marne). — Ganterie de peau.
                                                            (PALAIS.)

271. TRIQUET (Octave-F.), à Paris, rue Sainte-Apolline, 7.—Parapluies, parasols et ombrelles haute nouveauté.   **(PALAIS.)**

272. ULRICH-VIVIEN, à Bar-le-Duc (Meuse).— Corsets sans coutures et corsets cousus.   **(E. C.) (PALAIS.)**

Paris 1867, Médaille argent.

Paris 1878, Médaille argent.

Tissage mécanique, breveté s. g. d. g.

273. VALERY-PÈNE (G.), à Tuzaguet (Hautes-Pyrénées). — Gilets de chasse.
                                                            (PALAIS.)

274. VERDIER & SCHULTZ, à Paris, rue d'Uzès, 13.— Bonneterie fine, haute
nouveauté, en soie, mi-soie, cachemire, laine, fil d'Ecosse et coton, articles unis, imprimés et rayés en long.   **(PALAIS.)**

Fabriques : à La Fère Champenoise, Meaux, Nîmes et Troyes.

Spécialités : impressions inaltérables ne dégorgeant pas. — Bas et chaussettes anglaises.
— Broderies en long faites au métier.

Récompenses : Médailles d'or, Anvers 1885 et Barcelone 1888.

275. VILLAIN et Cie (Maison du **Petit-Saint-Thomas**), à Paris, rue du
Bac, 27. — Trousseaux et layettes.

276. VIMORT-DUBUIS (Pierre), à Roanne (Loire), place du Phénix, 4.—
Châles et articles fantaisie laine.   **(E. C.) (PALAIS.)**

277. VIVENT (Germain), à Paris, rue de Crimée, 14. — Boutons de corozo.
                                                            (PALAIS.)

278. WILLINGER (Léon), à Bar-le-Duc (Meuse). — Corsets cousus et sans
coutures.   **(PALAIS.)**

279. WILLINGER (Léon), à Bar-le-Duc (Meuse), quai des Gravières, 42. —
Corsets cousus et sans coutures.   **(E. C.) (PALAIS.)**

280. WOLFSOHN (Paul-L.-R.) à Paris, rue Hauteville. 28. — Bretelles, jarretières, ceintures, dessous-de-bras, tissus élastiques.   **(PALAIS.)**
Médailles de bronze aux Expositions internationales de Paris 1878. Melbourne 1881. —

COLONIES.

ALGÉRIE.

1. AISSA bel Azziz, à Tlemcen (Oran). — Bonnets de femmes en soie et or.
(ESPLANADE.)

2. ALI ben Ameur, à Bousââda (Alger). — Éventails arabes ornés de dessins
laine et soie.   **(ESPLANADE.)**

3. RACRI (Mardochée-Cohen), à Alger, rue Doria, 12. — Éventails en paille
de palmier, éventails en plumes d'autruche.   **(ESPLANADE.)**

4. Ben Abdalla ben Saadi, à Sidi Aïssa (Alger), Commune indigène de Bousââda. — Flidj en laine et poils de chameau, grara en laine et poils de chameau avec
dessins de couleur.   **(ESPLANADE.)**

5. HOBILLIER (Emma), à Constantine, rue Rohault-de-Fleury. — Écran en
tapisserie à la main.   **(ESPLANADE.)**

6. MARET-REPLAND et Cie, à Philippeville (Constantine). — Cannes,
manches de parapluies, d'ombrelles et d'encas, bruts et ouvrés.   **(ESPLANADE.)**

7. MOHAMED ou Saïd, aux M'laha (Constantine), Commune de l'Oued Soumam). — Ceintures de femmes.   **(ESPLANADE.)**

COCHINCHINE.

1. Exposition permanente des Colonies, à Paris. — Écrans en écaille,
éventails (Cochinchine et Cambodge).   **(ESPLANADE.)**

2. MONTAIGNAC de CHAUVANCE (Gaspard de), à Giadinh. —
Éventails en plumes avec manches en bois laqué.   **(ESPLANADE.)**

3. Service local, à Saïgon. — Éventails en plumes de marabout et en plumes de
pélican à manche de bois rouge laqué.   **(ESPLANADE.)**

GUADELOUPE.

1. BÉNY (J.-B.), à Saint-Barthélemy. — Éventails en paille de maïs. **(ESPLANADE.)**

2. BERNIER (C.), à Saint-Barthélemy. — Éventails en paille.   **(ESPLANADE.)**

3. BERNIER (Marie), à Saint-Barthélemy. — Éventail en paille de maïs.
(ESPLANADE.)

4. DERAVIN (C.), à Saint-Barthélemy. — Éventail.   **(ESPLANADE.)**

5. DUCHATELLARD (E.-M.), à Saint-Barthélemy. — Éventail en paille.
(ESPLANADE.)

6. LAURENT (E.), à Saint-Barthélemy. — Éventail.   **(ESPLANADE.)**

GUYANE FRANÇAISE.

1. Exposition permanente des Colonies, à Paris. — Éventails indiens ou
waris-waris, colliers en graines de « ouabé » et de « chéri-chéri ».   **(ESPLANADE.)**

INDE FRANÇAISE.

1. Comité d'Exposition de l'Inde.—Éventails en plumes de paon et en vétiver,
parapluies en olle.   **(ESPLANADE.)**

2. Exposition permanente des Colonies, à Paris. — Éventails divers.
          (ESPLANADE.)

MAYOTTE ET COMORES.

1. Service local de Mayotte. — Bonnets, coffis simbous assortis, bonnets en paille,
bagues assorties, boucles d'oreilles (assortiment), bracelets assortis, colliers en perles de
corail, colliers en perles ordinaires, colliers en verroterie.   **(ESPLANADE.)**

NOUVELLE-CALÉDONIE.

1. HAYÈS & JEANNENEY, à Fonwhary. — Cannes.   **(ESPLANADE.)**

2. QUINTY (Jeanne), à Farina. — Chaussettes en coton du pays, fuseaux et
coton filé, (Gossypum religiosum).   **(ESPLANADE.)**

3. TOPIN, à la Nouvelle-Calédonie. — Gilet à bretelles.   **(ESPLANADE.)**

RÉUNION.

1. Comité central d'Exposition, à Saint-Denis. — Cannes et badines.
          (ESPLANADE.)

2. Exposition permanente des Colonies, à Paris. — Éventails en bambou et
en paille.   **(ESPLANADE.)**

3. HOARAU (Fortuné), à Entre-Deux. — Cannes d'espèces diverses en bois du
pays.   **(ESPLANADE.)**

4. PAYET (Mme Apollinaire), à Saint-Louis. — Mouchoir brodé.
          (ESPLANADE.)

SÉNÉGAL.

1. DIMBA WAR, Président des chefs du **Cayor** (protectorat du Cayor). —
Colliers en cuivre pour guerriers.   **(ESPLANADE.)**

2. MADIOR THIORO, Chef de **N'Guick Mérina,** (protectorat du N'Guick
Mérina). — Ceinture en cuir.   **(ESPLANADE.)**

3. NOIROT (Ernest), Administrateur colonial, au Sénégal. — Cannes en ébène.
          (ESPLANADE.)

TAHITI.

1. POROI (Adolphe), à Papeete. — Cannes en bois de cocotier, rose (thesperia
populnea), tamanan (colophyllum) et tou (cordia subardata). (Borraginacées).
          (ESPLANADE.)

2. VAN DER TIENS (Vve), à Papeete. — Écran en canne à sucre et en pia,
(tacca pinnatifida, Borraginacées.)   **(ESPLANADE.)**

PAYS DE PROTECTORAT.

ANNAM-TONKIN.

1. Protectorat de l'Annam et du Tonkin, vice-résidence de Hung-Yen. — Éventails.   (ESPLANADE.)

2. Protectorat du Tonkin. — Modèle de parasol.   (ESPLANADE.)

3. Province de Hanoï. — Éventails en plumes et ordinaires.   (ESPLANADE.)

CAMBODGE.

1. Exposition permanente des Colonies, à Paris. — Écrans en écaille, éventails.   (ESPLANADE.)

GABON CONGO.

1. AVINENG, au Gabon. — Canne en jonc et vannerie de la région de Loango: Cannes en bois de la rivière Mendah.   (ESPLANADE.)

2. Immaculée Conception (Dames de l'), au Gabon. — Chemises de filles et de garçons, tabliers etc.   (ESPLANADE.)

3. PECQUEUR (Léona), au Gabon. — Boutons pour chevelure pahouïne, canne de chef, éventail pahouin.   (ESPLANADE.)

4. SCHLUSSEL (Laurent), à Libreville (Gabon). — Éventail pahouin.   (ESPLANADE.)

PAYS ÉTRANGERS.

RÉPUBLIQUE ARGENTINE.

1. **CAPDEVILA (M.-A.)**, à Rosario (Santa-Fé). — Chemises et caleçons. (**PARC.**)
2. **Commission auxiliaire**, à Missiones. — Cannes en bois du pays. (**PARC.**)
3. **DERBEY (Jean) & Cie**, à Buenos-Ayres. — Gants. (**PARC.**)
4. **FERNANDEZ-MURO (V.)**, à Buenos-Ayres. — Ceintures en cuir. (**PARC.**)
5. **FLORENTZ (Mme Rose)**, à Buenos-Ayres. — Corsets. (**PARC.**)
6. **GROS (Hermann)**, à Buenos-Ayres. — Corsets. (**PARC.**)
7. **LOPEZ-TORRES (J.)**, à Buenos-Ayres. — Chemises. (**PARC.**)
8. **MEINERS (Frédéric)**, à Esperanza (Santa-Fé). — Ceintures. (**PARC.**)
9. **MERGEN (R.)**, à Esquina (Corrientes). — Ceintures. **PARC.**)
10. **MORÈS (C.) & Cie**, à Buenos-Ayres. — Gants. **PARC.**)
11. **PALLIER (A.)**, à Buenos-Ayres. — Gants. (**PARC.**)
12. **RODRIGUEZ (Valentin) & Cie**, à Buenos-Ayres. — Chemises d'homme. (**PARC.**)
13. **VIDELA (Jean)**, à Buenos-Ayres. — Équipements militaires, guêtres, jambières, courroies, etc. (**PARC.**)
14. **YRASTORZA (Grégoire)**, à Buenos-Ayres. — Chemises. (**PARC.**)

AUTRICHE-HONGRIE.

1. **BRAUN (Charles)**, à Neuhydzow, (Bohême). — Boutons de nacre. (**PALAIS.**)
2. **DANNHAUSER (Frères)**, à Vienne-Hernals. — Chemises pour hommes, lingerie pour dames ; faux-cols, manchettes. (**PALAIS.**)
3. **FEIGL (Gustave)**, à Gablonz, (Bohême). — Perles, boutons jais. (**PALAIS.**)
4. **FRIED (S.) & Cie**, à Vienne, 1, Hessgasse. — Boutons de nacre. (**PALAIS.**)
5. **GIELAN (Maximilien)**, à Vienne. — Gants. (**PALAIS.**)
6. **GRUN (Carl)**, à Vienne, I. Gonzagagasse, 17. — Parapluies et ombrelles. (**PALAIS.**)
   L. Walser, représentant pour l'Exposition et l'Exportation, à Paris, rue d'Hauteville, 84.
7. **HÖNIGSBERG Frères**, à Vienne, I. Neutorgasse, 13. — Chemises, cols et manchettes. (**PALAIS.**)
8. **JAEGER (A. Carl)**, à Tyssa, (Bohême). — Boutons de corne. (**PALAIS.**)
9. **JEITELES (Jacob H.) Sohn**, à Gablonz en Bohême. — Boutons et Perles. (**PALAIS.**)

10. KORN (Henry), à Vienne, I. Kärntnerstrasse, 55. — Lingerie.			(PALAIS.)

Récompenses : 1878 Paris, médaille d'or ; 1883 Amsterdam, médaille d'or ; 1885 Anvers, médaille d'or ; 1888 Barcelone, médaille d'argent avec couronne d'or. Succursale à Alexandrie et à Smyrne.

11. KRAKAUER (M.) & Cie, à Vienne, VI. Millergasse, 39. — Éventails.			(PALAIS.)

L. Weiser, représentant pour l'Exposition et l'Exportation, à Paris, rue d'Hauteville, 84.

12. KREYCY (François), à Vienne, Burggasse, 28. — Éventails.			(PALAIS.)

13. LANDEIS Frères (L. et M.), à Vienne, VI. Wallgasse, 16. — Cols, manchettes, corsets, ruches.			(PALAIS.)

14. LÖWINGER & LAUFER, à Vienne, I. Concordiaplatz, 1. — Lingerie pour hommes.			(PALAIS.)

Récompense : Vienne 1873, médaille de progrès.

15. MOSER (Gottfried), à Vienne, VII. Neustiftgasse. 117. — Éventails en tous genres.			(PALAIS.)

16. PAECHTER (Adolphe), à Bodenbach (Bohême). — Boutons corozo.			(PALAIS.)

17. SCHWONER (S.) & Cie, à Vienne, I. Esslinggasse, 13. — Lingerie pour hommes et femmes.			(PALAIS.)

L. Weiser, représentant pour l'Exposition et l'Exportation, à Paris, rue d'Hauteville, 84.

18. SPITZER (Carl), à Gablonz (Bohême). — Perles, boutons, verroterie, bijouterie fausse, etc.			(PALAIS.)

19. VEIT & Cie, à Gablonz (Bohême). — Boutons de jais et perles de Bohême.			(PALAIS.)

Médaille d'argent, mention honorable, Paris 1878. Maisons à Paris, 9, rue Sainte-Apolline ; Lyon, 14, rue Dubois ; Londres, 37, Noble street ; Annaberg (Saxe) ; New-York, 92 Spring street ; Rio-de-Janeiro, 21, rue de Caudelaria.

20. WIENER (les Fils de David), à Vienne et à Prague, Karolinenthal. — Matières premières pour la chapellerie.			(PALAIS.)

BELGIQUE.

1. BELVAL (Mlle Alice), à Bruxelles, rue de Trèves, 72. — Éventails, peinture sur éventails, sur écrans, sur étoffes, etc.			(PALAIS.)

2. BOUCART (Léonie), à Bruxelles, rue des Paroissiens, 5 A. — Corsets.			(PALAIS.)

3. DAY (Gustave), à Bruxelles, rue de Cologne, 65. — Cravates, faux-cols, manchettes et chemises.			(PALAIS.)

4. DE BRUYCKER (Th.), & Cie, à Bruxelles, rue du Poinçon, 12. — Cravates, cols, faux-cols, chemises, gilets de flanelle, de toutes qualités.			(PALAIS.)

5. DEROOSTER (R.), à Bruxelles, avenue de la Porte de Hal, 30. — Boutons divers, estampage et découpage, jetons, médailles.			(PALAIS.)

6. DUTOICT (P.) & Cie, à Bruxelles, boulevard de la Senne, 98. — Corsets cousus divers.			(PALAIS.)

7. FONTAINE Frères, à Leuze. — Gilets de chasse			(PALAIS.)

8. JONNIAUX (Alfred), à Bruxelles, rue de Laeken, 147. — Gants de peau.			(PALAIS.)

9. LEVY & JACOBS, à Bruxelles, rue du Gentilhomme, 17. — Gants de peau.
(PALAIS.)

10. LOUTREL Frères, à Bruxelles, rue des Hirondelles, 4. — Corsets.
(PALAIS.)

11. MABILLE (Alexandre) & Fils, à Bruxelles, avenue Van Volxem, 144. —
Boutons.
(PALAIS.)

12. MASSON (Victorine), à Bruxelles, rue Royale, 100. — Corsets. (PALAIS.)
Paris, 1855, méd. d'arg. ; Londres 1862, méd. d'arg. ; Anvers 1885, méd. d'argent.

13. RENAUD-HAUTRIVE (Alphonse), à Leuze, Grand'Rue. — Vestes
de chasse, gilets, bas, chaussettes, châles, fichus, etc.
(PALAIS.)

14. RUTTENS (Maison), à Bruxelles, rue du Congrès, 5 A. — Corsets, brassières
ceintures et jupons.
(PALAIS.)
Fournisseur de S. M. la Reine des Belges. — Paris 1878, Médaille de bronze ; Amsterdam
1883, Médaille d'argent ; Anvers 1885, Médaille d'or.

15. SCHOVAERS (Mme Marie), à Bruxelles, boulevard du Nord, 54 —
Corsets.
(PALAIS.)

16. TRICNONT (Joseph), à Mons, rue d'Havré, 45. — Parapluies et ombrelles.
(PALAIS.)

17. VAN STEENKISTE (Léon), à Bruxelles, rue Zérézo. 32. — Gants de
peau.
(PALAIS.)

CHILI.

1. BROWER (J.-J.), à Valparaiso. — Corsets.   (PARC.)

2. Commissariat de l'Exposition du Chili, à Santiago. — Cannes de
Chonta, chemises, chaussettes et bas de laine.
(PARC.)

3. CORVALAN (Filoména), à Valparaiso. — Corsets.   (PARC.)

4. JUILLERAT (Edmundo), à Valparaiso. — Chemises.   (PARC.)

5. VENÉGAS (Lorenzo), à Santiago. — Cannes de palmier.   (PARC.)

DANEMARK.

1. LARSEN (N. F.), & Fils, à Copenhague. — Gants et ouvrages de gantier.
(PALAIS.)

RÉPUBLIQUE DOMINICAINE.

1. Commission provinciale de. San-Pedro-Macoris. — Baudriers.
(PARC.)

2. Commission provinciale de Santo-Domingo. — Cannes en bois du
pays.
(PARC.)

3. Commission provinciale de Seibo. — Baudriers.   (PARC.)

4. DELGADO (Pedro), à Santo-Domingo. — Cannes en bois indigènes. (PARC.)

ÉQUATEUR.

1. Commission coopérative, à Quito. — Jarretières, ceintures de laine, bonneterie.
(PARC.)

ESPAGNE.

1. **BARRIL Frères,** à Saragosse. — Chemiserie. (PALAIS.)

2. **BASCH (Hipolito),** à Madrid. — Éventails. (PALAIS.)

3. **CANO O'CEFERINO ARAMBURO (Seraíla),** à Madrid. — Étoffes d'abaca (PALAIS.)

4. **CIDEZ (Mme Juana),** à Paris, rue Mogador, 4. — Corsets. (PALAIS.)

5. **FAUGIER (Carlos),** à Barcelone. — Bonnets. (PALAIS.)

6. **GISPERT (Alfonso),** à Barcelone. — Mouchoirs. (PALAIS.)

7. **GONZALEZ (Mme de),** à Paris. — Corsets. (PALAIS.)

8. **HERNANDEZ (F. Santos),** à Madrid. — Corsets. (PALAIS.)

9. **MARTIN (Saturnino),** à Cordoue. — Parapluies, cannes, petites malles. (PALAIS.)

10. **MASLLORENS,** à Olot (Gerona). — Tricots et bonnets. (PALAIS.)

11. **MATAS & Cie,** à Barcelone. — Étoffes élastiques et rubans. (PALAIS.)

12. **MINGUET Y PRADEJORDO,** à Barcelone. — Bonneterie. (PALAIS.)

13. **ORIOL SEGUR (Fils de),** à Barcelone. — Éventails. (PALAIS.)

14. **RECARENS GURI Y FLOBET,** à Tarrasa (Barcelone). — Bonneterie. (PALAIS.)

15. **SECREST & Fils,** à Olot (Gerona). — Bonneterie. (PALAIS.)

16. **ZUGASTS (Fils de Julia A. de),** à Madrid. — Corsets et bandes hygiéniques. (PALAIS.)

ÉTATS-UNIS.

1. **International Fastener Co, (E. R. Williams),** à New-York, N. Y., 10, Wall street. — Corsets américains avec agrafes nouvelles et perfectionnées. (PALAIS.)

2. **LIPPMANN (Philippe),** à New-York, 377, Broome street. — Côtés de corset. (PALAIS.)

3. **LYON (Amasa) Co, (sec'g : H. E. NICOLAY,),** à New-York, N. Y. 684, Broadway. — Parapluies, ombrelles, cannes, fouets et manches. (PALAIS.)

4. **MAYER, STROUSE & Co,** à New-York, N. Y., 412, Broadway. — Corsets et agrafes. (PALAIS.)

5. **NOYES (Joseph P.) & Co, (Chas. B. Pomeray,** Agent), à Binghamton, N. Y. — Boutons à attachement automatique. (PALAIS.)

6. **ROTH & GOLDSCHMIDT,** à New-York, N. Y., 16, Walker street. — Corsets. (PALAIS.)

GRANDE-BRETAGNE.

1. **BHUMGARA FRANJU PESTONJEE,** à Bombay, Kalbadetie road, 5, et à Madras, Mount road, 5 (Indes). — Éventails. (PALAIS.)

2. CASH (J. & J.), à Coventry, Hertford street, 70 ; à Paris, rue de Cléry, 12. — Articles de bonneterie et lingerie. **(PALAIS.)**

    Maisons : 92, Green street, New-York ; 12, rue de Cléry, Paris.
    Plissés de couleur pour chemises de nuit.
    Plissés blancs pour garnir les articles de lingerie pour dames et enfants.
    Etiquettes pour chemises et fabricants de chemises.
    Etiquettes pour vêtements, pour tailleurs et couturières, etc.
    Barrettes. — Noms tissés et initiales pour marquer le linge.
    Serviettes de bains pour les frictions.
    Langes d'enfants.
    Lacets en toutes couleurs et largeurs.
    Rubans noirs et de couleurs.

3. Cellular Clothing Co, (Limited), à Londres, Aldermanbury, 75. — Lingerie confectionnée pour hommes et femmes, draps et couvertures. **(PALAIS.)**

4. Donegal Industrial Fund. — Articles de bonneterie et de lingerie. **(PALAIS.)**

5. EELES & Co, ELLEN E., à Londres, Royal Arcade, 10, Old Bond street. — Lingerie confectionnée pour femmes et enfants. **(PALAIS.)**

6. ETTLINGER (A. & J.), à Londres, Lawrence lane, 30. — Éventails en plumes, en dentelles et points. **(PALAIS.)**

7. Harrison Patent Knitting Machine Co, à Manchester, Portland street, 133. — Bas, tricots. **(PALAIS.)**

8. LAIRD (G. & S.), à Dublin, Grafton street, 58. — Éventails de dentelle irlandaise avec montures d'écaille, de nacre et d'ivoire. **(PALAIS.)**

9. MARTIN (F.-J.) & Co, à Londres, Wood street, 101 — Attaches pour chaussures et gants. **(PALAIS.)**

10. NIELSON SHAW & MAC GREGOR, à Glasgow, Buchanan street, 44. — Bonneterie et mercerie, tartans. **(PALAIS.)**

11. PRINGLE (Robert) & Son, à Hawick (Écosse). — Bonneterie et lingerie. **(PALAIS.)**

12. ROBINSON & CLEAVER, à Belfast (Irlande). — Bonneterie et lingerie. **(PALAIS.)**

13. RYLANDS & Sons (Limited), à Manchester et à Londres. — Articles de bonneterie et de lingerie. **(PALAIS.)**

    Filateurs, Fabricants.
    Blanchisseurs, Teinturiers. Carrots Écrus, Lavés, Blancs et Teints, Dames en Coton, Blancs et Teints ; Brocarts Façonnés, Fichus et Châles, Satinés, Couvre-toilettes, Linge ouvré, Damas imprimés, Coutils, Regattas, Oxfords, Harvards. Flanelles, Chemises, Cotons à coudre, Rubans, Passementerie, Cordonnets, Mouchoirs, Toiles cirées.
    Usines : Manchester, Gorton, Wigan, Bolton, Swinton, Crewe. Blanchisserie : Heapey.
    Fabrique de Toiles cirées : Chorley.
    Récompenses : Paris 1878, Diplôme, Médaille d'argent. Bruxelles 1888. Prix d'Honneur, Médaille d'or. Diplôme d'honneur, Médaille d'argent, pour divers articles de leur fabrication. Melbourne 1888. Premier ordre de mérite.

14. SLATER Brothers & Co, à Londres, E. C., Wood street, 6. — Écharpes, cravates et carrés en soie (spitalfields) pour hommes, chemises, cols, bretelles, ombrelles. **(PALAIS.)**

15. SMITH & WRIGHT (Limited), à Birmingham, Brearley street, 180. — Boutons et ornements militaires en tous genres. Boutons de manchettes et de chemises, en nacre. **(PALAIS.)**

16. SWAINE & ADDENEY, à Londres, Piccadilly, 185. — Cannes. **(PALAIS.)**

17. TAAFE & COLDWELL, à Londres. Grafton street, 81.— Cols et chemises en toile d'Irlande. Mouchoirs en batiste d'Irlande.   (PALAIS.)

18. TREMLETT, (Washington), à Londres, Maddox street, 45. — Chemises, vêtements de dessous, cravates, gants.   (PALAIS.)

19. TYLER, & Co, à Llandyssil, South Wales, Macesllyn mills. — Bonneterie, jerseys, flanelles.   (PALAIS.)

20. WALRY (Count Ostrorog), à Londres, Regent street, 164. — Vêtements antiseptiques et autres articles antiseptiques.   (PALAIS.)

GRÈCE.

1. ANGELIDÈS (D.), à Syra (Cyclades). — Madr— coton imprimé pour coiffures.   (PALAIS.)

2. BESSO (M. P. S.) et Cie, à Corfou. — Chemises pour hommes et femmes.   (PALAIS.)

3. BOUCHEMI (Nicolas), à Athènes. — Chemises pour hommes et femmes.   (PALAIS.)

4. CATOPODI (Basilique), à Athènes. — Corsets.   (PALAIS.)

5. CHONDROS (C.), à Syra (Cyclades). — Madras coton imprimé pour coiffures.   (PALAIS.)

6. CHRONOPOULOS (Georges), à Tripoli (Arcadie). — Flanelles.   (PALAIS.)

7. CONSTANTIN (Démétrius), à Athènes. — Bas pour hommes.   (PALAIS.)

8. DOURATZO (Mme Françoise), à Syra (Cyclades). — Bas pour hommes.   (PALAIS.)

9. GEORGE (Elie N.), à Tripoli (Arcadie). — Costume national.   (PALAIS.)

10. JEAN (Paul), à Syra (Cyclades). — Madras coton imprimé pour coiffures.   (PALAIS.)

11. JEANNIDÈS (Emmanuel), à Amorgos (Cyclades). — Bas pour hommes.   (PALAIS.)

12. LOUCOUPOULO (Mme Hélène), à Mandra (Attique). — Tabliers.   (PALAIS.)

13. PALLIA (Jean), à Thèbes (Attique et Béotie). — Cappe, manteau rustique.   (PALAIS.)

14. PAPACOSTAS (Panag), à Pramanta (Arta). — Cappe, manteau rustique.   (PALAIS.)

15. PAPASTATHOPOULO (C.), à Arachova (Attique et Béotie). — Bissac.   (PALAIS.)

16. POLITI (Mme Suzanne), à Syra (Cyclades). — Madras coton imprimé pour coiffures.   (PALAIS.)

17. SARANTOPOULOS (Ch.), à Syra (Cyclades). — Madras coton imprimé pour coiffures.   (PALAIS.)

18. STAVROPOULOS & PARALAS, à Tripoli (Arcadie). — Fez, calottes rouges, chéchias.   (PALAIS.)

19. THEODORATO (Constantina), à Lixouri (Céphalonie). — Bas pour hommes.   (PALAIS.)

20. TOURKISTI (Kiourana), à Hydra (Argolide et Corinthie). — Bas pour hommes.   **(PALAIS.)**

21. TRIVELOPOULO (Mme Marie), à Patras (Achaïe et Eolide). — Bas pour hommes.   **(PALAIS.)**

22. TSIMOGEANNIS (Ath.), à Tripoli (Arcadie). — Guêtres.   **(PALAIS.)**

23. TSAUSSOPOULO Frères, à Athènes. — Fez, calottes rouges, chéchias.   **(PALAIS.)**

24. VELISSAROPOULOS (Georges), à Syra (Cyclades). — Madras coton imprimé pour coiffures.   **(PALAIS.)**

25. ZAGORITI (Mme Eupraxie), à Argostoli (Céphalonie). — Chemises pour hommes et femmes.   **(PALAIS.)**

RÉPUBLIQUE DE GUATEMALA.

1. CONDE (Gabriel), à Solola. — Bourses en fils.   **(PARC.)**

2. COFIÑO (José-Maria), à Guatemala. — Cannes sculptées.   **(PARC.)**

HAWAI.

1. Gouvernement hawaïen, à Hawaï. — Éventails de palmiers et autres.
                                                                   (PARC.)

ITALIE.

1. ACAMPORA Frères, à Naples, San-Giorgio-Maggiore, 5. —Fourrures grèges et manufacturées, gants de chevreau.   **(PALAIS.)**

2. GARGIULO (Edouard) et Cie, à Naples, via Chiaia, 44. — Gants de chevreau, etc.   **(PALAIS.)**

3. GARGIULO (Henri), à Naples, via Chiaia, 57. — Gants en soie, fil, chevreau.   **(PALAIS.)**

JAPON.

1. HIRANO (Hisagoro), Kioto-fu, Shimokio-Ku. — Éventails.   **(PALAIS.)**

2. IWAMOTO (Genzo), Hiogo-Ken, Kobe-Ku. — Cannes en bambou.   **(PALAIS.)**

3. KATO (Kikumatsu), Tokio-fu Nihonbashi-Ku. — Éventails en écaille avec incrustations.   **(PALAIS.)**

4. KOBAYASHI (Kojiro), Tokio-fu, Kiobashi-Ku. — Éventails en ivoire.
                                                                   (PALAIS.)

5. Ministère de l'Agriculture et du Commerce (Direction de l'industrie), à Tokio. — Parapluies, ombrelles, éventails, écrans, cannes en bambou.   **(PALAIS.)**

6. NAKAMURA (Gisuke), Osaka-fu, Higashi-Ku. — Boutons divers.
                                                                   (PALAIS.)

7. NAKAMURA (Naojiro), Tokio-fu, Nihonbashi-Ku. — Éventails avec divers dessins.   **(PALAIS.)**

8. NAKASHIMA (Isuke), Kioto-fu, Shimokio-Ku. — Éventails.   **(PALAIS.)**

9. NARITA (Asajiro), Tokio-fu, Nihonbashi-Ku. — Écrans à main en laque.
(PALAIS.)

10. OKADA (Chojiro), Tokio-fu, Nihonbashi-Ku. — Cannes à épée.   **(PALAIS.)**

**11. Préfecture de Tokio (Atelier d'apprentissage pour dentelles
à la main)**, Tokio-fu, Kiobashi-Ku. — Dentelles pour ombrelles.   **(PALAIS.)**

12. SATO (Kichiyemon), Shidzuoka-Ken, Abe-Kori. — Cannes en bambou.
(PALAIS.)

13. SHIMOMURA (Shoyemon), Kioto-fu, Shimokio-Ku. — Éventails de
différentes sortes.   **(PALAIS.)**

14. SOKOAMI (Teikio), Kioto-fu, Shimokio-Ku. — Éventails de différentes
sortes.   **(PALAIS.)**

15. SUNAGA (Yoshibei), Tochigi-Ken, Ashikaga-Kori. — Mouchoirs de
coton.   **(PALAIS.)**

16. TOKIO CHOKO-KAI, Tokio-fu, Asakusa-Ku. — Cannes et poignées de
cannes en bois, en argent et en or avec ciselures.   **(PALAIS.)**

17. TSUBOKURA (Tokuzo), Tottori-Ken, Hino-Kori. — Rubans de paille
pour chapeaux.   **(PALAIS.)**

GRAND-DUCHÉ DE LUXEMBOURG.

1. MAYER (Gabriel), à Luxembourg. — Gants de chevreau.   **(PALAIS.)**

2. Société anonyme des Draperies Luxembourgeoises, anciennes
Maisons **Godchaux**, à Schleifmühl-lez-Luxembourg. — Chemises en laine cardée,
etc.   **(PALAIS.)**

Bonneterie avec filature, tissage et apprêts de chemises, caleçons et gilets, dits flanelles de
santé, en laines cardées, peignées et vigogne. Tissus hygiéniques divers pour bonneterie et draperies.
Médaille d'argent à l'Exposition universelle de 1878.

NORVEGE.

1. GASMANN (Mlle Alma), à Paris. — Éventails, peinture, genre fleurs.
(PALAIS.)

2. HALLÉN Frères, à Christiania. — Gants.   **(PALAIS.)**

PARAGUAY.

1. BENEGAS (D. Ildefonse), à Assomption. — Cannes de bois de diverses
essences.   **(PARC.)**

2. Commission de l'Exposition de la République du Paraguay, à
Assomption. — Draps, garnitures de chemises, chemises, cols, toiles du pays, barrettes,
mouchoirs, serviettes.   **(PARC.)**

3. JORDAL (Dona Carmen Gill de), à Assomption. — Éventail de « ñan-
duti », corbeille avec deux serviettes, toile et corbeille de « vetibert » — Courte-pointe de
« nanduti ». Taie d'oreiller avec initiales de « nanduti », tapis pour lampe.   **(PARC.)**

4. GONZALEZ (Dona Rita), à Assomption. — Éventails (nanduti), cravates
pour hommes et chapeaux. **(PARC.)**

5. Gouvernement de la République du Paraguay, à Assomption. —
Couvertures tissées par les Indiens. Abat-jour de feuilles de palmier fait par les
Indiens. Nappe, serviette, mouchoir de nanduti. Drap de nanduti, coussins, fleurs
artificielles. Chemisette rouge avec ornements de verroterie, bourses tissées par les
Indiens pour recevoir les objets de chasse. **(PARC.)**

6. MACHAIN (Dona Joaquina), à Assomp ion. — Fleurs artificielles, pièces
dentelles nanduti, tapis de laine. **(PARC.)**

7. VALIENTE (Francisco), à Assomption. — Canne en bois de cafier. **(PARC.)**

PAYS-BAS.

1. JANSEN & ZILANUS, à Oriezenveen.— Mérinos naturel, articles de tricot,
hygiénique, pure laine. Articles de bonneterie, coton jumel. **(PALAIS.)**

PORTUGAL.

1. COSTA (Pereira da) & Ca. — Lingerie. **(PALAIS.)**

2. CRESPO (J.-C.). — Cravates. **(PALAIS.)**

3. GRAÇA DUQUE & Ca. — Lingerie. **(PALAIS.)**

4. KIMPEL (Abraham). — Parapluies. **(PALAIS)**

5. OLIVEIRA & Ca. — Gants. **(PALAIS.)**

6. PITTA (Avelino de M.). — Lingerie. **(PALAIS.)**

7. REIS (A.-A.) & Sobrinho. — Parapluies. **(PALAIS.)**

8. ROCHA (D.) & Ca. — Gants. **(PALAIS.)**

9. SILVA (Bernardino Antunes da). — Gants. **(PALAIS.)**

10. SILVERIO (Francisco). — Cannes. **(PALAIS.)**

COLONIES PORTUGAISES

1. Banque Coloniale Portugaise, à Lourenço Marquès. — Canne garnie de
verroterie, canne-cuillère. **(QUAI.)**

2. REIS Junior (M.-Jos), à l'Ile de Santiago (Cap Vert). — Cannes. **(QUAI.)**

ROUMANIE.

1. ANTONESCO (Zoé-N.), à Pitesti. — Lingerie. **(PALAIS.)**

2. BAICANOIU (Zoé), à Slatina (Oltu). — Chemises de soie pour hommes.
(PALAIS.)

3. BASTEA (Mlle Paraschiva), à Rucàr (Muscel). — Voile soie et fils d'or,
jupe en laine, chemise brodée, etc., tablier, serviette en toile. **(PALAIS.)**

4. BEINER (J.), à Jassy, rue Golia, 77. — Assortiment de cravates. **(PALAIS.)**

5. BERDANU (Maria), à Coroesti (Berlad). — Ceinture en laine avec perles
et paillettes d'or. **(PALAIS.)**

6. BREAZU (Ghitza Grig), à Cinlnita (Muscel). — Cravates de soie.
(PALAIS.)

7. BUNESCO (Mme S.-M.), à Rucâr. — Jupe et tablier, chemises de femme et d'homme, voiles, fourrures en peau de mouton, serviettes et mouchoirs. (PALAIS.)

8. BUZDUGAN (Maria), à Corocsci (Berlad). — Tablier en laine brodé.
(PALAIS.)

9. CHENCIU (Lucretia), à Berlad. — Tablier de laine de plusieurs nuances.
(PALAIS.)

10. CIAUSESCO (Sultana Stefan), à Golesci (Muscel). — Essuie-mains de coton.
(PALAIS.)

11. DIACONESCO (Joana Gheorghe), à Bâlilesti (Muscel). — Essuie-mains de coton.
(PALAIS.)

12. DIMITRESCA (La sœur Dominica), Convent de Namaesci (Muscel).— Chemise brodée de soie blanche et rouge. (PALAIS.)

13. DUCULESCO (Ecaterina Ion), à Campu-Lung.— Jupe de laine, chemise brodée de fils d'or. (PALAIS.)

14. DUTIANU (Jon Popescu), à la Commune de Pocnari (District de Muscel).— Voile (marama) de soie fine, veston cousu avec laine et fil d'or, jupe de laine. (PALAIS.)

15. GIUGLANESCO (E.-T.), à Pukeni (Muscel). — Jupes, tabliers, chemises brodés et tissés, cousus avec de la soie et de la laine. (PALAIS.)

16. GIUGLANESCO (Sultana T.), à Pukeni (Muscel). — Jupes de laine brodées et pailletées. (PALAIS.)

17. GRANT (Eduard), à Pitesti. — Divers articles pour le vêtement. (PALAIS.)

18. GRECULESCU (Litza Constantin), à Miclosani (Muscel). — Jupe ouverte brodée de laine et de fils d'argent. Jupe de laine et tablier pour enfant. Chemise brodée. Ceinture de laine. (PALAIS.)

19. JACOBSON & HERDAN, à Bucharest. rue Sapcarri, 7. — Chemises d'hommes. (PALAIS.)

20. JONESCO (Marie Const.), à Vranesti (Muscel). — Devants de chemise de soie blanche. (PALAIS.)

21. JONNESCU (Mari Enachi), à Focsani. — Bas. (PALAIS.)

22. MARGHIOALA-MATEIU (Stéfan), à Grôjdeni (Berlad). — Ceinture rouge. (PALAIS.)

23. MARIAN (Alexandrina), à Stanesti (Muscel). — Jupe de laine avec perles et fils d'or. Tablier de laine pailleté. Jupe de toile et laine. Chemise de soie pour femmes. (PALAIS.)

24. MARINESCO (Ana), à Gorgani (Muscel).— Serviette, essuie-mains chanvre et coton, essuie-mains de coton. (PALAIS.)

25. MEZELT (Peter), à Iassy. — Bonneterie. (PALAIS.)

26. MIHAILESCO (Théodora), à Campu-Lung. — Couverture de coton, drap de coton, serviette de coton avec dessins de laine et fils d'or, mouchoirs brodés, chemises d'enfant, chemises de paysan brodées de laine et de fils d'or. (PALAIS.)

27. MIHAILESCU (Théodoritza), à Campu-Lung, rue Matei Bassarab. — Rideaux de laine, couvertures de paysans, costumes complets de dames et d'enfants, chemises d'homme nationales, pantalons nationaux, mouchoir national, etc.
(PALAIS.)

28. POENAREANU (Mme Gligore), à Roenari (Muscel). — Chemise, voiles, fichus, tabliers, dessus de lit, ceintures, etc. (PALAIS.)

29. POPESCO (Mme Hélène Démètre), à Mioveni, (Muscel). — Draps pour vêtements d'hommes. **(PALAIS.)**

30. Societatea « Concordia Romana », à Bucharest. — Lingerie. **(PALAIS.)**

31. THÉODOLIN (Vve J.-M.), à Bucharest, cal. Victoriei, 80. — Corsets ordinaires et riches. **(PALAIS.)**

32. VITESCO (Floarea Lui-Ion), à Vita (Dambovitza). — Taies d'oreiller de laine. **(PALAIS.)**

33. VOICU (Smaranda), à Cobesti (Berlad). — Serviette en soie, ceinture en soie. **(PALAIS.)**

RUSSIE.

1. KLIATCHKO & KORETZ, à Moscou. — Lingeries.   **(PALAIS.)**

2. LOEVISON, à Moscou. — Lingeries.   **(PALAIS.)**

3. MALINOWSKI, à Varsovie. — Gants.   **(PALAIS.)**

4. NEUMARK (L.), à Moscou. — Boutons.   **(PALAIS.)**

5. SAVINA-SOBOLEVA, à Moscou. — Corsets.   **(PALAIS.)**

6. STEINER, à Varsovie. — Corsets.   **(PALAIS.)**

7. TIMISTER (N. I), à Moscou. — Gants de peau.   **(PALAIS.)**

SALVADOR.

1. Département de Usulutan. — Cannes, maquedas de hüiscoyol.   **(PARC.)**

2.. PEÑA (Teresa I de), à Santa-Tecla. — Grand mantelet fait à la main. Petits mantelets. **(PARC.)**

3. VILLAVICENCIO-(Mlle Clementina de), à San-Salvador. — Cravates de toutes sortes. **(PARC.)**

SERBIE.

1. ANTITCH (Mme Jeanette-S.), à Tolisavatz (dép¹. de Podriné).— Chaussettes. **(PALAIS.)**

2. ANTITCH (Thasa), à Gabrovatz (dép¹. de Nisch).— Jarretières, ceintures, gants. **(PALAIS.)**

3. ARANDJELOVITCH (Milan), à Novo Selo (dép¹. de Nisch). — Serviette soie et coton. **(PALAIS.)**

4. ARNAOUTEVITCH (Mme Savka), à Tchoumitch. — Coiffes pour femme, bas. **(PALAIS.)**

5. ARSENIÉVITCH (Mme Draga), à Tchoupria. — Chaussettes.   **(PALAIS.)**

~~**6. ARSENYEVITCH (Mme Stanka)**, à Kragouyevatz. — Ceintures.~~ **(PALAIS.)**

7. ATANASSKOVITCH (Mme Stanka), à Bezvichté (dép¹. de Vragna). — Ceintures. **(PALAIS.)**

8. ATCHIMOVITCH (Marko), à Gratchatz (dép¹. de Tchatchak).— Chaussettes. **(PALAIS.)**

9. ATZITCH (Mme Draga), à Géléznik (dép¹. de Belgrade). — Chemises de femme. **(PALAIS.)**

10. BAGNITCH (Mme Krouna), à Natalintzi (dép¹. de Kragouyevatz). — Ceintures de soie. **(PALAIS.)**

11. BARBOULOVITCH (Mlle Sophia), à Belgrade. — Fichus de soie blanche, fichus de laine. **(PALAIS.)**

12. BESARITCH (Costantin), à Gouberevatz (dép¹. de Kragouyevatz). — Chaussettes. **(PALAIS.)**

13. BLAGOYEVITCH (Bojitch), à Kraillevo (dép. de Tchatchak). — Corsage de paysanne en drap bordé d'argent. **(PALAIS.)**

14. BLAGOYEVITCH (Nitchifor), à Radenkovatz (dép¹ d'Alexinatz). — Gants. **(PALAIS.)**

15. BOGDANOVITCH (Marko), à Alexandrovatz (dép¹ de Krouchevatz). — Ceintures. **(PALAIS.)**

16. BOGUITCHEVITCH (Mme Stanitza), à Knitch (dép¹ de Kragouyevatz). — Gants. **(PALAIS.)**

17. BOJANOVITCH (Nikodié), à Soschanitza (dép¹ d'Alexinatz). — Jupon blanc garni de dentelles noires. **(PALAIS.)**

18. BOUKMIRA (Mme Danitzai), à Djouchinze (dép¹ de Toplitza). — Mouchoir brodé. **(PALAIS.)**

19. BOUKORITCH (Mme Tomanya-J.), à Kroupagne (dép¹ de Podriné). — Ceintures. **(PALAIS.)**

20. DIMITCH (Pechan), à Priboy (dép¹ de Vragna). — Jupons, ceintures, chaussettes. **(PALAIS.)**

21. DINITCH (Voutchko), à Barbesch (dép¹ de Nisch). — Jupe paysanne, gants de laine. **(PALAIS.)**

22. DJERITCH (Georges), à Zlata (dép¹ de Zrna Reka). — Chemise brodée, gilet, chaussettes, tabliers, ceinture. **(PALAIS.)**

23. DJOKITCH (Ilya), à Bolyevatz. — Jupon, chemise, gilet, ceinture, chaussettes, gants, serviette. **(PALAIS.)**

24. DJOKITCH (Radisar), à Alexandrovatz (dép¹ de Krouchevatz). — Chaussettes. **(PALAIS.)**

25. DJOUKNITCH (Mme Darinka), à Tchatchak. — Chemises et caleçons pour hommes et pour femmes. **(PALAIS.)**

26. DJOURDJÉVITCH (Mme Stevana), à Badgnévatz (dép¹ de Kragouyevatz). — Ceinture de soie. **(PALAIS.)**

27. DJOURITCH (Mylko), à Retchka (dép¹ de Krayne). — Gants, ceinture. **(PALAIS.)**

28. DOUKITCH (Jeanne-G.), à Bagna (dép¹ de Kragouyevatz). — Jarretières en soie. **(PALAIS.)**

29. DOUKITCH (Mme Stanitza-N.), à Bagna (dép¹ de Kragouyevatz). — Ceinture en soie. **(PALAIS.)**

30. FEDITCH (Paoun), à Doustotchina (dép¹ de Krayna). — Chemises pour hommes, gants. **(PALAIS.)**

31. GAVRILOVITCH (Mme Christine-D.), à G. Toplitza (dép¹ de Valievo). — Ceintures. **(PALAIS.)**

32. GAVRILOVITCH (Mlle Darinka-D.), à Seranovo (dép¹ de Kragouyevatz). — Ceinture. **(PALAIS.)**

33. **GAYTCH (Stoyan)**, à Vrba (dép⁺ de Tchatchak). — Ceinture.   (PALAIS.)

34. **GEORGEVITCH (Mme Gvosdenya J.)**, à Badgnévatz (dép⁺ de Kragouyevatz). — Chaussettes.   (PALAIS.)

35. **GEORGEVITCH (Michel)**, à Kamenitza (dép⁺ de Nisch). — Ceinture.   (PALAIS.)

36. **GEORGEVITCH (Mme Stanya J.)**, à Bogedarevatz (dép⁺ de Belgrade). — Chaussettes.   (PALAIS)

37. **GEORGEVITCH (Stoyan)**, à Négotine. — Gilet brodé.   (PALAIS.)

38. **GEORGEVITCH (Mme Vasilia M.)**, à Badgnévatz (dép⁺ de Kragouyevatz). — Ceintures, draps, chaussettes.   (PALAIS.)

39. **GRRITCH (Mme Yovanka)**, à Tchoupria. — Bas.   (PALAIS.)

40. **GIDVOVITCH (Givadime)**, à Konnovitza (dép⁺ de Nisch). — Jupe paysanne, ceinture.   (PALAIS.)

41. **GOLFERA (Mme Marie)**, à Glogovatz (dép⁺ de Krayne). — Ceinture.   (PALAIS.)

42. **GOLOUBOVITCH (Maryan)**, à Yasenitza (dép⁺ d'Alexinatz). — Jupon, tablier, gilet, ceinture.   (PALAIS.)

43. **GOLSTERA (Marie)**, à Glogovatz (dép⁺ de Krayne). — Ceinture.   (PALAIS.)

44. **GROZDANOVITCH (Velitchko)**, à Svilayenatz. — Ceinture.   (PALAIS.)

45. **ILITCH (Mme Krouna A.)**, à Tchatchak. — Chaussettes, chemises pour femmes, serviettes diverses.   (PALAIS.)

46. **ILITCH (Mme Stana)**, à G. Selo (dép⁺ de Vragna). — Chaussettes.   (PALAIS.)

47. **ILYTCH (Mlle Kadivka)**, à Blatz (dép⁺ de Toplitze). — Ceinture.   (PALAIS.)

48. **ILYTCH (Mme Marie N.)**, à Nisch. — Chemise brodée, ceinture.   (PALAIS.)

49. **ILYTCH (Mlle Mileva)**, à Svilayenatz. — Chaussettes.   (PALAIS.)

50. **IVAKOVITCH (Mme Danitza)**, à Kragouyevatz. — Jupon, tablier.   (PALAIS.)

51. **IVANITCH (Militch)**, à Dougo Polié (dép. d'Alexinatz). — Jupon.   (PALAIS.)

52. **JITITCH (Mlle Lyoubitza)**, à Schapina (dép⁺ de Pojarevatz). — Chaussettes.   (PALAIS.)

53. **JITOVITCH (Mlle Darinka M.)**, à Laouchitch (dép⁺ de Roudnik). — Gants brodés.   (PALAIS.)

54. **JIVANOVITCH (Mlle Catherine R.)**, à Zounitch (dép⁺ de Kgnajevatz). — Ceinture.   (PALAIS.)

55. **JIVANOVITCH (Milenko)**, à Novi-Han (dép⁺ de Kgnajevatz). — Jupon, bas, chaussettes.   (PALAIS.)

56. **JIVKOVITCH (Mlle Mileva R.)**, à Beli Potok. — Bas.   (PALAIS.)

57. **JIVKOWITCH (Mme Militza P.)**, à Badgnevatz (dép⁺ de Kragouyevatz). — Ceinture.   (PALAIS.)

58. **JIVKOVITCH (Pandjel)**, à Beli-Potok (dép⁺ de Kgnajevatz). — Chaussettes.   (PALAIS.)

59. **JIVKOVITCH (Racha)**, à Malochichta (dép⁺ de Nisch). — Ceinture.   (PALAIS.)

60. **JIVOYTCH (Mme Persa),** à Koratchitza (dép' de Belgrade). — Ceintures.
(PALAIS.)

61. **JOUVJEVITCH (Triphoum),** à Procouplié (dép' d'Alexinatz). — Ceinture de laine.
(PALAIS.)

62. **KOKOVITCH (Mlle Sophie L.),** à Beyachtitza (dép' de Toplitza). — Mouchoir brodé.
(PALAIS.)

63. **KOUJELKA (Mlle Mileva),** à Tchatchak. — Chaussettes, ceinture.
(PALAIS.)

64. **KOUZMANOVITCH (Mme Sida),** à Rahrovo (dép' de Pojarévatz). — Bas.
(PALAIS.)

65. **KOYTCH (Mme Yvonne M.),** à Joliesnik (dép' de Belgrade). — Bas.
(PALAIS.)

66. **KROUCHKOVITCH (Mlle Petrya P.),** à G. Zrnoutcha (dép' de Roudnik). — Chaussettes.
(PALAIS.)

67. **LAPADATOVITCH (Ilya R.),** à Voustotchina (dép' de Krayne). — Jarretières.
(PALAIS.)

68. **LAZAREVITCH (Ilya),** à Novi-Han (dép' de Kgnajevatz). — Ceintures.
(PALAIS.)

69. **LAZAREVITCH (Mme Stanka),** à Radonyovatz (dép' de Krayne). — Chemise pour femme.
(PALAIS.)

70. **LAZOVITCH (Grouya),** à Alexandrovatz (dép' de Krouchevatz). — Ceinture.
(PALAIS.)

71. **LEYTCHITCH (Krsta),** à Prokoutina, (dép' de Nisch). — Chaussettes, ceinture.
(PALAIS.)

72. **LOUKITCH (Mme Borka Th.),** à Zlodol (dép' d'Oujitze). — Chaussettes, bas, gants.
(PALAIS.)

73. **LOUKOVITCH (Mme Loubiza),** à Tchoupria. — Ceinture de laine.
(PALAIS.)

74. **MAHEYTCH (Miloyé),** à Poudarzi (dép' de Belgrade). — Chaussettes.
(PALAIS.)

75. **MAKSIMOVITCH (Bojidar),** à Alexandrovatz (dép' de Krouchevatz). — Ceinture.
(PALAIS.)

76. **MAKSIMOVITCH (Nicolas),** à Sikoulia (dép' de Podrigné). — Ceinture.
(PALAIS.)

77. **MARINKOVITCH (Mme Zlata),** à Makitza (dép' de Pojarévatz). — Gants.
(PALAIS.)

78. **MARKOVITCH (Mme Anna),** à Pojarévatz. — Chaussettes.
(PALAIS.)

79. **MARKOVITCH (Mme Anna),** à Belgrade. — Peignoir.
(PALAIS.)

80. **MARKOVITCH (Grazoun),** à Makitze (dép' de Pojarévatz). — Bas.
(PALAIS.)

81. **MARTINOVITCH (Mme Stoyka T.),** à Polatitch (dép' de Schabatz). — Ceintures.
(PALAIS.)

82. **MARYANOVITCH (Mme Radoyka),** à Knitch (dép' de Kragouyevatz. — Chaussettes.
(PALAIS.)

83. **MATITCH (Djouradj),** à Poudarzi, (dép' de Belgrade). — Gants.
(PALAIS.)

84. **MAXIMOVITCH (Mme Vévena),** à Knitch (dép' de Kragouyevatz). — Chaussettes.
(PALAIS.)

85. **MAYTCHITCH (Costantin)**, à Novo Selo (dép⁴ de Nisch). — Ceinture
(PALAIS.)

86. **MICHITCH (Velimir)**, à Topolitka (dép⁴ de Nisch). — Gants.   (PALAIS.)

87. **MIHAYLOVITCH (Badoul)**, à Alexandrovatz (dép⁴ de Krouchévatz). —
Ceintures de laine, chaussettes.   (PALAIS.)

88. **MILENKOVITCH (Miloche)**, à Grbotch (dép⁴ de Nisch). — Gants, chaussettes, serviettes, jarretières, ceintures.   (PALAIS.)

89. **MIL NOVITCH (Vladimir)**, à Loukovo (dép⁴ de Zrna Reka). — Chaussettes.   (PALAIS.)

90. **MILETITCH (Mlle Persa J.)** à Schavana (dép⁴ de Roudnik). — Ceintures,
chaussettes.   (PALAIS.)

91. **MILIANOVITCH (Despot)**, à Yochanitza (dép⁴ d'Alexinatz). — Jupon.
(PALAIS.)

92. **MILLAKOVITCH (Bogidar)**, à Alexandrovatz (dép⁴ de Krouchévatz). —
Chaussettes de laine.   (PALAIS.)

93. **MILOCHEVITCH (Mlle Dounaska A.)**, à G. Zounytch (dép⁴ de
Kgnajevatz). — Ceinture.   (PALAIS.)

94. **MILOCHÉVITCH (Mlle Selinka)**, à D. Rasovatcha (dép⁴ de Toplitze).
— Gants tissés.   (PALAIS.)

95. **MILOSAVLIEVITCH (Ivan)**, à Scharbanovatz (dép⁴ d'Alexinatz). —
Ceinture.   (PALAIS.)

96. **MILOSAVLIEVITCH (Mlle Milka G.)**, à Bojevatz (dép⁴ de Pojarévatz). — Ceinture.   (PALAIS.)

97. **MILOSAVLIEVITCH (Siméon)**, à Alexandrovatz (dép⁴ de Krouchevatz).
— Foulards.   (PALAIS.)

98. **MILOSCHÉVITCH (Mme Petra)**, à Dessina (dép⁴ de Pojarévatz). —
Ceinture.   (PALAIS.)

99. **MÉLOUTINOVITCH (Mme Yelitze S.)**, à Beli-Potok (dép⁴ de Kgnajévatz). — Chaussettes.   (PALAIS.)

100. **MILOVANOVITCH (Ilya)**, à Dougo-Polié (dép⁴ d'Alexinatz). — Ceintures.   (PALAIS.)

101. **MILOYKOVITCH (Mme Anna)**, à D. Grbitza (dép⁴ de Kragouyevatz).
—Chaussettes.   (PALAIS.)

102. **MILOYKOVITCH (Blagoye)**, à Kamenitza (dép⁴ de Nisch). — Jarretières.   (PALAIS.)

103. **MILOYKOVITCH (Trayko)**, à Malochichte (dép⁴ de Nisch). — Ceinture.
(PALAIS.)

104. **MIOKOVITCH (Mme Jeannette K.)**, à Beli-Potok (dép⁴ de Kgnajévatz). — Ceinture.   (PALAIS.)

105. **MITITCH (Mme Rousas)**, à G. Krgnine (dép⁴ de Pirot). — Ceintures
diverses.   (PALAIS.)

106. **MITROVITCH (Mme Mila, N.)**, à Tchatchak. — Chaussettes, pantoufles brodées, serviettes, chemises pour femmes.   (PALAIS.)

107. **MITROVITCH (Simeon)**, à Ratchka (dép⁴ de Krayne). — Ceintures.
(PALAIS.)

108. **Municipalité (La)**, à Kgnajévatz. — Bas.   (PALAIS.)

109. **Municipalité (La)**, à Lescovatz. — Chaussettes, mouchoirs (PALAIS.)

110. MYATOVITCH (Mme Mileva), à Knitch (dép^t de Kragouyevatz). — Chaussettes. (PALAIS.)

111. MYATOVITCH (Mme Sarah), à Dratche (dép^t de Kragouyevatz). — Jupon, gilet, coiffe de paysanne, jarretières. (PALAIS.)

112. MYAYLOVITCH (Blagoyé), à Radenkovatz (dép^t d'Alexinatz). — Ceinture. (PALAIS.)

113. NAYDANOVITCH (Jean), à V. Izvor (dép^t de Zrna Reka). — Ceinture. (PALAIS.)

114. NAZOULOVITCH (Mme Yana), à Radouyevatz. — Chemise brodée. (PALAIS.)

115. NEDITCH (Mlle Draguigna P.), à Orachatz (dép^t de Kragouyevatz).— Jupon, tablier. (PALAIS.)

116. NICOLITCH (Alexa), à Zvezdana (dép^t de Zrna Reka). — Chaussettes, ceintures, chemises. (PALAIS.)

117. NIKOLITCH (Mme Marie S.), à Radouyevatz. — Ceinture. (PALAIS.)

118. NICOLITCH (Petko M.), à V. Izvor (dép^t de Zrna Reka). — Ceinture. (PALAIS.)

119. NICOLITCH (Preda), à Donstotchina (dép^t de Krayne). — Ceinture. (PALAIS.)

120. NICOLITCH (Preda), à Doubotchina (dép^t de Krayne). — Ceinture. (PALAIS.)

121. NICOLITCH (Mme Stana), à Radouyevatz. — Chemise brodée. (PALAIS.)

122. NICOLITCH (Mlle Stoyadinka J.), à Dechilovzi (dép^t de Toplitze). — Chaussettes, ceintures. (PALAIS.)

123. NICOLITCH (Voutcha), à Djouchevzi (dép^t de Kgnajovatz). — Chaussettes. (PALAIS.)

124. NIKOLITCH (Mme Stana), à Rabrovo (dép^t de Pojarévatz). — Chaussettes. (PALAIS.)

125. NINKOVITCH (Costantin), à Sikoulia (dép^t de Podrigné). — Ceinture. (PALAIS.)

126. NINKOVITCH (Pierre), à Sikoulia (dép^t de Podrigné). — Ceinture. (PALAIS.)

127. NOVAKOVITCH (Maksim), à Presnitza (dép^t de Roudniz). — Châle. (PALAIS.)

128. NOVAKOVITCH (Mme Mirosava), à Knitch (dép^t de Kragouyevatz). — Chaussettes. (PALAIS.)

129. OUROCHEVITCH (Mme Stana M.), à Jarkovo (dep^t de Belgrade). — Chaussettes. (PALAIS.)

130. PANTITCH (Tocha), à Bojevatz (dép^t de Pojarévatz). — Serviettes et ceintures. (PALAIS.)

131. PAVLOVITCH (Dragolyoub), à Zayetchar. — Serviettes. (PALAIS.)

132. PAVLOVITCH (Mlle Marie J.) à Beli Potok, (dép^t de Kgnajevatz). — Chaussettes. (PALAIS.)

133. PAVLOVITCH (Milova), à Yoschanitcha (dép^t d'Alexinatz). — Jupon blanc en coton plissé. (PALAIS.)

134. PAVLOVITCH (Nicolas), à Louka (dép^t de Krayne). — Jarretières. (PALAIS.)

135. **PAVLOVITCH (Nicolas)**, à Loukar (dép^t de Vragna). — Serviettes.
(PALAIS.)

136. **PELOVITCH (Mme Ilinka)**, à Valievo. — Ceintures.   (PALAIS.)

137. **PESCHITCH (Stanko)**, à Brestovatz (dép^t de Nisch). — Chaussettes.
(PALAIS.)

138. **PETROVITCH (Mme Boyana)**, à Jeleznik (dép^t de Belgrade). — Serviettes.
(PALAIS.)

139. **PETROVITCH (Mme Danitza)**, à Zmonitza (dép^t de Valievo). — Gants de laines.
(PALAIS.)

140. **PETROVITCH (Jacob)**, à Alexandrovatz (dép^t de Krouchevatz). — Serviettes, ceintures.
(PALAIS.)

141. **PETROVITCH (Mme Mileva S.)** à Svilayenatz. — Serviettes, chaussettes.
(PALAIS.)

142. **PETROVITCH (Milisav)**, à Bagna (dép^t de Kragouyevatz). — Chaussettes, jarretières.
(PALAIS.)

143. **PETROVITCH (Militch)**, à Belgrade. — Veston brodé, gilet brodé or, guêtres brodées, ceintures, chemises et caleçons.
(PALAIS.)

144. **PETROVITCH (Pierre S.)**, à Svilayenatz. — Ceinture.   (PALAIS.)

145. **PETROVITCH (Mlle Stanka J.)**, à Belichevo (dép^t de Vragna). — Chaussettes.
(PALAIS.)

146. **PETROVITCH (Mme Stanitza)**, à Batotchina (dép^t de Kragouvevatz). — Ceinture de soie.
(PALAIS.)

147. **PETROVITCH (Stoyan)**, à V. Izvor (dép^t de Zrna Reka). — Bas, chaussettes, etc.
(PALAIS.)

148. **PETROVITCH (Stoyan)**, à Zayetchar. — Chaussettes.   (PALAIS.)

149. **PHILIPOVITCH (Jean)**, à Wlakogna (dép^t de Zrna Reka). — Chemise, caleçon, ceinture.
(PALAIS.)

150. **PHILIPOVITCH (Thasa)**, à Brestovatz (dép^t de Nisch). — Ceinture.
(PALAIS.)

151. **PLAGITCH (Mme Sarah M.)**, à Teotchine (dép^t de Roudnik). — Gants.
(PALAIS.)

152. **POPOVITCH (Gerasim)**, à Alexandrovatz (dép^t de Krouchevatz). — Ceintures.
(PALAIS.)

153. **POPOVITCH (Mme Marguerite B,)**, à Kourchoumlya. — Ceinture.
(PALAIS.)

154. **POPOVITCH (Mme Mitza V.)**, à Bespotovatz (dép^t de Tchoupria). — Chaussettes, gants.
(PALAIS.)

155. **POPOVITCH (Nicolas)**, à G. Maroyevatz (dép^t de Nisch). — Chaussettes, ceintures, chemises.
(PALAIS.)

156. **POPOVITCH (Nikodye)**, à Kamenitza (dép^t de Nisch). — Chaussettes.
(PALAIS.)

157. **POPOVITCH (Mme Perka S,)**, à Teotchine (dép^t de Roudnik). — Chaussettes, ceintures.
(PALAIS.)

158. **POPOVITCH (Mme Roksanda J.)**, à Kralyevo. — Chaussettes, chemises, serviettes.
(PALAIS.)

159. **POPOVITCH (Mme Stanka)**, à Bellitza (dép^t de Pirot). — Jarretières en laine.
(PALAIS.)

160. POPOVITCH (Mme Stoyanka K.), à Strelzi (dép¹ de Pirot). — Gants.
(PALAIS.)

161. POPOVITCH (Mlle Yela V.), à Zablatch (dép¹ de Tchatchak). — Chaussettes, gants.
(PALAIS.)

162. PRODANOVITCH (Mme Lenka), à Tchoumitch (dép¹ de Kragouyevatz). — Ceintures.
(PALAIS.)

163. PRODANOVITCH (Mme Stana), à Tchoumitch (dép¹ de Kragouyevatz). — Chaussettes, gants.
(PALAIS.)

164. PROLOVITCH (Mme Simonne M.), à G. Bresnitza (dép¹ de Toplitza) — Ceintures.
(PALAIS.)

165. PROTITCH (Mme Anna M.), à Vasotinze (dép¹ de Nisch). — Chaussettes.
(PALAIS.)

166. PRVANOVITCH (Milan), à Paratchine. — Serviettes coton et soie.
(PALAIS.)

167. RADIVOYEVITCH (Milan), à Gouchevzi (dép¹ de Kgnajevatz). — Ceintures, chaussettes, jarretières.
(PALAIS.)

168. RADONYOVITCH (Jean), à Kralyevo. — Chaussettes.
(PALAIS.)

169. RADOSAVLIEPITCH (Mlle Anna), à Vichesava (dép¹ d'Oujitze). — Chemises, caleçons.
(PALAIS.)

170. RADOSSAVILLÉVITCH (Mme Stoyana), à Beli-Potok (dép¹ de Belgrade. — Sac, ceinture.
(PALAIS.)

171. RADOVITCH (Vve Perounika), à Arandjelovatz. — Coiffe pour femme.
(PALAIS.)

172. RANDJITCH (Stevan), à Trebouchnitza (dép¹ de Belgrade). — Ceinture.
(PALAIS.)

173. RANTCHITCH (Mme Persa D.), à Svilayenatz. — Tissus de coton et soie.
(PALAIS.)

174. RAYTCH (Djouradj), à Ratska (dép¹ de Krayne). — Gants.
(PALAIS.)

175. RESAVATZ (Mme Stanka), à Svilayenatz. — Chaussettes, ceintures.
(PALAIS.)

176. RISTITCH (Mlle Persa), à Bolievatz (dép¹ d'Zrna Reka). — Ceintures, serviettes.
(PALAIS.)

177. RISTITCH (Stanimir), à Toponya (dép¹ de Nisch). — Ceintures, jarretières.
(PALAIS.)

178. RISTITCH (Mme Voukana V.), à Despotovatz (dép¹ de Tchoupria). — Gants.
(PALAIS.)

179. SAMARTCHITCH (Mme Mitra S.), à Tchatchak. — Serviettes.
(PALAIS.)

180. SARITCH (Miloutine), à Gounzate (dép¹ de Kragouyevatz). — Chaussettes.
(PALAIS.)

181. SIKITCH (Mme Angélique), à Drenovatz (dép¹ de Kragouyevatz). — Ceintures, chaussettes, gants, tabliers, vestons, jarretières, chemises et caleçons.
(PALAIS.)

182. SIMONOVITCH (Mme Katarina), à Smédérévo. — Chemises ; jupon blanc.
(PALAIS.)

183. SKADRITCH (Mme R.), à Répagno (dép¹ de Belgrade). — Chaussettes, Serviettes.
(PALAIS.)

184. SOCIÉTÉ des Dames, à Belgrade. — Ceintures, chaussettes.
(PALAIS.)

185. SRETITCH (Mme), à Répagne (dép¹ de Belgrade). — Chemises, tabliers pour dames.   **(PALAIS.)**

186. STANISAVLIEVITCH (Mme Bosylka), à Drenovatz (dép¹ de Krayne). — Jupon, ceintures.   **(PALAIS.)**

187. STANKOVITCH (Mme Mara V.), à Strijevzi (dép¹ de Pirot). — Chaussettes.   **(PALAIS.)**

188. STANKOVITCH (Pierre), à Nisch. — Chemise en soie.   **(PALAIS.)**

189. STÉVANOVITCH (Mme Alexandra), à Rabrovo (dép¹ de Pojaré-vatz). — Chaussettes, ceinture.   **(PALAIS.)**

190. STEVANOVITCH (Andreas), à Youmelicha (dép¹ de Vragna). — Ceinture.   **(PALAIS.)**

191. STEVANOVITCH (Milisar), à Toponitza (dép¹ de Nisch). — Chaussettes.   **(PALAIS.)**

192. STEVANOVITCH (Miloutine), à Poudarzi (dép¹ de Belgrade). — Chaussettes.   **(PALAIS.)**

193. STEVANOVITCH (Mme Stanoya R.), à Labane (dép¹ de Toplitza). — Chaussettes.   **(PALAIS.)**

194. STÉVANOVITCH (Mme Zlata), à Rabrovo (dép¹ de Pojarévatz). — Gants pour hommes.   **(PALAIS.)**

195. STOYANOVITCH (Krsta), à Kamenitza (dép¹ de Nisch). — Gants.   **(PALAIS.)**

196. STOYANOVITCH (Milisav), à Nikolinzi (dép¹ de Lescovatz). — Jupon, Gilet.   **(PALAIS.)**

197. STOYANOVITCH (Mme Nevena), à Batouchnitza (dép¹ de Toplitze). — Ceinture.   **(PALAIS.)**

198. STOYANOVITCH (Mme Vida S.), à Prougovatz (dép¹ de d'Alexinatz). — Ceinture.   **(PALAIS.)**

199. STOYANOVITCH (Mme Yéléna), à Dessains (dép¹ de Pojarévatz). — Tablier de paysanne.   **(PALAIS.)**

200. STOYKOVITCH (Stamenko), à Prokoupna (dép¹ de Nisch). — Jarretières.   **(PALAIS.)**

201. STOYTCHEVITCH (Stoyan), à M. Zrnitchi (dép¹ de Pojarévatz). — Ceinture.   **(PALAIS.)**

202. TCHOUMITCH (Mme Yela S.), à Tchayetine (dép¹ d'Oujitze). — Gants, Toile.   **(PALAIS.)**

203. TCHOURTCHITCH (Mme Jivka), à Dratcha (dép¹ de Kragouyevatz) — Ceinture en soie, chaussettes, coiffe pour femme.   **(PALAIS.)**

204. TERSITCH (Mme Audja), à Knitch (dép¹ de Kragouyevatz). — Chaussettes.   **(PALAIS.)**

205. TERSITCH (Théodor), à Knitch (dép¹ de Kragouyevatz). — Ceinture.   **(PALAIS.)**

206. THODOROVITCH (Jivan), à Sikoulia (dép¹ de Podrigné). — Ceinture.   **(PALAIS.)**

207. THOMITCH (Marie S.), à D. Resavatcha (dép¹ de Toplitze). — Chaussettes.   **(PALAIS.)**

208. THOMITCH (Mme Militza), à Sikoulia (dép¹ de Podrigné). — Ceinture.   **(PALAIS.)**

209. **THOMITCH (Yefta),** à Badgnevatz (dép' de Toplitze).— Chaussettes, gants, ceinture.   (PALAIS.)

210. **TIHAN,** (supérieur du couvent), à Tronocha (dép' de Podrigné). — Ceinture.   (PALAIS.)

211. **TRIFOUNOVITCH (Maryan),** à Yazenitza (dép' d'Alexinatz. — Ceinture, mouchoir brodé.   (PALAIS.)

212. **VELITCHKOVITCH (Miloutine),** à Poudarzi (dép' de Belgrade). — Ceinture, gants.   (PALAIS.)

213. **VELKOVITCH (Mme Hélène),** à Belgrade. — Serviettes fines.
                                                                  (PALAIS.)

214. **VESSITCH (Pavle),** à Miriévo (dép' de Belgrade).— Chaussettes brodées.
                                                                  (PALAIS.)

215. **VOUTCHKOVITCH (Mlle Darinka G.),** à Teotchine (dép' de Roudnik).— Gants brodés.   (PALAIS.)

216. **VOUTCHKOVITCH (Velyko),** à Pojarévatz. — Chaussettes, Serviette.
                                                                  (PALAIS.)

217. **VOYINOVITCH (Mme Stana),** à Goleznick. — Chemise et caleçon.
                                                                  (PALAIS.)

218. **YANKOVITCH (Arsène),** à Moravatz (dép' de Roudnik) — Chaussettes.
                                                                  (PALAIS.)

219. **YANKOVITCH (Mme Catarina),** à Sredgnevo (dép' de Pojarévatz). — Ceintures, chaussettes.   (PALAIS.)

220. **YANKOVITH (Mlle Persida N.),** à Yagodine.— Chaussettes. (PALAIS.)

221. **YAVANOVITCH (Yanitchyé),** à Alexandrovatz (dép' de Krouchevatz). Ceinture.   (PALAIS.)

222. **YEREMITCH (Mlle Militza M.),** à Tchayetina (dep' d'Oujitze).— Gants.
                                                                  (PALAIS.)

223. **YÉRITCH (Christine S.),** à G. Rrnoutche (dép' de Roudnik). — Chaussettes.   (PALAIS.)

224. **YGGNATOVITDH (Nikodié),** à Yoschanitza (dép' d'Alcimatz). — Gilet de laine de paysan.   (PALAIS.)

225. **YOKITCH (Mme Anna),** à Radagne (dép' de Podrigné). — Jarretières.
                                                                  (PALAIS.)

226. **YOKITCH (Mme Tomanya M.),** à Radal (dép' de Podrigné).— Ceinture.
                                                                  (PALAIS.)

227. **YOVANOVITCH (Blagoye),** à Malochiché (dép' de Nisch). — Chaussettes.   (PALAIS.)

228. **YOVANOVITCH (Mlle Jivana J.),** à Stoynix (dép' de Kragouyevatz). — Chemise pour femme, serviette.   (PALAIS.)

229. **YOVANOVITCH (Simon M.),** à Bela Reka (dép' de Schabatz). — Chaussettes, gants.   (PALAIS.)

230. **YOVANOVITCH (Mme Stoyanka),** à Sredgnevo (dép' de Pojarévatz). — Chaussettes.   (PALAIS.)

231. **YOVANOVITCH (Mlle Vaská M.),** à D. Rasovatcha (dép' de Toplitza). — Ceinture.   (PALAIS.)

232. **YOVANOVITCH (Mme Yagoda M.),** à Kandoligte (dép' de Kznajevatz). — Foulard, ceinture, tissu de laine.   (PALAIS.)

233. YOVITCH (Milenko), à Malochichte (dépt de Nisch). — Jarretières.
(PALAIS.)

234. YOZITH (Miloche) à Yaboukovatz (dépt d'Alexinatz). — Serviette, ceinture.
(PALAIS.)

235. ZABLATCHANINE (Mme Mirosava N.), à Belgrade. — Serviettes.
(PALAIS.)

236. ZLATITCH (Mme Yelitza T.), à Grabovatz (dépt de Kragouyevatz). —
Chemises, ceintures.   (PALAIS.)

237. ZLATITCHA (Mme Draguigna), à Grabovatz (dépt de Kragouyevatz).
— Chaussettes.   (PALAIS.)

238. ZOZITCH (Costantin), à Belanovatz (dépt de Nisch). — Jupon.   (PALAIS.)

239. ZOZITCH (Costantin), à Belanovzi. — Chaussettes.   (PALAIS.)

240. ZVETKOVITCH (Stevan), à Brestovatz (dépt de Nisch). — Chemise pour
femme.   (PALAIS.)

RÉPUBLIQUE SUD-AFRICAINE.

1. GOUVERNEMENT (Le), à Prétoria. — Cannes, bâtons, objets de toilette,
ornements fabriqués par les indigènes.   (ESPLANADE.)

SUISSE.

1. BALLY & SCHMITTER, à Aarau (Argovie). — Tissus élastiques pour
chaussures.   (PALAIS.)

2. BLUMER VOTSCH & Cie, à Schaffhouse. — Gilets, pantalons et chemises
en laine, coton et soie.   (PALAIS.)

3. BUSER & KEISER, à Laufenburg (Argovie). — Gilets et camisoles à côté,
genre suisse, en soie, laine, coton et mélangés pour dames, hommes et enfants.
(PALAIS.)

4. Fabrique de tricotage à la machine, à Berne. — Camisoles et gilets
tricotés en soie, laine et en coton.   (PALAIS.)

5. HANDSCHIN (Albert), à Liestal (Bâle). — Vêtements fins, à côtes, tricotés
à la machine.   (PALAIS.)

6. MEYER WAESPI & Cie, à Altstetten (Zurich). — Chemises, caleçons,
camisoles en coton, laine, soie fleuret et mixte.   (PALAIS.)

Spécialités : Articles du métier circulaire et rectiligne en coton jumel et en laine naturelle
non teinte. Caleçons, gilets, chemises de voyage, cache-corsets.
Récompenses : 1876 Philadelphie; 1878 Paris, médaille d'argent.

7. RUMPF (C.-C.), à Bâle. — Crêpe de santé. Tissus et articles confectionnés en
soie pure, soie et laine, laine, soie et coton et coton pur. Gilets, camisoles, caleçons,
ceintures, etc.   (PALAIS.)

Récompenses : médailles, Londres 1862, Paris 1867, bronze ; Paris 1878, argent ; Vienne
1878, mérite.
représentants : MM. Meyer et Glænck, 10 et 12, rue Richer, Paris.

8. SCHATZMANN FILS & Cie, à Murgenthal (Berne). — Camisoles, gilets
et caleçons, cache-corsets, maillots et jupons en soie, laine, fil et coton.   (PALAIS.)

9. SIEBENMANN-BREM & Cie, à Schœnenwerd près Aarau. — Gilets et
caleçons en soie.   (PALAIS.)

10. STRACHL & Cie, à Zofingue (Argovie). — Tissus et confection de vêtements divers en crêpe de santé. **(PALAIS.)**

11. STUNZI (S.) & Cie, à Horgen (Zurich). — Manches pour parapluies, ombrelles de bains de mer, cannes à main. **(PALAIS.)**

12. THEILER (Reinhold), à Lucerne. — Baleines imitées, en acier. **(PALAIS.)**

13. THIÉRAUD (Henri), à Couvet (Neuchâtel). — Châle, manteau, robette brassière, souliers, couverture de poussette, capote, etc. **(PALAIS.)**

14. VISCHER & BURCKARDT, à Bâle. — Chappes et cordonnets en tous genres. **(PALAIS.)**

15. WELLINGER (Y.-Ferdinand), à Waedensweil (Zurich). — Gants pure soie de divers genres. **(PALAIS.)**

16. ZIMMERLI & Cie, à Aarbourg (Argovie). — Articles tricotés en soie, laine et coton, spécialité de camisoles à côtes. **(PALAIS.)**

URUGUAY.

1. SAPILLO (A.), à Montevideo. — Plumes d'autruche. **(PARC.)**

TISSUS, VÊTEMENTS ET ACCESSOIRES.

CLASSE 36.

Habillement des deux sexes.

FRANCE.

1. **ABADIE-COLIN**, à Paris, rue d'Aboukir, 138. — Fleurs. (PALAIS.)

2. **ABRIOUX & Cie**, à Paris, boulevard Malesherbes, 8. — Herbiers en vitraux. (PALAIS.)

3. **AKAR (D.) & Cie**, (Successeurs de **Akar (D.), Chan & Cie**), à Paris, place des Victoires, 1. — Confections pour hommes et jeunes gens. (PALAIS.)

4. **ALBERTI**, à Paris, rue d'Aboukir, 121. — Fruits artificiels, dorures, articles de deuil et montures. (PALAIS.)

5. **AMIEL (L. Paul)**, à Paris, boulevard de Strasbourg, 24. — Vêtements pour hommes. (PALAIS.)
   Mention honorable à l'Exposition universelle de Paris, 1878.

6. **APPERT (Aristide)**, à Paris, rue Martel, 9. — Chaussures pour femmes, fillettes et enfants. (PALAIS.)
   Maison Jolly, Massez et Cie, fondée en 1834.
   Premières récompenses à Londres en 1851 et 1862, à Paris en 1855 et 1867, à Melbourne, 1880. — Usine à vapeur à Châlons-sur-Marne.

7. **ARBIB (E.)**, à Paris, rue des Fontaines du Temple, 21. — Plumes d'autruche pour parures. (PALAIS.)

8. **Association Générale d'Ouvriers Tailleurs**, (Directeurs : **Toussaint et Boyer**), à Paris, rue de Turbigo, 33. — Pantalons, gilets, habits, pardessus, redingotes, jaquettes, vestons. (PALAIS.)

9. **AUBER (R.)** (Successeur de **Herber (Ph.)**), à Paris, rue de la Petite-Pierre, 14 — Chaussure de luxe. (PALAIS.)

10. **Aux Travailleurs (DOLEZON (E.)**, à Paris, boulevard Voltaire, 45. — Robes, costumes et confections pour dames et enfants. (PALAIS.)

11. **BAILLER (Léopold)**, à Paris, rue du Faubourg-St-Martin, 246. — Chaussures pour hommes, dames et enfants. (PALAIS.)

12. **BAILLY (P. A. Edmond)**, à Paris, rue du Temple, 41. — Bourdalous et soieries. (PALAIS.)

13. BANDELIER (Martin) & BONHOMME, à Paris, rue Montmartre, 85.
— Robes et costumes, jupons, peignoirs et matinées.   **(PALAIS.)**

  Corsages nouveauté, pare-poussière et jupes drapées.

14. BARTH (Mlle), à Paris, boulevard Malesherbes, 33. — Cheveux.   **(PALAIS.)**

15. BASSET (Adolphe L.), à Paris, rue Manin, 77 et 79. — Chaussures.   **(PALAIS.)**

  France et exportation. — Médailles : Paris 1878, Melbourne 1881 et Barcelone 1888.

16. BEAUREGARD (Christian de) et Cie, à Neuvic-sur-l'Isle (Dordogne.) — Chaussons en basane, babouches, bains de mer, chaussures pour l'armée et les hôpitaux.   **(PALAIS.)**

17. BELLOT (Mme Marguerite), à Paris, rue de Hanovre, 16. — Modes.   **(PALAIS.)**

18. BELTZER & ANDERSON, à Paris, avenue des Champs-Elysées, 35. — Livrées et vénerie.   **(PALAIS.)**

19. BERGER (L.) et BELŒIL, à Paris, rue St-Merri, 19. — Chaussures de soie et de fantaisie.   **(PALAIS.)**

20. BERGER (Vve), à Paris, rue de la Plaine, 72. — Articles mortuaires, couronnes de perles, fantaisies en perles.   **(PALAIS.)**

  Fabrique de couronnes en perles, ouvrages de luxe et fantaisie, guirlandes, corbeilles, etc. Exportation pour tous pays.

21. BERNANDEAU & GOUGEARD, à Orléans (Loiret), rue de Bourgogne, 323. — Vêtements d'hommes.   **(PALAIS.)**

22. BERT (Bernard), à Toulouse (Haute-Garonne), rue Raymond IV, 16. — Chapeaux de feutre.   **(PALAIS.)**

23. BERTEIL (Vve), à Paris, rue du Temple, 30. — Chapellerie.   **(PALAIS.)**

  Paris, 1867, médaille de bronze ; Paris, 1878, médaille d'or.

24. BERTHELOT (Marie F.), à Rennes (Ille-et-Vilaine), quai Lamennais, 19. Chaussures cousues à la main.   **(PALAIS.)**

25. BERTHOD & PICOT, à Paris, rue Simon-le-Franc, 20. — Graminées, mousse et fleurs sèches naturelles ou teintes pour couronnes et bouquets. Fournitures pour fleuristes. Couronnes sur ressort.   **(PALAIS.)**

26. BESSAND, BLANCHARD, ROCHARD & Cie, — Maison de la **Belle Jardinière,** — à Paris, rue du Pont-Neuf, 2. — Vêtements pour hommes et pour enfants. Costumes populaires.   **(PALAIS.)**

27. BIBUS, à Alfort (Seine), avenue Château-Gaillard, 8. — Confections pour dames.   **(PALAIS.)**

28. BISCH (Charles) (Ancienne maison **Vve Barré et Charles Bisch**) à Paris, rue des Petites-Écuries, 10. — Chaussures de fantaisie.   **(PALAIS.)**

29. BLAVIER & HAUTEFEUILLE, à Paris, rue de Clichy, 8. — Chaussures pour enfants, dames et hommes.   **(PALAIS.)**

30. BODIN (Mme Virginie), à Paris, rue d'Aboukir, 112. — Fleurs et feuillages de deuil, ornements de jais, fantaisies pour modes et feuillage naturel.   **(PALAIS.)**

  Ornements de jais, haute nouveauté pour modes et fleurs de deuil. Feuillages naturels, velours et satins.

31. BOISSELIER Fils (Alfred), à Paris, avenue des Gobelins, 59. — Chaussures pour hommes et garçonnets cousues à la main, à la machine et clouées. **(PALAIS.)**

32. Bon Marché (Au), — Maison **Aristide Boucicaut**, a Paris, rue de
Sèvres, 18. — Costumes pour dames, hommes et enfants, modes, coiffures, jupes,
peignoirs, chapellerie, fourrures.   (PALAIS.)

Nouveautés en soieries, lainages, draperies, rouenneries, ameublements, toiles, trousseaux,
mouchoirs, dentelles, ganterie, fleurs, plumes, rubans, ombrelles, mercerie, articles de Paris,
bonneterie, chaussures, etc.

33. BONNADIER (Alfred), à Limoges (Haute-Vienne), boulevard de la
Pyramide, 10. — Articles fins cousus-main, cousus mixte et machine pour hommes,
dames, fillettes, enfants.   (PALAIS.)

34. BOUDARD, à Paris, rue Vignon, 48. — Cheveux.   (PALAIS.)

35. BOUDIER (Paul), à Paris, rue de la Glacière, 24. — Chaussures pour fillettes
et enfants.   (PALAIS.)

36. BOUJU (Victor), à Paris, rue Royale, 18. — Cheveux confectionnés et
postiches.   (PALAIS.)

37. BOUNAIX Jeune, à Paris, rue du Temple, 59. Chapeaux d'étoffe et casquettes
haute nouveauté, fantaisie pour enfants, uniformes.   (PALAIS.)

38. BOURGEOIS (Mme D.), à Paris, rue des Gravilliers. 65. — Fleurs en
tous genres.   (PALAIS.)

39. BRAILLON, à Paris, rue Berger, 35. — Costumes.   (PALAIS.)

40. BROU (Ernest), à Paris, rue Vieille-du-Temple, 30. — Chapeaux.   (PALAIS.)

41. BRUNOT, à Paris, avenue des Ternes, 43. — Costumes.   (PALAIS.)

42. BUROSSE (Paul), à Nantes (Loire-Inférieure), rue de l'Arche-Sèche, 35. —
Chaussures de chasse, de luxe et de fatigue.   (PALAIS.)

Médaille d'argent, Paris 1878.

43. BURSTERT (Pierre), à Paris, galerie Colbert, 30. — Chaussures crin
hygiéniques et cuir.   (PALAIS.)

44. CADET (Réné F.), à Paris, rue de Richelieu, 83. — Chaussures.   (PALAIS.)

45. CARETTE & PHILIPPONNAT, à Paris, rue de La Boëtie, 7. — Costumes de chasse à courre, vénerie et livrées.   (PALAIS.)

46. CASTETS Aîné (E. Joseph), à Pau (Basses-Pyrénées), boulevard
d'Alsace, 17. — Chaussures pour hommes, cousues à la main et cousues à la machine.
                                                                                (PALAIS.)

47. CHABAUD Jeune & Cie, à Nîmes, (Gard), rue de la Violette, 1. — Chaussures cousues et vissées. Napolitains et bottines pour hommes, en croûtes de veau ciré.
                                                                                (PALAIS.)

48. CHANSON (Charles), à Paris, boulevard Saint-Michel, 18. — Chapellerie.
                                                                                (PALAIS.)

49. CHAPELLE (F. Auguste), à Paris, rue de Richelieu, 85. — Chaussures
de luxe pour dames.   (PALAIS.)

50. CHARBONNIER GAILLARD & Cie (Maisons **Gaillard, Deul-
lin et Charbonnier, Rémy**, réunies, à Fère-en-Tardenois (Aisne). — Chaussons
en tricot feutré, fourrés.   (PALAIS.)

Chaussons buffés ; chaussons (avec ou sans semelles) imperméables.

51. CHARLE Jeune, à Paris, rue Jocquelet, 11. — Fleurs artificielles et fantaisie
pour modes. Garnitures artistiques, pour confiseurs.   (PALAIS.)

52. CHARLES, à Paris, rue Vivienne, 33. — Chapeaux.   (PALAIS.)

53. CHARLES (Jules) et Cie, (Maison du Pont-Neuf), à Paris, rue du Pont-Neuf, 4. — Habillements pour hommes, jeunes gens, enfants. Costumes populaires.
(PALAIS.)

54. CHAUMONOT et Cie, à Paris, rue Montmartre, 138.. — Chapeaux de paille, feutre et fantaisie pour dames. Fournitures pour modes, ornements et fantaisies.
(PALAIS.)

Médaille de bronze, Paris 1855. — Médaille d'argent, Paris 1867. — Médaille d'or, Paris 1878. — Téléphone.

55. CHAUVALON-JACQUET (Georges), à Amboise (Indre-et-Loire). — Galoches. Chaussures d'enfants à semelle de bois. Brides à sabots. **(PALAIS.)**

56. CHEVILLOT (Eugène), à Paris, rue Ordener, 6. — Chaussures blindées et cuirassées. **(PALAIS.)**

Chaussures pour fillettes et enfants. Breveté, S. G. D. G. Commission, exportation.

57. CHEVRON (P. Hippolyte) & Cie, à Izeaux (Isère). — Chaussures de travail, habillées, de chasse et de luxe. Brodequins et bottes garanties imperméables.
(PALAIS.)

58. CHEYROUX (Jean), à Paris, rue Bridaine, 21. — Vêtements et méthodes de coupe en 3 mesures pour hommes et pour dames, patrons sur mesure. **(PALAIS.)**

59. CHOLLET ainé (R. Louis), à Versailles (Seine-et-Oise,) rue Duplessis, 12. — Chaussures cousues à la main, de ville, rustiques et de chasse. **(PALAIS.)**

60. CHOLLET (Alexandre), à Chartres (Eure-et-Loir), rue des Changes, 29. — Chaussures. **(PALAIS.)**

61. COGNACQ (Ernest), — « à la Samaritaine » — à Paris, rue du Pont-Neuf, 1. — Costumes et confections pour dames et enfants. **(PALAIS.)**

62. COIFFARD, (Vve Benjamin (L.). à Paris, rue Notre-Dame-de-Bonne-Nouvelle, 9. — Chaussons et chaussures en peau de mouton portant sa laine, semelles hygiéniques. **(PALAIS.)**

63. COÏON (Réné), Successeur de **A. Girard,** à Paris, boulevard de la Chapelle, 124. — Chaussures de luxe. **(PALAIS.)**

Manufacture de chaussures en tous genres pour la France et l'exportation.
Articles, haute fantaisie. — Formes spéciales pour tous les pays de l'Amérique du Sud. — Fabrication perfectionnée du cousu à la machine.
Récompenses : Médaille de bronze, Paris 1878. — Médaille d'or, Melbourne 1881. — Médaille d'or, Anvers 1885.

64. COLLIN (Louis M.), à Paris, rue Jean-Jacques-Rousseau, 53. — Effets d'uniforme, pour officiers, fonctionnaires civils et employés d'administrations. **(PALAIS.)**

Tailleur civil et militaire. — Spécialité de fournitures pour administrations et chemins de fer. — Fournisseur de la Guerre et de la Marine, des Ministères, de la Ville de Paris, de la Préfecture de Police, des chemins de fer d'Orléans et de l'État, etc. — Magasins à Paris, 53, rue Jean-Jacques-Rousseau. — Usines à vapeur à Nantes et à Rennes. — Médaille bronze, Paris 1878. — Médaille d'or Bruxelles 1888. — Palais des Industries diverses au Champ-de-Mars. — Uniformes et costumes divers.

65. Compagnons du Devoir (Les) — mandataire : **Ribes,** — à Paris, rue des Étuves Saint-Martin, 17. — Chaussures. **(PALAIS.)**

66. COQUEUGNIOT (Théodore P. E.), à Paris, boulevard de Strasbourg, 1. — Fleurs. **(PALAIS.)**

67. COQUILLOT (François), — Successeur de **Duconseil,** — à Paris, rue de la Bourse, 10. — Chaussures. **(PALAIS.)**

Spécialité de bottes en tous genres, chaussures de luxe et de chasse imperméables. — Mention honorable, Exposition universelle 1878.

68. CORDIER, (Hyacinthe), à Fougères (Ille-et-Vilaine). — Bottes, bottines souliers, pantoufles pour dames, fillettes et enfants.   **(PALAIS.)**

Récompense : Exposition universelle, Paris 1878, médaille de bronze.
(Voir aux annonces).

69. CORDONNIER (Tullus H.). à Paris, rue Croix-des-Petits-Champs, 33. — Robes de chambre, coins de feu, cache-poussière, bains de mer.   **(PALAIS.)**

70. CORNÉ, à Paris, rue Montmartre. 15. — Cheveux.   **(PALAIS.)**

71. CORNEVOT (Alfred), à Paris, rue Scipion, 8. — Chaussures.   **(PALAIS.)**

72. COULON (F. L. N.), à Paris, rue de la Monnaie, 21, — Uniformes militaires et vêtements civils.   **(PALAIS.)**

73. COUTARD (Maison), — **M. Marx et Cie,** Successeurs, — à Paris, boulevard Montmartre, 4. — Habillements pour hommes et enfants, amazones, robes de chambre, livrées, uniformes civils et militaires.   **(PALAIS.)**

Maison Coutard fondée en 1827.
M. Marx et Cie, successeurs, boulevard Montmartre, 4 et 6, Paris.
Habillements tout faits et sur mesure pour hommes et enfants.
Gros, détail, exportation.

74. CROCHARD (J.) et ses Fils, au Mans (Sarthe), place de l'Hôpital. — Chaussures en tous genres clouées, vissées, cousues, pour hommes, dames et enfants.   **(PALAIS.)**

Exposition universelle, Paris, 1878, médaille d'argent.

75. DAGUERRE Aîné, à Hasparren (Basses-Pyrénées). — Pour la collectivité des fabricants de chaussures d'Hasparren. Chaussures.   **(PALAIS.)**

76. DAUDE Frères, à Paris, rue des Blancs-Manteaux, 38. — Graveurs, doreurs sur étoffes.   **(PALAIS.)**

77. DAUPHIN-HEMET, à Paris, rue Richelieu, 102. — Confections pour dames.   **(PALAIS.)**

78. DECOURDEMANCHE (A.) & Cie, à Choisy-le-Roi (Seine). — Talons pour chaussures.   **(PALAIS.)**

79. DECRÉ (Mlle Charlotte), à Paris, boulevard Richard-Lenoir, 117. — Talons renaissance, talons pariens, éperons, colliers, bouts de semelles, demi-talons, baguettes métalliques seul préservateur de l'élastique.   **(PALAIS.)**

Talons cuivre et fer (sertis), articles fantaisie et haute nouveauté. Fabrique spéciale d'ornements et garnitures métalliques pour chaussures. — Mention honorable à Paris 1878.

80. DELAMARRE (Eugène A.), à la Neuville-en-Hez (Oise). — Semelles mobiles, chaussons feutre avec semelles, basanes.   **(PALAIS.)**

81. DELION (A.), à Paris, passage Jouffroy, 21. — Chapellerie.   **(PALAIS.)**

Maison fondée en 1847, brevets S. G. D. G.
Applique, aérogène frontale. Montage rapide des bords, cadran en celluloïd.
Cuirs combinés isolateurs. Carton étire à chapeaux, dit aéroport.
Récompenses : Paris 1855.
Paris 1867. — Paris 1878, Médaille de bronze.

82. DELOT, à Paris, avenue des Champs-Élysées, 91 — Cheveux.   **(PALAIS.)**

83. DEMOULIN, au Grand-Montrouge (Seine), avenue de la République, 100. — Cordonnerie.   **(PALAIS.)**

84. DENNERY Père et Fils, à Paris, boulevard de Sébastopol, 86. — Chaussures cousues et clouées pour dames, fillettes et enfants.   **(PALAIS.)**

85. DEQUEN (T. Emile), à Paris, rue Chaudron, 16. — Chaussures diverses.   **(PALAIS.)**

86. DERRÉAL (Laurent), à Paris. rue du Jura, 11. — Chaussures cousues et clouées pour dames et fillettes.   (**PALAIS.**)

87. DIGON & LAFONTAINE, à Paris, rue du Sentier, 43. — Confections pour dames   (**PALAIS.**)

88. DORLÉANS (Vve Mélanie), à Paris, rue Montorgueil, 64. — Chaussures, souliers.   (**PALAIS.**)

89. DUCARRE et JAUZONT, à Paris, rue Pierre-Levée, 17. — Chaussures.   (**PALAIS.**)

90. DUCHER (Hippolyte), à Paris, rue Richelieu, 44. — Uniformes pour officiers français et étrangers, ambassades, etc.   (**PALAIS.**)
Ancienne maison Gerbeaud.

91. DUFRESNE-FILLIETTE & VIDAL, à Rouen (Seine-Inférieure), place de l'Hôtel-de-Ville, 17. — Chapeaux de soie, chapeaux de feutre, casquettes en tous genres.   (**PALAIS.**)

92. DUMAS, à Paris, galerie de Valois, 179, Palais-Royal. — Chevaux.   (**PALAIS.**)

93. DUNAND & LEBLOND, à Paris, rue du Sentier, 45. — Confections pour dames.   (**PALAIS.**)

94. DUPONT & PÉLISSIER — Successeurs de **Martin et Dupont,** — à Paris, rue Meslay, 61. — Chaussures.   (**PALAIS.**)

95. DURST WILL Frères, à Paris, rue du Caire, 39. — Chapeaux de paille et feutre, fournitures pour modes et ntaisies.   (**PALAIS.**)

96. FABRE (Jules), — à la Ville de Saint-Denis, — à Paris, rue du Faubourg-Saint-Denis. — Confections et costumes pour dames et enfants.   (**PALAIS.**)

97. FAËS (A.), à Paris, rue Saint-Martin, 141. — Chaussures.   (**PALAIS.**)

98. FAGART (Louis), à Paris, rue Saint-Martin, 188. — Chaussons.   (**PALAIS.**)

99. FANIEN Fils aîné (Achille J.), à Paris, rue de Chabrol, 32. — Chaussures d'hommes et de femmes.   (**PALAIS.**)

100. FERLIN-MAUBON, à Nancy (Meurthe-et Moselle).—Chaussures. (**PALAIS.**)
Usine à vapeur.
Chaussures en tous genres, vissées et cousues. — Exportation.
Spécialité de chaussons tressés et lisières.
Brodequins militaires, Pattes Ferlin, brevetés S. G. D. G.
Médailles de bronze et d'argent aux Expositions de 1862, 1878.

101. FERRIER Frères, à Chazelles-sur-Lyon (Rhône).— Chapeaux de feutre, hommes, dames et enfants.   (**PALAIS.**)

102. FESTA (Etienne), à Paris, rue de Rambuteau, 14.— Casques liége et fantaisie pour les colonies ; chapeaux en tous genres.   (**PALAIS.**)

103. FIEMEYER, à Paris, boulevard Sébastopol, 49. — Modes.   (**PALAIS.**)

104. FLECK Frères (Joseph et Alphonse), — Magasins du Tapis-Rouge, — à Paris, rue du Faubourg-Saint-Martin, 65. — Robes et manteaux.   (**PALAIS.**)

105. FOUGEU (E. Alexandre), à Sens (Yonne).— Chaussures en feutre, chaussures de tresses et lisières, chaussons drapés.   (**PALAIS.**)

106. FOURNIER (Guillaume), à Yvetot (Seine-Inférieure). — Chapeaux soie, feutre, adhérent satin, pellés coruim.   (**PALAIS.**)

107. FRÉTIN (Auguste P.), à Paris, rue de Rennes, 64. — Chaussures pour hommes, cousues à la main, clouées, vissées.   **(PALAIS.)**

Manufacture de chaussures cousues, clouées et vissées pour hommes et garçonnets.
Spécialité de cousu à la main, travail divisionnaire.
Usine et maison de gros à Auxi-le-Château (Pas-de-Calais).
Récompenses : Expositions universelles : Amsterdam 1883, médaille d'argent ; Anvers 1885, médaille d'or ; Barcelone 1889, médaille d'argent ; Bruxelles 1888, médaille d'or.

108. GAILLARD (Louis), à Paris, quai Valmy, 201. — Chaussures en tous genres pour l'exportation.   **(PALAIS.)**

109. GAILLY, (Les Fils de A.), à Romans (Drôme).— Chaussures tous genres cousues à la main et clouées. Galoches tous genres. Semelles bois.   **(PALAIS.)**

110. GAISSAD, à Paris, passage Choiseul, 23. — Chevaux.   **(PALAIS.)**

111. GAL et LEVY, à Paris, rue de Cléry, 28. — Confections pour dames.   **(PALAIS.)**

112. GALOFFRE (P. Eugène), à Paris, rue Pavée-au-Marais, 13. — Chapeaux feutre, souples et apprêtés.   **(PALAIS.)**

113. GALOYER (Louis M.), à Paris, boulevard des Capucines, 21. — Chaussures sur mesure.   **(PALAIS.)**

114. GANDRIAU Fils (Sigisbert), à Paris, rue du Temple, 39.—Bastissages et cloches de laine, chapeaux de laine.   **(PALAIS.)**

115. GARREAU (Ernest), à Paris, rue Montlouis, 6 (impasse Montlouis, 10). — Couronnes funéraires en feuillages métalliques inaltérables et fleurs porcelaine.
                    (PALAIS.)

Articles riches, fantaisies, haute nouveauté, couronnes, croix, guirlandes, bouquets, arbustes coussins, lyres, ancres, cœurs, etc., etc. — Commission-Exportation.

116. GAUTRAUD & ANTIGNAC, à Limoges (Haute-Vienne), rue d'Antony. — Chaussures.   **(PALAIS.)**

Représentés sur la place de Paris, par M. Dominique, rue de Vincennes, 96 bis, à Montreuil (Seine). Pour le Nord et l'Est, M. Durand Vallet, à Cambrai. Pour le Midi, M. Mouillus, rue Xavier-Sigalon, à Nîmes. Chaussures pour femmes, fillettes et enfants. Cousues machine et vissées mécanique, à outillage perfectionné et à force motrice. Fournisseurs des Grands Magasins de Paris et de la Province.

117. GAYET & Cie, à Paris, rue de Choiseul, 3. — Chapeaux de paille et feutre fantaisie.   **(PALAIS.)**

118. GIRAULT (Auguste), à Paris, rue du Canal-Saint-Martin, 7 bis. — Chaussures cousues à la main pour dames, fillettes et enfants.   **(PALAIS.)**

Ci-devant 27, rue des Petites-Écuries. A fondé sa maison le 1er septembre 1878.
Manufacture de chaussures de luxe et confortables, pour dames, fillettes et enfants, exclusivement cousues à la main. — Médaille coopérative, Vienne 1873. Prem. réc. Melbourne 1888.
Formes spéciales pour la France, l'Angleterre, l'Australie, et l'Amérique du Nord.

119. GIRAUD (Vve), à La Rochelle (Charente-Inférieure), rue Rambaud, 10. — Fleurs faites en coquillages naturels de forme et de couleur.   **(PALAIS.)**

120. GIROULT (André), à Paris, rue Coquillière, 16.— Uniformes pour officiers de l'armée.   **(PALAIS.)**

121. GODCHAU (Adolphe C.), à Paris, rue du Faubourg-Montmartre, 12. — Vêtements pour hommes, jeunes gens et enfants.   **(PALAIS.)**

122. GOGRY (Ernest S.), à Paris, rue St-Placide, 13. — Chaussures à talons tournants, et talons tournants s'adaptant à toutes chaussures.   **(PALAIS.)**

123. GOSSE-PERRIER (Ancienne Maison) — A. Gosse Fils, — Successeur, à Paris, rue du Temple, 178. — Fleurs artificielles.   **(PALAIS.)**

124. Grande Maison de modes (Directeur : **Georges Le Roy**), à Paris, boulevard Poissonnière, 7. — Chapeaux de dames et jeunes filles.   **(PALAIS.)**

125. Grands Magasins du Louvre (Rousseau & Cie), à Paris, rue Marengo, 1. — Confections pour dames, robes et manteaux, modes. ·   **(PALAIS.)**

126. GREBERT-BORGNIS (J.-B.), à Paris, rue de l'Arbre-Sec, 48. — Costumes, fourrures.   **(PALAIS.)**

Récompenses : Médailles d'argent, Paris 1855 ; Prize medal, Londres 1862 ; médailles d'or, Paris 1867 et 1878 ; médaille d'or de 1er ordre de mérite, à Sydney 1879 et à Melbourne 1880 ; médaille d'or , à Amsterdam 1883.— Médaille d'or et Chevalier de la Légion d'honneur, Anvers 1885. — Maisons d'achats et ventes : Londres, Leipzig, New-York et Moscou.

127. GRESSET (Gustave), à Paris, rue du Pont-Neuf, 14. — Vestes, coutils pour cuisiniers et pâtissiers, vestes castor pour bouchers, guêtres de ville.   **(PALAIS.)**

128. GUÉRIN (Antoine), à Paris, rue Meslay, 20 et boulevard St-Martin, 2 ter et 13. — Chaussures.   **(PALAIS.)**

Chaussure universelle, brevetée S. G. D. G. Nouveau système à boucle. Spécialité de chaussures de chasse et pour réservistes. Chaussures de fantaisie en tous genres. On fait sur mesure sur demande, envoi franco du Catalogue. Ce système de chaussures se trouve dans les principales villes de France.

129. GUÉRIN (Gustave), à Paris, rue d'Aboukir, 24. — Manteaux de voiture, jaquettes haute nouveauté, confections nouvelles.   **(PALAIS.)**

130. GUEUSQUIN (Vve Th.), — ancienne Maison **Veuve I. Lévy**, — à Paris, rue Rambuteau, 18. — Ornements et passementerie pour chapeaux et casquettes.   **(PALAIS.)**

Boucles, ventouses, boutons, nœuds pour cuirs, cordelières, pompons, brides et coups de vent.

131. GUILLAUME Fils aîné (P. P.), à Paris, rue du Temple, 51. — Fournitures pour chapellerie et mercerie.   **(PALAIS.)**

132. GUTHMANN et BLUM, à Paris, rue du Mail, 9. — Confections pour dames.   **(PALAIS.)**

133. HAAS et Cie, à Paris, rue du Temple, 71. — Chapeaux de feutre et de paille, chapeaux mécaniques et casquettes, fantaisies pour enfants.   **(PALAIS.)**

Usine à vapeur à Aix (Bouches-du-Rhône).
Médaille de bronze, Paris 1855. — Prize medal, Londres 1862.
Chevalier de la Légion d'honneur, Hors-Concours, Paris 1867, 1878.
Premier ordre de mérite, Melbourne 1880.

134. HALIMBOURG (Jules), à Paris, rue du Faubourg-Poissonnière, 11. — Habillements confectionnés pour hommes et jeunes gens.   **(PALAIS.)**

135. HARMAND (Mme), à Paris, rue des Juges-Consuls, 3. — Chaussures garçonnets, cousues à la main et cousues mixte, guêtres et molletières chagrin.   **(PALAIS.)**

Chaussures pour garçonnets et guêtres en chagrin pour enfants.

136. HATTAT (F.), — Successeur des Maisons **Hattat Frères, Gervais et Beaumont** — à Paris, rue de l'Aqueduc, 21. — Chaussures de luxe pour hommes, femmes et enfants.   **(PALAIS.)**

137. HAUDRICOURT (Georges), à Paris, rue Meslay, 37. —Chaussures pour femmes, fillettes et enfants.   **(PALAIS.)**

Ancienne Maison E. Crespin, fondée en 1830. Bottes pour femmes, fillettes et enfants. Chaussures à talons Louis XV et ordinaires inhérents aux semelles (breveté S. G. D. G.)
Médaille de bronze, Exposition universelle 1878.

138. HAULET (Albert J.-B.), à Paris, rue de Cléry, 42. — Fleurs, feuilles, fruits, épis en soie, satin et velours. **(PALAIS.)**

Médaille de bronze, Paris, Exposition universelle 1878.

139. HERTRICK (Mlle), à Paris, rue du Quatre-Septembre, 6 bis. — Confections pour dames. **(PALAIS.)**

140. HOCHET (Eugène), à Paris, rue des Francs-Bourgeois, 56. — Casquettes tissus et fourrures, képis et fantaisies pour enfants. **(PALAIS.)**

141. HOFFER (Francis), à Paris, rue Vivienne, 38 bis. — Chaussures d'hommes et de dames. **(PALAIS.)**

Maison fondée en 1829. — Médaille d'argent, Exp. univ. 1867, Paris.

142. HONNET (P. Ernest), à Paris, rue du Quatre-Septembre, 15. — Robe à traîne, robe de ville, manteau de théâtre, petit manteau. **(PALAIS.)**

143. HUARD (Louis), à Paris, rue de Valois, 8. — Chaussures cousues pour dames et enfants. **(PALAIS.)**

144. HUET-BERNEVAL, à Paris, rue de Flandre, 30 — Chaussures. **(PALAIS.)**

145. JAVEY & Cie, à Paris, rue Saint-Denis, 224. — Apprêts pour fleurs, arbustes et fleurs pour appartements. **(PALAIS.)**

146. JEANDRON-FERRY (L. D.), à Paris, rue Scribe, 11. — Chaussures de dames. **(PALAIS.)**

147. JEAUDONNENC, à Paris, passage du Hâvre, 41. — Cheveux. **(PALAIS.)**

148. JOGUET (S.), à Paris, rue Greneta, 19. — Fleurs artificielles, branches, garnitures de bal. Fleurs pour modes et soirées et corbeilles pour confiseurs. **(PALAIS.)**

149. KAHN Frères, à Paris, rue du Temple, 39. — Chapellerie. **(PALAIS.)**

150. KAHN (Paul), à Paris, rue du Mail, 20. — Vêtements et costumes pour garçonnets et jeunes gens. **(PALAIS.)**

151. KAMPMANN (L.) & Cie, à Epinal (Vosges), Champ du Pin. — Chapeaux de paille, latanier, panama, rotin, manille, paille cousue, jonc, etc. **(PALAIS.)**

152. KLEIN (Pierre), à Paris, rue des Ardennes, 19. — Talons. **(PALAIS.)**

153. KONSALIK, à Paris, boulevard Haussmann, 32. — Costumes, fourrures. **(PALAIS.)**

154. KORB & Cie, à Paris, avenue des Gobelins, 57. — Cordonnerie. **(PALAIS.)**

155. KOSLOVITS (Jean E.), à Paris, rue Duphot, 18. — Chaussures sur mesure et de luxe. **(PALAIS.)**

156. KRIEGCK (Nicolas), à Paris, boulevard des Italiens, 28. — Amazones, vêtements de dames, habits de chasse, uniformes brodés, culottes. **(PALAIS.)**

157. LACROIX (G. Joseph), à Paris, boulevard Haussmann, 62. — Vêtements pour petits garçons. **(PALAIS.)**

158. LALOUE (Adrien), à Paris, rue Bourg-l'Abbé, 4. — Plumes d'autruches et fantaisies d'oiseaux divers pour parures. **(PALAIS.)**

159. LANGANGNE (Emile), à Paris, rue du Mail, 7. — Chapeaux de paille et feutre pour modes. **(PALAIS.)**

160. LANGENHAGEN (C. G. de), à Nancy (Meurthe-et-Moselle). — Chapeaux palmier pour hommes, femmes, chapeaux panama, baleines, rotins et en diverses autres matières textiles. **(PALAIS.)**

C. G. de Langenhagen ✠. Médailles d'or obtenues aux Expositions de Paris, 1867 et 1878, d'Amsterdam, 1883 ; Melbourne, 1881, premier prix.

161. LANGENHAGEN (Octave de), à Lunéville (Meurthe-et-Moselle). — Chapeaux, palmiers ou lataniers, chapeaux panamas, rotins, chapeaux fantaisie pour hommes et dames.

Récompenses obtenues : Vienne, 1873, Médaille de progrès Paris, 1878 ; Amsterdam 1883. Anvers 1885, médailles d'argent.

162. LANGLADE (Joamen), à Nimes (Gard), rue Flamande, 45. — Faliots cousus à la main et cloués. Couture non apparente.   **(PALAIS.)**

163. LAURENT (Edmond), à Paris, rue Montmartre, 126.—Confections pour dames.   **(PALAIS.)**

Costumes et confections. Matinées et robes de chambre. Corsages fantaisie. Jupes drapées. Jupons haute nouveauté et jupons tournure. Manteaux de voyage. — Méd. de bronze, Paris, 1878.

164. LAURIN (Etienne) & LALONDRELLE (Paul A.), à Danvillers (Meuse). — Chaussures de fatigue en vissé et cousues-main, pour hommes, garçonnets, femmes et enfants, chaussures de chasse.   **(PALAIS.)**

165. J AVILLE, PETIT & CRESPIN (Ancienne Maison) — Manufacture de Feutres et Chapeaux — Directeur : **A. Crespin)**, à Paris, rue de l'Homme-Armé, 4 bis. — Chapeaux.   **(PALAIS.)**

166. LEBORGNE, SIMON & Cie, à Grenoble (Isère). — Chapeaux de paille pour hommes, femmes, fillettes et enfants, nus et garnis. Articles mode et classiques.   **(PALAIS.)**

Maison fondée en 1846 par M. Leborgne. Usine à vapeur. Blanchiment perfectionné, spécialité de chapeaux cousus. Exposition Paris : médaille de bronze 1855-1867, argent, 1878.

167. LEBRUN, VIDAL et Cie, à Paris, rue Richelieu, 104. — Robes et manteaux.   **(PALAIS.)**

Successeurs de Vidal Sœurs. Médaille de bronze, à Paris, 1878.

168. LECERF (Edmond), à Paris, boulevard de Sébastopol, 92 — Confections pour dames.   **(PALAIS.)**

Mantelets et visites perlés, haute nouveauté.
Exportation, commission.
Exposition universelle de Barcelone, 1888 : Médaille de bronze.

169. LÉCLUZE (A.) et OGER, à Paris, rue Montmartre, 128. — Confections en gros pour dames.   **(PALAIS.)**

Médaille d'argent à l'Exposition universelle de Paris 1878.

170. LEDUC (Albert), à Paris, rue du Faubourg-Poissonnière, 5.—Chapeaux de feutre, de paille, chapeaux manille, rotins, yokos, fournitures de chapellerie.   **(PALAIS.)**

Usine à Aix (Bouches-du-Rhône).
Maison à Marseille, 1, rue du Coq.
Importation directe de tous les produits d'Extrème-Orient.
Galons et soieries.
Récompenses :
Médaille d'argent à l'Exposition universelle, Paris 1867.
Grand prix à l'Exposition universelle, Paris 1878.
Membre du Jury d'admission, Paris 1878.
Membre du Jury des récompenses, Amsterdam 1883. Membre des Jurys d'admission et d'installation, rapporteur de la classe 36 à l'Exposition universelle de 1889.

171. LEFÉVRE (L. E.), à Paris, rue de la Butte-aux-Cailles, 1 ter.—Chaussures à bouts de fer et garnitures en fer pour chaussures.   **(PALAIS.)**

Maison fondée en 1858. — Spécialité de chaussures à bouts de fer cloutés pour enfants et fillettes. Chaussures à talons de fer. Garniture en fer dite Lefèvre. Breveté S. G. D. G. pour chaussures, galoches et sabots. Garnitures tout cuir pour chaussures, galoches et sabots. Entre-deux en bois flexible garni de cuir formant liége et préservant de l'humidité.

172. LEFRÈRE (P.), successeur de **A. Lachanal**, à Paris, rue Montmartre,
128 — Boutons, fleurs, feuillages d'oranger.   **(PALAIS.)**
 Médaille d'argent, Exposition universelle, Paris, 1878.

173. LÉGER (Mme), (Aux Élégantes), à Paris, rue de Rivoli, 48. — Toilette
de mariée.   **(PALAIS.)**

174. LEGRAND (Alexandre), à Paris, rue Elzévir, 5. — Chaussures clouées
et cousues.   **(PALAIS.)**
 Usine à Rantigny-Liancourt (Oise).
 Médaille de bronze, Exposition universelle, Paris 1878.

175. LEGRIS (Charles), à Nancy (Meurthe-et-Moselle), rue Charles III.—Chaussures diverses pour hommes, femmes et enfants.   **(PALAIS.)**

176. LEMAIRE-SEVESTRE (Henry), à Pussay (Seine et Oise). — Chaus-
sons, brodequins noir et couleur, pantoufles semellées cuir.   **(PALAIS.)**

177. LEMIT (Mlle), à Enghien-les-Bains (Seine-et-Oise), boulevard d'Ormesson,
60. — Fleurs.   **(PALAIS.)**

178. LENEVEU (Auguste D.), à Paris, rue des Francs-Bourgeois, 30. — Chapeaux de paille et casquettes en tous genres, pour hommes, cadets et enfants; coiffures
fantaisie pour fillettes et garçonnets.   **(PALAIS.)**
 Chaussons tresses et lisières.
 Usine à vapeur.

179. LENGELÉ (A.) & Cie, à Paris, rue Notre-Dame-de-Nazareth, 31.— Cous-
sins en velours, cadres et corbeilles pour parures de mariées.   **(PALAIS.)**
 Usine à St-Denis. — Récompenses : Paris 1855, argent ; Philadelphie 1876 ; Amsterdam
 1883, bronze.

180. LÉON (Léon), à Paris, rue Daunou, 21.— Chapeaux en tous genres, hommes,
dames, enfants ; coiffures militaires.   **(PALAIS.)**
 Maison créée en 1855.
 Inventeur du chapeau-liége antinévralgique.
 Fournisseur breveté : de Sa Majesté le Roi d'Espagne, de Sa Majesté l'Empereur du Brésil,
 de Sa Majesté le Roi de Grèce et de plusieurs Cours.
 Récompenses :
 Exposition universelle de Paris, 1878.
 Exposition universelle d'Amsterdam, 1883.
 Exposition universelle d'Anvers, 1885.
 Maisons à Nice et à Trouville. Dépôts à Londres, Saint-Pétersbourg et Vienne.
 Chapellerie militaire. — Téléphone.

181. LE ROY, à Paris, rue du Faubourg-Poissonnière, 56. — Confections pour
dames.   **(PALAIS.)**

182. LÉVY Jeune (Eugène), à Paris, rue de Lavrillière, 8. — Vêtements pour
enfants et jeunes gens.   **(PALAIS.)**

183. LINN FAULKNER, à Paris, rue du Quatre-Septembre, 13. — Modes.
                               (PALAIS.)

184. LITTAUT (E), à Lyon (Rhône), rue Franklin, 57. — Chapeaux de feutre pour
hommes et enfants. Fantaisie.   **(PALAIS.)**

185. LOISEL, à Paris, rue de Châteaudun, 11. — Cheveux.   **(PALAIS.)**
 Coiffures, perruques, postiches pour la ville et le théâtre. Fournisseur des premiers sujets
 des théâtres de Paris et de l'étranger. Coiffures de soirées, de mariées, de ville et théâtre.
 Spécialités d'implantés en tous genres, — Maison fondée en 1855. Réc. : Paris 1867, et 1878.

186. LOMBARD (Oscar), à Romans (Drôme). — Chaussures cousues et vissées
pour hommes, femmes, fillettes et enfants, fabrication mécanique.   **(PALAIS.)**
 Récompenses : Médailles d'argent, Bruxelles 1888 ; Médaille d'or, Barcelone 1888.

187. LORIOT et Cie, à Paris, rue Saint-Joseph, 4. — Confections pour dames
(**PALAIS.**)
Maison Laur et Cie.
Confections, robes, sorties de bal et spécialité de jaquettes.

188. LUNEL, à Paris, boulevard Sébastopol, 21. — Cheveux. (**PALAIS.**)

189. MAILLARD (G. Prudent), à Paris, rue des Gravilliers, 24. — Conformateur et accessoires. (**PALAIS.**)

190. Manufacture française de chapeaux de paille, Wild Frères et Cie, à Nancy (Meurthe-et-Moselle). — Chapeaux de paille, palmier, panama.
(**PALAIS.**)
Maison fondée en 1772.

191. MARCADE (Emile), à Paris, rue Notre-Dame-des-Victoires, 24. — Confections pour dames. (**PALAIS.**)

192. MARCHAND (J.M.), à Paris, rue Saint-Maur, 140. — Talons en bois nus et recouverts en peau et étoffe. Talons avec garnitures, dorées et argentées, talons de luxe dorés, argentés et gravés. (**PALAIS.**)

193. MARGAINE (Mme), à Paris, boulevard Haussmann, 19. — Robes et manteaux. (**PALAIS.**)

194. MARTIN & Cie, (maison Vve) — Lucien & Martin Lévy, successeurs, — à Paris, rue du Temple, 43. — Casquettes, képis, uniformes fantaisie d'enfants, chapeaux de paille et feutre, etc. (**PALAIS.**)

195. MASSART (Mme), à Paris, rue Réaumur, 49. — Modes. (**PALAIS.**)

196. MASSON & LAROUSSE, à Paris, rue d'Aboukir, 137. — Chapeaux de paille, chapeaux de feutre et fournitures pour modes. (**PALAIS.**)
Mention honorable à l'Exposition de 1867 et médaille d'argent à l'Exposition de 1878.

197. MAYER (Mirtil), à Paris, rue Thévenot, 11. — Tissus et garnitures en plumes. (**PALAIS.**)

198. MÉGEMONT, Frères et Fils & RAFFARD, à Bort (Corrèze). — Cloches et chapeaux de feutre et de laine pour hommes, cloches nouveauté pour dames, matières premières servant à leur fabrication. (**PALAIS.**)
Représentés par M. Parensi, 60, rue d'Aboukir, à Paris.

199. MENGET (Victor), à Paris, rue Rocroy, 12. — Chaussures. (**PALAIS.**)

200. MERCIER (Vve), à Dreux (Eure-et-Loire). — Chaussures de feutre, cousues main, cousues-machine et clouées. (**PALAIS.**)

201. MICHEL (Joseph), à Paris, rue de Crussol, 33. — Chaussures de dames, fillettes et enfants, cousues machine, cousues chausson, et clouées. (**PALAIS.**)

202. MONIER (Alexis) & ses Fils, à Montélimar (Drôme). — Chapeaux feutre, laine et poils, souples et apprêtés. Fantaisie pour enfants. (**PALAIS.**)
Dames et fillettes. — Usines : A Montélimar, Villeneuve, Souspierre. Maisons : A Paris 24, rue Vieille-du-Temple ; Lyon, Marseille, Bordeaux. Médaille d'or, 1878.

203. MONTEUX (G.) & Cie, à Limoges (Haute-Vienne). — Chaussures de luxe, articles fantaisie. (**PALAIS.**)
Chaussures cousues en tous genres. Spécialité d'articles de luxe pour la France et l'Étranger. Médaille d'argent, Exposition, Paris 1855.

204. MORAISIN, à Paris, rue Royale, 15. — Cheveux. (**PALAIS.**)

205. MORIN (Antoine M.), à Paris, rue du Faubourg-Saint-Denis, 188. — Contreforts pour chaussures, peaux sciées. (**PALAIS.**)

206. MORIN-HIÉLARD, à Paris, rue des Pyramides, 27. — Plumes pour parures.   **(PALAIS.)**

Ancienne Maison Hiélard, ✠. Aux Pyramides.
Récompenses : Médaille d'argent, Exposition universelle de Paris 1867.
Médaille de Progrès, Vienne 1873.
Prize medal, Philadelphie 1876. — Médailles d'or, Paris 1878, Melbourne 1881.

207. MOSSANT Frères (Ch. et C.), au Bourg-du-Péage (Drôme). — Chapeaux de feutre.   **(PALAIS.)**

Représentés à Paris par M. Lacroix, cité Trévise, 5, à Londres par M. Hemming, 19, Stamford street.

208. MOUILLET (P.), MARÉCHAL (E.) & A. LALANNE, (Maison **Sutton**), à Paris, boulevard Haussmann, 134.— Livrées, tenues de chasse, de cheval. Culottes de peau et amazones.   **(PALAIS.)**

Date de la fondation de l'établissement, 1828. — Sutton, tailleur, fondateur décédé ; Mouillet (P. Alphonse), successeur ; Maréchal (Edmond), Lalanne (A. Alban), associés. — Production : Culottes de toutes natures, petites et grandes livrées et de gala, tenues de chasse, de cheval.
Récompenses : Exposition universelle 1867, M. Mouillet a obtenu une Médaille d'argent de première classe. Le personnel a obtenu deux Médailles de bronze et deux Mentions honorables. — Exposition de 1878, M. Mouillet a obtenu une Médaille d'or.

209. MOUREAUX (O.), au Puy (Haute-Loire), boulevard Saint-Jean. — Chaussures extra hygiéniques à fermoir éclair, écuyère ou fausse botte, guêtres de chasse et de ville, molletières à fermeture éclair.   **(PALAIS.)**

210. MÜS (J.) & CORUBLE (H.), à Paris, boulevard de la Contrescarpe, 48. — Chaussures cousues et clouées, pour hommes, dames et enfants.   **(PALAIS.)**

211. NAPOLÉONE (Cossimo), à Paris, rue du Quatre-Septembre, 29. — Habits, pantalons et gilets d'hommes, jaquettes de dames.   **(PALAIS.)**

Récompenses : Exp. Paris 1878, Médaille de bronze. — Bruxelles 1888, Médaille d'or.
Fournisseur de Sa Majesté l'Empereur du Brésil et des cours étrangères.

212. NIQUET (Maison), — **Mottier (Charles),** Successeur, — à Paris, rue du Temple, 78. — Parures de mariées, fleurs pour modes, couronnes, croix, etc. en perles, métal et porcelaine.   **(PALAIS.)**

213. NORMANDIN, à Paris, rue des Petits-Champs, 5. — Cheveux.   **(PALAIS.)**

Maison fondée en 1818. — Exposition universelle, Paris 1878, 1er Prix, Médaille d'or.

214. OLIVIER-MULLER & Cie, rue Rambuteau, 14. — Chapeaux de paille.   **(PALAIS.)**

215. PANET, à Paris, rue Mouffetard, 82. — Costumes.   **(PALAIS.)**

216. PANSARD (Paul), à Paris, rue du Quatre-Septembre, 17. — Confections pour dames.   **(PALAIS.)**

217. PASQUIER et Cie, à Paris, rue Louis-le-Grand, 32.— Confections pour dames.   **(PALAIS.)**

Robes de ville et robes de bal, manteaux de cour, lingerie et trousseaux
Dresses, mantles, court mantles.
Speciality of wedding orders.

218. PATAY, à Paris, rue de la Paix, 17. — Fleurs.   **(PALAIS.)**

Patay (Maison Camille Marchais), fabrique de fleurs artistiques, rue de la Paix, 17, et rue Daumon, 14 (Paris).
Nombreuses Récompenses :
Vienne 1873 (Autriche). — Melbourne 1881. — Sydney 1880. — Paris 1878.
Anvers 1885, Médaille d'or. — Bruxelles 1888, Hors-Concours. — Membre du comité d'admission à Barcelone, Membre du Jury à Bruxelles.
Membre du Comité d'admission et du Comité d'installation à l'Exposition universelle de 1889.

219. PELLETIER-VIDAL, à Paris, rue Duphot, 17. — Robes et manteaux.   **(PALAIS.)**

220. PERCHELLET (L.), à Paris, rue Saint-Honoré, 356. — Chaussures.
(PALAIS.)

221. PERNOT Fils (Barthélemy). à Nancy (Meurthe-et-Moselle).—Chaussures cousues et rivées par procédés mécaniques, pour hommes, dames, et enfants.
(PALAIS.)

222. PERRON (Ferdinand), à Paris, rue Combes, 6. — Chaussures (PALAIS.)

223. PETIT, à Tours (Indre-et-Loire), rue des Halles, 22. — Cheveux. (PALAIS.)

224. PETIT (Auguste), à Paris, rue de la Paix, 7. — Modes et cheveux. (PALAIS.)

225. PEYRACHE Frères, à Paris, rue du Temple, 31. — Bords et bourdalous pour chapeaux.
(PALAIS.)
Deux usines : à Saint-Didier la Seaure (Haute-Loire), et à Jonzieux (Loire).
Médaille, Paris 1878.

226. PEYRONNET, Fils (Auguste), à Nantes, rue Duguesclin, 1. — Chaussures cousues à la main.
(PALAIS.)

227. PICARD (Les Fils Léopold), à Paris, rue d'Aboukir, 45. — Chapeaux de paille pour dames.
(PALAIS.)

228. PICARD (Raymond), à Paris, rue Fontaine-au-Roi, 32.— Ressorts en tous genres pour chapellerie.
(PALAIS.)
Modèles spéciaux, brevetés en France et à l'étranger
Ressorts confortables pour chapeaux souples.

229. PIERRET (Justin), à Paris, rue de la Gaîté, 19. — Chaussures diverses, spécialité pour hommes.
(PALAIS.)

230. PIGELET (Adrien P. et Auguste (J.), à Paris, rue d'Aboukir, 124. — Fleurs artificielles pour parures.
(PALAIS.)

231. PIGHINI (Auguste V. A.), à Paris, boulevard Montmartre, 21. — Vêtements.
(PALAIS.)

232. PINAUD & AMOUR (Ancienne Maison), — **J. Amour et Raynal** Successeurs, — à Paris, rue de Richelieu, 89. — Coiffures civiles et militaires. (PALAIS.)

233 PINEL (Les gendres de H.), à Labruguière (Tarn). — Bonnets orientaux.
(PALAIS.)

234. PINET (François J. L.), à Paris, rue du Paradis, 44. — Chaussures pour hommes, dames et enfants.
(PALAIS.)

235. PION (François), à Anlezy (Nièvre). — Méthode Pion, géométrique pour le patronage de bottines et bottes sur mesure et en séries.
(PALAIS.)

236. PLÉ Frères, à Paris, place des Vosges, 15. — Chaussures.
(PALAIS.)

237. POIRET (Auguste L.), à Paris, rue des Petits-Hôtels, 36. — Chaussures en tous genres d'articles extra-forts vissés.
(PALAIS.)

238. PRIVÉ (Auguste, P. I. A.), à Paris, rue Monge, 25. — Chaussures pour hommes et pour dames.
(PALAIS.)
Mention honorable à l'Exposition universelle de Paris 1878.

239. PROVOT (Eugène), à Chazelles-sur-Lyon (Loire).— Chapeaux feutre souple et apprêté, pour hommes, dames et enfants.
(PALAIS.)
Production : 15,000 chapeaux par semaine.
Bureaux et Agences à Paris : Salvador, 76, rue du Faubourg St-Denis (Exportation).
E. Vincendon et Cie, 28 rue Ste-Croix-de-la Bretonnerie (Gros et Détail).

240. PROVOT (Paul), à Louhans (Saône-et-Loire). — Chapellerie. (PALAIS.)

241. PUECH (Joseph) et Cie, à Albi (Tarn). — Ferrures mobiles pour talons de tous genres de chaussures, ferrure mobile ronde.
(PALAIS.)

242. QUESNEY, Frères, à Charleval (Eure). — Casquettes.   (PALAIS.)

243. RABOTEAU, à Paris, rue Saint-Denis, 226. — Fleurs.   (PALAIS.)

244. RAFAEL (Maurice), à Paris, rue des Blancs-Manteaux, 38. — Chapeaux femmes et enfants, casquettes fantaisie, fourrures.   (PALAIS.)

245. RAFFIN (Bertrand), à Paris, rue d'Uzès, 10. — Costumes, confections.   (PALAIS.)

246. RANCIAT (J. Henri), à Moulins (Allier), rue de Decize, 34. — Galoches, fantaisie et classique. Saboteries.   (PALAIS.)

247. RAUDIN (Léon), à Paris, rue Mont-Louis, 13. — Couronnes perles, métal et porcelaine, immortelles, artificielles.   (PALAIS.)

248. REDFERN (John) & Sons, à Paris, rue de Rivoli, 242. — Robes, jaquettes, manteaux, amazones, modes.   (PALAIS.)

249. REINIER (E.), à Paris, rue Martel, 4. — Chaussures.   (PALAIS.)

250. REISER-LECONTE (Eugène), à Paris, rue des Bois, 28. — Chaussures pour dames.   (PALAIS.)

Récompense : Paris, 1878. — Cousu machine perfectionné.
Chaussures de luxe pour dames et enfants. Spécialité de talons Louis XV.

251. RÉMOND (J.), à Paris, rue Étienne-Marcel, 33. — Confections pour dames.   (PALAIS.)

252. RENARD (Ferdinand) et Cie, à Paris, rue Aubriot, 5. — Chaussures clouées et cousues à la mécanique.   (PALAIS.)

253. RENEVIER, à Paris, rue des Petits-Champs, 3. — Cheveux.   (PALAIS.)

254. REVILLON, à Paris, rue des Petits-Champs, 89. — Costumes fourrures.   (PALAIS.)

255. REY cousins, & Cie, à Caussade (Tarn-et-Garonne). — Chapeaux de paille.   (PALAIS.)

256. RIBAUTE (Dominique), à Paris, rue du Quatre-Septembre, 7. — Plumes d'autruche pour parure, noir et couleur.   (PALAIS.)

257. RIEL (Lucien), à Bourg-de-Péage (Drôme). — Chemises de feutre et chapeaux.   (PALAIS.)

Usine à vapeur, spécialité de manchons dits chemises.
Articles d'exportation, Médaille bronze, Anvers 1885.

258. ROBERT Frères (Antoine et Eugène), à Paris, rue de Richelieu, 26. — Chaussures anatomiques et chaussures mécaniques, civiles et militaires, montables et démontables.   (PALAIS.)

259. ROGER (Vve), (au Prince-Eugène), à Paris, rue de Turbigo, 27. — Chaussures cousues pour hommes et garçonnets.   (PALAIS.)

260. ROSSIGNOL & Cie, à Paris, boulevard Voltaire, 13. — Confections pour dames.   (PALAIS.)

261. ROUFF, à Paris, boulevard Haussmann, 13. — Robes et manteaux.   (PALAIS.)

262. ROUSSEAU Frères, à Argenteuil (Seine-et-Oise), route d'Enghien. — Chapeaux de soie et feutre, coiffes mobiles ou adhérentes.   (PALAIS.)

263. ROUSSET Frères, à Blois (Loir-et-Cher). — Chaussures chevillées., cousues-machine, cousues-main, hommes, dames et enfants. **(PALAIS.)**

Escarpins pour hommes, dames et enfants. — Talon Louis XV. — Bains de mer. Guêtres cuir et étoffe. — Chaussures en tous genres. Médailles et diplômes : Londres, Paris, Bruxelles.

264. ROUSSILLON (Auguste), à Paris, rue d'Angoulême, 64. — Chaussures pour hommes, dames et enfants, cousues à la main, à la machine et clouées. **(PALAIS.)**

265. ROY (Hippolyte), à Guingamp (Côtes-du-Nord). — Chaussures de luxe et principalement bottes à l'écuyère et chaussures de chasse imperméables. **(PALAIS.)**

266. RUEF (Henri), à Paris, rue du Mail, 14. — Confections pour dames. **(PALAIS.)**

267. RUMINI (Mlle Louise), à Paris, rue de Turbigo, 28. — Modes pour dames et fillettes. **(PALAIS.)**

268. SABLONNIÈRE (Eugéne L.), à Paris, rue Montmorency, 9. — Chaussures de luxe, haute fantaisie, sandales et mules brodées, douillettes, talons Louis XV. **(PALAIS.)**

Récompenses :
Médaille d'or, Bruxelles 1888; Anvers 1885 ; Médaille d'argent, Amsterdam 1883.

269. SALLES (Maison), à Paris, rue Caumartin, 73. — Modes. **(PALAIS.)**

270. SALOMON (Ouda & Alexis), à Paris, rue Croix-des-Petits-Champs, 38. — Habillements confectionnés en gros pour hommes et jeunes gens, haute nouveauté. **(PALAIS.)**

271. SAVART (C. A.), à Paris, rue Rubens, 5. — Chaussures clouées et cousues. **(PALAIS.)**

272. SCHEIDEL (Vve Ch.), à Paris, boulevard Sébastopol, 109. — Couronnes funéraires. **(PALAIS.)**

Fabrique de couronnes en tous genres et spécialité de fleurs en perles. Maison fondée en 1837.
Médaille d'argent, Exposition de Barcelone 1888.

273. SCHNEIDER (David), — ancienne Maison **Hanau**, — à Paris, rue Montorgueil, 45. — Vêtements pour cuisiniers, pâtissiers, bouchers, charcutiers et limonadiers. **(PALAIS.)**

274. SCHORESTÈNE (J.) et Cie, à Paris, rue du Temple, 178. — Peaux, cuirs mouton, chèvre, veau, coupés et cintrés, galons, coiffes adhérentes et mobiles en soie. **(PALAIS.)**

Fournitures pour chapellerie ; manufacture de peaux, cuirs, galons et coiffes pour chapeaux de soie et feutre. Maison à New-York, 153, Mercer street fondée en 1868.

275. SCHWARTZ (Michel), à Nantes (Loire-Inférieure), chaussée Madeleine, 22. — Galoches et chaussures à semelles de bois en tous genres. **(PALAIS.)**

276. SERVAJEAN & GOUVERNET, à Lyon (Rhône), quai de l'Hôpital, 15. — Articles cousus-main extra et vissés, hommes, femmes, fillettes et enfants. **(PALAIS.)**

277. SIMON & Cie (A la Grande Maison), à Paris, rue Croix-des-Petits-Champs, 5. — Habillements pour hommes et enfants. Costumes populaires. **(PALAIS.)**

Siège Social et Manufacture. — Maison fondée en 1839 à Paris.
Succursales à Lyon, 4, place des Jacobins. — Marseille, 18, rue Noailles. — Valparaiso (Chili), calle Esmeralda. — Santiago (Chili), calle Huerfanos et pasaje Maté.
Vêtements pour hommes, jeunes gens et enfants.
Vêtements pour la ville, la chasse, le voyage.
Vêtements d'appartement.
Haute nouveauté en costumes pour Enfants.
Récompenses : Paris 1860, Médaille d'honneur. — Paris 1867, 1 Médaille de bronze et 3 Mentions honorables. — Paris 1878, Médaille d'argent et 8 Médailles de bronze. — Melbourne 1888, premier ordre de mérite.

285. Société des Manufactures de Saint-Gobain, Chauny et Cirey, à Paris, rue Sainte-Cécile, 9. — Costumes populaires.   **(PALAIS.)**

286. SOL (H.) et Cie, à Chambon (Creuse). — Chapeaux en feutre mérinos souples et imperméables pour hommes et jeunes gens, articles fabriqués exclusivement à la main.   **(PALAIS.)**

287. SORNET-DIOT & Cie, à Limoges (Haute-Vienne), avenue de Toulouse, 28. — Pardessus caoutchoutés pour chaussures et chaussures imperméables.   **(PALAIS.)**
    Brevetés S. G. D. G. en France et à l'étranger.

288. SOULAGE (Ferdinand), à Paris, rue Beaubourg, 40. — Toiles vernies. Bords et toiles imperméables pour chapeaux, visières et casquettes.   **(PALAIS.)**

289. STANDAËT (Mme), à Paris, rue Rambuteau, 50. — Cheveux.   **(PALAIS.)**

290. STORCH, à Paris, rue d'Aboukir, 26. — Confections pour dames.   **(PALAIS.)**

291. SUSER (H. J.), à Nantes (Loire-Inférieure). — Chaussures cousues-main, cousues-machine.   **(PALAIS.)**

292. TAIRE (Arthur), à Paris, boulevard Saint-Michel, 57. — Chaussures, journal le « Franc Parleur, » organe spécial de la cordonnerie et des cuirs.   **(PALAIS.)**

293. TASSAUX (René), à Givet (Ardennes), rue du Cygne, 4. — Tiges molletières à fermoir instantané. Souliers napolitain avec guêtres et molletières, dites vélocipèdes, à fermoir instantané.   **(PALAIS.)**

294. THIÉRY Aîné & Cie, à Paris, boulevard Sébastopol, 81. — Vêtements confectionnés et sur mesure pour hommes, jeunes gens et enfants.   **(PALAIS.)**
    Maisons à Lille, Lyon, Valenciennes, Saint-Quentin, Dunkerque, Béthune.

295. THINARD (Jean), à Paris, boulevard de Strasbourg, 15. — Vêtements pour hommes et pour dames.   **(PALAIS.)**

296. THONNERIEUX (C. Louis), à Paris, boulevard Montmartre, 15. — Chaussures de luxe en tous genres, bottes d'officiers, Chantilly et d'ordonnance, chaussures de chasse imperméables.   **(PALAIS.)**

297. THYRAUD & GALL (Adolphe), à Paris, rue Vivienne, 10. — Chapeaux de paille et feutre pour dames, fillettes et enfants.   **(PALAIS.)**

298. TIRARD, Frères, à Paris, rue du Faubourg-Poissonnière, 24. — Chapeaux en feutre, de laine, draps-feutres, chaussons de feutres, etc.   **(PALAIS.)**

299. TOUZET (Henri C.), à Paris, rue Ordener, 58. — Chaussures de luxe pour femmes et enfants.   **(PALAIS.)**

300. TRACEZ (Mme), à Paris, rue Saint-Lazare, 90. — Modes.   **(PALAIS.)**

301. TRANCART (R.), à Abbeville (Somme), rue du Pont-aux-Brouettes, 15. — Chaussures.   **(PALAIS.)**
    Ancienne Maison Trancart-Bosquet. — R. Trancart successeur.
    Maison fondée en 1846.
    Manufacture de chaussures cousues à la main pour hommes.
    Fabrication supérieure.
    Spécialité d'articles de chasse et de bottes.
    Récompenses : Médaille de bronze, Exposition universelle de Paris 1878.
    Médaille d'or, Exposition internationale de Paris, 1879.
    Médaille d'or (la plus haute récompense), Exposition Universelle, Barcelone 1888.

302. TRÉZEL (D.-Louis-L.), à Paris, rue du Temple, 48. — Coiffures d'uniformes.   **(PALAIS.)**

    Fournisseur de plusieurs administrations publiques. Casquettes, képis, pour collèges, pensions. Spécialité de coiffures pour officiers, chemins de fer, ponts et chaussées, cantonniers, fanfares, orphéons et pompiers, etc. Livrées. Toques de chasse, etc.

Classe 36.   2

303. TRICAS (Ancienne Maison) **Victor Raboteau & Fils**, successeurs, à Paris, rue Saint-Denis, 226. — Plantes et arbustes pour apprêts, décorations artistiques. **(PALAIS.)**

304. TURBEAUX (Yves-M.), à Paris, rue du Sentier, 3. — Vêtements classiques. **(PALAIS.)**

305. ULLIAC (Maison), à Paris, rue Sainte-Anne, 63. — Manteaux, haute nouveauté, pour dames. **(PALAIS.)**

306. VERDIN (Paul-J.), à Paris, rue de Palestro, 25. — Semelles de buffle, chaussons bufflés. Frottoirs pour filatures. Ronds pour polir. Applications de la peau de buffle.

307. VESSIÈRE-PAULIN, à Paris, rue du Sentier, 12. — Confections pour enfants. Costumes et layettes. **(PALAIS.)**

308. VIET (Julien), à Vincennes (Seine), rue de la Jarry. — Fleurs et feuillages. Reproduction par l'électro-chimie. Papiers pour fleurs et feuillages. Vernis ombrés. **(PALAIS.)**

309. VIGNAT (Vve Auguste), à Paris, rue d'Aboukir, 103. — Talons en bois dur perfectionnés Louis XV et autres genres, pour hommes, femmes, fillettes et enfants, s'adaptant à toutes les chaussures. **(PALAIS.)**

310. VILLAIN & Cie (Maison du Petit-Saint-Thomas), à Paris, rue du Bac, 27. — Robes et manteaux pour dames et enfants. **(PALAIS.)**

311. VIOL & DUFLOT, à Paris, rue de Cléry, 25. — Plumes pour parures. **(PALAIS.)**

Médaille de bronze, Paris, 1867 ; Médaille de bon goût, Vienne, 1873 ; Médaille d'argent, Paris, 1878 ; Médaille d'or, Amsterdam, 1888 ; Diplôme d'honneur, Anvers, 1885.

312. WEIL (Albert), à Paris, rue Poissonnière, 20. — Confections pour dames. **(PALAIS.)**

Maison à Londres, 34, Friday street.

313. WEISMANN & KAHN, à Paris, boulevard de la Villette, 12. — Chaussures. **(PALAIS.)**

Fabrique de chaussures.
Usine à vapeur, à Liancourt (Oise).
Articles de grande consommation.

COLONIES.

ALGÉRIE.

1. ABDERRAHMAN SEMMOUD, à Nédroma (Oran). — Haïcks en laine grossière. **(ESPLANADE.)**

2. ABDESSELAM ben el Hafoi, aux Brarcha (Constantine), Cercle de Tébessa. — Burnous et haïcks. **(ESPLANADE.)**

3. ABDI ben Chalabi ben Mamy, à Constantine, rue Perregaux, 103. — Pantoufles arabes. **(ESPLANADE.)**

4. AHMED ben Fana, à El haoueta (Alger), Cercle de Laghouat. — Burnous laine et poils de chameau. **(ESPLANADE.)**

5. AHMED ben Mohamed Zerizer, à l'Oued Addard (Constantine). — Haïck en laine pour femme. **(ESPLANADE.)**

6. AHMED ben Salah ben Embarek, aux Ouled bou Faa, Commune mixte d'El Milia (Constantine). — Haïck en laine pour femme. **(ESPLANADE.)**

7. AHMED ZERHOUNI, à Nédroma (Oran). — Babouches communes. **(ESPLANADE.)**

8. ALLIGON (Solitaire), à Alger, boulevard de la République. — Habillements civils et militaires. Amazone et jaquette dame. **(ESPLANADE.)**

9. ALTAIRAC (Frédéric), à Alger. — Effets d'habillement, de chaussure et de harnachement à l'usage des spahis et gendarmes indigènes. Uniformes. **(ESPLANADE.)**

10. AMAOUA (Moïse), à Alger, rue Bab-Azoun, 12. — Chaussures d'hommes, de femmes, d'enfants et de fillettes, cousues à la main. **(ESPLANADE.)**

11. AMAR ben Mezian, à Mostaganem (Oran). — Burnous et haïck, laine, tissés à la main et brodés en soie. **(ESPLANADE.)**

12. AMOU ben Sliman, à Mostaganem (Oran). — Cordonnerie indigène. **(ESPLANADE.)**

13. ARON ben Zazoun, à Oran, rue de la Révolution, 16. — Vêtements indigènes pour hommes et femmes. **(ESPLANADE.)**

14. ASENSIO (Félix), à Oran, rue d'Arzew, 20. — Bottes officier (vache vernie), bottes écuyer (veau ciré). **(ESPLANADE.)**

15. BACRI (M. C.), à Alger, rue Doria, 12. — Chapeaux en paille. Pantoufles brodées. Babouches brodées. **(ESPLANADE.)**

16. BARODY ben Sadoun, à Mostaganem (Oran). — Babouches jaunes et rouges. **(ESPLANADE.)**

17. BÉLIN, à Biskra (Constantine). — Haïcks et burnous. **(ESPLANADE.)**

18. BELKACEM ben Ali, aux Beni bel Aïd, Commune mixte d'El Milia (Constantine). — Model (chapeau de fellah). **(ESPLANADE.)**

19. BELKASSEM ben Sliman, à Seddouk (Constantine), Commune mixte d'Akbou. — Burnous gros et fins, haïcks, petit burnous pour enfants. **(ESPLANADE.)**

20. BEN ABEN (Henriette-Luce), à Alger, rue Bruce, 7. — Costumes et broderies mauresques. **(TROCADERO.)**

21. BEN DRA ben Ralma, à Tlemcen (Oran), rue de Mascara. — Calotte de femme brodée d'or. **(ESPLANADE.)**

22. BEN MANSOUR el hadj Hessaïn, à Tlemcen (Oran), rue de Mascara. — Souliers d'enfants arabes. **(ESPLANADE.)**

23. BOUSAADA (Administrateur de la Commune indigène de), à Bousâada (Alger). — Habillement complet pour homme indigène, costume complet de femme indigène. **(ESPLANADE.)**

24. BOU YAHIA ben Mohamed, aux Ouled Solthan (Alger), Commune mixte d'Aumale. — Burnous en laine. **(ESPLANADE.)**

25. BRAHIM ben Nécib, aux Allaouna (Constantine), Cercle de Tébessa. — Burnous et haïcks. **(ESPLANADE.)**

26. CHANTRE, à Bône (Constantine). — Costumes en drap fort sur mesure. **(ESPLANADE.)**

27. CHEIKH MOSBAH ben Taïeb, à Souk-Ahras (Constantine). — Burnous en poils de chameau. **(ESPLANADE.)**

28. CHICHE-MANTOUT (Z.), à Alger, rue de la Lyre, 5. — Chaussures arabes. **(ESPLANADE.)**

29. COHEN (E. H.) à Bône (Constantine). — Caftan arabe pour dame.
(ESPLANADE.)

30. COUZARD (Augustine), à Alger (Agha), boulevard Bon-Accueil, 11. — Jupons, garniture de chemise et dentelle. (ESPLANADE.)

31. DERIN, à Bône (Constantine).— Chaussures en peau de panthère. Bottes de marais et bottes Chantilly. Chaussures diverses. (ESPLANADE.)

32. DESCOTTES, à Oran, boulevard Séguin. — Coiffure de femme indigène.
(ESPLANADE.)

33. DJURDJURA (Commune mixte du), à Michelet, (Alger). — Costumes d'hommes et de femmes indigènes. (ESPLANADE.)

34. DOLORÈS (Andréo), à Oran, rue de Barcelone, 1. — Cadre en cheveux.
(ESPLANADE.)

35. DURAND (François), à Constantine, rue de France. — Bottes Chantilly et souliers. (ESPLANADE.)

36. EL HADJ Abdelkader Mouffack, à Constantine, rue des Abeilles, 12. — Souliers arabes. (ESPLANADE.)

37. EL HADJ Ali ben MOHAMED, à El Assafia (Alger), Cercle de Laghouat. — Burnous laine et poils de chameau. (ESPLANADE.)

38. EL HADJ BOUDJA, à Tlemcen (Oran).— Babouches. (ESPLANADE.)

39. EMBAREK ben Kalifa, à Ksar-el-hiran (Alger), Cercle de Laghouat. — Burnous. (ESPLANADE.)

40. GARDAIA (Commune indigène de), à Gardaïa (Alger).— El Khomri (vêtement en laine des femmes Mozabites). Djerbi du M'Zab. (ESPLANADE.)

41. GAUTILLOT (Charles), à Alger, rue de Constantine, 4. — Chaussures.
(ESPLANADE.)

42. GÉNÉRAL (le) Commandant la Division d'Alger, à Alger. — Divers objets d'habillement à l'usage des indigènes hommes et femmes. (ESPLANADE.)

43. GUINET (Émile), à Oran. — Vêtements d'hommes, de femmes et d'enfants.
(ESPLANADE.)

44. LAFFONT, à Alger, rue Dumont-Durville, 4. — Bottes pour infanterie et cavalerie, souliers de luxe. Formes anatomiques. (ESPLANADE.)

45. LÉVY (Valentin), à Alger, rue Clauzel, 17. — Bottes de femmes brodées or.
(ESPLANADE.)

46. MARDOCHÉE Sultan, à Tlemcen (Oran).—Ceintures en laine. (ESPLANADE.)

47. MÉQUESSE (Louis), à Barika (Constantine). — Haïck et gharos en laine et poils de chameau. (ESPLANADE.)

48. MODEL & Cie, à Alger, rue de la Lyre, 37. — Chachias fabriqués à Alger.
(ESPLANADE.)

49. MOHAMED ben Ali, à Laghouat (Alger). — Haïck laine et soie.
(E PLANADE.)

50. MOHAMED ben Amar, à Mostaganem (Oran). — Haïck et burnous laine tissés à la main et brodés en soie. (ESPLANADE.)

51. MOHAMED ben Amin Khodja, à Constantine. — Chaussures de femmes.
(ESPLANADE.)

52. MOHAMED ben Embarek, à Ksar el hiran (Alger), Cercle de Laghouat. — Burnous laine et poils de chameau. (ESPLANADE.)

53. MOHAMED ben Gassem, à Constantine, rue Combes, 2. — Souliers arabes jaunes et rouges.   **(ESPLANADE.)**

54. MOHAMED ben Riane, à Tadjement (Alger), Cercle de Laghouat. — Burnous en laine et poils de chameau.   **(ESPLANADE.)**

55. MOHAMED ben Tahar, à Aïn Madhi (Alger), Cercle de Laghouat. — Burnous laine et poils de chameau.   **(ESPLANADE.)**

56. MOHAMED MITLJI et Ahmed bou Kroufa, à Bône (Constantine). — Chaussures pour hommes, femmes et enfants.   **(ESPLANADE.)**

57. MOHAMED ould Abdelkader ben Friha, à Tilmouni (Mekerra), (Oran). — Petite musette arabe et petit burnous en laine noire.   **(ESPLANADE.)**

58. MOHAMED Ould Moulay Aïssa, à Tlemcen (Oran.) — Cordes en laine pour coiffeurs, caban en laine avec drap colorié.   **(ESPLANADE.)**

59. MONIER (Victor), à Oran, rue de Gênes, 8. — Tiges de bottines. **(ESPLANADE.)**

60. MUSTAPHA DJEBBAR, à Palikao (Oran). — Burnous en laine rayé de soie.   **(ESPLANADE.)**

61. PAPARELLA (Nicolas), à Mostaganem (Oran).— Vêtements d'hommes.   **(ESPLANADE.)**

62. RABA ben Mohammed, aux Béni bou Attab (Alger), Commune mixte de l'Ouarsenis. — Burnous arabe.

63. RAFAH ben Saad, ben Ferhat Kahal, aux Ouled Kassem (Constantine). — Haïck en laine pour femme.   **(ESPLANADE.)**

64. SALAH ben Ahmed bou Chemâ, aux Ouled bou Faâ, Commune mixte d'El Milia (Constantine). — Haïck en laine pour jeune fille.   **(ESPLANADE.)**

65. SAUVAGÉ (Henri), àAlger, rue Dumont-d'Urville, 10.— Chaussures diverses, tiges diverses.   **(ESPLANADE.)**

66. SI AHMED ould Sidi Mohammed ben Reram, à Remchi (Oran).— Chapeaux arabes en palmier nain.   **(ESPLANADE.)**

67. SI AÏSSA bel Hadj Caïd, à Messer Mekerra (Oran). — Musette arabe en laine.   **(ESPLANADE.)**

68. SICARD (Léopold), à Oran, place de la République. — Divers vêtements sur mesure.   **(ESPLANADE.)**

69. SI MOHAMED ben Lahssen, à Tlemcen (Oran). — Chaussettes de laine. Cordes en poils de chameaux pour coiffure. Ceinture en laine et soie. Burnous, haïck en laine et en soie et laine.   **(ESPLANADE.)**

70. SI MOHAMED ben Messaoud bou Lghabra, aux Beni Flah, (Commune mixte d'El Milia (Constantine). — Ceintures en laine pour femmes. **(ESPLANADE.)**

71. SI MOHAMED ben Si Filali, aux Beni Neslem, Commune mixte d'El Milia (Constantine). — Burnous en laine.   **(ESPLANADE.)**

72. SI MOHAMED ben Snoussi, à Messâad (Alger), Cercle de Djelfa. — Burnous en poils de chameau et laine. Burnous laine blanche.   **(ESPLANADE.)**

73. SOLAL (Léon), à Alger, place Malakoff, 6. — Burnous, gandouras, babouches pour hommes et femmes.   **(ESPLANADE.)**

74. TABET (Moïse), à Oran, rue Philippe, 63. — Tissus, vêtements indigènes.   **(ESPLANADE.)**

75. TAYEBOUN Abdelkader, à Telioum-Mekerra (Oran). — Petit burnous en laine blanche. Glands soie.   **(ESPLANADE.)**

76. TAYEBOUNE MOHAMMED CAÏD, à Telïoum-Mekerra (Oran). — Burnous d'enfant en laine blanche. **(ESPLANADE.)**

77. YAMMA bent ABDELLAH ben Saïd, aux Beni Fergan, Commune mixte d'El Milia (Constantine). — Haïck en laine pour jeune fille. **(ESPLANADE.)**

COCHINCHINE.

1. Exposition permanente des Colonies, à Paris. — Modèles de costumes indigènes. **(ESPLANADE.)**

2. Service local, à Saïgon. — Manteau en paillette. **(ESPLANADE.)**

GABON-CONGO.

1. AVINENC, au Gabon. — Bonnets flotes de la région de Loango, chapeaux de plumes, plumets, pagnes, etc. **(ESPLANADE.)**

2. Exposition permanente des Colonies, à Paris. — Costume de féticheur. **(ESPLANADE.)**

3. Immaculée Conception (Dames de l'), au Gabon. — Robe de petite fille, pantoufles. **(ESPLANADE.)**

4. LE BERRE (Évêque des deux Guinées), au Gabon. — Paire de souliers. **(ESPLANADE.)**

5. PECQUEUR (Léona), au Gabon. — Bonnets divers et chapeaux, pagnes. **(ESPLANADE.)**

6. SCHLUSSEL (Laurent), à Libreville (Gabon). — Pagnes, ceintures, coiffures. **(ESPLANADE.)**

GUADELOUPE.

1. AYE (Evelina), à Saint-Barthélemy. — Chapeau de dame. **(ESPLANADE.)**

2. BÉNY (Julia), à Saint-Barthélemy. — Chapeau de paille. **(ESPLANADE.)**

3. CURET (S. P.), à Saint-Barthélemy. — Chapeaux. **(ESPLANADE.)**

4. Exposition permanente des Colonies, à Paris. — Modèles de costumes populaires. **(ESPLANADE.)**

GUYANE FRANÇAISE.

1. Administration Pénitentiaire, à la Guyane. — Salakos, arouma. **(ESPLANADE.)**

2. Exposition permanente des Colonies, à Paris. — Chapeaux berceau des femmes oyampis, couronne en plumes pour la danse, couyous ou tablier des femmes indiennes, diadème en plumes, tour de tête avec queue et gorge. Modèles de costumes indigènes (chef roucouyenne). **(ESPLANADE.)**

INDE FRANÇAISE.

1. Comité d'Exposition de l'Inde. — Arémondy, servant à cacher la nudité des filles en bas âge, poupées habillées et ornées, souliers et chaussures, chapeaux, bouquets, bonnets musulmans, pagnes. **(ESPLANADE.)**

2. Exposition permanente des Colonies, à Paris. — Chaussures d'hommes et d'enfants, langoutis, turbans, costumes. **(ESPLANADE.)**

MARTINIQUE.

1. CAMBELL (L. I.), à Saint-Pierre. — Chapeaux en latanier. **(ESPLANADE.)**

2. Exposition permanente des Colonies, à Paris. — Madras de négresse ; costumes populaires. **(ESPLANADE.)**

3. Service local de la Martinique. — Chapeaux en latanier et en torchon. **(ESPLANADE.)**

MAYOTTE ET COMORES.

1. Exposition permanente des Colonies, à Paris. — Modèles de costumes indigènes. **(ESPLANADE.)**

NOSSI-BÉ.

1. Service Local. — Pagnes, rabanes. **(ESPLANADE.)**

NOUVELLE-CALÉDONIE.

1. Affaires indigènes (Service des), à Nouméa. — Ouatiti ; (jarretières de guerriers). Tapas, manteaux avec pailles en dehors ; chapeaux simples et de cérémonie ; plumes. **(ESPLANADE.)**

2. Exposition permanente des Colonies, à Paris. — Coiffures d'hommes, plumets, tour de reins de femmes. **(ESPLANADE.)**

3. HAYÈS & JEANNENEY, à Fonwhary. — Espadrilles en foureroya gigantea. **(ESPLANADE.)**

4. Internat de Néméara, à Nouméa.— Costumes et souliers faits par les enfants. **(ESPLANADE.)**

5. Pénitencier de l'Ile Ducos. — Chapeaux en paille récoltée en 1887.

6. TOPIN, à la Nouvelle-Calédonie. — Chemise à gilet. **(ESPLANADE.)**

RÉUNION.

1. BARET (Mlle Rosina), à Saint-Louis. — Chapeau latanier. **(ESPLANADE.)**

2. BENARD (Mme Julien), à Saint-Louis. — Chapeau, forme Panama, en latanier. **(ESPLANADE.)**

3. BOIS-VILLIERS (Mme Anne de), à Saint-Louis. — Chapeau Panama. **(ESPLANADE.)**

4. BOIS-VILLIERS (Mme Em. de), à Saint-Louis. — Chapeau latanier. **(ESPLANADE.)**

5. Exposition permanente des Colonies, à Paris. — Chapeaux d'hommes et de femmes. **(ESPLANADE.)**

6. FONTAINE (Mme Louis A.), à Saint-Louis.— Chapeau, forme Panama, en latanier. **(ESPLANADE.)**

7. GRONDIN (Mlle), à Saint-Denis. — Chapeau en latanier. **(ESPLANADE.)**

8. GUIRAUD (B.), à Saint-Denis. — Chaussures. **(ESPLANADE.)**

9. HERMELIN-PAYET (Vve), à Saint-Louis. — Chapeau latanier.
(ESPLANADE.)

10. LHÉRONDE (F.), à Saint-Denis. — Chaussures, vêtements.
(ESPLANADE.)

11. LIQUIDEC (Mme J.), à Saint-Louis. — Chapeau Panama.　(ESPLANADE.)

12. RIVIÈRE (Vve Marcellin), à Saint-Louis. — Chapeau latanier.
(ESPLANADE.)

13. TÉCHER (Vve Hubert), à Saint-Louis. — Chapeau latanier.
(ESPLANADE.)

14. TIMOTHÉE (Mme), à Saint-Louis. — Chapeau latanier.　(ESPLANADE.)

15. ZAMUDIO (Mlle Marie-A.), à Saint-Denis. — Pantoufles.
(ESPLANADE.)

SAINT-PIERRE ET MIQUELON.

1. Exposition permanente des Colonies, à Paris. — Modèles de costumes
populaires.　(ESPLANADE.)

SÉNÉGAL.

1. AMADY NATAGO, Lam Toro, Chef du **Toro**, (protectorat du Toro). —
Sandales en cuir, en bois, écharpes, pagnes.　(ESPLANADE.)

2. DIMBA WAR, Président des chef du **Cayor**, (protectorat du Cayor). —
Pagnes.　(ESPLANADE.)

3. Exposition permanente des Colonies, à Paris. — Modèles de costumes
indigènes, guerriers.　(ESPLANADE.)

4. IBRAHIMA N'DIAYE, Chef du **N'Diambour**, (protectorat du N'Diambour). — Pagnes, dits fiovali.　(ESPLANADE.)

PAYS DE PROTECTORAT.

ANNAM-TONKIN.

1. Protectorat de l'Annam et du Tonkin. — Chapeau.　(ESPLANADE.)

2. Protectorat du Tonkin. — Robe de mandarins.　(ESPLANADE.)

3. Province de Hanoï. — Glands de chapeaux (femmes); souliers (hommes et
femmes); bottes de lettrés.　(ESPLANADE.)

4. Province de Muong. — Vêtements muongs (femmes).　(ESPLANADE.)

CAMBODGE.

1. HAHN, Docteur. — Costume cambodgien.　(ESPLANADE.)

TAHITI.

1. DONAT, à Fakarava (Marquises). — Chapeaux en pandanus, tresse fine et tresse trouée. **(ESPLANADE.)**

2. Exposition permanente des Colonies, à Paris. — Jupes ornées de fibres diverses, panaches et vêtements en róva-réva, pellicules de la feuille naissante du cocotier. **(ESPLANADE.)**

3. GIBSON (Mme Élisa), à Papeete. — Cartes d'échantillons de tissus pour chapeaux, pantoufles en pia, vêtements en écorce de maioré tiputa. **(ESPLANADE.)**

4. LABBEYI, à Papeete. — Barbe de vieillard, touffe de cheveux, plumes pour jambes, cheveux pour jambes d'enfants, couronne de dents de poisson. **(ESPLANADE.)**

5. SALMON (Tati), à Papara. — Paille de bambou de Mon (cyperus pennatus), de canne à sucre et de pandanus pour chapeaux. **(ESPLANADE.)**

6. VAN DER VEENE (Vve), à Papeete. — Branche de fleurs, chapeaux d'hommes et de dames en pandanus, échantillons de tresses. **(ESPLANADE.)**

7. VIENOT (Charles), à Papeete. — Coiffures en plumes (Ile de Pâques). **(ESPLANADE.)**

TUNISIE.

1. ALLELA FEIECH. — Habillements des deux sexes. Costumes indigènes. **(ESPLANADE.)**

2. BAUDOT (Ch.), à Tunis, avenue de France. — Confections. **(ESPLANADE.)**

3. BECHIR ben ABDALLAH. — Habillements des deux sexes. Costumes indigènes. **(ESPLANADE.)**

4. KHAIAT (J. de M.), à Tunis. — Vêtements et broderies. **(ESPLANADE.)**

5. SADOK TAMMAR. — Habillements des deux sexes. Couvertures et costumes indigènes. **(ESPLANADE.)**

PAYS ÉTRANGERS.

RÉPUBLIQUE ARGENTINE.

1. **ABARCA (Jaime)**, à Cordoba. — Bottines. (PARC.)

2. **CANTELLI (Aquille)**, à Jujuy. — Bottines. (PARC.)

3. **CAVALLER (B.)**, à Tucuman. — Chaussures. (PARC.)

4. **CLASTRE (Antolin)**, à Rosario (Santa-Fé). — Boîtes et chaussures. (PARC.)

5. **Commission auxiliaire**, à Formosa. — Colliers de sauvages, faits avec des coquillages. — Bottes de sauvages, travaillées en cuir de cerf. (PARC.)

6. **Commission auxiliaire**, à Jujuy. — Chapeau en laine de vigogne. — Chapeau en laine de mouton. (PARC.)

7. **FONTANAROSA (J. M.)**, à Buenos-Ayres. — Jaquette en vigogne, manteau. (PARC.)

8. **LOISEL (E.)**, à Buenos-Ayres. — Chaussures. (PARC.)

9. **MEINERS (Frédéric)**, à Esperanza (Santa-Fé). — Bottes sans couture. (PARC.)

10. **MOZZACHIODI (Louis)**, à Rosario (Santa-Fé). — Bottes. (PARC.)

11. **ORDOÑEZ (Manuel)**, à Rosario (Santa-Fé). — Tiges de chaussures. (PARC.)

12. **PARODI (Louis)**, à Buenos-Ayres. — Chaussures. (PARC.)

13. **PLATAROTI (Augustin)**, à Buenos-Ayres. — Bottines. (PARC.)

14. **SORTINE (Cayetano)**, à Perico-de-San-Antonio (Jujuy). — Bottes. (PARC.)

15. **VALIDO (Ambroise)**, à Buenos-Ayres. — Bottines et chaussures. (PARC.)

16. **VIDELA (Jean)**, à Buenos-Ayres. — Souliers pour la troupe. (PARC.)

17. **WARTON (C.)**, à Buenos-Ayres. — Plumes travaillées. (PARC.)

AUTRICHE-HONGRIE.

1. **BASS (Sigismond)**, à Kœniggrætz (Bohême). — Costume national. (PALAIS.)

2. **BOROS (Jean)**, à Budapest, IV. Kalap-Utcza, 22. — Souliers et bottes. (PALAIS.)

3. **FLUSS (Ignace)**, à Freiberg (Moravie). — Chapeaux et cloches de laine. (PALAIS.)

   Chapeaux et cloches souples et imperméables, pour la France et l'Exportation.

4. **FRIDRICKO (Jac) et Frère**, à Vienne, Neuban-Siebensterngasse, 25. — Chaussures fines cousues à la main. (PALAIS.)

5. GLANZ (Mme H.), à Vienne, VII. Mariahilferstrasse, 72. — Modes, chapeaux pour dames.   (**PALAIS.**)

6. HERMANN (Daniel), à Agram (Croatie). — Costumes nationaux, tapis, rideaux, nappes, tabliers, coussins.   (**PALAIS.**)

7. KASSOWITZ (Philippe), à Vienne, Zelinkagasse, 9. — Confections pour hommes et garçonnets.   (**PALAIS.**)

L. Weiser, représentant pour l'Exposition et l'Exportation, à Paris, 84, rue d'Hauteville.

8. KEGLITS (Mme Justine), à Budapest, X. Jasberengerstrasse, 8466. — Gants et bas tricotés à la main.   (**PALAIS.**)

9. KOMPERT (Franz et Ernest), à Münchengratz (Bohême). — Chaussures
(**PALAIS.**)

10. KREHUS (Paul), à Budapest. — Souliers.   (**PALAIS.**)

11. LANGWEIL (Aloys), à Schlan (Bohême). — Tiges de bottines.   (**PALAIS.**)

12. LOZIC (Salva P.), à Vickovar (Slavonie). — Redingote.   (**PALAIS.**)

13. LOWENSTEIN (Adolphe R.), à Vienne, VII. Kalbgasse, 15. — Chaussures pour dames.   (**PALAIS.**)

Usines à Leitomischl, Sobieslau, Bistrau et Toucap. Récompenses : Vienne 1873. Philadelphie 1876, (diplôme d'honneur), Sydney, 1880, (Médaille d'or). Amsterdam, (Médaille d'or). Melbourne 1881, (Médaille d'or). Vienne 1873. Paris 1878, (médaille d'argent). Anvers 1885. (médaille d'or). Melbourne 1888 (médaille d'or avec mention spéciale) Maisons à Paris : 38 rue de l'Échiquier et 39, rue d'Enghien ; à Londres : 118, Fore street E. C. ; à Amsterdam : 117 Achterburgwall. Agents à Marseille, Bombay, Melbourne, New-York, Hambourg, Berlin, Saint-Pétersbourg, Moscou, Tiflis, Constantinople, Alexandrie, le Caire, Stockholm, Copenhague, Sydney, etc.

14. LOWY (Maurice), à Vienne, I. Franz-Josefs quai 29. — Habillements pour hommes, garçonnets et enfants.   (**PALAIS.**)

15. MANDL (M. & I.), à Vienne. — Vêtements pour hommes, jeunes gens et enfants, confections militaires et pour administrations. Articles pour pays chauds.
(**PALAIS.**)

16. MAYER (Jean), à Resicza (Hongrie). — Chaussures.   (**PALAIS.**)

17. NEUMANN (Maurice), à Vienne, VI. Mariahilferstrasse, 35. — Vêtements tout faits pour hommes et garçonnets.   (**PALAIS.**)

Vêtements pour hommes et garçons et articles pour l'équipement militaire.
La fabrique, fondée en 1845, est située à Agram (Croatie), et à Vienne.
A Paris, représenté par MM. Lautmann et Anhiem, 11, rue de Trévise.

18. POLLAK (D. H.), & Cie, à Vienne, VII, Zieglergasse, 5. — Chaussures.
(**PALAIS.**)

19. PULTAR (Vaclav), à Koeniggraetz (Bohême). — Costume national, costume de chasse.   (**PALAIS.**)

20. SCHERESCHEWSKY (Jacob), à Vienne, I, MariaThéresienstrasse, 32. — Chaussures de tous genres.   (**PALAIS.**)

21. STRAKOSCH, (B.), à Vienne, VII, Dreilanfsergasse, 4.— Chaussures pour l'exportation.   (**PALAIS.**)

22. STRAKOSCH (Julius), à Vienne, VI, Schmalzhofgasse, 26. — Chaussures.
(**PALAIS.**)

23. TENGERY (Emeric), à Budapest, IV, Vaczi utcza, 8. — Manteaux populaires brodés, dits « Szür », pour hommes et enfants.   (**PALAIS.**)

24. WEDELES (J.), à Vienne, VI, Gumpendorferstrasse, 6. — Chaussures, souliers de fantaisie.   (**PALAIS.**)

BELGIQUE.

1. BRENU (Jean), à Liége, rue de la Cathédrale, 65. — Chaussures diverses, souliers de soirées, bottines de luxe, bottes, etc. **(PALAIS.)**

2. Collectivité des ouvriers tailleurs, à Bruxelles, rue du Nord, 18. — Vêtements des deux sexes ; vêtements de luxe. **(PALAIS.)**

3. CORYN (Jules), à Gand. — Tulle, dentelles et filets en cheveux. **(PALAIS.)**

4. DE TROY (Calixte), à Bruxelles, rue de Flandre, 17. — Chaussures de luxe ; chaussures de chasse imperméables. **(PALAIS.)**

5. DIRICKX (Mme J.), à Bruxelles, 30, rue du Marais. — Corsages pour vêtements de dame, sans couture. Méthode de coupes. **(PALAIS.)**

6. FONSON (Auguste), à Bruxelles, rue des Fabriques, 49 — Habillements militaires. **(PALAIS.)**

Chevalier de l'Ordre de Léopold.

Équipements complets pour officiers et soldats de l'armée, de la garde civique, des pompiers, de la police.

Habillements et équipements pour sociétés particulières, ordres de chevalerie, bannières de sociétés, etc., etc.

7. FRANS Fils, à Bruxelles, rue des Fabriques, 30. — Chaussures. **(PALAIS.)**

Chaussures pour l'Exportation : Hommes, femmes et fillettes, cousues et chevillées.
Usine à vapeur. — Anvers 1885, Médaille d'argent.

8. GENGOUX (J.-B.), à Bruxelles, rue de l'Enseignement, 36. — Chaussures orthopédiques et hygiéniques. **(PALAIS.)**

9. GILLET (F.), à Bruxelles, rue de Loxum, 40. — Chaussures de luxe et de chasse, pour dames et pour hommes. **(PALAIS.)**

Fournisseur des Princes Baudoin et Albert, breveté. — Chaussures anglaises et de luxe ; bottes de course et de chasse. — Médaille d'or, à l'Exposition 1888, à Bruxelles ; Prix d'excellence au grand concours, Bruxelles 1888.

10. HAESEBROUCK (Edward), à Bruges, rue du Cœur-St-Gilles, 10. — Ouvrages en cheveux. **(PALAIS.)**

11. LEQUY (Élie), à Court St-Étienne. — Bottines pour dames et pour hommes. **(PALAIS.)**

12. PATERNOTTE (Nicolas) & Fils, à Nivelles. — Perruques de ville, de théâtre et toupets ; coiffures nouvelles ; ouvrages en cheveux. **(PALAIS.)**

13. SCHOY (S.), à Bruxelles, rue de l'Écuyer, 27. — Vêtements. **(PALAIS.)**

Amsterdam, Médaille argent 1883 ; Anvers 1885, Médaille argent.

14. VANDENBOS (Eugène), à Gand, place d'Armes.—Chaussures pour l'armée, la marine et les cultivateurs ; chaussures de luxe et ordinaires ; bottes et chaussures de chasse, etc., guêtres. **(PALAIS.)**

15. VALCKE Frères, à Bruxelles, rue Jules-Van-Praet, 8. — Chapeaux de paille. **(PALAIS.)**

16. VAN MARCKE Frères (E.) & Cie, à Bruxelles, avenue du Midi, 14. — Chaussures clouées pour hommes, dames et enfants ; pantoufles en feutre. **(PALAIS.)**

17. VANVECKHOVEN (Constant), à Bruxelles, rue du Lavoir, 13. — Chapeaux de soie. **(PALAIS.)**

RÉPUBLIQUE DE BOLIVIE.

1. ARTOLA (Comtesse Carolina de), à Paris, avenue Klóber, 34. — Modèles de costumes populaires, tissus en plumes, gants, masques, mantes. **(PARC.)**

2. BAUDRY (Paul), à Paris, rue de l'Échiquier, 27. — Costumes populaires. **(PARC.)**

3. BRESSON (André), à Paris, rue de Lafayette, 1. — Tissus et vêtements indigènes. **(PARC.)**

BRÉSIL.

(Voir son Catalogue spécial).

CHILI.

1. COLLIN (Carlos), à Chillan. — Chaussures. **(PARC.)**

2. DONCIL (Mme), à Santiago. — Robes. **(PARC.)**

3. GAUCHÉ (N.), à Valparaiso. — Chaussures. **(PARC.)**

4. JORQUERA (Jésus), à Valparaiso. — Chapeaux pour femmes. **(PARC.)**

5. LAZO (José Santos), à Valparaiso. — Chaussures. **(PARC.)**

6. LEMUS DUBREUIL, (Emilia), à Santiago. — Fleurs artificielles. **(PARC.)**

7. MARESCOT (J.), à Valparaiso. — Chapellerie pour hommes. **(PARC.)**

8. PACHECO de ROSAS (Emilia), à Valparaiso. — Chapeaux pour femmes. **(PARC.)**

9. RAMOS (Vitalia M. de), à Valparaiso. — Chapeaux pour femmes. **(PARC.)**

10. VAZQUEZ (Félicia), à Valparaiso, — Chapeaux pour femmes. **(PARC.)**

DANEMARK.

1. DAHL (H. C.), à Copenhague. — Chaussures. **(PALAIS.)**

2. PETITGAS (François), à Copenhague. — Chapeaux de soie et de feutre. **(PALAIS.)**

3. WEIMANN (Joh.), à Odense. — Habillements en peau. **(PALAIS.)**

RÉPUBLIQUE DOMINICAINE.

1. BARRIEL (Victor B.), à Santo-Domingo. — Chaussures. **(PARC.)**

2. DEFFER (Marcello), à Santo-Domingo. — Bottines de dames. **(PARC.)**

3. LUGO (T. F.), à Santo-Domingo. — Chaussures. **(PARC.)**

4. TÉJERA (Juan), à Santo-Domingo. — Chapeaux de paille. **(PARC.)**

ÉGYPTE.

1. SAMOLI (Milthiade), à Alexandrie, place des Consuls. — Chaussures.
(PARC.)

2. SOLIMAN, au Caire. — Pantoufles. (PALAIS.)

ÉQUATEUR.

1. Commission Coopérative d'Ambato, à Ambato. — Un chapeau mérinos, ponchos en fil, en coton et en laine, une paire de bottes. (PARC.)

2. Commission coopérative de Quito, à Quito. — Fleurs artificielles. (PARC.)

3. LOPEZ Frères, à Guayaquil. — Chapeaux de paille. (PARC.)

4. MADRID (Carlos F.), à Quito. — Chapeaux de paille. (PARC.)

5. REYRE Frères et Cie, à Guayaquil et à Paris, rue de Châteaudun, 34. — Chapeaux de paille. (PARC.)

ESPAGNE.

1. ALONSO MORA (José), à Barcelone. — Cordonnerie. (PALAIS.)

2. ATILANO OCHOA (Pedro), à Logrono. — Chaussures. (PALAIS.)

3. BLANCO (Benigno), à Valladolid. — Chaussures. (PALAIS.)

4. CARO Frères, à Madrid. — Habits confectionnés. (PALAIS.)

5. CEA FERNANDEZ (Jacinto), à Pontevedra. — Chapeaux. (PALAIS.)

6. DENYS (Diego), à Cuidadela (Minorque). — Cordonnerie. (PALAIS.)

7. DIANOUX (Léon), à Salamanque. — Objets d'habillement. (PALAIS.)

8. DOMINGO (José), à Barcelone. — Cordonnerie. (PALAIS.)

9. ECHEGARAY (Juan), à Bilbao. — Divers objets d'habillement (PALAIS.)

10. ELOSEGUI (Antonio), à Tolosa (Guipuzcoa). — Casquettes. (PALAIS.)

11. ENTRALLA (José), à Grenade. — Chapeaux. (PALAIS.)

12. FERNANDEZ (José), à Madrid. — Courte-pointe de drap. (PALAIS.)

13. GARAU (José), à Palma (Baléares). — Chaussures faites à la machine. (PALAIS.)

14. GARAU (Vve) & Fils, à Palma (Baléares). — Chaussures. (PALAIS.)

15. GIBERT (Antonio), à Barcelone. — Cordonnerie. (PALAIS.)

16. IRIVAS (Juan), à Saint-Sébastien. — Chapeaux. (PALAIS.)

17. JUBETE DE LA FUENTE (Angel), à Valladolid. — Chaussures. (PALAIS.)

18. MANUEL RODRIGUEZ Y OJEDA (Juan), à Séville. — Tunique brodée en or. (PALAIS.)

19. MUÑOZ (J. Escribano), à Séville. — Chaussures. (PALAIS.)

20. **NETTC (Francisco) & Fils,** à Ciudadela (Minorque, Baléares). — Chaussures. (PALAIS.)

21. **PEREZ (J. Maria),** à Cordoue. — Formes pour souliers. (PALAIS.)

22. **PINEIRO (Pastor),** à Vigo. — Jaquettes. (PALAIS.)

23. **PONS & Cie,** à Blanes (Gerona). — Souliers. (PALAIS.)

24. **REDON (Esteban),** à Barcelone. — Cordonnerie. (PALAIS.)

25. **ROMERO MUÑOZ (Francisco),** à Cordoue. — Chaussures. (PALAIS.)

26. **ROS (José),** à Barcelone. — Sabots en bois. (PALAIS.)

27. **SAIS (Fils de),** à Barcelone. — Cordonnerie. (PALAIS.)

28. **SALVADOR Y OLLES (Sebastian),** à Alcaniz (Teruel). — Tableau de fleurs artificielles. (PALAIS.)

29. **SERRA (Andres),** à Barcelone. — Cordonnerie. (PALAIS.)

30. **TELLO (Aureliano),** à Avila. — Chaussures. (PALAIS.)

31. **VEGA (Rafael de la),** à Madrid. — Chaussures. (PALAIS.)

32. **VERNANDEZ (Antonio),** à Vigo. — Chaussures. (PALAIS.)

33. **VIDAL (Juan),** à Barcelone. — Cordonnerie. (PALAIS.)

34. **VIDAL BALANZATEGNI,** à Vitoria. — Objets d'habillement. (PALAIS.)

35. **VIESCA (Francisco),** à Mieres del Camino (Asturies). — Chaussures. (PALAIS.)

36. **VILARDELL (Carmen),** à Barcelone. — Fleurs artificielles. (PALAIS.)

37. **ZALDIBAR (Valentin),** à Logrono. — Chaussures. (PALAIS.)

ÉTATS-UNIS.

1. **Boston Rubber Shoe Co.,** à Boston, Mass.. — Chaussures de caoutchouc en tous genres. (PALAIS.)

2. **CHANUT (Jean M.),** à New-York, N. Y. 2,, West 14th street. — Gants de chevreau pour femmes et pour hommes. (PALAIS.)

3. **DELLAC (Mme S.),** à New-York, N. Y., 23, West 24th street. — Robe de diner. (PALAIS.)

4. **DUNLAP (R. & Co),** à New-York, N. Y. — Chapeaux de soie, claques, chapeaux de paille. (PALAIS.)

5. **FRANKLIN,** à New-York, N. Y., 5th avenue & 20th street. — Costume complet en velours croisé pour garçons. Vêtements confectionnés. (PALAIS.)

6. **HOUGH & FORD,** à Rochester, N. Y., 111, Mill street. — Chaussures fines pour dames. (PALAIS.)

7. **SCHLOSS (N. F.) & Co,** à New-York, 653-666, Broadway. — Vêtements pour enfants. (PALAIS.)

8. **SENAKER (Alfred N.),** à Buffalo, N. Y., 300, Michigan street. — Chaussures. (PALAIS.)

10. SIEGEL Brothers, à New-York, N. Y., Wooster street & 5th avenue. — Lingerie pour dames et pour enfants.   **(PALAIS.)**

11. STETSON (John B.) & Co, a Philadelphie, Pa., 4th street, Montgomery avenue. — Chapeaux de feutre mous et rigides.   **(PALAIS.)**

GRANDE-BRETAGNE.

1. BARTRUM, HARVEY & Co, à Londres, Gresham street, 25. — Vêtements imperméables avec ventilation.   **(PALAIS.)**

2. BIRNBAUM (B.) & Sons, à Londres, London Wall, 53. — Produits de l'industrie du caoutchouc.   **(PALAIS.)**

Tissus et vêtements caoutchoutés pour hommes et pour femmes et pour tout climat. Nouveautés en tissus pour manteaux de dames, paletots, pèlerines, mac-farlanes, paletots à conduire, couvertures de voitures, articles de campement. Caoutchouc industriel en tous genres. Jambières internationales (brevetées). Maison principale : 53, London Wall, à Londres. Usine à vapeur : Wick Lane Rubber Works Old Ford. Succursales : Paris, 28, rue aux Ours, Vienne, Hambourg, Toronto, Melbourne. — Récompenses : Vienne, 1873, médaille de progrès ; Paris 1878, médaille d'argent ; Sydney 1880, Prize medal.

3. Cellular Clothing Co, (Limited), à Londres, Aldermanbury, 75. — Vêtements spéciaux pour le sport.   **(PALAIS.)**

Étoffes de différents genres, en coton, soie et laine, à tissu lâche et poreux, pour permettre le passage de l'air.
Comprenant : Vêtements pour hommes, femmes et enfants.
Chemises de jour, chemise de nuit et pyjamas.
Costumes complets pour vélocipédistes.
Sport et lawn-tennis.
Draps et couvertures.
Bandages.
Ceintures et autres applications médicales et chirurgicales.

4. CHRISTY & Co, (Limited), à Londres, Gracechurch street, 35. — Chapeaux et coiffures.   **(PALAIS.)**

5. COOKSEY & Co, à Londres, Bennett street, 15, Stamford street, Blackfriars road. — Chapeaux et coiffures.   **(PALAIS.)**

6. CORDING (George), à Londres, Regent street, 125. — Vêtements imperméables, bottes, pantalons et autres objets en caoutchouc pour le sport.   **(PALAIS.)**

7. CURRIE (William) & Co, Caledonian Rubber works, à Edimbourg. — Caoutchouc en tous genres, vêtements imperméables, paletot « challenge » de Curry, étoffe en pièces, draps d'hôpital.   **(PALAIS.)**

8. DENT ALLCROFT & Co, à Londres, Wood street, 97, à Paris, rue des Bourdonnais, 30. — Gants de fabrication anglaise.   **(PALAIS.)**

9. Donegal Industrial Fund, à Wigmore, street 43. — Habillements des deux sexes.   **(PALAIS.)**

10. JOHNSON & Co, à Stockport. — Chapeaux et coiffures.   **(PALAIS.)**

11. LEE Brothers, à Londres, Barbican, 64. — Vêtements imperméables en tissus de soie, laine, coton, etc., vêtements et couvertures pour cochers, coussins et oreillers à air.   **(PALAIS.)**

12. LIBERTY & Co, à Londres, Regent street. — Tissus artistiques pour robes.   **(PALAIS.)**

13. LINCOLN, BENNETT & Co, à Londres. Sackville street, 1. — Chapeaux et coiffures. (PALAIS.)

14. LOBB (John), à Londres, Regent street, 296. — Chaussures. (PALAIS.)

15. LYE (T.) & Son, à Luton, Bedfordshire. — Pailles anglaises et étrangères teintes en toutes couleurs, pailles plissées de tous genres pour l'exportation. (PALAIS.)

16. MANBY (John), à Paris, rue Auber, 21. — Costumes et manteaux pour dames. (PALAIS.)

17. MANDLEBERG (J.) & Co, à Pendleton, Manchester. — Produits du caoutchouc sous toutes ses formes. (PALAIS.)

18. MANFIELD & Sons, à Northampton, Campbell square. — Chaussures. (PALAIS.)

Maisons à :
Londres.
Liverpool.
Manchester.
Glasgow.
Sheffield.
Birmingham.
Newcastle-on-Tyne.
Chaussures en tous genres pour l'Europe et les colonies. Médaille obtenue à l'Exposition de Melbourne, 1881, (Premier ordre de mérite), et de Sydney, 1880.

19. MARTIN (F. J.) & Co, à Londres, Wood street, 101 et 102. — Attaches pour chaussures et gants. (PALAIS.)

20. MILLS (Samuel), à Manchester, Rochdale road. — Chapeaux et coiffures. (PALAIS.)

Créateur du « New Spring Brim ».
Chapeau de soie n° 3333.
Chapeaux de soie de toutes formes.
Coiffure de chasse.
Chapeau mécanique et livrée Pullvuert Ullmets Selt et toutes sortes de chapeaux de toutes formes et de toutes nuances pour la commission et l'exportation.

21. MINISTER (G.) & Co, à Londres, Great Malborough street. — Journaux et gravures de modes pour tailleurs. (PALAIS.)

22. NICHOLSON (D.) & Co, à Londres, St-Paul's Churchyard, 50. — Tissus, vêtements, manteaux imperméables, vêtements en fourrure. (PALAIS.)

23. NICOLL & Co (H. J.), à Londres, Regent street, 114, et à Paris, rue Tronchet, 29. — Vêtements pour hommes, femmes et enfants. (PALAIS.)

24. North British Rubber Co (Limited), à Edimbourg, Castle mills, et à Londres Moorgate street, 57. — Produits du caoutchouc sous toutes ses formes. (PALAIS.)

25. RANDALL (Henry, Edward), à Northampton, Ladies lane. — Chaussures. (PALAIS.)

26. REDFERN (John) & Sons, à Londres, Conduit street, 26. — Costumes, jaquettes, manteaux, amazones et chapeaux. (PALAIS.)

27. REVILLON (Stanislas), à Londres, St-Paul's Churchyard, 44. — Fourrures confectionnées, vêtements en fourrures, couvertures de voiture. (PALAIS.)

28. ROYCE, GASCOIGNE & C° (Limited), à Leicester, High Cross street. — Chaussures. (PALAIS.)

29. STANSFIELD, BROWN & Co, à Bradford, Yorkshire, East Parade. — Lasting et serges de Berne, employés dans la fabrication de la chaussure. (PALAIS.)

30. ULLATHORNE & Co, Mills, Barnard Castle et à Paris, rue Mandar, 1.
— Mercerie et accessoires pour la fabrication de la chaussure.   **(PALAIS.)**

31. WESTLANDS, LAIDLAW & Co, à Glasgow, Mitchell street, 99. —
Chapeaux et coiffures.   **(PALAIS.)**

GRÈCE.

1. AGÏOUS (Vincent), à Syra (Cyclades). — Chaussures.   **(PALAIS.)**

2. ANAGNOSTOPOULO (Théodore), à Patras (Achaïe et Elide). — Chaussures.   **(PALAIS.)**

3. ARMENIACO (Jean), à Corfou. — Costumes populaires.   **(PALAIS.)**

4. ATHANASSIO (Jean), à Patras (Achaïe et Elide). — Chaussures.   **(PALAIS.)**

5. BACOJEANOPOULO (Jean), à Lamie (Phtiotide et Phocide). — Chaussures.   **(PALAIS.)**

6. CALOPHTIS (Jean), à Mégare (Attique et Béotie). — Costume populaire.   **(PALAIS.)**

7. CALTSIBANIS (Vasile), à Lamie (Phtiotide et Phocide). — Chaussures.   **(PALAIS.)**

8. CANDRIS (Charalambe), à Patras (Achaïe et Elide). — Costume populaire.   **(PALAIS.)**

9. CARVELAS (M.), à Camalata (Messénie). — Chaussures.   **(PALAIS.)**

10. CHAMBEOS (N.), à Missolonghi. — Chaussures.   **(PALAIS.)**

11. CHARALAMBO (Photius), à Carvassara (Étolie et Acarnanie). — Chaussures.   **(PALAIS.)**

12. Commission des Olympies, à Athènes. — Costume populaire.   **(PALAIS.)**

13. COULOURGIOTIS (Sideris), à Liopessi (Attique et Béotie). — Costume populaire.   **(PALAIS.)**

14. CONTOS (Jean), à Agrinion. — Chaussures.   **(PALAIS.)**

15. DÉMOSTHÈNE (Pierre), à Patras. — Chaussures.   **(PALAIS.)**

16. DESTSIKAS (Luc), à Arta. — Chaussures.   **(PALAIS.)**

17. DIASSATOS (Evangeli), à Argostoli (Céphalonie). — Chaussures.   **(PALAIS.)**

18. DIMAS (Charles), à Agrinion. — Chaussures.   **(PALAIS.)**

19. LEUCADITÈS (G.) & Frères, à Athènes. — Chapeaux divers.   **(PALAIS.)**

20. MACHERAS (Athanase), à Lamie. — Chaussures.   **(PALAIS.)**

21. MANIADAKIS (Nicolas), à Athènes. — Chaussures.   **(PALAIS.)**

22. MANOLIS (Costas), à Carpenissi (Étolie et Acarnanie). — Chaussures.   **(PALAIS.)**

23. MÉGARE (Commune de), (Attique et Béotie). — Costume populaire.   **(PALAIS.)**

24. MESSINEZIS (Jean), à Syra (Cyclades). — Chaussures.   **(PALAIS.)**

25. MICHALOPOULO (Ch.), à Syra (Cyclades). — Chaussures.   **(PALAIS.)**

26. MOSCHACHLAIDÈS (Théodore), à Amphisse (Phtiotide).—Chaussures.
(PALAIS.)

27. NACHMIAS (A. D.), à Corfou. — Chapeaux de paille. (PALAIS.)

28. PAPASPYROPOULO, POULOPOULO & SACCANI, à Athènes. — Chapeaux de paille. (PALAIS.)

29. PANOPULO (Athanase), à Athènes. — Coiffures militaires. (PALAIS.)

30. PERPINIA, à Athènes. — Chaussures. (PALAIS.)

31. PHOSTIRAS (C.), à Athènes. — Chaussures. (PALAIS.)

32. SÉRACIOTIS (C.), à Valto (Étolie et Acarnanie). — Chaussures. (PALAIS.)

33. THÉODOROPOULO (Athanase), à Tripoli (Arcadie). — Chaussures.
(PALAIS.)

34. TSAOUSSIS (Jean), à Calamata (Messénie). — Chaussures. (PALAIS.)

35. TSICLIS (Ch.), à Lixouri (Céphalonie). — Chaussures. (PALAIS.)

36. TSIZITAS (Spiridion), à Argostoli (Céphalonie). — Chaussures. (PALAIS.)

37. VIDALI (A.), à Athènes. — Chaussures. (PALAIS.)

38. VIDALI (C.), à Athènes. — Chaussures. (PALAIS.)

39. XENOPOULO (G.), à Syra (Cyclades). — Chaussures. (PALAIS.)

40. ZERVA (Nicolas), à Arta. — Bottes pour infanterie. (PALAIS.)

41. ZOIOPOULO (L.), à Athènes. — Chaussures. (PALAIS.)

GUATEMALA.

1. ALBARÈS (Juan Francisco), à Guatemala. — Manteau de caoutchouc.
(PARC.)

2. ALBARÈS, (Nicolas), à Quezaltenango. — Chaussures. (PARC.)

3. ALVARADO (Mariano), à Huéhuétenango. — Tissus et vêtements Indiens.
(PARC.)

4. ALVARADO (Nicolas), à Quezaltenango. — Chaussures. (PARC.)

5. BOUCARD (Adolphe), à Guatemala. — Chapeaux en plumes, etc. (PARC.)

6. CHITOYE, à Amatitlan. — Chapeaux de paille. (PARC.)

7. ESCOBAR, à Santiago. — Cire et plumes travaillées. (PARC.)

8. Fabrique Nationale de chaussures, à Guatemala. — Chaussures.
(PARC.)

9. GRANADOS (Francisco) et Frère, à Guatemala. — Chaussures. (PARC.)

10. HERNANDEZ (Manuel), à Guatemala. — Confection et vêtements pour hommes. (PARC.)

11. LIMA Hermanos, à Quezaltenango. — Chaussures. (PARC.)

12. LUNIGA (José-María), à Sololà. — Chaussures. (PARC.)

13. MORALES (Cécilio), à Baja-Verapaz. — Chapeaux de paille. (PARC.)

14. MORALES (Gregorio), à Baja-Verapaz. — Chapeaux de paille. (PARC.)

15. Municipalité de Chachaclum, département de Peten. — Chapeaux de paille.
(PARC.)

16. **Municipalité de Jocotan**, département de Chiquimula.— Chapeaux de paille.
(PARC.)

17. **Municipalité de Rabinal**, département de Baja-Verapaz. — Chapeaux.
(PARC.)

18. **Municipalité de San-Agustin**, département de Zacapa. — Chapeaux de paille.
(PARC.)

19. **Municipalité de San-Andrès-de-Itzapa**, département de Chimalte-nango. — Chaussures.
(PARC.)

20. **Municipalité de San-Miguel-de-Petapa**, département d'Amatitlan — Chapeaux de paille.
(PARC.)

21. **ORTIZ (Justo)**, à Baja-Verapaz. — Chapeaux de paille.
(PARC.)

22. **ORTIZ (Pedro)**, à Baja-Verapaz. — Chapeaux de paille.
(PARC.)

23. **ORTIZ (Valeriano)**, à Baja-Verapaz. — Chapeaux de paille.
(PARC.)

24. **PEREZ (Luisa)**, à Sacatepequez. — Vêtements indigènes.
(PARC.)

25. **PEREZ (Mateo)**, à Baja-Verapaz. — Chapeaux de paille.
(PARC.)

26. **Préfet de Quiché**, à Quiché. — Collection de vêtements des Indiens des deux sexes.
(PARC.)

27. **QUEZADA (J. F.) et Fils**, à Guatemala. — Ouvrages de tailleur. (PARC.)

28. **ROMAÑA (Rafael)**, à Guatemala. — Costumes indiens.
(PARC.)

29. **RODRIGUEZ (Apolinari)**, à Baja-Verapaz. — Chapeaux de paille.
(PARC.)

30. **RODRIGUEZ (Cruz)**, à Baja-Verapaz. — Chapeaux de paille.
(PARC.)

31. **RODRIGUEZ (Juan J.)**, à Guatemala. — Imitation de fleurs des bois natu-relles.
(PARC.)

32. **RODRIGUEZ (Magarita)**, à Baja-Verapaz. — Chapeaux de paille. (PARC.)

33. **TEJADA (Neri)**, à Guatemala. — Chaussures de la Cordonnerie Nationale
(PARC.)

34. **TIPAZ (Santos)**, à Totonicapan. — Parures d'indienne.
(PARC)

HAWAI.

1. **Gouvernement hawaien**, à Hawaï. — Chapeaux pour dames. — Coiffures hawaiennes. — Plumes, colliers de cheveux. — Guirlandes de plumes. — Habillements indigènes (Koa Wardrobe).
(PARC.)

ITALIE.

1. **CAROZZI (Joseph)**, à Monza. — Chapeaux en feutre, en drap, etc. (PALAIS.)

2. **GRECO (Dominique)**, à Turin, via Consolata, 7.— Chaussures fines, de campagne, de chasse pour hommes.
(PALAIS.)

3. **MERONI Frères**, à Monza. — Chapeaux en feutre, laine, mérinos, grèges et fins.
(PALAIS.)

4. **ROBBIATI (Achille)**, à Côme. — Boutons de corne montés sur tablettes et en boîte.
(PALAIS.)

5. **PERINI**, à Livourne. — Semelles pour souliers.
(PALAIS.)

JAPON.

1. Ministère de l'Agriculture et du Commerce, (Direction de l'Industrie), à Tokio. — Chaussures de diverses sortes.   (**PALAIS.**)

2. MURAKAMI (Isao), à Tokio-fu, Kanda-Ku. — Souliers, bottines, pantoufles.   (**PALAIS.**)

3. OKADA (Chojiro), à Tokio-fu, Nihonbashi-Ku. — Paletot confectionné avec tissus de plumes.   (**PALAIS.**)

PRINCIPAUTÉ DE MONACO.

1. FLORY (Jules), à Monaco, rue Louis. — Chapeaux, paille et feutre.   (**PARC.**)

NORVEGE.

1. HELLAND (Gunhild Eriksdatter), à Boe, Telemarken. — Costumes nationaux norvégiens pour hommes et femmes.   (**PALAIS.**)

2. NAESS (H. S.), à Christiania. — Chaussures.   (**PALAIS.**)

3. ROLSTAD (L. O.), à Christiania. — Chaussures.   (**PALAIS.**)

PAYS-BAS.

1. BÉRAUD (H.) Fils, à Maestricht. — Vêtements de béraudine.   (**PALAIS.**)

2. HECK (J. L. Van), à Amsterdam. — Chaussures en tout genre.   (**PALAIS.**)

PORTUGAL.

1. AROO (Joaquin de Souza). — Chaussures.   (**QUAI.**)

2. BARREIRO (José Manoel). — Vêtements spéciaux.   (**QUAI**)

3. BELLO (Franc. Antonio Jorge). — Vêtements spéciaux.   (**QUAI.**)

4. BRAGA (Manoel José Vieira). — Vêtements spéciaux.   (**QUAI.**)

5. CAETANO (Manoel Alves). — Chaussures.   (**QUAI.**)

6. CARVALHAT (Alfredo). — Chaussures.   (**QUAI.**)

7. Collegio da Regeneraçao. — Costumes de damas.   (**QUAI**)

8. Companhia manufactora de Artefactos de Malha. — Confections pour enfants.   (**QUAI.**)

9. CORDEIRO & Ca. — Chaussures.   (**QUAI.**)

10. CORREA (Manoel Nunes) & Filho. — Vêtements d'hommes.   (**QUAI.**)

11. COSTA (Antonio Augusto Lopes da). — Habits d'hommes.   (**QUAI.**)

12. COSTA BRAGA & Ca. — Chapeaux.   (**QUAI.**)

13. **COSTA (Cezaltina Amelia da).** — Confections pour enfants. (QUAI.)
14. **CUSTODIO VIEIRA.** — Chaussures. (QUAI.)
15. **FELIX (Joaquina Carlos).** — Chaussures. (QUAI.)
16. **FERNANDES (Casimiro).** — Chaussures. (QUAI.)
17. **FERNANDES & FERNANDES.** — Chaussures. (QUAI.)
18. **FERNANDES Jor (José Antonio).** — Chaussures. (QUAI.)
19. **GONZALEZ & TEJEDOURO.** — Chaussures. (QUAI.)
20. **KEIL (C.).** — Vêtements d'hommes. (QUAI.)
21. **LINHAÇA (Joao).** — Vêtements d'hommes. (QUAI.)
22. **LOPES (Clemento Francisco).** — Chaussures. (QUAI.)
23. **MORAES SIMOES (Joao Damasceno de).** — Chaussures. (QUAI.)
24. **NOGUEIRA (Miguel).** — Chaussures. (QUAI.)
25. **OLIVEIRA & Ca.** — Vêtements spéciaux. (QUAI.)
26. **REGO (Antonio Pereira).** — Vêtements spéciaux. (QUAI.)
27. **REIS (Alfredo José dos).** — Chaussures. (QUAI.)
28. **ROXO (A.) & Irmas**, à Lisbonne. — Chapeaux. (QUAI.)
29. **SALAZAR (E.-R.).** — Chaussures. (QUAI.)
30. **SALAZAR & Ca.** — Chaussures. (QUAI.)
31. **SANTOS (Julio Cezar dos) & Ca.** — Chapellerie. (QUAI.)
32. **SHALCK (H.).** — Agrafes, boutons de métal. (QUAI.)
33. **SILVA (Miguel Maria da).** — Chaussures. (QUAI.)
34. **SOUTO & Ca.** — Chaussures. (QUAI.)
35. **TAVARES CORREA (Maria-Candida).** — Vêtements de femme. (QUAI.)
36. **VELLOZO (Manoel Fernandes).** — Chaussures. (QUAI.)

COLONIES PORTUGAISES.

1. **BARBOZA (C.-G.)**, à l'Ile Brava (Cap-Vert). — Chapeaux de paille. (PALAIS.)
2. **SÉRRA (J.-O.)**, à l'Ile de Santiago (Cap-Vert). — Collection de chapeaux de paille. (PALAIS.)

ROUMANIE.

1. **ANAPLIOTIS (Georges)**, à Bucharest, rue Sorelui, 22. — Formes pour hommes et pour femmes. (PALAIS.)
2. **ANGELESCO (Vasile)**, à Bucharest, strada Patria, 4. — Manteau de paysan, pantalons à plissés, veste. (PALAIS.)
3. **BAICANOIU (Zoé)**, à Slatina (Oltu). — Costume national complet, jupe, tablier, chemise, ceinture et mouchoir. (PALAIS.)
4. **BECKER (George)**, à Bucharest, rue Victoriei, 40. — Chapeaux et coiffures diverses. (PALAIS.)

5   BRAUNSTEIN (Adolphe), à Iassy, rue Golia, 87. — Habillements confectionnés pour hommes et enfants.   (PALAIS.)

6.   BUKOVSKY (Thomas), à Galatz. — Chaussures.   (PALAIS.)

7.   BUNESCO (Sevatitza), à Rociu (Argesch). — Costume national.   (PALAIS.)

8.   CACIULA (Niculai D.), à Braïla. — Vêtements confectionnés pour hommes.   (PALAIS.)

9.   CÉSIANU (K. St.), à Bucharest, rue Batistéa, 31. — Costume de paysan, cousu avec des perles fines, représentant des scènes de la vie champêtre.   (PALAIS.)

10.   CORNATZEANU (Hélène), femme du **prêtre Joan**, à Badeni-Ungureni. — Costume national, toile de lin et de chanvre.   (PALAIS.)

11.   CZARNECKI (Alexandru), à Bucharest, strada Academici, 25. — Chaussures.   (PALAIS.)

12.   DAVID (A.), à Falticeni. — Poils de porc ouvrés et diverses fourrures.   (PALAIS.)

13.   DIMITRÉSCA (M. D.), au couvent de Nàmàesti (Muscel). — Costume national composé d'une chemise, jupe, tablier et voile de soie.   (PALAIS.)

14.   Directeur de l'École normale, à Berlad. — Chapeaux de paille de seigle.   (PALAIS.)

15.   École communale des arts et métiers, à Iassy. — Chaussures.   (PALAIS.)

16.   FAIN, à Bucharest, rue Victoriei. — Chapeaux de dames et d'hommes.   (PALAIS.)

17.   FOMETESCU (Mihaï), à Oravitza. — Vêtements en peau de mouton pour hommes, brodés et coloriés. Peaux coloriées de diverses couleurs. Tapis colorié.   (PALAIS.)

18.   GEORGESCO (Costicà), à Crayova. — Chaussures diverses.   (PALAIS.)

19.   GOROVEANU (Juliu J.), à Ploesti. — Chaussures.   (PALAIS.)

20.   GULIE (Ana Niculae P.), à Domnesti. — Costume roumain : jupe, chemise, voile de soie.   (PALAIS.)

21.   HOCHMANN (E.), à Iassy, rue Golia, 83. — Chapeaux pour hommes.   (PALAIS.)

22.   ION (Constantin), à Focsani. — Chaussures.   (PALAIS.)

23.   ISACESCU (Mme Sophia), à Lipova, (District de Vaslui). — Costume national en soie.   (PALAIS.)

24.   JOCU (Maria G.), à Bàdéni-Ungureni (Muscel). — Costume roumain.   (PALAIS.)

25.   JONKIE, à Buzeu. — Chapeaux de prêtres (Potcape).   (PALAIS.)

26.   KARAKOSI (G.), à Iassy, rue de Suàh. — Chaussures d'hommes.   (PALAIS.)

27.   KIABUR (Grigore), à Berlad. — Fourrure de peau de mouton.   (PALAIS.)

28.   KIRITZA-THEODORESCU, à Foscani. — Chaussures.   (PALAIS.)

29.   LUMPART (Léon), à Bucharest, rue Victoriei, 11 bis. — Différentes coiffures pour civils et militaires.   (PALAIS.)

30.   MANCIU (Petru), à Oravitza (Banat). — Costume de paysan roumain. (PALAIS.)

31.   MANDREA (M. T. & Cie.) à Bucharest, rue Viilor, 26. — Bottes, bottines pour dames et enfants.   (PALAIS.)

32. MARCOVICI (Mme Élise), à Piatra (district de Néamtzo). — Bas colorés en fil, garnis de guirlandes travaillées au crochet. **(PALAIS.)**

33. MARIAN (Mlle Alexandrina), à Stanesci (District de Muscel). — Costume roumain pour femme, en laine, orné de perles et de paillettes ; jupe, tablier. **(PALAIS.)**

34. MARTIN (Ferdinand), à Bucharest, rue Victoriei, 12. — Chapeaux de soie et de feutre. **(PALAIS.)**

35. MAYER-SCHEFFER, à Focsani, rue Marc. — Vêtements pour hommes. **(PALAIS.)**

36. MIHAILESCO (Théodora), à Campu-Lung. — Costume de paysan; jupes. **(PALAIS.)**

37. NEUVIRTH (Mathéas), à Focsani, chaussée Nationale. — Costumes d'hommes. **(PALAIS.)**

38. NICOLAE-BADEA (L. G.), à Pribocni (Muscel). — Jupe en laine brodée de fil d'or, chemise garnie de paillettes et ornée de fleurs en laine de nuances diverses ; voile de soie. **(PALAIS.)**

39. NICOLESCO (Théodor), à Bucharest. — Fourrures de peaux d'agneau. **(PALAIS.)**

40. OLESCHINSKY (Vladimir), à Bucharest, strada Rogala, 4. — Frac noir étoffe roumaine et veston. **(PALAIS.)**

41. PAISU (Mme Marie), à Campu-Lung.— Costume national complet, chemise, en jupe, tablier, voile et mouchoirs. **(PALAIS.)**

42. PÉTROJANO (Mme Zoé), à Campu-lung.— Jupe rouge, bordée de bleu et bordée de fils d'or, tablier, voile de soie, chemise. **(PALAIS.)**

43. POÉNAREANU (E. G.), à Poénari (District de Muscel). — Costumes nationaux complets ; jupes, tabliers, chemises et voiles en soie et fils d'or. **(PALAIS.)**

44. PORUMBOIU (Radu V.), à Ploesci, rue Lipscani.— Coiffures d'hommes de toute espèce. **(PALAIS.)**

45. PRAGER (Sigmund), à Bucharest, rue Victoriei, 1. — Fourrures diverses. Chapeaux et coiffures. **(PALAIS.)**

46. PRÉOTU-DUMITRAKE (Elena J.), à Dobresti (Muscel). — Costume national, composé d'une jupe en laine, d'une chemise en toile roumaine, voile de soie, toile de chanvre. **(PALAIS.)**

47. REINICHE, à Iassy. — Fourrures. **(PALAIS.)**

48. RUNCESCO (Mme Hélène), institutrice, à Badéni-Pàmàuteni (Muscel). — Costume national. Etoffes diverses. **(PALAIS.)**

49. RUSSO (Mlle Zoé), à Breaza de Sus (Prahova). — Costume national composé d'une jupe, d'un tablier et d'une ceinture de laine. **(PALAIS.)**

50. STEFANESCO (Nicolae), à Bucharest, passage Roumain, 7. — Chaussures diverses. **(PALAIS.)**

51. STOENESCO (Florian), à Crayova. — Tableau fait en cheveux. **(PALAIS.)**

52. THEISS (Carol), à Bucharest, passage Roumain.— Chaussures en tous genres. **(PALAIS.)**

53. UDRESCO (I. S.), à Vranesti (District de Muscel). — Costume national composé d'une jupe, d'un tablier, d'un jupon, d'une chemise et d'un voile en soie. **(PALAIS.)**

54. VARLAM (D^r), à Vaslui. — Vêtements. (PALAIS.)

55. VARO (Berta), à Turnu Măgurele. — Chapeaux pour dames. (PALAIS.)

56. VASILESCU (J. N.), à Glinbocelu (district de Muscel). — Jupe en laine, brodée d'or ; tablier, chemise en toile fine, brodée de soie et pailletée ; voile en soie. (PALAIS.)

57. VOINESCO (Simion), à Bucharest, calea Victoriei, 22. — Chaussures fines pour dames. (PALAIS.)

RUSSIE.

1. CHAMARINE (A.) & Fils, à Kamensk (Gouvernement de Perm). — Chaussures. (PALAIS.)

2. DYCHKO (W.), à St-Pétersbourg. — Chaussures de chasse. (PALAIS.)

3. FOMINSKY (B. E.), à Kougoura (Gouvernement de Perm). — Chaussures et vêtements en peau. (PALAIS.)

4. GALEIEFF (M.), à Kazan. — Chaussures. (PALAIS.)

5. KOMAROFF (B.), à Koukmore (Gouvernement de Kazan). — Chaussures en feutre pressé. (PALAIS.)

6. MANCHOUNSKAIA (M.), à Moscou. — Fleurs artificielles. (PALAIS.)

7. ROGOJNIKOVA, à Orenbourg. — Fichus d'Orenbourg. (PALAIS.)

8. SABITOFF (B. C.), à Kazan. — Coiffures des deux sexes. (PALAIS.)

9. TIKHOMIROFF (E.), à Romanoborissoglebsk (Iaroslaw). — Courtes pelisses de peau de mouton. Chaussures en feutre. (PALAIS.)

10. VEDERNIKOFF (S.), à Saint-Pétersbourg. — Confections pour dames. (PALAIS.)

11. VIZSOTSKY (A.), à Saint-Pétersbourg — Chaussures imperméables. (PALAIS.)

12. WEISS (H.), à Saint-Pétersbourg. — Chaussures. (PALAIS.)

GRAND-DUCHÉ DE FINLANDE

1. Amis touristes (Les), à Helsingfors. — Costumes de paysans. (PARC.)

SALVADOR.

1. AGUILAR (Mme Luz. M. de), à Santa-Ana. — Fleurs artificielles du pays (PARC.)

2. AMAYA (Mlle Carmen de), à Santa-Ana. — Fleurs artificielles. Fleurs du pays, en cire. (PARC.)

3. AZUCENA (Pedró), à San-Salvador. — Sorties de théâtre en laine. (PARC.)

4. BUITRAGO (Gregorió), à San-Salvador. — Chaussures confectionnées. (PARC.)

5. CAMPOS (Mlles Juana & Josefa), à Sonsonate. — Bouquet de fleurs en coquillages, couleurs naturelles. Ecusson national en coquillages. (PARC.)

6. Département de La Libertad. — Vêtement commun d'Indienne. (PARC.)

7. Département de **La-Paz**. — Vêtement commun d'Indien.   (PARC.)

8. Département de **San-Vicente**. — Naguillas, vêtement d'Indienne.   (PARC.)

9. **GONZALEZ (Mme Mercédès P. de)**, à San-Salvador. — Bouquets en coquillages.   (QUAI.)

10. **GUANDIN (Mme Isidora R. de)**, à Santa-Ana. — Reproduction en cire des fleurs du pays.   (PARC.)

11. **ORANTES (Manuel)**, à San-Salvador. — Chaussures perfectionnées. (PARC.)

12. **SALAZAR (Mme Manuela de)**, à Ahuachapan. — Objets en plumes.   (PARC.)

13. **SALAZAR (Mlle Dolorès de)**, à Ahuachapan. — Objets en plumes.   (PARC.)

14. **SERRANO (Pedro)**, à San-Salvador. — Chaussures confectionnées. (PARC.)

15. **VILLACORTA (Wenceslav)**, à San Salvador. — Chaussures confectionnées.   (PARC.)

16. **VILLAVICENCIO (Mlle Clementine de)**, à San-Salvador. — Fleurs artificielles. Chapeaux de dames.   (PARC.)

17. **Ville de Gotera**. — Chapeaux de palmier fins pour hommes.   (PARC.)

18. **WANDIN (Mme Isidora R. de)**, à Santa-Ana. — Bouquet et couronne de fleurs assorties, bouquet de fleurs en cire.   (PARC.)

SERBIE.

1. **ANTONYEVITCH (Zvetka)**, à Négotine. — Pantalon, gilet pour femmes.   (PALAIS.)

2. **BAGNITCH (Mme Krouna G.)**, à Nathalinzi (dépt de Kragouyevatz). — Vêtement pour femme.   (PALAIS.)

3. **Commission Centrale**, à Belgrade. — Costume national complet.   (PALAIS.)

4. **DAMNIANOVITCH (Rista)**, à Belgrade. — Veston brodé, pantalon.   (PALAIS.)

5. **GEORGEVITCH (Ilya)**, à Podgoratz (dépt de Zrna Reka). — Bonnet en fourrures.   (PALAIS.)

6. **GEORGEVITCH (Stanko)**, à Négotine. — Fourrure pour femmes.   (PALAIS.)

7. **KNEJEVITCH (Yevrem)**, à Kralievo. — Vêtements pour hommes, pantalon.   (PALAIS.)

8. **LEVENSON (M. I.)**, à Belgrade. — Chaussures et bottes.   (PALAIS.)

9. **MARINKOVITCH (Sava)**, à Veliko-Gradischte (dépt de Pojarévatz). — Pelisses sans manches, bonnet en poils de mouton.   (PALAIS.)

10. **MARINOVITCH (Yovan)**, à Négotine. — Vêtement pour homme, veston et habit de paysan.   (PALAIS.)

11. **MARKOVITCH (Sava)**, à Kroupagne (dépt de Podrigné). — Sandales.   (PALAIS.)

12. **MLADENOVITCH (Yefta)**, à Krouchevatz. — Fourrure.   (PALAIS.)

13. **Municipalité**, à Leskovatz. — Bonnet en fourrure.   (PALAIS.)

14. MYATOVITCH (Mme Rata), à Knitch (dép¹ de Kragouyevatz).—Vêtement pour femme, en feutre, orné de broderies. (PALAIS.)

15. MYLKOVITCH (Costantin), à Krouchevatz. — Pantalon, veston, bonnet en fourrure. (PALAIS.)

16. NICOLAYEVITCH (Nicolas), à Belgrade. — Veston brodé. (PALAIS.)

17. NICOLITCH (Jean), à Negotine. — Vêtement pour homme, veston, pantalon. (PALAIS.)

18. ODAVITCH (Louka) & AVRAMOVITCH (R.), à Belgrade. — Sandales, chaussure nationale pour homme, sandales pour enfants. (PALAIS.)

19. PANITCH (Milorad-Veilko), à Zaglavak (dép¹ d'Oujitze). — Vêtement pour femmes. (PALAIS.)

20. PANTELITCH (Milisav), à B. Bachta (dép⁴ d'Oujitze). — Sandales. (PALAIS.)

21. PAYKOVITCH (Mme Krouna), à Beloucha (dép¹ de Roudnik). — Vêtement pour femme. (PALAIS.)

22. Préfecture (La), à Alexinatz. — Costume du paysan, composé de veste, gilet, pantalon, bonnet et ceinture. (PALAIS.)

23. ROSITCH (Novitza), à D. Kamenitza, (dép¹ de Kgnajevatz). — Sandales. (PALAIS.)

24. SAVITCH (Milosch), à Belgrade. — Bottines pour hommes, bottines brodées pour femmes (en veau). (PALAIS.)

25. STANIMIROVITCH (Georges), à Kroupagne (dép¹ de Podrigné). — Vêtement d'enfant. (PALAIS.)

26. STANISAVLIEVITCH & RADOVITCH, à Belgrade. — Sandales. (PALAIS.)

27. STANOYEVITCH (Costantin), à Krouchevatz. — Sandales. (PALAIS.)

28. Syndicats des Fourreurs, à Leskovatz. — Fourrures. (PALAIS.)

29. Syndicats des Giletiers, à Semendria. — Gilets divers brodés, veston. (PALAIS.)

30. TCHOURMITCH (Tcheda), à Kraïlevo (dép¹ de Tchatchak) — Gilet drap et velours, broderies en argent, vêtement de paysan. (PALAIS.)

31. THODOROVITCH (Kamen), à Negotine. — Vêtement en fourrures. (PALAIS.)

32. THOLITCH (Mita), à Negotine. — Gilet. (PALAIS.)

33. VIDAKOVITCH (Axentyé), à Semendria. — Sandales. (PALAIS.)

34. YOVANOVITCH (Georges), à Semendria. — Veston pour hommes, pantalon. (PALAIS.)

35. YOVANOVITCH (Jivan), à Pojarevatz. — Vestons divers, pantalons. (PALAIS.)

36. ZEVAYROVITCH (Sava), à Belgrade. — Bonnet en fourrures. (PALAIS.)

RÉPUBLIQUE SUD-AFRICAINE.

1. GOUVERNEMENT (Le), à Pretoria. — Vêtements, costumes, coiffures des indigènes. (ESPLANADE.)

SUISSE.

1. AMMANN LABHART & Cie, à Bendlikon (Zurich). — Chapeaux de paille et feutre pour dames, fillettes et enfants. (PALAIS.)

2. DURET & HENNEBERG, à Genève, rue des Allemands, 24. — Chemises toile et flanelle. (PALAIS.)

3. HUNERWADEL-SCHOLLPEN (A.), à Veltheim (Argovie). — Chaussures fines, cousues à la main. (PALAIS.)

4. JEANNERET (A.) & Cie, à Neuchâtel. — Chapeaux en paille cousue pour hommes, dames et enfants, garnis et non garnis. (PALAIS.)

Exportation. — Récompenses aux Expositions de Londres 1851, Paris 1855, Vienne 1873, Paris 1878. Représentants à Paris, M. A. Blanc, 37, rue Sainte-Croix-de-la-Bretonnerie, pour l'Exportation et M. F. Palliat, 82, rue des Francs-Bourgeois, pour la Place.

5. KUNZLE-BLATTER (Mme Élise), à Interlaken (Berne). — Costume d'Interlaken et poupées en costumes suisses. (PALAIS.)

6. LEHMANN (Aloïse) et Fils, à Lucerne. — Formes pour souliers. (PALAIS.)

7. NISPER-MEYER (A.), à Bâle. — Chemises, cols, manchettes. (PALAIS.)

8. PÉTREMAND (D. Guillaume), à Neuchâtel. — Chaussures, bottes des marais, de chasse, de pêche, bottines de montagne imperméables. (PALAIS.)

Chaussures hygiéniques en tous genres, garanties imperméables. Récompenses : Anvers 1885, médaille de bronze.

9. RAUBER (Emile), à Aarbourg (Argovie). — Chapeaux de paille pour dames, fillettes et enfants. (PALAIS.)

10. THIÉBAUD (H. A.), à Boudry (Neuchâtel). — Chapeaux de paille pour hommes, cadets et enfants. (PALAIS.)

Usine hydraulique et à vapeur de 40 chevaux de force, installée avec tous les perfectionnements modernes, éclairage électrique. Récompenses : Paris 1878. Représentants : pour l'Exportation, M. Frotey, 9 rue Papillon ; pour la place, M. Boureau, 43, rue des Francs-Bourgeois.

URUGUAY.

1. DESVIGNES (Mme), à Montevideo. — Modes. (PARC.)

2. MAREXIANO Frères, à Montevideo. — Chaussures. (PARC.)

3. ORDONANA (Domingo), à Agraciada. — Plumes d'autruche. (PARC.)

4. SINTAS (José), à Montevideo. — Chaussures. (PARC.)

5. VANDENBERGHE (M.), à Montevideo. — Chaussures. (PARC.)

6. VILLANUEVA (Leopoldo), à Salto. — Plumes d'autruche. (PARC.)

VÉNÉZUÉLA.

1. Commission de l'État des Andes. — Chapeaux de paille. (PARC.)

2. Commission de l'État Zulia et de la ville de Maracaïbo. — Costumes d'Indiens Guajiros. (PARC.)

3. Gouvernement de Vénézuéla. — Chapeaux en feuilles de palmier. (PARC.)

GROUPE IV.

TISSUS, VÊTEMENTS ET ACCESSOIRES.

Classe 37.

Joaillerie et bijouterie.

FRANCE.

1. **ALEXANDRE (L.)**, Ancienne Maison **Rudeau**, à Paris, rue du Vert-Bois, 38. — Bijouterie de deuil en tous genres, jais soudé indécollable. **(PALAIS.)**

   Maison fondée en 1842. — Médaille d'or, Bruxelles 1888.

2. **ANDRÉ (Ernest)**, à Paris, rue Portefoin, 15, — Matrices, poinçons estampés, gravés ; boules sans soudure pour la bijouterie, petit bronze, cartonnage, meuble, étirage bate imitation, fondu pour le meuble et le bronze d'art. **(PALAIS.)**

3. **AUBRIOT Ainé (Éd.)**, à Paris, rue Réaumur, 52. — Montures de joaillerie, boutons, broches et brillants. **(PALAIS.)**

   Maison spéciale pour les montures joaillerie, diadèmes, bouquets, colliers, bracelets, broches, bagues, dormeuses en diamants et pierres fines, pièces de commande. Téléphone.

4. **AUCOC Fils (Louis)**, à Paris, rue du Quatre-Septembre, 9. — Broches, bracelets, épingles de coiffure et de cravates, bagues, boutons d'oreilles brillants et perles, boutons de manches. **(PALAIS.)**

   Articles nouveauté, fantaisie riche, modèles déposés. Spécialité de miniatures sur ivoire.
   Médaille d'argent à l'Exposition universelle de 1878.

5. **AUVIGNE (Hippolyte)**, à Paris, rue du Faubourg-du-Temple, 84. — Bijouterie imitation. **(PALAIS.)**

6. **BACELLON (Jacques)**, à Nice (Alpes-Maritimes), place Grimaldi. 1. — Corbeille contenant la Flore de Nice. en argent massif, le tout fait à la main. **(PALAIS.)**

7. **BAPST & FALIZE** (Ancienne Maison **Bapst**), à Paris, rue d'Antin, 6. — Joaillerie, bijouterie, émaux et ciselure. **(PALAIS.)**

   Anciens joailliers de la couronne, Grand Prix, 1878.

8. **BARBARY (L. Gustave)**, à Paris, rue Meslay, 65. — Nécessaires à ouvrages pour dames, boîtes ivoire, pièces or et vermeil, châtelaines de ceinture, dés or et vermeil. **(PALAIS.)**

9. BAUDET (Louis A.) Fils, à Paris, rue de Saintonge, 8. — Spécialité de chaînes d'argent, bourses argent et or en cotte de mailles, broches, boucles, bracelets et fantaisie argent. **(PALAIS.)**

Mention honorable, Paris 1867. Médaille de mérite, Vienne 1873. Médaille de bronze, Paris 1878. Médaille. Melbourne 1881. Médaille d'argent, Barcelone 1888.

10. BEAUDOUIN (A.), à Paris, place des Petits-Pères, 3. — Bijouterie or. **(PALAIS.)**

11. BÉNARD (Armand), à Paris, cité Dupetit-Thouars, 8. — Bijouterie, filigrane argent. **(PALAIS.)**

12. BESSON (Auguste), à Paris, rue Turbigo, 70.— Bijoux or et argent. Simili-diamants. **(PALAIS.)**

13. BIÉLI (Eugène), à Paris, rue Croix-des-Petits-Champs, 30. — Bijouterie artistique or et argent. **(PALAIS.)**

14. BILLAULT (Léon X.), à Paris, rue Sainte-Croix-de-la-Bretonnerie, 23. — Bijouterie or et argent noir inaltérable. **(PALAIS.)**

15. BINET (Henri) & GRINGOIRE (Frédéric), à Paris, boulevard Sébastopol, 81. — Camées montés en broches, épingles, boutons de manchettes, boutons d'oreilles, bagues chevalières, cachets. **(PALAIS.)**

Médaille d'or, Anvers, 1885.

16. BLUM (Albert), à Paris, rue de Turenne, 46. — Chaînes de montres et bracelets en doublé, nickel et métal blanc, fantaisies. **(PALAIS.)**

Médaille d'argent, Bruxelles 1888.

17. BOUASSE & Cie, à Paris, rue d'Hauteville, 21. — Bijouterie imitation. **(PALAIS.)**

18. BOUCHERON (Frédéric), à Paris, Palais Royal, galerie de Valois, 151-154. — Bijouterie, joaillerie, orfévrerie, pièces d'art. **(PALAIS.)**

19. BOURCIER (Charles), à Paris, rue des Archives, 28. — Bijoux filigrane et autres. **(PALAIS.)**

Méd. aux Exp. de Vienne 1878, Philadelphie 1876, Paris 1878, Sydney 1880 et Melbourne 1881.

20. BOURDIER (Th.), à Paris, rue de la Michodière, 8. — Joaillerie, bijouterie. **(PALAIS.)**

Médaille d'or, Paris, 1878. Diplôme d'honneur, Amsterdam, 1888.

21. BOUTET Père et Fils jeune, à Paris, rue Vieille-du-Temple, 24.— Bijouterie argent, chaînes, bracelets, médaillons, colliers. **(PALAIS.)**

Maison fondée en 1860. — Bourses, bijoux argent recoupé.

22. BRÉANT & COULBAUX, à Paris, rue de la Paix, 12. — Joaillerie, bijouterie et orfévrerie d'art. **(PALAIS.)**

23. BRUNET (Georges), à Paris, rue Rambuteau, 26.— Bijouterie fantaisie en or. **(PALAIS.)**

24. BUNON, à Paris, rue de Montmorency, 18. — Bijouterie mécanique. **(PALAIS.)**

25. CAILLAT (A.), à Paris, rue Turbigo, 64 — Bijouterie pour deuil, monture or et argent, simili-diamants montés en or et argent. **(PALAIS.)**

Médailles de bronze à Paris, 1878, et à Barcelone, 1888.

26. CANDELOT (Prosper), à Paris, rue de la Perle, 6. — Bracelets, broches et bagues extensibles. **(PALAIS.)**

Méd. argent et bronze, Paris, 1878 ; Sydney, 1879 ; Melbourne, 1880 ; Amsterdam, 1888.

27. CARON (J. Pierre), à Paris, rue du Temple, 114. — Bijouterie dorée, stress, perles, simili-diamants. **(PALAIS.)**

28. CASIEZ (Alexandre E.) & Fils, à Paris, rue du Temple, 102. — Bijouterie imitation, articles repercés. **(PALAIS.)**

29. CÉSAR (B.) & MOLARD (E.), à Paris, rue Michel-le-Comte, 34. — Bijouterie imitation insectes : épingles, boutons d'oreilles, broches et appliques. **(PALAIS.)**

30. CHARLES (Jean) et Fils, à Paris, rue du Cygne, 17. — Émail et fantaisie. **(PALAIS.)**

31. CHARLES (P.), à Paris, rue des Gravilliers, 38. — Graveur-estampeur pour la bijouterie. **(PALAIS.)**
Maison fondée en 1829. — Exposition universelle, Paris, 1878, médaille de bronze.

32. CHARLOT frères (Eugène & Louis), à Paris, rue Montmorency, 5. — Peintures sur émail, fleurs et fantaisies pour bijouterie, fantaisies pour fumeurs, émaux limousins, armoiries. **(PALAIS.)**

33. CHESNY (Léopold), à Paris, rue Réaumur, 11. — Bijouterie imitation. **(PALAIS.)**

34. CHOBILLON (Emile), à Paris, rue Croix-des-Petits-Champs, 16. — Croix et médailles françaises et étrangères. **(PALAIS.)**

35. CHOPARD Frères, à Paris, rue Chapon, 35. — Bijoux imitation, simili-diamants, pierres d'Auvergne, émaux, vieil argent artistique. **(PALAIS.)**

36. CLASENS LUNARDI, à Paris, rue de Choiseul, 1. — Joaillerie, bijouterie. **(PALAIS.)**

37. CLAUX (Valéry J. L.), à Paris, rue de Bondy, 74. — Bijouterie nacre, demi-parure, boucles, agrafes, épingles de cravate. **(PALAIS.)**

38. CŒURÉ (Edouard), à Paris, rue des Bons-Enfants, 27. — Colliers, bracelets, broches, bouquets, joaillerie, boutons, bagues, pièces fantaisie. **(PALAIS.)**

39. COUTURIER, à Paris, rue de Bondy, 64. — Boutons manchettes, broches, bracelets, dorés et nickelés. **(PALAIS.)**

40. DAUBRÉE, à Paris, boulevard de Strasbourg, 12. — Bijouterie et bronzes d'art, bijoux lorrains. **(PALAIS.)**

41. DAVID & GROSGOGEAT, à Paris, rue Turbigo, 87. — Pierres fines et fausses. **(PALAIS.)**

42. DAVID (Vve) et Frère, à Paris, rue Grenier-St-Lazare, 4. — Tailles en imitation des diamants, indiens, brésiliens, et du Cap ; tailles de pierres de couleur et de fantaisie. **(PALAIS.)**

43. DEBUT (F. Jules A.) & COULON (A. Léon A.), à Paris, rue de la Paix, 10. — Parures, diadèmes, colliers, bracelets, broches, bagues pièces d'art. **(PALAIS.)**
Médaille d'or, Amsterdam 1883.

44. DÉGAUX Fils (Alphonse), à Paris, rue de Turbigo, 42. — Apprêts en tous genres pour la bijouterie et la joaillerie. **(PALAIS.)**

45. LELATTE (Justin L.), à Paris, rue Croix-des-Petits-Champs, 33. — Objets divers de bijouterie et joaillerie. **(PALAIS.)**
Reproduction de bijoux.

46. DELION (Jules A.), à Paris, rue de Franche-Comté, 7. — Bagues, bracelets, broches, brodures, or doublé. **(PALAIS.)**

47. DIDRON, à Paris, rue Pastourelle, 27. — Bijouterie acier. **(PALAIS.)**

48. DRÉVILLE & LABIE, à Paris, rue du Temple, 134. — Bijouterie doublé or et argent. **(PALAIS.)**

Maison fondée en 1832.
Or doublé supérieur et or sur argent contrôlé. — Bijoux haute fantaisie. — Joaillerie imitation.
Grande variété de boutons, systèmes brevetés.
Récompenses : Médaille d'argent, Paris 1878.
Membre du Jury, Hors-Concours, Barcelone 1888.

49. DUBOIS Frères, à Paris, rue Grenier-Saint-Lazare, 12. — Articles de fumeurs, or, argent. **(PALAIS.)**

Maison fondée en 1836 par M. Guichard, tabatières guillochées et niellées, boîtes à tabac, étuis à cigarettes, briquets porte-allumettes, glaces de poche, bonbonnières porte-cartes ; porte-monnaie, carnets de bal, bracelets argent.

50. DUCREUX (Léon), à Paris, rue Réaumur, 45. — Joaillerie, bijouterie. **(PALAIS.)**

Broches, bouquets de corsage, boutons d'oreilles, bracelets, bagues, diamants et pierres fines, épingles de coiffure, châtelaines, régences, bijoux de style, corbeilles de mariage. Transformations d'anciens bijoux, (dessins), épingles de cravate, chaînes, bourses or et argent, flacons, briquets, fume-cigares, bijoux-montre, sujets artistiques déposés. Paris 1867, Méd. d'honneur.

51. DUGUINE (Clément), à Paris, rue Molière, 11. — Joaillerie, bijouterie, pièces d'art. **(PALAIS.)**

Breveté s. g. d. g. Pièces d'art de commande. Dessins de tous styles.

52. DUHAZÉ (L. Edmond), à Paris, rue Vieille-du-Temple, 78. — Bagues, boucles d'oreilles, épingles simili-diamants, bracelets, crochets à boutons, perceuses, colliers. **(PALAIS.)**

Bijouterie argent ; Mention honorable à l'Exposition universelle de Paris, 1878.

53 DURAND-LERICHE, à Paris, rue Montesquieu, 4. — Joaillerie, bijouterie. **(PALAIS.)**

54. DURANTIN (Jules A.), à Paris, rue Aumaire, 31. — Estampes pour modes, bijouterie, orfévrerie, petit bronze. Bates, galeries, sujets artistiques en tous métaux. **(PALAIS.)**

55. DUTARTRE (Amand) & MENEZ, à Paris, boulevard St-Martin, 12.— Bijouterie or, haute fantaisie, et joaillerie. **(PALAIS.)**

56. FAVIER (Mme Eugénie), à Paris, boulevard Haussmann, 38.— Bijouterie et orfévrerie d'art. **(PALAIS.)**

57. FAVRE, à Paris, rue Vieille-du-Temple, 75. — Bijouterie doublé or et noir. **(PALAIS.)**

58. FÉAU (Alfred), à Paris, rue de Turbigo, 59. — Dés en or et argent. **(PALAIS.)**

59. FÉRAUD (Gratien) & ROUSSET (Léon), à Paris, rue Saint-Denis, 167 et 169. — Métaux précieux apprêtés pour la joaillerie, la bijouterie et l'orfévrerie. **(PALAIS.)**

60. FERRÉ (T.), à Paris, rue du Perche, 11. — Apprêts d'or, d'argent et de platine pour joaillerie et bijouterie ; chatons, bagues, brisures, galeries, appliques. **(PALAIS.)**

Récompenses aux Expositions universelles internationales : Prize medal, Londres 1862. — Argent, Paris 1867. — Melbourne 1880. — Médaille d'or, Paris 1878.

61. FORNET (Amédée), à Bourg (Ain). — Bijoux dits émaux bressans, or et argent. **(PALAIS.)**

62. FOUILHOUX (Edouard), à Paris, rue Pastourelle, 17.— Bagues et boutons brillants, bracelets, broches, branches, camées, épingles, brillants, perles et pierres de couleur. **(PALAIS.)**

Joaillerie, bijouterie, pierres fines, brillants, perles et pierres de couleurs.
Paris 1878, Médaille de bronze.
Barcelone 1888, Médaille d'argent.

63. FOUQUET (Alphonse J.), à Paris, avenue de l'Opéra. 35. — Joaillerie, bijouterie, orfèvrerie, pièces d'art.   **(PALAIS.)**

Récompenses : Médaille de 2me classe (artiste coopérateur) Exposition 1855, Paris. — Médaille d'or, Exposition de 1878, Paris. — Diplôme d'honneur, Amsterdam, 1883. — Diplôme d'honneur, Anvers, 1885.

34. FRANCIÈRE (Emile), à Paris, rue du Temple, 143. — Bijouterie argent.   **(PALAIS.)**

65. FROIDEFON (A. Gustave), à Paris, rue Michel-le-Comte, 34. — Chaînes, bracelets, colliers, châtelaines, régences, ceintures or.   **(PALAIS.)**

66. GAILLARD Fils (Ernest A.), à Paris, rue du Temple, 101. — Bijoux et orfévrerie artistiques, or et argent et métaux mélangés.   **(PALAIS.)**

Médaille d'argent, Exposition universelle de Paris 1878.

67. GALAND (Emile), à Paris, rue Chapon, 31. — Bijouterie imitation de diamants, monture or, argent et métal, boucles, cadres, articles de coiffure.   **(PALAIS.)**

68. GALLERAND (Jules J. B.), à Paris, rue de Montmorency, 40. — Bijouterie, orfévrerie.   **(PALAIS.)**

69. GARREAUD (Henry), à Paris, rue Richelieu, 59. — Pierres fines et lapidairerie d'art.   **(PALAIS.)**

70. GAUTHIER (L.) fils, à Paris, rue Turbigo, 52. — Pierres fines, pierres doublées, simili-diamants.   **(PALAIS.)**

Médaille bronze, Paris 1878, Médaille argent, Exposition Collective. Taillerie de diamants, Maison aux Molunes (Jura), pour la taille des pierres fines et imitées.

71. GÉNIN (Jean), à Paris, rue de Thorigny, 20. — Bijouterie, argent. **(PALAIS.)**

72. GILLE (E.), à Paris, rue Vieille-du-Temple, 97. — Bijoux deuil, simili-diamants, et perles imitation, montés or et argent.   **(PALAIS.)**

73. GIRAUDON (S. A.), à Paris, rue Thérèse, 1. — Maroquinerie de luxe ; articles pour fumeurs, or et argent, coins or, argent et brillants., appliques, etc. **(PALAIS.)**

Paris 1878, Médaille d'argent. — Anvers 1885, Diplôme d'honneur et Médaille d'or. — Bruxelles 1888, deux Diplômes d'honneur et Croix de la Légion d'honneur.

74. GODET (E.), à Paris, rue Elzévir, 4. — Bijouterie or.   **(PALAIS.)**

Articles pour hommes, bagues, boutons de manchettes et chemises, patins bascules, modèles déposés ; Epingles de cravates, cachets camées et tout or ; Bijouterie fantaisie pour dames ; Bracelets, bagues et brisures tout or, avec perles et brillants, demi parures ; Bracelets Sésame breveté S. G. D. G. Epingles de chapeaux, alliances et anneaux. Fermoirs cadenas pour les colonies. Fabrication spéciale d'or à tous titres pour l'exportation.

75. GOUJON (E.), à Paris, rue Chapon, 3. — Bijouterie de deuil, haute fantaisie en tous articles de luxe.   **(PALAIS.)**

76. GOUPIL (E. Eugène), à Paris, rue de Bondy, 68. — Perles métalliques massives en toutes couleurs et en acier poli, dorées, argentées, mordorées et bronzées.   **(PALAIS.)**

Usine à Chauntontel (Seine-et-Oise). — Médaille d'argent, Paris, 1878.

77. GRENET (E.), à Paris, rue du Temple, 114. — Bijouterie argent, fantaisie   **(PALAIS.)**

78. GROSS, LANGOULANT & Cie, à Paris, rue du Temple, 79. — Bijouterie or.   **(PALAIS.)**

Chaînes fantaisie et genre courant, américaines et chaînes de chasse. Bracelets souples et bracelets porte-bonheur, colliers, médaillons et cachets. Breloquets et Régences. Grand choix de chaînes à perles. Fabrication à tous titres pour l'exportation. Concessionnaires exclusifs de la reproduction de la Tour Eiffel en bijouterie. Modèles déposés. Usine à vapeur.
Médaille de mérite, Vienne, 1873. — Médaille d'argent, Paris 1878.

79. GUILLET (Jules), à Paris, rue des Quatre-Fils, 6. — Parures, broches, dormeuses, bracelets, bagues, clefs de montres, médaillons pour chaînes, porte-mines en or. **(PALAIS.)**

80. GUIRAND (E.) & Cie, à Paris, rue des Fontaines-du-Temple, 10. — Bijouterie acier. **(PALAIS.)**

81. GUTPERLE (Richard), Ancienne Maison **Leblanc-Granger**, à Paris, boulevard Magenta, 12. — Bijouterie de théâtre. Objets d'art, panoplies d'armes, armes, armures, reproduction d'armes et armures anciennes. **(PALAIS.)**

Maison fondée en 1824. — Organisation de salles d'armes. Reproduction scrupuleusement exacte des armes et armures anciennes. Réparation et complément des armes et armures anciennes. Organisation de ces armes en panoplie, formant décoration toute spéciale pour antichambre, escalier à double évolution, salle de billard et salle d'armes *(Châteaux et Hôtels particuliers)*. Cuirasses secrètes garantissant du poignard et de la balle de revolver d'ordonnance (0.012 millimètres).

Théâtres : Fournisseur de l'Opéra et des principaux théâtres étrangers. Parures complètes. Bijouterie pour artistes, choristes, figuration, ballet. Fournitures pour les grandes mises en scènes d'opéras et de féeries.

Récompenses : 1855 Paris, 1862 Londres, 1867 Paris, 1873 Vienne, Médaille or, 1878 Paris.

82. HAGNEAUX (Albert), à Paris, rue Turbigo, 78. — Bijouterie, joaillerie. **(PALAIS.)**

Fabricant de : Broches, bracelets, bagues, brisures, brillants, perles et pierres de couleurs, bracelets souples faisant collier et diadème, fantaisies riches et camées durs. Assortiments pour corbeilles de mariage (Téléphone).

83. HÉMERY (Edouard), à Paris, rue des Archives, 12. — Bijouterie imitation, bagues, épingles, broches. **(PALAIS.)**

Récompenses : Philadelphie 1876. — Paris 1878. — Melbourne 1881.

84. HERFORT (Mme Vve), à Paris, rue Fontaine-au-Roi, 19. — Articles estampés, en tous genres, tous styles, toutes dimensions, sur tous métaux, pour toutes industries. **(PALAIS.)**

85. HÉRICÉ (J.), à Paris, rue du Parc-Royal, 12. — Bijouterie or sur argent, bracelets, boutons, chaînes, broches, articles de bureau, articles de fumeurs et bijoux de fantaisie. **(PALAIS.)**

86. HERSANT (J. M. Alfred), à Paris, rue Greneta, 5. — Bijouterie, joaillerie, bracelets, broches, bagues, chaînes et articles fantaisie. **(PALAIS.)**

87. HIRN (Alphonse), à Paris, rue Turbigo, 52. — Spécialité de boutons de manchettes et de chemises, épingles pour cravates, broches, bracelets. **(PALAIS.)**

88. JACTA Fils (Georges), successeur de **G. Jarry** aîné, à Paris, rue du Quatre-Septembre, 26. — Bijouterie, joaillerie, orfèvrerie d'art. **(PALAIS.)**

89. JAQUET, à Paris, rue des Archives, 26. — Estampes en cuivre et pointes d'acier taillées et polies. **(PALAIS.)**

90. JOLLY (Charles A.), à Paris, rue de Turbigo, 13. — Bijoux or et argent noir. **(PALAIS.)**

91. KINTZ (Charles G.), à Paris, rue du Temple, 117. — Fantaisies en bijouterie pour le costume de dames et petits bronzes en bijouterie pour la nouveauté. **(PALAIS.)**

92. LEFEBVRE Fils Aîné, à Paris, rue de Rivoli, 106, & Trouville, rue de Paris, 18. — Bijouterie, joaillerie. **(PALAIS.)**

Ancienne maison Lefebvre et fils, fondée en 1843. Ateliers, rue de Rivoli, 106 et rue des Halles 3. — Corbeilles de mariage, bijoux riches, pierres fines de premier choix. Fabrication spéciale de bijoux, orfèvrerie et objets d'art, de style, en or et argent, ciselure, émaux, modèles spéciaux déposés.

93. LEMOINE Fils (Alfred & Georges), à Paris, rue St-Honoré, 356. — Joaillerie, bijouterie, décorations. **(PALAIS.)**

94. LEVY frères, à Paris, rue Turbigo, 66. — Bijouterie deuil. **(PALAIS.)**

95. LHOMME (Léon), à Paris, rue Vivienne, 2. — Bracelets, broches, bagues et fantaisies. **(PALAIS.)**

96. LOEB (Gustave), successeur, Ancienne Maison **Baer & Loeb**, à Paris, rue Turbigo, 78. — Broches, bracelets, colliers, articles spéciaux pour la coiffure. **(PALAIS.)**

97. LOUVET (Joseph), à Paris, rue Réaumur, 16. — Estampages artistiques pour la bijouterie et le petit bronze fantaisie. **(PALAIS.)**
Médaille de bronze, Exposition universelle de Paris 1878.

98. LUCHARD (H.), à Paris, rue du Faubourg-du-Temple, 92. — Estampes pour la bijouterie, le cartonnage, le petit bronze, etc. **(PALAIS.)**

99. LUCY (Paul), à Paris, rue Pastourelle, 32. — Bracelets unis, fantaisie et souples en or. **(PALAIS.)**

100. LUTOLD (A. L.), à Paris, rue du Temple, 189. — Apprêts et bijouterie, imitation. **(PALAIS.)**

101. MAREST (J.), à Paris, rue Montmartre, 21. — Bagues, bracelets, breloques. **(PALAIS.)**

102. MARGUEROND (Joseph J.), à Paris, rue Notre-Dame-de-Nazareth, 3 et 5. — Bijoux pour deuil en jais et en bois. **(PALAIS.)**
Bijouterie de deuil : Médaille de bronze Paris, 1878.

103. MARMORAT frères, à Paris, rue Michel-le-Comte, 23. — Bijouterie or doublé, chaînes, bracelets, dormeuses, bagues, fantaisies, etc. **(PALAIS.)**

104. MARRET Frères, à Paris, rue Vivienne, 16. — Grande et petite joaillerie en diamants, perles et pierres précieuses, bijouterie d'or, fantaisies et objets d'art. **(PALAIS.)**
Médaille d'honneur, Exposition universelle de Paris 1865. — Médaille d'or, Paris 1878. Membre du Jury des récompenses. Exposition universelle d'Anvers 1886.

105. MARTY, à Gentilly (Seine), rue des Barons, 2. — Bijouterie imitation. **(PALAIS.)**

106. MASCURAUD Frères, à Paris, rue du Général-Morin, 8. — Bijouterie fantaisie, imitation. **(PALAIS.)**

107. MÉNAGE (J.), à Paris, rue Gambey, 22. — Boutons à coulisses et goupille automatique pour manchettes, cols et devants, bijouterie imitation. **(PALAIS.)**

108. MICHELIN (Victor), successeur de **A. Conin**, à Paris, boulevard Sébastopol, 60. — Bijouterie religieuse, or et argent. **(PALAIS.)**
Fabrique de chapelets, pierres fines, monture or et argent, bijouterie religieuse, médailles, croix, ivoire. Récompenses : Deux Médailles argent et bronze, Paris 1878.

109. MOCHE (J.) & Cie, à Paris, rue Poissonnière, 46. — Chaînes, médaillons, bracelets or, bourses or, bourses argent. **(PALAIS.)**

110. MOLLARD (Auguste), à Paris, place de la Bourse, 6. — Joaillerie, bijouterie, émaux, pierres fines, diamants. **(PALAIS.)**

111. MOREL (Réné), à Paris, boulevard Magenta, 1 bis. — Bijouterie argent, bracelets, broches. **(PALAIS.)**

112. MURAT (C. B.), à Paris, rue des Archives, 6. — Bijouterie or, doublé et or sur argent. **(PALAIS.)**

113. OSSELIN (E.), à Asnières (Seine), rue du Maine, 3. — Bagues électro-magnétiques de 2 à 10 courants, bracelets, colliers, chaînes, ceintures, plaques, porte-plumes, peignes, etc. **(PALAIS.)**
Inventeur breveté des bagues électro-magnétiques. Médailles électro-médicales (modèle déposé). Fabricant autorisé des plaques et armatures métallothérapiques des docteurs V. Burq et Moricourt, fournisseur des hôpitaux. (Demander le Catalogue illustré).

114. PAM-JACOB, à Paris, rue Le Peletier, 30. — Diamants. **(PALAIS.)**

115. PAISSEAU-FEIL (L. H. C.), à Paris, rue Turbigo, 24. — Reproduction de pierres précieuses. Perles et demi-perles fines. **(PALAIS.)**

116. PÉCONNET, à Paris, rue des Bois, 24. — Bijouterie. **(PALAIS.)**

117. PEUNELLIER (Auguste), à Paris, rue Vieille-du-Temple, 137. — Bijouterie or et argent. **(PALAIS.)**

118. PETIT, Fils, à Paris, rue de Chabanais, 2.—Peignes et épingles pour cheveux et chapeaux. Chaînes, bracelets et fantaisies riches. **(PALAIS.)**

119. PHILIP (Edouard M.), à Paris, rue de la Paix, 4. — Bijoux, joaillerie montres riches, petite orfévrerie d'art. **(PALAIS.)**

120. PICARD (Raymond), à Paris, rue Fontaine-au-Roi, 32. — Estampage et découpage pour bijouterie, petit bronze, etc. **(PALAIS.)**

Estampage et découpage en tous métaux et autres matières pour tous objets. Bijouterie, boutons, petits bronzes, cartonnage, maroquinerie, etc.

121. PIEL (Alexandre F.), à Paris, rue Meslay, 31. — Bijouterie imitation et objets de fantaisie. **(PALAIS.)**

Récompenses : Paris 1867, Philadelphie 1876, Sydney 1879, Melbourne 1881. H.C. Jury, Paris 1878, Bruxelles 1888. — H. C. Jury, Anvers 1885.

122. PLICHON & Cie, à Paris, rue du Parc-Royal, 10. — Bijouterie or doublé et or sur argent. **(PALAIS.)**

123. PONS (Edouard L.), à Paris, rue du Temple, 36. — Estampes. **(PALAIS.)**

124. POULLAIN (Georges A.), à Paris, rue Turbigo, 44.—Perles imitation, articles pour broderie, bijouterie ; perles pour les Indes et la Chine. **(PALAIS.)**

125. POUPAR (L.), à Paris, rue de Saintonge, 43. — Bijouterie or et argent. **(PALAIS.)**

126. PRAT (Victor), à Paris, rue de Picardie, 32.— Galeries, boîtes et apprêts pour bijouterie dorée et acier. **(PALAIS.)**

Graveur, estampeur, mécanicien. — Maison fondée en 1802. Récompenses : Médaille d'argent, Paris 1867 ; Médaille d'or, Paris 1878.

127. PRIEUR Frères, à Paris, rue des Haudriettes, 2. — Chaînes, bracelets, régences, broches fantaisie et épingles. **(PALAIS.)**

128. REGAD Fils (O. Anatole), à Paris, rue de Turbigo, 53. —Imitation du diamant et de toutes les pierres fines de couleur, articles de fantaisie. **(PALAIS.)**

129. RENN (Félix), à Paris, rue Turbigo, 52. — Joaillerie. **(PALAIS.)**

130. RICHSTAEDT (Henri C.), à Paris, boulevard Bonne-Nouvelle, 31. — Bijouterie, Joaillerie. **(PALAIS.)**

Corbeilles de mariage haute fantaisie, riche. Diplôme de mérite, Vienne 1873.— Paris 1878, Médaille d'argent.

131. RIEBLINCK (Francis.-A.), à Paris, rue des Gravilliers, 44. — Gravure, estampage et découpage pour bijouterie, bronze et étiquettes pour chapellerie et pour marques de fabrique. **(PALAIS.)**

132. ROBY-MOUNEYRAC (Victor), à Paris, rue Chapon, 35. — Perles lourdes, ordinaires, blanches et de couleur. **(PALAIS.)**

133. ROUGEAUX (Louis, V. J.), à Paris, rue du Perche, 7 bis.— Bijouterie, joaillerie, broches, bracelets, colliers, bagues. **(PALAIS.)**

134. ROUSSEAU Frères (Victor et Jules), à Paris, rue Paul-Lelong, 6. — Bijoux acier fin, et toutes fantaisies. **(PALAIS.)**

135. ROUSSELLE Frères TIREIN et Cie, à Paris, boulevard Poissonnière, 6. — Joaillerie et bijouterie. Nouveau système de patins pour boutons de manchettes et de chemises.   **(PALAIS.)**

136. ROUVENAT et DESPRÉS (F.), à Paris, rue d'Hauteville, 62.—Joaillerie, bijouterie.   **(PALAIS.)**

137. ROY (Léon), à Paris, rue Saint-Maur, 140. — Bijouterie deuil pour modes et confections en jais rivés.   **(PALAIS.)**

138. SANCAN (Joseph, M. C.), à Paris, rue Notre-Dame-de-Nazareth, 30. — Bijouterie historique, broches, bracelets, colliers, châtelaines, porte-montre, chaînes et régences, porte-lunette, etc.   **(PALAIS.)**

139. SANDOZ (Gustave), à Paris, Palais-Royal, 147-148. — Bijouterie, joaillerie, objets d'art.   **(PALAIS.)**

Exposition d'Amsterdam, Médaille d'or. Chevalier de la Légion d'honneur. Exposition de Barcelone, Hors concours. Président du Jury. Officier de la Légion d'honneur.

140. SAUVÉ (J.) & Fils, à Paris, rue des Haudriettes, 5 bis.—Bijouterie imitation.   **(PALAIS.)**

141. SAVARD & Fils à Paris, rue Saint-Gilles, 22. — Bijoux or, or doublé, argent, or sur argent, bagues, bracelets, broches, dormeuses, pendants, croix, chaînes, colliers, boutons.   **(PALAIS.)**

Maison fondée en 1829. Usine à vapeur à Paris. Fabrique à Guéret (Creuse).

Fabrique de bijouterie or 18 carats, bijoux or à tous titres pour l'exportation. Parures, broches, bagues, dormeuses, bracelets, épingles, boutons de manchettes, etc. Alliances sans soudure, breveté S. G. D. G. Grand choix de joaillerie, bagues, boutons d'oreilles, broches, bracelets, épingles, etc. Médailles de B. A. O. Paris, Londres, Vienne, Sydney, Melbourne, 1851, 1855, 1862, 1867, 1873, 1878, 1879, 1881.

142. SCHETZ (A. Léopold), à Paris, rue Charlot, 62. — Apprêts en tous genres et en tous métaux, boules sans assemblage de toutes dimensions et épaisseurs, collier composé de boules extra légères.   **(PALAIS.)**

Article spécial pour les colonies. Chatons genres courant et fantaisie, bagues et chatons, joaillerie, montures de brillants, galeries, fil perlé et taraudé, brisures à ressorts et ordinaires. Têtes de boutons pour manchettes et chemises, sertissures, or à tous titres. Mention honorable Amsterdam 1883. — Mention honorable, Barcelone 1888.

143. SCHMITT (G.), à Paris, rue Louis-le-Grand, 18. —Bijouterie, joaillerie.   **(PALAIS.)**

144. SCHWISTER (Léon), à Paris, rue de Turbigo, 75. — Coraux et écailles.   **(PALAIS.)**

145. SILVESTRE (Ferdinand), à Paris, rue du Temple, 104. — Hochets, bracelets, coulants de serviette, agrafes de manteaux.   **(PALAIS.)**

146. SORDOILLET (Ernest), à Paris, rue Notre-Dame-de-Nazareth, 6.— Bijouterie acier.   **(PALAIS.)**

Récompenses : Paris 1867 et 1878, méd. d'argent. —, Paris 1867, Union des Fabricants, méd. vermeil. — Anvers 1885, méd. or. — Barcelone 1888, méd. or.

147. SOUFFLOT (Paul) Fils et ROBERT (Henri), à Paris, rue du Quatre-Septembre, 10. — Fabrique de bijoux et joyaux de tous genres.   **(PALAIS.)**

Expositions antérieures. Paris, 1867, Médaille d'argent ; Vienne, 1873, Médaille de progrès ; Paris, 1878, Médaille d'or.

148. STEINMETZ (M.), à Paris, boulevard Magenta, 145. — Bijoux imitation. — Chaînes de montres pour hommes et dames.   **(PALAIS.)**

149. Syndicat du diamant impérial (M. J. Pain, Administrateur), à Paris, rue Le Peletier, 30. — Le diamant impérial, poids 180 carats.   **(PALAIS.)**

Ce diamant provient d'un diamant brut de 457 carats trouvé dans les mines de diamants du Cap.

150. TAISNE & FLINOIS, à Walincourt (Nord). — Bijouterie en doublé.
(**PALAIS.**)

151. TÉTERGER (Hippolyte), à Paris, rue Saint-Augustin, 31. — Joaillerie,
bijouterie, objets d'art. (**PALAIS.**)

152. THIERRY (de) & Cie, à Paris, rue Saint-Martin, 213. — Bijouterie imitation.
(**PALAIS.**)

153. TOPART & RUTEAU, à Paris, rue Chapon, 31. — Imitations de perles
fines et de corail pour bijouterie, colliers, broderie, modes. (**PALAIS.**)

Perles dorées et argentées.
Spécialité pour les Indes et la Chine.
Récompenses : Médaille d'or, Paris 1878.
Diplômes d'honneur, Anvers 1885 et Bruxelles 1888.
Paris 1867. — Vienne 1878. — Philadelphie 1876. — Melbourne 1881.

154. TURPIN (Albert), à Paris, rue du Temple, 191. — Bijouterie argent et
argent doré. (**PALAIS.**)

155. VAGUER (Alexandre), à Paris, rue du Temple, 114. — Chaînes, colliers
bracelets souples et porte-bonheur, médaillons en or. (**PALAIS.**)

156. VAGUER (Léon), à Paris, rue Étienne-Marcel, 37. — Bracelets, broches,
bagues, dormeuses, brillants roses, pierres de couleur. (**PALAIS.**)

157. VALÈS (Constant), à Paris, rue Saint-Martin, 213. — Imitations de perles
fines. (**PALAIS.**)

158. VAUMARIN (Camille), à Paris, rue de Turbigo, 64. — Bijouterie argent,
et or sur argent, broches, bracelets, épingles, bagues et dormeuses. (**PALAIS.**)

159. VEVER, à Paris, rue de la Paix, 19. — Joyaux, pièces d'art, émaux, bijoux.
(**PALAIS.**)

Récompenses : Médailles d'honneur Exposition universelle, Paris 1855. — Londres 1862,
Hors-Concours, Membre du Jury Exposition universelle, Paris 1867, Paris 1878.
Maison fondée en 1821. Magasins et ateliers rue de la Paix, 19.

160. VIDOU (Joseph), à Paris, rue des Gravilliers, 23. — Apprêts pour bijouterie,
chatons de toutes sortes et bracelets fabriqués mécaniquement. (**PALAIS.**)

161. VUILLERMOZ & MANGON, à Paris, rue de Poitou, 15. — Bijouterie,
joaillerie or et argent, imitation de diamants. (**PALAIS.**)

Système de Peigne; breveté S. G. D. G. Méd. de bronze, Barcelone 1888.

162. ZIMMERLI (E.), à Paris, rue de Montmorency, 16. — Apprêts pour la bijouterie et la joaillerie en or, argent et platine. (**PALAIS.**)

Fabrique spéciale d'apprêts produits mécaniquement. Méd. d'hon., Paris 1878. — Bronze,
Sydney 1888. — Argent, Melbourne. 1881. — Bronze, Amsterdam 1883. — Argent, Bruxelles 1888.

COLONIES.

ALGÉRIE.

1. AMAR AMZIAN NAÏT Thiffellah, Aït à Larbaâ, Commune mixte de
Fort-National, (Alger). — Boucles de ceinture, d'oreilles, boutons de manches, broches,
bagues, bracelets, médaillons. (**ESPLANADE.**)

2. AMAR ou Saïd ben Ahsen, à Taourirt-Mimoun, Commune mixte de Fort National (Alger).— Bracelets, agrafes, broches, boutons de manches, bagues, épingles, boucles d'oreilles. **(ESPLANADE.)**

3. ARESKI ben MOHAMED Arab, à Taourirt-Mimoun, Commune de Fort National (Alger). — Bracelets, khalkhals. **(ESPLANADE.)**

4. BOUDJEMAA NAÏT ALI AHMED, à Aït Lhassen, Commune mixte de Fort National (Alger). — Agrafes. **(ESPLANADE.)**

5. BOU SAAD ou Arab Naït Mohamed, à Aït Larbaâ, Commune de Fort National (Alger).— Açaba, agrafes, bracelets, boucles d'oreilles, colliers, khalkhals, bezima, cuillers à café. **(ESPLANADE.)**

6. CHELLALI ben el hadj ben Zid, à Bousââda (Alger). — Khalkhal, épingles indigènes. **(ESPLANADE.)**

7. COHEN SIMAH SCALI, à Mostaganem (Oran).--Bijoux or, argent, doublé et faux. **(ESPLANADE.)**

8. DEMARCHI & Fils, à Saint-Eugène (Alger). — Bijouterie indigène, bracelets, broches, boucles d'oreilles. **(ESPLANADE.)**

9. DJURDJURA, (Commune mixte du), à Michelet (Alger).— Bijouterie indigène. **(ESPLANADE.)**

10. EL HADJ MOHAMED ou Salem Naït Ali, à Aït Larbaâ, Commune mixte de Fort National (Alger). — Bracelets, agrafes, senioua avec sucrier et tasses, suspensions. **(ESPLANADE.)**

11. EL HAOUSSIN ou Reski Naït Ali, à Aït Larbaâ, Commune mixte de Fort National (Alger). — Méraïas en cuivre, suspension, encriers. **(ESPLANADE.)**

12. FERHAT ben Saïd ben Ahsen, à Taourirt-Mimoun, Commune mixte de Fort National (Alger).-- Colliers, bracelets, broches, boutons de manches, boucles d'oreilles. **(ESPLANADE.)**

13. FLOCON, à Alger, rue Bab-Azoum. — Bijouterie genre arabe. **(ESPLANADE.)**

14. HACINE BEN AHMED BEN NACEUR, à Khonga sidi Nadji, cercle de Keuchela (Constantine). — Bracelets en argent. **(ESPLANADE.)**

15. HAMOU ou Amar Naït Thifellah, à Aït Larbaâ, Commune mixte de Fort National (Alger). — Açaba, bracelets, khalkhals, bezima, boucles d'oreilles, agrafes, cuillers à café. **(ESPLANADE.)**

16. LARBI NAÏT'TAABAST, à Taourirt-Mimoun, Commune mixte de Fort National (Alger). — Agrafes, bezima, bagues. **(ESPLANADE.)**

17. LARBI ou El hadj Naït Ali, à Aït Larbaâ, Commune mixte de Fort National (Alger). — Açaba, agrafes, bracelets, bezima. **(ESPLANADE.)**

18. LÉON (S.), à Alger, rue Bab-Azoun, 12. — Bijoux arabes, travaux artistiques en gravure et ciselure indigènes. **(ESPLANADE.)**

19. M'AHMED NAÏT KACI, à Aït Larbaâ, Commune mixte de Fort National (Alger). — Agrafes, açaba, bezima, colliers, bracelets, khalkhals. **(ESPLANADE.)**

20. MEQUESSE (Louis), à Barika (Constantine). -- Agrafe indigène en argent. **(ESPLANADE.)**

21. MESGUICHE, à Paris, boulevard Poissonnière, 14. — Bijouterie. **(ESPLANADE.)**

22. MOHAMED ou Ahsen Naït Abbart, à Taourirt-Mimoun, Commune mixte de Fort National (Alger). — Açaba. **(ESPLANADE.)**

23. MOHAMED ou Ali Naït Thifellah, à Aït Larbaâ, Commune mixte de Fort National (Alger). — Bracelets, boutons de manches, épingles, bagues. **(ESPLANADE.)**

24. MOHAMED ou Chabaan Naït Thiffellah, à Aït Larbaâ, Commune mixte de Fort National (Alger). — Idouiren , agrafes , médaillon, broche.
(ESPLANADE.)

25. MOHAMED ou Lhassen Naït Thiffellah, à Aït Larbaâ, Commune mixte de Fort National (Alger). — Colliers, bracelets, bagues, boutons de manches, broches, médaillons.
(ESPLANADE.)

26. MOHAMED ou Ramdam Naït Oukeboubèche, à Taourirt El Hadjadj, Commune mixte de Fort National (Alger). — Collier.
(ESPLANADE.)

27. MOHAMED ou Salem ben Thiffellah, à Aït Larbaâ, Commune mixte de Fort National (Alger). — Bezima, colliers, agrafes, médaillons, broches, bracelets, boutons de manches.
(ESPLANADE.)

28. MOHAMED SAÏT NAÏTOUKEBOUBÈCHE, à Taourirt El Hadjadj, Commune mixte de Fort National (Alger). — Colliers.
(ESPLANADE.)

29. SAUSSANE (Moïse), à Mostaganem (Oran). — Bijoux indigènes.
(ESPLANADE.)

30. SEBAOUN (Judas), à Oran, rue de Milan. — Bijoux, articles de Paris.
(ESPLANADE.)

31. SI MOHAMED EL MAHFOND, à Aït Larbaâ, Commune mixte de Fort National (Alger).— Agrafes, bezima.
(ESPLANADE.)

32. TABET (Moïse), à Oran, rue Philippe, 63. — Bijoux indigènes.
(ESPLANADE.)

COCHINCHINE.

1. Exposition permanente des Colonies, à Paris. — Bijoux (Cochinchine et Cambodge).
(ESPLANADE.)

GABON CONGO.

1. PECQUEUR (Léona), au Gabon. — Bracelets de cuivre et d'ivoire.
(ESPLANADE.)

2. SCHLUSSEL (Laurent), à Libreville (Gabon). — Colliers, bracelets.
(ESPLANADE.)

INDE FRANÇAISE.

1. Comité d'Exposition. — Bagues bayadères en or, bracelets, boucles d'oreilles, bijoux en faux de Chandernagor, colliers de femme, cachets en argent. (ESPLANADE.)

2. Exposition permanente des Colonies, à Paris. — Bijoux.
(ESPLANADE.)

3. SCHWISTER, à Paris, rue de Turbigo, 75. — Echantillons de perles de corail.
(ESPLANADE.)

NOUVELLE CALÉDONIE.

1. Affaires Indigènes (Service des), à Nouméa. — Bracelets. (ESPLANADE.)

SÉNÉGAL.

1. Exposition permanente des Colonies, à Paris. — Bijoux. (ESPLANADE.)

2. MOHAMED HABIC, Forgeron **Brakna**, au Sénégal. — Chapelets en
ébène incrusté, bagues, bracelets.   (ESPLANADE.)

3. NOIROT, Administrateur, au nom de **Mohammed Habid**, forgeron Brakna.
au Sénégal. — Bagues, bracelets, chapelets, quartz et grenats, fabriqués par Mohammed
Habid.   (ESPLANADE.)

PAYS DE PROTECTORAT.

ANNAM-TONKIN.

1. Province de Hanoï. — Bagues en argent. Boutons d'oreilles en or.
                    (ESPLANADE.)

CAMBODGE.

1. Exposition permanente des Colonies, à Paris. — Bijoux.   (ESPLANADE.)

INDO-CHINE.

1. BRAUX de SAINT-POL LIAS (Mlle), à Paris, rue de Passy, 47. —
Bijoux de l'Indo-Chine.   (ESPLANADE.)

TAHITI.

1. LABBEYI, à Papeete. — Boucles d'oreilles, colliers pour femmes. (ESPLANADE.)

TUNISIE.

1. Comité tunisien (Président : **Mohamed Djellouli**), à Tunis. — Bijoux.
                    (ESPLANADE.)

2. MUSTAPHA BASQUAI, à Tunis. — Bijouterie parfumée (en ambre
gris).   (ESPLANADE.)

3. NATAF (Elidou di Rabbi Youda), à Tunis. — Bijouterie tunisienne et
orfèvrerie.   (ESPLANADE.)

4. MUSTAPHA BASQUAI et le **Comité**. — Joaillerie et bijouterie.
                    (ESPLANADE.)

PAYS ÉTRANGERS.

RÉPUBLIQUE ARGENTINE.

1. Commission auxiliaire, à Général-Acha (Pampa-Centrale). — Broches et boucles d'oreilles en argent, portées par les anciens indigènes. **(PARC.)**

AUTRICHE-HONGRIE.

1. BÖHM (Herman), à Vienne, VII, Müllergasse, 2. — Objets d'art et de fantaisie, or, argent, émail sur cuivre, en cristal de roche et en lapis lazuli. **(PALAIS.)**

2. EGGER Frères, à Budapest, Dorotheagasse, 9. — Bijouterie en vrai opal, style antique. **(PALAIS.)**

3. GERLITZKY (J. R.), à Prague (Bohême), Graben, 39. — Bijouterie en grenats de Bohême. **(PALAIS.)**

4. HELLER (Les Fils de Balduin), à Téplitz (Bohême). — Bijouterie fausse, boutons métal, articles de bronze. **(PALAIS.)**

5. JEITELES Fils (Jacob H.), à Gablonz (Bohême). — Perles, boutons, bijouterie fausse. **(PALAIS.)**
Maison à Paris : A . Schwenk et Jacob H. Jeiteles Sohn, 55, rue Réaumur.

6. KAHL (Fernand), à Gablonz (Bohême). — Pierres fausses, imitation des diamants et autres, camées. **(PALAIS.)**

7. KERSCH (M.), à Prague (Bohême), Graben, 32. — Articles de bijouterie en grenats de Bohême. **(PALAIS.)**

8. PAM (Jos.) et Cie, à Gablonz (Bohême). — Bijouterie fausse. **(PALAIS.)**

9. PICK & FLEISCHNER, à Vienne, VII, Burggasse, 103. — Bijouterie fausse. **(PALAIS.)**

10. PORZER (Thomas), à Vienne, VI, Mollardgasse, 10. — Manches or et argent pour cannes. **(PALAIS.)**

11. SCHLECHTA (François), à Turnau (Bohême). — Grenats de Bohême, de Tyrol et des Indes, pierres précieuses et imitation, turquoises-simili. **(PALAIS.)**

12. SPITZER (Carl), à Gablonz (Bohême). — Pierres fausses de tous genres. Simili-diamants. **(PALAIS.)**

13. STEINER & KOLLINER, à Prague (Bohême) Wenzelsplatz, 12. — Bijouterie en grenats de Bohême. **(PALAIS.)**

14. TARNOCZY (Mme Gustave de), à Budapest Waitzner, boulevard, 49. — Collections de bagues antiques. **(PALAIS.)**

15. TRESNAK (Jean), à Vienne, Karntnerstrasse, 59. — Grenats de Bohême. **(PALAIS.)**

Récompense : Bruxelles 1888, médaille d'or.

16. THURIET (T.) & BARDACH (J.), à Vienne, VII, Stuckgasse, 11. — Bijouterie fausse et articles de fantaisie. (PALAIS.)

17. VAUGOIN (Auguste), à Vienne, VII, Westbahnstrasse, 9. — Peinture sur émail. (PALAIS.)

18. VEIT (Sigismond), à Gablonz (Bohême). — Similis pour la bijouterie.
Représentant M. Jacques Cohn, 9, rue Mazagran, à Paris.

19. VEIT & Cie, à Gablonz (Bohême). — Pierres fausses, imitation de diamants et autres.
Bijouterie fausse et de deuil, pierres et bijoux noirs et fantaisies, spécialité de strass et simili-diamants. — Médaille d'argent, mention honorable, Paris 1878.
Maisons à Paris, 9, rue Sainte-Apolline ; Lyon, 14, rue Dubois ; Londres, 81, Noble street ; Annaberg (Saxe) ; New-York, 92, Spring street ; Rio de Janeiro, 21, rue de Candelaria.

BELGIQUE.

1. FEHER (M.) & Cie, à Anvers, boulevard Léopold 173. — Diamants. (PALAIS.)

2. HOUY (E.), à Bruxelles, boulevard Anspach, 92. — Bijoux en argent ; bijoux en faux et fantaisie. (PALAIS.)

3. LATINIE (L.), à Anvers, chaussée de Malines, 123 — Diamants. (PALAIS.)
Diplôme d'honneur, Anvers 1888.

4. LEFEVRE (Marie), à Bruxelles, rue de Russie, 15. — Bijoux en faux. (PALAIS.)

5. POLAK-BROOK, à Bruxelles, avenue Louise, 8. — Joaillerie. (PALAIS.)

6. SCOTT HAYWARD (W.) & Cie, à Bruxelles, rue de Brabant, 224. — Bijoux en jais. (PALAIS.)

7. TADDEI (Adèle M.), à Etterbeck-Bruxelles, place Jourdan, 4. — Bijoux en mosaïques. (PALAIS.)

RÉPUBLIQUE DE BOLIVIE.

1. ARGANDOÑA (Mme Amalia), à Paris, avenue des Champs-Élysées, 44. — Bijouterie indigène filigranée. (PARC.)

2. CAHEN (Lazard), à Paris, rue Saint-Georges, 5. — Bijouterie filigrane. (PARC.)

3. CASO (Joaquin M.), à Paris, boulevard Haussmann, 154. — Bijouterie indigène. (PARC.)

4. DAZA (Hilarion), à Paris, boulevard Haussmann, 63. — Bijouterie filigrane. (PARC.)

5. DIAZ (Pedro-Antonio), à Paris, rue de Lafayette, 56. — Bijouterie indigène, épingles d'or. (PARC.)

6. HERRERO (Joaquin), à Madrid (Espagne), Caballero de Gracia, 35. — Bijouterie filigrane. (PARC.)

7. PERO (Mme Delfina), à Paris, rue de la Bienfaisance, 19. — Bijouterie or et argent, objets de filigrane. (PARC.)

8. RODRIGUEZ (Mlle Esther), à Paris, avenue Kléber, 34. — Bijouterie, bracelet de monnaies anciennes, épingle indigène en argent, boîte filigrane argent. (PARC.)

BRÉSIL.

(Voir son Catalogue spécial).

CHINE.

1. YANG-HING & Cie, à Canton. — Objets de jade, objets de collection, produits de Chine.   **(PARC.)**

RÉPUBLIQUE DOMINICAINE.

1. Commission Provinciale de San Pedro Macoris. — Collier de pierres indigènes.   **(PARC.)**

2. Commission Provinciale de Santo-Domingo — Ceinture-bracelet. écaille.   **(PARC.)**

ÉGYPTE.

1. SARIDIS, au Caire. — Bijoux arabes, or et argent.   **(PALAIS.)**

ESPAGNE.

1. EGUIAZU (Léon), à Madrid. — Bijouterie.   **(PALAIS.)**

2. GUISASOLA (Felipa), à Madrid. — Bijouterie.   **(PALAIS.)**

3. MASNERA Frères, à Barcelone. — Objets de joaillerie et d'argenterie.   **(PALAIS.)**

ÉTATS-UNIS.

1. Drake Company, Président : **James H. Drake,** à Drake-Block, St-Paul, Minne. — Joaillerie, pierres précieuses, coupes d'arbres pétrifiés.   **(PALAIS.)**

2. HORTON ANGELL & Co, à Attleboro, Mass. — Boutons de col de manchettes et de devant de chemise, chaînes, bagues, etc.   **(PALAIS.)**

3. KENT & STANLEY, à Providence, R. I., 9, Eddy street. — Chaînes en or creux, sans joints apparents.   **(PALAIS.)**

4. RIDER (S. A.) & Co, à Saint-Louis, Nos 502, 504, 506. North 6 th. street. — Brillant de mot springs, coquillages de Floride, dents de crocodiles montées.   **(PALAIS.)**

5. TIFFANY & Co, à New-York, Union square. — Bijouterie, métaux précieux ciselés, sculptés, émaillés. Incrustations de ces métaux ornés de filigranes de pierres précieuses et de perles, diamants, perles américaines.   **(PALAIS.)**

    Paris, avenue de l'Opéra, 36 bis.
    Londres, Argyll-Place, 5.
    Récompenses : Exposition universelle de Paris 1878, Médaille d'or.
    Aux collaborateurs, en 1878 :
    Médaille d'or, 1 Médaille d'argent, 2 Médailles de bronze, 2 Mentions honorables.

6. WIDEL (Geo) & BARBER (R. P.), à New-York N. Y., 34, Verseystreet. — Bijouterie de fantaisie, dents de crocodiles montées, bijoux en coquillages.   **(PALAIS.)**

GRANDE-BRETAGNE.

1. **ARDESHIR & BYRAMJI**, à Fort Bombay, Hummum street, 10 (Indes). — Bijouterie indienne.   (PALAIS.)

2. **BHUMGARA FRAMJEE PESTONJEE,** à Bombay, Kalhadorie road, 5, et à Madras Mount road, 5 (Indes). — Bijouterie indienne.   (PALAIS.)

3. **BIGEX E. SRINURGUR**, à Cashmere et à Londres E. C. New Bond street, 15, Bishopgate street. — Argent ouvré.   (PALAIS.)

4. **CROUCH (J. M.)**, à Londres, Regent street, 264. — Diamants, orfévrerie et joaillerie écossaises.   (PALAIS.)

5. **Goldsmiths Alliance**, à Londres, Cornhill, 11 et 12. — Bijouterie, pierres précieuses et perles.   (PALAIS.)

6. **LAIRD (G. & S.)**, à Dublin, Paris House, Grafton street. — Bijouterie de connemara avec montures en or et argent.   (PALAIS.)

7. **MALLETT (John) & Son**, à Bath, Milsom street, 36. — Bijouterie artistique, émaux, sculptures avec montures en pierres fines.   (PALAIS.)

8. **PROCTOR & Co (The Indian Art Gallery)**, à Londres, Oxford street, 428. — Joaillerie et bijouterie indiennes.   (PALAIS.)

GRÈCE.

1. **BITZIOS (Antoine)**, à Arta. — Bijoux divers.   (PALAIS.)

2. **CHIAPKAS (Stergius)**, à Larisse. — Bijoux divers.   (PALAIS.)

3. **COUSSOULERI (Georges)**, à Athènes. — Bijoux divers.   (PALAIS.)

4. **GOURTZIAN Frères**, à Larisse. — Bijoux divers.   (PALAIS.)

5. **MARINOS (G. M.)**, à Zante. — Bijoux divers.   (PALAIS.)

6. **VALESTRAS (Spiridion)**, à Corfou. — Bijoux divers.   (PALAIS.)

ITALIE.

1. **ACCARISI (Joseph)**, à Florence, via Tornabuoni, 1. — Bijouterie.   (PALAIS.)

2. **AGUGGIONE (Gio.)**, à Gênes, piazza Lepre, 4. — Bijouterie en filigrane.   (PALAIS.)

3. **ASSISI (Pierre)**, à Naples, via Chiatamone, 16. — Bijouterie en corail, filigrane ; byzantins, coraux et objets en lave du Vésuve, coquilles et écaille.   (PALAIS.),

4. **BARCHIZZI & PÉLISSIER**, à Rome, place Borghèsa, 83. — Bijouterie en or, ornée de pierres précieuses, camées, broches, bracelets, colliers, pendants d'oreilles, épingles, boutons, bagues, etc, etc.   (PALAIS.)

5. **BARZANTI (M.) & Fils**, à Florence. — Bijouterie en mosaïque.   (PALAIS.)

6. **CANOCCHI (P.) & G. CHIARI**, à Florence, borgo San-Jacobo, 18. — Bijouterie.   (PALAIS.)

7. **CALVI (Constantin)**, à Rome. — Objets ciselés en argent et autres métaux.   (PALAIS.)

8. **CHICCHI (Charles)**, à Londres. — Bijouterie en or et argent avec pierreries, émaux, etc.   (PALAIS.)

9. **CRISCUOLO (Michel)**, à Torre-del-Greco, près Naples. — Corail vierge, corail sculpté, gravé, ciselé, montre en or, bijouterie ornée de corail.   (PALAIS.)

10. **DE DILECTIS Frères**, à Naples (Torre-del-Greco). — Bijouterie en corail et spécialités en style indien.   (PALAIS.)

11. **FIORI (Ernest)**, à Milan, via Quadrouno, 11. — Chaînes, clés, bracelets et bijoux en argent.   (PALAIS.)

12. **FRALLICIARDI (Nicolas)**, à Naples, trada Gigante, 14. — Bijouterie en corail, écaille, lave, etc.   (PALAIS.)

13. **FRANCATI & SANTAMARIA**, à Rome, via Bonella, 44.— Bijouteries romaines en or au titre de 18 carats, camées, mosaïques, coraux, laves, filigranes, pierres précieuses, imitations étrusques, etc.   (PALAIS.)

14. **FASOLI (Frédéric)**, à Rome, piazza de Spagna, 93. — Orfévrerie étrusque et romaine, mosaïques, etc.   (PALAIS.)

15. **GRAZIOSI (Oreste)**, à Florence, 8, via San-Spirito. — Orfévrerie. (PALAIS.)

16. **LABRIOLA (Angelo)**, à Naples, 9, vico Vasto. — Objets en écaille, corail, lave, camées.   (PALAIS.)

17. **LABRIOLA Frères**, à Naples, strada Calabritti, 42. — Éventails, peignes, porte-cigarettes, boutons, etc., en écaille.   (PALAIS.)

18. **LABRIOLA (Marius)**, à Naples, 41, strada Calabritti. — Objets en écaille, corail, lave du Vésuve, argenterie.   (PALAIS.)

19. **LOMBARDI (Sauveur)**, à Londres, 21, Noel street, Soho square, W. — Orfévreries artistiques.   (PALAIS.)

20. **MADRASSI (Clinto)**, à Paris, rue Duphot, 16. — Gravure, émaux, ciselures sur métaux précieux.   (PALAIS.)

21. **MELILLO (Hyacinte)**, à Naples, 286, Chiaia. — Bijoux archéologiques italiens.   (PALAIS.)

22. **MONTANI (Hector)**, à Rome, via della Croce, 50.— Bijouterie en mosaïque.   (PALAIS.)

23. **MONTELATICI (Joseph)**, à Florence. — Bijouteries en or et argent avec mosaïques.   (PALAIS.)

24. **MORABITO (Rocco)**, à Naples, 32, piazza de Martini. — Ouvrages en corail, lave, coquilles, filigranes, mosaïque, écaille.   (PALAIS.)

25. **NEGRI (Octave) et Cie**, à Rome, place d'Espagne, 60. — Camées et gravures, reproduction de l'ancien, non montées.   (PALAIS.)

26. **NOLFI (Joseph)**, à Rome, via Gaetana, 5. — Perles romaines.   (PALAIS.)

27. **NORCHI (Mme)**, à Londres, Lancaster road, 7. — Bijouteries en or.   (PALAIS.)

28. **PETRALLI (C.) & Cie**, à Florence, Borgognissanti. — Bijouterie, orfévrerie, mosaïques non montées, camées, joyaux étrusques.   (PALAIS.)

29. **PISCIONE (Henri)**, à Naples, Riviera di Chiaia, 270. — Bijoux, orfévreries, coraux travaillés, etc.   (PALAIS.)

30. **PISCIONE (Michel)**, à Naples, Riviera di Chiaia, 271. — Objets en corail, camées, écaille, bijoux, orfévreries.   (PALAIS.)

31. **PISCIONE (Nicolas)**, à Naples. — Corail monté avec diamants, perles et or, camées de corail et coquilles, travaux en écaille et lave.   (PALAIS.)

32. **REY (A.)**, à Rome, via Babbuino, 121. — Perles romaines.   (PALAIS.)

33. **RUSSO (Nicolas)**, à Naples, Pacella, 9. — Bijouterie artistique napolitaine, ouvrages en écaille, coquilles, coraux, grégés et travaillés.   (PALAIS.)

34. SARNO (Louis), à Naples. — Bijouterie napolitaine.   **(PALAIS.)**

35. SIVELLI (Egiste), à Gênes. — Assortiment de bijoux en filigrane d'argent.
(PALAIS.)

36. TOLEDO (Mathieu), à Naples, piazza Municipio, 10. — Corail travaillé, coquilles, écaille, lave du Vésuve, bijouteries, majoliques.   **(PALAIS.)**

37. UGOLINI (Jean), à Florence. — Bijouteries en or et argent avec mosaïques.
(PALAIS.)

38. VENEZIANI & COPPINI, à Florence, Pontevecchio, 9. — Bijouterie en or et en argent, joaillerie en or.   **(PALAIS.)**

JAPON.

1. HAYASHI (Jiuroyemon), Aichi-Ken, Kaito-Kori. — Boutons en émail cloisonné sur bronze.   **(PALAIS.)**

2. KATO (Kikumatsu), Tokio-fu, Nihonbashi-Ku. — Boutons de manchettes en écaille incrustée.   **(PALAIS.)**

3. KUTSUTANI (Takijiro), Tokio-fu, Shitava-Ku. — Boutons en divers métaux. Bijoux de femme.   **(PALAIS.)**

4. Ministère de l'Agriculture et du Commerce. (Direction de l'Industrie), à Tokio. — Boutons de manchettes en perles, en fer, en émail cloisonné, en shibuïtchi et en bronze.   **(PALAIS.)**

5. OKADA (Chojiro), Tokio-fu, Nihonbashi-Ku. — Bracelet en bronze et or ciselés. Colliers en bronze et or ciselés.   **(PALAIS.)**

6. TOKIO-CHOKO-KAI, Tokio-fu, Asakusa-Ku. — Boutons de manchettes, colliers, bracelets, épingles en or et en argent avec incrustations.   **(PALAIS.)**

NORVÈGE.

1. ANDERSEN (David), à Christiania. — Ouvrages de joaillerie et de bijouterie en argent, filigranes et émaux.   **(PALAIS.)**

2. GRINDRUD (Thor. F.), à Lunde, Telemarken. — Ouvrages de bijouterie nationale en argent.   **(PALAIS.)**

3. TOSTRUP (Jacob), à Christiania.—Ouvrages de bijouterie nationale en argent.
(PALAIS.)

PARAGUAY.

1. Gouvernement de la République du Paraguay, à Assomption. — Échantillons de la bijouterie du pays, anneaux, etc. Chaîne de cheveux avec des liens en or, bagues d'or, coquilles pour boire le maté, cure-dents.   **(PARC.)**

ROUMANIE.

1. ARGINTOIAN (S.J.), à Bucharest, caléa Victoriei, 1.—Cadenas en or.**(PALAIS.)**

2. Comité National, à Bucharest. — Colliers.   **(PALAIS.)**

3. GRIGORIE (Alexe), à Bucharest, calea Victoriei, 84. — Porte-cigarettes d'ambre jaune et noir.   **(PALAIS.)**

4. ZERLENDI (Ch. L.), à Bucharest, rue Smardan, 7. — Garnitures de pierres antiques, montées sur or.   **(PALAIS.)**

RUSSIE.

1. DJAVAD ALI, à Moscou. — Bijouterie du Caucase.   (PALAIS.)

2. KHODJAIAN, à Tiflis. — Bijouterie du Caucase.   (PALAIS.)

3. RODIONOFF, à Moscou. — Bijouterie.   (PALAIS.)

RÉPUBLIQUE SUD-AFRICAINE.

1. GOUVERNEMENT (Le), à Pretoria. — Bijoux fabriqués par les indigènes, en bois, cuivre, fer, corne, ivoire, etc.   (ESPLANADE.)

SALVADOR.

1. AVILA (Daniel), à San-Miguel. — Objets en argent   (PARC.)

2. DOMINGUEZ (Anastasio), à San-Salvador. — Filigranes d'argent. (PARC.)

3. PISSIS de L. (Docteur), à San-Salvador. — Monnaies d'argent à jour.   (PARC.)

4. ZAMORA (Rafael), à San-Salvador. — Objets d'argent.   (PARC.)

SUÈDE.

1. HALBERG (C. J.) & JAHNSSON (Jean), à Stockholm. — Bijouteries et joailleries. Exposition ouvrière de bijouteries.   (PALAIS.)

SUISSE.

1. BLUNTSCHLI & Cie, à Schaffhouse. — Pierres pour la bijouterie, assortiment de strass, différentes tailles, simili-diamants.   (PALAIS.)

2. BURGER (Emile), à Burg (Argovie). — Colliers, broches, bracelets, pendeloques.

3. HANTZ (Georges), à Genève. — Objets d'art, coffrets à bijoux, petits meubles argent gravé, émaillé, montés en ébène, boîtes de montres, poinçons d'acier, gravés, fonds de montres frappés, etc.   (PALAIS.)

4. LEU (R.), à Stans (Unterwalden). — Filigranes d'or et d'argent.   (PALAIS.)
    Fabrication de bijouterie en filigrane. Spécialité d'articles pour parures du costume national du canton d'Unterwalden (Suisse).

5. MAYER, à Genève. — Aquarelles pour bijouterie.   (PALAIS.)

6. POCHELON (L. G. Antoine), à Genève. — Bijoux, montres, bagues, pièces joaillerie et bijoux artistiques.   (PALAIS.)

7. ROSSEL Fils (Jacques), à Genève, rue du Rhône, 12. — Horlogerie, bijouterie, joaillerie.   (PALAIS.)

VÉNÉZUÉLA.

1. ALVARADO (Manuel M.), à Paris, boulevard Haussmann, 21 — Noix de coco montée en argent, servant de coupe.   (PARC.)

2. Commission de Maracaïbo. — Collection de pierres fines, appartenant à l'abbé Jauregui.   (PARC.)

GROUPE IV.

TISSUS, VÊTEMENTS ET ACCESSOIRES.

Classe 38.

Armes portatives. Chasse.

FRANCE.

1. BARBIER (Pierre) & Cie, (Société industrielle et du petit armement), au Havre (Seine-Inférieure), 4, rue Madame, (Lafayette). — Cartouches, projectiles et armes spéciales pour tir réduit, tir inoffensif, et tir de salon. **(PALAIS.)**

Cartouches-projectiles sans culot obturateur, fusils, carabines, pistolets sans extracteur et à fermeture hermétique de la culasse. Breveté s. g. d. g. France, Étranger.

1° Pour enfants (tir à feu) avec cartouches inoffensives, papier ou plomb creux.

2° Pour le tir réduit. Armée nationale, sociétés de tir et tir de salon, avec cartouche-précision, plomb.

3° Pour la chasse, avec cartouche spéciale, petit plomb.

2. BERTRAND (Félix), à Paris, boulevard du Port-Royal, 73. — Articles d'escrime. **(PALAIS.)**

3. BLOCK (Emmanuel), à Saint-Étienne (Loire), rue Tréfilerie, 14. — Armes de tir et de guerre. **(PALAIS.)**

4. BRUN (Antony), à Paris, rue de Rivoli, 110. — Armes de chasse, fusils sans chiens, revolvers, armes blanches. **(PALAIS.)**

5. BRUN-LATRIGE (Paul), à Saint-Étienne (Loire), cours Fauriel, 7. — Nouveau fusil « hammerless ». **(PALAIS.)**

6. CHOBERT (Léon), à Paris, rue Lafayette, 16. — Fusils de Paris avec canons de Léopold Bernard. Petite Artillerie pour yachts et propriétés. Lance amarre. **(PALAIS.)**

Fusils de Paris à chiens à triple fermeture, et autres modèles à fermeture plus simple.
Fusils de Paris sans chiens dits « hammerless » à triples fermetures et autres.
Carabines de tir de précision de petite et de grande portée pour le tir et pour la chasse.
Carabines à répétition pour chasse aux corbeaux, sangliers, gros animaux, pour explorateurs.
Pistolets de duel, et pistolets de précision. Canardières, tous calibres, à un et deux coups.
Revolvers de tous systèmes, nouveau modèle cal-ordonnance à extracteur rapide automatique.
Sabres et épées d'officiers. Armes de guerre à feu de tous modèles et armes blanches.
Épées de duel, divers modèles de luxe, épées d'étude, fleurets, articles d'escrime et de boxe.
Cannes à épée avec pommes argent ciselé et autres, divers modèles de cannes à feu.
Petite artillerie sur affût de marine pour yachts et sur affût de campagne pour propriétés.

7. COUTOLLAU (Auguste L.), à Angers (Maine-et-Loire), place du Ralliement, 9. — Fusils de chasse.   **(PALAIS.)**

8. COUTOOR, à Paris, rue Lafayette, 17. — Armures.   **(PALAIS.)**

9. COUTURIER (Edmond), à Paris, rue des Marais, 64. — Fusils de guerre et de chasse à canon fixe, ouverture et extraction automatiques, fusil double à répétition, cartouchières automatiques.   **(PALAIS.)**

10. DARNE (Régis), à Saint-Étienne (Loire), 13, rue de Bas-Tardy. — Armes de chasse.   **(PALAIS.)**

> Usine à vapeur pour la fabrication d'armes de chasse et de tir. Fusil l'Idéal-Darne, breveté S. G. D. G., sans chiens, à canon fixe, à éjecteur automatique, fusils à culasse circulaire à canon fixe. Canardières de tous calibres à partir de 25 $^m/_m$, système spécial pour les fortes charges.

11. DUMONTHIER, à Paris, rue des Petits-Hôtels, 23. — Cannes-fusils, revolvers, carabines, cannes-armées.   **(PALAIS.)**

> Spécialité de revolvers, carabines de jardin, cannes-fusils, cannes-armées et sarbacanes.
> Dépôt à Paris, rue des Petits-Hôtels, 23. Manufacture à Sailleville (Oise).

12. Fabrique de canons Léopold Bernard, (Société anonyme), à Paris, avenue de Versailles, 129. — Canons de chasse et de tir en Damas et en acier.   **(PALAIS.)**

> Prize medal 1851, Lond. es. — Médaille d'or, Paris 1855, chevalier de la Légion d'honneur. — Médaille, Londres 1862. — Médaille d'or, Paris 1867. Officier de la Légion d'honneur. — Médaille d'or, Paris 1878. — Diplôme d'honneur, Anvers 1885.

13. FAURÉ LE PAGE (Henri), à Paris, rue de Richelieu, 8. — Armes de chasse, armes de luxe, armes blanches.   **(PALAIS.)**

14. FAYOLLE (Claudius), à Saint-Étienne (Loire), rue du Vernay, 37. — Fusils.   **(PALAIS.)**

15. FLOBERT (Mme), à Paris, boulevard Saint-Michel. 12. — Armes. **(PALAIS.)**

16. FONTANEY (Cyprien), à Saint-Étienne (Loire), rue Désirée, 36. — Armes de chasse et de tir.   **(PALAIS.)**

17. GASTINNE-RENETTE (Jules), à Paris, avenue d'Antin, 39. — Armes de chasse, de tir et de luxe.   **(PALAIS.)**

> Hors concours, Membre du Jury, Vienne 1873.
> Médaille d'or, Paris 1878 ; Médaille d'or, Anvers 1885.
> Hors concours, Membre du Jury, Barcelone 1888.

18. GAUCHER-BERGERAS, à Saint-Étienne (Loire). — Armes.   **(PALAIS.)**

19. GAUMERAIS (Désiré A. P. M.), au Mans (Sarthe). — Fusils et carabines de chasse.   **(PALAIS.)**

20. GAVARD & BOITEL, à Paris, rue d'Aboukir, 98. — Cartouches métalliques élastiques, réamorçables à service indéfini pour armes de chasse et de tir. Balles-cartouches pour tirs réduits.   **(PALAIS.)**

> Fusils à culasse-cartouche. — Gibier naturalisé.

21. GEÉRINCKX (Paul F.) (Ancienne Maison Gauvain), à Paris, rue de Grenelle, 69. — Armes de chasse et pistolets de tir.   **(PALAIS.)**

22. GEIGER (Joseph & Édouard), à Paris, rue Richelieu, 71. — Ustensiles de chasse, vêtements de chasse et de voyage.   **(PALAIS.)**

23. GOTSCHI & BOUYER, à Paris, rue Charlot, 57. — Colliers de chiens   **(PALAIS.)**

> Ancienne maison Sirodot, fondée en 1835. — Récompense : Anvers, 1885, méd. d'argent.

24. GRIVOLAT Père & Fils, à Saint-Étienne (Loire), rue Villebœuf, 21. — Fusils, revolvers, cannes-fusils, pistolets.   **(PALAIS.)**

25. GUYOT (Nicolas), à Paris, rue de Ponthieu, 12. — Fusil de chasse. **(PALAIS.)**

26. HOULLIER-BLANCHARD (Nouvelle) (M. H. Arthur), Successeur), à Paris, rue de Cléry, 38. — Armes. **(PALAIS.)**

27. JAVELLE-MAGAND Frères, à Saint-Étienne (Loire), Grande-Rue-
Saint-Roch, 106. — Canons de luxe, de tir et de guerre et produits similaires. **(PALAIS.)**

28. LACROIX (Étienne), à Toulouse (Haute-Garonne), rue du Rempart-Mata-
biau, 33. — Feux d'artifice, illuminations instantanées, livres de pyrotechnie. **(PALAIS.)**

29. LAGRÈZE (Gaston), à Paris, rue de Rambuteau, 10. — Fusils de chasse,
éjecteur automatique et fusils sans chiens, système G. Lagrèze. **(PALAIS.)**

30. LEDOUX (Jules F.), à Paris, rue de Bretagne, 55. — Fouets et cravaches,
sticks, laisses pour chiens et articles divers en cuir tressés. **(PALAIS.)**

Maison fondée en 1863. Mention honorable, Exposition de Paris 1878.

31. LÉTRANGE (Armand L. J.), à Paris, rue du Buisson-Saint-Louis, 11.—
Articles de chasse. **(PALAIS.)**

32. LOCHET & DEBERTRAND, à Paris, rue Saint-Maur-Popincourt, 192.
— Articles de chasse. **(PALAIS.)**

33. MARTINIER (Denis), à Saint-Étienne (Loire). — Armes. **(PALAIS.)**

34. MIMART & BLACHON, (Manufacture française d'armes), à
Saint-Étienne (Loire). — Armes de chasse, de tir et de guerre. **(PALAIS.)**

35. MORIAN (Gabriel), à Paris, avenue de l'Opéra, 36. — Fusils de chasse à
deux et trois coups, armes de luxe. **(PALAIS.)**

36. MORIN (Lucien), à Paris, rue du faubourg-Saint-Denis, 162. — Articles de
chasse et de voyage. **(PALAIS.)**

Carniers, sacs et ceintures cartouchières, guêtres, fourreaux de fusils, enveloppes de voyage,
sacs pour touristes, etc. — Récompense : Paris, 1878.

37. MURAT-CIZERON (J. M.), à Saint-Étienne (Loire), rue de la Badouillère,
40. — Armes de chasse et pièces d'armes. **(PALAIS.)**

38. OFFREY (P.) & FAYARD (J. B.), à Saint-Étienne (Loire), rue de la
Mulatière, 35. — Armes de luxe et de précision. **(PALAIS.)**

39. PAUL (Georges), à Paris, boulevard Magenta, 108.— Fusils, revolvers, carabines. **(PALAIS.)**

40. PERRET (M.), à Paris, rue d'Angoulême, 27. — Articles de chasse en cuir,
tissu, bois et métal. **(PALAIS.)**

41. RIEGER (Henry), Successeur de **Lefaucheux**, à Paris, rue Vivienne, 37.
— Armes de chasse. **(PALAIS.)**

Médailles ; Paris 1855-1867-1878 ; Philadelphie 1876 ; Anvers 1885 ; Chev. de la Légion
d'honneur, 1882 ; Membre du jury, Barcelone 1888 ; Membre du jury d'admission et d'installation,
Paris 1889.

42. ROBLIN (Ernest G.) & Fils, à Paris, rue de la Ville l'Évêque, 9.—Armes
de chasse. **(PALAIS.)**

43. RONCHARD - CIZERON (Joseph), à Saint-Étienne (Loire), rue de
l'Heurton, 145. — Canons en damas et en acier fondu, de chasse, de tir et de guerre,
pièces de canon et mortiers pour fêtes publiques. **(PALAIS.)**

Carabine de guerre et canardière en acier fondu, canons pour fusils en Damas de toutes
variétés et de toutes dimensions. Pièces de canons montées sur affût et mortier en acier fondu
pour fêtes publiques.

44. RONCHARD (Fleury), à Saint-Étienne,(Loire) boulevard de l'Hôpital, 8.
— Canons pour fusils de chasse et de tir. **(PALAIS.)**

45. ROUCHOUSE (J.) & Cie, à Saint-Étienne (Loire), rue Villebœuf, 7. — Armes de tir et de chasse, armes blanches.   **(PALAIS.)**

Manufacture d'armes de Saint-Étienne (Loire).
Fondée par M. F. Escoffier.
Récompenses aux Expositions universelles :
Londres 1862.
Paris 1867.
Médaille or, Paris 1878.
1er prix, Barcelone 1888.
« Le Merveilleux », pistolet à répétition muni d'un éjecteur automatique.

46. RUBÉ (Camille A. E.) à Amiens (Somme), rue des Trois-Cailloux, 90. — Armes de chasse, de luxe. Fusils spéciaux pour tirs aux pigeons, hammerless avec ou sans éjecteurs.   **(PALAIS.)**

Armes de tous systèmes. Spécialité de hammerless et d'éjecteurs.
Toutes fournitures pour Chasse et Tir.
10 0/0 d'escompte sur les armes aux membres de la Société des Agriculteurs de France et du Cercle National des Armées de Terre et de Mer.
Envoi franco du Catalogue Illustré.

47. RUGGIERI (Delapierre & Dida, successeurs), à Paris, rue d'Amsterdam, 8. — Signaux pour la guerre, la marine, les chemins de fer, feux d'artifice.   **(PALAIS.)**

48. Société Française des munitions de chasse, de tir et de guerre (Anciens établissements **Gevelot & Gaupillat**), à Paris, rue Notre-Dame-des-Victoires, 30. — Munitions de guerre et de chasse.   **(PALAIS.)**

Amorces, cartouches de chasse, de tir et de revolvers. Munitions pour armes portatives de guerre et bouches à feu. Obus, fusées, gargousses, étoupilles. Amorces à dynamite.
Médailles : Paris 1855, argent ; Londres 1862, grand module ; Paris 1867, argent ; Vienne 1873, progrès; Philadelphie 1876, grand module ; Paris 1878, or ; Anvers 1885, diplôme d'honneur ; Barcelone 1888, or.

49. SOUZI (Ainé A.), à Paris, boulevard Voltaire, 31. — Armes et ustensiles d'escrime.   **(PALAIS.)**

50. SPARRE (Comte P. Ambjorn), à Paris, place de la Madeleine, 16. — Armes à feu, cartouches.   **(PALAIS.)**

51. TEINTURIER (J.), à Paris, rue des Vinaigriers, 32. — Sellerie de chasse.   **(PALAIS.)**

Carniers, cartouchières, fourreaux de fusil, guêtres, molletières et divers articles de voyage.
Récompenses : Paris, 1867, Médaille de bronze ; Paris, 1878, Médaille de bronze.

52. TRAMONT (Martial), à Tulle (Corrèze). — Nouveau système d'armes à répétition, de guerre et de chasse.   **(PALAIS.)**

53. TRIBALLAT (Charles), à Paris, rue Pavée-au-Marais, 16. — Colliers pour chiens, carniers, guêtres, fourreaux de fusils, cartouchières.   **(PALAIS.)**

54. TURBIAUX (Edmond J.), à Paris, rue Bichat, 11. — Le Protector, revolver de poche tout en acier, calibre 8 m/m à sept coups, calibre 6 m/m à dix coups.   **(PALAIS.)**

55. VERNEY-CARRON Frères, à Saint-Étienne (Loire). — Fusils de chasse, carabines, revolvers.   **(PALAIS.)**

56. VOYTIER (Francisque), à Saint-Étienne (Loire), rue de la Badouillère, 16. — Armes de chasse, de guerre, antiques et lames en damas, revolvers.   **(PALAIS.)**

57. WEIL (Émile), à Paris, passage Choiseul, 35. — Armes de chasse et de tir.   **(PALAIS.)**

COLONIES.

ALGÉRIE.

1. ARESKI ben Mohamed Arab, à Taourirt-Mimoun, Commune mixte de Fort National (Alger). — Fusil, pistolet. **(ESPLANADE.)**

2. BACRI (M.-C.), à Alger, rue Doria, 12. — Poignards kabyles. **(ESPLANADE.)**

3. DARMON (Jacob), à Constantine, rue Renault. — Fusils damasquinés. **(ESPLANADE.)**

4. EL HADJ KADDOUR ben Saharaoui, à Chellala (Alger). — Fusil gravé et garni or. Sabres, fourreau et poignée or ou argent. **(ESPLANADE.)**

5. EL HADJ MOHAMED ou Salem Naït Ali, à Aït Larbaâ, Commune mixte de Fort National (Alger). — Pistolet. **(ESPLANADE.)**

6. Général (Le) Commandant la Division d'Alger, à Alger. — Armes indigènes, lames, poignards, sabres, boucliers et bracelets en pierre. **(ESPLANADE.)**

7. GILLOTTE, à Constantine. — Armes indigènes. **(ESPLANADE.)**

8. M'HAMED EL HAOUSSIN ben Mâamar, à Taourirt-Mimoun, Commune mixte de Fort National (Alger). — Fusil. **(ESPLANADE.)**

9. M'HAMED NAÏT M'HAMED SAÏD, à Taourirt-Mimoun, Commune mixte de Fort National (Alger). — Pistolet. **(ESPLANADE.)**

10. MOHAMED ben Tieb ben Kouïder, à Bousââda (Alger). — Pistolet avec sa gaîne, poignard avec son fourreau **(ESPLANADE.)**

11. MOKHTAR CHÉRIF, à Tlemcen (Oran), rue de Mascara. — Porte-pistolet arabe, cartouchière. **(ESPLANADE.)**

12. RUIZ (Angel), à Oran, boulevard National. — Canne à répétition. **(ESPLANADE.)**

13. SAÏD ben Mohamed Arab, à Taourirt-Mimoun, Commune mixte de Fort National (Alger). — Fusil. **(ESPLANADE.)**

14. SAÏD ou Brahara, aux Béni M'hamed, Commune mixte de l'Oued-Marsa, (Constantine). — Fusil kabyle ornementé. **(ESPLANADE.)**

15. Société de Tir (La), à Alger, rue Lamoricière, 1. — Panoplie, divers documents et objets se rapportant au but poursuivi par la Société. **(ESPLANADE.)**

16. SOLAL (Léon), à Alger, place Malakof, 6. — Fusils arabes et kabyles, yatagans, sabres, poignards. **(ESPLANADE.)**

17. TEUFEL (Alexandre), à Oran. — Finissage des armes de luxe. **(ESPLANADE.)**

18. TONDU (Adrien), à Bône (Constantine). — Fusil de chasse et canardières, revolvers. **(ESPLANADE.)**

COCHINCHINE.

1. DOC PHU PHUONG, à Cholon. — Lances et armes diverses avec leurs supports en bois. **(ESPLANADE.)**

2. Exposition permanente des Colonies, à Paris. — Arcs, épées de combat dans un fourreau incrusté, lances, sac à balles. **(ESPLANADE.)**

3. MONTAIGNAC de CHAUVANCE (Gaspard de), à Giadinh. — Lances avec manches en bambou et en bois laqué rouge. (ESPLANADE.)

4. Service local, à Saïgon. — Armes indigènes. (ESPLANADE.)

GABON-CONGO.

1. AVINENO, au Gabon. — Armes indigènes. (ESPLANADE.)

2. BRUSSAUX Père, à Nancy (Meurthe-et-Moselle), rue Girardot, 16. — Armes en panoplies. (ESPLANADE.)

3. Exposition permanente des Colonies, à Paris. — Arbalètes, boucliers, carquois, casques, flèches, haches de sacrifices, javelots, poignards, zagaies. (ESPLANADE.)

4. PECQUEUR (Mme Léona), au Gabon. — Armes indigènes. (ESPLANADE.)

5. SCHLUSSEL (Laurent), à Libreville (Gabon). — Armes indigènes. (ESPLANADE.)

GUYANE FRANÇAISE.

1. Exposition permanente des Colonies, à Paris. — Arcs, boutous ou casse-têtes, flèches, flèches à curare. (ESPLANADE.)

INDE FRANÇAISE.

1. Comité d'Exposition. — Bouclier de Mahé, couteaux, sabre avec trident de Mahé. (ESPLANADE.)

2. Exposition permanente des Colonies, à Paris. — Boucliers indiens, épées, haches, poignards, sabres. (ESPLANADE.)

NOUVELLE-CALÉDONIE.

1. Affaires Indigènes (Service des), à Nouméa. — Tamiocs de guerre, casse-têtes, haches montées, fronde et pierres de fronde, zagaies, masque de guerre. (ESPLANADE.)

2. Exposition permanente des Colonies, à Paris. — Casse-têtes, frondes, haches. (ESPLANADE.)

3. GAMBEY (Charles), à Paris, rue d'Hauteville, 33. — Hache canaque. (ESPLANADE.)

SÉNÉGAL.

1. AMADY NATAGO, Lam Toro, Chef du Toro, (protectorat du Toro). — Lances, hache, sabre, poire à poudre, étui à fusil. (ESPLANADE.)

2. AMAR SALLEUM, Roi des **Maures Trarza**. — Fusil. (ESPLANADE.)

3. COFFINIÈRE DE NORDECK, à Paris, rue de Miromesnil, 71. — Panoplies et bronze d'art. (ESPLANADE.)

4. CREVELLIEZ, à Granville (Manche). — Bouclier en peau d'éléphant provenant du Haut-Sénégal. (ESPLANADE.)

5. DIMBA WAR, Président des chefs du **Cayor**, (protectorat du Cayor). — Lances, poignards, sabres, arc et flèches, corne à poudre. (ESPLANADE.)

6. Exposition permanente des Colonies, à Paris. — Arcs et flèches, boucliers, haches, lances, poignards, sabres, zagaies, sac à plomb. (ESPLANADE.)

7. HAMADOU BOUBAKAR, Toucouleur du **Bosséa**, au Sénégal. — Sabre.   (ESPLANADE.)

8. IBRAHIMA N'DIAYE, Chef du **N'Diambour**, (protectorat du N'Diambour). — Lances, fusils, cornes à poudre.   (ESPLANADE.)

9. MADIOR THIORO, Chef du **N'Guick Mérina**, (protectorat du N'Guick Mérina). — Lances, poignards, sabres.   (ESPLANADE.)

10. MAHAMADOU THIAM, à Dagana. — Fusil à pierre.   (ESPLANADE.)

11. MOKTHAR, forgeron trarza, attaché à la maison du marabout **Baba Ould Amdi**, au Sénégal. — Poignards.   (ESPLANADE.)

12. MOKTHAR (Mme), au Sénégal. — Gaines en cuir.   (ESPLANADE.)

13. NOIROT, Administrateur colonial, au Sénégal. — Poignards, lances, sabre toucouleur et onolof, fusil.   (ESPLANADE.)

PAYS DE PROTECTORAT.

ANNAM-TONKIN.

1. BRAU de SAINT-POL LIAS (Robert), à Paris, rue de Passy, 47. — Boucliers. Tam-Tam. Armes. Grelot des pagodes provenant du Tonkin.   (ESPLANADE.)

2. Exposition permanente des colonies, à Paris. — Armes, sabres.   (ESPLANADE.)

3. Protectorat de l'Annam et du Tonkin. — Stylet, ivoire.   (ESPLANADE.)

4. Protectorat du Tonkin, vice-résidence du Hung-Yen — Boucliers de pagode laqués ronds et longs, lances, sabre à fourreau incrusté.   (ESPLANADE.)

5. Protectorat du Tonkin, résidence de Than-Hoa, — Fusil annamite incrusté, fusil muong.   (ESPLANADE.)

6. Province de Hanoï. — Epée à poignée d'ivoire, fourreau incrusté, garniture argent. Lances de pagode, hampes laquées, fusil annamite incrusté.   (ESPLANADE.)

CAMBODGE.

1. PLANTÉ, à Phnom-Penh. — Lances, monture en cuivre, en fer, poignards, monture argent et ivoire, sabres, montures diverses, arcs avec flèches, carquois en bambou avec flèches.   (ESPLANADE.)

TAHITI.

1. DECŒUR (H.), Capitaine d'Artillerie de marine, à Paris, rue Royale, 2. — Armes et objets provenant des Marquises.   (ESPLANADE.)

2. Exposition permanente des Colonies, à Paris. — Casse-têtes.   (ESPLANADE.)

3. Service local, à Papeete. — Hache en pierre (toi).   (ESPLANADE.)

4. VEINOT (Charles), à Papeete. — Cuirasse en fibres de cocotier, casse-têtes arcs, flèches, flèches empoisonnées, bâton armé de lave, etc.   (ESPLANADE.)

TUNISIE.

1. **ALLALA FEIECH.** — Armes portatives.   (ESPLANADE.)

2. **BECHIR ben ABDALLAH.** — Armes portatives.   (ESPLANADE.)

3. **Comité de l'Exposition tunisienne.** — Armes portatives. (ESPLANADE.)

4. **Comité Tunisien** (Président : **Mohamed Djellouli**), à Tunis. — Armes. (ESPLANADE.)

5. **MOHAMED CHEMACH**, à Tunis. — Couvertures. . (ESPLANADE.)

6. **SALAH MONY**, à Tunis. — Couvertures.   (ESPLANADE.)

PAYS ÉTRANGERS.

RÉPUBLIQUE ARGENTINE.

1. Arsenal du Gouvernement, à Buenos-Ayres. — Armes fabriquées dans ses ateliers. (PARC.)

2. Commission auxiliaire, à Formosa. — Arcs et flèches. (PARC.)

3. Commission auxiliaire, à Misiones. — Arcs et flèches d'Indiens. (PARC.)

BELGIQUE.

1. ANCION (J.) & Cie, à Liége. — Armes de guerre. (E. C.) (PALAIS.)

2. ARNOLD (Vve Mathias), à Liége, rue de la Cathédrale, 66. — Fusils et carabines de tir et de chasse, révolvers et pistolets de tir. (PALAIS.)

3. BERTRAND (Ant.) & Fils, à Liége, rue Fabry, 25. — Armes de luxe, de guerre et d'exportation, armes de chasse, carabines et revolvers. (PALAIS.)

4. BODSON (Nicolas), à Liége, rue d'Amercœur, 23. — Armes de luxe. (PALAIS.)

5. DRESSE LALOUX & Cie, à Liége. — Armes de guerre. (E. C.) (PALAIS.)

6. DUMOULIN Frères, à Liége. — Armes de guerre. (E. C.) (PALAIS.)

7. FABRICANTS D'ARMES DE GUERRE (Exposition collective des), à Liége. — Armes de guerre. (PALAIS.)

Ancion (J.) & Cie.	Janssens (J.).	Pirlot & Frésart.
Dresse-Laloux & Cie.	Nagant (E. & L.).	Simonis (A.).
Dumoulin Frères.	Pieper (H.).	

8. FONSON (Auguste), à Bruxelles, rue des Fabriques, 49. — Armes blanches, épées, sabres, poignards, etc. (PALAIS.)

Voir page annonces, groupe IV.

9 HEUSE LEMOINE (Ernest), à Nessonvaux. — Matières premières ; canon brut et canon fini montrant toutes les phases de la fabrication ; canons superfins. (PALAIS.)

Médailles d'or et d'argent, Paris 1867. — Médaille d'or et diplôme 1er degré, Philadelphia 1876, Médaille d'or, Paris 1878.

10. JANSSEN (J.), à Liége. — Armes de guerre. (E. C.) (PALAIS.)

11. LAPORT (G.) & Cie, quai St-Léonard, 18. — Armes de chasse, carabines de tir, fusils-Lefaucheux, revolvers et pistolets. Écossaises. (PALAIS.)

12. LOCHET-HABRAN (Laurent), à Jupille-lez-Liége. — Canons en acier pour armes portatives. (PALAIS.)

13. NAGANT (E. & L.), à Liége. — Armes de guerre. **(E. C.)** **(PALAIS.)**

14. NIQUET (J. L.), à Liége, rue Lulay, 2. — Armes de luxe. **(PALAIS.)**

15. PIEPER (H.), à Liége, rue des Bayards, 12. — Armes de chasse. **(PALAIS.)**
Armes de luxe, de guerre et d'exportation.
Maison fondée en 1866. — Brevets dans tous les pays.
Médaille d'argent et Diplôme d'honneur collectif, Paris, 1878 ; Diplôme d'honneur, Amsterdam, 1883 ; Diplôme d'honneur et Médaille d'or, Anvers, 1885.

16. PIEPER (H.), à Liége. — Armes de guerre. **(E. C.)** **(PALAIS.)**

17. PIRLOT & FRÉSART, à Liége, rue Saint-Gilles, 97. — Fusils, carabines et revolvers. **(PALAIS.)**

18. PIRLOT & FRÉSART, à Liége. — Armes de guerre. **(E. C.)** **(PALAIS.)**

19. SIMONIS (A.), à Liége. — Armes de guerre. **(E. C.)** **(PALAIS.)**

20. Société anonyme pour la fabrication des cartouches et projectiles, à Anderlecht, rue des Goujons, 33. — Douilles de chasse, cartouches de guerre, amorces et capsules, amorces pour dynamite, balles Compound, etc. **(PALAIS.)**

21. VAN MAELE (Jean F.), à Bruxelles, rue Grétry, 16. — Fusils de chasse, armes de luxe et pièces détachées. **(PALAIS.)**

22. VUYLSTEKE-KNOCKAERT (Henri), à Bruges, rue de l'Académie, 12. — Armure complète XVe siècle, panoplie ; armes et armures XIIIe, XIVe et XVe siècles. **(PALAIS.)**
Armures : fer, acier, cuivre, pour collections, panoplies, cortèges historiques. Médaille d'argent, Bruxelles 1888.

BRÉSIL.

(Voir son Catalogue spécial).

CHILI.

1. CLAR & TORRES, à Santiago. — Grains de plomb (munition). **(PARC.)**

CHINE.

1. LI-SEN-LIE & Cie, à Neuilly (Seine), avenue de Neuilly, 56. — Armures. **(PARC.)**

RÉPUBLIQUE DOMINICAINE.

1. Commission Provinciale de la Véga. — Poignée et fourreau d'épée. **(PARC.)**

2. Commission Provinciale de San Pedro Macoris. — Fourreau de sabre. **(PARC.)**

3. Commission Provinciale de Santo-Domingo. — Haches d'indigénes. Silex. **(PARC.)**

ÉGYPTE.

1. ABDOU, au Caire. — Armes du Soudan, flèches, lances, boucliers, etc. **(PALAIS.)**

2. ISAAC & MOÏSE, à Stamboul, rue Tchechmé, 25. — Armes anciennes et modernes. **(PALAIS.)**

ÉQUATEUR.

1. Commission coopérative, à Quito. — Épée. **(PARC.)**

2. FLORES (Antonio), à Quito. — Lances des Indiens du Napo. **(PARC.)**

ESPAGNE.

1. ORBEA Frères & Cie, à Eibar (Guipuzcoa) — Revolver et ses pièces. **(PALAIS.)**

ÉTATS-UNIS.

1. BAILEY, FARRELL & Co, (G. M. Bailey, Agent), à Pittsburgh, Pa., 619, Smithfied street. — Accessoires d'arquebuserie. Appareil automatique pour charger les cartouches. **(PALAIS.)**

2. Colts Pat Fire Arms Manuf. Co, à Hartford, Conn.— Armes à feu, fusils, carabines, pistolets, revolvers. **(PALAIS.)**

3. SMITH & WESSON, à Springfield, Mass. — Revolvers, armes portatives. **(PALAIS.)**

4. STANDART FARGET & Co, à Cleveland, O. 121, Superior street. — Cibles à ressort pour le tir au vol. **(PALAIS.)**

5. Union Métallic Cartridge Co, à Bridgeport, Conn. — Fac-simile de munitions d'armes. **(PALAIS.)**

6. WINCHESTER REPEANING ARMS Co, (A. W. Hooper Treas), à New-Haven, Conn. — Armes à répétition pour la chasse et pour l'armée, cartouches métalliques, outils. **(PALAIS.)**

GRANDE-BRETAGNE.

1. ARDESHIR & BYRAMJI, à Fort Bombay, Hummum street, 10 (Indes). — Armes portatives. **(PALAIS.)**

2. BRAZIER (Joseph), & Sons à Wolverhampton, Staffordshire, Ashes — Platines de fusil, mires de carabines, et autres accessoires. **(PALAIS.)**

3. COGSWELL HARRISON & E. HARRISSON & Co, à Londres, New Bond street, 142. — Armes à feu, munitions, pigeons artificiels. **(PALAIS.)**

4. ELEY Brothers (Limited), à Londres, Gray's Inn road, 254. — Munitions de guerre et de chasse. **(PALAIS.)**

5. GREENER (W. W.), à Londres, Haymarket, 68. — Fusils, carabines armes de chasse, et accessoires. (PALAIS.)

Seuls agents en France : Guinard et Cie, armuriers, 8, avenue de l'Opéra, en face de la rue de l'Echelle, près le Théâtre Français, Paris. Brochure-catalogue illustrée, envoyée franco. Sole agents for W. W. Greener : A. Guinard and C° ; offices : 8, avenue Opéra, Paris.

6. KYNOCH (J.) & Co (Limited), à Birmingham, Lion works, Witton,—Munitions de guerre et de chasse. (PALAIS.)

7. LANCASTER (Charles), à Londres, New Bond street, 151. — Fusils, carabines, et pistolets avec et sans chiens, et autres accessoires de sport. (PALAIS.)

8. LANG (James), à Londres, Brook street, 18, New Bond street. — Fusils et carabines de chasse. (PALAIS.)

9. MOLE (Robert) & Sons, à Birmingham, Granville street. — Epées de service et d'apparat, lances, hallebardes, fleurets, etc. (PALAIS.)

10. PROCTOR & Co (The Indian Art Gallery), à Londres, Oxford street, 428. — Armes portatives. (PALAIS.)

11. REILLY (E. M.) & Co, à Londres, New Oxford street, 16, Oxford street, 277. — Fusils et carabines de chasse, avec et sans batteries. (PALAIS.)

12. RICHARDS & Co, WESTLEY, à Londres et à Birmingham. — Fusils et carabines de chasse. (PALAIS.)

13. SCOTT (W. & C.) & Son, à Birmingham, Premier Gun works, et à Londres, Great Castle street, 10, Regent circus. — Fusils de sport et carabines de chasse. (PALAIS.)

14. Spratt's Patent (Limited), à Londres, Henry street, Bermondsey, et à Paris, rue des Mathurins, 14. — Articles de sport. Fournitures pour animaux. (PALAIS.)

15. SWAINE & ADENEY, à Londres, Piccadilly, 185. — Fouets et lanières de toutes sortes, cornes de chasse et de mail, appareils pour le sport. (PALAIS.)

16. WEBLEY (P.) & Son, à Birmingham, Weaman street, 84. — Revolvers finis et aux différentes phases de leur fabrication. (PALAIS.)

GRÈCE.

1. Arsenal Royal militaire, à Nauplie (Argolide et Corinthie). — Divers. (PALAIS.)

2. CONSTANTINO (Jeannouli), à Athènes. — Fusils. (PALAIS.)

3. DIDACHOPOULOS (H.), à Syra (Cyclades). — Projectiles en plomb. (PALAIS.)

4. GIAMALAKIS (Lyssandre), à Syra (Cyclades). — Projectiles. (PALAIS.)

5. HYPATAIOS (Antoine), à Athènes. — Fusil. (PALAIS.)

6. OECONOMOPOULO (C.), à Athènes. — Armes. (PALAIS.)

7. Poudrerie grecque, à Athènes. — Cartouches, etc. (PALAIS.)

8. VLASSOPOULO (P. D.), à Nauplie (Argolide et Corinthie). — Fusil. (PALAIS.)

GUATEMALA.

1. ARANGO (R.) à Quezaltenango. — Armes à feu. **(PARC.)**

PARAGUAY.

1. Gouvernement du Paraguay, à Assomption. — Arcs et flèches des Indiens cainguas, guanes et sapuquis. **(PARC.)**

PORTUGAL.

1. OLIVEIRA & Ca. — Équipement de chasse. **(QUAI.)**

COLONIES PORTUGAISES.

1. Banque Coloniale Portugaise, à Lourenço-Marques. — Collection d'armes. **(PALAIS.)**

RUSSIE.

1. BARILOUSSOFF (Jacob), à St-Pétersbourg. — Armes, style caucasien. **(PALAIS.)**

2. LEJEUNE (B. B.), à Saint-Pétersbourg. — Fusils. **(PALAIS.)**

3. OUCHKOVA (Mme), à Ekaterinbourg. — Bourres pour armes à feu. **(PALAIS.)**

4. TIMTCHENKO (J. A.), à Odessa. — Fusils. **(PALAIS.)**

GRAND-DUCHÉ DE FINLANDE.

1. Amis touristes (Les), à Helsingfors. — Armes, équipements de chasse et autres objets. **(PARC.)**

SERBIE.

1. Manufacture royale d'armes et fonderie de canons, à Kragouyevatz. — Fusils d'ordonnance pour les sociétés de tir, gibernes, gibecières. **(PALAIS.)**

2. PELIVANOVITCH (Vladimir S.), à Tchoupria. — Sabre courbé. **(PALAIS.)**

3. RISTITCH (Milisav), à Tchoupria. — Fusil. **(PALAIS.)**

RÉPUBLIQUE SUD-AFRICAINE.

1. GOUVERNEMENT (Le), à Pretoria. — Armes défensives et offensives indigènes : massues, casse-têtes, lances, haches, arcs, flèches. **(ESPLANADE.)**

SUISSE.

1. **AMSTAD (J.)**, à Stans (Unterwalden). — Arbalètes.   (PALAIS.)

2. **RYCHNER (Henri)**, à Aarau.— Armes Martini (nouveaux modèles). (PALAIS.)

3. **WOLLSCHLEGEL (Jacques)**, à Neuchâtel. — Carabines de précision, pouvant se démonter et se remonter très rapidement sans outils, pistolets de tir, pièces diverses.   (PALAIS.)

VÉNÉZUÉLA.

1. **Commission de l'État Zulia et de la ville de Maracaïbo.** — Armes diverses des Indiens Guajiros.   (PARC.)

GROUPE IV.

TISSUS, VÊTEMENTS ET ACCESSOIRES.

Classe 39.

Objets de voyage et de campement.

FRANCE.

1. ANGERANT (A.), à Paris, rue Chapon, 25. — Buffets-cantines, valises, sacs, nécessaires à plateaux mobiles, sacs d'officiers, Articles de voyages. **(PALAIS.)**

Breveté s. g. d. g. Fournisseur du Cercle Militaire. Récomp. : Paris, 1878. 2 méd. bronze.

2. ARTUS (Rémi H.), à Paris, rue Liancourt, 38. — Articles de voyages. **(PALAIS.)**

Malles de dames, boîtes à robes et à chapeaux. Boîtes et malles en placage. Malles cabines, valises, malles pour voyageurs de commerce, ferrées, cuivrées ou cuirées, caisses pour échantillons de tous genres. Seul concessionnaire des malles Wolf et des caisses ployantes Chollet Aîné, (brév. s. g. d. g.). Récompensé aux Expositions universelles de 1867 et 1878. Malles pliantes légères et solides, marque déposée R. A. S.

3. BAPST & HAMET, à Paris, rue Notre-Dame de Nazareth, 39. — Ceintures de natation. Bouteilles et tasses de chasse, sacs d'écoliers, ceintures de gymnastique, gilets de chasse. Articles de voyage en caoutchouc. **(PALAIS.)**

4. BAR (E.) & LECOQ, à Paris, boulevard Sébastopol, 46. — Vêtements et tissus imperméables. Dessous de bras. Tabliers de nourrices en caoutchouc ou gutta-percha. Chaussures caoutchouc. **(PALAIS.)**

5. BERNARD (Marc.), à Paris, rue du Mail, 26. — Manteaux caoutchouc pour hommes et dames. Nouveautés, Tissus en pièces, vêtements, articles pour chasses. **(PALAIS.)**

6. BIGOT (Émile E.), à Paris, rue Duphot 25. — Malles, sacs, étuis à chapeaux, valises et emballages. **(PALAIS.)**

7. BOLLEMONT (Ernest de), à Rethel (Ardennes). — Crin végétal hygié- **(PALAIS.)**

Mention honorable, 4 Médailles d'argent, 1 Méd. d'or en 1888, aux Expositions universelles.

8. HOON-DELETREZ (J. B.), à Lille (Nord), rue de Paris, 132. — Bâches tentes et parasols pour jardins, chaises, pliants, caparaçons et couvertures pour che-vaux, vêtements imperméables. **(ESPLANADE.)** —

9. CAUVIN-YVOSE (E.), Petit-Fils et Successeur de **Yvose-Laurent**, à Paris, rue de Lyon, 55. — Tentes de campement, d'excursions, de jardins, de bains de mer, chapiteaux pour cirques, etc. **(ESPLANADE.)**

Fournisseur des Compagnies de Chemins de fer et du Ministère de la Guerre. Diplôme d'honneur à l'Exposition : Anvers 1885. — Médaille d'or, (la plus haute récompense), Exposition de Barcelone 1888. Tissage, filature et corderie à Saleux-Salouël (Somme). Usine à Amfreville-la-Mivoie, (Seine-Inférieure). Toiles imperméables, peintes, transparentes, à sacs et d'emballage. Vente et location de stores et bâches.

10. CHENUE (L.), à Paris, rue de la Terrasse, 5. — Procédés d'emballage pour objets d'arts, statues, tableaux, etc. **(PALAIS.)**

11. CLAIR-LEPROUST (J.-M. Maxime), à Paris, rue du Faubourg-Poissonnière, 146. — Bois tournés. **(ESPLANADE.)**

Pliants, fauteuils articulés, sièges de navires, tables de campement et de jardin ; porte-chapeaux et parapluies, meubles et sièges bambou naturel, ameublements en osier, tabourets, chauffe-pieds, bassins pour voitures.— Voir classes 18, 34 et 39, annexe.

12. COSTI (Léon B.), à Paris, rue Vivienne, 13. — Parapluies et couvertures de voyage. Le « Novator ». Le « Cover dress ». **(PALAIS.)**

13. DEMARCQ (T), à Paris, rue Saint-Augustin, 9. — Articles de voyage et d'emballage. **(PALAIS.)**

Emballeur-expéditeur. Spécialité pour l'emballage des modes. Médailles aux Expositions universelles.

14. DOLLIER Jeune, à Paris, rue du Faubourg-du-Temple, 129. — Serrures, rivets en cuivre, et tous les accessoires pour les articles de voyage. **(PALAIS.)**

Maison fondée en 1866. — Serrure à moraillon sans aspérités ; différents systèmes de serrures à galet ; serrures de sûreté ; poignées métalliques. 20 brevets s. g. d. g. et 150 dépôts aux Prud'hommes. Usine à vapeur. Paris, 1867, Méd. de bronze ; Paris, 1878, méd. d'argent.

15. ÉMÉRY (Gustave J.), à Rians (Var), — Carnier de chasse provençal. **(PALAIS.)**

16. FAYAUD (J. Alfred), à Paris, rue Saint-Denis, 77. — Manteaux pour hommes, dames et enfants en caoutchouc, ceintures de natation, coussins à air, ceintures de gymnastique. Courroies. **(PALAIS.)**

Médaille d'argent, Exposition universelle, Paris 1878. — Médaille de bronze, Exposition universelle de Melbourne 1880. — Médaille d'or, Exposition universelle, Anvers 1885.

17. FLANDIN (Vve G.), à Paris, rue Portefoin, 19. — Malles, tissus, joncs, valises. Maroquinerie, sacs garnis. Chancelières et bouillottes. Jeux de malles. **(PALAIS.)**

Maison de détail 36 bis, av. de l'Opéra : Au Touriste. Réc. : Paris, 1878, Médaille d'or.

18. FRANÇOIS (L.), GRELLOU (A.) & Cie, à Paris, rue des Entrepreneurs, 43. — Vêtements imperméables pour hommes, femmes et enfants. **(PALAIS.)**

Paletots, rotonde, capotes civile et militaire, etc. Tissus caoutchoutés, simples et doubles.

19. FRETÉ & Cie, à Paris, boulevard Sébastopol, 12. — Tentes de jardins et de campement, parasols, lits, hamacs. **(ESPLANADE.)**

20. GAUTHEY & HAUSMANN, à Paris, rue Grenéta, 43. — Vêtements imperméables, coussins, objets de voyage en caoutchouc. **(PALAIS.)**

21. GONZALEZ (A. Albert L.), à Paris, rue du Faubourg-St-Honoré, 36. — Malles de luxe et tous articles de voyage. **(PALAIS.)**

Ancienne maison Béga-Fanquet, fondée en 1820. — Récompense : Paris, 1878.

22. GUIBAL (C.), à Paris, rue Vivienne, 40. — Articles de voyage et de campement en caoutchouc. Vêtements imperméables, tissus imperméables. **(PALAIS.)**

23. GUILLOUX (Edmond), à Paris, rue Montmartre, 131. — Tentes. Lits portatifs. Couchages pour l'armée. Hamacs. Ratelier d'armes portatif.   **(PALAIS.)**

Manufacture de tentes, bâches et toiles, campements, lits. Équipements militaires. (Exposition ; annexe Esplanade des Invalides, Ministère de la guerre, classe 66).

24. HAREL (Alfred), à Paris, rue La Boétie, 83. — Guêtres prolongées imperméables, dites « protecteur de la chaussure. »   **(ESPLANADE.)**

25. HUTCHINSON & Cie, à Paris, rue d'Hauteville, 1. — Trousses de voyage, coussins, matelas, ceintures, bonnets, vêtements imperméables, etc. Matériel portatif de voyage.   **(PALAIS.)**

Chaussures et bottes en caoutchouc. Articles techniques pour : industrie, marine, guerre, travaux publics, chemins de fer, ponts et chaussées, mines, etc. Courroies de transmission, clapets, rondelles, tuyaux pour gaz, liquides, aspiration, vapeur, pompes d'incendie pour freins. Westenghouse, Wenger, Hardy, tuyaux brevetés, S. G. D. G. pour pompes d'épuisement. Bandes de billard. Cercles moulés pour roues de vélocipèdes. Tapis à jour et tapis chemin. Tissus et vêtements imperméables. Tissus cuir maroquiné pour la carrosserie. Vêtements pour mineurs, pêcheurs, sucriers, gaziers, etc. Coussins, matelas, gilets et ceintures de natation, baignoires, sacs et trousses de voyage, tapis et bonnets de bain, sous-bras, bracelets, gommes à effacer. 5 Médailles d'or aux Expositions universelles : Londres, 1862. Paris, 1867. Vienne 1873. Paris 1878. Anvers 1885.

26. India rubber Gutta Percha and Telegraph Works Company (The), à Paris, boulevard Sébastopol, 97. — Tissus de toutes sortes, imperméables, vulcanisés. Vêtements en tissus caoutchoutés.   **(PALAIS.)**

Usine à Persan-Beaumont (S.-et-O.). — Vêtements caoutchoutés pour l'armée, chasseurs, cochers, mineurs. Ponchos. Vêtements spéciaux pour dames, tous modèles. Pélerines en tissu noir inaltérable, sans odeur, pour officiers, marins, gardiens de la paix. — Méd. d'or aux Exp. univ., Paris 1855, 1878 ; Londres 1862 ; Anvers 1885 ; Barcelone 1888. (Voir classes 45 et 62)

27. JACQUELIN (Vve), à Paris, rue du Faubourg-Saint-Martin, 122. — Tentes roulées pour enfants. Lits pour officiers et explorateurs. Cantines. **(ESPLANADE.)**

Fabrique de lits et tentes pour jardins et campements.
Spécialité de tentes pour explorateurs.
Lit spécial pour officiers. Tentes pour enfants.
Lits pliants pour les pays chauds. — Parasols.

28. KROGNER (J.), à Paris, avenue de l'Opéra, 11. — Malles dites « Edison » et articles de voyage.   **(PALAIS.)**

29. LEBON (E.), (Successeur, **Albert Ponsot**), à Paris, rue du Château-d'Eau. 27. — Boîtes en bois blanc.   **(PALAIS.)**

30. LEMAIRE Fils & DUMONT, à Paris, rue Meslay, 59. — Hamacs, supports de hamacs démontables.   **(PALAIS.)**

31. LISSE GALLIBOURG, (Henri), à Orléans rue de Bourgogne, 289. — Différents modèles de malles, et valises en osier.   **(PALAIS.)**

Malle française imperméable,
Brevetée S. G. D. G. avec séparations fixes ou mobiles pour différents usages, et fermeture hermétique et de sûreté, brevetée S. G. D. G.

32. MARTINY, VESTRAËT & Cie, à Paris, rue du Faubourg-Poissonnière, 5. — Tissus, vêtements et articles de voyage en caoutchouc.   **(PALAIS.)**

33. MERVILLE (B. F. Félix), à Paris, boulevard Beaumarchais, 3. — Parasols articulés, inclinables en tous sens pour artistes, jardins, et bateaux. Parasols Tentes.   **(PALAIS.)**

34. METTEZ (Vve), à Paris, place de l'Hôtel-de-Ville, 5. — Vêtements imperméables, bâches, stores en toile, tentes, caparaçons et musettes pour chevaux, seaux en toile.   **(PALAIS.)**

Maison fondée en 1847. — Fabrique et magasins, boulevard Diderot, 5. — Tentes et prelarts (vente et location). Sacs et cordages pour le bâtiment ; sacs à argent, charbons, grains et engrais.

35. MOREL (Henri F.), à Argenteuil (Seine-et-Oise). — Tissus, vêtements, matelas, coussins, layettes en caoutchouc et tous objets en tissus caoutchoutés.
(PALAIS.)

36. MOYNAT (Maison), **Coulembier Frères**, Successeurs, à Paris, avenue de l'Opéra, 1. — Malles, valises et articles de voyage.   (PALAIS.)

37. PEUGEOT aînés & Cie, Pont-de-Roide (Doubs).— Branches et carcasses pour parapluies, grands parasols, sommiers de lits.   (PALAIS.)

Grandes et petites scies droites, circulaires. — Outils divers. Scies sans fin pour bois et métaux. — Aciers tréfilés. — Ressorts à bondir. — Couteaux mécaniques. — Moulins à café. Aciers laminés pour ressorts divers d'horlogerie. — Busc et ressorts pour corsets.

38. PICOT (J.), à Paris, avenue Parmentier, 6. — Lit de voyage, monture en acier, formant fauteuil et chaise longue.   (ESPLANADE.)

Lit de voyage pouvant servir à tous usages.
Breveté S. G. D. G. en France et à l'étranger.
Petit volume étant fermé. Monture en acier ciré au banc.
Tente articulée pour jardin et campement, hamac, et porte-hamac.
Médaille d'argent à l'Exposition ouvrière internationale, 1878.

39. PIGNEL-DUPONT (Eugène L.), à Paris, rue Lepic, 17. — Chevalet « Américain » de campagne, couleurs fines et matériel portatif pour artistes peintres.
(PALAIS.)

40. PONTHUS Père (Frédéric), à Paris, rue du Faubourg-St-Denis. 74. — Siège fauteuil et lit réductible.   (PALAIS.)

41. PORTE (J.-C.-Léon), à Paris, place de l'École, 6. — Parasols et tentes pour artistes, jardins, bains de mer, ombreliinos pour églises.   (ESPLANADE.)

Parasols de jardins, parasols d'artistes ; tentes de jardins, bains de mer ; sièges et tables avec parasols. Tissus pour tentes. Inventions en parasols et tentes. Méd. de bronze, Paris 1878.

42. QUITTET (Edouard H. E.), à Paris, rue Bausset, 16. — Sacs avec bretelles, bâtons ferrés, filets, cartables, boîtes pour botanistes, minéralogistes et entomologistes, outils divers.   (PALAIS.)

43. ROFFY (J. Marius), à Crépy (Oise). — Vêtement de chasse remplaçant le carnier, la ceinture et la cartouchière.   (PALAIS.)

44. SANGLIER (Armand E.), à Paris, rue Notre-Dame des Victoires, 25. — Porte-paquets parisien.   (PALAIS.)

45. SÉNÉCHAL (P. Louis), à Paris, rue des Fêtes, 67. — Boîtes métalliques avec verrerie, caissettes bois pour envoi d'échantillons liquides et corps gras par voie postale.   (PALAIS.)

46. SIMOND (Adolphe), à Chamonix (Haute-Savoie). — Sonnettes et piolets en acier.   (PALAIS.)

47. Société Decauville aîné, à Petit-Bourg (Seine-et-Oise). — Chemins de fer portatifs pour les explorateurs.   (PALAIS.)

48. Société générale des téléphones (Usines **Rattier**), à Paris, rue d'Aboukir, 4. — Paletots imperméables, coussins et articles de voyage.   (PALAIS.)

49. THUAU (V. C.), à Paris, rue Rochechouart, 61. — Lits. Sommiers-isolateurs pour campement.   (PALAIS.)

50. TORRILHON & Cie, à Clermont-Ferrand (Puy-de-Dôme). — Vêtements en caoutchouc. Couvertures imperméables. Coussins, tubes et tous accessoires de voyage en caoutchouc.   (PALAIS.)

51. VILLAIN (H.) & Cie, à Paris, rue d'Hauteville, 64. — Tentes, meubles articulés, articles de voyage, transportables à la main.   (ESPLANADE.)

52. VUITTON (Louis), à Paris, rue Scribe, 1. — Malles, sacs de voyage, lits de campement. **(PALAIS.)**

> La maison Louis Vuitton n'expose que ses articles courants et dont on peut se procurer les articles à la maison de Paris et à la maison de Londres.
> Aucun des articles fabriqués par Louis Vuitton ne sont vendus dans le commerce.
> To be bought only at Paris, 1, rue Scribe ; at London, 289, Oxford street.

COLONIES.

ALGÉRIE.

1. ABDESSELAM ben el Hassi, aux Brarcha, cercle de Tebessa (Constantine). — Tellis (sacs) et flidjs, bandes pour tentes. **(ESPLANADE.)**

2. AHMED ben Chine, aux Ouled M'ahmed El M'barek, Commune indigène de Bousââda (Alger). — Objets et ustensiles à l'usage des indigènes nomades.

3. ALI ben Touati, à Bousââda (Alger). — Harnachement en cuir brodé. Entraves en laine et poil de chèvre, bât pour mulet et pour chameau. **(ESPLANADE.)**

4. BARKAT ben bou Khalkhal, aux Ouled-Salah, Cercle de Laghouat (Alger). — Etoffe pour tente de nomades (flidj) en laine et poil de chameau. **(ESPLANADE.)**

5. BELIN, à Biskra (Constantine). — Haouli et flidjs. **(ESPLANADE.)**

6. BRAHIM ben Necib, aux Allaouna, Cercle de Tebessa (Constantine). — Tellis (sacs) et flidjs (bandes pour tentes). **(ESPLANADE.)**

7. CAID SALAH ben Ahmed Zin, à Souk-Ahras (Constantine). — Tellis en laine et poil de chèvre. **(ESPLANADE.)**

8. CHAMBON (Alexis), à Oran, rue de la Préfecture. — Coffres en thuya massif. **(ESPLANADE.)**

9. CHEIKH EMBAREK ben Larbi, à Souk-Ahras (Constantine). — Flidj, étoffe arabe pour la confection des tentes. **(ESPLANADE.)**

10. CHELLALA (Annexe de), Cercle de Boghar (Alger). — Hamels et ougadas. **(ESPLANADE.)**

11. DJELFA (La Commune indigène de), à Djelfa (Alger). — Tente des Ould Nayls. **(ESPLANADE.)**

12. DJILALI BOUCHENAK, à Mostaganem. — Djebira brodé or fin. **(ESPLANADE.)**

13. EL AISSA ben Ahmed, aux Ouled Bessem Cheraga, Commune mixte de l'Ouarsenis (Alger). — Oreiller arabe. **(ESPLANADE.)**

14. EL HADJ ABDERRAHMAN, aux Ouled Ziane, Cercle de Laghouat (Alger). — Etoffe flidj pour tente des nomades, en laine et poil de chameau. **(ESPLANADE.)**

15. EL HADJ AISSA ben Kouider, aux Ouled Sidi Atallah, Cercle de Laghouat (Alger). — Etoffe pour tente des nomades (flidj) en laine et poil de chameau. **(ESPLANADE.)**

16. EL HADJ KADDOUR ben Saharaoui, à Chellala (Alger). — Ougadas. **(ESPLANADE.)**

17. EL HADJ ZIGHEM ben Ahmed, à Zénima, Cercle de Djelfa (Alger).—
Tissu pour coussins.   **(ESPLANADE.)**

18. EL ROSLI KHAOUAN, à Tlemcen (Oran). — Musettes de cheval.
                                                              (ESPLANADE.)

19. Général (Le) Commandant la Division d'Alger.— Tentes en peaux
avec tous les objets de voyage et de campement à l'usage des Nomades du Sud de
l'Algérie.   **(ESPLANADE.)**

20. GENNEQUIN (J. A.), à Mostaganem (Oran). — Bidon en fer blanc à trois
compartiments.   **(ESPLANADE.)**

21. GHAZAL ben Ahmed, aux Ouled ben Chaâ, Cercle de Laghouat (Alger). —
Etoffe pour tente des nomades (flidj) en laine et poil de chameau.   **(ESPLANADE.)**

22. HADJ ben Lakhdar, aux Ouled bou Arif, Commune mixte d'Aumale (Alger).
— Semate (besace).   **(ESPLANADE.)**

23. KADDOUR ben Essaïah, aux Bethaïa, Commune mixte de l'Ouarsenis
(Alger). — Musette arabe.   **(ESPLANADE.)**

24. MAAMAR ben Lofrani, aux Maamras, Cercle de Laghouat (Alger). —
Etoffe pour tente (flidj) des nomades en laine et poil de chameau.   **(ESPLANADE.)**

25. MEQUESSE (Louis), à Barika (Constantine). — Tellis en laine rouge.
                                                              (ESPLANADE.)

26. MESSAOUD ben Gueman, aux Lofran, Cercle de Laghouat (Alger). —
Etoffe pour tente des nomades (flidj) en laine et poil de chameau.   **(ESPLANADE.)**

27. MOHAMED ben Abdalla, aux Ababda, Cercle de Laghouat (Alger). —
Etoffe pour tente des nomades (flidj) en laine et poil de chameau.   **(ESPLANADE.)**

28. MOHAMED ben Abdalla, aux Ouled Driss, Commune mixte d'Aumale
(Alger) — Flidj de tente.   **(ESPLANADE.)**

29. MOHAMED ben Abdalla, à Sidi Aïssa, Commune indigène de Bousââda
(Alger). — Grava (sac) en laine et poil de chameau.   **(ESPLANADE.)**

30. MOULEY EL HADBA ben Taïeb, à l'Oued Amar, Commune mixte de
l'Ouarsenis (Alger). — Tente arabe.   **(ESPLANADE.)**

31. MOUSSA ben Maache, aux Hadjadje, Cercle de Laghouat (Alger) —
Etoffe pour tente des nomades (flidj) en laine et poil de chameau.   **(ESPLANADE.)**

32. OULED ALLAN (Tribu des), Cercle de Boghar (Alger). — Oussada et
hameïs.   **(ESPLANADE.)**

33. OULED MOKHTAR et Mouïadat Cheraga (Tribu des), Cercle de
Boghar (Alger). — Hameïs.   **(ESPLANADE.)**

34. REBBOH (A.), à Oran, rue Saint-Esprit, 5. — Valise en cuir filalé brodé de
soie.   **(ESPLANADE.)**

35. SELAMI ben Kouïder, aux Ouled Sidi Sliman, Cercle de Laghouat (Alger).
— Etoffe pour tente des nomades (flidj) en laine et poil de chameau.   **(ESPLANADE.)**

36. SLIMAN ben el hadj, aux Zehana, Cercle de Laghouat (Alger). — Étoffe
pour tente de nomades (flidj) en laine et poil de chameau.   **(ESPLANADE.)**

37. TITTERI (Tribu de), Cercle de Boghar (Alger). — Hamel et oussada.
                                                              (ESPLANADE.)

COCHINCHINE.

1. Service local, à Saïgon. — Malles annamites en bois et cuir laqué rouge.
                                                              (ESPLANADE.)

GUADELOUPE.

1. RÉNY (J.-B.), à Saint-Barthélemy. — Hamac.　　　　(ESPLANADE.)

NOUVELLE-CALÉDONIE.

1. HAYÈS-JEANNENEY, à Fonwhary. — Hamacs en agave.　(ESPLANADE.)

2. NOUET, à la Nouvelle-Calédonie. — Hamac, îles Wallis.　(ESPLANADE.)

SÉNÉGAL.

1. AMADY NATAGO, Lam Toro, (Chef du **Toro**), (protectorat du Toro). —
Claie servant de lit, oreiller en cuir.　　　　　(ESPLANADE.)

2. AMAR SALEUM, Roi des **Maures Trarza**, aux Maures Trarza. —
Outre pour conserver le beurre, tente en cuir et ses montants, sac de voyage.　(ESPLANADE.)

3. DIMBA WAR, Président des chefs du **Cayor**, (protectorat du Cayor). —
Claie servant de lit.　　　　　(ESPLANADE.)

4. IBRAHIMA N'DIAYE, Chef du **N'Diambour**, (protectorat du N'Diambour). — Seau et outre en cuir.　　　　　(ESPLANADE.)

5. NOIROT (Ernest), Administrateur colonial, au Sénégal. — Sac de voyage,
oreiller maure, scapulaire musulman.　　　　(ESPLANADE.)

PAYS DE PROTECTORAT.

ANNAM-TONKIN.

1. Protectorat de l'Annam et du Tonkin. — Coffre à habits (cai ban ao).
Coffre à sapèques, malles rouge et noire, supports de hamacs.　(ESPLANADE.)

2. Province de Hanoï. — Panier de voyage à compartiments.　(ESPLANADE.)

CAMBODGE.

1. PLANTÉ, à Phnom-Penh. — Malle en feuilles de Thnot-Parasol.　(ESPLANADE.)

TUNISIE.

1. MOHAMED el HABID. — Objets de voyage et de campement.
　　　　　　(ESPLANADE.)

PAYS ÉTRANGERS.

RÉPUBLIQUE ARGENTINE.

1. **Commission auxiliaire,** à Catamarca. — Houzeaux. (PARC.)
2. **Commission auxiliaire,** à Formosa. — Hamac fait par les sauvages avec du fil de ivira, valise des sauvages, faite avec du cuir de cerf. (PARC.)
3. **Commission auxiliaire,** à Jujuy. — Besace. (PARC.)
4. **Commission auxiliaire de Guachepas,** à Salta. — Valises. (PARC.)
5. **MATTALDI,** à Rosario (Santa-Fé). — Lit de camp, valise. (PARC.)

AUTRICHE-HONGRIE.

1. **LECKEL (Hanns),** à Vienne. — Objets de sellerie. (PALAIS.)

BELGIQUE.

1. **DENONNE (François),** à Bruxelles, Marché-au-Bois, 19. — Sacs et articles de voyage. (PALAIS.)
2. **INGHELS (le major Edouard),** à Gand, chaussée de Courtrai, 3. — Couchette pour colonies; coffre avec hamac pour explorateur. (PALAIS.)

RÉPUBLIQUE DE BOLIVIE.

1. **LOGES (Mme Hélène des),** à Paris, boulevard Montmartre, 19. — Alforjas : sac de voyage indigène à l'usage des cavaliers. (PARC.)

BRÉSIL.

(Voir son Catalogue spécial.)

CHILI.

1. **CONTRERAS (José S.),** à Valparaiso. — Malles. (PARC.)
2. **DUCH Y RIVAS (Pedro),** à Santiago. — Malles et valises. (PARC.)

RÉPUBLIQUE DOMINICAINE.

1. **Commission Provinciale de Santiago.** — Sacs de cuir. (PARC.)
2. **Commission Provinciale de Santo-Domingo.** — Paniers de paille. (PARC.)

ÉQUATEUR.

1. Commission Coopérative d'Ambato, à Ambato. — Hamacs. **(PARC.)**

2. LOPEZ Frères, à Guayaquil et Jipijapa. — Hamacs. **(PARC.)**

3. REYRE Frères & Cie, à Guayaquil et à Paris, rue de Châteaudun, 34. — Hamacs de paille. Paniers vannerie. **(PARC.)**

ESPAGNE.

1. GASUOVO (Virgilio), à Barcelone. — Articles de voyage. **(PALAIS.)**

2. MARTI CORENA (Benito), à Saint-Sébastien. — Articles de voyage. **(PALAIS.)**

ÉTATS-UNIS.

1. FOLDING IRUNK Co (Edward C. Oppenheim, Vice Pres't), à New-York, N. Y. 712, Broadway. — Nouveau système de malle. **(PALAIS.)**

2. JORREY (J. R.) & Co, à Worcester, Mass. — Cuirs à rasoirs. **(PALAIS.)**

3. LAWRENCE (R. F.) & Co, à Buffalo, N. Y. 196, Pearl street. — Spécimens de porte-bouquets. **(PALAIS.)**

4. Marks Adjustable Folding Chair Co (Limited), J.-H. Marks, Président, à New-York, N. Y. 980, Broadway.— Chaises et fauteuils pliants, fauteuils pour wagons-salons. **(PALAIS.)**

5. SCHNERT (Henry G.), à Philadelphie, Pa., 427 North 5th, street.— Collection de cannes pour touristes et pour dames, collection de chaises portatives. **(PALAIS.)**

GRANDE-BRETAGNE.

1. BARTRUM HARVEY & Co, à Londres, Gresham street, 25. — Vêtements imperméables avec ventilation. **(PALAIS.)**

2. BIRNBAUM (B.) & Sons, à Londres, London Wall, 33, et Wick lane Rubber works, Bow. — Produits de l'industrie du caoutchouc. **(PALAIS.)**

Nouveautés en tissus pour manteaux de dames. Paletots, pèlerines, mac-ferlanes, paletots à conduire, couvertures de voitures, articles de campement. Caoutchouc industriel en tous genres. Jambières internationales (brevetées). Maison principale : 33, London Wall à Londres. Usine à vapeur : Wick Lane Rubber Works Old Ford. Succursales : Paris, 23, rue aux Ours, Vienne. Hambourg, Toronto, Melbourne. — Récompenses : Vienne 1873, médaille de progrès ; Paris 1878, médaille d'argent ; Sydney 1880, Prize medal.

3. CORDING (George), à Londres, Regent street, 125. — Vêtements imperméables. **(PALAIS.)**

4. CURRIE & Co (William), à Édimbourg, Caledonian Rubber works, — Sangles pour voyages, lits de camp, hàvre-sacs, sacs pour touristes, coussins, couvertures, équipements imperméables. **(PALAIS.)**

5. Ducker Portable House Company (Limited), à Londres, St-Swithin's lane, 31. — Maison portative servant de pavillon de jardin, de salle de billard, etc. **(PALAIS.)**

6. **EDGINGTON (Benjamin),** à Londres, Duke street, 2, London bridge. — Modèles de tentes, berceaux et hamacs à tous usages. **(PALAIS)**

7. **LEE Brothers,** à Londres, Barbican, 61 et 62. — Vêtements imperméables, vêtements et couvertures pour cochers, coussins oreillers à air. Bains, seaux et bassins portatifs. **(PALAIS.)**

8. **MANDLEBERG (J.) & Co,** à Pendleton Manchester, Albion Rubber works, et à Paris, rue de l'Échiquier, 13.— Produits et ingrédients du caoutchouc sous toutes ses formes. **(PALAIS.)**

9. **NIELSON, SHAW & MAC GREGOR,** à Glasgow, Buchanan street, 44. — Tissus tartans en châles, couvertures. **(PALAIS.)**

10. **North British Rubber Co (Limited),** à Edimbourg, Caste mills, et à Londres, Moorgate street, 57. — Produits et matières premières du caoutchouc sous toutes ses formes. **(PALAIS.)**

11. **PORTER, (H.G.) Co,** à Londres Bow lane, 41, 43 et à Paris, rue de Grammont, 17. — Mauds et couvertures pour voyage et voiture. **(PALAIS.)**

12. **REVILLON (Stanislas),** à Londres, St Paul's Churchyard, 44. — Fourrures confectionnées, couvertures de voiture, etc. **(PALAIS.)**

13. **UNITE (John),** à Londres, Edgware road, 293. — Modèles de marquises, tentes, bâches, échantillons de cordages, de canevas. de toiles goudronnées, de drapeaux. **(PALAIS.)**

GRÈCE.

1. **GEORGANTIS (Elefterius),** à Athènes. — Vêtements imperméables. **(PALAIS.)**

2. **GOULF (François),** à Corfou. — Valises, malles. **(PALAIS.)**

3. **PAPASISSIMO (Manthe),** à Patras (Achaïe et Elide). — Valises. **(PALAIS.)**

4. **PERIFANAKIS,** à Syra (Cyclades). — Objets de voyage. **(PALAIS.)**

5. **SVOLOPOULO (Christos),** à Athènes. — Valises, malles. **(PALAIS.)**

GUATEMALA.

1. **Municipalité de Mataquescuintla,** Département de Santa-Rosa. — Hamacs. **(PARC.)**

NORVÈGE.

1. **HELGETVEIT (Oscar O.),** à Lunde, Telemarken. — Patins de neige norvégiens, dits ski, attaches et chaussures en peau. **(PALAIS.)**

PARAGUAY.

1. **Commission de l'Exposition de la République du Paraguay.** — Puncho, manteau de voyage en pelleterie. **(PARC.)**

2. **Gouvernement de la République du Paraguay,** à Assomption. — Hamacs en coton et en feuilles de maïs. — Hamacs de cordes (fabrication indienne). **(PARC.)**

3. **SAUCEDO (Dona Pilar),** à Assomption. — Hamac. **(PARC.)**

PORTUGAL.

1. COSTA (Cezaltina Amelia da). — Malles.   (QUAI.)

2. OLIVEIRA & Ca. — Malles.   (QUAI.)

3. REIS (A. A.) & Sobrinhos. — Articles de voyage.   (QUAI.)

4. SILVA ROCHA (Francisco José da). — Malles.   (QUAI.)

ROUMANIE.

1. JOHAN (Peter L.), à Ploesti. — Malles en bois peint.   (PALAIS.)

2. KRAUS (Herman), à Bucharest, strada Selari, 1. — Gourde recouverte de passementerie.   (PALAIS.)

3. SAVULESCO (Bucura G.), à Voinesti (Muscel). — Bissac de laine.
(PALAIS.)

4. SIMION (Fratii), à Ramnicu-Valcea. — Ceintures de cuir.   (PALAIS.)

· RUSSIE.

GRAND-DUCHÉ DE FINLANDE.

1. Amis touristes (Les), à Helsingfors. — Objets de voyage.   (PARC.)

SALVADOR.

1. MARTINEZ (Juan), à San-Vicente. — Valises de voyage.   (PARC.)

SUISSE.

1. JÖRG Fils (Frédéric), à Zweilütschenen (Berne). — Piolets démontables de divers systèmes, piolet fixe.   (PALAIS.)

GROUPE IV.

TISSUS, VÊTEMENTS ET ACCESSOIRES.

Classe 40.

Bimbeloterie.

FRANCE.

1. **ALEXANDRE (Henri G.-G.)**, à Paris, rue de Belleville, 184. — Jouets
mécaniques et articulés. Bébés-Phénix articulés, incassables, nus et habillés. Mignonnettes et trousseaux. **(PALAIS.)**

   Fabrication exclusivement française du bébé Phénix et de la Mignonnette en 20 tailles.
Habillage ordinaire, riche, et extra-riche en tricot, laine et satin. Nouveautés de Paris.

2. **ARTHAUD, H. & Cie**, à Paris, rue du Faubourg-Saint-Martin, 48. — Jeux
et accessoires. **(PALAIS.)**

   Maison fondée en 1864. — Sans succursale. — Spécialité de jeux, matériel et accessoires pour
cercles, cafés, casinos, hôtels, billards et accessoires, boîtes de bostons, damiers, dés à jouer,
échecs, échiquiers, jetons, jacquets, marques de jeux, porte-menus, presse-cartes, tapis de
cartes, porte-journaux L. K. déposé, tables de Baccara, whist, écarté, poker, tric-trac, jetons
nacre et ivoire gravés, râteaux, palettes. Fabrique du domino pans ronds E. B. déposé, à
Guerny, par les Th'lliers-en-Vexin. Mention honorable, prix Paris 1878.

3. **BACUS (Eugène)**, à Paris, rue Beaubourg, 49. — Jouets : moutons, chevaux et
bergeries. **(PALAIS.)**

4. **BAPST (René F.) & HAMEL (Henri)**, à Paris, rue Notre-Dame-de-
Nazareth, 59. — Balles, ballons, poupées, poupards, sujets divers, animaux, jeux composés. **(PALAIS.)**

5. **BARBE (Achille)**, à Dangu (Eure). — Jeux de dominos pour cafés et cercles à
pans ronds, dominos ivoire fins, demi-fins et ordinaires. **(PALAIS.)**

6. **HAURE (Ct Hippolyte)**, à Paris, rue Morand, 24. — Chemins de fer, tramways, bateaux, écuries, voitures, jouets mécaniques. **(PALAIS.)**

   Maison fondée en 1875 par M. H. Baris. Jouets en métal fer blanc, chemin de fer, dit

7. **BASSET-CROSSE (C. G.)**, à Paris, rue de Bondy, 92. — Jouets scientifiques et de précision. **(PALAIS.)**

   Ancienne maison Jaquar. — Jeux de Combattes. Méd. le d'argent, Paris, 1868.

8. **BAZILLER (René)**, à Paris, rue du Faubourg-du-Temple, 88. — Godets et col-
lodions et jouets. **(PALAIS.)**

9. BAZIN (Gustave), à Paris, rue Christiani, 13. — Jeu de salon et de jardin, dit : « tir oriental » déposé, cibles en jonc, paillasson, peintes à l'huile, appliquées à la fléchette lancée à la main.   **(PALAIS.)**

Cibles en papier et en bois cerclées de métal, cibles à surprises, etc. — Installations dans les cercles et casinos : au Jardin de Paris, aux Folies-Bergères, aux Montagnes Russes, etc.

10. BERTOLA (Albert), à Paris, rue Moret, 32. — Oiseaux et animaux marchant et roulant, pièces à surprises, automates à musique.   **(PALAIS.)**

11. FIGOT (Romain F.), à Paris, rue Vieille-du-Temple, 74. — Bigotphones, jouets et instruments comiques, en carton, zinc, etc.   **(PALAIS.)**

12. BLANCHON (F.-A.), à Paris, rue de Saintonge, 4. — Jouets en métal, pistolets, canons, toupies, etc.   **(PALAIS.)**

13. BONTEMS (J.-Charles), à Paris, rue de Cléry, 72. — Cages à oiseaux mécaniques chantant.   **(PALAIS.)**

Inventeur fabricant, (breveté s. g. d. g.). Maison fondée en 1849. Spécialité d'oiseaux chanteurs. — Londres 1851-1862. Vienne 1873. Philadelphie 1876. Paris 1878 médaille d'argent.

14. BORREAU (Mme Gabrielle), à Paris, boulevard Voltaire, 43. — Poupées habillées.   **(PALAIS.)**

15. BOURGEOIS Aîné (F. A. Joseph), à Paris, rue du Caire, 31. — Boîtes de couleurs sans danger. Couleurs en nature sans danger, pour la décoration des jouets.   **(PALAIS.)**

Médailles : Vienne, 1873, Philadelphie 1876. — 2 Médailles d'argent, Paris 1878.
Fabriques : 22, Passage Tocanier à Paris, et à Senon (Meuse).

16. BRISSONNET (Anatole E.), à Paris, boulevard Sébastopol, 115. — Jouets aérostatiques, ballons en caoutchouc. Montgolfières en papier, aérostats miniatures. Appareils pour la fabrication du gaz pour le gonflement des ballons.   **(PALAIS.)**

Maison de l'inventeur fondée en 1856, Ballons-réclame pour publicité, ballons-musique, cornemuses. Ballons et sujets grotesques pour fêtes. Constructions d'aérostats de toutes formes et de tous tissus. Ascensions publiques et privées. Garde et entretien de matériel aérostatique. Chariot-générateur (modèle simplifié à production d'hydrogène épuré pour le gonflement d'aérostats captifs ou libres, à poste fixe ou en campagne).

17. BUFFARD (Georges), à Paris, passage de l'Opéra, 12. — Articles de jouets édités.   **(PALAIS.)**

18. CARON (Vve J.), à Paris, rue Debelleyme, 24. — Jouets en fer blanc. **(PALAIS.)**

19. CARRIÈRE (E.), à Paris, boulevard Richard-Lenoir, 115. — Petits miroirs avec encadrements en cuivre et zinc estampés. Cadres pour photographies en cuivre, verni, doré et nickelé.   **(PALAIS.)**

Miroirs avec cadres en cuivre estampé, miroirs avec peluches, velours. Miroirs avec cadres en zinc nickelé, etc. — Cadres pour photographies, en tous métaux, spécialement pour bazars et l'exportation. Médaille de bronze à l'Exposition universelle de Paris 1878.

20. CHAUVIN (Alexis), Ancienne Maison **Quérat & Chauvin**, à Paris, rue Charlot, 24 et 26. — Équipements militaires, instruments de musique en cuivre, outils de jardinage.   **(PALAIS.)**

Maison fondée en 1847, n'a jamais exposé. Équipements militaires, fusils, sabres, pistolets, artillerie, épaulettes, coiffures, sacs, gibernes, carabines salon, arbalètes à arcs, ceintures, carniers, couteaux de chasse, panoplies de toutes armes et tous grades etc. Instruments de musique en cuivre, clairons, trompettes, cors de chasse, cornes d'appel, pistons, bugles, altos, barytons, saxhorns, cymbales, etc. Guides-à ceinture, brassards à 2, 4 et 6 bras, etc. Outils de jardinage, pelles, râteaux, pioches, ratissoires, fourches, brouettes, garnies, etc.

21. CHENEL (Laurent), à Paris, rue Quincampoix, 35. — Jouets d'enfants.
(PALAIS.)

22. CHEVROT (Henri), à Paris, boulevard de Strasbourg, 1. — Bébés-Bru, nus et habillés. Têtes de bébés, vêtements et accessoires.
(PALAIS.)

Membre du Comité d'installation de la classe 40. Médaille d'or : Paris, Barcelone, Melbourne 25 brevets d'invention. Grande fabrique de bébés nus et habillés. Nouveaux bébés incassables en bois évidé plus solides et plus légers que ceux en carton.

Têtes incassables (dernière nouveauté) aussi jolies comme modèle et comme décor que les têtes en biscuit. Les bébés-Bru sont les seuls ayant aux yeux des cils naturels. Ils se distinguent aussi par la finesse de leurs mains et de leurs pieds, ainsi que par la beauté et le bon goût de leur habillage. Bébés téteurs, brevetés s. g. d. g., ravissants bébés tétant seuls. Bébés en gomme durcie, garantis incassables. Fabrique de têtes de femmes, hommes et enfants en biscuit pour magasins de nouveautés et confections, coiffeurs, corsetières, modistes, lingères, etc. Moitié meilleur marché que les têtes en cire.

23. CHOUMER (Adrien C.) & COLLET (Louis), à Paris, rue de Turenne, 74. — Meubles d'enfants et de poupées.
(PALAIS.)

Maison fondée en 1832 par M. Buzelin, continuée par M. Sifringer en 1857 et reprise en 1867 par MM. Choumer et Collet. Fabrication de petits mobiliers complets pour petites et grandes poupées riches, en bois de rose, patissandre, acajou, érable, bambou et vieux noyer, en style ancien et moderne. Spécialité d'ameublements d'enfants.
Médaille d'argent, Exposition universelle, Paris, 1878.

24. COHEN (Henri, N.), à Paris, rue Oberkampf, 37. — Jeu des fleurs, multiplication amusante, sentences et citations, jeu des inventions et découvertes.
(PALAIS.)

25. COURTOT, à Paris, rue Oberkampf, 125. — Animaux, Jouets.
(PALAIS.)

26. CRAUSER Aîné (Jean), à Paris, rue de Montmorency, 44 — Jouets, chiens, chats, ânes, moutons et chèvres bêlant.
(PALAIS.)

Moutons et chèvres bêlant, ânes brayant, chiens aboyant en marchant, chats miaulant, le tout de grandeur naturelle ; autres animaux. Vélocipèdes.

27. DECRÉ (Maurice C.), à Paris, rue Vieille-du-Temple, 58. — Montres, jouets, porte-or, petits bronzes, bijouterie imitation, chaînes, colliers, bracelets, broches, articles pour bazars.
(PALAIS.)

28. DELACHAL (Louis), successeur de **I. F. Jung Jeune**, à Paris, boulevard Sébastopol, 71. — Jouets en caoutchouc.
(PALAIS.)

29. DELAGRAVE (Charles), à Paris, rue Soufflot, 15. — Jeux géographiques, historiques, scientifiques, livres et matériel classiques, librairie géographique, publications illustrées, revues.
(PALAIS.)

Jouets instructifs et scientifiques.

30. DENANCY (Paul), à Paris, rue du Faubourg-du-Temple, 51. — Chevaux en peau, écuries, stalles, boxes, épiceries, voitures, moulins, chèvres, laitières.   (PALAIS.)

31. DÉROLLAND (J.-F.-Basile), à Paris, rue Notre-Dame-de-Nazareth, 7. — Ballons, ballos, poupées, bébés, animaux, sujets divers en caoutchouc.
(PALAIS.)

32. DESPORTES (Victor.-E.-G.), à Paris, boulevard Voltaire, 197 — Chevaux, écuries, voitures, panoplies de chevaux, de blanchisseuses, courriers et brassards.
(PALAIS.)

33. DUHOTOY Fils, à Paris, rue Saint-Maur, 115. — Voitures d'enfants, de poupées, jouets mécaniques et roulants, voitures et fauteuils pour malades.   (PALAIS.)

Carrosserie enfantine, chevaux mécaniques et vélocipèdes, chevaux sur planche et bascule.
Articles nouveaux.
Fabrication parisienne. Breveté S. G. D. G. (Voir Classe 60, Carrosserie).

34. DUMONT (Victor), à Paris, rue de la Folie-Méricourt, 104. — Parures de poupées et verroteries pour surprises
(PALAIS.)
Classe 40.   1*

35. DUTHEIL (Pierre), à Paris, rue Saint-Maur, 196. — Voitures de poupées, vélocipèdes, chevaux mécaniques.   **(PALAIS.)**

Voitures d'enfants et de malades, chevaux hygiéniques en métal, vélocipèdes Dutheil, voitures de poupées, jouets mécaniques pour parcs et jardins, voitures avec chèvres bêlant en marchant, dog-carts, zimbardes, etc. Cheval hygiénique en métal, breveté S. G. D. G. ayant une forme naturelle. Vélocipède Dutheil se transformant instantanément de tricycle en bicycle, système de pédales verticales substituées aux pédales horizontales, voiture de poupée à chariot tournant. Anvers 1885, Récompense unique à la Croix-Rouge, deux Médailles de Bronze et Mention honorable. — Barcelone 1888, 2 médailles or, 1 médaille argent. (Voir Groupe II, Classe 14. G. VI, Cl. 52. G. VI. Cl. 60).

36. DUTOCQ (L.-Paul-V.), Ancienne maison **Choumara**, à Paris, rue du Temple, 18. — Articles pour le cotillon et surprises.   **(PALAIS.)**

Cartonnages et accessoires de cotillon. Renouvellement annuel des figures de cotillon. Décorations pour bals et soirées. Location. Figures inédites, fantaisies et surprises en tous genres pour Noël, Pâques. Commission. Exportation. Maison fondée en 1840.

37. FALCK-ROUSSEL (Adolphe), à Paris, quai de Jemmapes, 200. — Poupées nues et habillées.   **(PALAIS.)**

38. FAYAUD (J. Alfred), à Paris, rue Saint-Denis, 77. — Jouets en caoutchouc, balles et ballons en caoutchouc.   **(PALAIS.)**

Médaille d'argent, Exposition universelle Paris 1878. — Médaille de bronze, Exposition universelle Melbourne 1880. — Médaille d'or, Exposition universelle Anvers 1885.

39. FOIN & DUMONT, à Paris, rue Charlot, 7. — Jeux de jardin et de salon.   **(PALAIS.)**

40. FOLIOT (Pierre), à Paris, rue du Faubourg-Saint-Martin, 122. — Montres d'enfants cuivre et nickel, attache-serviettes, mirlitons parisiens.   **(PALAIS.)**

41. FOUCHÉ (Louis), à Paris, rue de Belleville, 88. — Surprises, jouets, théâtres.   **(PALAIS.)**

42. FOURNIER (Jules), à Paris, rue du Faubourg-Saint-Denis, 12. — Oiseaux chanteurs, tableaux mécaniques, pièces automates.   **(PALAIS.)**

43. FRUIT (Edmond-S.), à Paris, rue Rebeval, 59. — Théâtres, guignols, tirs, forteresses.   **(PALAIS.)**

44. GAVOT (Louis-Gaston), à Paris, rue du Faubourg-Saint-Martin, 61. — Jouets en faïence ou en porcelaine, services de table, et à thé, toilettes de poupées.   **(PALAIS.)**

45. GERBEAU (S.) et Fils aîné, à Paris, rue Charlot, 32. — Jouets en étain et métal anglais, services de table et à thé, métal, faïence, porcelaine blanche et décorée.   **(PALAIS.)**

Bimbeloterie, garnitures de toilette, coffrets-écrins, malles garnies, sifflets de chasse et de chemins de fer, bijouterie imitation acier, soldats massifs en plomb, infanterie, cavalerie, artillerie, forts; sujets divers, fermes, bergeries; petite orfèvrerie métal argenté, huiliers, salières, coulants, sujets petits bronzes.

46. GIRARD (Georges), à Paris, rue de Rome, 72. — Bateaux à voiles, à vapeur, électriques.   **(PALAIS.)**

47. GRANDJEAN Aîné (Pierre) & Cie, à Paris, rue Oberkampf, 93. — Poupées, clowns, soldats et jouets divers en simili-liège.   **(PALAIS.)**

48. GUILLORY Jeune (Gustave), à Paris, rue du Temple, 147. — Jouets.   **(PALAIS.)**

Fabrique de jouets de plusieurs sortes. Moulins, oiseaux, papillons, poupées, chinois, pompiers, vélocipèdes, jouets mécaniques, jouets-réclames. Marque de fabrique : G.-J.

49. HALLÉ (Charles), à Paris, rue Boulard, 7. — Jouets en cartonnage artistique.   **(PALAIS.)**

50. JANOU (Auguste), à Paris, boulevard de Belleville, 52. — Jeux de courses et de salons. **(PALAIS.)**

51. JOANNY (Joseph L.), à Paris, rue de Rivoli, 202. — Jouets, bébés incassables articulés. **(PALAIS.)**

52. JOST (Jean-A.), ancienne Maison **Chevallier**, à Paris, rue Oberkampf, 120. — Jeu de petits chevaux, jeu de mât de cocagne, roulettes de précision, roulettes ordinaires. **(PALAIS.)**

53. JULLIEN (A.-A.), à Paris, rue des Archives, 13. — Tabletterie et jeux en cartonnages. **(PALAIS.)**

54. JUMEAU (Émile), à Paris, rue Pastourelle, 8. — Bébés nus et habillés. **(PALAIS.)**

55. LAMAGNÈRE (P.-L.-Théophile), à Paris, rue de Turenne, 129. — Jeux d'architecture et jeux de constructions avec vitraux, jeux de mosaïque, de parquetage. **(PALAIS.)**

56. LAMBERT (Léopold), à Paris, rue Portefoin, 13. — Jouets automatiques à musique. Jouets artistiques, pièces de vitrines. Spécialité de fumeurs. **(PALAIS.)**
Marque de fabrique L. B. Exposition de Barcelone, 1888, Médaille d'argent.

57. LAPIERRE (Édouard V.), à Paris, rue Pastourelle, 25. — Lanternes magiques, lampascopes, reflectoscopes, lampadophores, niveaux d'eau, appareils de projection. **(PALAIS.)**

58. LARDENOIS (E.-Jules), à Paris, rue du Chemin-Vert, 143. — Jeux de courses et jeux de bagues, ronds et carrés, canons, mitrailleuses. **(PALAIS.)**

59. LAURENT (Abel), à Paris, boulevard Sébastopol, 58. — Ballons en caoutchouc dilaté. **(PALAIS.)**

60. LEFÉVRE Frères (E. & F.), à Paris, rue Gambý, 15. — Chemins de fer, fourneaux, voitures, bateaux, ménages, soldats, forts en fer blanc. **(PALAIS.)**

61. LEMAIRE, Fils &. DUMONT, à Paris, rue Meslay, 59. — Agrès de gymnastique, balançoires, hamacs, portiques démontables. **(PALAIS.)**

62. MALTÊTE (Charles), à Paris, rue Debelleyme, 19.— Jouets, chemins de fer mécaniques sifflant et roulant, jeux de courses, bateaux électriques et à vapeur, réduction et pièces détachées. **(PALAIS.)**
Jouets scientifiques, mécaniques, électriques et à vapeur.
Tels que :
Bateaux, chemins de fer sifflant et fumant.
Jeux de courses brevetés, de toutes dimensions.
Petits modèles en réductions.

63. MANNING (Charles-E.), à Colombes (Seine), avenue de Gennevilliers, 36. — Chevaux hygiéniques. **(PALAIS.)**

64. MARBAIS (Alfred), à Paris, rue des Gravilliers, 63. — Perruques pour bébés et fantaisie. **(PALAIS.)**

65. MARTIN (Élie A.), à Paris, rue des Archives, 4. — Jouets mécaniques. **(PALAIS.)**
Inventeur de l'Ondine ou Poupée nageuse, des animaux galopant, sauteurs, etc.

66. MARTIN (Louis F.), à Paris, rue des Archives, 19. — Sabres, fusils, panoplies, drapeaux, équipements militaires pour enfants. **(PALAIS.)**

67. MARTIN (S. Fernand), à Paris, boulevard Ménilmontant, 90. — Jouets mécaniques, automatiques et scientifiques. **(PALAIS.)**

68. MAURY (Arthur), à Paris, rue Saint-Lazare, 80. — Timbres-poste pour collections, tapisseries et travaux de fantaisie en vieux timbres-poste.   **(PALAIS.)**

Albums de timbres-poste. Catalogue descriptif illustré des timbres, enveloppes et cartes-postales. Journal « Le Collectionneur de Timbres-Poste ». Feuilles d'armoiries et de drapeaux de tous les pays.

69. MERCIER (Henri), à Paris, rue Saint-Maur, 168. — Petits meubles pour enfants et poupées, armoires à linge, mobiliers complets, etc.   **(PALAIS.)**

70. MONCHARMONT (Henri), à Paris, rue du Temple, 114 — Masques en carton. cire, étoffes, dominos, loups, folies en velours, satin, dentelle, instrument de musique en carton « les Parisphones ».   **(PALAIS.)**

71. MULLER (Sophie), à Paris, rue Portefoin, 15. — Jouets fantaisies, riches, lits, buffets, services à thé, vanneries.   **(PALAIS.)**

72. NEPVEU de VILLEMARCEAU, à Paris, rue Charlot, 13. — Jouets à surprises.   **(PALAIS.)**

73. NIQUET (Eugène) & BOUCHET (Adolphe), à Paris, rue du Faubourg-Saint-Martin, 30. — Jouets en caoutchouc et jouets en cartonnages.   **(PALAIS.)**

74. OUACHÉE (Eugène), à Paris, rue de Rivoli, 156. — Jeux divers.   **(PALAIS.)**

75. PATILLON (F.) & ses Fils, à Ravilloles (Jura). — Bimbeloterie, corne, os, corozo, bois et buis.   **(PALAIS.)**

Représenté par M. Dollfus, 20, rue de la Douane, Paris.

76. PEAN Frères, à Paris, rue Martel, 5 bis. — Jouets en métal, en porcelaine, en faïence et en cartonnages. Vanneries garnies.   **(PALAIS.)**

Toupies à ressort et à ficelle. Voitures, ménages, thés et toilette en métal anglais et en porcelaine. — Jeux de cubes et de patience. Boîtes garnies de jouets, jeux instructifs et amusants, histoire de la géographie de la France, etc. Animateurs, ameublements de poupées, salons, salles à manger, chambres à coucher, etc. Soldats en métal et en carton comprimé, nouvelle fabrication, (brevetée S. G. D. G). Membre du jury à l'Exposition universelle d'Anvers 1885.

77. PELLETIER (Louis-H.), à Paris, rue Julien-Lacroix, 65. — Jouets en cartonnages moulés.   **(PALAIS.)**

78. PETIT (Frédéric) & DUMOUTIER (André), à Paris, rue Charlot, 71. — Jouets fantaisie, cartonnage et habillés, marottes musique, massacres, quilles.   **(PALAIS.)**

79. PHALIBOIS (Jean), à Paris, rue Charlot, 22. — Pièces mécaniques, artistiques, automates, oiseaux chanteurs, jouets et fantaisies à musique.   **(PALAIS.)**

80. PINTEL (Henri), à Paris, rue des Archives, 35. — Jouets et bébés caoutchouc, bébés articulés habillés, laine et satin.   **(PALAIS.)**

81. POUDRA Fils (Charles), à Paris, rue Pastourelle, 36. — Kaleidoscopes et jouets d'optique.   **(PALAIS.)**

82. RABÉRY (Alexandre), à Paris, rue des Archives, 19. — Bébés nus et habillés, bébés parlant.   **(PALAIS.)**

83. REMIGNARD (Frédéric), à Paris, rue Chapon, 21. — Bébés incassables, mignonnettes, trousseaux.   **(PALAIS.)**

84. RENOU (L.-M.), à Paris, rue de Montmorency, 19. — Jouets habillés en tous genres, polichinelles, marottes, folies à musique, jeux de massacre.   **(PALAIS.)**

85. REYNAUD (C.-Émile), à Paris, rue Rodier, 58. — Praxinoscopes-jouets, praxinoscopes-théâtres, praxinoscope à projection dit : théâtre optique.   **(PALAIS.)**

86. RIGAULT (Alexandre-Alfred), à Paris, rue Brise-Miche, 10. — Tue-moineaux sans feu.   **(PALAIS.)**

87. RIVIÈRE (Philippe), à Paris, passage de la Mare, cité de l'Union, 2. — Balles physiques à ressorts et pleines. Balles pour jeux en peau et en liége, garnies de flanelle.
(**PALAIS**.)

88. ROSSIGNOL (Charles), à Paris, avenue de la République, 160. — Jouets métal.
(**PALAIS**.)

Médaille d'argent, Exposition universelle internationale 1878.

89. ROULLEAU et LOISEAU, à Paris, rue Portefoin, 4. — Tambours et jouets mécaniques.
(**PALAIS**.)

90. ROULLET (Jean), à Paris, rue du Parc-Royal, 10. — Jouets mécaniques, animaux et personnages, automates à musique.
(**PALAIS**.)

Fabrique de jouets automatiques, brevetés S. G. D. G., personnage imitant tous les mouvements naturels, tels que mouvement de la tête, des yeux, des bras, etc. Pièces à musiques, article riche. Spécialité de toutes sortes d'animaux, imitant le cri, la marche et le mouvement naturel. Animaux sauteurs, Pièces à surprises. Commission. Exportation. Envoi du catalogue illustré sur demande. Méd. bronze, Exp. 1867; argent Exp. 1878. Maison fondée en 1860.

91. RUNGALDIER (A.-L.-C.) & FOUCAULT (E.-G.), à Paris, rue Chapon, 48. — Jeux et jouets, tabletterie et coffrets.
(**PALAIS**.)

92. SENDER (Émile), à Paris, rue Saint-Maur, 140. — Jouets d'enfants, seaux, brocs, arrosoirs, filtres, toilettes, salles de bains, puits, fourneaux, fontaines, pompes, chariots.
(**PALAIS**.)

93. SEVETTE Aîné, à Paris, rue Barbette, 6. — Tambours et jouets mécaniques.
(**PALAIS**.)

94. SEVETTE Fils (Ernest), à Paris, rue Vieille-du-Temple, 83. — Jouets constructions, jeux de patience, cubes.
(**PALAIS**.)

95. Société des Lunetiers (OCKERMANS, POIRCUITTE, ALÉPÉE et Cie), à Paris, rue Pastourelle, 6. — Jeux en tous genres, damiers, jacquets, croquets, etc.
(**PALAIS**.)

96. STEINER (Jules-N.), à Paris, rue d'Avron, 60. — Bébés mécaniques vivants, bébés incassables parlant et ordinaires, dits : le petit Parisien, yeux mobiles.
(**PALAIS**.)

97. THIBOUVILLE-LAMY (Jérôme), à Paris, rue Réaumur, 68. — Organina, petits violons d'étude, cornets pour enfants.
(**PALAIS**.)

98. TOMASSON-DALBERGUE (Jean), à Paris, rue Pastourelle, 32. — Perruques pour bébés, poupées et mannequins.
(**PALAIS**.)

99. VALETTE (Nicolas), à Paris, boulevard Ménilmontant 72. — Voitures d'enfants et de poupées, chevaux mécaniques et vélocipèdes.
(**PALAIS**.)

100. VANNIER (Fernand), à Paris, rue de Sambre-et-Meuse, 42. — Ménages, toilettes et cabarets en paniers et en boîtes.
(**PALAIS**.)

101. VICHY (Gustave), à Paris, rue de Montmorency, 36. — Jouets automatiques mécaniques à musique — Personnages grandeur naturelle, groupes, plusieurs sujets et bustes artistiques mécaniques.
(**PALAIS**.)

Récompenses : Médaille d'argent, Paris 1878. Melbourne 1880-1888, médailles d'or.

102. VILLARD (Henri) et WEIL, à Lunéville (Meurthe-et-Moselle). — Jouets en tous genres.
(**PALAIS**.)

103. VINCENT Fils et Neveu, à Paris, rue du Château-d'Eau, 20 bis. — Voitures d'enfants, vélocipèdes.
(**PALAIS**.)

104. WOGUE (Alphonse) et LÉVY (Gaston), à Paris, rue des Archives, 8. — Lotos, dominos, échecs, damiers, jetons, boîtes et valises de tapisserie, mercerie, peinture, physique, jeux réunis, jeux instructifs. **(PALAIS.)**

105. WÜRTH (Charles), à Paris, rue Chapon, 17. — Cosaques-coiffures, demi-costumes, costumes papier, figures pour cotillons. **(PALAIS.)**

COLONIES.

GABON CONGO.

1. AVINENC, au Gabon. — Jeux du como et du rhamboë. **(ESPLANADE.)**

2. PECQUEUR (Mme Léona), au Gabon. — Jeu de jaquet pahouin. **(ESPLANADE.)**

3. SCHLUSSEL (Laurent), à Libreville (Gabon). — Jeu pahouin et ses pions. **(ESPLANADE.)**

GUADELOUPE.

1 HILAIRE (A.), à Saint-Barthélemy. — Jouet. **(ESPLANADE.)**

INDE FRANÇAISE.

1. Comité d'Exposition. — Eléphant surmonté d'un char, statuettes diverses, picatte, palanquin, moulin à huile. **(ESPLANADE.)**

2. Exposition permanente des Colonies, à Paris. — Jouets variés pour les enfants indiens. Figurines en bois moulé, représentant les diverses castes et métiers, et servant à l'instruction des enfants. **(ESPLANADE.)**

SÉNÉGAL.

1. AMADY NATAGO, Lam Toro, Chef du **Toro**, (protectorat du Toro). — Petit mortier, jouets, poupées, pioche, fusil en bois, etc. **(ESPLANADE.)**

2. NOIROT, Administrateur colonial, au Sénégal. — Jeu de poupées, tentes en chiffon, sac à bagages, petites selles de chameaux. **(ESPLANADE.)**

PAYS DE PROTECTORAT.

TUNISIE.

1 BIGIAOUI (Victor), à Tunis. — Jouets d'enfants. **(ESPLANADE.)**

PAYS ÉTRANGERS.

BELGIQUE.

1. BOSSUT (H.), à Bruxelles, rue du Pélican, 30. — Bustes et mannequins.
(**PALAIS.**)

2. DAXBEK-PLAS, à Bruxelles, rue des Sables, 24. — Jouets. Masques. (**PALAIS.**)

3. DE COCK (Victor), à Bruxelles, impasse Saint-Philippe. — Tableaux en papier
découpé et repoussé à la main.. (**PALAIS.**)

4. DEMAEGHT (J.), à Bruxelles, rue des Grands-Carmes, 7. — Jouets. (**PALAIS.**)

5. DUHOT (Charles), à Bruxelles, Vieux-Marché-aux-Grains, 3. — Volières.
(**PALAIS.**)

6. JORIS (Émile), à Huy. — Gyroscope. (**PALAIS.**)

7. MARIETTE, à Cureghem, avenue de l'École, 16. — Jouets. (**PALAIS.**)

8. PAVOUX (Eugène) & Cie, à Bruxelles, rue Delaunoy, 14. — Ballons-ré-
clames, ballons à musique, musettes, hochets, plumets, etc., balles à jouer. (**PALAIS.**)

9. PIZETTA (Théau), à Saint-Gilles, rue de Rome, 45. — Modèles de navires
en bois. (**PALAIS.**)

10. PRONZINI (G.), à Charleroi. — Bouchons mécaniques, plaques-réclames en
verre gravé. (**PALAIS.**)

11. RONGÉ (Lucien), à Bruxelles, rue Blaes, 14. — Masques en carton, velours et
satinette. (**PALAIS.**)

12. SIREJACOB (Gaston) & Cie, à Bruxelles, rue de la Perche, 10. — Objets
en cire. (**PALAIS.**)

13. VEROGHENNE Fils (François-J.), à Anderlecht, rue Bara, 14. — Bébés
articulés. (**PALAIS.**)

14. VUYLSTEKE-KNOCKAERT (Henri), à Bruges, rue de l'Académie,
12. — Réductions d'armures des XIVe, XVe et XVIe siècles, de casques et d'armes diverses. (**PALAIS.**)

RÉPUBLIQUE DE BOLIVIE.

1. BASABÉ (Federico), à Paris, rue Saint-Georges, 10. — Jouets indigènes.
(**PARC.**)

2. DIAZ (Alejandro), à Paris, rue de Lafayette, 56. — Jouets indigènes, poupées
indigènes. (**PARC.**)

3. SALNIAS-VEGA (Louis), à Paris, rue de Berri, 8. — Jouets de fabrication
indigène. (**PARC.**)

BRÉSIL.

(Voir son Catalogue spécial).

ESPAGNE.

1. LAISECA (Antonio), à Madrid. — Boîte de jeux.   (PALAIS.)

2. ORIOL SEGUR (Fils de), à Barcelone. — Articles d'Espagne.   (PALAIS.)

ÉTATS-UNIS.

1. Gendron Iron Wheel & Co, (Secretary : **J. F. Vogel**), à Toledo, O. —
Vélocipèdes, bicycles, tricycles, voitures, jouets, brouettes.   (PALAIS.)

2. HOWARD (A. H.), à Boston, Mass., 220, Devonshire street.— Appareils de
gymnastique.   (PALAIS.)

3. MAGUIRE (F. Z.), à New-York, N. Y., Brunswick Hotel. — Poupées parlant et chantant.   (PALAIS)

4. PIERCE (Geo N.) & Co (Geo M. Bailey, Agent), à Buffalo N. Y.,
Prime street, corner of Hanover street. — Tricycle et cage à oiseaux. (PALAIS.)

5. ROBERTSON (Wyndham), à Philadelphia, Pa., 1022, Market street. —
Jeu de paume « Base Ball ». Appareils de gymnastique.   (PALAIS.)

GRANDE-BRETAGNE.

1. ARDESHIR & BYRAMJI, à Fort Bombay, Hummum street, 10 (Indes). —
Figures en cire, figurines, jouets.   (PALAIS.)

2. BHUMGARA FRAMJU PESTONJEE, à Bombay, Kalhadarie road, 5,
et à Madras, Mount road, 5 (Indes). — Figurines en cire et figures.   (PALAIS.)

3. Cobbett's Cricket Bat Company (Limited), à Londres 56, Capland
street, Grove road, Marylebone road. — Objets de cricket et de tennis. (PALAIS.)

4. GARRARD (H. W.) & Sons, à Londres, Tower hill. — Lawn-tennis
et autres jeux.   (PALAIS.)

5. Namaqua Copper Co (Limited), à Londres, Leadenhall buildings, 34, et
à Namaqualand, Cape of Good Hope. — Machine magnétique pour séparer les
minerais.   (PALAIS.)

· **6. PROCTOR & Co, (The Indian Art gallery)**, à Londres, Oxford
street, 428. — Bimbeloterie.   (PALAIS.)

GRECE.

1. MICELI (Henri de), à Patras. — Masques et loups.   (PALAIS.)

2. PÉVÉRATO (Ange), à Corfou. — Masques et loups.   (PALAIS.)

GUATEMALA.

1. RABINAL (José de), à Baja-Verapaz. — Jouets et calebasses.   (PARC.)

JAPON.

1. Ministère de l'Agriculture et du Commerce,(Direction de l'Industrie),à Tokio. — Jouets en porcelaine, services à thé, reproduction de jardins, jouets en bois, en métal et en papier.   **(PALAIS.)**

2. MISAKI (Seijiro), Kioto-fu, Shimokio-Ku. — Poupées de différentes sortes. Fleurs artificielles.   **(PALAIS.)**

3. SHIMIDZU (Katsuzo), Kioto-fu, Shimokio-Ku. — Poupées.   **(PALAIS.)**

4. SHINANO (Kametaro), Osaka-fu, Higashi-Ku. — Jouets représentant différents animaux.   **(PALAIS.)**

NORVÈGE.

1. HENRIKSEN (Chr.) et Fils, à Christiania. — Jeux de cartes

PAYS-BAS.

1. BIERMAN (J. A.), à Amsterdam. — Jouets d'enfants et instruments mécaniques.   **(PALAIS.)**

2. SCHUSTEROWITZ (Jacob), à Rotterdam. — Joujoux en bois russes.   **(PALAIS.)**

PORTUGAL.

1. MORAES (A.). — Jeux.   **(QUAI.)**

RÉPUBLIQUE SUD-AFRICAINE.

1. Gouvernement de la République (Le), à Prétoria. — Figurines en bois (fétiches).   **(ESPLANADE.)**

SUÈDE.

1. TULLBERG (Hasse-Œ.), à Stockholm. — Figurines suédoises.   **(PALAIS.)**

GRANDE MAISON DE BLANC

MM. Ch. MEUNIER, ALBERT & Cie

Boulevard des Capucines

PARIS

HISTORIQUE. — La grande maison de blanc a été fondée en 1864, à Paris, par M. Charles Meunier, sous la raison sociale Meunier et Cie. La Société formée à cette époque, n'a subi, jusqu'à ce jour, d'autres transformations que celles de renouvellements d'actes sociaux, par lesquels certains associés d'origine ont disparu pour donner leur place à de nouveaux. La maison, pendant ce long intervalle, a toujours été dirigée et administrée par M. Charles Meunier, son fondateur, qui a actuellement pour associés M. Félix Albert, M. Maurice Meunier, son fils, et M. Ernest Boulet, son gendre.

Le siège social et la maison de vente, une des plus remarquables du monde, sont situées, à Paris, Boulevard des Capucines, 6, c'est-à-dire dans le quartier le plus commerçant et le plus riche de la capitale.

USINES. — La grande maison de blanc [illisible]

La fabrique de Villetaneuse produit tous les articles les plus beaux et les plus difficiles à exécuter qu'il soit possible de réaliser avec les métiers à la Jacquart, comme aussi avec les métiers à broder d'origine suisse, qui permettent à MM. Meunier et Cie de reproduire, en couleur, sur le linge blanc, toutes les broderies artistiques les plus importantes et les plus belles, les plus difficiles et d'un fini d'exécution où elle n'a pas de concurrents.

DÉBOUCHÉS. — La grande maison de blanc fait, en dehors de la France, des affaires très importantes avec la Russie, l'Égypte et la Turquie, et avec l'Espagne. Mais ses plus beaux articles, provenant de ses fabrications sont vendus en Amérique.

Elle a des voyageurs et des représentants dans ses divers centres d'affaires. Le chiffre de ses affaires, calculé sur la moyenne des cinq dernières années, oscille entre 3,000,000 et 4,000,000 de francs.

RÉCOMPENSES. — [illisible]

MAISON DU PHÉNIX.

Fondée en 1830.

S. HAYEM Aîné

Maisons de Vente { **PARIS, 38, rue du Sentier.**
{ **LYON, 29, rue Saint-Pierre.**

Manufacture : **PARIS, 145, boulevard Voltaire.**

Cols – Cravates, Chemises pour Hommes & Lingerie pour Dames,

FAUX-COLS & MANCHETTES, GILETS & CHEMISES DE FLANELLE, CALEÇONS,

Boutons pour Chemises et Cols, Bretelles, Mouchoirs, Jerseys, Foulards, Tissus de Chine et du Japon.

La *Maison du Phénix* est universellement connue et a des débouchés dans le monde entier.

Depuis 1830 elle n'a jamais cessé, dans toutes les branches d'industrie dont quelques-unes sont son œuvre propre, de marcher dans la voie du progrès et de se maintenir au premier rang.

C'est à plusieurs CENTAINES DE MILLIONS que depuis sa création, c'est-à-dire depuis PLUS D'UN DEMI-SIÈCLE, s'élève le chiffre de ses affaires et c'est plusieurs CENTAINES DE MILLIERS d'ouvriers et d'ouvrières qu'a fait vivre la fabrication de ses produits.

Toutes les manufactures et usines de la *Maison du Phénix* sont pourvues des machines les plus nouvelles et des outillages les plus ingénieux.

Si la concurrence étrangère a suivi son exemple, la *Maison du Phénix* ne s'est laissé distancer ou devancer par elle sur aucun point et pour aucune amélioration.

Elle a successivement créé, installé et développé des fabriques et des ateliers dans cinq départements où sont employés sans un seul jour de chômage plus de SIX MILLE PERSONNES.

Plusieurs de ces fabriques comptent de cinq à six cents ouvriers ou ouvrières.

La marque de la *Maison du Phénix* a été, surtout dans ces dernières années, contrefaite par un nombre considérable de fabricants étrangers. N'est-ce pas le plus bel éloge qu'on en puisse faire?

La *Maison du Phénix* a eu l'honneur d'obtenir à toutes les expositions internationales et universelles les premières récompenses :

Exposition universelle Londres. 1851, **Seule Mention honorable.**
» » Paris.... 1855, **Médaille d'argent, médaille de bronze au groupe des produits à bon marché.**
» » Londres, 1862, **Première médaille.**
» » Paris.... 1867, **Hors concours, membre du jury, médaille d'or pour services rendus.**
S. Hayem Aîné, Chevalier de la Légion d'honneur.
Exposition de Beauvais........ 1869, **Membre du jury.**
» d'Amsterdam...... 1869, **Médaille de 1re classe.**
» d'Altona.......... 1869, **Diplôme d'honneur.**
» de Lyon.......... 1872, **Membre du jury.**
» de Vienne......... 1873, **Grand diplôme d'honneur.**
» universelle Paris... 1878, **Membre du jury, hors concours.**
S. Hayem Aîné, Officier de la Légion d'honneur.
» d'Amsterdam...... 1883, **Membre du jury, hors concours.**
Julien Hayem, Chevalier de la Légion d'honneur.

POIRET FRÈRES et NEVEU

27, boulevard de Sébastopol, et rue Saint-Denis, 40, 42, 44

PARIS

La maison que dirigent actuellement MM. Poiret frères et neveu date de 1820. Nous n'entrerons pas; quel que soit l'intérêt que présente cet historique, dans le détail des développements de cette maison. L'importance des résultats acquis est telle, que nous nous contenterons de la mettre sous les yeux de nos lecteurs. Ces résultats sont assez éloquents par eux-mêmes pour n' .. dispenser de tous commentaires. Les voici tels que les donne l'exposition de cette maison.

CLASSE 30. — **Peignage et filatures de coton d'AMIENS** (Somme) et **St-GERMAIN-en-LAYE**.

Les produits de ces deux filatures sont destinés au tissage, à la bonneterie et à la vente de la mercerie comme cotons à broder, à marquer, à coudre, à repriser; cotons cablés pour coudre et pour crochet.

Tissage mécanique breveté s. g. d. g. de canevas uni et de canevas pénélope — Cette innovation a été un progrès considérable et le soin apporté à cette fabrication en fait un produit incomparable. Aussi ces tissus sont ils accueillis avec faveur partout à l'étranger. La maison a aussi créé le Java perfectionné, le Java dit *Balle à café*, et diverses toiles et étamines de fantaisie pour ouvrages de dames.

CLASSE 32. — **Peignage et filatures de laines de SAINT-ÉPIN** (Oise) et de **SALEUX** (Somme).

L'établissement principal est Saint-Epin, dont le peignage alimente l'usine de Saleux. Les laines arrivent par conséquent à l'état brut pour passer aux diverses opérations du peignage, de la filature, du retordage, de la teinture. La maison est universellement connue pour ses produits. Ses laines pour bonneterie et ses laines à tapisserie lui ont acquis une juste réputation. Aussi la production augmente-t-elle sensiblement chaque année.

CLASSE 34. — **Tapisserie.**

La fabrication de la tapisserie a été l'objet de soins assidus pour l'étude constante des styles et du coloris. La maison Poiret Frères et Neveu expose un ameublement Louis XVI, tout à fait inédit, dont le dessin et les coloris très étudiés, traités d'une manière magistrale, sont l'œuvre d'artistes de talent.

CLASSE 46. — **Teinturerie de 'ST-ÉPIN** (Oise).

La teinturerie située à Saint-Epin est un important établissement qui, annuellement, produit plus d'un million de kilogrammes en couleurs de toutes sortes. A côté des couleurs éclatantes autant qu'éphémères, que la mode réclame chaque saison, il s'y fait du grand teint destiné aux tricots, à la broderie et à la tapisserie à l'aiguille.

IMPORTANCE. — On se fera une .lée de l'importance de la maison Poiret frères et neveu par le nombre d'ouvriers employés dans chaque établissement.

Peignage et filatures de cotons, Amiens et St-Germain-en-Laye.......... 260
Peignage et filatures de laines, teinture et tissage à St-Epin (Oise) et à Saleux (Somme)............. 1,100
Usine et manutention à Paris, boulevard d'Italie, 118.......... 500
Ouvrières libres (brodeuses)... 650
Employés à la maison de vente, boulevard Sébastopol, 27, et rue St-Denis, 40, 42, 44............. 160

Personnel total....... 2,670

Deux cents maisons ouvrières ont été construites à Saint-Epin, qui possède en outre un asile, une école, et un économat.

RECOMPENSES OBTENUES PAR LA MAISON :

Paris, 1855, bronze ;
Londres, 1862 ;
Paris, 1867, 3 médailles d'argent ;
Amsterdam, 1869, Diplôme d'honneur ;
Beauvais, 1869, hors concours (décoré) ;
Paris, 1878, médailles d'or, filatures ; or, teinture ; argent, coton ;
Amsterdam, 1883, diplôme d'honneur ;
Anvers, 1885, grand prix, diplôme d'honneur, et 2 médailles d'or.
Barcelone, 1888, médaille d'or.

COMPTOIR DE L'INDUSTRIE LINIÈRE.

MAGNIER, DUPLAY, FLEURY et Cie

Successeurs de COHIN & Cie
9, Rue d'Uzès, 9, à PARIS.

NOTIONS HISTORIQUES. — Le COMPTOIR DE L'INDUSTRIE LINIÈRE, Société en nom collectif et en commandite sous la raison sociale Magnier, Duplay, Fleury et Cie, a succédé, en 1846, aux maisons Cohin frères, Saint-Evron et Millescamps, qui se sont fondues ensemble pour constituer la puissante Société actuelle au capital de 20,000,000 fr., divisé en 40,000 actions ; — 18,000 actions seulement ont été émises pour former un capital de neuf millions entièrement versés. Depuis 1846, le titre de la Société, COMPTOIR DE L'INDUSTRIE LINIÈRE, n'a pas changé : la raison sociale, la gérance, seule s'est modifiée. C'était d'abord *Cohin et Cie*, elle est actuellement *Magnier, Duplay, Fleury et Cie*.

Le siège social est 9, rue d'Uzès, à Paris, dans un immeuble qui est la propriété de la Société.

IMPORTANCE DE LA SOCIÉTÉ. — La maison de la rue d'Uzès est maison de vente pour les produits *Toile*. La maison de vente pour les produits *Fils de lin et de chanvre* est à Lille, rue de Paris, 80, dans un immeuble qui appartient également à la Société.

Les produits sont fabriqués à Frévent (Pas-de-Calais), où la Société possède une FILATURE DE LIN. Cette filature dont la force motrice à vapeur est de 625 chevaux, consommant 2,800 tonnes de charbon, a une surface d'ateliers couverts de 11,000 mètres ; elle occupe 625 ouvriers et fait tourner 9,000 broches, tant au sec qu'au mouillé.

La Toile est fabriquée dans TROIS TISSAGES, dont un exclusivement à la main, et deux mécaniques.

Le tissage à la main est situé dans la Sarthe, près le Mans, dans une localité appelée le Breil ; elle occupe 200 ouvriers. Les tissages mécaniques sont situés, l'un à Cambrai (Nord), l'autre à Abbeville (Somme). Le premier possède une force motrice à vapeur de 180 chevaux consommant 1,200 tonnes de charbons : la superficie couverte est de 4,000 mètres carrés, et il occupe 300 ouvriers. Il met en mouvement 200 métiers mécaniques. — Le tissage d'Abbeville a une force motrice à vapeur de 120 chevaux consommant 850 tonnes de charbon ; il a une superficie couverte en ateliers de 4,000 mètres ; il occupe 390 ouvriers et fait mouvoir 180 métiers mécaniques et 60 métiers à la main.

Pour bien se rendre compte de l'importance de cette Société, groupons ces chiffres ; nous trouverons une force motrice à vapeur de 925 chevaux consommant annuellement 4,850 tonnes de charbon ; le nombre des métiers en marche est de 640 ; le nombre de broches de 9,000 ; enfin la surface des ateliers, non compris le développement des étages, dépasse 20,000 mètres carrés.

PRODUITS. — La Filature de Frévent fait des fils simples de lin et de chanvre, au sec et au mouillé, depuis le plus gros numéro jusqu'au numéro 40 anglais. Les tissages de Breil et de Cambrai produisent exclusivement la toile de ménage ; le tissage d'Abbeville fabrique exclusivement le linge de table ouvré et damassé.

Le chiffre d'affaires réalisé, tant en France qu'à l'étranger, donne, pendant les cinq dernières années, une moyenne annuelle de 15 à 21 millions de francs.

RÉCOMPENSES. — Dans tous les concours, le Comptoir de l'Industrie Linière s'est affirmé chaque fois par des progrès nouveaux. Nous ne citerons que les médailles obtenues à Paris (1849, 1855, 1867), à Porto (1865), à Melbourne (1881), à Amsterdam (1883). En 1878, l'Établissement a été mis HORS CONCOURS, l'un de ses gérants faisant partie du Jury des Récompenses. Le Gouvernement avait, d'ailleurs, hautement reconnu les mérites de cette puissante Société en accordant, en 1849, à M. Cohin, puis en 1870, à M. Magnier, la Croix de Chevalier de la Légion d'honneur.

NOIROT, JANSON & CIE

SUCCESSEURS DE LELARGE & CIE

REIMS.

NOTIONS HISTORIQUES. — La maison a été fondée en 1850 par M. F. Lelarge. pour la fabrication à la main des flanelles en tous genres, et s'est continuée sous les raisons sociales : Lelarge et Auger, F. Lelarge, Lelarge et Cie et enfin Noirot, Janson et Cie

En 1867, M. Lelarge construisit sa filature en cardé qui se composait alors de 6 assortiments de cardes, système Célestin Martin, et de 4000 broches self acting, système Flécheux, de Rouen. La machine à vapeur construite par Boyer, de Lille, avait une force de quarante chevaux. Toutes ces machines, établies d'après les derniers perfectionnements, avaient figuré à l'exposition de 1867.

L'année suivante, M. Lelarge ajoutait à sa filature un tissage de 112 métiers. Depuis cette époque, chaque année a vu de nouvelles améliorations, de nouveaux agrandissements qui ont donné à cet établissement l'importance qu'il a aujourd'hui.

IMPORTANCE DE LA SOCIÉTÉ. — La Société actuelle possède comme moyens de production :

1° Son établissement de Reims contenant 9 assortiments de cardes, 7.500 broches et 514 métiers à tisser. Elle vient d'y ajouter un atelier pour la fabrication du tissu « Jersey » ; 25 métiers sont déjà en pleine activité. La force motrice est fournie par deux machines qui représentent une force de 250 chevaux. La superficie est de 22.000 mètres carrés.

2° Un tissage à Boult-sur-Suippe de 174 métiers actionnés par une turbine de la force de 40 chevaux. La superficie est de 4000 mètres carrés.

Ces 2 établissements donnent un total de 713 métiers, dont 300 métiers larges munis de mécaniques Jacquard, armures et revolvers, et occupent 850 ouvriers.

3° Deux centres de tissage à la main à Beine (Marne), et dans le Cambrésis : le nombre des ouvriers peut être évalué à 500, et leur production annuelle varie entre 12 et 15000 pièces qui jointes à la production mécanique donnent un total annuel de 55000 pièces de tissus.

Tous les ouvriers sont assurés contre les accidents.

DÉBOUCHÉS. — Notre fabrication s'adresse à la consommation intérieure et à l'exportation. Cette dernière enlève environ 40 % de notre production totale. Toutes nos affaires se traitent à Reims et à Paris : représentant M.-Martel, 151, b^d Magenta.

Le chiffre d'affaires réalisé pendant les cinq dernières années, en France et à l'étranger, nous donne une moyenne annuelle de 9 millions de francs.

RÉCOMPENSES. — Dans tous les grands concours, le succès de la maison s'est affirmé par des progrès nouveaux.

Comme récompenses, nous ne citerons que les principales : Paris 1855, médaille de 1re classe ; Paris 1867, médaille d'Or ; Vienne 1873, médaille de progrès ; à la suite de ce concours, le gouvernement décerna à M. Lélarge la croix de chevalier de la Légion d'honneur ; Paris 1878, rappel de médaille d'Or.

Manufacture de Linge de Table

DENEUX FRÈRES & CIE

AMIENS.

HISTORIQUE. — L'établissement Deneux frères et Cie, le plus ancien et le plus important dans le genre d'industrie qu'il exploite, et qui a fait faire des progrès si considérables à la fabrication du linge de table, a été fondé en 1822 par **Deneux-Michaut.** En 1849, Deneux-Michaut associa son fils à son œuvre, et la maison fut exploitée par la Société **Deneux-Michaut et fils**, jusqu'en 1855, où elle passa aux mains de **Deneux frères.** Actuellement, et depuis septembre 1883, la raison sociale est **Deneux frères et Cie**, fils et gendre des précédents.

On voit donc que, depuis près de soixante-dix ans, cet établissement n'est pas sorti des mains de la même famille, et l'on comprend qu'il résulte de ce fait même, une continuité de vues, féconde et le succès de recherches et de perfectionnements étudiés avec suite et dans un même esprit.

Le siège social et la maison de vente sont à Amiens. La maison possède à Paris, 46 rue des Jeuneurs, une maison de vente. Les opérations de la Société ont pour but la *fabrication spéciale du linge de table.*

USINES. — A cet effet, la Société possède, à Hallencourt (Somme) des usines où l'on pratique à la fois le tissage à la main et le tissage mécanique. Le tissage à la main occupe 250 ouvriers faisant marcher 160 métiers; le tissage mécanique comprend 225 métiers occupant 340 ouvriers. En outre, la Société Deneux frères et Cie, possède 180 métiers à la main fonctionnant en dehors de l'établissement.

Les usines, établies sur un terrain d'une contenance de 3 hectares environ, possèdent une force motrice de 250 chevaux; elles sont entièrement éclairées à la lumière électrique, au moyen de 380 lampes à incandescence.

La maison occupe 26 dessinateurs et liseurs de dessins.

La Société Deneux frères et Cie possède, en outre, à Cagny-les-Amiens, sur un terrain d'une contenance de 17 hectares, une blanchisserie qui occupe 120 ouvriers et utilise une force motrice de 60 chevaux. Elle est également éclairée à l'électricité par 65 lampes à incandescence. Cette usine ne travaille que les produits de la maison; elle blanchit et crème annuellement environ 400.000 kilog. de fils de lin et blanchit et apprête 15.000 pièces de linge de table.

SPÉCIALITES. — La maison fabrique spécialement le linge de table damassé, et le linge pour la toilette depuis les articles les meilleurs marchés jusqu'aux plus riches. Elle fabrique aussi le linge de table ouvré, le linge pour le thé, les tissus éponge, les tissus de fantaisie et d'ameublements; elle a, surtout depuis quelques années, donné beaucoup d'extension aux linges de fantaisie avec couleurs, faisant une heureuse concurrence aux articles allemands qui étaient seuls connus et qui ont complètement disparu de France.

La Société Deneux frères et Cie ne vend d'ailleurs que les produits fabriqués par elle, dans ses usines.

PROGRÈS. — Les progrès réalisés dans la fabrication mécanique du linge de table par la maison Deneux frères et Cie, sont des plus importants et bien connus des spécialistes. Les perfectionnements successifs apportés aux métiers à tisser, et dont l'exposition actuelle nous montre les plus récents, ont été hautement appréciés, ainsi que le mouvement qu'ils ont imprimé à cette industrie. Aussi, en 1859, **M. Deneux-Michaut**, et, en 1885, **M. Jules Deneux**, ont-ils obtenu la **croix de chevalier de la Légion d'honneur.**

EXPOSITIONS DIVERSES. — Outre ces distinctions nationales justement méritées, la maison Deneux frères et Cie a toujours été hautement récompensée pour ses produits aux diverses expositions où elle les a présentés. Pour ne citer que les principales, nous ne rappellerons que les médailles obtenues aux expositions universelles de Paris, en 1849, 1855, 1867 et 1878, et de Londres en 1862 ainsi que la médaille d'or de premier degré qu'elle vient d'obtenir à Barcelone, en 1888.

AUDRESSET & FILS

PEIGNAGE, FILATURE & TISSAGE

TISSUS DE L'INDE

30, Rue des Jeûneurs, PARIS.

Cette maison a surtout comme spécialité :

1° La fabrication des tissus unis et haute nouveauté **en kashmyr de l'Inde, vivogne du Pérou,** laines fines d'Australie et matières exotiques diverses.

2° La fabrication des fils de ces mêmes matières pour la bonneterie de luxe.

Elle possède :

1° **Un établissement à Louviers (Eure)** pour l'importation directe des matières premières des Indes orientales et occidentales. Cet établissement se compose d'un **peignage,** d'une **filature** et d'un **tissage mécanique.**

2° **Un tissage à Bohain (Aisne)** pour la fabrication des étoffes haute nouveauté pour robes et confections.

3° **Une maison à Paris,** 30, rue des Jeûneurs pour la vente d'une partie de ses produits manufacturés.

La maison Audresset et fils fondée en 1835 par M. François Audresset l'inventeur de la carde à boudin continu à un peigneur se composait d'abord, d'une filature de laine cardée et d'une filature de laine peignée produisant des fils de laine pour la fabrication des châles français. A partir de 1848 M. François Audresset monta, avec la collaboration de ses deux fils, un **peignage mécanique, de kashmyr, de laine et de** **soie** et commença sa filature du **duvet de kashmyr des Indes.** Les fils provenant de cette filature étaient employés pour les châles de l'Inde fabriqués en France, pour les tissus unis kashmyr et pour la bonneterie de luxe.

En 1868, la maison créa le **tissu de l'Inde,** qui, grâce à ses qualités spéciales acquit immédiatement et a toujours conservé une grande vogue. C'est à partir de cette époque qu'elle se développa rapidement.

Le nombre moyen d'ouvriers occupés par ses divers établissements s'élève à 1400.

La maison a obtenu les premières récompenses à toutes les principales expositions françaises et étrangères qui ont eu lieu depuis 1851. En 1878, le jury des récompenses de l'Exposition lui a décerné une médaille d'or et, de plus, M. J. Audresset a été nommé Chevalier de la Légion d'honneur.

Monsieur Victor Audresset a fondé, à Louviers, une œuvre qui donne et donnera gratis à perpétuité, les soins de trois médecins, les médicaments, le linge, lits, etc, aux ouvriers malades et aux indigents de la ville qui demandent à être soignés à domicile.

La maison Audresset et fils est aujourd'hui dirigée par MM. Maurice et Emile Audresset, les petits-fils et fils des fondateurs de la maison.

FABRICATION DE SOIERIES

J. SCHWARZENBACH-LANDIS

à THALWEIL (Suisse).

Tissage Mécanique de Soieries Adlisweil

à ADLISWEIL (Suisse).

I. — J. SCHWARZENBACH-LANDIS à THALWEIL (Suisse).

Maison fondée en 1851. Aujourd'hui 3,900 métiers à main, 660 métiers mécaniques. Fabrication de toutes sortes de soieries unies des plus légères jusqu'aux plus riches qualités. Spécialités : La Faille noire et couleur. Faille Française. Surah. Satin Merveilleux. Satin Duchesse. Radzimir. La Moire française. Damas riche. Etoffes pour cravates et doublures. Cachenez. Institutions en faveur des ouvriers : caisse des malades.

II. — TISSAGE MÉCANIQUE DE SOIERIES ADLISWEIL

à 'ADLISWEIL (Suisse).

Maison fondée en 1861. Le plus ancien établissement mécanique en Suisse, pour la fabrication de soieries. Aujourd'hui 775 métiers mécaniques. Spécialités : Damas, noir et couleur, qualités moyennes. Pékin, tous genres. La Faille française. Satin Merveilleux. Velours et Peluche Schappe. Velours tout soie. Etoffe façonnée pour cravates. L'établissement est éclairé à l'électricité. Force motrice : L'eau. Récompenses : A l'Exposition internationale de Vienne 1873, Grand Diplôme d'honneur. Institutions en faveur des ouvriers : Caisse des malades, Société de consommation, Boulangerie, Laiterie. Direction : M. Alfred SCHWARZENBACH.

III. — FRATELLI SCHWARZENBACH & Cie
SAN-PIETRO-SEVESO (Italie).

Maison fondée en 1883. Aujourd'hui 208 métiers mécaniques. Etoffes tout soie pour robes, confection et doublure, qualités légères et moyennes. Spécialités : Merveilleux, Surah et Serge noir. Directeur : M. Fritz ZEUNER.

IV. — SCHWARZENBACH HUBER & Co WEST HOBOKEN
ETAT de NEW-JERSEY (Etats-Unis).

Maison fondée en 1885. Aujourd'hui 400 métiers mécaniques. Spécialités : Cachemires noirs „ Puritan ” et „ Nonpareil ”. Faille couleur. Radamès. Surahs et Serges. Etoffes pour doublures et pour cravates. Moulinage. Cylindrage. Apprêt. Directeurs : MM. Jacques HUBER et Ernest OTZ.

V. — SIGG ET KELLER à MILAN.

Succursale pour l'achat de la matière première. Gérants : MM. Robert SIGG et Robert KELLER.

Etablissements de Filature : 1. Carugate ; 2. San Giovanni in Croce (Lombardie) ; 3. Oleggio (Piémont).

Etablissements de moulinage : 1. Molina. 2. Abbadia (lac de Côme) ; 3. Prato Sampietro ; 4. Cortenova (Valsasina) ; 5. Établissement Scatti à Lecco.

VI. — SCHWARZENBACH HUBER & Co
à NEW-YORK.

Succursale à New-York pour la vente des produits des quatre maisons de fabrique. Gérants : MM. Jacques HUBER et Ernest OTZ.

VII. — J. SCHWARZENBACH-LANDIS
66-67, ALDERMANBURY, LONDRES E.C.

Succursale à Londres pour la vente des quatre maisons de fabrique. Gérant : M. T. COMFORT.

GROSS, LANGOULANT & Cie

79, rue du Temple, PARIS.

USINE à vapeur.

Téléphone

CHAINES, BRACELETS, COLLIERS, MÉDAILLONS et CACHETS Or

Cette maison, fondée en 1860 par M. Auguste Gross, pour la spécialité des chaînes d'or en genre courant et fantaisie, s'est accrue de jour en jour, et de dix ouvriers qu'elle occupait à sa fondation le nombre en est monté progressivement à plus de deux cents.

Par la bonne impulsion donnée à cette progression, M. Gross a amélioré constamment ses moyens de fabrication, et a su arriver à une modicité de prix et une beauté d'exécution qui ont contribué à acquérir la juste réputation de sa maison, et la renommée qu'elle possède.

En effet, M. Gross donna une telle extension à sa fabrique que ses ateliers ne tardèrent pas à devenir insuffisants, et qu'il fut obligé d'avoir recours à la force motrice, alors que les produits de cette industrie ne s'étaient jamais obtenus que par le travail manuel.

Les efforts de cette maison ont, du reste, été justement récompensés à l'Exposition de Vienne, en 1873, par une médaille de Mérite, et à l'Exposition universelle de Paris 1878, par une médaille d'argent.

Dans la direction de ses ateliers et dans l'étude des améliorations à apporter dans la fabrication, M. Gross était secondé, depuis 1866, par M. Alfred Langoulant, qui devint plus tard son fondé de pouvoirs.

En 1883, la maison ayant acquis une importance inconnue jusqu'alors, M. Auguste Gross, son fondateur, s'adjoignit, comme associé, M. Alfred Langoulant, ainsi que M. Désiré Gross, son gendre, et M. Armand Gross, son neveu, et la raison sociale devint alors **Gross, Langoulant et Cie**.

Cette nouvelle direction ne fit que donner un nouvel essor à la fabrication des chaînes d'or, qui s'enrichit d'une foule de modèles nouveaux, et s'étendit à la fantaisie en chaînes, bracelets, colliers, médaillons et cachets, ainsi qu'en breloques et régences or. Chaque genre est fabriqué par des spécialistes, dans des ateliers affectés à chacun d'eux, et aménagés à cet effet; des ateliers spéciaux ont également été installés pour le polissage au tour, qui remplace avantageusement le polissage à la main, et qui, tout en fournissant une plus grande rapidité d'exécution n'occasionne aucune fatigue, et permet d'employer indifféremment les hommes ou les femmes. En outre, la maison possède un atelier de mécaniciens, qui fabrique et entretient l'outillage que comporte l'exécution de ses modèles et la création des nouveaux genres. Chacun de ces nouveaux articles a été fait sur un nombre incalculable de modèles variés, augmenté des nouveautés créées chaque jour, ce qui constitue un stock considérable de marchandises, et un assortiment des plus complets prêt à répondre à toute demande, et à satisfaire à toute commission.

Ce stock permanent peut s'évaluer à près d'un million et demi de francs, et la production annuelle est en moyenne de quatre millions, et tend toujours à s'accroître.

Lors de la promulgation de la loi sur la fabrication de la bijouterie en or à tous les titres, MM. Gross, Langoulant et Cie organisèrent un atelier spécial d'apprêts, et firent un outillage nouveau, qui leur permet de lutter avantageusement contre la concurrence étrangère.

Tous les modèles créés par cette maison depuis sa fondation, sont reproduits soit en métal, soit par la photographie, et forment un véritable musée artistique vraiment intéressant, où l'on peut suivre pas à pas les différents changements de la mode depuis 30 ans, et où l'on découvre le goût de l'artisan en rapport avec les besoins de son époque. Plusieurs de ces modèles, qui étaient une véritable innovation, ont nécessité des dépôts et brevets, qui garantissaient à cette fabrique l'avantage de son initiative, et dont nous ne citerons que le dernier, ayant pour objet la **tour Eiffel** qui au premier abord semble devoir entraîner avec elle son aspect colossal, et dont MM. Gross, Langoulant et Cie ont trouvé le moyen de faire la reproduction en de vrais bijoux, sous toutes les formes. Ce merveilleux bijou a eu le succès que comportait sa grâce, et a valu à MM. Gross, Langoulant et Cie, *la concession exclusive de cette reproduction en bijouterie tous métaux.*

Ce nouveau bijou, joint à la collection déjà si attrayante de leurs articles, ne peut certainement manquer d'attirer l'attention des visiteurs de l'Exposition, et contribuera au succès de l'industrie française, et en particulier de la bijouterie parisienne.

LACROIX, ARTIFICIER A TOULOUSE

FONDATION. — IMPORTANCE. — DÉBOUCHÉS. — La maison **Lacroix**, qui a toujours pris le titre pleinement justifié de « maison modèle de pyrotechnie », est certainement aujourd'hui la fabrique d'artifices la mieux organisée, la plus richement outillée et la plus considérable qui existe. L'usine seule, non compris la maison d'habitation et les bureaux, couvre une superficie de 24.000 mètres carrés. Sur ce vaste emplacement sont répartis trente-quatre bâtiments distincts (ateliers, laboratoires, magasins) formant une surface bâtie de plus de 3.000 mètres. Dans cette usine travaille toute l'année, sans un seul jour de chômage, un personnel de cent ouvriers. La valeur de la production annuelle dépasse 300.000 francs. Le placement des produits fabriqués est effectué, non seulement par les voyageurs de la maison, mais par de nombreux représentants établis dans toutes les villes importantes de la France, de l'Algérie, de la Tunisie et de la Corse; une portion va à l'étranger, en Espagne et en Suisse principalement. — Fondée le 1ᵉʳ août 1855 par **Étienne Lacroix**, en vertu d'une autorisation préfectorale régulièrement obtenue, la maison est encore aujourd'hui dirigée par son fondateur, aidé de son fils le docteur **Louis Lacroix**.

PROGRÈS INDUSTRIELS. — Il faudrait passer en revue tous les détails de la fabrication pour signaler, à propos de chacun, les modifications avantageuses qui y ont été apportées. Qu'il nous suffise de dire d'une façon générale que M. Lacroix a transformé en industrie mécanique ce qui n'est encore partout ailleurs qu'une industrie manuelle. Pour avoir une idée de cette transformation il faudrait visiter son établissement et voir en travail les diverses machines qu'il renferme : meules à triturer, tonnes à pulvériser, moutons à chargement, balanciers, tours à bois, scies à rubans, rogneuses, laminoirs, machines à découper, à percer, à sertir, etc, le tout mis en activité par un moteur à gaz, lequel a remplacé l'antique manège. Il faudrait visiter aussi, non seulement les ateliers d'artifice proprement dits, mais encore le laboratoire de chimie, le laboratoire de photographie, la fonderie de lampions, la forge, et les ateliers spéciaux de serrurerie, de menuiserie et de tour, car tous les travaux accessoires, quels qu'ils soient, sont fabriqués autant que possible dans l'usine même. — La bibliothèque mérite une mention spéciale. Elle renferme la collection de livres de pyrotechnie la plus complète qu'il y ait au monde, surtout depuis que la célèbre bibliothèque de Ruggieri a été dispersée au vent des enchères. La plupart des ouvrages qui la composent sont de toute rareté et quelques-uns dans des conditions exceptionnelles de provenance et de conservation.

PROGRÈS RELATIFS A LA SÉCURITÉ. — La question « sécurité » primant toutes les autres dans un établissement dangereux, elle a été l'objet d'une constante sollicitude et a donné lieu, dans l'organisation des ateliers, aux améliorations les plus importantes. Mais la création capitale contre l'incendie, qui n'existe dans aucun établissement similaire, c'est la construction d'un *château-d'eau* au centre de l'usine. Deux pompes à double effet, débitant ensemble 145 litres par minute, et actionnées par un moteur à gaz système Otto, alimentent d'une part la cuve de réserve, d'une contenance de 20.000 litres, placée à vingt mètres de hauteur, et d'autre part refoulent dans une conduite de 250 mètres de longueur, munie sur son parcours d'un nombre suffisant de prises et de raccords pour porter sur tous les points de l'usine un secours immédiat. Pour que le fonctionnement des pompes reste assuré en cas d'accident, leur moteur est placé dans un bâtiment spécial, éloigné de tous les ateliers dangereux. Néanmoins, par surcroît de précaution, la conduite de refoulement a été mise, à grands frais, en communication constante avec une prise d'eau de la ville qui fournit plus de 500 litres par minute. Enfin en cas d'incendie, le poste des pompiers serait instantanément prévenu par le téléphone, et l'on obtiendrait ainsi un complément de secours. Il faut dire en effet que, l'un des premiers à Toulouse, où le service téléphonique public n'est pas encore installé, M. Lacroix a relié son usine avec sa maison et ses bureaux de la ville par un téléphone privé.

RÉCOMPENSES. — De tels efforts vers le progrès n'ont pas été méconnus. Dès 1869, époque où l'électorat consulaire était extrêmement restreint et recherché, M. Lacroix a été nommé *notable commerçant*. En janvier 1871 il a été chargé par le Gouvernement de la Défense Nationale de la fabrication et de la fourniture de fusées métalliques de signaux pour la guerre. Le titre de *fournisseur du gouvernement* était une véritable récompense, car il prouvait la notoriété déjà acquise et la confiance dont la maison était digne. En 1877 une médaille de *Vermeil*, et en 1885 une médaille d'*Or* ont été décernées spontanément à M. Lacroix, à titre d'hommage pour ses beaux feux d'artifice, par les administrations municipales de la ville de Toulouse. A diverses époques l'Académie nationale, manufacturière et commerciale lui a décerné des médailles de *Bronze*, d'*Argent* et d'*Or* pour son système d'illumination instantanée aujourd'hui universellement employé. Sans doute les brevets de M. Lacroix sont périmés, et son système d'illumination est actuellement exploité par un grand nombre de maisons concurrentes, mais il n'en est pas moins utile de rappeler que le mérite de l'invention lui appartient exclusivement. Enfin à l'exposition internationale de Toulouse de 1887, où M. Lacroix prenait part pour la première fois à un concours officiel, le jury, rendant hautement justice à ses travaux et à son mérite, lui a décerné la plus haute récompense, le *Diplôme d'honneur*

LACROIX, ARTIFICIER A TOULOUSE

FONDATION. — IMPORTANCE. — DÉBOUCHÉS. — La maison **Lacroix,** qui a toujours pris le titre pleinement justifié de « maison modèle de pyrotechnie », est certainement aujourd'hui la fabrique d'artifices la mieux organisée, la plus richement outillée et la plus considérable qui existe. L'usine seule, non compris la maison d'habitation et les bureaux, couvre une superficie de 24.000 mètres carrés. Sur ce vaste emplacement sont répartis trente-quatre bâtiments distincts (ateliers, laboratoires, magasins) formant une surface bâtie de plus de 3.000 mètres. Dans cette usine travaille toute l'année, sans un seul jour de chômage, un personnel de cent ouvriers. La valeur de la production annuelle dépasse 300.000 francs. Le placement des produits fabriqués est effectué, non seulement par les voyageurs de la maison, mais par de nombreux représentants établis dans toutes les villes importantes de la France, de l'Algérie, de la Tunisie et de la Corse; une portion va à l'étranger, en Espagne et en Suisse principalement. — Fondée le 1er août 1855 par **Étienne Lacroix,** en vertu d'une autorisation préfectorale régulièrement obtenue, la maison est encore aujourd'hui dirigée par son fondateur, aidé de son fils le docteur **Louis Lacroix.**

PROGRÈS INDUSTRIELS. — Il faudrait passer en revue tous les détails de la fabrication pour signaler, à propos de chacun, les modifications avantageuses qui y ont été apportées. Qu'il nous suffise de dire d'une façon générale que M. Lacroix a transformé en industrie mécanique ce qui n'est encore partout ailleurs qu'une industrie manuelle. Pour avoir une idée de cette transformation il faudrait visiter son établissement et voir en travail les diverses machines qu'il renferme : moules à triturer, tonnes à pulvériser, moutons à chargement, balanciers, tours à bois, scies à rubans, rogneuses, laminoirs, machines à découper, à percer, à sertir, etc, le tout mis en activité par un moteur à gaz, lequel a remplacé l'antique manège. Il faudrait visiter aussi, non seulement les ateliers d'artifice proprement dits, mais encore le laboratoire de chimie, le laboratoire de photographie, la fonderie de lampions, la forge, et les ateliers spéciaux de serrurerie, de menuiserie et de tour, car tous les travaux accessoires, quels qu'ils soient, sont fabriqués autant que possible dans l'usine même. — La bibliothèque mérite une mention spéciale. Elle renferme la collection de livres de pyrotechnie la plus complète qu'il y ait au monde, surtout depuis que la célèbre bibliothèque de Ruggieri a été dispersée au vent des enchères. La plupart des ouvrages qui la composent sont de toute rareté et quelques-uns dans des conditions exceptionnelles de provenance et de conservation.

PROGRÈS RELATIFS A LA SÉCURITÉ. — La question « sécurité » primant toutes les autres dans un établissement dangereux, elle a été l'objet d'une constante sollicitude et a donné lieu, dans l'organisation des ateliers, aux améliorations les plus importantes. Mais la création capitale contre l'incendie, qui n'existe dans aucun établissement similaire, c'est la construction d'un *château-d'eau* au centre de l'usine. Deux pompes à double effet, débitant ensemble 145 litres par minute, et actionnées par un moteur à gaz système Otto, alimentent d'une part la cuve de réserve, d'une contenance de 20.000 litres, placée à vingt mètres de hauteur, et d'autre part refoulent dans une conduite de 250 mètres de longueur, munie sur son parcours d'un nombre suffisant de prises et de raccords pour porter sur tous les points de l'usine un secours immédiat. Pour que le fonctionnement des pompes reste assuré en cas d'accident, leur moteur est placé dans un bâtiment spécial, éloigné de tous les ateliers dangereux. Néanmoins, par surcroît de précaution, la conduite de refoulement a été mise, à grands frais, en communication constante avec une prise d'eau de la ville qui fournit plus de 500 litres par minute. Enfin en cas d'incendie, le poste des pompiers serait instantanément prévenu par le téléphone, et l'on obtiendrait ainsi un complément de secours. Il faut dire en effet que, l'un des premiers à Toulouse, où le service téléphonique public n'est pas encore installé, M. Lacroix a relié son usine avec sa maison et ses bureaux de la ville par un téléphone privé.

RÉCOMPENSES. — De tels efforts vers le progrès n'ont pas été méconnus. Dès 1860, époque où l'électorat consulaire était extrêmement restreint et recherché, M. Lacroix a été nommé *notable commerçant.* En janvier 1871 il a été chargé par le Gouvernement de la Défense Nationale de la fabrication et de la fourniture de fusées métalliques de signaux pour la guerre. Le titre de *fournisseur du gouvernement* était une véritable récompense, car il prouvait la notoriété déjà acquise et la confiance dont la maison était digne. En 1877 une médaille de *Vermeil,* et en 1885 une médaille d'*Or* ont été décernées spontanément à M. Lacroix, à titre d'hommage pour ses beaux feux d'artifice, par les administrations municipales de la ville de Toulouse. A diverses époques l'Académie nationale, manufacturière et commerciale lui a décerné des médailles de *Bronze,* d'*Argent* et d'*Or* pour son système d'illumination instantanée aujourd'hui universellement employé. Sans doute les brevets de M. Lacroix sont périmés, et son système d'illumination est actuellement exploité par un grand nombre de maisons concurrentes, mais il n'en est pas moins utile de rappeler que le mérite de l'invention lui appartient exclusivement. Enfin à l'exposition internationale de Toulouse de 1887, où M. Lacroix prenait part pour la première fois à un concours officiel, le jury, rendant hautement justice à ses travaux et à son mérite, lui a décerné la plus haute récompense, le *Diplôme d'honneur.*

IMPRIMERIE
L. DANEL

à LILLE (Nord).

Travaux de Typographie, de Lithographie, de Chromotypographie
et de Photogravure.

SPÉCIALITÉ D'ÉTIQUETTES.

REPRODUCTIONS ARTISTIQUES.

Concessionnaire du Catalogue officiel de l'Exposition Universelle
de 1889.

Concessionnaire du Catalogue illustré décennal officiel.

Concessionnaire du Plan officiel de l'Exposition.

Éditeur du Guide illustré.

Médaille d'Or à l'Exposition Universelle de Paris 1878.

Hors Concours et Membre du Jury
à l'Exposition Universelle d'Amsterdam 1883.

MANUFACTURE PARISIENNE DE COTONS
DELAVALLÉE - GEO. BALNY succr
17, Rue Lapérouse, PANTIN, Quatre-Chemins.
CABLÉS
pour
MACHINES A COUDRE
AMÉRICAIN
DELAVALLÉE
SOUVERAIN
A LA COMÈTE
Au Croissant,
Au Diable,
PELOTON DÉVIDÉ
AU VAISSEAU
RETORS
Géo colou et à
l'Éperon
CORDONNET
A LA LICORNE
BRONZE
PARIS 1889
OR
COTONS
A COUDRE ET A BATIR
A l'Épée,
Joinville,
Au Breton,
Au Nœud,
A la Fleur,
A la Couronne,
Au Tailleur,
A LA LICORNE
A BRODER
DÉPOT : 1, Rue Étienne-Marcel — PARIS
Gr. 4

FABRIQUE DE TULLE CHENILLÉ, CROCHET & PERLE

BRODERIES ET FANTAISIE SUR TULLE

en tous genres.

Mme L. SCHMIDT

11, Rue Beauregard

BRODERIES POUR ROBES DE VILLE

ET ROBES DE BAL.

Hors Concours, Membre du Jury à Londres et Tunis.

GAMOUNET-DEHOLLANDE FILS

AMIENS : TISSAGE MÉCANIQUE, 51 rue de la Vallée. — PARIS : DÉPOT, 32 rue d'Aboukir.

Serge de berri, fabrication française.

Satin de laine, Satin turc, Satin français, Luxor, Lasting,
Satin coton, etc.

POUR CHAUSSURES, CORSETS et ÉQUIPEMENTS MILITAIRES

La Maison a été fondée en 1800 et elle a toujours obtenu les premières médailles aux expositions Universelles de Paris, Londres, Vienne, etc. — Elle a été la première et elle est encore la seule en France qui fabrique, depuis 1865, le tissu dénommé « Serge de berri », lequel était jusque alors fabriqué en Angleterre. — La supériorité de sa fabrication et la modicité de son prix a fait adopter la « Serge de berri » par les principales manufactures de chaussures et de corsets.

MANUFACTURE DE BONNETERIE EN LAINE

JERSEYS HAUTE NOUVEAUTÉ

COSTUMES D'ENFANTS

GUILLOUARD DELACOUR & Cie

VILLERS-BRETONNEUX (Somme)

ATELIERS DE COUPES ET CONFECTIONS

MANUFACTURE DES GANTS DE JOUVIN & Cⁱᵉ

3 Médailles d'Or : Paris 1849, Porto 1865,
Paris 1867, seule et unique Médaille d'Or décernée à la ganterie.

Maison JOUVIN et Cⁱᵉ fondée en 1817

MARQUE DE FABRIQUE

New-York   Buenos-Ayres
Boston   MÉDAILLE D'OR 1849   Montevideo
                JOUVIN & Cⁱᵉ
Philadelphie   MÉDAILLE D'OR 1867   St.-Pétersbourg

BONDAT FRÈRES

ANCIENS ASSOCIÉS ET SUCCESSEURS

A GRENOBLE (Isère).

Représentant : Ch. BARDOUX, 25, rue d'Hauteville, PARIS.

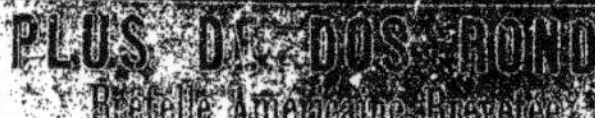

MANUFACTURE ROYALE DE CORSETS

P.   D.

P. DUTOICT & Cᵒ   BRUXELLES

3 DIPLOMES D'HONNEUR   HORS CONCOURS
3 MÉDAILLES D'OR   Bruxelles 1888

PLUS DE DOS RONDS
Bretelle Américaine Brevetée

E. & A. MERLE
MANNEQUINS
ATELIER SPÉCIAL
POUR BUSTES SUR MESURES
BUSTE MAGIQUE
BUREAU DE VENTE A PARIS
60, Boul. Sébastopol, 60
FABRIQUE A NEUILLY-SUR-SEINE

H. A. THIÉBAUD BOUDRY (SUISSE)

Spécialité de CHAPEAUX DE PAILLE pour Hommes, Cadets,
Enfants, Dames et Fillettes,
HAUTE NOUVEAUTÉ ET ARTICLES COURANTS
CASQUETTES DE PAILLE

Représentant pour l'Exportation : M. FROBEY,
9, rue Papillon, PARIS

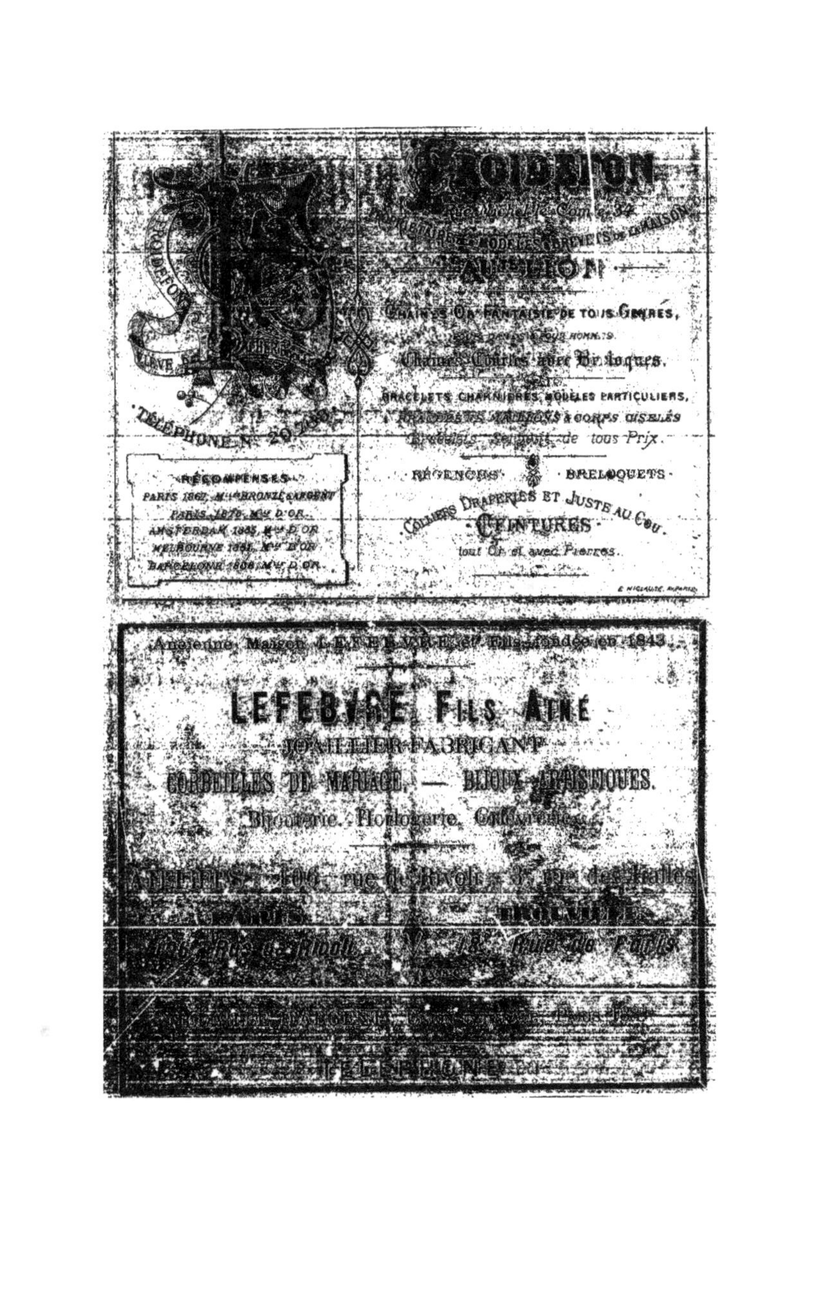
CHAINES OR FANTAISIE DE TOUS GENRES,
Chaînes Courtes avec Breloques.
BRACELETS CHARNIÈRES, MODÈLES PARTICULIERS,
Réalisés Sérieux de tous Prix.
RÉGENCES
BRELOQUETS
COLLIERS DRAPERIES ET JUSTE AU COU
CEINTURES
tout Or et avec Pierres.
RÉCOMPENSES
PARIS 1867, Méd. BRONZE ARGENT
PARIS 1878, Méd D'OR.
AMSTERDAM 1883, Méd D'OR
MELBOURNE 1881, Méd D'OR
BARCELONE 1888, Méd D'OR.
TÉLÉPHONE N° 20.30
Ancienne Maison LEFEBVRE & Fils, fondée en 1843
LEFEBVRE FILS AÎNÉ
JOAILLIER-FABRICANT
CORBEILLES DE MARIAGE. — BIJOUX CLASSIQUES.
Bijouterie. Horlogerie. Orfèvrerie.
ATELIERS: 100, rue de Rivoli, 3, rue des Halles
PARIS
TROUVILLE

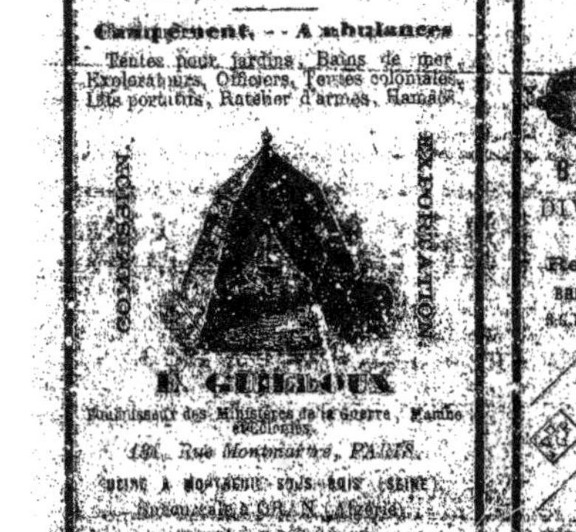

MANUFACTURE DE BIJOUTERIE
OR DOUBLÉ & OR SUR ARGENT

BARLOW & JONES, Lᵈ
MANCHESTER.

MAISON
à **PARIS**, 10, rue d'Uzès.
Wᵐ Jᵃˢ ABLETT,
AGENT.

MAISONS
à **LONDRES**, 10, Aldermanbury,
LIVERPOOL,
BIRMINGHAM, GLASGOW, NEW-YORK.

Spécialité
DE
COUVRE-LITS, COUVRE-TOILETTES
EN PIQUÉ,
TRICOT, TAPISSERIE, etc.

Serviettes éponges, nids d'abeilles,
Fantaisies, etc.

PIQUÉS, REPS, ET COUTILS
Pour Gilets, etc.

FINETTES, REPS PELUCHÉS,
PIQUÉS, DRAPS DE COTON,
etc., etc.

Filatures & Tissages
à
BOLTON

ALBERT MILLS
COBDEN »
EGYPTIAN »
PROSPECT »

Especialidad
DE
COLCHAS Y CUBRE LAVABOS
DE PIQUÉ,
PUNTO Y TAPISERIA, etc.

Tohallas de felpa turcas,
punto nids d'abeilles y fantasias, etc.

PIQUÉS, REPS Y BRINES
Para Chalécos, etc.

BOMBASIES LISOS CON FRISA,
Bombasies labrados con frisa,
Sabanas de Algodon, etc.

SEULS FABRICANTS DES ARTICLES SUIVANTS
(Marques déposées)
Couvre-Lits et Couvre-Toilettes « SATEN » (Breveté)
« CAMEO » —
« TERRY »
Serviettes éponges et draps éponges « OSMAN »
etc., etc.

Pour tous renseignements, s'adresser à

UNICOS FABRICANTES DE LOS ARTICULOS SIGUIENTES
(Marcas Registradas)
Colchas y Cubre lavabos « SATEN » (Patente)
« CAMEO »
« TERRY »
Tohallas de felpa turcas y
Sabanas de felpa para baños « OSMAN »
etc., etc.

Para todo informe dirigirse à

Wᵐ Jᵃˢ ABLETT
10, Rue d'Uzès, PARIS.
VOIR Nᵒ 587 BRITISH SECTION.

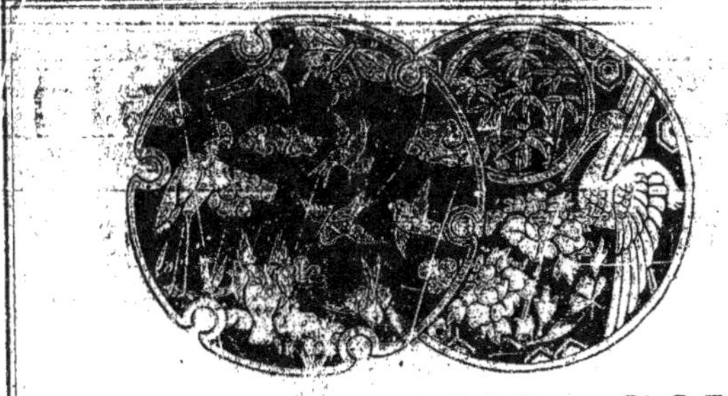

JOHN WILSON AND SONS,

Propriétaires depuis trois générations des Magasins
renommés pour leur Lingerie.

SPÉCIALITÉ DES PLUS BEAUX

LINGES DE TABLE DAMASSÉS

TOILES POUR DRAPS. — COUVERTURES.

Serviettes de Toilette. — Rideaux.

ASSORTIMENTS COMPLETS DE TOUS LES ARTICLES DE BLANC

Designers and Producers of

SUPERIOR · DAMASK · TABLE · LINEN

Sheeting. BLANKETS. Towelling.

Curtains. Cambric Handkerchiefs. Embroideries.

COMPLETE HOUSEHOLD LINEN FURNISHERS.

SHOW ROOMS AND WAREHOUSE

159, New Bond Street, LONDON.

H. CORDIER
MANUFACTURE A FOUGÈRES (Ille-et-Vilaine).

BOTTES, BOTTINES, SOULIERS, PANTOUFLES POUR DAMES, FILLETTES, ENFANTS.
Fabrication perfectionnée par tous les moyens mécaniques universels réunis en France qui
nous permettent prompte exécution, bonne qualité incontestable et prix bon marché.
Récompenses MÉDAILLE DE BRONZE, Paris 1878 Exposition universelle; MÉDAILLE D'ARGENT, Paris 1878.
DÉPOT A PARIS, 62, Rue Tiquetonne.

MACHINES POUR LA BONNETERIE.

J. KIDDIER & SON

Globe Hosiery Machine Building Works, Waterway Street, East
(près le Marché aux Bestiaux)

NOTTINGHAM (Angleterre).

Constructeurs des Machines connues sous le nom de "BRÉVET COTTON"

Comprenant les **perfectionnements personnels brevetés bien connus** ajoutés par nous à ces Machines pour la fabrication de la Bonneterie en tous genres, unie, à côtes, plissée, sans couture, et autres Articles de fantaisie.
La fabrication des Machines susdites est notre spécialité.

Adresse télégraphique : « KIDDIER, NOTTINGHAM »

La nouvelle HARRISON, Machine à Tricoter

NEW HARRISON KNITTER

La plus légère et la plus perfectionnée, de grande solidité et de mouvement doux et uniforme. Tricote toute espèce de bas unis ou à côtes, produit en 10 heures 16 paires de grands bas pour dames.

On peut tricoter sur cette machine des gants, vêtements, etc. de toute espèce, en laine, soie, ou en coton, à côtes ; grande variété de plus de 100 dessins de fantaisie et 4 différents genres de tissus, le tout sans autre accessoire.

Prix tout compris : £ 13, 13, 0 (francs 340), franco à quelque port du monde que ce soit. Envoyer l'argent avec la commande, ou payable à présentation du connaissement dans le port de destination. Livret illustré franco par poste.

W. HARRISON, breveté, 133, Portland St., Manchester (England).

JOHN L. YOUNG

70, Chapel-Bar, Nottingham.

PAPIERS À PATRONS, FAITS D'APRÈS VOS MODÈLES
100 SORTES EN MAGASIN
Grandeur de la feuille : 1m sur 1m ; 1m 05 sur 1m 05, et 1m 25 sur 1m 25.

Sur demande, envoi franco de Carnets d'Échantillons

JOHN L. YOUNG, Chapel-Bar, Nottingham, Angleterre.

ADRESSE TÉLÉGRAPHIQUE : « YOUNG, NOTTINGHAM. »

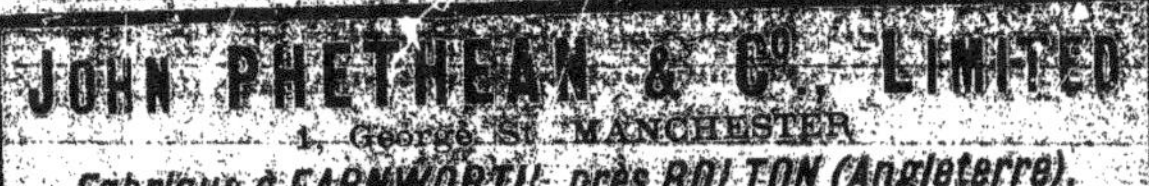

JOHN PHETHEAN & Cᵒ, LIMITED
1, George Sᵗ, MANCHESTER
Fabrique à FARNWORTH, près BOLTON (Angleterre),
Fabricants de Couvrepieds Alhambra en tous genres, pour l'intérieur et l'exportation, Couvrepieds blancs et couleurs, genre Rayon de miel, de toutes sortes pour tous les marchés, dessus et couvertures de Lavabos, Couvrepieds et Rideaux en Damas et Tapisserie, Toiles et Draps unis et piqués.
Agent à Paris : M. F. HAARBARTH, 21, rue d'Hauteville.

FABRIQUE DE BIJOUTERIE OR DOUBLÉ & OR SUR ARGENT
C. MURAT
6, Rue des Archives, PARIS
MÉDAILLES AUX EXPOSITIONS PARIS 1855, 1867, 1878
LONDRES 1862 PHILADELPHIE 1876
CHAINES · BRACELETS · BAGUES · BROCHES
DORMEUSES
Boutons de Manchettes divers systèmes, etc
FABRIQUE DE PORTE-MINES
Articles de Bureaux · Articles de Fumeurs
MÉDAILLE D'OR
PARIS 1878
DOUBLE
C M
MARQUE DE FABRIQUE
MÉDAILLE D'OR
PARIS 1878
DOUBLE
C M
MARQUE DE FABRIQUE

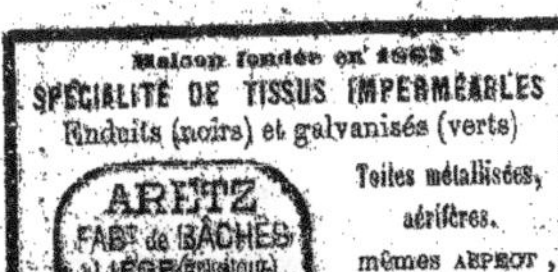

Maison fondée en 1863
SPÉCIALITÉ DE TISSUS IMPERMÉABLES
Enduits (noirs) et galvanisés (verts)
Toiles métallisées, aérifères.
mêmes ASPECT, COULEUR, LÉGÈRETÉ, SOLIDITÉ et SOUPLESSE que les tissus non préparés.
ARETZ
FABᵗ de BÂCHES
LIÈGE (Belgique)

18, Rue des Mathurins
PRÈS DE L'OPÉRA
LE HAMMAM
BAINS TURCO-ROMAINS
SALLE DE CHAMPAGNE
PÉDICURE
SALON DE COIFFURE
Hydrothérapie
SUDATION MASSAGE
BAIN DES DAMES
47, Bᵈ Haussmann

ARTICLES POUR CONFISEURS & COTILLONS
CH. WURTH, 17, rue Chapon, 17, PARIS
SPÉCIALITÉ DE CONSERVES-BONBONIÈRES
Enveloppes de bonbons en tous genres.

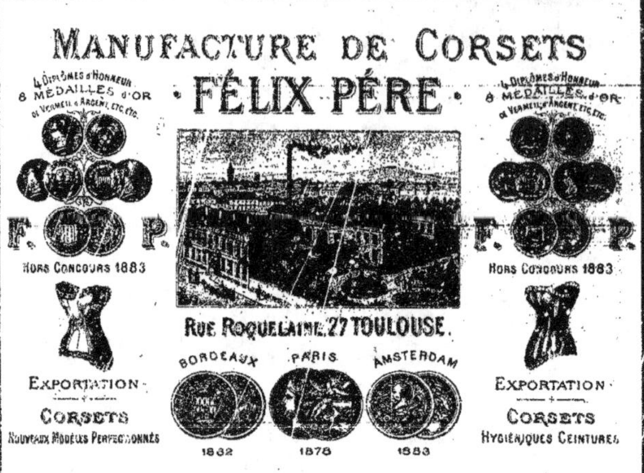

LE DIAMANT IMPÉRIAL

pesant **180 carats**

est le plus grand et le plus beau Brillant parmi les grands Diamants célèbres et historiques ; il dépasse de 44 carats le « Régent » Diamant de la Couronne de France, qui ne pèse que 136 carats, et de 74 carats le « Kohinoor » Diamant de la Couronne d'Angleterre, qui ne pèse que 106 carats. — Lorsque la Reine d'Angleterre manifesta le désir, de voir ce diamant, le Prince de Galles, qui était présent à l'exhibition s'écria : « C'est un Diamant Impérial ! » La pierre était baptisée et c'est le nom qu'elle portera toujours. — Elle a été taillée à Amsterdam sous la direction et la surveillance d'un Comité composé de trois des premiers lapidaires de cette ville. — La Reine de Hollande a été présente, lorsqu'on lui a appliqué la première facette — et il a fallu dix-huit mois, pour la finir entièrement. — Son poids original en état brut a été de 457 carats et pour lui donner une forme agréable, on a détaché un morceau de 40 carats que taillé lui-même fournit encore un brillant de 20 carats qui a déjà été vendu.

COURROIES EN
POIL DE CHAMEAU
COURROIES DE POILS DE CHAMEAU
FRANK REDDAWAY
FRANK REDDAWAY & Cie
FABRICANTS DE
COURROIES EN COTON EGYPTIEN
DE TUYAUX EN TOILE POUR INCENDIE & ARROSAGE
Rue de Crussol No 35, PARIS.